大规模C++
软件开发

卷1：过程与架构

［美］约翰·拉科斯（John Lakos） 著

魏文崟 译

人民邮电出版社

北 京

图书在版编目（ＣＩＰ）数据

大规模C++软件开发. 卷1，过程与架构 ／（美）约翰·拉科斯（John Lakos）著；魏文釜译. -- 北京：人民邮电出版社，2023.8

书名原文：Large-Scale C++ Volume I: Process and Architecture

ISBN 978-7-115-60977-9

Ⅰ. ①大… Ⅱ. ①约… ②魏… Ⅲ. ①C++语言—程序设计 Ⅳ. ①TP312.8

中国国家版本馆CIP数据核字(2023)第012717号

内 容 提 要

本书通过具体示例演示大规模 C++开发的基本设计设想，为各种规模的项目奠定基础，并演示成功进行大规模实际开发所需的过程、方法、技术和工具。通过阅读本书，读者可以逐步改变自己的设计和开发方法。本书旨在使用软件从业人员熟悉的 C++构件来解决现实问题，同时确定（并激发）现代 C++替代方案。作者利用超过 30 年的构建大规模、关键任务的企业系统的实践经验，展示了如何创建和增长软件资本。

本书专为有经验的 C++软件开发者和系统设计师编写，从事大型软件开发工作的架构师或项目负责人等也可以通过阅读本书解决实际工作中的问题。

◆ 著　　　　　　［美］约翰·拉科斯（John Lakos）

　　译　　　　　　魏文釜

　　责任编辑　　　刘雅思

　　责任印制　　　王　郁　　马振武

◆ 人民邮电出版社出版发行　　北京市丰台区成寿寺路 11 号

　　邮编　100164　　电子邮件　315@ptpress.com.cn

　　网址　https://www.ptpress.com.cn

　　涿州市京南印刷厂印刷

◆ 开本：775×1092　1/16

　　印张：35　　　　　　　　2023 年 8 月第 1 版

　　字数：915 千字　　　　　2023 年 8 月河北第 1 次印刷

　　著作权合同登记号　图字：01-2020-3617 号

定价：149.80 元

读者服务热线：(010)81055410　印装质量热线：(010)81055316
反盗版热线：(010)81055315
广告经营许可证：京东市监广登字 20170147 号

版权声明

献给我的妻子爱丽丝，拥有她是上天对我的奖赏，也献给我的 5 个好孩子莎拉、米歇尔、加布里埃拉、林赛和安德鲁。

前言

我在写第一本书《大规模 C++ 程序设计》（*Large-Scale C++ Software Design*）（**lakos96**）的时候，出版社希望我考虑以 *Large-Scale C++ Software Development* 作为书名。当时我对设计（design）这个主题有足够的自信，但开发（development）这个主题涉及的内容远远超出了当时我准备讨论的范畴。

在我看来，设计是软件的一种静态属性，通常与单个应用或库相关，且它只是创造一款成功软件的众多考量因素之一。相对地，开发是动态的，它涉及人员、过程和工作流。由于开发是持续进行的，因此它常会跨多个应用和项目。从最一般的意义上讲，开发囊括了较长一段时间里对一系列产品的设计、实现、测试、部署和维护。简言之，软件开发就是开发人员所做的一切。

在《大规模 C++ 程序设计》出版后的 20 多年中，无论是作为顾问和培训师，还是在工作中，我始终如一地应用书中介绍的基本设计技术（本书会再次阐释）。我学会了如何组建、指导和管理大型开发团队，如何有效地与客户和同事进行交流，如何在企业层面塑造软件工程文化。这些丰富的经历让我有了十足的自信来讨论大规模软件开发这个更为广阔（也更雄心勃勃）的主题。

软件中的组织至关重要，这一重要原则辅助构成了这套长达 3 卷的书的基础。现实中的软件固然很复杂，但许多软件编写得过于繁杂了，这在很大程度上是因为它们不仅在开发方式上缺乏基本的组织，而且在最终的呈现形式上也是如此。本书首要讨论的是，构成组织良好的（well-organized）软件的要素，软件开发中的过程、方法、技巧，以及实现和维护软件所需的工具。

我渐渐意识到，不是所有的软件都应该花同样的精力去打磨。实际应用的价值往往由投入市场的速度来衡量。负责应用开发的软件工程师关注的焦点和时间尺度，自然与那些长期致力于可靠、可复用软件基础设施的工程师有所不同。幸运的是，本书中讨论的所有技术既适用于应用软件，也适用于库软件——区别仅在于两者对各种设计、注释和测试技术的适用程度和严密性有不同的要求。

真实的软件会从物理设计中受益，这一点从未改变，且一再被业界证明。换句话说，我们在文件、库中分解（factor）和划分（partition）逻辑内容的方式，决定了识别、开发、测试、维护和复用我们自己创建出来的软件的能力。实际上，每一聚合层次经过深思熟虑的物理设计所铸就的架构，每天都在工业界显现效用。因而，确保健全的物理设计便是本书中的方法论的第一个核心点，也是贯穿这套共 3 卷的书的中心组织原则。这套书既总结了我过去在这方面的工作，又有所延伸。

本书中的方法论提炼出来的第二个核心点在《大规模 C++ 程序设计》中已有涉及，它关乎逻辑设计的本质，而不只是简单的语法呈现，如值语义（value semantics）。自 C++98 发布后，模板、泛型编程和标准模板库（standard template library，STL）的使用出现了爆发式的增长。尽管模板毋庸置疑有着巨大的价值，但轻率地使用它会损害软件的互操作性。当泛型编程并非解决问题的良方时尤其需要小心。同时，我们既关心企业层面的开发，又希望尽可能地层次化复用（如内存分配器），这使我们有必要回顾像（公共）继承这样的更加成熟的语言构件。

如何让一份软件具有可维护性？它需要设计优良的接口（对于编译器）、简洁而全面的合约

（对于程序员）和目前可用的最高效的实现技术（为了提高效率）。如何妥善处理各种重要的逻辑设计问题，并在代码实现、注释和呈现方面提供建议，是这套书的第二卷的主要内容。

验证（包括测试和静态分析）是软件开发中至关重要的一部分，但《大规模 C++ 程序设计》中仅提及了可测试性，在该书出版之后逐渐成形的一些测试策略，如测试驱动开发（test-driven development，TDD），已让如今的测试远比 20 世纪 90 年代更为普及（即使和 21 世纪初期相比也是如此）。另外，越来越多的公司在千禧之初已经意识到全面的单元测试着实划算（至少比不做测试的开发成本低一些）。但这时的测试仍然像一种魔法，过于频繁的"单元测试"就好似标准操作规程（standard operating procedure，SOP）的一个复选框。

这套基于组件的软件开发方针的第三个核心点便是如何实现有效的单元测试和回归测试。我们先阐释一些有关测试的基本概念，随后的内容包含：如何系统地选取测试数据；如何设计、实现、呈现测试用例，以达成全面完整的测试；如何最优地组织组件级的测试驱动程序。我们着重讨论了如何有序地组织测试用例，使初等功能测试完后，可以接着被用于测试同一组件中其他的功能。

具体选择哪一门编程语言来表达这 3 个核心点所对应的想法，着实让我们花了不少心思。C++ 本质上是一门编译型语言，允许预处理和分离翻译单元。要全面剖析适用于物理设计的所有重要设想，C++ 的这些特性是不可或缺的。这门语言从 20 世纪 80 年代发展至今，已然能支持多种编程范式（如函数式、过程式、面向对象和泛型），这些范式引发了对大量重要的逻辑设计问题（如涉及模板、指针、内存管理、最大程度地提升空间和运行时性能的问题）的讨论，其他编程语言并没有全面支持这些特性。

自《大规模 C++ 程序设计》出版以来，C++ 已经标准化且被多次扩展，出现了一些新的、广泛使用的语言[1]。但出于实践和教学两方面的考虑，我仍然选择现代 C++ 的子集——C++98 作为我们表现软件工程原则的选择。任何了解 C++ 更现代化变体的人都应该了解 C++98，但反之则不然。书中支撑各种观点的任何理论与实践，与具体是哪种编译器提供特定 C++ 子集无关。如果"偏要"用最新的 C++ 特性对书中代码片段进行粗浅的改写，那不利于读者理解本书真正的意义，并且妨碍那些不太熟悉现代 C++ 特性的读者。[2]要是某些地方采用新版 C++ 确实能带来绝佳的益处（如相当清晰地表达思想），我们会指出来（通常是以脚注的方式）。

本书中的方法论已被成功地践行了数十年，许多重要的参考文献均有证实。但遗憾的是，一些参考文献（如 **stroustrup00**）在推出新版后，由于涵盖了新的语言特性且受篇幅的限制，不再提供这方面的（非常有必要的）设计指导。尽管我们依然坚持引用这样的参考文献，但考虑到读者的感受，本书会常常再现有关的内容。

这套 3 卷本的书整体可以作为软件开发者的工程参考资料。这套书分为互相独立的 3 卷，从开发者的视角细致地记录了这种行之有效的方法论的所有重要方法[3]，以营造一种有组织的、整合的、可伸缩的软件开发环境，能够支撑整个企业，而且对企业的效用只会与日俱增。

目标读者

这套 3 卷本的书的目标读者是 C++ 软件专业人员。在这套书中，材料的呈现顺序粗略地对应着开发者在常规的设计–实现–测试周期中遇到话题的先后顺序。书中的技术对大型软件开发组织

---

① 实际上，本书中所呈现的相当多的内容可以类似地应用于其他支持分离编译单元的语言（如 Java 和 C#）。

② 我们确实在一些地方使用了最新的 C++ 特性，但一般是在差异没有那么大的场合。

③ 不过，这本书并不涉及常常和全生命周期开发相联系的"更软"的技能（如收集需求），而会涉及特定于本书的开发方法论的项目管理的方方面面。

行之有效，对稍小一些的软件开发工作也游刃有余。

应用开发人员会觉得本书介绍的组织软件的技术很实用，尤其是在着手大型项目时。若是付诸实践，我们认为书中提供的缜密方法可以让开发人员在大应用的单个开发周期内就收回实践所付出的成本。

库开发人员会欣喜于本书中组织软件的策略带来的难以估量的价值，这对提高代码复用率大有裨益。特别是，将软件打包为细粒度的物理组件，从而组成一个无环层次，将会使代码的质量、可靠性和可维护性提升到新的高度。据我们所知，其他手段难以实现同等品质的代码。

项目管理人员会发现，充分运用这套技术让他们有能力控制在时间、质量、成本三者间的权衡。长此以往，对书中方法一以贯之的实践能孵化出层次化可复用软件库，它又会反过来促使新的应用开发得更快、更好且成本更低，而通过其他手段是无法实现这种程度的优化的。

本书的组织

卷 1（本书）作为这套书的首卷，介绍与领域无关的软件过程和架构（创建、呈现以及组织软件的普遍方式，不管软件具体是做什么的）。这一卷结尾谈到了（我们认为是）迄今最优异的架构设计策略。

卷 2（即将出版）承前启后，涵盖大规模软件的逻辑设计、实用的组件级接口和合约，以及高度优化的高效代码实现。

卷 3（即将出版）作为这套书的收官之作，介绍可以最大限度提高程序质量的验证技术（特别是单元测试），从而能对日益增长的软件资本[①]实现有成本效益的、细粒度的、层次化的复用。

这套 3 卷本的书的内容安排适合于读者从前到后通读（初次阅读），也适合作为永久性的参考书。其中的许多材料可能对很多读者来说都很新鲜。我们特意将较为困难、精细的（也可以说是"可选的"）材料放到章节的末尾，方便读者略读（也可以直接跳过），这样可以使读者的阅读体验更好。

我们还竭力妥当地处理这 3 卷书中的交叉引用，并提供实用的索引以便于读者获取具体的信息。这套书的全部内容分为过程与架构、设计与实现和验证与测试 3 个部分，分别对应 3 卷（当然不是巧合）。

卷 1：过程与架构

第 0 章介绍可伸缩的开发过程带来的工程和经济方面的激励，它方便了层次化的复用，从而既缩短了软件推向市场的时间、提高了代码的品质，又降低了总的开发成本。这一章也讨论了软件基础设施开发和应用开发的本质区别，并且演示了一家公司如何利用这些区别来提高生产效率。

第 1 章介绍逻辑设计和物理设计中基础的原子单元——组件。这一章的精妙之处在于组件的定义、基本属性以及物理依赖，学习它们所需的低层级的基础知识在这一章也有所提供（涉及编译器和连接器）。这部分虽然名义上是背景材料，但介绍了全书都会使用到的重要概念，有一些还未被主流所采用，因而我还是建议读者细致地阅读一遍。

第 2 章阐释如何一致（不依赖具体领域）地组织和封装基于组件的软件，这一章还提供了基本的设计规则来指导我们层次化地用组件、包、包组来开发模块化的软件。

第 3 章介绍创建良好的软件系统所必需的关键物理设计设想。这一章讨论了如何用更小、更细粒度的子系统来构造大型系统，这已经有了一些成熟的策略。我们会解释怎样划分、聚合逻辑内容来避免循环的、过度的物理依赖，有些物理依赖是我们不太希望看到的，或者说确实不必要。特别地，我

---

① 见 0.9 节。

们会讲解如何通过添加横展架构（lateral architecture）以避免传统分层架构（layered architecture）的笨重，进一步理解如何在架构的层面减少编译时耦合，并通过示例学习如何用组件进行有效的设计。

卷 2：设计与实现（即将出版）

第 4 章讨论一些在实现互操作性和可测试性的过程中居于中心地位的逻辑设计设想，如值语义（value semantics）和词汇类型（vocabulary type）。互操作性和可测试性是成功复用的关键。这一章先刻画了各种常见类的类别，本书将用较为随意的名称代指它们，在这样的语境下，我们便可以将行为分为易于理解的族系，更有效率地交流。这一章后面的内容会探讨怎样恰到好处地使用模板，如何合理地使用继承，以及如何使用能进一步提升互操作性和可测试性的针对资源管理的模块化的手段，如局部（arena 型）内存分配器。

第 5 章阐述为作为所有软件构建块的组件、类及函数塑造接口的细节。在这一章中，我们会强调为任何对象提供明确定义的合约（contract）的重要性，这一合约要能清晰地解释什么是关键的（essential）行为，什么是未定义行为（如由窄合约导致的）。历史上有争议的关于合约的问题在此得到了解决，如防御式编程（defensive programming）和合约异常的显性使用，以及其他概念，如合约检查（contract checking）和输入确认（input validation）之间的关键区别。在讨论了后向兼容性（如物理可替换性）之后，我们还会就一个好合约的方方面面深入探讨，包括稳定性、常量正确性、可复用性、有效性及适宜性。

第 6 章涵盖编写高质量组件的诸多细节。这一章的开头阐述了单个组件实现过程中重要的考量，而后半部分则在如何保持一致性方面提供了大量指导，包括函数命名、形参顺序、实参传递和运算符放置位置。本章的最后，我们详细地解释了嵌入式组件级、类级、特别是函数级注释的写法，对此我们提供了一套严密的方法。这一章的末尾附一份给开发人员准备的最终"清单"，帮助开发人员确保所有相关细节已被妥善处理了。

卷 3：验证与测试（即将出版）

第 7 章介绍测试的基础知识：测试意味着什么，以及如何最好地实现测试的目标。在这简短得一反常态的一章中，我们简要呈现并对比了一些测试（没分解好的）软件的经典方法，接着我们演示了对任一组件都保有专用的（单独的）测试驱动带来的巨大优势。

第 8 章详尽地介绍在测试充分的前提下，如何选择必要的输入数据以使测试时间尽可能短。本章既介绍了传统方法，也涵盖了一些新颖的手段。这一章重点关注的是深度优先枚举（depth-ordered enumeration），这是一种原创的、成体系的方法，按重要性排序来枚举愈加复杂的对值语义容器类型的测试。这种测试数据选取方法首次应用于 1997 年，效果强大得出人意料，此后应用范围迅速扩大。

第 9 章探索实现一套有效的测试套件的不同方法，为此将选取的数据交付给测试中的功能模块。在此过程中，我们会介绍一些有助于测试的概念和工具［如生成器函数（generator function）］。补充性的测试用例实现技术［如正交扰动（orthogonal perturbation）］能增强基本的技巧［如表驱动（table-driven）技术］，它们共同构成这一章的主题。

第 10 章阐述了组件级测试驱动程序的基本组织和布局。这一章展示了如何最优地安排测试用例，以使相对更初等的方法［如主操控函数（primary manipulator）和基本访问函数（basic accessor）］被测试后可作为其他测试的基石，这样在单个组件中定义的基本功能就可以尽可能地减少。这一章总结了第 4 章中讨论的类的多种主要类别；针对每一类别，我们根据基本原则（第 7 章）推荐其测试用例的顺序、对应的测试数据选取方法（第 8 章）和测试用例实现技术（第 9 章）。

致谢

从哪里开始讲起呢？我最先动笔的是第 7 章（约 1999 年），彼时我在贝尔斯登（Bear Stearns）公司任职，在那段日子里，我和肖恩·爱德华兹（Shawn Edwards）在下班后的许多个深夜通力合作，这才有了这一章。肖恩·爱德华兹既是优秀的技术专家，也是我的好朋友。2001 年 12 月，我加入了彭博（Bloomberg）有限合伙企业，肖恩随后也跟着我加入了，从那之后，我们就在一起紧密合作。2010 年，肖恩担任了彭博的首席技术官（CTO）。

后来，我在解释第 1 章中低层级的技术细节时（约 2002 年）绝望地受阻了，我求助于另一位技术精湛的专家（也是我亲爱的朋友）——苏米特·库马尔（Sumit Kumar）。他积极地指导我，甚至有时会亲自重写一部分书稿。苏米特可能是我遇到过的最棒的程序员，他现在还和我一起工作，给我建设性的反馈和精神上的支持。

大约在 2005 年，我对自己企图涉及的篇幅无所适从，我发觉自己常常会和另一位杰出的技术专家——弗拉基米尔·克里琴科（Vladimir Kliatchko），也是我的好朋友——进行近 6 小时的电话交流。他带着我一节一节地梳理了整个目录，从那之后目录本质上没有发生太大的改变。在 2012 年，他担任了彭博的全球工程总监，并在 2018 年被任命为彭博的管理委员会委员。

Addison-Wesley 公司的策划编辑约翰·韦特（John Wait）是我上一本书的主要负责人，他明智地建议（约 2006 年）我找有一个既擅长写作也懂计算机科学的结构编辑来审阅新的初稿，以确认能否改进大体上的行文脉络。审阅初稿之后，约翰相当确定他在短时间内难以对重构如此充实的文字给出可靠的、有实践意义的建议。

后来（约 2010 年），另一位杰出的技术人员杰弗里·奥尔金（Jeffrey Olkin）加入了彭博。几个月后，我审查了另一个组的软件规约，文档还算可以，但前 10 页质量都不太行，称不上优秀，不过在第 10 页之后就完美了！我去询问署名作者发生了什么，他告诉我杰弗里接手并完成了文档。我随后就请杰弗里担任我的结构编辑，他同意了。从那之后，杰弗里审阅并帮助我修改这一卷书的每一个词。杰弗里为这本书所做的整理性的工作、写作和工程上的贡献实在是太多了。杰弗里也成了我的好朋友。

本卷准备出版时，至少有 5 位技术专家审阅了书稿，并且提供了让人惊喜的反馈，他们是 JC. 范·温克尔（JC van Winkel）、戴维·桑克尔（David Sankel）、乔希·伯恩（Josh Berne）、史蒂文·布雷特斯坦（Steven Breitstein）（他一丝不苟地检查了从 ASCII 字符画转化过来的每一幅图）和克莱·威尔逊（Clay Wilson）（由于代码评审的质量出色，他也被称为"终结者"）。这 5 位高级技术人员用他们各具特色的方式，提供了广泛而深入、周密且细致的反馈，从而相当程度地提升了这本书的价值。

还有很多人从本书诞生之初（甚至更早）就做了很多贡献。克里斯·范怀克（Chris Van Wyc）教授（德鲁大学）是我的第一本书的主要审稿人，他也给本卷的初稿提供了宝贵的组织性反馈。2002—2003 年，汤姆·马歇尔（Tom Marshall）（他也曾和我在贝尔斯登共事）和彼得·温赖特（Peter Wainwright）分别和我在彭博共事。汤姆之后领导彭博的架构部门，而彼得则成为彭博 SI Build 团队的领导。他们在元数据（以及使用它的工具）方面的实践经验丰富，并且慷慨地作为合作作者提供了元数据主题中一整节的内容（见 2.16 节）。

在我任职于彭博的早期（约 2004 年），我的 BDE[①]团队迅速发展，但我却遭受成功之苦，迫切需要一些援手。在那时，我们刚刚雇用了几个"相当高级"的家伙（包括我本人），没有空余的高级职位了。我之后和肖恩一起请求工程部门主管肯·加特纳（Ken Gartner）设置 5 个"初级"岗位，肯最后同意了。5 位十分优秀的候选者很快填满了这些岗位，他们是戴维·鲁宾（David Rubin）、罗恩·宾得瓦莱（Rohan Bhindwale）、谢赞·拜格（Shezan Baig）、乌伊瓦尔·布塔（Ujjwal Bhoota）和纪尧姆·莫林（Guillaume Morin）。他们中的 4 位都是由埃米·雷斯尼克（Amy Resnik）招进来的，我和埃米相识于 1991 年［她的老板史蒂文·马克门（Steven Markmen）在 1986 年带我进入了明导科技（Mentor Graphics）］。这些熟练的工程师随后为彭博做出了巨大的贡献，他们中有两位后续升到了团队领导的岗位，一位升为了经理。事实上，3.12 节中的"用组件进行设计"的例子就是纪尧姆在他的第一项任务中实现的，那时他只有一年半的工作经验。

2009 年 6 月，我又接到埃米打过来的电话，她说她找到了可以顶上巴勃罗·哈尔彭（Pablo Halpern）（我另一个好朋友）在彭博 BDE 团队（2003—2008 年）中职位的完美候选者，将作为我们在 C++标准委员会的常驻代表。这时我回想起参加德国法兰克福 C++标准委员会会议的时候，我在会议酒店里和阿利斯代尔·梅雷迪思（Alisdair Meredith）一起喝了一杯（苏打水），他很快成了库工作组（the library working group，LWG）的主席（2010—2015 年）。没错，埃米找到的人正是阿利斯代尔。阿利斯代尔 2009 年进了彭博，不久之后加入了我的 BDE 团队，从那之后他成了我在 C++方面绝对的权威（也是我信赖的朋友）。在本书出版之前，阿利斯代尔彻底全面地审阅了本书第 1 章的前 3 节，非常确信没有疏忽。

彭博的其他同事也为本书所谈及的知识做出了贡献：史蒂夫·唐尼（Steve Downey）是 ball 日志器最开始的架构师，而这一日志器可以说是彭博基于组件的方法论开发的首批主要子系统之一；杰夫·门德尔松（Jeff Mendelson）除提供很多优秀的技术评审之外，早期还开发了我们的现代的日期数学基础设施的相当一部分；迈克·吉鲁（Mike Giroux）（之前任职于贝尔斯登）是我很长一段时间在工具方面的好帮手，他编写了众多的定制化 Perl 脚本，我用这些脚本来确保我的 ASCII 字符画与 ASCII 文本是同步的；海曼·罗森（Hyman Rosen）提供了本书中一些未署名的内容，除此之外，他还用 5 年多的时间开发了优异的（基于 Clang 的）静态分析工具 bde-verify，用在整个彭博工程部门中，来确保软件符合基于组件的设计原则、编程标准、指导原则和这本书所宣扬的各种原理。

要是忘记向所有的彭博 BDE 团队现有成员表达感谢的话，那就是我的疏忽了。我在 2001 年建立了 BDE 团队，从 2019 年 4 月至今由迈克·弗舍尔（Mike Verschell）和杰夫·门德尔松管理，团队成员包括乔希·伯恩（Josh Berne）、史蒂文·布雷特斯坦（Steven Breitstein）、内森·伯格斯（Nathan Burgers）、比尔·查普曼（Bill Chapman）、阿蒂拉·费赫尔（Attila Feher）、迈克·吉鲁（Mike Giroux）、罗斯蒂斯拉夫·赫列布尼科夫（Rostislav Khlebnikov）、阿利斯代尔·梅雷迪思（Alisdair Meredith）、海曼·罗森（Hyman Rosen）和奥列格·苏博京（Oleg Subbotin）。这些人中大多数都为本书做出了贡献，例如，审校了这本书的一部分，贡献了一些代码示例，帮我呈现一

[①] BDE 是 BDE Development Environment（BDE 开发环境）的首字母缩写。这一缩写仿照了 1997 年年初爱德华·霍恩（Edward（"Ned"）Horn）在 Bear Syearns 开创的 ODE（Our Development Environment）。BDE 里的"B"原本表示"Bloomberg"［那时经常以此作为新的子系统和亚组织名称（如 bpipe、bval、blaw）的首字母］，之后也用来代表"Basic"（基本的）的意思，具体取决于语境（例如，是在谈论工作还是书）。和 ODE 类似，BDE 一开始同时指代我们软件资本存储库（见 0.5 节）中最低层级库的包组（见 2.9 节）和维护它的开发团队。BDE 这个词已经自由发展了很长时间，现在作为识别许多不同种类实体的绰号：BDE 组、BDE 方法论、BDE 库、BDE 工具、BDE 开源仓库等。长此以往，BDE 最后成了递归式的缩写：BDE 开发环境。

些复杂的图或者编写定制化的工具，或者以其他不那么容易感知的方式提升了这本书的价值。

毋庸赘言，如果没有整个彭博管理团队由上（弗拉基米尔和肖恩）至下、不遗余力的支持，这本书绝不可能问世。我感谢安德烈·巴索夫（Andrei Basov）（我现在的老板）和韦恩·巴洛（Wayne Barlow）（我以前的老板），他们过去也服务于贝尔斯登。这里我要特别感谢彭博软件基础架构部门的负责人亚当·沃尔夫（Adam Wolf），他不仅允许这本书的编撰，还鼓励着我，使我（在 20 余年后）终于出版了这套书的第一卷。

当然，若是本贾尼·斯特劳斯特鲁普（Bjarne Stroustrup）没有将他的毕生心血灌注到 C++ 这门无与伦比的计算机语言中，也就没有这本书和这些故事了。我是在 20 世纪 90 年代早期认识本贾尼的，那时他在明导科技做了一次演讲（但他当时并不认识我）。我刚系统地阅读了 *The Annotated C++ Reference Manual*（**ellis90**），并做了全面的标记（用了 4 种不同的颜色）。在他的演讲结束后，我请本贾尼在我已经用旧了的那本书上签名。几十年过后，我提醒他，那个请他在布满了各种颜色标记的书上签名的人是我，他还能够回想起来。自从我 2006 年成为 C++ 标准委员会会议的常规出席人员，本贾尼和我的合作愈加紧密，例如，将彭博 BDE 团队从 2004 年就在使用的（基于库的）**blsl_assert** 合约-断言特性改进后用在语言自身上（见卷 2 的 6.8 节）。在我的邀请之下，本贾尼已经在彭博发表了数次演讲。他审阅了本书前言（除了致谢）的早期版本并提供了反馈，还给脚注提供了历史数据。他在软件工程方面智慧的结晶深刻地凝结在《C++ 程序设计语言（特别版）（第 3 版）》（*The C++ Programming Language*）（**stroustrup00**）中，本书这一卷几乎通篇都有对它的引用。如果没有他的启发和激励，我的职业生涯会与今天相去甚远。

最后，我想感谢培生的几代编辑，他们这些年来耐心地等待我完成这本书。本书原定的交稿时间是 2001 年 9 月，而单这一卷最终的完成日期已是 2019 年 9 月底（我交稿略有些晚）。我想感谢我的第一任编辑（21 世纪初）黛比·拉弗蒂（Debbie Lafferty），之后她将编辑工作交给了彼得·戈登（Peter Gordon）和金·斯彭斯利（Kim Spenceley），我已和他们紧密合作超过 10 年。当彼得 2016 年退休的时候，我就转而和现在的编辑格雷格·杜恩奇（Greg Doench）合作了。

尽管彼得的工作已难以超越，格雷格还是接受了挑战并一直陪伴着我（他不经意间帮助了我很多）。格雷格之后将我介绍给了朱莉·纳希尔（Julie Nahil），她直接和我对接以准备本书的出版。2017 年，我和我一生的挚友爱丽丝（Elyse）重新取得了联系，现在她是我的妻子，她不辞辛劳地检查书中的各种引用并校对关键的部分（如这篇致谢）。在 2018 年晚些时候，出版这本书所需要的工作量已经到了超乎任何人想象的地步了，于是培生集团派洛瑞·休斯（Lori Hughes）与我合作，2019 年我们几乎在超负荷地工作。她的专业、坚韧和付出让这本书能够在 2019 年顺利出版，她的这些品质实在令人赞叹不已。我想要感谢洛瑞、朱莉和格雷格，还有彼得、金和黛比这么多年来持之以恒的支持和鼓励。这还只是 3 卷中的第一卷。

为本书有过直接或实质性贡献的人不胜枚举，尽管我已尽力将他们列出，但无疑还是会遗漏许多。这套书是我毕生经验的结晶，在此我向所有为这套书做出过贡献、参与其中的人们表示由衷的感谢。

资源与支持

资源获取

本书提供如下资源：

- 本书思维导图；
- 异步社区 7 天 VIP 会员。

要获得以上资源，您可以扫描下方二维码，根据指引领取。

提交勘误

作者和编辑尽最大努力来确保书中内容的准确性，但难免会存在疏漏。欢迎您将发现的问题反馈给我们，帮助我们提升图书的质量。

当您发现错误时，请登录异步社区（https://www.epubit.com/），按书名搜索，进入本书页面，点击"发表勘误"，输入勘误信息，点击"提交勘误"按钮即可（见下图）。本书的作者和编辑会对您提交的勘误进行审核，确认并接受后，您将获赠异步社区的 100 积分。积分可用于在异步社区兑换优惠券、样书或奖品。

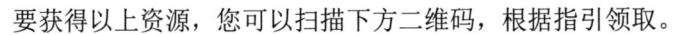

与我们联系

我们的联系邮箱是 contact@epubit.com.cn。

如果您对本书有任何疑问或建议，请您发邮件给我们，并请在邮件标题中注明本书书名，以便我们更高效地做出反馈。

如果您有兴趣出版图书、录制教学视频，或者参与图书翻译、技术审校等工作，可以发邮件给本书的责任编辑（liuyasi@ptpress.com.cn）。

如果您所在的学校、培训机构或企业，想批量购买本书或异步社区出版的其他图书，也可以发邮件给我们。

如果您在网上发现有针对异步社区出品图书的各种形式的盗版行为，包括对图书全部或部分内容的非授权传播，请您将怀疑有侵权行为的链接发邮件给我们。您的这一举动是对作者权益的保护，也是我们持续为您提供有价值的内容的动力之源。

关于异步社区和异步图书

"异步社区"（www.epubit.com）是由人民邮电出版社创办的 IT 专业图书社区，于 2015 年 8 月上线运营，致力于优质内容的出版和分享，为读者提供高品质的学习内容，为作译者提供专业的出版服务，实现作者与读者在线交流互动，以及传统出版与数字出版的融合发展。

"异步图书"是异步社区策划出版的精品 IT 图书的品牌，依托于人民邮电出版社在计算机图书领域 30 余年的发展与积淀。异步图书面向 IT 行业以及各行业使用 IT 技术的用户。

目录

第0章

动机

大规模且易维护的软件系统的诞生并不是自然而然的，个别应用开发人员熟稔的技巧也并不一定能够扩展到规模更大、集成度更高的开发工作中。这是一本讨论大规模软件开发的工程书籍，但又不止于此。本书的核心在于传授一种技艺，一种适用于任意类型和大小的软件的技艺；这种技艺掌握之后就会习惯成自然，不需要再花费额外的时间和精力；这种技艺能够（可重复地）构造出易于理解、验证和维护的有组织的系统。

自我的第一本书出版之后，软件开发行业经历了许多重大变化。[①]标准模板库（standard template library，STL）作为初始 C++98 语言标准的一部分被采用，并在此后得到了显著扩展。异常、命名空间、成员模板等已经得到了现在所有主流编译器的完全支持。互联网使得开源代码库更易于访问。线程、异常和别名安全已成为常见的设计考虑因素。并且越来越多的人认识到了健全物理设计的重要性（见 0.6 节的图 0-32）——在我的第一本书中介绍的软件工程的维度之一。尽管基本的物理设计概念还保持不变，但现在出现了一些重要的新手段可以运用它们。

本书以软件从业者的视角进行编写，聚焦于前后有序的开发方法论。书中用了大量笔墨描述如何用定义明确的原子物理模块（我们称之为组件）来开发软件。我们用了许多词汇来描述这一开发过程。过去运用的工程技术中许多已有所更新和完善。特别地，我们会细致详尽地讲解对组件级测试的处理方法（见卷 3）。曾经被视为黑魔法或高度特化的手艺，现已逐渐发展成为能够预知、可以教授的工程科目。我们还会论述"千锤百炼"下凝结出的许多重要的设计和实现技术，阐述其背后的动机和有效的使用方式（见卷 2）。总体上，本书（卷 1）中所述的工程流程与项目管理流程互为补充，相得益彰。

本书为专业软件开发人员而编写，旨在帮助读者开发能够任意扩展规模的软件。我们将完备的一系列议题放入书中，娓娓道来，并按照软件开发的思考过程大致对应的顺序来呈现它们。许多重要的新想法在书中有所呈现，它们反映了实际的开发工作中有时会碰到的复杂棘手的问题。本书的价值不仅在于其中的想法理念，还在于它所传授的健全的工程实践中蕴含的内聚规律性。本书所谈及的内容（当下）并非全都流行，毕竟，上本书刚出版时物理设计的概念也并不出名。

0.1　目标：进度更快、产品更好、预算更低

业界评判软件应用开发成功与否的准则一直以来都是以尽可能低的成本、尽可能短的时间交付质量最好的产品。这个目标中实际隐藏着 3 个维度的要求。

- *进度*（更快）：软件交付的眼前利害。
- *产品*（更好）：增强的软件功能、质量。
- *预算*（更低）：软件开发的经济性。

---

① **lakos96**。

在实践中，我们可能会对某一特定软件应用或产品的开发优化最多两个参数，剩下的第三个参数随前两者变化。图 0-1 示意了这 3 个参数之间的依赖关系。[①]

团队应用开发的能力强弱取决于已有的基础设施，如开发者、库、工具等。对产品质量的要求越高，自然就需耗费更多的时间和工程资源。如果开发团队试图在更短的时间内开发质量相当的产品，从而改进进度，成本就会更高（通常花的时间远远更多），最后对预算产生负面影响。如果预算固定，唯一能更快地结束工作的办法就是削减内容（如砍掉一些功能和测试）。所有软件开发项目似乎都无法挣脱这一现实。[②]

尽管如此，要是存在一种可预见的方式让我们能随着时间的推移同时改进这 3 个参数就好了。也就是说，设计出一套方法论，随着其使用能不断降低产品成本并缩短产品上市时间，同时提高未来产品的质量。图 0-2 用图形的表示形式阐释，这种方法能使应用和产品的更快/更好/更便宜的设计空间越来越远离原点。

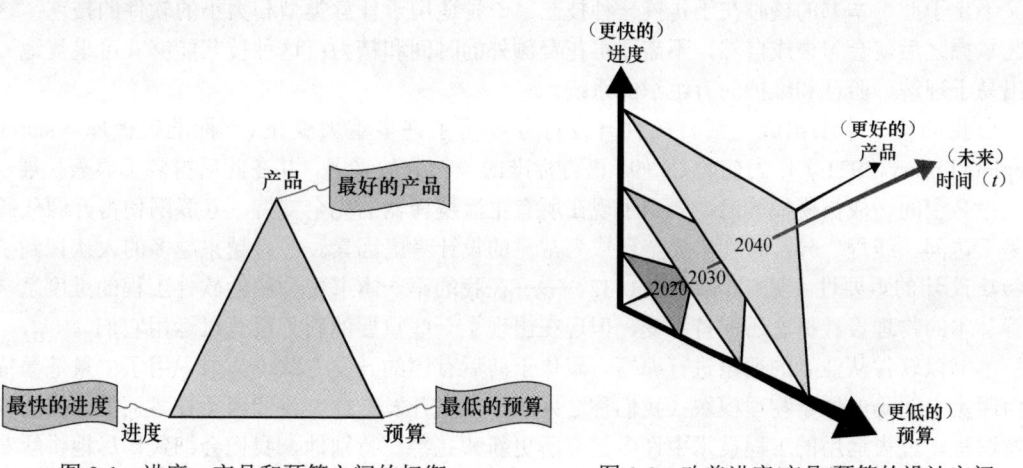

图 0-1　进度、产品和预算之间的权衡　　　　图 0-2　改善进度/产品/预算的设计空间

若是这么一种方法论确实存在，什么会随着时间发生改变？如开发人员的技术想必会日益精湛，进而开发效率和质量会有所提高。随着开发人员不断积累经验、提高开发效率，雇主自然需要支付更多的费用，但并不是等比例的。不过，在固定的开发环境下，个人的开发效率是有上限的，因此环境也须有所变化。[③]

---

① **mcconnell96**，6.6 节，"Schedule, Cost, and Product Trade-Offs"，图 6-10，第 126 页。

② JC van Winkel 评论说这些关系很难用单张图去体现，并建议再加上其他更直观的方法来理解这其中的权衡，如使用滑块。当进度（交付时间）固定时，有此滑块：

（更低的）预算 ━━━━■━━━━ （更好的）产品

当预算（资金/资源）固定时，有此滑块：

（更好的）产品 ━━━■━━━━━ （更快的）进度

当产品（功能/质量）固定时，有此滑块：

（更快的）进度 ━━━■━━━━━ （更低的）预算

最后一个滑块是弗雷德·布鲁克斯（Fred Brooks）的经典作品《人月神话》（*The Mythical Man Month*）（见 **brooks75**）的核心论点，其称在整个兴趣范围内指望望所花时间和成本成反比纯粹就是幻想。人际互动的几何式增长（经验数据证实，**boehm81**，5.3 节，第 61～64 页）表明，在相关限制下的狭窄区间内，时间（T）和成本（C）的二次方成反比较为合适，即 $T \propto 1/\sqrt{C}$（见 0.9 节）。

③ 在审阅本卷接近定稿的草稿时，Kevlen Henney 评注道："我最近主张把 'faster' 这个词改为 'sooner'。速度其实并不重要，重要的是到达的时间。它们不是同一个概念，对速度的持续关注不是一个理想的目标，反倒是一个问题。好的设计讨论如何选择更好的路线以更早（sooner）到达终点；速度更快（faster）相对没那么重要。"

随着时间的推移，第三方和越来越多的开源软件开发工具和库会不断改进，这是可以期待的，我们团队的开发环境也可随之增强，进而提高开发效率。这一期望虽合理，但对竞争对手亦如是。问题在于：“随着时间的推移，我们能主动做些什么来提高我们相对于竞争对手的开发效率？”

实现可重复、可扩展的软件开发过程被公认为是同时提升质量、节省时间、降低成本最有效的办法。若是没有这样的过程，失败风险和业务成本都会随着项目规模增加而非线性地增长。遵循健全的开发过程至关重要，不过开发效率不大可能以超过固定常数倍数的方式渐进地提高。若是要不断提高我们环境中的开发效率，除了遵循这样的可重复过程，还需在方法论中加入某种形式的正反馈。

任何软件开发都有一项会日趋增长的重要输出：软件本身。如果能够在未来的项目中利用到已开发软件的一大部分，开发效率的提升空间便了无止境。也就是说，开发的软件越多，手头上便于复用的就越多。这时开发人员面对的挑战就变成如何组织软件使之可以切实有效地被复用。

0.2　应用软件与库软件

应用的开发通常来说目标单一、目的性强。在大型组织中，这种目标导向常常会导致重复的代码和一堆互相依赖的应用。每一部分都能用，但整个代码库看上去混乱不堪，并且对其进行任何变动或添补会愈加困难。这种频繁出现的“设计模式”被称为“大泥球”（big ball of mud）。[①]

如此写成的代码库没有中心化的组织结构。原本可以在企业中通用的软件，要么设计得过于主观，难以通用，要么与特定应用的代码交织过于紧密，难以剥离。此外，由于这种代码必须顺应其原始主软件不断变化的需要，因此依赖这类软件的稳定性会带来风险。而且，软件项目往往从速度中获利，因此诸如分解和接口设计之类的编程传统分支技术没有太多效益。尽管这种临时办法往往能在相对较短的时间内造出够用的应用，但也会带来沉重的维护负担。随着时间流逝，不仅代码库毫无改进，而且维护成本会以远甚于必需的速度急剧增长。

为了更好地理解这个问题，我们先观察两类截然不同的软件：应用软件（application software）和库软件（library software），以及它们所对应的两种开发模式。应用是满足特定业务需要的程序，或紧密结合的程序套件。由于需求不断变化，应用的源代码生来就是不稳定的，且可能变而不告。以我们的观点来看，明确局部于某个应用的代码必须将其使用限制于该应用内（见 2.13 节）。

库（library）不是一个程序，而是一个存储库（repository）。在 C++ 中，它是头文件和目标文件组成的集合，其设计目的在于便利共享类和函数。一般来说，库是稳定的，进而潜在地可复用。软件主体是特定应用所特有的还是对整个领域更通用，将决定其在组织内得到复用的限度和有效性，甚至可能不止于此。

应用和库在特定性和稳定性上展现出的这些差异表明，二者应采取不一样的开发策略和措施。特别是，库的开发人员（数量很少）须遵守相对严格的规则来创建可复用软件，而应用开发人员（数量多得多）则在组织规则方面有更大的自由。考虑到应用开发人员数量相对更多，他们（理想情况下）都会依赖库软件，因而，库的接口须经过深思熟虑，否则后续的改动成本可能高到难以扭转。

经典的软件设计是纯粹自顶向下的。在每一层级的细化中，子系统的划分是与其他同层级子

---

① **foote99**。

系统独立的。对各层级分解的实现的斟酌被有意推迟。这一过程会递归到解决方案可以编码为止。遵循这种纯粹自顶向下的设计方法论将产生一个由层次化模块构成的倒置树（如图 0-3 所示），它不会重汇聚，自然没有复用。

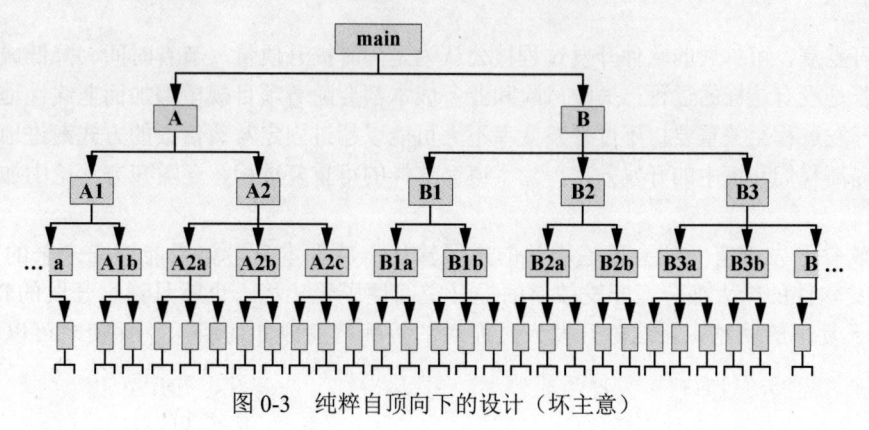

图 0-3　纯粹自顶向下的设计（坏主意）

尽管大部分应用的设计过程都是自顶向下的，但经验告诉我们，一个给定的应用领域中大概率会有着对相似功能经常性的需要。例如在集成电路计算机辅助设计（integrated circuit computer-aided design，ICCAD）领域中，读者能想象到会有对各式各样的类的需要，如 Transistor（晶体管）、Contact（触点）和 Wire（导线）。不同的应用领域也可能会对某些功能有共同的需要。这样的例子包括日志记录、传输、消息传递、编组，当然还有各种高性能数据结构和算法，如 std::vector 和 std::sort。若是开发者无法从中挑出有共性的子系统（和组件，见 0.7 节），后续碰到这一经常性需要时，就免不了要重写一遍相近的功能。我们认为，对这种反复出现的效率低下问题，任何有担当的企业都有责任积极解决。

在理想的应用开发范式中，设计师会主动在程序的各个子系统中找出所需功能的共通之处，只要有可能，就会采用已有解决方案或设计分解妥当的组件，来满足这种经常性需要。将已有的解决方案整合到一个自顶向下的设计中，会使设计过程融合自顶向下和自底向上两种模式，这也许是当今实践中最常用的架构方法。即使只着眼于单个应用内，通常也有不少机会以这种分解进行复用，能产生良好的效果。

但遗憾的是，开发应用的过程中并不会自然而然衍生出可复用软件。大多数应用开发的工作都目标明确且时间窗有限，如果没有独立的库开发团队，几乎不可能编写软件以利用多个应用间的共通之处（见 0.10 节）。这种观察并不是对应用开发者的批评，而只是反映了常见的经济现实。一个应用开发团队的成功与否在于它是否能按时、不超预算地完成业务需要。以复用的名义大幅偏离这一目标更可能受到责罚而不是奖励。鉴于尽快推向市场是当务之急，应用开发人员在尽到其主要责任的同时，如果还能编写出解耦合、可起杠杆作用的，且形式上易于他人使用的软件，这就称得上是个稀有的开发人员了。

但是，库的开发人员则肩负着截然不同的任务：提高整体开发过程的效率！对库的开发人员的最常见的要求是增加应用开发人员的长期开发效率同时减少维护成本（如那些重复泛滥的软件带来的麻烦）。当然，设立适合公用的库要投入一定的初期成本，且相较于为单个应用开发类似的（不可复用）组件，构建可复用组件的增量成本更高。考虑到开发库软件的费用可以摊销到所有使用库软件的应用上，因此一定量的额外成本可以很容易被正当化。

如图 0-4 所示，应用软件与库软件之间有一些本质上的不同之处。优良的应用软件（图 0-4a）

一般易于延展，而库软件（图 0-4b）则长于稳定（见 0.5 节）。由于对单个应用的改动造成的影响范围有限，因此相对于被广泛使用的库，应用的各部分设计可以适当地更紧密地协作（见0.3 节）。①

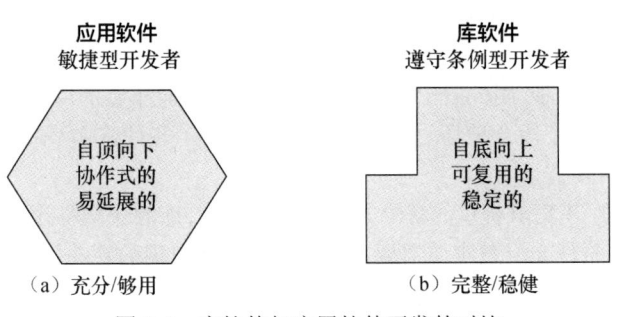

应用软件
敏捷型开发者

自顶向下
协作式的
易延展的

（a）充分/够用

库软件
遵守条例型开发者

自底向上
可复用的
稳定的

（b）完整/稳健

图 0-4 库软件与应用软件开发的对比

从许多方面看，对库软件的要求，其实是对所有用到它的应用的要求的总和（见卷 2 的 5.7节），如一个可独立发布的库的生命周期是使用该库的应用的生命周期的并集，因此，库的生命周期往往长于单独的应用。如果某一应用将要在一个特定的平台发布，则它依赖的所有库都要支持这个平台。故而，库必须比应用更易于移植。因此，通常没有单个的应用开发团队可以在所有可能需要的平台上支持给定库的整个生命周期。这一观察进一步表明，需要一个单独的团队专职支撑共享资源（见 0.10 节）。

库代码必须比一般应用代码更为可靠，且本书的方法论会放大这一区别。例如，相对于一般的应用代码，库代码往往对其编程接口有更细致的描述，这被称为合约（contract，见卷 2 的 5.2节）。详细的函数级注释（见卷 2 的 6.17 节）使得更准确、彻底的测试成为可能，我们以此实现其可靠性（见卷 2 的 6.8 节和卷 3 通篇）。

并且库软件更为稳定，换句话说，库的核心行为并不会变化（见 0.5 节）。高稳定性会降低引入 bug 的可能，减少由于行为变化而需要重新调整的测试用例数；从中可知，稳定性能改善可靠性（见卷 2 的 5.6 节）。相对较多的各式各样的客户能提供丰富的用例，随着时间的推移，这些用例能使对这一库软件的检验更为彻底。考虑到开发人员调试不曾编写过的（或近期没怎么动过的）代码成本会显著地高于近期正在编写的代码，库的开发人员有强烈的动机"一次把事做好"（见卷 3 的 7.5 节）。

编写库软件时，我们尽可能让系统的复杂度内化，以使之对外的复杂度最小化。换言之，库的开发人员会积极地在（开发者）实现的难易和（用户的）使用的便利上权衡。小范围的、非常复杂的（complex）代码远远胜于分散的、有几分繁杂（complicated）的代码。举例来说，如果某一函数只有两种可能的参数类型（如 const char*和 std::string），与其写单一的一个模板成员函数，不如直接给这两种不同的参数类型各写一个成员函数（见卷 2 的 4.5 节）。

更具争议性的是，一个结构体有两份副本往往会更好，如一个副本放在.h 文件中嵌套/私有（可通过 inline 方法和友元访问）而另一个置于.cpp 的文件作用域中（可通过文件作用域级的static 函数访问），并确保二者局部同步，不让其实现细节去污染全局空间。一般而言，库开发人员应该花上大量的额外努力来为客户免去哪怕一丁点的不便。可复用组件越是通用，开发人员就越有理由为之付出更多的精力（见卷 2 的第 6 章）。

就如任何的业务一样，持续进行的库开发工作必须把焦点放在用合理的增量成本展现显著的

---

① 另见 **sutter05**，第 16、17 页，第 8 项。

价值。因此，库软件须与那些将会用到它的人有所关联。库的开发者只需将目光放到已有的应用中。和应用开发者紧密合作，解决他们工作中的经常性需要，库的开发者就能聚焦于真正重要的事情上：提高应用开发人员的开发效率！

同时，库的开发者有责任审慎地处理特性请求，婉转地拒绝不合适的、可能有损于开发社区整体成功的请求。例如，对一个正焦头烂额地赶着最后期限的应用开发者而言，虽然拒绝为他在 Calendar 类型里加上 name 属性看上去有些任性，然而经验丰富的库开发人员知道（见卷 2 的 4.3 节），提供一个 name 字段会破坏 Calendar 的值概念，并且让它不适于作为其原本设计好的词汇类型（见卷 2 的 4.4 节）。

即使是有效的请求，有时其提议的解决方案也并不理想。库的开发人员不能盲目照原样满足请求（见 3.12.1 节），他们有责任弄清楚实质需要，考虑所有可能出现的软件问题，并提供满足需要（即使不是所有客户想要的）的切实解决方案，既要满足这一客户，又不止于满足这一客户。可想而知，面向客户的接口设计是极其重要的（见卷 2 第 5 章）。

应用和库的设计范式迥然不同。应用的设计通常是自顶向下的，而由通用软件构成的库则往往是自底向上开发的。复杂的解决方案由简单的解决方案组成。我们希望库之间（库中的组件之间亦如是）呈现出树状（更准确地说，是 DAG 状）依赖，这并不是随意为之就能出现的巧合，而是深思熟虑后的分解的结果，有意实现跨应用的细粒度的层次化复用才能如愿（见 0.4 节）。

库代码对清晰、简明且完整的注释的绝对需要也显现出它与应用的巨大差异。由于库的存在不依赖于某一特定的上下文，因此客户更加需要全面、详细的概述注释（见卷 2 的 6.15 节）以及精心打磨的用例（见卷 2 的 6.16 节）以方便理解和使用。另外，与应用不同的是，对于可复用库软件的性能要求并不限于任一用途，且往往必须超过当前可证明的需要（见 0.11 节）。

应用软件和库软件在部署上也有所区别。一般而言，应用是以单个可执行程序的形式发布的，而库则以一堆头文件（见 1.1.3 节）和对应的静态库（见 1.2.4 节）（也可能是动态库）的形式进行部署。应用软件开发中可能可以接受在 #include 指令中（如 #include <basic/date.h>）包含目录结构（如通过相对路径）；库则应避免这样做，否则部署过程中的灵活性将受到影响（见 2.15 节）。

应用的开发人员总是在解决困难的现实问题。如图 0-5 所示，这些问题通常是不规整的，在各式细节上都非常烦琐。当自顶向下地开发大型应用时，解决方案的各个方面往往存在不确定性，某些重要需求可能缺失或尚未确定。此外，这些错综复杂的问题通常会随着时间的推移而不断变化，应用软件本身也是如此。

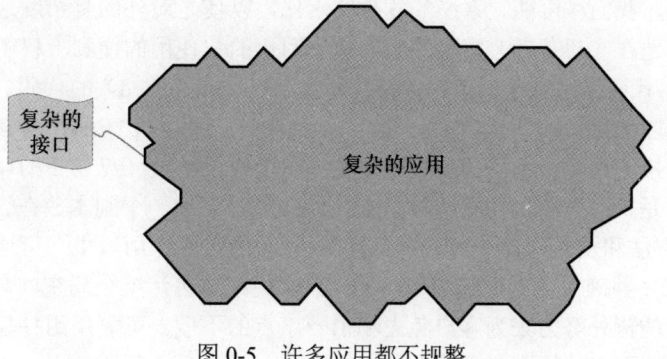

图 0-5　许多应用都不规整

不过，在这样一个复杂的应用下通常会有许多规整、定义明确且稳定的子问题，它们的解决方案能自然融入应用。在这样的情况下，我们可能可以通过支持编写一些通用代码，以加速开发过程。应用和库的开发人员要是在一起工作，也许就能识别出共有子系统，更有利于明确需求与设计应用，如图 0-6 所示。应用开发人员和库开发人员之间的交流能激励出干净利落、重要通用的合约，甚至能使之具有可复用性（见卷 2 的 5.7 节）。①②

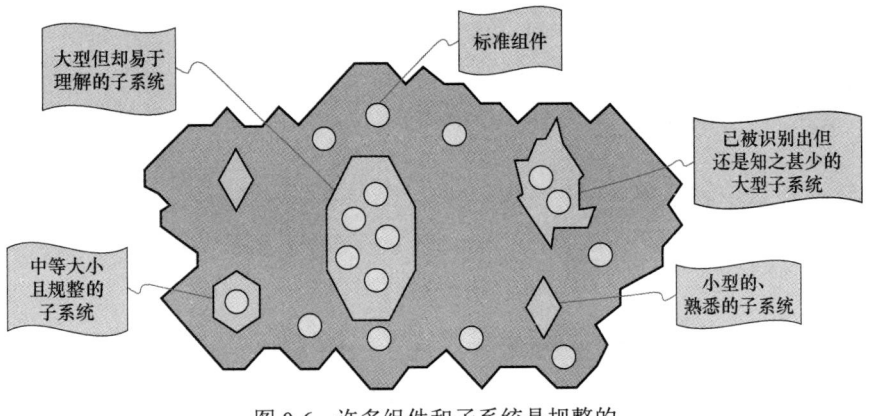

图 0-6　许多组件和子系统是规整的

一些较为一般化、较易于描述的子问题，它们可能涉及某一特定需要的大部分方面（不一定是全部），时常解决这些问题能系统地降低软件的协作程度（互知的，见 0.3 节），让软件愈加稳定，自然会增强可复用性，甚至可以随应用进一步演化。用胶水逻辑黏合起来的可复用组件功能之间的间隙类似于混凝土块之间的隔热层，可以包容大型应用通常包含的相对不太规整、无常且不断变化着的方针（见卷 2 的 5.9 节）。

为了实现复用的最大化，一个组织必须持之以恒地从应用特定的存储库（如图 0-7a 所示）中尽可能地分解出其中可以单独拎出来理解的代码（示例如图 0-7b 所示）。代码的适用范围越广，它在公司范围内的可复用软件存储库中所处位置就越低。只有最广泛使用的软件才驻留在根部附近。

如果委任得当，注重细节的遵守条例型库开发人员和快速行动的敏捷型应用开发人员齐心协力，更有机会写出非协作、高质量且稳定的软件，从而促进有效复用。开发人员要主动地从自身开发的软件中抽取出合适的子集，积极地将之重构并置于稳定的、易于使用且可复用的库中。如此这般，就能实现开发效率上的长期显著提高。

---

① 另见 **stroustrup00**，23.4.1 节，第 698～700 页，我们总结于此。

Stroustrup 在他的著作中提出了许多好的建议和意见。

- 使用已有的部件。
- 不要创建新的、古怪的、不可复用的自定义部件。
- 试着让你创建的所有新部件在将来都有用。
- 创建项目特定的部件是最后的选项。

Stroustrup 接着说，这种办法可以奏效，但并不是自然而然的。

- 我们甚至在最终设计中都无法识别出不同的组件，这是常常的事。
- "……企业文化往往会阻碍人们采用这里所描绘的模型。"
- "……这种开发模型只有在长远打算时才能真正奏效。"
- 以一个通用/国际标准要求所有组件是不合理的。
- 标准的层次（国家或地区、行业、公司、部门、产品）是我们实际期盼能达到的最好的了。
- 迭代对于积累经验至关重要。

② 正如前言中所指出的，特别是本章中的许多参考文献，如 **stroustrup00**，引用的书籍有新版本"取代"了之前的版本。但由于篇幅限制，那些新版本未能落实睿智的设计忠告。因此，我们继续引用这些早期版本（也许已经绝版），为了方便读者，在此再现相关内容。

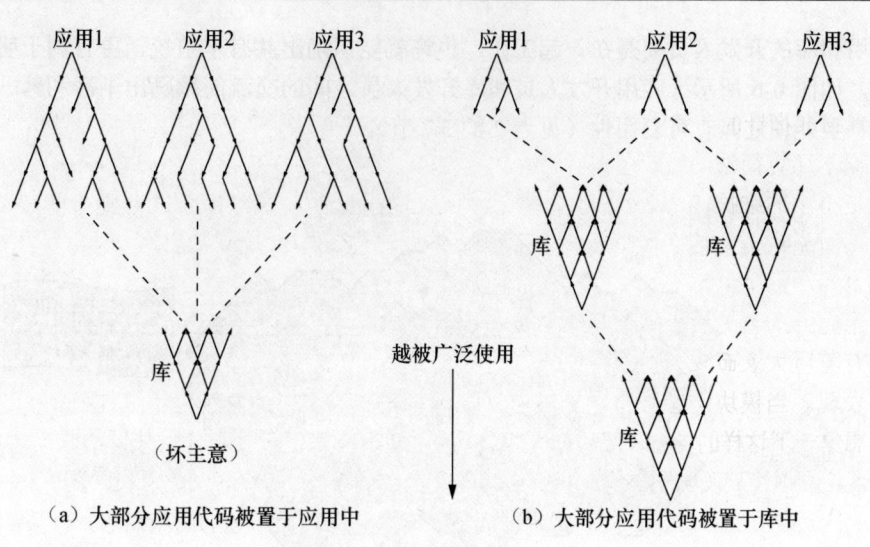

图 0-7　应用与库的相对大小

0.3　协作式软件与可复用软件

经典可复用软件的模块化准则强调将可管理的复杂性隔离在最小化协作特性的接口之后。业界已经认识到，要在最基础的可复用软件之上获得更多的好处，持续重构，即发现可通用化的功能时就将之提取、精细化并降级（demoting）（见 3.5.3 节）是唯一可行的方法。即使复用本身并不是目的，谨慎的分解也能带来显著的灵活性，随着开发不断推进，还能带来更强的可维护性，这一点在需求变化时尤其明显。然而，当自顶向下进行设计时，很多开发者通常会为完全满足当前需要构造一些冷僻设备，但这些设备非常特定、不灵活，而且一放到其他上下文中就了无用处。我们用碎盘子和烤面包机-牙刷分别喻指这些缺乏分解的和分解不充分的子系统。

图 0-8　一个虽然大但是定义明确的软件问题

分解是将图 0-8 所示的宏大的问题拆分成合适的小问题的艺术，这些小问题各自的解决方案仍然能给出可被解释、实现、测试的有用的组件，这些组件重新组合起来可解决原问题。在分解妥当的解决方案中，每个子解决方案的接口复杂性相对于真正做工作的实现的复杂性应控制在一个较小的比例。与数学中的球体类似，接口（可理解为表面积）的复杂性与其实现（可理解为体积）的复杂性的比值被最小化了。

在最糟糕的情况下，模块之间跨边界交互的复杂性可能更甚于模块内。要使用这样一个模块，客户得了解其底层实现中的所有细节。即使对其实现进行非常细微的改动，也需要冒着极大的风险，可能会影响到与之交互的其他模块的行为。像这样的在逻辑分解上的不足会导致物理模块的维护异常困难。

设想有一个子系统，这个子系统由一组模块构成，这些模块之间通过一个由 std::vector<char> 实现的公共消息缓冲区进行通信。一开始，字节偏移量遵循一种众所周知的结构：第一个 4 字节表示传输的来源，第二个 4 字节表示传输的目的地，第三个 4 字节表示传输的类型，等等。

随着时间的推移（而且总是有着正当的业务理由），这一结构会难以避免地渐渐失效。某一模块添加了这样的规则，如果设置了传输类型的最高有效位，则对来源和目的地使用"备用枚举"。其他一些模块没用到某些字段，遂在特定的状态条件下重新定义了它们的含义，而这些状态条件只有它们自己清楚。还有一些模块不想"破坏"消息格式，预先分配额外的容量，并将"私有"信息存储在这一向量的逻辑尾端之后。[①]然而，还有一种常见做法基于非常实用（但没有保证）的自然对齐假设，窃取指针的前两个（或前三个）最低有效位（取决于目标架构）（见卷2的6.7节）。

一个原本还算简洁的接口变得前所未有地繁杂。这些模块之间的逻辑耦合不受约束且非常紧密，即使是小小的维护任务也变得成本高昂、暗含风险。这些模块就如同碎盘子的碎片，仅仅为了一个用处而设计，换句话说，就是为了实现一个应用的当前版本。最终，这会导致其"分割"成图0-9a所示的情况。

分解不充分的常见后果就是写出的函数、对象或组件让人感到陌生，并且难以描述。难以描述是软件有着巨大表面积（即复杂的接口）的明显症状，这也是原问题未被恰当分解或分解不充分的强烈表现。当模块病态地特定于当前需要时，会导致接口的复杂性不成比例。

现在想象一下这样的场景，假如你的妈妈是你的客户，早上她要求你刷牙并给家人烤面包片。作为勤勉的人，你很快就发明了一台一体成型的单一无缝设备——烤面包机-牙刷（图0-9b）作为应对这两个需求的解决方案。尽管你同时精确地满足了妈妈作为客户下达的两项需求，但烤面包机-牙刷就如同碎盘子上的碎片一样，仅仅针对需要它的情景而设计，需求稍有变化便不再奏效。对原问题规约的任何方面（例如图0-8）的微小改变都需要开发人员把现有解决方案中犄角旮旯的实现细节（例如图0-9a）都回顾一遍。由于应用的需求通常会随时间变更，应用中的这种脆弱性会给如期完工带来巨大的欠债和严重的风险：如果你妈妈改主意了，哪怕只改动一点，你就要被做成烤面包片了！

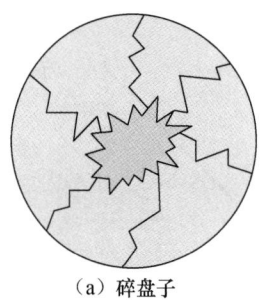　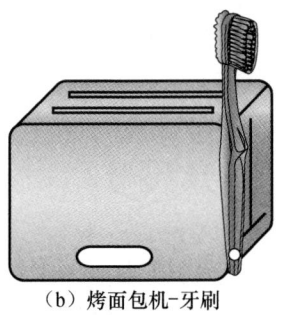

（a）碎盘子　　　　　　　　（b）烤面包机-牙刷

图0-9　一个脆弱的解决方案

即使避开了病态的、脆弱的设计，应用开发人员也常常创造出虽然名称上相互独立，但同级组件却暗中联系的软件。让我们先往前走并考虑图0-10b所示的烤面包机-牙刷应用的协作式分解。熟悉的烤面包机对象被精心地加上一个挂钩，以便挂上所需的牙刷。前提是，这把牙刷已经被适当定制过，在牙刷的手柄上钻好了孔。除了这种相当具体的情景，不太可能（在所有其他事情相同的情况下）会有人选择把一台带着不美观挂钩的烤面包机摆在橱柜台面上。

回到关于盘子的类比上，我们也有可能设计一种软件解决方案，其有着定义明确的接口，表面积-体积比值较低，但还是由高度协作式的片段组成，如图0-10a所示。图中的这个圆就像烤面包机-牙刷一样，是一种协作式设计的例子；在这种设计中，即使子模块之间没有明显的物理相互依赖的关系，每一片段的逻辑设计也都受到其环境的高度影响。如读者所见，对某一片段进行完全描述而不引用其他片段，不是件容易的事。与协作性更弱、更易于描述、更可复用的组件集相比，这样的片段能够找到的应用场景要少得多，就好像带挂钩的烤面包机或带孔的牙刷。

---

① Buzz Moschetti 是我以前在贝尔斯登（Bear Stearns）公司的老板之一，他把这种极其脆弱、危险暗藏的形式（约1998年）称作 zvector。

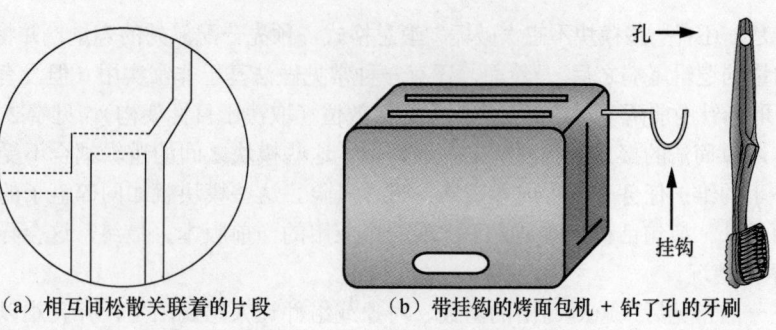

（a）相互间松散关联着的片段　　　（b）带挂钩的烤面包机 + 钻了孔的牙刷

图 0-10　协作式解决方案

不过，协作式设计在单个应用的上下文中还是可以接受的，特别是当我们能够跨多个版本复用协作式片段的时候。将图 0-9a 所示的碎盘子与图 0-10a 所示的协作式盘子进行比较。碎盘子的一块碎片不大可能成为有用的了，除非回到在设计这一片段的特定软件版本中去。如图 0-11a 所示，脆弱的解决方案往往被限制在单个应用的单个版本中，每次新版本发布时，它的所有零件都要一起改写。简而言之，这种不怎么讲纪律的软件开发方法在大规模开发时并不有效，这也许是如此多大型项目失败或不及预期的原因。

然而，通过仔细分解，我们可以跨版本局部复用协作式片段（图 0-11b）。这些片段可以驻留在应用源代码以外的某些应用特定的库中，在这些库中，它们无须修改就可以在应用的多个活跃版本之间共享。通过在各个版本中提高稳定子功能的比例，我们不仅降低了持续增强所需的总体成本，还减少了版本发布之间的时间。

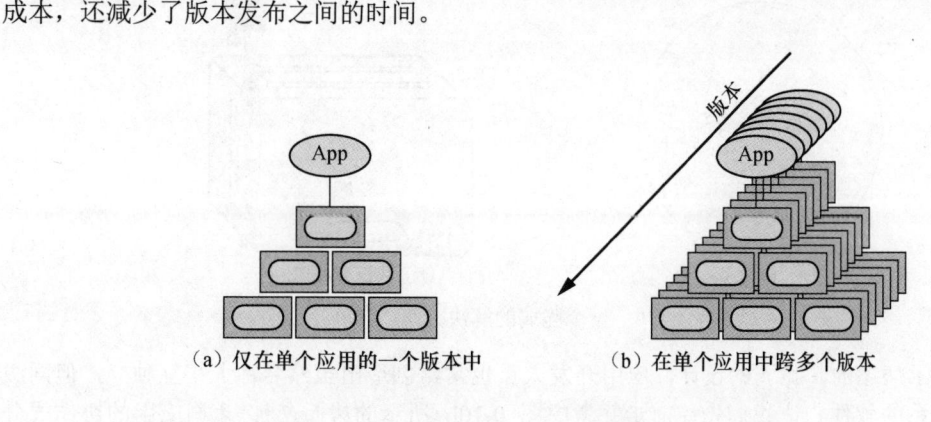

（a）仅在单个应用的一个版本中　　　（b）在单个应用中跨多个版本

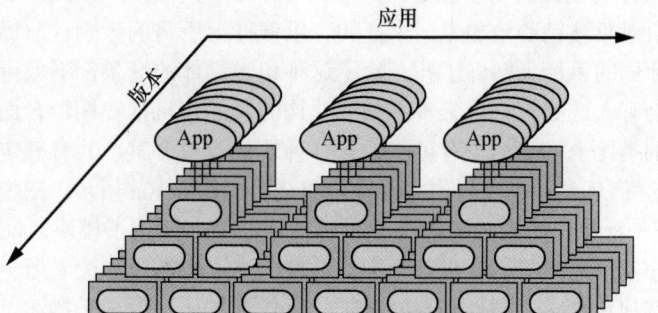

（c）跨多个不同应用和产品的多个版本

图 0-11　对反复出现的问题，解决方案的不同利用程度

协作式解决方案也许可以在单个应用中跨版本复用，但要实现跨应用的复用（图 0-11c），我

们得再做些事情。历史上，可复用软件解决的是在实践中反复出现的、定义明确的小问题。C++标准模板库中的 std::vector 和 std::string 就是熟悉的例子。在本节的几何类比中，可复用软件组件以熟悉的几何形状出现，如图 0-12a 所示。其中的每一种形状用几个词就很容易描述：一个边长为 S 的正方形、一个长宽分别为 L 和 W 的矩形、一个（直角）底和高分别为 B 和 H 的三角形，和一个半径为 R 的半圆形。

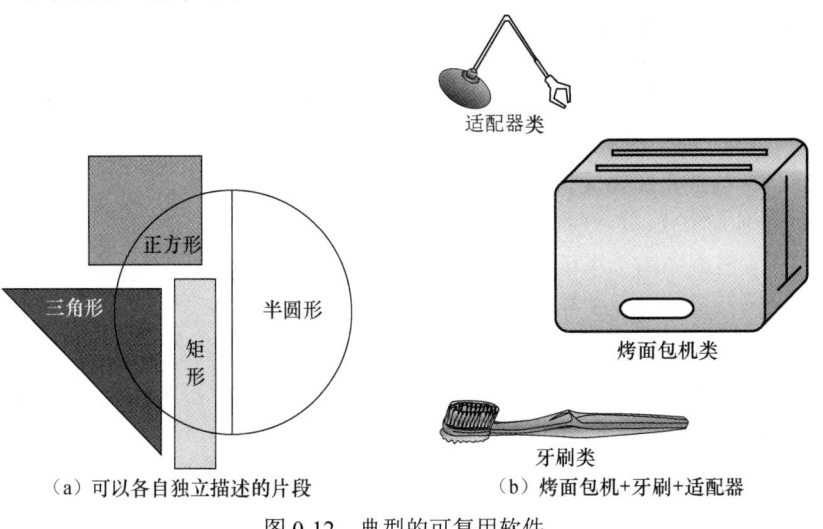

（a）可以各自独立描述的片段　　　（b）烤面包机+牙刷+适配器

图 0-12　典型的可复用软件

可复用软件必须易于组合，无须修改（见 0.5 节）就能轻松地拿来解决新的、从未见过的问题。一套值得信赖的预制组件对开发效率大有裨益。假设我们有一把"现成"的牙刷（无孔）、一台普通的烤面包机（无挂钩）以及图 0-12b 中看上去很有趣的（但肯定不是协作式的）适配器，我们可以很容易地组装一个非常类似于图 0-9b 中完全定制的整块式设备的解决方案，但比从头构建要快且可靠得多。如图 0-13 所示，此类非协作式的子解决方案通常需要一些填充物（图 0-13a），不过，一般一点点（逻辑上的）胶水就够了（图 0-13b）。

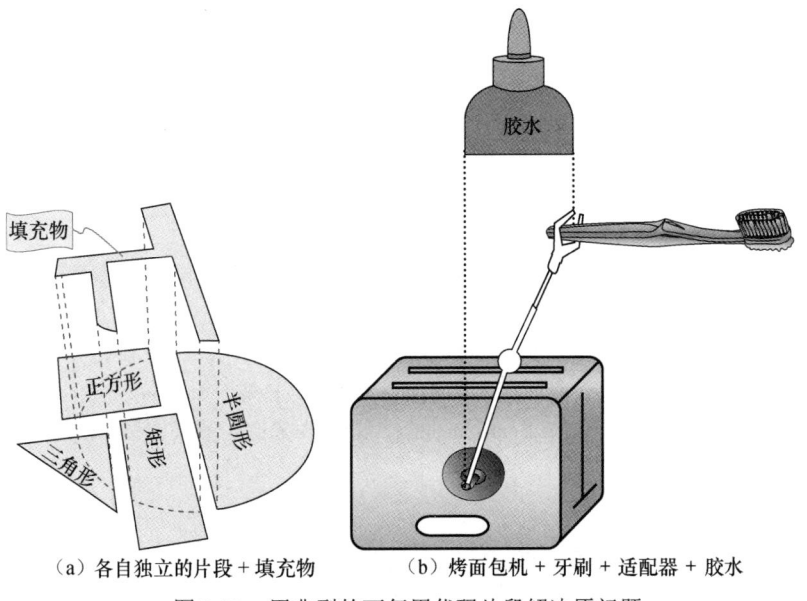

（a）各自独立的片段 + 填充物　　　（b）烤面包机 + 牙刷 + 适配器 + 胶水

图 0-13　用典型的可复用代码片段解决原问题

当我们考虑到真正可复用的解决方案的细致分级层次结构在多个不同的应用和产品的多个版本上的价值时（图 0-11c），我们就能领略到基于组件的软件所带来的巨大潜能（见 0.7 节），软件资本尤其如此（见 0.9 节）。我们很快会说明，正是这种二维景象迫使我们分配必要的资源，以构建并推广可行的公司范围内的超高质量、层次化可复用软件的存储库。

0.4　层次化可复用软件

在相当长一段时间里，业界已形成这样一种共识，庞大的整块式代码（如图 0-14 所示）不是最佳的。早在 1972 年（那时复用还未流行，距离物理软件设计概念成形也还有四分之一个世纪），像 Parnas[①]这样的知名专家就已经观察到，即使只是将程序的逻辑内容仔细地分离成更紧密联系的子系统，并仅允许简单（如标量）类型通过接口，就能降低整体的复杂性。

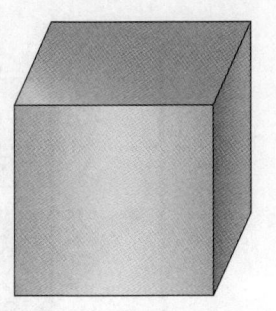

图 0-14　整块式软件（坏主意）

再往前推 4 年（1968 年），那个时候 Dijkstra（以他对数学计算机科学的许多重要贡献而闻名，如以他的名字命名的最短路径算法[②]）就已经发表了一篇论文[③]，展示了层次化的（无环的）物理软件结构所蕴含的价值，这使对复杂系统的理解和彻底测试成为可能。Parnas 在其开创性论文[④]中坦言，（无环的）物理层次（如图 0-15a 所示）和他所提议的"干净的"逻辑分解（如图 0-15b 所示）"是系统结构的两个可取而独立的属性。"[⑤]

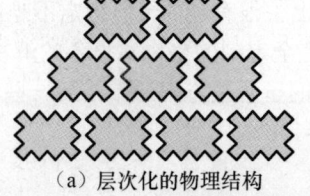

（a）层次化的物理结构　　　　　（b）分解妥当的逻辑结构

图 0-15　系统结构的两个可取的属性

几年之后（1978 年），Myers 争辩道：

> "……在程序内创造出许多定义明确、附有注释的边界，对划分程序而言，这是一个更加有力的正当理由。这些边界，或者说接口，对程序的理解是十分宝贵的。"[⑥]

尽管 Myers 仅仅是谈及单一程序的可维护性，但这些论断也能自然地、更普遍地应用在跨物理边界的时候，库就是一个例子。

经典的软件设计常常会产生松散分层的架构，如图 0-16 所示。对于未充分分解的架构，如七

---

① D. L. Parnas 被公认为是模块化编程（modular programming，又称封装和信息隐藏）之父；见 **parnas72**。
② **dijkstra59**。
③ **dijkstra68**。
④ **parnas72**。
⑤ Parnas 注意到他自己的分解风格（后来就成新的风格了）中模块之间的流程控制开关数的增加，接着他正确地预料到了模块化程序对 inline（内联）函数替代（见 1.3.12 节）的需要，以使其在运行时能和过程式程序相抗衡。
⑥ **myers78**，第 3 章，"Partitioning"，第 21、22 页，具体在第 21 页的最后一段。

层 OSI 网络架构模型[①]的朴素实现，甚至是编译器的各个层，只要这些层本身可以很容易地被进一步纵向分解（vertical decomposition）[②]，就不见得会造成问题。

纵向分解的一种更细致分级的方法如图 0-17 所示。我们用细致分级（finely-graduated）表示从某一可访问抽象层级到下一抽象层级所需添加的功能相对较少。例如，Line 类在其接口中用到 Point 类（遂依赖于它），但是 Line 的定义位于一个层级稍高的分离的物理单元中。在物理层级到下一物理层级之间提供"短"逻辑步骤可以极大改善我们对系统的理解和测试的彻底程度。

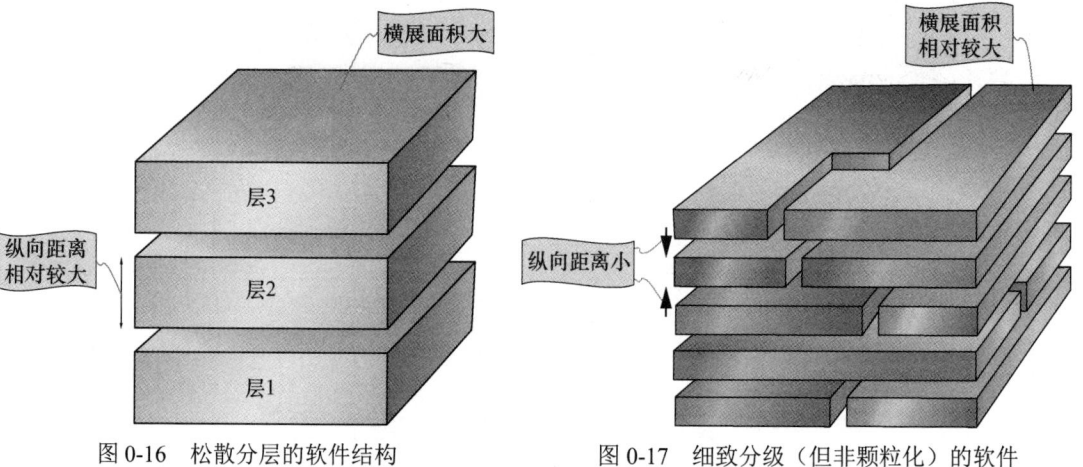

图 0-16　松散分层的软件结构　　　　图 0-17　细致分级（但非颗粒化）的软件

然而，仅有细致分级的纵向分解还不足以实现高效的组件级测试（见卷 3 的 7.5 节），而且由于物理依赖过多，也不适合于独立复用（见 1.8 节）。我们还须确保将分离的同级逻辑内容（如 Circle、Triangle 和 Rectangle 各自的定义）放到物理上分离的单元中去（见 3.2 节）。

提供虽广但浅的逻辑内容（如一个包装器层）有可能接触到较低层级的许多方面。如果这一层仅位于一个或几个庞大整块式物理单元中，则当前并不直接需要的功能还会引入其他不需要的功能（见 1.2.2 节）。结果就是，对任一逻辑内容的单元进行测试或复用都必须编译并连接不成比例的大量代码。可能的物理后果是编译时间、连接时间的延长和可执行文件大小的增加（见 3.6 节），继而是更庞大的程序（而且通常更慢）。为了缓解这些问题，逻辑设计在横展方向上也须和纵向一样小心地分割。

经典可复用软件是颗粒化的，其横展模块化结构如图 0-18 所示。我们用颗粒化（granular）表示任一原子物理单元中实现的逻辑功能的广度都很小。对一个定义明确、反复出现的问题，用户可以轻松访问这样打包整理好的解决方案，并且这一解决方案物理上独立于其他不需要的软件。但我们还是要小心：如果打包得太多，最终导致用于实现颗粒化功能的子功能被嵌套进去（从而导致其呈现变成不可访问的），则纵向上不再细致分级，并且离层次化复用也会越来越远。

在实践中，经典的库复用趋向于两极分化：可复用的解决方案要么很小（如算法和数据结构）且没有方针（决定何

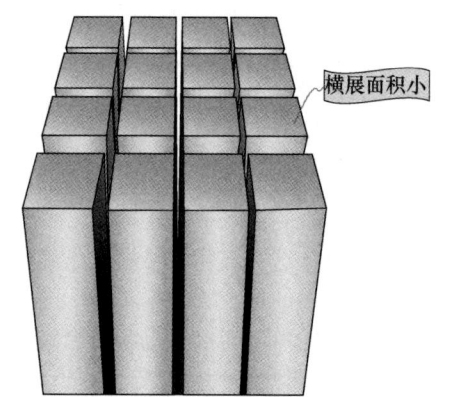

图 0-18　颗粒化（模块化的）但未层级化（未细致分层）的软件

① deitel90，16.2 节，第 496～515 页。

② 注意，OSI 模型存在一些"实现"以不同的方式分配各层任务或添加了子层的问题。例如，与 IEEE 802.3+802.2 相比，Ethernet Ⅱ（第 1+2 层）的第 2 层基本上分为 2a 和 2b，增加了一个额外的报头。（此数据由 JC van Winkel 提供。）

时、何处及如何使用此功能的特定上下文），要么大且影响深远（如数据库、消息中间件、日志系统），能更有力地指定其预期用途。①然而，中间档次的子解决方案很少被拆解、注释并通用化。

如图 0-19 所示的细致分级、颗粒化的软件结构用组件（见 0.7 节）作为逻辑设计和物理打包的原子单元，吸收了细粒度物理模块化（横向和纵向上）与干净、注释完善的（见卷 2 的 6.15 节至 6.17 节）逻辑分解所带来的好处。与图 0-17 所示的薄层一样，这种组织有助于彻底的测试。与图 0-18 中的独立解决方案类似，这些单独组件需要什么才依赖什么，一点也不多。

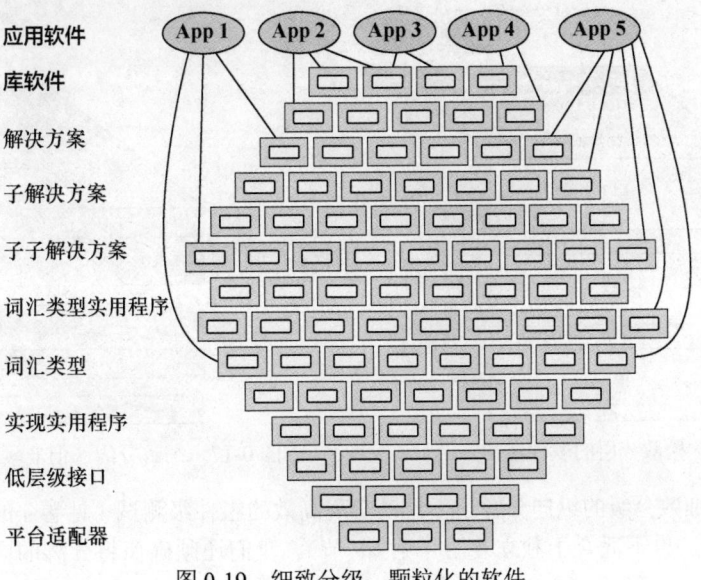

图 0-19　细致分级、颗粒化的软件

如果设计得合理，细致分级、颗粒化的解决方案就可由一套分解妥当的子解决方案构建出来，而子解决方案又由子子解决方案构建，以此类推。②我们可以像剥洋葱一样轻松地揭开抽象层级最里面的几级（见 0.5 节），这几级提供的分解妥当的子问题解决方案不仅可用于原来的需求，也常常能不加修改地应付新浮现出来的需求。

举个例子，普通类型（common type）显而易见是复用的候选，特别是那些流过函数边界的，如 Date 和 Allocator，我们称之为词汇类型（vocabulary type）（见卷 2 的 4.4 节）。这些基本类型可能在可复用谱系的底部。然而，几乎所有的具体类型都是从显著的、更低层级的基础设施功能单元上自然层叠起来的。

这种复用的方法非常吸引人的部分原因在于，不像经典复用的软件结构（例如图 0-12），客户并不被限制于一个单层抽象。回忆我们在图 0-12b 中经典的分解——烤面包机、牙刷和适配器。我们可以从这些部件中轻松构建烤面包机、牙刷（图 0-13b）。然而，通过进一步把软件分解成多个细致分级的层（如图 0-20a 所示），我们能够利用相当数量的可互操作的功能（图 0-20b）。这种低层级功能可以轻松地重新组合成新的高层级可复用子解决方案，大幅降低成本（开发成本和拥有成本）。这些小且完全分解的子实现（见卷 2 的 6.4 节）也通过实现彻底的测试提高了质量（见卷 3 的 7.3 节）。

图 0-21 中完全分解且细粒度的层次起初是由烤面包机、适配器和牙刷构成。假若现在有需求

---

① 框架提供了一种非常粗粒度的、重要的结构化复用形式，与我们的复用解决方案截然不同，是自顶向下的。
② 另见 **stroustrup00**，24.3.1 节，第 733、734 页。

要造一个烤面包机-闪光灯和一个烤面包机-板刷。由图 0-12b 中的经典可复用实现，构造一个标准的闪光灯类型，再结合其他两个标准件——烤面包机和适配器，我们就可以轻松构造一个烤面包机-闪光灯。但是，适当的分解会带来额外的用于实现闪光灯的组件，也就是定义镜头和支架的组件（图 0-21a）。①

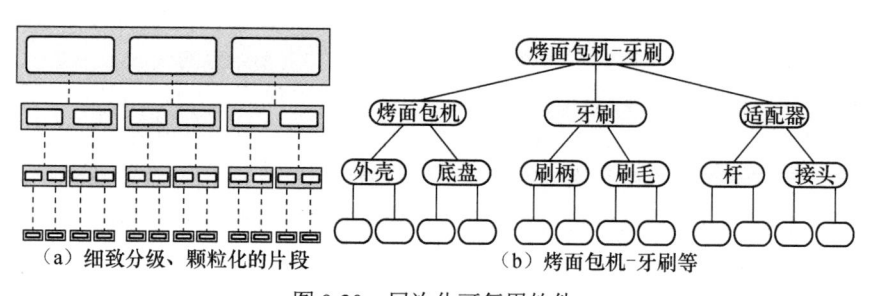

（a）细致分级、颗粒化的片段　　　　　　（b）烤面包机-牙刷等

图 0-20　层次化可复用软件

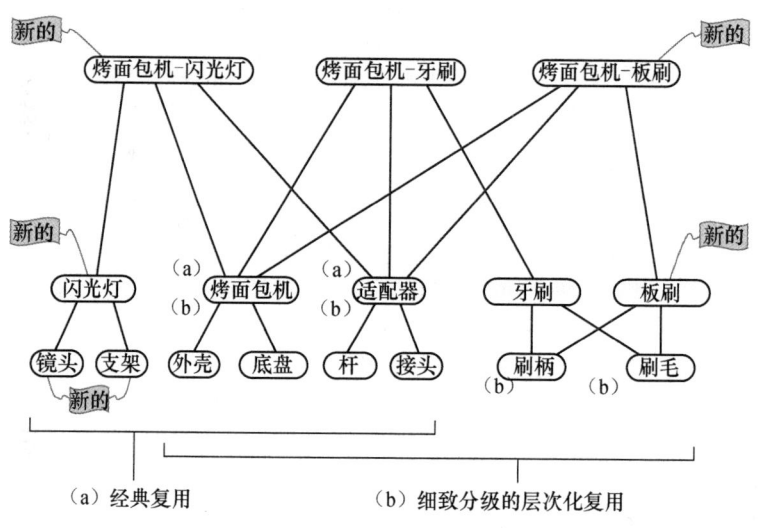

（a）经典复用　　　　　　（b）细致分级的层次化复用

图 0-21　运用细致分解的库软件

但如果我们仅需要一个烤面包机-板刷，可能给造板刷的初等原料（刷柄和刷毛）加上一些"胶水"就能组装出一把板刷了！无须改动板刷类型，用适配器将新的板刷类型和烤面包机结合起来，烤面包机-板刷就出来了（图 0-21b）。

细粒度的物理模块化对有效复用是非常关键的。只有通过在颗粒化的解决方案上再细致分级我们才能使得在每个抽象层次的独立复用成为可能，而不仅仅是数据结构和子系统的复用。此外，正是这个高度分解的、层次化、模块化的物理基础设施使得我们能（就地）直接访问原本无法访问的子解决方案，否则这些子解决方案就只能被复制后再使用。

层次化可复用软件突出于一般软件的特点在于，它几乎不需要改动现有代码便可快速应对新场景。层次化可复用软件解决方案存储库越成熟，开发人员的执行速度就越快，因为越来越多的工作已经被提前完成了（见 0.9 节）。0.6 节将会深入研究细粒度软件库的物理设计，不过我们将先在 0.5 节揭示稳定性对于有效复用的重要意义。

---

① JC van Winkel 提到了一个真实的好例子——Phonebloks，用可替换的"积木"模块制造的手机，如不需要相机或是放入更大的电池。

0.5 易延展软件与稳定软件

大体上，好的软件可以宽泛地划分为两大类，一类是易延展的（malleable），另一类则是稳定的（stable）。易延展软件是指在需求变更时其行为可以轻松、安全地变化的软件，而稳定软件具有定义明确的行为，特意使其行为不会因客户需求变更而发生不兼容的改变。

稳定软件的行为也可以轻松地发生改变。健全的软件工程实践有助于提升软件的易延展能力，如给各种符号常量做好完善的注释（魔数就是反面例子），这当然也适用于稳定代码。两者的关键区别在于，易延展软件的行为为变化而设计，而稳定软件则不然。两种类型的软件在不同场合各有需求，但既不易延展也不稳定的软件是不可取的。最重要的是，切勿将易延展性与可复用性混淆，只有稳定软件才能复用。

与库软件不相同的是，应用代码的行为一般要能够针对快速变化的用户需求做出响应。于是，设计优良的应用是易延展的。仅仅因为某些事情在未来某个时候可能会发生些改变，并不意味着我们在编写代码之前不扩展重要的前期思考。遗憾的是，有些用意是好的人将面向对象的范式视为不加思考地编程的特许："让我们来动手实现一些对象吧，细节可以等之后再说。"这种方法可能在程序设计导论课上算一个有用的练习，但它离我们所说的工程还差得远。

"快速"开发谱系（rapid development spectrum）的最末端是被称为敏捷软件开发（agile software development）[1]的通用的方法论，极限编程（extreme programming，XP）[2]是其早期的一个特例。这种方法[3]最初的既定目标是尽快满足每一个新出现的需求，并最大限度地实现当前的业务目标。任何形式主义都应避免。极限/敏捷程序员将最佳应用编程提炼概括为，在规定时间内用手上分配到的资源交付出最高质量的软件。对应的代价是，长期事宜必须得延后解决，并且敏捷编程者自己所编写的软件很可能很快就会发生不兼容的更改。

大多数敏捷编程者会坦率地承认，他们非常乐意用上所有能用上的、有助于达成目标的软件。如果有机会用上一套稳定的、层次化可复用的库，真正的敏捷编程人员大概率不会客气。即使其他人再如何敏捷，也难以与手头有一套领域相关、稳定的成熟软件库的敏捷编程者争锋。

我们并不贬低这种广泛实践的软件开发方法，但我们还是要提醒读者，这其中门道颇深。[4]尽管敏捷技术可用于在短期到中期内快速开发中等规模的应用，但它们一般不适合开发大规模的软件，特别是（稳定的）可复用软件。

设想某一天我们需要烤面包机，于是我们去当地的硬件或家居用品店买了一台烤面包机。现在想象一下，出乎我们预料的是，有一天当我们尝试做烤面包的时候，我们发现我们所"依赖的"烤面包机化身成了烤面包机烤炉，或者更糟糕的是，变成了华夫饼烤盘。无论这个突变机制变得多么好，除非它能够对所有现有的客户表现得像起初宣传的一样好，否则我们基于已经拥有烤面包机而制定的任何计划或假设都会立即受到质疑。在现实生活中可能很难想象会碰到这样的问题，但很遗憾，在软件设计领域中这类问题会出现且经常出现。

经典设计技术直接导致了对软件的维护不得不通过修改实现。这里的"维护"一词意味着让一段代码别做昨天我们希望它做的事情，而是做今天我们希望它做的事情。例如，考虑以下函数 f，它被设计用于解决一些常见的现实问题：

---

① **cockburn02**。

② **beck00**。

③ **alliance01**。

④ **boehm04**。

$$f(a, b, c, x, y, z)$$

凭什么说6个参数就够了？如果之后发现还需要参数 d 甚至是 e，怎么办？其他人很有可能会要求你先考虑这点？我们还回过头去改动函数 f 让它加上这些额外参数吗？它们是否应该是可选的？

在几乎所有的情况中，对这些问题的回答都是否定的。如果 f 本应实现一个注释中说明的行为并且当前有多个客户使用着，那么我们就不能简单地回过头去修改 f，使其做一些与之前所做明显不同的事情，那样的话，原本依赖 f 的任何事情都无法工作了。根据某些指标[①]，对某一给定实体稳定性的衡量标准来自依赖该实体的其他实体的数量。理想情况下，后续做出的任何改变都应该让我们用户的所有原始假设保持不变（见卷2的5.5节）。

这里的问题来源于根本上过于乐观的设计手段：我们自以为有足够的参数来解决任何有趣的现实世界问题，但往往时间一长就不够用了。这种不稳定性的根源可以归咎于不充分的分解。一种更稳定的设计会主动积极地将实现分解到一系列更简单的、大概率自成完备的函数中：

$$fa(a) \quad fb(b) \quad fc(c) \quad fx(x) \quad fy(y) \quad fz(z)$$

如图 0-22 所示，得益于分解更精细的、颗粒化的设计（图 0-22a），如果我们需要添加新的函数 $fd(d)$ 和 $fe(e)$，我们或许可以不改变其他正在使用的函数（图 0-22b）。[②]这样的话，就不会影响之前已有的软件应用。

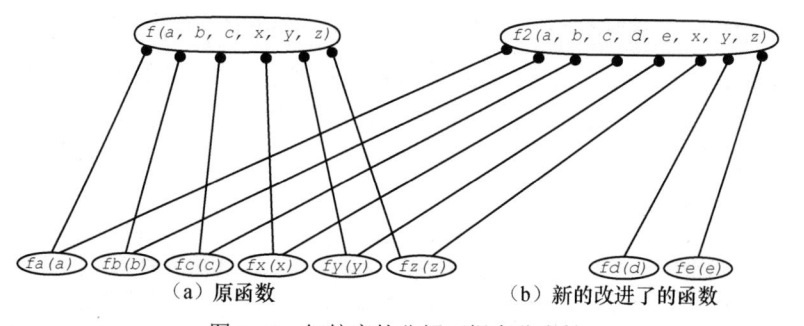

（a）原函数　　　　　　　　（b）新的改进了的函数

图 0-22　细粒度的分解可提高稳定性

在下面的第二个例子中，假设我们在一个质量出色的基础设施中编写一个专有的、高速的 HTTP 解析器。各种应用开始将此解析器用作客户和服务器之间基于互联网进行通信的一部分，如图 0-23 所示。初始解析器是为 HTTP 1.0 版编写的，它不支持最新版本的功能。随着时间推移，一些客户跟我们抱怨说他们需要较新版本的

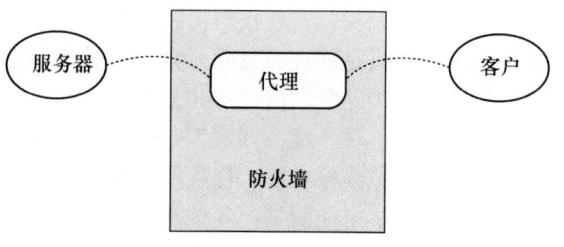

图 0-23　客户通过代理跨过防火墙与服务器进行通信

HTTP 的功能，并且礼貌地请求（要求）我们尽可能快地发布兼容 HTTP 1.1 版本的解析器（昨天）。现在问题来了，是应该升级（也就是原位替换）这一解析器组件，还是另外发布一个全新的、兼容 HTTP 1.1 版本的组件并继续支持原先的 HTTP 1.0 解析器组件（可能新旧解析器会同时存在）？

这一问题的答案是，必须创建新的组件，同时保留旧解析器！解析器是一种完全位于这些

---

① **martin95**，第 3 章，"Metrics"，第 246～258 页，具体在第 246 页"(I) Instability"中；**martin03**，第 20 章，"The Stability-Dependency Principle"，第 261～264 页，具体在第 262 页"(Instability I)"中。

② 在本书中（见 1.7.1 节至 1.7.5 节），我们沿袭 **lakos96** 的符号，并略有扩展（见 1.7.6 节）来支持泛型编程和设想的仅在结构上（in-structure-only）的性质（C++20 后语言已直接支持它们）。

通信模块实现中的机制。对于既控制客户端又控制服务器端，并且不需要新功能的应用，可能永远不需要升级到更新版本的 HTTP。而且，这项"升级"是对已有功能的改变——不是修复 bug 也不是向后兼容的扩展。因此，做出恰当更改的决定完全取决于各个应用所有者，不能要求他们参与后续版本，也不能以任何中心化的时间表强迫他们。[①]

如果防火墙中的代理要求兼容 HTTP 1.1 版本，紧急情况将强迫应用开发人员尽快使用新的组件。但要是连代理自身都还不兼容 HTTP 1.1 版本，类似这样的强制施加于应用上的更改都将是灾难性的，因为旧的代理不能跨过当前防火墙传播新的格式。除此之外，这个示例还展示了偶尔支持同时使用（甚至是在单个程序中同时使用）实现级功能的多个版本的一般需要（见 3.9 节）。

无论面向对象与否，要彻底地测试任何非平凡的事物，我们必须能层次化地测试它，这是本书的工程哲学的基石。即在物理层次的每一层级，我们都应该能够仅用较低层级的组件来测试每个组件，每个组件都已经过彻底测试（见 2.14 节）。鉴于对组件的彻底测试（更不用说正确的实现）意味着对该组件之下的功能的完全了解，对较低层级组件行为的任何改动（不管多小），都有可能让较高层级的实现人员做出的假设失效，从而导致细微的缺陷和不稳定性。

编写行为不变的代码的想法并不新鲜。Eiffel 编程语言的发明者 Bertrand Meyer 将设计优良的这个重要方面描述为开闭（open-closed）原则[②][③]：

> 软件既要对扩展开放（open），又要对修改封闭（closed）。即不谋求在一个组件中为所有可能的行为做好准备，我们提供扩展行为所必要的钩子（hook），而并不一定要改动组件的源代码。

C++标准模板库中 std::list 的 list 组件的设计就是一个具体的例子。当用值语义的类型作为模板参数实例化 std::list 的时候，链表也是值语义的（见卷 2 的 4.3 节），理想情况下，定义 std::list 的组件应该也提供一个实现标准意义上的相等比较的自由运算符：

```
template  <class TYPE>
bool operator==(const list<TYPE>& lhs, const list<TYPE>& rhs);
    // 如果指定的 lhs 和 rhs 对象值相同，则返回 true，否则返回 false。如果两个
    // std::list<type>对象有相同数量的元素，并且对应位置的元素的值相同，
    // 则这两个对象的值相同
```

现在，假设我们发现我们需要的对两个列表的相等比较运算不同于已有的方法函数，如我们感兴趣的可能只是链表的对应元素的绝对值是否相同。我们应该如何处理？

如果这个类是我们自己的并且我们可以修改它，我们可能会考虑给这个类加一个 absEqual 方法，但其实这种"解决方案"完全不合适，因为它违反了开闭原则。我们也可能会简单地考虑提供回调函数或模板参数，使我们能定制相等比较运算。但这两种提出的补救措施都很丑，并且也不保证能解决可能面临的其他类似问题，如假如要以一种特定的格式输出 list 中的内容，特化的 absEqual 方法可能就帮不上忙了。

对已有可复用功能的行为进行改动是错误的，甚至对已被认为是完备的组件而言，添加新的行为也常常是欠佳的。实际上，任何针对个别客户需求的侵入性补救措施都是高度协作式的，且几乎总是会误导。对稳定性问题的一般解决方案是设计对客户提出的高效的、非侵入性的、单边扩展保

---

① 有时，库开发人员必须强制应用开发人员接受将库升级到新版本以利用新功能。当持续重构改动导致跨接口边界中被普遍采用的类型发生变化时，这种强制尤为必要（见卷 2 的 4.4 节）。只要"升级"实质上是向后兼容的（见卷 2 的 5.5 节），有理由相信，人们能在一段"合理"的时间段（比一般假期的最长期限稍长）内迁移。即便如此，升级的精确时间也必须由应用开发人员来安排。至少要避免应用开发人员在发生转变时处于不连贯的状态。

② **meyer95**，2.3 节，第 23～25 页。

③ 另见 **meyer97**，3.3 节，第 57～61 页。

持开放的组件。具体到 list 组件这个例子，或是一般的容器，稳妥的做法应该是提供迭代器。①

迭代器能让容器的任一客户可以实现几乎所有合适的扩展。例如，图 0-24 中两个函数都是关于 list 组件的互相独立的、客户端的扩展。通过迭代器进行可扩展性的设计，我们可以合理地确保不需要为此目的修改可复用容器的源代码。这一单边可扩展性原则还有助于确保应用开发者不会因等待只能由库开发者提供的增强功能而受到束缚。注意，C++标准库中的所有容器类型都配备了迭代器，可以高效地访问每个包含的元素。②

```
bool myAreAbsEqual(const List& lhs, const List& rhs)
{
    List::const_iterator lit = lhs.begin();
    List::const_iterator rit = rhs.begin();
    const List::const_iterator lend = lhs.end();
    const List::const_iterator rend = rhs.end();

    while (lit != lend && rit != rend) {
        if (std::abs(*lit) != std::abs(*rit)) {
            return false;                              // 返回
        }
        ++lit, ++rit;
    }
    return lend == lit && rend == rit;
}③
```

（a）用特定的方式判定两个列表是否相等

图 0-24　客户对作用在 list 上的操作进行单边扩展

---

① 即使是传统上只提供对其顶层元素的访问的 Stack 类型，也宜带上一个关联式迭代器来支持客户做出类似的单边扩展。注意，这在封装上完全没有问题，即使只是通过一个受限接口，Stack 类的客户仍然能够对两个 Stack 对象做"绝对相等"的比较（只是没那么高效）。

```
bool myAreAbsEqual(const Stack& lhs, const Stack& rhs)
{
    Stack u(lhs), v(rhs);       // 开销太高了!                     (坏主意)
    while (!(u.isEmpty() || v.isEmpty())) {
        if (std::abs(u.top()) != std::abs(v.top())) {
            return false;        // 返回
        }
        u.pop();
        v.pop();
    }
    return u.isEmpty() && v.isEmpty();
}
```

迭代器可以恢复其效率，而无须对实现选择施加任何限制，抑或额外增加运行时开销。

② 另一个关于开闭原则的不太通用但非常详细的说明参见 3.2.8 节。

③ 正如前言所讨论的，我们有时会注意到一些地方，在这些地方，更现代的 C++术语可以提供更好地表达想法的功能。例如，迭代器是一个大家熟悉的设想，具有定义明确的语法属性和语义属性，那么其特定 C++类型就不是重要了。在这种情况下，我们可能更倾向于用 auto 关键字让编译器自己弄清其类型，而无须我们每次需要时都指定其类型，甚至是其别名，因为代码本身（如 lhs.begin()）足以使该设想明确：

```
bool myAreAbsEqual(const List& lhs, const List& rhs)
{
    auto        lit  = lhs.cbegin();
    auto        rit  = rhs.cbegin();
    auto const  lend = lhs.cend();
    auto const  rend = rhs.cend();

    while (lit != lend && rit != rend) {
        if (abs(*lit) != abs(*rit)) {
            return false;                // 返回
        }
        ++lit, ++rit;
    }
    return lend == lit && rend == rit;   // 我们一般会尽量避免将可修改的操作数
                                         // 放在运算符重载函数 operator==的左侧
}
```

```
std::ostream& myFancyPrint(std::ostream& stream, const List& object)
{
    stream << "TOP [";
    for (List::const_iterator it  = object.begin();
                              it != object.end();
                              ++it) {
        stream << ' ' << *it;
    }
    return stream << " ] BOTTOM" << std::flush;  // 对调试有用
}①
```

（b）用特定的方式打印列表的值

图 0-24　客户对作用在 list 上的操作进行单边扩展（续）

有趣的是，C++语言一开始就以类似的设计目标而打造。它并不尝试去构造完整的有用类型或机制的集合。从许多类型或者机制中单选一种给 C++，并不会扩展它，反而会限制其适用范围。

> 所以，C++并没有内置的复数、字符串和矩阵类型，亦不直接支持并发、持续、分布式计算、模式识别和文件系统操作，这些是最常被建议扩展的例子。②

C++一直将设计（和演变）的焦点放在抽象机制的改进上（一开始重在继承，后来则是模板），试图以一种组织有序的、稳定的库的形式，让抽象（用户定义的）类型和机制有效的合作更为容易。这些库可以提供任何抽象类型或机制的几个具体变体，即使在一个程序中也可以同时存在。本书的大部分内容都涉及将这一根植于语言本身的崇高架构理念延伸到其自然结论，其形式是组织有序的、企业范围的、基于库的解决方案（见 0.9 节）。此外，C++还允许用户创建库和新类型，创建的库和类型的接口可以与 int 类型这样的一等公民相同，并且表现得和它们一样。

如果使用恰当的话，继承（见卷 2 的 4.6 节）可以称得上是在大规模开发中最强大的赋能无修改扩展的机制。考虑图 0-25 所示的简单的报告生成器架构。在这个经典的层状设计中（见 3.7.2 节），PostscriptOutputDevice 模块接收输出请求并将其转换为适合驱动 PostScript 打印机的格式。所有关于打印账户的细节知识都妥当地放在 AccountReportWriter 模块（而不是 PostscriptOutputDevice 模块）里。到此为止，一切都还好。

现在只需添加新的报告模块，就可以扩展可生成的报告的种类，如图 0-26 所示。并且，假设有仔细的细粒度的分解，那么很多原本用来实现 AccountReportWriter 模块的代码将对新的报告撰写器通用。

但要是想加入新的输出设备呢？如何在不改动原有代码的条件下扩展这一架构？权宜之计是把整套报告复制、重命名且重定向到一个新的输出设备，如图 0-27 所示。毋庸赘言，从维护的角度来说，这不是长久之计。

换个思路，我们可以试着统一所有的设备接口，并以它驱动所有合适的设备。鉴于已有相当多的接口，我们可能考虑使这个组件作为一个包装器，逻辑上封装了特定的设备，如图 0-28 所示。这种解决方案虽然经常用于实践，但也存在多个方面的不足。每次新设备上线都得修改输出设备

---

① 在这种情况下，我们可能更喜欢基于范围的 for 循环以及 auto（C++11 引入）：

```
std::ostream& myFancyPrint(std::ostream&  stream,  const List& object)
{
    stream  << "TOP [";
    for (const auto &v : object) {
        stream  << ' '  << v;
    }
    return stream  << " ] BOTTOM";  // '<< std::flush'是可选的
}
```

② **stroustrup94**，2.1 节，第 27~29 页，具体在第 28 页的中间。

管理器的源代码，另外还多加了一层反常的物理依赖：每一个要使用的（甚至是要测试的）报告撰写器，都必须和所有已有的设备相连接。更糟糕的是，一些设备（如 Windows 输出设备）可能并非每个支持的平台上都存在！

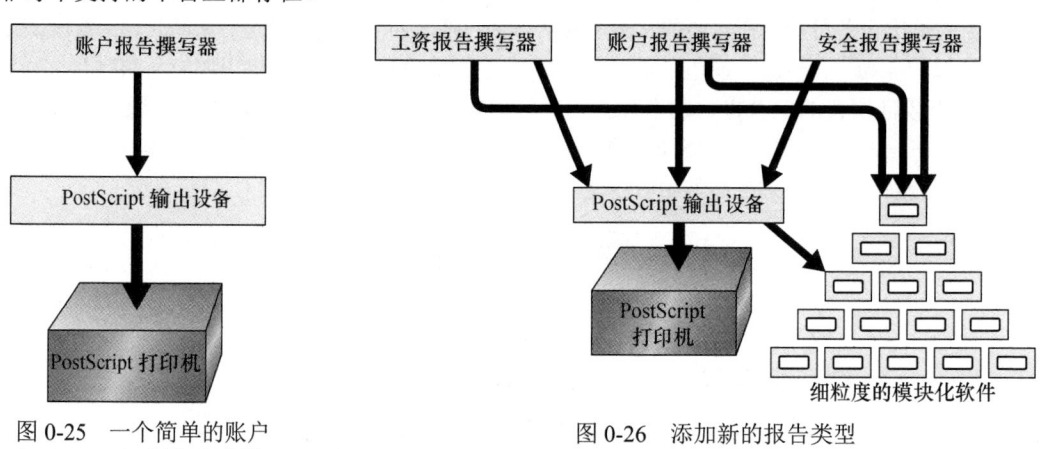

图 0-25　一个简单的账户
（Account）报告生成器

图 0-26　添加新的报告类型

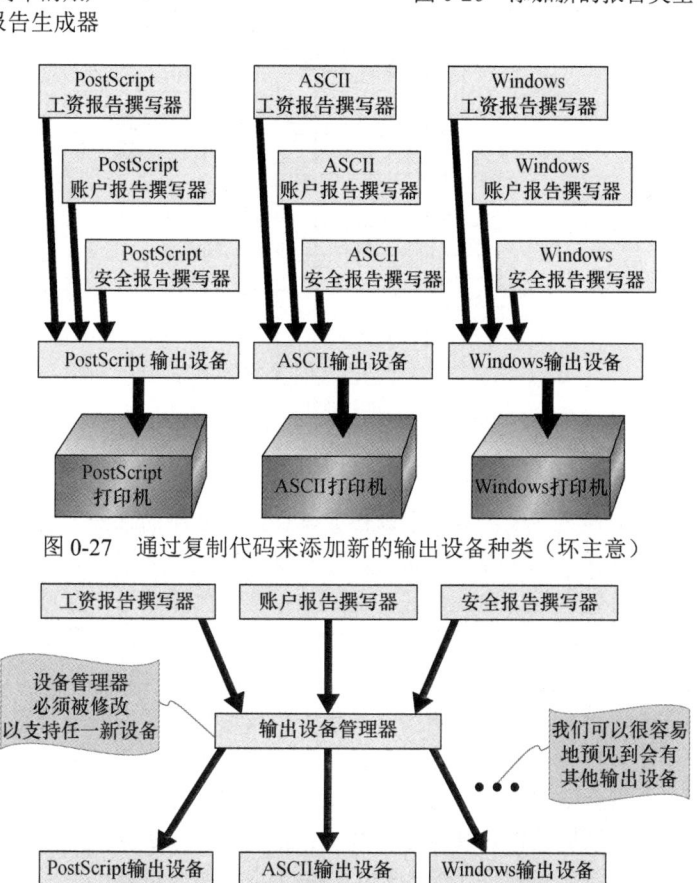

图 0-27　通过复制代码来添加新的输出设备种类（坏主意）

图 0-28　封装一个易于扩展的集合（坏主意）

　　固有可扩展的、不可移植的第三方软件或者其他方面不可控或有风险的软件，可能会动摇核心库的稳定性，我们选择避免对其封装，这将成为本书中经常性的主题。相反，我们将捕获此类行为的定义——通常[①]作为协议（protocol）类，即纯抽象接口类（见 1.7.5 节），并详细描述预期的行为。这样的话，新的输出设备可能会在需要的时候由应用引进。唯一要注意的是，这些新的具体的实现满足抽象接口施加的合约（contract，见卷 2 的 5.2 节）。在这样的设计中，客户和实现共存，它们级别相当，均只依赖于较低层级的包含接口的组件。这种抽象接口方法的进一步的好处是，通过（"模拟"）TestOutputDevice 的惯用复用给客户测试提供了便利（见卷 2 第 4 章和卷 3 第 9 章）。图 0-29 提供了一个完全分解的、可双边扩展但绝对稳定的报告编写问题的解决方案。

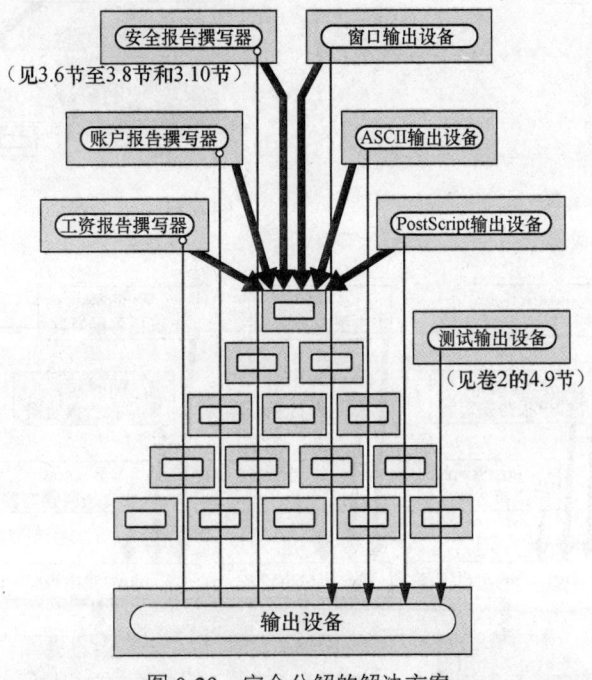

图 0-29　完全分解的解决方案

　　不是所有的软件都能稳定下来，应用层软件尤其如此。应用的每一个版本都必须有所不同，否则（除了纯粹的性能调优）就没必要发布了。当开发高层级的应用代码时，先搁置稳定性，转而追求易延展性可能更有效一些。也就是说，我们并不把开闭原则当作金科玉律，我们接受代码会改变的现实，转而关注如何让可能发生的改变安全并简单。例如，一种常见的做法是将邻近的可能会一同发生改变的代码分成一组（见 3.3.6 节）；理想情况下，相互依赖的代码总量应足够小，小到能放入单个组件中。然而，当允许通过公共接口暴露对现有行为的不兼容的改变时，软件主体就不稳定了。无论此类代码是否被认为是易延展的，它肯定是不可复用的。

　　如图 0-30 所示，易延展软件与稳定软件的使用方式截然不同。易延展软件相较于稳定软件最突出的特征也许在于，易延展软件必须有且只有一个主软件来指示其行为的变化（图 0-30a），而可复用软件一创建出来就没有主软件（图 0-30b）。由于依赖某一可复用组件来完成其当前所做工作的客户数量是不受限制的，因此它们可能无一（换言之，任一子集都不一定）能合理地要求进行不兼容的更改。

---

① 3.5.7 节探讨了协议（见 3.5.7.4 节）以及包括设想在内的其他几种方案（见 3.5.7.5 节）。

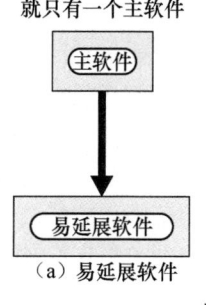

图 0-30 易延展软件与可复用软件

如果软件的既定行为必须改变，则它应依据（并且仅影响）单个主软件（单个应用）的要求进行更改；其推论是，从属于某一应用的易延展软件不得再与另一应用共享（见 2.13 节）。如图 0-31 所示，如果允许多个主软件单边更改共享软件，就会导致过约束问题（图 0-31a），结果常常是欠优的（图 0-31b）。即使保留了现有的逻辑行为，那些对运行时性能或其他物理属性（如连接时依赖和可移植性等）产生不利影响的修改也会严重影响稳定性。为了实现有效的层次化复用，除了极少数例外情况，组件合约的所有方面（显式或隐式）在组件的生命周期内都必须继续得到遵守（见卷 2 的 5.5 节）。

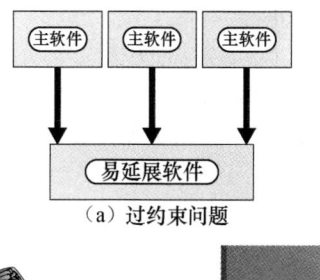

（a）过约束问题

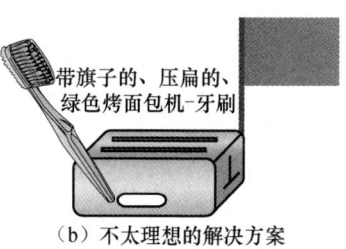

（b）不太理想的解决方案

图 0-31 有多个主软件的软件（坏主意）

基础设施一旦启用就需要不断维护和增强。使用传统的粗粒度分解时，基础设施型软件被使用得越多，维护成本就越高，因为着急的用户渴望获得越来越多的增强功能。要是不给用户提供功能升级，他们会感到自己不受支持、心存不悦，尤其是因为他们无法单边扩展自己的功能——这违背了开闭原则。

一些组织无法承受持续增长的成本，并且架构部门可能被认为对利润没有直接的贡献，因而会被第一个牺牲掉。通过确保精细地呈现可复用的基础设施，去除了与支持复用相关的许多成本。各个组件保持稳定，任何增强功能都是加性的，而不是迭代的。

总之，我们通过层次化复用实现有效的复用。低层级、中层级、高层级复用的结合能够发生的频率是惊人的，0.8 节将通过类比说明这一点。低层级常可复用的例子包括内存池和分配器、托管/共享指针、函子、作用域保护（scoped guard），还有同步原语和通信原语等。在本书中，我们将展示发现、设计、实现和测试这些层级低但有高杠杆作用的组件的过程。这样的细致分解并不容易；但正是对细粒度分解的关注使得我们可以不必改动软件基础设施就能创建功能进而扩展功能，从而实现无与伦比的复用和稳定性。

至此，我们已经将我们所倡导的软件描述为细致分级、颗粒化的、分解整洁并且通常只允许共有的、简单的（如标量）类型通过（注释完善的）功能接口。这些简单的类型构成了基本词汇（见卷 2 的 4.4 节），通过这些词汇可以跨函数边界传输信息。我们认为，表面积相对较小且易于描述的接口在新环境中比更复杂或协作程度更高的接口更具基本能力和可复用性。

本节引入了稳定性作为描述软件的一个维度。我们希望软件（尤其是库软件）尽可能保持稳定，从而有可能可复用。为稳定性做设计（见卷 2 的 5.6 节）是我们日常开发工作的主要内容。实际上，我们开发大规模软件的一般方法从根本上要求新的软件的构建要基于已有的软件递归式进行，而不是迭代式地更改。

　　软件在架构上对纯函数式语言（如 lambda 演算或纯 Lisp）而不是命令式语言（如 C 或者 Java）的模拟与现代 C++泛型编程（见卷 2 的 4.4 节）中的模板和元函数所采用的令人着迷的编译时风格惊人地相似。也就是说，一旦可复用组件被"实例化"（换言之，编写、发布该组件），我们可以引用（换言之依赖）它，但我们不能随后改变它的值（换言之，改变它已被定义或隐含的逻辑合约或者极大降级它本质物理特征的任何方面）。这就是一个公司范围内的层次化可复用软件的存储库的积累方法，这样的存储库不仅质量过硬而且也极度稳定（见 0.9 节）。在 0.6 节中，我们将深入了解细致分级、颗粒化的软件的物理方面。[①]

0.6　物理设计的关键作用

　　大规模软件开发的成功需要开发人员对逻辑设计（logical design）和物理设计（physical design）两方面细细斟酌，两者有所区别但息息相关。逻辑设计就如字面意思一样，它涉及软件的功能性方面，如功能规约决定了应用、子系统或个体组件的整体逻辑设计。决定将特定类特化还是为所需功能提供抽象接口是一个相当高层级的逻辑设计选择。使用带线程的还是不带线程的、阻塞式还是非阻塞式传输（进程间通信），这些都属于逻辑设计的范畴。

　　历史上，大部分关于 C++的书籍仅仅解决逻辑设计的问题，并且通常只在一个很低的层级，如一个特定的类是否应拥有复制构造函数是一个低层级但非常重要的逻辑设计问题。有意使特定运算符（如 operator==）成为自由（非成员）函数也是一种低层级的逻辑设计选择。甚至选择一个类的特定私有数据成员也会被认为是低层级逻辑设计的一部分。但如果在各层级上仅仅考虑逻辑设计的话，软件开发的许多重要且实际方面都会欠考虑。随着开发组织日益庞大，物理设计因素的力量开始发挥作用。

　　物理设计（定义见图 0-32）解决的是逻辑实体（如类和函数）在物理实体（如文件和库）中的放置问题。任何设计均存在物理方面的考量。毕竟构成典型 C++程序的所有源代码都驻留在文件中，而文件就是一种物

物理设计
1. 名词，表示源代码在文件中的排布以及文件在库中的排布。
2. 及物动词，表示在文件中分隔源代码以及在库中分隔文件。

图 0-32　物理设计的定义

理实体。当人们讨论复用时，大家可能思考的是子例程或类，但这样的东西是不能被直接复用的。能被复用的是定义并实现其逻辑内容的那一系列文件。因此，总的来说，如何聚合逻辑构件使之化为离散的物理模块是可靠设计，尤其是复用设计中的一个至关重要的方面。

　　物理设计决定了（物理上）编码功能相对于整个企业中的其他功能所属的位置，如在什么库中。识别跨物理边界的编译时依赖和连接时依赖将有助于塑造软件的逻辑设计和物理设计两方面。例如，用于公司范围内复用的通用功能在软件存储库中属于（物理上）低层级，在较高层级工作的应用软件开发人员可以找到并使用它（示例见图 0-7b），而不受其他应用的影响。

　　现如今，软件开发业界已经达成共识[②③④]，应尽力避免（物理）模块之间的循环依赖（见 2.2 节、2.3 节、2.4 节、2.6 节、2.8 节、2.9 节、2.14 节和 3.4 节）。采用既定的物理设计技术（见 3.5 节）以确保仅为所需要的东西（见 3.6 节）付出代价（连接时间和可执行文件大小）。进一步，我们希望开发独立于同级解决方案的可复用解决方案（见 3.7 节），并且希望可复用解决方案能与同级解决

[①] **alexandrescu01**，3.5 节，第 55 页。

[②] **lakos96**，4.11 节，第 184～187 页；7.3 节，第 493～503 页。

[③] **sutter05**，第 40、41 页，第 22 项。

[④] 关于编译时依赖（仅仅是编译时依赖），另见 **meyers05**，第 140～148 页，第 31 项。

方案在同一过程中和谐共存（见 3.9 节）。详细的物理设计需要我们正确回答许多仅靠逻辑设计无法解决的重要问题。下面给出一些例子。

- 两个给定的类应该是在一个头文件中定义，还是分别在两个头文件中定义？（见 3.3 节。）
- 一个给定的翻译单元是否应该依赖于其他一些翻译单元？（见 3.8 节。）
- 我们应该用 #include 包含一个指定逻辑单元的头文件还是只是前置声明？（见卷 2 的 6.6 节。）
- 一个给定的函数是否应该被声明为 inline？（见卷 2 的 6.7 节。）

这些物理设计问题与开发的技术方面密切相关，即使"经验丰富的"软件开发人员也对它们所构成的新的设计维度知之甚少。物理设计虽然不如逻辑设计那样广为人知，但随着一个工作组、部门或公司内开发的应用和库的数量和规模的增长，物理设计的作用会愈发突显。

将深思熟虑的逻辑设计与细致的物理打包相结合，使得软件开发人员能够在细致分级的集成层级上"混搭"现有的解决方案、子解决方案等（见 0.3 节）。这两相结合所得的灵活性以及逻辑和物理互操作性，有助于通过层次化复用使规模经济最大化成为可能（见 0.4 节）。

本书在第 0 章中先交代动机，在第 1 章中讨论一些涉及编译器和连接器的思考，在第 2 章中学习逻辑内容如何有效地放置、打包、聚合，在第 3 章中再回到大规模物理设计的话题。

0.7 物理形式统一的软件：组件

软件的物理形式在很大程度上影响我们对软件的管理能力。除健全的物理结构之外，我们的专有软件还需要物理形式统一（physically uniform）的组织，这会极大地增强开发者对专有软件的理解、使用和维护能力。而且，物理上的统一会鼓励创建直接在软件上（作为数据）操作的高效的开发工具（如编码规范检查器、依赖分析器、注释提取器）。爱默生曾说过："愚蠢地坚持一致性是眼界狭窄的妖怪的表现"，我们确信他的这句话不是针对软件的物理形式的[①]。

为了强调软件设计中物理形式统一的重要性，我们不妨花几分钟看看其他形式的物理介质，如盒式录像带、小型光碟（CD）、数字通用光碟（DVD）等。除了数量，这些实体实质上不会对其中存储的逻辑内容有什么限制。读者购买的光盘中可能包含最新电影、一部旅行纪录片，甚至有可能是一段健身视频。其中的逻辑内容可以包罗万象，但物理形式都是一样的。

有些年长的读者也许还记得，早期的录像带有互不兼容的两种制式：VHS 和 Beta。大家在乎哪种形式更好吗？大家在乎的是这种产品居然有两种制式！后来很快就只有一种了！但到了在 DVD 上能播放电影的时代这一问题又浮现出来。同时拥有一段视频的录像带和 DVD 实在多余。购买一段视频不仅仅要找到想看的电影，还要确保设备是兼容的。物理形式越多，在互操作性上的问题就越麻烦。

采用标准的物理介质来表示逻辑内容可以极大地简化支持工具的整合。例如，DVD 刻录机在规模经济中大大受益，因为不管是什么供应商生产的 DVD 它都能刻（而无关乎内容）。相反，试想如果每部电影都用各自专有的物理介质承载，那每一部电影都要有它自己的一套设备用来观看和维护！

以上对物理设备之间的互操作性的论断同样适用于软件模块。以标准的物理格式来容纳软件的所有原子单元，同样有助于营造更具支持性的开发环境。支持一个项目的各类工具在下一个项目中还能派上用场，单单知道这一点就能使开发（或采购）成本更为划算，从而更有可能实现。一次又一次，这种物理形式统一性总是产生更可重复和更可预测的开发过程。

物理形式的统一还会大大降低人熟悉它的门槛。许多人都知道怎么播放一张 DVD。在新的场合中应用 DVD 时，如当学生在参加视频课程时，他们不必为了看课程讲座再学习新的组织技能。

---

① 爱默生在他的名著《自立》（*Self-Reliance*）中"没有对愚蠢地坚持一致性和明智地坚持一致性的区别进行解释"（见 **hirsch02**，"Proverbs"词条，第 47～58 页，具体在第 51 页）。

类似地，软件中物理形式的高度统一可以让工程师在不同的项目间更轻松地周转。用软件行业的术语说，就是开发者可流转性（developer mobility）。不管是视频课程还是软件，物理形式统一性使人们可以更专注于逻辑内容，这正是我们希望看到的。

为了让专有软件与各个应用完全可互操作，它的物理形式和组织必须完全独立于其承载的功能。我们连当前开发的应用会是什么样都不一定拿捏清楚，更不用说将来的了。不过，我们即将描绘的物理组织已经经过时间的考验，在计算机辅助设计和金融服务等多个行业中运转良好。而且，这一层次化的物理结构有着固有的可扩展性，它已经成功处置过少至万行、多达数亿行源代码的系统。在本书基于组件的方法论中，最基础的组织单元自然被称为组件（component），我们马上就会介绍它。在第 1 章中会对组件进行深度剖析。在第 2 章中将介绍能够让所有组件一起工作的全局元框架（global metaframework）[①]。

在不同语境中，组件一词有着不同的意味。许多系统架构将组件定义为部署单元（unit of deployment），就像 COM 组件或者 Active X 控制插件。从这个意义上讲，在由分开运行的可执行文件（进程）组成的分布式网络中，main 程序（如服务器）可以称作这一网络的"组件"。甚至一整个库也可以被认为是某一大型开发环境中的单个"组件"。有些人更关注单个程序，他们可能会将组件视为任一显著子系统，如订货簿、路由器或日志器。还有人认为任一逻辑内容的离散片段（discrete piece）都可以称作组件，如嵌套在（实用）结构体中的类或一套静态方法（它等效于嵌套在局部命名空间内的自由函数）。虽然这些解释中的每一种在适当的语境中都是可以接受的，但与我们想表达的组件的意思还有些距离。

在本书的定义中，组件是物理设计的原子单元。在 C++ 中，它的形式是一对 .h/.cpp 文件（见 1.6 节）。每个组件均应关联一个独立测试驱动程序（见卷 3 的 7.5 节），其要能够检验此组件中所有实现了的功能。这种如图 0-33 所示的处处都是的物理组织模式是本书中所有应用软件和库软件打包的基本单元。

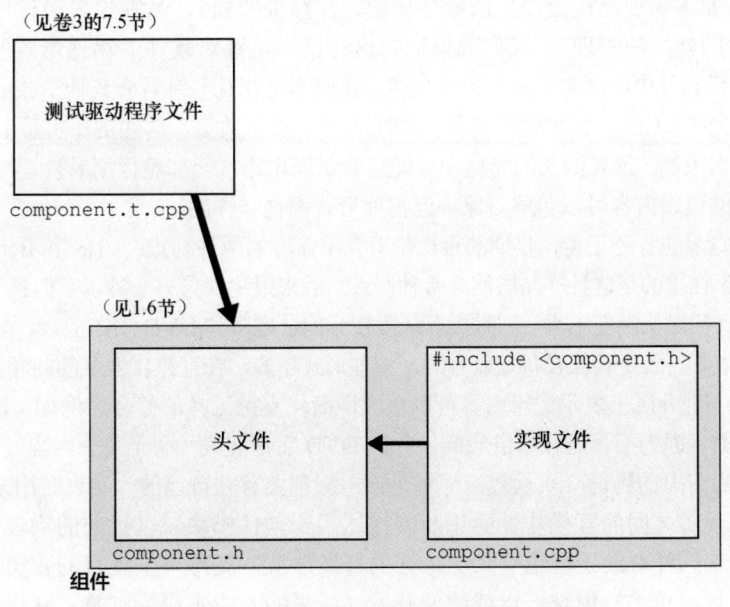

图 0-33　一个组件及其测试驱动程序的示意图

一个组件含有的逻辑设计相对较少。因为一个组件所提供的功能自然地相近，所以组件的内容是内聚的。[②]我们称组件是原子的（atomic），原因有二，一是只要使用了组件的任何一部分，就意味着

---

① 框架（又称为应用框架）一般是主题（领域）特定的，而元框架（构建框架的框架）则不然。
② 我们使用 .cpp 作为 C++ 源文件的后缀，以便与 C 源文件区别。在本书中，我们将始终使用 .h 和 .cpp。

要使用整个组件；二是任何只使用组件中的一部分的明确需求，都强烈表明这个组件提供的功能并没有被充分地分解。此外，组件有定义明确（最好还设计优良）的接口（如它应该设计成可测试的）。

我们以图 0-34 所示的"玩具级"的栈组件 my_stack 的头文件为例进行说明。my_stack 实现一个基本的整数栈的抽象。栈（Stack）是一种容器。回顾 0.5 节（以及我们对开闭原则的讨论），容器应该有迭代器，因此我们的 Stack 类也应该有一个迭代器。虽然对非栈顶元素的访问通常不被视为栈的抽象的一部分，但加上迭代器常常使得组件更便于被客户端扩展，因而更加稳定。

```
// my_stack.h                                    （暂时忽略打包）
#ifndef INCLUDED_MY_STACK    // 内置包含保护符
#define INCLUDED_MY_STACK                                （见1.5节）

#include <iosfwd>

// ...

namespace bslma { class Allocator; }①              （见卷2的4.10节）

// ...                  （暂时忽略其他命名空间）

class StackConstIterator {   // const前向迭代器
    // ...
    friend class Stack;   // 单个封装单元
  public:
    // ...
};

// 自由运算符
bool operator==(const StackConstIterator& lhs, const StackConstIterator& rhs);
    // 如果指定的lhs和rhs迭代器指向相同的stack的相同的元素，则返回true，否则返回false

bool operator!=(const StackConstIterator& lhs, const StackConstIterator& rhs);
    // 如果指定的lhs和rhs迭代器没有指向相同的stack的相同的元素，则返回true，否则返回false

// ...

class Stack {
    // 这个类实现了一个"玩具级"值语义整数栈类……

    // 数据
    int              *d_stack_p;      // 动态地分配数组
    std::size_t       d_capacity;     // 动态数组的容量
    vsize_t           d_length;       // 栈的长度（和栈指针）
    bslma::Allocator *d_allocator_p;② // 内存分配器，持有但不拥有
                                                    （见卷2的4.10节）
  public:
    // 类型
    typedef StackConstIterator const_iterator;   // 典型的STL风格迭代器
        // 标准前向迭代器的别名

    // 创建函数
    Stack(bslma::Allocator *basicAllocator = 0);
        // 创建一个空的Stack对象。可选地指定一个basicAllocator用于提供存储
        // 如果basicAllocator为0，使用当前安装的默认分配器
```

图 0-34 一个"玩具级"的（整数）栈组件的头文件 my_stack.h

---

① **bde14**，子目录/groups/bsl/bslma/。
② **bde14**，子目录/groups/bsl/bslma/。

```
Stack(const Stack& original, bslma::Allocator *basicAllocator = 0);
    // 创建一个具有指定original值的Stack对象。指定一个basicAllocator用于提供存储
    // 如果basicAllocator为0，使用当前安装的默认分配器

~Stack();
    // 销毁这个对象

// 操纵函数
Stack& operator=(const Stack& rhs);
    // 将指定的rhs对象赋值给该对象，返回对该对象的引用，带有可修改访问权

void push(int value);
    // 将指定的值value追加到栈顶

void pop();
    // 移除栈顶的值。除非isEmpty()返回false，否则行为未定义

// ...                      （暂时忽略切面）

// 访问函数
const_iterator begin() const;
    // 返回一个标准前向迭代器指向栈顶元素，或者栈为空时返回end()

const_iterator end() const;
    // 返回一个迭代器指示栈尾元素的后一位

bool isEmpty() const;
    // 如果栈内的元素个数为0，则返回true，否则返回false

const int& top() const;
    // 返回一个指向栈顶元素的const类型的引用。除非isEmpty()返回false，否则行为未定义

// ...                      （暂时忽略切面）

};

// 自由运算符
bool operator==(const Stack& lhs, const Stack& rhs);
    // 如果指定的lhs和rhs对象的值相同，则返回true，否则返回false。当两个Stack对象的元素
    // 数目相同，且对应元素的值也相同，则这两个Stack对象的值相同
bool operator!=(const Stack& lhs, const Stack& rhs);
    // 如果指定的lhs和rhs对象的值不相同，则返回true，否则返回false。当两个Stack对象元素
    // 个数不同，或任一对应元素的值不同，则这两个Stack对象的值不同

std::ostream operator<<(std::ostream& stream, Stack& stack);
    // 以一行之内、人可以读懂的格式，将指定的stack的值写到指定的输出stream中……

// ...
// ... 暂时忽略内联（成员/自由运算符）函数定义
// ...

#endif
```

图 0-34　一个"玩具级"的（整数）栈组件的头文件 my_stack.h（续）

从这一头文件我们可以看出，该组件包含两个不同的类，Stack 和 StackConstIterator。我们还可以看到，有两个自由（非成员）运算符函数实现==和!=，可以作用于 StackConstIterator 类的两个对象之间，也可以作用于 Stack 类的两个对象之间。由于 Stack 表示的值（value）在当前过程之外也有意义（见卷 2 的 4.1 节），因此我们包含了一个输出运算符<<，以一种人能看得懂的形式

呈现该值。①我们将有关包（如文件前缀和命名空间）的讨论推迟到第 2 章以便于说明。

仔细观察可以发现，Stack 类的 operator== 和 operator<< 都使用了 StackConstIterator 类，两个类的 operator!= 运算符均是用对应的 operator== 实现的。在组件 my_stack 的文件作用域中，逻辑实体的完整集合如图 0-35a 所示，图中使用了 1.7 节中的记号。物理实体（my_stack.h 和 my_stack.cpp）及它们之间的规范的物理关系（见 1.6.1 节）如图 0-35b 所示。

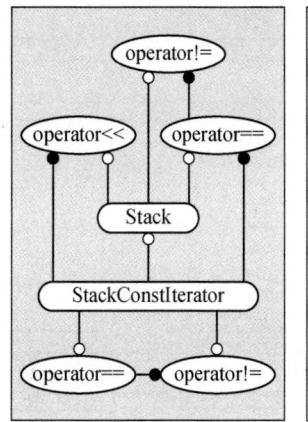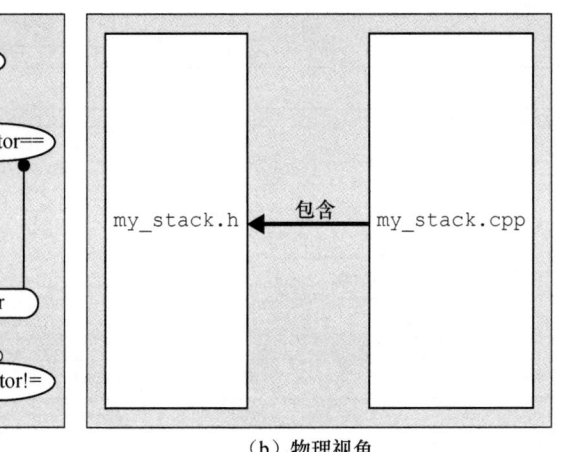

（a）逻辑视角　　　　　　　　（b）物理视角

图 0-35　my_stack 组件的两种视角

更一般地说，一个组件通常会定义有一个或多个紧密相关的类，再加上支持这一抽象所需要的一些合适的自由运算符。如图 0-36 所示，组件的名称会反映在其包含的每个顶层逻辑实体上（见 2.4.9 节）。实现基本类型（如 Point、Datetime、BigInt、ScopedGuard）的组件仅含有一个类（图 0-36a）。实现泛型容器类（如 Set、Stack、List）的组件通常含有主体类及其迭代器（图 0-36b）。涉及多种类型（如 Graph、Schema、ConcreteWidgetFactory）的更复杂的抽象可以在单个组件中纳入多个类（图 0-36c）。给整个子系统（如 Simulator、XmlParser、MatchingEngine）提供包装器（又称门面，facade）的类则可能会形成一片薄薄的封装层，由多个主体类和多个迭代器构成（如图 0-36d 所示）。不过，除非有令人信服的工程理由，通常我们会将每一类单独放在一个组件中，以避免不必要的物理耦合，这是我们的规则。我们在 3.3 节中会阐述一些关于并置正当化的具体设计准则（见图 3-20）。②③

① 在实践中，我们可能还希望提供方法函数（如 streamIn 和 streamOut），以将这一值序列化到抽象字节流（见卷 2 的 4.1 节）。注意，我们已经提供了一个可选的内存分配器（在构造时提供），用于在栈对象的生命周期内管理动态分配的内存（见卷 2 的 4.10 节）。

② 注意，按照这一逻辑，如果使用下划线（如 Graph_Node 和 Graph_NodeIterator），就可以在类名和组件名之间保持明确的对应关系。我们几乎完全实现了这一目标（见 2.4.6 节），但不完全，因为我们选择把宝贵的"下划线"标识符（_）留给更要紧的组件私有类（见 2.7.3 节）。

③ 注意，这张图有别于以往类似的图（lakos96，3.1 节，第 102 页的图 3-1），原因有三：其一，我们现在使用逻辑包命名空间（此处以 my:: 表示），而不是前缀，如 my_（见 2.4.6 节）；其二，现在的命名要求规定，除运算符函数和切面函数（见卷 2 的 6.14 节），每一逻辑实体的小写化名称必须以组件的基名（见 2.4.7 节）作为前缀（见 2.4.8 节）；其三，迭代器模型（STL 风格）现在在容器的接口中使用迭代器（见图 2-54），而不像从前（lakos96 风格），再加上现在即使在单个组件中也倾向于避免循环逻辑依赖！

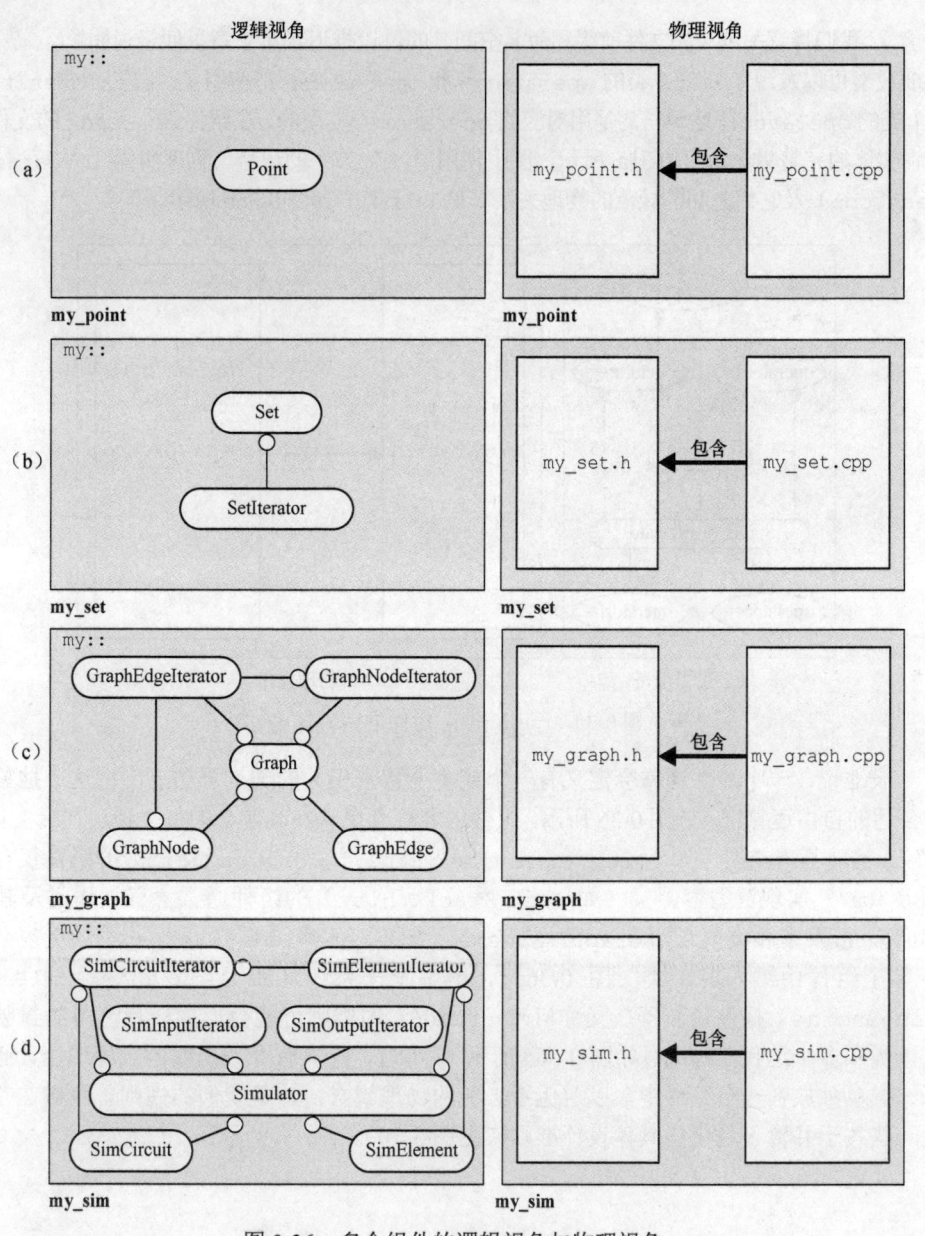

图 0-36　多个组件的逻辑视角与物理视角

任何组件都有物理和逻辑两个视角，图 0-36 从这两个视角展示了一些组件。物理视角由 .h 文件和 .cpp 文件组成，其中 .cpp（在其实质性第一行）包含 .h 文件（见 1.6.1 节）。若是以实现的复杂度和源代码行数两者共同来衡量组件的大小（size），这一指标对于不同组件变化不大（见 2.2.2 节）。从物理的角度看，这些组件大同小异。

不过，从逻辑的角度看，图 0-36d 中所示的组件做的事情显然要比图 0-36a 中的组件多得多。point 组件的许多实现[1]似乎应该会被直接放在该组件的源代码中，但事实上情况一般不是这样。

---

① 但大概率不是全部。考虑到 point 可能有像"可按位复制"这样的关联萃取，它可能想从另一个组件中包含过来。输出和序列化这两个操作可能依赖于其他组件。对窄合约（narrow contract）（见卷 2 的 5.3 节）的防御式检查（见卷 2 的 6.8 节）也最好从分离的低层级组件导入。

例如，映射的实现可能会将其部分功能委派给几个较低层级的组件，如（默认）内存分配器（见卷 2 的 4.10 节），以及各种萃取（trait）和元函数（metafunction）。如图 0-37 所示，较为庞大的机能（如交易系统的匹配引擎）被委派到一层一层的子功能上。理想情况下，这些子功能被精心地分解好，放在大小相近的组件中，妥善地分布在公司的层次化可复用软件存储库中（见 0.9 节）。

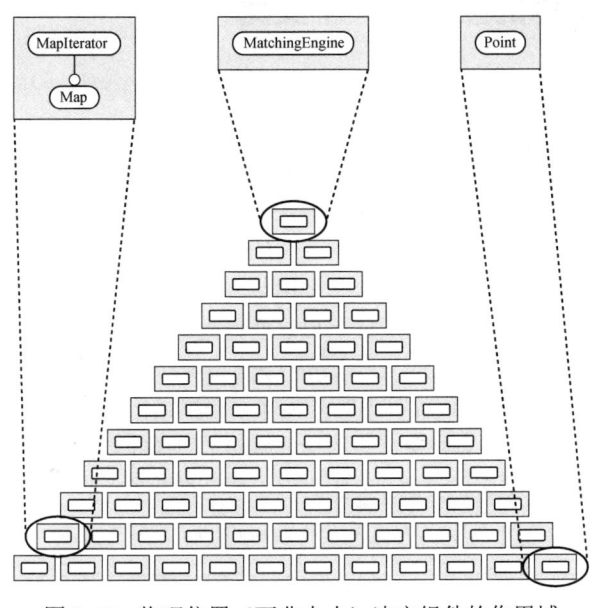

图 0-37　物理位置（而非大小）决定组件的作用域

值得注意的是，这种组合的观点——通过递归委派到稳定的可复用组件——与传统应用开发中典型的嵌套的、协作式的、因此是私有的子架构有着本质的不同。在经典嵌套的设计范式中，系统拥有并隔绝其子系统，而子系统又拥有并隔绝其自身的子系统，这样做的优点是除了系统本身，没有谁能够访问到它的子系统，因而子系统不需要是稳定的；缺点是在子系统之间的共有子解决方案无法共享，换言之，子解决方案无法复用。

在这种新的组合式范式中，实现匹配引擎的组件充当封装型包装器[①]（见图 3-5）。只有那些实现了会流入和流出包装器组件的（词汇）类型（卷 2 的 4.4 节）的组件才参与其合约（卷 2 的 5.2 节）。对其他任何对象的依赖是编程上不可见的实现细节。对于这些只有实现的组件，封装组件意味着封装对它的使用，而不是封装这一组件本身[②]（见 3.5.10 节和 3.11.2 节中的图 3-140）。这种本质不同的组合和封装形式（基于依赖而非包含）使稳定的子解决方案（0.5 节）的层次化复用（0.4 节）成为可能。

如上所述，组件适宜作为逻辑设计和物理设计的基础单元。组件有着与类相似的分解能力，可以帮助我们把大的问题化小，而小问题好处理。而组件不同于类的地方在于，它使我们能够考虑超出逻辑设计范畴的客观物理特性（如编译时依赖和连接时依赖）。组件作为物理实体，将紧密关联的类（如容器及其迭代器）与自由运算符（如输出运算符 operator<< 和相等运算符 operator==）联合到单个内聚单元中。组件以文件（而不是源代码区域）表示，它们可以从一个平台[③]单拎出来

---

① **lakos96**，5.10 节，第 312～324 页，具体在第 319 页的图 5-95 中。
② **lakos96**，5.10 节，第 312～324 页，具体在第 318 页的定义中。
③ 在本书中，我们用平台（platform）一词宽泛（但一致）地表示用于构建并运行软件的底层硬件、操作系统和编译器三者的不同组合，在任何一个平台上编译的目标代码通常都可用于任何其他平台。

便部署到另一个平台上的物理模块，连文本编辑器都不用打开。[1]此外，精心雕琢的组件可以被彻底测试，一是因为它们很小，二是设计时就考虑了测试（见卷 2 的 4.9 节）。读者在下文中将会看到，我们所定义的组件可以在良好的逻辑设计和物理设计之间发挥出巨大的协同作用。

0.8 对层次化复用的量化：一个类比

应用软件的自顶向下设计实际上相当于对问题做一系列的分解以优化复杂的全局成本函数。功能性、易用性、可用性、可靠性、可维护性、可移植性、上市时间，当然还有总的开发成本（仅举几例）都是这个问题的潜在参数。我们也讨论过自底向上的方法，即积累和维护有用且潜在可复用（稳定）的库解决方案的细粒度层次，以加速未来的应用开发。

至此，我们仅提到了这种通用方法的可扩展性的数学倾向，即基于组件的软件会被合理地层次化复用。为了能够评估在软件开发中层次化复用带来的巨大潜在好处，我们会用一种简单得多的、更容易处理的问题作类比，以定量地展示出这些好处。

假设在函数注释中，为了避免像 `MyVeryLongType` 这样很长的单词在行末留下大量的空白，我们想编写一个程序来格式化函数注释。图 0-38a 展示了一个格式化之后的注释，它在转到下一行之前会塞下尽可能多的单词。图 0-38b 则以更美观的形式呈现了同样的文本，其右端没有那么参差不齐。这种符合美学的解决方案需要更多的计算量，因为它不再是直截了当的线性划分算法了，我们现在要优化的是一个非平凡的全局成本函数，就好像经典的自顶向下设计中所做的软件划分一样。

```
Suppose that we want to
write a program to
format function
documentation that
avoids leaving lots of
spaces at the end of a
line due to a very long
word like
'MyVeryLongType'.
```

```
Suppose that we want
to write a program
to format function
documentation that
avoids leaving lots
of spaces at the end
of a line due to a
very long word like
'MyVeryLongType'.
```

（a）局部优化　　　　　　（b）全局优化

图 0-38　成本函数不同的简单文本填充问题

我们现在试着解决以下更棘手的问题，更形式化一些的写法是：

给定最大的行长度 L 和 N 个单词的序列 $\{w_0, \cdots, w_{N-1}\}$，其中，每个单词长度为 $1 \sim L$ 个字符。对这些单词进行划分，以使得某个任意的、非负的、单调递增的成本函数 $f(x)$，如

$$f(x) = x^3$$

作用于每行（不包括最后一行）未使用（行尾）的空格数 x 的结果之和最小。

注意，就像在可复用软件中常见的一样，在这个问题中，有关行内空格的具体细节被移除了，我们以一种简约的形式呈现问题，以使其应用范围更广。考虑行内每个单词之间的空格字符的最小化的类似问题，只需将行长度 L 以及每个单词的长度 $|w_i|$ 扩展 1，就可以简化为此基本问题。事实上，通过选择不将空格硬编码进基本问题，我们也可以使用相同的解决方案来解决非等宽字体的问题，只需将行长度、空格字符和每个单词中的各个字符以各自对应的点（point）数分别表示即可。[2]

---

① 换言之，无须物理上修改源代码。

② 回顾 0.5 节中提出的开闭原则，该原则指出组件对（由客户）扩展是开放的，但对（由库开发者）修改是封闭的。

图 0-39a 阐释了这个基本的划分问题的一个例子。让这一优化问题变得棘手的关键在于非线性的全局成本函数（图 0-39b）。如果所需做的仅仅是最小化每一行末尾未使用的空格数，我们可以用贪心算法仅用一遍计算（图 0-39c）（在线性时间内）在每一行都塞进尽可能多的单词。但由于成本函数现在更广义了，我们转而被迫考虑每一种可能的划分，看能否得到一个最好的结果。[①]

在这个例子中，若是选择不将第三个单词放在第一行中（即使它能塞进去），则行尾空格数的立方和会有相当程度的减少，即 $730 - 250 = 480$（图 0-39d）。

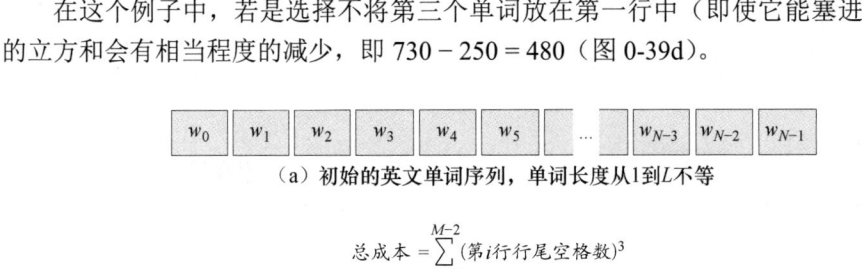

（a）初始的英文单词序列，单词长度从1到L不等

$$总成本 = \sum_{i=0}^{M-2} (第i行行尾空格数)^3$$

（b）需要被最小化的非线性全局成本函数

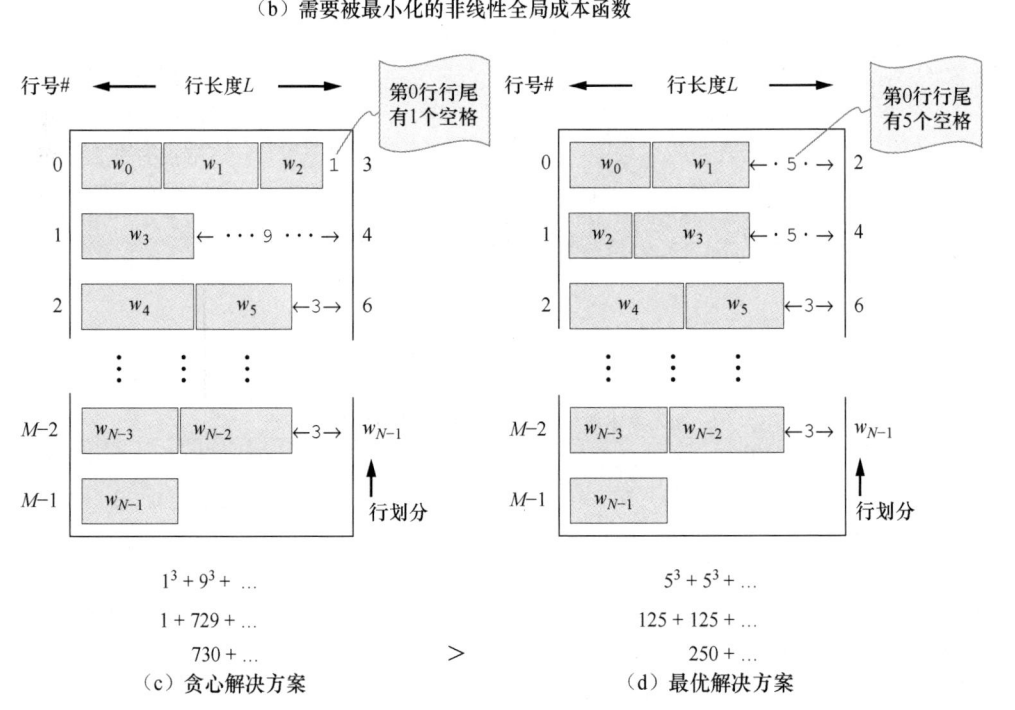

（c）贪心解决方案　　（d）最优解决方案

图 0-39　填充文本以最小化非线性全局成本函数

让我们看一下如何在软件中解决这个问题（如图 0-40 所示）。与我们基于库的应用开发方法一致，对这个问题的软件解决方案（程序）被实现为两部分：（1）一个单一的新组件，有稳定的接口和合约，可以解决基本问题（图 0-40a）；（2）一个对应的驱动程序文件，包含 main 函数，此函数适配分解妥当的、稳定的子解决方案，以便从命令行调用它处理任意文本（图 0-40b）。现在剩下的只是在库组件的 .cpp 文件中提供 FormatUtil::calculateOptimalPartition 的有效实现。

---

① 注意，这个问题与看似类似的问题（如"装箱"或"一维背包"）有着本质的区别，因为在这个问题上，单词必须按照提供的顺序"包装"。

```
// xyza_formatutil.h

// ...                    (暂时忽略包含保护符)              (见1.5节)

#include <vector>

// ...                    (暂时忽略包含保护符)              (见2.4节)

struct FormatUtil {
    // 为用于格式化文本的一系列函数提供命名空间①

    // 类型
    typedef double (*CostFunction)(int);②
        // 仅有一个整型参数(即行尾空格数)且返回一个(非负的)double值的C语言风格
        // 的函数的指针的别名

    // 类方法
    static void calculateOptimalPartition(
                                    std::vector<int>        *result,
                                    const std::vector<int>& wordLengths,
                                    int                     lineLength,
                                    CostFunction            costFunction);
        // 将指定的wordLengths和lineLength的相应单词索引序列加载到指定的result中,(在单
        // 词之间)插入换行符,以便将指定的costFunction应用于除最后一个空格外的每行末尾的
        // 剩余空格数得到的累积结果最小化。
        // 除非对于i的每个值,1 <= wordLengths[i] <= lineLength,且成本函数是其参数的
        // 单调(至少线性)递增的非负函数,否则行为是未定义的。注意,此初等计算没有考虑单词
        // 间的空格。对wordLengths的每个元素以及lineLength添加1可以获得最常见的结果

    // ...
};

// ...
```

(a) 核心文本划分函数的稳定的组件头文件

```
// myapplication.cpp
// ...

#include <xyza_formatutil.h>

#include <vector>
#include <iostream>
#include <cctype>    // 为了isspace
#include <cstddef>   // 为了atoi
#include <cassert>                                          (见卷2的6.8节)

// ...

double calculateLineCost(int numTrailingSpaces)
    // 返回一行的成本作为指定numTrailingSpaces的伪分段连续(非次线性)函数。
    // 除非0 <=numTrailingSpaces,否则行为未定义
{
    assert(0 <= numTrailingSpaces);                         (见卷2的6.8节)
    double t = numTrailingSpaces;
    return t * t * t;
```

(b) 包含main的易延展的顶层文本划分驱动程序文件

图 0-40 在文本划分程序中的基于组件的分解

---

① FormatUtil 也可以改用命名空间而不用结构体,但我们特意不这么做(见图 2-23)。

② 注意,在 C++11 及其后版本中,为了能够使用 lambdas(函数字面量),我们可以考虑传递 std::function 或者使类方法成为函数模板,而不是传递函数指针。

```
}

int loadWord(std::string *result)①
    // 将标准输入中的下一个单词加载到指定的result中。成功则返回0，否则返回非0值。注意，就
    // 示例应用而言，单词是一组连续的可打印（即非空白）字符

{
    assert(result);                                          (见卷2的6.8节②)

    // 先跳过空白

    char c = ' ';
    while (std::cin && isspace(c)) {
        std::cin.get(c);
    }

    if (!std::cin) {
        return -1;
    }

    // 找到一个单词的开头。将输入流中的字符加载到result中

    result->clear();

    while (std::cin && !isspace(c)) {
        result->push_back(c);
        std::cin.get(c);
    }

    return 0;
}

int main(int argc, const char *argv[])
{
    // 获取实参，特别是行长度，默认值是79

    const int lineLength = argc > 1 ? std::atoi(argv[1]) : 79;

    // 读入单词。注意，每个单词长度都加1以包含尾随的空格

    std::vector<std::string> words;
    std::vector<int>         wordLengths;

    std::string word;
    while (0 == loadWord(&word)) {
        words.push_back(word);
        wordLengths.push_back(word.length() + 1);
    }
```

（b）包含main的易延展的顶层文本划分驱动程序文件（续）

图 0-40　在文本划分程序中的基于组件的分解（续）

① 我们本可以直接从主程序使用<iostream>，但却插入了这一子例程，部分原因是为了介绍我们的编码标准。在本书
的方法论中（特别是在库层级），我们确保代码是异常安全的，因为它通过 RAII（资源获取即初始化）正确传播注入
的异常，但通常不区分异常情况，因为我们不直接尝试、捕获或抛出异常（见卷 2 的 6.1 节），而是返回错误状态。还
要注意，为了表示函数的参数是可修改的或可选的，或者参数地址保留在函数调用之外，我们要传递其地址。如果这
些不寻常的条件都不适用，则如果参数是基本类型、枚举或指针类型，我们将参数按值传递，否则按常量引用传递（见
卷 2 的 6.12 节）。

② 2018 年 6 月，在 C++20 标准草案中（临时）采纳了（基于语言的）合约检查设施的初稿，这是根据本书卷 2 的 6.8 节
所倡导的基于库的解决方案提出的，但一年后该初稿被撤回，以便有时间进行进一步斟酌和完善。

```
// 处理单词长度

std::vector<int> partition;

FormatUtil::calculateOptimalPartition(    //暂时忽略命名空间
    &partition,
    wordLengths,
    lineLength + 1,     // 为上一单词的尾随空格而调整
    calculateLineCost
);

// 格式化输出，将单个划分中的所有单词置于一行中。注意，通过将单词总数推入划分列表的末尾，
// 我们将分隔符列表转换为了终止符列表，其中每个划分指示会终止该行的单词

int i = 0;
int partitionIndex = 0;
partition.push_back(words.size());

while (partitionIndex < partition.size()) {
    while (i < partition[partitionIndex] - 1) {
        std::cout << words[i++] << ' ';
    }
    std::cout << words[i++] << std::endl;
    ++partitionIndex;
}
}
```

（b）包含main的易延展的顶层文本划分驱动程序文件 （续）

图 0-40   在文本划分程序中的基于组件的分解（续）

对该库组件所解决的基本问题的解决方案的第一次尝试可能是依次迭代所有潜在划分（换行符）索引 $\{1, \cdots, N{-}1\}$，递归地解决每对子问题，然后选择一个总成本最低的解决方案对。图 0-41a 已给出此算法的伪代码实现；图 0-41b 中的实际的 C++实现会让这一思路更加清晰直观。

```
If [A .. B]能塞进一行内

    If 这是最后一行（即B是最后一个单词）
        Return 0.0
    Else
        Return cost(这一行的行尾空格数)

Else // [A .. B]不能塞进一行内

    For 每一个划分位置[A + 1 .. B]
    {
        •将文本分为左右两个子问题
        •递归地分别解决左/右两个子问题
        •对最小总成本的解决方案记录索引和子划分
    }

加载结果: [左划分, 索引, 右划分]

返回左划分和右划分的总成本
```

（a）伪代码

图 0-41   暴力的、递归的自顶向下划分

```
// xyza_formatutil.cpp
// ...

#include <xyza_formatutil.h>
// ...

namespace {
                                  // ----------
                                  // 局部上下文
                                  // ----------

struct Context {
    // 这一结构持有递归期间所用到的“全局”信息

    // 数据
    const std::vector<int>&  d_wordLengths;    // 文本中每个单词的长度
    int                      d_lineLength;     // 每一行的最大长度
    FormatUtil::CostFunction d_costFunction;   // 作用于行尾空格

    // 创建函数
    Context(const std::vector<int>&  wordLengths,
            int                      lineLength,
            FormatUtil::CostFunction costFunction)
    : d_wordLengths(wordLengths)
    , d_lineLength(lineLength)
    , d_costFunction(costFunction)
    {
    }
};

}   // 结束无名命名空间

                                  // -----------
                                  // 递归的子例程
                                  // -----------

static double minCost1(std::vector<int> *result,
                       int               a,
                       int               b,
                       const Context&    context)
    // 在指定的（包括端点）范围[a, b]内，将要插入断行符的各单词索引的最优子序列加载到
    // result中。返回该最优解决方案的总成本
    // 除非0 <= a、a <= b且b < context.d_wordLengths.size()，否则行为未定义
{
    assert(result);                                        (见卷2的6.8节)
    assert(0 <= a);                                        (见卷2的6.8节)
    assert(a <= b);                                        (见卷2的6.8节)
    assert(b < context.d_wordLengths.size());              (见卷2的6.8节)
    double resultCost;   // 要返回的值（在后面会设置）
    result->clear();     // 确保此结果一开始是空的

    // 先看看当前范围[a, b]能否塞入一行

    int sum = 0;
```

（b）实际的C++实现

图 0-41 暴力的、递归的自顶向下划分（续）

```
    int i;
    for (i = a; i <= b && sum <= context.d_lineLength; ++i) {
        sum += context.d_wordLengths[i];
    }

    if (i > b && sum <= context.d_lineLength) { // 能塞进去吗?
        resultCost = context.d_wordLengths.size() - 1 == b      // 如果这是最后一行
                     ? 0.0                                       // 就不贡献成本
                     : context.d_costFunction(context.d_lineLength - sum);
                                                                 // 否则计入成本
    }
    else if (a == b) {            // 尽管当单个单词太长时,行为未定义,唯一能做的合理的事
        resultCost = 0.0;         // 就是把它传回去,不产生成本
    }
    else {
        assert(a < b);            主动的注释

        // 当前的序列太长,必须进一步划分。对每个可能的划分位置k, a < k <= b,递归地解决
        // 其左、右侧的问题。如果两个子划分的总成本少于已有成本值,则记录k和其总成本。
        // 最后,将left、k和right追加到result数组中,并返回最小成本

        double lowestCost;
        int    lowestK;

        std::vector<int> lowestLeft;
        std::vector<int> lowestRight;
        std::vector<int> left;
        std::vector<int> right;

        const int first = a + 1;

        for (int k = first; k <= b; ++k) {
            double cost = minCost1(&left,  a, k - 1, context)
                        + minCost1(&right, k, b,     context);

            if (first == k || cost < lowestCost) {
                lowestCost  = cost;
                lowestK     = k;
                lowestLeft  = left;
                lowestRight = right;
            }
        }

        result->insert(result->end(),lowestLeft.begin(), lowestLeft.end());
        result->push_back(lowestK);
        result->insert(result->end(),lowestRight.begin(), lowestRight.end());
        resultCost = lowestCost;
    }
```

(b)实际的C++实现(续)

图 0-41   暴力的、递归的自顶向下划分(续)

```
    // *result持有最优的子解决方案

    return resultCost;
}
                                    // -------
                                    // 顶层例程
                                    // -------

// 类方法
void FormatUtil::calculateOptimalPartition(
                          std::vector<int>        *result,
                          const std::vector<int>&  wordLengths,
                          int                      lineLength,
                          FormatUtil::CostFunction costFunction)
{
    assert(result);                                (见卷2的6.8节)
    assert(0 <= lineLength);                        (见卷2的6.8节)

    // 对整个问题递归求解

    Context context(wordLengths, lineLength, costFunction);

    minCost1(result,                    // 从哪里载入划分
             0,                         // a
             wordLengths.size() - 1,    // b
             context);                  // 全局信息
}

// ...
```

（b）实际的C++实现（续）

图 0-41　暴力的、递归的自顶向下划分（续）

在许多重要方面，这一相对简单的文本划分问题的暴力递归解决方案反映了大规模软件开发中经常遇到的严重低效现象：大量的时间和精力被浪费在不断把初始问题划分为子问题，然后重复将这些子问题再划分成子子问题，直到问题被划分到可处理的大小。对文本划分而言，"可处理的大小"意味着它能塞进一行；而对软件而言，可处理大小的单位是组件。

要了解此文本划分问题如何直接映射到应用软件的自顶向下分解，让我们详细检查一个计算实例。图 0-41b 中的 Context（与软件开发环境本身类似）包含高效执行递归计算所需的所有不可更改参数（类似于编译器、调试器、第三方库等）。顶层例程 FormatUtil::calculateOptimalPartition 在程序栈上创建 Context 结构体的实例（实现线程安全），然后调用递归子例程 minCost1。

这种暴力文本划分算法的第一个递归步骤（类似于将应用分解到子系统中）[1]导致 N−1 对子例程调用的扇出。每对子例程又将初始问题划分为独特的左子问题/右子问题（类似于潜在子系统设计）。每个子问题都被递归地求解，子问题又被划分为所有可能的左子子问题/右子子问题对（子子系统），依此类推，直到最坏情况下的深度为 N。在这种类比中，单词（或更准确地说，单词长度）对应于要划分（设计）为物理行（组件）的逻辑内容（行为/功能）。

就像自顶向下的软件设计一样，当子区域小到能塞进单行（或组件），或者当该子区域只有一个单词（或该组件的逻辑内容是原子的）时，递归就会终止。只有在这个点上，才能评估成本（开发的叶组件）并将其返回（发布到生产中）。

---

① 我们得承认，相较于一维文本划分，应用软件划分的任务难度有质的上升。然而，这一例子的具体性有助于定量地说明本质上相同的点。

处理到叶端的时候，子划分（通过参数列表返回）[①]为空。对于每一种其他情况，由此产生的子划分将由产生最低总成本的左右子区域对决定（最优设计）。确定最优子区域对（子系统之实现）的任务要求评估和比较每个子划分（子系统设计）的结果。最后，将最优划分（集成子系统）及其总成本返回给调用方（业务发起人）。

图 0-42 说明了图 0-41（类似于纯自顶向下的设计）应用于 $N = 5$ 个单词的暴力算法，其中每一个单词（仅为了计算简单）我们在此处假定其长度等于行长度（$L = 1$）。在递归过程的每个步骤中，长度 $M \le N$ 后的 $2 \cdot (M - 1)$ 子序列中的每个子划分都是局部唯一的，如[bcde]分解为 3 个左右子序列对[b:cde]、[bc:de]和[bcd:e]，6 个子序列中的每一个（如[bc]）由不同的 (i, j) 对单词索引指示（如(1, 2)）。因此，每次递归遇到划分问题时，都会重新解决，导致工作量呈指数级增长——在本例中为 3^{N-1} 个子问题。[②]

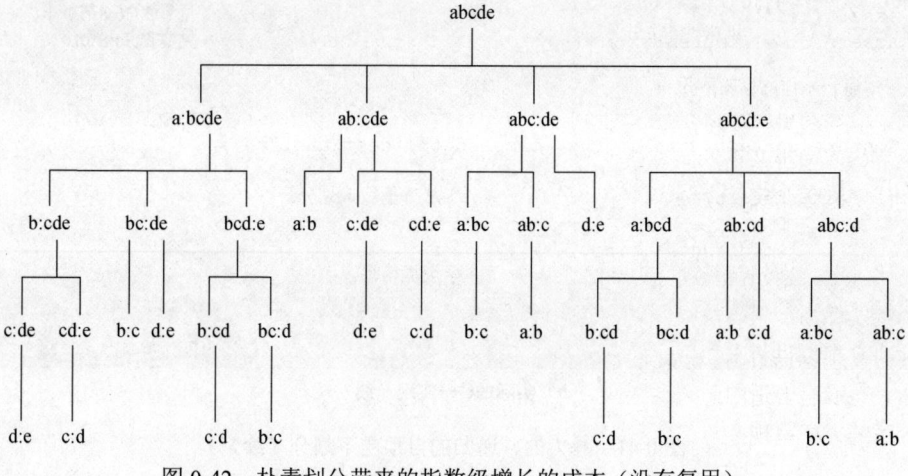

图 0-42　朴素划分带来的指数级增长的成本（没有复用）

从理论上讲，这一简单算法是正确的，最终可以得到最优解；但由于它指数级的运行时间，N 较大时这种方法便无能为力了。就像纯自顶向下的应用开发一样，这种朴素的划分方法不具备扩展能力。

---

① 由此产生的划分在此处表示为一系列单词索引，这些单词索引被加载（复制的值）到可修改的 std::vector<int>中，其地址作为第一个参数（见卷 2 的 6.12 节）传递给递归函数。即使在现代 C++（C++11 及其后版本）中，我们也认为，在层次化可复用的软件基础设施中，按值返回分配动态内存的对象仍是被误导的，如它明确阻止对象在调用过程中池化（见卷 2 的 4.10 节）。

② 对于 LineLength = WordLength 的简化问题，这是递归为 3^{N-1} 个子问题的演示：

$$f(N) = \sum_{i=1}^{N-1} f(i) + f(N-i)$$

$$f(N) = 2\sum_{i=1}^{N-1} f(i)$$

$$f(N) = 2\left(\sum_{i=1}^{N-1} f(i)\right) + 2f(N-1)$$

$$f(N) = 3f(N-1)$$

$$f(N) = 3^{N-1}$$

但是，此分析仅计算对 f 的调用次数，而不解决运行时成本。对于运行时间，我们需要添加开销常量：

$$f(N) = \left(\sum_{i=1}^{N-2} (f(i) + f(N-i) + C_1)\right) + C_2$$

我们做了不少多余的工作，注意到这一点很重要。如果确实存在指数级的截然不同、稳定的子问题，花指数级的时间来解决这些问题可能才算合理。但我们能用整数对(i, j)来表示每个唯一的子问题，其中$0 \leqslant i \leqslant j < N$，这意味着唯一子问题的总数随$N$的增长不是指数级的，而仅仅是平方级的。

$$\text{唯一子问题的数目} = \frac{N(N+1)}{2}$$

就像自顶向下的应用设计一样，唯一划分（就好像分解妥当的软件子系统）的数量远远小于它们有效使用的数量。如果每一子问题只用解决一次，全部工作就可以在多项式的时间内完成！

为了避免在自顶向下设计的成本呈指数级增长，我们需要设法避免重复解决同一子问题。假设每次计算最优子划分时，我们都会缓存该解决方案并使其全局可用。此外，我们不是盲目地递归地重新计算每个子问题，而是首先尝试在全局缓存中查找，若是能找到，则直接从缓存中提取解决方案，以防我们正在处理的问题已经解决。

这种经典优化技术被称为动态规划[①]（dynamic programming，也称为记忆化，memorization），使用广泛，我本人也是使用者之一[②]。这种方法可以将看似指数级的问题减少到可以在多项式时间内解决的问题。通过简单地记录并提供我们创建的相对较少的唯一划分（或子系统）的最优解决方案，将大大减少解决此简单文本划分问题（或应用）所花费的时间和精力。此外，文本划分中的层次化复用仅特定于问题的单个实例（例如图 0-11a），与之不同的是，软件中类比的解决方案缓存（全企业的层次化可复用软件库，见 0.9 节）可以跨多个软件应用和产品的多个版本（例如图 0-11c）。

图 0-43 以伪代码说明了实现建议的优化所需的条件。注意，之前的伪代码未被改动（稳定的），转而添加了两个新的代码块：一个在开始时确定此子问题的解决方案是否已知，另一个在结束时记录每个新解决方案以供将来使用。显而易见的类比是，软件工程师最好在从头开始创建一个新解决方案之前先看看有没有合适的现有解决方案，或至少合适的子部分。如果有必要创建新的解决方案，则最终要用合适的方式呈现并打包它，以使之在未来碰到相似需求时能被发现并复用（见 0.10 节）。

```
If在解决方案映射中找到 [A .. B]
   将划分复制到结果并返回成本

If [A .. B]能塞进一行内

   If 这是最后一行（即B是最后一个单词）
      Return 0.0
   Else
      Return cost(这一行的行尾空格数)

Else // [A .. B]不能塞进一行内

   For each 划分位置 [A+1 .. B]
   {
      ·将文本分为左右两个子问题
      ·递归地分别解决左/右两个子问题
      ·对最小总成本的解决方案记录索引和子划分
   }

加载结果: [左划分, 索引, 右划分]

在解决方案映射中记录[A .. B]的成本和划分

Return 左划分和右划分的总成本
```

图 0-43　采用动态规划的伪代码

---

① bellman54。

② 例子见 lakos97a。

　　图 0-44a 展示了我们如何修改图 0-39b 的 Context 结构体以包含可变缓存 d_solutionCache，该缓存实现成一个映射，从唯一地标识了单词索引的子范围的整数对应到 Solution 结构体。Solution 结构体包含用于引入换行符的最优单词索引序列以及与该划分的行尾空格相关的成本。创建 Context 对象时，d_solutionCache 最初为空；但是，每次修改后的 minCost1 子例程（图 0-44b）计算新子范围[*i*, *j*]的解决方案时，该解决方案都会保留，以便在下次需要时可以随时使用。还要注意，此优化引入了一些新的源代码，但不需要更改任何现有代码。

```
// xyza_formatutil.cpp
// ...

#include <xyza_formatutil.h>
// ...

namespace {
                                                                    NEW
                            // -----------
                            // 解决方案缓存
                            // -----------

typedef std::pair<int, int> Range;
    // 一对表示单词索引范围的整数的别名

struct Solution {
    // 这一结构持有一特定子范围的解决方案/成本

    std::vector<int> d_partition;  // 要接受断行符的单词的索引
    double           d_cost;       // 这一解决方案的成本
};

typedef std::map<Range, Solution> Map;
    // 把索引范围映到最优划分/总成本的映射的别名


                            // ----------
                            // 局部上下文
                            // ----------
struct Context {
    // 这一结构持有递归期间所用到的"全局"信息

    // 数据
    const std::vector<int>& d_wordLengths;    // 文本中每个单词的长度
    int                     d_lineLength;     // 每一行的最大长度
    FormatUtil::CostFunction d_costFunction;  // 作用于行尾空格数
                                                                    NEW
    mutable Map             d_solutionCache;  // 范围/解决方案的关联

    // 创建函数
    Context(const std::vector<int>&  wordLengths,
            int                      lineLength,
            FormatUtil::CostFunction costFunction)
    : d_wordLengths(wordLengths)
    , d_lineLength(lineLength)
    , d_costFunction(costFunction)
    { }
};

}  // 结束未命名的命名空间

// ...
```

（a）修订后的具有可变解决方案缓存的Context结构体

图 0-44　采用动态规划的实际 C++代码

```
                                    // ----------
                                    // 递归的子例程
                                    // ----------

static double minCost1(std::vector<int> *result,
                       int               a,
                       int               b,
                       const Context&    context)
    // 在指定的（包括端点）范围[a, b]内，将要插入断行符的各单词索引的最优子序列加载到
    // result中。返回该最优解决方案的总成本。
    // 除非0 <= a、a <= b且b < context.d_wordLengths.size()，否则行为未定义
{
    assert(result);                                          （见卷2的6.8节）
    assert(0 <= a);                                          （见卷2的6.8节）
    assert(b < context.d_wordLengths.size());                （见卷2的6.8节）
    assert(a <= b);                                          （见卷2的6.8节）

    double resultCost;  // 要返回的值（在后面会设置）
    result->clear();       // 确保此结果一开始是空的
```
                                                                              NEW
```
    // 动态规划：试着查找给定范围的解决方案

    Map::iterator it = context.d_solutionCache.find(Range(a,b));

    if (context.d_solutionCache.end() != it) {
        *result = (*it).second.d_partition;
        return (*it).second.d_cost;
    }

    // 没有找到，则继续递归地计算它
```

```
    // 先看看当前范围[a, b]能否塞入一行

    int sum = 0;

    int i;
    for (i = a; i <= b && sum <= context.d_lineLength; ++i) {
        sum += context.d_wordLengths[i];
    }

    if (i > b && sum <= context.d_lineLength) { // 能塞进去吗？
        resultCost = context.d_wordLengths.size() - 1 == b    // 如果这是最后一行
                   ? 0.0                                       // 就不贡献成本
                   : context.d_costFunction(context.d_lineLength - sum);
                                                               // 否则计入成本
    }
    else if (a == b) {          // 尽管当单个单词太长时，行为未定义，唯一能做的合理的事
        resultCost = 0.0;       // 就是把它传回去，不产生成本
    }
    else {
        assert(a < b);

        // 当前的序列太长，必须进一步划分。对每个可能的划分位置k，a < k <= b，递归地解决
        // 其左、右侧的问题。如果两个子划分的总成本少于已有成本值，则记录k和其总成本。
        // 最后，将left、k和right追加到result数组中，并返回最小成本

        double lowestCost;
        int    lowestK;

        std::vector<int> lowestLeft;
```

（b）修订后的使用解决方案缓存的递归子例程

图0-44 采用动态规划的实际C++代码（续）

```
            std::vector<int> lowestRight;
            std::vector<int> left;
            std::vector<int> right;

            const int first = a + 1;

            for (int k = first; k <= b; ++k) {
                double cost = minCost1(&left,  a, k - 1, context)
                            + minCost1(&right, k, b,     context);

                if (first == k || cost < lowestCost) {
                    lowestCost  = cost;
                    lowestK     = k;
                    lowestLeft  = left;
                    lowestRight = right;
                }
            }

            result->insert(result->end(),lowestLeft.begin(), lowestLeft.end());
            result->push_back(lowestK);
            result->insert(result->end(),lowestRight.begin(), lowestRight.end());
            resultCost = lowestCost;
        }

        // *result持有最优的子解决方案
                                                                        NEW
        // 动态规划：记录这一最优的子划分及其成本

        Solution& ref = context.d_solutionCache[Range(a,b)];
        ref.d_partition = *result;
        ref.d_cost = resultCost;

        return resultCost;
}
```

（b）修订后的使用解决方案缓存的递归子例程（续）

图 0-44 采用动态规划的实际 C++ 代码（续）

　　在执行的早期阶段，图 0-44 中的优化代码将继续解决它所遇到的每个问题，与最初的暴力实现非常相似。但是，随着计算的进展，数量有限的唯一子问题越来越多地得到解决，并可在解决方案缓存中访问。图 0-42 中的一个复杂的深度优先的"暴力的"树的遍历快速平展到图 0-45 中更为有效的浅层遍历。

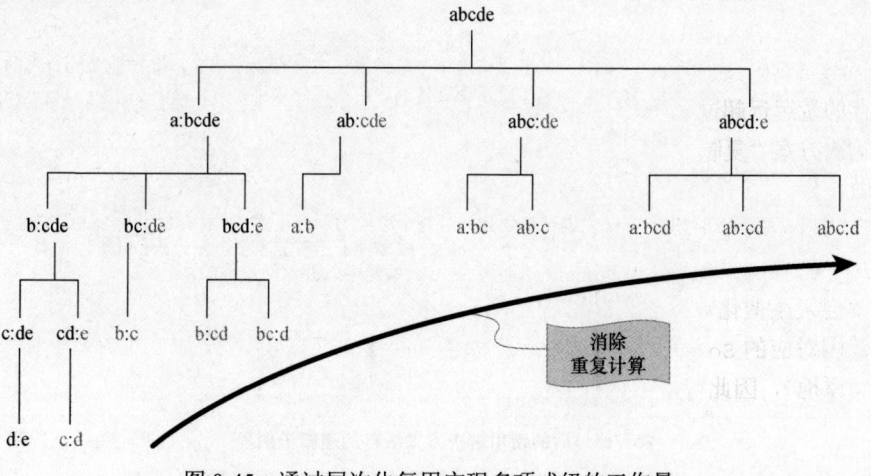

图 0-45 通过层次化复用实现多项式级的工作量

请读者想象一下开始一份新的编程工作时最初几天的感受。一开始的项目最耗时，需要额外花时间来摸清门路、定制开发环境、设置配置、安装工具、重新创建快捷别名、重写有用的脚本等。几个项目过去后，事情就容易些了，因为开发团队会从过去项目的铺垫性工作中受益。但要是没有主动积极的规划，这种巨大的收益不可能无限期地持续下去。

前面所讨论的例子很小，这说明了在递归过程中避免在每一级重复解决相同问题的重要性。回想一下，在我们的示例中，N 个单词的文本划分问题的暴力解法需要解决指数级的 3^{N-1} 个子问题，而采用解决方案缓存后就只需解决平方级的 $N \cdot (N+1) / 2$ 个唯一子问题。如图 0-46 所示，在我们能够实现的复用量超过 99% 之前，我们不需要 N 太大，只要 10 个单词的文本划分问题就可以！然而，要使得这一巨大收益成为可能，仅仅复用是不够的，需要全面的层次化复用。

问题大小	子问题的潜在数目	唯一 子问题 的数目	预先已解决的 子问题的 数目占比
		层次化复用	
1	1	1	0.0%
5	81	15	81.48%
10	19 683	55	99.7206%
15	4 782 969	120	99.997491%
20	1 162 261 467	210	99.99998193%
25	282 429 536 481	325	99.9999998849%
30	68 630 377 364 883	465	99.999999999322%
100	1.717925069106e+47	5 500	~100%
300	4.56304930195e+142	45 150	~100%
1 000	1.32207081948e+477	500 500	~100%

图 0-46 细粒度层次化复用的优势的量化表示

我们想要在软件开发中通过层次化复用实现的事情与动态规划异曲同工，这一类比还有潜力可挖。现在让我们考虑对文本划分解决方案进行几项额外的改进，并看看它们是如何反映在我们的基于组件的软件开发过程中的。

我们观察到，在图 0-44a 中，用于实现 Map 的 Solution 结构体记录了每个子范围的最优划分的独立副本。范围越大，要表示这一划分所需的空间就越多。更糟糕的是，某一子解决方案划分中包含的信息与创建出该子解决方案的左、右子范围的解决方案中存储的信息是重复的，从而导致解决方案缓存的量远远超过所需。这种铺张浪费的复制反映在软件开发中则是从一个应用或子系统把已存在的解决方案"复制并粘贴"到另一个应用或子系统，这是一种恶性的复用形式，我们通常不鼓励这样做。[①]

这里出现的困难在于，每个缓存的划分的 Solution 实际上包含（contain）其子解决方案，而不是引用或依赖（见 1.8 节）其子解决方案，这导致 Solution 表示的大小不一致。如果这些子解决方案会发生变化，那么我们将无法可靠地引用（依赖）它们，就像应用软件一样。但是，一旦与子范围对应的 Solution 被计算（开发）并缓存（发布），它就不会改变（是稳定的），可能可复用（原地），因此可以通过更高层级的方案（组件）安全地引用（依赖）。图 0-19 正说明了

---

① 不过，注意，有时少量的冗余能帮助解除让人头疼的物理设计循环（见 3.5.6 节）。

这种层次化复用在软件中的应用。

为了在文本划分问题中实现这种理想的非复制粘贴式的层次化复用，我们需要重新调整解决方案缓存，以允许新的解决方案引用现有解决方案，而不是从现有解决方案中复制。通过确保解决方案（1）稳定，即一旦实例化，不会发生不兼容的改动（见 0.5 节）；（2）处处可访问，即位于全局（全公司）存储库的中心位置（见 0.9 节），我们可以消除所有复制，只需引用现有解决方案，从而使所有子解决方案（如组件）的大小（大致）一致（0.7 节）。

图 0-47 展示了两种文本划分算法，一种是当前的，另一种是新推荐的，让它们处理含有 1 000 个单词的文本。每个解决方案都不需要维护其子解决方案组合划分的独立副本（图 0-47a），而是将每个子解决方案（组件）作为大小固定的结构体实现，保留对其最优左子解决方案和右子解决方案的引用（图 0-47b）。

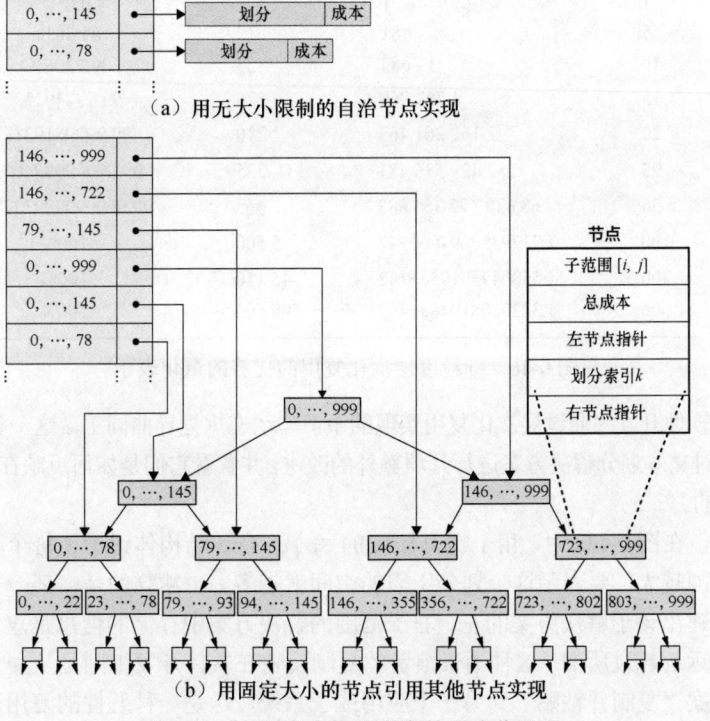

（a）用无大小限制的自治节点实现

（b）用固定大小的节点引用其他节点实现

图 0-47 对缓存中解决方案的层次化呈现

在这一最新设计中，解决方案缓存中的每个固定大小的范围/解决方案条目将包含 5 个字段。

（1）与解决方案相对应的单词索引的子范围$[i, j]$。

（2）解决方案的总成本（以行尾空格表示）

（3）指向左子解决方案的指针。

（4）解决方案的初始（根）划分的单词索引 k。

（5）指向右子解决方案的指针。

给定一个解决方案的引用，按深度顺序遍历子解决方案有效地（在线性时间内）重新创建整个划分，即在原文本中插入换行符的整个单词索引序列。

现在，解决方案缓存（层次化可复用的组件库）中的各个节点不包含整个解决方案（实现）本身，而只包含一致少量的局部数据（"胶水"逻辑）和指向最优左子解决方案和最优右子解决方案的指针（#include 较低层级组件的.h 文件）。这不仅消除了大量复制的运行时（开发）成本，而且还消除了过程大小（拥有成本）的数量级过剩。①

类比可以延伸。尽管如此，使用动态规划解决非线性文本划分问题和在应用开发中利用细粒度层次化复用之间存在许多令人信服的相似之处，这说明了进一步改善的正当性。

回想一下，我们的目标是通过对现有解决方案的层次化复用来最大限度地提高开发效率。因此，我们希望随着越来越多的子解决方案的出现，越来越多的时间用在寻找解决方案上，而不是重新构建解决方案。如果找到一个解决方案不必要地昂贵，那么它就不公平地限制了整个层次化复用策略的有效性。因此，加快相关解决方案的检索将是我们最终完善实现基于动态规划的文本划分程序的重点。

到目前为止，求解或证明解不存在的成本还是高企不下，改进空间很大。特别是，前面两种基于动态规划的优化都使用 std::map 将每个子问题（描述为(i,j)对）与其对应的最优解决方案相关联。如图 0-48a 所示，std::map 实现一个有序集合（通常是平衡树），从而保证 $O(logN)$访问时间。但是，我们基于动态规划的优化并不要求以任何特定顺序维护解决方案：给定范围的解决方案要么存在，要么不存在。如果不使用 std::map，而是使用无序（基于哈希的）映射（例如图 0-48b 中所示的数据结构），我们可以大幅降低查找的预期成本，即降到常数量级。然而，引用所有可能的解决方案的$[i,j]$符号的紧凑性使我们能够做得更好。

通用哈希表必须消除冲突的可能性。假设我们不是在整数对(i,j)上建立常规哈希函数，而是要创建一个完美的哈希函数——能够先验地保证不会发生任何冲突的哈希函数。对于文本划分问题，完美哈希很容易，因为我们提前知道所有条目。如果我们用 Solution 类型的三角形阵列替换 std::map（首先用j索引，然后用i索引，如图 0-48c 所示），我们保证，最坏情况也可以在常数时间（$O(1)$）加上一个很小的常数内找到每个解决方案（或找不到）！此外，三角形阵列与其他两个（基于节点的）数据结构不同，它以紧凑的方式表示解决方案，即无须大量管理存储。②

就像文本划分问题一样，当创建使用层次化复用的软件应用时，随着组件数与日俱增，开发成本将渐渐取决于软件工程师查找和利用相关组件的速度。在这一最终实现中，不仅缓存的访问时间最小化，而且表示的大小也是最小化的。由于每个部分解决方案都可以用紧凑的表示法来唯一表示，因此不存在空间开销（如与基于节点的容器相关的空间开销），也不需要使用启发法（如与哈希表相关的那些方法）。

---

① 为了更具体一点，我们创建了一个完整的 C++实现（未显示），与图 0-47b 的修改设计相对应。这一基于动态规划的新实现与之前的实现之间的显著区别在于：（1）Solution 类型现在只是一个大小固定的（POD）结构体，（2）递归 minCost1 函数现在返回表示最优划分的 Solution 节点树的根，（3）新的递归辅助函数 loadPartition 现在用于将 Solution 返回到顶层例程，以填充 std::vector<int>，其地址由客户提供。

② 为了更具体一点，我们创建了最后一个完整的 C++实现（未显示），对应于图 0-48c 的修改设计。这与以前的实现（对应于图 0-44）之间唯一的显著区别是，新 Context 利用了组织更有序、更快、更紧凑的解决方案缓存：（1）现在的 Solution 有了未设置(unset)的概念（由负的划分索引k表示），默认情况下以未设置状态构建;(2)std::map<Range, Solution>被 std::vector<std::vector<Solution>>替换，Context 构造函数体内的 for 循环会将嵌套向量配置成恰当的三角形形式；（3）不再调用 context.d_solutionCache.find(Range(a, b)) 并比较 context.d_solutionCache.end()返回的迭代器，我们现在保留对 context.d_solutionCache[j][i]返回的 Solution 元素的引用（result），并且和以前一样，如果能用（result.d_k >= 0），就立即返回&result。

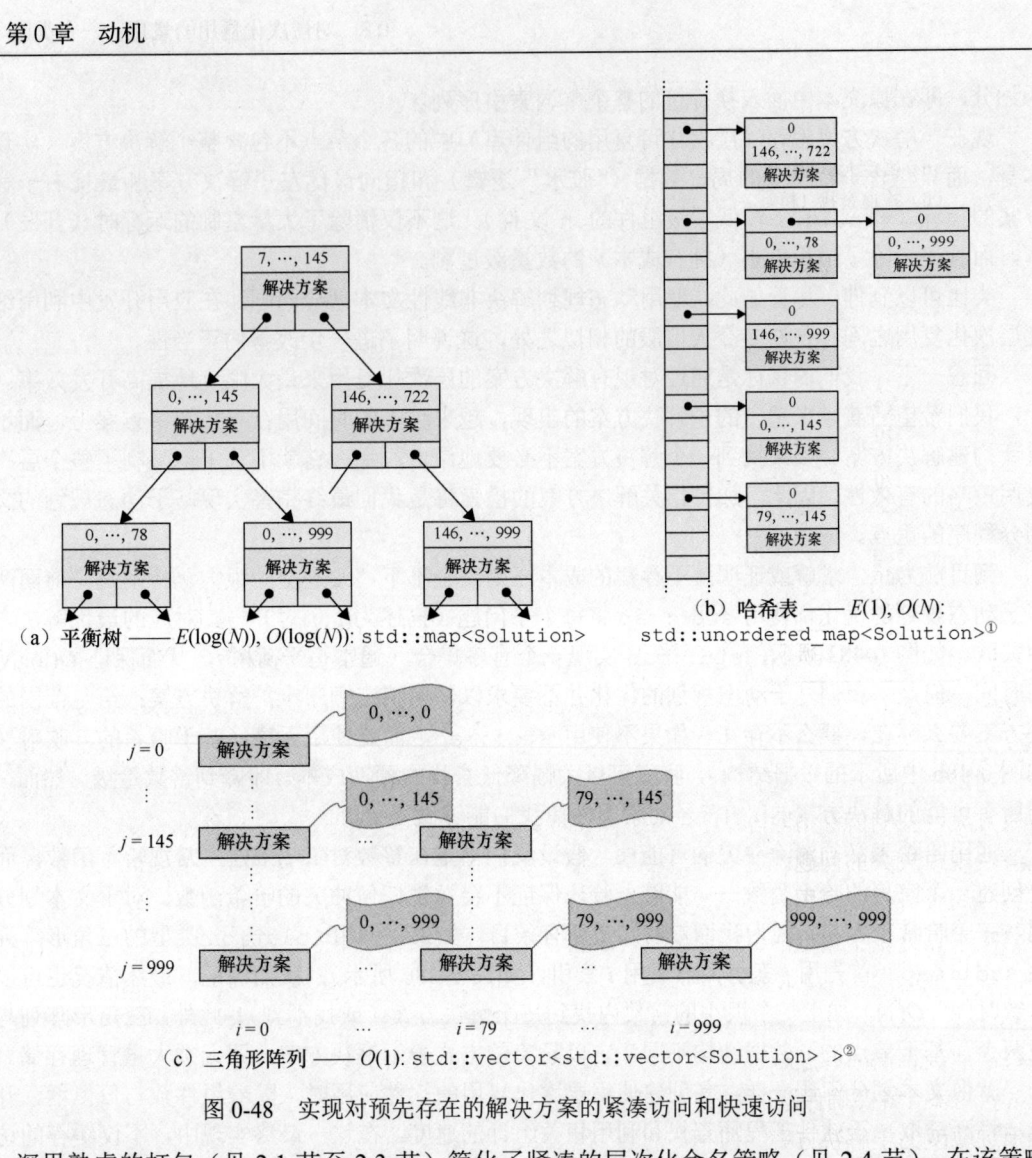

（a）平衡树 —— $E(\log(N))$, $O(\log(N))$: std::map<Solution>

（b）哈希表 —— $E(1)$, $O(N)$: std::unordered_map<Solution>[1]

（c）三角形阵列 —— $O(1)$: std::vector<std::vector<Solution> >[2]

图 0-48   实现对预先存在的解决方案的紧凑访问和快速访问

深思熟虑的打包（见 2.1 节至 2.3 节）简化了紧凑的层次化命名策略（见 2.4 节），在该策略中，可以通过全局唯一的正交标识符查找组件，即先按包组找，再按包找。在组织和定位可复用组件时坚持使用紧凑记号，可在查找和引用预先存在的软件解决方案（如通过长度可管理的完全限定名称）方面产生类似的效率。[3]

图 0-49 回顾了我们在本节中讨论过的 4 种不断改进的文本划分解决方案，并显示了实际 C++ 实现针对不同大小的问题在运行时间方面的对比。最初的自顶向下的递归实现（图 0-41）对包含十几个单词的文本来说是无用的。通过可变的解决方案缓存（图 0-44）避免冗余计算，我们能将算法在我们所测试的示例中的适用性增强一个量级。

---

① std::unordered_map 从 C++11 开始成为 C++ 标准库（STL）的一部分。

② 从 C++11 起，这类模板实例的连续右尖括号（>>）字符之间不再需要添加空格。

③ 有效的面向解决方案的注释（包括用例）（见卷 2 的 6.16 节）对于让细粒度、层次化可复用软件构成的大型存储库充分发挥其作用至关重要。而我们能够快速找到相关解决方案的能力是与文本划分的这一最后改进最直接的相似之处。组织有序的层次结构是一个好的开端，但我们也需要有效的搜索能力。在存储库中准备一个替代索引（如解决方案的"菜谱"）能起到一定的帮助。按我们的经验，知识渊博的内部基础设施开发人员也可以担任库管理员，这在实践中可以大大提升应用开发人员的开发效率。

（a）最初的解决方案（暴力）：自顶向下的递归解决方案

（b）动态规划（按值）：用缓存来查找/记录子解决方案

（c）固定大小的解决方案（按引用）：避免复制和粘贴子解决方案

（d）快速查找（精心设计的解决方案）：不采用基于树的查找，而是用快且紧凑的索引查找

单词数	最初的解决方案 ←		动态规划 →	
	（a）暴力 （图0-41）	（b）按值 （图0-44）	（c）按引用 （图0-47b）	（d）精心设计的 解决方案（图0-48c）
1	0.076	0.077	0.076	0.077
5	0.143	0.144	0.149	0.145
10	0.318	0.231	0.230	0.227
15	19.453	0.319	0.316	0.312
20	4 480.437	0.419	0.402	0.400
25	超过一星期	0.510	0.485	0.483
30		0.584	0.526	0.524
100		2.613	0.955	0.797
300		57.746	6.123	1.192
1 000		内存耗尽	402.550	36.712

内存使用过多
而导致的颠簸
（thrashing）

所有数据都是在IBM T22 ThinkPad上用gcc -O4编译后运行的实际时间（单位：秒）

图 0-49 衡量细粒度的层次化复用的优势

通过把 Solution 调整结构成每个的大小都固定统一（图 0-47b），并通过按引用纳入其每个子解决方案，我们能够消除不必要的复制带来的开销，并将空间使用量降低整整一个数量级，从而能解决规模较大的问题。我们还将 std::map 的对数查找替换为三角形阵列更高效（和紧凑）的常数时间索引查找（图 0-48c），从而可以在更短的时间内解决大型问题。[1][2]

文本划分是个很好的类比，我们也希望在软件开发上达到类似的效果。图 0-50 中显示了两者的许多相似之处。我们使用这一相对简单的非线性优化问题定量地显示了细粒度的层次化复用的重要性。无论我们谈论的是文本还是软件，都有大量的划分方法可以带来基本相同的结果。与其在每次遇到相同子问题时盲目地重新解决一遍，不如在已有的解决方案中努力查找，如果没有找到解决方案，就要确保这次的解决方案随时可供后续使用，这样开发效率就会有巨大的整体提高。确保细粒度的子解决方案会被切实有效地复用着实是一项挑战。

当然，在库软件中实现复用，还会碰到上述动态规划文本划分问题中未触及的其他挑战。制作可复用库软件时的重要目标之一便是最大程度地提高复用的概率。文本划分和模块化软件设计之间的主要区别在于，在软件中，自顶向下分解的两个不同分支上不一定会有相同（乃至相似）的子解决方案，

---

① 即使是最后的实现也绝不是最好的。对这种文本格式化问题的最优解决方案感兴趣的读者，可参阅 **cormen09**，第 15 章，问题 15-4，第 406、407 页（为了方便起见，转载于此）：

15-4 整齐打印

在打印机上使用等宽字体（所有字符宽度相同）整齐打印段落。输入文本是长度分别为 l_1, $l_2\cdots$, l_n 的 n 个单词的序列，长度以字符数衡量。我们想把这段文字整齐地打印在多行上，每行最多可包含 M 个字符。我们的"整齐"准则如下。如果给定行包含单词 i 到 j，其中 $i \le j$，并且我们在单词之间只保留一个空格，即行尾的多余空格字符数是 $M - j + i - \sum_{k=i}^{j} l_k$，它必须为非负值，以便单词能塞入行中。我们希望最小化除最后一行之外的所有行中行尾处多余空格字符数的立方的总和。给出动态规划算法以在打印机上整齐地打印一段 n 个单词的段落。分析你的算法的运行时间和运行空间需求。

② 注意，是麻省理工学院（MIT）的 Ronald Rivest 教授（约 1980 年）第一次将文本划分问题作为家庭作业留给我，这给我的职业生涯带来了积极深远的影响。

更不用说由不同的应用产生的分解。[①]软件设计中的"魔法"在于，这一分解依赖于人的智慧和经验，因此并不准确。但我们可以做很多准备以最大限度地提高软件存储库中"命中缓存"的可能性。

软件开发	文本划分
• 主观成本函数	• 客观成本函数
• 应用程序 　程序套件	• 全文 　（还是）全文
• 分解设计	• 划分
• 逻辑内容	• 单词
• 叶端组件	• 行
• 组件	• 解决方案
• 层次化可复用库	• 解决方案缓存
• 企业范围	• 全局可访问
• 源代码复制粘贴	• 独立的子解决方案的副本
• 软件打包策略 　精心设计的组件套件	• 解决方案缓存的组织 　（还是）解决方案缓存的组织
• 组件大小一致	• 解决方案节点大小一致
• 可复用软件是稳定的	• 子解决方案是不会被修改的
• 组件依赖	• 对子解决方案的引用
• 找到相关的组件	• 快速地找到解决方案

图 0-50　总结软件开发与文本划分类比中的相似之处

　　首先，我们须使每一个递归子解决方案（组件）都经过细致分级、颗粒化（见 0.4 节）；与单个大型子系统相比，由小型组件组成的层次化子系统实现充分匹配的概率要大得多。我们还必须消除阻碍有效组成的任意程度的自由，如尽可能地减少协作（见 0.3 节）、物理形式一致且均一（见 0.7 节）、共用的组织（见第 2 章）、单一过程中的物理互操作性（见 3.9 节）以及使用一套共用的基础词汇类型（见卷 2 的 4.4 节）都有助于提高复用的概率。

　　其次，可复用软件的开发人员必须把主要目标放在扩大每个解决方案的适用性上，以涵盖尽可能多的合适用途，特别是词汇类型（见卷 2 的 4.4 节）。实现这一目标通常意味着提供较少的功能（见 3.2.7 节）和较少的方针（见卷 2 的 5.9 节）。回想一下，文本划分应用（图 0-40b）调整了基本核心库组件（图 0-40a）以容纳行内空格，而不是将该特性构建到库组件本身中，这样，同一个库组件（无须修改）就可以自然地容纳非等宽字体。此外，通过确保存储库中的组件解决方案"分散开"以涵盖预期的设计空间，而不是相互重叠（见卷 2 的 5.7 节），我们提高了对每个需求都存在唯一的解决方案满足的可能性，这对词汇类型也特别重要。

　　最后，若是应用开发确实与动态规划文本划分这一例子别无二致，那么计算机（而非人类）就可决定已有解决方案是否匹配得当，是就用，没问题！当然不是这样，这时的缓存实际是软件存储库，而且这时是人做出主观的决定，而不是计算机。因而，无法保证完美适用的解决方案一定会被复用。我们将在 0.11 节中进一步探讨此问题。

　　总而言之，在我们的类比中，自顶向下的软件分解时将程序的逻辑内容划分成组件的模糊而复杂的总体成本函数被我们用将文本中的单词划分为行的问题中的一个精确的成本函数所取代。另外，层次化可复用组件所构成的中心化的库被文本划分问题中的全局可变解决方案缓存所取

---

① 也就是说，无法用一对整数(i, j)去唯一地描述每个可能有用的软件组件。

代。与库中的可复用组件一样，缓存里的解决方案大小固定、统一，稳定，而且通过引用包含其子解决方案（原地）。此外，与软件开发的情况类似，解决方案缓存越大，精心安排（有效地组织）相关的解决方案以便能够快速定位就越重要。

当然，现实世界中软件开发的种种限制还会引入更多的复杂性。为了实现本节陈述的巨大潜在收益，需要做到以下两点。

（1）我们想要拥有的所有库软件，能够有一种非循环、层次化、基于组件的呈现（见 0.9 节）。

（2）我们能够确定一个可以逐渐搭建起由质量过硬的软件构成的存储库（见 0.11 节）的可行过程（见 0.10 节），这一过程还要能在存储库的各版本之间保持软件稳定（0.5 节）。

以下几节会将注意力转向上述两点。

0.9　软件资本

有人说，永远没有足够的时间把一件事做好（do it right），但总是有足够的时间做完一件事（do it over）的时间总是够的。但做好意味着什么？时间足够的话，我们能做好吗？

对业务而言，做好意味着公司利润的最大化。软件是一种工具、一种达到目的的手段，而不是目的本身。任何业务都应该将焦点放在利润最大化上。值得琢磨的是"在什么时间点？"

在大多数行业中，产品发布到市场的时间快慢直接影响利润。首个提供新产品抑或显著改良产品的公司常常能抓住并占据相当程度的市场份额。产品上市越快，它就越快能够为公司的利润作出贡献。在以金融业为代表的一些行业中，快速交付的压力尤其明显。

图 0-51 显示了对一种新的金融工具的投资回报。最初，企业还未提供软件支持，自然没有收入。第一个能够提供这种金融产品的机构（在时间点 t_1）能将所有订单尽收囊中并占据主导地位，收入流可以无限扩张！

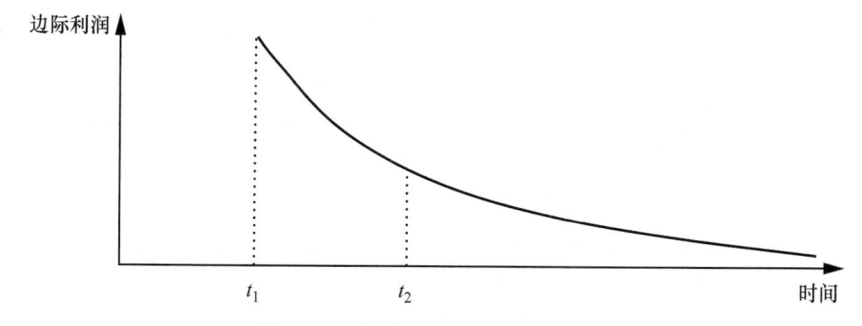

图 0-51　金融工具的投资回报曲线

一段时间后，当其他的机构开始提供类似的产品（假设在时间点 t_2），这项业务将由少数几家供应商共享，他们会尽力从对方手上争取市场份额，这个市场越接近完美竞争（perfect competition）状态，他们所拥有的优势地位越低，直到一个稳态的收入利润。[1]

做新的金融产品的首批供应商会大幅提高总利润，因此，金融软件专业人员快速完成工作会比"做好"工作获得更多的奖励，这并不出人意料。

为了更好地理解这种思维方式，请考虑以下类比。

- 在美国的特定人群中，因流感导致的青少年死亡率已确定为全国平均水平的 5 倍。
- 现有一份问卷，所有学生都填。

---

① **tragakes11**。

- 我们的目标是开发软件，将特定答案和受影响的个体联系起来，以识别高风险科目。
- 每一天的拖延都会造成年轻人的生命损失。
- 我们应该额外花多少时间来把事情做好？[1]

在商业上，如果钱已经到桌上却还是飞走了，那就悲剧了。产品越快交付，投资的回报就越大。要让回报最大化，尽可能快地结束工作就是首要目标，但要怎么做呢？

我们当然可以将更多的人投入项目中，如图 0-52 所示，不过弗雷德·布鲁克斯[2]会说这于事无补。一项已出版的实证研究[3]以及我们自己的经验表明员工曲线更像图 0-53 中所示。时至今日，世上不存在能缩短软件上市时间的"银弹"[4]。

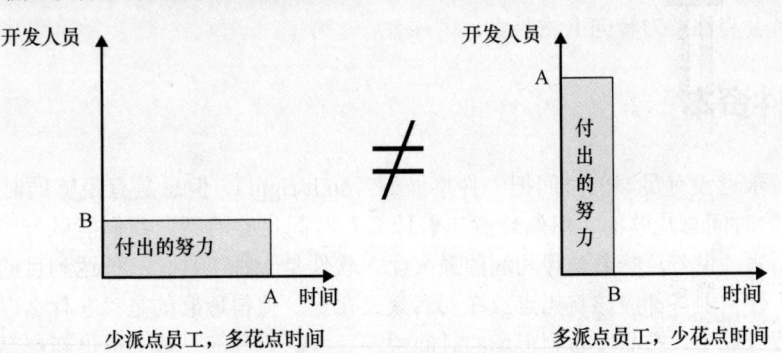

图 0-52　援引《人月神话》（坏主意）

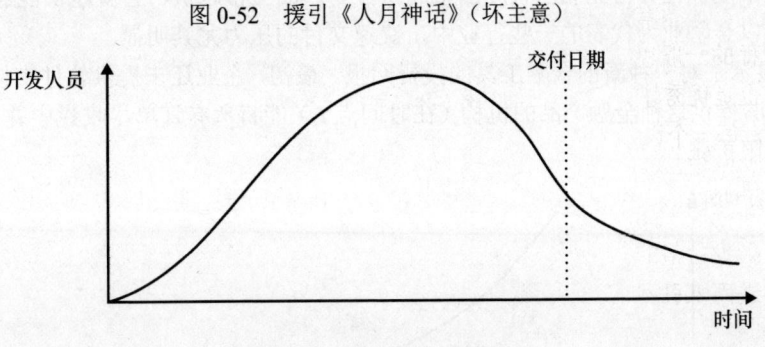

图 0-53　最优的员工曲线[5]

再回到刚才的类比，假设美国国立卫生研究院（National Institute of Health，NIH）发现要求开发相似软件的紧急情况是常见的。如果想要缩短这种"紧急软件"投入市场所需的时间，可以做些什么？本书给出的答案是，在软件资本上不断投入。

什么是软件资本？我们定义软件资本[6]（software capital）为相互关联的、可互操作的、可复

---

① 当然，有完全不同的问题领域，它们的工作方式也不同，如心脏监视器、航空电子设备（安全第一）、航天器控制软件（一旦出错，着陆器就会在火星上坠毁）和不可擦写硬件的固件（一旦出错，可能会不得不进行成本不菲的召回）等，但我们这里不谈论这些事情。

② **brooks75**。

③ **boehm81**。

④ **brooks87**。

⑤ 见 **boehm81**，4.4 节，第 41～46 页，具体在第 45 页的图 4-4a 中。

⑥ 软件资本一词由贝尔斯登（Bear Stearns）公司财务分析和结构化交易（F.a.S.T.）集团前董事总经理 Dean Zarras 所创。但是，他 1996 年的原始论文 "Software Capital - Achievement and Leverage" 直到 20 年后才出版（见 **zarras16**）。

用组件组成的专有套件。[1]

软件资本是公司的核心资产；它不属于任何应用或者产品。减少缺陷和维护所需的成本是其次要目标，它的主要目标（它存在的理由）在于缩短未来应用和产品推向市场所需的时间（如图 0-54 所示）。

软件资本并不仅仅是好的专有库软件；它以一种方便理解和再部署的形式，将一个领域中的知识凝结。与一般的应用（甚至可以和一些商业可用的库软件相比）不同的是，软件资本是平易近人的。通过软件资本，即使是一位不熟悉任务的新开发者，也可能立即开始提高工作效率。

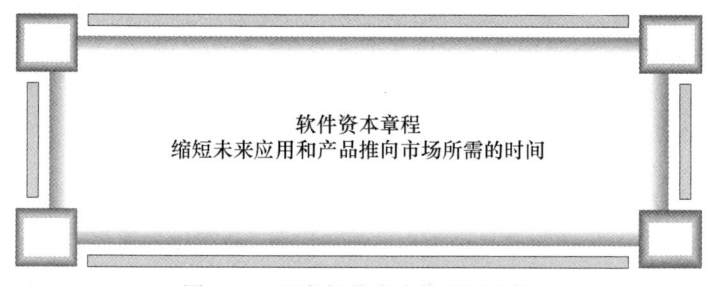

软件资本章程
缩短未来应用和产品推向市场所需的时间

图 0-54　开发软件资本的首要动机

对每一个新的解决方案，一位想要理解相关问题的开发者经常需要看的仅仅是实现了它的库软件。每一个组件都是范例，有着传递知识的巨大潜能，它们构成一本"可以运行的书"，让知识的传递变得无比便利。通过具体例子进行教育是各组件提供的杠杆作用的一个重要方面。如果组件既设计优良，还备有完善的注释（见卷 2 的 6.15 节至 6.17 节），那对于其所解决问题的特定领域和软件工程的一般领域不仅易于理解和使用，还具有指导意义。

软件资本也是优秀软件的最佳范例，它始终满足以下优点：易于理解、易于使用、高性能、可移植而且可靠。每一个设计优良、注释完善的组件都能作为一个潜在的出发点来为下一个类似的组件做铺垫——如在同一个范畴中的类（见卷 2 的 4.2 节）。这种形式的杠杆作用对我们日常的开发活动来说非常关键。我们又一次观察到，拥有的软件资本越多，在编写更多的软件资本时效率就越高。

这些具有指导价值的例子很快会渗透到我们的日常工作流中，给开发社区提供正反馈：教育、刺激、激励，进而吸引和留住有天赋的开发者。这些影响在业务上的重要性不易察觉，其杠杆作用常常被低估。

我们相信，高级软件开发者对早期设计的审查以及例行的软件同行评审是开发过程中很重要的一环。我们很能理解许多人认为同行评审在实践中往往非常困难，会消耗很多时间。如果代码一开始的质量便惨不忍睹，或者审阅人不熟悉它的组织，那代码审查的成本就会高得让人望而却步，甚至和重新编写代码所需的成本相当。改善粗糙设计的代码很难称得上是对开发者时间的有效利用。而且，审查构思拙劣的代码并不会带来什么教育上的好处。

另外，高质量的软件（按本书的定义）须是易于理解的。少即是好：通常一个更简单、轻量级且易于解释的解决方案相对于更庞大的解决方案更有用。紧凑且易于理解的设计一般需要充分的前期思考、时间和努力。务必三思而后行，思和行都要以用例和参考注释体现，这固然不是易事，成本不低，但长期来看，总是会得到一个更好且全面的设计，并降低总体成本。写代码时越是让它容易理解，审查的时候就越轻松。因此，对高质量的软件进行同行评审所花的成本相对更小，并对评审人和被评审人都有很大的帮助。

要想享受从软件资本中得到的经济回报，我们必须在短期和长期两个时间尺度上均付出努力。创

---

① 还有一本关于软件经济学的小书，但很有趣，很有启发性，见 **baetjer98**。

建软件资本将不可避免地带来短期机会成本。就好像上大学一样，对这样一个庞大的基础设施的初期投资会要求进行严格的训练和打基础，除了开发软件资本的团队，其他人不会立刻从这些基础中受益。

一段时间后，组织良好、整合一体、清晰透明的结构会慢慢浮现出来。开发人员认识到可复用软件资本无与伦比的效用之后，逐渐在不受强迫的情况下使用它（见 0.11 节）。一旦其他库开发人员和应用开发人员将软件资本纳入他们自己的开发工作中，便会好上加好。这些分解妥当、精心打磨的组件中的最佳实践由其用户吸收——通常是潜意识的。同行评审在自动开发人员培训方面带来的好处本身就是充分的理由，虽然确实不太好衡量，但它只是许多此类附带好处中的一个。

其他的开发者观察到了软件的规整组织（见第 2 章）和起支撑作用的元框架和工具（见 0.16 节）不断增长的显著价值后，纷纷效仿，开始接受这种新方式来组织和构建他们自己的软件。很快，企业中的许多人就会参与创建和使用细粒度的组件，从而直接受益于这种可扩展、基于组件的软件开发方法。

随着时间推移，常用的低层级的集成基础设施允许各自独立的库通过一个通用的词汇（见卷 2 的 4.4 节）彼此互操作，促使跨产品线的几乎无缝整合。细粒度的逻辑分解（0.4 节）自然地最小化物理耦合（0.6 节）。健全的物理设计策略（见第 3 章）能避免循环、过度或其他不当的物理依赖。由此产生的应用结构在质量上自动变得更易于管理。因为所有的低层级的片段具有软件资本的 5 个特性，如图 0-55 中描述，客户的应用以改进的可靠性、可移植性和性能的形式继承这种卓越的品质（几乎不需要成本）。

（1）易于理解（easy to understand）
- 最小的表面积
- 规范简洁的呈现
- 清晰且完整的参考注释
- 有关的用况

（2）易于使用（easy to use）
- 有效的使用模型
- 直观的接口
- 合适的安全等级
- 最小的物理依赖

（3）高性能（high performing）
- 执行（即真实和CPU）运行时间
- 进程（即内核内存）大小
- 编译时间（或者编译时耦合的程度）
- 连接时间（或者连接时依赖的程度）
- 可执行（即硬盘上）代码的大小

（4）可移植的（portable）
- 在所有支持的平台上均可构建
- 在所有支持的平台上均可运行
- 在所有支持的平台上均可产生同样的结果
- 在所有支持的平台上均可达到"合理的"性能

（5）可靠的（reliable）
- 没有核心转储
- 没有内存泄漏
- 没有错误的结果
- 没有bug
- 没有，我们没在开玩笑！

图 0-55   软件资本的内在特性

尽管这些优势结合在一起，形成了一个富有说服力的论点，但还不足以像其章程那样有力地正当化地给软件资本以巨额经济投入。只有在真正做到缩短未来将应用和产品推向市场的时间（图 0-54）后，项目负责人才可以正当地主张前期时间和智力上的投入是必要、值得的。而其他的好处只是采取对的方式快速开展业务所结出的硕果，如质量和稳定性的改善、维护成本的降低和凝结下来的知识。

为了使这种细粒度的全企业范围的分解工作所带来的全部好处成为现实，从许多软件中分解出的这一软件须放在一个逻辑和物理上看都合理的地方。我们认为，一个组件"是做什么的？"和"应置于何处？"这两个问题并不是互相独立的，并且都应该在开发前思虑再三（见 3.1.4 节）。我们并不希望已实现的有价值的功能模块被埋没在应用的代码中（见 3.2.2 节至 3.2.4 节），小心地从有价值的软件中分解出离散的组件，之后我们深思熟虑地将逻辑上类似或相似的组件分组（见 3.3.6 节至 3.3.8 节），它们还具有同样的物理依赖包络。将具有内聚逻辑和物理特性的组件并置到包和包组中，在组织和认知方面会带来巨大收益（分别见 2.7 节和 2.8 节）。

将整个企业中的库的有向无环图描绘成一个巨大的仓库，类似于坐落在郊区的硬件/家居装修商店。这栋巨大的建筑有着各式各样、复杂度或高或低的预制材料和零件。与大多数硬件商店一样，类似的零件（如螺母、螺栓、螺钉和钉子）都放在相同或相邻的货架上，木材（如松木、橡木和胶合板）、玻璃、胶木和石头等材料也如此摆放。

仓库中的货架排列成一道道平行的长排，并被连续编号。在这个仓库中，无论是简单的还是复杂的零件，都来自同一制造商。复杂的零件（如灯具、门和窗框）由同一仓库中较简单的零件组成。含有较复杂零件的货架往往放置于序号比较高的排中，而组装成它们的较初等部件则处在排号较低的货架（见 1.10 节）。序号更高的货架留着给更复杂、牵扯更多的实体：洗衣机、浴室盥洗台，甚至还可能有大钢琴。简而言之，逻辑行为和物理依赖一起帮助确定物件在仓库中的物理位置。

我们可以将一款应用的开发类比于家具的定制化制作。开发人员不用从头开始，而是从琳琅满目的预制零件和材料中选取、组合需要的物件，如图 0-56 所示。精心的组织（图 0-56a）却能让我们几乎瞬间找到需要的东西。相对于自己组装原材料，我们自然更愿意组装满足需求的预制零件。我们仓库中的原料往往在美学上（如在颜色和质地上）协调并可以最终完美集成于产品中（见卷 2 的 4.4 节），这并不是巧合。我们努力的成品可能来自仓库的任何一个角落（图 0-56b），但一旦实例化了（例如静态连接，见 1.2 节），其组成部分就会以一种类似的相对顺序拼合到一起，保留它们原来在仓库中时的非循环物理依赖（图 0-56c）。

当开发所需的一些零件还没准备好时，开发人员可以立即可靠地确定缺失的部分，随着项目不断进行，需要补缺的情况会越来越少。就如对文本划分问题的优化解决方案一样（0.8 节），我们会不得不在开发中自己快速编写一部分。如果时间充足的话，我们可以将缺失的这一部分打磨到让人足够满意的程度，减少库的开发人员额外需要做的打磨工作，随后放在仓库中以备未来项目所需。然而，常常会有这样的情况，如果对某个新的事项的需求十分紧急，开发团队可能会以暂且够用的解决方案先顶着，将此解决方案临时放在应用局部的一个组件中，并且在时间允许的情况下安排（和库开发者一起）彻底地一次性解决这个子任务。

软件资本要作为切实可行的业务策略，重要的是要理解当下的业务需求决不能受困于本要满足它们的软件。即使在最好的条件下，通用但不完美的软件也能用在应用上。在这种双模又不断演变的开发过程中（见 0.10 节），最初为单一应用而创建的常用软件（例如图 0-7a）会被降级[1]（重

---

① 降级只是在 **lakos96** 第 5 章第 203～325 页中介绍的最初 9 种层级划分技术之一（特别是在 5.3 节第 229～247 页中的降级），并在 3.5 节中以更现代的背景进行了重新解释（特别是在 3.5.3 节中的降级）。

命名、改写、并在物理架构中放置于更低层级）到它会被广泛共享的地方（例如图 0-7b）。同样的降级过程也适用于不同层级的库代码。[①]

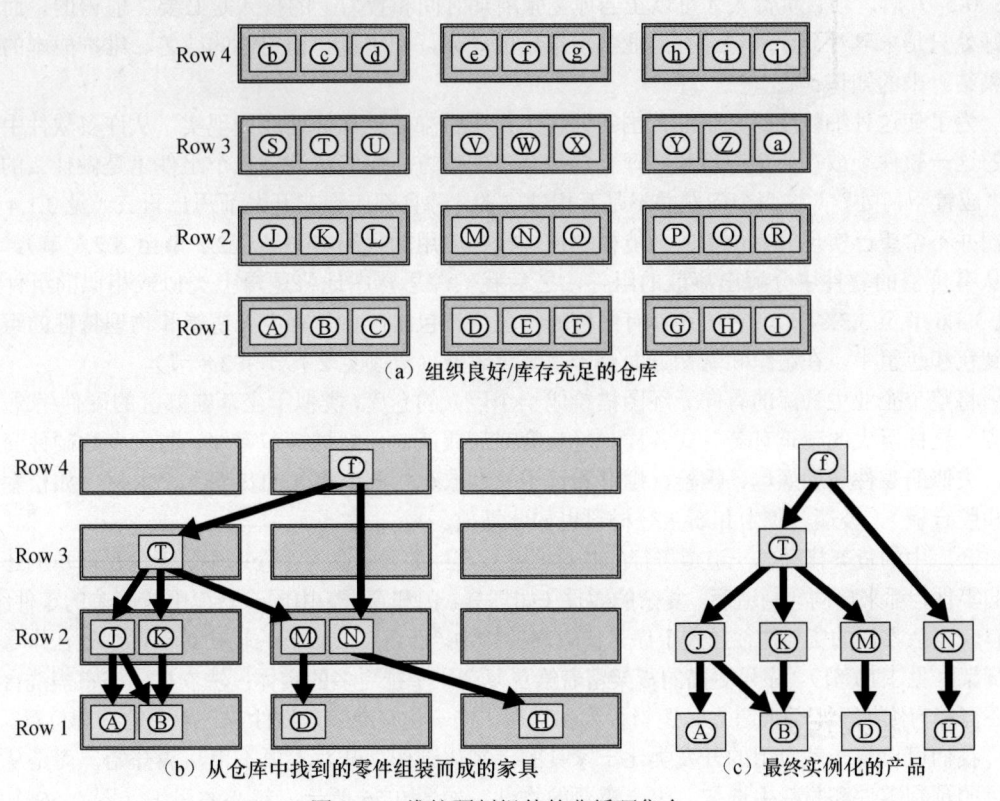

（a）组织良好/库存充足的仓库

（b）从仓库中找到的零件组装而成的家具   （c）最终实例化的产品

图 0-56   维护预制组件的非循环集合

随着时间的推移，以这种方式打造的通用的功能最后会找到其在我们全企业的库软件的物理层次中所属的位置（见 2.1 节）。通过以这种中心化的方式组织我们的库，每个应用都将能从大量已建立的稳定的库软件中获益。

回顾 0.1 节的内容，不论何时，一个开发组织的设计空间都是有限的，如图 0-57a 所示，为此要权衡进度、产品和预算。我们起初的目标是为了将进度、产品、预算的设计空间推离原点，从而给开发管理人员更多的空间来进行协调（图 0-57b）。然而，通过使用软件资本，我们不仅同时改进了这 3 个维度，还将设计空间移开了它的坐标轴（图 0-57c）。因为现在可以由高质量、高度集成、预制的零件大块大块地组装出应用。这些零件自动贡献了产品质量的相当大一部分，并优化了开发和维护的进度（时间）和预算（成本），而且是免费的！也就是，无须考虑权衡，现在任何基于软件资本搭建起来的产品只消花费一点时间、一点成本、就能十分可靠！

① 但是，在降级库软件时，可能需要解决稳定性问题。与仅限于单个应用的软件不同，库软件的所有客户可能无法步调一致地进行更改，因此，可能需要为原库组件的实现制定合理的弃用策略。一个选项是允许旧的和新的实现共存一段时间，直到所有客户都有机会进行迁移。以后将会看到，本书的方法论有助于这种重构方法，因为逻辑名称和物理名称衔接（见 2.4 节）可确保一个聚合架构单元（见 2.2 节）中包含的所有逻辑实体和物理实体的名称都被这一单元的名称划了作用域，因此不会与任何其他单元中的逻辑名称或物理名称冲突。

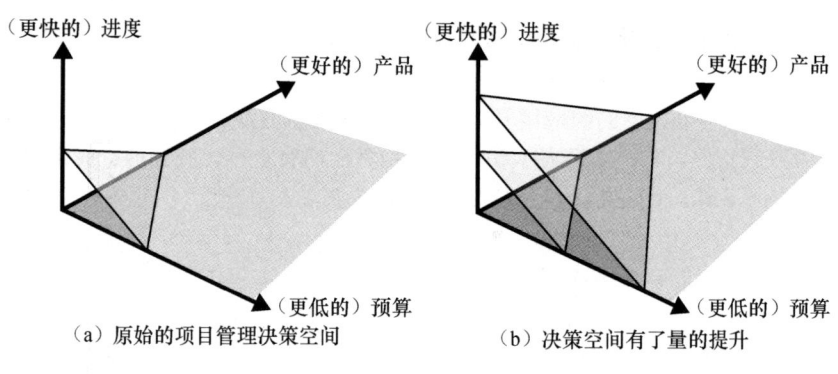

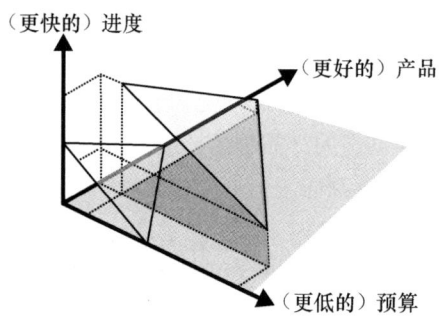

图 0-57 同时改进进度/产品/预算权衡

0.10 增大投入

我们如何创造软件资本？如果可复用软件通常都不是应用开发的副产品，那么软件资本作为质量卓绝、极度稳定的、企业范围内的可复用资源当然也不是。软件资本不是凭空出现的，如果没有持之以恒的努力，它不过就是镜花水月、一纸空谈。为了打造软件资本，我们必须建立一个自主的（autonomous）核心开发团队。

> 这样一个"标准组件"工作组的重要性再怎么强调也不为过。
>
> ——Bjarne Stroustrup（2000）[1]

这一团队不得被任何项目所束缚。我们必须提供给他们必要的资源和时间以开发易于理解、易于使用、高性能且可靠的相关预制组件（见图 0-55）。而其客户和企业的（长期）成功将会印证这支团队的成功。

下一个问题是，"这支核心团队多大为宜？"也就是说，若固定有 N 位开发人员，应该抽调其中多少人专注于将可复用软件反馈回开发过程？设员工数 $N = 100$，投入 5 位开发人员大概太少了，而 50 位又太多了。这中间任何比例都算合理。抽调 m 位开发人员到核心团队会即刻将开发效率削弱大概 m / N（例如 5%～50%）。记住，我们拥有的软件资本越多，编写应用就越快、越好、成本越低。并且，在本书的方法论中，编写的应用越多，就能积累越多相关软件资本。

通过划分团队，我们希望能够将 m 位开发人员原本纯粹累加式的开发效率

$$P(t) = (N - m) + m + 更低阶的项$$

---

[1] **stroustrup00**，23.5.1 节，第 714、715 页，具体在第 714 页中。

转化为包含一个单调递增的项 L 的乘积形式的开发效率

$$P'(t) = (N - m) \cdot (1 + L(m \cdot t)) + \text{更低阶的项}$$

图 0-58a 展示了一个典型的纯应用开发团队的开发效率曲线。给定 N 位开发人员，初始的开发效率与 N 大致成正比，它随着开发人员经验的积累而略有上升，直到拥有成本的增长开始使得边际开发效率有所下降。而如果 m 位开发人员被分配为共享人力资源（图 0-58b），则初始的开发效率自然会按比例降低。[1]

在稍后的时间 T_1，能直接被应用开发人员使用的软件资本起作用了，并且随后以与 m 成正比的速率增长。然而，剩余开发人员的开发效率开始以超线性的速度增长，因为越来越多反复出现的解决方案在接近常数时间就能用上。

在更晚的时间 T_2，异构团队的开发效率超过了另外一个完全同构的团队。这一非凡的开发效率主要是由于预先存在的细粒度的解决方案的可用性，其次是由于分解妥当（非重复性）的通用基础设施降低了维护成本。[2]

T_2 之后不久，异构团队所创造的产品总量超过了同构的团队，此后差距越来越大！

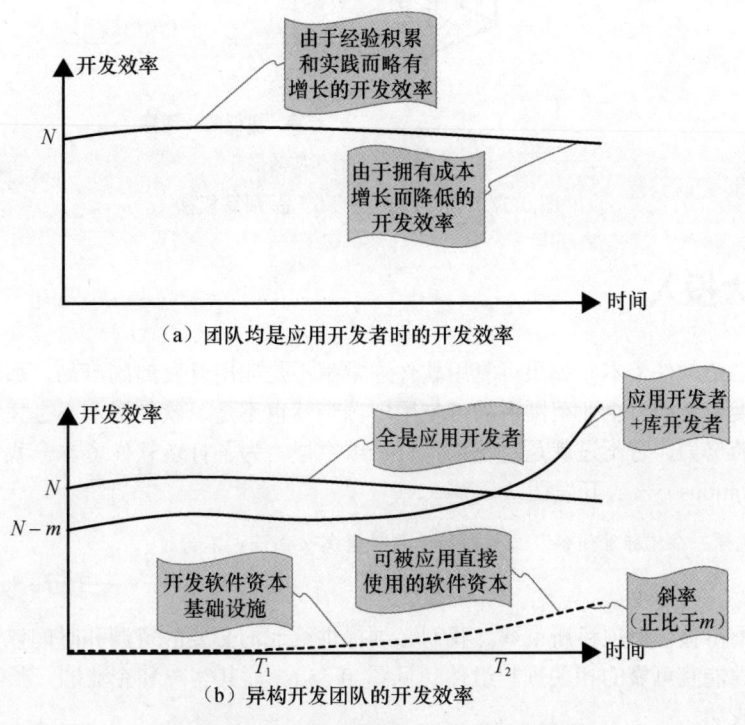

（a）团队均是应用开发者时的开发效率

（b）异构开发团队的开发效率

图 0-58　混合型开发团队提高了工作效率

那要如何开始这一过程呢？一开始，我们一点软件资本都没有。在预期中，核心团队搭建起开发环境并且以一些关键的（层次化可复用）基础组件实现其初始基底。应用开发人员则如平时一样编写应用运转所需要的代码。如图 0-59 所示，所有为应用 1 实现的程序功能都放在该应用自

① 只要开发人员池足够大，我们就可以将之分成一个应用开发人员组成的大池和一个基础设施开发人员组成的小池，并适当地培训他们。

② 基于各种经验可观察的参数，Thomas Marshall 开发的尚未发表的正式模型（见 2.16 节）有助于量化由于这种双边开发人员划分而预期的总体开发效率增长。

己的源代码存储库中。[①]

第一个应用犹如探测杖，核心团队借助它识别出那些有使用潜力的功能，之后再对它们研究、通用化，并重新加工进基线可复用组件化框架中，如图 0-60 所示。这些新的分解妥当、细致分级、颗粒化的组件（见 0.4 节）基于真实（且带注释的）用例（见卷 2 的 6.16 节），未来这些组件会被重新引入原应用中。

应用1

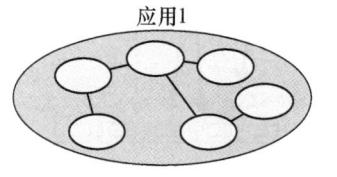

图 0-59　第一个应用无从获益

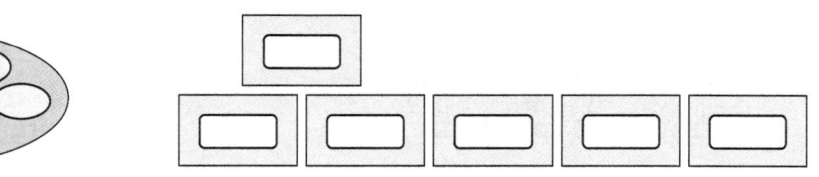

图 0-60　从第一个应用改写过来的软件资本

是否将这段新的代码纳入原应用的后续版本中，严格说来就是个业务决策。应用 1 的修订版 v2 用着新的可用软件资本，如图 0-61 所示。应用被修改后，其性能会增强，维护成本降低，并与其他类似方式重构的软件有着天生的低层级互操作性，这得益于对通用词汇类型的使用（见卷 2 的 4.4 节）。不管用不用，新的库软件对未来的所有应用而言都是触手可及的。

图 0-62 展示了第二个应用，它一定程度上用到了可用的软件资本，但已经用了不少了。核心团队又一次挖掘这一新应用以获得通用的功能，并将之建立在可复用框架之上。核心团队并不仅仅是重命名，把已有的源代码原样纳入，他们还要抽取、重构且再呈现其关键功能，以使之成为细粒度的（层次化）可复用组件（见 0.4 节）的层次结构的一部分，这之后它将会部署在我们不断扩大的企业范围的存储库中。

应用1，v2

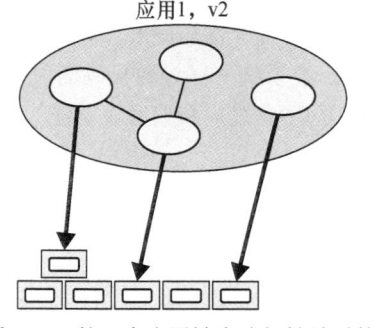

图 0-61　第一个应用被有选择性地重构

应用2

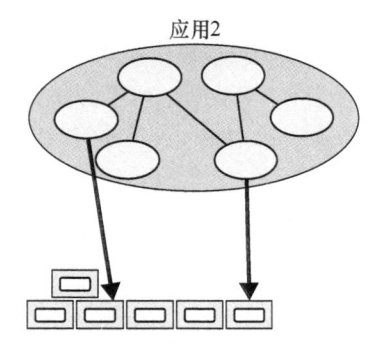

图 0-62　第二个应用就能从中受益

何时要将新的软件资本用到应用 2 的修订版 v2 中去（如图 0-63 所示），甚至是否需要这么做，都是业务决策。不论如何，这所有新的超高质量、层次化可复用的功能都已就位并等待着应用 3（如图 0-64 所示）。显然，软件资本开发需要持续不断的付出。

眼前业务需求必须时刻放在第一优先级。自然，可复用软件的创建绝对不能妨碍这些需求。实际上，应用开发者要是为了等一个可复用组件而冒着项目延误的风险，那和复用工程师慌张地开发完一个复杂组件一样都很蠢。此外，软件资本的开发顺序除了受业务需求指引，还受到物理法则的高度约束，涉及依赖（1.8 节）、可测试性（2.14 节）和总体正确性（卷 2 的 6.8 节和卷 3 通篇）。为了兼顾短期和长期的成功，这两种截然不同的开发工作必须能够共存并互相协作，同

[①] 注意，这一拟议的工作流程绝不排除对标准化软件、第三方软件和开源软件的使用。

时还要相对独立。[1]

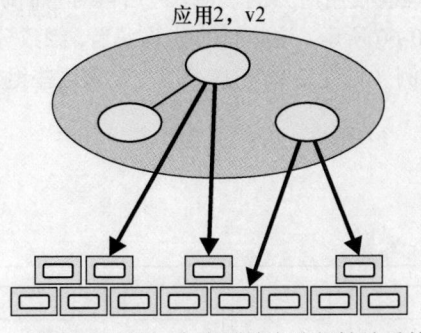
图 0-63　第二个应用被有选择性地重构

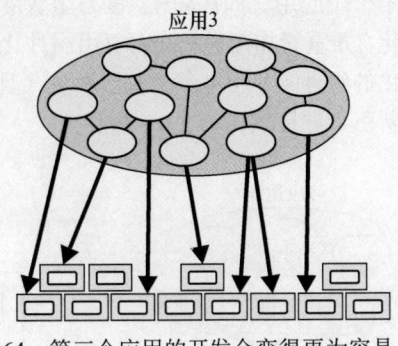
图 0-64　第三个应用的开发会变得更为容易

这套方法的价值如果要花上几年才能展现，它可能就没有太大的实践意义了。不过读者看到这里的构造，显然知道不会这么慢。因为功能单元都被量化为细粒度的组件，我们可以频繁地创建、发布新的可用资本（见 2.15 节）。并且，因为这些极其稳定的组件定义好的行为（几乎）不会发生不兼容的更改（见卷 2 的 5.5 节），所以应用开发人员增量地采纳这些部分解决方案时，不会冒不稳定的风险。

为了再一次阐述全公司内采用递归自适应的有效开发带来的诸多益处，假设我们一开始已经有一个相当稳健的部分架构解决方案构成的存储库，这些解决方案是我们经过一段时间的积累得到的。假设我们现在发现需要一个类似于现有解决方案 X 的新解决方案，但要想实现这一解决方案，就需要对 X 中深度嵌套的子解决方案 u 进行不兼容的改动，如图 0-65a 所示。

我们并不会原地修改 u，也不会把以 x 为根节点的子树整个复制一遍，而是在深思熟虑之后重新创建[2]组件 u'、v'、w'，最终是 x'。图 0-65b 中每一个加了撇号的版本都有定义明确、额外的有用行为（并且各自的物理依赖基本类似）。当然，相对于最初创建 x 时所需的成本，创建 x' 的增量成本很少，绝对不会有损稳定性，也不会像复制整个解决方案 X 子系统一样导致代码的大量重复。采用我们的方法后，上市时间和持续的维护成本都大大降低。简而言之，我们大获全胜！

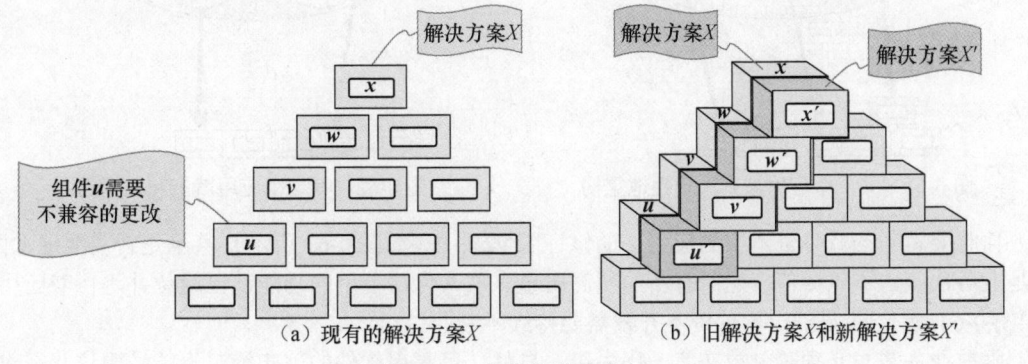
（a）现有的解决方案 X　　（b）旧解决方案 X 和新解决方案 X'
图 0-65　业务的增量成本

随着可复用功能的不断积累，越来越多的能起到强杠杆作用、集成有序的功能可以为其他软

---

① 对迫切需要特定可复用功能的应用组来说，为其自身用途生成试点实现，然后立即将其移交给核心基础设施团队进行后续改进，并最终将其整合到更广泛的软件资本中，这种情况并非罕见。但是，现有软件资本的层次化本性及其有效使用导致了原型实现，这些原型实现自然体现了新的可复用功能，而不是重叠或重复的功能。

② 这种"重新创建"可能听起来像代码重复，但相反，它隔离了功能需要更改的少量细粒度组件；另见 3.5.6 节。

件所用。如图 0-66 所示，开发人员的开发效率将与日俱增，每次成功后，新项目的作用域将逐渐扩大，终有一天会超出传统方法可以想象的程度（图 0-66a）。这一新发现的好处是软件资本投资带来的易用性和无可比拟的高性能（空间和速度）的直接后果。随着时间推移，能高效支持许多复杂应用的成熟基础设施渐渐成为现实（图 0-66b）。

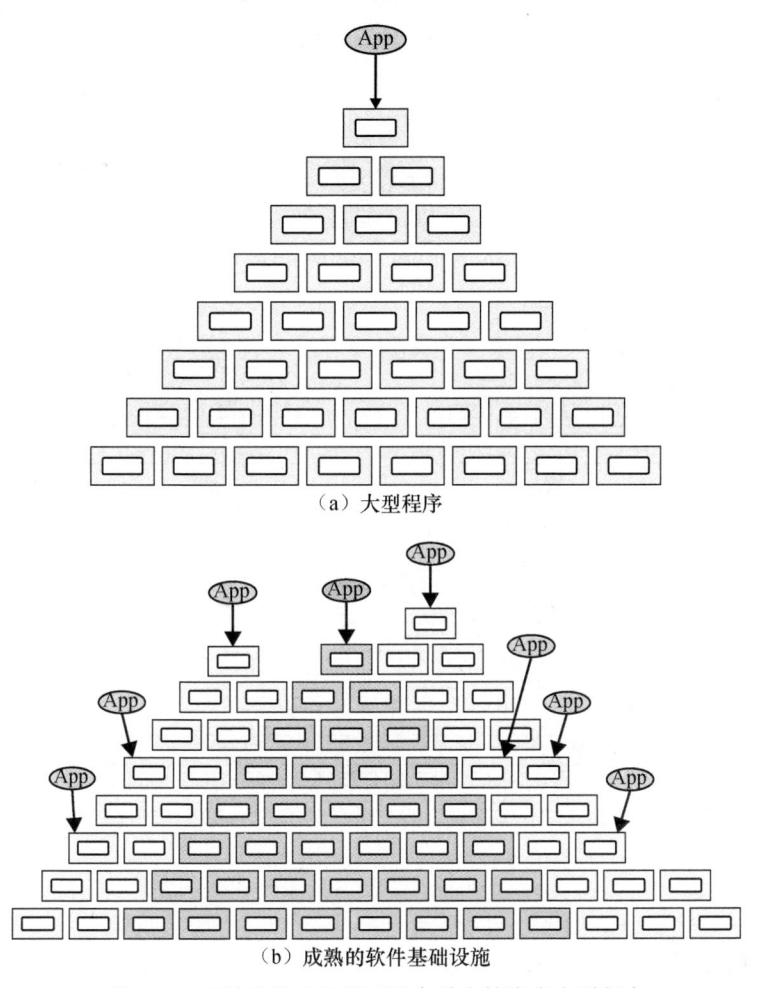

（a）大型程序

（b）成熟的软件基础设施

图 0-66　成熟的基础设施可以高效支持许多大型程序

应用开发人员通常都是领域专家，他们对如何组装软件来构造所期望的产品有着深刻的理解。但是，如果没有专门的库开发团队，应用开发人员就必须自己了解各种特定软件准则的细节，这会干扰他们开发有用产品的工作重心。创建软件资本有助于储备专门内部的软件专业知识，方便应用开发人员利用。如高性能多线程队列系统可能需要一位库开发人员耗费几个月（也许要很多个月）的时间才能正确实现；不过，一旦软件发布，该开发人员就成为应用和库开发人员中的专门"内部"专家。

在一个相当大的开发团队中，个人特定的专长能够起到改善质量和开发效率的作用，不管他在库社区中还是在应用社区中。而且，其他库开发者也需要擅长注释、测试和开发工具的专家充当他们的评审员、导师和顾问。至少对大规模开发而言，那个仅仅需要全才式程序员的时代已经过去了！

现在，让我们尝试将积累几年的软件资本层次化可复用存储库可视化。图 0-67 显示了许多应用和产品的许多版本，它们导致这一层次化组织的存储库的创建，现在又依赖于它。由于它是作为构建产品的一部分一同演化而来的，过去的业务需求造就了我们现今的开发环境，这些需求会在我们假设的软件存储库中被充分反映出来。划分许多复杂子解决方案纠结又耗时的任务早在这之前就已完成。[①]

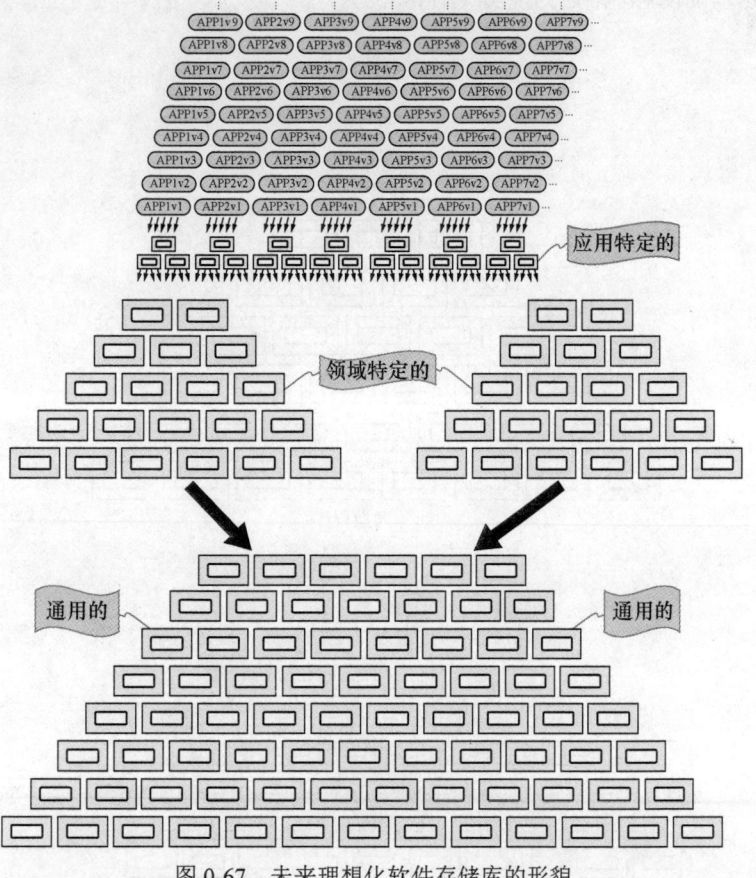

图 0-67　未来理想化软件存储库的形貌

0.11　保持警觉

可复用软件的目标是让软件在任何"恰当的"时候都会被复用，而做这个决定的是人，不是计算机：

> 我们猜想，复用的障碍并不在生产者一侧，而是在消费者这一侧。如果标准化组件的潜在用户（也就是软件工程师）感觉找到满足他需求的组件并验证的成本会高于他自己重新编写一个组件，那他就真会编写一个新的重复组件。注意，我们前文说的是感觉。重新构造的真正成本是多少并不重要。
>
> ——Van Snyder（1995）[②]

企业软件资本存储库的"客户"自然是应用的开发者，这无须赘述。如果我们要让大量的投

---

① 注意，这一雄心勃勃的推测（事实上，甚至本书的部分内容）可以追溯到 20 世纪 90 年代末。我于 1998 年夏天在澳大利亚悉尼的技术会议上第一次就软件资本作报告，当时我所设想的巨大价值主张早已实现，如在彭博有限合伙企业（Bloomberg L.P.）中。

② **brooks95**，第 17 章，"What About Reuse？"一节，第 222、223 页。

入正当化，我们就必须满足这一群体的需求。从工程的角度来看，发布切实具体的质量衡量标准（如正确性、性能、可移植性）是重要的。但是，从心理学的角度来看，这一可复用软件在多大程度上会被实际复用，通常也将受到高度主观的准则的制约。

人们有各种理由（真实的和想象的）不愿意使用别人开发的软件。这被统称为非我所造（not-invented-here）综合征，尽管经常有正当理由，却严重地损害了其组织在大幅提高质量的同时减少开发时间和成本的长期潜力。我们发现立法本身并不能保证复用，特别是在与非常杰出的（不凑巧的是，他们往往也很固执）开发者合作时。在实践中，只有编写应用开发人员真正希望使用的软件，才能实现复用的好处。

和其他工程实践类似，软件工程实际上是成本与收益之间的命题。对于任一软件任务，我们都应该能够重视适当的解决方案，并确定我们愿意为"更好"（尽管成本更高）的解决方案支付溢价。从给定应用的角度来看，有时所需要的只是一个适当的解决方案。例如，如果一个应用本质上是 I/O 密集型的，那么开发一个超高性能的在内存上的数据结构来进一步减少几乎可以忽略的 CPU 使用率，可能就没有太大的商业价值。在这种情况下，这个应用愿意为"更好的"软件支付的溢价基本上是零。

在设计软件资本时，我们永不满足。从潜在用户的角度出发，软件越是易于理解、易于使用、高性能、易于移植和可靠，它的潜在价值就越大。尽管构建软件资本有着客观的额外成本，但这不会由某一单独应用承担。整体上，一个可用于各种应用中的优质解决方案，会明显比（每一应用各自）在需要时独立即兴造出的一堆仅仅是够用的解决方案更具性价比。

那么，软件资本的质量要好到什么程度呢？我们可以将目光转向其他产业寻求参考。如建筑行业的目标是建造好的房子，换言之，足够好到能承受几乎任何不测。任何声誉良好的建筑公司都不会承认自己建造的房子不够好。同时，建筑是一种商业行为。显然，可以用更优质的材料建造更坚固的房屋，并且可以花更多的时间关注细节。从这个意义上讲，与大多数行业一样，建筑更类似于应用开发，而不是公司范围的层次化可复用软件存储库。

回忆一下软件资本的目标，不仅是为了可复用性这么一个概念，而且要真的复用到。[①]如果给两个选项，一个是不熟悉、可能欠优化的（还可能欠标准化）零件，另一个是自己造一个零件，很多软件开发人员会自然地选择后者。因此，即使是对软件资本怀疑的感觉（perception）也可能严重降低其使用的限度。[②]此外，一定要有一些明确的好处让人能够克服"我们自己写"的自然倾向。很多成功的开发人员（包括本书作者）都相信他们也能写出好软件，所以说，我们必须做到比"好"更好。

回到非线性文本划分的类比（见 0.8 节），引入一个人为因素就如同给在缓存中寻求解决方案

[①] 根据 Stroustrup 的观点，一个组件要称得上可复用，一是要有用（行得通），二是要真的有人"复用"它（见 **stroustrup00**，23.5.1 节，第 714、715 页，特别是第 714 页）。

[②] Stroustrup 在他的 *The C++ Programming Language*（2000）中，就标准的采用提出了几项更重要的意见/建议（见 **stroustrup00**，23.5.1 节，第 714、715 页）。

- "组件组"（components group）必须积极推广其组件。
  - 传统的注释是不够的。
  - 需要提供教程和其他机制，使潜在用户能够找到组件并了解它为何会有所帮助。
  - 还必须开展与营销和教育有关的活动。
- "组件组"必须与应用开发人员密切直接合作。
  - "组件组"开发人员需要分配时间与应用开发人员进行协商。
  - 实习（"训练营"）将允许将信息转换为（或转换出）"组件组"。

乘以一个概率系数。出于各种审美原因，本来健全的软件可能会显示出比 1 低得多的系数，这妨碍了它本应有效的应用。要避免主观上对合适复用的阻碍（如糟糕的呈现），这需要时刻警惕，不可小觑。简而言之，整洁很重要！

同理，设计与实现均属上乘的解决方案（如 STL 中的容器）实际上常常能够让复用的系数远远超过 1！应用开发人员知道，一个熟悉的、可移植的、可靠且高性能的解决方案是极具吸引力的，即使采用该解决方案需要花费大量精力来适应当前的需求。我们越能够增强每一种解决方案和子解决方案的吸引力（见卷 2 的 5.7 节），满足绝大多数需求所需的解决方案和子解决方案就越少。

显然，确保软件资本的彻底成功所需要的产品质量等级很高，与传统的商业模型（如在建筑业和制造业中的模型）并不吻合，主要原因是这部分额外工作是持续进行的，并且会被应用于每一个实例。在那些行业中，将过多的时间和材料投入某个产品（于我们则是某个应用）上，并不一定能回馈对应的价值。

对软件资本更贴切的类比是美国雕刻和印刷管理局（The Bureau of Printing and Engraving）在研制各种面值货币所用的特殊纸张和印版时所付出的努力。这些货币质量上乘，设计上就是不可伪造的。美国政府既没有试图在这方面节约开支，也不掩饰其努力程度。类似于软件资本，货币涉及经济基础设施的神圣性，失败不可接受。这些强而有力的措施的公开化会进一步将不当的重复拦截在想法萌芽（使复用成为唯一合理的选择）。当你想到图 0-68 中可能出现的情景时（与图 0-67 所示的更让人满意的解决方案相比），就不会觉得稳妥地提前做好这些工作是件坏事了。

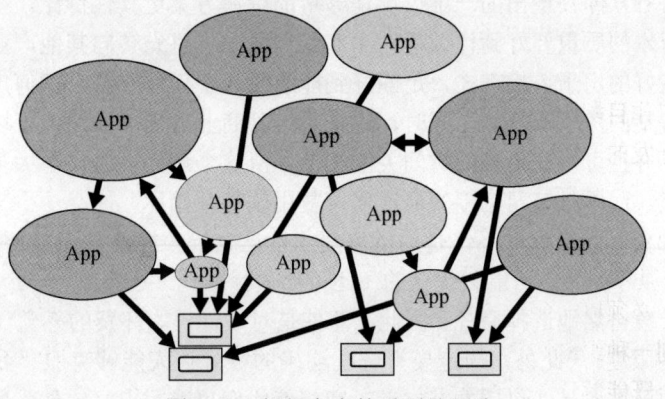

图 0-68　组织有序的反面是混乱

要开发会切实被复用的软件并非易事，成本不菲。除了开发软件本身，核心团队还须活跃地组织、激发有助于复用的软件开发环境。核心团队将会负责提供补充性文档、培训、工具和咨询来最小化进入壁垒并确保软件会被广泛地复用。好消息是，成功的软件资本相对较高的成本可以被摊销到诸多应用的许多版本上（见图 0-11c），这可以作为说服"不信服的人"使用软件资本的理由，如图 0-69 所示。但真正的好处还在于缩短将来应用和产品的发布时间（见图 0-54），其次是由于缺陷和维护而降低的拥有成本（0.9 节）。尽管如此，要确保软件资本会被切实复用，仍然是一个挑战。

总而言之，要让软件资本完全发挥它的潜力，必须让其他开发人员感觉到软件资本的质量远远胜过他们（或世界上其他任何人）在实际中所能达到的质量。为了在整个开发社区形成这样的共识，软件资本的质量要好得不能再好！也就是说，我们所推崇的可复用软件的质量通常比任何一个人、项目或应用在合理范围内能够使用的软件质量更高（易于理解和使用，同时在更多平台上提供更高的性能，缺陷更少）。这是对组织方法、过程方法和工程方法的描述，我们用这些技术来开发本书渴望的"好得不能再好的"软件的。

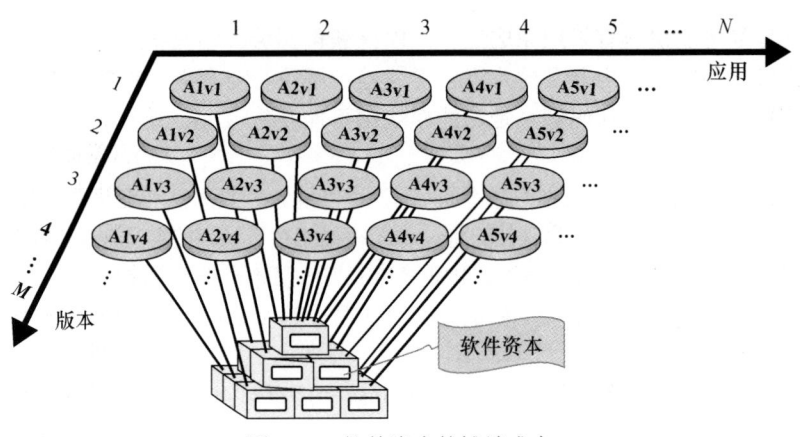

图 0-69　软件资本的摊销成本

0.12　小结

有效的大规模软件开发绝非易事，并不是无意之间就能成功的，组织、计划、经验和技艺缺一不可。要在企业规模上达到我们所追求的长期成功，需要对原本创建库和应用的基础常规实践做一些重大调整。本章介绍了大规模开发解决方案所需考虑的高层级目标、思考过程和设计权衡。经典与现代手段融合成一种内聚的方法论，我们认为这是长期开发高质量应用的最有效方法。

0.1 节小结

软件开发的工作目标涉及 3 个维度，分别是进度、产品和成本。如今，工业软件开发带来了许多难题，包括开发的不可预测性、复用的危险、频繁的构建次数、可执行程序的巨大体积，以及人们对已有产品进行细微改进时所感受的胆战心惊。最根本的是，进度、产品和成本之间的平衡并不令人满意。

为了实现这 3 个维度上的增益，需要将设计空间向外推。为此，开发过程的一些输出（如软件产出的一部分）必须以某种形式反馈到此过程中。只有这样，开发过程的效率才能无止境地提高。挑战在于找到一种组织和过程能够使得这样的反馈在实际的软件复用中成为可能。我们给出的解决方案是一个既能解决软件组织问题又能解决软件开发人员组织问题的过程。

一开始先别太过具体，我们先假定这样的过程是存在的，并已经良好运转一些年份了。几乎每一个我们可能需要的组件或者子系统都已经准备好了并且等着被复用（例如图 0-67）。到这时，这个"假想的"开发过程已经演变到了这样一种状况，实现一个应用只需要做找到并组装所需要的部件多一点。我们主张，这一过程不仅是可能的，而且从长远看是最优的。我们有时借用长期贪婪（long-term greedy）这一词来形容我们的方法。当进行大规模的软件开发工作时，经验告诉我们长期贪婪是上上之策。[①]

0.2 节小结

我们观察到应用和库的开发有着本质的不同，两者有着不同的目标和压力。应用开发多数是自顶向下的，而库开发则多数自底向上。应用开发需要解决特定的问题，将工作尽快完成，并且可能在随后需要时更改代码。而在库开发中，目标则是尽可能将工作做好，更一般化地解决问题，并且避免随后的改动。开发这两类软件的人们一般在目标、脾气和技能等方面均有所差异。

---

① **lindskoog99**。

应用开发者尽可能快速有效地完成工作，以此获得酬劳。由此不难理解为什么应用的源代码远不如库的代码稳定。应用开发的焦点在于快速地解决特定问题，这样的软件常常会随着时间更迭。随着每次迭代，源代码甚至是功能模块都可能发生改变。最好的应用代码要设计得具有延展性。

而优秀的库开发者的思考模式则截然不同。因为库开发者一般离收入流没那么近，相较于应用开发人员，他们有相当程度的自由。库软件的延续时间往往相对更长，按定义来说，库跨越了所有依赖于它的应用的生命周期。在编写库组件时，称职的库开发人员不会选择简单的实现，这会导致难以使用的接口或给客户带来不便。正相反，好的库开发人员会为了易用性而放弃易于实现的解决方案。

0.3 节小结

大型软件问题通常被切分成子问题，各自独立解决后重新组合在一起以解决原问题。然而，这样一种最小化的分解，常常会导致软件的脆弱性，其特点是过度的不规则性存在于紧紧互相依赖的接口边界（"碎盘子"），修改的余地很小。对整块的应用级功能（"烤面包机-牙刷"）的简单修改都可能会要求我们重新检查这些接口下的实现，增加成本并威胁到软件的可靠性（见图 0-9）。

协作式的接口往往有较大的表面积-体积比，这使得对单个子系统的理解不必要地困难，更不用说复用了。紧密的语法耦合会使得对某个模块的改动必然会在另一模块上有所反映，分发设计决策时会跨过模块边界，让模块化不清晰。反之，如果我们强调将系统划分为更自然的界限，我们就会发现更多的规整软件。这些更简单、更易于上手的子系统不仅更易于解释和理解，而且更有可能"按原样"复用，因为更高层级的需求不可避免地会发生变化。

经典的复用会探讨对特定类型、容器、子系统等的复用，而不考虑用于实现它们的任何部件。碎盘子或烤面包机-牙刷的可复用性着实不佳。带挂钩的烤面包机和带孔的牙刷的构造是协作式（同级零件互知）的简单例子。可复用片段越是能被简单地描述出来（如半圆形、矩形、正方形、三角形），它们越有机会被无修改地使用。不过，这种程度的复用仍然不够。

0.4 节小结

为了实现最大化的复用，开发人员在逻辑和物理两方面都必须坚持最大程度的分解。一个烤面包机-牙刷可以被分解为烤面包机、牙刷和给烤面包机连上牙刷的适配器。添加一些胶水后，我们将得到想要的定制零件（见图 0-12）。然而，第一层级的分解实现的只是传统意义下的复用。为了实现层次化复用，我们必须积极地将烤面包机、适配器和牙刷分解到它们各自的组成零件（外壳和底盘、杆和接头，以及刷柄和刷毛）。只有这样我们才能认识到用一个烤面包机、适配器、刷柄、刷毛和胶水来创建一个烤面包机-板刷的好处（见图 0-20b）。

0.5 节小结

一款软件要称得上优秀，若不是胜在易延展（行为容易改变），就得稳定（行为不改变）。小物理模块（我们称为组件）的层次化组合是稳定性的关键方面。要一致地实现此类小型模块，就需要积极的分解。举例来说，如果我们创建一个具有 6 个参数的函数，则很有可能遗漏了一个参数。为了之后增加参数，我们还得被迫修改现有函数，从而可能违背开闭原则（见 0.5 节），或者从头创建一个全新的函数（有着大段的不必要重复的代码）。如果我们创建 6 个单参数函数，并对它们进行组合，那么我们随后可以很容易地添加第七个函数，而不影响其他 6 个函数的客户。

我们必须承认，只有稳定的软件才能被复用。稳定是确保在较高层级上所作的假设不会因此而无效的必要条件。与不兼容地改变可复用组件的行为不同，有时最好创建一个类似的组件，与原组件并排运行（临时或永久）。另外，可变软件（最好设计为易延展的）最合适放在最高层级，并且不能被共享，否则问题会受到过度约束（例如带旗子的、压扁的、绿色烤面包机-牙刷，见图 0-31）。注意，既不稳定又不易延展的软件通常不是我们期望的。

0.6 节小结

细粒度分解需要的不仅仅是稳定性和可测试性。为了实现层次化复用，我们必须确保如何打包我们的每一个独立的解在分割的物理模块中。回忆一下，Dijkstra 主张细粒度的层次化分解，Parnas 主张将单个设计决策封装到设计优良的接口后面，这些接口仅通过简单（如标量）数据类型传递信息，Myers 则主张确保这些接口有良好的注释以帮助理解。只有将功能性内容限制到小型（细致分级、颗粒化且注释完善的）物理模块上，才能让我们仅为所需要的东西付出连接时间和磁盘空间。此外，只有通过这种积极的分解，我们才能在每个抽象层次上都达成复用，即除了那些广泛宣传的公共使用。

逻辑设计和物理设计是两个截然不同但是息息相关的设计门类。逻辑设计解决开发软件的功能方面。物理设计解决我们如何将我们的源代码打包到各种文件和库中（示例见图 0-15）。物理设计在考虑任何大型软件时都起着关键作用。特别的，欠考虑的物理设计会很快使得软件中的物理模块间产生循环依赖，并且对大规模开发而言，相互循环依赖着的模块几乎就是不可维护的了。可能出乎一些读者意料的是，物理设计实际是逻辑设计的前提，并且必须从一开始问题被分解时就着手考虑，这会使得独立的解决方案之后可以结合起来解决原来的问题（也可以解决更多其他问题）。在大型开发工作中，再怎么强调健全的物理设计的重要性也不过分。

0.7 节小结

按本书的方法论来说，健全的物理设计的基础是将逻辑内容组织到连贯的物理模块中，称之为组件，这些模块在结构上是一致的，而且相对较小。另外，我们希望这些模块既细致分级又颗粒化。我们用细致分级指不同抽象层级之间的（纵向）"距离"小。颗粒化是指该领域功能的（横展）"面积"较小。这种细粒度的物理分解降低了任何特定模块因需求变化而需要更改的可能性。而且，细粒度的模块化使我们能够重新组合现有的片段，这是一种高效的扩展方法（与从头创建整个子功能相比）。此外，当软件是分解妥当的并且被打包在各个组件中时，彻底的测试就简单多了。

按本书的定义，组件是逻辑设计和物理设计中基础的原子单元。在 C++中，组件由头（.h）文件和实现（.cpp）文件组成，并且应该始终有一个关联的测试驱动程序（.t.cpp）文件。我们要求组件相对较小，逻辑内容的大小在可处理的范围内，可以由单独的测试驱动程序文件彻底地测试。组件有着定义明确的接口，接口最好要设计优良（如易于理解和使用）。此外，设计优良的组件还应设计成可测试的。

从许多方面看，组件就如同搭建房子的砖块一般，两者大同小异。尽管从微观角度看，每块砖在逻辑上都是独一无二的，但所有砖都有相同的宏观物理形式。在某种程度上，区分一块砖和另一块砖的唯一特征是它在物理层次中的相对位置。在更高层次的砖可以做更多的事情，并不是因为它们更大或者包含了其他的砖，而是因为它们依赖于其他的被它们委托的砖。因此，更高物理层级的砖，就如同公司经理一样，比其下的个体贡献者有着更大的作用域。

多样性可能是生活的调味剂，但不应用在软件呈现上。存放逻辑内容的物理形式之规整至关重要。逻辑内容的物理打包的统一性能够极大简化人的认知、促进了有效的开发和支持工具的创建、增强了企业中专有子系统的互操作性，并增强了开发者可流转性。

0.8 节小结

有一个恰到好处的类比，我们将软件应用开发比作在固定宽度的页面上排版文字的优化问题。一种简单粗暴的方法当然是递归地解决每个左/右文本划分的子问题（类似于软件中纯粹的自顶向下的设计），这会需要指数级的时间。然而，我们注意到不是十分显然的一点，即要解决的唯一的（有用的）子问题的数目增长不是指数级的。类似地，我们认为不同的部分子解决方案是相当少的（相对而言）。

我们还观察到对这个优化问题的一些其他改进也与本书的软件开发方法论相似。第一个改进阐述的是解决方案稳定性的重要性，解决方案可以被原地使用而无须复制（复制粘贴型的复用）。第二个改进强调查找速度的重要性。正如在成熟的软件环境中，应用开发的很多工作其实都是找到合适的预制解决方案来使用。

为了使这一类比成立，我们观察到，应用分解后的许多不同部件里遇到的软件子问题要足够相似到其解决方案可以"原样"（as-is）复用的程度。实现这一目标至少需要细粒度分解、统一的物理呈现和规范的接口。此外，为复用准备的软件，除了满足其他更客观的质量指标，还必须"足够吸引人"（如有着惊艳的注释，足够赏心悦目），要不然开发人员就不会使用。还有一点，为复用而做的设计的目标应该是用一套离散的、不同的组件覆盖预期的领域，而不是用组件之间只有细微区别——尤其是在词汇类型（见卷 2 的 4.4 节）方面——的连续体来覆盖。最大限度地提高复用的可能性将在卷 2 的 5.7 节中论述。

0.9 节小结

从企业的视角来看，我们希望让尽可能多的应用代码收纳到稳定的库中，让它们在其中被分解、精细化、变得更稳健，且独立地供以后的应用复用。尽管并不能保证从一开始就有可复用软件可用，但目标是做到定期地将潜在可复用软件重构并降级（见 3.5.3 节）到物理层次结构中的较低层级，使之可以被更广泛地共享。在软件开发中，这种持续重构方法被许多人认为是现今最好的方法。鉴于我们的目标是复用，我们有义务以库为中心，并且看看这种强调会将我们引向何方。

通过将通用知识隔离到易于访问的软件存储库中，我们使得现在、将来，乃至过去的项目都可以利用我们的知识库并以远远快于其他方式的速度交付新的功能。这一专有软件存储库变成重要的公司资本，它随着时间会给出越来越多的回报。一系列的具有良好工程实践的专有软件，能促进一个或多个应用领域或产品线中的开发工作，这就是我们所谓的软件资本。积极创建软件资本的首要驱动力是为了缩短未来应用和产品推向市场的时间（见图 0-54）。提升质量的同时减少开发和维护的成本，都是软件资本附带的好处。

0.10 节小结

发展软件资本的隐含目标是获得一套对所有重要且相关的子解决方案的切实可行、细致分级、颗粒化的划分。我们要一致地分解应用以期精确地得到相同的子解决方案，日积月累之下，软件运行的速度和可靠性会远远超过其他方法。易于理解、易于使用、高性能、易于移植且可靠（见图 0-55）的相关预制组件是软件资本的特点。定期的同行评审和彻底测试能够同时提升质量的 3 个维度。只有一小部分专有软件属于这一企业范围的基础设施，但要不是这一小部分软件，我们就得用庞大得多的、迥然不同的、重复且不兼容的解决方案，这些解决方案性能更低、可靠性较差，而且维护成本过高。

事实上，软件资本能够轻松地同时改善设计空间的 3 个维度——进度、产品、预算。此外，由于从软件资本继承到相当的好处，更快、更好、成本更低，无论 3 个维度的重要性权重如何，从软件资本组装的应用在所有这 3 个维度都将获得非凡的好处。

早先开发的一些应用相对而言可能从软件资本中获得的好处相对较少。反复出现的业务需求会指导这一资本的发展方向。随着时间的推移，越来越多的开发工作会聚焦在应用级功能上。我们注意到，在一个设计优良且成熟的软件开发企业中，对正在实现中的应用而言，几乎所有开发的代码都是该应用所独有的，只有相对较少的一部分持续再投资放在软件资本这一重要的全公司资产的扩展上。

0.11 节小结

开发人员往往有正当理由质疑非业务需求的开发。为了使复用足够高效，要被复用的软件必须被公司内所有开发人员都公认好得"离谱"。最糟糕的事情无非就是碰上不听话、心怀不满的开发人员，但面对这么好的软件资本，他也只能低头承认"这实在太好了"，"不值得花时间重写"。毕竟它已经摆在那了，他当然只好接着用；我们知道我们已经让代码质量达到了成功复用所要求的等级。

然而要是没有切实可用的软件资本，为了替代缺失的可复用软件而爆炸性增长的重复代码可能会主导、甚至占据所有的开发工作（示例见图 0-68）。库软件的制造成本感觉起来会相当高，但鉴于开发库软件的成本会被分摊到使用它的诸多应用及其版本（见图 0-69），这是可以理解的。而事实证明，不采用软件资本的实际成本比这高得多，这甚至还没算软件资本的主要收益，也就是缩短未来应用和产品推向市场的时间（见图 0-54）。

在本章中，我们介绍了一些根本性的业务和经济现实，它们促使我们发展出一套在公司规模上开发高质量软件的方法并使用之，这一方法可以称得上是目前最有效、切实可行、快速经济的方法。本书的其余部分会详细描述如何取得这一成功。这 3 卷书中介绍的所有设计、实现和测试技术都适用于大规模系统。即使在规模不大的系统中，遵循本书提倡的做法也能带来巨大的好处，对软件的可靠性、可维护性和性能大有好处。

总而言之，本书讲述了在生产环境中，如何在应用开发上做到增量式的成功。接下来的几章会谈及一个成熟且已践行过的 C++软件开发过程的准则，这一过程之应用不局限于 C++的某个特定标准化版本，亦不必囿于 C++这门语言。任何编程语言（特别是那些会把独立编译单元组装起来的）均可从这些基本软件工程原理中受益。

第 1 章

编译器、连接器和组件

本书讨论的是如何开发大规模软件，特别是，这套基于组件的软件工程的方法论如何利用组件的本质特性（我们会给出其定义）来生成最优的软件解决方案。组件是物理概念（0.6 节）。对一个给定问题，无论我们的解决方案采用何种逻辑设计，我们都须将这一设计以 C++ 源代码的形式呈现（render）并存储于文件中。C++ 编译器和连接器会将这些文件转化为可执行代码。从这个角度看，无论设计人员是否考虑过物理设计，C++ 设计的所有呈现都属于其范畴。因此，本书的设计方法必然涉及物理设计和逻辑设计，以及它们之间的内在联系与无间协同。

要理解本书中的设计方法论并从中尽可能获益，读者得熟悉与物理设计相关的一些背景主题，本章会回顾这些主题。我们尤其关注软件的物理方面，最终确定了几个重要的基础性物理特性。我们详细解释了创建（create）和构建（build）C++ 程序的过程和工具（如预处理器、编译器、连接器）。这些知识对开发者做出健全物理设计决策将大有裨益，这些决策会影响编译时间、连接时间、运行时间和程序大小等可客观测量的特征。在此过程中，我们将介绍在本书和日常工作中经常使用的术语以及最低限度的表示法（见 1.7 节）。

一旦对业务的基本工具有了全面的了解，我们将逐渐从"非结构化"的开发向基于组件的开发过渡。使用 C++ 语言的基础知识，我们将从熟悉的 .h/.cpp[①] 文件对入手，慢慢理解、欣赏和灌输一些赋予组件生命的重要特性，而组件驱动高性能、可靠且可伸缩性极好的解决方案。虽然从某种意义上讲，只需用几句话就可以解释"组件"的含义，但是不论正确与否，这样的定义用处都十分有限。在对组件进行正式定义和阐述的最终语境（见 2.6 节）之前，我们将在本章的其余部分中了解这些最基本的物理设计单元的众多影响。这样，当正式学习第 2 章时，我们便具备了欣赏组件所必需的背景知识。[②]

1.1 知识就是力量：细节决定成败

在本章中有很多材料需要介绍，但最好还是从一些熟悉的东西开始，这样不至于让人望而生畏。让我们循着 C 的传统，以大家耳熟能详的"Hello World!"入门。

1.1.1 "Hello World!"

C++ 和其他一些语言有相似之处（如 C++ 之前的 C、Ada、Fortran 和 Cobol，以及 C++ 之后的 Java），它们先将离散的软件模块分离"编译"好后，再以某种方式"连接"在一起构成可以运行

---

① 在 Windows 平台上，C++ 源文件的默认后缀为 .cpp。我们最初采用 .cpp 的一部分原因源于此，另一部分原因是许多开发组织都维护着大量的 C 语言源代码，这些源代码通常以 .c 后缀结尾。

② 尽管我们在本章的开头部分就深入探讨了低层级的大量细节，但本章后半部分简明扼要地再现的大部分层级较高的背景材料在 **lakos96** 的前几章（特别是第 3 章和第 4 章）中都有更详细的解释。

的程序。即使是最平凡的 C++程序也是以这种方式创建和组装的。想一想熟悉的"Hello World!"程序，如图 1-1 所示。[①]

```
// main.cpp
#include <iostream>
int main(int, const char *[])
{
    std::cout << "Hello World!" << std::endl;
    return 0;
}
```

图 1-1　熟悉的 C++语言版的"Hello World!"程序

虽然人们可能会倾向于将其称为单文件程序，但实际上它是由读者在图 1-1 中看到的微型应用部分和相对较大的（可复用）库部分组成的，后者是 C++标准库中的 iostream 设施。[②]

尽管开发者很可能对特定供应商提供的标准库实现没有控制权，但透彻理解软件在当代编程环境中的构建方式，对于设计和实现我们在大规模开发软件中创建的应用和库将是非常宝贵的。这一理解还有助于我们提前评估依赖特定开放源码和第三方库的可行性。

这本书中的诸多技术和准则来自我们在产业环境中用 C++创建库和应用的过程中积累的丰富经验。[③]我们坚信，要想成功架构（更不用说开发）大型 C/C++系统，对语言底层细节透彻的理解是不可或缺的。"Hello World!"与大规模软件之间宛如天壤之别；在很大程度上，这种差别是在细节上体现出来的，正可谓魔鬼藏于细节。

1.1.2　创建 C++程序

要创建成功的应用，首先要了解语言本身的细节。现在考虑一个简单的 main 函数，它调用在分离的文件中定义的自由（非成员）函数 op。

[①] 尽管这个程序总能在垂直所有平台上工作（早期的 GCC 是一个明显的例外），但直到 C++11，标准才要求在（仅）包含<iostream>（而无须包含<ostream>）时，std::endl 必须被声明。不过，目前通常建议使用 "\n" 而不是 std::cout，以避免做多余的强制刷新。

[②] 为了更好地定量理解应用（用户的 main.cpp）和 C++标准库提供的可复用库软件（更不用说底层操作系统）的相对贡献，让我们在一个典型的平台上看一下编译中出现的各种制品。以我的新（约 2016 年）东芝笔记本电脑为例，运行的是带有 GCC 5.4.0 的 Cygwin。应用源文本（main.cpp 文件）的大小仅为 126 字节。当#include 指令被纳入后，我的笔记本电脑上的中间文本（main.i 文件）大小超过了 433 KB！但生成的 main.o 文件不到 2.7 KB，按照当今的标准，该文件仍然相当小。而生成的可执行程序要大得多。有两种不同的方法来连接可执行文件——**静态**和**动态**。**静态连接**（statically linked）意味着所有需要的信息都被纳入单个可执行文件中；**动态连接**（dynamically linked）意味着有大量代码可以在分离的进程之间共享。在我的东芝笔记本电脑上构建的这个示例中，动态连接的可执行文件约为 64 KB，而全包含式的静态连接的可执行映像大约为 10 MB。以下提供了此示例的数据摘要（以字节为单位），在另一类似平台（在 MacBook Pro 上运行的虚拟机上的 GCC 6.2.1）上的数据（以字节为单位）也一起提供作为参考（另见 1.2.1 节的图 1-4）。

制品	东芝 Z30-C 笔记本电脑	MacBook Pro 笔记本电脑
main.cpp	126	126
main.i	443 892	641 974
main.o	2 715	2 704
a.out（共享）	64 958	9 084
a.out（静态）	10 424 051	2 065 128

[③] 我们的核心库已经开源了一段时间，见 **bde14**。

```
// main.cpp
int op(int);   // 坏主意
int main(void)
{
    int result = op(10);
    // ...
}
```

```
// op.cpp
double op(int arg)
{

    // ...

}
```

要在 main() 中使用 op()，op() 的声明必须在 main.cpp 中可见。在上述的示例中，我们通过直接（局部）在 main.cpp 中写入声明来提供该声明，但正如我们即将看到的那样，这是有问题的。在我们第一次考虑 main.cpp 时，op() 的返回类型是 int，但后来演变成了 double，如 op.cpp（上述示例）所示。在编译时我们不会发现这种不一致性，而且 C++ 标准也不保证在连接时能检测出这种错误。因此，我们下次重新构建并运行 main 时，就可能会遇到一个令人不快的意外。

如果函数签名[1]（而不仅仅是返回类型）发生变化，连接时便会暴露问题，这要归功于 C++ 的连结（linkage）[2]：

```
// main.cpp
int op(int);   // 坏主意
int main(void)
{
    int result = op(10);
    // ...
}
```

```
// op.cpp
int op(double arg)
{

    // ...

}
```

但是，具有 C 连结的函数在运行时之前甚至都会掩盖这种不一致性。

在 C++ 中，还存在其他一些在运行时之前几乎肯定检测不到的不一致性。例如，考虑全局变量 q 的局部声明：

```
// main.cpp
extern int q;  // 坏主意
int main(void)
{
    int val = q;
    // ...
}
```

```
// q.cpp
double q = 7.5;
```

注意，变量 q 的类型在 main.cpp 中声明为 int，但在 q.cpp 中定义为 double。main.cpp 的编译器永远看不到（在 q.cpp 中）q 的定义，并且，等到连接器参与时，对象 q 的实际类型（double）通常已不再可用。

1.1.3　头文件的作用

作为专业的软件开发人员，我们竭力在开发过程中尽早发现错误，当其他团队将使用我们的软件时更是如此。库的开发者有责任向客户提供含有相应函数或变量声明的头文件，而不是让客

---

[1] 函数的签名指的是其名称以及参数类型序列（但不包括其返回类型）。

[2] 注意，C++ 的"类型安全"连结可确保连接器能够访问所有函数（包括运算符）的名称、参数类型和（对于类成员）cv 限定符。这种访问通常是通过将这些属性编码为目标代码层级的（编译后的）函数名称来实现的。

例如，一个函数声明如下：

```
double myFunction(const char *string, int length);
```

在目标代码层级，可能会收到一个类似于 _Z10myFunctionPKci 的名称，该名称（与 C 不同）无法保证在编译器供应商之间可移植。

C++ 中的函数不能单独基于返回类型重载。因此，函数（暂不提函数模板）不需要将其返回类型传播给连接器，尽管某些平台可能以提高实现质量（quality of implementation，QoI）的名义这样做，例如作为一种帮助开发人员在连接时（而不是运行时）发现 bug 的方法。

户猜测函数签名或全局变量类型。通过包含此头文件，客户将在编译时捕获许多常见的使用错误，这显然胜于在连接时或（更糟糕一点的是）在运行时捕获错误。

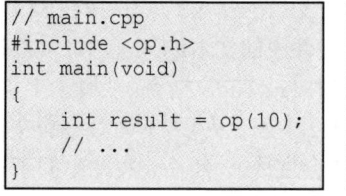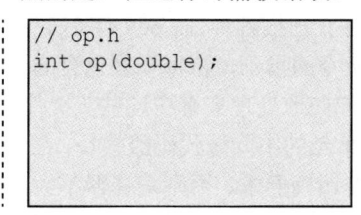

注意，上面的 op.cpp 文件（错误地）没有引用相应的.h 文件。鉴于客户访问外部定义的实体总是要通过头文件中的声明（见 1.11 节），作为 op.cpp 的作者，我们还必须确保头文件中的声明与其相应定义的一致性。如果创建的头文件完全独立于实现文件，则有可能使两个文件变得不同步。

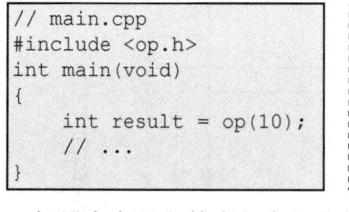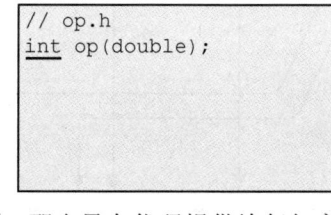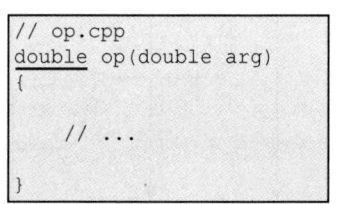

如果在实现文件中包含头文件，那么早在代码提供给任何客户之前，op.cpp 一被编译就会检测到（在这个特定的实例中的）问题。我们将在稍后看到，仔细遵守本书的设计原则如何防止因分离编译而产生的诸如此类的问题（如签名不匹配，而不仅仅是返回类型不匹配），并最终形成我们的组件概念（见 1.6 节和 1.11 节）。

1.2　C++程序的编译和连接

构建 C++程序的过程可以自然地分为两个主要阶段。第一阶段被称为编译阶段[①]，它分为两步，先是将每个源（.cpp）文件及其包含的所有头（.h）文件预处理成一个中间表示；然后将该中间表示翻译为可重定位的机器码，然后将其放置在目标（.o）文件中。在第二（主要）阶段中，将合并这些目标文件以形成一个内聚的程序。

1.2.1　构建流程：编译器和连接器的使用

大多数编译器会提供开关以供直接观察中间阶段的结果。例如，可以将编译器定向到生成预处理阶段的结果（.i 文件），这对于诊断包含文件和宏扩展的问题很有用。编译器对目标代码的初始呈现可以被优化，以生成经过大量重做的目标代码，该目标代码的执行速度通常比没有经过此优化阶段的执行速度快很多倍。通常，也可以让编译器给生成的目标文件所对应的汇编码（.s 文件）产生一个清单（listing）。[②]

---

① 编译阶段由 C++标准中定义的 9 个中间阶段组成。

② 例如，

```
gcc -S filename.cpp
```

生成 filename.s 文件，它包含生成的汇编码。

```
gcc -E filename.cpp
```

在标准输出上显示应用预处理器的结果。注意，尽管预处理后的翻译单元的源代码中添加了大量内容，但相对而言，翻译后的汇编码中添加的内容并不多，特别是在启用了编译器优化的情况下。

　　这一极低层级的检查可用于验证可疑的编译器和优化器错误，也可用于详细了解使用较高层级语言构件所产生的机器级开销。

　　图 1-2 说明了预处理器如何独立扫描各种 .cpp 文件（x1.cpp、x2.cpp、x3.cpp、x4.cpp），然后，按照 #include 预处理器指令的指示，将每个被包含的 .h 文件中的文本纳入。对每个被包含的 .h 文件进行类似的扫描，并递归地处理嵌套在这些头文件中的 #include 指令。从概念上讲，生成的文本形成了一个称为翻译单元的中间源代码级模块，在图 1-2 中表示为以 .i 为后缀的文件（注意，此 .i 文件是假设的，除非明确要求，否则编译器不大可能会生成）。然后，将此中间表示传递给 C++编译器，编译器编译翻译单元并生成含有结果目标代码的相应 .o 文件。[①]

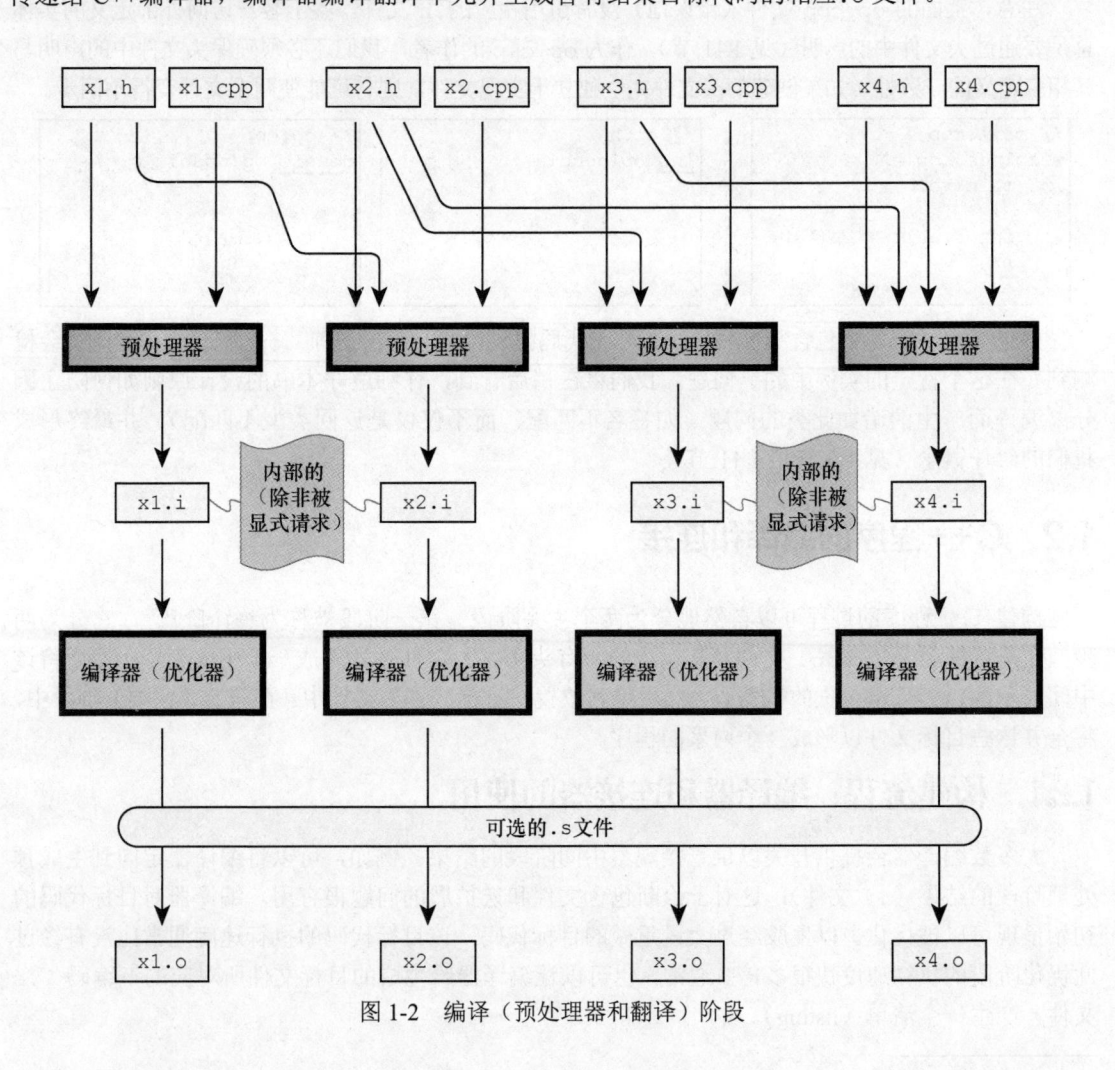

图 1-2　编译（预处理器和翻译）阶段

　　在构建过程的第二阶段中，即连接阶段中，分离编译的 .o 文件（其中一些可能打包到库中）将被传递给连接器以创建可执行程序。图 1-3 说明了如何连接图 1-2 中生成的目标文件 x1.o、x2.o、x3.o、x4.o 和两个附加库（y.a 和 z.a）以形成可执行程序。

----

① 目标文件的 .o 后缀在 POSIX 系列操作系统中是常见的，包括 Linux、Solaris、macOS 等，我们将其统称为 Unix 平台。在 Windows 平台上，通常使用 .obj 后缀。

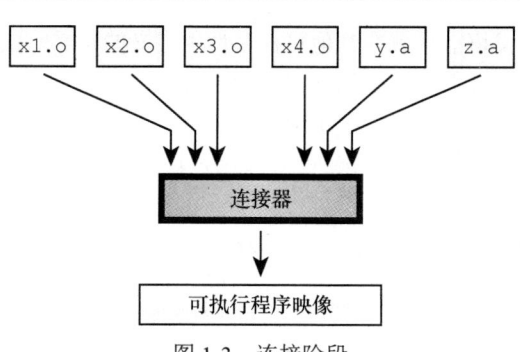

图 1-3 连接阶段

可执行程序映像是从目标文件中的函数实现派生的。[1]每个可执行文件包括（通常是只读的）可执行代码（如在 text 段[2]中）和常量（不可变）数据（如在 rodata 段中），两者都可以放在只读存储器中。可执行文件还为静态存储持续时间的可变数据（如全局变量）提供空间，除非有明确的初始化，否则（默认情况下）是零初始化（zero initialized）[3]，然后一般会分离地隔离（如在 bss[4]段中），以便更有效地将其归零。[5][6]用于保存函数、常量和全局变量的内存在程序执行的整个过程中持续。要使对函数或全局变量的任何引用能正确引用其（唯一的那一个）定义，必须在可执行映像中为实体分配唯一（可重定位）的地址。连接器从分离的目标文件构建可执行文件，并负责分配这些地址，因为编译器没有进行此类分配所需的全局上下文。另外，所有其他存储持续时间的对象的地址都是在程序执行过程中确定的，不需要连接器参与。

在整个编译阶段，编译器处理单个翻译单元，之后它会被纳入程序中。头文件的使用提供了一种模块化的方法[7]，可以告知编译器那些可能在翻译单元之间共享的实体的存在。编译器可以局部解析（resolve）此类实体的许多使用，特别是那些定义和使用在同一翻译单元中的实体。其他的使用可能指向不在同一翻译单元中定义的实体，因此需要在之后由连接器解析。

传递给连接器的每个目标文件通常含有符号（如函数和全局变量）的定义和对此翻译单元中未定义的其他符号的引用。连接器尝试使用其他目标文件提供的定义来解析每个目标文件中的此

---

① 虽然典型的可执行文件名没有后缀，但文件名 a.out 是 Unix 平台上的默认文件名。在 Windows 平台上，可执行文件默认具有 .exe 后缀。

② 确切的术语因平台而异（我们承认自己偏爱于 Unix），例如有时可执行文件的这一部分被称为 .text 节（section）。

③ 零初始化的含义取决于对象类型属于哪一种类：对于基础数值类型，这意味着对象接收的是从零转换为该类型的数值；对于指针类型，这意味着它接收与字面 0 对应的指针值（从 C++11 起，即 nullptr）。注意，枚举作为一种数值类型，零初始化它的行为（包括不含有会转换为整数值零的具名枚举符的枚举）的行为已有定义并与 C 语言的相应行为镜像。

④ bss 可以表示基本服务集（basic service set）、由符号启动的块（block started by symbol），甚至还可以是更节约空间（better save space，有些人喜欢这样记），因为 bss 段（不同于 data 段）不是可执行映像的一部分，因此，除了对其数值大小的一条指示外，它不占用 .o 文件中（成比例）的空间。

⑤ 基本对象、指针对象或枚举对象的内存"足迹"通常为零初始化，但由于 C++标准为编译器实现者提供了自由裁量权，因此不一定具有由全零（0）位组成的位模式。例如，对于一个典型的（4 字节）int，内存中的位模式应为"0000…（还有 24 个零）…0000"，通常（例如在二进制补码中）对应整数值零。对于典型的（8 字节）double，位模式为"0000…（还有 56 个零）…0000"，（例如在 IEEE754/IEC559 标准中）通常对应浮点值零。对于指针类型对象，位模式通常（但不一定）为"0000…（还有(指针大小 - 8)个零）…0000"，其中指针大小以位为单位。

对于零初始化的基本类型、枚举类型和指针类型，全零位模式的决定性优点是，当这些类型的对象是静态的且是默认初始化时，它们可以不与其他显式初始化的对象（例如在 .data 段中）一起驻留在可执行文件中，而是分离地放在（例如在 .bss 段中）加载时能够更有效地初始化它们的地方，而无须存储分离的（非零）初始化常量。

⑥ 有关可执行文件的更多信息，见 **bovet13**。

⑦ 注意，我们有意在此处使用模块化（是传统意义上的）一词，表示恰有一个（唯一的）物理上分离的位置来表示控制实现与潜在客户之间接口的信息，而不是指 C++20 起可用的 C++模块设施。

类未定义引用。这些定义又可能依赖在其他目标文件中定义的符号，依此类推。如果被引用的符号未在提供给连接器的目标文件集合中的任何位置定义，连接器将报告错误。

考虑图 1-4 所示的简单多文件程序。[①]众所周知的入口点 main 是 C++ 程序的运行时接口，必须定义它才能创建可执行文件。如果仅提供 main.o，连接器将报告符号 f() 未解析，例如：

```
$ g++ -I. main.cpp
/tmp/cctbI9g6.o:main.cpp:(.text+0xe): undefined reference to 'f()'
/tmp/cctbI9g6.o:main.cpp:(.text+0xe): relocation truncated to fit:
                        R_X86_64_PC32 against undefined symbol 'f()'
collect2: error: ld returned 1 exit status
$
```

如果提供了 main.o 和 f.o，连接器将报告符号 g() 未定义[②]，例如：

```
$ g++ -I. main.cpp f.cpp
/tmp/ccq6leho.o:f.cpp:(.text+0x9): undefined reference to 'g()'
/tmp/ccq6leho.o:f.cpp:(.text+0x9): relocation truncated to fit:
                        R_X86_64_PC32 against undefined symbol 'g()'
collect2: error: ld returned 1 exit status
$
```

直到提供了 main.o、f.o 和 g.o 之后，连接阶段才会成功，例如：

```
$ g++ -I. main.cpp f.cpp g.cpp
$
```

最后这次构建命令顺利通过。

---

① 1.4 节讨论了头文件的有效使用，1.5 节讨论了 #include 保护符的适当使用。
② 注意，Unix 平台的 nm 命令（或 Windows 平台的 dumpbin 命令）可用于列出一个 .o 文件中所有的未定义符号和外部可访问定义：

```
$ g++ -I. -c f.cpp
$ nm f.o
0000000000000000 b .bss
0000000000000000 d .data
0000000000000000 p .pdata
0000000000000000 r .rdata$zzz
0000000000000000 t .text
0000000000000000 r .xdata
0000000000000000 T _Z1fv        // T 表示：定义已提供
                 U _Z1gv        // U 表示：未定义
$
```

最初 C++ 为适应函数重载而引入的名称改写（name mangling）会在这里带来额外的挑战，不过可以用像 c++filt 之类的程序轻松解决：

```
$ g++ -I. -c f.cpp
$ nm f.o | c++filt
0000000000000000 b .bss
0000000000000000 d .data
0000000000000000 p .pdata
0000000000000000 r .rdata$zzz
0000000000000000 t .text
0000000000000000 r .xdata
0000000000000000 T f()          // T 表示：定义已提供
                 U g()          // U 表示：未定义
$
```

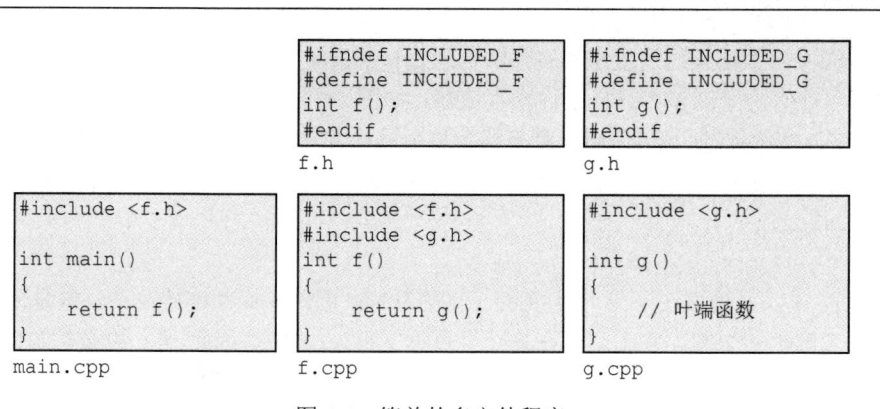

图 1-4 简单的多文件程序

1.2.2 目标文件（.o）的经典原子性

目标文件历来便是原子的。换言之，若是要将一个目标文件纳入可执行文件中，则只能一整个加进去。该.o目标文件中定义的所有外部可访问符号现在都可用于解析其他.o文件中未定义符号。同理，该.o文件中任何未解析的符号（无论是否会被使用）最终都必须被解析，否则连接阶段会失败。

由于C++初始版本便需要包含一些较高级的（相比于C语言）语言构件（如隐式模板实例化、不内联的内联函数），所有现代平台现在都支持在单个.o目标文件中包含多个段（section），这样，每个段都可以独立于其余段纳入（或不纳入），我们稍后会就此问题进行详细讨论。外部符号定义是否驻留在.o文件的不同段中以及驻留的程度有多大都取决于平台和构建配置，并且肯定不应在开发过程中影响我们（见2.15节）。为了确保对物理依赖的可移植、细粒度的控制，我们做设计时还是把.o文件以及组件（0.7节）当作原子的。

现在观察图1-5中略作修改之后的程序。在此示例中，文件f.cpp定义了f1()和f2()，但只有f2()使用g。尽管main()只要求f1()的定义就可以连接，但f.o的纳入将会带来符号g()的未解析引用，需要g.o以及g.o所依赖的任何其他.o文件纳入我们的程序中。但要是将f1()和f2()的定义放在单独的翻译单元（未在图中显示）中，则可消除不必要的耦合和随之而来的对g.o的连接时依赖。

```
#ifndef INCLUDED_F
#define INCLUDED_F
int f1();

int f2();

#endif
```
f.h

```
#ifndef INCLUDED_G
#define INCLUDED_G
int g();


#endif
```
g.h

```
#include <f.h>

int main()
{
    return f1();
}
```
main.cpp

```
#include <f.h>
#include <g.h>
int f1()
{
    // 微型.o文件
}
int f2()
{
    return g();
}
```
f.cpp

```
#include <g.h>

int g()
{
    // 大型.o文件有
    // 许多未定义符号
}
```
g.cpp

图 1-5 并置导致的额外的连接时依赖

要是在源文件中错误地放置逻辑实体，物理设计的质量就会降低。除了目标文件之间的过度依赖外，还可能有两个或多个目标文件相互依赖，如图 1-6 所示。编译完这 4 个 .cpp 文件后，两个内含 main() 主函数的 .o 文件均需要与其余两个目标文件连接[①②]：

```
$ CC main1.o x.o y.o
$ CC main2.o y.o x.o
$
```

例如，main1.o 需要在 x.o 中定义的 a() 的符号，因此它必须连接 x.o。但是，a() 含有一个对 d() 的未解析的引用，它的定义在另一个目标文件 y.o 中，因此 y.o 也必须加到 main1.o 的连接命令里。现在，y.o 中还含有对 b() 的未解析引用，连接器找到 x.o 中的定义可以满足此引用。因此，x.o 依赖 y.o，而 y.o 又依赖 x.o。如果尝试使用 main2.cpp 构建程序，也会出现类似的循环依赖链：main2.o 依赖 y.o，y.o 依赖 x.o，而 x.o 又依赖 y.o。事实上，使用 x.o 或 y.o 中的任何一个都需要将这两者一起连接上。

在图 1-6 的示例中，函数在翻译单元中的放置是有问题的。如果我们选择图 1-7 中所示的模块化，则每个 main 对单个目标文件的连接均可成功：

```
$ CC main1.o u.o
$ CC main2.o v.o
$
```

这些目标文件现在是独立的。

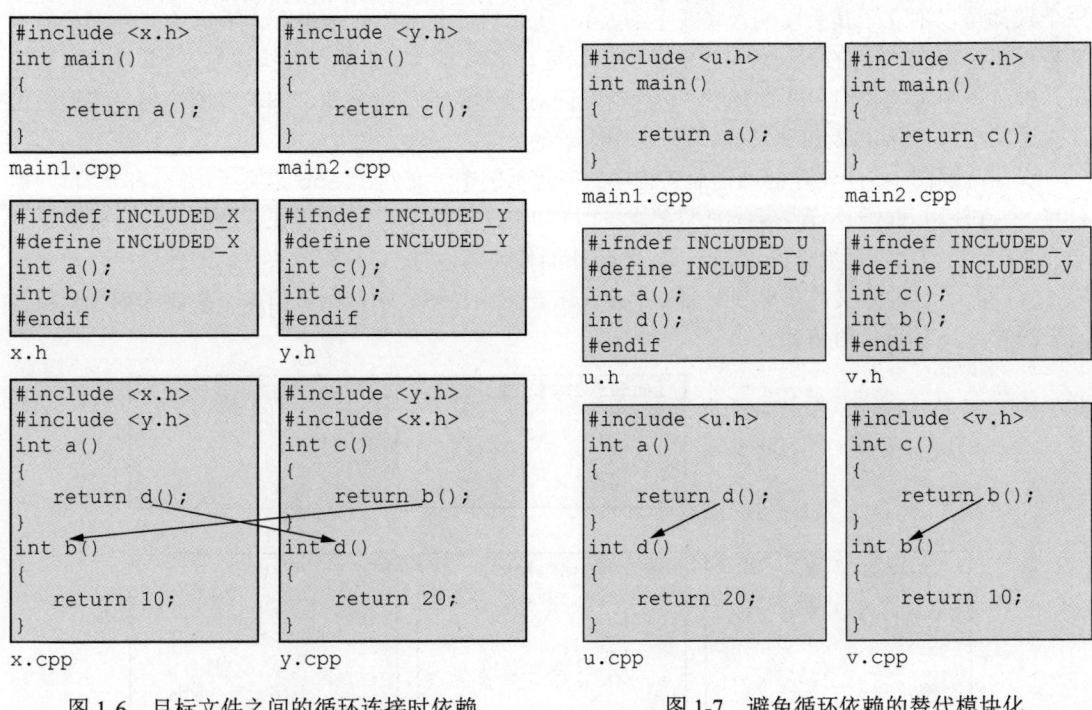

图 1-6 目标文件之间的循环连接时依赖   图 1-7 避免循环依赖的替代模块化

图 1-4 至图 1-7 所示的经验在最基本的物理层级上强调了，在同一翻译单元中并置多个函数的潜在后果。对于微型（如嵌入式）系统，将每个函数放在分离的翻译单元中可能会有积极的价值。但是，对于较大的系统，这样做的价值被在物理上内聚的单个单元内并置语义相关函数的优势抵消了。这种功能模块的并置是妥当的，有两种情况特别合适，一是函数逻辑上内聚，二是函数共享（可容许）物理依赖的包络（见 2.2.14 节）。管理组件（0.7 节）中类的并置的具体规则（见 2.6 节）和策略（见 3.3.1 节）是由一个愿望驱动的，即最小化这种物理耦合，但仍然能够封装并隐藏 .h 文件中单一内聚（逻辑和物理）接口背后的每个重要的低层级设计决策（见 1.4 节）。

1.2.3　.o 文件中的节和弱符号

前文已详细地考虑了几年来实现常用语言构件所需的基本编译器/连接器功能，例如 C 语言所需的功能。而随着 C++ 语言的引入，编译器已经普遍可以将某些特定类型的函数定义[①]放到多个 .o 文件中，然后依靠连接器仅将众多（完全一样的）副本中的一个纳入最终的可执行文件。

要使这种方法起作用，编译器必须能够将每个此类符号定义放置在其自己分离的节（section）中，而段可以独立于 .o 文件中任何其他目标代码地被纳入（或不纳入）。然后，连接器从它遇到的各个 .o 文件中散布的也许很多的（完全一样的）定义中选择其一，而不会报告此类孤立符号的多个定义，而且只有在它们满足某个未定义引用才拖入，这就确保了不依赖连接顺序。

将每个符号定义放置在其自己分离的物理节可能会导致额外的构建时开销。在不分离定义的条件下实现相同效果的一种方法，是将内联函数和函数模板产生的定义符号标记为弱的，这意味着该符号可以用于满足未定义符号的引用，但如果将该符号定义纳入已使用了相同未定义符号的另一弱定义的程序中，不会导致出现多重定义符号错误。

除了构建时性能，还有许多原因（如在某些平台上处理异常的方式）可能导致各节之间的相互依赖，从而迫使混合解决方案，既有独个的物理节又将符号标记为弱的。注意，如果典型的连接器试图将同一名称的一个弱符号定义和（正常的）一个强符号定义（顺序任意）纳入程序中，就会导致多重定义符号错误。遵循广为接受的软件设计实践（见本书第 2 章）有助于我们满足基础性的语言需求，如单一定义规则（ODR），[②] 从而避免此类令人不安的问题。

记住，这所有关于物理节和弱符号定义与强符号定义的讨论都远远超出了 C++ 标准的规定，此处提供是作为理解如何使用低层级工具来实现它的基础。在所有平台上避免将目标代码纳入最终可执行程序中的唯一可靠方法是使其远离连接命令行。本书对软件模块化的细粒度方法（0.4 节）反映了这一思想。

1.2.4　静态库

即使是相对较小的程序，在连接时列出每个 .o 文件也是烦琐且不切实际的。各编译系统都有工具可将多个目标（.o）文件组合起来，放到一个被称为库（library）或归档文件（archive，通常也称为静态库）的物理实体中。妥当地将互相关联的目标文件整合成库可以便利构建和分发软件的过程。图 1-8 说明了归档器（Unix 平台上的 ar）如何从多个 .o 文件创建库。这些库（通常在 Unix 平台上是 .a 后缀的文件）随后可供

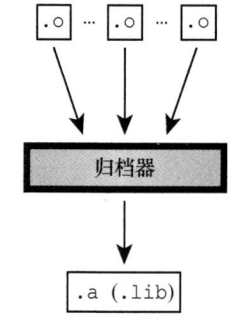

图 1-8　创建一个库文件

---

① 例如，内联函数和函数模板（见 1.3.12 节至 1.3.14 节）。

② ODR 表示单一定义规则（one-definition rule，见 1.3 节，特别是 1.3.1 节和 1.3.17 节）。

给连接器。

与直接供给连接器的.o文件相比，连接器对库中.o文件的处理方式有所不同。直接供给连接器的每个.o文件都会被纳入生成的可执行映像中，不管它是否真的会用到；而通过库提供的.o文件仅在需要时被纳入可执行映像。以图1-9中所示的文件集合为例。编译所有.cpp文件后，可将每个目标文件都加到命令行上以创建一个工作程序，如下所示：

```
$ CC main.o f.o g.o
$
```

即使main不需要g.o来连接和运行，连接器也会将g.o纳入可执行程序映像，从而会不必要地增加可执行文件大小。除此之外，若是g.o含有f.o或main.o无法解析的未定义符号，则会导致连接失败。

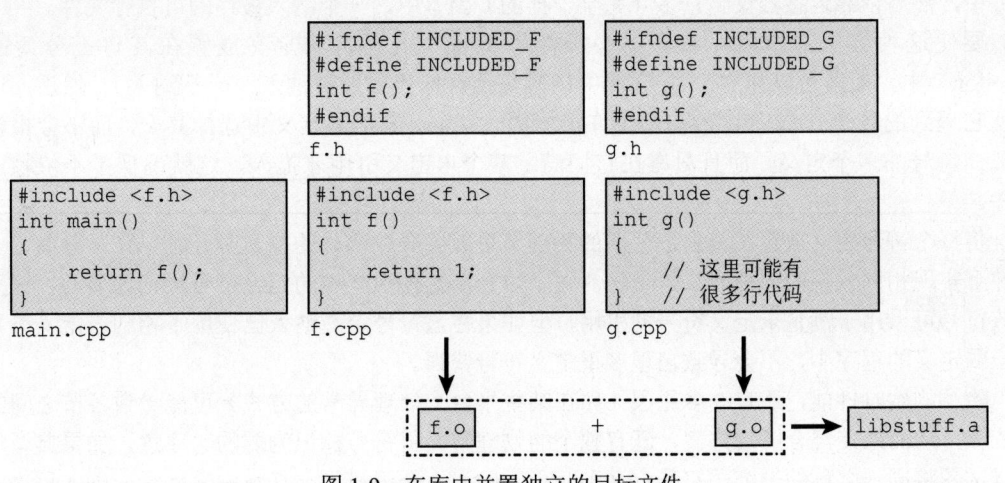

图1-9   在库中并置独立的目标文件

另外，可以将f.o文件和g.o文件打包到库中，如下所示：

```
$ ar q libstuff.a f.o g.o
$
```

现在，如果我们将main.o与这一库连接起来，就可宣告成功，不会因g.o中可能有未定义符号而连接失败：

```
$ CC main.o libstuff.a
$
```

连接器将使用库libstuff.a中的目标文件f.o解析main.o中引用的未定义符号f()。这时已没有其他的未定义符号，因此库中存在的另一个目标文件（g.o）会被忽略。.o文件是加在命令行上还是放于静态库中，会让连接行为出现非常重要的差异：有了库，客户只用为其所需付出代价（用连接时间、磁盘空间和进程内存大小来衡量）。不过，要是太过简单地对待，这种差异也可能会带来麻烦。

1.2.5 "单例"注册表的例子

我们以一个简单的"单例"（更准确地说，是进程全局的）注册表[①]实现为例。这个注册表的多态对象派生自通用基类接口 BaseEntry（如图 1-10 所示）。每个要驻留在此注册表中的具体对象都必须从 BaseEntry 派生，并实现 clone 和 print 这两个虚方法以及所有注册对象都需要的其他函数。

```
// baseentry.h
// ...

class BaseEntry {

  public:
    virtual ~BaseEntry();
        // 销毁这个对象

    virtual void clone(Handle<BaseEntry> *result) const = 0;
        // 给该对象分配一个动态副本，并在指定的result句柄中存储它

    virtual std::ostream& print(std::ostream& stream) const = 0;
        // 显示该对象的属性（主要是方便调试）

    // ...    （对所有注册对象都通用的其他方法）
};
```

（a）可注册对象的基类（接口）

```
// registry.h
// ...

class Registry {
    // ...

  public:
    static int enter(const char *name, const BaseEntry& exemplar);
        // 克隆一份指定的exemplar对象的副本，并在本注册表中将之与指定的name关联起来。
        // 如果成功，则返回0；如果name已被占用，则返回非零值（表示没有其他效果）

    static const BaseEntry *lookup(const char *name);
        // 返回与指定的name关联的不可修改的项的地址，如果name找不到，则返回0

    static std::ostream& print(std::ostream& stream);
        // 列举该注册表中的所有项到指定的输出stream，如果表中一个项都没有，则输出
        // "(* 空注册表 *)"
};
```

（b）静态的（单例）多态对象注册表

图 1-10　用于注册多态对象的框架

现在若是我们想用"聪明点"的办法，可以让从 BaseEntry 派生的每种具体类型自动地自注册，如图 1-11 所示。类似地，派生的具体类 DerivedEntry2 等也这样写。

[①] 此注册表本身并不是那种必须在运行时构建然后才能使用的 C++类型的对象，也就是不像单例通常表示的那样（**gamma95**，第 3 章，"Singleton"一节，第 127~136 页）。取而代之的是，此注册表是由一种数据结构实现的，这种数据结构在进程中唯一，且按照设计，会在加载时"唤醒"成空状态（**lakos96**，7.8.1.1 节，第 534、535 页），因此，在安全使用它之前不需要运行时初始化。这样就可以避开与跨翻译单元的静态对象运行时初始化的相对顺序相关的那些几乎无法克服的问题，我们将在 1.2.7 节中讨论这些内容，之后在卷 2 的 6.2 节中会有更详细的阐述。

```
// derivedentry1.h
// ...

class DerivedEntry1 : public BaseEntry {
    // ...
  public:
    DerivedEntry1();
        // 创建DerivedEntry1的一个空实例

    DerivedEntry1(const DerivedEntry1& original);
        // 创建DerivedEntry1的一个实例，它有着和指定的original对象相同的"值"
```

> 值的含义在卷2的4.1节中进行了描述，
> 不过这个概念真的不适用这里。
> （我们才刚开始，还请耐心等待）

```
    virtual ~DerivedEntry1();
        // 销毁这个对象

    virtual void clone(Handle<BaseEntry> *result) const;
        // ...

    virtual std::ostream& print(std::ostream& stream) const;
        // ...

    // ...    （对所有注册对象都通用的其他方法）
};
```

（a）DerivedEntry1的头文件

```
// derivedentry1.cpp
// ...

#include <derivedentry1.h>
// ...

static DerivedEntry1 exemplar;  // 坏主意        （见卷2的6.2节）
static int dummy = Registry::enter("DerivedEntry1", exemplar);
```

> 注意，返回状态仅是刻意为了允许我们在进入main之前进行
> 运行时初始化；除了用尽内存外，它怎么可能失败？如果真的
> 失败了，我们为什么要忽视此状态？坏主意！

```
// ...

DerivedEntry1::DerivedEntry1() /*...*/ { { /*...*/ }

DerivedEntry1::DerivedEntry1(const DerivedEntry1& original) // ...

DerivedEntry1::~DerivedEntry1() { /*...*/ }

void DerivedEntry1::clone(Handle<BaseEntry> *result) const
{
    result->load(new DerivedEntry1(*this));
}

std::ostream& DerivedEntry1::print(std::ostream& stream) const
{
    return stream << "DerivedEntry1" << std::flush;
}

// ...
```

（b）DerivedEntry1的实现文件

图1-11　"聪明"的自注册的具体注册表项

要使用注册表以及 BaseEntry 的几个具体派生类型，我们可以创建以下的 main 函数，它简单地将每个注册表项转储到 stdout：

```
// main.cpp
#include  <registry.h>
#include  <iostream>
int main(void)
{
    std::cout << Registry::print(std::cout) << std::flush;
}
```

我们将使用以下连接命令构建"测试"程序：

```
$ CC main.o registry.o baseentry.o derivedentry1.o derivedentry2.o ...
$
```

当运行该程序时，可能会按预期得到以下输出：

```
DerivedEntry1
DerivedEntry2
...
```

现在假设我们满意并将 Registry 类、抽象 BaseEntry 接口和几种有用的派生项类型分发给我们的客户。我们可能会简单地将这些对象打包到名为 libreg.a 的库中，如下所示[1]：

```
$ ar q libreg.a registry.o baseentry.o derivedentry1.o derivedentry2.o ...
$
```

然后，客户可以选择使用 main.o 并用以下连接命令构建测试程序，以验证 libreg.a 库的实用性：

```
$ CC main.o libreg.a
$
```

但现在，测试程序的输出不太一样了：

```
(* Empty Registry *) (* 空注册表 *)
```

如果这一结果令人惊讶，也不要气馁。许多有能力的开发人员在其职业生涯的某个阶段都陷入了这一陷阱。问题在于，与直接在连接器命令行上提供的 .o 文件不同，对库中翻译单元的纳入不是原子化的，而是按需进行的。调用 Registry::print 会导致一个未定义符号生成到 main.o 中；因此，连接器自然会拉来 registry.o 以解析这指向外部符号的引用。由于，main.o 和 registry.o 中不再有需要该库解析的未定义符号，派生项的 .o 文件无一被纳入程序中，因此，没有项会载入注册表。

上文描述的注册表可能有有效的用途。[2]但作为专业的软件开发人员，我们建议克制依靠于脆弱的语言构件的冲动，这些语言构件会随部署方式不同而表现出不同的逻辑行为（见 2.15 节）。在 1.2.7 节中，我们会讲到为何要避免使用那些需要运行时初始化的文件作用域或命名空间作用域中的变量的其他原因，并在卷 2 的 6.2 节中深入讨论。

---

[1] 归档器程序的名称通常是 ar，不过编译器供应商可以随意给它起名，如 Microsoft Visual C++ 就将其相应的程序称为 lib。注意，q 标志（如此处所示）是 ar 需要的。在 Unix 系统上，其他标志通常与 q 一起使用，如 c 和 v 分别用于在新创建（create）库时抑制警告和提供关于正被归档的内容的冗长（verbose）信息。

[2] 注册表的一个常见用途是支持多态对象的 Java 风格序列化，尽管我们断言这样的序列化的值/价值（value，此处用了英语的双关语）是可疑的（见卷 2 的 4.1 节）。

1.2.6 库间依赖

库和库之间也可能存在依赖。在图 1-12 中包含了定义 main() 的 main.cpp 文件，以及组件 a 和组件 c 的文件。在本例中，main() 程序调用 a()，而 a() 又调用函数 c()。在编译 3 个 .cpp 文件后，目标文件 a.o 将被加载到库 libx.a 中，目标文件 c.o 将被加载到 liby.a 中。现在，可以通过连接库 liby.a 来解析 a.o 中 c() 符号的引用，该库含有定义 c() 的 c.o[①]：

```
$ CC main.o libx.a liby.a
$
```

避免物理上不同的实体间形成循环的物理依赖是良好物理设计的核心原则之一（0.6 节）。前文介绍过目标文件如何产生相互依赖。下面将了解静态库中这种双向（循环）依赖是如何发生的。

假设我们再次在 main.cpp 中定义了 main()，但现在有两个库 x 和 y，分别包含两个目标文件 {a.o, b.o} 和 {c.o, d.o}，如图 1-13 所示。在本例中，main() 再次调用库 x 中的 a()，该函数又调用库 y 中的 c()，但这一次，c() 在库 x 中调用 b1()。

在编译了 5 个 .cpp 文件后，a.o 和 b.o 被加载到库 libx.a 中，类似地，c.o 和 d.o 被加载到 liby.a 中。我们可以看到，b.o 和 d.o 是相互依赖的，由于它们被纳入两个库中，因此这两个库现在也相互依赖了。在某些平台（那些使用单遍连接器的平台）上，如果我们尝试将 main.o 与这两个库连接（命令如下所示），就会出现这种情况，连接失败。

```
$ CC main.o libx.a liby.a
```

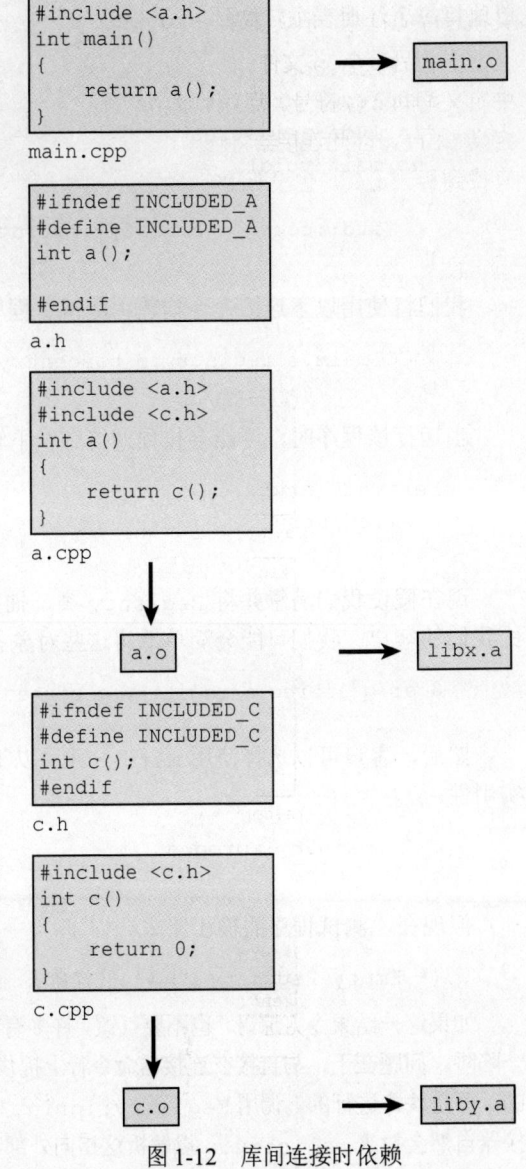

图 1-12 库间连接时依赖

① 静态库如何解析未定义符号的细节不是由 C++ 标准指定的，并且在实践中高度依赖于实现。按经典 Unix 平台的风格，显式指定给连接器的所有 .o 文件将立即被纳入，而库参数则被按顺序扫描并用于满足任何当前未解析的符号，然后再进入下一个参数。以错误的顺序尝试连接上面的库将会失败：

```
$ CC main.o liby.a libx.a
Error: Undefined reference to 'a()'
ld returned 1 exit status
$
```

大多数连接器都可以被指示重新扫描已提供的库，以解析在参数列表中稍后引用到的符号。某些连接器默认会执行这一重新扫描。尽管这种多遍扫描方法使库的提供顺序（连接时间除外）变得无关紧要，但依靠连接器的这一特性只是把显著的物理缺陷掩盖了。跨库的这种循环依赖还会在部署上产生平台依赖性，从而使移植变得更加困难。幸运的是，如果在物理层级能够正确地组织软件，连接器就永远不需要执行多遍扫描，而这种令人讨厌的平台特定的细节就会很快被遗忘。

当连接器检查main.o时，它会发现a()的符号未定义。然后，连接器查看libx.a并发现a.o定义了a()的符号，但又需要c()的定义。由于main.o未定义c()的符号，连接器在当前库中查找定义c()的另一个.o文件。如果没有找到，连接器将移到下一个库liby.a中查找，在该库中找到c.o中定义好的c()符号。连接器将c.o纳入，然后它发现b1()未定义。由于main.o和a.o都没有定义b1()，因此连接器将搜索当前库中的另一个.o文件，以期解析b1()的未定义符号。连接器没有找到相关定义，也没有更多的库以搜索，连接阶段将以失败告终，报告b1()未定义。

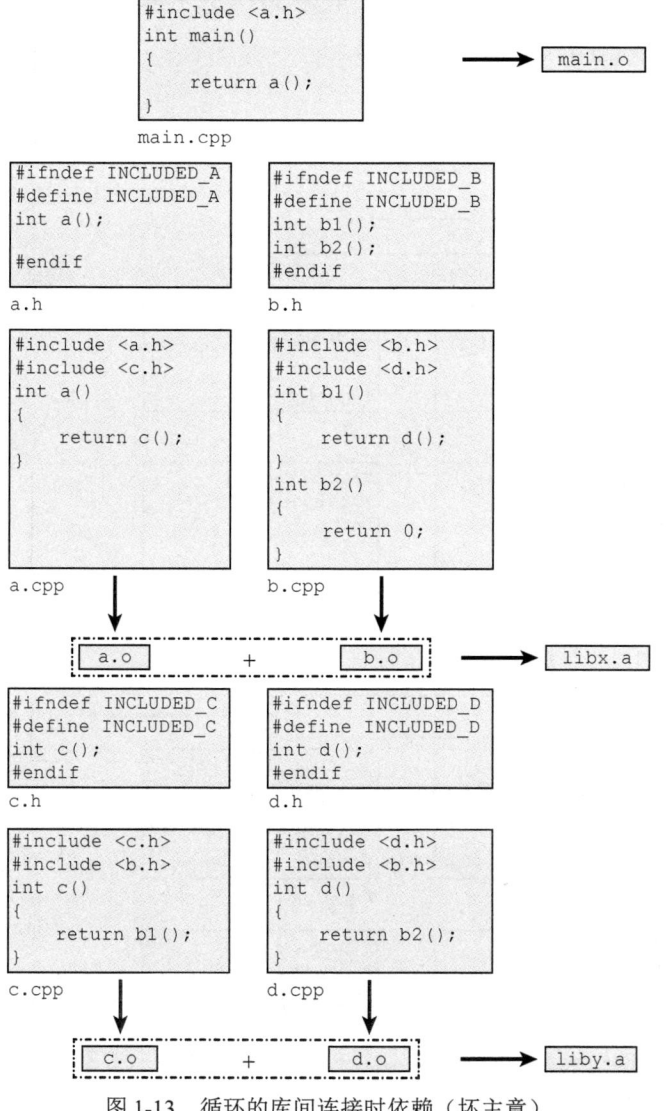

图1-13 循环的库间连接时依赖（坏主意）

在命令行 liby.a 的后面再重复一次 libx.a（如下所示），让连接器重新扫描 libx.a，它会在其中的b.o中找到b1()的定义，在那还能找到d()的未定义符号。

```
$ CC main.o libx.a liby.a libx.a
```

由于d()未在main.o、a.o或c.o任何一个中定义，连接器会再次搜索libx.a以查找d()的定义。如果还是找不到，连接器会报告d()未定义。如果在命令行的最后再重复一次liby.a（如下所示）：

```
$ CC main.o libx.a liby.a libx.a liby.a
$
```

连接器重新扫描 liby.a 并在 d.o 中找到符号 d(),其中 b2() 局部未定义,但这次 b2() 已在前面某个已纳入的目标文件,即 b.o 中定义。现在没有未解析符号了,连接阶段成功!

使用单遍连接器构建具有循环连接时依赖的库的这些困难,是一个更深刻问题的症状:这样物理上循环的软件无法被层次化地实现、测试和使用。若是选择将图 1-13 中的 a.o 和 c.o 打包为 libu.a,将 b.o 和 d.o 打包为图 1-14 中所示的 libv.a,在命令行中就不必再重复库了,命令如下:

```
$ CC main.o libu.a libv.a
$
```

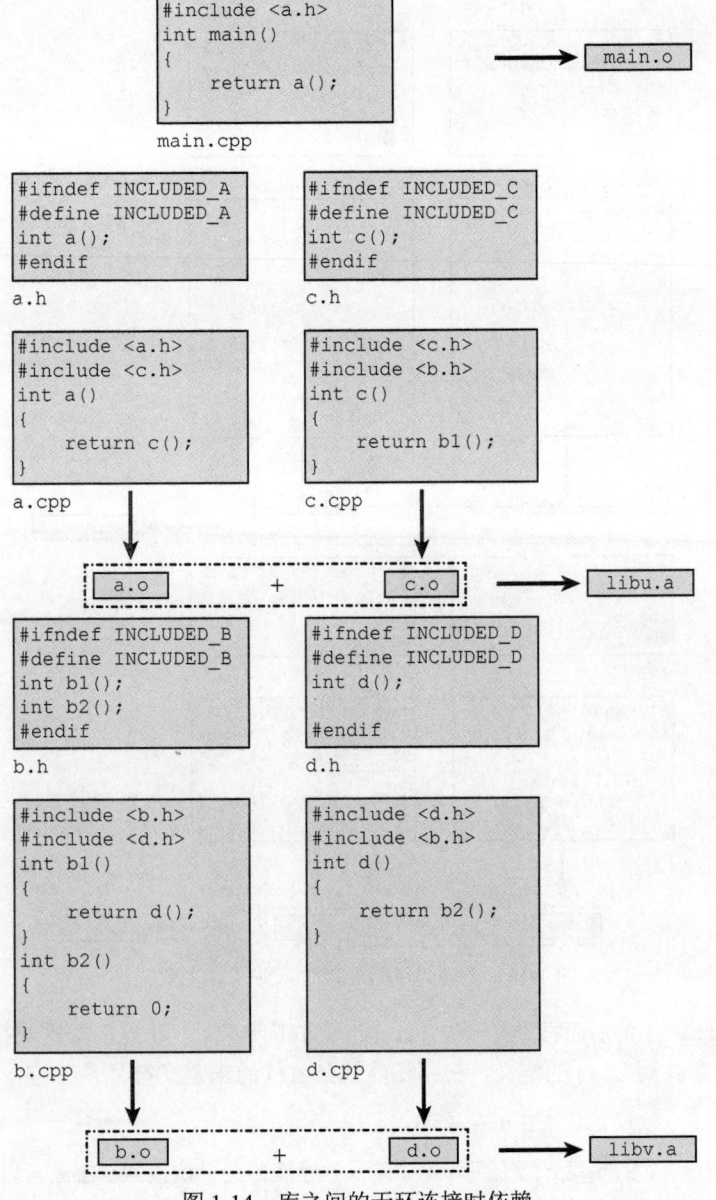

图 1-14　库之间的无环连接时依赖

更一般地，任何实体之间的相互依赖都要尽量避免，逻辑依赖和物理依赖皆是如此。如果相互依赖被认为是必要的（无论原因为何），不管这些相互依赖的实体是函数、类还是（此处讨论的罕见案例中）翻译单元，我们都建议将它们打包到一起，而不是分离打包。本书 3.3 节将讨论并置的其他原因。①

1.2.7　连接顺序和构建时行为

C++标准不处理如何打包库中 .o 文件的（平台特定的）细节，但若是不了解库在实践中的一般行为方式，可能会导致开发和部署过程中出现重大问题。库中的 .o 文件一旦被纳入程序中，就会像直接在命令行上提供一样被对待。整个 .o 文件会被纳入程序中，任何不能由先前纳入的目标文件解析的未定义符号都需要其他 .o 文件的纳入，否则连接阶段将失败。

直接向连接器提供有重复符号定义的 .o 文件是致命性的错误，但提供的一个或多个库中确实可能无意中包含多个定义了相同符号的分离 .o 文件。在连接阶段过两遍的平台上，所需符号的第一次（或最后一次）出现通常指示了哪个 .o 文件被纳入。在 Unix 平台上常见的方法是，依次扫描每个库，在扫描下一个库之前，把所有解析当前未定义符号的 .o 文件纳入。不管在哪种情况下，都没有切实可行的办法来控制使用的是多个定义中的哪一个。

即使两个符号定义相同，这些符号定义所在的相应 .o 文件也可能不同。受所选的 .o 影响，其他定义可能会被拖入其中，而这些定义可能与其他定义冲突，遂导致多重定义符号错误。②同理，由定义并置产生的额外的未定义符号可能无法被解析。即使连接成功，磁盘上生成的可执行文件的大小和构成也可能因连接顺序而异。应确保每个连接器符号只有一个定义，从而避免此类连接顺序特性影响构建过程的稳定（可重复性和可靠性）。

1.2.8　连接顺序和运行时行为

甚至还有更微妙的方法可以让 .o 文件的处理顺序影响生成的可执行文件的运行时行为。特别是，文件作用域静态对象（如 1.2.5 节的图 1-11 中用于自动初始化注册表的对象）的构建顺序取决于实现顺序和连接顺序。C++中根本没有可靠的方法来确保一个翻译单元中的文件作用域静态对象的初始化先于或晚于另一个翻译单元中的文件作用域静态对象。C++给跨翻译单元提供的唯一保证是，文件作用域静态对象将在首次使用之前、在进入 main 之后被初始化。③

依靠于跨翻译单元运行时静态初始化的相对顺序可能导致意外且通常是灾难性的行为。例如，考虑图 1-15 所示的情况。客户代码的成功取决于启动时 server.o 中的静态对象的初始化先于 client.o 中的静态对象的初始化。如果顺序颠倒，client.o 中的 key 值可能是指向空字符串的（非空）指针，可这时的行为是未定义的。将静态对象放在函数内（如以下代码所示）④可以解决创建问题，但无法保证对象在所有潜在客户被销毁之前保持有效。

---

① 注意，在测试整个库时，单个库中 .o 文件之间的循环物理依赖（即使是在单遍连接器的系统上）可能会被忽略；（部分）出于这一原因，我们在开发流程中特意分离地测试每个库组件，对于正在测试中的组件，仅给它提供它计划中依赖的其他组件（包括其各自的头文件）的访问权（见 2.2.14 节、2.14.3 节和卷 3 的 7.5 节）。

② 当编译器在 .o 文件的同一物理段中存放多个定义时，也会出现同样的问题，这就需要弱符号定义（1.2.3 节）。

③ 使用 static 声明命名空间作用域的对象一度被弃用（C++98/C++03），但后来弃用被撤回（C++11），并使其（逻辑上和物理上）等效于在无名命名空间中声明对象。还要注意，在 C++11 中首次引入的 constexpr 构件有时可用于避开此类初始化的运行时方面的问题。

④ **meyers97**，"Miscellany"，第 47 项，第 219～223 页。

```
// client.h
// ...
```

```
// server.h
#ifndef INCLUDED_SERVER
#define INCLUDED_SERVER

const char *getKey();

#endif
```

```
// client.cpp
#include <client.h>
#include <server.h>

static const char *key = getKey();

//...
```

```
// server.cpp
#include <server.h>
#include <string>

static std::string key("xyzy");

const char *getKey()
{
    return key.c_str();
}
```

图 1-15　依靠于静态初始化顺序（坏主意）

```
const char *getKey()
{
    static std::string key("xyzy");
    return key.c_str();
}
```

动态分配（并且永不释放）内存可解决该问题，但随后会发生内存泄漏，验证工具（如 Purify）将不得不报告。如果该单例恰好控制外部资源（如数据库连接），那么"泄漏"问题可能会更麻烦。避免在文件作用域/命名空间作用域的运行时初始化是卷 2 的 6.2 节的主题。

1.2.9　共享（动态连接）库

我们应该注意，使用"共享对象"（Unix 平台上的术语）或"动态连接库"（Windows 平台上的术语）只会增加观察物理依赖并正确打包逻辑内容的需要。这些类型的库行为更像整块式 .o 文件而不是静态库，对它们的处理是原子化的，即要么全并进去，要么一点都不用。与动态库的使用相关的复杂性在本质上是特定于平台的，在这里不再赘述。但是，静态连接的库将成为进一步分析和讨论的良好思维模型。

1.3　声明、定义和连结

构建程序时的许多事情，都涉及编译器（有时是连接器）将具名实体（如模板、类型、函数和变量）的使用与其相应的定义关联起来。在程序中，将具名实体的使用解析到唯一定义是通过声明间接完成的。也就是说，编译器基于显式声明启用名称的使用，而语言规则决定了如何将每个声明与其相应（唯一）定义关联。名称在多大程度上可以指代不同作用域或跨翻译单元的实体受连结（linkage）的约束。

1.3.1　声明与定义

由于一个程序可以由多个翻译单元组成，并且这些翻译单元往往是分离编译的，因此 C++ 语言精心地规定了每个 C++ 实体的连结规则，以使之与当前典型构建工具（特别是连接器）的能力吻合。但是，分离编译的物理现实和典型构建工具的局限性意味着，如果不谨慎，则很容易出现不一致——不一致可能在编译时或在连接时都无法捕获，并可能导致难以探源的运行时崩溃。

许多组件构造的相关规则是专门为了避免这种问题而设计的。但要了解这些设计规则的动机，必须先理解声明、定义和连结这些基本的 C++ 概念，以及构建工具是如何与它们交互的。了解底层工具的工作原理还有助于使标准中不同构件之间看似任意的连结指定更加直观。

> **定义** 声明（declaration）是将名称引入作用域的一种语言构件。

> **定义** 定义（definition）是一种语言构件，它唯一地刻画了程序中的一个实体，并在适当时为其保留存储空间。

声明将一个名称[1]引入作用域。该名称随后可在声明可见的任何地方使用，以指向相应的实体：

```
typedef int Int;                    // typedef 为 int 声明一个别名[2]
class Foo;                          // 纯类声明（又称前置声明）
enum E : int;                       // int 枚举声明（C++11 中新增的）
int f(int x);                       // 函数声明（忽略名称 x）
```

定义描述了实体的特征，并在合适时保留存储：

```
int a;                             // 变量的定义
class Foo { };                     // 类的定义
enum E { X };                      // E 和 X 的定义
int f(int x) { return x + 1; }     // f 和 x 的定义
```

大多数[3]定义也是其自身的声明，[4]如上述每一项定义一样。遗憾的是，定义的自声明可能会导致一些微妙的问题。考虑在命名空间作用域定义的函数被分离声明时会发生什么，例如在图 1-16 所示的头文件中的情况。

图 1-16 在声明自由函数的作用域之内定义它们（坏主意）

读者是否看到了两个问题？在第一种情况下，foobar 拼写错误；在第二种情况下，foobaz 被无意间重载了。若是在 xyza_foo.cpp 文件中包含 xyza_foo.h 则不会暴露此问题：编译器将

---

① 更正确的说法是，声明将某物引入作用域，并且这个某物通常包含名称。不过，从非常技术性的角度看，有一些逻辑构件无关紧要，如匿名联合（anonymous union），至少按 C++ 语言的语法看，既算作声明又不一定要引入名称。这种 "无名" 的声明是罕见且不重要的，因此，对大多数实践目的而言，它们可以被安全地忽略。在本书中，我们总采用此处所表达的声明的近似定义，而不是 C++ 语法所说明的定义。

② 从 C++11 开始，我们可以采用以下写法：

```
using Int = int;
```

③ 但是，我们将很快展示，绝不是所有的都如此。

④ 让人感到惊讶（对我来说确实如此）的是每个定义也被视作声明，至少 C++ 语言的语法是这样说的。我们认为这种说法是很糟糕的，因为它没有反映以下重要的一点：许多定义还是自声明的（例如 int x;），而另一些定义则不是，例如位于命名空间之外的那些，它们还必须在命名空间中分离声明（例如 int ns::x;）。在本书中，当我们使用术语仅定义（definition only）时，我们的意思是定义本身明确是非自声明的。

把 .cpp 文件中定义的每个函数视为与相应 .h 文件中声明的函数不同的实体。这样声明和定义之间不匹配的签名在编译时不会被检测到（如果这些纯声明未被使用，在连接时也不会被检测到）。但只需在声明实体的作用域之外定义该实体，就可以确保编译器报告此类缺陷，如图 1-17 所示。

```
// xyza_foo.h

namespace xyza {

class Foo { /*...*/ };

bool operator==(const Foo& lhs,
                const Foo& rhs);

// ...

}
```

```
// xyza_foo.cpp

#include <xyza_foo.h>                好主意

bool xyza::operator==(const Foo& lhs,
                      const Foo& rhs)
{
    // ...
}
// ...
```

图 1-17 在声明自由函数的作用域之外定义它们（好主意）

这种非自声明式的定义要求定义中使用的名称必须由包含相应声明的作用域的名称限定，无论这一作用域是 namespace、struct 还是 class：

```
class Bar {
    static int s_count;  // 仅声明
};
int Bar::s_count;       // 如果 s_count 还未在 Bar 作用域中声明，这一定义会编译失败
```

大多数不起定义作用的声明都可以在给定作用域内重复任意次数：

```
class Foo;               // 类的声明在作用域中可以重复，
class Foo;               // 不会引起错误

typedef int Int;         // 记住，typedef 被认为是一个声明，
typedef int Int;         // 不是定义

int f();                 // 这是函数的声明，不是定义，
int f();                 // 所以它可以重复任意多次
```

值得注意的例外是成员函数和 static 成员数据，它们是嵌套在 class 或 struct 定义中的声明，不能重复。在一个类定义中出现两个相同的 typedef 声明（不同于文件、命名空间或函数的作用域）也不行；不过在类定义中重复出现嵌套的 class、struct 或 union 声明是合法的 C++ 语法：

```
class Bar {
    static int s_count;    // 静态数据成员声明
    static int s_count;    // 报错！

    int f();               // 成员函数声明
    int f();               // 报错！

    typedef int Int;       // typedef 声明被嵌套于类作用域内
    typedef int Int;       // 报错！

    class Baz;             // 类的声明在哪里都可以重复
    class Baz;             // 这样重复也行
};
```

而定义则决不能重复：

```
class Foo { };             // 类的定义
class Foo { };             // 报错！

enum E { };                // 枚举的定义
enum E { };                // 报错！

void f() { }               // 函数的定义（预留存储）
void f() { }               // 报错！

int i;                     // 数据的定义（预留存储）
int i;                     // 报错！
```

事实上，C++语言要求程序中使用[1]的每个不同实体刚好只有一个定义。这一规则称为单一定义规则（one-definition rule，ODR），根据所涉实体的类型，它以不同的方式解释和实现（见下文）。为了帮助指定不同作用域和翻译单元中实体的逻辑"相同性"，C++标准定义了连结的概念，如图1-18所示。

连结（Linkage）

当某一名称的声明可与另一作用域中的声明表示相同的对象、引用、函数、类型、模板、命名空间或值时，我们称该名称的声明具有（逻辑）连结。

外连结型：这一名称的声明表示的实体可以在另一翻译单元、另一作用域或另一翻译单元的另一作用域中被定义。

内连结型：这一名称的声明表示的实体可以在另一作用域中被定义，但不能在另一翻译单元中被定义。

无连结型：这一名称的声明表示的实体既不能在另一翻译单元中被定义，也不能在另一作用域中被定义。

图1-18　C++11（逻辑）连结的标准定义

C++连结规则允许我们确定在不同作用域或翻译单元中声明的两个名称在逻辑上是否表示相同的实体。例如，在文件作用域（或任何其他命名空间作用域内）声明的类型或非静态函数的名称是外连结型，这意味着该名称将与在不同翻译单元中相同作用域内出现的类似声明中的名称所指的实体相同。

作为一个更具体的例子，考虑图1-19，它描述了两个分离的文件：f.cpp和g.cpp。每个文件都声明一个类Foo和一个函数bar(Foo*)，并定义调用bar（在空指针上）的唯一函数（以.cpp文件命名）。由于类Foo（已在两个不同文件的文件作用域中声明）是外连结型，因此Foo的两个声明表示相同的C++类型。类似地，bar(Foo*)也是外连结型，因此这两个声明

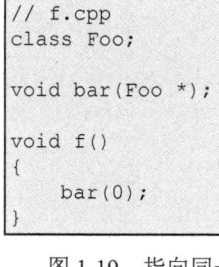

图1-19　指向同一外连结型实体的声明

都表示相同的函数。因此，该语言保证f()和g()必须（表现得就像）调用相同的函数定义。

假设我们将图1-19中的任一文件中的函数bar(Foo*)声明为static[2]：

```
static void bar(Foo *);
```

---

① 即ODR使用意义下的使用（ODR-used），见 **iso11**，3.2.2节，第36页。

② 在C++98中，在命名空间作用域内将函数声明为static，逻辑上（但不是在物理上）等同于将其放置在无名命名空间中（见下文）；从C++11起，它们（在逻辑上和物理上）都是等效的。

这样做会将该文件中名称 bar(Foo*) 更改为内连结型，这意味着 bar(Foo*) 的定义不能再位于使用它的翻译单元之外，因此 f() 和 g() 无法再调用相同的函数定义。

假设我们不是将 bar(Foo*) 声明为 static，而是将 Foo 的声明（在图 1-19 的任一文件中）移动到无名命名空间中：

```
namespace { class Foo; }
```

现在，被声明的类名 Foo 本身将是内连结型，因此它在逻辑上局部于翻译单元，这将使得我们无法从翻译单元外部定义 bar(Foo*)。因此，f 和 g 将再次无法调用相同的函数定义。

1.3.2 （逻辑的）连结与（物理的）连接

从历史上看，编译器技术和连接器技术（尤其是连接器技术）对 C 的连结规则和语义产生了强烈的影响，进而影响 C++。尽管如此，（逻辑的）连结和（物理的）连接是两个不同的概念，[1]不应混淆。连接是指将名称的使用与其定义（或含义）绑定的物理行为，而连结则用于确定给定的声明和定义是否指同一逻辑实体。

1.3.3 需要了解连接工具

为了从任何特定的实现选择中抽象出语言规约，连结完全是从逻辑效果而不是任何物理表现的角度来定义的。但是，了解"连接"的底层细节——如编译器、连接器或两者最终是否可用于将已声明名称的特定使用与其相应定义（或含义）相关联，对以下两方面至关重要：一是深入了解 C++ 标准选择"工具无关的"（逻辑）连结规则的动机；二是作为了解 C++ 标准的单一定义规则（ODR）是否以及何时可在实践中被良性地违反的基础。

1.3.4 物理"连结"的另一种定义：绑结

值得注意的是，连结一词有时也被用来直接指通常用于在典型平台上连接给定 C++ 构件的物理设备类型，尽管其形式不太正式。当然，C++ 标准的（逻辑）连结定义必须优先，但我们仍然认为这种替代的物理含义在概念上有用——特别是在口头交流中。今后，我们将始终把"连结"的这种非正式的物理含义称为绑结。[2][3][4]

事实上，C++ 的（物理）绑结有 3 种不同的（不相交）类型：内绑结型、外绑结型和双绑结型。

> **定义**　如果在典型平台上，对一种 C++ 构件的已声明名称的使用及其对应定义（或含义）总是在编译时有效地绑定，则此 C++ 构件是内绑结型（internal bindage）。

内绑结型语言构件要求其定义（或关联的含义）和使用在同一翻译单元内对编译器可见，因为不会向 .o 文件中引入用于绑定的制品。在典型平台上，始终在编译时解析声明名称及其相关含

---

① 当然，我们并不是指同名的 C++20 语言特性（见 1.7.6 节和卷 2 的 4.4 节）。

② "连接器是将分离编译的部件绑定在一起的程序。"见 **stroustrup85**，4.1 节，第 103～104 页，具体在第 104 页中。

③ JC van Winkel 在对本卷书稿的审阅中解释说，Burroughs B7700 系统上的"连接器"被称为绑定器（binder）（**unisys87**，第 7 页底部，右列）：

　　用于 Unisys A 15 系统的系统软件设施包括主控制程序/高级系统（master control program/advanced system，MCP/AS）操作系统、微码、实用程序、Algol 编译器、DC Algol 编译器、程序绑定器、SMF Ⅱ站点管理、工作流语言（work flow language，WFL）、菜单辅助资源控制（menu assisted resource control，MARC）和交叉引用符号。

④ 为了强调逻辑/物理之间的区别，我们有时会将 C++ 标准中的连结（linkage）定义（冗余地）称为（逻辑）连结（linkage）和（物理）绑结（bindage）。

义的语言构件示例包括别名（例如 `typedef`）声明、枚举符、类定义、非静态类成员数据以及文件作用域的 `static` 函数和文件作用域的 `static` 变量。[①]

> **定义** 如果在典型平台上，一个 C++构件的对应定义不能出现在一个程序的多个翻译单元中（如为了避免连接时出现多重定义符号错误），则此 C++构件是外绑结型（external bindage）。

外绑结型语言构件不要求使用该构件与定义该构件的翻译单元相同，因此，在典型平台上，编译器将在.o 文件中引入制品，以便连接器随后使用该文件来完成将名称的使用与其（全局唯一）定义的绑定。（注意，当任何构件的使用发生在与其定义相同的翻译单元内时，编译器可以在编译时执行完全绑定，包括尚未声明为内联的函数。）在典型平台上，通常在连接时绑定的语言构件例子包括非静态的文件作用域（或命名空间作用域）数据和函数、静态的类成员函数和非静态的类成员函数，以及静态的类数据成员。图 1-20 对比了一些内绑结和外绑结型的重要定义。

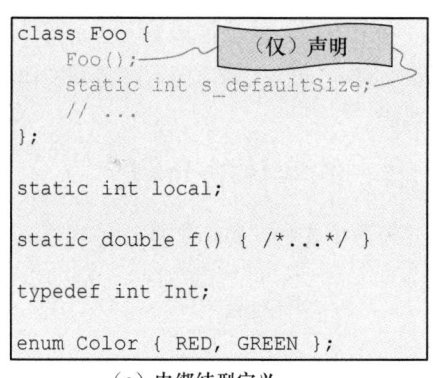

（a）内绑结型定义　　　　　　　　　　（b）外绑结型定义

图 1-20　内绑结与外（物理）绑结

> **定义** 如果在典型平台上，一个 C++构件的对应定义可以安全地出现在同一程序的多个翻译单元中，并且这种构件的已声明名称的使用及其相应定义可以在连接时绑定，则此 C++构件是双绑结型（dual bindage）。

双绑结型语言构件允许编译器生成定义，这些定义既可以从程序中的多个翻译单元中访问，也可以在程序中的多个翻译单元中复制。在多个翻译单元中可见的定义（如函数的定义）会增加在编译时进行绑定的机会，如通过内联（由编译器自行决定）。内联函数和隐式实例化函数模板是通常在编译时或连接时（由编译器自行决定）绑定语言构件的使用及其相应定义的两个主要例子。[②]我们将从 1.3.12 节开始进一步讨论内联函数以及类和函数模板（包括 `extern` 模板）的其他物理属性。

1.3.5　连接器运作的更多细节

完全（静态）连接的可执行程序映像完全由具有静态存储持续时间的函数和数据组成。（其他类型的存储仅可用于正在运行的程序，包括驻留在程序栈上的自动存储和必须在堆上显式分配的动态存储。）只要在翻译单元中定义了具有静态存储持续时间的实体，该实体的符号定义就会

---

① 虽然连接器可以为静态变量和静态自由函数分配特定的地址偏移，但这一关联必须局部于其翻译单元，因此（至少在概念上）其绑定由编译器执行。

② 从 C++17 开始，有了第三种语言构件，内联变量，虽然它有助于简化常用模板元编程习惯用法，但在用于促进全局状态的引入时（例如，在仅头文件的实现中），它的好处令人怀疑。

放置在该翻译单元的结果 .o 文件中。只要在翻译单元中使用了在编译时未绑定的静态存储持续时间的实体，表示该实体的符号引用就会放置在该翻译单元的结果 .o 文件中。注意，单靠声明永远不会将任何制品引入 .o 文件，只有通过使用声明才能生成对符号的引用：

```
void f(int x);              // 未生成符号引用

struct Foo {
    static int d_bar;       // 未生成符号引用
};
//...

f(3);                       // 生成了符号引用

int y = Foo::d_bar;         // 生成了符号引用
```

不过，对于函数模板，照例还会生成隐式实例化的定义。

　　构建程序时，连接器将负责为每个未定义符号引用分配具有静态存储持续时间的实体的唯一定义，然后解析所有引用，即填写缺失的地址信息。毫不奇怪，语言正是为这些实体提供了允许其声明与定义分离的语法，即那些外绑结或双绑结型实体。同时，编译器不必看到实体的定义，仅这些声明就足以让编译器生成完全使用其实体的代码。[1]

1.3.6　对一些需要全程序范围内地址唯一的实体的介绍

　　作为一个简单的示例，假设我们的整个程序正好有两个文件，每个文件都是分离编译的：

```
// file1.cpp              // file2.cpp
int g();                  int f()          // 外连结型
int f();                  {
                              return 5;
int main()                }
{
    return f() * g();     int g()          // 外连结型
}                         {
// main 返回 40               return f() + 3;
                          }
```

在这两个文件中，文件作用域中都有函数 f() 的声明（file2.cpp 中的定义是自声明的）。由于连结规则，在文件作用域定义的 f() 是外连结型的，因此，名称 f() 在两个声明中表示相同的实体，并且在 main 中调用 f() 必然导致在运行时调用 file2.cpp 中定义的函数 f()。此外，如果我们尝试从两个翻译单元打印 f 的地址，显示的地址值将是相同的[2]：

```
#include <iostream>

// ...

std::cout << reinterpret_cast<void *>(f) << std::endl;

// 例如，0x401170
```

　　现在看看如果我们在 file2.cpp 文件中将 f() 函数声明为 static 会如何：

---

[1] 虽然我们断言，局部声明一个非内绑结型构件且不在同一翻译单元（或更准确地说是一对 .h/.cpp）中提供其定义是一种不好的做法（见 1.6.3 节），但对 C++ 语言来说，只要在连接时可以在其他翻译单元的 .o 文件中找到适合每个使用的定义（如果需要的话），那么这并不是一个绝对的错误。

[2] 注意，在强制类型转换中我们可以等效地将 f 替换为 &f。

```
// file1.cpp              // file2.cpp
int g();                  static int f()        // 内连结型
int f();                  {
                                return 5;
int main()                }
{
    return f() * g();     int g()               // 外连结型
}                         {
// 这一程序无法构建             return f() + 3;
                          }
```

程序将无法构建。目标文件 file1.o 包含一个对函数 f() 的未定义引用，该函数在任何位置都未定义：
file2.cpp 中定义的函数 f() 是内连结型，因此，根据语言规约，在此翻译单元以外不能用名称引用
它。但是，我们可以取内连结型函数的地址，并将该地址返回给分离的翻译单元（并从中调用）：

```
// file1.cpp                    // file2.cpp
int g();                        static int f()
int (*h())();   // 此函数返回      {
                // 一个返回         return 5;
                // 整数的函数       }
                // 的地址
                                int g()
int main()                      {
{                                   return f() + 3;
    int (*f)() = h();           }
    return f() * g();
}                               int (*h())()
                                {
// main 再次返回 40                  return &f;   //&是可选的
                                }
```

我们也可以在 file1.cpp 中引入一个新的、分离的 f 的定义：

```
// file1.cpp                    // file2.cpp
int g();                        static int f()
static int f()                  {
  {                                 return 5;
    retrun 10;                  }
  }                             int g()
                                {
int main()                          return f() + 3;
{                               }
    return f() * g();
}

// 现在 main 返回 80
```

f() 的两个静态声明都是内连结型，因此指向着不同的逻辑实体。在物理层级上，编译器将每个定义符号
标记为局部的，因此它在它所在的文件以外的 .o 文件中（对于连接器）是不可见的（内绑结型）。因此，
main 函数将使用 file1.cpp 中定义的 f() 定义，而 g() 将使用 file2.cpp 中定义的 f() 定义。

　　值得指出的是，由于 f() 的定义在其各自的文件中的源是可见的（在其自己的翻译单元中），因
此编译器可以完全自由地抑制 f() 的两个定义的生成，并将 f() 的每次调用替换为其相应的函数体，
就像这些函数也被显式声明为 inline 一样。[①]事实上，我们可以从 f() 的任一定义中移除 static

---

① 注意，将一个函数声明为 inline——尽管许多编译器仍然认为这是一个很强的提示——并不能保证该定义实际上会
　　在调用点上被替换。

关键字（但不能从两个定义中同时移除），不会产生冲突，因为至少有一个定义会局部于其翻译单元（因此是内连结型和内绑结型），在逻辑上和物理上与另一定义不同，因此不会违反单一定义规则。

1.3.7　客户编译器需要看到定义的源代码的构件

在一个程序中只有一个逻辑定义意味着什么，它的物理含义取决于所定义的实体类型。虽然所有定义在程序中都必须（在某种意义上）是唯一的，且外连结型名称可以跨翻译单元表示相同的逻辑实体，但是只有具有静态存储持续时间的函数和对象才会在连接器生成的可执行程序映像中表现出来。对于所有其他类型的实体，编译器需要访问实体定义的源代码才能完全使用该实体。因此，对这些其他类型的实体来说，定义在整个程序中是"唯一的"含义的解释略有不同。

对于编译器需要（或可能需要）访问实体定义的源代码以进行实质性使用的构件，单一定义规则允许在一个程序中同一实体定义的文本多次出现，只要能保证每个定义的源在任何翻译单元中最多出现一次，且定义的每次出现都意味着相同的内容（具有相同的记号序列，所有记号都以相同的方式解释，等）。只要这些条件成立，程序就表现得好像实体只有一个物理定义一样。

现在我们考虑一个构件的示例，例如内联函数，客户的编译器通常需要看到该函数的定义。图 1-21 显示了 3 个全局内联函数：max、min 和 half，每个函数都在 file1.cpp 和 file2.cpp 中显式定义。这 3 个内联函数（min、max 和 half）都是外连结型。如果我们要编译每个源文件并将生成的目标文件连接到一个程序中，结果将不符合规范（**ill-formed**）。

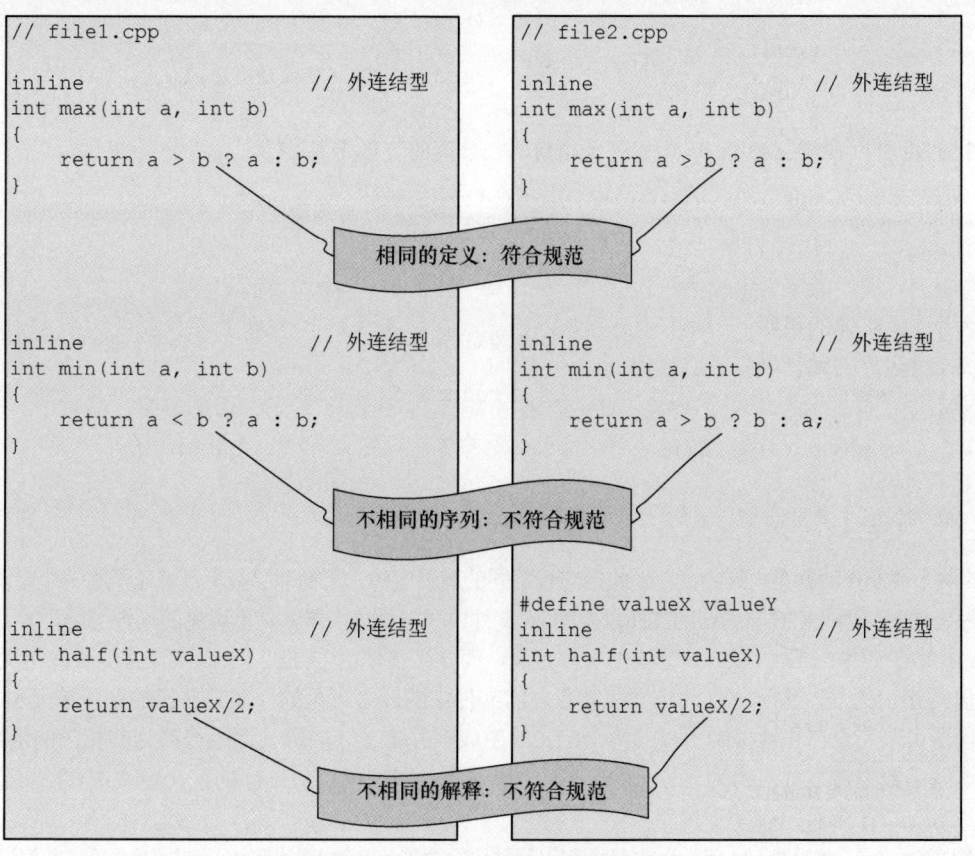

图 1-21　了解单一定义规则（ODR）对于内联函数定义的含义

图 1-21 说明了要使得内联函数定义跨翻译单元"唯一"，单一定义规则（ODR）要求的是什么。在 max 的情况下，两个文件中的字符序列相同，并且两个定义中的相应记号具有相同的含义，目前看来还不错。但对于 min，情况并非如此。虽然逻辑行为可能相同，但文本文件中的记号序列并不相同；因此，尽管 C++标准不要求诊断，但程序将被视为不符合规范。即使编译的代码几乎肯定是相同的，但源文本中 valueX 的解释在两个文件中并不相同；因此，即使这种细微的差别也会（非常技术性地）导致程序被认为是不符合规范的（无须诊断）。

注意，图 1-21 中的示例旨在传达 C++中的单一定义规则对客户编译器可能需要在分离的翻译单元中看到定义的构件的要求。但是，在多个源文件中实现相同的记号序列的最佳方法是严格使用头文件（见 1.4 节）。我们之后会进一步涉及内联函数定义（以及其他）的低层级物理影响（见 1.3.12 节）。

1.3.8 声明并不一定要带上定义才能起作用

要使用某一实体的名字，其声明必须是可见的。但有些声明本身是有用的。例如，typedef 声明是一个结构别名，它在编译或连接时都不需要相应的定义便完全可用。[①]声明的使用方式会影响实体的定义是否也需要可见。例如，用户定义类型（如 class、struct 或 union）的声明可用于创建指向具名类型对象的指针和引用，甚至可以在函数原型中按值使用该名称[②]，而不需要客户的编译器看到该类型的相应定义：

```
class Opaque;
static Opaque *p = 0;
Opaque f(const Opaque& x);  // Opaque 被按值返回
```

只将类的声明（在可行的情况下，见 1.7.5 节）放置在组件的头文件中，而不是总是包含它的定义，我们通常可以大大减少不必要的编译时耦合（见 3.10 节和卷 2 的 6.6 节）。

1.3.9 客户编译器通常需要看到类定义

然而，单单一条类声明提供的信息太少，以至于无法创建该用户定义类型的对象、调用该类型的方法、继承该类型、将该类型的对象嵌套在另一个用户定义类型中，甚至都不知道该类型（对象）的 sizeof。类定义中通常包含其他声明和定义。特别是类成员函数和静态类数据成员本身只是外连结型实体的声明——其任何使用都必须在连接时解析。当需要的不仅仅是用户定义类型的名称时，客户的编译器必须已经看到该类型的相应定义：

```
struct Point {          // Point 类型的可见定义
    int d_x;
    int d_y;
};
Point q;                // 为计算大小而要求类型定义
int getX(const Point& p)
{
    return pid_x;       // 为计算偏移量而要求类型定义
}
```

在上面的代码片段中，编译器需要看到用户定义的 Point 类型的定义，以便创建对象 q，因为

---

① 但要注意，可能需要知道被赋别名的类型本身，就像直接使用它时一样。
② 注意，从 C++11 开始，语言功能已扩展了对不完整类型作为模板实参（如用于容器）的支持，而从 C++17 开始，std::vector 和 std::list 这两个库容器被要求务必能够这么操作。与 C++标准本身一样，除非明确注释了模板支持不完整类型实参，否则不应假定模板支持这么做。

编译器需要能够计算 `sizeof(Point)`，以便为 q 保留适当的存储量。同样，函数 getX 的编译需要 `Point` 的定义，因为编译器需要能够确定数据成员 d_x 在 p 引用的对象中的偏移量。此外，由于编译器可能需要从多个翻译单元中访问一个类型的定义，这些翻译单元最终将被纳入一个程序中，因此单一定义规则允许每个不同的用户定义类型在每个翻译单元中重复（一次）定义，如图 1-22 所示。

```
// getx.cpp

struct Point {
    int d_x;
    int d_y;
};

int getX(const Point& p)
{
    return p.d_x;
}
```

```
// gety.cpp

struct Point {
    int d_x;
    int d_y;
};

int getY(const Point& p)
{
    return p.d_y;
}
```

图 1-22　跨翻译单元的 Point 类型的唯一定义

再次说明，我们并不主张将此类源代码重复作为设计实践，这仅仅是管中窥豹地解释底层平台的一瞥。在本卷的后面部分会给出如何实现健全的、可用的和可维护的软件的许多建议（见第 3 章）。

1.3.10　客户编译器必须看到定义的源代码的其他实体

对于许多其他实体的使用，编译器必须能够看到定义的源代码，以为该使用生成代码。在实践中，编译器仅仅是生成代码，就像程序将会符合单一定义规则的所有需求一样。如果程序不符合其要求，它是不符合规范的，并且行为未定义；但是根据 C++ 语言标准，编译器和连接器都没有义务诊断该问题。

1.3.11　枚举具有外连结，但又会怎样

在实践中，与单一定义规则冲突是比较常见的。例如，考虑图 1-23 中所示的两个简略的 .cpp 文件。如果这两个翻译单元生成的 .o 文件连接到同一个程序，则该程序在技术上是不符合规范的，因为每个翻译单元在文件作用域中都包含名为 Status 的外连结型实体的定义，但这两个定义显然不同。

```
// file1.cpp
// ...

enum Status { GOOD, BAD, UGLY };

// ...
```

```
// file2.cpp
// ...

enum Status { SUCCESS, FAILURE };

// ...
```

图 1-23　enum 是外连结、内绑结型

另外，枚举名称和枚举符都是内绑结型。因此，在几乎所有相关平台上，这种微妙的单一定义规则违反行为通常不会被诊断出来，也不会产生不良影响，因为传统的编译器根本无法检测到翻译单元之间的不一致性，而且，Status 类型的任何痕迹通常都不会在 .o 文件中出现，没有给连接器一点点发表意见的机会。然而，这些潜在缺陷可能会成为问题。即使是一次小的增强（如添加重载于这些被物理隔离的枚举定义之上的外连结输出运算符）也可能会在 .o 文件中引入制品，从而导致构建失败，或者更糟糕的是，程序在运行时行为不当。

建议不要在文件作用域创建具名枚举类型，这会冒着让程序在技术上不符合规范的风险（尽管在实践中通常是无害的）。与往常一样，将命名实体隔离在无名命名空间内可保证去掉其外连结，从而确保它不会直接或间接地（逻辑或其他方式）与其他翻译单元中的实体发生冲突。

1.3.12 内联函数略有特殊

内联函数略有特殊，因为它的定义必须在调用它的任一翻译单元中可用，并且它的定义可以在源代码和目标代码层级的代码中跨翻译单元重复。由于调用方的编译器必须能够访问定义源，所以此类函数可能由编译器或连接器"连接"，具体取决于编译器是否决定[1]在调用点替换函数主体。如果不替换，编译器将需要在当前翻译单元中存放函数的离线版本，以确保连接器至少可找到一个定义。因此，被声明为 inline 的函数是双绑结型。

现代编译器在.o文件中生成的内联函数定义，可使得连接器在分离的.o文件中找到的可能多个（相同）定义中只有一个将被纳入最终的可执行程序中，而且，这样的定义的纳入可以满足那个未定义符号，而不必拖入当前.o文件的其他部分（除非为了满足与该内联函数定义关联的其他未定义符号而间接地拖入）。[2]

如果需要内联函数的地址，则该地址必须在整个程序中是唯一的。[3]对声明为 inline 的函数取地址可能会产生一份被编译函数定义的离线副本，它被放置在当前翻译单元的.o文件中，但这不妨碍在任何直接调用函数的位置内联替换成该函数主体。[4]此外，内联函数[5]的地址只有在某个翻译单元内使用时才相关；如果不是（并且编译器在局部使用该函数的任何位置都成功地内联了），则不需要为使当前翻译单元受益而让此内联函数的定义出现在.o文件中。[6]

1.3.13 函数模板和类模板

模板是 C++语言的一大复杂功能，其逻辑特性和物理特性需要大量篇幅讨论。模板与类和函数一样，在文件作用域是外连结型。即在同一（具名）命名空间内不同的翻译单元中声明的两个类模板或函数模板指向同一实体。但不同于类和函数的是，模板无法被直接使用，而要先实例化成类和函数。

---

[1] 编译器是否亲自进行绑定可能会受到启发式算法（如尝试最小化运行时间或最小化生成的目标代码量）的影响，如在原位替换函数主体比调用非内联版的函数所需的目标代码更少。

[2] 如 1.2.3 节所述，连接器现在在其.o文件中提供了分离的节，行为表现得就好像它们是静态库中一个个分离的.o文件一样。即.o文件的每个分离节都会被搜索所需的符号定义。如果这样的节被纳入了（仅为解析一个未定义引用），则只有该特定节的代码和关联的未定义符号引用会成为程序的一部分。编译器将每个所需的内联函数定义（至少在概念上）放入.o文件中，每节正好一个。因此，不管纳入的是程序中哪一个翻译单元相对应的.o文件中的（完全相同的）内联函数定义，对最终可执行文件都有完全相同的（逻辑和物理）效果。

[3] 历史上，内联函数是内（物理）绑结型主要是由于工具链的局限性，因而在效果上是内（逻辑）连结型。即在分离的翻译单元中的同一作用域内声明的两个相同签名的内联函数被视为指向不同的逻辑实体。早期的 C++编译器等效地做到这一点，是通过在每个需要此函数非内联版本的翻译单元中给此函数制作一个独立的文件作用域静态副本。这之后取内联函数的地址自然会在各翻译单元间产生不一致的结果。这种行为被认为是一个 bug，因为声明函数内联必须对逻辑行为没有一丝影响。在内联函数中定义静态数据也存在问题。注意，在 C++17 所采纳的内联变量解决了物理上相似（尽管可疑）的需求。

[4] 注意，递归调用内联函数是鼓励生成定义的离线副本的另一种方法。

[5] 具有静态数据的内联函数可能不得不额外考虑。

[6] 但是，在某些平台上，无论在哪里调用内联函数（即使它被编译器内联替换），都会在局部生成一个非内联的定义。在这种情况下，当解析其他翻译单元中的未定义符号时，此定义副本仍是连接器可选择的可行候选项。

1.3.14　函数模板和显式特化

首先，我们来检查函数模板的特性。作为一个简单而实用的示例，考虑图 1-24 所示的通用同质比较函数 compare。该函数根据其合格[1]类型的参数的相对值返回一个负整数值、0 或正整数值。

```
template <class TYPE>[2][3]
int compare(const TYPE& a, const TYPE& b);
    // 返回一个负整数、0或正整数，分别对应指定的a对象的值小于、等于或大于指定的b
    // 对象的值的情形。TYPE参数必须有一个关联的与期望的值概念相一致的同质运算符<
```

（a）声明和合约

图 1-24　自由（非成员）compare 函数模板

---

① 使得一种类型合格（conforming）于模板参数的条件的概念（可通过被称为设想的 C++20 备受期待的设施进行部分刻画，见 1.7.6 节）是纯抽象基类（或称协议，见 1.7.5 节）的函数声明（和合约，见卷 2 第 5 章）的编译时结构模拟，见 1.7.7 节。

② 对于模板类型参数是用 typename 还是 class，有两派观点。那些第一次教学生学习 C++ 的人通常认为，由于基本类型（如 int）是有效的类型实参，struct 类型、union 类型和 enum 类型也是如此，因此，typename 不会那么令人困惑。但是，只有在非常特殊的情况下才需要在模板中使用 typename（见本页脚注 2），我们相信，确切地知道何处、何时以及为何需要使用它可以加深对这门语言复杂性的理解，而随处使用它就会掩盖这些细节。将 class 一词理解为"任何一种类型"，这对新手来说无疑是一种"减速带"，但并不是不可克服的。还要注意，C++ 标准本身始终是用 class 而不是 typename 来编写模板参数，这意味着人们需要知道这些细节才能有效地访问标准。此外，关键字 class 比关键字 typename 短 3 个字符，这在尝试以固定行长度（例如 79 个英文字母）收集有意义的参数名称时确有益处。因此，尽管 C++98 就已经引入了 typename，但我们选择较短的 class 而不是较长的 typename 来用作模板类型参数，我们承认这一选择仅仅是一种风格。

③ typename（与上述讨论无关）的起源是发现需要区分模板参数的嵌套名称表示的是类型而不是值，它又称为从属名称（dependent name）。对于非从属名称，其名称所表示的内容在声明（或定义）模板时就知道了，而从属名称在实例化之前无法解析，因为它所引用的实体取决于为模板参数提供的实际参数。如果从属名称的意图表示一种类型，则必须在其前面加上 typename；否则，编译器将假定它是一个值，即使这会导致语法错误。例如：

```
template <class A, class B = typename A::value_type>
struct something_having_a_default_type_template_parameter;
```

此处，B 是模板类型参数，但其默认值是一个从属类型（从属于 A），它需要在其前面添加 typename。现在考虑一个类似但又略有不同的案例：

```
template <class A, typename A::value_type V>
struct something_having_a_non_type_template_parameter;
```

在这种情况下，V 是一个从属类型（也从属于 A）的模板值参数，因此我们必须再次使用 typename 使其已知。

记住，在模板声明和定义之外，typename 关键字是禁止的，全特化（本小节稍后将讨论）也不行，因为根据定义，全特化没有任何待解析的模板参数。

最后要注意的是，模板模板参数（template template parameter，一种我们从未发现在实践中有用的构件）历来不允许使用 typename（而不是 class）来引入其自身的参数。模板模板参数意味着参数自身都必须是具有指定数量的模板参数的模板，例如：

```
template <template<class> class H, class S>
 void f(const H<S>& value);
```

在这种情况下，f 的第一个模板实参本身便必须是具有单个模板参数的模板。注意，在该示例中 class 的首次使用不能替换为 typename（不过从 C++17 开始可以了），见 **driscoll**。另见 **abrahams05**，附录 B，第 307~321 页。

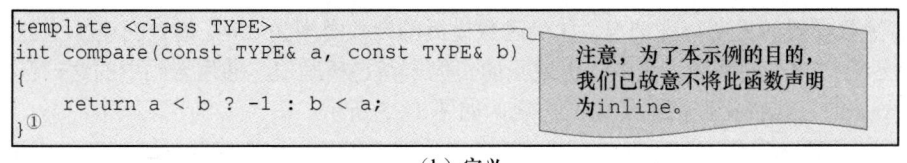

（b）定义

图 1-24 自由（非成员）compare 函数模板（续）

要在这一类型的两个对象上调用 compare，编译器必须已看到 compare 模板的声明（图 1-24a），该声明（与其他非成员声明一样）可以在翻译单元中重复：

```
template <class TYPE>
int compare(const TYPE& a, const TYPE& b);
```

现在，只要类型支持适当（符合）的运算符<的定义，客户就可以自由地对任意类型的对象调用 compare：

```
int result = compare(5, 3);          // result > 0
```

看到上述语句后，编译器隐式地生成一个 compare 函数模板对 int 类型对象显式特化的内部[2]声明：

```
int compare(const int&, const int&); // 编译器生成的（内部）
```

假设没有可用的模板定义源，编译器别无选择，只能生成（在.o 文件中）与显式特化的函数签名对应的外部未定义符号。

注意，尽管在实践中我们通常会将微型函数声明为内联（就像对一个微型非模板函数所做的那样），但在图 1-24 中出于教学原因，我们并未这样做。然而，我们没有真正需要声明函数模板内联，因为与常规非内联函数（外绑结型）不同，C++语言允许在每个翻译单元中重复函数模板的定义，而不管它是否声明为内联。此外，一旦函数的源代码可见（无论出于什么原因），编译器就可以完全用内联替换该函数主体。

与无限定函数定义一样，无限定函数模板定义也用作声明。当函数模板定义（在翻译单元中必须是唯一的）可见时，编译器将针对该翻译单元中其声明的每个不同的隐式生成的实例化，分离地实例化该函数模板的定义。与内联函数一样，任何由编译器（隐式地或以其他形式，见下文）生成定义的函数模板的显式特化都是双绑结型。因此，当编译器在当前翻译单元的.o 文件中生成显式函数模板特化的定义时，这样做的方式是，连接器在单独的.o 文件中找到的可能多个（相同）定义中只有一个将纳入最终的可执行程序中。

有时，了解函数模板参数的显式类型使我们能够更有效地实现生成的函数。[3]现在考虑通用

----

① 出于可读性的缘故，有些人可能更愿意看到以下的函数主体。

```
if (a < b) return -1;
else if (a > b) return  1;
else            return  0;
```

他们认为，对大多数现代编译器来说，即使优化层级不是很高，也可能生成相同的目标代码。我们在优化层级-O1 使用 GCC 5.4.0 证实了这一说法。

② 生成的函数名称需要适当地"改写"，以避免与相同签名的重载函数冲突。

③ 我们断言，在几乎任何现实世界的应用中，性能应该是显式特化的唯一理由，而不是本质（逻辑）行为的变化，并且（在适用的情况下）重载要优于特化［对返回类型的函数"重载"（如"工厂函数"）是一个著名且常见的例外］。同样，我们可能希望偏特化一系列函数（如对第一个参数偏特化），但是，鉴于 C++仅支持类模板的偏特化，我们不得不使用适当的函数重载来模拟此特性。

compare 函数模板的重要特殊情况，即当函数模板的参数类型为 char 时。compare 的合约需求返回的指示相对大小的整数为负的、0 或正的，但未指定精确值。通用合约中的这一自由度允许我们为 char 的显式特化提供更优化的实现，如图 1-25 所示。

```
template <>                                      // 不是模板
int compare<char>(const char& a, const char& b);
```

（a）声明

```
template <>                                      // 不是模板
int compare<char>(const char& a, const char& b)
{
    return b - a;
}①
```

（b）定义

图 1-25　compare 对 char 类型的显式特化

如图 1-25a 所示，声明一个显式特化将告诉编译器，我们也将为其提供定义，并使用该定义（例如图 1-25b），而不是从模板中隐式实例化一个定义。因此，任何显式特化的声明都必须遵循通用函数（或类）模板的声明，但必须在该特定类型的模板使用之前进行②：

```
template <class TYPE>
int compare(const TYPE& a, const TYPE& b);          //通用模板

// ……

template <>
int compare<char>(const char& a, const char& b);    // 显式特化

// ……

int result = compare('a', 'b');                     // result < 0
```

但是注意，函数模板的显式特化其自身并不是模板。除非由编译器（隐式地或以其他方式）生成，否则定义是外绑结型，因而该定义不能存在于一个程序的多个翻译单元中：

```
template <>                                      // 外绑结型
int compare<char>(const char& a, const char& b)  // 不是模板
{
    return b - a;               必须在
}                              全程序中唯一
```

当然，除非用户提供的显式特化被声明为 inline：

---

① 注意，因为在所有主流平台上，sizeof(char) == 1 和 sizeof(int) > 1，所以 a 和 b 都先保值地整型（value-preserving integral）提升为 int（无论 char 是有符号的还是无符号的）。

② 一致地这样做的重要性再怎么强调都不过分，这带来了 C++语言标准中唯一的五行打油诗（实际上是规范文本的一部分）（**iso11**，14.7.3.7 节，第 375、376 页，具体在第 376 页）：

在编写特化时，　　　　When writing a specialization,
留心它的位置，　　　　be careful about its location;
否则要使其编译，　　　or to make it compile
将是如此的考验，　　　will be such a trial
好似一场自焚。　　　　as to kindle its self-immolation.

```
template <>
inline                                              // 双绑结型
int compare<char>(const char& a, const char& b)     // 不是模板
{
    return b - a;
}
```

可以在任一
翻译单元中重复

C++的开发者过去便被告知，将函数声明为 inline 的目的是向编译器提供一个提示，即它应该尝试在调用点替换函数主体以提高性能。这种人为建议的机会正在逐渐减少，就像多年前的 register 关键字一样。如今，对于编译器可访问到源代码的函数，在确定内联是否会改善运行时性能时，编译器几乎总是能比人类拥有更好的判断。我们期望这么一天的到来，使用现代编译器[①②]时，将一个函数声明为 inline 的唯一真正的理由是在单一定义规则下允许我们将函数的源放置在多个翻译单元中，从而使编译器有机会选择是否内联该函数主体（双绑结型而不是外绑结型）。

但是，出于某些和运行时间、程序大小无关的原因（见 3.10 节），在某些情况下，编译器可能会倾向于不内联某些函数。在每个翻译单元中声明函数但仅在一个 .cpp 文件中定义函数是确保传统编译器无法在定义函数的翻译单元之外内联函数的最佳方式。注意，声明非成员内联函数为静态将使其在逻辑（内连结型而不是外连结型）和物理（内绑结型而不是双绑结型）上局部于其翻译单元。

在下文谈及类模板之前，还需要注意，不同于成员函数模板的实例化和普通函数，每个自由（非成员）函数模板实例化都需要编码其返回类型（及其签名）[③]：

```
int compare<int>(const int& a, const int &b);      // 模板实例化
```

此外，该符号必须与具有相同签名（和返回类型）的普通（非模板）函数对应的符号不同：

```
int compare(const int& a, const int& b);           // 普通的自由函数
```

两个实体可以共存，并在同一翻译单元的单个作用域内访问：

```
int r1 = compare(3, 4);                // 如果重载了，就调用普通的自由函数
int  r2 = compare<int>(3, 4);          // 总是调用模板特化
```

---

① 不过，如果函数定义上有 inline 关键字，一些主流的编译器会尝试在模板代码中积极地内联，尽管这通常会导致代码更臃肿，运行时效率更低。例如，我们使用 GCC 5.4.0 就上面的函数 compare 检验了这一论断。有关键字 inline 的时候，都要使用 -O1 或更高的优化层级才会内联它；没有 inline 关键字时，即使我们使用 -O4，它也根本不内联！

② 最近，我们尝试使用在线编译器平台 Godbolt 编译以下代码：

```
extern "C" int printf(const char *, ...);
template <int N> inline int f(int i)
{
    return printf("%d\n", i) + printf("%d\n", i) + printf("%d\n", i);
}
template <int N> int g(int i)
{
    return printf("%d\n", i) + printf("%d\n", i) + printf("%d\n", i);
}
int main(int c, const char **v) { return f<1>(c) + g<2>(c); }
```

我们观察到，编译器把 f 的调用内联了，但没有内联 g 的调用。

③ 为什么函数模板需要编码返回类型（而常规函数不用），对某些人来说可能并不明显，因此我们（通过私人电子邮件）向 C++标准委员会前任库工作组（library working group，LWG）主席 Alisdair Meredith（约 2010—2015 年在任）询问到了一个即兴的解释 [注意，SFINAE 代表"替换失败不是错误"（substitution failure is not an error）]:
想象一下相同函数名称的两个重载，它们在互斥的场合下被约束以触发 SFINAE。同一组参数可能会调用不同的重载，仅由结果类型上的 SFINAE 约束决定。因此，结果类型是函数模板签名的一部分，但不适用于永远不会碰到这些让人混淆的 SFINAE 情况的常规函数。

以上语句说明了函数重载和显式特化之间的相似之处和细微区别。此外，注意，对于普通函数，标准转换规则适用，而对于函数模板，必须有精确匹配：

```
int compare_nontemplate(const long& a, const long& b);

template <class TYPE>
int compare_template(const type & a, const type & b);

compare_nontemplate(3, 5L);              // 普通函数，3 提升为 3L

compare_template(3, 5L);                 // 函数模板，编译错误

compare_template<long>(3, 5L);           // 函数模板，3 提升为 3L
```

注意，我们永远不会选择使用 long 作为接口（也称为词汇）类型（见卷 2 的 4.4 节）。

1.3.15　类模板及其偏特化

类模板还要复杂一些，它可以偏特化（partial specialization）。下面有一教学[①]示例，考虑一个通用的"实用"结构体 FooUtil，以 TYPE 为参数。该实用结构体包含单个静态成员函数 max，max 具有两个参数 a 和 b（参数类型指定为 TYPE）并返回两个参数中的"较大值"，以下是用于较大值的（编译时递归）定义。

（1）如果 TYPE 不是指针，则应用运算符<并按引用返回；当 a < b 时，返回 b；否则返回 a。

（2）如果 TYPE 是指向 char 的指针，当 b 处的（大概率）以空字符结尾的字符串按字典顺序大于 a 处的字符串，返回 b；否则返回 a。

（3）否则，递归地将 max 函数应用于地址 a 和 b 中的相应对象，并返回较大对象的地址。

要明白，这一特殊问题仅仅是为了使我们能够简明直观地说明类模板的声明、定义和连接的物理属性及其不同的特化程度而设计出来的。图 1-26 说明了如何以通用类模板、指针类型的偏特化以及专门为指向 char 的指针的显式特化来实现泛型结构体（但实践中请勿这样操作）。

例如，对于整数，max 返回对较大 int 的引用：

```
int ia = 3, ib = 5;
const int& r1 = FooUtil<int>::max(ia, ib);      // 对 ib 的引用
```

对于指向 char 的指针，max 返回按字典顺序较大的以空字符结尾的字符串的第一个字符的地址：

```
const char *sa = "abc", *sb = "def";
const char *r2 = FooUtil<char *>::max(sa, sb);  // "def"中 d 的地址
```

对于指向 int 的指针，max 返回较大 int 的地址：

```
int *pia = &ia, *pib = &ib;
int *r3 = FooUtil<int *>::max(pia, pib);        // ib 的地址
```

对于指向 int 的指针的指针，max 返回指向较大 int 的指针的地址：

```
int **ppia = &pia, **ppib = &pib;
int **r4 = FooUtil<int **>::max(ppia, ppib);    // pib 的地址
```

[①] 同样，我们认为所有形式的模板特化大都算作实现细节；因此，在实践中我们避免使用偏特化或显式特化来改变（注释的）本质行为。此外，这种设计对生产使用来说"太可爱"，但它确实提供了关于 C++编译器和连接器如何合作的宝贵见解。有关恰当接口设计的更多建议，见卷 2 第 5 章。

对于指向 char 的指针的指针（二级指针），结果类似：

```
const char **psa = &sa, **psb = &sb:
const char **r5 = FooUtil<char **>::max(psa, psb); // sb 的地址
```

图 1-26a 中仅显示了 FooUtil 类模板及其特化的声明，在任一作用域中，这些声明都可以随意重复。图 1-26b 显示了相应的定义。第一个定义是类模板 FooUtil 本身。第二个定义是 FooUtil 对任意指针类型的偏特化。偏特化也是一种模板，因为编译器在被调用来做偏特化时需要推断类的定义，在这种情况下，需要一个与所提供的特定类型的指针对应的定义。但是，第三个定义是类，而不是类模板，因为 FooUtil 对指向 char 的指针的显式特化没有留下给编译器推断的任何内容。

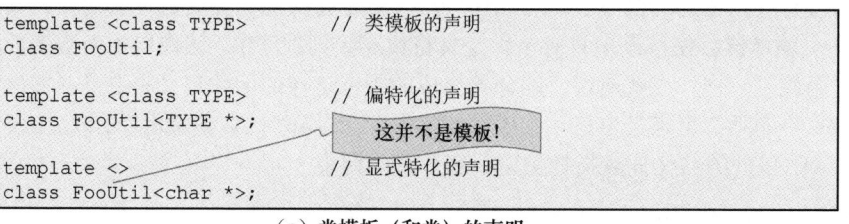

（a）类模板（和类）的声明

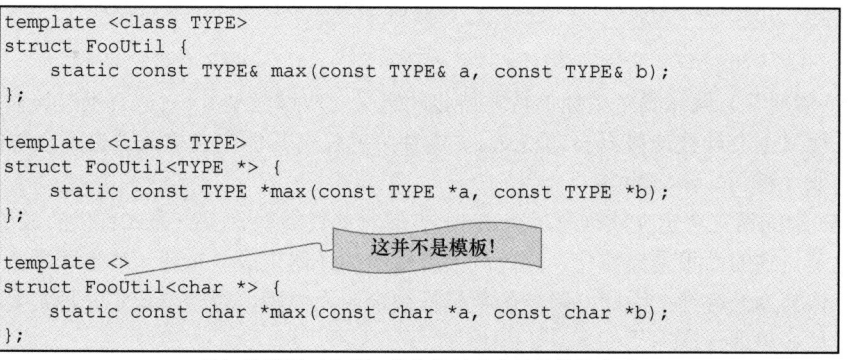

（b）类模板（和类）的定义以及成员函数的声明

```
template <class TYPE>
const TYPE& FooUtil<TYPE>::max(const TYPE& a, const TYPE& b)
{
    return a < b ? b : a;
}

template <class TYPE>
const TYPE *FooUtil<TYPE *>::max(const TYPE *a, const TYPE *b)
{
    return !a ? b : !b ? a : FooUtil<TYPE>::max(*a, *b) == *a ? a : b;
}

template <>
const char *FooUtil<char *>::max(const char *a, const char *b)
{
    return !a ? b : !b ? a : std::strcmp(a, b) < 0 ? b : a;
}
```

这并不是模板！

（c）类模板及其特化的成员函数的定义

图 1-26　类模板 FooUtil 及其特化

类和类模板都是对编译器而言的，与连接器无关。换言之，这两者都不会在翻译单元的 .o 文件中留下制品，因为翻译单元之间内存地址不共享。回想一下，函数和函数模板则不是如此，而且函数和函数模板之间有所区别，在这的例子中，其实是类模板（或其偏特化）的成员函数定

义与其显式特化的成员函数定义之间的区别。

现在考虑图 1-26c 中所示的 3 个定义。第一个定义是与通用 FooUtil 类模板相对应的成员函数的定义，它本身就是一个模板。在看到（仅）通用 FooUtil 模板的声明后，客户代码调用

    FooUtil<*SomeType*>::max(*someObjectA*, *someObjectB*)

编译器要么将函数主体内联，要么生成一个对类 FooUtil、模板参数 *SomeType* 和函数 max（包括其签名）唯一的未定义符号引用：

    FooUtil<*SomeType*>::max(const *SomeType*&, const *SomeType*&)

如果编译器没有收到特别的指令（见 1.3.16 节），它还会将此成员函数模板的显式实例化的定义存入 .o 文件，编译器会使得最多只有一种定义将被连接到程序中，就像自由函数模板的隐式实例化（或内联函数）一样。也就是说，编译器生成的类似这样的函数定义将会是双绑结型。

图 1-26c 中的第二个定义也是一个模板，它对应于 FooUtil 偏特化后的成员函数，此时的参数是除了 char* 以外的其他任意指针类型。客户代码调用

    FooUtil<*SomeType* *>::max(*somePtrA*, *somePtrB*)

其中 *SomeType* 是除 char 以外的任何类型，导致编译器生成一个未定义符号：

    FooUtil<*SomeType* *>::max(const *SomeType* *, const *SomeType* *)

同样，（默认情况下）编译器将生成该特定特化的定义（双绑结型），它适合供连接器用于解析未定义符号，而又不会导致连接器自动将此 .o 文件中的任何其他定义拖入，也不会与任何其他 .o 文件中的其他（相同）定义冲突。

图 1-26c 中的第三个定义实现了 Fooutil 类型对参数类型 char* 显式特化的成员函数。由于该模板特化是显式的而不是偏特化，因此就没有留给编译器生成的东西。每当编译器生成显式特化时，都默认其为外绑结；因此，除非函数模板被声明为内联，否则单一定义规则要求其定义在整个程序中最多出现一次。

1.3.16　extern 模板

作为潜在的物理优化，我们可能希望指示编译器不要将函数模板或类模板的频繁使用的显式特化相关联的（双绑结型）函数定义生成到每个调用它的翻译单元的 .o 文件中，但我们仍向调用者的编译器暴露通用模板定义的源，如用于内联。实现这一具体目标的一个方便的机制[①]是将关键字 extern 置于显式特化的标识性"声明"的开头，让它跟在相应的通用模板的声明（通常也是定义）之后：

```
// xyza_compare.h

// ...

                                      声明和定义

template <class TYPE>                            // 通用模板
int compare(const TYPE& a, const TYPE& b)
{
    return a < b ? -1 : b < a;
}
                                  仅"声明"
                              （注意：特殊目的的语法）
extern template                                  // 常用特化
int compare<double>(const double& a, const double& b);

// ...
```

---

① 注意，C++03 的这一常用扩展直到 C++11 才正式标准化。

　　然后，在读者希望编译器从通用模板生成定义的（通常）翻译单元中，重复该定义（通常通过包含相应的头文件），然后显式重复专用的"声明"，这次不带 extern：

```
// xyza_compare.cpp

#include <xyza_compare.h>

// ...

template                                        // 常用特化
int compare<double>(const double& a, const double& b);
// ...
```

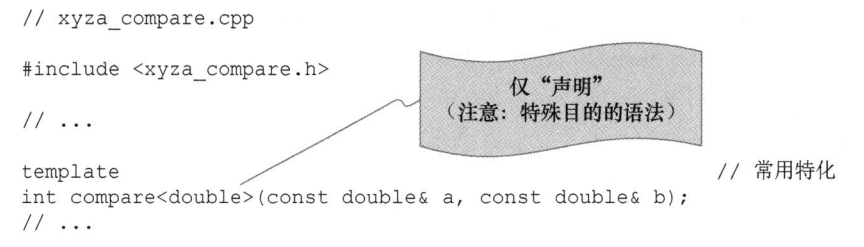

仅"声明"
（注意：特殊目的的语法）

　　现在，只有 xyza_compare.o 文件将具有 compare 函数模板通用定义对 double 类型特化的实例化。注意，如果使用如上所示的头文件实现，则 xyza_compare.cpp 翻译单元的编译器将看到通用模板的定义和显式特化的两个声明，其中，非 extern 声明将覆盖前一个声明。

　　值得注意的是，即使是经典工具链，一般而言，客户的编译器都能够（并完全自由地）在调用点处内联所识别的常用特化代码。extern template 声明仅抑制在调用方翻译单元的.o 文件中为该特化生成函数定义，但不禁止调用方的编译器在适当的情况下生成内联的代码（就像以前那样）。如果在.o 文件中实现常用特化只通过要求编译器在该文件中实例化通用模板，那生成内联的代码就有可能。因此，无论编译器是内联定义（隐式）还是在给定的.o 文件（通过显式请求）中生成定义，（编译器）都保证该定义相同。[1]

　　类模板的行为类似。将 extern template 置于显式特化声明之前，将阻止编译器将任何成员定义局部生成到.o 文件中，不过编译器仍然可以选择将通用模板的所有实例化（包括此处挑出来描述的那些）在调用点内联（就像上面一样）：

```
// xyza_foo.h
// ……
template <class TYPE>      // 通用模板
class Foo {
    public:
        static int compare(const TYPE& a, const TYPE& b)
        {
            return a < b ? -1 : b < a;
        }
};
extern template           // 常用特化
class Foo<double>;
// ……
```

只有含对应非 extern 指令的翻译单元的.o 文件会有（所有）实例化的成员函数：

```
// xyza_foo.cpp
#include <xyza_foo.h>
template                  // 常用特化
class Foo<double>;
```

　　再次注意，当使用头文件时（在实践中也是如此；见 3.3.4 节），xyza_foo.cpp 的编译器将看到跟着通用模板定义的两个显式特化"声明"，同样，最后的非 extern 版本将优先于前者。

---

[1] 注意，对于 GCC 5.4.0，函数 compare 到优化层级-O4 都没有内联。即使在声明中加了 inline 之后，它也需要至少 -O1 的优化层级才能发生内联，这表明 inline 关键字可能继续在某些编译器中具有一定的建议权重，特别是在模板中使用时，因为它对于模板本质上没有其他用途。

1.3.17　用工具来理解单一定义规则和绑结

对于内联函数和函数模板，若是读者能从实现定义的构建工具的角度思考，为什么确保某一定义在每个翻译单元内唯一还不够，还须在整个程序中唯一，理解起来就不那么生硬了。每当编译器从一般模板的定义出发，生成显式特化的定义（无论是隐式还是显式请求）时，每个此类的定义都必须相同。知道这一点，编译器也可能决定内联函数，因为这样做将始终产生与连接到它生成的外部可访问函数相同的逻辑行为。

虽然所有这些定义必须一致且可互换，允许在单一程序中驻留多个物理定义不会有任何危害。但是，当程序员指定显式特化的自定义的定义（不仅仅指示编译器从通用定义中生成一个定义）时，该定义（很容易与编译器生成的专用定义不同）在整个程序中必须是唯一的。当然，也就是说，除非自定义特化被声明为内联。

特别是，图 1-25 中 char 类型的 compare 和图 1-26 中 char*类型的 Foo 的用户定义特化必须在整个程序中是唯一的，而 compare 和 Foo 对 double 类型的常用特化（1.3.16 节）则不是唯一的。从工具的角度来看，这一考虑和其他考虑因素（如绑结）提供了见解和指导，以便更好地理解单一定义规则固有的复杂性，而单一定义规则尽力做到与工具链无关。

1.3.18　命名空间

具名命名空间打开后，命名空间的名称被引入封闭作用域，因此算一种声明：

```
namespace xyza {   // 引入命名空间的名称 xyza
    // ……
}
```

除了名称本身，没有与其声明对应的定义（或含义），因此命名空间自身没有绑结的概念。但是，使用命名空间中声明的外绑结型或双绑结型构件可能会生成（在当前翻译单元的 .o 文件中）带有命名空间名称的未定义符号引用，因此被视为不同于在文件作用域或不同命名空间中具有相同声明的实体：

```
void g();
namespace xyza { void g(); }
namespace xyzb { void g(); }

void f()
{                     // 例如（GCC 6.3.1）:
    ::g();            // U: _Z1gv
    xyza::g();        // U: _ZN4xyza1gEv
    xyzb::g();        // U: _ZN4xyzb1gEv
}
```

无名命名空间用于提供一个逻辑上局部于翻译单元的作用域，因此，无名命名空间内实体的声明是内连结型。从理论上讲，也预计会是内绑结型的。但是，标准中精细的技术特异性迫使其为外绑结型，直到 C++11 才被纠正。即使无名命名空间中的实体实现在技术上是外绑结型，编译器也会将其转换成效果上是内绑结型的，就像在文件作用域或命名空间作用域声明为静态的函数和变量的声明一样。

```
namespace {
class Guard {
```

```
    // ……
    public:
        Guard();    // 内连结型和（效果上是）内绑结型
        // ……
};
// ……
}  // 结束无名命名空间
```

旧平台中嵌套在无名命名空间中的实体实际是外绑结型。一个长且晦涩的符号名称（该翻译单元独有）被生成并用于限定该命名空间中的符号，从而模拟内绑结：

```
// file.cpp
namespace {    // 无名命名空间
    void g();
}


void f()
{                    // 例如（GCC 3.4.4）：
    g();             // U: __ZN37_GLOBAL__N_file.cpp_00000000_B874665C1gEv
}
```

在较新的平台上，为响应常常演变的标准，其实现已发生变化：

```
void f()
{                    // 例如（GCC 6.3.1）：
    g();             // U: _ZN12_GLOBAL__N_11gEv
}
```

我们还可以（纯粹靠约定）通过仔细、系统地命名（见 2.7.3 节）来模拟内绑结。

1.3.19 对 const 实体默认连结的阐释

还需注意的是，默认情况下，文件作用域（或命名空间作用域）中的变量是外连结型，而声明为 const 的变量是内连结型（与 C 语言不同）：

```
int h;               // 外连结型（也是外绑结型）
const int i = 0;     // 内连结型（也是内绑结型）

const int *j;        // 外连结型（也是外绑结型）
int *const k = &h;   // 内连结型（也是内绑结型）
```

注意，指针变量本身（而不是它所指向的对象）必须是 const，才默认是内连结（和内绑结）型。

1.3.20 本节小结

正如前面详细讨论所表明的，抽象地理解如何区分纯声明[①]、充当声明的定义[②]以及不充当声明的定义，不是一件容易的事。图 1-27 给出了相当全面的声明与定义的示例列表，包括其（逻辑）

[①] 纯声明有时被称为前置声明，因为它们先于定义（而不是和定义一起）。注意，特别是对于外绑结型构件，使用局部声明的编译器很可能永远看不到其相应的定义，从而使术语"前置"的使用受到怀疑。除了极少数的内绑结型构件（例如 class），我们将要求与外连结或双连结型定义对应的声明驻留在一个（实现者和声明的客户两者的翻译单元都会包含的）头文件（见 1.4 节）中并通过此头文件使用这一声明。

[②] 这里的"充当声明"指的是自声明的定义，而在有需要的时候，我们称不是自声明的定义为"仅定义"（definition-only）。

连结型及其（物理）绑结型。

　　在 1.4 节中，我们将说明用头文件来共享定义（其绑定可能由编译器完成）以及纯声明（其绑定必须由连接器完成）的常用做法。在 1.6 节和 1.11 节中，我们将介绍组件的基本特性，这些特性会将组件与仅仅是名称相似的 .h 和 .cpp 文件对区别开来，并帮助我们解决前面讨论的许多微妙问题。

文件作用域中的构件	声明/定义	（逻辑）连结型	（物理）绑结型
`int i;`	定义	外	外
`const int M = 5;`	定义	内	内
`extern int j;`	声明	外	外
`static int k;`	定义	内	内*
`void f();`	声明	外	外
`static void f();`	声明	内	内*
`inline void f() { }`	定义	外	双
`static inline void f() { }`	定义	内	内*
`typedef int Int;`	声明	无	内
`enum A { };`	定义	外	内
`enum { X };`	定义	外	内
`enum { } e;`	定义	外	外
`class U;`	声明	外	内
`class V { };`	定义	外	内
`struct W { };`	定义	外	内
`class MyClass {`	定义	外	内
`    int d_a;`	定义	外	内
`    const int d_b;`	定义	外	内
`    static int s_c;`	声明	外	外
`    static const int s_d;`	声明	外	外
`    typedef double Float64;`	声明	无	内
`    enum Status { GOOD, BAD };`	定义	外	内
`    void f() const;`	声明	外	外
`    static void g();`	声明	外	外
`    inline void h();`	声明	外	双
`    static inline void i();`	声明	外	双
`} x;`	定义	外	外
`int MyClass::s_c;`	仅定义	外	外
`const int MyClass::s_d = 0;`	仅定义	外	外
`void MyClass::f() const { }`	仅定义	外	外
`void MyClass::g() { }`	仅定义	外	外
`inline void MyClass::h() { }`	仅定义	外	双
`inline void MyClass::i() { }`	仅定义	外	双

* 从 C++ 11 开始，表示声明为 `static` 的函数和数据所期望的语义（以及相应的底层机制）已趋同于在无名命名空间中这些声明的语义。

图 1-27　声明和定义及其连结型和绑结型

文件作用域中的构件	声明/定义	（逻辑）连结型	（物理）绑结型
`namespace { void f() { } }`	定义	内	外*
`namespace Foo {`	定义	外	内
`int i;`	定义	外	外
`}`			
`template<class T> class Stack;`	声明	外	内
`template<class T> class Stack { };`	定义	外	内
`template<class T> T max(T x, T y);`	声明	外	内
`template<>`			
`int min<int>(int x, int y);`	声明	外	外
`template <class T> class vector {`	定义	外	内
`void push_back(const T&);`	声明	外	外
`};`			
`void vector<int>::push_back() {...}`	仅定义	外	外
`template <class T> struct X {`	定义	外	内
`friend void f(const X&);`	声明	外	外
`};`			

* 从C++11开始，表示声明为`static`的函数和数据所期望的语义（以及相应的底层机制）已趋同于在无名命名空间中这些声明的语义。

图1-27　声明和定义及其连结型和绑结型（续）

1.4　头文件

作为工程师，我们竭力尽早发现错误，特别是当其他团队将要使用我们的软件时，则更是如此。图1-28说明了一种熟悉的物理习惯做法：库的开发人员有责任提供具有相应函数（和全局变量）声明的头文件（图1-28b），而不是让客户去揣摩外连结型函数的签名（图1-28c）。包含此头文件后，我们的客户（图 1-28a）在编译时就能捕获许多常见使用错误，否则这些错误可能会拖到连接时或运行时才被发现。

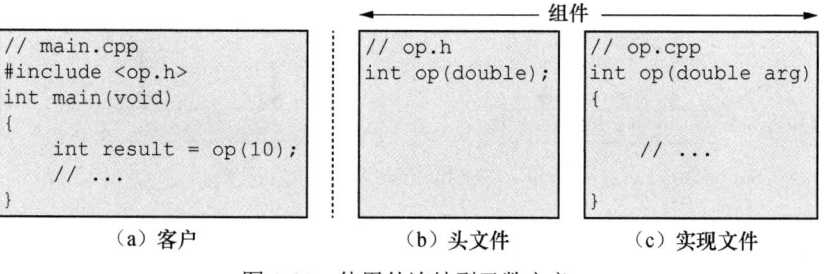

（a）客户　　　　　　　　　（b）头文件　　　　　　　　（c）实现文件

图1-28　使用外连结型函数定义

过去，C语言头文件用于便利`typedef`声明和`struct`定义的共享，并用于使外连结（和外绑结）型的函数和变量能够在翻译单元之间交互。不过，在经典C语言中，`.h`和`.c`文件之间的配对远不如C++中的`.h`和`.cpp`配对常见。

在老式C程序中，语言的过程式本性诱使许多早期开发人员过度使用全局数据。头文件主要用作"共有"区域，如图1-29所示。在这些非结构化的程序中，实现文件往往是整块式的，有时相当大（数千行）——源代码的划分几乎是任意的，其划分是由"合理"时间内一次可编译的数据量来控制的。

另外，好的模块化设计鼓励我们积极划分实现，将相互关联的实现决策（如数据）并置，并将那些细节隐藏在设计优良的过程接口后面（见3.11.7节）。在结构完善的C程序中，`.h`文件通常与声明概念模块的接口相关联，而其实现则被放到`.c`文件中。如果使用恰当，C语言的头文件

（几乎完全由函数和 `typedef` 的声明以及 `struct` 和 `enum` 的定义组成）量级相对较轻，对客户生成的 `.o` 文件的实现贡献不大（如果有的话）。

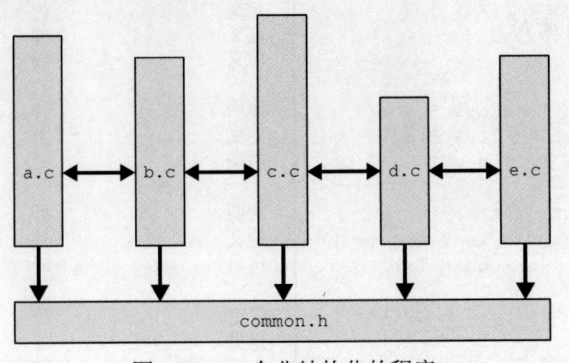

图 1-29 一个非结构化的程序

因此，在 C 语言中找到一个由许多"肥硕的" `.c` 文件支持的单一的、注释简洁的 `.h` 文件并不罕见，如图 1-30 所示，其中有一对私有头文件用来方便逻辑模块内跨物理边界的共享。正如我们不久将看到的那样，这种更为粗粒度的、更不规整的物理结构一定程度上是 C 语言施加给自身的限制造成的。

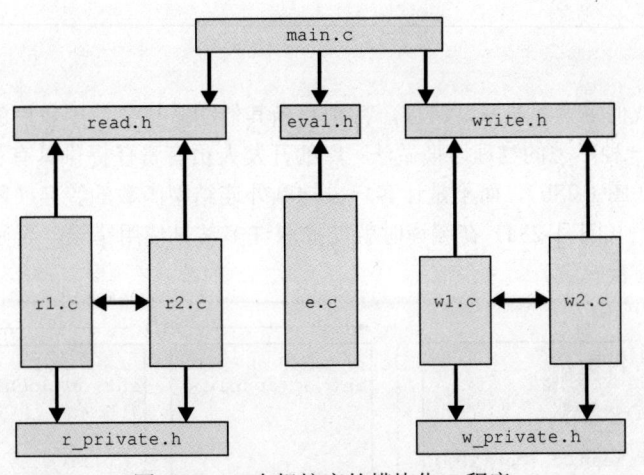

图 1-30 一个粗粒度的模块化 C 程序

除了模块，面向对象的模式还鼓励我们将有用的功能分组到高效、独立的数据结构周围，后者可以被任意多次实例化。这些所谓的抽象数据类型（abstract data type，ADT）自然会导致更细粒度的分解，具有丰富的中间接口的潜力，不需要通过私有头文件进行后门访问。由于这些对象往往更加自包含，我们开始将它们视为分离的实体，每个抽象数据类型都被授予一个分离的头文件来放置其接口。

但 C 语言对高效封装和（逻辑）数据隐藏的支持不足，这阻碍了抽象数据类型的创建。虽然 C 语言允许我们在 `.c` 文件中分配一个数据结构并不透明地（通过其地址）将其传回，但 C 语言不允许我们限制对作为自动变量（在程序栈上）创建的数据结构的访问。[①]我们当然可以将实现细节贬到 `.c` 文件中来隐藏，但为了隐藏实现，我们不得不付出指针间接寻址和每操作一次就调用一次函数的代价（无论这一操作多么微不足道）。

---

① 要在程序栈上创建用户定义类型（user-defined type，UDT）的变量，编译器必须知道变量的大小；要知道变量的大小，编译器必须已经看到数据结构的定义。在 C 中（与 C++不同），看到 UDT 的定义必然意味着能够直接访问其字段。

C++引入内联函数和私有访问权后，许多类似的低效现象已被彻底消除。现在，在.h 文件中找到单一的类定义且其必要实现适当地（且更均匀地）分布在.h 文件和相应的.cpp 文件（具有相同的根名称）中是很常见的，如图 1-31 所示。

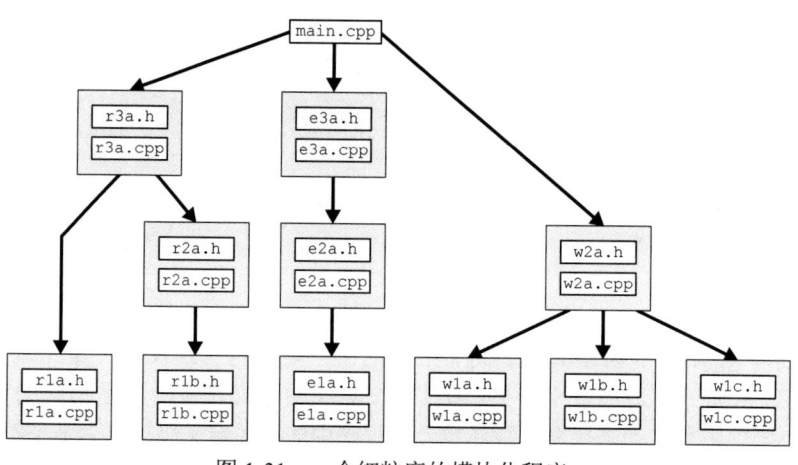

图 1-31　一个细粒度的模块化程序

在头文件中找到实现的许多细节也是常见的，理由同样是运行时效率。C++允许客户编译器将某些实现细节直接集成到其翻译单元中的能力通常使我们能够绕过指针间接和代价昂贵的函数调用（更不用说为创建、销毁每个对象而进行的昂贵的动态内存分配和取消分配）。但是，这些效率是有代价的：现在，对抽象数据类型实现的更改可能不仅会迫使客户重新连接，还得重新编译！我们将更全面地讨论这种编译时暴露的影响（见 3.10 节），以及如何完全避免（见 3.11 节）或至少部分地避免（见卷 2 的 6.6 节）。

严格地说，不需要头文件也可以创建多文件程序。回顾 1.3.1 节，C++语言只要求程序中的任何实体至多有一个定义。对于外连结且外绑结型的实体，编译器将通过生成强符号定义来强制执行唯一性；如果重复定义，则会导致连接器报告多重定义符号错误。但是，对于外连结型的其他定义，我们有责任确保在每个需要的翻译单元中相同地复制每个定义（刚好一次）。我们还必须确保与每一个必要的外绑结型定义和双绑结型定义对应的声明也同样纳入其中。头文件提供了一种自然方便且模块化的机制，用于履行这些义务，以及共享内绑结型（例如 typedef）的其他有用构件。

某些类型的结构声明，如 typedef 或预处理器常量（不受 C++标准中定义的连结的约束）是内绑结型，因此每个翻译单元之间不需要一致。如图 1-32 所示，我们可以在 file1.cpp 中将 Number 声明为文件作用域内的 int 类型，而在 file2.cpp 中将其声明为 double，无须顾虑。在一个.cpp 文件中使用 DEFAULT_VALUE 表示 3，在另一个.cpp 文件中表示 4.5 也是可以的。但是，如果我们在同一上下文中重复这种构件，它们当然必须是一致的。

```
// file1.cpp

typedef int Number;
typedef int Number;

#define DEFAULT_VALUE 3
#define DEFAULT_VALUE 3

// ...
```

```
// file2.cpp

typedef double Number;
typedef double Number;

#define DEFAULT_VALUE 4.5
#define DEFAULT_VALUE 4.5

// ...
```

图 1-32　结构别名在不同的翻译单元中可以不同

另外，如果我们要与客户共享有用的别名（如回调函数的签名），则只有头文件是我们的唯一选择：

```
// myevent.h
class MyEvent {
    // ...
    public:
        typedef void (*EventCallback)(const char *, int, MyEvent *);
        // ...
        int registerInterest(EventCallback userSuppliedFunction);
        // ...
};
```

内绑结型或双绑结型且外连结型的定义必须精确地在所有需要它们的翻译单元中复制。如图 1-33 所示，即使两个翻译单元之间有细微的不一致，也会违反单一定义规则，并导致程序不符合规范，从而可能造成严重后果。即使两个定义的含义在逻辑上是相同的（如图 1-33e），但使用两个不同的记号序列来代表跨翻译单元中程序中的实体定义仍被认为是不符合规范的。注意，在任何相关平台上都不会导致意外行为的单一定义规则违反被认为是良性的。在卷 2 的 6.8 节中，读者将看到在结合不同层级的防御式编程（defensive programming）检查构建的各种子系统时，如何利用这种良性的单一定义规则违反（见卷 2 的 5.2 和 5.3 节）。

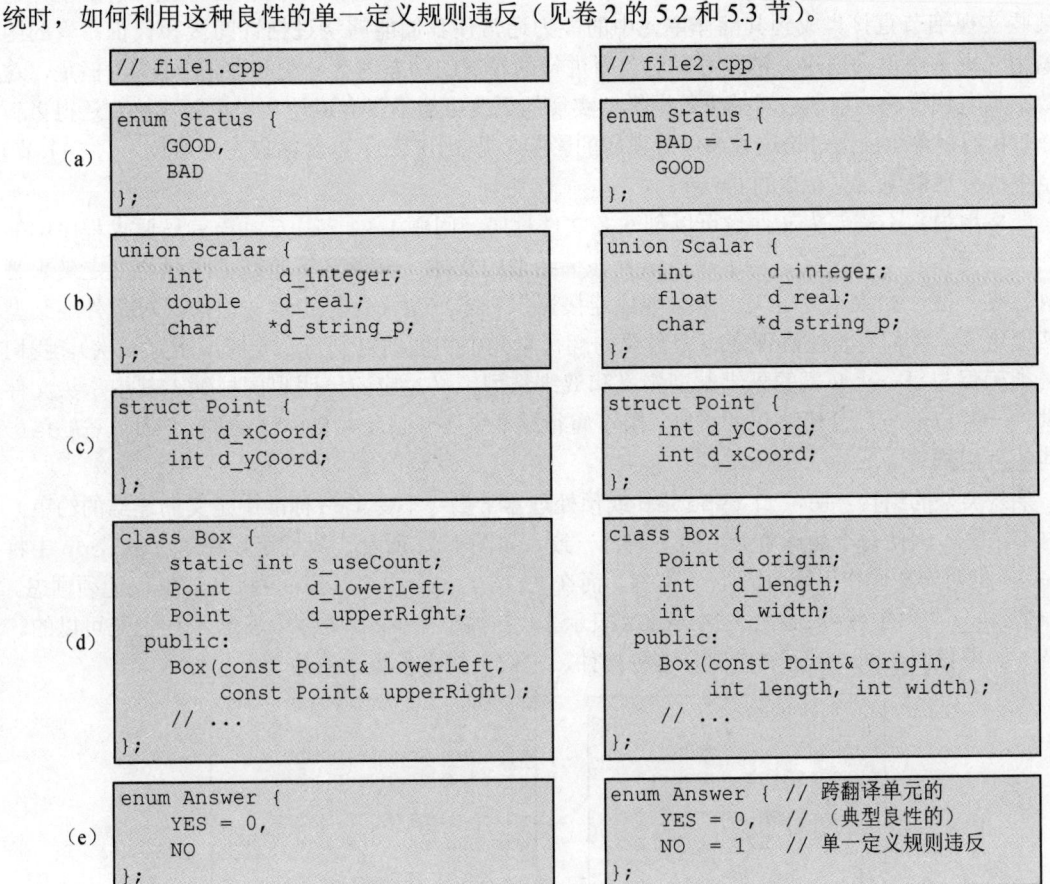

图 1-33　不一致的定义会导致不符合规范的程序

没有头文件的情况下，也可以共享外连结型的数据和函数，但不明智。虽然不太可能会有人选择重新键入整个类来访问它声明的公共方法（或静态数据），但重新键入外部定义的自由函数或变量的声明并非闻所未闻（尽管这是一个坏主意）。

例如，图 1-34 中的文件之间有因疏忽造成的不一致，在 x 和 g() 的声明（client.cpp 中）与其定义（provider.cpp 中）之间，但图中的两个文件都将通过编译。它们甚至有可能顺利连接，因为 C++ 标准不要求将一般函数的返回类型编码进连接时符号，也不要求类型安全的连结应用于数据。如此，在运行之前，这些潜在缺陷都不会被注意到。

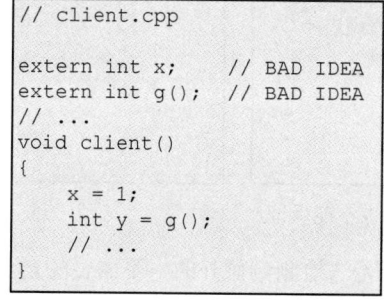

图 1-34　不一致的外连结型声明不符合规范

在 C 语言中，现在 C++ 中也如此，为确保声明既与其相应定义保持一致，也与潜在客户跨翻译单元的使用相一致，历史悠久的成规方法是将声明放在头文件中，然后要求所有客户（使用这一已定义的实体的翻译单元）都包含此头文件，含有该定义的 .cpp 文件也要包含它并作为第一行实质性代码（1.6.1 节）。如图 1-35 所示，在编译 provider.cpp 时，provider.h 中含有的声明与 provider.cpp 中的定义之间的不一致性现在便暴露出来。当 client.cpp 包含 provider.h 时，重新键入声明时可能发生的潜在不一致性将被消除。这种使用头文件在翻译单元之间共享信息的做法，对于当前静态分析工具在任意大的代码库上都能执行有效的局部正确性验证至关重要。[①]

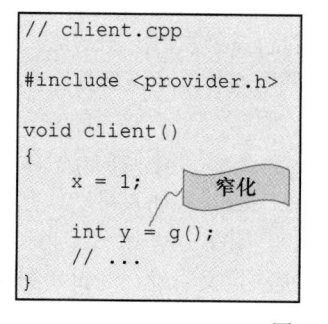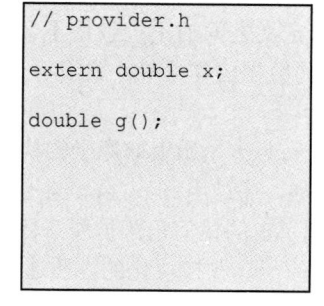

图 1-35　使用头文件来保证声明的一致性

使用自由函数（非成员函数）时，即使包含头文件也不足以保证正确性。例如，图 1-36 中所示的两个文件都将通过编译：client.cpp 能编译是因为它看到了它可以使用的 f 的有效声明；provider.cpp 能编译是因为 f(double) 的函数定义是它自己的声明。编译器简单地将 f(int)

---

① 见 **lippencott16a**，另见 **lippencott16b** 和 **lippencott16c**。

的函数声明视为允许的重载，而不是不一致。[1]但是，当我们试着连接程序时，却会发现连接失败了，因为函数 f(int) 没有定义。

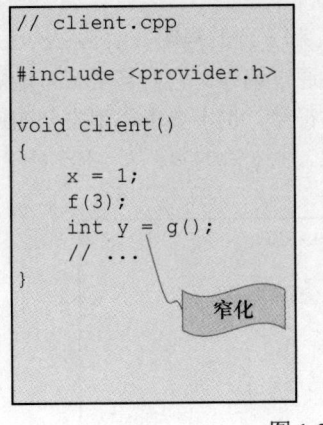
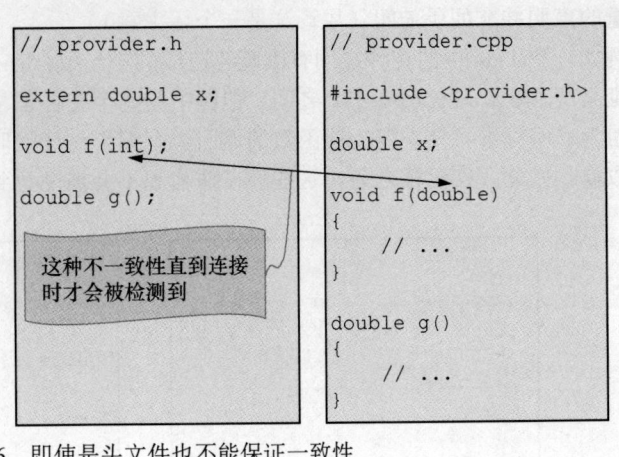

图 1-36 即使是头文件也不能保证一致性

虽然连接在捕捉遗漏的定义时很有效，但它也无法检测到额外的、不需要的定义的存在。我们的目标在于验证意图（在相关实现文件中，每个外部可使用的定义的头文件中都存在一个声明），并尽早这样做。我们可以通过采用约定（见 2.5 节）来强制执行我们的意图，即我们始终使用限定名称语法来定义我们的函数，如 1.3 节开头所述（见图 1-17）。由于使用限定名称语法的定义不会隐式用作声明，因此编译器将要求在具名作用域内直接有对应的声明，如果没有，则报告错误。

C++语言提供了两种限定命名（qualified naming）的替代方法：具名命名空间和类（这里添加给读者看的一条译者注：这里的类不是指狭义的类，而是指类和结构体。）。如图 1-36 所示，客户代码除了一份用结构体（图 1-36a）另一份用命名空间（图 1-36b），其余完全相同。但有许多有说服力的理由使我们倾向于使用结构体[2]（见 2.4.9 节，图 2-23）。

注意，相较于结构体，命名空间可能会以一种独特的方式被"误用"，如图 1-37c 所示。开发人员在 .cpp 文件中打开命名空间以图语法上的方便，而不使用限定的声明符语法。但是，正如前面看到的（图 1-36），声明和定义之间的不一致性不会被发现。通过使用 struct 而不是 namespace 来限定自由函数和全局数据的作用域，就没有人会采用这种捷径，而且这样做也不会丢失（有用）功能。[3]

namespace 是 C++中唯一的（有意）本质上非原子的构件。与 struct 不同的是，命名空间的定义可以结束之后重新打开。例如，通过用 namespace 代替 struct，其他人可以单方面将逻辑模块 MyUtil（图 1-37b）从物理宇宙的任何角落扩展（坏主意），如图 1-38 所示。

在这种情况下，命名空间的非原子、非模块化的性质违背了提供定义明确、逻辑和物理上连贯的原子设计单元这一更广泛的目标。就其价值而言，命名空间别名可用于限定名称，但（与命名空间本身不同）不能用于重新打开[4]；但根据设计，我们在方法论中不使用命名空间别名（见

---

[1] 注意，不完全相同却又不会产生不同重载的签名（如由于参数类型"太相似"）当然会在编译过程中报告为错误。

[2] 在这一特定例子中，本章提供的基本事实（也许过早）附带了一些具体的设计指导。

[3] 有时，我们需要在命名空间作用域定义自由函数。但是，在本书的方法论中，这些函数只能是运算符和计划像运算符一样表现的应用无关的切面函数（如 swap），例如，对参数依赖查找（argument-dependent lookup，ADL）表现像运算符一样，见 2.4.9 节。

[4] **stroustrup00**，8.2.9.3 节，第 184、185 页。

2.4 节）。我们将再次讨论确保组件（见 1.6.3 节）和更大的聚合（见 2.3 节）的逻辑/物理连贯性这一典型问题。

命名空间构件的任何明显优势都取决于利用 using 指令或声明的能力，这是我们不赞成的语法权宜之计。在本书的方法论中，namespace 构件的有效传统用法是在一个较大的物理内聚单元中将聚合的逻辑内容分组（见 2.4.6 节和 2.4.7 节）。

总之，头文件不是正确编码风格的必需之物，但如果客户和库翻译单元都恰当地包含它们，就可以有效地实现常见错误的早期检测，并便于实用（局部化）静态分析工具的使用。头文件是共享内绑结和双绑结型逻辑实体的定义以及外绑结和双绑结型逻辑实体的纯声明的指定方式。定义声明作用域之外的自由函数可进一步避免自声明引起的错误（我们认为结构体在这方面确实胜过命名空间）。

```cpp
// client.cpp

#include <myutil.h>

void client()
{
    float x = MyUtil::PI;

    MyUtil::count = 1;

    MyUtil::f(3);

    int y = MyUtil::g();   // 窄化
}
```

```cpp
// myutil.h

#ifndef INCLUDED_MYUTIL
#define INCLUDED_MYUTIL

struct MyUtil {

    static const float PI;

    static int count;

    static void f(double);

    static double g();

};

#endif
```

```cpp
// myutil.cpp

#include <myutil.h>

const float MyUtil::PI
             = 3.14;
int MyUtil::count;

void MyUtil::f(double)
{
    // ...
}

double MyUtil::g()
{
    // ...
}
```

（a）使用结构体（好主意）

```cpp
// client.cpp

#include <myutil.h>



    （和上面的一样）
```

```cpp
// myutil.h

#ifndef INCLUDED_MYUTIL
#define INCLUDED_MYUTIL

namespace MyUtil {

    extern const float PI;

    extern int count;

    void f(double);

    double g();

}

#endif
```

```cpp
// myutil.cpp

#include <myutil.h>



    （和上面的一样）
```

（b）"恰当地"使用命名空间（不是特别好的主意）

图 1-37　限定自由函数和全局数据的作用域（好主意）

```
// client.cpp

#include <myutil.h>




      (和上面的一样)
```

```
// myutil.h
#ifndef INCLUDED_MYUTIL
#define INCLUDED_MYUTIL

namespace MyUtil {

    extern const float PI;

    extern int count;

    void f(double);



    double g();



}

#endif
```

```
// myutil.cpp

#include <myutil.h>

namespace MyUtil {   // 坏主意

    const float PI = 3.14;

    int count;

    void f(double)
    {
        // ...
    }

    double g()
    {
        // ...
    }

}
```

（c）误用命名空间（坏主意）

图 1-37 限定自由函数和全局数据的作用域（好主意）（续）

```
// neptune.h
#ifndef INCLUDED_NEPTUNE
#define INCLUDED_NEPTUNE

namespace MyUtil {   // 坏主意
    static double op2(int arg);
    // ...
}

#endif
```

```
// neptune.cpp
#include <neptune.h>

double MyUtil::op2(int arg)
{
    // ...
}

// ...
// ...
```

图 1-38 从物理上遥远的位置篡改 MyUtil 命名空间

1.5 包含指令和包含保护符

在《大规模 C++ 程序设计》（*Large-Scale C++ Software Design*）出版后的 20 多年里，我们导入（恰好就一次）常见的制品（如内绑结和双绑结型制品）的细节发生了巨大变化。提前预告本节概要：在包含指令中使用尖括号而不再用双引号，另外（冗余）外置的包含保护符已被弃用。

1.5.1 包含指令

头文件纳入的语法机制是#include 预处理器指令。包含指令这一行被文本替换为指令中的文件的内容。定位头文件的方式由编译器实现决定。[1]通常，搜索文件的目录顺序由提供给编译器的命令行参数以及调用编译器的环境决定。目录搜索序列也受到#include 指令形式的影响，有以下两种形式[2]：

---

① **iso11**，16.2.2 节和 16.2.3 节，第 414 页。

② 注意，此处显示的组件名称添加了与唯一命名空间对应的前缀 my_，本节中描述的所有类都假定位于该命名空间中。本书的方法论所使用的命名策略将在 2.4 节中详细描述。

```
#include "my_headerfile.h"  // 坏主意
#include <my_headerfile.h>  // 好主意
```

遗憾的是，C++语言标准没有规定这两者之间的有意义的区别，只是指出，如果用双引号（""）形式的实现定义过程进行搜索失败，则必须返回到使用尖括号（<>）形式的实现定义过程。从某种意义上讲，这使尖括号的形式具有更原始的含义。

对于引号形式，典型的编译器在搜索通过其他方式指定的路径之前，将在含有#include 指令的文件所在的同一目录中搜索；而对于尖括号形式，将跳过相同目录中的搜索。引号形式的（典型）行为很方便，有两个重要目的。

（1）不要求用户指定额外的命令行参数（例如 Unix 平台上的-I.）来标识此头文件所在的（当前）目录，这可以方便构建直接在命令行上编译和连接的简单程序。

（2）当在子系统中局部（从.cpp 文件所在的目录）包含的头文件名可能不唯一（特别对于短文件名）时，避免出现歧义。

但对于更庞杂的开发工作，要是能确保头文件名的唯一性（见 2.4 节），就不必用双引号来正确选择当地的头文件而不是另一个同名的头文件，也不用做默认先搜索当地目录这种依赖于实现的事情。虽然某些编译器（如 gcc）提供了可以强制将双引号（""）视为尖括号（<>）的开关，但这种做法不受广泛支持。另外，在双引号语法意味着首先搜索含该#include 的源文件的目录（以 package_dir 为例）的平台上，使用尖括号时总是可以通过将 package_dir 显式添加为第一个要搜索的目录来获得与使用双引号相当的结果。

弃双引号（""）而只在#include 中采用尖括号（<>）[①]，这使得开发和构建工具可以更好地控制从哪里提取当地头文件，或者更准确地说，不要从哪里提取当地头文件。标准化成尖括号后，我们可以确定，给定文件 xyza_foo.c 和 xyza_bar.h，无论 xyza_foo.c 在文件系统上的位置如何，xyza_foo.c 中的#include <xyza_bar.h>指令在所有平台上都无歧义地表示相同的内容。此外，尖括号在开发和部署过程中提供了更大的灵活性（见 2.15 节），它允许我们覆盖由双引号强加的典型行为，选择一个与包含该文件的源文件不同的头文件。构建工具在使用尖括号时提供的这一附加功能促使我们决定，在大规模软件开发中#include 指令不使用双引号。

1.5.2　内置的包含保护符

一旦开始包含头文件，就必须解决如何避免多次包含头文件导致的定义重复的问题。将给定头文件多次包含在翻译单元中并不罕见。考虑图 1-39 所示的情况，其中 Point 和 Box 都被直接用于 Widget 的实现中。由于一个 Box 中嵌入有两个 Point 对象，因此尝试编译类 Box 需要首先看到 Point 类的定义。因此，这鼓励我们（见 1.6 节和 1.11 节）让 my_box.h 自身包含 my_point.h，这也是本书的方法论要求的（见 2.6 节）。由于 Widget 的非内联方法 move 直接实质性使用 Box 和 Point，我们还需要（见 2.6 节）直接在 my_widget.cpp 中包含它们各自的头文件。

从 1.2.1 节中读者已知晓，编译首先需要将#include指令指定的头文件纳入以形成翻译单元。当我们编译 widget.cpp 时，预处理器首先用 my_point.h 头文件的正文替换#include <my_point.h>指令。然后，预处理器继续对 my_box.h 执行相同的操作。在处理 my_box.h 的过程中，预处理器将再次遇到#include <my_point.h>的指令，它将执行该指令。如果没有任何包含保护符，则 Point 类的重复定义将导致 widget.cpp 的翻译具有 Point 类的两个定义，因而无法通过编译。

---

① 注意，即使是同一个包内的组件，也仅使用尖括号（<>），这是与 **lakos96** 中建议的做法有区别的地方之一。

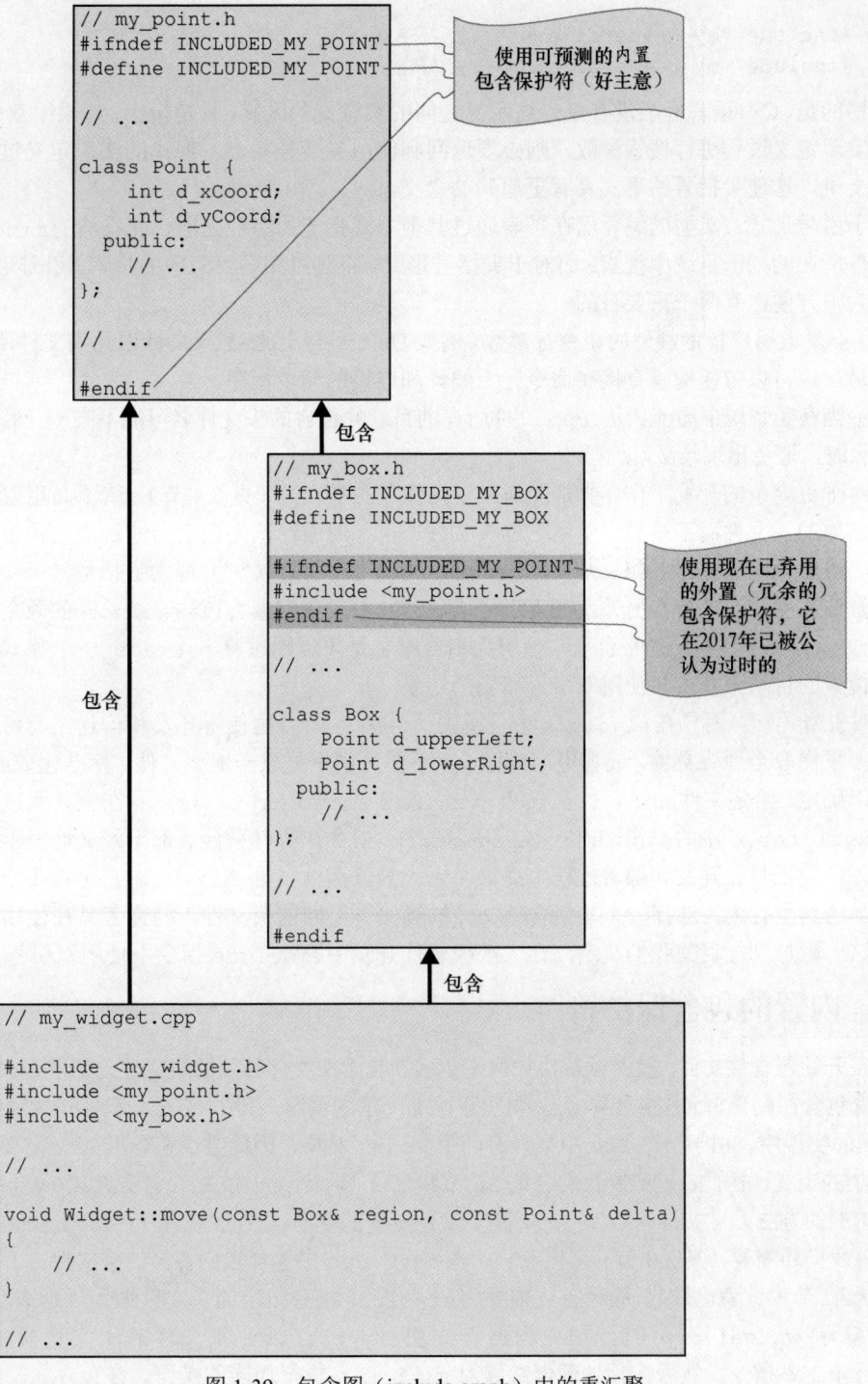

图 1-39　包含图（include graph）中的重汇聚

与 C 不同，C++头文件几乎总是包含一个或多个定义（例如类定义）。由于定义永远不能在翻译单元中重复，因此，标准做法是采用唯一（且可预测的）的内置预处理器包含保护符（类似于图 1-40 所示），以确保头文件的内容只会被看一次。

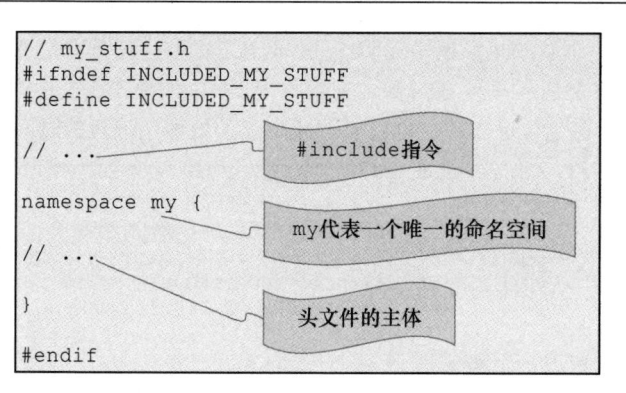

图 1-40　（可预测的）内置的包含保护符

当翻译单元首次包含 my_stuff.h 时，保护符 INCLUDED_MY_STUFF 是未定义的，头文件的其余部分将被纳入。为了避免重复定义，我们在测试保护符后首先要做的是定义保护符。在该翻译单元中后续包含同一头文件时，与此头文件关联的唯一保护符将已定义，文件的整个正文将被跳过。

1.5.3　外置的包含保护符（已废弃）

截至 2017 年，我们不再建议使用（冗余）外置包含保护符，但我们提供了以下讨论以供历史参考。尽管内置包含保护符可以防止重复，但预处理器仍可能打开、读取并主动忽略重复定义和每个重复包含的头文件中包含的其他碎片。这种不必要的重复处理（历史上）在编译阶段浪费了大量资源，特别是对于包含图中存在大量重汇聚的系统。[①] 图 1-41 说明了最坏情况（但可能有效）的设计，其中客户依赖于多个屏幕（screen）对象，每个屏幕头文件包含同一组小部件（widget）的头文件。由于只有内置包含保护符，有多少屏幕，预处理器就会打开并扫描每个小部件的头文件多少次。如果信息在本地不可用［例如，如果通过网络文件系统（NFS）而不是本地硬盘重新读取］，则此问题在发生时就会加剧。

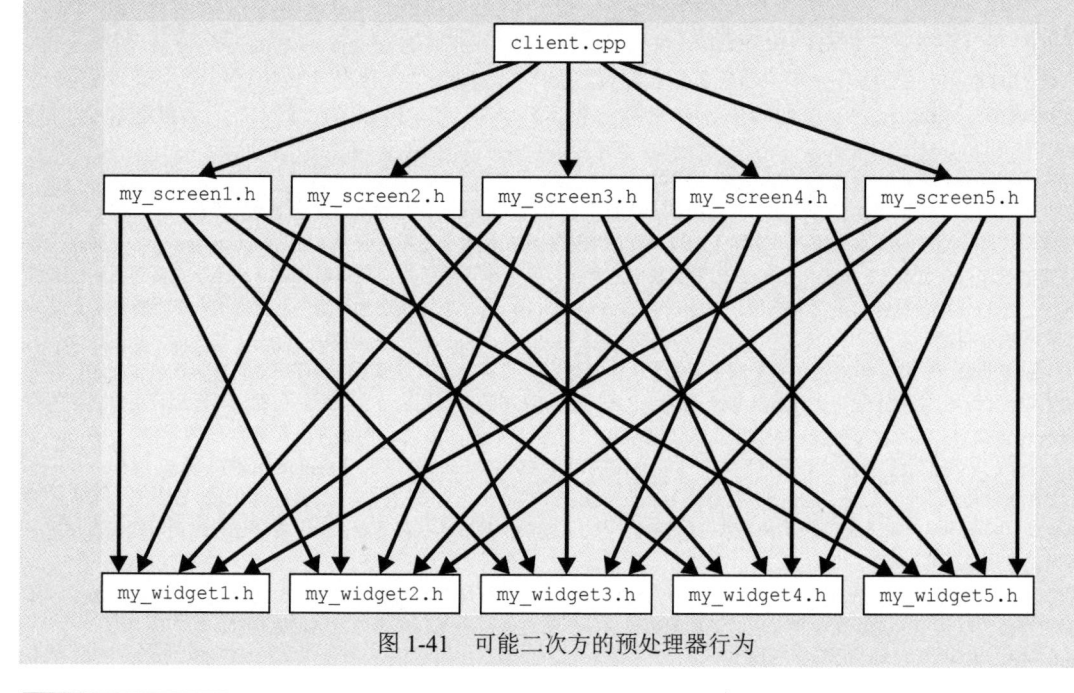

图 1-41　可能二次方的预处理器行为

---

① **lakos96**，2.5 节，第 82～88 页。

虽然图 1-41 中的不理智的重汇聚是说明性的，但在 21 世纪 10 年代之前，重复包含的真实（和痛苦）影响一直在重现（尽管频率要低得多）。在这种情况下，如果在头文件中嵌套的每个#include指令周围放置冗余的外置包含保护符，可以显著减少在预处理中浪费的时间，如图 1-42 所示。[①]

借助冗余包含保护符，screen1.h可有效保证[②]只包含每个小部件头文件一次。[③]即当包含 screen2.h 时，外置保护符会抑制重新打开小部件头文件的任何可能性。

在使用（冗余）外置保护符时，具有可预测的内置保护符当然是可取的，但并非绝对必要。对于在我们影响范围之外的头文件，例如与供应商提供的库或第三方库（如图 1-42 中的 cstring）相关的头文件，我们则会（在#include指令之后）添加一行来自己设置统一的外置保护符。

许多人认为使用冗余包含保护符是乏味的、容易出错的[④]，不值得付出这一努力，特别是对于"今天的编译器"。[⑤]而其他一些通常专业从事商用系统开发的人则正确地断言："在某些情况下，使用它们可以大大缩短大型应用的编译时间。"[⑥]截至 2005 年，只有 GCC 编译器解决了这一问题；我们所有 4 个生产平台的本机编译器都还在继续证明冗余的包含保护符的巨大的优势。

```
// my_stuff.h
#ifndef INCLUDED_MY_STUFF     // 内置/必要的
#define INCLUDED_MY_STUFF
                                         仍是好主意

#ifndef INCLUDED_HIS_STUFF    // 外置/冗余的
#include <his_stuff.h>
#endif                              坏主意

#ifndef INCLUDED_HER_STUFF    // 外置/冗余的
#include <her_stuff.h>
#endif

#ifndef INCLUDED_CSTRING      // 外置/冗余的
#include <cstring>
#define INCLUDED_CSTRING
#endif                           看这里：多余的行

namespace my {

// ...
// ...                  （头文件体）
// ...

}

#endif
```

图 1-42　（现已废的）外置（冗余）包含保护符（坏主意）

在 2012 年，我的第一本书[⑦]的 2.5 节中描述的对于 100 行（也有 1 000 行）的头文件的实验在多个平台上使用本地硬盘和网络文件系统重复进行。记录 CPU 和真实时间。与最初观察到的

---

① 实现不当的客户应用往往会直接在头文件中包含大量不需要的其他头文件，这些应用通常也会受益。

② 注意，总是将给定的头文件最多一次纳入翻译单元的编译系统在技术上是不符合要求的。（nonconforming）。如果没有显式的语法（例如#include_once）来阐明我们的意图，那么编译系统为避免重新读取（或至少重新评估）头文件而进行作的任何尝试都将是启发式的。注意，#pragma once 是一个受欢迎且得到广泛支持的非标准特性，正是为了实现这一目的。

③ JC van Winkel 在 2014 年对这一卷早期手稿的审阅中写道："我认为，编译器不应该聪明地对待二次包含问题。我要求它做什么，它就应该做什么。如果有像#include_once 这样的标准化命令会很好，但编译器不应该决定它不需要再次包含文件。人们可能用一些小把戏赋予文件第二次包含不同的语义。例如（一个非常脏的示例），随 gcc：enquire.c 源打包的程序，该程序确定了主机系统的词宽（van Winkel 然后引用 **pemberton93**，第 467 行）：
此文件会被读取 3 次（它#include 它自己）来为 short+float、int+double、long+long double 生成相同的代码。如果 PASS 未定义，则这就是第一遍通过。用'PASS0'括起来的代码是独立于所有 3 遍通过的内容，但在第一遍通过时读取。"

④ 我们发现使用简单（如 Perl）脚本就可十分容易地检查内置保护符是否与当前文件名相对应，以及（同时）每个外置保护符是否与所包含的头文件相对应，这样就可以消除所有这些可能令人厌恶的复制粘贴错误。

⑤ **sutter05**，第 43 页，第 24 项。

⑥ **dewhurst05**，第 229、230 页，第 62 项。

⑦ **lakos96**，2.5 节，第 80 页，图 2-5。

25 倍加速不同，在任何情况下，CPU 时间缩短都不会达到 1/2，在大多数情况下接近 1.0。真实时间缩短更显著，在某些情况下缩短到 1/4。在另一项实验中，我们测量了 4 个生产平台上的几个基于组件的低层级库（有/无冗余包含保护符）的编译时间。只有一个平台上有可测量的差异；但是，在这一平台上，我们看到总体编译时间缩短了 45%到 65%不等。

自从首次提出这些建议以来，技术进步（如处理器、网络、操作系统）和旨在解决这一具体问题的优化在很大程度上缓解了使用冗余保护符的紧迫性。此外，在许多情况下，处理典型应用中的模板（见卷 2 的 4.5 节）而产生的相对编译时间成本已经在构建软件的总成本中占主导地位。然而，作为（无私的）可复用库的开发者，我们仍然坚定地依照我们的库理念（0.2 节），采用冗余的保护符，这迫使我们将烦琐的甚至容易出错的编码实践引入内部，以便最大限度地为客户提供便利性、效率和稳健性，即使程度轻微或在罕见的情况中。[①]

然而，最近我们开始看到，各种开源工具正被这些冗余的保护符所迷惑，因此，继续在我们层次化可复用的库中使用它们被认为是一种净负影响。2017 年底，我们安全、准确地将所有这些冗余保护符（通过一个小脚本）全部移除，而没有中断我们的代码库。

冗余的包含保护符显然是丑陋的。幸运的是，在.cpp 文件中包含头文件时不需要它们，因为重汇聚在那不算问题。但是，冗余保护符的丑陋性确实有一个重要的可取之处：它们在头文件中的令人不悦的美学本性提醒我们，只在有充分理由的情况下才在头文件中嵌套#include 指令，即为了确保头文件在编译方面自给自足时才需要这么做（见 1.6.1 节和 2.6 节）。

简而言之，所有头文件均需要内置（理想情况下可预测的）包含保护符。外置（冗余）包含保护符现已被弃用，但直到前不久，它们还是可选的，没有带来真的害处，并且（许多年来）帮助显著缩短了编译时间（并且"温和地"提醒我们尽量不在一个头文件中包含另一个头文件）。

1.6 从 .h/.cpp 文件对到组件

正如我们在 1.4 节中看到的，物理设计的演变（以 1.4 节的图 1-31 而告终）导致了将一个或多个密切相关的类（见 3.3.1 节）及其相关的自由运算符并置在单个.h 和相应的.cpp 文件中的做法。这些.h/.cpp 文件对又称作组件［见 0.7 节，将会被形式化定义（见 2.6 节）］，它们构成物理设计的原子单元。

目前，我们假设我们所指的任何.h/.cpp 文件对都是一个组件，至少要满足以下特性。

（1）.cpp 文件的实质性第一行代码将对应的.h 文件纳入。

（2）在.cpp 文件中定义的外连结型逻辑构件（除非在效果上呈现为外部不可见的）在对应的.h 文件中声明。

（3）在组件的头文件中声明的外绑结型或双绑结型逻辑构件，如果有定义，则其定义仅在该组件之内。

组件的第四个基本特性将在 1.11 节中介绍。

1.6.1 组件特性 1

.cpp 文件的实质性第一行代码将对应的.h 文件纳入。

特性 1 有助于确保.h 文件中的任何声明至少与.cpp 文件中的定义一致，如 1.4 节所述。对于也可以充当声明的定义（1.3.1 节），例如自由函数和全局数据的定义，一致性的实现并不是自动的：

---

① 注意，我们的库软件的应用客户不必自己实现冗余包含保护符，我们在库中使用它们就能使客户从中获益。

我们必须付出额外的努力来确保一致性——例如将这些定义置于声明它们的命名空间之外（见图 1-17）。对于从不是自声明的定义，如那些不是在类作用域内直接定义的成员函数和静态成员数据的定义，如果不包含类定义，编译阶段就不会成功。

此外，每个 .cpp 文件的第一行实质性代码都被用来包含相应的 .h 文件，这确保每个头文件都可孤立编译，从而一劳永逸地解决与包含顺序相关的问题。例如，考虑图 1-43 中所示的 4 个文件。组件 mything 部分地满足组件特性 1 的需求，mything.cpp（图 1-43b）确实在定义任何东西之前包含 mything.h（图 1-43a）。但是，该组件并没有首先包含其自身的头文件，先前对 iostream 的包含掩盖了 mything.h 中对 ostream 类型前置声明的遗漏（通过 #include <iosfwd> 指令）。当我们试图测试这一组件时，情况也是类似的（图 1-43c）。对于 client.cpp（图 1-43d），缺陷会不会暴露出来说不准，这与其翻译单元中已被看到的内容有关。如果缺陷暴露，client.cpp 会突然无法编译，否则，包含顺序中潜伏的缺陷将继续存在。

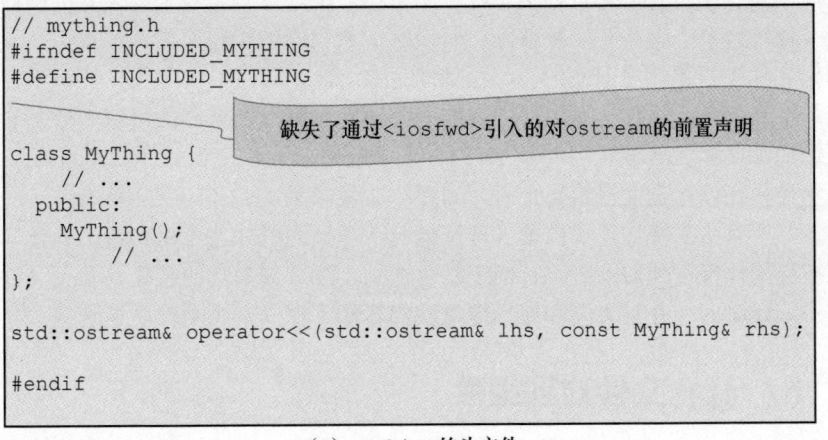

```
// mything.h
#ifndef INCLUDED_MYTHING
#define INCLUDED_MYTHING

                          缺失了通过<iosfwd>引入的对ostream的前置声明

class MyThing {
    // ...
  public:
    MyThing();
        // ...
};

std::ostream& operator<<(std::ostream& lhs, const MyThing& rhs);

#endif
```

（a）mything 的头文件

```
// mything.cpp
#include <ostream>      // 坏主意：不应该放在第一行
#include <mything.h>    // 坏主意：应该放在第一行

MyThing::MyThing() { /*...*/ }

std::ostream& operator<<(std::ostream& lhs, const MyThing& rhs)
{
    return lhs << /*...*/;
}
```

（b）mything 的实现文件（不明智的包含顺序）

```
// mything.t.cpp
#include <iostream>
#include <mything.h>          该缺陷不会在
                              这里检测到
// ...

int main(int argc, char *argv[])
{
    // ...
}
```

（c）mything 的测试驱动程序

图 1-43　依靠于 #include 顺序的关联问题

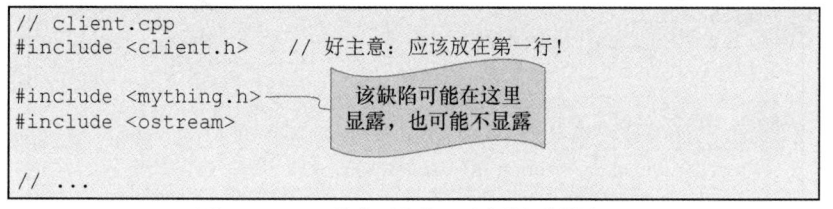

（d）myclient的实现文件（正确的包含顺序）

图 1-43　依靠于#include 顺序的关联问题（续）

确保每个头文件都可以不依靠之前包含的任何声明或定义而通过编译是非常可取的，特别是在诊断这些问题并不容易的情况下。只要有一个翻译单元保证在任何其他声明或定义之前解析一个头文件，就不会让它们掩盖此类缺陷，从而可以强制头文件在编译方面自给自足。通过简单地要求每个组件都包含自己的头文件作为第一行实质性代码，我们确保其头文件可孤立编译，因此客户以任何顺序将其包含都是安全的[①]。[②]

1.6.2　组件特性 2

在 .cpp 文件中定义的外连结型逻辑构件（除非在效果上呈现为外部不可见的）在对应的 .h 文件中声明。

特性 2 通过在组件物理接口的源代码中显示任何全局名称，来防止无意中违反单一定义规则（ODR）。[③]"在效果上呈现为外部不可见的"是指该连接器符号（由外绑结型或双绑结型构件产生）无法从另一个组件合法访问（也不可能与另一个组件中定义的任何符号冲突）。回忆 1.3.18 节，无名命名空间中的构件可能是外绑结型，但实际上无法从组件外部访问，就像命名特殊的实体［仅按约定（见 2.7.3 节）］实际上局部于其组件。[④]

作为一条规则，我们应该始终把 .cpp 文件中定义的不保证名称全局唯一的局部类型放在无名命名空间中，并确保在 .cpp 文件的文件作用域定义的任何局部函数或变量被声明为静态。例如，考虑图 1-44 中所示的 .h / .cpp 对。MyCookie 类的所有成员函数以及任何静态成员数据都必须在该类中声明，否则这些定义将无法编译。但是，如果类（如 Guard）和自由函数（如 min）打算局部于组件，完全在 .cpp 文件中定义它们，则可能会在无意中违反此特性。此外，自由函数（如 operator!=）也存在问题，它们的声明不是自动要求的，没有声明它们的相应定义也能编译（见图 1-16）。在声明自由运算符的命名空间之外定义它就能再次有效解决这一特定问题（见图 1-17）。

如果没有组件特性 2，客户的源代码中写下显式 extern 声明就有可能访问到未发布的外部可访问定义。任何这种后门访问的使用都会给开发和维护稳定软件带来不利影响（0.5 节）。缺乏明确和完整的接口会妨碍注释预期行为（见卷 2 的 6.17 节）和验证（见卷 3）。这种后门访问还会使确定现有系统内实际物理依赖变得异常困难（见 1.11 节），从而大大削弱了细粒度模块化的好处（0.4 节）。

---

① 注意，之前包含过的头文件中定义的错误的宏可能会不可避免地让本来健全的头文件不健全。
② 当然，我们可以用其他方式确保头文件自给自足，如通过将这种孤立的编译测试纳入我们的构建工具。但是，此所述方法可以正常工作，而不必在自定义构建工具中设定额外编译步骤，从而使我们首选的解决方案本质上更加稳健。
③ 然后，可以根据需要将这些声明以文本形式包含在其他组件、应用或测试驱动程序中（见 1.11 节）。
④ 完全在 .cpp 文件中定义的内绑结型构件也在效果上是供组件私用的，至少就组件特性 2 而言，不需要声明在头文件中。但如果这样一个内绑结型实体（如 enum，见图 1-23 前后的内容），被用作外连结型函数的参数或返回类型，就不得不按照组件特性 2 的要求，在其头文件中声明该内绑结型实体。

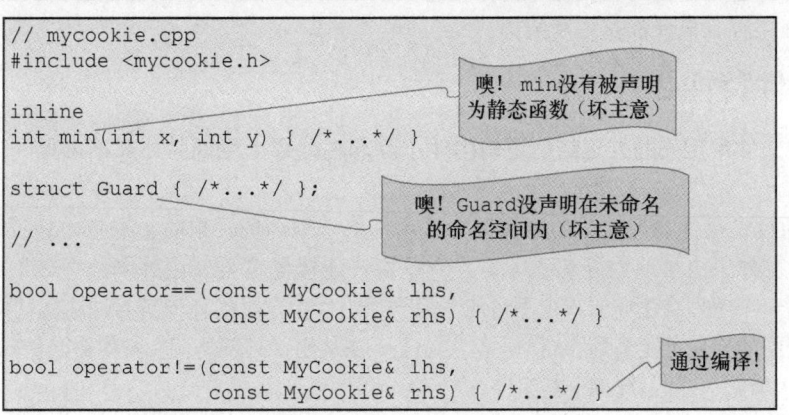

```
// mycookie.h
#ifndef INCLUDED_MYCOOKIE
#define INCLUDED_MYCOOKIE

class MyCookie {
    static int s_data;
    void function(double size);
  public:
    MyCookie();
    // ...
};

bool operator==(const MyCookie& lhs,
                const MyCookie& rhs);
```

噢！operator!=没声明在头文件中（坏主意）

```
#endif
```

```
// mycookie.cpp
#include <mycookie.h>
```

噢！min没有被声明为静态函数（坏主意）

```
inline
int min(int x, int y) { /*...*/ }

struct Guard { /*...*/ };
```

噢！Guard没声明在未命名的命名空间内（坏主意）

```
// ...

bool operator==(const MyCookie& lhs,
                const MyCookie& rhs) { /*...*/ }

bool operator!=(const MyCookie& lhs,
                const MyCookie& rhs) { /*...*/ }
```

通过编译！

图 1-44 在 .h 文件中声明所有外部可访问的定义

1.6.3 组件特性 3

在组件的头文件中声明的外绑结型或双绑结型逻辑构件，如果有定义，则其定义仅在该组件之内。

从模块化的角度来看，这一特性也许是 3 个特性中最显而易见的，但在技术上是最微妙的。简单地说，任何宣传（通过头文件中的声明）是唯一的外绑结型或双绑结型逻辑构件，它的定义不会驻留在此 .h/.cpp 对之外的任何地方。[①]图 1-45 说明了一个完全无视逻辑构件在物理实体中恰当放置的示例。特别是，在 intstack.h 中声明的成员函数 push 和 pop 没有像预期那样在 intstack.h 或 intstack.cpp 中的任何位置实现，反倒实现在 intset.cpp 中，甚至是在 main.cpp 中！如果

---

① 使用 extern template 特性的模板显式实例化（1.3.16 节）会要求 extern template 语句（导致实例化代码被抑制）驻留在单个组件的 .h 文件中，然后由同一组件的 .cpp 文件生成实例化。这样的特化实例化（对基本类型尤其如此）通常就发生在定义总模板的组件中。但是，对于用户定义的类型（UDT），模板的实例化可能需要在定义此 UDT 的组件中进行，于是该组件会依赖定义通用模板的组件（而不是相反）。将此显式实例化放置在完全分离的（更高层级）组件中是有问题的，因为它存在被忽略的风险，那便无法提供预期的构建时优化。

由第三个组件含有此显式实例化也增加了这样一种可能，对类型相同的模板，其显式和隐式实例化版本都被使用到了。虽然这种低效率也是不可取的，但不会致命：与内联函数一样，这两种实例化形式产生的结果对单一定义规则（ODR）是相同的；但是，与隐式实例化不同，显式实例化通常不会产生"弱"符号，因此必须仅限于一个程序一个。正是这后一条观察强有力地说服人不允许将这种"可选"代码放在分离的物理单元中，以免无意中处在同一解决方案中的多个物理单元中；这一告诫也适用于作用的类型跨多组件的自由运算符（见 2.6 节）。

没有这第三个特性，.h/.cpp 对作为细粒度模块化设计（0.4 节）的连贯单元的概念（见 2.3 节）就是没有意义的。

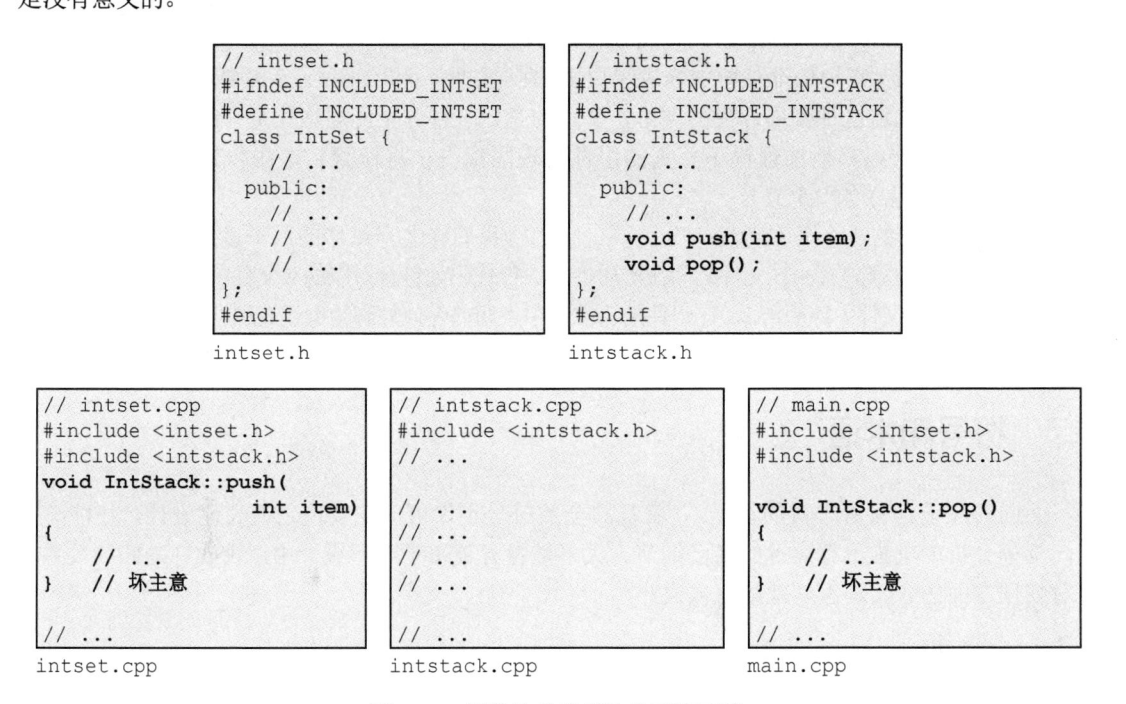

图 1-45　逻辑构件的模块化严重不当

即使逻辑构件在放置方面只是有些许的不规整，也会带来重大的实际影响。考虑图 1-46 中所示的场景。文件 client.cpp 包含 date.h 并大量使用 Date，但没有用到库中的其他内容。文件 date.h 声明外绑结型自由运算符

```
std::ostream& operator<<(std::ostream&, const Date&);
```

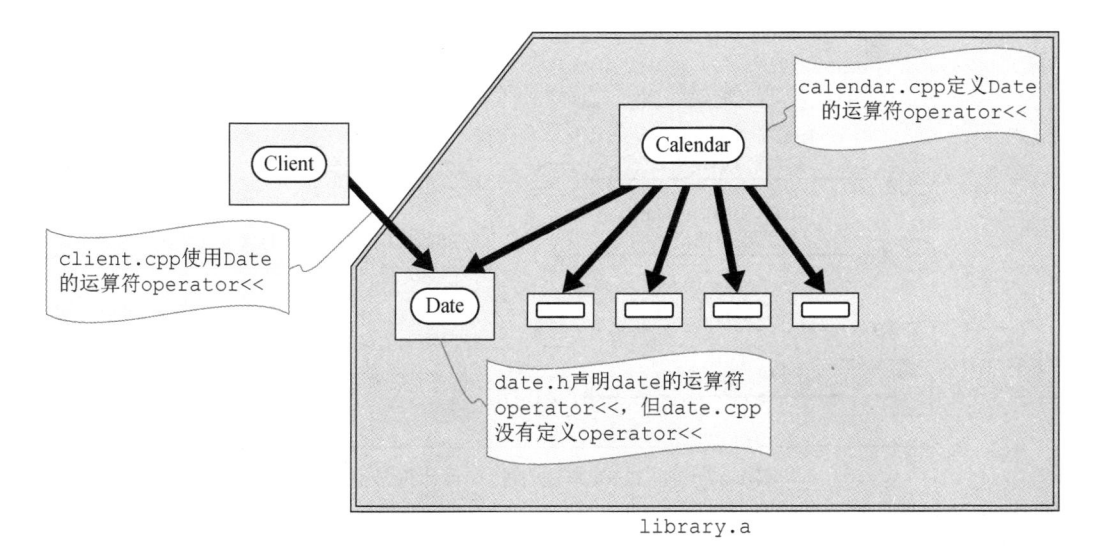

图 1-46　逻辑构件的模块化略有不当

但 date.cpp 未定义它。文件 date.o 是库的一部分，它还提供比 Date 重得多的类型。Calendar 类的实现者意识到日期的输出运算符缺失，决定在 calendar.cpp 中实现。包含 date.h 的客户不一定依赖 calendar.o，除非它们调用 Date 的运算符 operator<<。calendar 的 .o 文件是一个相当大的机器，它悄悄地从库中拖进了更多的 .o 文件，而 Client 不需要这些文件。该库的用户可能完全不知道这种挪用行为的发生。幸运的是，一种健全的层次化组件级测试策略——在测试过程中将组件与其他按理说不相关的组件物理隔离——将检测到这些和其他类似的结构缺陷（见 2.14 节和卷 3 的 7.5 节）。

在本节中讨论的 3 个基本特性十分重要，它们将我们称之为组件的原子设计单元区别于随意的 .h/.cpp 文件对：（1）.cpp 文件必须在实质性第一行代码处包含对应的头文件；（2）任何外连结型定义都必须在其头文件中声明；（3）在组件的头文件中声明的任何外绑结型或双绑结型实体都不得在这一组件之外定义。组件的第四个基本特性对于可视化和可维护性特别有用，对它的讨论放在 1.11 节。

1.7　符号和术语

面向对象设计有着丰富的符号。[1]繁复周全的符号不仅可以在实现之前表达设计，还能够在逆向工程分析中刻画已有实现的诸多细节。大多数符号被用于表示设计中逻辑实体之间的关系，但对物理方面的含义却意外地鲜有人问津。

1.7.1　概要

即使 UML[2][3]可以用来表达逻辑设计，但对我们而言仍略显笨重，并且难以简洁清晰地表示逻辑/物理的边界。根据我们的经验，健全的物理设计所需的符号很少，如图 1-47 所示。如果需要附加符号，通常只需使用带有标记的箭头来明确标识关系即可，但另见 1.7.6 节的图 1-50。

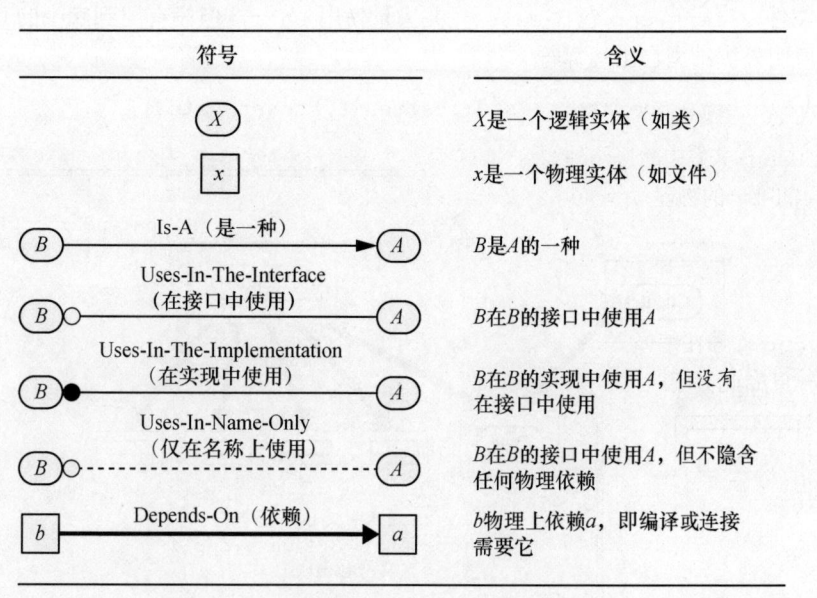

符号	含义
X	X是一个逻辑实体（如类）
x	x是一个物理实体（如文件）
B ——Is-A（是一种）→ A	B是A的一种
B ——Uses-In-The-Interface（在接口中使用）— A	B在B的接口中使用A
B ——Uses-In-The-Implementation（在实现中使用）— A	B在B的实现中使用A，但没有在接口中使用
B ----Uses-In-Name-Only（仅在名称上使用）---- A	B在B的接口中使用A，但不隐含任何物理依赖
b ——Depends-On（依赖）→ a	b物理上依赖a，即编译或连接需要它

图 1-47　我们的基本逻辑/物理设计符号摘要

① **booch94**，第 5 章，第 171～228 页。
② **fowler04**。
③ **booch05**。

本书将始终用胶囊状（用于表达类型）或椭圆状（用于表达函数）的符号[1]来标识逻辑实体（例如类、结构体、自由运算符）：

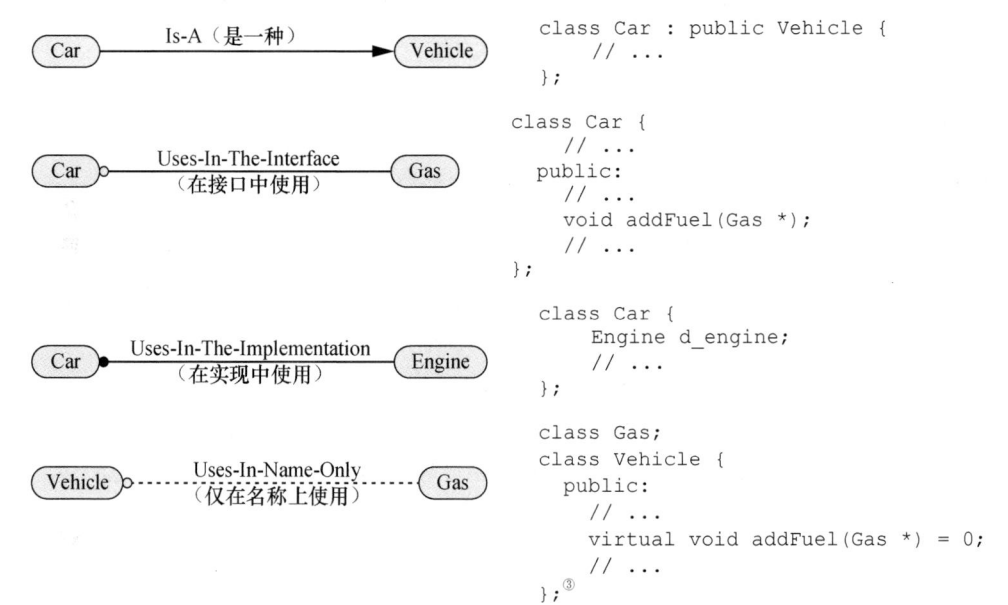

```
class Car {
    // ...
};
```

用矩形来表达物理实体[2]：

```
// car.cpp
#include <car.h>
// ...
```

就我们的目的而言，有刻画以下 4 种逻辑关系的符号通常就足够了：

```
class Car : public Vehicle {
    // ...
};

class Car {
    // ...
  public:
    // ...
    void addFuel(Gas *);
    // ...
};

    class Car {
        Engine d_engine;
        // ...
    };

    class Gas;
    class Vehicle {
      public:
        // ...
        virtual void addFuel(Gas *) = 0;
        // ...
    };[3]
```

注意，上述 4 种关系中的每一种都必须是逻辑实体（以椭圆表示）之间的关系。依赖（Depends-On）则是我们定义的唯一的物理实体（以矩形表示）之间的关系：

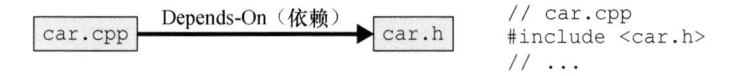

```
// car.cpp
#include <car.h>
// ...
```

此处的 car.cpp 文件在编译时依赖 car.h 文件。如果将相对应的 .cpp/.h 文件作为一个单元处理（本书会一直如此），我们可以将编译时、连接时的组合依赖表达为

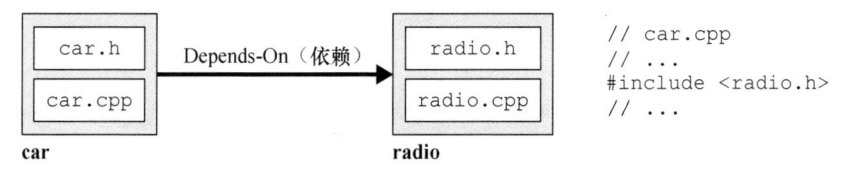

```
// car.cpp
// ...
#include <radio.h>
// ...
```

或者更简明一点

---

① 本书用大驼峰式（UpperCamelCase）表示类型，用小驼峰式（lowerCamelCase）表示函数。

② 本书会始终用全小写（见 2.4.6 节）来表示物理实体的名称，如文件、组件和库。

③ Uses-In-The-Interface 和 Uses-In-Name-Only 之间的物理含义上的重要差异在后面描述。

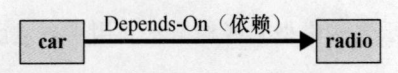

我们在 1.8 节中会详细讨论 .h/.cpp 文件对的依赖关系。

1.7.2 Is-A 逻辑关系

Ⓓ━━▶Ⓑ表示"D 是 B 的一种",并且"D 公共继承自 B"。箭头的方向很重要:它指出了继承关系所表明的物理依赖的方向(见 1.9 节)。由于 D 是从 B 派生的,B 类的定义必须被看到,以使 D 将 B 作为基类[①]:

```
class B { /*...*/ };
class D : public B { /*...*/ };
```

1.7.3 Uses-In-The-Interface 逻辑关系

Ⓑo━━Ⓐ表示"B 在(B 的)接口中使用 A",并隐含着 B 存在对 A 的物理依赖(见 1.9 节)。有时会简略地说,"B 在其接口中使用 A"或"B 在接口中使用 A"(不带限定语),但不会说"B 在 A 的接口中使用 A",始终都是"B 在 B 的接口中使用 A"。

> **定义**　如果某一类型出现在某函数的签名或返回类型中,则称该函数在接口中使用该类型。

每当函数声明在其参数列表中提名一个类型或将其提名为返回值类型的一部分时,就称该函数在其接口中使用该类型。例如,自由函数(非成员函数)

```
bool operator==(const Date&, const Date&);
```

显然在其接口中使用类 Date。此函数恰好返回 bool,因此 bool 类型也将被视为此函数接口的一部分。但这种基本类型到处都是,不用担心它们会引起物理依赖,因此我们不会进一步考虑这些类型。

> **定义**　如果某一类型被用于某个类的任一(公共)成员函数的接口中,则称该类在(公共)接口中使用该类型。

如果某一类型被用于一个类的某一成员函数(不考虑友元[②])中,则称该类在其接口中依赖该类型。例如,Calendar 的 addHoliday 方法

```
void Calendar::addHoliday(const Date& holiday);
```

在其接口中使用类 Date,因此,Calendar 在其接口中使用 Date。

读者可以把"o——"符号看作一个箭头,其尾部是圆圈,头部没有什么东西,如同交响乐队的指挥棒一样。箭头的方向非常重要:它指出了隐含依赖的方向。即如果 B 使用 A,那自然是 B 依赖 A,而不是 A 依赖 B。

[①] 在一些更老的文档里,你可能会看到箭头指向相反的方向,这很容易误导。箭头表明了两个实体之间的非对称关系(这里是 Is-A 关系)。如果箭头反过来,逻辑上就得给这一关系起别的名字,如 Derives(派生)或者 Is-A-Base-Class-Of(是……的基类):

Ⓓ◀━━Ⓑ　Derives

我们并不喜欢这种符号,因为这样的箭头指向的方向和隐含依赖的方向是相反的(见 1.9 节)。

[②] 尽管友元的逻辑"使用"关系不会直接隐含依赖,不过在本书的方法论中,友元(见 2.6 节)不允许延伸到组件的边界之外(1.6 节)。因此,在本书的方法论中,在同一组件 c 中友元 F 对类型 T 的逻辑使用关系的物理含义总是和 T 对自身的逻辑使用关系相同(见 1.9 节)。

1.7.4 Uses-In-The-Implementation 逻辑关系

$(B) \bullet\!\!\!\!-\!\!\!\!-(A)$ 表示 "B 在其实现中使用 A"。与 Uses-In-The-Interface 关系类似，在实现中使用（Uses-In-The-Implementation）隐含着 B 对 A 的物理依赖（见 1.9 节），同时明确要求 B 的公共（或受保护）接口中没有对 A 的使用。[①]

> **定义** 如果某一类型被用在一个函数的实现中，但不出现在它的公共（或受保护）接口中，则可以说该函数在实现中使用该类型。

如果函数在其实现中提名一种类型，但不在其参数列表中或作为其返回类型的一部分，则称该函数在其实现中使用该类型。图 1-48a 显示了 `Calendar` 类的逻辑视图，其自由函数（非成员函数）相等比较（运算符）函数 `operator==`、`operator!=` 以及迭代器 `CalendarHolidayIterator`（模拟 C++标准库的风格）按值返回。

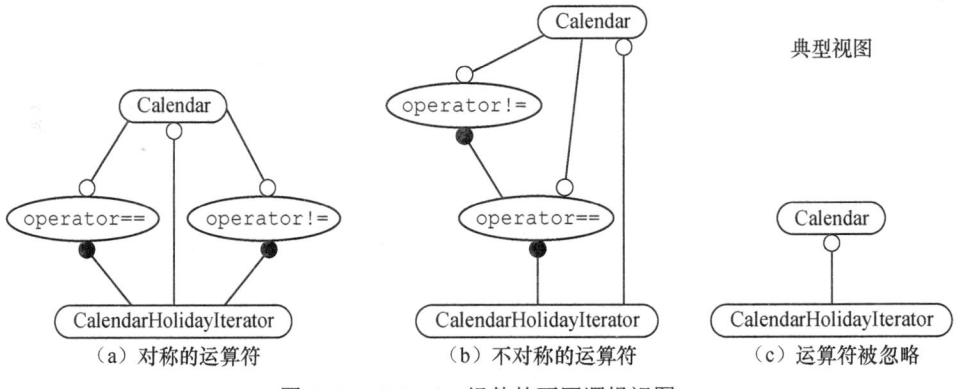

图 1-48 Calendar 组件的不同逻辑视图

从图 1-48a 便可推断相等比较运算符 `operator==` 在其接口中使用了 `Calendar` 类，在其实现中使用了 `CalendarHolidayIterator` 类：

```
int operator==(const Calendar& lhs, const Calendar& rhs)
{
    CalendarHolidayIterator lit = lhs.beginHolidays();
    CalendarHolidayIterator rit = rhs.beginHolidays();
    // ...
}
```

此外，由于所显示的使用关系是在实现中的，我们还可以从该图推断出，`operator==` 的接口中没有使用 `CalendarHolidayIterator`。尽管图 1-48a 显示 `operator!=` 以与 `operator==` 对称的形式实现，但 `operator!=` 也可以改为通过 `operator==` 实现（如内联）[②]：

```
inline
```

---

① 我们通常不鼓励使用 `protected` 关键字，因为它的使用总是将两群不同的受众混在一起：公共客户和派生类作者（见卷 2 的 4.7 节）。另见 **stroustrup94**，9.1 节，第 301、302 页。

② 注意，只有当 `operator==` 笨重到不适合作为内联函数实现时，我们才倾向于不对称（非独立）地实现相等比较运算符，这是一条规则。

展望未来，我们的测试方法论（见卷 3）会将这增加的冗余转化为积极的优势，帮助我们机械地验证 `operator!=` 的互补合约，二者互相提供测试预言（test oracle）（见卷 3 的 8.6 节）。此外，当优化层级足够高时，两种方法生成的目标代码通常是相同的。不管用哪种方法，我们始终单独注释两个不等于运算符的本质行为（见卷 2 的 6.17 节）。

```
int operator!=(const Calendar& lhs, const Calendar& rhs)
{
    return !(lhs == rhs);
}
```

图 1-48b 显示了此替代的（非对称）operator!=的实现对应的逻辑图。

由于自由运算符的实现通常是轻量化的，并且其物理依赖几乎不会超过其操作的对象类的物理依赖，因此我们通常会省略它们的明确表示，将自由运算符隐式地视为类的一部分（如图 1-48c 所示）。注意，本书的设计方法要求同质运算符位于定义其操作类别的同一组件中（见 2.6 节）。

分层（layering，见 3.7.2 节）是在较小的、较简单的或较初等的类型的基础之上形成较大的、结构较复杂的或程度较高的类型的过程。分层通常是通过组合来实现的，如在一个较简单类型的实例嵌入另一个类型实例的足迹（Has-A），或者通过嵌入的指针（Holds-A）管理较简单类型的动态分配的实例。但任何形式的实质性使用，只要会引起编译时依赖或连接时依赖，都将被视为分层。

类对各种类型的特定使用方式不仅会影响到其对这些类型的依赖方式，还会影响该类的客户在多大程度上会被裹挟着依赖这些类型（见 3.10.1 节）。在这里，我们只列举类在其实现中使用类型的不同方式。

定义　如果某一类型不被用于一个类的公共（或受保护）接口中，而是用于该类的成员函数，或者在该类的一个数据成员的声明中被指向，又或者（少数情况）私有派生出该类（是该类的私有基类型），则可以说该类型被用于此类的实现中。

虽然类可以在其实现中以多种方式使用另一种类型（见图 1-49），但用于表示每个变体的符号是相同的。

Uses（例如，Date "使用" DateImpUtil）

此类有一个成员函数在其实现中提名该类型：

```
            // date.cpp
            #include <date.h>
            #include <dateimputil.h>
            // ...
                                            （见卷2的5.2节、5.3节）
            Date::Date(int year, int month, int day)
            : d_serial(DateImpUtil::ymd2serial(year, month, day))
            {
                assert(DateImpUtil::isValidSerialDate(d_serial));
                                            （见卷2的6.8节）
            }
```

Has-A（例如Calendar "拥有一个" BitArray）

此类中嵌入有此类型的对象（实例）：

```
            // calendar.h
            // ...

            #include <bitarray.h>
            // ...

            class Calendar {
                BitArray d_holidays;
                // ...
            };
```

图 1-49　类在实现中使用类型的方式

Holds-A（例如BitArray"持有一个"int和一个Allocatorr）

此类中嵌入有指向该类型对象（或连续对象序列的开头）的指针（或引用）。该类可能拥有也可能不拥有（即控制生命周期）其持有的对象。[1]

```
                // bitarray.h
                // ...

                class Allocator;
                // ...

                class BitArray {
                    int        *d_array_p;        // 拥有
                    int         d_capacity;
                    int         d_length;
                    Allocator  *d_allocator_p;    // 持有
                    // ...
                };

                // bitarray.cpp
                #include <bitarray.h>
                #include <allocator.h>
                // ...

                BitArray::BitArray(Allocator *basicAllocator)
                : d_array_p(0)
                , d_capacity(0)
                , d_length(0)
                , d_allocator_p(basicAllocator)
                {
                }
```

且持有

但不拥有

Was-A（曾是一种）

此类私有继承自该类型。实践中，我们很少在设计良好的代码中碰到要使用私有继承的合法需求，更倾向于使用Has-A（"拥有一个"）和Holds-A（"持有一个"）关系。[2]注意，我们从不用Is-A箭头标志来刻画私有继承，而更倾向于使用Uses-In-The-Implementation标志，因为后者更能精确地反映其目的。

图 1-49　类在实现中使用类型的方式（续）

1.7.5　Uses-In-Name-Only 逻辑关系和协议类

Ｂ○-----Ａ意味着名称 A 被用在 B 的接口中，同时表明 B 对 A 没有任何隐含物理依赖（见1.9 节）。注意，这里我们使用"虚线"以强调不存在任何物理含义会使得定义 B 的组件必须#include 定义 A 的（分离）组件的头文件。

---

[1] 注意，此处显示的构造函数 Allocator（地址）参数用于说明 Holds-A 关系的形式，这种关系中并没有拥有所持有对象），这与 C++98 中最初规定的分配器模型有很大的不同。正是这推动发展了 C++11 中引入的新作用域分配器模型（scoped allocator model），后来更是推动了 C++17 所采用的灵活且有效的多态内存资源（polymorphic memory resource，PMR）。原模型中的关键缺陷具体而言是由于使用模板实现方针（见卷 2 的 4.5 节）而导致的互操作性上的不足（见卷 2 的 4.4 节），在确定这一缺陷之后，我们将探讨这种极其出色的内存分配方法的性能和其他附带好处（见卷 2 的4.10 节）。

[2] 当我们可以正当地从空基类优化中受益时，一个罕见的私有继承优于分层的真正优势就出现了。在 C++03 中，私有继承的另一种更为罕见的用法（C++11 后就不必了）是使得数据成员可以在作为参数传递给（现在是二级）基类的构造函数之前将其初始化。

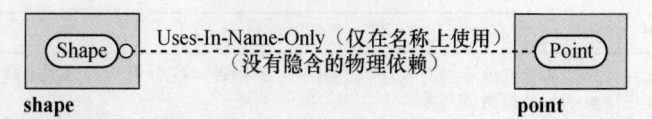

有时，类会通过局部声明（协作式地）在其接口中提名某种类型，但不会在其实现中实质性使用该类型，实质性使用就要看到该类型的定义才能编译、连接甚至彻底测试该类。对于具体类，这种限制性（仅名称上的）使用是人为的，只能通过故意设计实现，例如不透明指针（见 3.5.4节），但对于抽象类，这种限制性使用会自然发生，特别是那些充当纯接口的类，如上面例子中的 Shape。我们通常将这种纯抽象接口类称为协议。[①②]

> **定义**　协议类（protocol class）是这样一种类，它满足以下要求。
> （1）除了非内联虚析构函数（在 .cpp 文件中定义），其成员函数中只有纯虚函数。
> （2）没有数据成员。
> （3）不从非协议类（直接或间接）派生。

协议类是在其接口中仅在名称上使用类型的典型例子。定义协议类的组件只需前置声明（或者，如有必要，就#include 其声明)每种相关接口类型，但不需要在其 .h 或 .cpp 文件中#include它们的定义。注意，我们有时会给协议类的名称（如上文的 Shape 类）加下划线，以将其纯抽象本性（如 1.7.7 节的图 0-51）与其他类别（见卷 2 的 4.2 节）区分开来。

例如，考虑定义纯抽象协议 Shape 的组件，该协议声明纯虚方法 origin：

```
// shape.h
// ...
class Point;
// ...
class Shape
    public:
        virtual ~Shape();
            // 销毁该对象
        virtual Point origin() const = 0;
            // 返回该对象的原点的坐标
};
// shape.cpp
#include  <shape.h>
// ...
Shape::~Shape()
{
}
```

即使 Shape 的 origin 方法按值返回 Point，但除非 Shape 的客户调用 origin()方法，否则没有对 Point 的实质性使用。在调用了的情况下，客户有义务将 Point 的定义直接#include

---

① **lakos96**，6.4.1 节，第 386~398 页。

② 历史背景：经典 C++编译器，为避免在使用这样的类的每个翻译单元中都创建虚表的静态副本（以及编译器生成的虚函数定义），通常只将外绑结型定义放置在实现类中第一个声明的非内联函数的那一个翻译单元中。因此，我们的做法一直以来都是在该类中的其他实例方法之前声明析构函数（见卷 2 的 6.14 节）。

随着编译器、连接器技术的发展，如对双绑结型的支持（1.3.2 节），我们可以考虑放宽长期需求，即协议的（"no-op"）析构函数必须是非纯虚函数且在唯一的翻译单元（其组件的翻译单元）中定义（成空的）。但是，这样做会导致（至少会有一些）额外的编译时和连接时开销，而运行时性能最多只能微小地提升。

进来，以避免依靠于传递包含（transitive include）（见 2.6 节）。保持抽象接口是纯抽象的缘由是卷 2 的 4.7 节的主题。卷 3 第 7 章将探讨为何要测试纯抽象类本身，卷 3 的第 8 章至第 10 章讨论如何测试它。

1.7.6 In-Structure-Only（ISO）协作式逻辑关系

除了仅在名称上使用，还有另一类纯协作式的逻辑关系，即不隐含任何物理依赖的关系。它与涉及（纯）接口继承的逻辑关系高度相似但又有所不同（见卷 2 的 4.7 节）。

这一分离的纯协作逻辑关系类别——我们在此处称为"仅在结构上"（In-Structure-Only，ISO）——在 C++98 中标准化的最初的模板设施上成为可能，这一类别的关系构成了泛型编程和标准模板库（STL）的基础。[①]

在我们的传统符号中（见图 1-47），没有用于表示仅在结构上（ISO）关系的标准符号。因此，我们在必要时使用特殊标记的箭头，或者在类示意图中完全忽略了这种关系。随着这种关系的出现慢慢不仅限于 C++标准中确定的少数几种关系，我们发现，越来越需要用一致的符号以图解形式捕捉这些关系。图 1-50 描述了几个附加符号，这些符号是通过对原符号的各个部分进行层次化复用（0.4 节）而有意构建的。

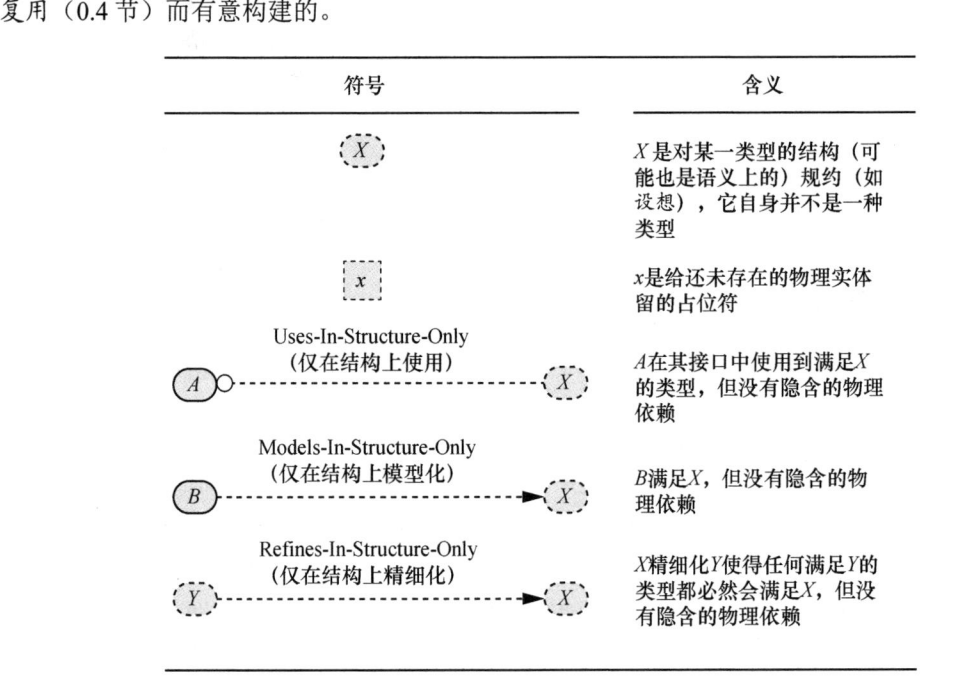

符号	含义
X	X 是对某一类型的结构（可能也是语义上的）规约（如设想），它自身并不是一种类型
x	x 是给还未存在的物理实体留的占位符
Uses-In-Structure-Only（仅在结构上使用） A ⚬----------- X	A 在其接口中使用到满足 X 的类型，但没有隐含的物理依赖
Models-In-Structure-Only（仅在结构上模型化） B -----------▶ X	B 满足 X，但没有隐含的物理依赖
Refines-In-Structure-Only（仅在结构上精细化） Y -----------▶ X	X 精细化 Y 使得任何满足 Y 的类型都必然会满足 X，但没有隐含的物理依赖

图 1-50 其他结构上协作的逻辑符号的汇总

我们将沿用椭圆形气泡标识逻辑实体以与长期既定的含义保持一致，但用虚边线而不用实边线表明这一逻辑实体是对类型的规约（specificatoin），而不是类型本身：

指定一给定类型 **T**，必须（举例来说）具有以下形式的同质相等比较函数：
```
bool operator==(const T&, const T&)
```
它是自反的、对称的和传递的。

---

① **austern98**。

在 C++中，这样的类型规约（对类型的一系列需求）被称为设想。[1]我们还将继续用矩形来表示物理实体，用虚边线代替实边线表示这一物理实体（目前）尚未存在：

```
equalitycomparable.h
```
充当头文件的占位符，该文件可能（将来）描绘*EqualityComparable*对类型的需求。

对这 3 种仅在结构上（ISO）的逻辑关系，我们用图例展示标记它们的符号，这些符号应该可处理几乎所有相关情况：

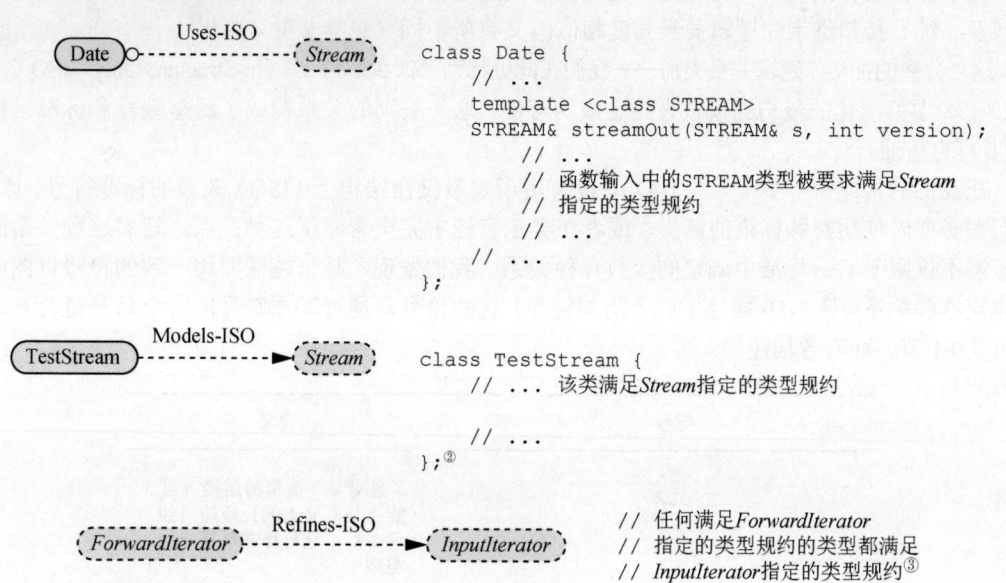

```
class Date {
    // ...
    template <class STREAM>
    STREAM& streamOut(STREAM& s, int version);
        // ...
        // 函数输入中的STREAM类型被要求满足Stream
        // 指定的类型规约
        // ...
        // ...
};
```

```
class TestStream {
    // ... 该类满足Stream指定的类型规约

    // ...
};[2]
```

```
// 任何满足ForwardIterator
// 指定的类型规约的类型都满足
// InputIterator指定的类型规约[3]
```

1.7.7　受约束模板和接口继承的相似之处

观察接口继承和模板参数之间的相似之处（和不同之处）也很有指导意义。让我们首先考虑图 1-51 中一种相当常见的设计模式。在两种实现中都有一个具体的服务器 MyServer，它需要抽象通道的服务。在图 1-51a 中，抽象通道是协议类 Channel；而在图 1-51b 中，则是以通道规约 *Channel* 的形式出现的，这一规约描述了对具体通道类型的需求，但它并不需要物理上存在于任何程序的源代码中。

定时通道抽象是一种通道抽象。如果一个类型要实现定时通道抽象，那它就需要先实现通道抽象。在图 1-51a 中，TimedChannel 协议公共继承自 Channel 协议，明确反映这一替代关系。在图 1-51b 中，虚线 Refines-ISO 箭头表示 *TimedChannel* 指示的类型需求是 *Channel* 指示的类型要求的超集，但与图 1-51a 的协议层次不同，这两种规约都不需要在任何程序源代码中有物理表现（见 3.5.7.5 节）。

在图 1-51 所示的两个系统的实现中，MyTimedChannel 均是满足所有定时通道需求的具体类型。在图 1-51a 中，该特性通过公共继承 TimedChannel 协议类在源代码中明确；而图 1-51b 告诉我们，MyTimedChannel 应该有着和正常的定时通道类型通用的语法（和语义），尽管源代码中可能没有任何描述这些细节的内容（参见下文）。

① **austern98**，2.2 节，第 16～19 页。

② 在其 1998 年的著作 *Requirements and Concepts*（**austern98**）的 2.2 节（第 16、17 页）中，Austern 使用了 "is a model of"（第 16 页）而不是我们所用的 Models 一词。注意，在 Austern 的书中使用的 "model" 一词是从数学的意义上讲的，这与我们从物理方面考虑的习惯有些不同。另见 **stepanov15**，6.6 节，第 102～104 页。

③ 精细化（refines）一词同样改编自 **austern98**，2.4 节，第 29～31 页。

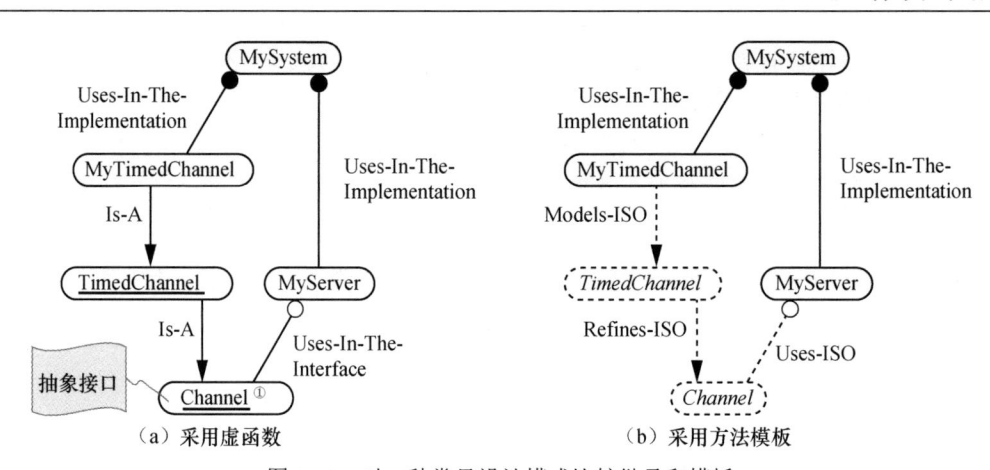

图 1-51 对一种常见设计模式比较继承和模板

在最高层级上，MySystem 类最终将具体通道与客户结合在一起，尽管图 1-51 中的两种设计的底层机制差异巨大。在图 1-51a 中，读者可以想象一段代码，它创建一个 MyTimedChannel，然后将该通道的地址传递给 MyClient 的构造函数，构造函数将其保存以供日后使用（例如收发消息时）。所有这些均不影响客户对象 mc 的 C++ 类型：

```cpp
class MySystem {
    // ...
    int someFunction()
    {
        MyTimedChannel mtc;
        MyClient mc(&mtc);
        // ...
    }
};
```

此外，使用虚函数可以将客户和具体通道之间的关联推迟到运行时。但是，在图 1-51b 中，类似的设计需要在编译时就实例化其复合 C++ 类型：

```cpp
class MySystem {
    // ...
    int someFunction()
    {
        MyClient<MyTimedChannel> mcmtc;
        // ...
    }
};
```

还要注意，MyClient 按不同的模板实参进行特化后就不是同一个类型了。例如，MyClient<MyTimedChannel>和 MyClient<YourTimedChannel>代表不同的 C++类型，我们将在卷 2 的 4.4 节和 4.5 节中讨论其影响。

1.7.8　受约束模板和接口继承的不同之处

根据上述的类比，读者可能会得出结论，从模式的角度来看，使用受约束模板（见卷 2 的 4.5节）和接口继承（见卷 2 的 4.7 节）是同构的，因而可以互换，以为它们之间的差异仅在于绑定

---

① 特别是在开发过程中，我们偶尔会在示意图中给类名加下划线，以表明它是（通常是纯）抽象接口（见卷 2 的 4.7 节）。

的紧密程度。不过，总的情况并非如此，两种方式有各自专门的、实在不合适另一种的用途。[①]

1.7.8.1　使用受约束模板而不是接口继承

以可赋值（Assignable）这一类型设想为例，对一具体类型 T，它（着重）要求其是可相等比较的（EqualityComparable），如前文所述（1.7.6 节开头处），并实现以下语法形式的赋值运算符：

```
T& operator=(const T&);
```

因此，给定（同一个）类型 T 的任意两个对象 a 和 b，在将 b 的值赋给 a 后，两个对象比较相等，如下所示：

```
template <class T>
    // 要求 T 满足 Assignable
void assign(T& a, const T& b)
{
    a = b;
    assert(b == a);
}
```

现在假设我们尝试使用抽象基类模拟相同的代码：

```
class Assignable {
    public:
        virtual ~Assignable();  // .cpp 文件中的定义是空的
        virtual Assignable& operator=(const Assignable& rhs) = 0;
};
```

在上述示例中应如何实现 assign 函数？假设我们尝试用基类实现它，如下所示：

```
void assign(Assignable& a, const Assignable& b)
{
    a = b;
    assert(b == a);
}
```

C++的类型系统甚至不能保证这两个具体派生类型是相同的，如果确实不相同，赋值这一概念本身就有待商榷（见卷 2 的 4.3 节）。还要注意，C++允许基本类型在受约束模板中作为类型参与进去，但在继承关系中则不然。

1.7.8.2　使用接口继承而不是受约束模板

有时会强烈反对使用受约束模板。再次考虑使用抽象服务，如 1.7.7 节的图 1-51 所示的通信通道。通过采用抽象基类方法，我们有一种自然的方法来保持（稍后使用）提供的通信机制（通过指向其协议基类的指针）。如果改用受约束模板，我们将不得不根据这一相对较小的实现细节来参数化整个通道类。STL 的 C++98 设计选错了内存分配器，这大大阻碍了内存分配器的推广。[②]

1.7.9　3 种"继承型"关系各有所长

3 种"继承型"关系（Is-A、Models 和 Refines）互有不同，但都是必要的，各自服务于不同的（尽管有时会有所重叠）目的。是一种（Is-A）是 C++中两个具名类（抽象类也行）之间的经

---

① **austern98**，2.4 节，第 29～31 页。

② 见 **austern98**，9.4 节，第 166～171 页。直到在 C++17 中引入 STL 容器的多态内存资源版本（见卷 2 的 4.10 节），这一致命缺陷才得到恰当的处理。另见 **lakos17b**、**lakos17c** 和 **lakos19**。

典关系，模型化（Models）是一个具体类型和一组类型之间的关系，而精细化（Refines）是两组类型之间的关系。要熟练掌握这 3 种关系，须知其所以然。

1.7.10　给模板的类型约束编写注释

如上所述，对于我们如何维护具有此类仅在结构上（ISO）关系的软件存在一定的担忧，特别是当这些需求超出了标准中已经注释的范围时。C++98 基本不支持对模板实参强制执行类型规约，因此我们在此 C++初始子集之上所能做的最好的就是（在某处）提供清晰、完整的注释，描述我们规定的、需要满足的规约（类型需求）。①

图 1-52a 显示了没有任何物理实体的一幅纯逻辑图，该图描述了一种客户类型 MyClient，该客户类型在其接口中使用该模型（满足所指示的类型需求）设想 *Service*。图 1-52b 显示的是相同的子系统，但这一次是组件-类图——非实线边框的矩形明确地表示了不存在描述 *Service* 详细特性的物理组件。假设我们有一个中心位置，各种类型规约在此处按名称归入规约表，那可能简单地在相邻处写下注释命名这些设想就足够了。②

与在 C/C++中跨翻译单元边界共享的任何其他源代码级信息一样，头文件似乎是捕获详细类型规约的明显位置，即使它不含有任何"可编译"（非注释）源代码。图 1-52c 显示了一个物理组件，它描绘了描述 *Service* 设想所需的全套原始需求（而不仅仅是在某个中心化规约表中引用它）。

与图 1-52b 所示的情形类似，定义具体类型 MyService 的组件的作者还是有责任确保它正确地模型化了 *Service* 设想，并在其面向客户的注释中公布这一事实。MyClient 的作者也应酌情将 *Service* 命名为类型需求。最重要的是，外部用户有责任不向 MyClient 提供未宣称将 *Service* 模型化的类型的对象，这一点是（由 MyClient）明确要求的。

即使描述了 *Service* 设想所有细节的文字规约是在它自己的物理组件中作的说明（如图 1-52c

---

① 以前，曾经有过开源实现，例如 Boost 的 C++98 设想库，它们支持类型规约并可强制。C++对设想的广泛的语言级支持从 C++20 开始。

② Alexander Stepanov 在他的《编程原本》（*Elements of Programming Style*）一书中，选择直接在源代码本身中指明对模板实参的类型需求，并用"requires 子句"作用在表达这些需求的设想名称上。然后，他使用 C++预处理器创建了一个 requires 宏，从编译器的角度看，这个宏使整个子句被视为注释。见 **stepanov09**，6.2 节，第 90～92 页，特别是第 91 页：

```
#define requires(...)

template <typename I>
    requires(Iterator(I))        // 这就是 Stepanov 在 stepanov09 第 91 页呈现它的方式
void increment(I& x)
{
    // 预条件：successor(x) 已定义          （见卷 2 的 6.8 节）
    x = successor(x);
}
```

后来，在《数学与泛型编程》（*From Mathematics to Generic Programming*）一书中，Stepanov 选择再次使用 C++预处理器在代码本身中描述相同的信息，但这次把 C++关键字 typename 取别名改成了表示类型需求的设想名称。见 **stepanov15**，附录 C.2，第 266、267 页，特别是第 267 页：

```
#define Iterator2 typename

template <Iterator2 I>           // 这就是 Stepanov 在 stepanov15 中呈现之前例子的方式
void increment2(I& x)
{
    // 预条件：successor(x) 已定义          （见卷 2 的 6.8 节）
    x = successor(successor(x));
}
```

注意，在所示的两种情况下，编译器都不执行任何形式的静态验证以来确保提供的类型符合要求，这些额外的工作仅仅是为了注释这些需求，以裨益人类程序员。

所示），也还是没有对这一组件的固有隐含物理依赖。换言之，要编译或连接定义 MyService 或 MyClient 的组件，其实不需要描述 *Service* 的组件（精细化也不需要）。因此，我们继续使用虚线来反映（所有）这些仅在结构上的关系。

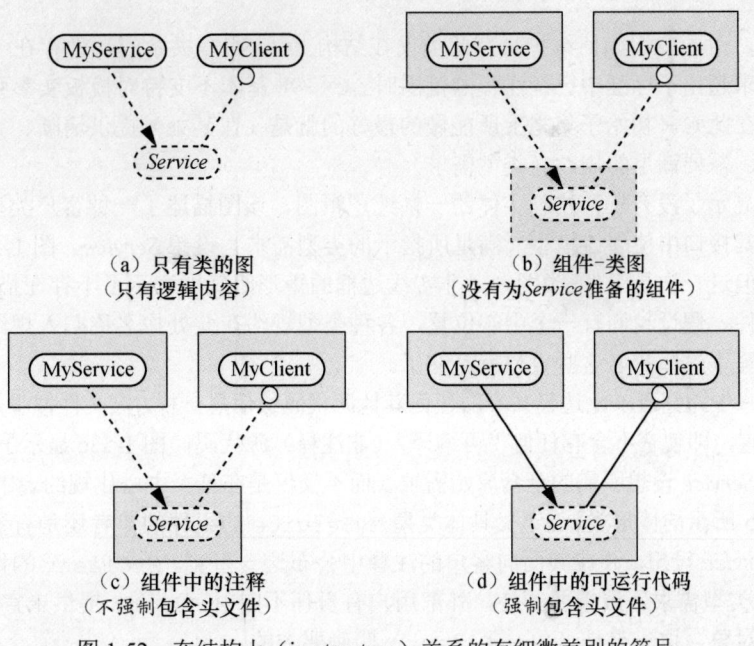

（a）只有类的图
（只有逻辑内容）

（b）组件-类图
（没有为 *Service* 准备的组件）

（c）组件中的注释
（不强制包含头文件）

（d）组件中的可运行代码
（强制包含头文件）

图 1-52　在结构上（in-structure）关系的有细微差别的符号

我们可以很容易地想象出这样一种开发方法论（或语言），每个非标准设想都在它自己的组件中被完全刻画，而如果有逻辑实体精细化、模型化或使用这样的设想，就要求此逻辑实体的组件直接#include（见 2.6 节）刻画该概念的组件的.h 文件。[1]只要此类 ISO 关系强制#include 刻画其设想的头文件，（在实现中）隐含的物理依赖就可恢复。因此，ISO 关系中的虚线将被实线所取代，如图 1-52d 所示。但是，注意，*Service* 设想的椭圆保留了虚边线，因为它仍然是一种类型规约，而不是类型本身。[2]

1.7.11　本节小结

如果函数或（类）方法在其签名或返回类型中提名了一种类型，则称它在其接口中使用那个

---

[1] 在 C++98 标准化之前，人们一直渴望将设想的概念纳入 C++语言。在 21 世纪的第一个 10 年中，C++标准委员会致力于开发基于 Haskell（类型类，type class）和标准 ML（签名）中的特性的一个设想版本，见 **siek10**。但是，由于多个技术和可用性上的问题，该特性已从 C++11 中撤销。2011 年 8 月，在帕洛阿尔托（Palo Alto）举行了一次影响深远的会议，Bjarne Stroustrup（C++语言之父）、Alexander Stepanov（STL 的创建者）和许多其他人参加了会议，这次研讨会重新激发了从语言级支持设想的兴趣。该会议的成果是一份技术报告 N3351（**stroustrup12**），该报告使用了"基于使用"（usage-based）的需求来约束 C++标准库的泛型算法。Andrew Sutton 负责将报告转换为 WG21 提案 N3580（**sutton13**），即"Concepts Lite"，这是 C++20 最终采用的设想版本的基础。

[2] 随着（在编译时）验证任意类型是否满足具名设想的语言支持被广泛使用，不仅管理上的规章要求#include 编纂了设想的头文件，而且工程常识也要求我们这么做：应#include 模板体和内联函数体，而不要试图在复制源代码后愚蠢地手动保持其分开的定义相同。人们期望模板类型受到具名设想的约束，因此需要物理包含这些设想的头文件，就像一个自称要模型化给定设想的组件实际上却是通过静态断言（例如在其.cpp 文件中）做到的一样。即使是精细化关系也会自然地强加物理依赖，因为从构造式的角度来看，精细化后的设想是一组类型需求，其中之一便是它所精细化的具名设想。因此，仅在结构上关系的概念应该仅仅被视为积极演变中的 C++语言的一个短暂有用的制品。

类型。如果用户定义类型的一个（或多个）成员函数在接口中使用（Uses-In-The-Interface）另一个类型，则称此用户定义类型在接口中使用（Uses-In-The-Interface）那个类型。如果类实质性使用一个类型，但在其接口中没有（编程式地）公开该使用，则称此类在其实现中使用（Uses-In-The-Implementation）那个类型。如果类型（正确地）公共继承自其他类型（见卷 2 的 4.6 节），则称此类型是另一种一类型的一种（Is-A）。如果编译、连接或测试一个类，需要一个类的名称，但不需要定义，则称此类（几乎总是协议）仅在名称上使用（Uses-In-Name-Only）那一个类。可以看到，模板的类似（和其他）使用产生了一些额外的、纯协作式的仅在结构上（ISO）的逻辑关系：仅在结构上使用（Uses-In-Structure-Only）、仅在结构上模型化（Models-In-Structure-Only）和仅在结构上精细化（Refines-In-Structure-Only）。我们希望这些涉及设想的关系均隐含着物理依赖，因此，只有一个新符号（表示设想本身的虚边线椭圆）不会随时间过时。

1.8 Depends-On 关系

构成软件的组件之间交织的物理依赖会深刻地影响开发、测试、部署、维护和（层次化）复用（0.4 节）。1.7 节主要关注（逻辑实体之间）逻辑关系。本节中会重点介绍依赖本身的（物理实体之间）不同方面和属性。正如我们将在 1.9 节中看到的那样，逻辑实体 [如类和自由（运算符）函数]之间的逻辑关系，隐含着这些逻辑实体所在的物理实体（如组件）之间的可预测物理依赖。

> **定义**　如果在编译或连接组件 y 时需要组件 x，则称组件 y 依赖（Depends-On）组件 x。

这种依赖关系与我们过去讨论的其他关系截然不同。Is-A 和 Uses 是逻辑关系，因为它们适用于逻辑实体，而非这些逻辑实体所处的物理组件。Depends-On 是物理关系，因为它适用于本身就是物理实体的组件，视其为一整体。

用于表示某一物理单元对另一物理单元的依赖的符号是（粗）箭头。例如，图 1-53 表示组件 plane（飞机）依赖组件 wing（机翼）。换言之，只有在组件 wing可用时，组件 plane 才能用（这时它才能编译并连接

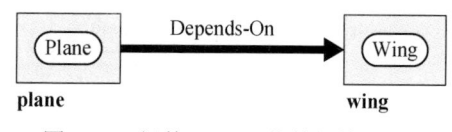

图 1-53　组件 plane 依赖组件 wing

到程序中）。回顾 1.7.1 节，与逻辑实体（如类和函数，分别使用大驼峰式和小驼峰式表示）不同，我们始终使用全小写字母命名物理实体（如文件、组件和库）（见 2.4.6 节）。

按照本书的约定（1.7.1 节），我们用椭圆表示逻辑实体，用矩形表示物理实体。注意，用于指示物理依赖的箭头是在组件（矩形）之间绘制的，而不是在各个类（椭圆）之间绘制。用于表示物理依赖的（粗）箭头不应与用于表示逻辑关系（如公共继承）的箭头混淆。描绘 Is-A 逻辑关系的继承箭头始终在（椭圆）逻辑实体（如类或结构）之间穿行；Depends-On 的箭头则总是连接（矩形）物理实体，如文件、组件和库（以及分别在 2.7 节和 2.8 节中描述的包和包组）。

现在来考虑图 1-54 中所示的简单多边形组件 polygon 的骨架头文件。我们能够看到 Polygon类具有一个 PointList 类型的数据成员。[①]如果一个类的数据成员中有一个用户定义类型的实例，那么即使只是编译该类的定义，也需要知道这一数据成员的大小（和布局）。

> **定义**　如果 y.cpp 的编译需要 x.h，则称组件 y 对组件 x 具有编译时依赖（compile-time dependency）。

---

① 为了便于说明，我们选择实现自己的链表类型 PointList，该类型用于池化 Point 对象；更一般的解决方案是实现一个泛型容器模板，该模板由其包含的元素类型进行参数化，而与 PointList 不同的是，这样的泛型容器将完全独立于 Point 类。

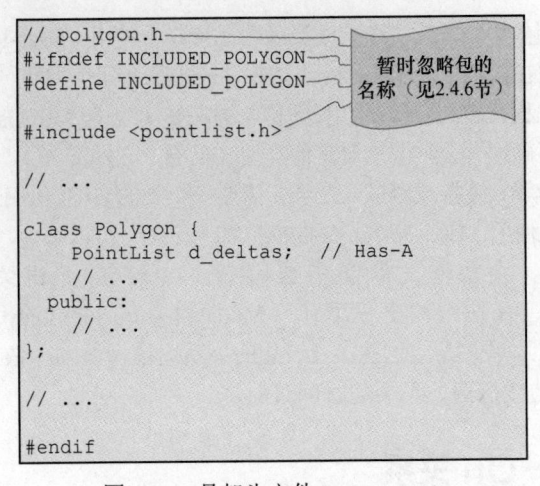

图 1-54　骨架头文件 `polygon.h`

如果编译器需要查看该类的定义来编译定义该实体的组件,则称这一逻辑实体实质性使用该类。更具体地说,如果不首先包含 `pointlist.h`,就不可能编译任何需要 Polygon 定义的文件。根据组件特性 1(1.6.1 节),可以直接在 polygon 组件的头文件中 `#include <pointlist.h>`。图 1-55 说明了组件 polygon 和 pointlist 中文件之间的详细编译时依赖。

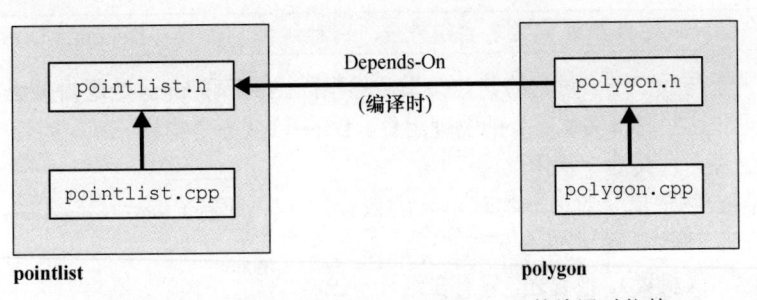

图 1-55　`polygon.cpp` 对 `pointlist.h` 的编译时依赖

根据组件特性 1,组件的 .cpp 文件在编译时必须总是依赖它自己的 .h 文件。由于 polygon.cpp 没有 polygon.h(在编译器还未看到 polygon.h 内容的情况下)就无法编译,并且 polygon.h 在没有 pointlist.h 的情况下也无法编译,因此 polygon.cpp 对 pointlist.h 具有(间接的)编译时依赖。再次注意,用于指示物理依赖的箭头是在两个物理实体(在本例中为文件)之间绘制的。图 1-56 显示了物理依赖的更抽象的表示(在组件层级上)。

图 1-56　组件依赖的抽象表示

> **定义**　如果(编译 y.cpp 而产生的)目标文件 y.o 中有需要连接 x.o 才能解析的未定义符号,则称组件 y 对组件 x 具有连接时依赖(link-time dependency)。

换言之,如果组件 y 需要某一符号的定义,而只有组件 x 的目标文件可以提供该定义,则 y 就会在连接时依赖 x。注意,双绑结型符号,比如那些为内联函数(见 1.3.12 节)和隐式实例化函数模板(见 1.3.14 节)生成的符号,(通常)不构成连接时依赖,因为它们(常常)在多个目标文件中重复——其中任何一个(特别是使用它的文件)都同样能够解析未定义符号。[1]

---

[1] 从学术上讲,我们可以构造这样一种情况:只有一小部分固定数量(两个或更多)的组件提供有双绑结型定义;但是,我们认为这样做没有实际价值(因此,我们不会进一步讨论)。

连接时依赖不一定会伴随编译时依赖。考虑组件 region 的实现和图 1-57 所示的组件 polygon 的替代实现。

```
// region.h
#ifndef INCLUDED_REGION
#define INCLUDED_REGION

#include <polygon.h>

// ...

class Region {
    Polygon d_polygon;  // Has-A
    // ...
  public:
    // ...
};

// ...

#endif
```

```
// polygon.h
#ifndef INCLUDED_POLYGON
#define INCLUDED_POLYGON

class PointList;

// ...

class Polygon {
    PointList *d_list_p;   // Holds A
    // ...
  public:
    // ...
};

// ...

#endif
```

```
// region.cpp
#include <region.h>

// ...
```

```
// polygon.cpp
#include <polygon.h>
#include <pointlist.h>

// ...
```

图 1-57　region 对 pointlist 的仅在连接时的依赖

编译 pointlist.cpp 当然需要 pointlist.h。编译 polygon.cpp 需要 polygon.h 和 pointlist.h。编译 region.cpp 需要 region.h 和 polygon.h。注意，编译 region.cpp 不需要 pointlist.h。region 组件对 pointlist 组件没有（直接或间接的）编译时依赖（这是 3.10 节和卷 2 的 6.6 节中讨论的有用属性）。但是，region 对 pointlist 仍然存在间接的连接时物理依赖，如果我们尝试将 region.o 与其（唯一的、独立的）测试驱动程序（见卷 3 的 7.5 节）连接，而不提供 pointlist.o，这一点就会变得显而易见。

> **观察** 编译时依赖常会导致连接时依赖。

如果组件 x 必须包含另一个组件的头文件 y.h 才能编译，那么可以合理地预期，使用其中的声明可能会在目标代码层级（在 x.o 中）生成未定义符号，然后需要在连接时（由 y.o）解析这些符号。使用以下声明时，通常会产生连接时依赖（1.3 节）：非内联、非模板化函数；在分离的翻译单元中唯一定义的显式函数模板特化；或具有静态存储持续时间的外部（包括类）数据。就算某些编译时依赖不会在连接时引入实际依赖，我们也不敢依赖这样的细节，因为这样的细节可以变而不告。

> **观察** 组件之间的依赖具有传递性。

如果组件 x 依赖组件 y，而 y 又依赖组件 z，那实际上 x 也依赖 z。这种组件间依赖的传递性不提一个组件中的哪个文件依赖另一个组件中的哪个文件。任何这样的文件级依赖都足以产生组件级物理依赖。如图 1-58 所示，region.cpp 包含 polygon.h 中的外部声明，这些声明可能在 region.o 中引入必须由 polygon.o 解析的未定义符号解析。同样，polygon.cpp 包含

pointlist.h 中的外部声明，这些声明可能在 polygon.o 中引入必须由 pointlist.o 解析的未定义符号。尽管 region.o 不直接依赖 pointlist.o，但 region 对 polygon 的（直接）编译时依赖和 polygon 对 pointlist 的（直接）编译时依赖已经产生了 region 对 pointlist 的（潜在）间接（连接时）物理依赖。

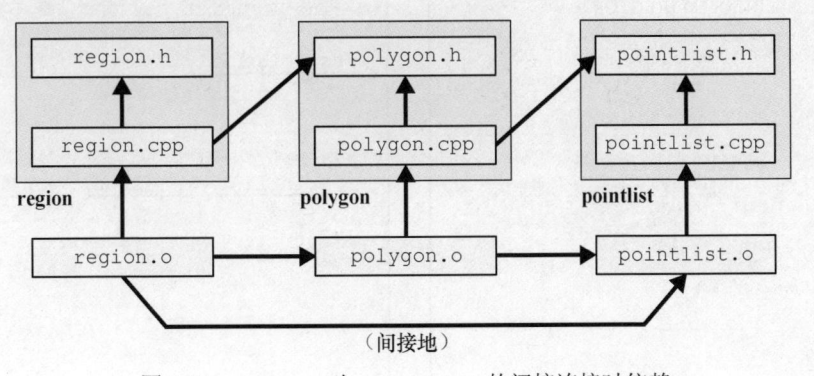

图 1-58   region 对 pointlist 的间接连接时依赖

这种传递性的重要后果之一是，我们可以利用它来简化依赖图，而不会错误地表示它们所描述的子系统的基本物理性质。假设图 1-57 中 polygon 的替代实现，则子系统中所有 4 个组件的直接编译时依赖图（按 region 排列）如图 1-59a 所示。

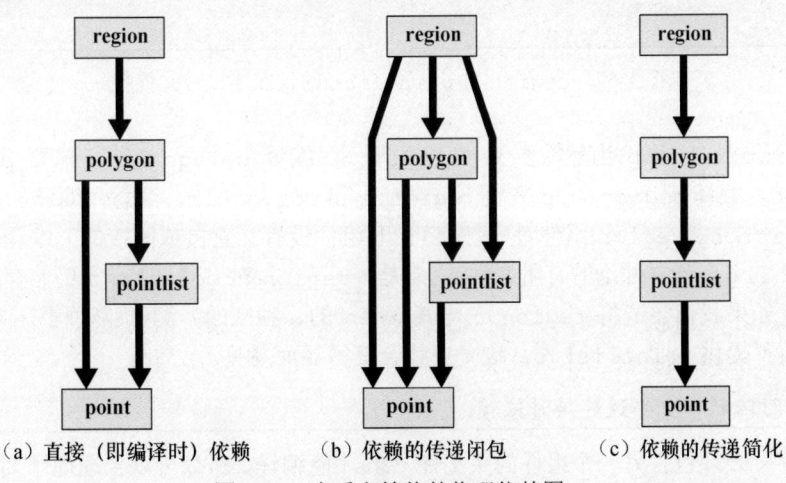

（a）直接（即编译时）依赖   （b）依赖的传递闭包   （c）依赖的传递简化

图 1-59   本质上等价的物理依赖图

polygon 直接依赖 point，而 region 直接依赖 polygon，由传递性，我们可以在 region 到 pointlist 和 point 之间添加（冗余）箭头来增强依赖图（图 1-59b），而不影响可以独立于其他组件进行测试或复用的组件。但是，更有效的是，我们可以通过消除表示 polygon 在 point 上的直接（编译时）依赖的箭头来减少不必要的混乱（图 1-59c），因为传递性反正已隐含了这种依赖。

1.9　隐含依赖

逻辑实体之间的抽象逻辑关系会在其所在组件之间产生一定的物理含义。在 *The C++ Programming*

Languag: Special Edition 中，Stroustrup 写道[1]：

> 在设计阶段（而不仅仅是在实现过程中），使用类来表示设想会直接引出考虑继承和使用关系的需要。它还意味着组件（23.4.3 节和 24.4 节）是设计的单位，而不是单个类。

特别是，跨组件边界的实质性逻辑关系（如 Is-A 和 Uses）必然隐含着物理依赖。[2]例如，图 1-60 显示了简单几何子系统的组件/类图（暂时忽略了组件名称）。[3]

图 1-60 中的逻辑符号（1.7 节）表示 Polygon 是一种（Is-A）Shape。相当于，类 Polygon 公共继承自类 Shape。无须再了解，我们就可以得出结论，定义 Polygon 的组件对定义 Shape 的组件有直接（编译时）物理依赖。图 1-61 说明了这种隐含的依赖关系（组件之间）。注意，由于组件特性 1（1.6.1 节），定义 Polygon 的组件必须在其 .h 文件中 #include 定义 Shape 的组件的头文件；否则，定义 Polygon 的组件的 .cpp 文件将无法编译。

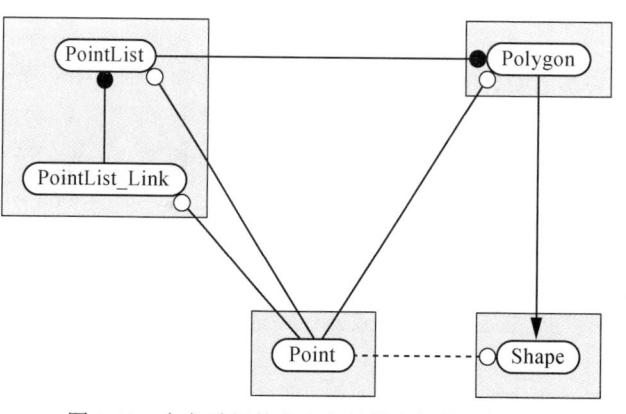
图 1-60 在各种组件中定义的类之间的逻辑关系

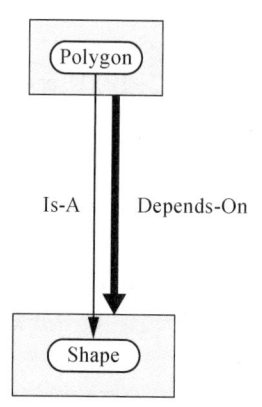
图 1-61 Is-A 隐含了物理依赖

图 1-60 还表明，类 Polygon 在其接口和实现中均使用类 Point，这本身就足以推断出定义 Polygon 的组件对定义 Point 的组件的物理依赖。另外，类 PointList 及其局部辅助类 PointList_Link 在各自的接口中使用 Point。这些逻辑关系中的任何一个都足够说明，定义 PointList（和 PointList_Link）的组件依赖定义 Point 的组件；总之，含义是相同的。图 1-60 中的组件之间的 Uses-In-The-Interface 关系所隐含的物理依赖如图 1-62 所示。

在这种特殊情况下，在接口中使用的关系所隐含的物理依赖都是直接的，因此，根据本书的组件设计方法（见 2.6 节），在接口中使用 Point 的两个组件都需要（在 .h 或 .cpp 文件中，视情况而定）#include 定义 Point 的组件的头文件。

但是，我们可以想象一种略有不同的情况，如图 1-63 所示，其中定义 YourPolygon（对应前文的 Polygon）的组件将 Point 的所有实质性使用（任何需要编译器已看到 Point 定义的使用）委托给了定义 YourPolygonImp（对应前文的 PointList）的组件。在这种情况下，在 YourPolygon 接口中使用 Point 所隐含的物理依赖不像 Uses-In-The-Interface 关系（甚至不一定像编译时依赖）常有的那样直接。因此，没有理由在定义 YourPolygon 的组件的 .h 或 .cpp 文件中包含 Point 的定义，换言之，定义 YourPolygon 的头文件中的一条局部（前置）类 Point 声明就足够了。

---

[1] **stroustrup00**，23.4.3.3 节，第 106、107 页，具体在第 107 页中。

[2] 注意，Stroustrup 在这里对组件的定义与我们的有所不同，按他的定义，组件本质上主要是逻辑上的。

[3] PointList_Link 中的下划线表明（仅是一种约定），它不准备用在定义它的组件之外的地方（见 2.7.1 节和 2.7.3 节）。

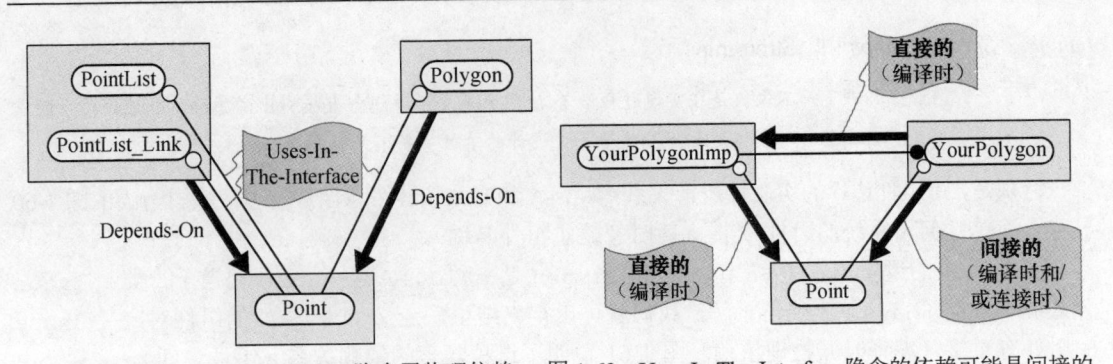

图 1-62 Uses-In-The-Interface 隐含了物理依赖　图 1-63 Uses-In-The-Interface 隐含的依赖可能是间接的

　　但是，定义 YourPolygon 的组件会实质性使用 YourPolygonImp，这隐含着直接（编译时）依赖，并且定义 YourPolygon 的组件有义务在 .h 或 .cpp 文件（同样视情况而定）中包含 YourPolygonImp 的定义。同样，YourPolygonImp 直接实质性使用 Point。因此，YourPolygon 和 Point 之间的 Uses-In-The-Interface 关系所隐含的物理依赖虽然不是直接的，但由于传递性，仍然是正确的。[①]

　　回到图 1-60 的示例，类 Polygon 在其实现中使用类 PointList。如果没有进一步的分析，我们可以确保定义了 Polygon 的组件在物理上依赖定义了 PointList 的组件，如图 1-64 所示。图 1-64 还显示了组件内部 PointList 与局部（组件私有）辅助类（见 2.7 节）PointList_ Link 之间的 Uses-In-The-Implementation 的关系。虽然 PointList 实质性使用 PointList_Link，但在这种情况下，没有其他隐含的物理依赖，因为这两个逻辑实体已经因并置在同一个组件内而物理上耦合。

　　与 Uses-In-The-Interface 关系不同，Uses-In-The-Implementation 所隐含的物理依赖总是直接的。但是，我们可以构建一个略有不同的场景，如图 1-65 所示，其中定义 YourPolygon 的组件不直接使用 PointList，而是（在其实现中）使用 YourPolygonImp，而 YourPolygonImp 使用 PointList。同样，按照传递性，定义 YourPolygon 的组件对定义 PointList 的组件存在间接（可能是编译时）依赖。

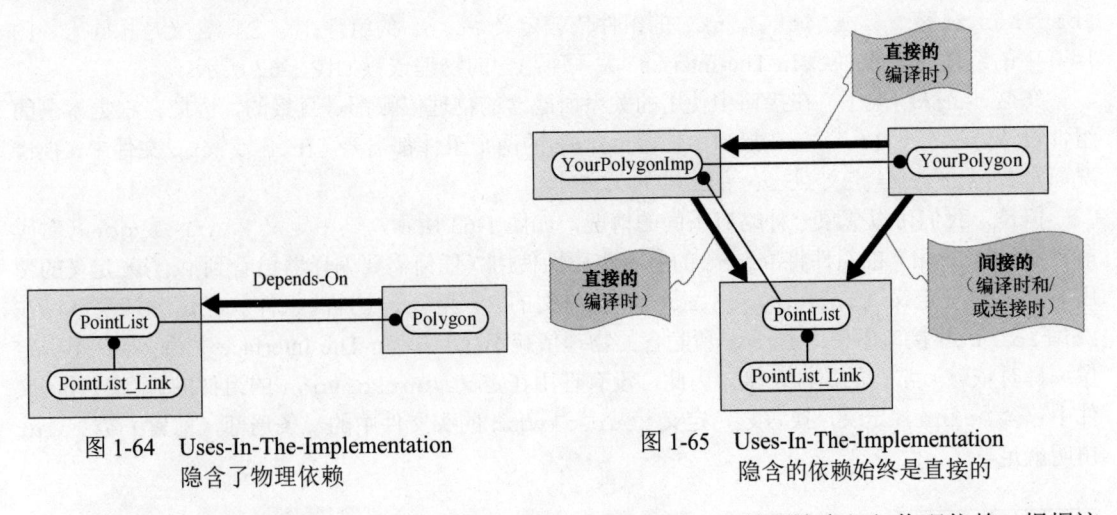

图 1-64　Uses-In-The-Implementation
　　　　　 隐含了物理依赖

图 1-65　Uses-In-The-Implementation
　　　　　 隐含的依赖始终是直接的

　　再考虑图 1-60 图中所示的 Uses-In-Name-Only 逻辑关系，它并不隐含任何物理依赖。根据这

———————————
① 注意，此 Uses-In-The-Interface 的示例并不等价于 Uses-In-Name-Only，后者不产生任何（直接或间接的）物理含义。

一符号（图 1-66 中单独重复了这一符号），类 Shape 仅仅在名称上使用类 Point，例如，其大小是不相关的。从这些信息中，我们可以得出结论：尽管存在着名称上的协作，但此逻辑关系并不隐含（直接或间接）物理依赖，因此无须在定义 Shape 的组件中（也无须在任何 Shape 可能直接或间接依赖的组件中）的任何位置包含 Point 的定义。

Uses-In-The-Interface（即使隐含依赖结果为间接且仅在连接时）和 Uses-In-Name-Only（对物理依赖没有任何影响）之间的重要区别通常会被混淆，但仍然泾渭分明：仅在名称上使用另一组件中定义的类型的组件可以独立于那一组件进行编译、连接和测试，而在接口中使用同一类型的组件则不可。

尽管任何两个逻辑实体之间最多只能存在一种使用关系，但如果被依赖的实体所在组件内还有分离逻辑实体也因某条关系而被物理依赖，Uses-In-Name-Only 关系不会抑制这样的物理依赖。例如，如果一个组件定义了两个类（其中一个"仅在名称上"被使用，另一个"在大小上"被使用），则还是会隐含一条物理依赖（并且需要#include），如图 1-67 所示。

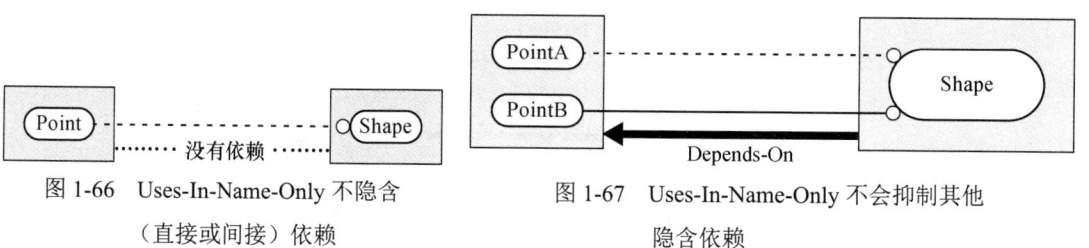

图 1-66　Uses-In-Name-Only 不隐含　　　　图 1-67　Uses-In-Name-Only 不会抑制其他
　　　　（直接或间接）依赖　　　　　　　　　　　　　隐含依赖

注意，两个逻辑实体之间既是"Is-A"又是"Uses-In-The-Interface"的关系虽然不常见，但也不是没可能，特别是当这两种关系隐含的物理依赖同向时。例如，考虑将一标准具体类型调整为一局部抽象接口（协议）①，如图 1-68 所示。MyPolygon 是一种（Is-A）StdPolygon（见卷 2 的 4.6 节），并且可用于（大多数）要用到 StdPolygon 的情况（见卷 2 的 5.5 节）。同样，在 MyPolygon（没有其他数据成员）上定义的某些方法（例如构造函数）将在接口中自然地获取类型为 StdPolygon 的对象。这一对逻辑关系捕捉到这一双重意图，同时隐含了正确的物理依赖。

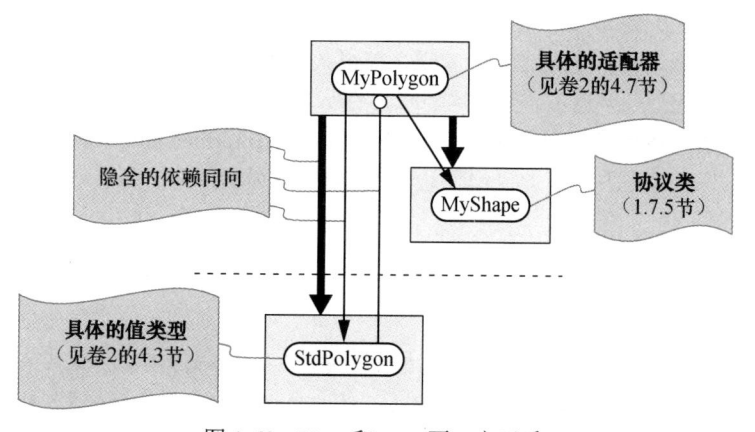

图 1-68　Uses 和 Is-A 不一定互斥

---

① **lakos96**，附录 A，第 756～758 页。

　　图 1-60 中所示逻辑关系所隐含的一整套物理依赖在图 1-69a 中显示。[①]一旦我们确定了所有物理依赖，就可以通过移除逻辑实体来简化该图，只保留组件之间的物理关系，如图 1-69b 所示。注意，组件右上角的数字称为层级编号，1.10 节将对此进行说明。

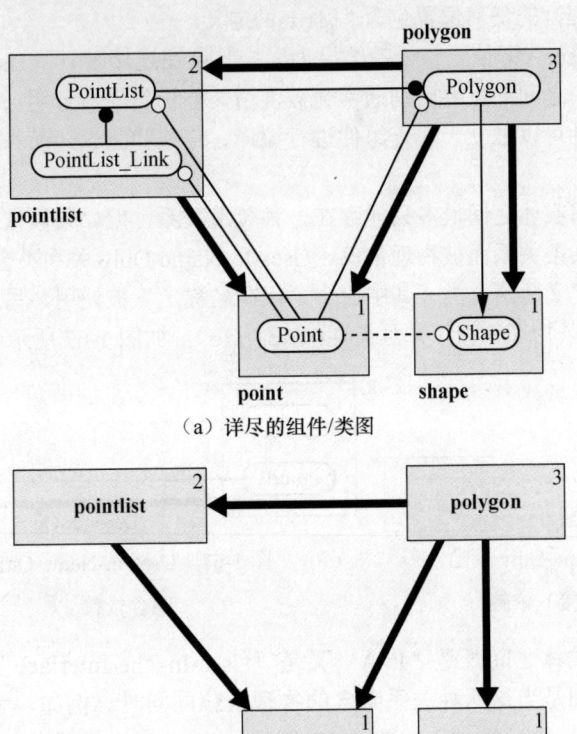

（a）详尽的组件/类图

（b）精炼的组件依赖图

图 1-69　逻辑关系中隐含的物理依赖

　　在设计阶段便推断出物理依赖，有利于在开发过程中及早确保健全的物理架构。我们的大多数小型子系统设计都源于我们在本节中看到的简单组件/类图。我们故意利用逻辑关系的含义来预测它们所在组件之间的物理依赖——这是在设计实现之前很久。不理想的物理性质会迫使我们改变逻辑设计，特别糟糕的时候还会完全返工。正是这种严密的反馈引导我们成为更卓越、更有效的架构师。[②]

　　简而言之，实质性逻辑关系分 3 种，Is-A、Uses-In-The-Interface 和 Uses-In-The-Implementation（1.7.2 节至 1.7.4 节），这些关系延伸过组件边界时，隐含着物理依赖，而 Uses-In-Name-Only（1.7.5 节）则不会。

　　是一种（Is-A）引起直接的编译时依赖，在本书的方法论中，这依赖要求在定义派生类的 .h 文件（1.7.2 节）中 #include 定义基类的（不同的）.h 文件。

　　在接口中使用（Uses-In-The-Interface）隐含了（可能是间接的）依赖，这种依赖（可以想象）可能不要求在使用一个类型的组件的 .h 或 .cpp 文件中 #include 所用类型的定义，但根据物理依赖的传递性，它还是隐含了一条真的物理依赖（1.7.3 节）。

① 在本书的方法论中，组件名称（作为物理实体）总是全小写（见 2.4.6 节），可回顾 1.7.1 节。
② 设计规则可在 2.6 节中找到，包括那些与外连结型逻辑构件有关的。

在实现中使用（Uses-In-The-Implementation）则总是引起直接的编译时（可能还有连接时）依赖，这种依赖要求在使用一个类型的组件的 .h 或 .cpp（视情况而定）中#include 定义所用类型的 .h 文件（1.7.4 节）。

仅在名称上使用（Uses-In-Name-Only）表示逻辑协作，但与 Uses-In-The-Interface 不同，它并不隐含任何物理依赖（1.7.5 节），其他纯协作式的仅在结构上的（ISO）逻辑关系（1.7.6 节）也类似。这些纯协作关系的相似之处（1.7.7 节）和不同之处（1.7.8 节）在 1.7 节末尾给出。

如果在设计时便能考虑到隐含的依赖，开发人员就可以在编写任何代码之前很长时间内随时评估并确保软件架构的物理质量。

1.10 层级编号

本节会介绍如何根据组件的物理依赖将其划分为同级类，称为层级。每个层级都与一非负整数索引相关联，称为层级编号（level number）。如果软件子系统中的组件依赖（示例见 2.8 节中的包）恰好形成了有向无环图（directed acyclic graph，DAG），我们可以将该子系统中的每个组件的层级定义为该组件和局部叶端组件之间最长物理依赖路径上的组件个数。

定义 无环物理依赖可以有（非负）层级编号的规范赋值。

层级 0: 非局部组件。

层级 1: 不依赖任何其他局部组件的局部组件（也称为叶端组件）。

层级 N: 物理上至少依赖一个 $N-1$（$N \geqslant 2$）级局部组件，但不依赖 N 级或更高层级局部组件的局部组件。

在这一定义中，我们假定当前项目目录（或包）之外的组件（如 iostream）已经过测试，且已知可以正常工作。这些组件被视为已给定的，并赋层级为 0。在物理上不依赖任何其他局部组件的局部组件称为叶端组件，并定义层级为 1。否则，每个局部组件都定义为具有比该组件所依赖的组件的最大层级多一个层级的层级编号。

定义 由可赋层级编号的组件呈现的软件子系统被认为是可划分层级的（levelizable）。

根据我们的定义，每个基于组件的、物理依赖形成有向无环图的子系统的每个节点都恰有一个可能的层级编号，参与循环的节点则不然。也就是说，作为循环依赖子系统一部分的节点的层级概念没有类似的自然、明显和直观的含义。[①]

例如，图 1-60 中所示的依赖图没有循环依赖，因此可以划分层级。图 1-69b 中组件框的右上角显示了每个组件的层级编号。组件 point 不依赖任何其他局部组件，因此它位于层级 1。组件 shape 的类 Shape 仅仅和类 Point 有 Uses-In-Name-Only 的关系，也处于层级 1。因此，point 和 shape 都被视为此子系统的叶端组件。组件 pointlist 中定义了 PointList 和 PointList_Link 两个类，这两个类都实质性使用 Point 类，因此，组件 pointlist 在物理上（仅）依赖叶端组件 point，因此位于层级 2。组件 polygon 既依赖组件 point 和 shape（均在层级 1），也依赖组件 pointlist

---

① 为了使软件工具能够适应处理具有循环的依赖图，我们可以将 M 组件的每个循环依赖子集视为跨越 M 层级的单个复合节点，并将每个组件的层级标记为该复合层级所覆盖的最高层级，这样来推广层级编号的概念。例如，给定 5 个局部组件（a、b、c、d 和 e），其中 b、c 和 d 构成 $M=3$ 的循环，e（直接）依赖 c，而 c（直接）依赖 a，扩展后的层级编号赋值将是 a→1、b→4、c→4、d→4 和 e→5。推广这一定义是为了编写可处理有环图的分析工具，关于层级编号的这一广义定义的更多信息，见 **lakos96** 的附录 C.1，第 780~793 页，特别是从第 788 页开始列出的内容。

（层级2），因此位于层级3。

　　注意，可划分层级的这一术语适用于物理实体，而非逻辑实体。虽然无环逻辑依赖图可能允许一种或多种可测试的物理划分，但（物理）组件的层级编号以及1.6节中规定的组件特性已经隐含了有效测试的一种可行顺序。此外，可划分层级的系统可以根据需要进行层次化复用。图1-69中的各种部分子系统可能独立于其他组件复用，这些子系统在图1-70中列出。

　　相较于循环物理设计，无环物理设计的另一重要优势是，增量式地理解它们更容易，而随着系统规模的增加，这一点变得越来越明显。理解可划分层级的设计的过程可以有序地进行（自顶向下或自底向上）。并非所有由层次化物理设计构成的子系统都可复用，但为了便于维护，子系统中的每个组件的可理解性（可测试性）必须搭建在已被理解（测试）的其他组件的基础之上，无论它们的适用范围可能如何广阔，我们将进一步主张这点（见2.14节）。

　　当然，并不是每个设计都是可划分层级的。假设我们有一个小子系统，仅由两个组件组成，分别是经理和被管理的组中的员工。为了管理（如员工的生命周期），定义 Manager 的组件需要依赖定义 Employee 的组件。我们还计划在 Manager 接口中使用 Employee，例如用于迭代目的。进一步假设，我们希望能够直接询问员工："你的团队中有多少人？"最后这项需求将 Employee 的 Uses-In-The-Implementation 依赖强加给了 Manager，这会引发循环物理依赖，如图1-71a所示。

要测试或使用的组件	在何层级	你还需要
point	1	
shape	1	
pointlist	2	point（层级1）
polygon	3	shape（层级1）、point（层级1）、pointlist（层级1）

图1-70　独立可复用的部分子系统

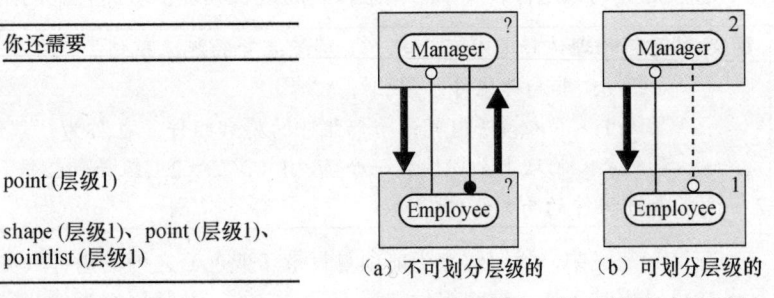

（a）不可划分层级的　　（b）可划分层级的

图1-71　不是每个设计都可划分层级

　　如上所述，最初的需求导致我们的设计不可划分层级，但也不是一无是处。如果我们不问员工只有经理知道的细节问题，而是问员工"你的经理是谁？"（员工对象将此存储为一个不透明的 Manager 指针数据成员，而不透明指针只要求纯类声明），那么就没有相应的向上物理依赖，如图1-71b所示。然后，请求者可以在 Manager 类型定义可见的上下文中使用此地址，直接向 Manager 对象提出原（或任何其他实质性）问题——所有这些都不会引起任何循环的物理依赖。

　　图1-71（另见3.5.4.1节）中所示的解除物理依赖的通用技术的特征是，一个对象仅使用另一个对象的名称，这种方法被称为不透明指针（opaque pointer）。3.5节详细讨论了这一层级划分技术（levelization technique）（见3.5.4节），此类技术共计有9种。

　　从逻辑图中判断设计是否可划分层级并不是一件显而易见的事情。考虑图1-72中的组件/类图。[①]读者能从图中判断此设计中的组件是可划分层级的吗？

　　正如其所示，此设计中指定的逻辑关系并没有隐含其中的组件存在循环物理依赖；但是，组件/类图很混乱，包含的信息多于理解子系统物理结构所需的信息。如果重新排列组件的位置并消除这些逻辑上的细节，我们将获得图1-73中清晰明了的组件依赖图。[②]

---

① 这一真实设计转载自 **lakos96**，4.7.2节，第172页，图4-13，原封不动。
② **lakos96**，4.7.2节，第174页，图4-15。

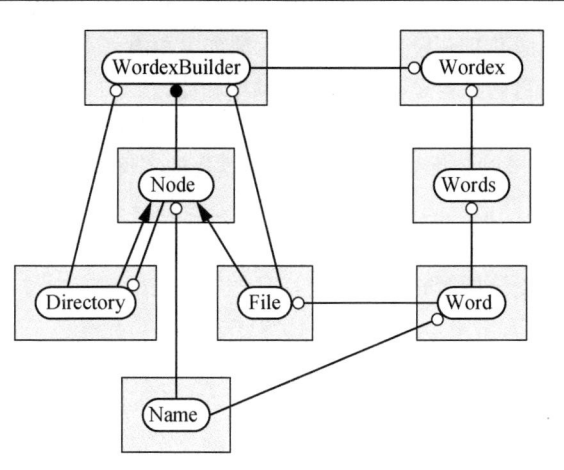

图 1-72　这种设计是可以划分层级的吗

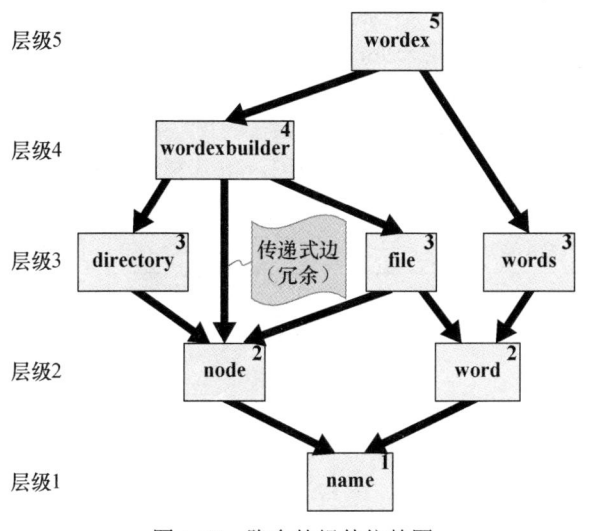

图 1-73　隐含的组件依赖图

但是，图 1-73 中有一条冗余的边。组件 wordexbuilder 直接依赖组件 directory、file 和 node。在 1.8 节我们已提到依赖关系具有传递性。由于 directory（以及 file）依赖于 node，因而 wordexbuilder 隐含对 node 的依赖，移除不影响层级编号。图 1-73 显然是无环的，处理特定应用的子系统往往与此图类似。在这一抽象层级上，设计的物理结构似乎是健全的。

这种分析的一大好处是，在理清组件依赖图后，我们能够对物理设计的完整性作实质性的定性评论，而完全无须涉足应用领域。不能赋层级编号是一条明确且客观的表征，在实现当前设计之前便表明此设计是不健全的。自动化这一分析的简单工具很容易编写，并且事实也证明它对大型系统的开发是非常重要的。[①]

1.11　抽取实际的依赖

假设我们已经设计了一个大型项目，它以跨组件边界的逻辑关系的隐含依赖为指导（1.9 节）。

---

① **lakos96**，附录 C，第 799~813 页。

现在设计阶段已经基本完成并且开发正在进行中，我们希望有一个工具可以抽取组件之间的实际物理依赖，以便可以跟踪它们并将之与初始设计预期相比较。

尽管可以分析整个 C++程序或库的源代码以确定组件依赖图，但这样做既困难又相对缓慢——事实上，它实在太慢以至于被认为是不可规模化的。[1]但是，我们可以直接从组件的源文件（.h 和.cpp）中提取组件依赖图，只需对其 C++预处理器#include 指令进行解析即可。这样处理速度相对较快（且可扩展），通常由多种标准的、公共领域的依赖分析工具完成。[2]

但是，为了使这一依赖分析策略发挥作用，我们需要在 1.6 节中讨论的符合规范的组件所具有的 3 个组件特性之外添加.h/.cpp 对的第四个特性。

组件特性 4

不局部"前置"声明由另一组件（唯一地）定义的外绑结型或双绑结型逻辑构件。要获得所需的声明，就要包含该组件的.h 文件。

前 3 个特性（1.6.1 节至 1.6.3 节）确保了非内绑结型的每个逻辑实体都在组件的.h 文件中声明，并且编译器能够验证该实体的定义是否与其声明一致。这第四个特性确保组件的客户使用已验证过的声明，而不是创建自己的（也许是错误的）声明版本。

例如，如果我们想在一个组件中使用 C 的标准库函数 pow，我们将总是如图 1-74a 那样包含具有 pow 声明的相应头文件，并且从不尝试像图 1-74b 那样自己声明它。同样，对于提供任何全局变量声明的组件，我们将包含它的头文件而不是显式地重复其 extern 声明。

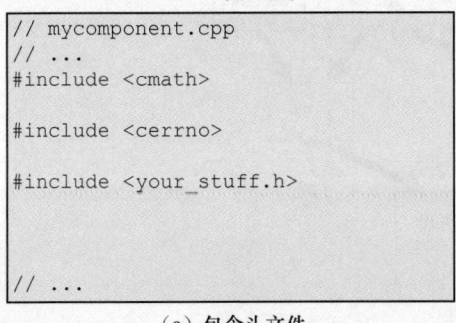

（好主意）　　　　　　　　　　　　　　　　（坏主意）

（a）包含头文件　　　　　　　　　　　　（b）通过显式地重复声明

图 1-74　访问外绑结型非局部实体

每当一个组件使用在另一个组件中定义的外绑结或双绑结型逻辑构件时，组件特性 4 就会适当地强制明显的编译时依赖。除了前面讨论的工程理由，组件特性 4 还使开发人员可以一目了然地推断组件的所有直接依赖，只需在两个文件的顶部检查#include 指令即可。满足恰当组件所要求的.h/.cpp 对的 4 个特性中的任何一个在模块化和可维护性方面都有明显的好处，但它们在一起引出一条意义深远的观察。

观察	只要系统能通过编译，C++的预处理器指令#include 就足以推断该系统内组件间的所有实际物理依赖。

---

[1] 更一般地说，我们在这本书中所倡导的做法建立在当今常规工具链（编译器、连接器等）所能实现的事情的基础上。有些编译器可支持特殊特性（如全程序优化），有的说法是这样的编译器也许可以免去此处所建议的做法，这样的说法也会被立即驳回，因为它们现在被认为是不可规模化的（在可预见的将来也不可能）。

[2] 例如，gmake、scandeps（来自 PVCS）、makedepend 和 Kythe。

组件特性 4 要求，要实质性使用组件 y 中的任何逻辑实体，组件 x 必须在 x.h 或 x.cpp 中包含 y.h。因此，一个组件对另一个组件的直接实质性使用总是隐含了编译时依赖。逆否命题（如果 x 不包含 y.h，则 x 不会实质性使用 y）在给定组件特性 4 的情况下肯定是正确的，前提是 x 可以编译。

反过来说，组件 x 包含 y.h 的唯一合法理由是组件 x 实际上直接实质性使用组件 y。否则，包含本身将是多余的，并引入不必要的编译时耦合。逆否命题（如果 x 没有实质性使用组件 y，那么 x 不包含 y.h）也应该是正确的，尽管偶尔由于人的疏忽，情况并非如此。[①]

> **定义** 如果 y.h 的内容在编译时最终被纳入与 x.cpp 对应的翻译单元（只需要一个这样的受支持的构建目标），则称组件 x 包含（Includes）组件 y。

源代码中嵌入的 #include 指令非常准确地指出了恰当组件之间的连接时依赖和编译时依赖。如果知道组件的任何实质性使用都被头文件包含标记出来了，就可确保 Includes 关系的传递闭包[②]指示组件之间的所有可能的物理依赖。以这种方式抽取的依赖图可能指示不必要的 #include 指令（应该删除）带来的额外的虚假依赖。但是，鉴于 .h/.cpp 对的 4 个基本组件特性，包含关系将永远不会忽略任何实际的组件依赖。

快速准确地从潜在的大量组件中抽取实际物理依赖的能力使我们能够在整个开发过程中验证这些依赖是否与总体架构计划一致。[③]这类工具多年来在大型系统的开发和维护方面持续被证明是宝贵的。[④]

1.12 小结

1.1 节小结

可能有很多人告诉你，选取什么编程语言进行表达并不会影响设计；用什么工具构建、呈现也不会对设计造成影响。本书反对这一观点。语言支持什么、能够表达什么的细节会精妙且潜移默化地塑造开发人员谈论甚至思考设计的方式。如果不清楚我们在编辑器里写的源代码是如何被翻译、汇编成可运行的程序，就会缺乏创建可规模化的大型系统所必需的物理基础。事实上，如果对源代码之下发生的事情的认识不够扎实，即使是小型程序也可能会出现不小的正确性和维护方面的问题。

1.2 节小结

C++ 程序的构建分编译和连接两个主要阶段。在编译阶段（compile phase）（见 1.2.1 节的图 1-2），对每个实现（.cpp）文件进行预处理，将 #include 指令所指示的头（.h）文件均纳入被称为翻译单元的单个中间表示中，不管这些头文件是直接出现在 .cpp 文件中的，还是递归地出现在相应的 .h 文件中的；然后将此源代码层级的表示翻译（编译）为二进制（机器可读）表示，并存储

---

① 编写工具以检测和移除（或重整结构）不必要的 #include 指令比看上去去要困难。Scott Meyers 在写作影响深远的程序设计图书 *Effective C++* 之前，开始编写软件以机械地检测此类设计的不理想，但很快发现许多人没有明确的目标解决方案。几十年后，在瑞士东部应用科技大学拉珀斯维尔技术学院（FHO-HSR Hochschule für Technik Rapperswil）IFS 软件研究所的 Peter Sommerlad 教授的主持下，进行了一项研究（**felber10**），该研究催生了一个可以自动简化/移除不必要的 #include 的工具，集成到名为 Cevelop 的 IDE 中。

② 二元关系上的传递闭包（transitive closure）定义如下：给定一个布尔方阵 $A_{I \times J}$，其中每个元素 A_{ij}（$0 \leq i < I$ 且 $0 \leq j < J$）表示元素 i 是否在一步之内与元素 j 相关，那么传递闭包表示的二进制关系指示的是元素 i 是否在一步或多步内与元素 j 相关。

③ **lakos96** 中提供了对抽取物理依赖的工具套件的完整规约，见附录 C，第 779～813 页。

④ 虽然近来 Clang 的出现大大方便了需要对 C++ 语言进行全面解析的工具，但它现在无法，也永远无法与 #include 指令的直接模式匹配所提供的原始速度相比。

在一个目标（.o）文件中。

在连接阶段（link phase）（见 1.2.1 节的图 1-3），要纳入程序的每个目标文件会被依次检查，以确定哪些未定义符号是必须通过其他目标文件中提供的定义而外部解析的。每个外部符号引用必须被唯一解析，否则连接将失败。如果成功，则含有众所周知的入口点 main 的结果程序将存储成可执行文件（例如 a.out）。

工具的常见功能，特别是连接器的功能，是一个人为限制因素，它限制了在 C++等语言中可以实现的事情。历史上，目标文件总是必然原子地被纳入程序中。此外，每个这样的.o 文件中的所有未定义符号都必须被解析，无论它们是否被使用。因此，即使是逻辑上相关的函数有时也被放置在分离的翻译单元中，因为并置可能导致依赖其他不需要的.o 文件，从而导致程序大得不必要。

要支持更高级的语言特性（如隐式实例化以及内联函数），所有现代平台现在都支持编译器在多个.o 文件中生成完全一样的函数定义，然后依靠连接器将多个（完全相同的）副本中的一个纳入最终可执行文件中。但是，为了使这种方法发挥作用，编译器/连接器技术必须确保每个这样的定义都仿佛在.o 文件中自成一段（segment），这样它就可以独立于该.o 文件中的任何其他代码（或不）纳入，即使用该定义不会拖入其他任何代码。尽管如此，由于任何这样的细节在很大程度上依赖于平台（和部署）（见 2.15 节），因此我们在设计上仍将.o 文件视为始终按原子方式纳入。

静态库让软件构建更容易，并便于分发。我们可能会选择使用归档器（例如 Unix 平台上的 ar）将一组合适的文件放置到一个库（如.a）文件中（见图 1-8），而不是连接一个个.o 文件。与直接提供的.o 文件不同，通过库提供给连接器的.o 文件只有在需要解析之前未定义的符号时才会被纳入。不过，一旦.o 被纳入，随后对它的处理就和直接提供的没有区别了。注意，必须小心不要像"单例"注册表示例（见图 1-11）那样，允许这种差异改变库软件的预期行为（如通过运行时初始化的文件作用域静态变量）。

各平台上对静态库的处理方式并不完全一致。例如，在 Unix 平台上，几个库被按顺序扫描；每个库依次被用于解析任何符号引用，然后再转到下一个。在静态库中随意地并置目标文件，会导致库之间的相互依赖，这使得这些文件更难以理解和维护。静态库之间的相互依赖的许多不良后果中的一种是，（在某些平台上）可能需要在连接命令上重复一个或多个库——即使只是对这些库作小的增强，这些库的顺序和出现次数也可能会发生变化。

1.3 节小结

声明（通常）会将名称引入作用域，并且大部分可以在翻译单元中重复。另外，受单一定义规则的约束，一个程序中的任何对象、函数或类型最多只能有一个定义。在 C++中，有纯声明（如前置声明）、可以充当声明的定义（自声明）和不能充当声明的定义。区分这些不同种类的构件并不容易，也许最好用示例来介绍（见图 1-27）。

纯声明的通常是用作函数参数或返回类型的类型。在几乎所有情况下，使用这样的前置声明的编译器最终都会看到相应的定义（当需要实质性使用时）。在极少数（而且几乎总是人为设计的）情况下，当程序中的任何位置都没有相应的定义时，可以使用类声明（见 1.7.5 节的"仅在名称上使用"关系）；纯抽象接口——我们称之为协议——是这种关系在实践中的唯一自然方式。通过在头文件中适时使用前置类声明而不是#include 指令（1.6 节和 1.11 节），我们常常可以大量减少不必要的编译时耦合（见卷 2 的 6.6 节）。

对于那些可能由连接器解析其使用的具名实体，该声明用于向编译器描述完全使用该实体所需要知道的一切——除了它在最终可执行程序的内存中的地址。如果对这样的实体的任实质性使用是通过其声明来做到的，并且假定在此翻译单元局部看不到相应的定义，则在该翻译单元的结果.o 文件中会放置一个指向该实体关联的符号的引用。然后由连接器查找此实体的（唯一）定义，并在连接时填写缺失的地址信息。

单一定义规则既适用于单个翻译单元，也适用于整个解决方案。在给定的翻译单元中，"一个"（one）表示单个源代码定义实例[①]：

任何翻译单元都不能包含任何变量、函数、类类型、枚举类型或模板的多个定义。

当我们谈论一个程序时，什么被认为是多个定义，什么不是，取决于被定义实体的本性，并且与该实体的物理绑结密切相关。例如，外连结（且外绑结）型的文件或命名空间作用域的变量和非内联函数定义必须在一个程序内的所有翻译单元中全局唯一。[②]另一方面，外连结型且内或双绑结型的逻辑实体的定义则允许在分离翻译单元中重复，只要每一个这样的定义使用相同记号序列来呈现，并且本质上意味着相同的事情。[③]

作为层次化可复用软件的设计者，我们理应对自己写下的声明和定义的含义充分了解。根据C++标准，如果一个名称可以表示在另一个作用域内声明的实体，则该名称被称为连结型。如果一个名称可以表示在另一个翻译单元中定义的实体，则该名称被称为外连结型；相比之下，只能表示同一翻译单元内的实体的名称被称为内连结型，如图 1-75 所示。

无连结型	该逻辑实体不能从定义它的局部作用域外被引用
内连结型	可以跨作用域引用该逻辑实体，但要在同一个翻译单元中
外连结型	可以跨翻译单元引用该逻辑实体

图 1-75　3 类（逻辑）连结

对名称的任何使用，编译器必须能够确定名称所指的实体。为此，编译器在翻译单元中使用名称时必须能够看到该名称的声明。连结允许不同上下文中的单独声明引用同一实体。在翻译单元中，连结使得编译器最终会看到定义的类型可以被前置声明。外连结使得编译器看不到定义的函数或对象可以被声明，完全使用它必须由连接器将其声明与定义绑定。

在将类型、数据和函数的使用与其相应定义联系起来的典型平台上的物理机制有时也被称为（物理）连结。但我们将始终将此类典型的物理关联机制称为绑结，如图 1-76 所示。

内绑结型	该实体的定义可以重复于任一翻译单元中；由编译器解析该实体的使用，连接器不参与解析（如类、结构体、`typedef`和预处理器宏）
双绑结型	该实体的定义可以重复于任一翻译单元中；可以由编译器（若它可以看见定义源并选择这么做）解析该实体的使用，也可以由连接器解析（如内联函数或函数模板的显式特化的隐式实例化）
外绑结型	该实体的定义不能出现在一个程序的多个翻译单元中，必须由连接器解析其使用

图 1-76　3 类（物理）绑结

注意，与内绑结型构件的定义不同，客户编译器不需要看到外绑结或双绑结型的构件，就能使用它们。即连接器完全可以解决其使用。因此，特别是非内绑结型实体的局部声明尤其成问题：错误的局部声明不会是编译时错误，最好的情况是连接时错误，也有可能是运行时错误。

在同一命名空间中使用相同名称的声明（即使是跨翻译单元的），在逻辑上指向程序中的同一实体。单一定义规则要求每一个这类实体的定义都是唯一的。因此，例如，在文件作用域内的

---

① **iso11**，3.2.1 节，第 36 页。

② **iso11**，3.2.3 节，第 36、37 页。

③ **iso11**，3.2.5 节，第 37、38 页。

不同翻译单元中创建两个名称相同但定义不同的枚举违反了单一定义规则。但是，枚举（内绑结型）等类型根本无法从其他翻译单元直接访问，因此，在典型平台上，尽管 C++标准将这些类型定义为外连结型，但它们实际上是其翻译单元的私有类型。

例如，如果外绑结型函数没有在接口中使用这种类型（从而允许定义脱离其翻译单元），那么在大多数平台上，这种单一定义规则的违反很可能无法被检测。但是，同时知道多个翻译单元的编译器完全有权拒绝任何他们可以确定不符合 C++标准的此类代码。一般来说，我们最好避免这种所谓良性的单一定义规则违反，除非有令人信服的工程理由（见卷 2 的 6.8 节）。

在典型的平台上，当翻译单元的编译器无法访问定义的源代码时，连接器将被要求解析该函数应使用何种定义；如果是这样，编译器可以选择将名称的使用与其定义本身联系起来，而无论该函数是否被声明为内联的。了解典型平台上底层工具的功能和限制（如在绑定方面），使我们能够更好地对 C++语言的复杂性（如关于连结）进行建模，从而理解和推理。

1.4 节小结

尽管在 C 语言和 C++语言中，头文件并非不可或缺，但它们便利了翻译单元之间共有源代码的共享。C 语言作为一种过程式语言，它可以启用抽象数据类型（abstract data type，ADT），但缺乏有效支持。因此，C 语言中的模块化编程演变成相对较大且有些不规整的物理单元。随着私有数据和内联函数被引入 C++，抽象数据类型的高效对象可以作为自动变量（直接在程序栈上）创建。这些较小的（原子）设计单元的实现在.h 文件和.cpp 文件之间分布得更均匀，变得独立有用，导致软件的不成文组织，常被称为.h/.cpp 对。

注意，struct 或 namespace 均可用于限定自由（非成员）函数或全局变量的作用域。如果将 namespace 用于此目的，则限定定义必须小心地实现在 namespace 之外（使用 struct 就会迫使我们必须这么做）。这样，函数签名的声明和定义之间或全局变量的名称之间的不一致性将自动在编译时被库开发人员检测（而不是在连接时被其客户检测到）。出于此，再加上其他工程原因（见图 2-23），对仅限于单个物理模块（组件）的作用域我们更偏好使用 struct，而对跨物理模块的作用域则使用 namespace。

本书将头文件作为模块化机制，用于共享内绑结或双绑结型的定义，例如类、内联函数和模板的定义，以及结构别名（如 typedef 和预处理器宏）。我们还使用头文件来分配具有静态存储持续时间的函数（或变量）等共享的外绑结型构件的一致声明。

1.5 节小结

头文件需要包含保护符，以确保单个编译单元多次#include 一个头文件后，此头文件中的任何定义都只被编译器解析一次。内置的包含保护符可实现这一目标，但代价是在某些行业标准平台上的编译过程中（许多年来仍然）会花费过多的时间。

头文件中的外置（冗余）包含保护符现在已被弃用，曾经用于让编译器（特别是较早的编译器）连打开头文件都别超过一次，从而改善了构建时性能。但是，最近，它们在更现代平台上的残余优势（如果算的话）是，冗余的保护符真的丑陋到提醒我们应该仅仅在要确保头文件在编译方面是自给自足的时，才在头文件中包含.h 文件，再没有其他原因。

1.6 节小结

本书中的软件开发方法基于原子构建基石，我们称之为组件，由.h/.cpp 对组成，每个组件都具有某些基本物理特性（1.6 节和 1.11 节），如图 1-77 所示。

组件特性 1 使编译器能够（在编译时）帮助确保物理接口和实现之间的一致性。使组件包含其自身的头文件有效且永久地消除了与包含顺序相关的缺陷。组件特性 2 确保所有导出的符号都在源代码层级有被表示，并且可以通过包含头文件来访问（避免创建任何局部 extern 声明）。如果没有组件特性 3，则 .h 和具有相同根名称的 .cpp 文件之间的关联所隐含的任何模块化都将是空洞的。组件特性 4（在 1.11 节单独讨论）不仅确保客户在编译时（而不是在连接时，也不是在更糟糕的运行时）检测到库代码中对函数名、签名和返回类型的更改，也使我们能够以比其他方法更快的速度（如通过解析 C++ 源代码）通过简单（如 Perl）脚本抽取物理依赖顺序，该脚本只需检查结合起来的 .h 文件和 .cpp 文件中的 #include 指令。

组件特性1	.cpp文件在定义任何逻辑构件之前，先将其对应的.h文件纳入（包含），这一行代码作为实质性的第一行源代码（1.6.1节）
组件特性2	在.cpp文件中定义的所有外连结型逻辑构件，除了按约定在效果上呈现为内连结型的（见2.7.3节），都在对应的.h文件中（以某种方式）声明（1.6.2节）
组件特性3	在组件的.h文件中声明的所有外绑结型或双绑结型逻辑构件，如果需要定义，只能在这一组件中定义，即在这一组件的.h文件中或.cpp文件中定义，而不能在其他位置定义（见1.6.3节）
组件特性4	任何外绑结型或双绑结型逻辑构件在定义它的（唯一）组件之外不存在纯（前置）声明。要获得所需的extern声明，就要包含合适的.h文件（1.11节）

图 1-77　组件的 4 个基本特性

1.7 节小结

在本书中，我们使用尽可能少的符号（见 1.7.1 节的图 1-47）。逻辑实体（如类和函数）分别由胶囊状的气泡和椭圆状的气泡表示；物理实体（如文件）由矩形表示。"D —Is-A→ B"符号表示（公共）继承：D 是 B 的一种。如果函数（或方法）在其签名中提名某一类型或用这一类型描述返回值，则称此函数（或方法）在接口中使用该类型；如果在类的成员（非友元）函数中使用某一类型，则称此类在接口中使用该类型。"B —Uses-In-The-Interface→ A"符号表示 B 在接口中使用 A。如果类（或函数）B 在其实现中提名类型 A，但未在其接口中使用 A，我们将这种关系描述为"B —Uses-In-The-Implementation→ A"，即 B 在实现中使用 A。我们将用此符号来标记私有继承，而不是箭头（意味着公共继承）。如果 B 在其接口中使用 A 的名称，但未实质上使用（无须 A 的定义就可对 B 进行编译、连接或彻底测试），我们将 Uses-In-The-Interface 关系的这种特殊情况记为"B ---Uses-In-Name-Only--- A"，即 B 仅在名称上使用 A。其他一些用于描述纯协作式——仅在结构上的（In-Structure-Only，ISO）——逻辑依赖的符号在图 1-50 中有所总结。

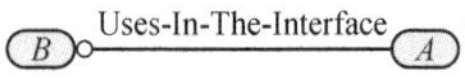

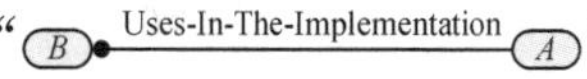

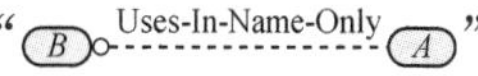

1.8 节小结

除了上述逻辑关系，本节还定义了依赖（Depends-On）这一物理关系，这种关系必然存在，我们仅描述在物理实体之间的依赖。"y —Depends-On→ x"符号表示对 y 的编译或连接需要 x。编译时依赖常常会导致连接时依赖，因为访问 .h 文件中的 extern 声明而创建的任何未定义符号都必须通过相应 .cpp 文件中的定义来满足。由于 .o 文件假定按原子的方式被纳入，给定 3 个组件 a、b 和 c，如果 a.cpp 包含 b.h，而 b.cpp 包含 c.h，则有可能需要 c.o 来解析 b.o 中的未定义符号，而解析 a.o 中未定义符号又可能需要 b.o。因此，a.o 间接依赖 c.o，并且遵循本章中描述的组件特性的 .h/.cpp 文件对之间的依赖关系是具有传递性的。

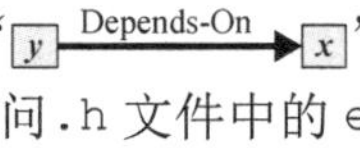

1.9 节小结

跨物理边界的实质性逻辑关系（如公共继承、在接口中使用或在实现中使用）隐含物理依赖。在设计时便考虑隐含依赖的物理结果使我们可以预先避免错误。如果不预先检测到这些错误，可能会在以后迫使我们大量改写代码。在整个开发过程中，我们会利用组件特性 4 以自动验证组件之间的依赖假设。

1.10 节小结

层级编号主要是为了帮助我们及早检测到循环并消除之。组件的层级划分涉及给子系统中的组件赋确定性的层级编号，这基于组件在局部（无环）物理层次中所处的位置。不物理依赖其他局部组件的组件被称为叶端组件，自然处于层级 1。其他任何局部组件 c 的层级编号比它所依赖的局部组件的最大层级编号多一级。按照这一定义，当且仅当软件子系统中没有循环物理依赖时，给其中的组件赋层级编号才是可能的。避免此类物理设计循环会显著提升我们理解、测试和维护软件的能力。

1.11 节小结

在本章中，我们描述了如何面对高度复杂编译型语言的底层机制，如 C++。这种思维模式让我们对下面两件事准备得更加充分，一是对 C++ 标准的解释，二是对关键设计决策的推理，且不遗漏会对这些决策产生巨大影响的实现细节。此处所述的 4 个组件基本特性（1.6 节和 1.11 节）刻画我们的逻辑设计和物理设计的基础原子单元的特征。组件特性 4，即永远不局部重新声明外绑结型或双绑结型构件，取而代之的是，总是包含定义它的组件的（唯一的）头文件，这会带来实践上的好处，即单从 #include 指令中就可以抽取出（物理）组件依赖的包络，而无须解析 C++ 源代码本身。遵循这些特性的 .h/.cpp 文件对能确保是在逻辑上和物理上均连贯的设计原子单元，并可以被打包成适合独立发布的更大的连贯实体。第 2 章会详细介绍组件（以及不遵循这些特性的软件）的打包和部署方式。

第2章

打包和设计规则

不同的人对软件工程有着不同的看法。一些聪明能干、充满激情的开发人员认为创造软件是艺术的一种形式，强加任何约束都会扼杀人的创造力，即使它对整体是有益的。这种态度催生了无端的不规整，而这会损害软件开发过程的总体效率。我们认为，一个组织要达到最高水平的软件生产率，就必须遵守某些基础规则（甚至一些武断的约定）。本章中的内容正是基于这一看法。

C++在逻辑和物理上均提供了极大的自由度。如果不加以限制，随着系统规模的增加，人们会越来越难以理解任意且多样的物理结构。而编译器和连接器既不知道也不关心我们的源代码做的是什么，只要源代码符合它们的组织规则。这些工具其实看到的都是我们代码的物理结构。自然，我们可以用一种无关乎源代码中所含领域功能的方式来组织源代码。我们希望在这里提供一些通用结构来构建我们可能会开发出的许许多多软件。这一组织结构被有意设计成统一的物理形式，且无关乎代码所执行的任务。简而言之，本章定义了"游戏规则"。

我们将会给出一小组架构设计规则及其理由，这些规则塑造出这样一个已历经验证的物理框架，可以把基于组件的软件（连同不基于组件的遗留软件、开源软件和第三方软件）组织起来，在企业规模上有效地进行设计、开发、测试和部署。但与典型命名约定或单纯的编码标准不同的是，这些架构规则不受限于语言特性，切中肯綮，特别强调开发的可伸缩性和有效复用。当然，我们在这里建议的这种软件组织不是唯一可行的，但我们已成功将之付诸实践许多年，并且经受住了时间的考验。

2.1 观全貌

软件的组织方式决定了我们可以在多大程度上利用该软件快速有效地解决当前和新的业务问题。按照设计，我们编写的供应用使用的代码大部分将驻留在可共享的库中，而不是直接驻留在任何一个应用中。因此，我们的目标是提供一些最高层级的组织结构（如图 2-1 所示），使我们能够将软件划分为离散的物理单元，以便于查找、理解和潜在地复用可用的软件解决方案。

正如第 0 章和第 1 章所描述的那样，在创建新的库和应用软件时，大部分工作都涉及作为原子设计单元的组件。但是，如图 2-2a 所示，组件太小，单靠它无法有效地大规模管理和维护软件。因此，我们将具有类似物理依赖的逻辑相关组件聚合到一个更大的物理实体中，我们将其称为包

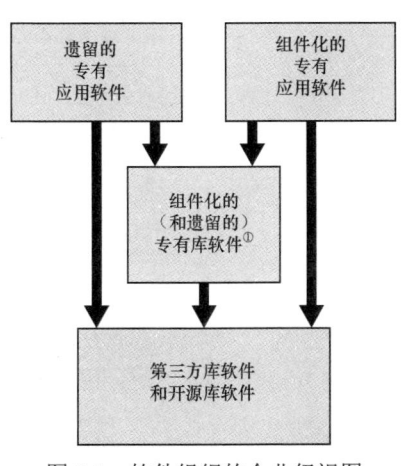

图 2-1 软件组织的企业级视图

---

① 为实现某种特别目的而增强（或 fork）的开源代码也属于这一类（如为使用我们的多态内存分配器模型而适配过的第三方软件，见卷 2 的 4.10 节）。

（package），从而可以将其作为一个单元进行更有效的处理。这些在逻辑和物理内聚的较大实体随后可以进一步聚合成一个更大的软件体，我们称之为包组（package group），由具有类似物理依赖的包[①]组成，作为一个整体，适合于独立发布，如图 2-2b 所示。

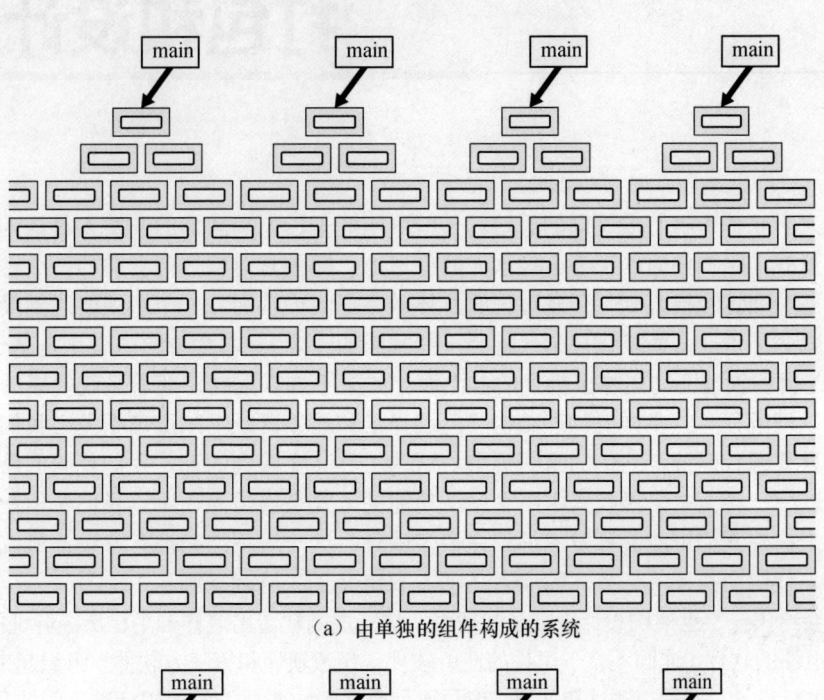

（a）由单独的组件构成的系统

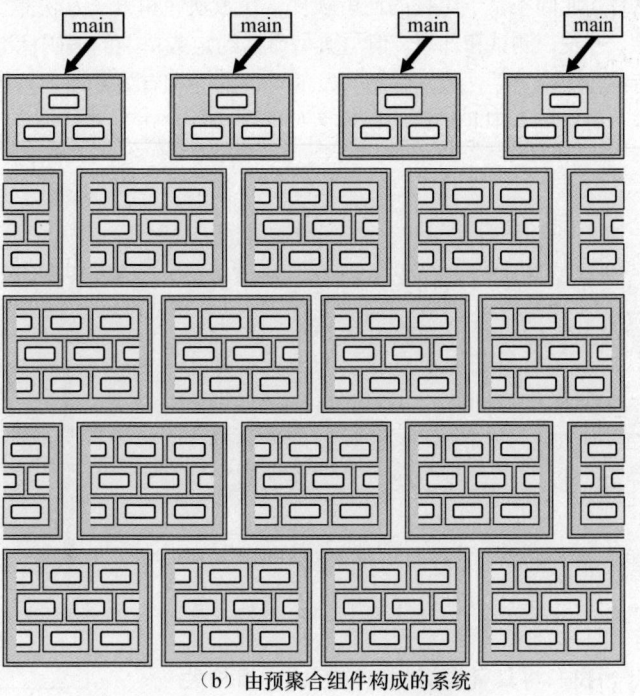

（b）由预聚合组件构成的系统

图 2-2　单独的组件难以扩展规模

---

① 注意，虽然一个组中的包必然互相之间在逻辑上内聚，但对于整个包组则不然（见 2.8 节和 2.9 节）。

此外，我们要使用的某些软件的组织方式可能会有所不同。例如，我们可能希望利用某些第三方和开源库，而这些库可能并不基于组件。我们可能有自己的遗留库可供使用，这些旧库也不是基于组件的。这些软件库必须在比组件更高的聚合层级中组合在一起，如图 2-3 所示。

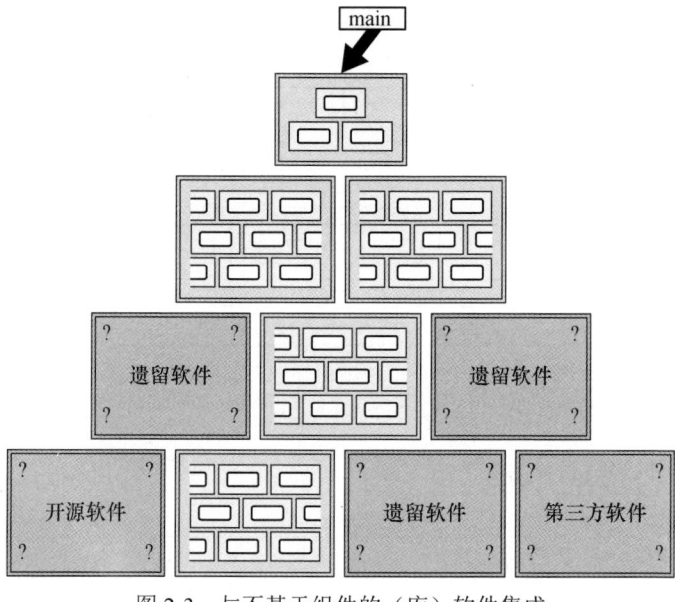

图 2-3　与不基于组件的（库）软件集成

大型系统中的最高层级集成单元可以不正式地算作一个"库"，其接口通常由单个目录（例如 /usr/include）中的头文件集合和依赖目标平台的单个库（如 libc.a 或 libc.so）组成。尽管这一特定架构型实体的内部结构（逻辑内容是如何被分割在 .o 文件之间的）完全是组织型的（不是其规约或合约的一部分，见卷 2 的 5.2 节），且可能因供应商平台而异，但我们还是可能用"C 库"（The C Library）唯一地指代这整个实体。

与遗留库、开源库和第三方库的集成是重要的，之后会处理。不过，我们会先在接下来的几节中确认称得上理想的库软件有何特征，然后介绍基于组件软件如何打包的规范化方法论。之后，我们再回到与不基于组件的软件集成的问题（见 2.12 节），接着讨论与 main() 周遭的自定义（不可共享）最高层级应用代码（见 2.13 节）。

2.2　物理聚合

在第 1 章中，我们讨论了物理设计的原子单元（我们称之为组件），以及由其（无环的）物理依赖创建的物理层次。可扩展性要求层次，而由物理依赖强加的层次虽然至关重要，但只是大规模物理设计的一个架构方面。另外，我们还必须考虑如何将相关组件打包到更大的内聚物理单元中。我们将基于组件的设计的这一其他层次维度称为物理聚合（physical aggregation）。

2.2.1　物理聚合的一般定义

> **定义**　聚合（aggregate）是内聚的物理设计单元，由逻辑内容构成。

聚合的目的是将逻辑内容（以 C++ 源代码的形式）整合为一个可在架构上作为原子单元处理

的内聚物理实体。物理聚合谱（physical-aggregation spectrum）的一端是组件。每个单独的组件聚合逻辑内容。图 2-4 展示了 15 个组件的集合，这些组件具有 5 个不同的物理依赖层级，这些层级加在一起可以代表层次化可复用的子系统。

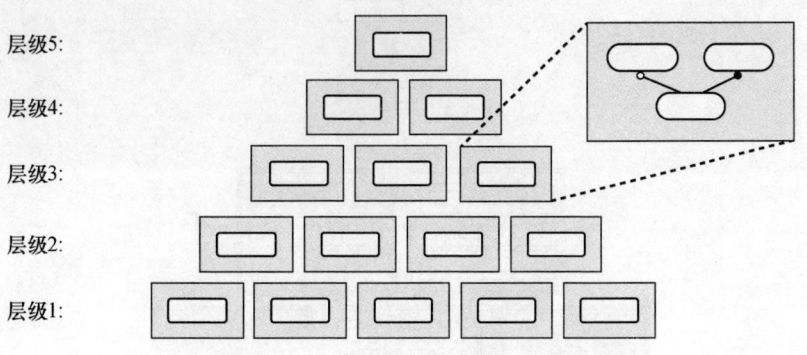

图 2-4　由 15 个单独组件聚合而成的逻辑内容

2.2.2　物理聚合谱的小端

> **定义**　组件是物理聚合最里面的层级。

在设计中，每个组件都包含有限数量的代码——通常只有几百行到一千行源代码[1]（不包括注释和其相关测试驱动程序）。因此，单个组件的粒度太细（0.4 节），无法完全表示大多数不平凡的架构子系统和模式（pattern）。[2]例如，给定一个协议（1.7.5 节），如一个（抽象）内存分配器（见卷 2 的 4.10 节），我们可能希望提供几个不同的组件来定义各种具体实现，每个组件都是为满足不同的特定行为和性能需求而定制的。[3]当这些组件被视作一个整体时，自然地代表着一个更大的内聚架构实体，如图 2-5 所示。为了在逻辑上相关的组件中捕捉这些组件和其他内聚关系（假设它们没有迥然不同的物理依赖），我们可能会将它们并置在更大的物理单元中（见 2.8 节、2.9 节和 3.3 节）。这样能方便库软件的搜寻和管理。

2.2.3　物理聚合谱的大端

> **定义**　发布单元（unit of release，UOR）是物理聚合最外面的层级。

物理聚合谱的另一端是发布单元，它代表了一个物理上（通常也代表了一个逻辑上）内聚的软件集合（也就是源代码的集合），它被设计成一个整体以部署和使用。每个发布单元通常由多个较小的物理聚合组成，比任何单一组件中的代码要多得多。但就算如此，随着时间的推移，读者也可以预料到库软件会不断膨胀到单一发布单元无法容纳的程度。因此，读者如果从企业级的规划视角来看，就必须准备好在库软件的源代码库的最高层级容纳可能出现的许多发布单元。

---

① 注意，实现的复杂性以及我们对一给定组件的理解和测试的能力（不仅仅是有多少行代码）决定了其实践上的"大小"上限（见卷 3 的 7.3 节和 7.5 节）。

② 见 **gamma94**。

③ 例如 bdlma::MultipoolAllocator、bdlma::SequentialAllocator 和 bdlma::BufferedSequential Allocator（见 **bde14**，子目录/groups/bdl/bdlma/）。

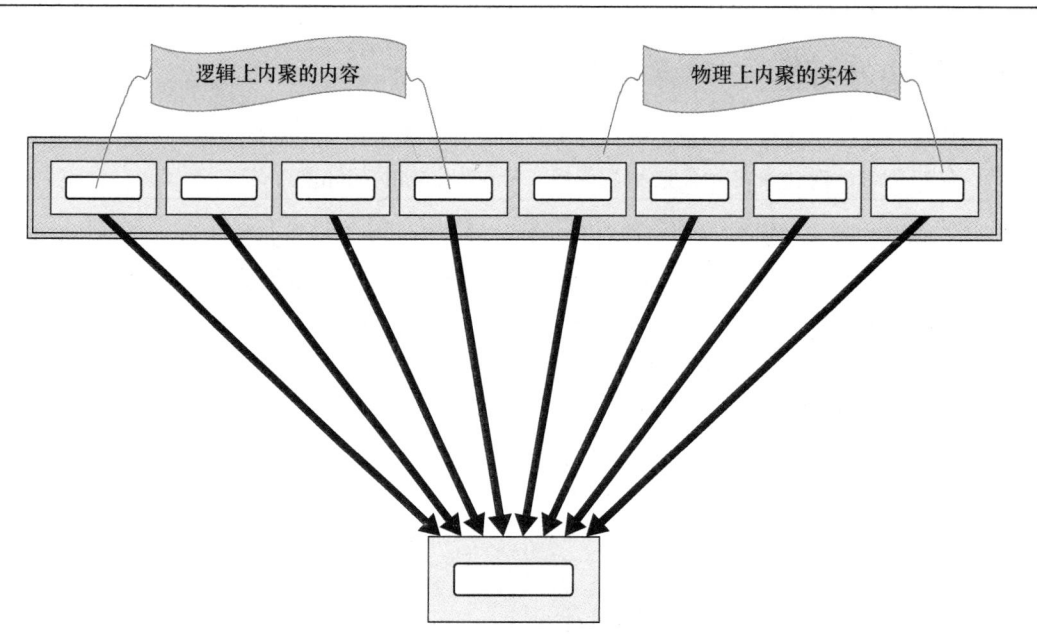

图 2-5　逻辑上相似但独立的组件套件

2.2.4　聚合的概念原子性

> **指导原则**　设计上，每个物理聚合都应视作原子的。

尽管发布单元可能会聚合物理上独立的实体，但它在设计上总是应该被视作原子的。[1]依赖发布单元（所有物理聚合都类似，如组件）的程序纳入其中内容的粒度依赖组织上的、平台特定的、部署细节，而这些细节在设计时是不可靠的。因此，我们必须得假定，只要有一处用到这一发布单元，它和它所依赖的一切都会被纳入最终的可执行程序中。这一个原因就足以说明把软件聚合成不同发布单元的手法是至关重要。

2.2.5　聚合依赖的广义定义

> **定义**　如果对聚合 y 的编译、连接或彻底测试需要聚合 x 中的任何一个文件，则称聚合 y 依赖（Depends-On）聚合 x。

我们有意放宽以上对聚合的物理依赖的定义，以扩大它的适用范围，使之可以应用于那些不太遵循本书方法论的聚合。对于完全由第 1 章中的 4 个组件特性[2]定义的组件构成的聚合，y 对 x 的直接依赖的定义可简化为 y 中是否有任何文件包含来自 x 的头文件。

> **观察**　聚合之间的依赖关系具有传递性。

物理聚合由于设计目的而必须被视为原子，那么如果聚合 z（直接地或以其他方式）依赖 y，而 y 又依赖 x，那么至少从架构角度而言，必须假定 z 依赖 x。

---

① 传统的静态（.a）库（1.2.4 节）可能组织上不是原子的，共享（.so）库则往往是原子的。即使是静态库，只要其时间戳发生变化，某些监管需求（如对交易应用的要求）还是可能会强制对重新连接上该库的应用再次进行大量测试，即使只是多加一个未被使用的组件。在这种情况下，我们可能会完全出于优化的目的，给部署加一个后处理步骤，把库分成多个区域（如多个 .so 或 .a 库）（见 2.15.10 节）。而且，这种组织上的优化一点都不会影响发布单元的架构、使用或是可容许依赖（allowed dependency，见 2.2.14 节）。

② 组件特性 1～3（1.6.1 节至 1.6.3 节）和组件特性 4（1.11 节）。

2.2.6 架构显著性

> **定义** 如果一逻辑或物理实体的名称（或符号）有意被设为对（定义该实体的）发布单元外部
> 是可见的，则称该实体是架构显著的（architecturally significant）。

架构显著的实体是指外部客户直接看到（并可能使用）的发布单元的部分。这些实体共同有效地构成了发布单元的公共接口（public interface），任何变更都可能对其客户的稳定性产生不利影响。架构显著性（architectural significance）的定义强调的是有意为之，而不仅是实际的物理表现，因为架构必然要反映的正是这种意图。

欠佳的实现可能会无意中暴露出从不打算用在发布单元之外的符号（在 .o 层级）。这种无意的可见性如果出现在完全由组件构成的发布单元内，则可能是由对组件特性 2（1.6.2 节）的意外违反而导致的，并不是故意（且被误导着）试图留个秘密的"后门"访问点。修复此类缺陷不会构成架构上的改动，尤其是在这种情况下，因为对这种符号的使用又会违反组件特性 4（1.11 节）。

2.2.7 一般发布单元的架构显著性

按照本书基于组件的方法论，除实现 main() 函数的文件之外的所有软件都是以组件形式实现的。遗憾的是，那些我们想要或需要（或被迫要）使用的发布单元并不一定都（按照我们的设计方式）基于组件。我们先从一般发布单元中那些不管是不是完全由组件构成都具有架构显著性的部分开始讲起，之后再针对那些完全由组件构成的发布单元进行讨论。

2.2.8 发布单元中具有架构显著性的部分

简而言之，任何可外部访问的 .h 文件、这些 .h 文件中声明的非私有逻辑构件以及发布单元自身均具有架构显著性。在定义逻辑实体的发布单元之外使用它们，需要它们（有包限定）的名称（见 2.4.6 节）。此外，实质性使用 .h 文件中声明实体的客户必须（或至少应该）通过名称直接（见 2.6 节）包含这些头文件（1.11 节）。如果要引用某一发布单元对应的 .o 文件构成的特定库（也许出于连接目的），亦必须用名称标识该库。[①]

2.2.9 发布单元的什么部分不是架构显著的

.h 文件自然是架构显著的，而 .cpp 文件及其相应的 .o 文件却不然。如果我们要改动头文件的名称或重新分发其中声明的逻辑构件，就会对客户的稳定性产生不利影响；而 .cpp 或 .o 文件则不然。假设某一发布单元已由其名称整体标识，则该发布单元的 .o 文件（对应其 .cpp 文件）构成的静态库的内部组织如何绝对不会影响到客户源代码。此外，对这种被隔离细节（见 3.11.1 节）的改动甚至不需要重新编译客户代码。

2.2.10 组件"自然地"具有架构显著性

对于那些由组件构成的发布单元，如果其组件确实按照第 1 章的定义由 .h/.cpp 对构成，那么其 .h 和 .cpp 文件都会以组件名作为前缀（见 2.4.6 节），这使得组件也是架构显著的。为了让

---

① 某些方法论允许使用不随发布单元一起部署的"私有"头文件（示例见 1.4 节的图 1-30）。我们基于组件的方法（1.6 节和 1.11 节）不允许这样做（出于一些考量，见 3.9.7 节），只有附属组件可以（见 2.7.5 节）。

层次化复用最大化（0.4 节），发布单元中的所有组件及这些组件中定义的所有非私有构件一般都是架构显著的。但偶尔也会有合理的工程原因抑制组件的架构显著性。在 2.7 节中，我们会介绍如何通过命名上的约定来有效地限制非私有逻辑实体在定义它的组件之外的可见性以及组件作为一个整体的可见性。

2.2.11 组件必须是一对 .h/.cpp 文件吗

归根结底，刻画一个组件的架构特征的是它的 .h 文件。在第 1 章中，我们将组件定义为满足 4 个基本特性的 .h/.cpp 对。这种说法在绝大部分场合都能够当作 C++ 中组件的定义。[1]但为了完整起见，我们指出，虽然这一定义在实践中很有用，但它充分而不严格必要。存在满足这 4 个基本特性的单个 .h 文件和一个[2]（至少）或多个（见下文）.cpp 文件才是 C++ 中对组件的真正基本需求。

2.2.12 何时不宜写成一对 .h/.cpp 文件

在一些极其少见的情况下，[3]可能确实有充分的理由用多个 .cpp 文件来表示单个组件。与头文件不同，组件中的 .cpp 文件和静态连接库（.a）中的 .o 文件并不被视作架构显著（后者尤其如此）。举个例子，myutil 组件定义有 3 个逻辑相关但物理独立的函数，可以将其实现为单个头文件 myutil.h 和多个实现文件，如 myutil.1.cpp、myutil.2.cpp 和 myutil.3.cpp，它们的名称都是唯一的，但都以组件名为前缀。因此，在某些部署策略（见 2.15 节）下，只调用 3 个函数之一的程序可能只会纳入与所需函数对应的那个 .o 文件。一般的开发不会在意这种细微之处，关心这一点的通常是嵌入式系统子领域。

2.2.13 对 .cpp 文件的划分仅是组织上的改变

必须认识到，上述积极的物理划分是允许的，因为它是组织上的（organizational），而非架构上的（architectural）。这就是我们对组件的看法和使用，其逻辑设计及其物理依赖不受这种架构不显著的（insignificant）优化的影响。引入（或移除）此类优化不会影响面向客户的接口（包括任何重新编译的需要）或逻辑行为，只会影响程序大小。相比之下，为单个组件引入多个 .h 文件将代表明显影响使用的架构更改；因此，无论如何一个组件必须只有一个头文件，其根名称唯一地标识了该组件（见 2.2.23 节）。

2.2.14 实体清单和可容许依赖

> **定义** 清单（manifest）是对其所属的物理聚合的意想之中的物理实体集合的规约，通常用外部元数据（见 2.16 节）表示。

> **定义** 可容许依赖（allowed dependency）是被允许存在于其所属的物理层次中的物理依赖，通常用外部元数据（见 2.16 节）表示。

---

[1] 更一般地说，在任何支持多翻译单元的语言（例如 C、C++、Java、Perl、Ada、Pascal、Fortran 和 COBOL）中，组件的物理形式都是标准的，与其内容无关。

[2] 我们要求组件头文件至少被包含在一个组件 .cpp 文件中，这样我们就可以通过编译组件来观察这一 .h 文件是否在编译上是自足的（1.6.1 节）。

[3] 举两个例子，一是可以把已经很小的程序进一步压缩（如嵌入式 C），二是可以将大得令人绝望的（特别是计算机生成的）组件分解成编译器可处理大小的分离翻译单元。

> **观察** 任何物理聚合的定义均须包含它所聚合的实体的规约和它被容许直接依赖的外部实体的规约。

　　为了切实有用，每个聚合（从组件到发布单元）至少必须容许我们在某种程度上以合约方式指定它所聚合的实体，以及容许（明确容许）这些实体可直接依赖的其他实体。本书的设计方法论大多基于软件内离散的逻辑和物理上内聚的实体之间的物理依赖（见 2.3 节）。给定一个依赖图，在不知道这个有向图的节点或（容许）边的特定（对外可见）实体的情况下，根本没有好的方法来解释它。

　　对于任何给定组件，如图 2-6a 所示，聚合实体的清单由在其头文件中声明的可访问逻辑实体隐含。容许的直接依赖由嵌入该组件.h 和.cpp 文件中的组合#include 指令（1.11 节）隐含。对于物理聚合的第二级和后续层级，成员聚合的清单和可容许依赖列表是架构规约的重要组成部分，必须以某种方式明确说明（图 2-6b）。

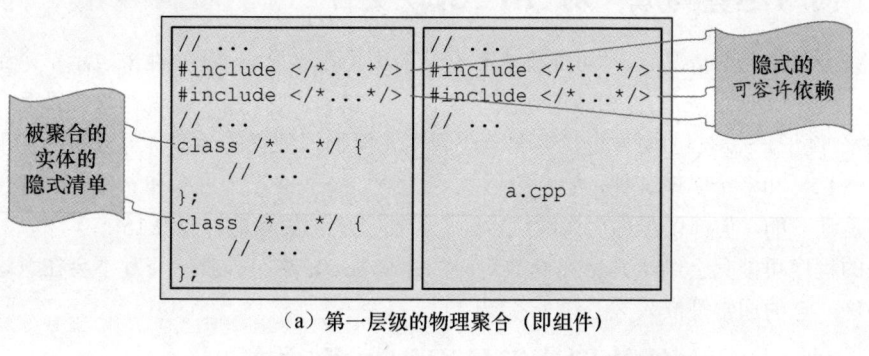

（a）第一层级的物理聚合（即组件）

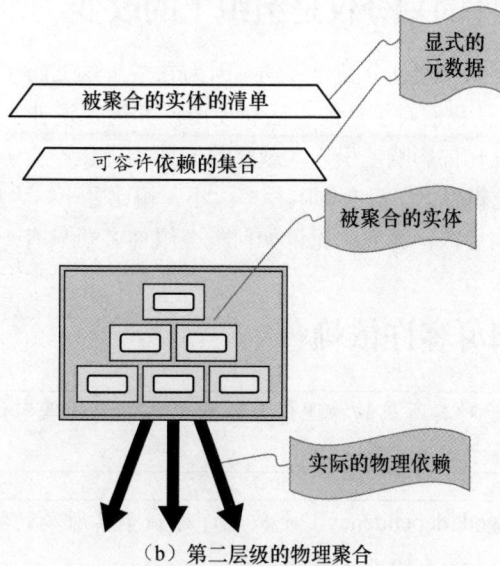

（b）第二层级的物理聚合

图 2-6　指定聚合的成员和可容许依赖

　　遗憾的是，C++语言本身不支持任何超越单个翻译单元的架构概念。[1]因此，我们在本章中讨

---

[1] 在本书撰写时，C++标准委员会正推进工作，为一种称为 module 的新的打包构件敲定需求（见 **lakos17a** 和 **lakos18**）。在 2019 年 2 月 23 日于美国夏威夷州的凯卢阿-科纳（Kailua-Kona, HI）举行的 C++标准委员会会议上，这一被大家期待已久的特性的初版被投票批准进入 C++20 标准草案。

论的大部分聚合结构必须与使用元数据的语言一起实现（见 2.16 节）。这些元数据将作为每个聚合的组成部分保存在局部，以帮助指导我们用于开发、构建和部署软件的工具。[①]由 4 个二级聚合组成的抽象子系统构成 3 个独立的（聚合）依赖层级，如图 2-7 所示。

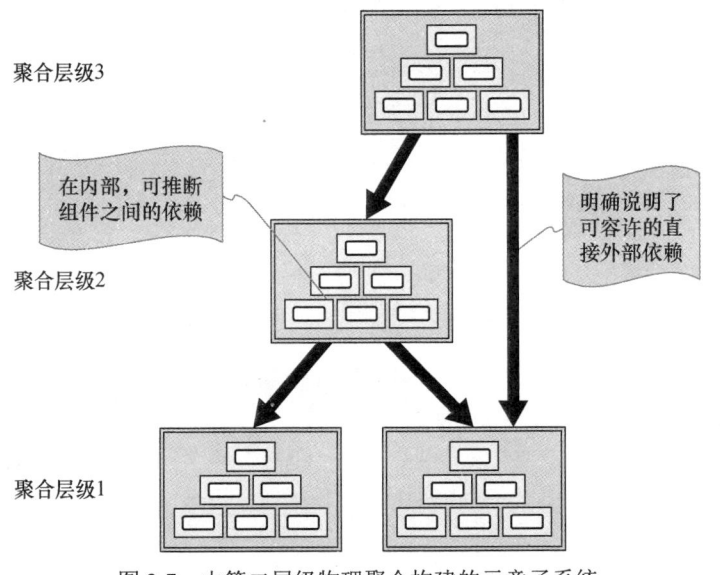

图 2-7 由第二层级物理聚合构建的示意子系统

2.2.15 对可容许依赖的包络的表达需求

显式表示组件聚合的可容许依赖的包络乍看似乎十分多余。如 1.11 节所述，有许多依赖分析工具可用于从聚合组件中提取实际依赖，并自动生成物理聚合中这些依赖的包络，但这样做会忽略以下要点：说明可容许依赖的目的是预先考虑，而不是被动。描述一组提议的聚合，然后提供这些聚合之间可容许依赖的包络，使我们能够在编写任何代码之前表达我们的物理设计（意图）。随着新功能的增加，可以检测到意外的物理依赖并将其标记为实现错误。如果不预先指定可容许依赖，就没有要实现的物理设计，更不用说验证了。因此，在每个物理聚合层级上都必须明确指定并验证可容许依赖。

2.2.16 物理层次需平衡得当

观察	为了尽可能方便人的认知，物理聚合中同级实体的物理复杂度应相当（如具有相同的物理聚合层级）。

在组件和发布单元之间，我们可以想象（理论上）任意数量的中间层级物理聚合，有些层级可能有架构显著性，而另一些则没有。物理聚合的层次有优有劣。特别是，不平衡的层次（如图 2-8 示意的层次）是欠佳的。

---

① 2.16 节详细综述了此架构元数据及其实践应用，以及构建工具和其他工具使用它的方式，可作参考。

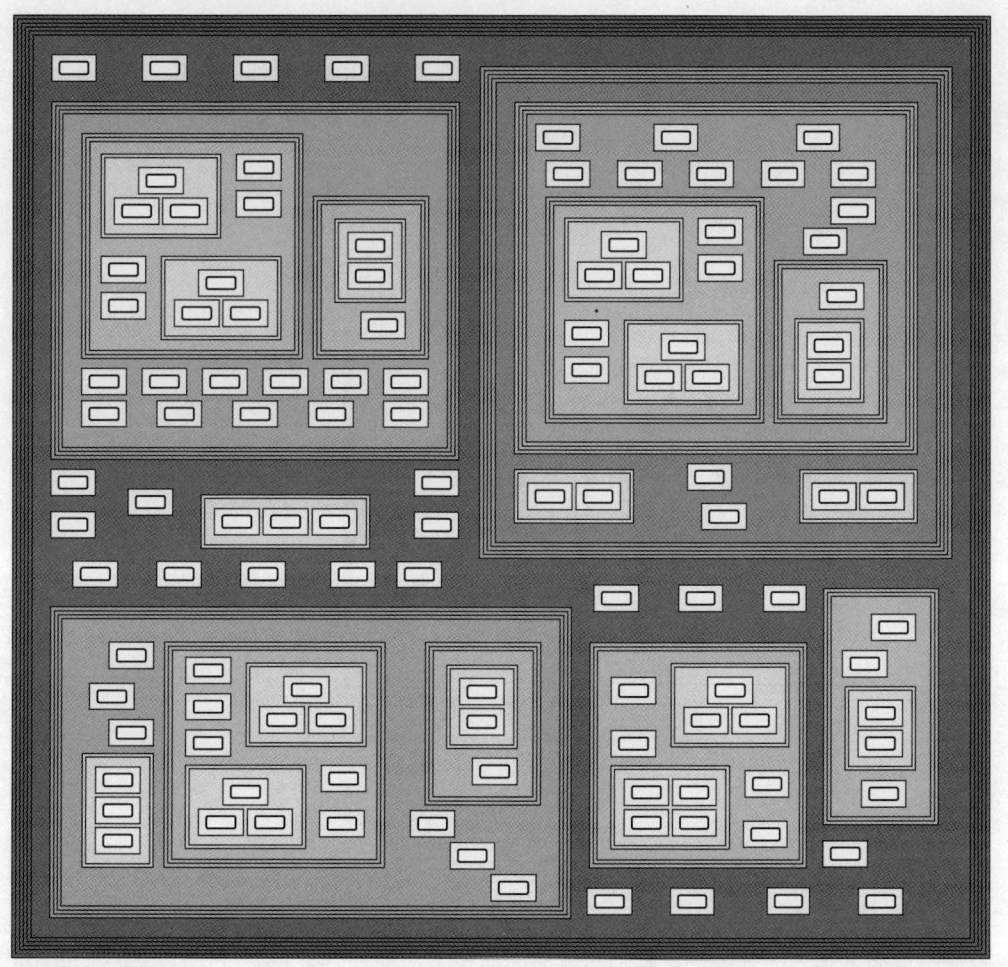

myunbalancedlib

图 2-8　物理聚合层级不平衡的发布单元（坏主意）

2.2.17　不仅要层次化，而且要讲究平衡

　　大型系统的有效定期分解不仅需要层次，还需要平衡。我们选择相应地为我们的软件开发建模。虽然严格来说不必要，但我们希望每个聚合都包含物理复杂性相似的实体。特别是，我们故意避免将组件放在发布单元中较大的聚合体旁边。我们发现，在每个聚合深度具有可比复杂性的实体可以提高理解能力并方便复用。

　　在物理聚合的每个不断增长的层级上，我们都努力将大量但不是压倒性的信息和工程整合到一个统一的抽象层次上，以便能有效地理解和使用这些信息和工程。通常，我们希望相关的示意图细节与图 2-9 中各个图的复杂性相对应，可以合理地放在一张 216 mm×279 mm 的纸[①]上。这一平衡与本书的章节划分非常相似，通过实现平衡我们提供了相当统一的分块内容，这使得分析和讨论更加方便。

[①] 我选择了在美国最常见的活页纸尺寸，而不是其他国家采用的 ISO 216 标准的纸张尺寸，A4 是这些国家中最常见（与 LETTERS 类似）的尺寸。

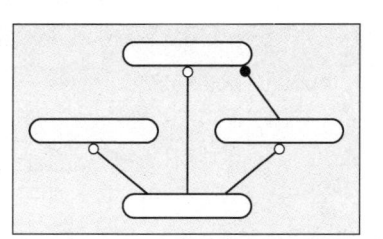

（a）聚合层级1：包含相关逻辑内容的组件

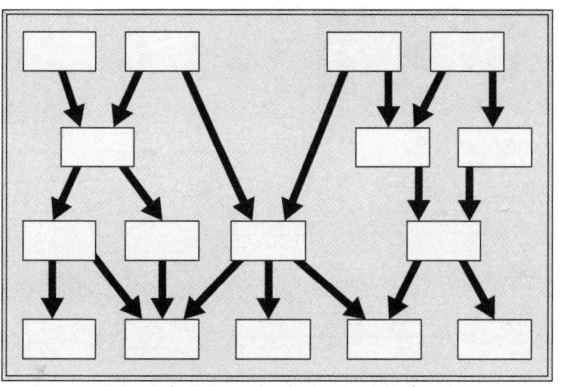

（b）聚合层级2：相关联的组件构成的包

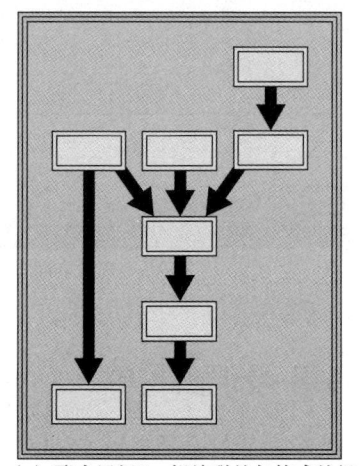

（c）聚合层级3：相关联的包构成的组

图 2-9 平衡物理聚合的每个层级的复杂性

2.2.18 物理聚合超过 3 级即算过多

> **观察** 通常来说，物理聚合若是平衡妥当，超过 3 个层级几乎总是不必要的，并且可能引起麻烦。

一方面，组件很小（是故意细粒度的），小到不合适单独发布或部署。另一方面，平衡物理聚合的层级超过 3 个（如图 2-10 中的示意图所示）便裨益甚少，而且涉及的代码量过于庞大，可能不切实际。可以妥当地放入单个物理库中的内容量是有极限的，开发和构建工具也会有其容纳、处理的上限。还有一些设计和部署方面的问题会阻碍物理聚合如此庞杂的架构实体。

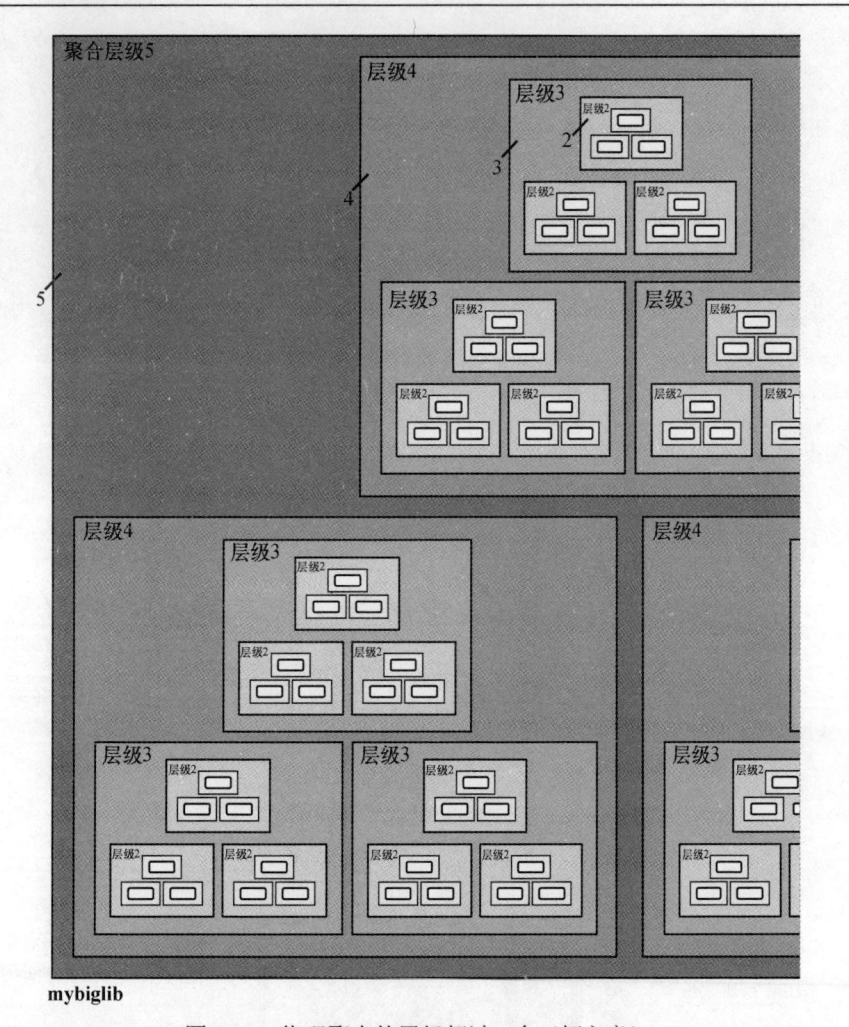

图 2-10 物理聚合的层级超过 3 个（坏主意）

2.2.19 即使是大型系统，3 级也已足够

根据我们的经验，平衡妥当的 3 级架构显著物理聚合足以表达相当大规模的库。当发布单元中存在 3 个架构显著的层级时，我们总是称其中第二层级的实体为包[1]（见 2.8 节），称这一发布单元为包组（见 2.9 节）。

例如，即使像图 2-11 对组件、包和包组作保守的大小估计，每个发布单元平均可支持 20 万行非注释源代码，这还不包括其相应的组件级测试驱动程序（见卷 3 的 7.5 节）。据此估算，就算 1 000 万行源代码规模的企业范围的库软件也只需要 50 个这种大小的发布单元，更大的代码库只需要按比例增加发布单元的数量即可。

$$500\,\frac{源代码行数}{组件} \times 20\,\frac{组件}{包} \times 20\,\frac{包}{包组} = 200\,000\,\frac{源代码行数}{发布单元}$$

图 2-11 对组件、包和包组的大小的保守估计

---

① 注意，发布单元也可以是一个孤立包，但要有让人信服的工程原因说明为什么不用包组，对于（层次化可复用）库软件尤其如此。

2.2.20 发布单元总有2级或3级的物理聚合

按照本书中的方法论，库软件中平衡妥当的、架构显著的物理聚合的层级数将总是至少为 2（组件和它们构成的发布单元），但绝不超过 3。

在极少数情况下，可能有合理的理由（例如容纳大型整块式且由外部设计的接口[①]），纯粹出于组织目的，引入额外的、交织的物理聚合。任何像这样对架构显著的聚合的实现进行的基于组织的划分（就像对组件的划分一样），自然不应再具有架构显著性（见 2.11 节）。

2.2.21 平衡得当的3级聚合就已足够

上文中建议的对物理聚合的"人为"限制绝不会束缚个体开发人员的创造力；相反，这种结构规整的物理聚合模型有助于将创造力集中在最有效的地方，也就是功能上，而不是集中到打包上，从而使软件开发团队更加成功。事实证明，一个规整、平衡和相当浅的架构结构也有利于在我们的专有库软件中识别每个架构显著的逻辑和物理实体（见 2.4 节）。

2.2.22 发布单元应该是最为架构显著的

我们有意避免创建比单个（物理）发布单元更大的具有架构显著性的东西。[②]如图 2-12a 所示，将如此庞大的逻辑单元按原子方式处理会扩大可容许依赖包络，而不会给内聚的物理实体中的逻辑功能带来任何具体的封装（见 2.3 节）。取而代之的是，我们会将这种粗糙的架构方针更明确地建模为发布单元之间的单独可容许物理依赖（图 2-12b）。在单个（架构显著的）物理聚合中，能够封装出的逻辑子系统越多，我们越能从这些实体之间的逻辑关系中推断出有用的物理依赖（1.9 节）

2.2.23 架构显著的名称必须唯一

设计规则	在整个企业中，每个架构显著的实体的名称都必须是唯一的。

C++语言要求，如果某一逻辑实体的名称在定义它的翻译单元之外是可见的，这一名称就必须在程序中是唯一的（1.3.1 节）。我们的要求比这更强。我们要求我们的库中所有外部可访问逻辑实体的名称能够唯一地标识其实体，因为有了复用之后，这些逻辑实体可能有一天会纠缠在一个程序中（见 3.9.4 节）。出于同样的原因，所有发布单元（包组和包）的名称和组件的名称（都对外部客户可见）也必须是全局唯一的。

即使没有我们的衔接命名策略（见 2.4 节），确保组件文件名本身在整个企业中全局唯一（无论目录结构如何）仍有令人信服的优势（见 2.4.6 节和 2.15.2 节）。[③]

> 唯一文件名带来的好处是独一无二的。在系统中任何位置（无论是在日志消息、断言、电子邮件还是文本编辑器的选项卡里）看到一个文件名（如 xyza_context.h）时，我们都能唯一地知道它所指的组件。唯一的文件名还使源代码中的包含指令的呈现正交于与头文件在文件系统中的物理位置。文件名不唯一并不会破坏任何事情，但由于文件名不再是唯一的标识符，要将许多任务集

[①] C++标准库整个都在 std 命名空间中，它就是这样一个整块式规约的例子。

[②] 用单个企业范围的命名空间来保护所有我们编写的组件中含有的名称，这一做法不依赖特定设计的任何方面的，而且是个好主意（见 2.4.6 节）。

[③] 2019 年 4 月 1 日，Mike Verschell 成为彭博 BDE 团队的经理，取代了创始人 John Lakos，此时本书中描述的方法论已应用于真实大规模 C++软件开发近 18 年。Mike 在个人电子邮件中写下了他对唯一文件名所持的总体看法。

合在一起会变得更加困难。在一个有着成千上万组件的大规模组织中（肯定会有许多组件的基名是"context"），让文件名作为标识符保持唯一会是个非常宝贵的特性，现在如此，将来也是如此！

—— Mike Verschell

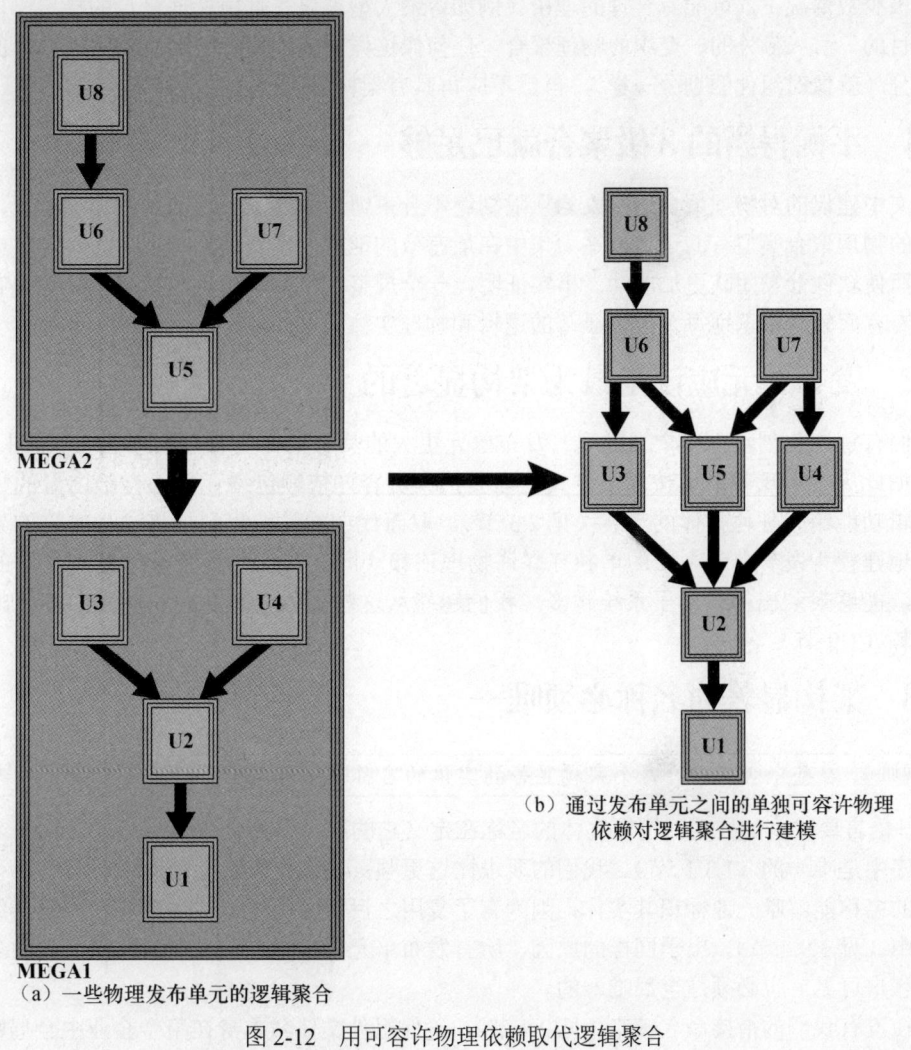

（b）通过发布单元之间的单独可容许物理
依赖对逻辑聚合进行建模

MEGA1
（a）一些物理发布单元的逻辑聚合

图 2-12　用可容许物理依赖取代逻辑聚合

2.2.24　不要出现循环物理依赖

设计要务　物理聚合之间可容许的（已明确表示的）依赖必须是无环的。

　　无论物理聚合的层级如何，任何物理实体之间的循环物理依赖[①]都不可扩展，并且总是不受欢迎。这种相互之间循环依赖的架构不仅难以构建，而且相较于无环架构更难以理解、测试及维护。事实上，为了帮助改善人类认知，我们几乎总是对源代码进行结构化，以避免对逻辑实体的

---

① 假设有一堆互相依赖（连通）的实体，将其中任意两个实体之间的直接依赖表示成一个二元关系矩阵，如果这一矩阵的传递闭包不是反对称的，则这些实体是循环依赖的。

引用，即使在同一个组件中也是如此。每当设计的物理规约容许是架构显著的物理聚合之间循环依赖时，我们都断言设计存在不可接受的缺陷。即使出于某些不寻常的（组织）原因，我们选择将一个对外可见聚合划分为架构不显著的子聚合（见 2.11 节），我们仍然坚持这些子聚合之间可容许依赖也是无环的（另见 2.15.10 节的图 2-89）。

2.2.25 本节小结

总之，物理聚合是逻辑内容的物理内聚单元，是任何开发过程中都必要的抽象。物理聚合的组织细节可能会因平台，编译器/连接器技术和部署策略的不同而有所差异；因此，每个物理聚合至少在架构上被视为原子。我们的逻辑设计也必须始终受为聚合指定的架构可容许的（而不是实际）物理依赖的约束。在每个连续的聚合层级上平衡复杂性有助于人们的认知和潜在的复用。使用 3 个平衡层级的架构显著的物理聚合已被证明足以（实际上是最佳的）描述甚至是最大的系统。但是，我们确实希望避免跨发布单元的架构显著的逻辑实体（企业范围命名空间除外）。

2.3 逻辑连贯和物理连贯

在开发大规模软件时，逻辑设计和物理设计必须在每个打包层级以几种相当具体的方式协调一致。打包良好的软件的最基本特性可能是在物理模块或聚合的集合接口内公布所有直接在该模块内实现的逻辑构件［如组件、包、发布单元（2.2 节）］。若是用有向图描绘软件结构，以节点表示内聚的逻辑内容，有向边表示对其他物理模块的（无环）依赖，则有向图足以描述具备上述特性的软件，而不具备该特性的软件一般难以用这种有向图描述。本书将此类不受欢迎的软件称为逻辑和物理上不连贯的软件。

例如，组件特性 3（1.6.3 节）指出，如果一个外绑结型逻辑构件声明在一个组件的头文件中，则该组件是唯一允许定义该构件的组件。回顾 1.9 节，如果知道具备组件特性 3 的分离组件中含有的类之间的逻辑关系，我们就可以可靠地推断这些组件之间的物理依赖。不能完全封装其逻辑构件定义的任意 .h/.cpp 对会使设计（和组织）依赖的推理变得不必要地复杂（如图 1-46 中类 Date 的输出运算符定义错误）。因此，我们要求，组件公布的任何逻辑构件都必须完全在该组件中定义，而不是在其他组件中定义。

指导原则　架构内聚的逻辑实体应紧密封装在物理实体中。

我们从单个组件中获得的逻辑/物理连贯性的相同优势也适用于较高层级聚合的库软件。例如，假设我们有两个相当大的逻辑子系统，我们称之为 buyside（买方）和 sellside（卖方）。每个子系统由多个类组成。在本次讨论中，让我们假设每个类都是在其各自分离的组件中定义的，并且非捆绑组件的依赖图是无环的。图 2-13 显示了当从逻辑角度构想的子系统成为现实时经常发生的情况。尽管这些系统的逻辑和物理方面是一致的，但聚合设计的循环物理性质并不能扩展，因此是不可接受的（2.2.24 节）。

避免跨聚合边界的循环物理依赖不仅有利于构建工具，还有利于开发人员的认知和推理。如果所需要的只是两个库，其中聚合之间的组件依赖的包络是无环的，那么对这些组件机械地重新划分就足够了，如图 2-14 所示。但是，除了要在物理上无环，还要让软件打包方便人的认知，设计的逻辑和物理方面就必须保持连贯。

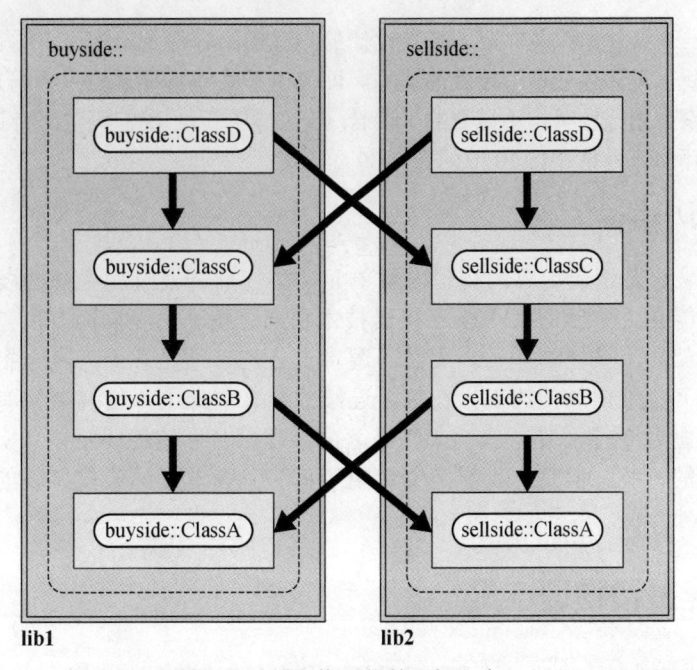

图 2-13　循环物理依赖（坏主意）

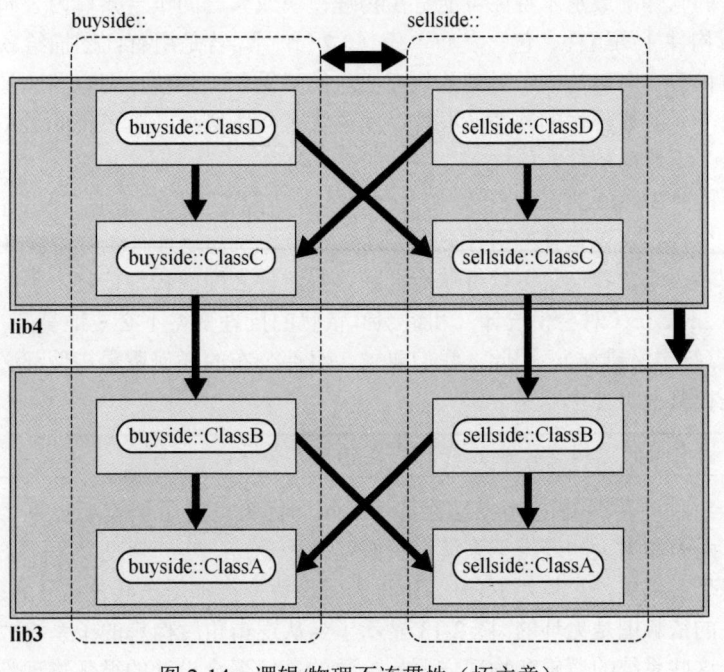

图 2-14　逻辑/物理不连贯性（坏主意）

　　虽然消除了两个库之间的循环物理依赖，但逻辑设计和物理设计已经有所不同。现在，两个逻辑子系统都不被物理库封装。因此，我们从抽象逻辑使用（子系统层级）推断聚合物理依赖的能力将会丧失。也就是说，如果客户抽象地使用了 buyside 或 sellside 逻辑子系统，我们必须知道该使用的细节，或者假定对这两个库都有隐含的物理依赖。就像循环物理依赖一样，我们对逻辑和物理上不连贯的设计进行推理的能力也不会扩展；因此，这种设计是要避免的。

将软件的逻辑特性和物理特性结合在一起是使大规模系统的有效开发成为可能的原因。实现逻辑子系统的有效模块化并非总是容易的，可能需要对子系统的逻辑设计进行重大调整（见第 3 章）。如图 2-15 所示，重新设计甚至可能产生某种不同的逻辑模型。在开发周期的早期阶段实现逻辑/物理连贯物理依赖无环的设计需要深思熟虑，但要比在编码完成后调整设计容易得多。然而，一旦向客户发布，重新构建子系统这一已经十分艰巨的任务将变得更加棘手，而且往往是难以克服的。

在整个代码库中实现逻辑和物理连贯性以及物理依赖无环是绝对必要的。但是，除了确保这些重要特性，我们还需要一种策略，不仅保证每个架构显著的逻辑实体和物理实体的名称在整个企业中都是唯一的，而且还可以从其使用点进行识别（并定位其定义），而不必使用工具（如 IDE）。2.4 节将讨论我们如何在实践中实现这些附加目标。

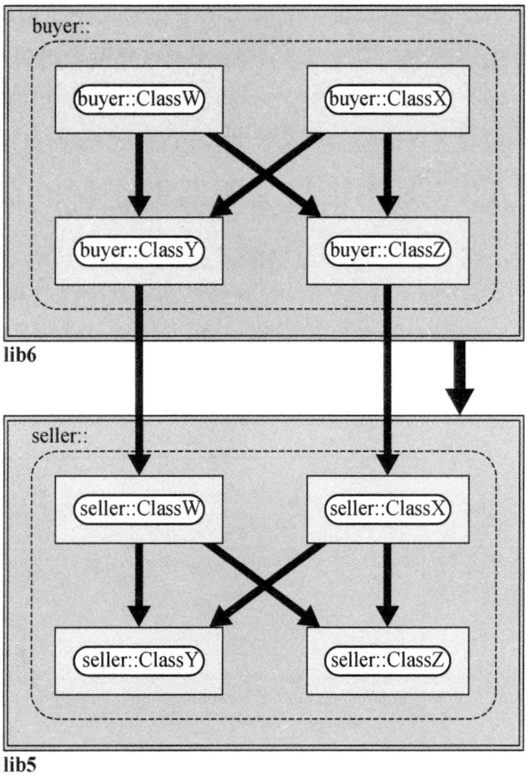

图 2-15 无环的逻辑/物理连贯性（好主意）

2.4 逻辑名称衔接和物理名称衔接

能够直接从使用点识别每个逻辑构件定义的物理位置，这是设计的一个重要方面，它将我们的方法与软件行业中使用的其他方法区分开来。然而，这一设计方面的实际优势很多，本节将对此进行探讨。

2.4.1 过去对命名空间污染的应对措施

全局命名空间污染是一个由来已久的问题，具体而言，是指局部构件篡夺了短的公共名称。众所周知，在文件作用域内（甚至在.cpp 文件中）将一个类命名为 Link 或将一个函数命名为 max 是自找麻烦。如果不受管理，名称冲突的概率会随着程序大小的增加而增加。开发人员通常会根据有希望唯一的前缀（如 ls_Link、myMax、size_t）命名逻辑构件的特殊约定来解决此问题。当逻辑构件的使用仅限于单个.cpp 文件时，我们始终可以使单个函数保持静态，并在无名命名空间中嵌套局部类。然而，名称冲突的问题也扩展到头文件。

2.4.2 名称务必唯一，衔接的命名有益于人

回顾 2.2.6 节，如果有意使逻辑实体或物理实体的名称（或符号）从定义它的发布单元外部可见，则该实体是架构显著的。要明确地引用每个架构显著的实体，我们要求每个此类实体的名称是全局唯一的。我们如何实现这一唯一性在某种程度上是一个实现细节（至少从编译器的角度来看）。然而，正如我们将在本节中阐明的，对人而言，衔接的命名已经被证实提供了有力的认知强化。

假设我们要实现一种架构显著的类型，例如表示价格的类型（如金融工具）。要如何确保此

类型名称是全局唯一的？理论上，实现唯一命名的方法有很多。例如，可以维护一个逻辑名称的中央注册表。第一个选择 Price 的开发者可以使用这个名称！实现类似概念（有许多方法来描述价格）的下一个开发者将被迫选择其他名称（如 MyPrice、Price23）。同样的方法也可以很容易地用于保留唯一的文件名。

2.4.3 既不衔接又不有助记忆的命名荒谬至极

将这种方法推至极限，我们甚至可以让注册表基于全局计数器生成唯一的类型名称，如 T125061、T125062、T125063 等。对组件名称也可以这样做（如 c05684、c05685 和 c05686），甚至对发布单元也是如此（如 u1401、u1135 和 u1564），如图 2-16 所示。就编译器和连接器而言，所有这些都运行良好。此外，将一个组件从一个聚合物理地移到另一个聚合不会造成名称上的影响。但这种命名方式并不利于人的认知。

```
// c27341.h              // 定义类date的组件

#include <c11317.h>      // 声明了实现星期的T161459

// ...

class T121056;           // 输入流设施的局部声明
class T121059;           // 输出流设施的局部声明

class T121547 {          // 类date的定义

    static bool isYearMonthDayValid(int year, int month, int day);

    // ...

    T121547();
    T121547(int year, int month, int day);
    T121547(const T121547& original);
    ~T121547();

    // ...

    T121547& operator=(const T121547& rhs);

    // ...

    void setYearMonthDay(int year, int month,int day);
    int setYearMonthDayIfValid(int year, int month, int day);

    // ...

    int year() const;
    int month() const;
    int day() const;
    T161459::Enum dayOfWeek() const;

};
// ...

T121056& operator>>(T121056&  inStream,        T121547& date);
T121059& operator<<(T121059& outStream, const T121547& date);
```

图 2-16 荒谬的不透明的、不衔接的生成式唯一名称（坏主意）

维护一个中央数据库以留存各个类或组件名称是不切实际的，显然不是最佳答案。相反，我们将利用层次一次分配多个层级的命名空间。但是，这种层次既不是临时的，也不是任意的；除了全局企业范围命名空间（见下文），在本书的方法论中用到的每个命名空间都将对应于一个连贯的、架构显著的、逻辑和物理上内聚的聚合。

2.4.4　需要相互衔接的名称

对于每个架构显著的逻辑实体，至少有 3 个相关的架构名称：

（1）逻辑实体本身的名称（或符号）；

（2）声明该逻辑实体的组件（或头文件）的名称；

（3）实现该逻辑实体的发布单元的名称。

确保这些名称有意地衔接将对开发和维护产生重大影响。因此，我们如何以及在何种物理层级实现名称衔接是我们方法论中的一个独特且非常重要的设计考虑因素。

2.4.5　过去/现在对包的定义

> **定义**　在大于组件的实体中，包（package）是具有架构显著性的最小物理聚合。

> **推论**　包的名称必须在整个企业中唯一。

包（见 2.8 节）是一个架构显著的（全局可见的）逻辑和物理设计单元，它用于聚合组件，但必须遵守明确规定的可容许依赖准则（2.2.14 节）。包也是使相关组件物理和名称上衔接的一种手段，稍后我们即将看到这一点。通过这些方式，包使设计人员能够在源代码中捕获和反映单凭组件不容易表达的重要架构信息。

历史上[①]，包被定义为一个组织成（逻辑和）物理内聚的单元的组件集合（见 2.8.1 节）。尽管按本书方法写出的包均是用组件来实现的，但其他包含多个头文件、理由充分且架构显著的物理实体，虽不聚合组件，当然也是可能的。[②]

使用上述定义，包可以作为一个统一的术语来描述任何比组件更大但不一定是基于组件的、架构显著的代码主体。但是，我们总是将不完全符合我们设计规则（特别是与 2.4 节剩余部分中描述的衔接命名约定相关的规则）的组件组成的包定性为不规整的（见 2.12 节）。

现假设我们有一个逻辑子系统，称为债券交易系统（bond trading system，在代码中简称为 bts）。进一步假设这个逻辑子系统由一些用组件实现的类（包括价格类）组成，而这些组件又被聚合到一个包中，作为独立的库（如 libbts.a）进行原子部署。如何把 bts 债券价格类和其他价格类区分开？定义该价格类的组件的名称又应该叫什么？

2.4.6　使用点就应足够敲定位置

> **指导原则**　在包级命名空间作用域中声明的任何逻辑实体，对它们的使用应足以指示定义该实体的组件、包和发布单元。

---

① **lakos96**，7.1 节，第 474～483 页。

② 我们所知道的用 C++（在 **lakos96** 之前或之后）描绘类似概念的畅销书作者中，只有 Robert Martin 的概念算搭个边。Booch 提出过作为逻辑实体的类类别（class category）的概念（**booch94**，5.1 节，"Essentials: Class Categories"，第 581～584 页），Martin 对其做了改编，Martin 的类别（category）以逻辑和物理特性的相关性将类聚在一起。根据与 Martin 的私人（电话）交流（约 2005 年），他扩展后的类别要比组件大得多，但比一般的包（见 2.2.19 节的图 2-11）要小一点，几乎每个头文件就一个类（见 3.1.1 节）；见 **martin95**，"High-Level Closure Using Categories"，第 226～231 页。

当开发者看到代码中使用的逻辑构件时，他们会希望能够看一眼就知道它隶属于哪个组件、包和发布单元。如果没有明确的策略，类的名称、声明该类的头文件以及实现该类的发布单元的名称之间可能会互不相关，如图 2-17 所示。看到 BondPrice 的客户仅从使用中无法揣测出定义 BondPrice 的头文件是哪个，也不知道哪个库实现了它；因此，在后续的所有客户代码维护过程中，都需要全局搜索工具。

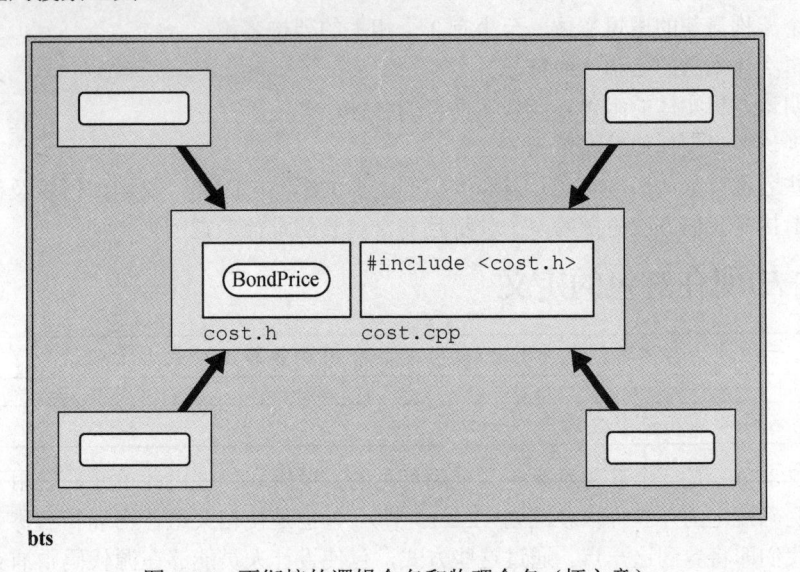

图 2-17　不衔接的逻辑命名和物理命名（坏主意）

同样，为实现此逻辑子系统而打包在一起的其他组件可能具有彼此无关的名称，从而掩盖了此子系统的衔接物理模块。尽管源代码中的明确的"视觉"关联并非严格必要，但经验表明，它有助于人的认知。这种名称上的衔接反过来又强化了对逻辑/物理的连贯（2.3 节）的更关键的需求。因此，相关的架构显著实体之间的逻辑名称和物理名称衔接是我们打包方法论的明确设计目标。

设计规则	组件文件（.h/.cpp）的根名称必须与组件本身的根名称相同（仅在后缀上有所不同）。

作为 .h/.cpp 对实现的组件本性上便已经自然地表现出某种程度的物理名称衔接。注意，在我的第一本书出版时（1996 年），情况并非如此。由于早期对文件名长度的不合理限制，要区分静态库（.a）文件中包含的 .o 文件，.o 文件名往往不得不缩短；因此，需要维持外部交叉引用，以便重新确立各组件的内聚本性。[1]

推论	任何库组件的文件名在整个企业中都必须唯一。

回顾 2.2.23 节，每个全局可见的物理实体都必须具有唯一的名称。由于库组件头文件至少有可能（见 3.9.7 节）在其各自发布单元之外是清晰可见的，并且其相应的 .cpp 文件派生自相同的根名称，但它们之间又有区别，因此它们也必须是全局唯一的。注意，与库组件不同，应用包中的组件名称（见 2.13 节）不必与其他应用包中的组件名称不同，只要它们的逻辑名称和物理名称与库中的名称不冲突，就像本书的方法论中所说的那样。同一程序中永远不会有两个这样的应用包。

设计规则	任何组件都必须处于一个包内。

---

① **lakos96**，附录 C，第 779～813 页，特别是附录 C.1，第 180～193 页。

组件用于达成非常专注的目的，并为层次化复用而特别定制（0.4 节），它们往往过于细粒度，很难单独发布（2.2.20 节）。因此按本书的方法论，每个组件都必须嵌套在一个更高层级的架构显著的聚合中，这一聚合（根据定义）是一个包。虽然仅在 0.7 节中概述的物理形式统一的好处（增强了可理解性和自动化工具的便利化）是有说服力的，但如果不严格遵守这一规则，将远远达不到它所寻求的潜在好处。这里的目的不仅是提供软件的统一和平衡的物理表示，而且是为了构建一个层次化存储库，其中包含的元素从逻辑和物理角度来看都是内聚的和协同的（见 2.8.3 节）。此外，我们还希望确保我们编写的每个库组件在我们公司范围内的存储库的物理层次中都有一个自然而明显的位置（见 3.1.4 节和 3.12 节）。

> **设计规则** 每个组件的（全小写）名称必须以其所属包的（全小写）名称开头，后跟下划线（_）。

确保架构显著的名称之间明显可见的衔接性的第一步是确保组件名称反映其所在的包的名称，如图 2-18 所示。只要看一下 `bts_cost` 组件的名称，我们就知道存在两个名为 `bts_cost.h` 和 `bts_cost.cpp` 的组件文件，它们位于 `bts` 包中。[1][2]

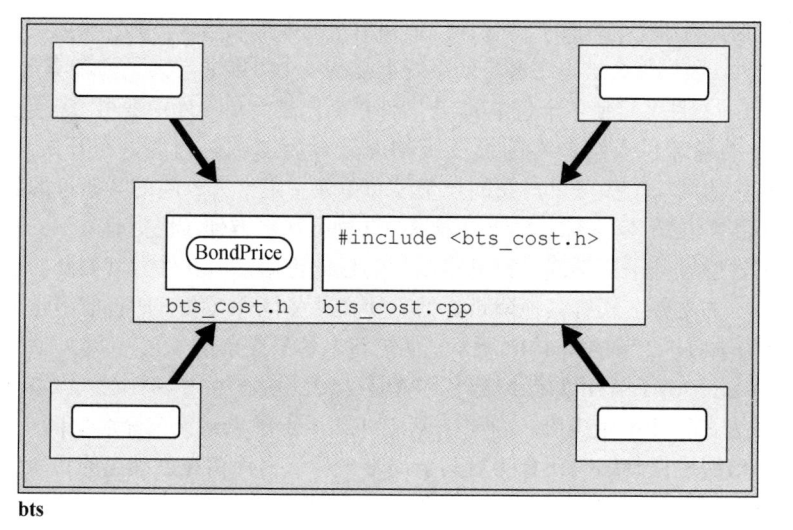

图 2-18 总是反映外围包的组件名

本书倾向于不在物理实体（如文件、包和库）的名称中加入任何大写字母（1.7.1 节），这是由于一些常用的文件系统（特别是 Microsoft 的 NTFS）不区分大小写。[3]理论上，只要所有文件名小写后还仍然唯一就不会产生冲突。但实际上，在物理打包中拥有不必要的额外自由度会使开发/部署

---

[1] 在本书的方法论中，包（见 2.8 节）可以被聚合到一个组中（见 2.9 节），也可以作为独立包发布，这两个类别各有各自不同（非重叠）的命名约定（见 2.10 节）。组内包的名称长度为 4~6 个字符，前 3 个字符作发布单元的包组的名称。典型的独立包的名称有 7 个或更多字符，以确保它们与组内包的名称不相交。某些极少数情况下，特别是对于使用广泛（或标准）的库，我们可以创建一个大小堪比包组的包，让它的前缀只有 3 个字符，例如 `bts`（或 `std`）。虽然对非常多的组件使用这种超短命名空间名称有时可以提高广大客户群的生产率，但这种库的开发和维护往往需要比基于包组的那种更精细的方式花费显著更多的技巧和精力。2.11 节讨论了用（架构不显著的）子包来支持这种名称上整块式的库。

[2] 这种命名方式起源于标准化之前，我们必须使用逻辑型包前缀来实现逻辑命名空间，如 `bget_Point` 而不是 `bget::Point`。即使随着 C++98 标准中 namespace 构件的出现，我们仍在继续利用这种方法命名物理实体，有时甚至是逻辑实体，如在过程接口中（见 3.11.7 节）。

[3] 为了提高可读性（和名称衔接性），经常建议我们更改以允许组件文件名中的大写字母，并要求它们与包含类的主体类或通用前缀完全匹配（见 2.6 节），而不是当前所需的小写名称。我们认识到，多字文件名的可读性可能会受到影响（具有讽刺意味的是，它提供了一个令人欢迎的激励措施，使组件的基本名称保持适当的简明）。

工具复杂化,还有碍于人的理解,这使得给 C++ 源代码的文件名混用大小写的做法欠佳。[①]

另外,也许最重要的是,我们发现,具有始终以大小写混用的形式呈现的类的名称(1.7.1 节)——与全小写呈现的物理名称不同——在符号表示上是方便的,并且在视觉上加强了这两个不同设计维度之间的区别,如在组件/类图(图 2-18)中所示。不应低估源代码和外部注释(如本书)中这种视觉区分所带来的效用。

虽然 namespace 构件对逻辑名称可以奏效且效果显著,但对应的物理名称(也就是组件的文件名)却不好用命名空间解决。也就是说,即使使用命名空间,使用简单名称(如 date.h)的头文件仍然存在问题。我们可以像许多人一样强制客户在源代码中嵌入指向相应头文件的部分(相对)路径(如 #include <bts/date.h>);但是,确保文件名在企业范围内的唯一性(如#include <bts_date.h>)在部署方面提供了卓越的灵活性。[②]换句话说,通过使所有组件文件名本身在设计上都是唯一的(无论相对目录路径如何),我们在部署过程中对重新打包提供了更好的稳健性和灵活性(见 2.15.2 节)。

从软件厂商的角度来看,我们的打包方法论的早期明确需求是能够从庞大的存储库中选择一个组件或任意一组特定组件,并将它们与这些组件所依赖的组件(直接或间接)一起提取(副本),并将这些组件作为具有单个("平的")包含目录和单个的库提供给客户归档。如果我们允许开发目录结构掺杂源文件,我们就会被迫在客户的系统上复制一个可能非常大且稀疏填充的目录结构。同样,非唯一的.cpp 文件名将使多个包中的.o 文件重新归档到单个库中变得困难起来。

这种不必要的稀疏目录结构将因第三级物理聚合而加剧。例如,在开发过程中位于包级 #include 目录中的同一个头可以与在同一个发布单元中组合在一起的其他包的头共存(在单个组级#include 目录中),对外部客户使用来说,这种方法更方便(也更有效[③])。在部署方面拥有这种卓越的灵活性胜过基于美学或"常见实践"的任何论据,库软件尤其如此。

确保全局唯一的文件名还有其他附带好处。使文件名包含其唯一的包前缀也简化了对包含保护符名称的预测。如 1.5.2 节的图 1-40 所示,保护符名称只是前缀 INCLUDED_ 后跟大写的根文件名(如文件 bts_bondprice.h 的保护符名称就是 INCLUDED_BTS_BONDPRICE)。编译器通常使用实现文件名作为在程序中生成唯一符号的基础(如用于虚表或无名命名空间中的构件)。对文件名中的唯一一包前缀进行硬编码还意味着其全局唯一标识将保留在创建它的目录结构之外(如在 ~/tmp 中、作为电子邮件附件或在打印机托盘中)。正如我们所做的(见 2.5 节),在每个组件文件的第一行上始终重复文件名作为注释,这进一步增强了其身份。仅仅通过查看文件的名称来了解文件的上下文是一个很快就会想到并依赖的有用的特性。

设计规则 | 在组件中声明的每个逻辑实体都必须嵌套在与此实体所在包同名的命名空间中。

在 C++ 语言引入 namespace 关键字之前(像 C 语言这样不提供逻辑命名空间构件的语言,现在也是如此),最优的解决方案是要求文件作用域中声明的每个逻辑实体的名称尽量都以一个注册好的前缀开头,该前缀在包含这些逻辑实体的架构显著、物理内聚的上一级聚合(也就是包)中是唯一的。[④]给组件中每个架构显著的逻辑实体名称前都加上逻辑型包前缀,尽管很多人会觉得不美观,但确实能有效避免名称冲突,并且有助于名称上的衔接,从而增强逻辑/物理上的连贯性。

---

① 坚持以全小写(all_lowercase)呈现组件文件名也有效地避免了逻辑名称的"重载",如将 DateTimeMap 和 DatetimeMap 放在分离的组件中——从可读性的角度看,我们无论如何都想避免这样的事情。想象一下,在客户的服务热线电话上怎么传达这样的区别!

② 我们断言(见 2.10.2 节),即使对最大的源代码存储库,这一方法仍然可行。示例见 **potvin16**。

③ **lakos96**,7.6.1 节,第 514~520 页,特别是图 7-21 和图 7-22(分别在第 519 页和第 520 页中)。

④ **lakos96**,7.6.1 节,第 514~520 页,特别是第 519 页的图 7-21。

图 2-17 中使用逻辑型包前缀（现已弃用）的物理模块被重新实现了一遍，见图 2-19，仅供参考。

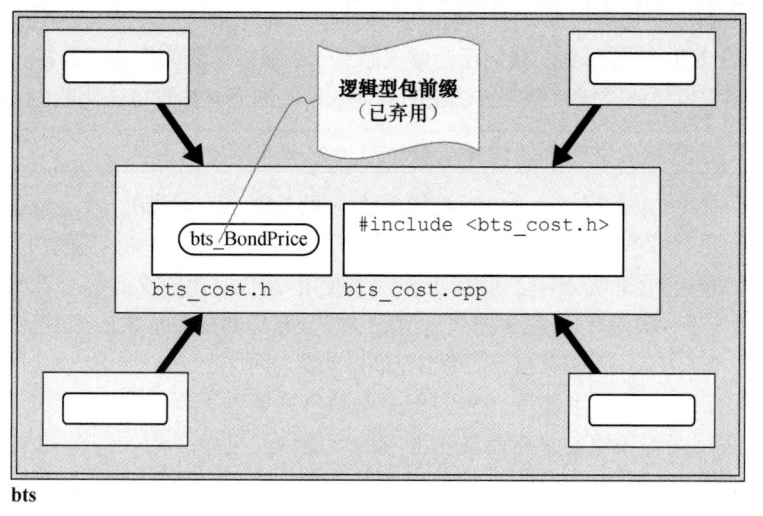

图 2-19 （经典的）逻辑型包前缀（已弃用）

现行各大 C++编译器早已支持 namespace 构件，随后人们开始倾向于简洁纯粹的逻辑名称。我们大约从 2005 年开始将逻辑实体都嵌套在命名空间中，这一命名空间的名称与定义该构件的组件所在的包的名称相同，如图 2-20 所示。逻辑型包级命名空间的使用和原来逻辑型包前缀的用法是同构的，因此改用逻辑型包级命名空间后，和组件文件名沿用的物理型包前缀的用法是一致的，逻辑名称和物理名称还是衔接的。

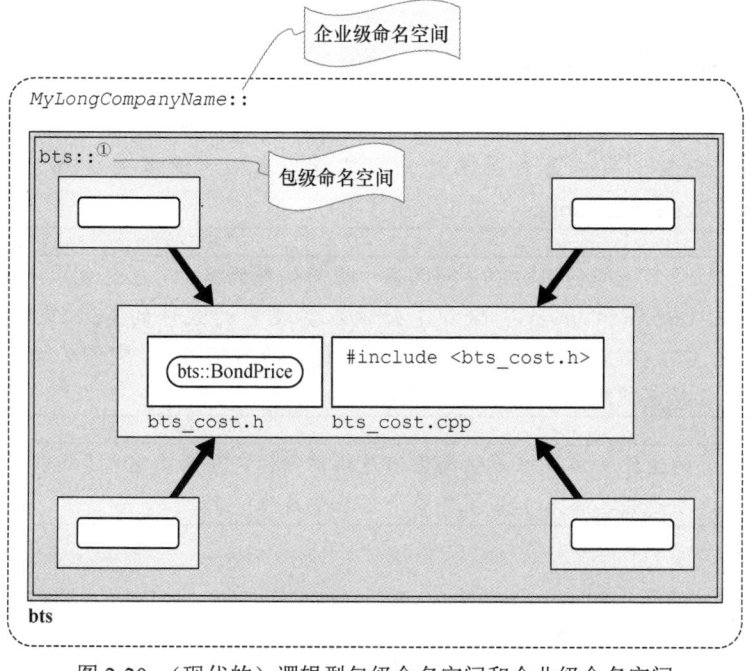

图 2-20 （现代的）逻辑型包级命名空间和企业级命名空间

---

① 注意，当命名空间不合适时（如 extern "C"连结的函数），我们会回过来使用逻辑型包前缀（见 3.11.7 节）。

2.4.7　专有软件须有企业级命名空间

读者大概从图 2-20 已预料到，我们还会建议添上一个非常重要的企业级命名空间，以便我们能够消除与可能遵循我们（或类似）命名方法论的其他软件的冲突（尽管这在实践中罕见）。

设计规则	每个包级命名空间都必须被嵌套于唯一的企业级命名空间内。

通过将我们所有的专有代码（main 应用函数除外，见 2.13 节）屏蔽在一个企业范围的名称（如我们的公司全名）后面（如图 2-20 所示），我们几乎消除了任何意外外部冲突的可能性。而且，由于我们的所有组件都位于同一个企业级命名空间内，因此无须使用 using 声明或指令。[①]在极不可能发生的与外部软件冲突的情况下（即使有 using 指令），消除冲突仅仅需要在前面加上公司范围的符号或第三方产品的符号，如果第三方代码没有其自己的命名空间，就在前面加上::。

相反，拥有由最高层级命名空间代表的每个单独包将导致（至少在概念上）大量的短全局符号，从而增加与采用类似策略的供应商发生冲突的可能性（见卷 3 的 8.3 节中的生日问题）。[②]不管怎样，为我们自己的代码使用一个（某程度上是唯一的）企业范围的"保护伞"命名空间有助于降低风险，因此是可取的。

实现逻辑和物理名称衔接的下一步是正式确定在组件中定义的逻辑实体的命名方式，以便仅使用它们就可以标识定义它们的组件。为了简化描述，我们提供了组件基名的以下定义。

注意	组件的基名（base name）是指这一组件头文件的根名称，不算包前缀和紧跟其后的下划线。

在图 2-20 中所示的组件的基名是 cost。但是，该名称没能衔接上该组件定义的类 BondPrice 的名称。

2.4.8　逻辑构件署名应锚定于其组件

注意	切面函数（aspect function）是签名的语义普遍统一的（如 begin 或 swap）具名（成员或自由）函数；当它是自由函数时，其行为类似于运算符 [如对参数依赖查找（argument-dependent lookup，ADL）而言]。

设计规则	在包级命名空间作用域中声明的每个逻辑构件的名称 [自由运算符和切面函数（如 operator== 和 swap）除外] 必须以实现它的组件的基名作为前缀；宏名称（ALL_UPPERCASE）词法上不被限定在包级命名空间内，它们必须将组件的大写名称（包括包前缀）整个作为其前缀。

推论	在架构显著的组件头文件中声明的任何逻辑实体的完全限定名称（如果这一实体是函数或运算符，即是指其签名）必须在整个企业中是唯一的。

---

① 注意，对于大量使用模板的大型代码库，考虑到编译器生成的调试符号长度，使用长的企业级命名空间名称可能是禁止的，这迫使我们选择一个很短的名称，例如我们的股票代码。

② 在单个组织内，通过包组对包进行去中心化的注册（见 2.9.4 节）对于命名冲突的管理是有效的。但我们可以很容易地设想这样一个世界，其中多个企业有着不同的命名制度（与本书的方法论一致），它们的源代码需要在一个代码库中共存。在这种情况下，通过主动在每个组织的组件名称中添加一个非常短的（如两个字符）相互唯一的物理前缀（如 bb_），可以在防止意外的头文件冲突方面起到肯定的作用。该组件名称对应于（但不必相同）其各自唯一的企业级（逻辑）命名空间名称（见 2.4.6 节、2.4.7 节和 2.10.2 节）。

如图 2-21 所示，按组件的主体类或结构体（但全部为小写）去命名该组件，通常可以解决大多数可能的歧义问题。例如，我们希望在名为 `bts_packedcalendar` 的组件中定义类 `bts::PackedCalendar`（如果组件定义了其他密切相关的"打包"类型，则可以想象为 `bts_packed`）。但要注意，在本书的方法论中，除非有 4 个具体的补偿理由之一，否则我们倾向于每个组件都有单一的一个（主体）类（见 3.3.1 节）。只要在单个组件中的包级命名空间作用域定义了多个类，每个这样的类名都将纳入该组件的基名（尽管是大驼峰）作为前缀。[①]

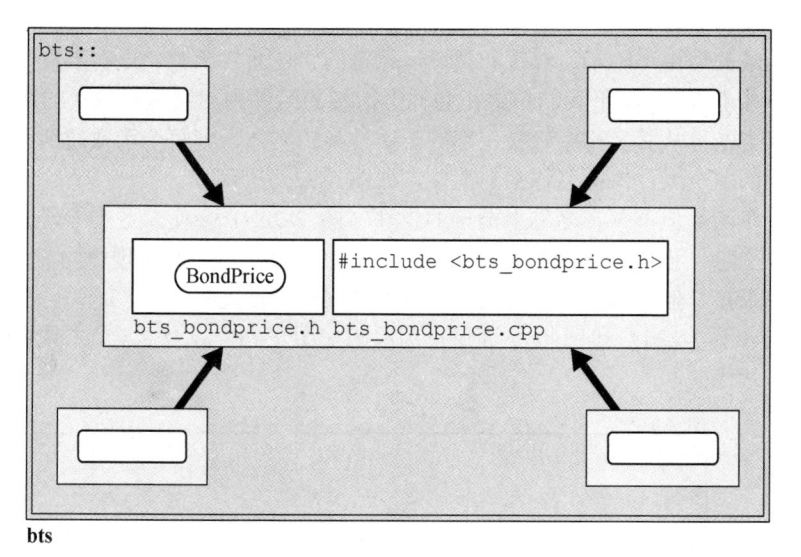

图 2-21　名称上衔接的类和组件（好主意）

在适当的情况下，我们通常在同一组件中定义外部可访问（"公共"）的辅助类（如迭代器），方法是将其追加到主体类名称的后面（如 `bdlt::PackedCalendarHolidayIterator`），或者通过在主体类本身中嵌套辅助类（如 `PackedCalendar::HolidayIterator`）。[②]但要注意，当涉及运算符、继承或用户定义的转换时，某些探测工作可能是不可避免的。2.4.9 节将讨论有关在组件中放置自由运算符的规则。

2.4.9　在包级命名空间的作用域中只有类、结构体和自由运算符

设计规则　在组件的 .h 文件内的包级命名空间作用域中声明的只允许有类、结构体和自由运算符函数（以及类似于运算符的切面函数，如 `swap`）。

为了尽可能地减少混乱，要始终避免在组件头文件的命名空间作用域声明单个函数以及枚举、变量、常量等，而是倾向于始终将这些逻辑构件嵌套在适当的 `class` 或 `struct` 的作用域内。[③]这样做时，我们将这些不太实质性的构件固定在一个更大的、架构显著的逻辑实体中，该逻辑实体与命名空间不同（1.3.18 节），必须完全包含在一个组件中（0.7 节）。我们理解，这条规则与前

---

① 注意，如果对外（"面向客户的"）组件的头文件已另行指定（如标准化接口或已有的遗留库），这条规则可能就不再适用。

② 在实践中，嵌套迭代器类型 `PackedCalendar::HolidayIterator` 可能是非嵌套辅助迭代器类 `bts::PackedCalendarHolidayIterator` 的 typedef，后者授予容器私有（友元）访问权（示例见 3.12.5.1 节）。在 2.6 节中讨论了两个类的强制并置，其中一个类授予另一个类私有访问权。

③ **lakos96**，2.3.5 节，第 77～79 页，特别是第 77 页。

一条规则类似，在存在有效的补偿业务原因［如外部指定的（"面向客户的"）接口］时，可能不适用。①

在命名空间作用域有可修改的全局变量是一个坏主意。将这种变量作为静态数据成员嵌套在类中并仅提供函数访问通常也是一个坏主意，但至少解决了名称上衔接的问题。另外，在类或结构体的作用域内嵌套编译时初始化的常量以及 typedef 声明②是非常好的。要求枚举被嵌套在类、结构体或函数中，可确保所有枚举符都在局部作用域内，并且不会与同一包级命名空间内的其他组件中的枚举符发生冲突。③

避免自由函数的理由，除了运算符和类似运算符的"切面"函数［这些函数可能会从参数依赖查找（ADL）中获益］，源于我们希望在名称上衔接的组件中封装适当数量的逻辑和物理上连贯的功能。虽然类是可从其名称中轻松识别的实质性架构实体，但每个函数通常太小且太具体，无法与定义它们的单个组件保持名称上的衔接，如图 2-22a 所示。④

创建含有多个函数但不存在名称上衔接的组件（图 2-22b）会使人更难推理这些物理节点，因此也是一个坏主意。强制每个函数的名称将组件基名的首字母小写呈现作为前缀（图 2-22c）可实现名称上的衔接，但充其量是尴尬的，并且不能强调逻辑连贯性（2.3 节）。我们可以使用第三层级命名空间（图 2-22d），但出于下面讨论的原因（图 2-23）以及 2.5 节末尾将阐述的原因，我们认为这不是最优的。

```
// xyza_roundtowardzero.h

namespace xyza {

double roundTowardZero(double value);

}  // 结束包级命名空间
```

（a）在包级命名空间作用域的名称上衔接的函数（坏主意）

图 2-22　确保自由函数和组件在名称上衔接

---

① 有时，仅仅是知道类的名称在整个企业中是唯一的就可能会带来帮助。例如，如果出于某种原因，我们要在进程空间之外实现多态对象的流化［streaming，又称外化（externalization）或序列化（serialization）］（见卷 2 的 4.1 节），则唯一地识别我们正在流化的具体类就变成了很重要的一件事。一种常用的有效方法是把我们正在传输的流数据对应的具体类的名称字符串加到这一流数据前面。就像文件包含保护符（1.5.2 节）一样，只要我们能保证组织中每个可能流化的具体类的名称都唯一，此过程就可简化为一套机械的流程。逻辑包前缀（现已预先确定）直接解决了此问题，不过我们还可以通过流化（极其简短的）包名（2.10.1 节）及其后的类名来实现相同的效果，当然要加上一个单字符分隔符。

② typedef 声明虽然通常很有用（如在 SomeContainer::iterator 中指定一个切面），但却掩盖了代码中的底层类型，因此很容易减损可读性。特别是，一般情况下不要用 typedef 给基础类型取个较为特定于应用的别名，例如

　　typedef int NumElements;

这是一个坏主意。另外，最好是有一个 C++类型来表示在接口边界上广泛使用的每个真正不同的柏拉图式类型（见卷 2 的 4.4 节）。

③ C++11 提供了 enum class，它解决了枚举符作用域的问题，并改善了类型安全。注意，C++11 中的枚举都允许指定其底层的整数类型，并构成了所谓完整类型（complete type），这一点与 C++03 不同，使得 C++11 中的枚举能被局部声明和使用（换言之，无须再指定枚举符）。对枚举符的省略犹如侵权行为法中的"引诱物"，如果客户希望将自己与枚举符隔离，他就只能在局部声明这一枚举，这违反了组件特性 3（1.6.3 节）；除非提供此被省略的枚举的库的头文件分离于含有其完整定义的头文件。

④ 考虑到一个命名空间在一个组件中几乎总是被打开、结束刚好一次（见 2.5 节），我们不缩进其内容，从而在给定行宽下增加了可用的空间，实际最大行宽（如 79）适合高效阅读、打印、并排比较等（见卷 2 的 6.15 节）。

```
// xyza_mathutil.h

namespace xyza {

double roundTowardZero(double value);

double factorial(double value);

}  // 结束包级命名空间
```
（b）在包级命名空间作用域的名称上不衔接的函数（坏主意）

```
// xyza_mathutil.h

namespace xyza {

double mathUtilRoundTowardZero(double value);

double mathUtilFactorial(double value);

}  // 结束包级命名空间
```
（c）在包级命名空间作用域的名称上衔接的函数（棘手）

```
// xyza_mathutil.h

namespace xyza {

namespace MathUtil {

    double roundTowardZero(double value);

    double factorial(double value);

}  // 结束局部命名空间

}  // 结束包级命名空间
```
（d）包含函数的名称上衔接的命名空间（不是最优的）

```
// xyza_mathutil.h

namespace xyza {

struct MathUtil {

    static double roundTowardZero(double value);

    static double factorial(double value);

};

}  // 结束包级命名空间
```
（e）包含函数的名称上衔接的结构体（本书的做法）

图 2-22　确保自由函数和组件在名称上衔接（续）

因此，我们通常避免在包级命名空间作用域声明自由（非运算符）函数，而是通过在结构体内使用静态方法将相关功能分组到与组件名称匹配的额外层级的命名空间中来实现逻辑和物理名称的衔接（图 2-22e），我们将始终将其称为实用程序（utility，见 3.2.7 节），因此使用 Util 后缀（如 xyza::MathUtil）表示。[①]在实现实用程序时，优先使用结构体（如图 2-22e）而不是第三层级命名空间（如图 2-22d）的优势在图 2-23 中进行了总结。[②]

相较于在第三层级使用命名空间（如图2-22d），用结构体（如图2-22e）将相关函数聚合进单个实用组件（不这样的话，这些函数就是自由函数）会带来许多好处。

(1) 采用静态方法的结构体所具有的独特语法和原子性质，让它相对于嵌套的namespace更能突出其作为组件作用域实体的目的。命名空间则专门留给包级和企业级的常规使用。

(2) 在命名空间作用域中定义的函数和数据有着自声明的本性，而（作为静态成员）嵌套在结构体中就一定不会自声明。

(3) 与namespace不同的是，struct不允许用using指令（或声明）把函数名称导入当前（如包级）命名空间，从而杜绝任何减损可读性的后果。[③]

(4) 与namespace不同的是，struct支持私有嵌套数据。例如，在.h文件中放入一个或多个内联函数（见卷2的6.7节）以优化对隔离起来的（外绑结型）基于表的实现细节（放在.cpp文件中）的访问。

(5) 与namespace不同的是，struct可以被作为模板参数传入。例如，struct可可以作为满足某一设想的相关函数的载具（例子可见3.3.7节中的图3.29）。

(6) 与namespace不同的是，struct可中的C风格的函数并不会参与到参数依赖查找（ADL）中，这可以避免大量可能的重载；这些重载会累赘地降低编译时性能，还可能引入设计之外的歧义（甚至可能很隐蔽），更糟糕的结果是调用到错误的函数。[④]把"自由"函数放到struct中，可以明确表示出对它们不采用ADL的设计抉择。

(7) 除了一些风格独特的场景，像std::placeholders（如_1、_2、_3）和std::literals，命名空间using声明的使用通常都是欠考虑的。若是日后确实有少见但言之有理的工程理由要启用局部using声明，我们可以轻松地从struct迁移到namespace，只需创建一个新的组件私有结构体（如MathUtil_Imp）（见卷2的2.9.1节），并将对新嵌套命名空间的调用（如MathUtil）都转发给这一结构体。除了（5）中的使用场景，总是可以做到在不强迫客户返工源代码的条件下，完成从struct到namespace的迁移；但由于可能存在的using指令/声明，反过来则不一定能做到这点（见卷2的5.5节）。

图 2-23 在聚合"自由"函数时，struct 优于 namespace

设计规则	对于自由（非成员）运算符或（在包级命名空间作用域内的）切面函数，组件头文件只有在其一个或多个参数将同一组件中定义的类型纳入时才被允许含有其声明。

按本书的方法论，无论是成员运算符还是自由运算符，其性质对其操作的类型至关重要。任何一元运算符和同质二元运算符，即作用于单个用户定义类型的运算符，如

```
bool operator== (const BondPrice& lhs, const BondPrice& rhs);
```

和其操作的类型（此处为 bts::BondPrice）被声明并定义在同一个组件中（此处为 bts_bondprice）。注意，除了赋值形式（如=、+=、*=），我们将始终选择使二元运算符为自由运算符（而不是成员运算符），以确保与用户定义的转换相对的对称性（见卷 2 的 6.13 节）。对于

---

① 注意，自由函数模板可以被偏特化，而结构体中的静态方法模板却绝不可能。

② 由于只有自由（非成员）函数参与 ADL，因此有种声音认为在现行 C++编译器中添入像再声明（**voutilainen19**）这样的新特性，相对于结构体的静态成员，这些函数实现起来在技术上要困难得多。这种扩展在下一代 C++语言中可能会发挥切实的作用，其缘由可见卷 2 的 6.8 节。

③ 虽然 using 声明可以把给定名称的重载函数的声明从私有（或受保护）基类导入公共基类中，但我们一般不鼓励这样做，因为它会要求公共客户查看别的私有（或受保护）细节。我们更倾向于创建（并注释）一个内联转发函数。注意，自 C++11 后，转发构造函数也出现了类似的问题。

④ 谷歌的 Titus Winters 最近（约 2018 年）愈发关注这些重载集（**winters18a**，"ADL"）的可扩展性和稳定性；另见 **winters18b**，特别是从视频的 11:30 时间标记开始。

常规的异质运算符，如

```
std::ostream& operator<<(std::ostream& stream, const BondPrice& price);
```

使它们自由的动机是无须修改的可扩展性，正如开闭原则（0.5 节）所规定的那样。在任何情况下，查找运算符定义（与 ADL 完全一致）的位置都位于定义运算符操作类型的组件内。

如果我们允许在任意的组件中定义自由运算符，我们如何才能知道它们是否存在？如果我们看到有人在使用，我们将如何跟踪其定义？更阴险的是客户可能无意中在局部复制了此类定义。由此产生的潜在不兼容性（表现为未来的多重定义符号连接器错误）可能会破坏我们的开发过程的稳定。

作为一个重要的相关示例，考虑标准模板容器类 std::vector，该类没有定义标准输出运算符。参考图 2-24，假设组件 my_stuff 的作者发现输出向量通常有用，因此"深思熟虑"地在其头文件中为客户提供了通用的输出运算符：

```
template <class TYPE>
std::ostream& operator<<(std::ostream& lhs, const std::vector<TYPE> &rhs);
```

（以及适当的定义）。不难想象组件 your_staff 也会这样做。现在考虑一下，当 their_stuff.cpp 同时包含 my_stuff.h 和 your_stuff.h 时，会发生什么情况。不可避免的结果是多重定义的符号！[①]

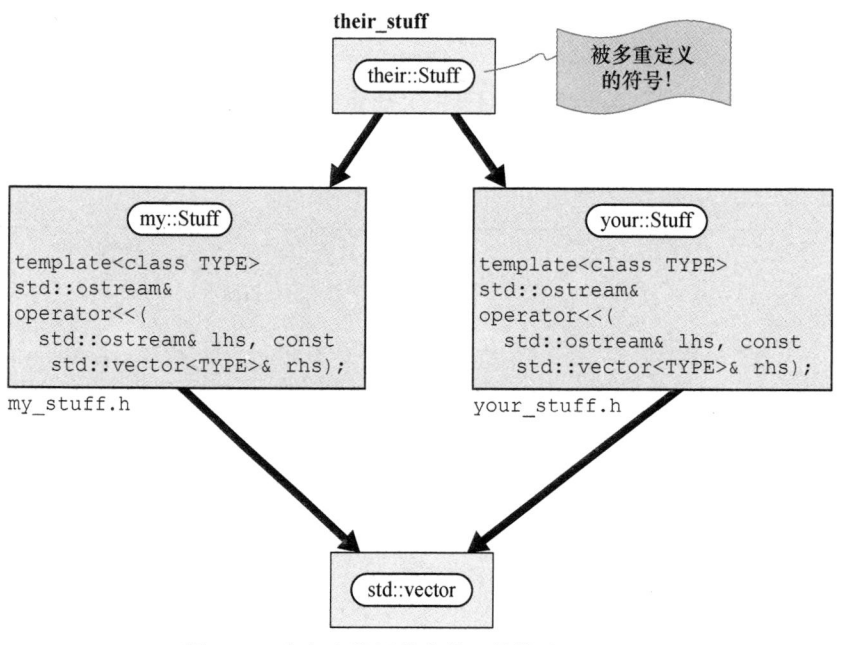

图 2-24 定义意外组件中的运算符时出现问题

相反，该功能应该作为实用结构体的静态成员函数（见 3.2.7 节）在分离的组件中实现，如图 2-25 所示。

---

① 由于有问题的运算符是一个模板，它是双绑结型（1.3.4 节），因此编译器或连接器完全可能在相当长的一段时间内没注意到重复的定义，直到编译器可以在一个翻译单元中并排查看两个模板定义。如果该构件是外绑结型（如普通函数或显式实例化），则只要将两个组件连接到同一程序就会暴露出不兼容性。

```
// xyza_printutil.h

// ...

namespace xyza {

// ...

struct PrintUtil {

    // ...

    template<class TYPE>
    static std::ostream& print(std::ostream&       stream,
                               const std::vector<TYPE>& object);

    // ...
};

// ...

} // 结束包级命名空间

// ...
```

图 2-25　避免在非局部类型上的自由运算符

如图 2-26 所示，在组件 my_type 中给类型 my::Type 加上输出运算符是非常好的，又或者给 std::vector<my::Type>加上也很好。这里阐明的一般设计理念遵循哲学家康德的教诲，如果一类事情被做了之后，其他人也跟着做后反而对社会产生负面影响，那就避免做这类事情（见3.9.1 节）。这一针对运算符的简单准则，可确保开发者知道去哪里寻找任一运算符，并且运算符的定义不会重复（因此不会在物理层次的较高层级发生冲突）。

```
// my_type.h
// ...

namespace my {

class Type {
    // ...
};

std::ostream& operator<<(std::ostream& stream, const Type& object);         正确

std::ostream& operator<<(std::ostream&              stream,      不算错
                   const std::vector<Type>& object);

} // 结束包级命名空间

// ...
```

图 2-26　在同一组件内的类型上重载自由运算符

如果一个自由运算符指向在两个分离的组件（其中一个依赖另一个）中实现的两种类型，则运算符自然应定义在较高层级的组件中。但要是组件相互独立（如图 2-27a 所示），则有两种选择。

（1）（次优）任意选择一个组件使之层级较高，并将自由运算符放置在其中（如图 2-27b 所示）（从而给其中一个组件引入了额外的物理依赖）。

（2）（首选）在一个分离的组件中创建类实用结构体（如图 2-27c 所示），并在此结构体中嵌

套定义一个或多个非运算符函数（见 3.2.7 节）。注意，将相互依赖的自由运算符升级（见 3.5.2 节）到一个分离的组件绝对是不合适的。

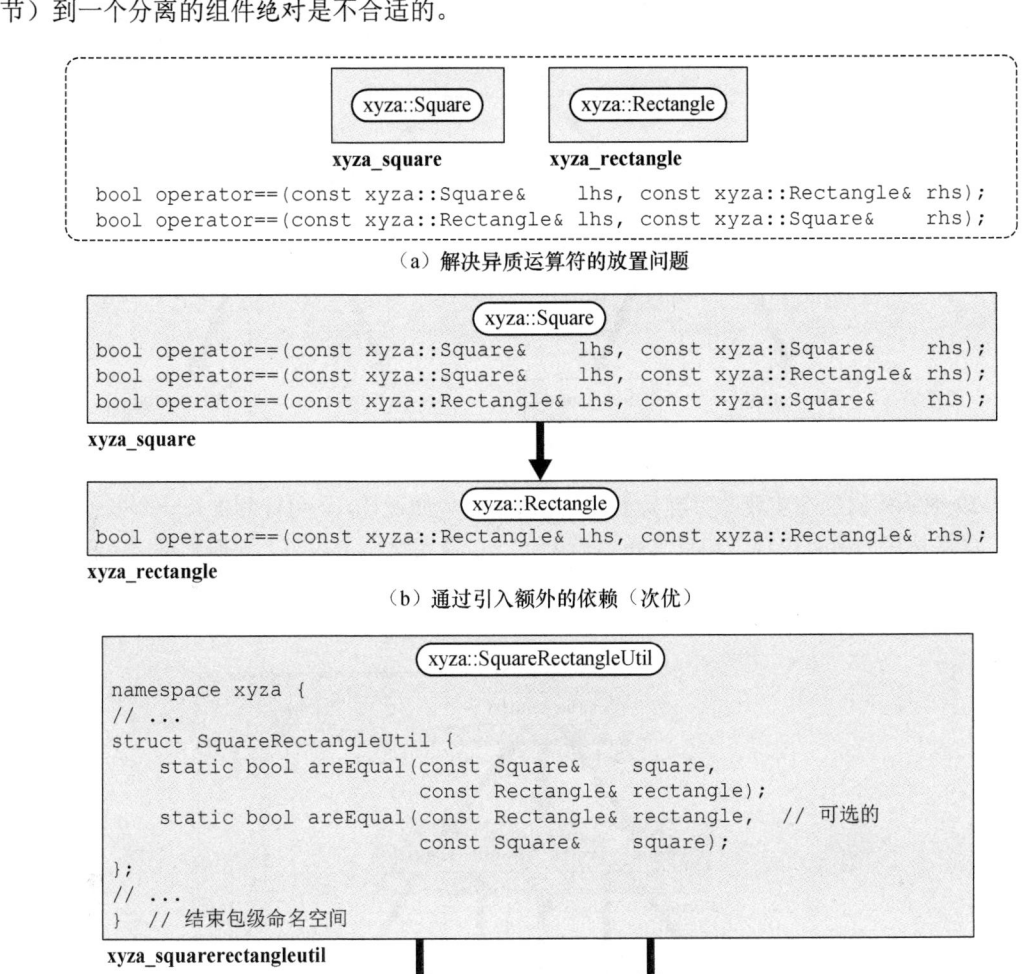

图 2-27　实现指向多种同级类型的"自由运算符"

除了最基本、最明显且最直观的那些操作（见卷 2 的 6.11 节），使用运算符几乎总是一个坏主意，通常应避免；对于本来独立的用户定义类型之间的运算符，几乎不存在任何有效、实际的需求。①

2.4.10　包的前缀命名不仅仅是编程风格

毫无疑问的是，包的命名方式绝不仅仅是一种编程风格；包的名称具有深刻的架构显著性。例如，图 2-28 显示了组件的层次，其依赖形成二叉树。显然，这些组件是可划分层级的（1.10 节），因而不

---

① 我们注意到 C++流运算符和 Boost.Spirit（罕见的）确实可行的反例，然而，我们仍然认为，不相干的用户定义的值类型（见卷 2 的 4.1 节）[如 Square 和 Rectangle（图 2-27）] 之间的异质相等比较运算符总是由于完全不同的原因而是判断错误的（见卷 2 的 4.3 节）。

存在循环。但是，通常不可能在不引入包级循环的情况下将多包子系统的组件分配给任意包。在此示例中，包含这些组件的包（由嵌入在组件名称中的包前缀所暗示）将是循环的，因此不能划分层级。

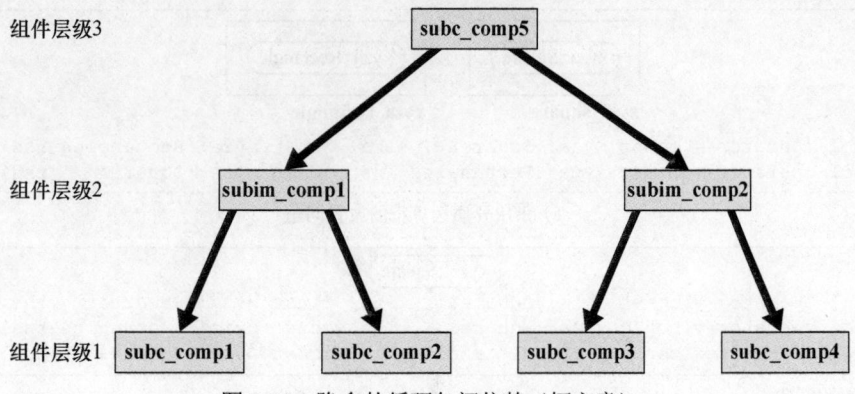

图 2-28　隐含的循环包间依赖（坏主意）

　　图 2-29 揭示的问题在实践中很容易出现。考虑单个包的设计，该包计划含有一个多包子系统的客户可直接使用的所有内容。如果此展示包（subc）既定义了协议类（纯抽象接口类，本质上是非常低的层级），还定义了包装器组件（本质上是非常高的层级），则不可能从一个分离的实现包（subim）交错组件。[①]

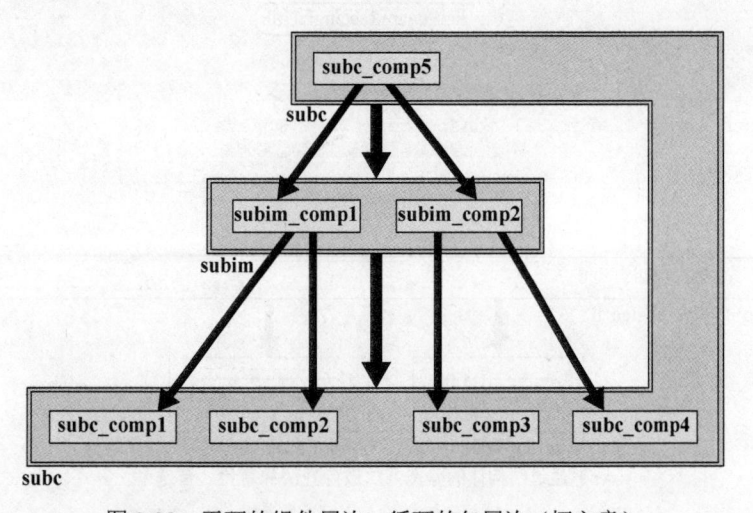

图 2-29　无环的组件层次，循环的包层次（坏主意）

推论　包之间的容许（明确说明的）依赖必须是无环的。

　　像任何其他聚合一样，若是容许包之间的循环依赖，软件的复杂程度就会剧增。到最后，所有涉及循环的包都将不得不作为一个单元处理。图 2-30 所示的这一常见问题的一般解决方案就是提供两个分离的面向客户的包。一个包（subw）将位于子系统的顶部，它含有仅定义包装器[②]的

[①] 对于复杂的子系统，此处以单个包的形式表示的实现组件可能会适当地在多个不同层级跨越多个包；但是，基本想法仍然是相同的。

[②] 包装器（wrapper）是这样一种门面（facade），它使得客户可以操作对象（通常是某种其他类型），而无须提供对这些对象的直接编程访问权（见 3.1.10 节和 3.11.6 节）。

组件（如 subw_comp1）；第二个将位于包层次的底部，它所纳入的组件（如 subv_comp1）定义了协议和其他词汇类型（见卷 2 的 4.4 节），它们会通过包装器接口在编程上暴露。[①]

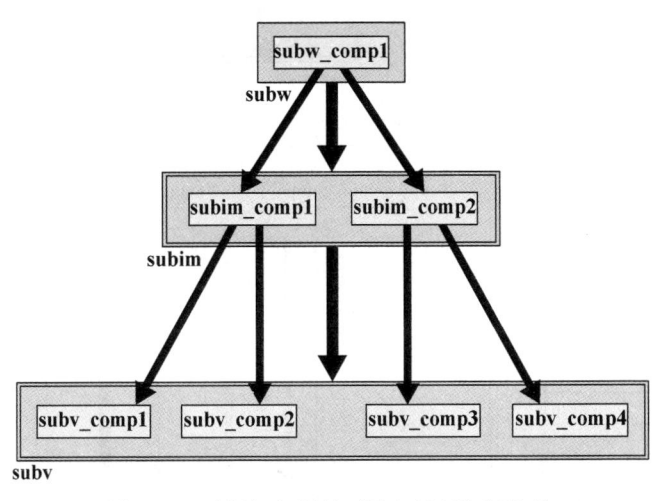

图 2-30　重新打包组件以避免循环包间依赖

包装器组件的接口中使用的组件（subw）和低层级协议仅在名称上使用的组件，通常位于与协议相同的包中（如图 2-30 中的 subv），或者位于分离的较低层级的包中（如图 2-31b 所示），而不是位于相同的层级（图 2-31a），这是为了使协议的具体测试实现能够恰当地和协议驻留在一起（如在 subp 中），还容许此类测试的实现依赖实际的具体词汇类型（如 subt 中的），而不必模拟这些词汇类型。

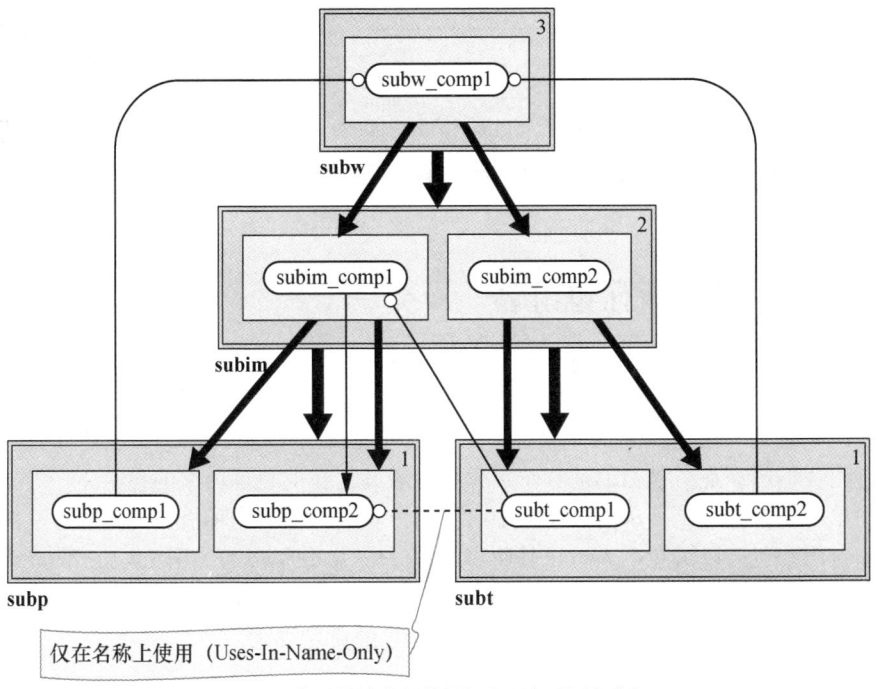

（a）平行的协议和具体词汇类型包（坏主意）

图 2-31　替代打包策略

① 关于升级封装（escalating encapsulation）这种层级划分技术，见 3.5.10 节。

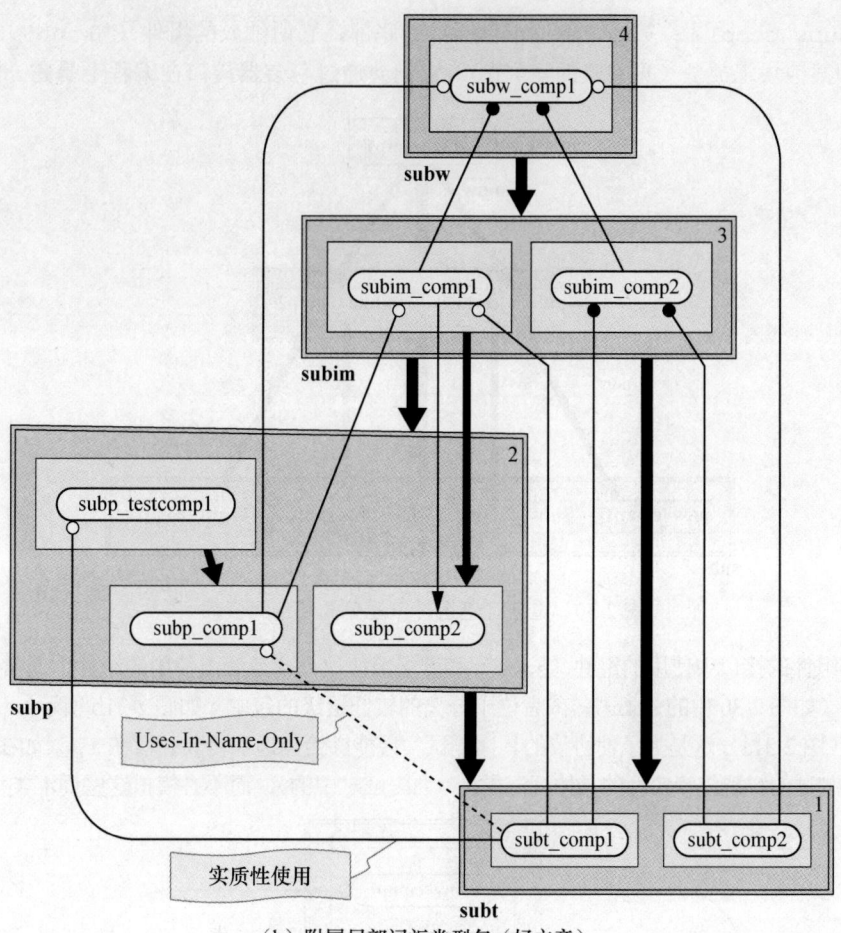

（b）附属局部词汇类型包（好主意）

图 2-31　替代打包策略（续）

2.4.11　包前缀即其所在包组名

虽然包作为架构显著的聚合有唯一的名称（和命名空间），但将具有相似用途和/或物理依赖包络的包捆绑成一个更大的、逻辑和物理连贯的、名称上衔接的聚合通常还是有利的。我们可以就这一问题娓娓道来（考虑到它的重要性，也许我们确实应该这么做）。不过这次我们就不再赘述，直接抛出我们的观点：包名的前 3 个字母标识着其所在的物理内聚的包组。

这种简单方法的原因是简单的（见 2.10.1 节）：我们必须有一种极其高效的方法来指定每个组件和类的包组和包，以避免令人讨厌且碍事的 using 指令和声明（见 2.4.12 节）。选择 3 个字母（而不是 2 个或 4 个字母）只是工程上的权衡。图 2-32 说明了这一简单明了且有效的命名包组的方法。我们将在 2.10 节中（更深入地）重新讨论包的命名规则。

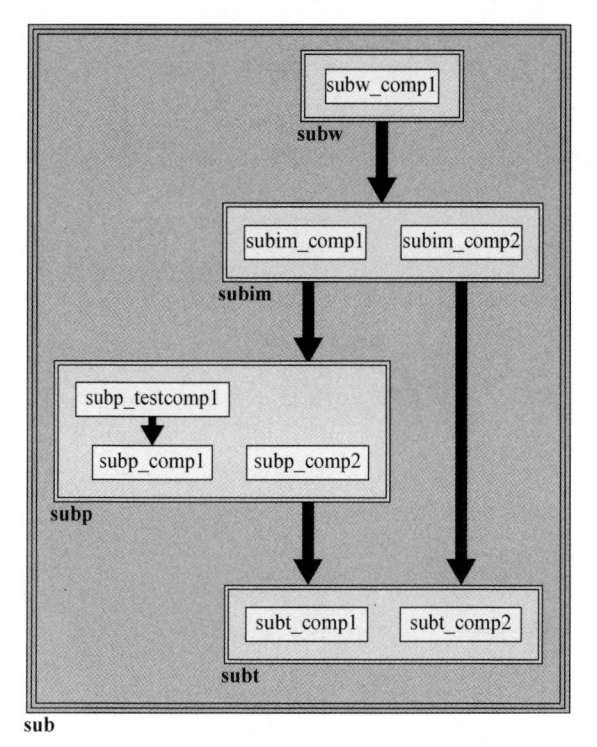

图 2-32 逻辑和物理上内聚的包组

2.4.12 **using** 指令和声明往往是坏主意

现在更详细地了解一下使用 C++ `namespace` 构件沿包边界对逻辑实体进行划分的情况。包级命名空间的一个可靠优势是，对该包局部其他实体的访问不需要明确的限定条件。这一优势在应用层级尤其明显，在应用层级，许多互操作的代码都是在局部定义的（见 2.13 节）。如果没有 `using` 指令和声明，非限定引用与限定引用一样具有信息性：无限定引用意味着实体是此包的局部实体。[①]

在图 2-33 的代码示例中，我们不能简单地查看 `insertAfterLink` 辅助函数的定义，也不知道我们所讨论的是哪个 `Link` 类，而可能不必扫描整个文件以查找之前出现的 `using`。

更糟糕的是，`using` 指令或声明甚至不是实现文件的局部文件，而是在一个或多个包含的头文件中悄悄导入，如图 2-34 所示。而且，与相对较小、没有变化且广为人知的 C++标准库（代码中的 `std`）不同，我们不能指望知道整个企业每个包的每个组件中的每个类。更糟糕的是，在头文件中嵌套各种 `using` 指令和声明可能会使这些头文件被纳入翻译单元中的相对顺序变得相关！[②]

[①] 尽管我们在日常工作中基本用的都是包级命名空间，但有一个务实的原因会让我们愿意忍受硬编码逻辑包前缀的不灵活性。只要有用到 `using` 指令和声明，远处定义的类型就遗憾地不一定能采用包级命名空间"标签"，名称上可能不再衔接。有时，库开发人员需要"搜遍宇宙"地找出某个类或实用程序的所有使用。只要存在 `using` 指令和声明，简单的查找替换就不一定可靠（如当把一个组件从一个包"移"到另一个包时）。我们不得不一行一行源代码地解析一遍。即使我们有能够精湛地处理这项工作的工具（如 Clang），它（和编译器自身一样）也会比查找固定标识符字符串的简单搜索引擎慢许多量级。我们在仅通过扫描嵌套在组件中的`#include` 指令确定直接物理依赖的包络（1.11 节）时也遇到了类似的速度问题。因此，至少在这方面，用 `namespace` 构件不如传统的逻辑包前缀（尽管过时且现已弃用）容易规模化。

[②] **sutter05**，第 59 项，第 108～110 页。

```
// my_link.cpp
#include <my_link.h>

// ...

#include <your_list.h>   // 其中定义了Link

// ...

namespace Foo {
    class Link { /*...*/ };   // Link的另一个定义
}

// ...                要是不查看以前的using指令,
// ...                就无法确定正在使用的
// ...                      是哪个Link
// ...
// ...

inline
static void insertAfterLink(Link *node, Link *newNode)
{
    BSLS_ASSERT(node);                      (见卷2的6.8节)
    BSLS_ASSERT(newNode);

    newNode->next = node->next;
    newNode->prev = node;
    node->next = newNode;

    if (newNode->next) {
        newNode->next->prev = newNode;
    }
}

// ...
```

图 2-33　非局部命名空间名称是可选的!(坏主意)

设计规则　不允许 using 指令或 using 声明出现在组件的函数作用域之外。

　　无论如何,我们都必须禁止 using 指令或声明出现在头文件函数作用域之外的地方。[1][2][3][4]也许有些主张在头文件中using的人可能还没有意识到,将名称从一个命名空间A纳入另一个命名空间B,并不以 B 的右括号结束,而是保留在 B 中,直到翻译单元结束。因此,在声明类成员数据和函数原型时,有时在头文件中使用 using 指令或声明(可以说是严重滥用了),以缩短在远处命名空间中声明

---

[1]　而且,一般在库的代码中最好别用 using。如果一定要用,using 声明(别用指令)应该只出现在非常有限的词法上下文中,即函数(或块)作用域内。不管这一声明是用于启用 ADL(如用于自由切面函数,像 swap 之类),还是仅仅用来起个紧凑的别名(如作为分派表的入口),都是如此。

[2]　在 C++98 中,using 声明就以下目的取代了访问声明(access declaration,曾被逐渐弃用,最后在 C++11 中移除):将给定(具名)成员函数的所有重载从基类提升到当前作用域,同时潜在地提高其访问层级(例如从私有到公共)。正如我们稍后将要讨论的那样,我们竭力避免使用类作用域的 using 声明,特别是那些可能会迫使公共客户指向类的实现的不那么公共区域的声明。

[3]　C++11 引入了 using 关键字的其他用法(如作为代替 typedef 的别名声明),它们和 using 声明或指令没有任何关系。

[4]　Alisdair Meredith(2018 年通过个人电子邮件)指出,当基类是个模板时,要转发的重载集合是开放集合。当设计要求手动暴露每个重载时,可能会发生意外损坏。当意图从一个基类完美转发重载集合时,using 声明是对该设计意图的明确说明。不过,我们建议避免使用这种(通常是结构)继承(见卷 2 的 4.6 节),而是采用更具组合性的 Has-A(1.7.4 节)方法来分层(见 3.7.2 节)。

　　尽管如此,确实存在例外情况。Alisdair Meredith(2018 年,还是通过个人电子邮件)进一步指出,我们自己有时会引入模板参数较少的基类,然后使用结构型继承(structural inheritance)和 using 声明将该功能作为公共接口暴露。如果我们现在要将 using 声明替换为内联转发函数,using 声明削弱模板引起的代码膨胀的预期效果就会无效化(见卷 2 的 4.5 节)。

的类型的名称（坏主意）。[1]相反，我们必须使用每个逻辑实体的包限定名称，而这些逻辑实体不是上级包的局部实体。因此，我们要确保广泛使用的（"包"）命名空间名称（如 std）确实非常短。

```cpp
// my_app.cpp
#include <my_app.h>
#include <cdel_log.h>
#include <ddet_swap.h>
#include <ddet_table.h>
#include <ddeu_isma30360.h>
#include <dteal_technology.h>
#include <emeg_protocol.h>
#include <emem_list.h>
#include <etef_fizzbin.h>
#include <etet_trade.h>
#include <eteu_semiannual.h>
#include <fmeec_transport.h>
#include <fteem_balloon.h>
#include <ftet_account.h>
#include <ftet_position.h>
#include <ftex_prepayment.h>
// ...
// ...
// ...
#include <pcst_client.h>
#include <otem_config.h>
#include <tdep_render.h>
#include <ynot_evenmore.h>

// ...
// ...
// ...        即使查看了文件中的每条语句——using指令/
// ...        声明或其他语句，也无法确定正在使用的是哪个Relay!
// ...
// ...
// ...

static void communicate(Relay *relay)
{
    static Callback myCallback;

    if (relay->isOperational()) {
        relay->setForwardCallback(&myCallback):
    }
    else {
        Log::singleton().write("Life is like a box of chocolates...");
    }

    // ...

}
// ...
```

图 2-34　using 指令/声明可以被包含！（坏主意）

---

[1] 特定模板的实例化会导致数据定义和函数原型中出现长名称，局部 typedef 在处理这一问题方面一直都很有效：

```cpp
class Book {
    // ...
    typedef std::map<std::string, std::string>        StrStrMap;
    typedef std::map<std::string, std::vector<int> >  StrIntarrayMap;
    // ...
    StrStrMap       d_glossary;
    StrIntarrayMap d_index;
    // ...
};
```

我们意识到，C++11 提供了 using 作为一种语法替代，并且经过深思熟虑后（有选择性地）使用 auto 也能帮助减少源代码中的冗余（或是多余的）显式类型信息。见 lakos21。

在私有继承（此处不提受保护）期间，也应避免使用 using 声明进行函数转发，因为我们在派生头文件中注释和理解此类功能的能力受到了影响，而且继承必然意味着编译时耦合（1.9 节，另见 3.10 节）。我们通常会避免私有继承，而更倾向于分层（也称为组合）和显式（inline）函数转发。

我们认为，使用命名空间来定义一个独立于物理位置的逻辑"位置"，以避免更改 #include 指令（假使某个类在逻辑上被"重新打包"），这种做法是判断错误的。如果我们更改某个类的逻辑位置，那么在我们的方法中，该类也必须移动到其恰当的物理位置。除非逻辑位置和物理位置吻合，否则健全的物理设计的许多优点——缩短编译时间和连接时间并减小可执行文件的大小（更不用说组织和可理解性）——都会受到影响。

不过，遵守这些衔接的命名规则确实给库开发人员带来了一些额外的负担。也就是说，如果逻辑构件要从某一架构位置（architectural location）"移动"到另一处，则其地址（组件名称）以及其完全限定的逻辑名称的某些方面也必须更改。这种"缺陷"实际上是一个特征，因为它允许使用合理的弃用策略：在重构过程中，同一逻辑实体的两个版本可能在一段时间内共存，因为客户在最终移除原组件之前，可以返工其代码以引用新组件。[①]

2.4.13 本节小结

总之，我们在命名包、组件、类和自由（运算符）函数时，为保持名称上的衔接而采用严格的方法，不仅可以避免冲突，还在源代码中给出宝贵的视觉线索，可用于找出所有架构显著的实体的物理位置。经验表明，这种视觉关联方便了人的认知。反过来，名称上的衔接又增强了逻辑/物理连贯性（2.3 节）更关键的需求。于是，相关架构显著的实体之间逻辑名称和物理名称的衔接便化为我们基于组件的打包方法论的一个组成部分。

2.5 组件源代码的组织

在本节中，我们将介绍组件中源代码的一般高级布局。回想一下，从 0.7 节开始，我们的目标是在相对较小的、原子的、统一的物理模块中表示我们所有的专有软件。我们可以十分自信地说，第 1 章（1.6 节和 1.11 节）中提到的组件是最合适的可伸缩系统原子构建基石。而且，逻辑和物理设计的合适单元也应是组件，而不应是类。

从远处看，系统中的每个组件都是相同的，而不管其逻辑内容如何。图 2-35 基本相同地重复了 0.7 节的图 0-33 中的结构设计，但现在每个名称都包含了相应的包前缀（2.4.6 节），此处用包名 xyza 进行说明。[②]在不妨碍传统的类级设计的情况下，组件提供了"不动产"，在其中封装密切相关的逻辑实体，同时承认对通常影响类级设计决策的基本物理问题的考虑（见卷 2 的第 5 章）。

当我们贴近看时，我们会发现每个组件的组织也是标准的，并且在很大程度上独立于各组件的逻辑内容。图 2-36 说明了我们编写的每个组件的基本逻辑内容所附带的规范"样板"。头文件（图 2-36a）以保留供开发环境使用的单行开头，以便根据识别需要标记组件。然后是所需的可预测的包含保护符，接着是详细的组件级注释和使用示例（分别在卷 2 的 6.15 节和 6.16 节中讨论）。

---

① 在一清二楚地知道什么代码会被影响的幸运环境（如所有企业源代码都放在一个源代码存储库中，并且没有外部客户）中，最好是在工具上大量投入来让这一持续重构过程自动化，从而避免手动增量地移动代码这一烦琐且容易出错的工作。
② 名称为 xyza 的包意味着它是包组 xyz 中的一员（2.4.11 节）。

接下来，我们在头文件中只放入编译这一头文件所需要的#include 指令①。其余需要的 #include 指令被妥善地放到.cpp 文件中。头文件的包含顺序取决于物理层次。首先包含同一包中组件的头文件，然后是同一包组其他包中的组件，接着是不同包组中的组件，最后是标准头文件。在这 4 小段里面，包含指令按字母顺序排列。

这时候，我们打开企业级命名空间。我们需要将当前包之外的类的任何局部（"前置"）声明塞入企业级命名空间中，每行放置一个。然后打开包级命名空间，并将当前包中定义的类型的所有局部声明放置在该位置，同样，每行一个。

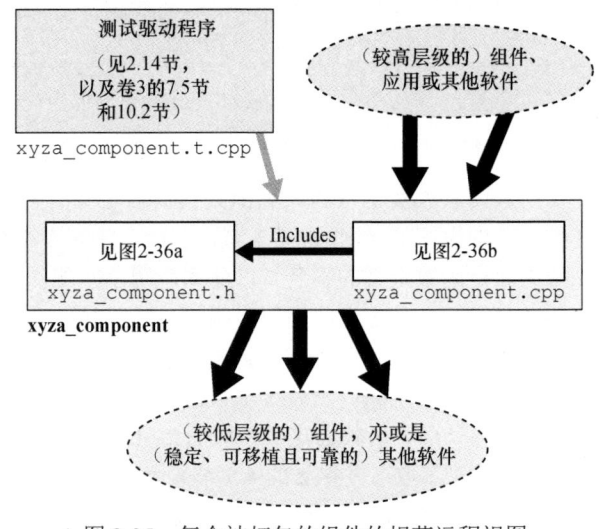

图 2-35　每个被打包的组件的规范远程视图

我们现在开始声明我们打算在此头文件中提供的每个逻辑内容。我们通常将此内容格式化为一个或多个类的序列（或者，对于实用程序，格式为单个结构体），每个类后面都紧跟着任何关联的自由运算符的声明。②我们通常完全避免声明自由非运算符函数；但是，我们有时不得不对标准（"切面"）函数（如 swap）进行例外处理，这些函数（按约定）具有普遍一致的语法和语义，因此就像运算符一样。如果我们确实声明了这样一个自由切面函数，那么我们会在此关联类的任何自由运算符之后立即声明它。卷 2 的 6.14 节中有关于如何组织各类中的逻辑内容的详细讨论。

为了便于阅读，并区分合约和实现的概念，我们始终③将必须在翻译单元之间共享的任何定义的源代码放在类的词法作用域之外，并且放在组件的整个公共接口之下。组件的公共接口完成

---

① 注意，这些嵌套的包含并没有被现在已弃用的外部（也称为"冗余"）包含保护符（1.5.3 节）所包围。

② 从历史上看，有些编译器要求在声明点使用 inline 声明自由函数，以便将它们内联。我们注意到，这已不再是任何相关平台上的问题。

③ 只在一些罕见的场合下我们不这么做，无一例外都涉及模板。

（1）当我们有大量常规模板结构时（如在 C++11 中的可变模板之前），将声明和其（内联）定义分离将需要复制一个已经很庞大的组件中的大部分代码，而单个声明又不是为了让人阅读。

（2）在 C++中也有一个典型的案例，即模板的非模板化友元函数的局部声明与类模板具有相同类型的参数，虽然可以为有限的实例化（如果需要）提供一组有限的定义，但通常不能在类的词法作用域之外重新声明（和定义）。例如，

```
template <class T>
class MyType {
    int d_data;
    friend bool operator==(const MyType& lhs, const MyType& rhs);
};
// 疯狂的情况——我们能比较的只有 MyType<int>，任何其他类型都不能比较，
// 因为连接器永远找不到其定义
bool operator==(const MyType<int>& lhs, const MyType<int>& rhs)
{
    return lhs.d_data == rhs.d_data;
}
```

后，我们会用如下所示的醒目的横条来分隔逻辑接口和实现[①]。

```
// ===========================================================================
//                          INLINE FUNCTION DEFINITIONS
// ===========================================================================
```

　　所有内联成员函数和成员函数模板的定义的相对顺序都与其声明的顺序相同[②]；但是，自由函数是单独组织的。回顾 1.3.1 节，在命名空间作用域定义的自由函数也可以作为其自己的声明。如果无限定函数定义的签名与以前的声明不匹配，则该定义本身将引入新的声明。在声明自由函数的命名空间之外定义此先前声明的自由函数，便可以抑制这种次优行为。在命名空间中定义的自由运算符（与任何其他自由函数一样）也是自声明的（在该命名空间中）。因此，我们选择首先结束包级命名空间，然后对每个自由运算符的定义进行包限定，最后是任何必要的（类似运算符）自由（切面）函数的定义，如图 2-36a 底部所示。

　　对于类型萃取（见卷 2 的 4.5 节），可能有必要特化其他包中定义的模板。虽然萃取本身是一种词汇类型（见卷 2 的 4.4 节），但这种特化通常是优化，除非明确注释为基本行为（见卷 2 的 5.2 节），否则被视为（应该是）实现细节，并且可变而不告。因此，我们选择在头文件的实现部分实现此类特化。由于这些特化必须实现在与定义相同的命名空间内，因此必须结束当前包级命名空间；由此，我们发现将这些特化放在位于包级命名空间末尾之外的所有内联函数定义和函数模板定义之后是很方便的。[③]在最后，我们结束企业级命名空间并终止（内置）包含保护符，明确表示头文件的末尾。

　　至于实现文件（图 2-36b），我们再次发现第一行保留用于管理，然后是以适合我们目的的任何格式对实现特性的可选描述。下一部分必然是 #include 指令，其开头是包含我们自己的组件接口的指令，后面是包含逐步降低层级的组件（相同的包、较低层级的包、其他包组以及系统级头文件，每个组件按字母顺序排列）中的组件。

　　接下来，将企业级命名空间和包级命名空间（因为它们之间没有任何内容）一起打开[④]，并将所

---

① 多年来，人们提出了几个描述性的横条标题：

　[ ] IMPLEMENTATIONS（实现）

　[ ] INLINE DEFINITIONS（内联的定义）

　[X] INLINE FUNCTION DEFINITIONS（内联函数定义）（最初的那个）

　[ ] INTERNAL AND DUAL BINDAGE DEFINITIONS（内绑结型和双绑结型的定义）

　[ ] INLINE FUNCTION AND FUNCTION TEMPLATE DEFINITIONS（内联函数和函数模板的定义）

　[ ] INLINE-FUNCTION, FUNCTION-TMPLATE, AND TRAIT DEFINITIONS（内联函数、函数模板和萃取的定义）

　经过 20 多年深思熟虑的斟酌，我们现在认为我们最初的横条标题

　INLINE FUNCTION DEFINITIONS（内联函数定义）

　仍然是简单、准确、清晰和稳定之间的最优平衡。因此，我们采用了最初的横条形式作为我们的永久标准，在固定的最大行长度（79 个字符）内最好是居中的（从第 27 个字符开始），不管将来会有什么其他类型的只存在于头文件中的实现制品（如 **voutilainen19**），都将其驻留在此横条下面（见卷 2 的 6.3 节）。

② 从历史上看，我们不得不担心，当一个内联函数以另一个函数的形式实现时，调用的定义先出现在源代码中。我们注意到，多年来，相互依存的内联函数定义的相对顺序在任何相关平台上都不是问题。

③ 注意，特征通常不是由当前组件使用的，而是由该组件的（编译器）客户使用的；因此，将特征放在头文件的最后在实践中不会产生任何问题。

④ 从 C++17 开始，可以用替代语法

```
namespace MyLongCompanyName::xyza {
    // …
}
```

但我们不使用它，因为我们通常会在源文本的不同点结束相应的包和包组的命名空间。

有剩余的逻辑内容放置在那里，任何剩余的 extern 自由（运算符或切面）函数定义除外，与.h 文件一样，这些函数定义应在结束包级命名空间后实现。.cpp 文件的函数定义如果在.h 文件中有声明，则这些定义出现的相对顺序与其在.h 文件中的声明顺序相同。任何我们希望其连结局部于本翻译单元的逻辑内容［无论是通过将其声明为静态、在无名命名空间中还是按照约定（见 2.7.3 节）］，都将被首先实现。在最后，结束企业级命名空间并附上注释，以明确表示.cpp 文件的逻辑末尾。

```
// xyza_component.h          -*-C++-*-      ← 文件名总是和其他识别用字段或标签一起
                                              放在第一行

#ifndef INCLUDED_XYZA_COMPONENT             ← 内置的包含保护符
#define INCLUDED_XYZA_COMPONENT

//@PURPOSE: 一行的句子                       ← 这一节放着这一组件的总体信息，如组件
//                                            的用途、实现的实体以及对组件整体的全面
//@CLASSES:                                   细致的描述
//   xyza::Class1: 一行的词组
//   xyza::Class2: 一行的词组
//
//@DESCRIPTION: 这个组件……
// ...
///Usage                                     ← 每个组件最好提供一个或多个样例，以解释
///-----                                       在实践中这一组件应如何使用（见卷2的6.16节）
// ...



#include <xyza_component1.h>                 ← 这一节放着让这一头文件编译自给自足所必
#include <xyza_component2.h>                   需的所有#include指令。其余相关的#include
#include <xyza_component3.h>                   指令则恰当地放入.cpp文件中。注意，首先包
// ...                                         含同一包中的组件，然后是同一包组的其他包
                                               中的组件，接着是不同包组中的组件，最后是
#include <xyzb_component1.h>                   标准头文件（在各小节中按字母顺序排列）。
#include <xyzb_component2.h>                   注意，在我们的#include指令中总是用尖括号
#include <xyzc_component1.h>                   （<>）（1.5.1节）
#include <xyzc_component2.h>
#include <xyzc_component3.h>
#include <xyzd_component1.h>
// ...

#include <qrsx_component1.h>
// ...
#include <qrsz_component3.h>
// ...
#include <zyxq_component3.h>

#include <iosfwd>
// ...

namespace MyLongCompanyName {                ← 开始向企业级命名空间中填入

namespace abcz { class ClassA; }            ← 其他包中定义的类型的局部声明（每行一个
namespace qrsy { class ClassA; }              声明）都放在这里
namespace qrsy { class ClassB; }

namespace xyza {                            ← 开始向包级命名空间中填入
```

（a）头文件的格式

图 2-36　每个组件的标准"样板"格式

```
class ClassA;
class ClassB;


class Class1 {
    // ...
  public:
    Class1();
    // ...
    int func1(qrsy::ClassA *object);
    // ...
    int func2(qrsy::ClassB *object);

    // ...
};

bool operator==(const Class1& lhs,
                const Class1& rhs);
// ...

std::ostream&
operator<<(std::ostream& stream,
           const Class1& object);
// ...

void swap(Class1& a, Class1& b);


class Class2 {
    // ...
};

// ...
           ⋮

// ===================================
//           内联函数定义
// ===================================

inline
int Class1::func2(qrsy::ClassB *object)
{
    // ...
}

// ...


}  // 结束包级命名空间

inline
bool xyza::operator==(const Class1& lhs,
                      const Class1& rhs)
{
    // ...
}

// ...

inline
void xyza::swap(Class1& a, Class1& b)
{
    // ...
}
```

← 当前包中定义的类型的局部声明都放在这里

← 接着通常会是一些类，每个类后面跟着关联的自由运算符（关于类组织的更多详细信息，见卷2的6.14节）

← 内联成员函数在类的作用域中声明，但定义放在这一头文件接近末尾的地方（在这一组件的逻辑接口之后）

← 每一运算符的签名中必须至少有一个类型是局部定义的（即在同一组件中定义）

← 输出运算符通常定义在 .cpp 文件中

← 任何标准的（类似运算符的）自由函数的声明都放在这里

← 第二个类来了，后面跟着关联它的自由运算符……

← ……依此类推

← 分隔这个组件的逻辑接口和其实现的横条

← 内联成员函数（和函数模板）的定义都在这里，其源代码可从这一组件之外访问。注意，这些定义的相对顺序反映了它们上面的声明顺序

← 结束填入包级命名空间

← 为避免（不安全的）自声明，把内联自由运算符的定义放到声明它们的命名空间之外（相对顺序保持不变）

← 任何必要的内联（类似运算符的）自由函数定义都放在这里

（a）头文件的格式（续）

图 2-36　每个组件的标准"样板"格式（续）

```
// ...

namespace abcmf {
template <>
struct IsBig<xyza::Class1>
                  : std::true_type {};
}  // 结束abcmf命名空间

// ...

}  // 结束企业级命名空间
#endif
```
xyza_component.h

← 对于在其他包中定义的模板，如果其特化
（如类型萃取）涉及这一组件中定义的类型，
就将这一特化放在此头文件的最后

← 结束填入企业级命名空间并结束（内置）
保护符

（a）头文件的格式（续）

```
// xyza_component.cpp           -*-C++-*-

// ...
// ...      (对实现的概述)
// ...

#include <xyza_component.h>

#include <xyzb_component4.h>
#include <xyzb_component5.h>
// ...
#include <qrsx_component2.h>
// ...
#include <iostream>
// ...

namespace MyLongCompanyName  {
namespace xyza {

namespace {
    // ...
}  // 结束无名命名空间

int Class1::func1(qrsy::ClassA *object)
{
    // ...
    // ...
}
// ...

}  // 结束包级命名空间

std::ostream&
xyza::operator<<(std::ostream& stream,
                 const Class1& object)
{
    // ...
}
// ...

}  // 结束企业级命名空间
```
xyza_component.cpp

← 文件名总是放在第一行

← 提供有助于认知的总体概览（文本、图示等）

← 该组件自身的头文件总是包含在第一行实质
性（即非注释）代码中。这一行后面跟着包含
更低层级的头文件，同样使用尖括号（<>），
按层次顺序排序

← 开始向企业级和包级命名空间中填入

← 任何计划局部于该翻译单元的（其他的）
"外连结型"构件都放在这里

← 除了自由（运算符）函数定义，任何其他
逻辑内容都放在这里

← 结束填入包级命名空间

← 任何会被导出的、非内联的自由运算符都
在包级命名空间之外定义（以防止自声明）

← 结束填入该企业级命名空间

（b）实现文件的格式

图 2-36 每个组件的标准"样板"格式（续）

指导原则	除企业级命名空间和直接嵌套的包级命名空间外,避免对 C++ 中 `namespace` 构件的架构显著的使用。

C++ 的 `namespace` 构件对于跨组件边界的名称划分是有意义的。但是,在单个组件中,我们将所有其他逻辑内容嵌套在 `class` 或 `struct` 中(2.4.9 节),这更好地承担了局部于组件的命名空间的角色。[①]通过将 C++ 的 `namespace` 构件的架构显著的使用限制为企业级命名空间和直接嵌套的包级命名空间这两个特定角色,我们明确了连贯的逻辑和物理聚合要强制层级统一且平衡的意图。

鉴于这种对 C++ 命名空间的使用是统一且有限制的,我们有效地省略了两个额外的缩进层级,否则这些缩进层级可能与嵌套在其中的代码相关联,我们分别在相应的右括号后用以下简单的方式来注释:

```
// close package namespace（结束包级命名空间）
```

和

```
// close enterprise namespace（结束企业级命名空间）
```

(在注释中普遍使用通用的"包级"和"企业级"主要是为了避免我们无意的复制和粘贴失误)。

在本节中,我们提供了组件中最高层级内容布局的详细草图。虽然这种格式肯定不是唯一可能的组织,但事实证明,它对我们编写的所有软件基本上已足够。在 2.6 节中,我们将介绍一系列基本组件设计规则,这些规则管理它们的物理特性和逻辑内容。遵循此布局和随后讨论的设计规则,使我们能够充分发挥基于组件的方法论的优势。

2.6 组件设计规则

我们围绕基于组件的健全软件设计的所有基础规则(如组件内容本身的组织)完全独立于学科领域(正在实现的逻辑功能的主题)。我们所要求的一些做法可以相当程度地被定性为任意的,如遵循特定的布局和样式规则(旨在最大限度地减少呈现过程中的意外不一致;见卷 2 第 6 章);而其他做法则不能定性。本节叙述了一套简明、连贯且重要的、可客观核实的逻辑设计和物理设计规则。我们践行了多年,这些规则显著改善了软件的可理解性、可测试性和可维护性。

设计规则	一个组件必须仅包含一个 .h 文件和(至少)一个具有相同根名称的相应 .cpp 文件,这些文件共同满足组件的 4 个基本特性(1.6 节和 1.11 节)。

正如 0.7 节中所讨论的,确保物理规整性对于利用我们基于组件的开发策略的许多好处十分关键。在第 1 章(1.6 节和 1.11 节)中,我们讨论了将组件与单纯(名称上衔接的) .h/.cpp 对区分开来的 4 个基本特性。这 4 个特性构成了这种物理规整性和关键模块的基础,我们在这里将其作为设计规则重复。

设计规则	组件特性 1: 组件的 .cpp 文件第一行实质性代码用于包含其对应的 .h 文件。

这条规则的目的在于让每个组件头文件在编译上自给自足。让 .cpp 文件包含其组件相应的 .h 文件,不仅在翻译过程中暴露了头文件本身中的任何语法错误,还发现了 .h 文件和 .cpp 文件之间的不一致性,特别是当我们避免直接在包级命名空间中实现定义时(2.5 节)。

此外,当第二个(分离的)翻译单元[如组件级测试驱动程序(见卷 3 的 7.5 节)]在测试期间

---

① 注意,可能存在一些情况,如涉及版本控制或启用 ADL。在这些情况下,命名空间的其他使用(特别是非架构型的)可能是合理的。

也包含头文件时，我们还有机会（在连接时）捕捉因不恰当的强（1.2.3 节）外连结型符号定义（这是一个缺陷，如果仅将头文件包含在单个测试驱动程序文件中将无法检测到该缺陷）而产生的错误。

通过进一步要求此包含指令是第一行实质性（不是注释的）代码（组件特性 1，1.6.1 节），我们可以确保头文件都能独立编译，就可以一劳永逸地解决与包含顺序相关的问题。

回顾 1.5.1 节，所有这些#include 指令最好都用尖括号（<>）而不是双引号（""），以便提高部署过程的灵活性（见 2.15.1 节）。

设计规则	组件特性 2：在组件的.cpp 文件中定义的每个在效果上是外连结型的逻辑构件都被声明在该组件的.h 文件中。

我们认为，组件编写者的任务要确保组件的目标（.o）文件不导出真正外连结型的符号定义，除非该组件的头文件中存在相应的声明（组件特性 2，1.6.2 节）。如果从组件的.cpp 文件中导出未发布的符号，我们会面临两种风险，一是定义与程序中的其他符号冲突，二是诱导客户通过局部声明访问定义，从而引入了不必要的难以跟踪（"后门"）依赖。对于逻辑上"局部"于组件的类，例如本来可以放在无名命名空间中却必须在.h 文件中局部声明的类，我们可以通过 [纯粹按照约定（见 2.7.3 节）] 选取一个保证不会与组件外部的名称冲突的类名来模拟内绑结，与嵌套类一样。因此，在这样的类中（类定义本身）的外绑结或双绑结的方法声明不受此规则约束。

设计规则	组件特性 3：在组件的.h 文件中声明的每个在效果上是外绑结型的逻辑构件（如果有定义）都在该组件之内定义。

在对一个定义作主要声明和注释的组件之外的另一个组件中提供其定义（示例见 1.6.3 节的图 1-45）会以不符合模块化所需的清晰逻辑分解的方式（组件特性 3，1.6.3 节）引起耦合。"在效果上"是指此规则也适用于有意在组件头文件中声明但不定义（如使用 extern 模板声明，1.3.16 节）的双绑结型构件（1.3.4 节），然后仅在单个.cpp 文件中显式定义，从而实现唯一的连接时依赖（1.8 节）。但是，注意，单纯为了抑制不想要的行为——（a）复制构造或复制赋值，[1]或者（b）不希望的转换[2]——而声明为 private 的成员函数（参见图 2-37）可能不会被实现；将这些函数声明为私有，这使得任何调用它们的外部企图都是徒劳的。

设计规则	组件特性 4：组件的功能只能通过#include 其头文件访问，而不能通过局部 extern 声明访问。

对一个组件逻辑接口的更改应触发任何使用该组件的组件的重新编译。如 1.4 节所述，采用局部 extern 声明而不用适当的#include 指令（见 1.4 节的图 1-35）会使此安全措施短路，并将编译时错误转换为成本更高的连接时或运行时错误。此外，正如读者在 1.11 节中所见，一以贯之地遵循此规则（1.11 节）还会带来受欢迎的副作用：查阅.h/.cpp 文件对中的#include 指令便可有效地推断组件的物理依赖的完整集合。

---

[1] C++11 让我们得以改用更好的语法

```
Foo(const Foo&) = deleted;
```

和

```
Foo& operator=(const Foo&) = deleted;
```

[2] C++11 让我们得以改用更好的语法

```
Foo(int) = deleted;
```

```
class Foo {

    // ...

  private:
    Foo(const Foo&);            // (a) 不实现
    Foo& operator=(const Foo&); // (a) 不实现

    Foo(int);                   // (b) 不实现

  public:
    Foo(char);                  // (b) 在该组件中实现

    // ...
};
```

图 2-37 （经典）使用 private 来抑制生成的行为

设计规则 在定义 main 的文件之外编写的任何逻辑构件均必须放在某一组件内。

坚持将所有源代码打包到物理形式统一的模块中，确保了每个组件的物理形式与其逻辑内容无关。尽管如此，我们还是会经常遇到建议基于个人开发人员的感觉进行"优化"是"令人信服的"原因。要求每个组件都有一个 .cpp 文件最初可能会给开发人员带来不必要的负担。例如，对于图 2-38 中所示的星期枚举，省略 .cpp 文件似乎"没有大问题"。①毕竟，它里面能放什么呢？

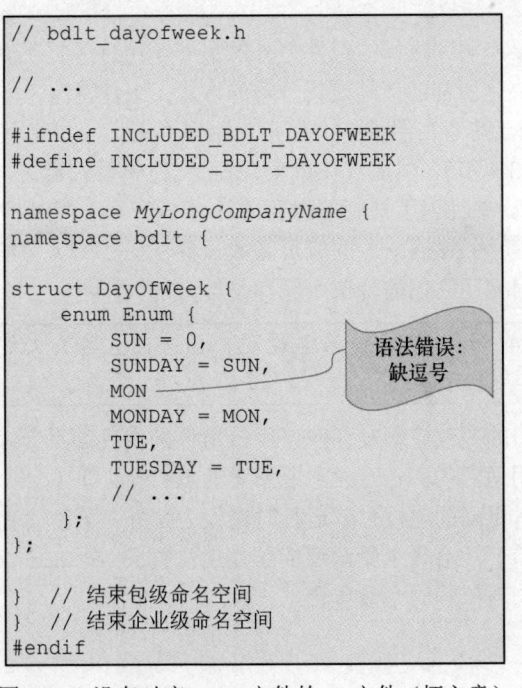

图 2-38 没有对应 .cpp 文件的 .h 文件（坏主意）

现在考虑加上个简单的实现文件以保持组件结构的完整性，这个实现文件所做的仅仅是包含该头文件，如图 2-39 所示。组件现在可以独立编译（与任何其他组件一样），从而立即暴露出许

---

① 在 2.4.9 节中提到，我们更喜欢用结构体（见图 2-22）充当第三层级命名空间，用于嵌套组件中声明的常量、静态数据、函数（见图 2-22 和图 2-23）、typedef 和 enum（见图 2-38 和图 2-39）。

多常见的编译错误。还应考虑的是，仅由 .h 文件组成的原先的不统一的物理结构会产生细微的偏见，这可能会影响某些人是否将随后添加的辅助函数（如 toAscii）实现为内联函数，即完全实现在（预先存在的）头文件中还是在（尚未创建的）.cpp 文件中。同样，像改变单个函数的内联状态这样简单的逻辑变化，我们非常不希望它影响物理结构。

```
// bdlt_dayofweek.h                          // bdlt_dayofweek.cpp
#ifndef INCLUDED_BDLT_DAYOFWEEK             #include <bdlt_dayofweek.h>
#define INCLUDED_BDLT_DAYOFWEEK

// ...

namespace MyLongCompanyName {
namespace bdlt {

struct DayOfWeek {
    enum Enum {
        SUN = 0,
        SUNDAY = SUN,
        MON,  // 错误修复
        MONDAY = MON,
        TUE,
        TUESDAY = TUE,
        // ...
    };
};

}  // 结束包级命名空间
}  // 结束企业级命名空间
#endif
```

bdlt_dayofweek

图 2-39　实现星期（day-of-week）枚举的"平凡"组件

看似不值得拥有自己的头文件的简单嵌套枚举，很可能演变成一个支持各种值语义操作（见卷 2 的 4.1 和 4.3 节）的成熟组件，其中许多操作（如打印、流化）如果在 .h 文件中实现，将导致无意义的编译时耦合（见 3.10 节）。图 2-40 显示了一个更全面的枚举星期的组件。[1]这一模式此后便可用于快速生成其他枚举组件及其相关的测试驱动程序（见卷 3 的第 10 章）。

注意，即使是只实现一个协议（纯抽象接口）类（1.7.5 节）的组件也必须有 .cpp 文件，一是可确保头文件可孤立编译，二是能够放入其非内联析构函数。此外，还要有一个实现组件级测试驱动程序的关联 .t.cpp 文件，与定义枚举的组件一样，该驱动程序可以提供冗余（redundancy，见卷 3 的 7.2 节）以确保该组件被恰当地实现并且以后也是如此。

认为需要"私有"头文件也是一个偏离我们既定规约的常见原因。私有头文件是不可取的，因为与组件间的友元（见下文）一样，它们授予超出标准公共合约（见卷 2 的 5.2 节）的特权访问权，以物理方式分离模块。但是，正如 1.4 节所讨论的，完全支持私有数据，并且能够拥有中间接口，而不必牺牲 C++ 等语言的性能，这就使得私有头文件的所有使用都变得无效。避免选择性隐藏组件头文件（除了作为纯粹的部署优化，见 2.15 节）的其他原因将在 3.9.7 节中讨论。

---

[1] C++11 引入了枚举类（enumeration class）的概念，通过在类中嵌套枚举，它能够给出许多好特性。

```cpp
// bdlt_dayofweek.h                                                -*-C++-*-
#ifndef INCLUDED_BDLT_DAYOFWEEK
#define INCLUDED_BDLT_DAYOFWEEK

//@PURPOSE: 支持对一星期7天的枚举
// ...

#include <iosfwd>

namespace MyLongCompanyName {
namespace bdlt {

struct DayOfWeek {
    // 此结构体充当命名空间来枚举……

    // TYPES（类型）
    enum Enum {
        e_SUN = 1, e_SUNDAY    = e_SUN,
        e_MON,     e_MONDAY     = e_MON,
        e_TUE,     e_TUESDAY    = e_TUE,
        e_WED,     e_WEDNESDAY  = e_WED,
        e_THU,     e_THURSDAY   = e_THU,
        e_FRI,     e_FRIDAY     = e_FRI,
        e_SAT,     e_SATURDAY   = e_SAT
    };

    // CLASS METHODS（类方法）
    template <class STREAM>
    static STREAM& bdexStreamIn(STREAM&           stream,
                                DayOfWeek::Enum& variable,
                                int               version);
        // 按照指定的version的格式，把从指定的stream中读取的值赋给指定的variable……

    template <class STREAM>
    static STREAM& bdexStreamOut(STREAM&          stream,
                                 DayOfWeek::Enum value,
                                 int              version);
        // 按照指定的version的格式，将指定value的值写入指定输出stream，并……

    static std::ostream& print(std::ostream&   stream,
                               DayOfWeek::Enum value,
                               int             level          = 0,
                               int             spacesPerLevel = 4);
        // 将指定枚举value的字符串表示写入指定输出stream，并返回……

    static const char *toAscii(Enum dayOfWeek);
        // 根据指定的dayOfWeek，返回其对应的枚举符的缩写char串表示……
};

// FREE OPERATORS（自由运算符）
std::ostream& operator<<(std::ostream&   stream,
                         DayOfWeek::Enum dayOfWeek);
    // 将指定枚举value的字符串表示以单行格式写入指定输出stream……

// FREE FUNCTIONS（自由函数）
template <class STREAM>
```

图 2-40　实现特性齐全的星期类型的库组件

```
STREAM& bdexStreamIn(STREAM&              stream,
                     DayOfWeek::Enum& variable,
                     int              version);
    // 按照指定version的格式，把从指定输入stream中读取的DayOfWeek::Enum的值
    // 载入指定的variable中……

template <class STREAM>
STREAM& bdexStreamOut(STREAM&              stream,
                      const DayOfWeek::Enum& value,
                      int                  version);
    // 按照指定version的格式，将指定的value写入指定输出stream，并返回指向
    // stream的引用……

// ==========================================================================
//                  INLINE FUNCTION DEFINITIONS（内联函数定义）
// ==========================================================================

// CLASS METHODS（类方法）
template <class STREAM>
STREAM& DayOfWeek::bdexStreamIn(STREAM&              stream,
                               DayOfWeek::Enum& variable,
                               int              version)
{
    // ...
    return stream;
}

template <class STREAM>
STREAM& DayOfWeek::bdexStreamOut(STREAM&              stream,
                                DayOfWeek::Enum value,
                                int              version)
{
    // ...
    return stream;
}

}  // 结束包级命名空间

// FREE OPERATORS（自由运算符）
inline
std::ostream& bdlt::operator<<(std::ostream&    stream,
                               DayOfWeek::Enum value)
{
    return DayOfWeek::print(stream, value, 0, -1);
}

// FREE FUNCTIONS（自由函数）
template <class STREAM>
STREAM& bdlt::bdexStreamIn(STREAM&              stream,
                           DayOfWeek::Enum& variable,
                           int              version)
{
    return DayOfWeek::bdexStreamIn(stream, variable, version);
}

template <class STREAM>
STREAM& bdlt::bdexStreamOut(STREAM&              stream,
                            const DayOfWeek::Enum& value,
                            int              version)
{
```

图2-40　实现特性齐全的星期类型的库组件（续）

```
template <class STREAM>
STREAM& bdlt::bdexStreamOut(STREAM&                    stream,
                            const DayOfWeek::Enum& value,
                            int                       version)
{
    return DayOfWeek::bdexStreamOut(stream, value, version);
}

}  // 结束企业级命名空间
#endif
```

```
// bdlt_dayofweek.cpp                                          -*-C++-*-
#include <bdlt_dayofweek.h>

#include <iostream>
#include <cassert>

namespace MyLongCompanyName {
namespace bdlt {

// CLASS METHODS（类方法）
std::ostream& DayOfWeek::print(std::ostream&    stream,
                               DayOfWeek::Enum value,
                               int             level,
                               int             spacesPerLevel)
{
    // ...
    stream << toAscii(value);
    // ...
    return stream;
}

const char *DayOfWeek::toAscii(DayOfWeek::Enum dayOfWeek)
{
#define CASE(X) case(e_ ## X): return #X
    switch (dayOfWeek) {
      CASE(SUN);
      CASE(MON);
      CASE(TUE);
      CASE(WED);
      CASE(THU);
      CASE(FRI);
      CASE(SAT);
      default:
        assert("Invalid Day Of Week" && 0);
    }
#undef CASE
}

}  // 结束包级命名空间
}  // 结束企业级命名空间
```

注意，虽然用得不多，但C++
预处理器的局部使用偶尔也能派上用场

记得做好收尾工作！

bdlt_dayofweek

图 2-40　实现特性齐全的星期类型的库组件（续）

单靠规整性就足以正当化组件的严格物理形式。[1]无论提议的偏离可能有多么无害，考虑每

---

[1] David Sankel 是彭博的一位著名且直言不讳的团队领导，他（在对本卷书稿的审阅中）这样说：
"更一般地说，呈现中的规整性使将来的更改能够更统一地应用（因此更有可能自动地应用）在整个代码库中。如果
有一种约定更改或对 C++ 语言本身的增强应该应用到每个地方，则使用规整的代码库可以以最小的代价实现这一点，
不必要的多样性通常意味着每个组件都必须'手动'更新，这在成本上的差异可能是惊人的。"

种物理不规整性的效果所花费的时间和精力（通常会重复出现在每一个新的观察者身上）都应该表明，对于大规模系统，偏离固定和规整组件结构绝不是[1]好主意。

设计规则	每个组件的.h文件都必须包含唯一且可预测的包含保护符：INCLUDED_*PACKAGE_COMPONENTBASE*（如 INCLUDED_BDLT_DATETIME）。

为避免因单个翻译单元的包含图重汇聚而导致的重复定义，唯一的内置包含保护符是必须的。要求这些保护符具有机械可预测性（仅从组件名称就可推测），使我们能够使用自动化工具验证它们：

```
// bdlt_datetime.h                                    -*-C++-*-
#ifndef INCLUDED_BDLT_DATETIME
#define INCLUDED_BDLT_DATETIME
// ...
#endif
```

这种可预测性还允许使用（现已弃用的）外置（"冗余"）包含保护符（1.5.3 节）。

设计规则	由组件导出的非内绑结型（如内联函数）的逻辑构件必须先（在头文件中）声明，然后分离地定义（在同一组件中），且所有自由（如运算符）函数定义要声明在它们的命名空间之外。

特别是，此设计规则要求不在类作用域中定义内联函数（双绑结型），以确保存在与实现分离的接口（见卷 2 的 5.2 节）。出于 1.3.1 节中阐述的原因，自由运算符以及任何其他自由（切面）函数都将在声明它们的包级命名空间之外定义。通过简单地遵循我们规定的组件布局（见 2.5 节的图 2-36），我们可以在很大程度上确保满足这一重要规则。

设计规则	不允许文件或命名空间作用域静态对象的运行时初始化。

文件作用域或命名空间作用域中静态变量的运行时初始化，特别是在不包含 main 的文件中，已经是，并且遗憾地仍然是软件缺陷的长期根源，如单例注册表（1.2.5 节）所示。然而，还有其他一些令人信服的理由，要求我们避免这种错误的初始化（见卷 2 的 6.2 节）。

推论	每个组件的.h文件都必须可孤立编译。

只要遵守 1.6.1 节中的组件特性 1，这一需求便可确保满足，但我们还是明确说明，用以强调。

指导原则	.h 文件应只包含确保头文件可孤立编译所必需的#include 指令［或在适当情况下包含局部（前置）类声明］。

同时，我们希望避免头文件中出现任何不必要的#include 指令（甚至是局部声明）。事实证明，只有少数情况需要在头文件中#include 另一个头文件。图 2-41 总结了正确将头文件包含在头文件中的 5 个（迄今为止）最常见的原因。[2]

---

[1] 注意，纯粹作为部署优化（如对于 C 标准库中的非常低层级的组件），我们确实承认将在单个组件中实现的功能分配到多个.c 文件（2.2.12 节）的潜在好处，但切勿跨多个.h 文件（另见 2.15.10 节）。

[2] 当然，还有其他情况需要在另一个头文件中包含头文件，以确保 1.6.1 节中组件特性 1 所要求的编译自给自足。协变返回类型就是这样的例子。另一个原因是使用 C++标准库中的某些内容时，局部声明被明确禁止。

#include指令出现在头文件中的正当理由

（a）**Is-A**（或者任何形式的继承）

（b）**Has-A**（一个被嵌入的对象但并不是Holds-A或Uses-In-The-Interface）

（c）**Inline**（任何在内联定义中实质性使用的对象）

（d）**Enum**（即枚举值）

（e）**typedef**（显式的模板特化，如std::string）

图 2-41　一个头文件包含另一个头文件的常见合理情况

当从类 Foo（在分离的组件 xyza_foo 中定义）派生出另一个类 Bar 时，编译器总是必须看到 Foo 的定义后才能编译 Bar。因此，我们必须将#include <xyza_foo.h>指令放入定义有 Bar 的 pqrs_bar.h 头文件中（图 2-41a）：

```
// pqrs_bar.h
#include <xyza_foo.h>            // 包含了定义
// ...
class Bar : public xyza::Foo { // Is-A
    // ...
};
```

被嵌入的对象也是如此（图 2-41b）：

```
// pqrs_bar.h
#include <xyza_foo.h>    // 被包含的定义
// ...
class Bar {
    xyza::Foo d_foo;    // Has-A
    // ...
};
```

但对被持有的（如通过地址持有的）对象则不然：

```
// pqrs_bar.h
// ...
namespace xyza { class Foo; } // 局部（前置）声明①
// ...
class Bar {
    xyza::Foo *d_foo_p; // Holds-A
    // ...
};
```

可能出乎某些人意料的是，如果仅在组件的头文件的函数接口（1.7.3 节）中使用某一类型，那么没有必要#include 该对象的类型。如图 2-42 所示，即使该类型的对象按值传递②并按值返回③，该断言也是正确的。

---

① 可以通过自动静态分析工具或前置头文件来促进此类局部声明的同步，这些头文件使用适用于底层组件本身的基于组件的设计规则（在本节中介绍）作为其自身组件实现。

② 注意，我们始终通过 const&而不是通过值传递用户定义的类型（作为参数）（见卷 2 的 6.12 节）。

③ 即使在现代 C++（C++11 及更高版本）中，我们也会继续按值返回对象，但前提是对象不分配内存（见卷 2 的 4.10 节）。

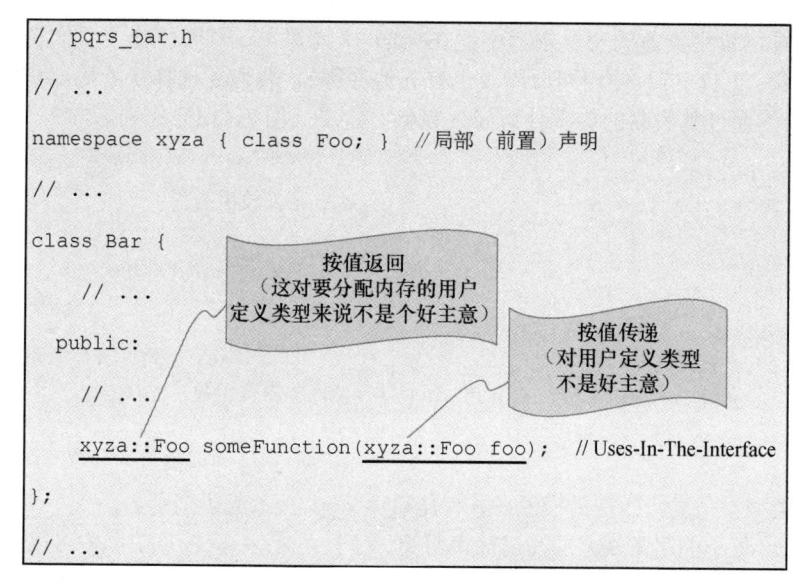

图 2-42 Uses-In-The-Interface 并不意味着头文件中有#include 指令

当一内联函数实质性使用某一类型时，编译器必须已经看到这一类型的定义才能编译之。被
（隐式实例化的）函数模板实质性使用的类型也是如此。虽然有些编译器直到调用（实例化）函
数才检测定义是否缺失，但包含头文件可以确保所有编译器都能把这一头文件孤立地编译出来，
并且客户代码在调用函数时总能编译。因此，有必要在定义内联函数（或函数模板）的头文件中
#include 任何在该函数定义主体中实质性使用的类的定义所在的头文件（图 2-41c）：

```
// prqs_bar.h

#include <xyza_foo.h>

// ...

class Bar {

    // ...

    public:

    // ...

    void function();

    // ...

};
// ...

inline

void Bar::function() { Foo obj; /* ... */ }   // 被实质性使用

// ...
```

注意，这一声明不需要加上 inline关键字来遵从C++标准的实现从历史上看，枚举类型的变量永远不能在局部（"前置"）声明。[①]出于我们选择从不"前置声明"全局变量（1.11 节）的相同原因（也有其他原因），我们还选择从不局部声明枚举类型的变量[②]，而是始终通过其关联的头文件访问（完整）定义（图 2-41d）：

```
// pqrs_barih
#include <xyza_foo.h>                    // 定义枚举类型
// ...
class Bar {
    // ...
    public:
        // ...
        xyza::Foo::Enum function();  // 非内联函数
        // ...
};
```

如果某一类型不是类，而是类模板显式特化后用 typedef 起了个别名，[③]如 std::string 或 std::ostream，就不能用常规方法在局部声明类。对于 std::ostream，我们可以包含<iosfwd>来"前置声明"std::ostream；遗憾的是，std::string 没有类似的机制，因此，我们被迫包含<string>本身，即使不需要它的定义（图 2-41e）[④]：

```
// pqrs_bar.h
#include <string>                // 包含模板定义
// ...
class Bar {
    std::string *d_string_p;  // Holds-A（string 是一个类型别名）
    // ...
};
```

除了图 2-41 中列出的 5 种特定情况，在一个头文件中再#include 另外一个头文件几乎都算错误。还有其他一些罕见的情况，如协变返回类型，在这些情况下，可能需要在头文件中包含头文件。幸运的是，编译器将始终警告读者这种情况，当然前提是读者严格遵守组件特性 1（1.6.1 节）。[⑤]

> **定义** 传递式包含意味着客户依赖使用一个头文件来包含另一个头文件，以便直接使用通过嵌套的包含间接提供的功能。

> **设计规则** 一个组件对另一个组件的任何直接实质性使用都要求相应的#include 指令直接出现在客户组件中（在.h 文件或.cpp 文件中，但不能同时出现），除非间接包含隐含在内部和实质性编译时依赖中，即公共继承（没有其他内容）。

> **推论** 传递式包含是不被允许的，除非是要访问已被直接包含定义的类型的公共基类。

[①] 在 C++11 中，这种情况有所改变；但这种"前置声明"适用于外绑结型的固定整型（1.3.4 节）。

[②] 特别是在 C++11 中，我们可能会被诱导这样做（"引诱物"），以便在我们不需要知道特定枚举符时，消除对它们的编译时依赖。

[③] 通常称为类型别名（type alias）。

[④] 注意，在 C++标准库中，局部声明任何东西都是无效的。

[⑤] 使用前置头文件来促进代码迁移（特别是涉及模板）是在头文件中包含头文件的另一个完全独立的动机。注意，前置头文件的目的可以通过使用遵循本节所述的相同规则附加组件实现。

与以往一样，我们被建议避免依赖仅仅是某种实现选择的制品的行为。这种制品是已被逻辑封装的实现细节的必然物理结果，这并不能免除我们的这一重要责任。因此，依靠一个组件头文件来间接包含另一个组件，我们称之为传递式包含，在绝大多数情况下是不明智的。在图 2-41 中列出的所有恰当地在头文件中包含头文件的常见情况中，只有"Is-A"（如图 2-43 所示的公共继承）提供了足够的指示，表明所需的#include 指令必然存在于已包含的头文件中。

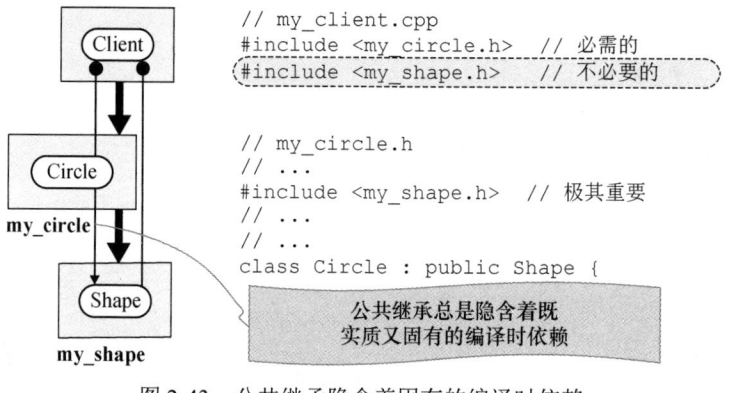

```
// my_client.cpp
#include <my_circle.h>   // 必需的
#include <my_shape.h>    // 不必要的


// my_circle.h
// ...
#include <my_shape.h>    // 极其重要
// ...
// ...
class Circle : public Shape {
```

公共继承总是隐含着既
实质又固有的编译时依赖

图 2-43   公共继承隐含着固有的编译时依赖

在所有其他情况下，只需要对组件进行微小的更改，就不需要在较高层级组件的头文件中嵌套包含较低层级组件的指令。如果是私有继承或 Has-A 的情况，只需要对较高层级组件的实现进行微小的更改，就不需要在其头文件中包含较低层级组件的头文件。例如，图 2-44 中的 Point 没有被使用在接口中，则可以完全移除对它的任何依赖，并替换为一对裸整数，而不会导致任何对逻辑（可编程访问）接口的更改。

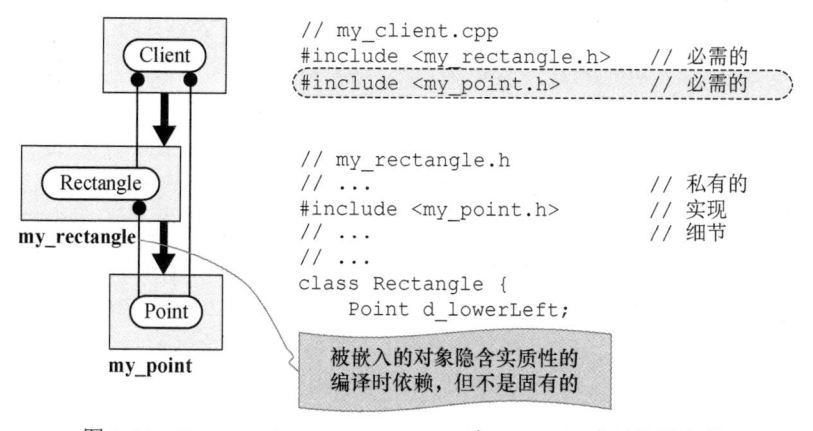

```
// my_client.cpp
#include <my_rectangle.h>   // 必需的
#include <my_point.h>       // 必需的


// my_rectangle.h
// ...                        // 私有的
#include <my_point.h>         // 实现
// ...                        // 细节
// ...
class Rectangle {
    Point d_lowerLeft;
```

被嵌入的对象隐含实质性的
编译时依赖，但不是固有的

图 2-44   Uses-In-The-Implementation（如 Has-A）决不是固有的

即使在接口中使用了 Point，也不难通过用 Holds-A（1.7.4 节）替换 Has-A 关系，并将在接口中接受或返回 Point 的任何内联函数（图 2-41c）替换为非内联函数来隔离（见 3.11.1 节）其使用。如果两个组件的客户不直接包含较低层级的组件的头文件，则他们将被迫返工其代码。因此，不能依靠于仅为了实现目的而包含的组件头文件来包含该（较低层级）头文件。

即使是历来不能（或者在 C++11 中不应该[①]）局部声明的枚举（图 2-41d）或显式模板特化的

[①] 自 C++11 后，枚举和静态数据一样，都不应局部声明，以避免因外绑结（1.3.4 节）导致类型错配。

typedef（图 2-41e）类型，像 Uses-In-The-Interface 这样的逻辑关系也不足以正当化对嵌套包含的物理依靠。如图 2-45 所示，只需要微小的接口修改，如用 int 替换枚举的返回类型（通常是一个好主意）或者将很少使用的非初等函数升级到另一个更高层级（如实用）组件（见 3.2.7 节），就可能消除物理依赖，并且避免使用嵌套的#include 指令。如果遵循此规则，则客户代码的返工也可能很少（甚至不用返工）。

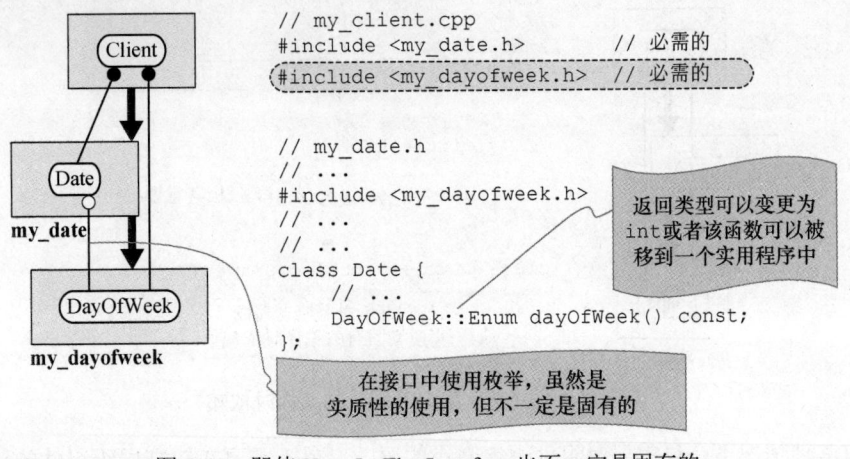

图 2-45   即使 Uses-In-The-Interface 也不一定是固有的

因此，除了公共继承，只要一个组件实质上直接使用另一个组件中提供的功能，它也应该始终直接包含该组件的.h 文件。

设计要务　组件之间的循环物理依赖是不被允许的。

根据定义，组件是物理聚合的最小单元，所有物理聚合的可容许依赖必须是无环的（2.2.24节）。如果对两个组件之一进行编译、连接，甚至是测试都必然需要另一个组件的存在，则这两个组件是循环依赖着的。

假设我们有两个组件，即 xyza_array1 和 xyza_array2，每个组件都定义了一个用户定义类型，表示任意类型的数组，唯一的区别是所包含对象的内存的组织方式：原地和非原地。[1]现在假设这两种数组类型都提供了构造函数，以便于从另一种类型转换过来。说得更直白一些，类 xyza::Array1 有一个构造函数，该构造函数引用了 const xyza::Array2，反之亦然。注意，图 2-46a 中显示的隐含的循环诱导#include 指令恰好直接放置在这些组件的.h 文件中。将#include 指令移动到相应的.cpp 文件（图 2-46b）会从客户的角度影响该耦合的特性，即使其成为连接时而不是编译时（见 3.10 节），但绝不会减轻相互的物理依赖（1.8 节）。[2]

---

① 虽然 xyza::Array1（如 std::vector）提供了对所含元素的最佳访问，但 xyza::Array2 在访问数组元素时会使用额外的间接层级，从而显著提高了在任意插入和移除重载对象类型操作期间的性能，并保留给定数组元素的地址，即使底层数组调整大小或其索引位置改变时也是如此。

② 必须在（循环的）#include 后面进行这种看似冗余的类声明。尝试按此处所使用的方式编译此代码将导致无限递归。添加必要的内置#include 保护符（1.5.2 节）将能够处理递归，但没有这一非受保护前置类声明，当我们编译 xyza_array2.cpp 时，它会包含 xyza_array2.h，这会立即包含 xyza_array1.h，紧接着将又一次包含 xyza_array2.h，这一次不做任何操作！现在，除非我们也在 xyza 命名空间中 Array1 的定义之前就前置声明 Array2，编译器就（还）不知道 Array2 是个类型，而成员函数声明 Array1(const Array2& A2)会编译失败。这条脚注可以一言以蔽之：头文件之间决不能有循环依赖。

```
// xyza_array1.h
// ...
#include <xyza_array2.h>
// ...
namespace xyza { class Array2; }83
// ...
namespace xyza {
// ...
class Array1 {
    // ...
  public:
    // CREATORS
    // ...
    Array1(const Array2& a2);
    // ...
};
// ...
} // 结束包级命名空间
```

```
// xyza_array2.h
// ...
#include <xyza_array1.h>
// ...
namespace xyza { class Array1; }
// ...
namespace xyza {
// ...
class Array2 {
    // ...
  public:
    // CREATORS
    // ...
    Array2(const Array1& a1);
    // ...
};
// ...
} // 结束包级命名空间
```

```
// xyza_array1.cpp
#include <xyza_array1.h>
// ...
namespace xyza {
// ...
Array1::Array1(const Array2& a2)
{
    // ...
}
} // 结束包级命名空间
```

```
// xyza_array2.cpp
#include <xyza_array2.h>
// ...
namespace xyza {
// ...
Array2::Array2(const Array1& a1)
{
    // ...
}
} // 结束包级命名空间
```

xyza_array1　　　　　　　　　**xyza_array2**

（a）在.h文件中暴露的相互#include指令（坏主意）

```
// xyza_array1.h
// ...
namespace xyza { class Array2; }
// ...
namespace xyza {
// ...
class Array1 {
    // ...
  public:
    // CREATORS
    // ...
    Array1(const Array2& a2);
    // ...
};
// ...
} // 结束包级命名空间
```

```
// xyza_array2.h
// ...
namespace xyza { class Array1; }
// ...
namespace xyza {
// ...
class Array2 {
    // ...
  public:
    // CREATORS
    // ...
    Array2(const Array1& a1);
    // ...
};
// ...
} // 结束包级命名空间
```

```
// xyza_array1.cpp
#include <xyza_array1.h>
#include <xyza_array2.h>
// ...
namespace xyza {
// ...
Array1::Array1(const Array2& a2)
{
    // ...
}
} // 结束包级命名空间
```

```
// xyza_array2.cpp
#include <xyza_array2.h>
#include <xyza_array1.h>
// ...
namespace xyza {
// ...
Array2::Array2(const Array1& a1)
{
    // ...
}
} // 结束包级命名空间
```

xyza_array1　　　　　　　　　**xyza_array2**

（b）相互的#include指令被埋葬在.cpp文件中（坏主意）

图2-46　组件之间的循环物理依赖（坏主意！）

根据在 3.5 节中阐述的预测层级划分技术，我们可以通过消除一个组件对另一个组件的依赖来消除图 2-46 中的循环。例如，图 2-47 显示了从 xyza::Array2 有效构建 xyza::Array1 的可能任意决定，但反之亦然。要启用其他方向的转换，xyza::Array1 提供了一个按值转换运算符。当然，我们也可以很容易地选择另一种方式，使 xyza_array2 依赖 xyza_array1。无论采取哪种方式，我们都无法实现独立复用的完全灵活性，更不用说对内存分配的严格控制（见卷 2 的 4.10 节）。

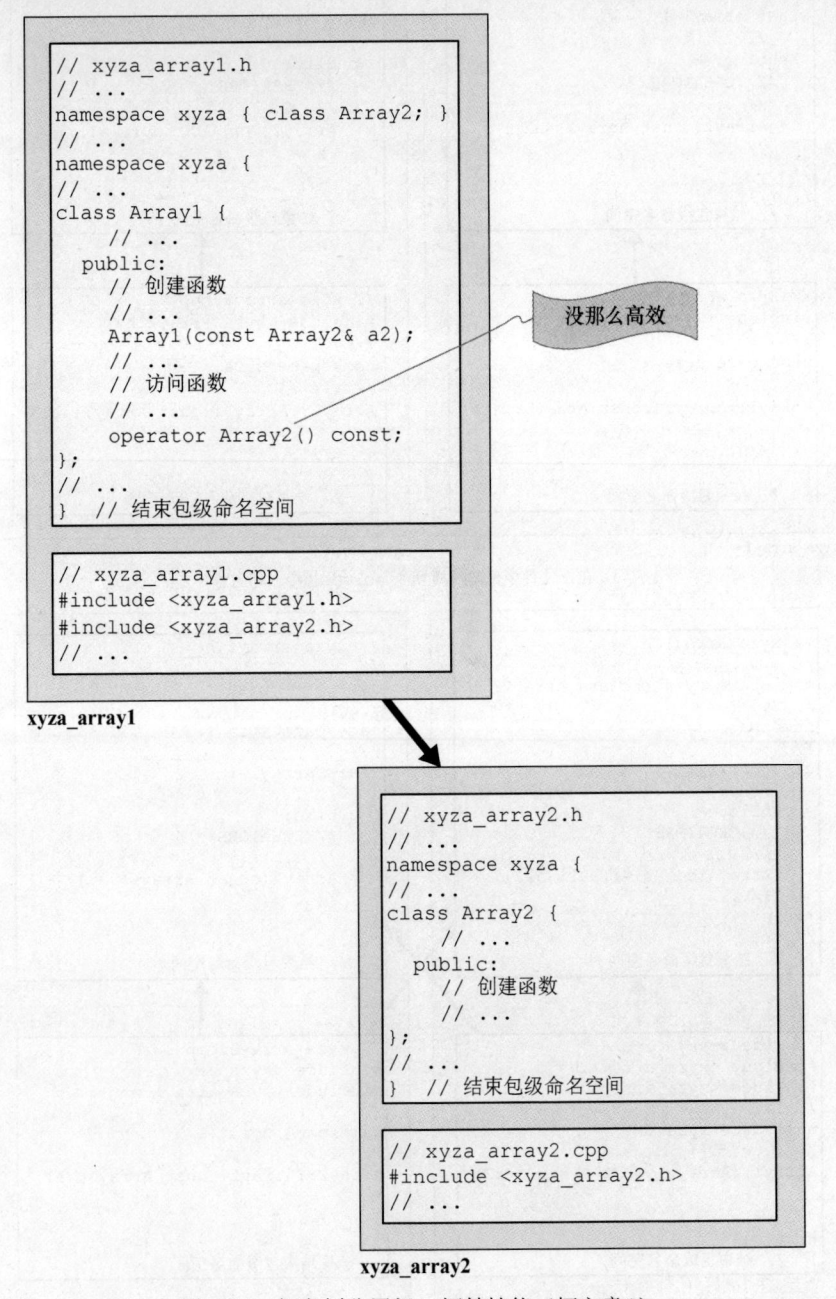

图 2-47　任意划分层级，牺牲性能（坏主意！）

在这里，任何隐式转换的需要都是可疑的。通过将相互间循环依赖的转换例程升级到第三个组件（并让这些例程作显式转换），可以实现更灵活、高效的解决方案（见 3.5.2 节），如图 2-48

所示。转换后的对象不是按值返回，而是将其值加载到作为第一个参数传入（按地址）的预先存在的对象中（见卷 2 的 6.12 节）。现在，xyza::Array1 和 xyza::Array2 可以相互独立使用。仅依赖其中一个类的客户不会以任何方式（例如编译时间、连接时间或可执行大小）为另一个类支付代价。只有那些同时使用两种 array 并且还需要在它们之间转换的客户才连接所有代码。

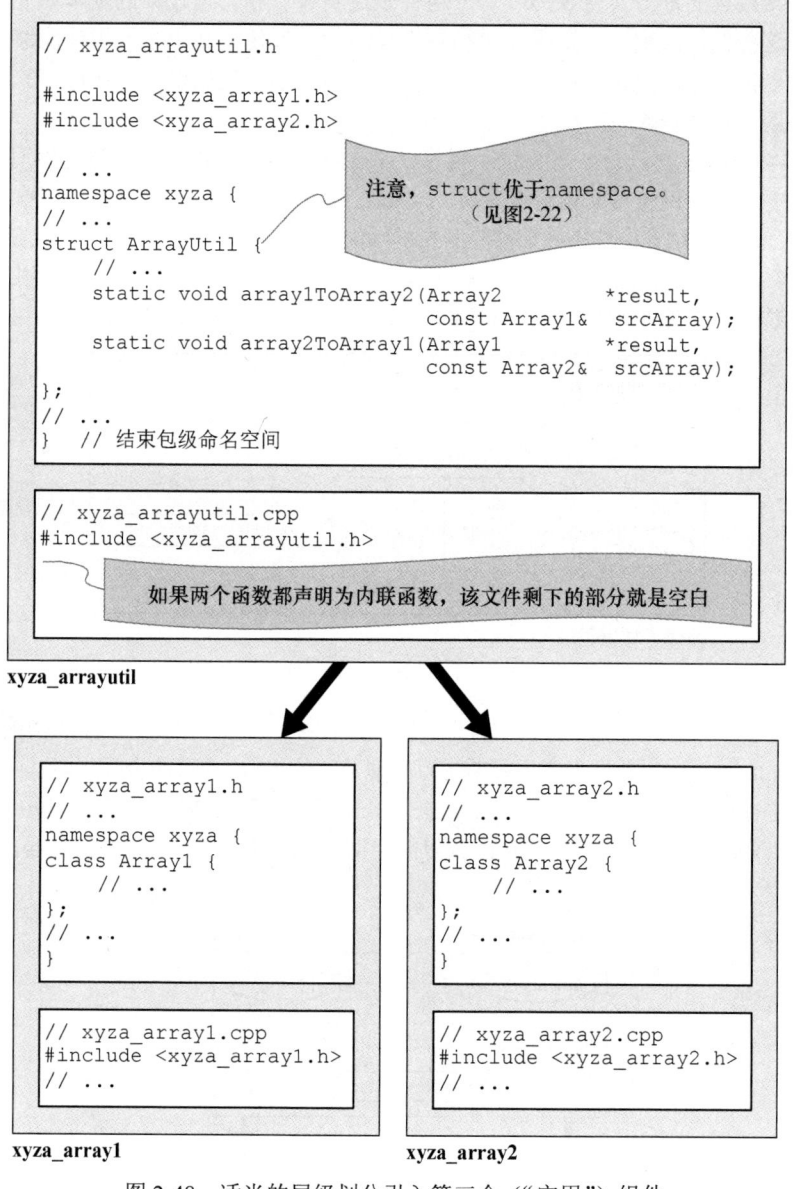

图 2-48　适当的层级划分引入第三个（"实用"）组件

这里所述的层级划分技术——升级（escalation，见 3.5.2 节），可用于消除循环、过度或其他原因导致的不良连接时依赖，是 3.5 节中讨论的许多方法之一。在第 3 章中，我们将探讨各种表达设计的方法，以便在最小化编译时物理依赖和连接时物理依赖的同时，以高度模块化的组件来实现这些设计。

设计要务	对逻辑构件的私有细节的访问不得跨越定义其的物理聚合的边界，如"长程"（组件间）友元是不被允许的。

模块化编程（0.4 节）最基本且最广为人知的原则大概是将每个低层级设计决策隐藏在一个清晰的、明确定义的接口后面。并非巧合的是，人们发现，可能一起发生变化的代码应该在系统内物理位置非常接近的地方（见 3.3.6 节）。组件是逻辑设计和物理设计的基本单元（0.7 节），用于封装和隐藏这些低层级细节。逻辑模块和物理模块的一致使得新版本的组件能够独立于任何其他组件来替换以前版本的组件（见卷 2 的 5.5 节）。注意，通过使用受保护访问权来暴露实现细节也同样存在问题（见 3.11.5.3 节）。

考察图 2-49 中的 xyza_hashtable 组件。xyza::HashtableIter 类提供对给定 xyza::Hashtable 对象中所有键值对的只读访问权。xyza::HashtableManip 类除了迭代，还提供了从可修改的 xyza::Hashtable 中选择性地移除条目的功能。迭代器和操纵函数的实现就算不依赖容器的私有细节，也将自然地受到其强烈影响（见 1.7.4 节）。[①]显然，所有 3 个类都必须共享私有细节知识，因此应封装在一个原子物理模块（组件）内。

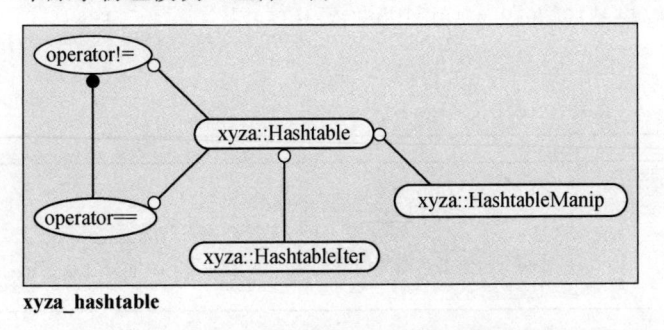

图 2-49　xyza_hashtable 组件的逻辑视图

为了便于论证，考虑将这些类分别放置在分离的组件中，如图 2-50 中的组件/类图所示。现在，即使对 xyza::Hashtable 的局部实现细节进行貌似兼容的更改，也可能会强制对其中一个或两个较低层级的组件进行相应的更改。同样，对 xyza::HashtableIter 或 xyza::HashtableManip 的私有实现（如私有构造函数）进行任何更改都可能会彻底破坏较高层级组件中的容器，除非它也连锁地更新。

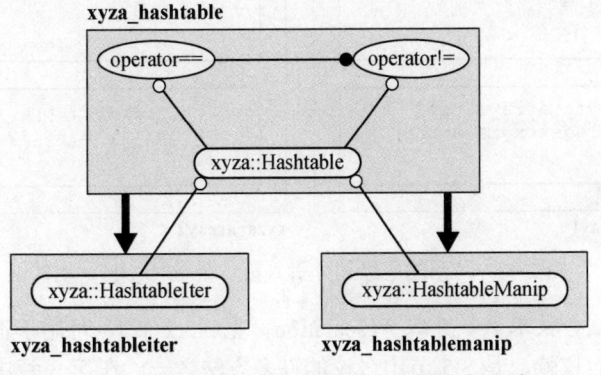

图 2-50　"长程"友元，即跨组件的友元（坏主意！）

---

① 在这种当代迭代器模式中（在 1.7.4 节中说明），xyza::HashtableIter 和 xyza::HashtableManip 的构造函数都声明为私有的，二者都将 xyza::Hashtable 声明为友元。

给非局部逻辑实体授予私有访问权常会导致难以预料的严重不灵活性和不必要的费用。"特权"软件的物理距离越远，负担就越重。仅可维护性这一项就足以将迭代器与其容器的并置正当化，但要考虑的是，只要较高层级组件中的对象具有私有的可修改访问权，我们就会失去层次化测试较低层级组件的能力（见 2.14.3 节的图 2-79）。

将友元访问权给分离的组件中的类，还会使拥有相同名称的恶意实现很容易被无意中授予（或窃取）特权访问权。[①]通过坚持私有访问权不超出组件边界，我们可以将组件已发布合约的一个有效实现（见卷 2 的 5.5 节）替换成另一个有效实现，而不管其他组件的私有细节。毫不奇怪，这一确保细粒度的物理可替换性的概念是我们开发方法中最基本的概念之一。

指导原则　除非有工程理由不这样做，否则每个组件只有一个（公共）类。

组件的大小、复杂度及其总体质量影响了开发者有效理解、维护和测试组件的能力（见卷 3 的 7.3 节）。此外，保留细粒度的物理结构（0.7 节）有助于最大限度地减少物理依赖，从而促进独立的复用。因此，我们努力限制（最好是一个）任何特定组件中的类数，除非有令人信服的工程理由。如果将类放在分离的组件中会导致长程友元（跨组件的友元），或是循环物理依赖（在实践中很少[②]出现）。[③]因此，我们必须避免任何可能包含如此紧密耦合类的大型或更糟糕的无界限集群的设计（见 3.1.9 节）。

在本节中，我们介绍了几个重要的、可客观验证的设计规则，这些规则使软件更易于理解、可测试和可维护。每个组件至少有一个 .cpp 文件（可能还有更多[④]），但 .h 文件总是只有一个，所有文件都具有相同的根名称。这些文件一起满足第 1 章（1.6 节和 1.11 节）中描述的组件的 4 个特性：（1）在 .cpp 文件中先要包含 .h 文件，指令中要使用尖括号（<>）而不是双引号（""）；（2）所有外连结型定义都被声明在 .h 文件中；（3）从不在声明外绑结型构件的组件之外定义它们；（4）仅通过 #include 指令访问其他组件的功能，且还是使用尖括号（<>）。

我们在定义 main 的文件之外写入的每个逻辑构件（甚至是专为单个应用编写的代码）都属于适当的组件，包括枚举和协议，这些组件通常不需要任何外绑结型定义。我们要求 .h 文件可孤立编译，但尽量减少组件头文件中的 #include 指令（和局部类声明）的数量，又不能依赖不安全的传递式包含（公共继承以外的任何内容）。

组件之间的循环物理依赖既无必要也不合适，不管在编译时还是连接时都是如此。长程友元也被禁止，换言之，它提供跨越任何物理（如组件）边界的私有访问权，因为这种访问权会使一个符合要求的组件的实现与另一个组件的独立替代能力受到损害。如果没有令人信服的工程原因（迄今为止最常见的是友元），我们竭力避免在一个组件中有多于一个的（公共）类。

2.7　组件私有类和附属组件

基于组件的方法论带来的显著优势之一是层次化复用（0.4 节）。为了最大限度地发挥这一优

[①] **lakos96**，3.6.2 节，第 144～146 页。

[②] 所有已知的实际用例有效地要求类之间存在循环依赖，它们都涉及相互编译时递归（见卷 2 的 4.5 节）。我们始终喜欢无环逻辑解决方案。（见 2.7.4 节的图 2-54）

[③] 3.3.1 节详细讨论了并置在包级命名空间作用域定义的外部可访问的类（与组件私有类相对，见 2.7.1 节）的前两个（主要）准则和其他两个工程原因。

[④] 例如，我们可能会为给定组件选择多于一个（名称相似）的 .cpp 文件，以使静态连接起来的程序能够不拖入所需组件的所有对象代码（见 2.2.12 节）。记住，组件的 .cpp 文件以及静态库文件（.a）中含有的结果 .o 文件并不具备架构显著性（1.2.6 节）。

势，我们希望尽量不让某些已稳定的实现细节私有，它们在其他场景中也许还能发挥余热。但是，在某些情况下，不可避免地会出现层次化复用的错误。本节讨论此类不大常见的情况。

2.7.1 组件私有类

本书 0.7 节中将组件视为基本的、原子的设计单元。一般而言，开发者希望编写的每个组件都提供一个或多个（有充分理由）（见 3.3.1 节）命名恰当的类或单个实用结构体（见 3.2.8 节），其中每一项都旨在保持稳定，并可从定义它的组件外部直接使用。但是，在某些情况下，我们要定义组件中使用的类，这些类可能不稳定，并且（至少现在）不适合直接公共使用。因此，我们希望将这样的类指定为对其定义的组件的私有类，故而不能从外部直接使用。下面讨论一个相关的主题，即附属组件（见 2.7.5 节）。[①]

> **定义** 组件私有（component-private）类或结构体是在包级命名空间作用域定义且不能由位于定义该类的组件外的逻辑实体直接使用的类或结构体。

2.7.2 有几种实现方案可待选择

有几种方法可以防止类在声明的组件之外使用，每种方法都有自己的相关优点和缺点。[②]一种可能性是将类整体隔离在 .cpp 文件中（如在无名命名空间中），这在可行的情况下通常是首选[③]。C++语言还提供了声明（私有）嵌套类的显式语法。但是，我们发现，在大多数情况下，在类中再嵌套一个类（私有或其他方式）会产生不良后果，下文将会显示这种设计不是最佳的（见 2.7.3 节的图 2-52）。

2.7.3 下划线的约定用法

> **设计规则** 在逻辑名称中避免用下划线字符（_）作分隔符，除非作为两个全大写单词之间的分隔符或既定的（小写）单字符前缀和后缀（d_、s_、e_、k_和 p_）。

本书这套方法论对有效的标识符字符下划线（_）特别处理，不将其用作单词分隔符，而是留作更高远的用途，对大多数逻辑名称，我们使用小驼峰式（camelCase）或大驼峰式（CamelCase）（1.7.1 节）便可分隔单词。不过我们继续将下划线用作宏、宏参数、模板参数和编译时常量（如枚举符）等（历来）全大写符号中的单词的纯分隔符，也将其用于既定的（小写）单字符前缀和后缀（用作语法描述符），如 d_dataMember、s_staticDataMember、d_pointerDataMember_p、s_staticPointerDataMember_p、e_ENUMERATOR、k_COMPILE_TIME_CONSTANT、s_STATIC_COMPILE_TIME_CONSTANT_DATA_MEMBER 或 s_STATIC_COMPILE_TIME_CONSTANT_POINTER_DATA_MEMBER_p。[④]2.7.5 节将会讨论附属组件名称中额外的下划线的约定用法。

---

① C++模块的引入（C++20）很可能会比经典翻译单元更好地实现组件私有类，如在传递式包含方面（2.6 节）。

② **lakos96**，8.4 节，第 572～579 页，特别是第 577 页的图 8-12。

③ 当辅助类中没有会从外部客户内联中受益的方法时，并且在没有迫切需要直接测试此实现类（而不是通过主体类的公共接口间接测试）的情况下，将此辅助类完全隔离在组件 .cpp 文件的无名命名空间中通常是可行的。

④ 注意，k_标记完全多余，因为符号全大写已清楚地表示了它是个编译时常量，但它可以避免因设计不当（如遗留）的代码而产生的流窜#defines 的任何潜在问题。给定一个静态的、编译时常量的数据成员，我们自然更喜欢使用 s_前缀修饰 ALL_UPPER_CASE_SYMBOL（全大写符号）来交流所有的语法信息。

设计规则	在组件头文件中的包级命名空间作用域声明的逻辑实体,其名称中含有的下划线在以下两种情况下是必要的。(1)作为有效分隔符(如在全大写单词之间或作为既定的前缀/后缀的一部分);(2)用于名称上衔接(如在附属组件中)。 如果该逻辑实体名称中含有额外的下划线,即不是必要的下划线,则此逻辑实体被视作局部于定义它的组件,并且不能从该组件外部访问;其小写名称中(第一个)额外下划线之前的部分必须与组件的基名完全匹配。

　　任何一个逻辑构件,如果其名称自由地带有额外的下划线,则完全按照约定,此逻辑构件被视作私有于定义该构件的组件,并且不能被位于该组件外部的任何逻辑构件直接使用。回忆 2.4.7 节,组件的基名是组件名称的一部分,位于分隔包前缀的下划线之后,通常与该组件的头文件中在包级命名空间作用域定义的主体类的小写名称匹配。

　　如图 2-51 所示,我们可以使用此约定来避免在主体类(如 List)的词法作用域内声明私有辅助类(如 Link 或非平凡的迭代器),而是在包级命名空间作用域声明它们,就像其他所有类一样。[①]

```
// xyza_list.h

// ...

namespace xyza {

class List_Link {              // 组件私有类
    List_Link *d_next_p;
    // ...
  public:
    // ...
};

class List_Iterator {          // 组件私有类
    // ...
  public:
    // ...
};

class List_ConstIterator {     // 组件私有类
    // ...
  public:
    // ...
};

class List {                   // 组件公共类
    List_Link *d_head_p;
    // ...
  public:
    // ...
    typedef List_Iterator      iterator;       // 公共别名
    typedef List_ConstIterator const_iterator; // 公共别名
    // ...
};

// ...

}  // 结束包级命名空间

// ...
```

图 2-51　使用组件私有类的示例(好主意)

---

① 我们选择将组件局部类名的第一个字母设置为大写,以与我们通常用于呈现类型名的大驼峰式约定一致;注意,定义局部类的组件通常还定义名称与组件基名完全匹配的公共类。

指导原则　避免在外围类的词法作用域内定义嵌套类。

　　当需要从（嵌套类的定义所在的）组件外部进行编译时访问时，我们发现，在单个父类的词法作用域内呈现多个层级的公共和私有访问权会让人难以理解，如图 2-52 所示。我们极力避免在一个类的词法作用域内定义另一个类，除非这个类极为平凡。

```
// xyza_list.h

// ...

namespace xyza {

class List {                        // 组件公共类

    class Link {                    // 私有嵌套类的定义
        Link *d_next_p;             // （坏主意）
        // ...
      public:
        // ...
    };

    Link *d_head_p;

    // ...

  public:
    class iterator {                // 公共嵌套类的定义
        // ...                      // （坏主意）
      public:
        // ...
    };

    class const_iterator {          // 公共嵌套类的定义
        // ...                      // （坏主意）
      public:
        // ...
    };

    // ...
};
// ...

}  // 结束包级命名空间
// ...
```

图 2-52　使用嵌套类的定义的示例（坏主意）

指导原则　避免声明嵌套类。

　　嵌套类在适当的场合可以强制封装，将这样一种有用的语言特性执意排除可能乍看是一种错误的思路。但是，这样做有超越 C++语言的有效软件工程原因。[1]我们认为这是一种保留。非平凡类的统一深度显著地改善了人的认知，就像我们对组件、包和包组所做的那样。鉴于本书采用组件而不是类作为逻辑设计和物理设计的基本原子单元（0.7 节），我们能够将封装扩张到组件边界，就像友元所做的那样。从而消除了嵌套类经常产生的所有不必要的复杂性。[2]

---

[1] 我们总是竭力将焦点放到根本性的目标上，并使用正确的工具来实现这些目标，有必要的话就创建这样的工具。即使一个语言特性恰好是为特定目的而设计的，这也不意味着它的使用总是合适的。另外，任何编码标准完全禁止某一特定 C++构件的使用而又不给出令人信服的理由和更好的通用替代方案，这禁止要么是错的，要么就可能有点过了。

[2] Nathan Burgers 是我们 BDE 团队的新成员之一（约 2018 年），他是一名模块专家，他在个人对话中谈到："新的模块特性（C++20 后可用）所提供的导出设施能够用来创建组件私有类。模块可以选择将类导出（使其可供导入器所用），也可以不导出以使导入器（importer）无法触及之（从而使之真正变成组件私有的）。"

早在 C++语言支持嵌套类的前置声明之前，[1]我们就成功地在逻辑名称中使用了额外下划线约定，如实现完全隔离的具体类[2]（见 3.11.6 节）。即使现在普遍能够可靠地前置声明嵌套类，这样做仍有很大的缺点。与我们倡导的传统（名称上不同的）组件私有同级类不同，每个嵌套类（不论公共类还是私有类）都自动有权访问其外围类的私有细节，如图 2-53a 所示。[3]在我们的方法论中，我们发现这种私有访问权从不是我们想要的，因为它鼓励父类和嵌套类之间的密切循环依赖（我们将在下面详细讨论）。此外，在编译器看到嵌套类的定义之前，C++语言不允许在父类中定义嵌套类的实例，因此在父类的词法作用域内不仅需要嵌套类的声明，还需要嵌套类的定义（图 2-53b）。使用私有嵌套类型意味着文件作用域静态辅助函数以及在组件的 .cpp 文件中无名命名空间中定义的所有构件将无法知道（更不用说处理）私有嵌套类型（图 2-53c），只有外围类的成员和友元有此特权。

```
class Wrapper {

    class Imp;   // 私有嵌套类的定义

    int d_x;     // Imp自动地被赋予了对Wrapper私有实现细节的私有访问权
    // ...        // （坏主意）

  public:
    // ...
    void f();
    // ...
};

class Wrapper::Imp {
    // ...
  public:
    // ...
    void g(Wrapper *p);   // 循环的私有访问权（坏主意）
};

void Wrapper::f()
{
    Imp imp;
    // ...
}

void Wrapper::Imp::g(Wrapper *p)
{
    p->d_x = 0;   // 利用对其父类的私有访问权（坏主意）
    // ...
}
```

（a）对同级实现细节的私有访问是自动的

```
class Wrapper {
    class Imp;   // 私有嵌套类的定义

    Imp d_imp;   // 错误：字段d_imp类型不完整

    // ...
};
```

（b）不能在父类中没有嵌套定义的情况下创建实例

图 2-53 私有嵌套类的不受欢迎的"特性"

---

① 见 **stroustrup94**，13.5 节，第 289、290 页。
② **lakos96**，6.4.2 节，第 398～405 页，特别是第 403 页图 6-51 中的 Example_i。
③ 注意，与其他一些流行语言不同，C++中嵌套类对象的构造函数不会自动拿到其封闭类对象的指针。

```
// xyza_wrapper.h

// ...

class Wrapper {
    class Imp;   // 私有嵌套类的声明

    // ...
};
```

```
// xyza_wrapper.cpp

// ...

static void fileScopeStaticFunction(Wrapper::Imp *p)   // 错误: 类
{                                                      // Wrapper::Imp
    // ...                                             // 是私有的
}
```

（c）无法传递给隔离在.cpp文件中的静态函数

图 2-53　私有嵌套类的不受欢迎的"特性"（续）

　　使用本书的方法论中关于额外下划线约定，（非嵌套）组件私有类 Wrapper_Imp 在组件内部可以像任何其他类一样处理。它不会被自动授予对任何其他类的友元访问权，可用于定义本来嵌套在父类 Wrapper 中的对象，可以自由地传递给完全限于.cpp 文件的构件，而且根据约定（并由工具强制），对定义它的组件之外的客户代码而言是不可用的。[①]尽管它具有由语言强制封装的好处，但我们认为公共嵌套类和私有嵌套类通常都是坏主意。[②]尽管跨越组件边界的循环依赖从来不是一个好主意，但我们在可读性和教学性两方面都努力在一个组件内组织逻辑构件，以避免前置声明（如果位于分离的组件中）会导致它们之间的循环物理依赖（示例见图 2-54）。将某个类驻留在另一个类中会增加不需要的复杂性，这本身就会使嵌套类变得不受欢迎。嵌套类提供了对其父类的额外的多余访问权，要求在父类中使用之前该类必须完整，并且倾向于降低可读性，这只会使情况变得更糟。

2.7.4　使用组件私有类的经典案例

　　考虑在单个组件中实现容器及其标准模板库风格的迭代器的实际示例。图 2-54a 说明了会导致容器及其迭代器循环依赖的实现，尽管这不是错误的，但我们认为这在编程风格上不是最优的。我们认为，避免逻辑循环（即使在单个组件中）既能提高清晰度，又使开发人员能够以更物理健全的方式进行逻辑思考。我们可以使用图 2-54b 中所示的组件私有类来实现组件，以便在该组件中定义的类之间不会隐含循环物理依赖（1.9 节）。

　　注意，在图 2-54b 中，我们选择将迭代器类 Container_Iterator 设为组件私有的，以使得从组件外只能通过其惯用的嵌套 typedef 别名，即 iterator，使用它。我们当然也可以将此迭代器类设为可直接访问的（如 ContainerIterator）；但是，这样做会暴露过多不必要的实现细节（如类的名称，以及它是用户定义类型，而不是基础指针类型），从而阻碍某些（重新）实现的选项（如将其重命名或变更为 Container::value_type*）。

---

① 注意，一个计划完全局部于.cpp 文件的类可以利用此额外下划线约定来在效果上实现内连结（1.3.2 节），因此无须在相应的.h 文件中声明（1.6.2 节），也不必放入无名命名空间（1.3.18 节），从而大大提高了在大多数平台上生成的调试符号的大小和可读性。

② 读者可以想象一下我们对受保护嵌套类抱什么样的看法。

还要注意，我们似乎冗余地将迭代器的构造函数声明为 private，并将 Container 声明为 friend，尽管唯一的构造函数参数 Container_Guts* 的类型本身就是指向组件私有类的指针。首先，考虑到这些附加约束与预期用途一致，并有助于注释和强制通常由容器及其迭代器共享的单一逻辑封装单元。虽然在本例中可能不合适，但我们可以很容易地想象一种设计，其中 Container_Guts 类被更可复用的数据类型替换，变得公开，甚至可能重新定位到自己的组件，在这种情况下，私有构造函数和友元将成为绝对强制性的。

依靠于一个组件私有类来实现同一组件中的其他（公共）类之间的逻辑封装是非常不可取的，其不可取程度相当于通过隐藏头文件实现不同组件中不同类之间的逻辑封装（见 3.9.7 节）。因此，就设计风格而言，我们避免在组件的公共接口中暴露私有类型，除非是通过公共嵌套别名（如 iterator），如图 2-54b 所示。[①]

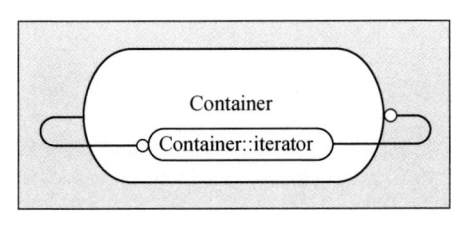

```
// ...

class Container {
    // ...
  public:
    class iterator;
    // ...
    iterator begin();
    iterator end();
    // ...
};

class Container::iterator {
    // ...
  private:
    friend class Container;    // 父类不是隐式的友元
    iterator(Container *container);
  public:
    // ...
};

// ...

Container::Iterator Container::begin()
{
    return Iterator(this);
}

// ...
```

（a）基于私有嵌套类的容器实现（坏主意）

图 2-54 私有嵌套类与组件私有类

<hr />

① 类似的规则可能适用于在（C++20）模块中定义的未导出类型。

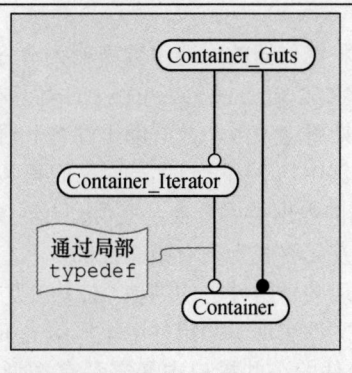

```
// ...

class Container_Guts {                              // 组件私有
    // ...
};

class Container_Iterator {                          // 组件私有
    // ...
  private:                                          // 冗余的:
    Container_Iterator(Container_Guts *guts);       // 私有构造函数
    friend class Container;                         // Container的 "附属"
  public:
    // ...
};

class Container {
    Container_Guts *d_guts_p;
    // ...

  public:
    typedef Container_Iterator iterator;            // 公共嵌套别名
    // ...
    iterator begin();
    iterator end();
    // ...
};

// ...

Container::iterator Container::begin()
{
    return Container_Iterator(d_guts_p);
}

// ...
```

（b）基于组件私有类的容器实现（好主意）

图 2-54　私有嵌套类与组件私有类（续）

更进一步，假设在某个组件中有多个独立的“公共”类，每个类都使用同一个私有辅助类。要使用 C++ 的嵌套类特性向组件外部的潜在客户隐藏该类，必须在这几种公共类型中的一种中声明此私有类型（可能是任意的），而其他公共类型现在都人为地依赖该类型并对其拥有私有访问权。这种不幸的依赖和友元尽管“合法”（2.6 节），但并不理想。相反，我们可以创建另一个没有公共方法的公共类，其唯一目的是隐藏实现类型，然后要求这一可疑的额外类与组件中所有其他感兴趣的类的友元。但何必这么麻烦呢？如图 2-55 所示，在共享的组件私有类的逻辑名称中使用额外下划线的老办法更有效，一般都能解决这些相关问题。[①]

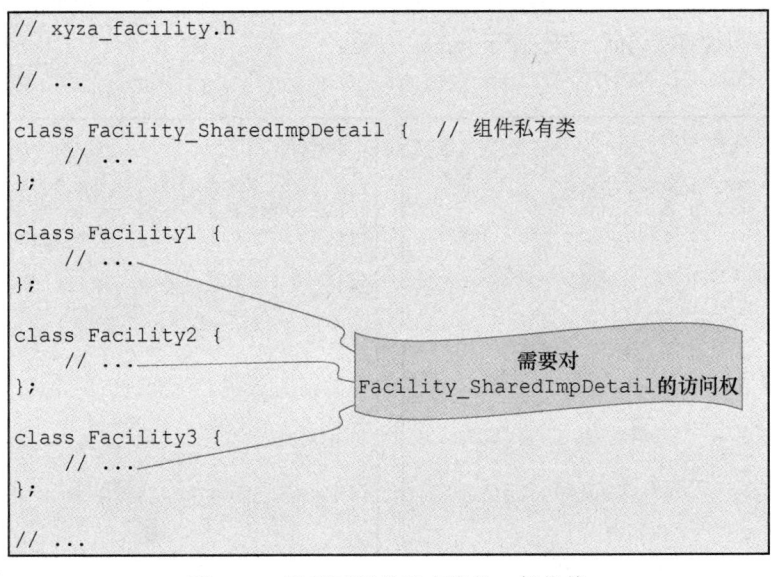

图 2-55　展示了组件私有类的一般优势

2.7.5　附属组件

我们还注意到，在极少数情况下，尤其是需要实现某些外部指定接口（如 C++标准库）时，试图将所有专供一个面向外部的组件使用的源代码都放置在同一组件中可能是欠佳的，然而，我们也不想鼓励不受限制地直接访问"不那么公共"的组件，即使只是在单个包中。因此，我们提出了附属组件的概念。

> **定义**　附属组件（subordinate component）是指这样一种组件，只有明确指定为被该组件附属的（位于同一包中）组件能直接#include 或使用该组件，其他组件都不可以这么做；一个组件最多可以附属于一个非附属组件。

由于可以自由地规定如何将一个组件指定为附属于另一个组件，因此（本着在 C++中复用关键字的精神），我们选择使用已承担了很多任务的下划线（_）字符来实现这一目的。

> **设计规则**　在基名中带有下划线的组件 c，其下划线专为表示该组件附属于（同一包中）另一个名称从开始到一个下划线为止（但不包括下划线）与 c 相同的组件。

基名中含有下划线（如 xyza_base_name）的组件被视为附属于同一包中另一名称与前者基名在某个下划线之前完全匹配的组件（如 xyza_base），这也纯粹是约定的，并且（如图 2-56a 所示）附属组件可以且只可以被它所附属的组件直接包含（和使用）。

注意，设计规则中的措辞有意允许组件基名含有多个下划线（如 xyza_base_name_imputil2），从而让附属组件可以搭成层次（树而不是有向无环图），但明确允许其"祖父级"组件（图 2-56a 中的 xyza_base）直接包含/使用"孙级"组件（如 xyza_base_name_guts）。还要注意，这一约定有意不允许多于一个的"公共"组件直接依赖包内"私有"的任何组件（见 3.9.7 节）。最后要注意，附属组件

---

① 注意，如何选择不使任何公共类与基名匹配完全强调了我们的设计意图，即不在逻辑上将组件私有类与其他公共类中的任何一个关联。另见 3.3.3 节。

中的组件私有类（如组件 `xyza_base_name` 中的 `xyza::Base_Name_ImpUtil`）在该组件之外不能直接访问（甚至从 `xyza_base` 也无法访问）；但是，具有（非组件私有）名称的类 `xyza::Base_NameImpUtil` 可以被直接访问，但仅限于 `xyza_base`。

```
// xyza_base.cpp

#include <xyza_base.h>
#include <xyza_base_name.h>
#include <xyza_base_name_guts.h>

//...

    //...

    Base_Name_Guts guts;

    //...

    Base_Name name(&guts);

    //...
```
（a）间接附属组件

```
// xyza_base_name.cpp

#include <xyza_base_name.h>
#include <xyza_base_name_imputil1.h>
#include <xyza_base_name_imputil2.h>

//...

    // ...

    Base_Name_ImpUtil1::someFunc();

    // ...

    Base_Name_ImpUtil2::someFunc();

    // ...
```
（b）附属的附属

图 2-56　说明附属组件的语法使用

如前所述，当组件的规约不在我们的控制范围内，并且所需的实现和/或测试设备稳定/可复用既不切实际也不可能时，最常用的是指定附属组件的"额外下划线"约定。当测试大量编译时参数化的复杂容器（如 `std::unordered_map`）时，可能会产生这样的大型密切依赖。因此，我们有时会将"核心"（guts）和"迭代器"作为独立的附属组件，以便于独立测试。在实现平台相关（如网络或线程相关）软件时，也需要附属组件。因此，我们可能会考虑在相关平台之后命名附属组件（也许是层次化组织的）：

```
bdlmt_threadpool

bdlmt_threadpool_win32
bdlmt_threadpool_win64

bdlmt_threadpool_unix32
bdlmt_threadpool_unix32_sun
bdlmt_threadpool_unix32_hp
bdlmt_threadpool_unix32_ibm
bdlmt_threadpool_unix32_linux

bdlmt_threadpool_unix64
bdlmt_threadpool_unix64_sun
bdlmt_threadpool_unix64_hp
bdlmt_threadpool_unix64_ibm
bdlmt_threadpool_unix64_linux
```

我们用这种方法作为我们对于 C++11 风格的原子的初始实现。另见 3.3.8 节。

2.7.6 本节小结

有时，辅助类的接口不稳定，随时可能变而不告。为了提高可读性、灵活性和统一性，同时避免上述嵌套类的缺点，我们继续保留在包级命名空间作用域声明的逻辑名称中使用下划线来表示组件私有的构件，相反，最好直接在包级命名空间作用域中声明每个"辅助"类，从而仅仅使用最平凡的嵌套类和嵌套结构体。同样，我们保留在组件的基名中使用下划线，以表明它不仅局部于其所在的包，而且私有于唯一的一棵组件树，此树的根是一个可公开访问的组件；并且除了附属组件所附属的组件，其他任何组件（在包中）都不能包含/使用它。

2.8 包

一个大型程序可能牵涉许多开发人员，有着多层的管理体系，甚至开发团队都可能分布在世界各地。这一系统的物理结构不仅反映了应用的逻辑结构，还反映了实现该应用的开发团队的组织结构。单个组件搭建的可划分层级的层次难以撑起大型系统所需的物理组织。为了容纳更复杂的功能，我们需要利用较高抽象层级的物理设计单元。本节便从比组件更大的最小物理抽象单元开始。在本书的方法论中将其称为包（package）。

2.8.1 用包来分解子系统

当从最高层级开始设计系统时，总是能找到大的片段可以作为独立单元进行讨论。考虑图 2-57 中为大型语言（如 C++）的解释器所做的设计。其中任意一个子系统要妥当地塞进单个组件中都可能过于庞大复杂。这些较大单元（图 2-57 中均以"双重边框"标注）都必须作为可划分层级组件构成的集合体来实现。[①]

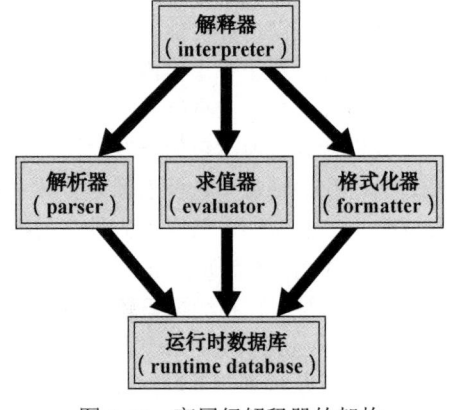

图 2-57 中这些较大单元之间的依赖表示了构成子系统的组件之间的依赖的聚合。例如，运行时数据库是一个独立的子系统；除了标准库或其他通用可复用库中的

图 2-57 高层级解释器的架构

组件，它不依赖其他组件。解析器、求值器和格式化器子系统中均有组件依赖运行时数据库中的组件，但这三者中的组件均不依赖平行的其余两子系统中的组件。最高层级解释器中的组件则依赖这 3 个平行子系统中的组件（甚至可能直接依赖运行时数据库中的组件）。

在将项目的开发工作分配给多个个人、开发团队或工作地点时，要仔细地将系统划分为大型单元，并考虑这些单元之间的聚合依赖，这非常重要。虽然我们不将图 2-57 所示的子系统开发视为一个大型项目，但要将它分给多个开发人员很容易。这种组件之间的自然划分可以较为直接地让几个开发人员同时工作。在设计运行时数据库后，将有机会同时进行 3 项开发工作，分别开始解析、求值和格式化功能。一旦这些部分开始到位，第四个开发人员（或团队）对最高层级解释器的实现和测试就会进入全面的阶段。

回想一下，包是架构显著的（全局可见的）物理设计单元，用于聚合比单个组件更大的逻辑内容（见 2.2.17 节的图 2-9b）。包也是使相关组件在名称上衔接的一种方法（2.4.5 节）。通过这些方式，包使设计人员能够直接在源代码中捕获和反映重要的架构信息，而这些信息单单用组件是

---

① 我们确实允许一个或多个包不遵循基于组件的方法（见 2.12 节）。

不容易表达的。现在重新引入术语包，除非明确指定为不规整的（irregular，见 2.12 节），否则一般该术语表示逻辑和物理上内聚的组件的集合。

> **定义** 包是架构显著的组件集合，这些组件被组织为物理内聚单元，并共享一个共同的包级命名空间。

典型的包由一些组件构成，这些组件被组织为单个发布单元的一部分，该发布单元的逻辑构件在公共（唯一）包级命名空间（通常在企业级命名空间内）中定义，一起用于目标聚焦的语义用途。一组松散耦合的低层级可复用组件也可能构成包，如 C++标准库。[1]包也有可能包含一个目的特殊的只供单个客户使用的子系统。无论哪种方式，设计优良的包都能封装一组衔接的组件，满足某些目标聚焦的章程。

系统部件可能作为一个单元复用的程度也在子系统的分解中起作用。在图 2-57 的示例中，运行时数据库可能被广泛使用，而 3 个并行子系统只使用一次。即使运行时数据库与子系统的其他部分相比非常小，将这一低层级功能放在其自己的分离的包中也很有意义，以避免将其可复用的功能与其他任何不太常用的功能捆绑在一起（示例见 3.5.6 节的图 3-60）。

包也反映了开发如何组织起来的。通常，包由单个开发人员或团队编写或所有。包内更改的影响可以得到其所有者的充分理解，并得到一致和有效的处理。而跨越包的边界的更改往往会影响其他开发团队，并可能造成极大的破坏。因此，我们竭力将子系统中可能有变动的紧密耦合或协作式的部分置于单个包内（见 3.3.2 节至 3.3.6 节），最好是放在单个组件中（2.7.1 节），否则，在附属组件的层次中也行（2.7.5 节）。

我们特意让所有包的开发视图的物理结构别无二致，不管其是否是包组的成员（见 2.9 节）。在过去，我们将每个包都表示为文件系统中与此包同名的目录。图 2-58a 说明了（假设）求值器孤立包 evaluator 的内容的最高层级布局。[2][3]每个包含组件的源文件与相关组件级测试驱动程序（见卷 3 的 7.5 节）并排驻留，如图 2-58b 所示。

此外，与组件和测试驱动程序源代码处于同一层级的还有 4 个标准子目录：doc、include、lib 和 package。doc 和 package 子目录分别包含包级注释（见卷 2 的 6.15 节）和描述下文所述的对其他发布单元可容许依赖的元数据（见 2.16 节）。[4]include 和 lib 子目录的使用（在开发和部署过程中）将在 2.15.3 节中进一步讨论。

包中组件之间的依赖所隐含的层次的概念不像包一样层次严明（如在组内的包），而是更柔和且更易延展。在某些情况下，我们可能会选择在包中添加额外的内部（非架构显著的）聚合组件结构（见 2.11 节）；不过，试图用子目录把包的物理结构中的组件依赖尽数反映出来只能算是个坏主意。[5]

但从符号上讲，我们表示了如图 2-59a 所示的包——双重边框反映了第二架构显著的物理聚合层级。我们按原子的方式表示包间依赖，如图 2-59b 所示。即如果包中的任何组件依赖某物，则整个包也依赖它。反过来，如果某物依赖包中的特定组件，我们就假定此物依赖包中的一切。虽然静态库的粒度特性使得包之间的实际物理依赖远远不是原子的（1.2.2 节），但这种技术可能不是我们部署的技术（见

---

① 注意，C++标准库最初设计时并未考虑组件的定义或严格避免循环依赖。

② 注意，孤立包的名称长度必须至少为 7 个字母数字字符，或者以其他方式与组内包的所有名称不同（2.4.11 节）；见 2.10.3 节。

③ 与组内包相比，孤立包所需的预先考虑更少（见 2.9 节），并且易于过度使用。在审阅这本书的初稿时，David Sankel 认为：在实践中，孤立包存在问题：我们往往会有太多的孤立包，且理解系统变得困难。最初只有一个包的包组不应被避开。

④ 注意，对于组内包，这些依赖通常仅限于此发布单元中的其他包的名称（见 2.16 节）。

⑤ 注意，有时可能需要在包含正在开发的组件及其测试驱动程序的包上创建"视图"。并且只有受测试组件所在包的局部组件（但不包括测试驱动程序）才可直接或以其他方式依赖，以确保在嵌入式#include 指令明确允许的组件之外不存在意外的物理依赖（见 2.15.5 节）。

2.15.9 节）。使用元数据（见 2.16 节），我们甚至可以将对包的可容许直接依赖限制为包中的一个或任意组件子集，但我们仍然必须假定该实体依赖整个包。因此，我们将包间依赖设计为原子的。

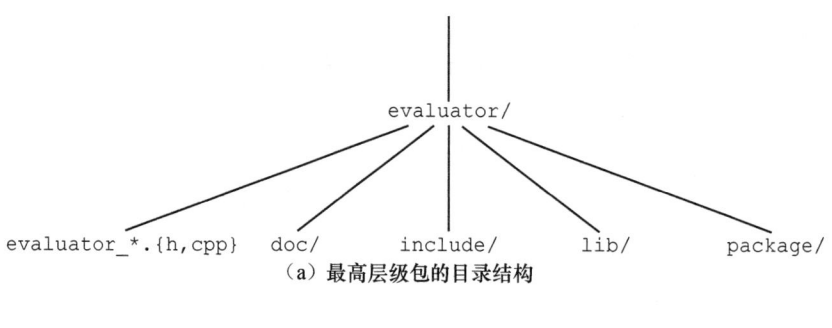

（a）最高层级包的目录结构

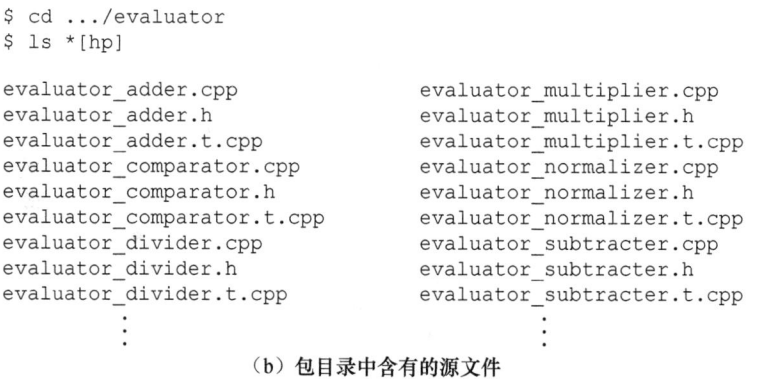

（b）包目录中含有的源文件

图 2-58 独立包（evaluator）的物理布局

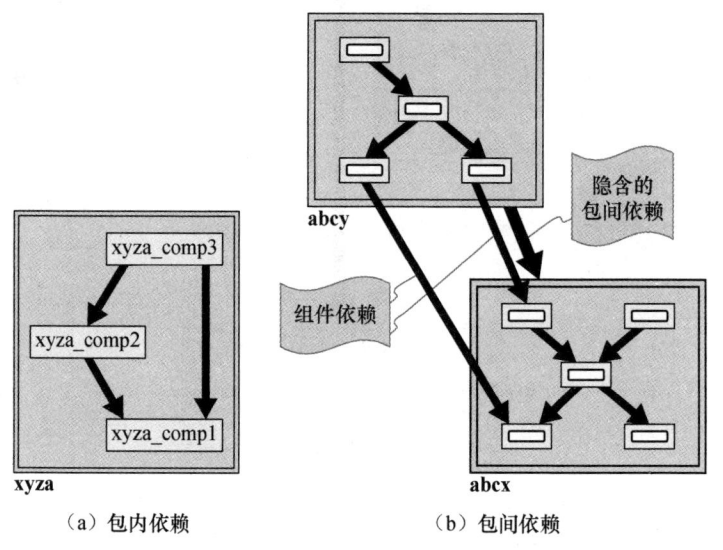

（a）包内依赖   （b）包间依赖

图 2-59 包的标记符号

因此，通常会从已完成包之间的依赖图中省略包间组件依赖的细节（示例见图 2-57）；但是，在设计阶段，强调包内组件级依赖[有时甚至是类级逻辑关系，如 Is-A 和 Uses-In-the-Interface（1.7.2 节）] 通常会很有帮助。交互式工具支持提取包内组件级依赖的各种视图，这在允许开发人员"可视化"和消除不必要、过度或其他不适当的组件依赖方面已被证明非常有效。

设计规则	必须明确说明每个包的预期可容许（直接）依赖。

与单个组件相比，每个包的依赖［无论是组内包对包组中的其他包的依赖（见 2.9 节），还是孤立包对其他发布单元的依赖］都是设计上存在的，而不是偶然地存在的。无论是否孤立，包的可容许直接依赖都被视为架构规约，并在前面说明。即包架构师（在包子目录中的文件中）明确说明可容许包间依赖的其他实体的包络。

作为一个初步的指导性示例，考虑一个高性能、可配置的引擎，例如用于执行程序交易的引擎。设计优良的交易引擎将成为一个完整的子系统，提供高性能，但在词汇上是中性的编程接口。任何数量的应用或库都可以直接使用交易引擎，而无须词汇解释。同样，任何数量的面向人类的接口都可能被用来控制引擎，其中任何一个都不可能比另一个更特别。

在开始认真考虑实现之前，我们知道解析器将依赖引擎，也许还依赖完全独立于引擎的其他文本处理实用程序。我们还知道，实现引擎的组件不会依赖包含解析器的包中使用的任何组件，更不用说通用的低层级解析器实用程序库了。为了明确这些架构层级的意图，我们首先（在相应的包子目录中）声明，容许 tparse1（第一个交易解析器包）依赖 tengine（交易引擎包）和 parseutil（通用解析器实用程序包），如图 2-60 所示。

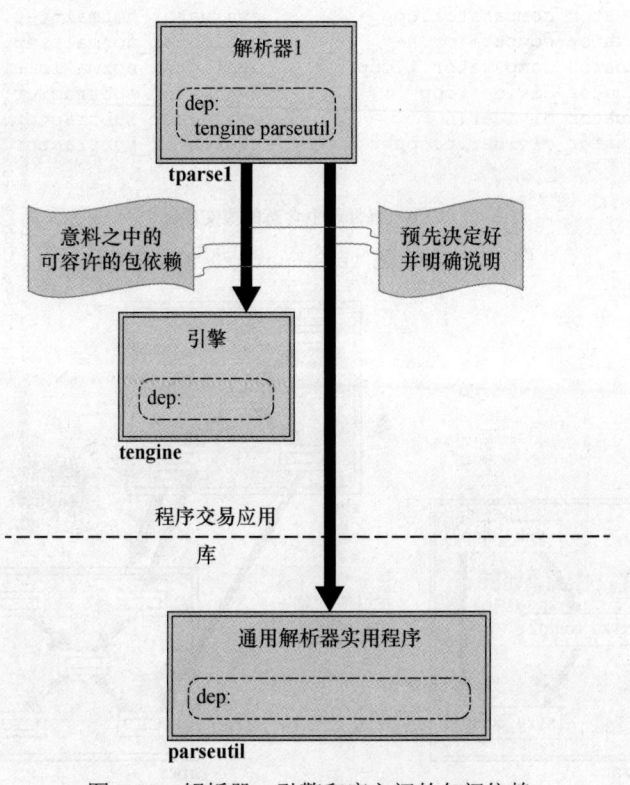

图 2-60　解析器、引擎和库之间的包间依赖

更一般地说，授予包 q 直接依赖包 p 的权利向开发工具和开发人员等传达了明确的意图，即在 q 的一个或多个组件的源文件（.h 或 .cpp）中嵌入的 #include 指令中使用任何来自 p 的组件头名称都是容许的。此外，任何与 q 中的组件相关的组件级测试驱动程序（.t.cpp）文件也容许直接在 p 中包含头文件。

图 2-61 说明了明确规定的可容许包间依赖以及 5 个包中每个包的几个实际组件依赖。例如，图 2-61a 反映了架构师有意使 package1 和 package2 不依赖其他包，即这些计划在处于最低的

局部层级[①]（层级 1），因此必须是独立的（1.10 节）。

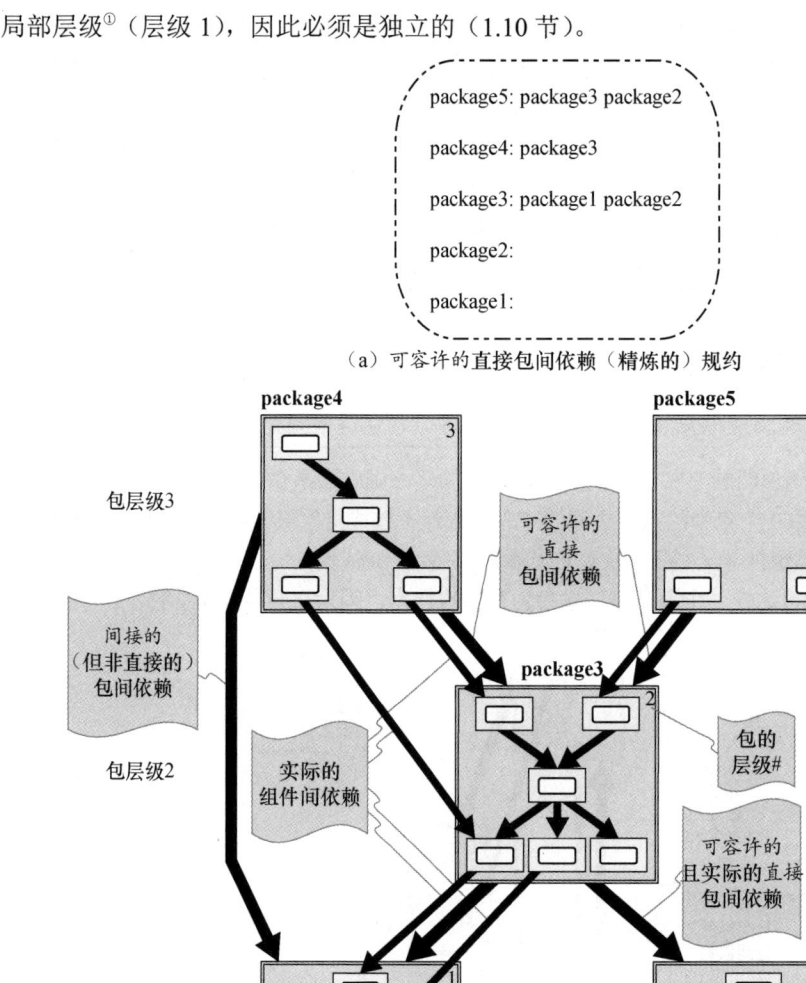

（a）可容许的直接包间依赖（精炼的）规约

（b）跨越包边界的实际的组件间依赖

图 2-61　包之间的直接可容许依赖和实际的依赖

根据图 2-61a 中的规约，容许 package3 中的组件直接依赖 package1 或 package2 中的组件。但是，如图 2-61b 所示，package3 的可容许依赖与其对 package1 的实际依赖是吻合的，但尚未吻合于其对 package2 的实际依赖；此架构声明告知组件开发人员可以在需要时创建此类实际依赖。但是，从物理角度看，实际依赖是不相关的：仅对 package2 的可容许依赖就会强制 package3 层级为 2。正是可容许依赖充当了物理设计的规约，实际依赖不过是受该规约管束的实现细节。

[①] 注意，与组件一样，包的层级（示例见 2.2.14 节的图 2-7）与我们当前的视图有关。如果这些是孤立的包，则它们中的每一个都形成一个发布单元，因此每个包在整个物理层次中都有一个绝对层级。另外，如果我们正在查看某一包组中的包，那这一包组之外的所有包和发布单元都被视为层级 0。在组内，所有居于叶端的包（不依赖组内其他包的包）都定义为层级 1。2.9 节将会详细讨论包组。

包的可容许依赖声明仅适用于直接依赖，不是传递的。也就是说，如果容许包 $p3$ 直接依赖包 $p2$，并且容许包 $p2$ 直接依赖包 $p1$，这并不意味着 $p3$ 必须被容许直接依赖 $p1$。每个可容许的直接依赖都必须明确说明。注意，嵌套头文件（其他头文件包含的头文件）不构成直接依赖；当然，客户需要访问所有此类头文件才能进行编译。

例如，图 2-61b 显示了第三层级的两个包 package4 和 package5。package4 容许直接依赖 package3，但即使可能需要来自 package1 的头文件来编译 package4 中的组件，也不容许将位于 package1 中的组件头文件的#include 指令直接嵌入属于 package4 的组件源文件或测试驱动程序中。相反，图 2-61a 的依赖规约容许 package5 直接依赖属于 package2 和 package3 的组件。[①]

2.8.2　包间循环是不好的

设计要务　包之间的循环物理依赖［由其（明确说明的）可容许依赖定义］是不被容许的。

如果两个或多个包明确说明的可容许的直接依赖形成循环，则它们是循环依赖的，即使实际依赖不是这样。例如，图 2-62 中 3 个包中的组件之间的可容许依赖不构成组件级循环，但会导致包级循环：组件 c_w（在包 c 中）依赖组件 b_x，组件 b_x 又依赖 a_y，而 a_y 依赖 c_z（在包 c 中）。即使去除了 a_y 对 c_z 的依赖，明确授权这样一个潜在循环本身也是违规行为，因为它会导致 a_y 对 c_z 的依赖。

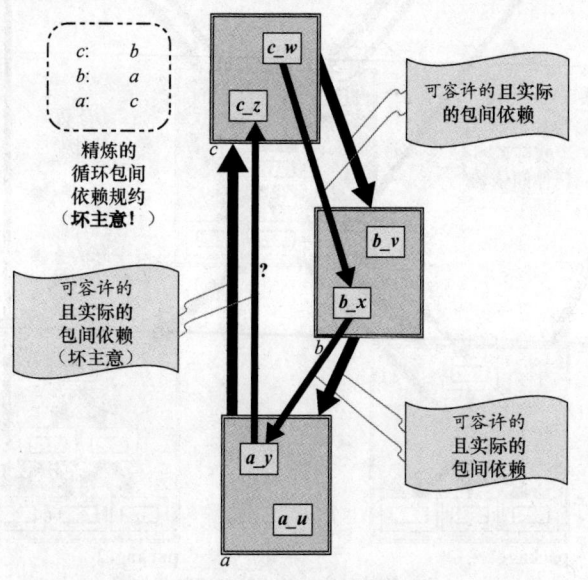

图 2-62　循环可容许的包间依赖（坏主意）

---

① 注意，尽管此处描述的精炼表示法在默认情况下不是传递的，但传递性通常是所希望的。无须显式提供所有传递依赖，而是可以在精炼的可容许依赖规约中添加一个简单的标志，说明应该应用传递性，然后可以将任何特定的不想要的依赖"列入黑名单"，例如：

```
TRANSITIVITY = TRUE
package5: package3 package2
package4: package3
package3: package1 package2
package2:
package1:
!(package4 : package1)
```

不希望允许传递依赖的示例可能涉及对仅实现包的依赖。另外值得注意的一点是，最终模块语言功能（C++20 首次提供）可能会成为更好的实现选择，因为它可以通过使用导出，在源代码本身中捕获允许/禁止的直接访问。

2.8.3 布置、作用域和规模是首要考量

未能及早考虑组件的所属位置是许多问题的根源。在本书中，我们明确禁止将单个组件与包一起放置在库软件中；这样做会削弱我们平衡的规整组织（2.2.16 节）。然而，将包单作为容器来保存不相关的组件可能会更糟。这种人为或巧合的衔接[①]（见 3.2 节）不可避免地产生没有明确目的或共同逻辑属性的包，从而导致由巧合而不是故意设计形成的物理依赖，如图 2-63 所示。

确定添加新功能的适当位置无疑是一项挑战（见 3.1.4 节）。必须满足逻辑和物理因素，才能认为布置是成功的。即使有着最好的意图，我们也经常看到初出茅庐的架构师挣扎着确定某一特定组件所属的新包的作用域。

例如，考虑要实现 Base64 编码/解码功能的组件。[②]此类组件可能[③]提供嵌套在结构体中的分离纯函数（见 3.2.7 节），用于任意字节数的 char 串（`char*`）的编码和解码，可能还有一个或多个附加的纯函数，如用于确定给定的串是否为有效编码或者根据输入字节的数量计算编码后的串的最大大小。

暂不提打包，我们可能会选择将此组件命名为类似 base64encoderutil 这样的长而详细描述的名称，以便描述功能域并强调它所执行函数的无状态性质。即使有了这种思维方式，经验不足的架构师仍可能会将这样的组件放在一个新的 base64encoder 包中，如图 2-64 所示。

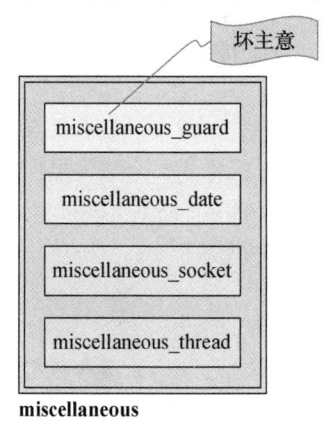

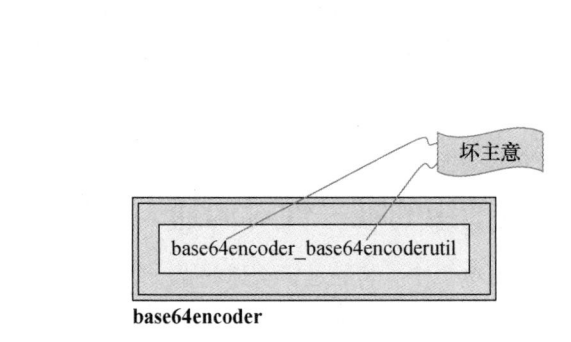

图 2-63　不够特定的包的作用域（坏主意）　　　图 2-64　过于特定的包的作用域（坏主意）

除非编码器本身是我们的业务，否则将整个包专门用于 Base64 编码器是荒谬的（如将整个包组专门用于编码器一样，见 2.9 节）。我们必须抵制形成过于特定的包的自然倾向，特别是在考虑一个似乎不符合任何现有包的特点的新组件时。这种焦点狭隘的包与我们实现平衡聚合（2.2.17节）的愿望背道而驰，因为这种特定性几乎就确认了未来的组件（如相关编码的实现）都不适合此包[④]：

`Base85EncoderUtil`

---

① **booch94**，3.6 节中的 "Measuring the Quality of an Abstraction"，第 136～138 页（具体在第 137 页的中间部分）。

② **freed96**，6.8 节，第 24～26 页。

③ 注意，在实践中，编码器/解码器设计（如这些设计）是固有不可扩展的，因为在发送（然后解码）之前，必须将整个消息编码成块。更稳健的办法是将编码器（和解码器）实现为一个接受增量输入并发出增量输出的有限状态机。这样，就可以通过这些更强大的底层状态机制轻松地实现无状态"便利"函数。（将合适的子功能分解出来，是卷 2 的 6.4 节的主题。）

④ Macintosh BinHex 4.0（**faltstrom94**）、来自 Level 2 PostScript 的 base85 编码以及 yEnc（**helbing02**）。

```
BinhexEncoderUtil①
UuEncoderUtil
YencEncoderUtil
```

鉴于 `Base64EncoderUtil` 是一种可复用的编码器，并且存在许多可能有用的低层级编码器、加密器、转换器等——都具有基本相同（最小）的物理依赖——我们可能会选择为所有编码器和解码器创建一个包，并将其称为 `encoder`②，其作用域目前至少包括所有类似编码器的实用程序。虽然此包最初可能只包含一个组件③（base64encoderutil），但我们现在可以合理地预期，随着包的成熟，将会出现更多的组件，如图 2-65 所示。

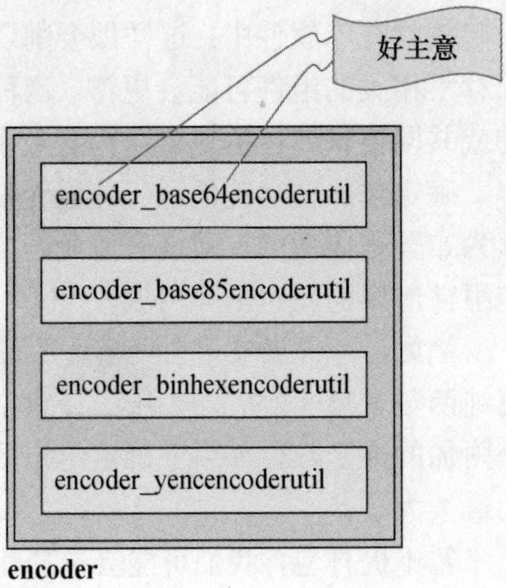

理想情况下，将软件划分为分离的包对客户来说应该是自然直观，特别是对于可广泛复用的软件。隔离在不同包中具有细微不同逻辑属性或物理属性的类似组件可能会阻碍复用。在最坏的情况下，包名可能看起来几乎像解锁组件名称已经完全描述的功能所需的密码。即使使用了明确定义的准则，也要将密切相关的组件［例如实现表示值的类型的组件（见卷 2 的 4.1 节）］与实现非初等（见 3.2.7 节）但在该类型上具有广泛有用的"实用"功能的组件分离在不同的包中，可能会使查找该功能变得不必要的困难。

图 2-65　适当特定的包的作用域（好主意）

仔细打包有助于查找和理解所提供的功能，而不是妨碍它。理想情况下，包名本身将是通常用于引用其所包含的组件的聚合集合的名称。适当设计的包通常包括作为一个整体提供特定服务（如日志记录设备）的子系统；提供类似的特定功能（如内存分配器）的各种组件；或者一个更大、更松散的功能集合，用于解决某些一般抽象层级（例如 C++标准库）。

2.8.4　包前缀的唯一性对沟通大有裨益

对几乎每个架构显著的逻辑实体的唯一物理"地址"进行编码远远超出了编程风格的范围。这种名称上的衔接迫使我们对逻辑名称所表示的物理属性保持敬畏——这是单凭命名约定本身永远无法做到的。将任意的包前缀分配给本来无环的组件子集（2.4.10 节）通常不可能不在包之间引入循环，所以在开发过程的每个阶段，我们都必须将较大的打包问题与基于组件的逻辑设计和物理设计的低层级细节一起考虑。

对显式包名的一致使用还有一个好处，随着时间推移，人们会越来越多地领会这些包名。最初，从逻辑角度来看，特定包名可能显得晦涩、武断且无用。但是，每个前缀都有一个含义维度，这不是单凭组件名称就能传达的。考虑图 2-66 中所示的 3 个包，这 3 个包隶属于一个实际的集成电路 CAD 系统的相当低层级的包组 dm2。乍看上去，dm2t、dm2p 和 dm2e 这些包名完全没有意义。

---

① 注意，"BinHex"的"H"在编码器实用程序 `BinhexEncoderUtil` 的名称中有意设置为小写，因为 Binhex（表示"BinHex"）充当复合形容词修饰 `EncoderUtil`。另注意，"FSM"（有限状态机，finite-state machine）等缩写词将进行类似的处理，如 `FsmEncoderUtil`。有关实用程序类型的详细信息，见 3.2.7 节。

② 在本书的方法论中，单独的孤立包的名称必须至少为 7 个字符（如 `encoder`），或者在前面加上一个字符、后面加下划线（如 `a_dc`）（见 2.10 节）。

③ 在实践中，我们可能会用两个独立的组件实现这一功能，一个编码，另一个解码，而解码器仅会因测试而依赖编码器（见 2.14.3 节的图 2-82e，3.3.6 节的图 3-25，卷 2 的 4.9 节以及卷 3 的 8.6 节）。

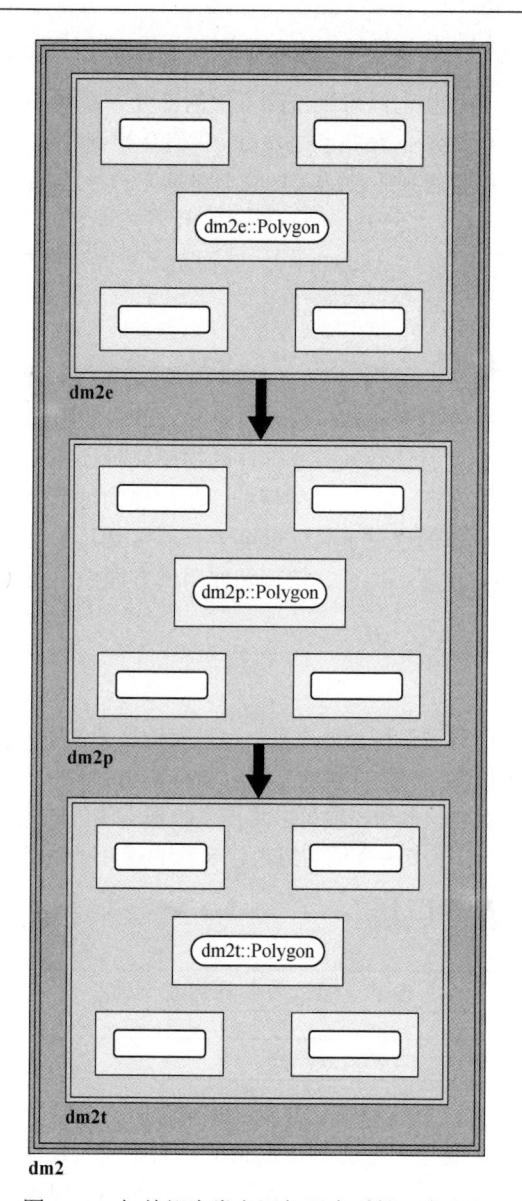

图 2-66　包前缀为类名添加了实质性正交含义

　　当开始使用这些包时，我们开始注意到某些相似之处和模式。dm2t 中定义的每种类型都是高性能、具体的值语义类型，一个虚函数都没有。而 dm2p 中定义的每种类型都既继承自dm2p_primitive 中定义的协议类，也继承自 dm2t 中的相应类型[①]。我们很快就会想到，dm2p 中的每种类型都是一种 dm2p::Primitive 的适配器，对应 dm2t 中的一种高性能类型。dm2e 包定义了可以放入集成电路单元中的元素（element）类型。dm2e 中的每个组件都定义了一种元素类型。dm2e 中的每种元素类型都派生自协议类 dm2e::Element，该协议类接受任意属性，前提是它们实现 dm2p::Primitive 协议。

---

① 关于将值语义类型（如 dm2t 中的一些值语义类型）适配为协议类（如 dm2p::Primitive）的细节，见卷 2 的 4.6 节。（其中，值语义类型，见卷 2 的 4.3 节；协议类，见 1.7.5 节。）另见 **lakos96**，附录 A，第 737～768 页，特别是第 756 页和第 757 页中的两幅图。

这是什么意思？要点是，当看到新的被包限定的类名称时，我们首先考虑的不是类的名称部分，而是包的名称部分——是我们已经看到过许多次的部分。看到 dm2t::Polygon，我们就会想到高性能的独立数据结构；看到 dm2p::Polygon，我们会想到"dm2e::Element 的潜在属性"；看到 dm2e::Polygon，我们会想到适合纳入集成电路单元的"从 dm2e::Element 派生的具体的类型"。另一点是当看到 dm2p::GrimblePritz 时，我们知道它既不是高性能的独立数据结构，也不是一种可以添加到单元中的 dm2e::Element，而是（某种）原语，它将 dm2t 中定义的一种类型适配好，以用作 dm2e::Element 的属性。

2.8.5　本节小结

总之，确定新功能适合放在哪个物理位置确实不易，逻辑和物理因素都须考虑。每个包的内容必须在逻辑上具有内聚性，并且还必须共享容许的物理依赖项的相同（紧密）包络。考虑到我们青睐平衡的物理层次（2.2.17 节），我们必须仔细评估创建的每个包的作用域。就像创建不相关组件的包是不明智的一样，创建的包过于具体以至于只能接受几个组件也是不明智的。退后一步并进行长期规划，更有可能在位置、特征、依赖和作用域方面做出正确的组件打包选择。

2.9　包组

有效聚合组件的能力对于开发过程十分重要。包是架构显著的实体，但单靠包还不足以进行真正的大型开发工作。如果包是唯一的物理聚合方式，发布单元中的每个组件就都将驻留在同一命名空间中。引入聚合的第三层级——包组，便可以将更多物理上相近的逻辑内容捆绑在一起，同时保留重要的逻辑边界。此外，2.4.11 节中介绍的组内包名称的管理可以轻松地去中心化。

2.9.1　物理聚合的第三层级

| 定义 | 包组是一个架构显著的包集合，组织为物理内聚单元。 |

| 推论 | 任何包组的名称在整个企业中必须唯一。 |

包组与其他发布单元（如孤立包和第三方库）相契合以支持整个企业任意大型的应用、系统和产品。包组由一组包构成，每个包都由其他发布单元上相同（共有）的物理依赖控制。由于包组非常大且为人熟知，因此它们的名称有意非常短（3 个字符，2.4.11 节）。从包中构建包组的原因与从组件中构建包的原因基本相同：深思熟虑的聚合有助于人类理解并提高效率。在包组之外驻留许多单独包是规划不佳的症状，并且往往会使企业规模的理解和维护变得复杂。

再次考虑编码器/解码器包 encoder，如 2.8.3 节的图 2-65 所示。假设现在我们还设想了其他包，如初等解析实用程序、命令行和配置文件解释器以及日志记录功能，这些包将组成一组相关包，我们认为这些包是我们的"基本应用库"（basic application library）。假设它们共享相同的物理依赖包络，将这些包组合到一个包组中可能是有意义的，我们可以将其称为 bal。然后，此包组中的包的名称可能会分别变为 baled（encoder/decoder，编码器/解码器）、balpu（parsing utilities，解析实用程序）、balcm（configuration management，配置管理）和 ball（logging，日志记录）（2.4.11节）。通过对包进行物理分组，内容更加丰富的 bal 包组成为在我们的软件存储库的最高层级可见名称的物理聚合。

起初，组中的这种简洁包"名称"（实际上只是标签）可能显得过于隐秘，给可复用软件的搜索造成困难。但是，这些名称的主要目的是使得根据使用点就可准确地说明所使用的内容以及它在全局软件存储库中的确切位置。即使我们使用了更具描述性的包名，我们仍然必须首先提供同样广泛的注释（见卷 2 的 6.15 节至 6.17 节）和有效的搜索工具，以便首先找到这些解决方案。此外，较长的包名无疑会导致违反设计规则（2.4.12 节）的 using 声明/指令，这一问题对频繁使用的包尤甚。这反过来又会妨碍我们从使用点立即识别出定义此给定逻辑构件的唯一包和实现此逻辑构件的组件的能力。

包组与孤立包一样，是一个发布单元，在部署时，它原则上采用库[1]（.a、.so、.lib 或 .dll 文件）和头文件目录的形式。在开发过程中，如图 2-67 所示，包组的物理结构与包的物理结构一致（见图 2-58）。也就是说，我们在文件系统中将每个包组表示为一个与其包组名同名的目录。此目录与包一样，含有 4 个标准子目录（图 2-67a）：doc、include、lib 和 group。[2]此最高层级包组目录还含有对应于组中每个单独包的子目录，如图 2-67b 所示。按照设计，每个组内包的物理布局与每个孤立包的物理布局相同（图 2-58）。

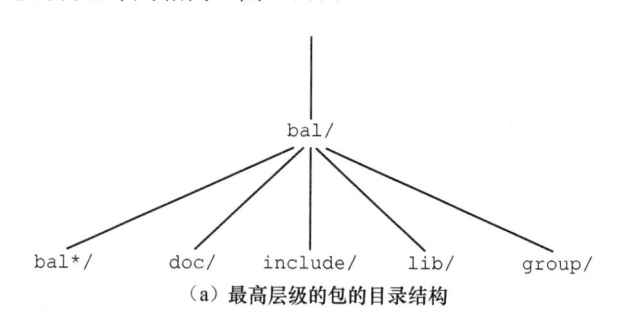

（a）最高层级的包的目录结构

```
$ cd .../bal
$ ls -d bal*
baladm   balcm    baled    ball     balrgx   baltm
balalg   baldb    balext   balm     balsys   balu
balc     baldbu   balgph   balpu    balt     balxml
```

（b）包组中包含的包目录的示例清单

图 2-67 相当低层级的包组 bal 的物理布局

注意，创建一个以有效英语单词（如 group）为名的（组内）包，虽然可能很聪明，但几乎总是错误的。人不是机器，他们将进行一场几乎不可能的战斗，以阻止以原子方式解析记号。一般而言，我们主张应该有意识地选择组内包的名称，以避免让它们拼写成单词，特别是令人厌恶的单词。

图 2-68a 作为第二个示例，阐明了 bsl（BDE 标准库）包组的最高层级布局。doc 子目录含有适用于整个包组的概述文档资料（见卷 2 的 6.15 节）。group 子目录含有 bsl.dep 文件，该文件指定此包组（作为一个整体）对其他发布单元的可容许依赖包络。关于如何在包组的开发和部署过程中使用 include 和 lib 子目录的讨论再次推迟到 2.15.3 节。

就像 bal 一样，bsl 包组也含有对应于组中每个包的分离目录，每个包的前缀名都是其所在包组的名称。图 2-68b 说明了与包组中的包对应的多个不同的包目录；名称中带有 + 符号的包是不规整的（见 2.12 节），因为由于外部定义的接口限制，它们不会像规整包所需（2.6 节）的那样驻留在自己的分离的包级命名空间中。注意，对于设计完全由我们控制的包组（如 bal），不需要此类不规整包（因此也不需要这样的包名）。

---

[1] 在实践中，每个库都会有几个用不同的构建设置编译的变体（见 2.15 节和 2.16 节）。

[2] 我们以前把组级元数据所在的目录用 group 表示。但其实最好是用 packagegroup 而不是 group，因为 4~6 个字符长度的名称已经留给组内包了（2.4.11 节）。这样的话，gro 包组带上包后缀 up，即 gro_up 这样的形式不用被人或工具作例外处理（见 2.16 节）。

　　bsl 包组中有一个与内存分配器相关的包 bslma。图 2-68c 反映了图 2-58a 中首次引入的孤立包的标准的包结构。doc 和 package 子目录在组内包中的作用与在孤立包中的作用相同，只不过组内包 package 子目录中定义的依赖仅限于同一组中的其他包（的名称）。关于如何在构建和部署过程中使用 include 和 lib 子目录的讨论再次推迟到 2.15.3 节。图 2-68d 中显示了组件的部分源文件及其测试驱动程序（每个文件都以包名作为前缀）。

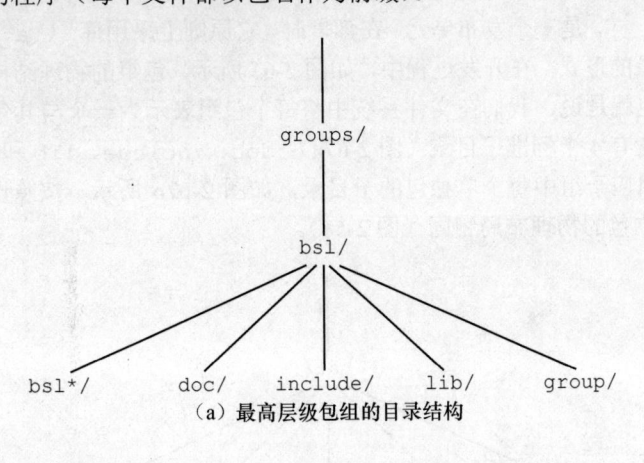

（a）最高层级包组的目录结构

```
$ cd .../bsl
$ ls -d bsl*
bsl+bslhdrs    bslalg    bslh    bslma    bslmt    bslscm    bsltf
bsl+stdhdrs    bsldoc    bslim   bslmf    bsls     bslstl    bslx
```
（b）包组中含有的包目录的示例清单

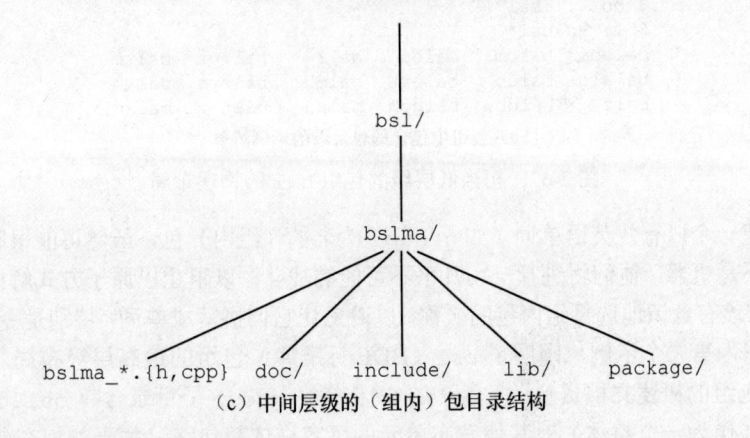

（c）中间层级的（组内）包目录结构

```
$ cd .../bsl/bslma
$ ls *[hp]
bslma_allocator.cpp            bslma_default.cpp
bslma_allocator.h              bslma_default.h
bslma_allocator.t.cpp          bslma_default.t.cpp
bslma_autodeallocator.cpp      bslma_newdeleteallocator.cpp
bslma_autodeallocator.h        bslma_newdeleteallocator.h
bslma_autodeallocator.t.cpp    bslma_newdeleteallocator.t.cpp
bslma_autodestructor.cpp       bslma_testallocator.cpp
bslma_autodestructor.h         bslma_testallocator.h
bslma_autodestructor.t.cpp     bslma_testallocator.t.cpp
          ⋮                              ⋮
```

（d）组内包中含有的源文件的简略示例清单

图 2-68　bsl 包组中 bslma 包的物理布局

从符号上讲，我们使用三重方框表示物理聚合的第三架构显著的层级，即包组（如图 2-69a 所示）。[1]当组件依赖跨越包组边界时，它们会引入外部依赖，如图 2-69b 所示。

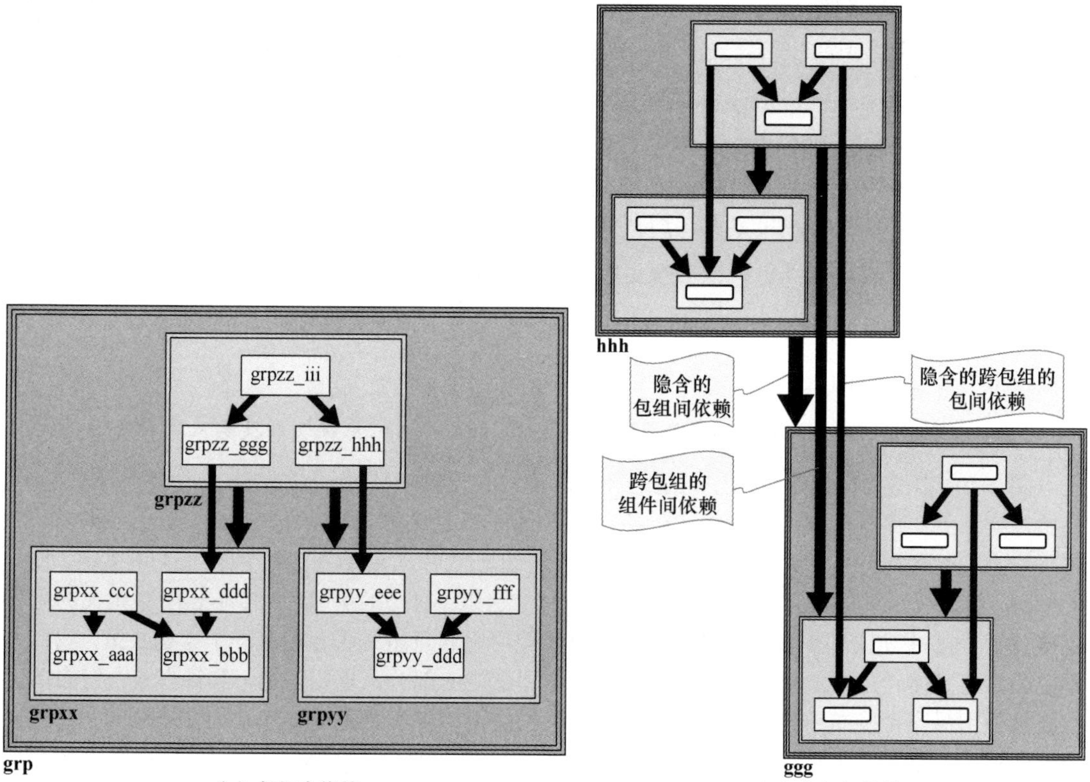

（a）包组内依赖

（b）包组间依赖

图 2-69　包组符号

> **定义**　只要包组 g 中的任何一个包依赖另一个发布单元 u，则称 g 依赖 u。

我们表示包组之间直接依赖的方法类似于表示包之间依赖的方法。与包一样，包组之间实际物理依赖的传递性并不确定；但从架构的角度上看，我们将包组的依赖视为"要么全有，要么全无"。换言之，如果客户依赖包组的任何一部分，则该客户将继承整个包组的依赖包络。因此，在实践中，包组级的示意图通常忽略包组之间依赖的细节，并且不提及组件。

> **设计规则**　必须明确说明每个包组的预期可容许（直接）依赖。

就像孤立包一样，包组有一条必不可少的特征是该包组作为一个整体被容许可以依赖的那些发布单元。[2]单独发布的孤立包的功能和依赖是分开设计的，而一个包组里每个包的依赖受该组的总体物理规约的约束，并且必须符合该组的总体物理规约。因此，包组间依赖具有深远的架构显著性，更甚于包间依赖，需要提前做好规约。因此，每个包组在开始时都必须准确地确定容许

---

① 我们有时会采用一种电气工程风格的简便记法（示例见图 2-10），单线方框上带有"/"和"2"或"/"和"3"，"/"穿过方框边界（见右图）。

② 注意，单个包对组中其他包的可容许依赖是在该包的 package 目录中的 .dep 文件中的元数据中直接指定的，而对其他发布单元的可容许依赖则集中在 group 目录中名称类似的文件中（见 2.16 节）。

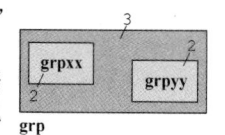

其成员包直接依赖哪些其他发布单元（包组、孤立包以及遗留库、开源库和第三方库）。[①]

例如，考虑如何在构建典型交易系统时使用的包组之间形成依赖。我们假定需要以下公司范围（软件基础设施）包组：

odl – Our Development Library 我们的开发库

otl – Our Transport Library 我们的传输库

oal – Our Application Library 我们的应用库

ogl – Our Graphical-user-interface Library 我们的图形用户界面库

obl – Our Business Library 我们的业务库

交易系统也拥有其自己的部门范围内特定领域的可复用软件库：

tde – Trading-systems Development Environment 交易系统开发环境

交易应用本身有自己的包组：

ta1 – Trading Application-specific functionality for system one 系统 1 的交易应用特定的功能

图 2-70a 中概要地指定了这些包组之间可容许的直接物理依赖，图 2-70b 中对此进行了说明。注意，实际上，这些可容许依赖将位于各自 group 子目录中的分离 *groupname*.dep 文件中。

注意，有意作出的架构决策，禁止直接使用包组 otl 中实现的功能在包组 ta1 中实现。根据此规约，容许 tde 包组直接依赖它间接依赖的每个包（如 odl），而不容许 ta1 中定义的组件直接包含 otl 中定义的组件的头文件。包组直接使用附属包组是否合适是一个架构决策，我们并不主张禁止直接使用附属发布单元作为我们设计理念的一部分。重要的是，容许在一个发布单元上直接使用另一个发布单元的决策可能是有意识的决策，并不总是需要默认为（巧合的）传递性物理依赖的包络。

设计要务 发布单元之间（明确说明）的可容许依赖必须是无环的！

回想作为物理聚合（2.2.1 节）的两个或多个发布单元（如包和包组），如果它们的明确说明的可容许直接依赖形成一个循环，则它们是循环依赖的（2.2.14 节），即使实际组件依赖不是循环的。机械地讲，这一概念与图 2-62 所示的包级循环依赖的概念几乎相同。鉴于包组往往比包大一个数量级，并且总是独立的发布单元，包组级循环依赖的后果是很严重的。特别是，我们失去了按层级顺序发布库的能力（1.10 节）。如果哪一条设计要务在任何情况下都不能动摇并且要毫无疑问地严格遵守，我们提名这一要务（2.2.24 节）：尽一切可能避免发布单元之间出现循环！

---

① 注意，我们可能会选择通过使用元数据和支持工具（见 2.16 节）将某个发布单元 *v* 作为一个整体可容许的直接依赖限制到某个其他发布单元 *u* 的包和组件的子集。（这种符号的补充是允许的，因为它只是自愿缩小特权。）然后，我们的开发工具将报告超过明确允许的范围的直接使用。尽管存在这种架构限制，*v* 仍将继续继承 *u* 的所有物理依赖。

另外，一个聚合对另一聚合的总体依赖在架构上必须总是作为原子处理。例如，如果包组 *v* 中的任何组件可以依赖其他发布单元，如 *u*（或其一部分），那么 *v* 中的所有其他组件也必须可以如此。不按原子方式处理聚合的外部依赖会与我们实现逻辑和物理内聚的愿望背道而驰（2.3 节），并使得架构与技术和部署策略杂糅起来（见 2.15.9 节），精炼地表示可容许的聚合间物理依赖的好处也会丢失。

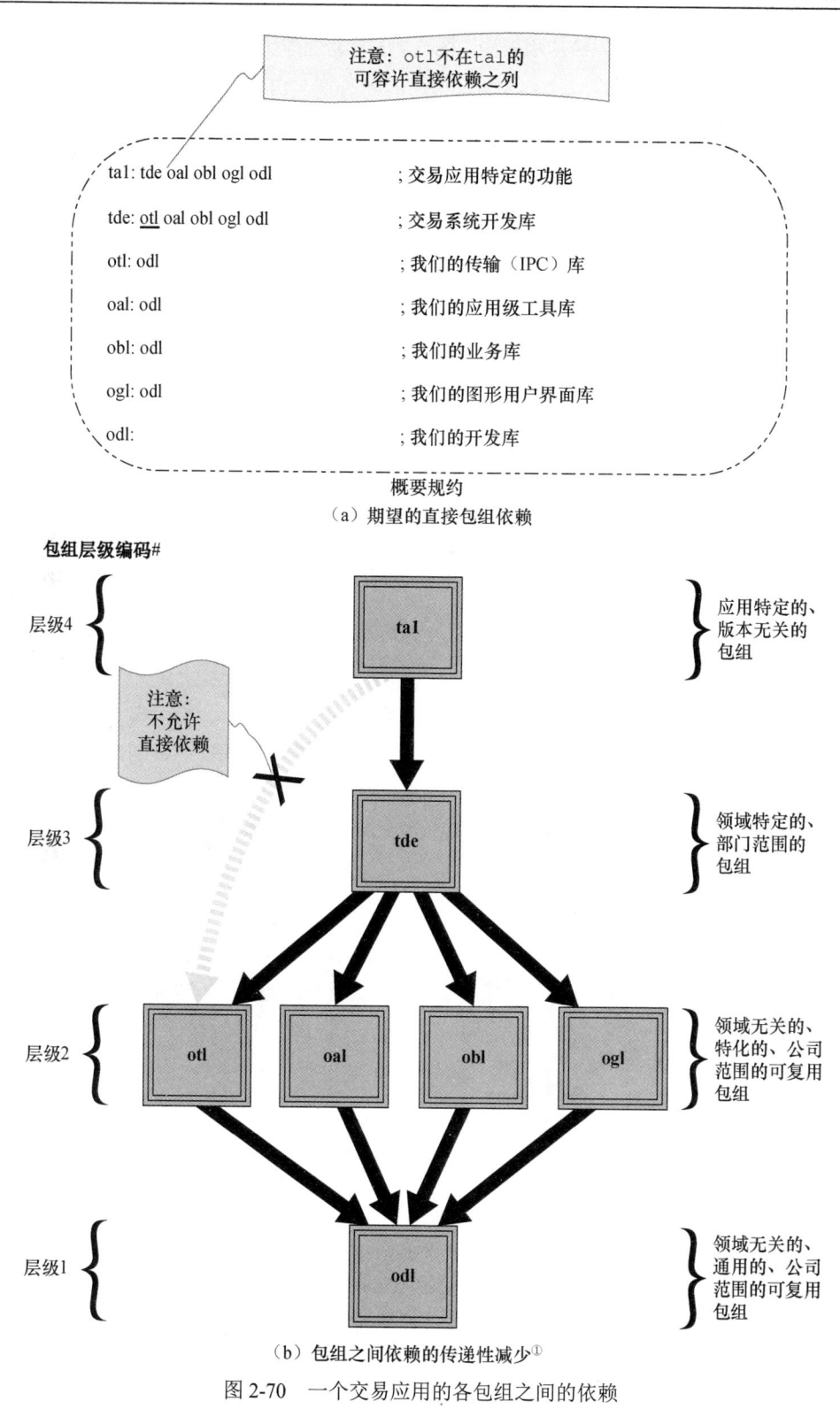

（b）包组之间依赖的传递性减少[①]

图 2-70 一个交易应用的各包组之间的依赖

---

① 见 1.8 节的图 1-59。

再次考虑图 2-70 中的交易系统应用架构。图 2-71a 重新创建了包组之间的基本无环依赖。现在假设我们发现自己无意中"错放"了 otl 中的某些功能（如原子指令、作用域保护等），而这些功能被 odl 中的一个或多个组件确定为"需要"。尽管这种情况可能很严重，但在 odl 中重复这些机制[1]并最终废弃 otl 中的冗余代码的前景是可行的，然而，容许 odl 中的组件依赖 otl 的前景并不乐观。

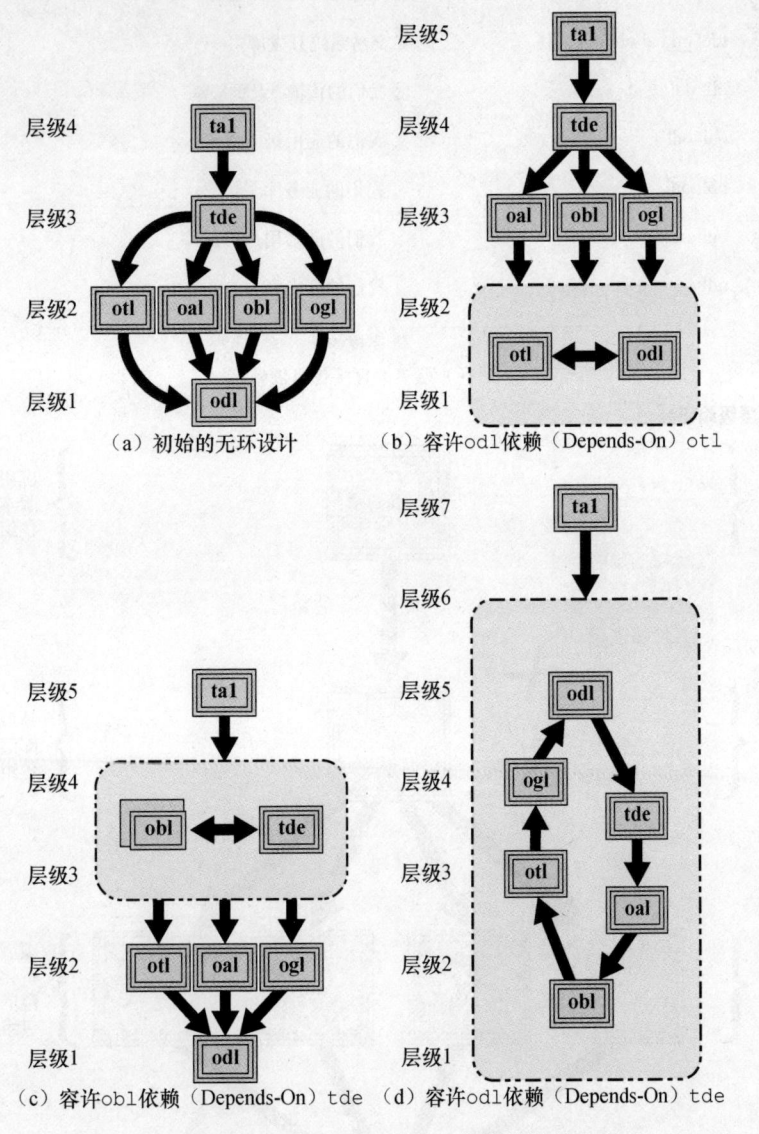

图 2-71　容许包组之间的循环依赖（非常糟糕的主意！）

如图 2-71b 所示，容许 odl 依赖 otl 将会使这两个包组之间产生循环依赖。从维护的角度来看，现在这两个库都不能独立于另一个进行构建、测试或发布。更重要的是，希望使用最基本功能的应用或其他库也将被迫依赖我们设计优良的进程间通信软件，尽管 otl 与大量应用无关。撇开相关性不谈，不再有保证这些库文件成功连接的顺序；在许多平台上，客户将被迫修改连接命令、在连接命令上重复库，还得在他们自己的构建过程中忍受相当低的效率（1.2.6 节）。

_____

[1] 当错放的功能涉及词汇类型时，问题的复杂性会发生质的提升（见卷 2 的 4.4 节）。

如果容许用途广泛的基本业务功能 odl 依赖另一部门的包组（如 tde），也会出现类似的困难（图 2-71c）。这样一项决策的组织后果将是真正令人遗憾的。现在，两个部门将被迫始终进行协作，以便连锁地发布所涉及的两个包组。其他原本对 obl 感兴趣的部门（如会计部门或分析部门）如果知道它们将在软件和计划中不可分割地与一个无关的同行部门联系在一起，就可能会望而却步。尽管如此，图 2-71b 的低层级循环可能会更令人担忧，因为它可能影响更多潜在客户，并且还会显著增加维护成本。[①]

读者可以发现，交易系统的核心团队刚刚在 tde 中创建了一个包，该包提供了解决对许多 odl 客户而言非常重要的一些紧急业务问题所需的功能。无论让 odl 依赖 tde（图 2-71d）看上去多么诱人，都必须抑制住这一冲动。设计优良的软件层次化存储库，只要有一个这样的打击，就会转换成一个循环依赖的"大泥球"（0.2 节）。实际上，如果不立即纠正，损害就会迅速扩大到无法弥补的程度。

2.9.2 在部署时对包组的组织

但是，从组织的角度来看，可以将包组集群作为单个单元来进行部署。再次考虑图 2-70 中依赖图的层级 1 和层级 2 所示的 5 个公司范围的包组。从理论上讲，最低层级的 odl 组应该能够立即发布，此后其他 4 个组（obl、otl、oal 和 ogl）可以以任意顺序同时发布或单独发布。但是，对于非常大的系统，这种增量部署方法将会非常低效，因为原则上，每次发布任何一个组时，依赖它的所有更高层级软件都必须重新构建（并重新部署到每台生产机器上）。

假设同一个核心团队负责维护这些包组，特别是在每个组都处于积极开发阶段时，将所有这些物理组都视为一个组织型（organizational）部署单元，可以显著减少构建时间并提升部署效率，[②]组织型部署单元变而不告（见 2.15.10 节）。为了方便开发人员，这些核心包组甚至可以组织为单个源代码存储库的组成部分。但是，任何此类组织都必须不含有架构显著的制品，从而允许对源代码进行重新划分，并使得部署策略可以不断演化，而绝对不更改库或其客户的源代码。

2.9.3 在实践中如何使用包组

在讨论了什么是包组之后，现在让我们探讨在实践中常规使用包组的不同方式。

> **观察** 包组能够支持开发逻辑和物理上内聚的库。

在大规模开发中，可以通过两种不同的方法有效地使用包组来实现逻辑和物理上内聚的子系统。第一种使用方法（通常是可复用的库或基础设施库）是获取广泛的易用功能，这些功能在处理不同包中的不同逻辑主题的同时，共享共同的预期受众以及共同的物理依赖。可复用组中的包通常由横向（horizontal）[③]包组成，其中所有组件都是供组外的客户直接使用的。基础设施组中的典型包通常代表可复用的树状（tree-like）[④]子系统，如记录器，其中只有部分组件供外部客户直接使用，但并不完全附属于该组中的其他包。

第二种使用方法（应用库）是将一个逻辑设计和目的被充分理解的、内聚的复杂子系统划分为接口包和实现包。在这些类型的包组中，可能只有少部分的包会被外部客户直接使用。因此，客户将使用适当的包装器和/或接口包来识别这样的组的使用情况（示例见 2.4.10 节的图 2-30 和

---

① 另见 **lakos96**，5.2 节，第 225～228 页，图 5-18a 至图 5-18d。
② 当然，任何此类组织型发布单元集群的选择都必须避免集群之间的循环物理依赖。
③ **lakos96**，4.1.3 节，第 195 页，图 4-26c。
④ **lakos96**，4.1.3 节，第 195 页，图 4-26b。

2.4.11 节的图 2-32）。但是，从实现者的角度看，分离的包提供了方便的设计内部边界，这些边界可以从源代码中直接看到。这些明显的包边界反过来又鼓励开发可便于理解和维护的、无环的、逻辑和物理上连贯的子系统。

　　每个包组在被完全填充后，都将代表一个庞大的软件主体。具有足够的实现复杂性的、面向物理的应用包组的可能候选对象包括编程语言编译器/解释器、CAD 电路模拟器和投资组合管理器等。填充完成后，包组将成为一个内聚的且通常很庞大的应用子系统的逻辑和物理上连贯的呈现。

　　与包一样，确定包组的作用域也是关键设计问题之一。一个过于具体的包组只包含一个包，将会使全局设计空间变得混乱。同样，创建一个包组，使用过于笼统的章程（如业务逻辑）可能导致发布单元的大小不受限制。除非有相当丰富的经验，否则错误地估计某一子系统的规模并不罕见。

　　例如，假设我们希望创建可复用的库软件，以便通过抽象基类（运行时多态）对进程中的数据值执行序列化（也称为外化、字节流化、编组）。[①]此功能如何实现最好？一个组件？多个组件？一个包？多个包？还是一个包组？如果没有更多信息，就很难确定。图 2-72 大致说明了每种方式所隐含的相对大小。记住，这些只是与图 2-11 所示一致的保守数量级估计。少于 100 行源代码（不包括注释）的完整组件，或者超过 100 万行非注释源代码的妥当分解的包组，当然都是合理的。

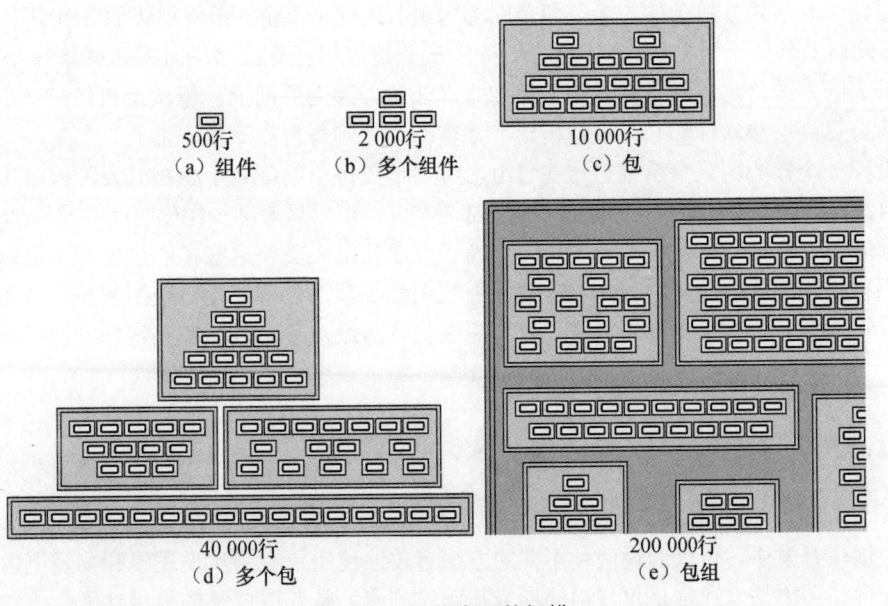

500行　　　　　2 000行　　　　　　10 000行
（a）组件　　　（b）多个组件　　　　（c）包

40 000行　　　　　　　　　　　　　200 000行
（d）多个包　　　　　　　　　　　　（e）包组

图 2-72　评估实现的规模

　　序列化是否应做成一个组件？不行。运行时多态字节流涉及至少两个纯抽象接口[②]（一个用于输入，一个用于输出）和至少 4 个具体实现（两个用于生产，两个用于测试）。序列化是否应该自成一包？也许。与其他类似功能共享一个包也有可能。序列化是否应做成两个（或多个）包？也许。我们可能希望区分在内容与规范有线格式之间进行转换的接口和在目标机器配置（大小、对齐方式和字节序）下允许以字节流与外部主机间进行传输的跨流功能。

　　包的相对布置是高层级库设计的一个关键方面。如果我们的流化功能驻留在两个或多个包

① 事实证明，使用方法模板和设想来实现编译时多态字节流，尽管理论上可能不太灵活，但仍然满足所有实际需求，并且，对于这一特定功能，已证实其运行时性能明显高于（现已过时的）运行时多态变量（见卷 2 的 4.1 节）。尽管如此，这一例子在多个层面上都有十足的教学价值。

② 又称为协议（1.7.5 节）。

中，它是否仍驻留在同一包组中？也许。我们可以将跨流包称为 xyzxc，它可以轻松地驻留在 xyz 包组中比其抽象接口（如 xyzx）高得多的层级，因此依赖那些本身依赖 xyzx 的包提供的功能。或者，这一分离的跨流传输包可以位于一个不太常用的、专门针对我们的基本传输（obt, our basic transport）的较高层级的包组中，或者可能位于一个更一般的、兼收并蓄的、处理我们的基本应用（oba, our basic application）的包组中。

序列化是否应做成一个包组？不。如果这种简单的流化功能居然能填充一个成熟的包组（如大约 20 万行非注释源代码），那么其实现肯定一无是处。[①]鉴于我们计划只给侵入式设施一种规范的生产格式，以外化我们所有的低层级类型，并且包名可能被用来唯一地标识这种格式，我们将选择将所有此类相关组件放在一个它们自己的命名恰当的包中，靠近系统中最低层级包组的底部。[②]

| 观察 | 包组容许无环应用库随时间演变。 |

大型开发组织中的包组的一个微妙但强大的优势来自这样一个观察：大多数单个项目都不是特别大，但随着时间的推移，会产生大量代码，理想情况下，这些代码将在组织良好的基础设施中并排共存。预期未来十年的项目代码在物理层次中的位置甚至是不可能的。但预期显著物理依赖的一些粗略层级是我们可以做的。然后，我们可以使用包组划分出一些分离的"不动产"——每个资产几乎完全由管理成员包的依赖包络刻画。生成的库中的每个包都是逻辑上内聚的并且每个包与组中的每个其他包共享相同的物理依赖包络。在缺乏全面的知识的情况下，这一结果是我们可以合理地希望得到的最好的结果，而且在实践中，它一点也不差。

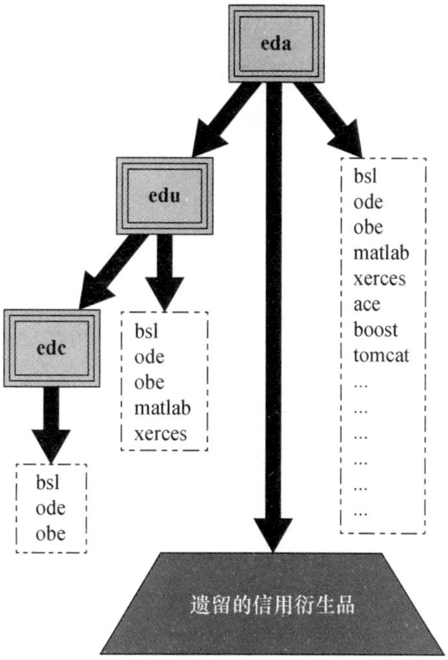

简单地说，假设公司的股权衍生品部门正在启动一个新的开发小组，并计划采用本书所倡导的基于组件的方法。在与公司范围内的核心团队（其成员完全熟悉我们的方法）进行充分讨论后，我们确定这些专业应用开发人员将要开展的一般类型的项目涉及各种粗略的依赖。预期的依赖被划分为 3 个基本类别，如图 2-73 所示。

最初级的开发 edc（equity derivatives core，股权

图 2-73　预先定义包组的粗略依赖

衍生品核心）将仅依赖 ode［our (firm-wide) development environment，我们的（公司范围的）开发环境］和 obe［our (firm-wide) business environment，我们的（公司范围的）业务环境］专有库，这些库当然依赖基础开源库，如 bsl。中层基础设施 edu（equity derivatives utilities，股权衍生品公共事业）将利用 edc，除了 bsl、ode 和 obe，还允许依赖经批准的第三方产品的简短列表。只有最高层级的股权衍生品基础设施 eda（equity derivatives application，股权衍生品应用）才会被容许依赖遗留基础设施，从而带来了更广泛的开源和第三方产品列表。

随着时间的推移，必须依赖遗留软件的常用代码必然将位于 eda 包组的包中，而物理依赖更有限的更清洁的子系统可能可以位于较低层级的 edu 包组中。具有最小的依赖的非常干净的组件（可

---

① 涉及设想（1.7.6 节）和实用程序（3.2.7 节）的包该取多大，3.3.7 节的图 3-29 中有一个有指导意义的例子。
② 实际上，这里描述的面向对象式流化包（streaming package）的编译时多态类似品放在我们开源的 bsl 包组的 bslx 包中（**bde14** 存储库，子目录/groups/bsl/bslx/）。

能是部门范围内复用的候选组件），将恰当地驻留在最低部门层级的包组 edc 中。尽管在逻辑上可能会有所不同，但应用包会导致包组是物理上内聚且无环的。通过充分的预先考虑和预先设计工作，许多包将在我们公司的无环的物理软件层次中的某个作用域很广的包组中找到恰当的位置。

注意，作为持续维护过程的重要部分，我们主张使用所谓的持续重构（continuous refactoring）。通过这种重构，应用库中的通用组件被提取、细化、推广，并在部门的发布单元依赖图中下移；它们将成为基础设施团队进一步重构并置于公司范围的存储库的更低层级的更明显的候选对象，从而实现更广泛的复用。

> **指导原则**　如果可能，每个包都应该是相应包组的一部分。

虽然设计独立（孤立）包最初需要的前期工作可能较少，但随着时间的推移，它总是会增加物理复杂性、人的理解、维护和可用性方面的成本。在可能的情况下，我们建议按照包组进行设计，并尽一切努力将每个新组件放入适当包组内的适当的包中，除非有令人信服的理由不这样做（见下文）。

> **指导原则**　可容许的包组间依赖应该是最小的且很少增加。

设计优良的包组将由共享紧密的共有物理依赖包络的包组成，同时在逻辑上内聚。理想情况下，每个包都属于具有这些属性的包组，但并非每个与包组中其他包逻辑上内聚的包都属于该包组。那些没有的软件几乎总是依赖某种实质性的物理依赖——例如遗留软件、开源软件或第三方软件（见 2.12 节）。

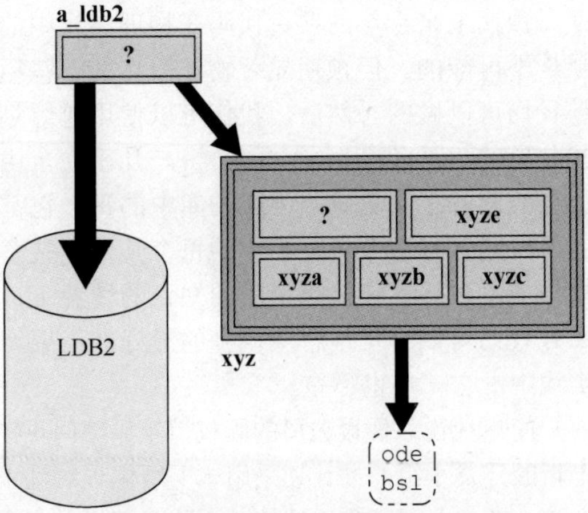

例如，考虑图 2-74 中的包组 xyz，该包组当前只被容许依赖公司范围内的核心包组 ode 和开源基础库 bsl。在 xyz 中，包 xyza、xyzb 和 xyzc 是独立的，而包 xyze 依赖包 xyzb 和 xyzc。由于这些包分在一个组，使用 xyze 意味着客户需要与 xyza 连接（反之亦然），但是，由于所有这些包的物理依赖基本相同，因此没有理由不将它们聚合在一起。

图 2-74　使用独立包隔离重量级依赖

现在考虑另一个包 a_ldb2（见 2.10.3 节），该包在逻辑上与包组 xyz 中当前的所有包一致，并且恰好依赖包 xyza 和 xyzb，但也会封装（或调整，见卷 2 的 4.6 节）对大型遗留数据库 LDB2 的访问。如果我们选择将此新包作为包组 xyz 的一部分（并将其重命名为 xyzd），则任何希望在 xyz 中使用任何包的人都将被迫依赖重量级 LDB2 遗留数据库。将此包放入任何尚未依赖 LDB2 的其他组中也会产生类似的效果。因此，即使 a_ldb2 可能与包组 xyz 逻辑上内聚，我们仍有意选择不让包组 xyz 承担 LDB2 的依赖，并继续让 a_ldb2 作孤立（或"独立"）包。

2.9.4　去中心化的（自治的）包的创建

> **观察**　包组支持去中心化的包创建。

包组是架构显著的，因此其名称必须在全企业内唯一。唯一的命名通常是通过积极维护一个集中的企业范围包组名注册表来实现的。由于包组名会自动预留其包含的所有包名的命名空间（2.4.11 节），因此一旦分配了包组名，包组所有者就可以自由地创建所需的任意数量的包，而不必咨询中央注册表，从而将包的创建去中心化。

2.9.5 本节小结

总之，包组是具有架构显著性的第三层级（最高层级）的物理聚合。虽然包始终用于聚合逻辑和物理相关的组件，但包组提供了一种工具，用于聚合可能在逻辑上不内聚但仍必须共享相同的可容许物理依赖包络的包。

理想的情况是，设计优良的库包组的章程作用域将足够广泛，足以吸引在逻辑上有所不同的套件，同时还要（1）满足共同的目的或服务于特定类别的客户；（2）具有足够大的作用域，以免随着时间的推移而增长到过大；（3）共享一个非常狭窄的可容许物理依赖包络。

由多个（如应用）团队长期拥有和填充的包组，其逻辑内聚可能不如由单个（如基础设施）团队集中拥有并管理的包组紧密，但是，通过提供一个有组织的框架，确保并置的组件必须依赖类似，并且确保发布单元之间的循环物理依赖不会随时间缓慢变化，仍然会带来深远的好处。

库发布单元以包组的形式发布为宜，而孤立包是偶尔出现的例外，主要用于适应对典型的开源库或第三方库的重量级依赖。这样，我们就可以将个体包的创建去中心化，允许包组所有者根据需要独立创建这些包。

2.10 包和包组的命名

给广泛可见的实体制定合理的命名策略对于大规模软件开发至关重要。本节描述了命名架构显著的逻辑实体和物理实体的总体方法。特别是，对于包组及其内外的包，本节均给出了经过业界验证的简明命名规则。

2.10.1 平铺直叙的包名不一定好

当创建包组时，许多人可能最初会假设应该允许包的名称具有任意长度，足以让不熟悉的用户立即理解和了解，对它们所包含的包的名称也是如此。因此，位于与我们最基本的包组中的时间相关类型相关联的包中的 `Calendar` 类可能具有一个极具描述性的限定逻辑名称：

`our_development_library::time::Calendar`（非常糟糕的主意）

遗憾的是，使用这种公认的"文式"命名空间名的痛苦程度将会让位于 `using` 指令（2.4.12节）。当这些指令作为块从一个源文件拖到另一个源文件时，它们像癌症一样聚集和生长，从而消除了此类名称曾经可能具有的任何描述性优势。

我们可以使用极端的缩写，并且仍然保持语法分隔的命名空间：

`odl::t::Calendar`（坏主意）

但这样做的目的是什么？幸运的是，包组名构成了企业范围内唯一的包名的自然前缀。只需将固定长度的组名称与一个或两个（最多 3 个）字符的包后缀合并，就可以找到唯一的包名 `odlt`（发音为"oh-delt"）：

`odlt::Calendar`（好主意）

相反，选择紧凑而独特的包名（如 `std`），虽然起初看上去有些晦涩，但它们很快就成为我们的词汇的一部分，并通过复用得到加强。[①]

鉴于我们迫切需要精简包名称，系统地实现唯一性再次成为最重要的问题。记住，按本书的方法论，在文件作用域或命名空间作用域只允许声明类、结构体和自由运算符（以及类似运算符的切面函数）（2.4.9 节）。然后，通过使组件名称与该组件中在包级命名空间作用域定义的每个 `class` 或 `struct` 的小写的前导字符相匹配，可以实现名称上的逻辑/物理衔接。遵循这些指导原则，所有逻辑构件的唯一命名问题简化为避免全局物理命名空间中组件名称之间的冲突，我们通过确保包名本身在整个企业中是唯一的来实现这一点。

对于仅是单个包的发布单元，包名将自动同时作为逻辑命名空间和它所包含的每个组件的物理前缀。对于聚合多个包的发布单元，我们采用了包组的概念，根据定义，该组均架构显著（2.2.6 节），因此必须具有全局唯一的名称。此名称的长度一致，将构成组中每个包名的前缀。注意，我们还必须确保组内包和孤立（"独立"）包的各自授权命名空间不会重叠。

2.10.2　包组的名称

设计规则	每个包组的（全小写）字母数字名称必须恰好为 3 个字符，并且构成有效的标识符： <包组名> ::= [a-z] [a-z0-9] [a-z0-9]

简短而晦涩的名称确实有其缺点。尽管如此，为描述性目的而提供的任何空间投入组件的"给定"（given）名都远远好于投入用于标识其外围包及其在物理层次中的（唯一）位置的父级"标签"（tag）。由于包组与其他主要库［如 C++标准库（命名空间 std）］一样相对较少且广为人知，因此我们选择（尽管可能是残酷的）将包组名称的长度限制为 3 个字符，从而产生 $26 \times 36 \times 36 = 33\ 696$ 个不同的包组名称。

要理解，比此处所倡导的 3 个字符的特定长度更重要的是包组名称非常短，且长度精确地相同[②]（以避免额外的分隔符）。[③]集中管理的企业范围内的已分配发布单元名称注册表（见 2.10.3 节）消除了对这些名称会发生冲突的任何担心，而且此处的简洁会提高生产率。如果有一天需要的话，我们也有内在的逃避规定[④]。

2.10.3　包的名称

设计规则	包组中每个包的（全小写）名称必须以组的名称开头，后跟 1 个、2 个或 3 个小写字母数字字符，用于唯一区分其组中的包。 <组内包的名称> ::= <包组名>[a-z] [a-z0-9] ([a-z0-9] ([a-z0-9])?)?

通过检查名称就能很容易看出 `bdlt`、`bdlma` 和 `bdlb` 这些包都属于同一包组 `bdl`。

---

① 能够孤立地毫不含糊地解析一个名称，这对工具和人员都有好处。如果组名不是固定长度，则从包名推断组名（没有明确且成本高昂的分隔符）就需要注册表（数据库）查找，这种查找有非常严重的实际缺点。注意，按本书的做法，无论该组是否已登记，该组都是显而易见的（见 2.10.3 节）。

② 在数学值（如整数）的上下文中，"精确地"（此处用于强调）一词（最多）完全多余（见卷 2 的 4.1 节）。

③ 我们保留在任何包组名（如 xyz）前面加上 z_前缀（如 z_xyz）的权利，以构成有效的 5 字符包组名，该名称用作相应的低层纯 C++包组（3 个字符）的兼容 C 语言的过程包装器接口（见 3.11.7.8 节）。

④ 例如，所有两个字符的前缀当前都保留以供将来使用。特别是，为了最大限度地减少采用类似方法论的组织之间的意外头文件名称冲突（2.9.4 节），每个导出库的组织都可以考虑在其各自的头文件名称中添加一个一致的（有希望）唯一的两个字符物理型前缀（如 bb_），该前缀对应其（更长）唯一的企业级命名空间名称。或者，每个导入各种库的公司都可以选择通过新的（有区别的）局部目录名称（或等效的局部唯一头文件前缀）来在这些各自代码库中锚定（并在公司自身的源代码中指向）组件。每个（被导入的）库所导出的头文件的源代码中含有的#include 指令也需要更新（作为其部署的一部分，见 2.15 节），以反映其头文件现在局部唯一的标识。

```
bdlt_datetime                           // 与时间有关的类型
bdlma_bufferedsequentialallocator   // 目的特殊的内存分配器
bdlb_bitutil                        // 通用的低层级功能
```

由于逻辑名称和物理名称衔接（2.4 节），只要给定 `bdlt::PackedCalendar` 类对象的声明，就可以快速确定该类属于 `bdl` 包组的 `bdlt` 包中的 `bdlt_pacedcalendar` 组件。而且，由于包组的位置（相对而言）很少而且（理想情况下）众所周知，因此对人类和工具来说，找到这些文件和其中包含的逻辑实体是自动的、有章可循的。

为了将独立包的命名空间与那些可能属于某一包组的包的命名空间分开，我们排除了独立包的 4～6 个字符名称，并且还提供了单个字符的转义序列。但是，注意，我们为应用包保留了单字符转义序列 m_（见 2.13 节），为兼容 C 语言的过程接口专门保留了 z_（见 3.11.7.8 节）。在极少数情况下，例如 C++标准库（`std`）本身，我们可能会选择一个包组大小的独立包（具有单个命名空间），在这种情况下，其名称（以及相应的命名空间）正好有 3 个字符（见 2.10.3 节和 2.11 节）。

设计规则	每个独立包的（全小写）名称必须以小写字母字符开头。或者由 6 个以上（或正好 3 个，这是罕见的）字母数字字符组成；或者后跟一个下划线、一个字母，然后是零个或多个字母数字字符（注意，前缀 "z_" 是专门处理的，见图 2-75）。
	<非组内包的名称> ::= <包组名> ([a-z0-9])^4 ([a-z0-9])*
	|<包组名> 罕见
		[a-y] _ [a-z] ([a-z0-9])* z_是特殊的

图 2-75 说明了几个包的名称，一看便知这些名称直接表示独立包。特别是，任何超过 6 个字符的包名都不属于任何组。带有一个单字符前缀，后跟一个下划线（z_ 除外，见 3.11.7 节）也表示包不分组。在确实特殊的情况下，如 C++标准库，我们会很愿意只拥有一个非常大的单个包，而且包名非常短（正好是 3 个字符），如 `std`（见 2.11 节）。在这种情况下，人们通常不能仅从（3 个字符）名称中判断它是指一个组还是一个超大的独立包。但是，在后者的情况下，人们始终会在实践中识别（在代码中）普遍存在的包前缀（如 `std`）。

```
z234567::Cryptograph        // 多于6个字符

mystandalonepackage::Foo    // 远多于6个字符

m_mailserver                // 用m_（表示 "main" 主应用）作前缀
                            // （示例见图2-77）

a_xml                       // 用a_（表示 "adapter" 适配器）作前缀
                            // （示例见图2-74）

z_a_xml                     // 上述适配器的兼容C的包装类
                            // （示例见图3-147）
```

图 2-75 标识独立包的各种命名约定

指导原则 企业内每个（可共享）发布单元的名称应在使用前向中央机构注册（并保留）。

就像在多线程编程中一样（见卷 2 的 6.1 节），我们希望避免可能危及架构完整性的竞争环境。如果一个发布单元名称可以被外部客户引用（m_...除外），则在企业中的团队广泛使用它之前，保留该名称是明智之举，这样其他有相似想法的人就不会无意中选择类似的名称。最终，我们基于包的组织有着中心化的本质，它会强制这一点。"上医治未病" 这句话在这里是适用的。

观察	在包组中选择包名是自动去中心化的。

　　我们的组内包命名法的一个重要附带好处是，一旦保留了包组名，就不需要退回去并在组件或包的层级重新注册（2.9.4 节）。所有这些都是有效的。尽管包组中的每个包都必须具有全局唯一的名称，但在这一有限的作用域内，通常只需添加一到两个额外的字符即可。

2.10.4　本节小结

　　总之，在大规模开发软件时，有效的命名策略非常重要。为避免诱导客户使用 using 指令和声明，客户用于指代其自身包之外的实体的名称必须保持极短。鉴于我们已采用了最多 3 个层级的架构显著的物理聚合（2.2.19 节），我们能够利用精炼的命名法来轻松访问其他包中的软件，对于其他包组中的软件也是如此。偶然的情况是，拥有如此短的包名很容易导致意外的重复和冲突。拥有一个深思熟虑的、全面的分层命名约定以及企业范围内的发布单元名称注册系统，可以轻松解决此问题。此外，已注册的包组名称允许将组中新的个体包命名的过程去中心化。这种命名策略所提供的自主权在一定程度上使我们的开发过程能够进行扩展以适应极大型的软件开发组织。

2.11　子包

　　我们认为，3 级架构显著的物理聚合就足以满足任何情况的需要。我们还了解偶尔有需要在单个命名空间内表示一个异常大的组件集合，即当外部定义的规约这么要求时。这种外部规约（如 C++标准库）中大量独立可复用的组件旨在供客户直接使用，但其设计方式也许不能在发布单元中以最佳方式结合架构显著的子聚合依赖。[①]

　　如果预先考虑不充分或是分解不够适当，在发布单元中有着分离的包（因此也包括命名空间）甚至会被证实是有问题的。例如，不正确的划分迫使客户必须记住哪个加密包变量与特定组件名称（如 xyza_bitarray 与 xyzt_date）任意关联，这很容易影响可用性。因此，包名本身必须正确描述包的特征。理想情况下，包名将是用于表示其所代表的设施或子系统的常用口头名称，如 bslma（发音为 "be-sel-ma"）是指位于 bsl 包组中的内存分配器设施包的常用名称。

　　考虑一个大型且分解较差的发布单元，拥有单一的命名空间也使其实现者在 "移动" [大幅改变相对物理（实现）依赖] 该发布单元中的组件方面具有更大的灵活性，而不会强迫外部客户更新其代码。尽管如此，我们怎么强调也不为过，这种实际灵活性给实现者带来的任何好处都会被因为前期设计和规划不足而导致的可理解性、可靠性和维护方面的成本增加而抵消。根据我们的经验，在大型发布单元中拥有具有架构显著性、逻辑上内聚的内部物理结构的实际价值是明确的。

　　在某些罕见的情况下，库的开发者（0.2 节）可能会选择在内部消化掉实现的复杂性，放弃包组分形命名空间的名称衔接性（2.4.11 节）所带来的开发和维护上的便利，并创建一个协调良好、物理健全、包组大小的包，该包仅具有一个命名空间，如 std。尽管远非理想，但至少现在这个发布单元的休闲客户只需记住一个包名，xyz（如 xyz_bitarray 和 xyz_date）。[②]

　　这一简短部分的其余部分（对大多数人来说都应该是完全假设的）讨论了如何在不向客户披

---

① 有些库中的相互依赖不多（如 STL），有时被描述为水平的。见 **lakos96** 的 7.4 节，第 504 页，图 7-16a。

② 注意，虽然这种扩大的包在理论上可能是包组 xyz（如 xyza_bitarray 和 xyza_date）的成员，但这样做将违反我们的原则，即聚合内给定深度的聚合应具有相当的物理复杂性（见 2.2.17 节的图 2-9c）。

露（或更改）内部聚合层次的情况下，保留内部聚合层次。图 2-76 显示了包含 9 个组件的两种类似的教学模型。图 2-76a 显示了包含 3 个包的包组 grp，每个包有 3 个组件。在这纯粹的教学中。例如，我们假定组件名称在整个包中是唯一的（或可以轻松地使其成为唯一的）。因此，可以取消要求客户将组件名称与其组内相应的包相匹配的要求。

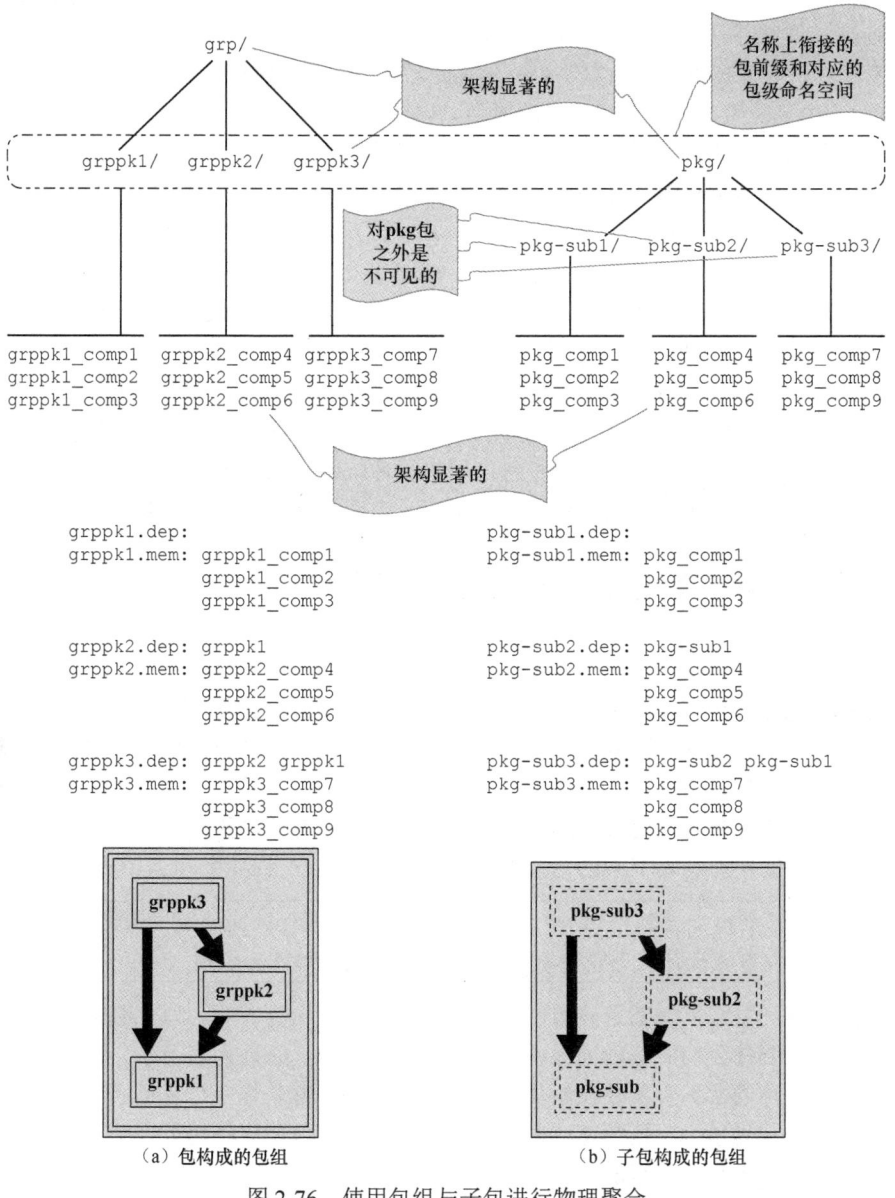

图 2-76　使用包组与子包进行物理聚合

从某种意义上讲，需要为组中所有包设置一个命名空间，并且所有成员文件前缀都与该命名空间匹配（图 3-76b）。但是，最终的转换只不过是将一个恰当的包组 grp（图 2-76a）转换为一个过大的（尽管是规整的）包 pkg（见 2.12 节），同时保留 3 个物理层级的聚合（图 2-76b）。根据我们对包的定义（2.4.5 节），pkg 将成为第一个架构显著的聚合层级。因此，子包（根据同一定义）不是架构显著的，从定义它的包之外看，它是完全无关的。

从架构的角度来看，"子包"是不可见的；它们可以被任意更改或清除，而不影响源代码。在大型包中使用子包所带来的优势是完全组织性的（为了包作者/维护人员的利益）。它们仅仅能够帮助表示逻辑和物理相关组件集群之间的聚合依赖，这些组件不能享受组内包提供的名称上的衔接。通过明确哪些组件属于哪个子包（根据每个子包的 .mem 文件），以及容许子包依赖哪些其他子包（根据每个子包的 .dep 文件），或许能够更好地强制一个可以按我们习惯的增量和层次化方式进行维护、测试并移植的内部组织。

现在考虑由供应商提供或开源实现 C++标准库。其接口已被指定（并且恰好不符合我们的规范的包组模型）。由于在整个过程中讨论过的原因，这一可广泛复用的库中的功能由单个简洁命名空间 std 保护。尽管命名空间是同质的，但在实现时，逻辑和物理上连贯的集群仍有很大的潜力。

例如，在 C++标准库的基于组件的呈现中，STL 容器和 std::string 几乎肯定会共享对库本身内其他组件集群（如低层级元函数、萃取、异常等）的共同依赖包络。流还将作为具有类似依赖的组件的衔接集合来实现。我们在维护 C++标准库[1]的各种实现方面的经验证实，缺乏适当的内部物理结构会使设计变得模糊，并可能导致不必要的循环物理依赖（最坏的情况会涉及公共接口）。精心选择的子包可以提供保持这种库的有效可维护性所需的物理结构。

总之，此处所示的子包可能对极其庞大独立包的维护者有价值。由于子包不是架构显著的，因此从包的外部不能将它们作为实体指向；因而讨论部署时，它们并不相关（见 2.15.9 节）。但是，子包是物理聚合（2.2.1 节），因此子包之间的循环依赖（由它们包含的各个组件之间的依赖定义）是不被容许的。鉴于如此庞大的包的效用罕见，我们认为子包不需要再花笔墨赘述了。

2.12 遗留软件、开源软件和第三方软件

按照本书的方法论，新开发的专有库软件都将采用组件（2.5 节至 2.7 节）的形式，这些组件已被妥当地聚合成包（2.8 节），最常见的是包组（2.9 节），所有这些都遵循一致的命名策略（2.10 节）。但如 2.1 节的图 2-3 所示，并非所有的库软件都有必要采用基于组件的方法。其中一些可能早在我们一致使用组件之前，还有一些库可能采用其他不同的方法论。默认情况下，不基于组件的软件的原子集成单元是可作为独立的发布单元部署的库和相应的头文件。此类软件的来源最接近包的定义，但通常不符合本书中的衔接的源代码打包命名法（2.4 节和 2.10 节）。

> **定义** 如果包不完全由恰当组件组成，则称该包是不规整的（irregular）。这里的恰当指的是组件符合本书中的设计规则，特别是那些与衔接命名相关的规则。

回顾 2.2.7 节，发布单元都是架构显著的，因此需要一个唯一的名称。遗留库、开源库和第三方库亦不例外。要在我们的基础设施中纳入和引用这些库，必须为每个库分配一个全局唯一的名称。由于这些名称通常不会反映在源代码中，因此这些名称基本上是任意的。

遗留库可以被视为单个不规整包，抑或是由单个不规整包构成的包组。后一种方法允许逐渐将遗留库重构为一组可划分层级的（1.10 节）规整包（见 3.4 节和 3.5 节）。组中不规整包的名称在语法上通常不同于规整包的名称。例如，包组 xyz 可能既包含规整的包 xyza 和 xyzb，也包含不规整的包 xyz+oldstuff。[2]在 bsl 包组的特定情况下，名称中带有+的成员包意味着在该包中定义的逻辑内容驻留在 bsl 命名空间中，以便镜像预定义的 C++标准库规约。但是，对于开源

---

① 包括支持多态分配器模型的增强功能（见卷 2 的 4.10 节）。

② 注意，+字符的选择并非完全任意，它是从一个标点符号短列表（约在 2003 年由 Peter Wainwright 在彭博提出的）中选出的，被认为是最不可能与典型文件和操作系统交互的符号。

库和第三方库，我们通常会避免任何修改，因为这会导致代码分叉；因此，我们通常会将每个此类库视为一个单独的不规整孤立包。

开发人员需要在每个发布单元（如孤立包或包组）的 .dep 文件中按名称说明对不规整发布单元的依赖。由构建系统和维护不规整软件的人员来安装它，以便构建系统可以找到并使用它来实现所有相关平台上所有受支持目标。描述支持构建目标的信息（如 DEBUG_STATIC、OPTIMIZED_SHARED 等）和相关平台信息（如 SUN_STUDIO12、HP_UX、IBM_AIX 等）超出了 C++语言的范围，并且必须驻留在与软件关联的元数据中，如位于功能文件（.cap）中（见 2.16 节）。

例如，假设我们现在有解析 XML 的需求，遂决定将 Xerces 开源库纳入我们的开发环境中。我们很可能会采用 xerces 作为此不规整发布单元的名称。接下来，我们将给 xerces 关联（用元数据）它将支持的各种平台和目标。然后，必须构建和部署 xerces（如有必要，可通过手动方式），使其外部接口（一组头文件和一个库）与我们的专有规整软件的接口镜像。我们可能希望将 Xerces 功能与一个符合要求的接口结合起来，这样需要 XML 解析功能的代码就不会被这些不规整名称所污染。[①]

大多数生产就绪的开源库都附带了自己的构建/安装脚本，这些脚本将源代码发布到指定位置。此类软件在发布时通常包含由相对路径组成的小层次。与我们自己的规整的专有软件不同，我们没法指望不规整软件所在文件的名称具有全局唯一性。因此，我们一般不能在部署期间将该软件平展或与其他不规整软件并置（见 2.15.7 节）。此类软件也可能取决于#include 指令（1.5.1 节）的特定于平台的属性，该指令使用双引号（" "）而不是尖括号（<>）。我们需要确保该软件在我们所有支持的平台上运行（或在 .cap 文件中描述其所支持的平台）。因此，每个不符合要求的库都需要至少进行一些初始工作，才能将其融入我们基于组件的框架。

简而言之，对不规整软件的集成，我们不再强调设计而侧重于部署。每个遗留库、开源库或第三方库都将获得一个全局唯一的名称，用于将其称为其他发布单元的黑盒。一旦这类不规整软件被妥当配置好元数据，就可以将其视为规整的，虽然它大概不会严格遵循本书中的命名约定。2.15 节中将详细讨论部署。使所有这类软件无缝工作的是描述其属性的元数据，然后使用基于组件的工具来适当执行此元数据（见 2.16 节）。

2.13 应用

在本节中，我们介绍了用于开发应用的一致框架。为了最大限度地发挥作用，库的开发须遵循一种严格的方法，这种方法可以实现高水平的稳定性、互操作性，理想情况下，还可以实现层次化复用（0.4 节）；但是，应用开发并不需要。如 0.2 节所述，应用开发的目标主要是在需求不断变化的动态环境下尽快提供高质量的解决方案。由于应用自然位于软件的整体物理层次中的最高层级，因此在很大程度上消除了对稳定性（特别是可复用性）的需求。因此，可靠地开发应用并不违背敏捷性的目标。[②]

应用开发人员自然以应用为中心。鉴于每个应用都位于物理层次的顶部，应用开发人员可以用他们认为合适的任何方式对其进行组织和构建——完全独立于其他应用。但是，在大型开发组

[①] 正如 3.1.10.9 节、3.6.10 节和 3.11.6 节中的所述，将大型子系统的分离部件包装起来并非总是可行的；包装即使在技术上是可行的（示例见 3.1.10.8 节），也可能不是最佳的业务决定，正如 David Sankel（在对本卷书稿的审阅中）所解释的那样：

但是，这种做法存在一些严重的缺陷，应当指出：维护不断变化的库包装类是一个负担，几乎总是过时。出于这一原因，"咬紧牙关"接受不规整性通常是正确的工程选择。

[②] 见 agilemanifesto 的官方网站。

织中，通常会同时开发许多应用。这些应用将依次具有多个版本。在大规模管理应用软件开发时，设计一个可用于将所有应用集成到单个方法中的框架具有令人信服的优势。

　　在最高层级，我们将软件组织为两个开发分支：应用和库。如图 2-77 所示，符合要求的应用和库发布单元将放置在各自的分支中。在这一组织结构之外开发的应用仍可通过其自己的传统构建工具使用新的规整库软件。在我们的方法之外开发的库软件将在发布单元层级集成到本组织中，如 2.10 节所述。

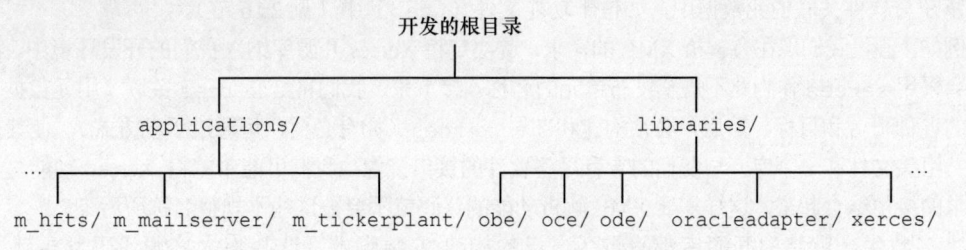

图 2-77　被组织成应用和库的开发框架

　　符合要求的应用应该是相对较小的发布单元，其物理结构与独立包相同（2.8 节）。但是，与库包不同，应用包不得被任何其他发布单元依赖，但容许包含位于全局命名空间之外并包含 main 例程的单个文件（除测试驱动程序外）。考虑图 2-78 中的 m_mailserver 应用包。此应用包含符合相同孤立包结构的文件集合（见 2.8.1 节的图 2-58），但此外还有两个可分辨文件，即 m_mailserver_server.m.cpp 和 m_mailserver_administrator.m.cpp，它们代表了此应用支持的两个程序。

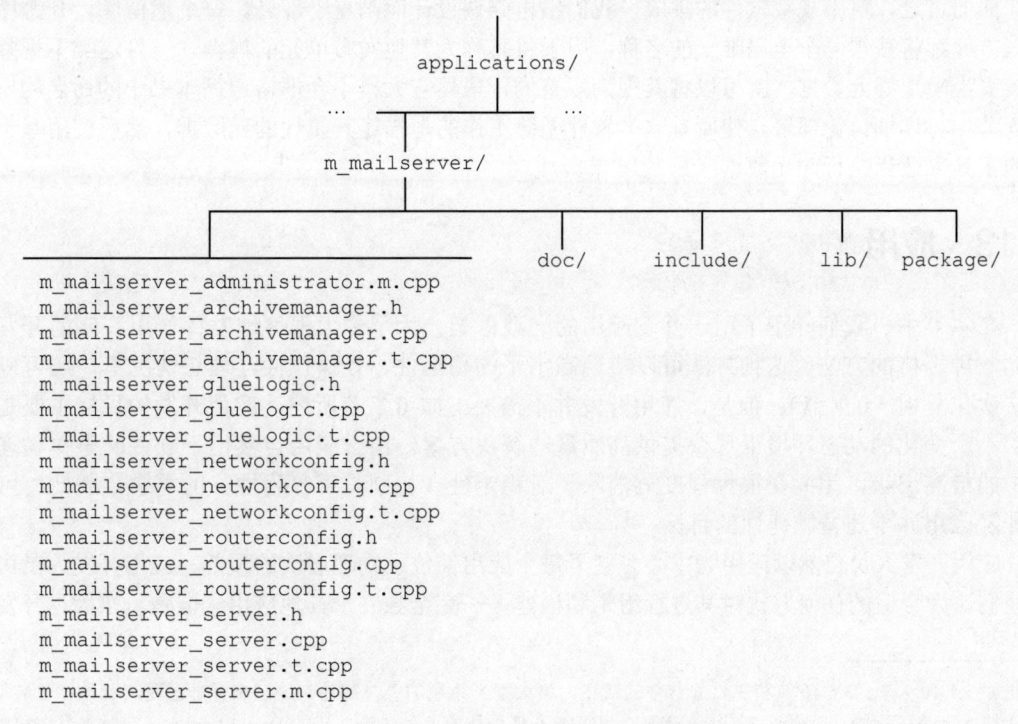

图 2-78　典型应用包 m_mailserver 的目录结构

　　源文件如果在 .cpp 后缀之前有额外的 .m（用于"主程序"）或 .t（用于"测试驱动程序"），则表示它们包含 main 例程定义。此包中的所有其他源文件都位于标准组件中：

```
m_mailserver_archivemanager
m_mailserver_gluelogic
m_mailserver_networkconfig
m_mailserver_routerconfig
m_mailserver_server
```

后缀为.m.cpp 的主程序文件可能和这些组件之一有着相同的根名称，也可能没有，例如 m_mailserver_server.m.cpp 有相同的根名称，而 m_mailserver_administrator.m.cpp 就没有。

严格来说，对应用的唯一需求是应用中的名称不会与应用内的任何库冲突。如果确实发生冲突，应用开发人员通常很容易解决。对小规模开发来说，这种被动解决办法是足够的。但是，在更大的范围内，由于可能会自动构建和部署数百甚至数千个应用，因而它并不是最佳的。偶然的情况是，随着新库组件的添加，会引入意外冲突的风险。除非库命名空间和应用命名空间在设计上保持同步不相交，否则随着代码库的成熟，冲突将继续成为一个问题。

设计规则	应用（也可以说是应用级的"包"）可以容许的名称必须有别于所有其他类型的包的名称。

读者可能已经注意到，每个应用包的名称都有一个额外的 m_ 前缀。这一选择是我们命名规则（2.10节）的纯粹的任意实现细节，它确保应用名称永远不会与库名称冲突。[1]此外，由于所有应用代码（.m.cpp 文件中的代码除外）必须放在与包名匹配的命名空间中，应用包符号自然不可能与库符号冲突。

设计规则	应用包中的所有代码必须局部于（私有于）该包，换句话说，不容许包外的任何代码依赖应用级包中定义的软件。

位于应用最高层级的代码可以高度协作，并且必须保持其易延展性（0.5 节）。鉴于快速生产应用代码的压力比生产可复用的库代码的压力要大得多，因此我们决不允许其他开发人员这样做是至关重要的。通过单方面将对软件稳定性的期望仅用于其他应用，从而阻止这种易延展性。应用代码可以在驻留在同一应用包中的密切相关的 main 程序（.m.cpp 文件）之间共享；但是，如果要在应用包之间共享代码，则必须将其重新考虑并降级（见 3.5.3 节）到库软件中，没有例外。

将所有最高层级应用逻辑都驻留在单个包中具有一些重要优势。应用代码的维护是易延展的，但高度协作，可能需要同时对多个组件进行更改。由于所有这些协作代码都位于一个包中，因此连锁更改和发布这些代码要容易得多。此外，由于所有这些代码都位于一个命名空间中，因此我们可以不必用冗长且丑陋的应用命名空间（如 m_mailserver）来限定我们的名称。[2]由于应用开发人员编写和使用的大部分内容都在他们自己的包中，因此丢弃应用前缀（无须使用 using 指令或声明）可以增强可写性（以及可读性）。

将我们的所有应用组织为孤立的包会移除构建过程中的许多创造力，从而使创造力集中在其他更能盈利的地方。在一个拥有数百个正在进行的项目的大型组织中，将开发人员的创造力重新集中到他们创建的解决方案上，而不是集中到打包、构建和部署方式上，这是以更低的拥有成本实现更高吞吐量的

---

① 使应用包的名称区别于库包的名称可确保永远不会与应用代码发生潜在冲突，如随着时间的推移，新包将被添加到现有包组中（2.9.4 节）。

② 记住，可复用的库软件受益于简短的命名空间标签，而企业级包和应用包的命名空间则具有保护性质，通常不会在源代码中引用。

重要一环。鉴于这种非常简单规整的应用结构，以前一直是一个痛苦、乏味且容易出错的过程的大部分负担，现在可以自动处理。2.16 节用元数据讨论了构建和部署规整的应用的合适外部环境。

2.14　层次化可测试性的需求

在公理（axiom）之上构建"抽象定义的结构"并不少见，公理即"被认为是已确定的、已被接受的、或不证自明的"声明或主张。[①]在本书的方法论中，有这样一条公理，不同物理实体之间的循环物理依赖总是不可取的。然而，与数学中的一些公理不同，作为工程师，我们有多种理由认为容许这样的设计循环是一个坏主意。我们认为，循环设计比无环设计更难理解。此外，循环物理依赖（见 3.4 节）可能阻断只对子系统的一小部分的（如层次化）复用（0.4 节）。但是，在本节中，我们将从完全不同的角度探讨在每个物理聚合层级竭力避免循环物理依赖的必要性，即确保切实，彻底（层次化）的可测试性。

2.14.1　将本书的方法论运用于细粒度的单元测试中

确保大规模系统的可靠性只能通过前期设计实现。本书中基于组件的方法提供了实现这一重要目标所需的杠杆作用。但是，鉴于大型系统的固有复杂性，我们需要利用的几个方面：细粒度的模块化、层次、反馈和复用。坚持采用小型、分解妥当的、逻辑和物理上连贯的设计单元，即组件（0.7 节、1.6 节、1.11 节和 2.6 节），是重要的第一步。然后，我们需要利用基于组件的设计的双重物理层次（聚合和依赖），先彻底分解它们，再对验证工作进行优化排序。接下来，我们将与每个组件关联一个独特的独立测试驱动程序（见卷 3 的 7.5 节），我们将使用该程序建立必要的冗余和集中的即时反馈，以逐个组件地验证功能的各个方面。最后，我们将复用统一的物理形式、方法和接口，以使我们的测试方法标准化，从而降低了与软件验证相关的大部分附带复杂性。

2.14.2　本节安排（还有卷 2 及特别是卷 3 的引子）

在本节中，我们将讨论可扩展组件级测试所必需的可客观验证的规则。稍后，在第 3 章中，我们将讨论完善和改进物理分解的技术，如避免循环、过度或其他不适当的依赖。事实证明，通过对常见类类别的认识来指导组件设计（见卷 2 的 4.2 节）不仅方便认知，还进一步提高了组件级测试的有效性。在卷 3 第 7 章中，我们将回顾组件级测试的需求及其背后的原则。在卷 3 的后续章节将详细说明选择适当输入数据的方法（第 8 章）、提供测试数据的实现技术（第 9 章）以及组件级测试驱动程序的总体组织（第 10 章），然后根据特定类别进行定制。在这 3 卷的末尾，我们将掌握必要的知识，以确保我们的测试工作既彻底又高效。但就目前而言，我们先从基础开始。

2.14.3　测试要能层次化地推进

设计要务	层次化可测试性的需求：每个物理实体要成为可彻底测试的，都必须仅基于其他本身已经过彻底测试的实体。

与任何其他工程学科一样，可测试性（或更一般地说，从程序中获得反馈的能力）是本书提倡的方法论的基石。如果不能衡量它，就很难说明这套方法行之有效，也不知如何改进。试图在一个极其复杂的系统上获得这种反馈是非常困难的。持之以恒地将系统分解为子系统（如包组和包），并最终分解到细粒度原子模块物理单元（例如组件），我们便能够实现有效的彻底测试。但

---

① 见 lexico 的官方网站。

是，单凭这种可分解性属性是不够的！在物理聚合的每个层级上，必须至少有一个测试顺序，以便在该层级上的每个物理实体（无论是组件、包还是包组）都可以被验证，而不依赖实体已经依赖的内容之外的任何内容，也不依赖不可独立验证的（或以其他方式已知正确的）任何内容。

考虑这一至关重要的治理所产生的影响与我们已经看到的其他一些影响重叠。例如，一个直接后果是不容许组件或发布单元（如包和包组）之间的循环物理依赖，因为此循环中任何成员要测试都没法绕过其他成员。然而，这一规则包含了远为微妙的难以解决的形式。再次考虑图 2-50，一个容器对某些具有可修改访问权的非局部类型授予了不明智的长程友元。图 2-79a 抽象地显示了一个较高层级的 *manip* 组件，该组件可以对较低层级的 *container* 组件中定义的一致内部（私有）状态产生重大影响（因此可能会对此状态造成破坏），其方式是，如果不测试 *manip* 组件本身，就不可能进行防御。由于 *manip* 明显依赖 *container*，因此两个组件都不能独立地全面测试。

起初似乎我们应该共同测试这两个组件，然后事情结束。不要那么快！如果 *manip* 是一个分离的物理实体，那么如何阻止 *manip* 依赖其他可能的实质性组件 *c*（如图 2-79b），而 *c* 恰好依赖 *container*。可测试性引发的循环将会发展到不仅涉及原来的 2 个组件，现在涉及 3 个组件了！如果循环的大小是有限的（而且很小），那么可测试性循环（甚至是一个实际的依赖循环）不一定是难以解决的。遗憾且讽刺的是，被误导的长程友元常常以"安全"的名义可能导致无界限的参与，如图 2-79c 所示。

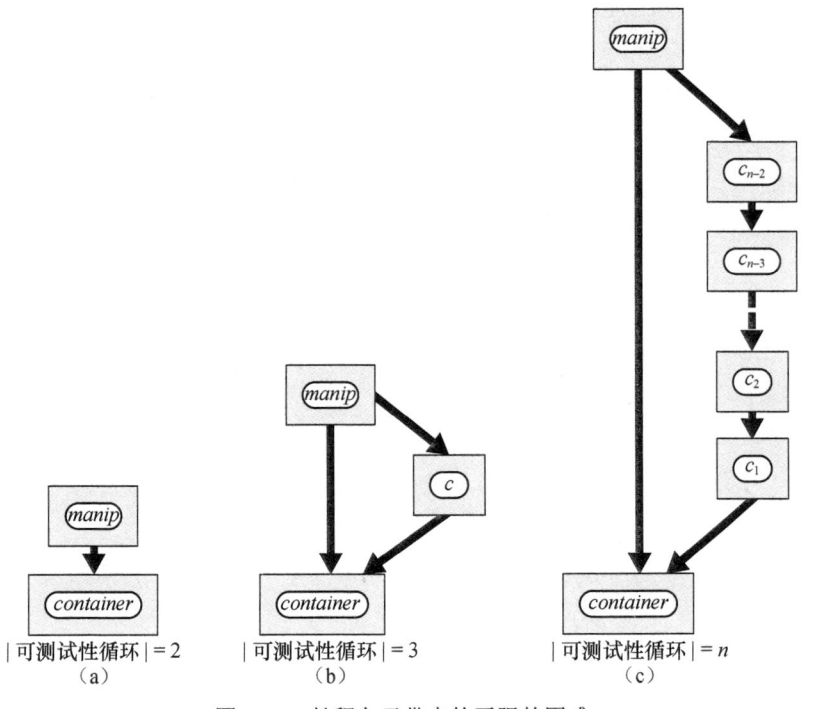

图 2-79　长程友元带来的无限的困难

跨越组件边界的可修改的私有访问权明显违反了本书中关于层次化可测试性的需求，而不可修改的后门访问权则违反了另一项重要原则：物理可替换性（physical substitutability）（见卷 2 的 5.6 节）。也就是，如果我们对某个类的封装私有实现细节进行更改，除非我们对其所有友元进行了必要的相应更改，否则我们无法将该更改重新检入系统，即使面向外部的公共接口和合约没有改变。注意，类似的一种无界限的封装漏洞是由受保护访问权导致的。只要坚持不让友元跨越物理设计的原子单元（2.6 节），并强烈阻止几乎所有对受保护访问权的使用（见 3.11.5.3 节），我们就能消除绝大多数跨组件边界的相互密切依赖的实现，从而有助于确保可替换性和层次化可测试性。

设计规则	与每个组件相关联（并且具有相同的根名称）的测试驱动程序必须是唯一的、物理上独立的，后缀必须一致（如.t.cpp）。

　　如图 2-80 所示，（彻底）测试、组件级测试和（考虑到我们的细致分级、颗粒化的物理结构）使用独特的独立测试驱动程序进行测试的需求背后的原因是卷 3 第 7 章的主题。此处，我们简单地描述规定的组织。[①] 图 2-80a 说明了 bdlt_datetime 组件及其测试驱动程序基于两个较低层级的组件（bdlt_date 和 bdlt_time）的分解实现，每个组件都有自己的独立测试驱动程序。bdlt 包的目录结构是标准的（图 2-80b），包含组件文件和测试驱动程序文件，如图 2-80c 所示。

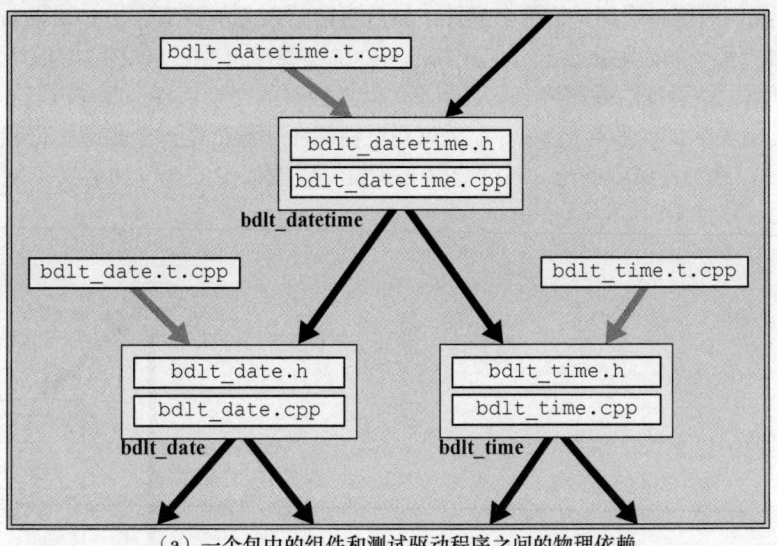

（a）一个包中的组件和测试驱动程序之间的物理依赖

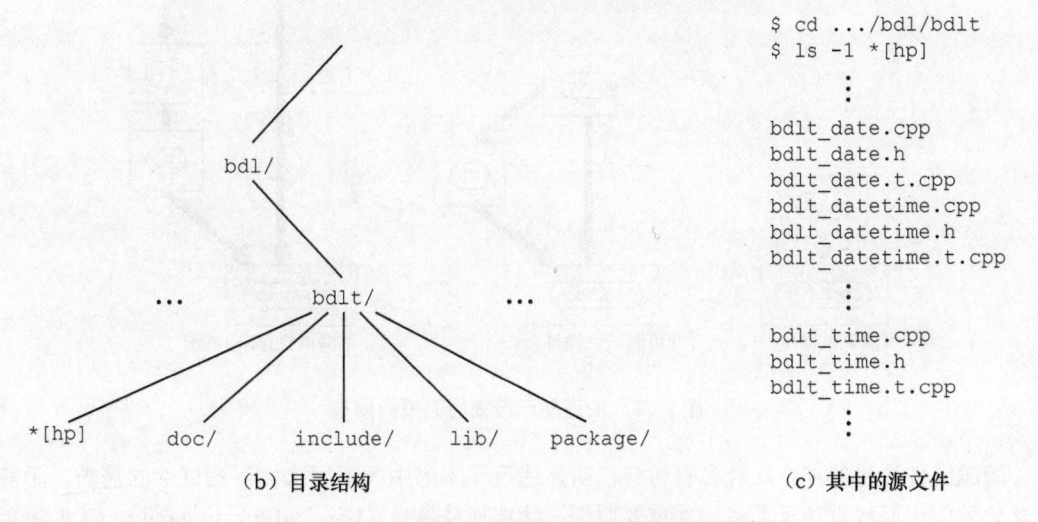

（b）目录结构　　　　　　　　　　　　（c）其中的源文件

图 2-80　包中每个组件的相关唯一测试驱动程序

---

① 当然，我们知道，存在广泛使用的测试框架，这些框架有助于测试工作，并以不同的方式组织测试过程。

图 2-81a 与图 2-80a 非常相似,它显示了 3 个组件的层次(尽管抽象),每个组件都与自己独特的测试驱动程序正确关联。例如,为确保 u 的行为符合预期所需的任何测试都完全由测试驱动程序 u.t.cpp 完成。测试驱动程序 v.t.cpp 对组件 v 执行相同的服务。同样,确保组件 w 正确实现也完全由测试驱动程序 w.t.cpp 完成,但是,允许测试驱动程序假定组件 u 和 v 已经过彻底的独立测试。

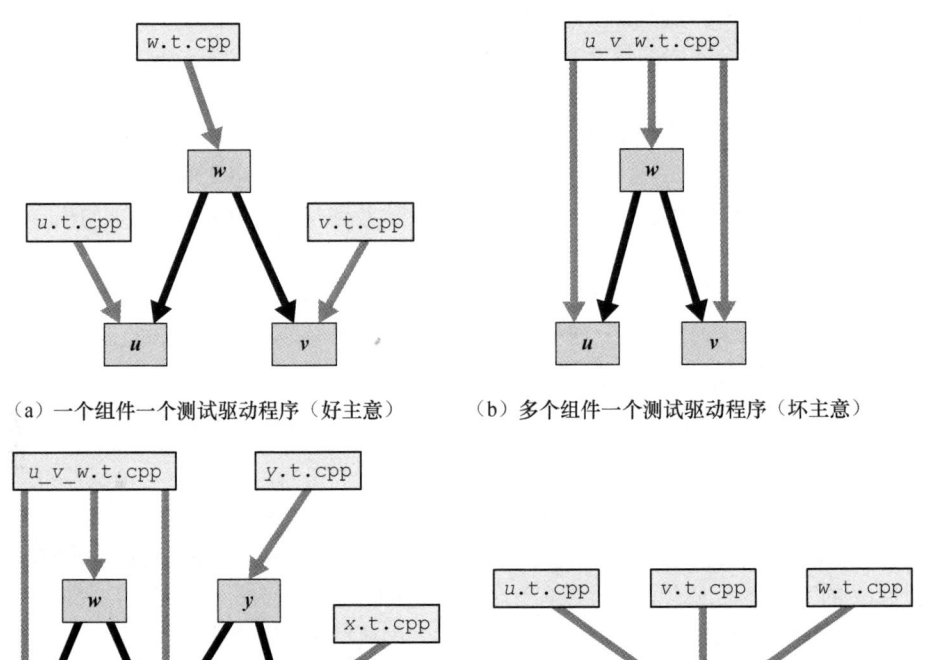

（a）一个组件一个测试驱动程序（好主意） （b）多个组件一个测试驱动程序（坏主意）

（c）测试驱动程序引起的耦合（坏主意） （d）一个组件多个测试驱动程序（坏主意）

图 2-81 组件和测试驱动程序之间的各种关联

考虑图 2-81b 中的场景,其中使用单个测试驱动程序 u_v_w.t.cpp 来验证所有 3 个组件。即使驱动程序可以直接访问这 3 个组件中的每一个,测试质量也很有可能受到影响(见卷 3 的 7.3 节)。除了我们对不规整物理结构的普遍厌恶,现在必须"装进"单个文件中的测试数量(见下文)增加了 3 倍。经验表明,与测试用例在多个驱动程序之间正确分布且每个驱动程序只关注一个组件(见卷 3 的 7.5 节和第 10 章)相比,测试代码本身往往既不规整,也不易维护,其详细程度也比较低。

尽管人性使然,但仅提供一个驱动程序文件 u_v_w.t.cpp 会使得我们无法独立于 w 验证组件 u 和 v。[1]有人可能会认为,没有 w,既不能使用 u 也不能使用 v,那么为什么要分离测试它们呢?对于完全分解的基于组件的设计,简短的答案是"因为我们可以做到"。安全分解的基于组件的设计不仅可以更高效和有效地均匀地分配测试工作,而且我们永远不知道我们或其他人何时会合理地扩展我们的细粒度的架构,以我们无法预料的方式利用一个稳定的[2]组件——一个被认为只是子组件(如 u 或 v)的组件。[3]

---

[1] 此外,更高层级组件测试驱动程序的作者根本无法将组件实现的隐式私有知识扩展到相应的测试驱动程序的作者(见下文)。

[2] 对于我们选择在包中的各个组件之间分发不稳定实现细节的罕见情况,我们会自然地用上附属组件的纯传统用法(2.7.5 节)。

[3] 出于类似的原因,我们不会在组件中放置多于一个类,除非有令人信服的工程理由(见 3.1.1 节)。

图 2-81c 说明了关键组件 w 的替代版本 y，该组件复用了高度特定但稳定的实现细节 v，但将现有组件 u 的使用替换为新组件 x 的使用（见 0.10 节的图 0-65）。此外，假设这个以 y 为主导的新子系统的出现是因为 w 使用的 u 的实现不会建立在我们目前正在移植的新平台上。根据我们的层次化测试需求，为了测试 y，我们必须首先测试 v 和 x。但是，为了在新平台上测试 v，我们必须首先移植并构建 u 和 w。然而，正是我们无法移植 u，才促使我们创建 x 和 y！[1]只有始终如一地以与底层组件功能完全相同的粒度来分解测试工作，我们才能避免测试导致的意外和潜在成本高昂的耦合。

为了进行组件级测试，我们要求在每个组件旁边都有一个[2][3]唯一的独立驱动程序文件。给定一个相当复杂的组件，我们可能会尝试将测试工作分散到多个测试驱动程序文件中，如图 2-81d 所示。同样，除了希望建立一个规整结构，我们还要求将组件的大小和复杂度控制在可管理的范围内。

用行数或类似的标准来衡量大小和复杂度相当武断。然而，从工程角度看，我们有效测试的能力必然限制我们创建的东西；因此，我们在方法中采用的组件复杂度的上限就是可以从单个测试驱动程序进行彻底测试的复杂度（见卷 3 的 7.5 节）。这种特定的限制方法的选择没有武断的硬性数字限制，会产生健康的张力，并足以控制组件的复杂度。

设计规则	组件测试驱动程序与它测试的组件（物理上）位于同一目录中。

测试驱动程序是组件开发和维护的不可或缺的部分。我们认为，对组件的可测试性和固有可靠性负有最终责任的人，应该是它的作者，而不是另外的测试者。虽然测试驱动程序没有任何特殊的"私有"编程访问权，但测试驱动程序的开发人员将（并且通常必须）对所测试组件的实现有深入的白盒知识（见卷 3 的 8.1 节）。此外，组件作者有时会对测试驱动程序提出比对一般客户群体约束更强的合约，这只是为了方便测试。组件与其测试驱动程序之间典型的紧密的协作，加上共同的所有权，极力主张将测试驱动程序与其相关组件放在同一（如包）目录中的物理模块性，如图 2-80c 所示。[4]

设计规则	测试驱动程序的分层直接（物理）依赖不得超过受测试组件的依赖。

可以将测试驱动程序视为具有相同物理特性的特定组件的扩展。鉴于物理依赖的传递性，测试驱动程序自然会继承其关联组件的所有依赖。考虑图 2-82a 中所示的两个同级组件 u 和 v。这些组件都不依赖任何其他（局部）组件。因而（1.10 节），它们的局部层级都为 1。

现在考虑一下，容许 v 的测试驱动程序也依赖 u 造成的影响，如图 2-82b 所示。组件 v 本身并不依赖组件 u，但为了满足层次化可测试性的需求，测试 v 之前不得不先测试 u。我们现在的情况是，测试驱动程序决定了这些组件之间容许的关系（坏主意），而不是反映由其测试的组件定义的物理关系。就可测试性而言，组件 v 现在隐式地（而且过于含蓄地）位于层级 2。

现在假设我们决定让组件 u（本身）依赖组件 v，如图 2-82c 所示。其效果几乎是图 2-82b 中的镜像，只不过与测试引发的 v 对 u 的依赖不同，此处 u 对 v 的依赖是明确的。当我们将图 2-82b 中的隐式依赖与图 2-82c 中的显式依赖结合起来，形成图 2-82d 中所示的测试驱动程序引起的循环依赖组合时，隐式测试驱动程序引起的依赖问题就会明确；现在，u 和 v 都不能独立测试。

---

[1] 而且我们接下来很有可能不想再使用 u 和 w。

[2] 可能存在一些潜在的例外情况（如涉及并发），在这些情况下，需要调用创建多个进程的自定义测试仪器。虽然拥有一个产生多个进程的单个程序通常就足够了，但此类自定义必须得到支持，或者至少得到构建系统的支持。

[3] 还应该指出的是，有时某些代码不编译很重要，特别是在碰到 SFINAE 的时候，这时也许还需要更复杂的测试仪器。

[4] 值得一提的是，组件的黑盒（或验收）测试也很有用。黑盒（甚至灰盒）测试（见卷 3 的 8.1 节）能够延续的时间较长，因为其实现可能会发生改变（或演变），而测试仍能发挥作用。

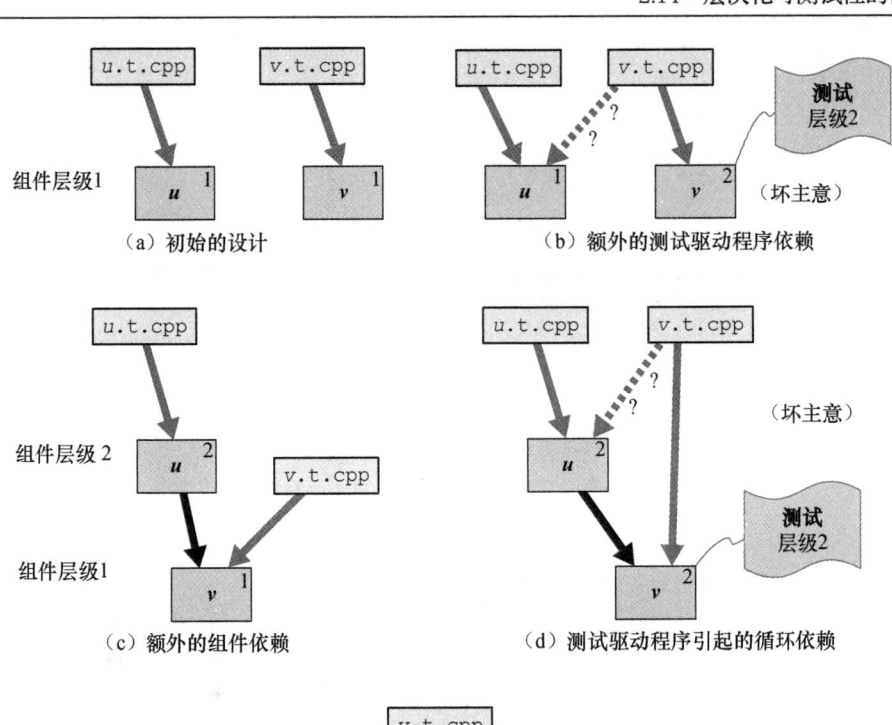

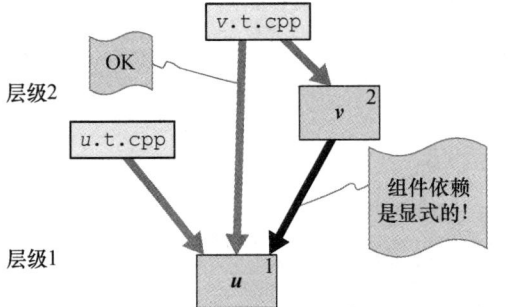

图 2-82 避免隐式的测试驱动程序引起的组件依赖

为了预防图 2-82b 中的情况恶化成图 2-82d 中的情况,我们要么返工 *v.t.cpp* 以重新建立图 2-82a 中的情况,要么使依赖显式(在 *v.cpp* 中带有#include <u.h>"假"指令[①]),导致图 2-82e 中的情况。

2.14.4 测试时的局部组件依赖的相对导入

根据图 2-83 中抽象概述的使用性质,给定组件测试驱动程序对同一包中的另一个组件的使用属于 3 个不同的类别之一。我们还在图 2-84 中提供了 3 个相应的具体示例。如图 2-84a 所示,odet::Time 在其接口(及其实现的实质内容)中公开使用了 odet::TimeInterval,这意味着

---

① 正如我们将在下文所述,当一句#include 仅用于测试目的时,我们通常会用以下注释的形式标记:

```
// v.cpp
// ...
    #include <u.h>   // for testing only (仅用于测试)
// ...
```

另见 3.3.6 节、卷 2 的 4.9 节和卷 3 的 8.6 节。

预处理器指令

```
#include <odet_timeinterval.h>
```

已经出现在组件 odet_time 的源代码中。因此，在 odet_time.t.cpp 中重复该指令没有问题。

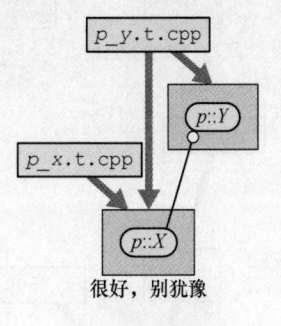

(a) **接口依赖** 如果定义在局部组件 *p_x* 中的类型 *p::X* 被用于受测试组件 *p_y* 的接口[1]中，我们知道，无论如何，组件 *p_y* 公然隐含着对 *p_x* 的物理依赖（1.9 节）。所以在 *p_y.t.cpp* 文件中包含 *p_x.h* 不用犹豫[2]

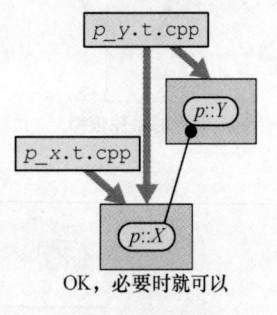

(b) **实现依赖** 如果类型 *p::X* 没有出现在组件 *p_y* 的接口中，但被直接且实质性地用于 *p_y* 的实现中，而且，我们认为，在 *p_y* 的测试驱动程序中使用 *p_x* 会大大便利测试工作，那么纯粹出于实践的原因，我们就可能会选择用 *p::X* 测试 *p_y*。我们完全清楚，如果组件 *p_y* 的后续重新实现不依赖组件 *p_x* 可能会使这一决策失效，从而导致完全重新实现一遍 *p_y.t.cpp*

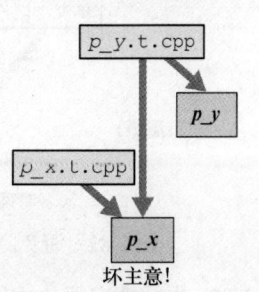

(c) **无直接依赖** 如果组件 *p_y* 不依赖组件 *p_x*（或者存在巧合的间接依赖），那么容许测试驱动程序 *p_y.t.cpp* 依赖 *p_x* 可能会有点麻烦。我们另有两种办法，一是返工这一测试驱动程序（图 2-82a），二是让这一依赖显式化（图 2-82e）

图 2-83　测试驱动程序中局部组件的抽象使用

　　假设 odlc::BitArray 被用于 odlc::Calendar 的实现中，如图 2-84b 所示。开发者可能出于某种原因选择不重新访问与 odlc_bitarray 关联的功能，而只是在 odlc_calendar 内部使用以验证它的正确性。尽管这种使用只是实现之中的，但是一种实质性的直接依赖，至少目前如此，因此它必须由以下指令建立：

```
#include <odlc_bitarray.h>
```

该指令要么位于 odlc_Calendar.h 中，要么位于 odlc_Calendar.cpp 中。因此，我们的方法允许 odlc_Calendar.t.cpp 效仿。但是，如果 odlc_calendar 的实现发生变化，不再依赖

---

[1] 当然，除非这种用途是专门为仅在名称上使用（In-Name-Only，1.7.5 节）设计的。

[2] 注意，组件接口隐含的任何使用都足以证明允许其测试驱动程序用作返工测试驱动程序的成本（在相对不可能发生接口更改的情况下）是微不足道的（例如，与必须返工整个客户代码库相比），在任何情况下，返工该组件的测试的成本都是有限的（仅限于这一个测试驱动程序）。在标准要高得多的情况下，假定传递式包含（2.6 节）就不是这样，即只有公共继承（Is-A）才允许客户组件忽略对（基类的）头文件的直接包含。

`odlc_bitarray`，那么我们的层次化可测试性的需求也需要返工测试驱动程序本身。

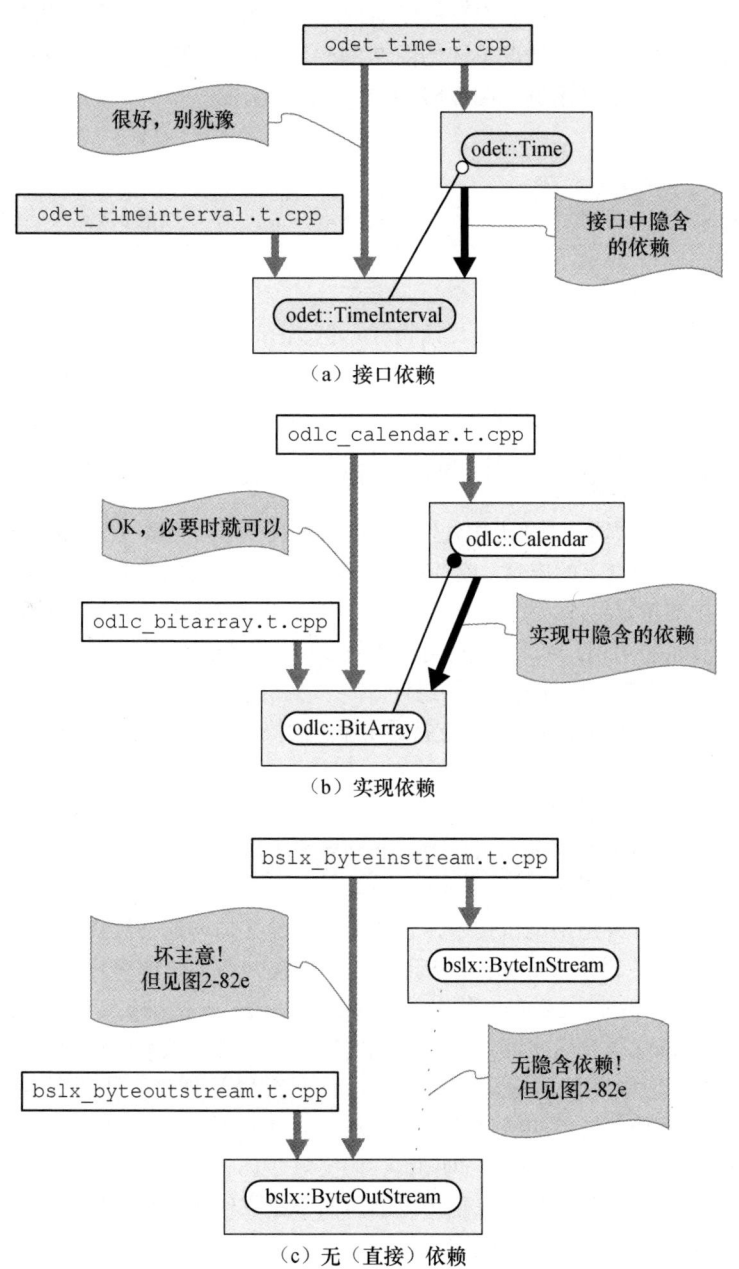

图 2-84　在测试驱动程序中使用局部组件的示例

　　考虑两个物理上独立，但语义上高度协同的组件，例如一对具体的编码器/解码器。与任何其他物理上独立的组件一样，这两者可以分别孤立测试。我们想确保第一个组件（编码器）的正常工作不依赖第二个组件（解码器）。之后我们还想测试第二个组件的正常工作亦不依赖第一个组件。

　　在独立测试了这两个组件之后，显然如果将这两个协同组件放在一起，测试可以做得更好。对于编码器/解码器对，这意味着还需要通过编码器运行大量生成的测试数据，然后再通过解码器，并验证最终结果输出是否与初始输入匹配（见卷3的8.6节）。

因此，在工程上，我们有时会容许测试驱动程序依赖另一个局部组件，即使受测试的组件实际上不需要依赖该组件。在这种情况下（如图2-84c），我们将通过引入如下#include指令来承担此微妙的隐含的不灵活性（示例见图2-82b）：

```
// bslx_byteinstream.cpp
// ...

#include <bslx_byteoutstream.h>  // for testing only（仅用于测试）

// ...
```

以使组件本身明确显示出这种有意的不灵活性（示例见图 2-82e）。[1]然后将相互测试放置在（现在）更高层级组件 bslx_byteinstream 的测试驱动程序中。通过这种方式，我们通过元数据驱动的自动化构建系统（见2.16节）确保不会有细微的测试驱动程序诱发的组件循环意外地进入包。

2.14.5　可容许的跨包的测试驱动程序依赖

当依赖其他包中的组件时，对"无额外依赖"的严格解释可以稍微放松。记住，包间的依赖被描述为对组中的其他包（2.9 节）的依赖，或者对于独立包则是对其他发布单元（2.8 节）的依赖，而不是依赖这些其他包中的特定组件。如果明确容许一个包 q 直接依赖另一个 p（无论出于什么原因），则包 p 中的所有组件都将可用。因此，我们可以使用 p 中的每个组件来测试 q 中的任何组件，即使 p 中的任何特定组件实际上都不依赖测试中的组件 q。

例如，考虑图 2-85 中显示的 xyza 包支持通用服务的协议（纯抽象接口）以及该服务的几个具体实现。[2]假设在 xyza_service 组件中定义了 xyza::Service 协议。xyza 包中还提供了此协议的几个具体实现，包括 xyza::TestService，该包专门用于促进使用 xyza::Service 协议的客户的测试。图 2-85 还显示了更高层级的 xyzb 包，该包定义了基本的"客户"组件，其中一些组件（如 xyzb::Client5）在接口中使用 xyza::Service。

卷 3 第 9 章讨论了一种通用测试技术，它与每个抽象接口一起持续提供一个插装的且易于控制的虚拟［dummy，又称模拟（mock）］实现，以便分解并帮助协调客户的有效测试。在这里，我们只需观察到，虽然 xyzb_client5 组件不需要来自 xyza_testservice 的任何代码来编译、连接或运行，但我们确实需要它来测试。由于我们对跨包边界的依赖的概念定义比较粗糙，因此不仅允许客户测试驱动程序使用分解测试实现，而且鼓励这样做！不需要使用仅用于测试的 #include 指令来明确跨包边界的组件依赖；但是，测试驱动程序对其他包中的组件的任何使用（这些组件的直接依赖未在元数据中得到明确认可）（见2.16 节）当然仍然是禁止的。

与包类似，包组的依赖被描述为在整个组上，而不是在组内的特定包或组件上。因此，我们毫不犹豫地在测试驱动程序中引入对低层级包组中的组件的新的实际依赖，前提是当前包组或孤立包的预期直接依赖已明确说明（在元数据中）。图 2-86 总结了包组中各种可容许的测试驱动程序依赖。

更一般地说，当组件位于聚合中时，必须明确说明该聚合可容许依赖的包络。该聚合中的所有组件和测试驱动程序共享相同的可容许依赖包络。因此，如果容许该聚合中的任何组件依赖外

---

① 注意，只要遵循我们的组件设计规则（2.6 节），并对在库软件的文件或命名空间作用域、或任何头文件（见卷 2 的 6.2 节）中声明的对象严格禁止运行时初始化。这些"不必要"的包含指令就不会影响最后编译出的翻译单元，也不会给已部署软件引入任何其他依赖（示例见 1.2.5 节的图 1-11）。

② 注意，就算纯抽象接口，也得配上恰当的组件级测试驱动程序（见卷 3 的 7.2 节和第 10 章）。

部架构显著的软件（组件、包、包组或不规整的发布单元），则该聚合中的每个组件和每个测试驱动程序都有权执行相同的操作。

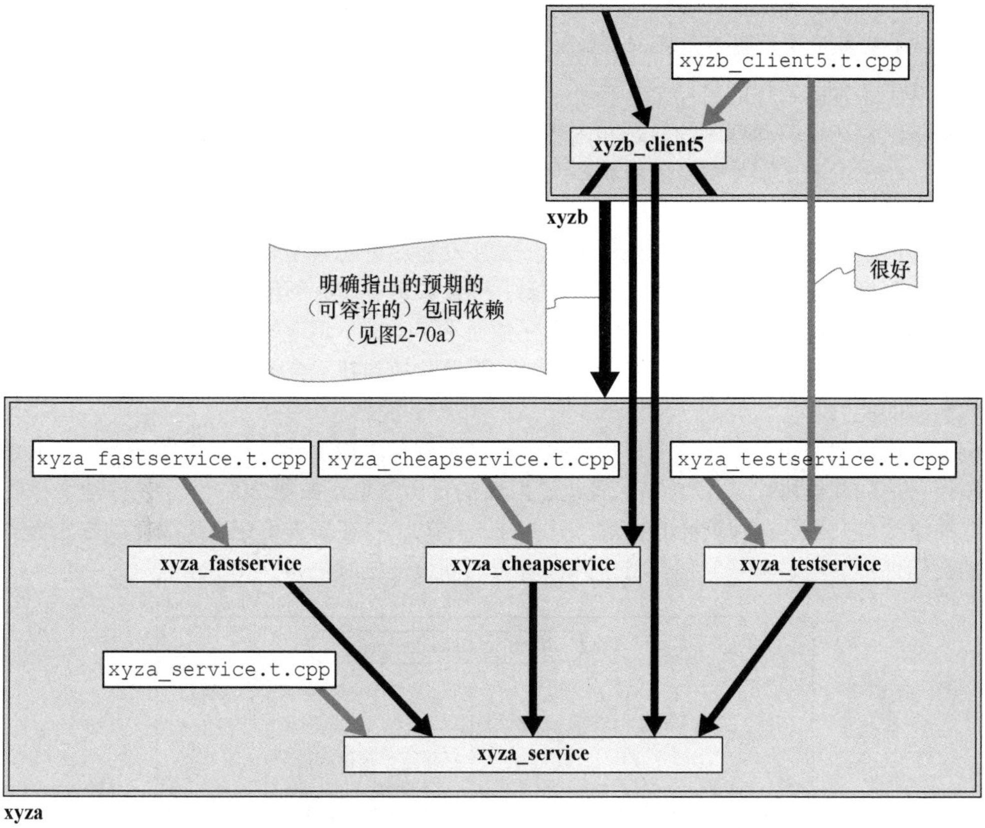

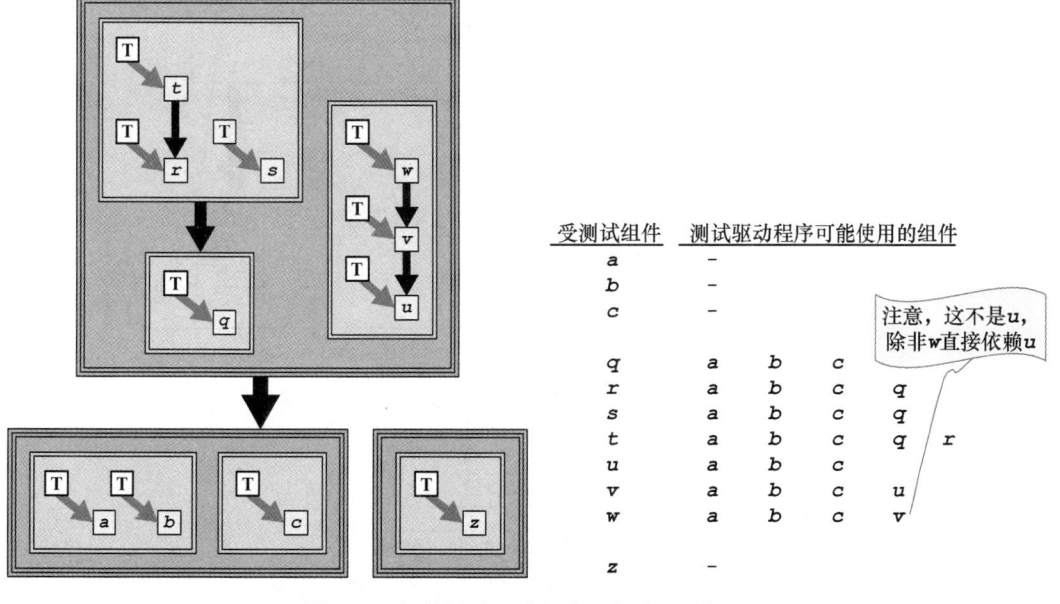

图 2-85　测试驱动程序可能依赖可容许包中的任何组件

受测试组件	测试驱动程序可能使用的组件				
a	-				
b	-				
c	-				
q	a	b	c		
r	a	b	c	q	
s	a	b	c	q	
t	a	b	c	q	r
u	a	b	c		
v	a	b	c	u	
w	a	b	c	v	
z	-				

注意，这不是u，除非w直接依赖u

图 2-86　组件测试驱动程序可容许依赖概况

2.14.6 尽量减少测试驱动程序对外部环境的依赖

设计规则 测试驱动程序对外部数据或其他设备的依赖不能超过受测试组件对它们的依赖，这些数据或设备不是我们支持的（可移植的）构建环境的明确组件。

开发基于组件的软件的目标之一在于，消除可能会阻止开发人员在各种不利环境下继续使用和积极维护组件测试驱动程序的问题和困难。即使在正常情况下，在运行时依赖外部资源的测试驱动程序（超出受测试组件本身的资源）通常比没有外部依赖的、完全自包含的测试驱动程序更难理解和维护。

现在考虑维护组件集合的复杂性，其中测试驱动程序可能需要对外部资源（如环境变量、数据文件、远程进程或永久存储）进行临时访问。开发人员不仅必须保持测试驱动程序与这些资源的交互，还必须保持资源本身的交互。这项任务通常不是微不足道的，并且很容易将阻碍我们的测试工作。此外，无法将一个或多个运行时测试资源移植到新平台可能会削弱我们在该平台上执行有效测试的能力。

例如，假设我们正在测试一个日历缓存组件（示例见 3.12.10 节），该组件在其构造函数的接口中使用日历加载器协议（1.7.5 节）按需获取新的日历信息，如图 2-87 所示。高速缓存使用协议（纯抽象接口）类是一种重要的技术（见 3.11.5.3 节），它在按需填充高速缓存的方式上实现了极大的灵活性；甚至避免了对任何特定外部资源的间接连接时依赖。

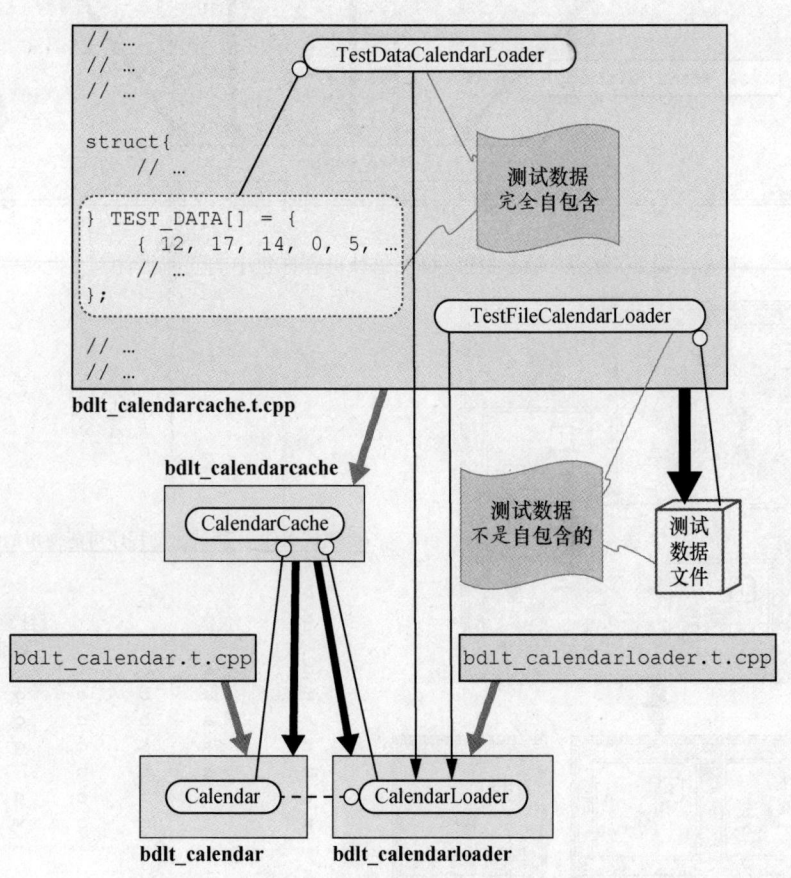

图 2-87 避免测试驱动程序对外部资源的额外依赖

鉴于我们有意分解了基于组件的子系统，以避免直接依赖任何特定数据源，我们还必须确保测试驱动程序（如日历缓存组件的测试驱动程序）不使用直接或间接依赖外部数据资源或任何其他不可移植环境设施的具体的"测试"实现（如 TestFileCalendarLoader）。相反，我们希望以可移植的方式恰当封装测试实现——无论是在客户测试驱动程序本身（如 TestDataCalendarLoader）中，还是在理想情况下在单独的可独立复用的组件 [如 bdlt_testcalendarloader（未显示）] 中，这是我们鼓励的，特别是对于广泛使用的协议（如用于内存分配的协议，见卷 2 的 4.4 节和 4.7 节至 4.10 节）。

根据我们的经验，手动维护和管理外部资源带来的负担会妨碍对组件级测试驱动程序的有效、一致的使用。开发人员被平凡的活动（如设置数据库权限或调度远程进程）所淹没。随着时间的推移，这些管理责任被忽视，设计不当（不规整）的测试方案不可避免地被废弃。

因此，我们认为不应依赖外部数据源（如平面文件或数据库）或组件本身已经依赖的外部资源之外的任何其他外部资源——无论它们模拟"真实世界"的程度如何，除非我们能够保证我们的测试驱动程序可以在所有受支持的平台上可靠地访问它们。

2.14.7 坚持统一（独立）的测试驱动程序调用接口

指导原则 每个测试驱动程序的调用接口应有一个定义明确的子集，这是整个企业的标准。

我们测试工作的一个重要目标是无缝集成在开发过程中使用的组件级测试驱动程序，从而形成一个自动化回归测试套件。我们将测试驱动程序组织为分离的、可独立运行的测试用例（见卷 3 的 10.2 节），以方便人的认知，并通过并行缩短测试时间。[1][2]

为了促进自动化，更不用说开发人员的可流转性（0.7 节），我们要求所有测试驱动程序都必须遵守一个通用的标准调用接口，以供回归测试机制使用。此接口必须足以运行测试程序实现的所有测试用例，并报告运行每个测试用例时遇到的错误数。

考虑以下标准调用接口的示例：

```
$ a.out [1..N] [...]
```

单个测试程序（a.out）支持 N 个测试用例，相关数字从 1 开始。运行测试程序时，如果测试用例编号超出有效测试范围，则返回标准负值（如-1），只有 0 是测试用例 N 的"别名"。否则，返回所遇到的非负错误数目（最高到某个由实现定义的最大值），其中，返回值 0 表示成功。给定此接口，任何回归机制都可以使用图 2-88 中所示的简单 Perl 代码来运行一套测试驱动程序。[3]

---

[1] 并行处理可以在固定大小的批次（如一次 10 个）中进行，或者在对数时间内确定可用测试用例的总数。

[2] 读者应该知道的是，如今，越来越多的人选择借助于测试驱动程序，以便一个可执行程序运行多个组件（如一个包或发布单元中的所有组件）的测试。这些驱动程序（如 Boost.Test 和 GTest）能够并行地运行测试。这种策略虽然缺点在于测试之间可能会导致全局状态损坏，但可以加快测试套件（test suite）的运行，因为它不用启动一个全新的进程，而只是分出一个新的线程。

[3] 图 2-88 中显示的 Perl 脚本（写于约 2006 年）仅供说明之用；彭博 BDE 团队的 Mike Giroux 对其进行了审查（约 2019 年）（之后这条脚本被精简以给这条脚注腾出空间）。我在 Silicon Design Labs（SDL）工作时创建了第 1 版（Shell?）脚本（约 1989 年），最终被明导科技收购。Perl 产品级的第 1 版（约 1997 年）由贝尔斯登 F.A.S.T.（金融分析和结构性交易，financial analytics and structured transactions）工作组的 Eugene Rodolphe 所作。彭博产品级第 1 版（约 2003 年）也是用 Perl（现在约 623 行）编写的，作者是 Peter Wainwright，曾是 BDE 的一员。Chen He 创建了第一个 Python 实现（约 2014 年），他也曾是 BDE 的一员。然后，BDE 的 Oleg Subbotin 把这一脚本的一个较稳健的版本产品化并公开（约 2015 年）；这一版本（**subbotin15**）在彭博的生产中已广为使用。

```
#!/usr/bin/perl -w
# ... 定义sub run ...
# ... 定义@components ...
foreach my $comp (@components) {
    my $total = 0;
    my $case  = 1;
    my $rc    = 0;
    do {
        $total += $rc;
        $rc = run($comp, $case);
        ++$case;
    } while ($rc >= 0);
}
# ...
```

图 2-88　用于整合测试驱动程序结果的普通 Perl 脚本

此类标准调用接口提供的统一性使驱动程序能够运行，而无须了解测试驱动程序或受测试组件的内部结构。虽然给定的测试程序出于开发目的可能具有特定的自定义设置（见卷 3 的 10.1 节），但这些参数的处理和解释不在标准调用接口范围内，因此在夜间（持续）回归测试期间，不能依赖这些参数来验证组件。换言之，测试驱动程序作者有责任在驱动程序本身中对最终验证其关联组件所需的适当默认输入和参数进行编码。

指导原则　在整个企业中，每个测试驱动程序的"用户体验"（理想情况下）应该是标准的。

总体而言，"用户体验"意味着开发人员将认为测试驱动程序的组织和操作或多或少都是统一的，并且独立于它们正在测试的特定组件级功能或开发它们的包。我们几十年来一直在使用的特定组织和面向开发人员的操作，以及继续倡导的组件级测试驱动程序，详见卷 3 第 10 章。通过坚持一致的布局和面向开发人员的接口，当开发人员从一个项目迁移到下一个项目，从一个开发组迁移到另一个开发组时，我们极大地促进了理解。

2.14.8　本节小结

总之，层次化测试需求的全部内容是确保我们编写的每个组件所依赖的所有组件都经过彻底的独立测试，然后再开始测试组件。有效测试和获得反馈的能力是工程的法宝，软件工程也不例外。为此，我们要求每个组件级测试驱动程序都完全专注于与其唯一关联的单个组件。鉴于每个组件级测试驱动程序都对其关联的组件有着完全的了解，因此每个此类测试驱动程序都在其外围的包目录中与该组件（具有相同的根名称）物理上共存。

测试驱动程序的依赖（例如外部数据库）若是逾越了受测试组件的依赖，就会破坏可移植性，因此应予以避免。对于包中的其他组件，内部依赖（如在受测试组件的接口中定义的依赖）并不令人担忧，而那些仅存在于实现中的依赖则应得到更仔细的考虑。另外，测试驱动程序对给定包中其他组件的依赖超过对受测试组件的依赖是完全不容许的；如果我们决定此类测试驱动程序依赖是有保证的，我们会通过适当注释的 #include 指令，在组件本身的 .cpp 文件中始终明确说明这种依赖。但是，容许的组件测试驱动程序对非局部实体的依赖程度较低，就像对组件本身的依赖一样。

开发人员须确保企业级构建系统能够测试每个组件。只有在我们坚持使用每个组件级测试驱动程序的调用接口的统一子集来彻底测试其相应组件时，这才成为可能。另外，我们希望建立一个标准组织，并对组件级测试驱动程序保持一致的外观和感觉，以便软件开发人员可以轻松地从一个开发项目或团队迁移到下一个开发项目或团队。

2.15　从开发到部署

在努力组织源代码以尽量减少自身的开发负担的同时，我们还必须确保团队能够以对所有潜在客户最便利的方式部署源代码。源代码在开发过程中的组织方式以及最终如何在我们所有支持的平台上部署到生产环境中，这些问题本质上是分开的。为了最大限度地提高部署软件的灵活性，这两个不同的问题决不能有不必要的耦合。在本节中，我们将讨论如何刻意将架构与任何后续部署的仅限实现的细节分开，以及这些部署细节如何以及为什么会显示出来。

我们必须预测，我们自己的专有库软件最终可能会比我们的应用客户可能使用的许多其他第三方库大得多。因此，我们将先发制人地将库软件分为适当大小的架构设计单元（2.2.20 节），而更高层级的库和应用客户都可以分别选择依赖这些单元。因此，我们要确保这些发布单元在结构上仅受其所包含的逻辑实体之间的关系（1.9 节）所隐含的固有物理依赖的约束，而不受基于其预期部署方式的权宜之计的约束。

2.15.1　不应在软件的灵活部署方面让步

设计规则	在 #include 组件头文件时，不允许使用相对路径名或绝对路径名（换言之，不带目录名）。

部署的完全灵活性要求的是可以从文件系统中的任何位置安装和使用我们的每个库发布单元。与许多流行库使用的自顶向下的目录组织形成鲜明对比，我们特意避免将根深蒂固的结构插入通用、可复用的库源代码中。此外，鉴于库发布单元是多个应用和其他库可能依赖的实体，我们希望可以按需部署发布单元，在任意包含目录里能够打乱头文件，在任意静态库里能够打乱目标文件。[①]只要在源代码中对开发目录结构有硬编码依赖，部署时就得用相同的结构，这会不必要地降低软件的灵活性，特别是，不再能够为部署目的而任意重新打包组件。

2.15.2　.h 和 .o 文件名的唯一性非常关键

为了避免使用硬编码的目录路径，确保企业范围内文件名的唯一性十分重要。若是头文件名不一定唯一，软件可能需要对 #include 指令（1.5.1 节）进行目录路径名限定，或使用（已过时）依赖实现的双引号（" "）语法。幸运的是，由于我们对组件的定义（2.6 节）及其相关命名法（2.4 节），每个组件的 .h 和相应的 .o 文件自然会在整个企业中都是唯一的（2.8 节至 2.10 节）。

2.15.3　在开发过程中软件组织会有所变化

具体的开发过程可能各有差异，如何在开发过程中访问软件以供自己使用可能会有所变化。作为一个典型的例子（现在主要是教学意义[②]），假设我们正在增强自己拥有的包组 xyz 的包 xyza 中的组件 xyz_foo。同一组中其他更高层级包中的组件可能已经在使用此组件，因此，在验证组件（以及包中的其他组件）之前，我们不希望通过中间更改影响这些组件。因此，在开发过程中，组内的高层级包不直接访问组件源，而是继续查找当前导出的 .h 和 .o 文件版本，这些版本分别位于各个包的 include 和 lib 目录中。当所有使用都完成时，包的新快照将被推送到这些目录。

---

① 在一个非常老（久已不再支持）的平台上，我们在可伸缩性上遇到了一定问题，我们得把一个大型企业的所有头文件并置到单个 include 目录；据我们所知，其他平台上都没有此类限制。

② 虽然我们在大规模软件开发过程中不再将软件部署在源代码目录结构，但我们强烈认为，本书的方法论绝不会排除这样做。

同样，有时我们可能需要对组内的各个包进行重大改动，完成后，可能对组内的外部客户几乎没有或根本没有实际影响，但在升级过程中会对他们造成干扰。一旦我们在组中再次拥有一组一致的包，成员包 include 目录中的每个头文件都将复制到组的单个 include 目录中，每个 .o 文件都被移动到 lib 目录下的单个组级静态库中。如果不能保证（至少在整个组作用域内）唯一的组件文件名，则在开发过程中不可能进行此类重新打包。显然，这种特定方法是简单的，绝不是构建基于组件的软件开发过程的唯一（甚至是最佳）方法；但是，我们认为，源代码组织不能先验地排除这种过程。

2.15.4 在全公司范围内让名称保持唯一有助于重构

随着时间的推移，选择将特定功能重新定位到不同（如较低层级）的发布单元（如以便更广泛地共享）的情况并不少见。[①]理想情况下，将创建一个新的组件，实现与原组件相同（或等效）的功能，但它有一个新的衔接的名称，指定其新的物理位置。然后，原组件将被弃用，并且在所有客户迁移到新组件（在一定数量的发行版本中）后，旧组件将被移除。

但是，在实践中，通常的多版本弃用过程有时并不可行。例如，当某个特定值或服务在函数接口中广泛使用时，几乎总是不希望有多个 C++ 类型（称为词汇类型）来表示它（见卷 2 的 4.4 节）。在这种情况下，可能需要移动定义此类型的组件且保持原样（不立即重命名），然后在稍后方便的时间（如在代码冻结期间）在所有已知客户中更改全局名称。如果一开始不能在所有的发布单元中保证唯一的文件名，这种临时重构技术将无法保证有效，因为源目录中的文件可能与目标目录中同名的文件冲突。同样，我们在开发过程中组织软件的方式不应排除这种（临时）实用的部署变通办法。

2.15.5 在构建过程中软件组织都可能有所变化

在构建过程中，可以访问和不可访问的内容甚至会有所变化。假设我们正在开发包 xyzb 中的组件 xyzb_bar，包 xyzb 依赖包组 xyz 中的包 xyza，并且我们要测试 xyzb_bar。一种方法是将整个包组构建为一个单个发布单元（通常的部署方式）并针对它构建测试驱动程序 xyzb_bar.t.cpp。但是，这样做可能会无意中容许测试驱动程序（甚至是组件本身）访问同一包组中较高层级包中的组件的 .h 或 .o 文件，从而容许未检测到的恶意依赖。事实上，这一问题甚至适用于对同一包中较高层级组件的依赖。

为了防止此类依赖错误，我们特意选择在组内分别构建每个较低层级的包。然后，我们提供当前包的局部视图，该视图仅含有当前组件被容许依赖的局部组件子集，该组件本身的 #include 指令定义了它所被容许依赖的局部组件，本身的意思是要故意排除测试驱动程序中的那些 #include 指令（2.14.3 节）。通过这种方式，我们可以毫无疑问地确保只有预期可用的组件才可访问。因此，重新打包库软件的能力可以用来促进稳健的构建和测试过程，这种过程确保内部物理依赖都是恰当的。

2.15.6 即使在正常情况下部署中仍需要灵活性

在例行部署到生产环境中时，库软件的使用形式通常与为开发和构建目的而组织的方式有很大不同。在开发方面，我们的主要目标之一是模块化；在生产方面，则是效率。在开发过程中，我们选择将软件组织为对应于每个包和发布单元的分离的库和 #include 目录。但是，在生产中，作为编译时优化，我们可以选择将所有专有头文件并置在一个 include 目录（或几个目录）中，从而最大限度地减少所需的 -I 规则的数量。[②]如果没有前面讨论的组件文件名的全公司唯一性，就不可能这样做。

---

① 这种重构也被称为降级（demotion），是一种层级划分技术（见 3.5.3 节）。

② 见 **lakos96**，7.6.1 节，第 519 页，图 7-21。

2.15.7　让定制化部署成为可能是灵活性之价值的重要体现

我们与特定客户关系的性质也可能在软件部署方式中发挥重要作用。对于内部使用场景，我们通常会暴露我们的库套件中的所有内容。对于有着特殊的业务关系的外部客户，我们可能会发现，对支持特定应用或其类别所需的庞大层次化库软件存储库，仅提供精选的子集是有利可图的。

迫使我们的客户重新创建我们庞大的、公司范围的、基于包组的目录结构，而仅仅为了接收这一潜在的稀疏子集可能不方便。考虑到这种定制化的分发，它可能会有用——要么仅仅是为了方便，要么甚至出于安全或法律原因将我们支持的整体功能的"薄片"重新打包成单个库（如 .a 或 .so）和单一头文件目录（*.h），如果组件名称在企业范围内不唯一，则无法重新打包。

2.15.8　头文件中风格化呈现的灵活性

出于某些实际原因，我们可能会为不同的客户部署不同的代码。例如，我们历来首选的注释风格是在声明下面直接缩进（如函数）合约：

```
bool isEven(int value);
    // 如果输入值是偶数则返回 true, 否则返回 false
```

近年来，工具的趋势很可能受到其他语言的影响，这些语言未能将纯粹的声明与定义分开（1.3.1 节），要期望记录函数合约的注释直接位于函数声明的上方，并与函数声明保持左对齐：

```
// 如果输入值是偶数则返回 true, 否则返回 false
bool isEven(int value);
```

呈现具有上面所示注释风格的头文件可能会成为某些客户的真正生产力提升者。然而，许多开发人员，特别是那些直接从源代码工作（因此不使用此类工具）的开发人员，倾向于我们喜欢的注释风格（而某些人不太喜欢）。无论我们最终选择如何部署库，我们自然会继续以自己习惯的方式进行开发，而且这确实是一个好的理由（见 2.15.3 节）。但是，坚持我们首选的开发风格并不妨碍我们以客户所需的任何等效形式部署我们的库。

2.15.9　库的部署方式不应架构显著

观察	开发过程中必须假定发布单元的粗细物理粒度（在架构上）通常超过软件部署后的粒度。

在设计可移植、可复用软件时，开发者必须谨慎地对目标平台或最终如何部署该软件进行假设，并为众所周知的最坏情况进行规划。因此，从架构角度来看，我们的设计就像每个发布单元都是原子的；换句话说，如果依赖一个发布单元，就必须考虑依赖此发布单元的一切的可能性。这些物理实体一旦部署，其实际粒度可能会因平台和技术的不同而大不相同。因此，在开发过程中使用的对物理粒度非常保守的假设通常比部署后实际实现的目标要粗粒度得多。

例如，当软件被构建为静态库（.a）时，通常只会将从 .a 中需要的单个目标文件提取到最终可执行文件中（1.2.4 节）。[①]另外，当将软件构建为动态库（.so）时，每个共享库中打包的所有代码通常都被按原子方式拖放到可执行文件中。因此，我们可能会选择根据库技术（如静态或动态）以及特定平台（如硬件、操作系统和编译器）进一步对部署的库进行划分。但是，我们选择部署软件的方式必须与它的架构保持分离。

---

① 事实上，在某些平台上，如果编译器设置得当，.o 文件中只有个别所需符号之定义会被纳入。

2.15.10　出于工程原因对已部署的软件进行划分

设计规则	仅用于部署目的的任何其他组织型划分都不能是架构显著的。

　　库可分为两种：架构型库和组织型库。架构型（architectural）库是一种发布单元，如包组（2.9 节），在概念上是不可分割的。但是，纯粹作为优化，发布和部署工程师可以选择将给定的发布单元划分为独立构建和发布的区域。这些区域与子包（2.11 节）非常相似，它们本质上是组织型（organizational）而不是架构型的；即它们是部署过程的实现细节。这些区域不能被明确地称为任何设计的一部分，因为它们通常不是唯一的，可能因平台或技术的变化而有所不同，并且可能会频繁地不告而变。

　　例如，假设有一个包组 xyz，它由 4 个大型包 xyza、xyzb、xyzc 和 xyzd 组成，如图 2-89 所示。进一步假设，根据经验，绝大多数客户只需要 xyza 和 xyzc 包（不需要 xyzb 或 xyzd）。对于静态库（.a），没有问题；只有包组 xyz 中所需的组件.o 文件将被纳入最终程序。但是，当使用典型的共享库技术进行部署时，所有 4 个包中的每个组件的.o 都将自动纳入正在运行的程序中。

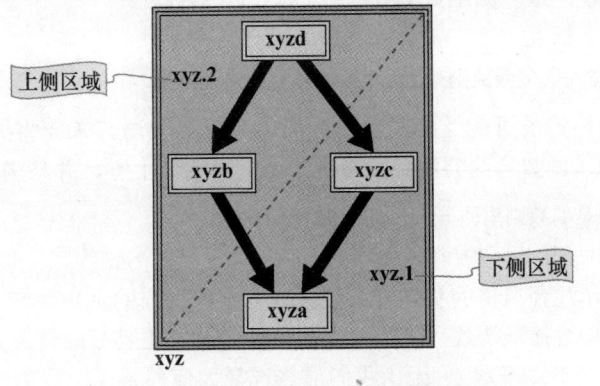

图 2-89　部署期间包组 xyz 的组织型划分

　　作为部署过程的一部分，构建和发布工程师可以选择将图 2-89 中的包组划分为两个（或更多）区域，例如划分为图 2-89 所示的 xyz.1 和 xyz.2。唯一的需求是，发布单元中的这些区域（即使在包中划分组件）可以划分层级：这样就可以用一个相邻的（见下文）唯一区域库序列代替一个代表整个发布单元的序列。即使这些区域库，如 xyz.1.so 和 xyz.2.so，作为独立命名的物理实体存在，[①]也不能架构上引用它们。只有通过使此类仅组织型的名称对构建系统是私有的，我们才可以在新的经验信息可用时（重新）优化我们部署的软件。

　　值得再次强调的是，在部署过程中由构建和发布工程师创建的组织型划分（根据定义）不是架构型的。特别是，我们决不能试图用此类组织型划分避免发布单元（它们在架构上也必然是原子的）之间的循环依赖或不必要的物理依赖。再次参考图 2-89，考虑孤立包 a_xml 依赖包组 xyz 中的包 xyza 的情形。假设我们后来发现，xyzd 可以通过依赖 a_xml 中实现的功能而受益，这将导致发布单元 xyz 和发布单元 a_xml 之间的循环物理依赖。正如我们在 2.2.24 节、2.4.10 节、2.8.2 节和 2.9.1 节中了解到的，这种循环物理依赖被明令禁止。

　　有人可能天真地认为，只要"声明允许包组 xyz 中的区域 xyz.2 依赖 a_xml，而允许 a_xml 只依赖包组 xyz 中的区域 xyz.1，并分别释放这两个区域"就可以简单地解决这个问题。内部连接命令可能如下所示：

---

① 回顾 2.2.12 节，我们能够以类似的方式对.cpp 文件进行划分，是因为组件中的.cpp 文件和库档案（.a）中的.o 文件都绝不会是架构显著的，后者尤其如此。

```
$ ld ... -lxyz.2 -la_XML -lxyz.1 ...  （坏主意）
```

但是，注意，外部静态库很不幸地驻留在单个架构型原子实体 xyz 的两个组织型区域之间。这种权宜之计尽管对外行来说听起来很有吸引力，但并不明智。

一旦我们容许发布单元的划分在架构上可访问，它们自然就不再是组织型的。我们在优化部署时就再也做不到只改变构成划分的内容而不影响架构的正确性，现在甚至都可能影响到构建的成功！正是组织型实体和架构型实体之间的这种差异使我们能够独立于开发架构来配置部署组织。无论多么有诱惑力，我们都必须抵制让纯组织型实体拥有架构型身份。在我们基于组件的开发方法中，具有架构显著性的物理实体必须只能是组件（2.5 节至 2.7 节）、包（2.8 节）、包组（2.9 节），当然，还有不基于组件的发布单元（2.12 节）。

2.15.11 出于业务原因对已部署的软件进行划分

稳定性也可能在部署策略中发挥重要作用。试想我们的基础设施中的某些架构型区域本来就很稳定，多年来没有变化。现在想象一下，新的相关功能正在积极开发中，它在逻辑上是该架构单元的一部分，但在分离的组件中实现。对当前库"版本"满意的客户不应该重建，甚至不应该被迫重新测试[①]，因为他们实际上并不依赖"附近"发生变化的东西。

任何新组件（即使它们逻辑上与给定发布单元中的其他稳定组件位于相同的包中）都必须（物理上）位于所有现有稳定软件之上。事实上，出于部署目的，构建和发布工程师可能选择在划分之前展平给定包组的所有包，这一展平完全基于组件级依赖，并以稳定性作为准则。

例如，考虑包组 xyz 中的初始包 xyza 和 xyzb，如图 2-90a 所示。此包组的客户目前使用的是 libxyz.a，其中一些客户不想（或负担不起）升级。现在，假设将两个新组件 xyza_comp3 和 xyzb_comp3 分别添加到包 xyza 和 xyzb 中，如图 2-90b 所示。与其变动当前部署的库 libxyz.a 以容纳新软件（影响其时间戳），我们可以部署另一个库 libxyz.1.a 以表示一个添加的软件区域。注意，这两个区域均可划分层级并不是巧合，因为已有的稳定软件必不能指向新添加的组件。

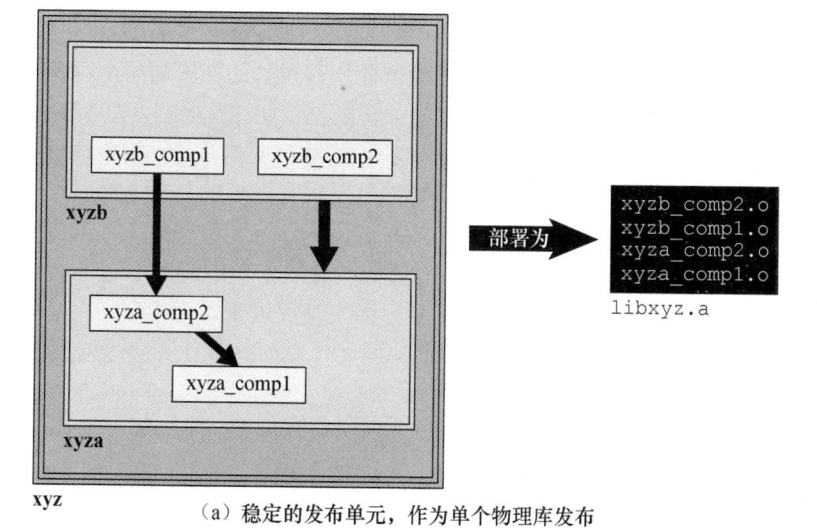

（a）稳定的发布单元，作为单个物理库发布

图 2-90 重新打包以实现跨越包边界的稳定性

---

① 例如，美国证券交易委员会（Securities and Exchange Commission，SEC）等政府机构可能会要求，只要库的时间戳发生变化，某些交易相关的软件就必须在指定的时间内重新测试。

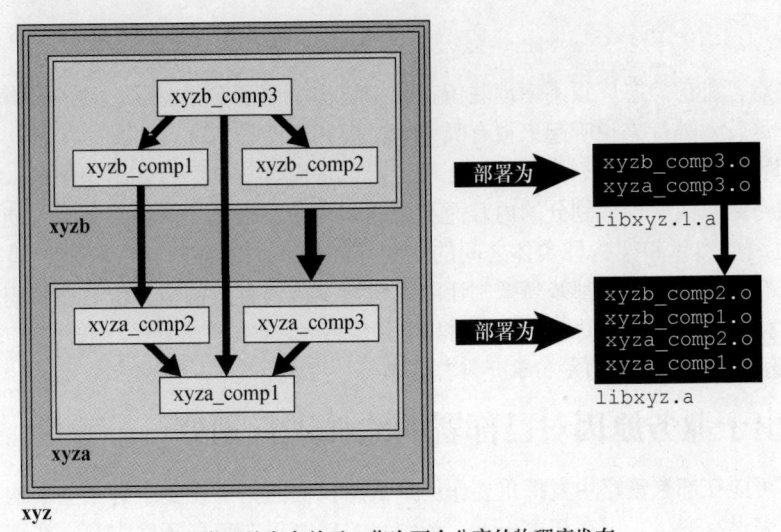

（b）增强的发布单元，作为两个分离的物理库发布

图 2-90　重新打包以实现跨越包边界的稳定性（续）

这里所用的划分是为了实现部署时绝对、无可辩驳的稳定性，这一划分照旧是完全组织型的，对正在开发中的软件的架构设计没有影响。当然，还有其他更传统的方法可以确保我们部署的软件的新版本不会打断现有客户，如组件级测试（见卷 3）。然而，通过将（架构上原子的）发布单元的稳定且积极开发的部分部署为分离的物理库，在某些特殊情况下，我们或许能够避免或至少推迟对库的更改，否则这些改变将造成不必要的干扰。

2.15.12　本节小结

一般来说，开发任务是架构型的，而部署任务是组织型的。健全的开发过程必须确保构建和发布工程师可以自由使用额外的随情境和时间变化的知识（涉及平台、构建目标和使用）来配置软件以使其所有客户都能获得最佳使用。但是，为了保持这种灵活性，开发人员既不能在 `#include` 指令中硬编码开发目录结构，也不能试图依赖短暂的部署制品，否则优化重新部署的能力将很快消失。同时，开发人员不应因特定的部署配置［如注释风格（2.15.8 节）］而放弃健全的开发实践。例如，Unix 手册页按以下的注释组织。函数声明是首行，简要地概括了故事；设计优良的声明通常就足够了，而且以注释领头（特别是左对齐风格的）会不当地混淆声明；由注释引用声明，而不是反过来。整个开发、构建和发布过程应该得到稳健的工具的支持，这些工具可以封装（并隐藏）组织型实体（其名称），从而使此类仅限部署的细节永远不会变得架构显著。但最重要的是，开发过程必须控制支持它的工具，而不是反过来。

2.16　元数据

本节作者：Thomas Marshall 和 Peter Wainwright

> 特别注意：本节中的观点由 Thomas Marshall 提出，由 Peter Wainwright 建议，他们是原来 BDE 团队的两名骨干成员。

架构元数据允许软件工程师定义代码库的设计意图。它可以由工具使用，用于验证或强制执行；可以由程序员阅读，以了解如何维护代码库。在项目开始时往往可以直接从代码中推断出其设计，但随着代码日渐复杂烦琐，很难记住所有细节。

架构元数据还允许提前规划。工程师可以在代码库完全构建之前，确定其各个部分之间的预期依赖和关系。随着项目的发展，元数据可以帮助维护结构完整性，并避免成本高昂的设计错误，这些错误发现得越晚修复起来越困难。

现在已有许多形式的打包和依赖元数据，但其中大多数主要是为了使用已发布的制品，而不是用来声明设计意图。我们在这里讨论的元数据可以被转换为后者，但其目的在于捕捉到与构建考量无关的架构意图。它还可以允许对发布单元的内部结构进行架构显著的声明，但不能反映在其构建方式中。

2.16.1 元数据即"法令"

有一点需要深刻理解的是，架构元数据是设计的输入，而非实现的结果。有些人可能认为，分析源代码就能得到对应的元数据，觉得元数据是可以"挖出来的"，实则不然。元数据是由开发人员编写的，并且正确性是由其"法令"（decree）的身份所保证的（除非方针工具或设计审查说并非如此）。换言之，如果元数据和代码相矛盾，一定是代码犯了错。

这种思维方式有两个有用的结果。如前所述，某段代码可能看似健全，没有明显的设计缺陷，但违反了代码库的架构意图。分析工具能发现这一点，因此元数据能够强制执行高层级设计抉择。虽然这乍看起来有些苛刻，但开发者是人，是人就可能犯错误，早点发现设计错误能让开发者快速更正代码，不至于等以后代价大了再后悔。因此，元数据是一种可以帮助开发人员在满足规约的同时保持生产率的高性价比方法。

不太明显的是，元数据允许开发人员声明意图或施加限制，这些意图和限制尚未反映在当前代码库中，但随着特性增加，这些意图和限制在设计上对将来的发布很重要。因此必须预防代码更改，即使这些代码在当前代码库的环境下设计得很好，但因为它们会给计划中的未来特性带来麻烦。换言之，架构元数据可以防止技术债加重项目负担，不让它有机会写进代码。

2.16.2 元数据的类型

架构元数据可以分为 4 种不同的类型：
（1）依赖层次；
（2）构建需求；
（3）实体 "清单"（成员元数据）；
（4）限制或增加标准规则的特定于企业的方针。
其中，只有依赖元数据是完完全全 100%架构型的。其他 3 种类型确实具有架构方面，但其分组更多地还是根据功能内聚性而不是"架构型"的严格定义。

2.16.2.1 依赖元数据

从实际工作中来看，依赖元数据是最重要的元数据类别。依赖元数据指定了同一聚合层级之间的可容许依赖：包内的组件、包组内的包、企业内的发布单元，以及大型代码库和/或使用多个开源软件项目的企业间代码库。

在最高层级的抽象中，"实体 A 依赖实体 B"的陈述表示层次图中有一条从 A 到 B 的边，没有其他含义了。这条边进而阻止了向依赖图中加入会招致循环的边，而这正是其定义目的。

在绝大多数情况下，"依赖"还意味着 A 中的所有代码都可以自由地访问 B 中的所有代码，但这不算定义，并且访问权必须作为分离的元数据条目被（逻辑上）授予。

这种似乎有些迂腐的手续也是有其实际意义的，原因有几个。一个原因是，在某些情况下可能会只想容许从 A 到 B 的部分访问权。举例而言，A 的客户可能希望 A 的一切都只能访问 B 中的某个包，因为 B 提供的其他功能被认为是有问题的，也许只能在单任务的上下文中运转，也有可能是其他原因。A 的客户也可能希望只有 A 的一部分能访问 B，但这种情况在实践中要少见得多。

最一般化的情况是，A 可以（逻辑上）指定一整个矩阵，A 中的每个组件都按相应的矩阵元素被授予或被拒绝授予对 B 中某组件的访问权。虽然现实中几乎从未碰到这种程度层级的需求，但为了包容所需的用例，比较简洁的做法是，实现此一般情况，然后仅在需要时才使用它。

注意，表示元数据的记号既能在典型情况下自然地给用户提供方便，又能在有需要的时候表达最一般的情况（见下文）。还要注意，在所有情况下，依赖元数据表示的都是客户的意图。（参阅后面关于方针元数据的部分，库提供者施加了类似限制。）

让图中的边与实际授予的代码访问权分离的另一个（也许不太明显的）原因是，库 A 的所有者可能希望通过工具强制某些库不能成为 A 的客户，例如库 B，即使这样会明确禁掉 A 对 B 的代码的访问权。在元数据中这种依赖禁戒（dependency prohibition）可以通过创建一条从库 A 到库 B 的边，或者将访问矩阵中的每个元素都标记成关闭来表达。事实上，这种选择正是健全设计的标志。

新库也可以作为这一特性的用例，A 的设计者知道 A 在层次中的位置，而他（还）不希望 A 的开发人员使用较低层级库中的某些代码或特性，现在他可以借由这一特性进行强制了。这一特性对某些人来说可能很多余，像在犯傻。但如上所述，元数据让工具"记住"开发人员作为人的可能（而且确实）会忘记的东西。在大型代码库中也有类似但有所不同的用例，当某些遗留代码在逐渐被弃用时，无代码访问权的依赖（这里称之为"虚依赖"）会强制开发人员不用废弃遗留代码中的"引诱物"，搭建起预想的层次。

1. 弱依赖

一些现有代码库可能因为在开发进行后才将预想的设计编码进元数据，已违反其设计了。即使依赖都已声明，但实质性重构可能要换一个新的组织，以至于会让一些已有的依赖失效。出于这些实践上的原因，我们可以使用"弱"依赖。

"弱"依赖是非法的，与一般（"强"）依赖形成的有向无环图相悖。设计优良的代码库中最好没有弱依赖。但是，当企业从其老旧的开发实践迁移到更有序的工程方法论（如本书所述）时，很有可能会出现这些依赖。

弱依赖的主要目的是注释"坏调用"的存在，把它们隔离在符号到符号的层级上，即使它们（通常）注释在发布单元一级。这反过来又允许有序的、区分优先级的补救，同时减少了开发人员要面对的延迟，因为工具会试图阻止一些最终会被允许的更改。

弱依赖比"祖父式"更好，在"祖父式"中，工具（静静地）识别出特定的非法的符号到符号的调用已经存在。简而言之，元数据中声明的弱依赖（及其符号到符号的规约）注释了问题并推迟了其修复，这一问题的修复可能代价非常高。

2. 不同聚合层级的依赖元数据

在上述对元数据的讨论中，我们重点关注发布单元之间的企业内依赖。这一层级的元数据对于任何规模的代码库都非常重要，不实现库级元数据是严重的工程缺陷。原因非常简单：在大型组织中，有许多（可能多达数千）发布单元可供潜在复用，让一个设计人员洞悉整个代码库并不总是可行，甚至是不可能的。企业级的依赖元数据给设计者提供了宝贵的信息，说明哪些"有用的"代码实际上可为正在开发中的发布单元所用。可能与之同等重要的是，依赖元数据常常能在开发过程的早期激励与发布单元的潜在客户进行设计上的探讨。这样的探讨可以为团队的设计抉择提供过去可能没有考虑到的信息（可能仅仅是看得不够远）。

尽管如此，注释在其他聚合层级的依赖也是健全的工程实践。对于包组型的库，我们强烈建议精确仿照库元数据的做法，在元数据中呈现组中包之间的依赖。不这么做，虽然问题比没有库元数据要少一点，但不是没有代价，（如果规模较小）原因和库是一样的：开发人员可以表达他们的设计意图，而工具可以强制执行这一意图，从而减少出现违反设计的错误的风险，以免日后不得不与之周旋，可能会付出惨痛的代价。

相同的论断适用于包级元数据，包中组件的层次也是明确指定的。实践中发现这种做法的成本效益不高。一个原因是，包的"设计者"往往离呈现近得多，因此错误的可能性较小。另一个原因是，由于规模较小，错误的代价也较低。不过，最有说服力的原因大概是，包内的组件间依赖比更高层级的聚合要灵活得多，也更加容易改动，特别是在开发刚开始时。组件中的包含指令是一种让每个组件指定直接依赖的自然机制（1.11 节的组件特性 4），从包中组件的#include 指令中，简单一分析就可以非常容易地提取其中的层次（1.11 节），因此局部组件依赖的"自我管理"（self-policing）实际上更具成本效益。

从另一个方向看（朝非常大的规模走），并且考虑到开源软件在我们的企业范围代码库中的使用越来越多，支持在元数据中界定企业级命名空间也会很有用。这一特性是必须的，因为在最一般的情况下，还是有库名重复的可能，例如我们自己企业的库和要用到的某个开源库重名了。因此，其他企业级命名空间中的库对应的元数据条目应加上其企业名称进行限定。这里给出一例（仅作例子用），SpiffyCode 企业中的 foo 库可能其条目形如 SpiffyCode::foo，这就可以避免与我们自己企业中的 foo 库发生冲突。注意，开源软件和其他第三方软件也需要构建元数据，这可以从其层次元数据中提取。

3. 关于依赖元数据的实现

正如我们已讨论过的，将依赖图中的边与（可能是细粒度的）授予代码访问权分离是元数据表达的一个重要特性。但我们还提到，绝大多数用例是，依赖同时也会授予对其代码的完全访问权。因此，在用面向人的接口进行元数据更新时，建议给那些仅仅表示"A 依赖 B"的请求/条目顺带授予代码的完全访问权，而不太常用的变体才需要明确其意图。

下面给出一个仅作演示用的例子，A 的元数据中 virtual:B 这样的条目指出存在从 A 到 B 的依赖，且没有代码访问权。这样的话，简简单单的条目里面只有 B 一个字母就表明最普通的用例，也就是 A 可以访问 B 中的所有代码。类似地，条目

```
B::foo
B::bar
```

表示 A 依赖 B，且 A 的一切内容只能访问 B 中的 foo 和 bar。

我们有相当大的自由度去呈现更复杂的依赖限制，可适应于组织内的各种用例。前文已提到，在组织中保持呈现的统一是有价值的，但不是硬性需求，只要大家都能以一种通用语言去理解其含义即可，如底层最一般化的（矩阵访问）表示。

2.16.2.2 构建需求元数据

构建软件本就是一项复杂的工程任务，对这些复杂性的讨论远远超出了本节的范围。本节我们仅简单地描述企业务必要维护的构建元数据（build metadata）的 3 种不同分类。每个发布单元必须有它自己的构建元数据。此外，在某些情况下，包组中的包也可以有自己的构建元数据，但这种情况并不常见，除非有其必要，否则最好避免；在这种情况下，需要很快就会变得明确。在下面的讨论中，我们将讨论发布单元级的元数据，我们的介绍很详细，读者可以很容易地将其进行推广。

1. 局部定义

局部构建定义指定了发布单元构建中各个平台、编译器和连接器所需的构建标志（build flag）

序列。它们（原则上）对于不参与该发布单元构建的构建工具是不可见的。

2．全局定义

全局构建定义指定了发布单元和任何客户代码构建中各个平台、编译器和连接器所需的构建标志序列。全局构建定义对此发布单元的所有潜在客户都可见。[①]

3．功能

功能元数据（capability metadata）是断言形式的声明，有肯定的也有否定的，注释了此发布单元支持和不支持的平台和构建类型组合。功能（类似于全局构建定义）对这一发布单元的所有潜在客户都可见。

全局定义和局部定义是用于生成实际构建的，而功能元数据的主要目的是供开发人员搜寻和注释呈现工具所用。

2.16.2.3 成员元数据

成员元数据（member metadata）对活跃的开发团队来说是一种非常有用的构件，它声明有哪些物理存在的实体是要被构建和测试工具处理的，哪些不要。开发人员可以在代码仍没完工时就将之检入（check into）本地开发存储库/分支，并根据需要开关新代码的可见性。例如，因为还都是 bug 的正在活跃开发中的代码会被忽略，所以报告每日构建问题的"仪表板"会显示一片让人舒心的绿色状态标志。这样减少状态报告工具中的"噪声"的机制可能会比想象中更有价值。

相反，产品存储库中的成员元数据肯定是净负值。在生产中，有两个不同的问题。首先，每次检入新代码时都必须手动更新成员元数据的注册表，这很容易出错。在绝大多数情况下，检入的代码是"正确的"而元数据是"错误的"。其次，还有一个复杂的问题，即分析工具（通常由开发人员临时启动）必须查询元数据，而不仅仅是检入代码，并且没有理由质疑存储库和元数据之间的任何差异。简而言之，对产品存储库而言，一个地方一个事实的原则比成员元数据可能承担的任何冗余检查更有价值。

2.16.2.4 企业特定的方针元数据

企业特定的方针元数据是一种安全阀，它来自"以一种尺寸符合所有"的规整性，这大多是健全工程实践的标志。依赖和构建元数据在所有开发环境中通常都是相关且熟悉的，但方针元数据可以表达对其他组织可能毫无意义的约束。

此类"局部有意义"元数据的一个示例是 OFFLINE ONLY（仅限离线）标签，该标签可能对组织外部的任何人都是完全神秘的，但该公司的每个开发人员都会认识到"离线"是一种生产中用到的可执行文件，这样标记的库可能不会连接到任何通常不被识别为"离线"的可执行文件中。（然后还需要标识不同类型的任务的元数据。）

方针元数据通常提供控制对源存储库的提交的断言（布尔谓词），通常适用于发布单元中的源代码提交，但也可以应用于该发布单元中的其他元数据，或引用作此声明的发布单元的元数据。反过来控制依赖元数据的方针元数据的一个示例是 PRIVATE DEPENDENCY（私有依赖）声明，以机械方式阻止任何潜在客户访问作此声明的发布单元中的代码。（有关此特定类型的方针元数据的细节，见下文。）

只要每个条目构成一个准则，可以明确地评估存储库的每次提交的正误，方针元数据的内容就几乎是无界限的。因此，从依赖元数据是架构型的意义上讲，方针元数据可能是但不需要是"架构型的"。（不带解释且有意晦涩的）方针元数据标志有下面一些示例：

---

① 注意，大家对 C++20 的新语言特性之模块已期待已久，这一特性一定需要对其元数据进行某种形式的编码，以使得客户编译器能够在不同翻译单元之间统一地构建内联函数和函数模板，这里的统一意味着采用相同的（如断言级）构建选项。

BUSINESS LOGIC LEVEL（业务逻辑层级）

G++ WARNINGS ARE FATAL（将 G++警告视为致命的）

GCC WARNINGS ARE FATAL（将 GCC 警告视为致命的）

GUI LIBRARY（图形用户界面库）

INITIALIZATION UOR（初始化发布单元）

NO NEW DEPENDENCIES（不再有新的依赖）

NO NEW FILES（不再有新的文件）

OFFLINE ONLY（仅限离线）

PRIVATE DEPENDENCY（私有依赖）

RAPID BUILD（迅捷构建）

SCREEN LIBRARY（屏幕库）

STRAIGHT THROUGH（直通）

注意，尽管我们并不主张"晦涩的"元数据标志，但大型企业中确实可能会出现对极为特定方针的需求，偶尔在代码库中的一小块地方出现。只要工具可以在每一上下文中正确处理各个标志，大可在企业文化加入这么一条，如果你不理解某个方针元数据标志，大概率不用为之担忧，这是可以接受的（即使这明显不是最佳的）。其他选择当然也可以。

私有依赖的方针元数据

方针元数据和依赖元数据之间的主要区别在于，依赖元数据表示的是客户的愿望和意图（受机械策略实现的约束），而方针元数据表示的是提供依赖的库的开发者的设计意图。因此，可以（且应该如此）用类似于描述依赖元数据的粒度概念来实现 PRIVATE DEPENDENCY 的方针元数据标志。这种粒度能够构建出真正私有的"实现"包（必要的话，组件也可以），其意图是让库外的任何东西绝对不能使用该实现软件。相较于这一使用与较软的情况形成鲜明对比：元数据标志意在引发潜在客户和库开发者之间的讨论；成功的讨论后，手动推翻禁戒是可以的。

2.16.3　元数据的呈现

架构元数据可以以各种方式呈现，没有严格的需求和统一的呈现格式。但是，有这么一个要求，所有工具感知所有元数据都好像它们是统一呈现的一般，无论这些工具是否是面向开发人员的。这一需求反过来又偏好企业范围的统一呈现，可以让工具简单、易于维护和扩展是显然的原因。

但是，重要的是，架构元数据必须与严格的构建元数据分离定义，因为后者必须定义如何进行构建，以及如何生成构建，而前者是必须由开发人员编写的意图的声明。如上所述，构建元数据可以含有非架构型的细节，而不应含有尚未在实现中反映的预想依赖。考虑到这些原因，别弄混它们。

我们首选的呈现方式是将每种类型的元数据各放在各的文本文件中，并与其所管辖的实体并置。这样，逻辑-物理内聚的概念不仅延伸到代码，还延伸到描述代码的元数据。由于每个文件的语法都很少且特定，对文件改动的验证实现起来也简单了。因此，任何含有包的代码（并以包命名）的源代码存储库都将包含一个名为 package 的目录，其中放着元数据文件（2.8 节）。（注意，无论该包是包组的一部分还是它自己就是发布单元，都遵循这一约定。）同样的，每个包组都有一个名为 group 的目录，其中包含该发布单元的元数据文件（2.9 节）。

对这些文件（如 group 目录中的），我们的首选命名约定是以实体（如包组）的名称作根名称，并给不同的元数据文件不同的文件类型扩展名。例如，我们将.dep 文件类型用于依赖元数据文件，将.mem 文件类型用于成员元数据文件。在这两个文件中，格式是每行输入一个条目（依赖或成员），按字母顺序排列。

虚依赖和弱依赖的条目分别以 `virtual:` 和 `weak:` 作为前缀，并按字母顺序分离地排列在正常（或"强"）依赖之后。

2.16.4 本节小结

总之，软件元数据与元数据所描述的代码一样是工程作业的产品；元数据由开发人员编写，并且明确是无法从代码中挖出来的。元数据以紧凑的形式捕捉到设计、策略和构建方面的意图和需求，这一形式对于人和工具都可读，多种多样的工具会强制并作用于元数据中的设计规则。对于大型代码库，无论是在日常开发人员的生产率和还是在保持软件资产的价值方面，元数据相对较小的成本都可以带来巨大的价值。

迄今介绍的各种元数据中，最重要的当属依赖元数据。它确保了设计中不存在循环，这对于开发者的理解和测试十分关键。大型组织中各开发团队之间可能无法日常协作互动，而依赖元数据可促进他们对设计想法进行交流。

依赖元数据让客户可以准确指定他们想要（和不想要）的依赖，粒度随其所愿，并有工具可以强制保证他们的意图。

方针元数据让组织能够在各规模上集成其特定需求，大到企业的全局范围，小到小团队的狭小范围，小团队的需求可能与企业整体的需求有所不同。

方针元数据采用布尔谓词的形式，企业中的所有代码都必须满足它。不过，上文已经提到，每一方针可能只适用于任意少量的代码。方针元数据的一个关键示例是显式规约一个库的公共部分和私有部分。

构建元数据可以部分地从依赖和方针元数据（不是从代码）中机械地提取出来，也可以通过手动维护条目充实。最终的结果是，即使代码不规整、有些问题，完全自动化的构建工具也能以不低的概率构建成功。

> **Tom Marshall** 是我在 2001 年 12 月加入彭博后（从我的前一家公司贝尔斯登）雇用的第一个员工。Tom 最初（从 2001 年到 2005 年）在 BDE 团队担任高级开发人员，随后创立并领导了软件基础设施（software infrastructure，SI）架构办公室（Architecture Office，AO）。AO 为支持彭博（专业）终端的软件协调物理结构、实现现有过程，并帮助设计有助于管理彭博终端的新方针。在 Tom 的领导下，他的团队管理好离散软件实体之间的物理依赖，并协助开发人员进行新库和现有库的创建、重新组织和重构。另外，Tom 开发了大量软件工具，供 AO 及其客户对层次进行分析、维护和改进，重整结构/重构生产代码并促进常规操作。当然，AO 的使命中有相当大的教育成分：正式的培训和非正式的协作和咨询。

> **Peter Wainwright** 约 2003 年加入了 BDE 团队，是其第一位工具开发人员。Peter 根据本章的基本思想设计了一个数据模型（由多种文件格式组成），同时还设计了一套模块化工具来使用它们，使开发者能够轻松地捕捉、表达和利用这些语言之外的信息（现在我们统称之为元数据）所描绘的物理特性。Peter 是公认的 Perl 专家、技术主讲人（如 C++ 和物理设计方面），而且写了好几本书（如 *Pro Apache* 和 *Pro Perl*，均由 Apress 出版），他接着实现了第一批验证工具来规约 C++ 组件和包之间的关系，此后不断发展成如今我们基于组件的开发过程。后来，Peter 成为 SI 构建和部署团队的领导者，负责监督开发环境的转变，拥抱先进的源代码控制、静态分析、代码质量评估和验证，以及可复现的构建。另外，Peter 继续开发先进的技术和培训内容，以在彭博的软件开发者社区里推广最佳实践和有效的开发者工作流程。

2.17 小结

2.1 节小结

软件的结构组织是任何设计讨论的前提。就像编译后的代码的格式与它所包含的功能无关一样，（我们觉得）我们专有源代码的物理组织也应如此。在本书的方法论中，绝大多数代码库（code base）都放在库（library）中，而不是和某个应用难以分割地捆在一起。因此，必须将专有库划分为分离的架构模块，每个模块都可以独立发布。我们还承认，本书中这种（基于组件的）方法并不是唯一的方法；因此，我们必须允许与遗留软件以及经过深思熟虑选择的开源库和第三方库集成。

2.2 节小结

物理依赖和物理聚合是物理层次的两个重要考量。组件是物理聚合的最小单元。然而，单靠组件并不足以进行大规模的开发工作。物理谱最外面的层级是发布单元。每个连续层级的物理聚合都能以统一的抽象层级将可管理但不过量的内容集合在一起。每个发布单元的名称，就像每个（非附属）库组件的名称一样，都从发布单元外部可见。我们称这些全局可见的实体是架构显著的。本书的方法论要求任何架构显著实体的名称在全企业中都是唯一的。

对分离发布的（物理）模块，跨它们边界的依赖是架构型的，不是组织型的。虽然物理依赖对程序的最终用户来说可能是一个实现细节，但从试图构建它的应用开发人员的角度来看，情况并非如此。为了组装程序，构建系统必须了解所有这些依赖以及它们所应用的所有物理实体。任何这样明确说明的依赖必须始终是无环的。

物理依赖是任何物理聚合层级设计的一个重要方面（见 2.2.17 节的图 2-9）。虽然聚合中组件之间的依赖直接从嵌入在该组件（但不是其测试驱动程序）中的#include 指令推断出来，但在任何编码开始之前，应在元数据（2.16 节）中说明每个连续聚合层级的预期依赖的包络。这些可容许依赖将成为物理设计规约的一部分，在开发过程中将遵循这些规约，并随后验证。

保持物理聚合深度的统一是我们开发过程的一个重要方面。尽管可以构造出任意层级数的聚合，但我们的经验表明，即使是最大的库发布单元，两到三个层级也足矣。将架构显著的聚合控制在最多3级，可以强制一定程度的平衡和规划，且这种程度是合宜的；经验表明，这足够支持数千万行源代码的开发工作。对于较大的子系统，我们只需采用多个发布单元，并分别表示它们之间的物理关系。

2.3 节小结

库软件应该是模块化的，以便将客户与实现其功能的低层级设计决策隔离开。但为了让我们的软件行之有理，逻辑封装必须反映物理现实。因此，有效的模块化要求逻辑设计和物理设计在架构聚合的每一层级上都吻合，我们将这一特性称为逻辑和物理的连贯。

逻辑和物理上连贯的设计可确保架构显著的物理聚合所展现的每个逻辑构件的直接实现都在该物理模块之内。之后，模块也可以按照可容许依赖委托给其他（低层级）物理单元。这样，我们就可以实现逻辑和物理封装吻合的库软件的层次化模块单元。

2.4 节小结

本书将包定义为大于组件的发布单元中全局可见的最低层级物理聚合。由于包是架构显著的，因此每个库包的名称都必须唯一。以前，我们使用包前缀将所有全局逻辑构件和组件文件名与它们所在的包相关联。现在，一致使用包级命名空间和包前缀的目的相同，所有基于组件的源代码都位于一个企业级命名空间中。

拥有唯一的包前缀和命名空间非常重要，这不仅是避免冲突的一种手段，也是一种在企业物理层次中定位软件的系统性方法。在我们看来，坚持由个人或工具（仅从客户使用的角度）立即识别定义我们专有库中任何逻辑构件的源文件是语法上微不足道的机械的事情,这对于有效组织任意大规模软件至关重要。

组件文件与组件本身有着相同的根名称。每个组件都位于包中,其名称以该包的名称作为前缀。因此,每个组件的名称(及其所包含的文件的名称)与包名本身一样,在整个企业中都是唯一的。为了使软件的逻辑单元和物理单元在名称上衔接,我们的软件中定义的每个全局逻辑实体都应该在名称上毫不含糊地与构成较大架构单元的一个组件相关联。每个打包的组件名称上都与唯一的发布单元关联。我们将这种系统的名称关联称为逻辑名称和物理名称的衔接。

能够从使用中直接知道逻辑构件在何处实现有助于对代码库的了解和维护。例如,只需查看 bdlt::Date 类的使用,我们就可以轻松推断存在两个组件文件,分别名为 bdlt_date.h 和 bdlt_date.cpp,并且这些文件位于 bdl 包组的 bdlt 包中。考虑到包组的位置就那么几个且广为人知,因此对人和工具来说,查找这些文件及其包含的逻辑定义是微不足道的。

为了在组件层级实现全面的逻辑和物理内聚,我们还要求,除了运算符(以及类似运算符的切面函数,如 swap),在包级命名空间作用域内定义的组件中每个逻辑构件的小写名称都以定义组件的基名作为前缀(见 2.4.9 节的图 2-22)。宏名称(全大写)不受包级命名空间的作用域限制,需要将组件的整个大写名称作为前缀。

为了减少混乱,我们进一步要求在包级命名空间作用域中只定义类、结构体和自由运算符(或切面)函数。特别是,我们始终如一地将自由(非成员)函数作为结构体的静态成员来实现。在组件中定义的任何自由运算符(或切面)函数必须至少有一个参数,该参数的类型在同一组件中定义(见 2.4.9 节的图 2-26)。

包前缀和命名空间不仅仅是命名约定,它们反映了物理架构的现实。为了促进对构成我们系统的各个部分的有序、层次化和增量理解,我们禁止包间的循环物理依赖,这是一个比仅仅禁止其组件之间的循环依赖更强的条件。也就是说,给定无环依赖的组件集合,将这些组件分配给随意的包通常不可能不给包间依赖引入循环(见 2.4.10 节的图 2-29)。

大量使用 using 指令和声明不利于名称上的衔接,妨碍可读性,从而影响可理解性和可维护性。在组件的 .h 或 .cpp 中使用 #include 指令之前,函数作用域之外任何对 using 的使用都可能导致对包含顺序的依赖。因此,我们要求在组件中 using 的使用(声明比指令更好)仅限于单个函数的主体,并建议将其保留用于真正特殊的情况(如 std::function 或局部启用 ADL)。为了切实地避免 using,我们必须让所有包名足够短,如 std。

如果未能对专有软件实现衔接的逻辑命名和物理命名,物理设计就会与逻辑意图相偏离,继而不再强化逻辑意图,最终会降低它的作用。而且,缺乏连贯的逻辑命名和物理命名阻碍了人类的认知;我们再也不能将设计的逻辑和物理方面称为单一的连贯实体了。此外,我们创建有效开发和分析工具等的能力也将被削弱。在实践中,实现名称上的衔接将导致更好的逻辑/物理连贯性,这反过来又会促进我们对软件进行推理的能力。

但是,满足这些额外的命名约束给库开发人员带来了额外的负担,因为将逻辑实体从一个物理位置移到另一处必然需要客户返工其代码。好消息是,这种方法允许在一段时间内进行重构,因为一个实体的两个版本可以在同一版本的库中的不同架构位置共存。

2.5 节小结

组件(见 2.5 节的图 2-35)是逻辑设计和物理设计的基本单元,需要满足一套内聚组件设计规则,同时解决各种其他问题,有时是相互竞争的问题。然而,为了使人类的理解达到最大程度,非常希望尽可能统一地组织各组件的内容。许多组织是可行的。图 2-36(2.5 节)提供了一个示意图,说明我们如何在组件中一致排列最高层级内容。注意,除企业范围命名空间和立即嵌套的包级命名空间，我们有意避免使用其他命名空间，这（巧合地）有助于源代码呈现。还要注意，我们有意避免在声明自由运算符（和切面）函数的包级命名空间中定义它们，从而在编译时必然可检测到相应的声明和定义之间的意外不匹配。

2.6 节小结

本书基于组件的设计规则（如组件内容的最高层级排列）与学科领域无关。每个组件有一个 .h 文件和（至少）一个 .cpp 文件。这些头文件和实现文件有着相同的根名称，它们一起满足以下 4 个基础特性。

- 组件特性 1：.cpp 文件包含自己的 .h 文件作为第一行实质性（非注释或与源代码控制相关的）代码，即使该 .cpp 文件是空的。
- 组件特性 2：在 .cpp 文件中定义的每个外连结型构件，如果在组件外部未呈现（或在效果上呈现，如通过私有类，2.7.3 节）为不可见的，则必须在 .h 文件中声明。
- 组件特性 3：在组件头文件中声明的每个外绑结或双绑结型的构件，绝不在这一组件之外定义；对于外绑结型（或在效果上是外绑结型，如通过使用 extern 模板，1.3.16 节）构件，其定义位于 .cpp 文件中。
- 组件特性 4：在组件中定义的任何功能只能通过 #include 声明了该功能的头文件访问，而不能通过局部声明访问。

除了定义 main 的文件，我们编写的每个逻辑构件都位于组件中。我们所有的组件都有唯一且可预测的保护符：INCLUDED_PACKAGE_COMPONENTBASE。为了促进将导出的接口（和合约）与任何实现选择分离，我们故意避免在头文件的类作用域内定义内联函数实体。进一步确保自由函数和函数模板定义位于声明它们的包级命名空间之外，可以免费提供大量的编译时一致性检查。组件中文件/命名空间作用域静态对象的运行时初始化是不被允许的。

每个组件头文件都必须可孤立编译，虽然在组件头文件内应尽量不包含其他头文件（如通过局部类声明），但不能使用不适当的传递式包含（见下文）。为了确保编译的自给自足，需要在头文件中包含另一个头文件的 5 个常见案例是：Is-A、Has-A、内联、Enum 和 typedef（见 2.6 节的图 2-41）。还有一些其他边缘案例（如协变返回类型），但这些案例在实践中很少发生。

无论何时使用翻译单元外部定义的逻辑实体，我们都必须确保直接 #include 相应的头文件，而不是依靠我们可能已经包含的其他头文件做这件事（有时称为传递式包含）——唯一的例外是公共继承的基类（见 2.6 节的图 2-43），因为其依赖是固有的。一开始可能是一个 Has-A 或内联使用给定类型的实现，其中每个类型都要求其头文件的嵌套包含，但很容易被返工为不对该类型强加编译时依赖并移除嵌套包含的实现。

即使在函数接口中使用了类型，如果不是初等类型（见 3.2.7 节），该函数可能会升级（见 3.5.2 节）到更高的层级，从而可能不需要组件包含定义所需（传递式包含）类型的组件。除非其逻辑含义既是固有的，也是实质性的（Is-A），否则我们必须使用 #include 指令，明确我们自己的直接、独立的物理需求。

组件之间的循环物理依赖是不被允许的。我们还要求逻辑封装和物理封装吻合。因此，对任何逻辑实体（如类）的私有细节的访问权不会超出实现该逻辑实体的物理模块（组件）的边界。特别是，不能将某一类型的友元授予定义此类型的组件之外的逻辑实体。（受保护访问权也有类似的问题，这也是一般应避免的。）

鉴于我们希望促进细粒度的层次化复用（0.4 节），我们努力为每个组件提供一个（公共）层级，除非有令人信服的工程理由不这样做。到目前为止，友元是并置外部可访问的类的最常见的原因。相互间循环依赖几乎总是没有必要；3.3.1 节讨论了并置的另外两个偶然理由。

2.7 节小结

组件私有类（或结构体）是在包级命名空间作用域定义，但不能直接从定义它的组件外部使用的类（或结构体）。尽管 C++语言本身有实现此目标的机制（如私有嵌套类），但我们发现它们通常不是最优的（见 2.7.3 节的图 2-53）。我们避免在父类的词法作用域内定义嵌套类，实际上通常避免完全声明嵌套类。

按照约定，本书中，一个名称中带有下划线的逻辑实体表示它是定义它的组件的局部实体。2.7.5 节的图 2-56 介绍了使用这种非正统"下划线"方法的实际优势。

在极少数情况下，我们发现让整个组件私有于一个组件层次（在包中）是合适的。附属组件是名称中有额外下划线的组件，并且（纯粹依照约定）不能直接#include，除非另一个组件（在同一包中）的名称是该组件的正确前缀。

2.8 节小结

任何实质性的软件开发都要有大于组件的物理设计单元。包是架构显著的聚合的第二层级。按本书的方法论，组件都放在某个包里。包的目的在于将大量语义相关的、有着相同物理依赖包络的功能联合起来，从而可以抽象地引用并有效地维护。这些较大物理实体会自然反映出其中软件的逻辑结构，连创建这一软件的组织的逻辑结构也会不可避免地反映出来。

规整包是被组织成一个物理内聚单元的组件的集合。在设计优良的包中，组件服务于一个共同的目标，并且自然地有着相同的物理依赖包络。每个规整包的物理结构都是相同的，无论它是否是更大发布单元（包组）的一部分。

我们将规整包的源代码组织到与该包同名的目录的文件系统中，其中有构成该包的组件的源文件和一些特别的子目录（见 2.8.1 节的图 2-58）。注意，独立组件级测试驱动程序的实现文件与其要测试的相应组件的文件并排放在一起。

要称某某组件"相似"，必然需要分析各组件依赖什么（1.9 节），这也是很重要的。Depend-On 这一简短的标签，虽说经常看着很晦涩，但总是可见的，很快就会指代在它们所表示的组件之间共同的逻辑和物理的特征及属性，有时甚至会与组件名自身的语义值相当（见 2.8.4 节的图 2-66）。我们方法论的这一特性历经数十年经验佐证，在实践中十分有用。

2.9 节小结

将物理依赖类似的逻辑相关组件妥当地并置到较大的离散物理单元中，可以使软件更易于理解和推理。然而，即使有了包提供的结构，也还是不足以应付真正的大规模开发工作。于是，我们引入包组——被组织成一个物理内聚单元的包的集合——作为架构显著的物理聚合的第三（也是最高）层级。

包组与孤立包一样，构成了发布单元的基础；因此，每个包组的名称在整个企业中必须是唯一的。如果包组中的任何文件包含来自另一发布单元的头文件，则包组直接依赖这一发布单元。甚至比包更重要的是，表征包组的主要准则是所有组成包必须订阅的可容许依赖的包络。必须在元数据［如在组目录结构中的 group 子目录（见 2.9.1 节的图 2-67）］中明确说明整个组可容许依赖的预期包络。不允许涉及包组和其他发布单元的循环物理依赖。

包组至少有两个重要用途。第一个重要用途是提供可见的内部边界，开发人员可以使用这些边界对被充分理解的、内聚的大型库子系统进行划分。成熟的包组可以包含几十万行源代码（不包括测试驱动程序）。随着包组的成熟，内部包及其明确说明的依赖形成了架构蓝图。在编写可复用的基础设施时，包使我们能够为我们最终计划创建的各个相关组件套件预留出空间（见 2.9.3 节的图 2-72）。使用包还可以更轻松地查找具有相关功能的组件。但是，我们必须防止自身不能自己地创建过于具体的包（和包组）。通过仔细描述每个包的逻辑作用域和物理属性（如健全的划分条例），我们提供了指导，以便在包组随时间推移逐渐成熟的过程中，将新组件正确纳入最初稀疏的包中。

包组的第二个重要用途是提供所需的"不动产"，以支持一系列各式各样的较小型项目所产生的累积基础设施。在这种情况下，会先验地创建几个包组，完全由粗糙的物理依赖刻画。在这种情况下（见 2.9.3 节的图 2-73），简洁的层次化命名策略使得去中心化的包创建成为可能，为包组所有者提供了一定程度的自主权，可以根据需要创建和命名新包。但是，切勿将任何包引入不符合其可容许物理依赖的总体包络的包组中，这一点很重要。即组内的所有包都具有相同的物理依赖的特征并受其管理，而这种依赖的扩展绝不可等闲视之，因为它会影响所有现有的客户。

并非每个包都是包组成员的候选项。例如，包装（wrap），或更一般地说，适配（adapt）特定开源或第三方产品的包通常由相对较少的组件组成，且将该产品作为其主要依赖产品。将这个包与其他不具备这种大量物理依赖的其他包聚合将大大增加物理耦合，而不会产生显著的补偿效益。相比之下，有效的包组包含的包自然共享相同的物理依赖。因此，适配器包具有高度特化且通常具有大量依赖，因此最好将其隔离并作为分离的库发布（见 2.9.3 节的图 2-74）。

2.10 节小结

我们希望名称简短，以避免诱导开发人员使用 using。虽然有些人可能会赞成有时被称为"文式编程"的命名方式（具有长且描述性的命名空间名称），但我们认为，using 指令和声明的超简洁名称（如 std）更有可能存活，因此更受欢迎。通过坚持包名在整个企业中是唯一的，我们压缩了命名法并为统一处理包铺平了道路，无论是组内包还是孤立包。

包组可以实现为具有唯一的 3 个字符名称（与组名称匹配）并包含包目录集合的目录。每个包目录名都以组名称的 3 个字母开头，后跟唯一的后缀，形成全局唯一的包名。超过 6 个字母的包名表示不对包进行分组，以单个字母作为前缀后跟下划线（z_除外）开头的任何包名也是如此。在极少数情况下，无处不在的独立包（如 std）的名称可能正好是 3 个字母（见 2.10.3 节的图 2-75）。

为了避免符号重复，企业内每个发布单元的名称必须在使用前向中央机构注册。组内包的一个好处是，在已有包组中为新包选择名称的过程会是自动去中心化的。通过为库提供非常短的包级命名空间标记（特别是经过深思熟虑将其聚合到包组中时），我们完全消除了使用 using 声明的需要，从而增强了逻辑和物理名称上的衔接（2.4 节），这反过来又有助于实现逻辑/物理连贯性（2.3 节）。

2.11 节小结

在极少数情况下，例如在设计广泛复用时，可以选择在单个包中组织大量横向功能（如 std）。尽管我们必须牺牲名称上的衔接，但通过内部划分来约束这种大型包的物理结构可能仍然是有用的，而内部划分在源中是不可见的。我们将每个结果区域称为子包（见 2.11 节的图 2-76）。子包提供包的受约束视图，仅用于该包的维护人员，因此不具有架构显著性。因此，任何给定的子包划分都可以完全更改或移除，对外部客户完全没有影响。

2.12 节小结

实际上不是所有的软件都遵循基于组件的方法论，为了与遗留库、开源库或第三方库集成，必须得给它们分配一个全局唯一的名称。这些名称一般不反映在代码中，某种意义上是任意的。但是，这些名称是架构显著的，并且得在部署时是可用的。我们将这些结构上或名称上不符合要求的库称作不规整的。

我们通常选择将遗留库当作仅含单个包的包组，这样我们可以在同一包组中慢慢将代码重构成可划分层级的规整包集合。另外，对于开源库和第三方库，我们通常希望避免代码分叉的创建；于是，这些类型的库常被当作单个不规整孤立包。

但是，开源库或第三方库通常会带有自己的构建/安装脚本，一般都涉及相对路径。由于不同目录可能会产生重复的文件名，因此我们通常会强制保留其硬编码部署结构以及 #include 指令的任何（已弃用）双引号（""）语法（1.5.1 节）。

2.13 节小结

在本书的方法论中，库的开发遵循相当严格的流程，而应用软件则享有更大的自由度。尽管如此，拥有一个结构化的可复用框架（以及广泛的工具支持）来开发一系列应用完全符合尽快以合理成本开发高质量应用的共同目标。在最高层级，我们将发布单元分成两类：应用和库。分解妥当的应用通常相对较小；因此，在本书的方法论中，物理层次中的最高层级（应用）被当作包大小的发布单元。

但是，应用包有几个突出的特性：一是应用包有一个或多个 .m.cpp 文件，这些文件是（除测试驱动程序外）唯一容许定义 main 函数或在企业范围命名空间之外实现功能的文件；二是应用包的名称与所有库包的名称在语法上是不同的（如它们以 m_ 开头），要注意应用命名空间是声明的，但很少用于限定引用；三是由于应用本身是易延展的，因此应用包中定义的任何内容都不能从该包外部引用。

2.14 节小结

在库或应用中，我们要求整个层次中的每个物理实体都必须完全可测试，具体取决于尚未经过彻底测试（或其他已知或假定正确）的任何内容。特别是，必须有一个顺序，在该顺序中，只能使用已经过类似测试的其他组件来编译、连接和测试组件。

这一层次化可测试性的需求强化了避免组件循环和长程（跨组件）友元的必要性。与每个组件相关的是具有一致后缀（如 .t.cpp）的唯一的、物理上独立的测试驱动程序。尝试使用单个测试驱动程序测试多个组件通常不可行。要求从单个测试驱动程序文件测试每个组件，自然会对组件的总体复杂性产生软性的限制。

每个测试驱动程序都（物理上）位于组件源代码旁边（在外围的包中）。组件测试驱动程序不容许依赖包中的任何组件，但受测试组件直接依赖的组件除外。首选接口依赖，但直接且实质性的仅限于实现的依赖可能是可以接受的。如果认为测试驱动程序对其他局部组件还有必要的依赖，则必须通过在组件的 .cpp 文件中添加适当的 #include "假"指令（以及适当的注释）来明确这种依赖。测试驱动程序对此受测试组件所在的包之外的软件的依赖应受该包和外围组的可容许依赖包络的控制。

我们不鼓励测试驱动程序依赖外部设备、数据库、文本文件等，理由是它们并非独立的，可能不容易移植到新平台。为了让开发人员实现的测试驱动程序参与自动化回归测试，我们要求在整个企业中为每个标准测试驱动程序提供一个定义明确的调用接口子集。为了增强开发人员的可流转性，我们建议让测试驱动程序的"外观和感觉"标准化，使得我们组织内的开发人员都能熟练处理它们。

2.15 节小结

保持部署的灵活性是库独有的重要物理考量。软件的组织结构在软件开发中一般会有所变化。例如，在包组开发过程中，该组中的每个较低层级的包都可能位于分离的库中（以避免暴露于未经授权的组件），而其他组中的包则可能被汇总并用作单个库。有时，开发者可能会发现自己将一个组件（如一个表示词汇类型的组件）移到另一个发布单元，而无须立刻改动名称。可见，拥有企业范围内唯一的组件文件名是确保开发过程中灵活性的关键。

软件在开发过程中的组织方式通常与生产中的部署方式截然不同。例如，如果我们对软件预处理，将其呈现为更前卫的"East const"风格（const 放在类型的东边/右边/后边），而不是本书始终如一地呈现的更传统的"const West"风格（const 放在类型的西边/左边/前边），我们可能会有潜在的客户更渴望使用我们的软件（但这当然是业务决策，而非技术决策）。更实际的是，分离的静态库可以合并，以提高编译时效率。组织得当，复杂的库可以通过多种不同的方式同时部署，以获得良好的优势。例如，出于业务原因，我们可能会选择提取特定客户的基本组件子集，并以单个头文件目录和静态库的形式提供自定义发行版。因此，无论我们的开发目录结构如何，我们都必须分别确保能重新打包（如展平）库软件，特别是，我们的每个组件文件的名称在整个企业中都是唯一的，而不管文件所在的目录是什么。

软件的部署方式决不能是架构显著的。纯粹作为优化，构建和发布工程师可能会利用额外的平台信息、使用配置文件等，以便将架构上原子的发布单元划分为可任意地划分层级的子区域（例子可见 2.15.10 节的图 2-89），这些子区域作为分离的物理（如静态或共享）库进行部署（如分离出发布单元中最常用或最稳定的部分）。但是，为了保持部署的完全灵活性，开发人员决不能依赖这样的优化。正如本章中所强调的，在设计和开发过程中不能对任何发布单元（或其任何聚合）的原子性做出任何假设，因为这一特性受平台、技术和客户的影响，绝不只有唯一的一种可能，并且可能变而不告。

2.16 节小结

在我们的开发环境中，所有对库（不论是否基于组件）的依赖都是以相同的方式指定的：当一个发布单元依赖库软件中的架构显著片段时，每个这样的片段的企业范围唯一名称会在该发布单元的目录结构中以元数据和源代码的形式指定下来。除了编译器，工具链（例如 Clang、LLVM 和我们自己的定制化工具）对于实现高质量设计和以静态与动态分析减少缺陷也是至关重要的。

我于 2001 年 12 月在彭博成立 BDE 团队，Tom Marshal 和 Peter Wainwright 是原来 BDE 团队的两个主要成员，按他们的话来说，软件元数据是开发人员所编写的工程作业产品；它是不可以从代码中挖出来的。元数据以紧凑的形式捕捉到设计、方针和构建方面的意图和需求，这一形式对于人和工具都可读，多种多样的工具会强制并作用于元数据中的设计规则。通过机械地强制设计意图，并促进不同客户和库开发人员之间的交流沟通，元数据保持并增加了代码库的价值。

- **依赖元数据**是最重要的元数据类型，它可以确保设计中不包含循环，并便利于设计想法的交流，这两者都会直接提升其软件对最终用户的价值。
- **方针元数据**由一组布尔谓词组成，它们表达了特定于某一组织的需求的软件约束，这一组织也可能小到只是大组织里的一个小团队。
- **构建元数据**提取自依赖和方针元数据两者，并在配置文件中手动维护。恰当的构建元数据能够确保所有构建的可复现的成功。

第 3 章

物理设计和分解

软件有其物理实在。如果不正面应对物理上的议题，大规模软件系统就难以开发成功。循环、过多或其他因素导致的不当的物理依赖都必须避免，跨越物理边界的友元也必须避免。好的逻辑设计很重要（见卷 2 的第 4 章），但若是在设计之初就没有考量过物理因素，将无法长期地实现生产率的最大化。

位置至关重要。对于良好的软件设计，尽早知道在物理层次中何处寻找特定功能，和清楚地知道该功能所为何事同等重要。就像知道何时对相关软件进行分组一样，知道所需功能的任何特定子集何时最适合于激发其初始实现的客户软件，或处于可更广泛使用（复用）的较低层级也很重要。[1]通过积极组织生产软件以使层次化复用（0.4 节）最大化，我们实现了规模经济，同时避免了许多责任。

分解很重要。物理设计的彻底分解也是长期成功的关键所在。我们必须确保我们的细粒度可复用解决方案中不会混进杂物。每个组件和每个包都应有清晰且专注的目的或章程。理想情况下，低层级设计决策被隔离于各个组件内。同时，必须妥当地约束住物理依赖。巧妙地将逻辑上内聚的功能分解进具有相似物理依赖的组件和包中，这是本书中基于组件的软件设计方法论如此成功的关键所在。

在本章中，我们将从开发者的角度讨论物理设计这一主题，以及物理上的考量会如何改变我们看待软件的方式。我们既会关注需要避免的情况，也会点出要竭力实现的目标。特别地，我们会涵盖有助于将逻辑和物理设计结合（2.3 节）的特定技术，同时避免物理设计上的违规（2.6 节），如循环物理依赖和长程（组件间）友元（见 3.5 节）。之后会研究横展（lateral）架构和传统分层（layered）架构的优势（见 3.7 节），以及如何避免可能会影响物理互操作性（见 3.9 节）的陷阱。接着，我们会探讨可以避免不必要的编译时耦合的架构级隔离技术（见 3.11 节）。最后，我们用一个设计优良、分解彻底的复杂子系统作为综合性例子，它几乎完全是以可复用组件来实现的，这些组件分布在多个包和包组中（见 3.12 节）。

3.1 从物理的角度思考

物理设计是 C++ 编程的一部分（后来更渗透到一般编程中），在 20 世纪 90 年代中期首次普及。[2]我的第一本书《大规模 C++ 程序设计》（*Large-Scale C++ Software Design*）[3]的封底顶部写有这么一段文字：

---

[1] 示例见 **stroustrup00**，24.4 节，第 755～757 页，特别是第 756 页：

在大多数情况下，我们需要将实际的车轮隐藏起来以维持汽车的抽象性（开车的时候，你无法独立地操作车轮）。然而，类 Wheel 在更广泛的场景都能用得到，因此将其移至类 Car 之外可能会更好。

[2] **martin95**，第 3 章，"Cohesion, Closure, and Reusability" 一节，第 231～257 页。另见 **martin03**，第 11 章，第 127～134 页。

[3] **lakos96**，封底。

> 开发大规模 C++软件系统不仅仅需要对大多数 C++编程书籍中涉及的逻辑设计问题有健全的理解。要取得成功，开发者还需要掌握物理设计的概念，虽然这些概念与开发的技术方面密切相关，但即使是专业软件开发人员也对这一维度知之甚少，甚至是没有经验。
>
> ——John Lakos（约 1996 年）

时间已过去四分之一个世纪，这些预判仍然是正确的。我们在将这些想法应用到大规模软件开发上积累了相当多的经验，对于这一重要的较新（现在不算新了）维度——物理设计，有这些经验作铺垫，我们现在再阐释其思考过程就更为合适了。

3.1.1 纯经典的（逻辑的）软件设计是幼稚的

经典的软件设计是纯粹的逻辑设计。在这样的模型中，软件仿佛是放在单个无缝空间中。对于一个整块式软件，物理依赖的概念是没有意义的。在一个整块式软件中，也没有方向可言：所有逻辑模块都可相互访问。而且，由于没有物理边界，所以本质上任何逻辑封装单元的大小都是不受限的。此外，任意的友元允许本该是对局部实现细节的私有访问权扩展到远程的、潜在的大量软件。因而，缺少物理现实这方面考量的纯逻辑设计往往是欠佳的，甚至可能是不切实际的，而且常难以扩展。

3.1.2 组件充当细粒度的模块

实践中，健全的物理设计自然会管治出好的逻辑设计。本书中以组件（0.7 节）作为细粒度的模块，它是逻辑设计和物理设计的原子单元。故而私有细节不得跨越组件边界（2.6 节），而组件边界的大小又取决于我们从单个测试驱动文件测试它们的能力（2.14.3 节）。因此，局部（私有）信息的共享有意控制在相当有限的程度。此外，这些细粒度的模块被禁止构成循环物理依赖。这些额外的物理约束提供了许多切实的好处，也带来了必须解决的新颖有趣的设计挑战。

3.1.3 软件的设计空间是有方向性的

物理设计对于软件结构的塑造起着核心作用。特别要提到的是，软件的物理设计空间不是各向同性的，换言之，这一空间是有方向性的！上下的概念是很清楚的。物理层次中较高层级的软件可能依赖较低层级的软件，但反之不然。另外，两个组件、包或包组可能是完完全全独立的，这引出横展软件的概念（见 3.7.5 节）。因此，我们往往会使用这些有方向性的术语来表达基于组件的软件子系统所包含的组件的相对物理位置。

相对物理位置示例：抽象接口

从物理的角度思考的一个好例子是纯抽象接口的妥当使用（见卷 2 的 4.6 和 4.7 节）。此类接口亦称协议（1.7.5 节），引入了物理位置的一个方面，对于以过程式语言（如 C）为基础的客户，这一开始似乎是不自然的，然而这些接口强大又非常有用。传统上，我们倾向于认为一个实现所在的层级在某种程度上低于其接口。对于具体类，如图 3-1a 精炼所示，[①]客户始终位于接口的具体实现之上，并且在编译和/或连接时必须依赖该实现。我们说，客户层叠于这一具体组件之上（见 3.7.2 节）。对该实现所做的任何兼容更改（不影响语法或基本行为的更改，见卷 2 的 5.6 节），例如更改性能特征，都具有破坏性，因为旧特性不再可用（至少不在同一进程中）。

---

① 记住，我们始终用像 my、your 和 their 之类的伪包名称（2.10.3 节）来表示抽象例子或"玩具"例子，我们用约定好的非描述性名称来表示组内包的更现实的实现，如 xyza 和 abcx，其中绝对位置并不特别要紧。

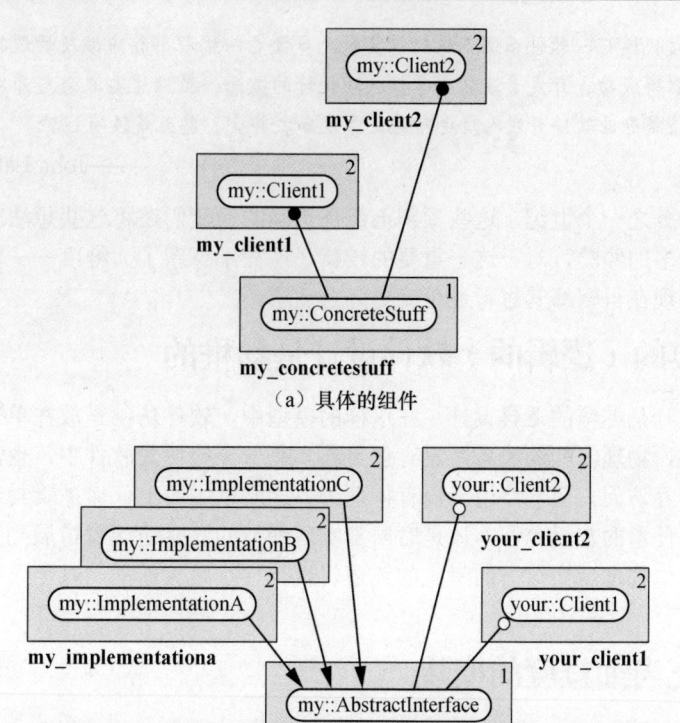

（a）具体的组件

（b）纯抽象接口（又称协议）

图 3-1 接口与实现的相对物理位置

相比之下，（纯）抽象接口的实现必然位于定义接口类的组件之上（和该实现的客户类似）。如图 3-1b 所示，抽象接口的客户通常不会与任何实现建立物理依赖关系（无论哪种方式）。我们称实现该接口和使用该接口的组件间的相对位置是横展的。而且，新的实现随时可以加入且无须修改现有组件，软件的稳定性得以增强（0.5 节）。事实证明，纯抽象接口能以横展架构大大消除物理依赖（见 3.7.5 节）。

3.1.4 软件有其绝对位置

纯逻辑设计决然不提的一个重要方面是绝对位置。人们常说，搭建新家时，有 3 个因素最重要，一是位置，二是位置，三还是位置。这句话也适用于构建新的软件。组件在企业的物理层次中的绝对位置必将决定该实体可容许依赖的软件以及能够使用该组件的软件。

3.1.4.1 提出正确的问题有助于确定最优位置

企业的重要目标之一是在整个物理层次中分发软件，以便通过层次化复用来最大化其效用（0.4 节）。在敲定恰当的位置时，开发人员要问自己许多重要的问题。是让该软件属于一个特定应用，还是让它作为一般更可复用的库的一部分？如果是在库中，该软件是属于较高层级（接近最初驱动它的应用）以便更容易修改，还是属于较低层级以便更广泛地使用？位置恰当的实体将在可见性、稳定性和依赖性之间有适当的权衡，从而最大化其长期效用。

3.1.4.2 看看手上有什么，避免重新发明轮子

每当着手解决问题时，开发者都应该先在已有的（层次化）可复用软件存储库中检查（0.4 节），以避免重新造轮子（示例见图 0-56）。我们希望设计的每个组件都目标专注，以尽可能增强

其适用性（见卷 2 的 5.7 节）。当着实需要创建新的可复用解决方案时，我们将在软件基础设施中确定此解决方案的塔尖（最高层级的组件）的位置以及该子系统的其余实现应如何分布在企业内的（较低层级）包和包组中。在一个成熟的层次化可复用的基础设施中，许多可能用到的组件早已就绪；事实上，为了使新的基于组件的解决方案与其他解决方案之间可以互操作，也必须用到一些已有组件（见卷 2 的 4.4 节）。

3.1.4.3 好公民：确定合适的物理位置

在设计新的子系统的过程中，为了满足尚未充分解决的需求，可能有必要引入几个新的组件，或是新的包，甚至可能是新的包组（尽管这不大可能）。但是，作为"好公民"，我们有一部分责任是敲定可复用实体在企业范围软件资产存储库（0.9 节）中的恰当位置，制定章程以规范此区域中软件实体的特征，并按照它设计这些实体。

3.1.5 并置与否的准则应该看本质，不应流于表面

逻辑内容的最佳聚合方式通常由实质且持久的属性（如内聚的语义、相似的基本物理依赖或预期客户依赖）主导，而不是流于表面的特征（如具有类似的语法属性，诸如"属于同一类类别"，见卷 2 的 4.2 节）或相对不重要或短暂的质量（如具有类似层级的别名安全保证、异常安全保证或线程安全保证，见卷 2 的 6.1 节）。

例如，初等功能（需要对象内部表示的私有访问权才能高效实现的功能）必须属于与其类定义相同的组件（如 xyza_something）。可以在没有私有访问权的情况下实现，但在语义上仍然密切相关的功能可以（且应该）在分离的组件中实现（见 3.2.7 节）。这种不同的实用组件可以与其关联组件一起驻留在同一包（如 xyza_somethingutil）中，也可以与其他类似实用组件一起驻留在一个较高层级的实用包（如 xyzau_something）中。

3.1.6 不规整的非初等功能搜寻十分麻烦

经验表明，将具有相似物理依赖的非初等（见 3.2.7 节）但语义相关且用途广泛的功能放置在一个分离的包中（如仅由名称对应的"实用"组件组成）是潜在客户搜寻的障碍（见 3.2.9.1 节）。除非我们有一个既定的框架，其中非初等功能是极其规整的（示例见图 3-29），或者它的某个特定方面会引起大量的额外物理依赖（示例见图 2-74 中的 a_ldb2 包），否则通常最好将此类非初等但语义内聚的"实用程序"（见卷 2 的 4.2 节）并置在组件中，与其操作的对应（通常是值）类型（见卷 2 的 4.1 节）在同一包中。

3.1.7 包的作用域是一项重要的设计考量

作用域（见图 2-72）是设计包和包组时的重要考量。与组件不同，包不是封闭的实体，往往会随时间的推移而增长。对于横向包（horizontal package，示例见图 3-113）尤其如此，如 bdlma，该包聚合了实现一个共用的协议基类的相似但独立的库组件，在本例中，此协议基类为 bslma::Allocator（见卷 2 的 4.10 节）。如果一个包的刻画使其可能永远无法恰当地容纳多个组件，这就违背了我们创建平衡的物理层次的目标（2.2.17 节）。在这种情况下，我们说，包的作用域未能产生足够的物理扇出。另外，如果不能预见到大规模扩张，从长远来看，可能会导致规模过大（甚至无法运作）的大型包。因此，我们的目标必须是刻画我们的包和包组，以便在长期稳定状态下达到"对的大小"。

3.1.7.1 包的章程必须在包级注释中阐明

要知道在哪里放新组件以及在哪里找我们需要的那些可能已存在的组件，我们必须细致地刻

画自己创建的每个新包（2.8 节）。我们将这种特征刻画称为包的章程，它必须在包级注释中有明确的描述（见卷 2 的 6.15 节）。我们还需要选择一个（非常）简短但唯一的名称，作为驻留在该包中的每个组件文件名的前缀。这一前缀也用作包的名称，但它充其量只是一个标签，绝不能取代一个明确的章程。

3.1.7.2 包前缀是最好的助记标签，而不是描述性名称

包前缀（特别是组内包的前缀）通常会选择有一定助记性的名称，而在其他方面任意性很大。不过，较短的前缀（如 xyza）一般表示用途更广泛的包或接口，而较长的前缀（如 xyzabc）有时表示不太广泛应用的包或实现。理想情况下，区分组内包的尾随字母代表的是一个有意义的单词或短语，如 t 代表 "time"（时间）或 ma 代表 "memory allocate"（内存分配）。有时，短的名称（如 s 代表 "system"）及其关联含义（如部分用于封装依赖于平台的功能的组件）会在一个一个组内复用。相关的包前缀的创造性约定使用可以有效地指示包组中紧密协作的包子集之间的局部关系，例如共享字母 [如 f（functor，函子），fr（functor representation，函子表示），fri（functor representation implementation，函子表示实现）和 fu（functor utility，函子实用程序）]，放在组名之后（如 bdef、bdefr、bdefri、bdefri 和 bdefu 中的 bde，见图 3-37）。[①]

3.1.7.3 包前缀迫使开发人员尽早地考虑更全局的设计

包前缀和命名空间（2.4.9 节）在设计过程的许多层级上发挥着关键作用。这些标签是每个全局逻辑实体和物理实体名称的一部分。如果不考虑包前缀，我们甚至不能编辑文件，更不用说编写类，而这又迫使我们考虑这个类应归属何处。这样，包前缀会在开发过程中更早的时候将我们的思绪不经意间引导到更全局考虑设计的角度。

3.1.7.4 包前缀迫使开发人员从一开始就考虑包的依赖

包前缀还迫使我们从一开始就考虑包级依赖的包络。通过将组件强制到一个绝对位置，包前缀可以迅速使设计人员认清这样一个现实：整个组件集群必须保持在物理上（即使在概念上不是）独立于其他集群。包作为每个组件的抽象物理特征，组件本身必须符合该特征。用相应的包名对每个全局逻辑和物理实体作显式标签进一步强化了其绝对物理位置。当脱离上下文地查看组件时（如在应用代码中使用一个库组件时），此可见标签尤其有用。

3.1.7.5 包前缀即使不透明，也会渐渐承载重要的意义

一旦标识出前缀，它就承载重要的意义（2.8.4 节）：包前缀不仅唯一地标识了该软件的物理内部地址，还常用于标识该包中多个组件共享的逻辑特征和物理特征。

例如，考虑组件 bdlma_pool，特别是其（主体）类 bdlma::Pool。[②]名称 Pool 表示这个类执行的是某种池化；但是，bdlma 前缀（和相应的命名空间）告诉我们，该类所在的组件与支持通用内存分配的其他组件在一起，特别是与 bslma_allocator 组件中的基级接口 bslma::Allocator 互操作（见卷 2 的 4.10 节）。综合起来，bdlma_pool 这 10 个字符简明地告诉了我们 bdlma::Pool 的作用。但最重要的是，包名一目了然地告诉我们，在哪一包组（bdl）的哪一子目录（bdlma）中可以找到此全局可访问的内存池化构件的源代码（见图 2-77）。

---

① 注意，在包组名（如 bde）后只添加 1 个字母的较短名称（如 bdef）一般是留给面向公共的包，而名称中填满了 3 个字母的包几乎总是被归入支持型包，虽然这些包不是私有的，但通常也不希望在组外使用。对广为使用的组名称仔细斟酌（如 ode 是我们约 1997 年在贝尔斯登为 "our development environment" 选择的组名称），末尾加上一个辅音（如 s 或 t），有时甚至是一个元音（如 u），读起来就舒心了：odes（"o-des"），odet（"o-det"），odeu（"o-dew"）。

② bdlma_pool 是彭博的 BDE 开源分发的 bdl 包组的 bdlma 包中的一个组件（见 **bde14**，子目录 /groups/bdl/bdlma/）。

3.1.7.6　包名在包组中的有效使用（如易于联想）

作为第二个示例，考虑一个相对低层级、高度结构化的基础设施框架包组 ote（our transport environment），如图 3-2 所示（部分），该组提供了基础的进程间通信功能。ote 的物理结构由多个包组成，包括 otec、oteci 和 otecm，这些名称都因在包组名后面紧跟一个共有的前导字符 c 而关联，并被用于表示组内的特别紧密的语义耦合。

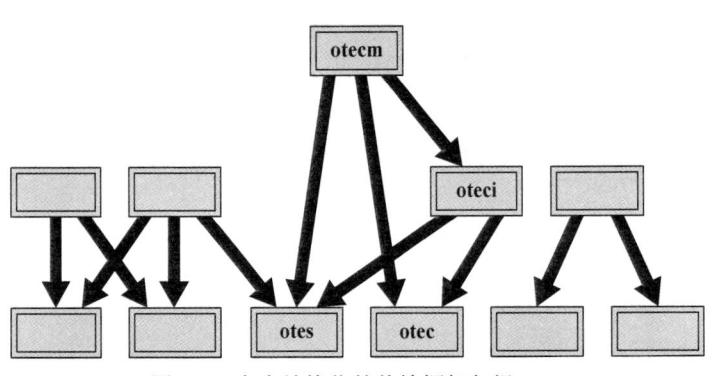

图 3-2　高度结构化的传输框架包组 ote

在这里，otes 包提供了此传输包组中的许多组件所需的"系统级"服务，例如 Unix iovec（"scatter/gather"）缓冲区结构，但是以一种与平台无关的形式。otec 包定义了各种通道协议，用于基于流和基于消息的传输，每种协议都以阻塞或非阻塞形式提供；上述每种风格分别有一个分离的协议层次[1]（见卷 2 的 4.6 节和 4.7 节），用于协调具有或不具有超时功能的相应实现。[2] otec 包中提供的协议的标准具体实现位于 oteci 中。otecm 提供了一个框架，用于在单线程或多线程环境中管理多个通道。注意，每个包名都有强大的语义内涵，而且不同程度上（示例见 3.2.9 节和 3.3.7 节）还可能表明驻留在其内部的组件类别（见卷 2 的 4.2 节）。

3.1.8　禁止循环物理依赖带来的一些限制

从物理的角度进行思考意味着按实现物理设计目标的方式去组织软件。例如，我们一般会禁止循环物理依赖（2.2.24 节），尤其是组件间的循环依赖（2.6 节），这有时会迫使我们用乍看起来并不直观的方式来进行软件设计。例如，假设有一个经理类 Manager 负责 Employee 类型对象的生命周期。进一步假设 Manager 和 Employee 类型都是有实质的，且驻留在各自的组件中，如图 3-3a 所示。现在在假设，如图 3-3b 所示，客户想在只有一名员工可用时（例如作为单一参数传入函数）了解其经理所管理的员工数量。[3]

如图 3-3b 所示，客户自身的askEmployeeNumStaff 函数的实现想要 Employee 对象完成所有工作。像 Employee 对象上的numEmployeesThatWorkForMyManager 这样的直接方法（图 3-3a），

---

[1]　**lakos96**，附录 A，第 737~768 页。

[2]　在实践中，我们想将这些语义不同的抽象接口中的每一个都分离成 3 个语法上分开的部分，根据其预期提供的服务层级和将使用这些服务的客户。抽象的 3 个一般层级分别称为"通道""通道分配器"和"（通道）分配器工厂"。在本书的方法论中，"分配器"和"工厂"几乎是同义词，只不过"分配器"的层级稍稍更低/更初等；这里我们用不同的单词只是为了避免重复。以最简单的形式来理解的话，"通道"将通信机制端点的概念抽象化，提供合适的"读""写"方法，而"通道分配器"则将通道作为资源分派，从而将构造通道和析构通道的概念抽象化。最后，（通道）分配器工厂实质上是一种命名服务，能够分派通道分配器，而分配器将分派配置妥当的通道。由于友元，这 3 个物理上分离的协议的每 3 个具体实现类总是会位于一个组件内（见 3.3.3.1 节）。

[3]　注意，这种架构拓扑是软件中常常出现的一种模式，如链表中的元素或表格中的行。

或任何其他名称的这样的函数，不仅要求每个 Employee 对象都带有其经理的地址（例如，在构造时），还要求定义类 Employee 的组件#include 定义了类 Manager 的头文件，从而在组件 my_manager 和 my_employee 之间引入了循环物理依赖。[①]这样的设计违反了本书中最重要的物理设计规则（2.6 节）：决不能出现循环物理依赖！

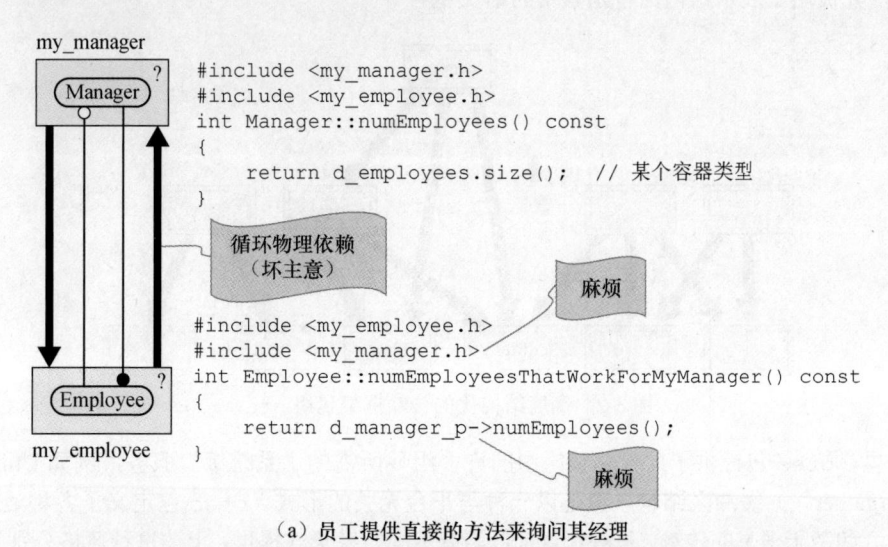

（a）员工提供直接的方法来询问其经理

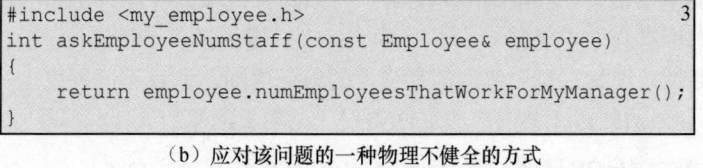

（b）应对该问题的一种物理不健全的方式

图 3-3　经理/员工功能的循环呈现（坏主意）

　　员工作为层级较低的实体，不应试图直接告诉经理该做什么。不过，如图 3-4a 所示，Employee 被允许通过一个（不透明）地址识别其经理，而不必包含 my_manager.h 头文件。通过这一小调整，我们可以使得一个更高层级的客户函数，如 askEmployeeNumStaff（图 3-4b），可以将原问题改述为首先询问 Employee 对象以获取其 Manager 对象的地址；然后使用该地址（现在在其所指向的对象的定义的上下文中）直接询问特定的 Manager 对象，以了解其管理的 Employee 对象数量。

　　这种简单直接的转换被称为不透明指针（opaque pointer）。它使用局部类声明（local class declaration），而不是#include 类 Manager 的定义，来打破"向上"的物理依赖，这只是我们将在 3.5 节中详细介绍的 9 种传统的层级划分技术[②]之一。[③]其他避免循环的动机见 3.4 节。

---

① 再次说明，鉴于每个组件都必须位于一个包中（2.4.6 节），我们有时会使用像 my 这样闹着玩的（伪）包名称来建议（不是实际的）"玩具"示例，而使用像 xyza 一样抽象的（但有效的）包名称来表示更现实、但在物理层次中未指定位置的包组（xyz）中的库的例子。

② **lakos96**，第 5 章，第 203～325 页。

③ 对这一层级划分问题的不透明指针解决方案的另一种解释见图 3-53 和图 3-54。

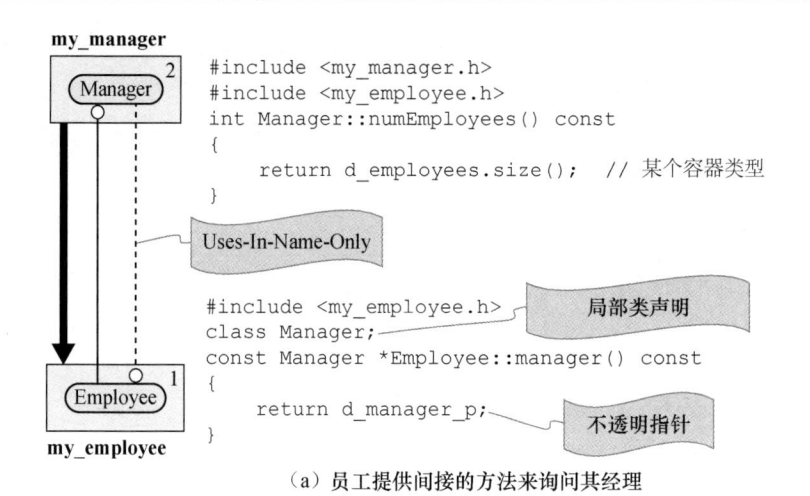

（a）员工提供间接的方法来询问其经理

```
#include <my_employee.h>                                    3
#include <my_manager.h>
int askEmployeeNumStaff(const Employee& employee)
{
    return employee.manager()->numEmployees();
}
```

（b）应对该问题的一种物理健全的方式

图 3-4　经理/员工功能的无环呈现（好主意）

3.1.9　对友元的约束有意排除了某些逻辑设计

组件的物理现实也对局部实现细节的作用域施加了重要的约束。[1]在本书的方法论中，表示封装型接口的主要工具是组件，每个组件都要可以单个驱动文件进行测试（2.14.3 节）的这一要求（故意）人为地限制了组件大小。我们明确禁止逻辑封装单元跨越物理（组件）边界（2.6 节）。这一基本限制以及对组件大小的软约束是鼓励细粒度的模块化和细致分级的颗粒化软件设计的因素，这样的设计使得层次化复用（0.4 节）和彻底测试（见卷 3）成为可能。

3.1.10　一个有正当理由要求包装的案例

为了说明我们的物理封装准则故意施加的一些必要设计限制，现假设我们需要一种目的特殊的数据类型，称之为 Timeseries。这种（非模板）容器类型也许将具有某种内置的对并发的支持，也许会施加额外的方针（例如两个包含的日期不能邻接），也许有几乎任何数量的其他古怪行为。由于我们的核心开发库（ode）不提供这些特殊特性，因而我们需要自己实现这一目的特殊的日期容器类型。鉴于我们已经有了一个适当自定义、高性能且可移植的日期序列类 odet::DateSequence[2]（定义于 odet_datesequence 组件中），我们肯定希望在实现新类 my::Timeseries（定义于 my_timeseries 组件中）时复用该功能。图 3-5 给出一个组件/类图以阐释相关内容，并标识了某些实现选项（在 3.1.10.1 节中讨论）。

---

① C++语言以前不支持比翻译单元大的逻辑兼物理封装单元。但随着 C++模块的出现，连贯的逻辑和物理封装确实可能出现相应的（甚至是架构有用的）更高层级的概念。我们将在 3.5 节末尾的升级封装层级划分方法（见图 3-99）的上下文中看到一个例子，感受到语言上对这种更大的逻辑/物理封装单元的支持带来的潜在好处。

② 假设跟在包组名称 ode（"our development environment"）后面凑成 odet 包名称的 t 代表 "time"（时间）。

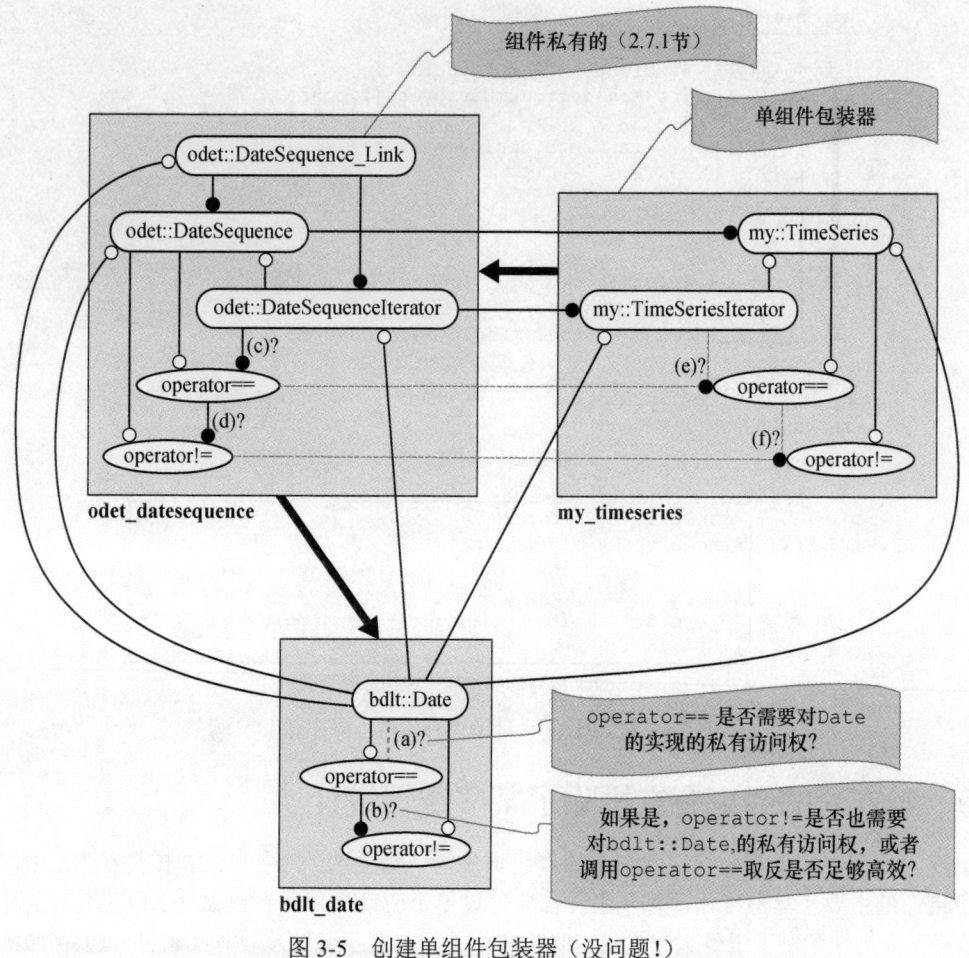

图 3-5　创建单组件包装器（没问题！）

3.1.10.1　在单一组件中仅包装时间序列及其迭代器

odet::DateSequence 这一库类在其接口中自然地使用了无处不在的 bdlt::Date[1] [2]词汇类型（见卷2 的 4.4 节），其（const）迭代器 odet::DateSequenceIterator 也如是，同样在接口中用到此词汇类型的还有组件私有（2.7.1 节）且仅仅是实现的类型 odet::DateSequence_Link。从图中可看出，odet_datesequence 显然依赖 bdlt_date（1.8 节和 1.9 节）。my::TimeSeries 类型自然也会直接使用 bdlt::Date，但会嵌入一个 odet::DateSequence 实例来进行实际的工作：

```
class TimeSeries {
        odet::DateSequence d_sequenceImp;
    public:
        // ...
        // 访问函数
        TimeSeriesIterator begin() const;
};
```

我们也将类似地处理它对应的迭代器 TimeSeriesIterator，我们会在文本上将这一迭代

---

① **pacifico12**。

② bdlt_date 的开源实现可在彭博的 BDE 开源分发中找到（**bde14**，子目录 /tree/master/groups/bdl/bdlt/）。

器的定义放于容器定义（同一头文件中）之前，以避免前置声明和局部逻辑循环（例子可分别见于图 2-52 和图 2-54），即使组件内的逻辑循环（见 3.3.2 节）在技术上是允许的（2.6 节）：

```
class TimeSeriesIterator {
        odet::DateSequenceIterator d_sequenceImpIterator;
    private:
        // 创建函数
        // ...
    public:
        // ...
};
```

要从 my::Timeseries 对象获取 my::TimeSeriesIterator，我们调用底层 odet::Date Sequence 数据成员 d_sequenceImp 的 begin 方法，并以其返回的进程内（in-process）值（见卷 2 的 4.1 节至 4.3 节）作为构造函数的参数：

```
inline
TimeSeriesIterator TimeSeries::begin() const
{
    return TimeSeriesIterator(d_sequenceImp.begin());
}
```

3.1.10.2　在单组件中的私有访问权是一项实现细节

在单个组件中，我们可以自由访问其他逻辑实体的私有细节。为了开始分析，首先考虑图 3-5 所示的（总是自由的）相等比较运算符的实现（见卷 2 的 6.13 节）。作用在 bdlt::Date 上的同质运算符 operator== 可能不需要对其实现的私有访问权就能达到最大效率（图 3-3a）。幸运的是，由于我们给出的设计规则禁止长程友元，因此该信息必然私有于此组件，任何对私有访问权的需求都可能在不通知客户的情况下发生变化。这些私有规则还允许我们自由地实现（并随意改变）同质运算符 operator!= 的实现，可以通过相应的 operator==，如果仔细测量可经验性地确定其效率不足，也可以直接通过局部友元。[①]

3.1.10.3　迭代器有助于践行开闭原则

接下来，让我们将目光转到 odet_datesequence 组件，并检查它的各个逻辑部分。DateSequence 类是一个容器，它自然地提供了方便外部客户高效地访问其元素的迭代器。这里，迭代器促进了开闭原则（0.5 节），它允许客户在现有功能基础上扩展，而不必变动正被用着的（稳定的）可复用组件的源代码，正如我们在这里所做的那样。如果迭代器完全以最佳方式实现（在所有受支持的平台上），则不需要同质相等比较运算符 operator== 对容器具有私有访问权，因此 operator== 可以使用迭代器（见图 3-5 中的 c 处），但如果没有完全以最佳方式实现，则总是有 operator== 直接访问容器实现（经局部友元）的选项。最有可能的是，operator!= 可以由 operator=="足够有效地"实现（见图 3-5 的 d 处）——其他可用选项是直接使用提供的迭代器或通过直接（私有地）访问容器的实现（再次经局部友元）来实现。

3.1.10.4　在包装器组件中的私有访问权通常都十分重要

现在，考虑一下新包装器组件[②]my_timeseries 及其实现选项。按本书的方法论，我们始终

[①] 注意，对于内部实现为从某个纪元日期算起的序列数的日期，这两个运算符通常实现为内联函数，这些函数直接在底层实现上运行，分别使用内置整数 == 和 != 运算。

[②] 我们一直使用术语包装器来表示在定义底层资源的组件之外不存在对这一底层资源的编程访问权，而其他情况则一致使用术语句柄。见 **lakos96**，6.5.3 节，第 429～434 页。

使用术语句柄和包装器来分别描绘能够和不能提供对其所依赖的底层对象的编程访问权的类型。为了保持封装（隐藏 my::TimeSeries 是由 odet::DateSequence 实现的事实），只有 my::Timeseries 类被允许构造 my::TimeSeriesIterator 的实例，因此 my::TimeSeriesIterator 声明其构造函数私有并授予 my::Timeseries 友元。（明显的替代方案只有一个，就是使 my::TimeSeriesIterator 的构造函数公共，这将会暴露底层 odet::DateSequence 的实现。）由于本书的设计规则要求友元不跨越组件边界（2.6 节），因此 my::TimeSeries 和 my::TimeSeriesIterator 的定义必须位于同一组件内（见 3.3.1.1 节）。

3.1.10.5 这毕竟只是个单组件包装器，我们有好几种选择

我们看一下在 my_timeseries 包装器组件中的相等比较运算符的实现选择。由于这是单组件包装器（只包装单个组件），因此我们有多种设计选择（见图 3-5 的 e 处），我们这里介绍最有可能采用的两种：第一种方案是，依靠我们的局部迭代器 my::TimeSeriesIterator 来提供对 my::TimeSeries 的高效访问权，无须友元；第二种方案是，从所给的 my::TimeSeries 经局部友元访问底层 odet::DateSequence，由于包装器确保了一个限制性子集，然后便调用 odet_datesequence 中定义的可公共访问的 operator==。

如果委派函数被声明为 inline，则前文建议的第一种方案的性能也许是可以接受的（甚至是最优的）；但在所有可预见的情况中，第二种方案都不比第一种方案差，例如，实现中对内联深度是有限制的情况。因此，由于运算符恰好对（容器中的）底层表示有访问权（两者在一个组件中），我们自然会选择利用此私有访问权：

```
inline
bool my::operator==(const TimeSeries& lhs, const TimeSeries& rhs)
{
    return lhs.d_sequenceImp == rhs.d_sequenceImp;
}                                  // 使用 DateSequence 的 operator==
```

对应的 operator!= 的实现选项是相似的，它还可以根据对应的 operator==（如上所述）再取逻辑非来定义运算符；但是，鉴于我们又一次碰巧拥有私有访问权，显然要直接实现（可以有效地保证为运行时最佳的）：

```
inline
bool my::operator!=(const TimeSeries& lhs, const TimeSeries& rhs)
{
    return lhs.d_sequenceImp != rhs.d_sequenceImp;
}                                  // 使用 DateSequence 的 operator!=
```

3.1.10.6 无私有访问权的多组件包装器会很麻烦

正如我们一直以来所说的那样，强制让封装单元相对较小会显著地限制逻辑设计。例如，考虑图 3-6a 中所示的多组件[①]包装器。在本例中，出于某种原因，我们不仅包装 odet::DateSequence，还包装 bdlt::Date，两者在各自分离的组件中实现。我们现在面临着难题，如何让 my::TimeSeries 能够访问 my::Date 中的私有数据，而让其他人不能这么做。遗憾的是，成功地创建多组件包装器是件困难的事情[②]，因为分离的包装器组件通常需要"特殊"访问权才能访问我们试图隐藏起来的非常底层的表示，并且直到不久前，这还没有已知的、符合组件设计规则（2.6 节）的一般化事后方法。我们现在有了能解决这个问题的一般化解决方案（不过有些"黑客风"），它已成

---

① 注意，这里的"多组件"（multicomponent）一词形容的是包装器本身，而不是它所包装的内容。

② **lakos96**，6.4.3.2 节，第 415～425 页。

为升级封装技术的一部分，3.5.10 节会讨论升级封装这一层级划分技术（特别见图 3-100）。[①]

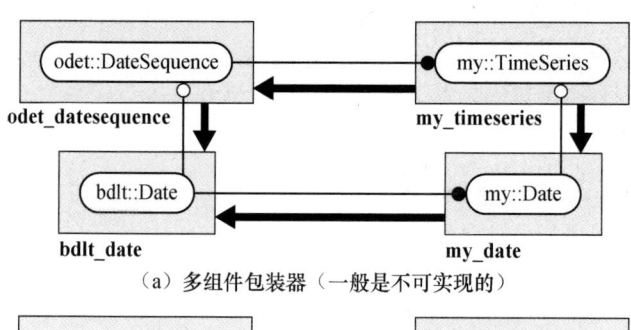

（a）多组件包装器（一般是不可实现的）

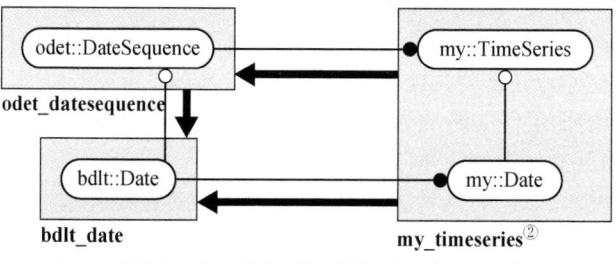

（b）小型的单组件包装器（如果就这些且合适，那就好）

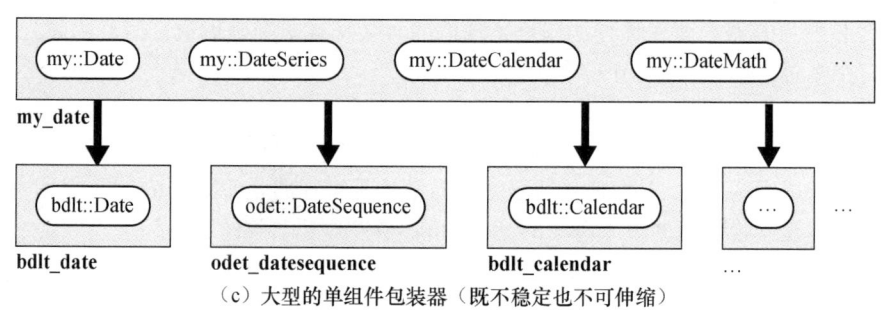

（c）大型的单组件包装器（既不稳定也不可伸缩）

图 3-6　组件设计规则所施加的架构限制

3.1.10.7　示例：为何多组件包装器往往需要"特殊"访问权

下面给出多组件包装器在实现过程中有固有困难的一个具体例子，假设有一个客户专门来使用 my::Date 和 my::TimeSeries "包装器"对象，并希望在某个函数内创建由特定日期序列组成的时间序列。首先，该客户创建一个空的时间序列：

my::TimeSeries importantDates;

然后，客户创建一个日期，如美国"独立日"：

my::Date independentDay(1776, 7, 4);

现在，客户将 independenceDay 添加到 importantDates 的时间序列中：

importantDates.add(independenceDay);

但为了实现这一点，应该如何实现 my::TimeSeries::add 方法？my::TimeSeries 只有一个

---

① 我们希望，这一包装已有系统的经常性需求可以在人们高度期待的新的 C++ 语言特性之模块（module）广泛可用之后最终以更好的方式解决。

② 但注意，根据 2.4.8 节的内容，my::Date 这一类名没有以组件的基名作为前缀，故而违反了设计规则。

数据成员，也就是类型为 odet::DateSequence、名为 d_sequenceImp 的对象。此通用日期序列类型不知道类型 my::Date，但完全能够使用类型为 odet::DateSequenceIterator 的对象在任何有效位置插入类型为 bdlt::Date 的给定值。因为 my::Date 和 bdlt::Date 恰好近似是相同的数学类型，其本身就很麻烦（见卷 2 的 4.4 节），所以方法

```
    void my::TimeSeries::add(const Date& value);
```

至少可以提取传入的 my::Date 对象的核心属性的各个值：（见卷 2 的 4.1 节）year、month 和 day；我们可以使用这些值构造具有相同总体值的 bdlt::Date 临时对象，然后将其传递给底层 my::DateSequence 数据成员 d_sequenceImp 的 add 方法。

　　这种方法不仅效率极低，甚至只有在底层的日期对象表示的是值（见卷 2 的 4.1 节）时才能奏效，值可以独立于其 C++类型进行通信。在任何其他情况下，例如某种机制类型（如锁或内存分配器，见卷 2 的 4.2 节），通过公共接口进行这种提取都是不可能的；因此，我们需要某种访问"特权"来从合作的包装器组件（通常位于同一包内）中提取对底层（进程内）表示的引用。

3.1.10.8　一般不能将互操作组件分开包装

　　以组件为中心的设计规则，有两种明显的备选方案，但都不是特别好。我们可以在 my::Date 中暴露底层 bdlt::Date（让 my::Date 就作为 bdlt::Date 的美化句柄）[1]，也可以将 my::Date 和 my::TimeSeries 放在同一组件中，如 my_timeseries（如图 3-6b 所示），从而将其还原为单个组件封装型包装器。前一种方法违反了预期的封装（或更准确地说，信息隐藏），后一种方法则可能有损名称的衔接（2.4 节）。[2]

　　即使进行了适当的逻辑命名调整，只有在总的实现的复杂度不超过由单个测试驱动程序可以合理地有效验证的量的情况下，并且未来不大可能需要以增加类的方式进行无限制的扩展时（这一点在这里远非显而易见），单组件包装器方法通常才是可行的。如图 3-6c 所示，大小和不稳定性可能很快导致重新设计，并带来潜在的无尽影响。

3.1.10.9　面对多组件包装器，我们应该做什么

　　如果开发人员确实认为自己需要多组件包装器时，他应该怎么做？按本书的方法论，我们根本不考虑授予长程友元（2.6 节）。暴露被封装的、本应被正确隐藏的设计方针（例如，通过将包装器转换为句柄）将影响我们将来更改底层实现的能力（见卷 2 的 5.5 节）。为了实现伪封装而隐藏较低层级组件的头文件是一个更糟糕的主意（见 3.9.7 节）。事实上，现在有了一种相对较新的层级划分技术——升级封装（escalating-encapsulation，见 3.5.10 节），它可以通过使用相应的影子类（shadow class）来包装大型子系统，影子类实现于分离组件中，这些分离组件通常位于较高层级包装器包中。创建过程接口（见 3.11.7 节）始终是可能的，也可能提供可行的替代方案。

3.1.11　本节小结

　　总之，实现良好的物理设计让我们思考传统（纯）逻辑设计之外的软件维度。在物理层次中，开发人员被迫预先考虑每个组件的放置位置以及它所依赖的其他软件。开发人员需要考虑如何在层次化可复用的库软件中组织、分发基于组件的解决方案。考虑客户和实现的相对位置（例如，

---

[1] 对伪面向对象的网络框架的系统级套接字编程熟悉的开发人员会熟悉几乎封装（almost encapsulating）的概念，即通过"包装器"对象的公共 API 毫无顾忌地暴露原生描述符，因为任何这样的框架都固有地不能只授予操作系统访问其内部表示的特权。

[2] 有人建议，可以通过命名约定将某些函数标记为仅使用于当前包中。然而，这样做将在包内以不受限制的方式违反封装规定，即使该包之外的客户完全遵守了该约定。尽管如此，对这种访问的偶尔合法需求（以及更多的非法需求，见 3.9 节）在实践中确实出现了（见 3.5.10 节末尾的升级封装的最后示例）。

在使用抽象接口时）将使我们能够在适当的情况下实现更好的灵活性和稳定性。避免循环依赖有时会使开发人员重新思考如何对逻辑内容进行组织、打包。限制友元访问权只能在同一组件内的逻辑实体的友元之间会迫使开发人员分解其软件。尽管这样的分解方式有时似乎令人沮丧且毫无道理，但是，这样做有助于确保软件是可伸缩的，并且验证任何一个组件所需的测试工作量是有限的（2.14.3 节），这一成就的价值不容低估。

3.2　避免糟糕的物理模块化

良好的模块化是通过将逻辑相近的软件放置在物理上接近的位置来实现的。模块化的准则将决定其有效性。在本节中，我们从评价无效模块化的准则开始讲起，逐渐加深理解，以引入更有效的准则。本节将探讨模块化和类设计的各个方面，涉及完整性（completeness）、最小性（minimalism）和初等性（primitiveness）等。本节最后将 "可调节"（tunable）多边形组件作为一个细致的示例，它符合上述 3 种特性。

3.2.1　有很多糟糕的模块化准则，语法是其中之一

产生糟糕的模块化的方式数之不尽，有的明显，有的没那么明显，但依然是糟糕的。下面给出第一个有教学价值的例子，我们有意将其极端化，想象一下，逻辑内容是由 C++构件实现的，现按照这些构件的种类对逻辑内容进行划分。也就是说，假设我们选择将所有的类放在一个组件或包中，将所有 C 风格函数另放一处，将所有枚举也另放一处，诸如此类。遵从这种以语法为中心的武断的模块化准则，显然会让实现真正重要的架构特性［如逻辑/物理的连贯性（2.3 节）或在物理聚合的每一层级上避免循环依赖（2.2.24 节）］变得异常困难，甚至是不可能的。这个例子也许听起来很荒谬，但应用欠佳的模块化准则（示例见 3.2.9.1 节）容易得让人吃惊，而这会导致设计上不必要的僵硬，难于理解和使用。

3.2.2　将用途广泛的软件分解并加入库中非常重要

指导原则　　不断地把为特定应用而创建的用途广泛的功能分解出来，并且在时间允许的情况下，积极地将其降级到我们不断增长的软件资产存储库的物理层次中的合适位置。

在应用中识别出零星的可复用的功能，并恰当地将这些用途广泛的软件单元从应用中分解出来并降级（见 3.5.3 节）到分离的、较低层级库中，是实施模块化的最为基本且至关重要的技术之一（见 0.2 节）。因此，每当我们建立新的开发环境并首次开始开发应用时，我们会自然地致力于维护一个在应用间使用的细粒度的模块（如组件）的中心化库。但是，与复用一样重要的是，复用不应以过于灵活的接口（由于设计过于复杂）为代价。相反，每个组件都应具有一个易于理解和使用的非常专注的目的（见图 0-55），但也要力求实现广泛的适用性（见卷 2 的 5.7 节）。

3.2.3　迫于压力未能维持应用/库的模块化

在开发应用的早期阶段，我们投入了大量时间和资源来将合适的可复用功能妥当地分解出来，如图 3-7 所示。但常言道，计划赶不上变化。在交付产品的压力下，一般也会 "暂时" 停止我们宣称的分解工作，并随后将创建应用的过程中开发的所有代码并置。这后一种模块化准则 "我现在就要"（I need it now）的使用，尽管对短期爆发而言有时算 "正确答案"，但做不到跨应用的恰当

复用。而如果不加限制，越来越多的用途广泛的功能会被埋葬在大量的不相关的、应用特定的代码中。在许多真实的软件开发环境中，在应用间引入依赖的可能性（甚至可能是循环依赖）高得令人发指。

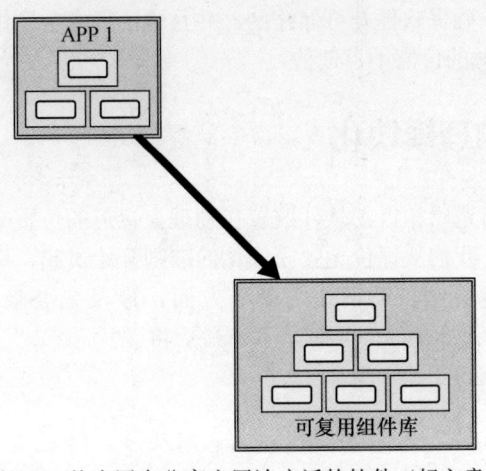

图 3-7　从应用中分离出用途广泛的软件（好主意）

3.2.4　可复用组件的持续降级至关重要

持续不断且及时地从协作式且易延展的应用代码中将用途广泛的功能分解出来，并将其降级到可轻松安全地复用的广泛可用的稳定库中，这一点的重要性再怎么强调也不为过。即使已经小心地将应用中的逻辑元素划分为离散组件，这些软件通常还是难以找到，甚至要知道它是否存在都很不容易。更糟糕的是，应用要么依赖其他应用（如图 3-8 所示），要么在它自己的私有存储库中重复所需源代码，前者显著违反了本书方法论中的设计规则（2.13 节）。这两种方式都不会对现有解决方案的寻找、使用和维护带来方便。[①]

即使有 SOA，通过最大程度地利用（层次化可复用）软件资产（0.9 节）的共有池来实现每个服务模块始终是明智之举。因此，尽量减少（服务之间的）循环运行时依赖也是明智之举。
否则随着时间推移，我们的软件可能变成一个"大泥球"

要实现层次化复用，如果不能主动将用途广泛的功能下移到稳定的库中，应用开发人员对代码进行模块化的动机就会减弱，而且，越来越多的用途广泛的功能与高度特定的应用代码会无可奈何地交织在一起（如图 0-68）。

例如，在定义了 main 的同一个应用文件中实现一个用途广泛的类（如 Base64Encoder）使得该类绝不会在任何其他应用中被复用，除非表示该类的文本如外科手术般被精确地提取并复制到新的翻译单元中，而如果之后未降级到那里，它将继续局部于同一应用。

类似地，在一个应用适配其 GUI 的组件中定义 Base64Encoder 意味着，任何想要使用 Base64Encoder 的应用（最起码）也会被迫连接到它无法使用的大量 GUI 代码。此时代码已在滚成"大泥球"的路上了（0.2 节）。

---

① 注意，某些面向服务的架构（service-oriented architecture，SOA）可能会以不同的方式解决此问题。JC van Winkel 在对本卷书稿的审阅中提到，Google 解决应用模块间循环物理依赖的方法是让多台服务器运行在生产模式，提供 RPC 端点。服务器在这里起到的作用或多或少与上述的应用相似。JC 接着说："应用不会变得很大，因为你'只是'有了更多的应用，每个应用有一个或多个库。是的，你要付出 RPC 开销的代价，但在 Google 的上下文中这种开销相对较小（毕竟，它服务着网络上几乎所有内容）。"

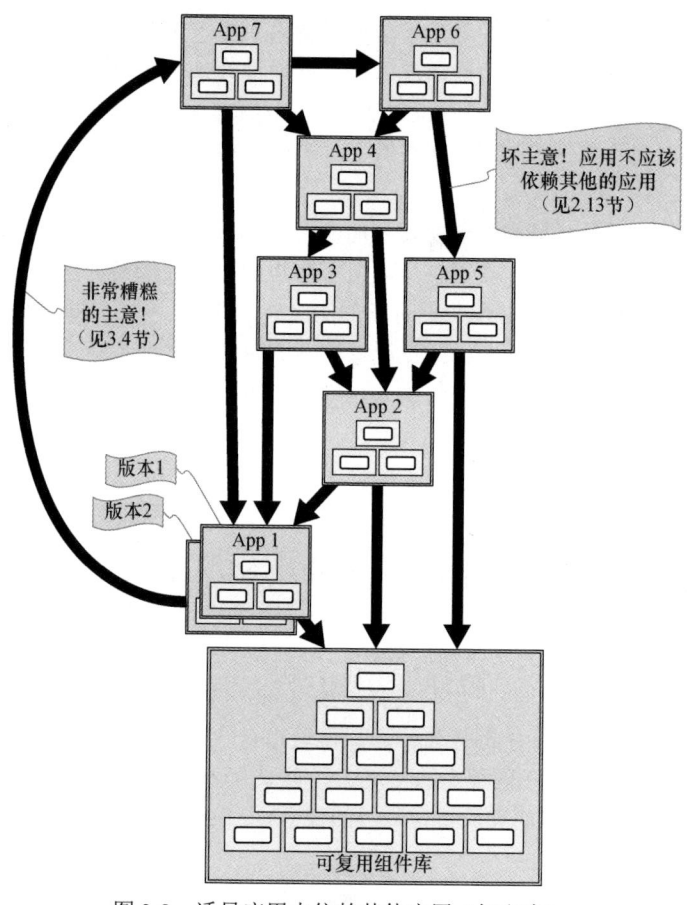

图 3-8 诱导应用去依赖其他应用（坏主意）

3.2.5 对应用开发者而言，物理依赖不是实现细节

观察 物理的实现依赖对模块化有着强烈的影响。

经典的软件设计很快就会将那些编程上无法通过模块接口可见的内容直接当作"实现细节"而无视。但是，忽略物理设计考量（如编译时依赖、连接时依赖，尤其是后者）可能会导致最终要构建、部署软件的客户出现严重问题。想象一下，你需要在你自己的桌子上装订大量文档。你看到在房间对面的桌子上有订书机，然后走过去拿订书机。当你抓住订书机时，你发现它竟然被牢牢地固定在桌子上。

实现细节？也许。可以接受吗？我们认为不可接受。因此，如 2.9.3 节的图 2-74 所示，我们将始终选择不将具有过多实现依赖的构件引入发布单元，即使它在其他方面（逻辑上）完全内聚。

指导原则 除非有令人信服的工程理由，否则在一个组件中尽量避免并置多个公共类。

自 C++诞生以来，指导其语言设计的最基本的原则之一就是，客户只应为他们所使用的内容付出代价（如时间成本和空间成本）。本着这种精神，我们尽可能将功能划分成细粒度的组件，之后便可以按需取用（而不是像未分解的软件，要用就只能全部引入）。因此，除非有令人信服的工程理由（见3.3.1 节），否则我们通常限定一个组件只含一个（公共）类。若是两个或多个类的客户已知（更不用说设计了）是不重合的（或几乎不重合），就特别禁忌在物理上原子的同一模块中定义它们。

当我们费力地从某种特定类型的实现中故意分解出一个稳定的、较低层级的抽象时，就会出现上述指导原则适用的一个重要的极端情况，这个抽象可以是一套实用函数，也可以是一个本身未被用于在组件中定义的主体类型的接口（1.7.3 节）中的可实例化类型。在这种情况下，将此较低层级的功能并置在同一组件中必然会（在编译时）向较高层级抽象的直接客户暴露他们可能不需要的细节。

更糟糕的是，如果主体类的被封装实现（的使用）（见 3.11.1 节）要更改为使用不同的较低层级类型，则这种（现在是遗留）实现类型的所有客户需要永久将其带在周围，或者需要将其切除并放置在其自己分离的组件中（现在具有新的头文件名称），因此，旧实现类型的所有直接客户都将被迫返工代码（更改#include 指令以反映新的组件头文件名称）。①与其允许这种情况发生，不如先将稳定的、可公开访问的、仅为实现的（逻辑）实体与其面向客户的主体类型（物理上）隔离开来。

观察	预期中的客户用途会显著影响模块化。

作为基于不同客户用途的物理模块化需求的一个示例，考虑由协议（1.7.5 节）、该协议的一个或多个具体实现以及仅使用这些实现的一个或多个客户（但只是通过协议间接地使用）组成的经典的面向对象模式。为了帮助说明具体情况，假设我们正在处理高层建筑建造业的一般领域。参考图 3-9，假设协议类 Tool 表示一种抽象机制，设计该类是为了派生自 Tool 的特定具体（可实例化）工具可以被间接使用。进一步假设有一族 *Worker* 类型，每个 *Worker* 类型都知道如何经 Tool 协议操作一族 *SpecificTool* 中的任何一个。再设想有一大族处于支配地位的 *Manager* 类型，其中每个 *Manager* 类型负责在不同种类的特定工具类型中进行挑选，并将这些类型的对象"移交"给不同种类的 *Worker* 对象，从而完成特定种类的任务。

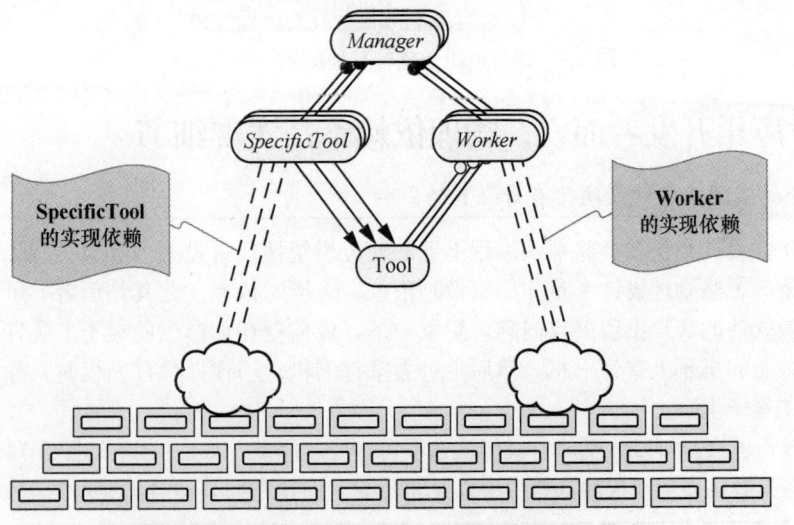

图 3-9　经典的基于协议的、面向对象的设计模式

指导原则	尤其要避免并置那些预期会有大部分客户不重合的类。

使用抽象接口的主要原因是让外部开发者无须更改客户代码（如任一 *Worker* 的源码）就能扩展可用行为的集合（如创建新的 *SpecificTool*）。抽象接口的一个重要附加好处是，它能够打破使用它的

---

① 对于这种不充分分解的可能后果，一个具体的例子可参见图 3-171。

客户与实现它的代码之间的所有物理依赖（见 3.11.5.3 节）。

在定义协议的同一组件中定义实现此协议的具体实现基本都是坏主意。图 3-10a 说明了特别欠佳的（物理）模块化，其中我们将 Tool 协议与 SpecificToolX 并置。注意，对于这两个类，Worker5 只用到 Tool，而 ManagerX5 只作用于 SpecificToolX。将 *SpecificTool* 实现与 Tool 协议置于同一组件中，我们便失去了抽象接口所能提供的实践上的工程优势。也就是说，不必再迫使 *Worker* 组件依赖 *SpecificTool* 实现，也就不会有物理依赖引起的任何编译时和连接时的后果。

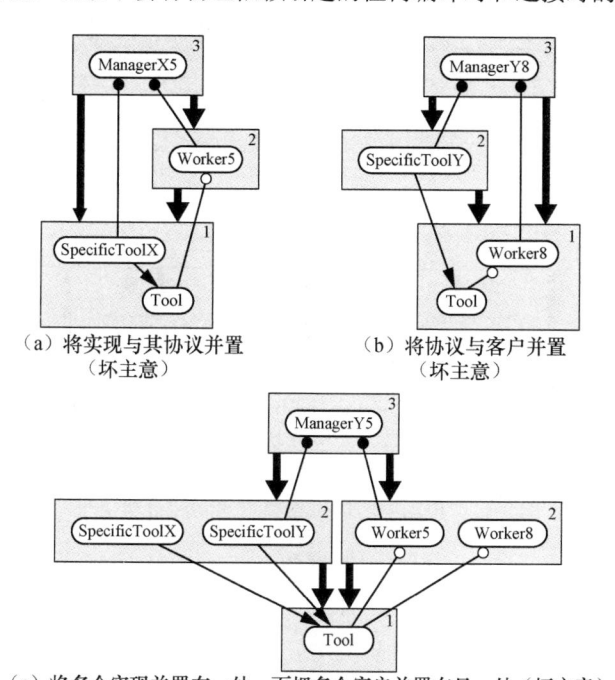

（a）将实现与其协议并置
（坏主意）

（b）将协议与客户并置
（坏主意）

（c）将多个实现并置在一处，而把多个客户并置在另一处（坏主意）

图 3-10　将大部分客户不重合的类并置（坏主意）

出于类似的原因，将协议和使用协议的客户定义在同一组件中一般也是坏主意。如图 3-10b 所示，典型的具体实现 SpecificToolY 将实现协议 Tool，但此实现不会使用与 Tool 协议并置的客户 Worker8。[①]然而，将 Worker8 和 Tool 并置会强制所有具体工具实现都依赖 Worker8，还继承了它所有的外部依赖！

最后要说的是，将本是独立的实现或客户并置在单个组件中也是不明智的。如果已经知晓一个客户只会使用其中一种实现时，就更是如此。在我们刚考虑的情景中，每个 *Manager* 类型各利用一小批具体 Tool 和 Worker 类型。如图 3-10c 所示，一个典型的经理 ManagerY5 负责给一种特别的客户类型 Worker5（的对象）提供一种特别的工具类型 SpecificToolY（的对象）。不管是把实现并置起来还是把客户并置起来，都会不必要地人为引入对其他未被使用的类的物理依赖。

指导原则　要避免并置那些预期会有大部分客户不重合的功能。

正如我们在 2.5 节中了解到的，任何类都必须完全处于单个组件内。考虑到一个类可能随

---

① 当引入抽象接口只是为了打破两个具体类之间的显式循环（示例如图 3-75 所示）时，可能只有一个派生类用于生产（可能还有一个虚拟测试实现），这个派生类必然依赖于抽象接口（以实现它）和唯一的客户（以使用它）。即便如此，将此抽象接口置于其自己的组件中也不会有任何危害，因此，出于规整性，强烈建议这么做。引入抽象接口的另一个更常见的现代实例是，在单元测试期间启用较低层级组件的所谓的模拟（2.14.5 节），我们通常不认可这种做法（见卷 3）。

着时间的推移逐渐长大，并被不同类别的客户使用，图 3-11a 非常笼统地（用纯物理术语）将这一场景展示出来。我们至少会考虑要不要进一步精细化以催发出多个类，这些类由广为使用的"核心"功能和容易与"核心"功能一起使用的更高层级额外功能组成，但不同的额外功能只会被不同类别的客户使用，如图 3-11b 所示。

（a）把所有逻辑内聚的东西都放在一个类（或结构体）中

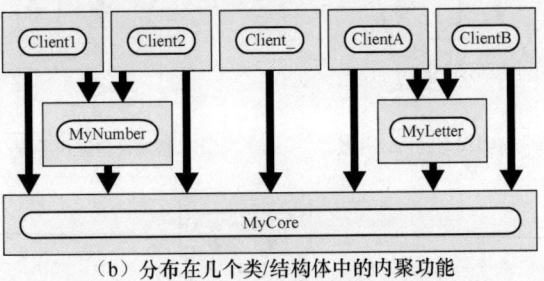

（b）分布在几个类/结构体中的内聚功能

图 3-11　根据客户的用途将内聚功能分解出来

现在，我们已准备好介绍这一通用原则的更具有针对性的、但极为普遍且重要的应用，这一应用基于特定功能是否被视为是*初等的*。然而，在这样做之前，我们先要指出，我们编写的每个组件都需要一个内聚的、明确定义且专注的目的。

指导原则　我们设计的每个组件都应具有紧密专注的目的。

在设计组件时，我们的目标应该是敲定一个可以轻松解释的高度专注的领域，并提供适当的可公共访问的功能，以满足组件首次被委托（"使用"）的特定需求以及未来可能出现的类似其他需求（"复用"）。未能确定专注的目的是非常常见的，这会不必要地提高人们理解、使用和维护软件的难度，也更难有效地复用软件（见卷 2 的 5.7 节）。

指导原则　可复用组件所提供的功能应当完整（complete）但同时最小（minimal）。

在这样一个专注的领域中，[①]如果一个组件提供的功能能够完全满足该专注领域中一个特别客户的需求，则该组件就此客户而言是足够的（sufficient）。例如，一个应用需要整数栈组件，但仅使用其 push、top 和 length 方法。虽然仅提供这些功能的"栈"组件（而没有提供其他一些功能，如 pop 方法）可能对该应用是足够的，但它肯定不会被认为是用途广泛的。

在培养复用上，仅对首个客户足够显然是不够的。我们需要提供一些功能，以支持对相关（*初等*）功能（见下文）而言某种自然的闭包概念。以某种方式为该专注领域的绝大多数客户提供了足够功能的组件被认为是*完整的*。这种组件自然也符合开闭原则（0.5 节）。

同时，我们希望组件提供的所有函数之作用各有不同。也就是说，我们希望避免提供不必要的或冗余的功能，这些功能可能会干扰接口，让人不容易理解如何有效使用此组件。在很大程度

---

① **booch94**，3.6 节，第 136、137 页（特别是第 137 页）。

上，为每个基本操作提供单一执行方式的组件被认为是最小的。

> **定义** 为高效实现而在本质上需要对其操作类型的对象进行私有访问的功能，被认为是该类型的初等操作。

任何需要对其操作的类型进行私有访问的函数都是表现上初等的（manifestly primitive）函数。即使一个函数可以在没有私有访问权的情况下被合理地实现，但如果其实现的性能与有私有访问权的实现效率不可比，则该函数还是初等功能。不过，常可以采取有效的措施来大幅减少本被视为初等的功能。只有在采取这些步骤后，剩下的功能才可被视为是固有初等的（inherently primitive）。

3.2.6 迭代器有助于减少初等功能的开发量

> **观察** 迭代器通常会大大减少会被视为表现上初等的操作。

要对聚合其他对象的对象执行非初等操作，通常需要对其底层对象的高效访问。相对少数的几种容器（通过索引）提供对其所含的每个对象的高效内联访问（如标准的 vector），对于这些容器，至少是可以在分离的组件（没有私有访问权）中写入任意非初等功能（如排序、搜索、划分）的。给 vector 提供的迭代器概念虽然不再被视为初等，但仍然是有益的（如对于泛型算法）。

对于需要作用于多种容器的函数，如标准的 list 或 unordered_set，这些容器不能提供对其所含的每个对象的直接内联访问，基本上有两种选择（0.5 节）：给每个此类函数授予私有访问权，从而强制它与容器位于同一个组件中（坏主意）；或者提供一种系统地依次访问每个成员对象的高效方法（好主意）。通过在适当的情况下由迭代器一致地提供高效的内联访问，我们显著地削减了必须被视为固有初等功能的数量。

3.2.7 既要最小也要初等：实用结构体

> **指导原则** 定义了可实例化类型的组件中实现的几乎所有(领域特定的)功能都应该是初等的。

事实证明，仅靠用途独特并不足以成为将某一功能纳入组件的理由。某一操作有用并不意味着对所有客户它都能派上用场。把对一个可实例化类型可能有用的每个操作都坚持作为该类的方法（无论它是否需要私有访问权）会助长不稳定性（0.5 节），并且完全不可伸缩。有了这种"仅作为方法"的思维模式，一个简单的组件可能会随着时间的推移会变得庞大得不可操作和不切实际，从而削减了其可理解性，也降低了它的价值。

> **指导原则** 作用于可实例化类型的大多数非初等功能都应在更高层级的实用结构体中实现。

我们编写的每种可实例化类型的目标都应该是提供完整但最小的功能子集。任何能够在没有私有访问权的情况下安排高效实现的有用功能都应位于分离的、更高层级的"实用"组件中。这样，我们不仅可以提高旗舰类型的稳定性，还可以保持其根本目的的清晰（见卷 2 的 4.2 节），如表示值（见卷 2 的 4.1 节）。

3.2.8 总结性示例：封装型多边形类接口

为了阐释清楚什么是固有初等的功能，假设我们被要求设计一个低层级、高性能、通用的类，用于在笛卡儿坐标系的整数格点上表示任意闭合多边形。在这种场合下，多边形最常被认为是一个代表邻接顶点的绝对坐标序列，顶点由边来隐式连接。这样的多边形类的每个对象都自然地代表一个值（见卷 2 的 4.1 节），并且我们被要求设计的类型应该是一个（具体）值类型（见卷 2 的 4.2 节），具有恰当的值语义（见卷 2 的 4.3 节），在总结出这两点后，我们必须考虑的下一个问题是关于 Polygon 类在其接口中将使用的类型（1.7.3 节）的。

3.2.8.1　接口中使用了哪些其他的用户定义类型

鉴于多边形的固有操作中有几个可能涉及顶点，而顶点可方便地表示为整数坐标对，我们很快就会意识到多边形类 our::Polygon 应该在其接口中使用适当的（具体的）值语义词汇类型，称之为 the::Point[1]（见卷 2 的 4.4 节）。因此，定义 our::Polygon 的组件（假设是 our_polygon）必须在物理层次中位于定义 the::Point 的组件（如 the_point）之上。

3.2.8.2　our::Polygon 的不变量

现在花点时间来推敲一下伪包 our 中的 Polygon 类的具体细节。有许多有趣的事情值得花时间琢磨。例如，多边形的原点 origin（放置在地理位置时）是当作 vertex[0] 的同义词，还是另设为一属性？如果当作同义词，那要是一个多边形没有顶点，会发生什么？这时，什么是它的原点？有效的多边形最少要有多少个顶点？一个多边形可不可以是无效的，或者说，是不是所有多边形（像所有的整数一样）[2]都必须有效？是否允许多边形自交叉，也就是说，是否允许边交织成像 8 的形状？是否允许多边形有重合边？前后相继的两个顶点可以相同吗？重复顶点是不是应该自动合并？这些复杂的设计问题的答案通常都高度特定于应用。对值类型本身强加特定的、细致的不变量（如边不会交叉）很容易导致比所解决的问题更复杂的问题（见卷 2 的 5.9 节）。

3.2.8.3　our::Polygon 的重要用例

多边形类有几种基本的、低层级的设计方案可供选择。如何使用 our::Polygon 关系到哪种实现方式是最好的，进而关系到哪些操作是固有初等的。例如，因为对顶点的访问是最频繁的操作，我们可能优先将它的成本最小化，而诸如移动整个多边形这样的操作则会往后放。将每个顶点值的绝对位置直接存储在多边形中将最大限度地降低随机访问各个顶点的运行时成本。但事实证明，现实中大多数应用很少希望在不连续访问其余顶点的情况下访问单一顶点。然而，这些应用常常希望能高效地移动任意大量的多边形集合。

通常情况下，开发团队可能一开始不知道如何总体最优地实现组件，因此，我们需要设计接口以便进行实验。为了让多边形值的内部表示保持足够的灵活性，our::Polygon 对象的顶点只能从定义了 our::Polygon 类的组件的任何可公共访问功能按值[3]访问。

例如，我们可能在内部将任一顶点表示为与上一顶点的增量（向量差），第一个顶点用绝对坐标表示，相当于对 (0,0) 的增量。这样就可以将移动 our::Polygon（所有顶点）的运行时成本从 $O(N)$ 降低到 $O(1)$，并且只要我们提供一个高效的机制（如迭代器）来依次重新创建顶点，按顺序获取所有 N 个顶点的成本将保持在 $O(N)$。但是，随机访问单个顶点的成本现在则从 $O(1)$ 增加到 $O(N)$。

3.2.8.4　our::Polygon 的特定需求

事实证明（见下文），通过索引高效获取任意顶点尽管有时并非绝对必要，但着实让人方便不少。幸运的是，对顶点的高效随机访问和高效的批量移动不需要相互排斥。如果将每个绝对顶点表示为相对某一参考顶点（如第一个顶点）而不是前一个顶点的偏移，则在常数时间（$O(1)$）内就可以访问任一顶点值[4]，也能移动整个多边形（以最大效率）！但是，做到这一点需要放宽

---

[1] 同样，我们使用的是伪包名称（2.10.3 节）our 和 the，一是因为物理位置不重要，二是这里所述的组件不会被纳入我们软件资本的任何实际包组中。

[2] 从技术上说，访问未初始化的 int 是一种未定义行为，因此即使不会造成实际伤害也应该避免这种做法，即使每个 int 状态都表示一个唯一且有效的值。

[3] 可以合理地假设，用于表示 Polygon 对象顶点值的类型 the::Point 不需要动态内存分配，因此，将这样的对象按值返回没有任何顾虑，如果需要动态内存分配的话，可能会有使用局部内存分配器方面的顾虑（见卷 2 的 4.10 节）。

[4] 尽管付出一次额外算术运算的常数成本（希望没有后果）。

能够高效移动任一顶点（包括参考顶点）的需求，这一代价我们很可能愿意付出。图 3-12 提供了对 our::Polygon 的部分功能和（可轻易实现的）性能需求。

令N为顶点的数量	
常规的值语义操作	
- 默认构造	$O(1)$
- 复制构造	$O(N)$
- 析构	$O(N)$
- 复制赋值	$O(N)$
- 交换	$O(1)$（分配器相同）
- 相等比较	$O(N)$
- 迭代一步	$O(1)$（如果适用）
针对特定领域的需求	
- 追加顶点	$O(1)$（均摊）
- 在给定索引处插入顶点	$O(N)$
- 在给定索引处移除顶点	$O(N)$
- 获取顶点的数量	$O(1)$
- 在给定索引处访问顶点（如顶点的值）	$O(1)$或$O(N)$（显著）
- 在给定索引处设置顶点/移动顶点	$O(1)$或$O(N)$（显著）
- 移动整个多边形	$O(1)$或$O(N)$（显著）
- 计算周长	$O(N)$
- 计算面积	$O(N)$
- 确定其是否旋转相似	$O(N^2)$
- 确定拓扑数	$O(?)$ ☺

图 3-12　对 our::Polygon 的初始性能需求

3.2.8.5　哪些要求的行为是初等的

接下来，需要确定有需求的行为中哪些是固有初等的，哪些行为可以在组件之外高效实现，并且就应该放在外面。基础操作［如构造、析构和（如适用）复制赋值］显然是一个对象的实现中密不可分的部分。此外，C++语言要求这样的不可或缺的功能不能声明在其所操作的类的词法作用域之外；因此，根据组件特性 3（1.6.3 节），这些功能必须在同一组件中实现。

诸如相等比较这样的操作是典型（常规）值类型自然而然的一部分（见卷 2 的 4.3 节），也应在同一组件中实现，无论其实现是否需要私有访问权（见图 3-20 的第 4 项）。迭代器的主要目的是在保持稳定性的同时隔离实现的特定细节，从而使此细节易延展，但仍允许在组件之外高效地实现新功能，迭代器也将（或有一天可能）需要私有访问权。因此，迭代器是要与容器类型定义在同一组件内的首要候选（见 3.3.1.1 节），但不一定要在容器类本身的词法作用域内定义（2.7.4 节）。

现在看看对 our::Polygon 的一些领域特定需求。我们被要求在均摊常数时间[①]内将一个顶点追加到多边形上，并在线性时间内插入或移除一个给定整数索引处的顶点。我们还需要能够立即（在 $O(1)$时间内），确定给定多边形中的顶点数量。为了避免暴露底层表示的细节，我们显然需要提供实现这些操作的函数。当然，这些函数要求对 our::Polygon 的私有访问权，因而也必须在同一组件中实现（2.6 节）。

---

① "均摊常数时间"（amortized constant time）一词意味着，我们可以在与（任意大的数）N 成比例的时间内接连执行 N 次这样的操作，同时需要（相对较少）$O(\log N)$次对任何底层数据结构的容量作几何增长。

3.2.8.6　在实现方案间权衡

指导原则　努力开发一个提供最高运行时效率的接口，同时尽可能保持实现选项的开放性和灵活性。

对 3 种关键行为的需求将极大地影响此组件的可能实现选择范围：

（1）在给定索引处访问顶点（如值）　　　　　　$O(1)$ 或 $O(N)$（显著）

（2）在给定索引处设置顶点/移动顶点　　　　　$O(1)$ 或 $O(N)$（显著）

（3）移动整个多边形　　　　　　　　　　　　$O(1)$ 或 $O(N)$（显著）

就像尝试对产品、进度和预算的优化（0.1 节）一样，我们可以选择任意两种以常数时间为界限，而不会影响为此组件设计优良的接口：若是要在常数时间 $O(1)$ 内执行第 1 个和第 2 个行为，就将顶点表示为绝对坐标；若是要执行第 2 个和第 3 个行为，就将每个顶点的值表示为上一个顶点的增量，只有第一个顶点是绝对坐标；若是要执行第 1 个和第 3 个行为，就将每个顶点表示为相对于一个一致的（但未指定）相对参考顶点（如第一个顶点）的偏移。

3.2.8.7　三者得其二就算不错了

若是要这 3 种行为都在常数时间内完成，就要求每个顶点都要相对于一独立参考点进行定义。为了实现恰当的值语义（见卷 2 的 4.3 节），需要满足下面两个条件之一：将此相对参考点作为分离的一项核心属性（如 origin），这必然会增加多边形对象的总体的值；或者，用不会溢出的无界整数类来定义 the::Point 类[1]。目前这两者我们都不准备接受。

3.2.8.8　实现的初等性与灵活度

观察　实现中的灵活度可能会影响什么是可被视为初等的。

什么能应被视为初等的？这有时取决于开发者想在实现中保持多大的灵活度。假设我们准备好让所有的数据成员公共（坏主意!）。在这种情况下，在该类之上的所有功能必然是非初等的，除非受到语言本身的约束，否则都可以在一个分离实用组件中实现，但自然代价是对实现进行更改的灵活度基本为零。但实际上，我们希望在实现中至少有一定的灵活度，若是这么做会额外引入的运行时开销基本为零，就更是如此。因此，我们希望提供足够的初等功能，使得在不强迫客户返工其源代码的前提下，我们能够更改实现细节（在适当的限制范围内）。

3.2.8.9　实现的灵活度可以扩展初等功能

保持实现的灵活度是接口的长期设计目标。以移动（move）整个多边形的操作为例。如果我们知道多边形是用绝对的顶点坐标表示的，那么让这一操作初等就不会有什么好处，而 $O(N)$ 版本可以在分离的组件中高效地实现。而如果采用了上述其他两种实现方式之一，则可以在常数时间内实现 move 操作，但前提是它能够访问实现的私有细节。即使现在使用的是绝对坐标，为了保留将来更改到其他两种实现方式的余地，我们也更倾向于让 move 作为初等功能。[2]

3.2.8.10　初等性的需求并不过于严苛

正如此节标题所言，初等性并非绝对的要求。由于我们有可以最高效率访问和设置（通过索引）单个顶点的绝对值的初等操作，在给定索引处通过增量来移动顶点的分离函数便可能不被视为真正的初等函数。尽管如此，将

```
void moveVertex(std:size_t index, const the::Point& delta);
```

---

[1] 否则，两个表面上看起来具有相同值的多边形对象可能进行相同序列的核心操作后一个对象发生内部溢出，而另一个不发生内部溢出（见卷 2 的 4.3 节）。

[2] 公平地说，David Sankel 在对本卷书稿的审阅中正确地指出，尽管这并不理想，但"改变为成员函数移动操作的选择是存在的，这只是意味着你最终可能会获得一个由成员函数实现的冗余实用函数。"

函数作为成员很可能是有用的，不仅是为了方便用户，还可能提供适度（常数因子）的效率增益，这取决于实现的低层级细节。因此，除了绝对初等和必要的方法

```
the::Point vertex(std::size_t index) const;
```

和

```
void setVertex(std::size_t index, const the::Point& vertex);
```

我们也可能会喜欢在该 Polygon 类中有如下的成员函数：

```
void moveVertex(std:size_t index, const the::Point& delta);
```

在实现值类型的组件（如 our::Polygon）中纳入什么非初等功能是恰当的准则确实有些模糊（见 3.3.1 节）；为了避免这种恶名昭彰的滑坡（slippery slope），开发人员需要做出精妙的工程决断。

3.2.8.11 熟知的功能（如求周长和面积）又如何？

下面考虑这样一个需求：在线性时间内，计算多边形的周长和面积。有些人的第一反应可能是，周长和面积都是多边形具有的大家熟知且基础的属性，因此它们须具有对多边形对象的内部表示的私有访问权。不过，答案却并非如此。

要高效地计算多边形的周长或面积，真正需要的是什么？事实上，只要有办法能高效访问所需信息，高效确定这些量的算法就不需要私有访问权。图 3-13 说明了如何用顶点迭代器编写高效的（非初等）函数来计算周长和面积，只要 our::Polygon 对象的公共接口，上面提议的 3 种内部实现都适用！

我们作为可复用库的开发人员，除了提供渐进最优性，还要争取常数因子的优化，即使这个常数不大。如果仅仅是把对绝对顶点值的访问做到常数时间，虽

对多边形的线性时间运算

$$周长 = \sum_{i=0}^{N-1} \sqrt{\Delta x_i^2 + \Delta y_i^2}$$

$$面积 = \frac{1}{2} \sum_{i=0}^{N-1} x_i \cdot \Delta y_i - y_i \cdot \Delta x_i$$

其中

$$\Delta z_i = z_{(i+1)\,\mathrm{mod}\,N} - z_i \qquad z \in \{x, y\}$$

并且

$$N = 顶点数量$$

图 3-13 对多边形类型的一些常见非初等操作

然已经完全满足图 3-12 中渐进（大 O）复杂度上的需求，但还谈不上做到完全的最优化。如果我们的实现是存储绝对顶点的那种，那确实不能再快了。但如果哪天 our::Polygon 用按次序的增量实现，抑或是相对一个特别的参考顶点的偏移，这时候，暴露额外的初等方法就会带来显著优势。

例如，想象一下，除了提供如下返回顶点值的方法：

```
inline
the::Point vertex(std::size_t index) const
{
    return d_offsets[(index + 1) % d_numVertices] - d_reference;
}
```

我们还提供一个成员函数以求前向差分（forward difference）：

```
inline
the::Point delta(std::size_t index) const
{
    return d_offset[(index + 1) % d_numVertices] - d_offset[index];
}
```

这样就能从下式中去掉一次取模和两次减法运算：

```
the::Point delta = (d_offsets[(i + 1) % d_numVertices] - d_reference)
                 - (d_offsets[ i      % d_numVertices] - d_reference);
```

得到：

```
the::Point delta = d_offsets[(i + 1) % d_numVertices] - d_offsets[i];
```

即使这一实现没有带来任何好处，也不会造成什么损失，因为我们所做的只是本来需要做的事情。提供这些额外的初等接口函数的好处是，它允许开发者在将来优化实现，而不用强迫使用这些方法的客户返工其代码。

如果运行时性能的最优化是紧要的事（通常情况下确实如此），我们甚至可以选择提供一种"裸" offset 方法[1]，该方法返回顶点的相对位置，但每个顶点的偏移都是相对于一个一致但未指定的"参考"点的，类似于不定积分中熟悉但又模糊的"$\cdots + C$"：

```
inline
the::Point Polygon::offset(std::size_t index) const
{
    return d_offset[index];
}
```

还要注意，我们特意将偏移量按值返回而不是按 const 引用返回，以便在实现中保持灵活度。我们小心地给这一"裸"值作了注释，返回它可以使得诸如

```
struct PolygonUtil {
    // ...

    static double area(const Polygon& polygon);
        // 返回指定的 polygon 的面积。其行为……
    // ...
};
```

这样只关心 x 和 y 的相对位置的实用函数可以在当前正考虑的 our::Polygon 的实现中每个顶点避免一次额外的减法运算，并且对其他两种实现绝对不会产生额外的开销。[2]

> **指导原则**　相较于直接实现初等的应用级功能，提供低层级的、可复用的初等功能更好。

3.2.8.12　为通用算法提供迭代器支持

与许多容器不同，对于 our::Polygon，我们最有可能采用的两种实现（能通过顶点索引高效随机访问的那两种）不需要迭代器就能实现高可扩展性。尽管如此，始终如一地定义迭代器以提供对所含对象的访问具有两个明显的好处：一是只按自然顺序访问顶点、增量，甚至是"裸"偏移的客户应该更喜欢使用迭代器，以便获得这种对底层实现的限制性使用所能实现的最细微优化；二是不管采用这 3 种可行的实现方案中的哪一种，泛型算法都能正确作用于 our::Polygon，这带来了互操作性。因此，为这些不同序列（顶点、增量和裸偏移）提供分离的标准输入迭代器可能有很好的工程意义，即使为了保持完全封装，这样的迭代器将被迫按值返回元素，而不是按引用返回元素。[3]

3.2.8.13　专注在用途广泛的初等功能上

为了发挥出最后一点性能，并在实现不断变化的同时保护稳定性，我们可能会考虑提供一个非

---

① 当我们想向潜在客户和维护人员表明某个特定函数具有"锐边"（sharp edge）时，我们通常会给函数名添加后缀"Raw"（见卷 2 的 5.2 节和 6.11 节），"锐边"指的是这一函数的客户需要非常仔细地阅读该函数合约的前提条件（见卷 2 的 5.2 节）。

② 值得注意的是，如果这些访问函数被声明为 inline，就像如上所示的那样，那么在优化的构建模式下，许多性能改进都可以通过优化器自动完成。尽管如此，通过具体地仅仅要求真正所需的功能，我们为编译器提供了以最优方式执行的最好机会。

③ 因为在大多数现代架构中，顶点值（the::Point）的向外表示本身在大小上与指针变量相当，所以返回副本（而不是地址）可能没有相对开销。鉴于此类访问函数几乎肯定会被声明为 inline，编译器可以完全自由地跨其边界进行优化。

标准的、类似迭代器的类，暴露对所有 3 个当前值（顶点、增量和偏移）的直接访问，这样便只需要推进一个变量。图 3-14 提供了使用这样的复合迭代器最优且无须私有访问权地（无论采用的是前面讨论的 3 种不同实现方式中的哪一种）计算 our::Polygon 类对象的面积的示例。注意，我们是如何努力地提供可复用的初等"辅助"功能，而不是直接实现所需的应用级方法。

```
double PolygonUtil::area(const Polygon& value)
{
    double result = 0.0;

    for (Polygon::const_iterator it  = value.cbegin();
                                 it != value.cend();
                                 ++it)
    {
        result += it.offset().x() * it.delta().y()
                - it.offset().y() * it.delta().x();
    }

    return 0.5 * result;
}
```

图 3-14　our::Polygon 的 area 的非初等实现

3.2.8.14　抑制冲动，不要将非初等功能并置在一起

有人可能会不自禁地给多边形类添加求周长或面积等非初等功能，看上去相关也有用，但这种冲动必须抑制住。如果返回多边形的周长或面积被视为初等的，滑坡就开始了。诸如 isConvex、areTouching 和 isContainedBy 这样的谓词如何？可以问 our::Polygon 对象的问题是问不完的。设计功能齐全的多边形组件的目标必须是确保我们和客户能够在 our::Polygon 类型的对象上编写高效、任意复杂的函数，无须修改！因此，our::Polygon 的初等功能必须尽可能完整。

3.2.8.15　支持不寻常的功能

我们现在转向更深奥的功能。在某些应用中，除了知道两个多边形是否精确地表示相同的值（见卷 2 的 4.1 节），还要知道它们是否在某种意义上相似。如果一个多边形的顶点的索引标签可以旋转到与另一多边形对应索引位置的顶点值相同的状态，就可称这两个多边形旋转相似（rotationally similar）。[1]图 3-15 显示了两个旋转相似的多边形 x 和 y，它们的顶点数相同且表示相同的形状，但顶点索引标签不同：x 最左侧的最低顶点标记为 0，而 y 中的相应顶点标记为 4。按顺序旋转 x 中的顶点标签，向前旋转 2 个（或向后旋转 4 个），然后使用 our::Polygon 的一个真正的相等比较运算符 operator== 将结果与 y 进行比较便显示了相似性。

当确定对象值的相等比较（见卷 2 的 4.1 节）是合适的操作时，operator== 和 operator!= 两个函数的行为与值语义是一致的（见卷 2 的 4.3 节），我们希望在其所操作的值类型所在的同一组件中（见 3.3.1.4 节）声明这两个函数为自由运算符（见卷 2 的 6.13 节）。但是，决定两个 our::Polygon 对象旋转相似的功能属于何处？答案显然不是与 our::Polygon 在同一组件中！客户可以在定义 our::Polygon 的组件之外高效地实现此功能，不然我们就需要再次增强该组件，以便客户可以实现此功能。

事实证明，之前所寻求的"判断是否旋转相似"功能可以用我们预期的初等功能高效地实现，前提是对顶点值的索引访问保证为 $O(1)$；否则，这事就还得劳烦库的开发人员。此类非初等实用函数的接口如图 3-16a 所示。图 3-16b 中提供了一种高效的实现，只要我们对顶点值的索引访问确实是常数时间的，就不需要对 our::Polygon 的实现的私有访问权。

---

① 注意，不必考虑反向顺序，因为反向上有着不同的含义，如意味着负的面积或"孔"（见下文）。

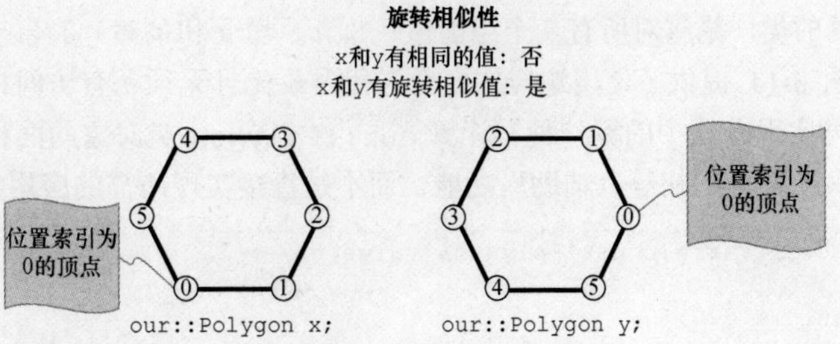

旋转相似性

x 和 y 有相同的值：否
x 和 y 有旋转相似值：是

our::Polygon x;   our::Polygon y;

```
assert(x != y)
assert(x.vertex(0) == y.vertex(4))
assert(x.vertex(1) == y.vertex(5))
assert(x.vertex(2) == y.vertex(0))
assert(x.vertex(3) == y.vertex(1))
assert(x.vertex(4) == y.vertex(2))
assert(x.vertex(5) == y.vertex(3))
```

图 3-15　两个多边形的许多有用的"等效"概念

```
struct PolygonUtil {
    // 此结构体为一组纯函数提供命名空间

    static bool areRotationallySimilar(const Polygon& a, const Polygon& b);
        // 如果指定的 a 和 b 多边形旋转相似，则返回 true，否则返回 false。如果存在一种对顶点值
        // 的顺序旋转，在旋转之后，它们进行比较是相等的，则两个多边形是旋转相似的
};
```

（a）接口

```
bool PolygonUtil::areRotationallySimilar(const Polygon& a, const Polygon& b)
{
    const std::size_t len = a.numVertices();

    if (len != b.numVertices()) {
        return false;  // 多边形顶点数量不同                              // 返回
    }

    // 相对于 a 的起始顶点的每个偏移

    for (std::size_t offset = 0; offset < len; ++offset) {

        std::size_t i = 0;

        for (; i < len; ++i) {

            if (a.vertex((offset + i) % len) != b.vertex(i)) {
                break;
            }
        }

        if (len == i) {
            return true;  // 所有顶点均匹配上                            // 返回
        }

        // 再转一步，重试
    }

    return false;  // 没找到匹配的旋转
}
```

（b）基于索引的随机访问的实现

图 3-16　实现 our::polygon 的 areRotationallySimilar

```
bool PolygonUtil::areRotationallySimilar(const Polygon& a, const Polygon& b)
{
    const std::size_t len = a.numVertices();

    if (len != b.numVertices()) {
        return false;  // 多边形顶点数量不同                        // 返回
    }

    // 对于a的每个起始顶点

    for (Polygon::const_iterator sa = a.cbegin(); sa != a.cend(); ++sa) {

        Polygon::RotationalIterator ita(sa);        // *** 自定义的迭代器 ***

        Polygon::const_iterator itb = b.cbegin();

        for ( ; itb != b.cend(); ++itb, ++ita) {

            if (ita.vertex() != itb.vertex()) {  // 与if (*ita != *itb)相同
                break;
            }
        }

        if (b.cend() == itb) {
            return true;  // 所有顶点均匹配上                        // 返回
        }

        // 再转一步，重试
    }

    return false;  // 没有找到匹配的旋转
}
```

（c）基于双向迭代器的自定义的实现

图 3-16 实现 our::polygon 的 areRotationallySimilar（续）

如果不准备将对 our::Polygon 中绝对顶点的索引访问控制在常数时间内，我们仍然可以通过自定义迭代器 RotationalIterator 确保上述所有 3 种建议实现的最佳运行时性能，如图 3-16c 所示。此特殊用途的迭代器在构造时从标准迭代器获取初始位置，并在每次迭代时提供后续顶点，但在到达最后一个顶点时，会绕到第一个顶点。注意，为了达到完全最优，这种旋转式迭代器自然需要对标准迭代器以及 Polygon 本身的私有访问权。

指导原则 通过确保每个组件的功能完整来尽力提供足够的初等功能以支持开闭原则（0.5节）：任意应用功能应可在分离的更高层级组件中实现（如，由客户实现）。

谚语云："供人以鱼，只解一餐；授人以渔，终身受用。"这里，我们再次避免了将面向应用的功能作为初等功能，而是选择了用可复用"工具"（初等机械）来增强底层类型，这些工具随后可用于高效地实现当前所需的功能以及未来类似的应用级功能，而不必要求直接的私有访问权，而这会导致对底层类型的额外修改。

以简单值类型（如 our::Polygon）为基础就能够开发出无数的有用且具实践性的应用级功能。例如，可以考虑显然非初等的 topologicalNumber 函数，其接口和合约[①]如图 3-17 所示。只有通过积极地将组件中的功能限制，使其不仅是最小且大体上初等而又足够完整，可用

---

① 复杂功能的注释里添上些插图会很有帮助！:-)

于实现任意的应用级功能，我们才能保留并稳定用户定义类型所关注的纯粹无杂的本质（见卷 2 的 5.7 节）。

```
struct TopologyUtil {
    // 由our::Polygon类型的对象表示的形状，有一组纯函数用于对它们进行拓扑分析，
    // 此结构体为这些函数提供命名空间

    static int topologicalNumber(const our::Polygon& shape);
        // 返回指定shape的拓扑数T#（1是简单形状，2是甜甜圈形状，3是有岛的甜甜圈，诸如此
        // 类）。如果shape无效（边和边交叉），则返回负数。如果一系列边汇合，然后重合，
        // 重合之后最终从汇合时的同一侧发散出去的话，就不算边和边交叉；如果重合的边从异侧
        // 发散出去，算边和边交叉。注意，如果拓扑数T#非0，就要求其区域范围内面积非0。
        // （例如，一个有效形状的面积为0时，返回拓扑数0）
        //..
        //                ,--零面积           I---------<---------H
        //          L                         |                   |        交叉的边__,
        // 2,0========1                       |     D----->-----E  |             /
        //      T# = 0     B--<--A            |     |           |  |            /
        //                /        \          |     A-<-9       |  |           L
        //               C  5->-6  9          |     |       |   | F,5===2,G
        // 4---<---3     |   |     |   C,6===7->-8   |   |   |   |        4-->--5
        // |       |     D  4-<-3==2,8        |  ,B  |       |   |        |     |
        // 5       2      \   ,7 /            5-----<-----4   |   | 7,3=<=<=2,6
        //  \       \      \  / /                             |   |   |   |
        // 6,0->-1   E,0->-1   J,0--------->--------1          8,0-->--1
        //
        //   T# = 1      T# = 2          T# = 3                      无效
        //..

    // ...
};
```

图 3-17　对多边形类型的一些不太常见的非初等操作

　　编写一个简单的工业级多边形类接口，而把重要的实现细节隐藏起来，绝非易事。为了让讨论的内容更加具体，图 3-18 说明了本节中讨论的 our::Polygon 所有初等功能的超集。此接口的目的是建议我们如何对潜在客户封装（并隐藏）的实现中的各种细节。我们的目标是让外部算法，尤其是那些仅访问而不修改多边形的算法，在 our::Polygon 上的运行速度就像直接访问底层表示一样快，还能保护它们免受其内部复杂性的影响。特别是，其内部管理内存的方式不应与多边形值的表示或操作方式相关。

　　你可以看到这里提供了多种迭代器的变体，包括复合迭代器，每种复合迭代器都通过命名妥当的方法返回顶点、增量和偏移（以及通过传统运算符提供的顶点）。此外，还提供了（专门用于 vertex、 delta 和 offset）的个体迭代器，适合于典型的泛型用途。这里所用的 const/非 const 模型类似于 std::set 模型，其中 const 迭代器和非 const 迭代器的 typedef 声明都出现在类的作用域中，但实现这两者的是组件私有的同一迭代器类型（没有非 const 方法）。鉴于 3 种实现方式中只有一种可以有对个体顶点的引用，因此没有考虑未来添加一个有可修改访问权（如通过结构继承，见卷 2 的 4.6 节）的迭代器。

　　像我们在这里所尝试的那样，保留所有的实现方式一般不大可行。如果我们下定决心从可行实现方式中选定了一部分，那么我们就能够部分剔除图 3-18 所建议的接口，从而形成一个更简单、更易于理解的组件，在被认为是最关键的领域中，这样做也许获得一些边际效率增益。希望你能从这一示例中获得设计完整但最小的组件接口的启发。

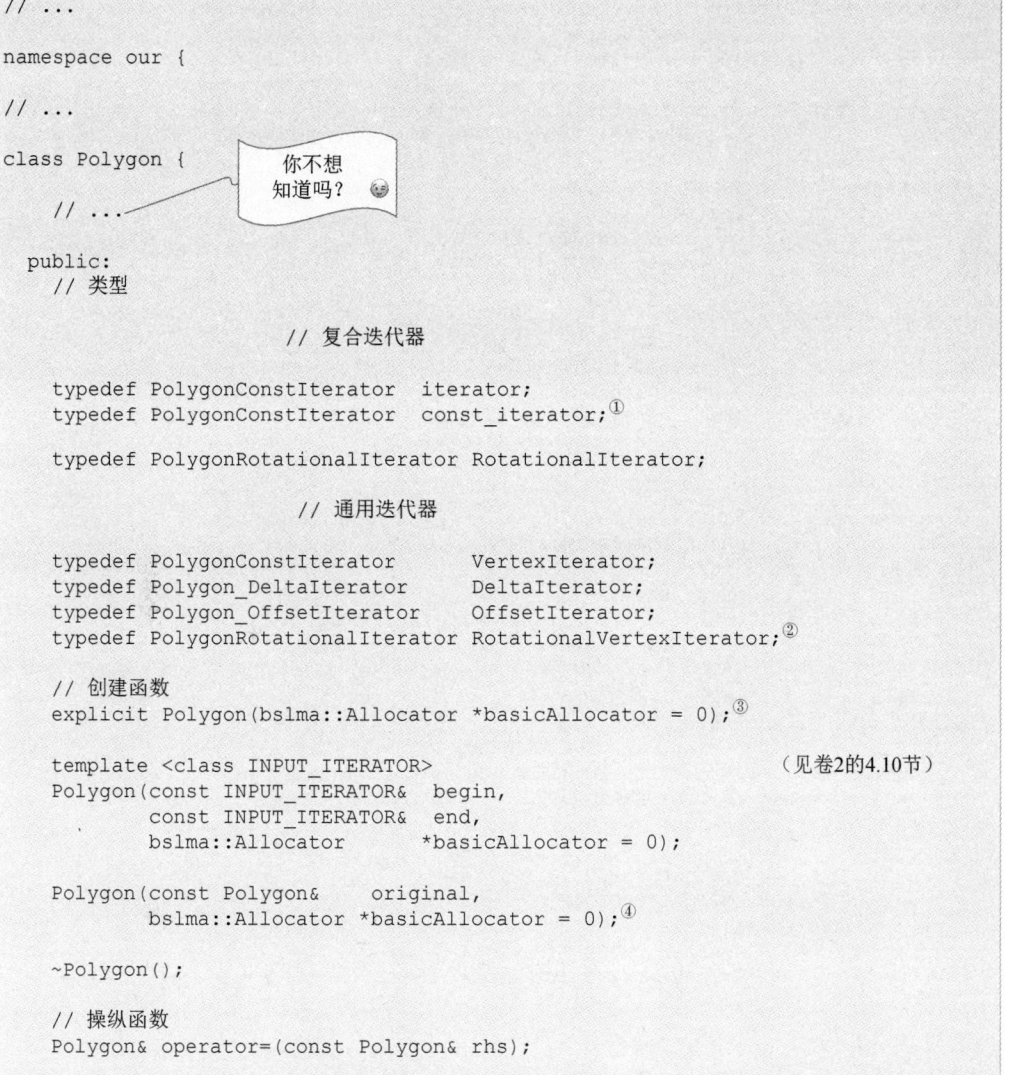

图 3-18 过度封装的 our::Polygon 的完整接口

---

① 注意，因为这些迭代器提供的功能超出了给基本（input_iterator）设想进行模型化所需的最小化功能（见 1.7.6
节），所以需要明确记录它们（见卷 2 的 6.15 节至 6.17 节），因此不能仅视为此组件的私有细节。

② 注意，由于这些迭代器仅提供基本（input_iterator）设想进行模型化所需的最小化功能，因此它们可能被视为此
组件的私有细节（示例子见图 2-54）。

③ 注意，从 C++11 开始，C++标准普遍倾向于重载而不是默认参数，以避免关键字 explict 也应用于默认构造函数。

④ 注意，从 C++11 开始，我们也自然地会实现两种移动操作，也就是移动构造和移动赋值。

```
void insertVertex(std::size_t                      dstIndexPosition,
                  const the::Point&                vertex);
void insertVertex(const VertexIterator&            dstIndexPosition,
                  const the::Point&                vertex);
void insertVertex(const RotationalVertexIterator&  dstIndexPosition,
                  const the::Point&                vertex);

template <class INPUT_ITERATOR>
void insertVertices(std::size_t                    dstIndexPosition,
                    const INPUT_ITERATOR&          begin,
                    const INPUT_ITERATOR&          end);
template <class INPUT_ITERATOR>
void insertVertices(const VertexIterator&          dstIndexPosition,
                    const INPUT_ITERATOR&          begin,
                    const INPUT_ITERATOR&          end);
template <class INPUT_ITERATOR>
void insertVertices(const RotationalVertexIterator& dstIndexPosition,
                    const INPUT_ITERATOR&          begin,
                    const INPUT_ITERATOR&          end);

void moveVertex(std::size_t                        indexPosition,
                const the::Point&                  delta);
void moveVertex(const VertexIterator&              indexPosition,
                const the::Point&                  delta);
void moveVertex(const RotationalVertexIterator&    indexPosition,
                const the::Point&                  delta);

template <class INPUT_ITERATOR>
void moveVertices(std::size_t                      indexPosition,
                  const INPUT_ITERATOR&            begin,
                  const INPUT_ITERATOR&            end);
template <class INPUT_ITERATOR>
void moveVertices(const VertexIterator&            indexPosition,
                  const INPUT_ITERATOR&            begin,
                  const INPUT_ITERATOR&            end);
template <class INPUT_ITERATOR>
void moveVertices(const RotationalVertexIterator&  indexPosition,
                  const INPUT_ITERATOR&            begin,
                  const INPUT_ITERATOR&            end);

void moveAllVertices(const the::Point& delta);

void removeVertex(std::size_t                      indexPosition);
void removeVertex(const VertexIterator&            indexPosition);
void removeVertex(const RotationalVertexIterator&  indexPosition);

void removeVertices(std::size_t                    indexPosition,
                    std::size_t                    numVertices);
void removeVertices(const VertexIterator&          indexPosition,
                    std::size_t                    numVertices);
void removeVertices(const RotationalVertexIterator& indexPosition,
                    std::size_t                    numVertices);
```

图 3-18　过度封装的 our::Polygon 的完整接口（续）

```
        void replaceVertex(std::size_t                  indexPosition,
                           const the::Point&            vertex);
        void replaceVertex(const VertexIterator&        indexPosition,
                           const the::Point&            vertex);
        void replaceVertex(const RotationalVertexIterator& indexPosition,
                           const the::Point&            vertex);

        template <class INPUT_ITERATOR>
        void replaceVertices(std::size_t                  dstIndexPosition,
                             const INPUT_ITERATOR&        begin,
                             const INPUT_ITERATOR&        end);
        template <class INPUT_ITERATOR>
        void replaceVertices(const VertexIterator&        dstIndexPosition,
                             const INPUT_ITERATOR&        begin,
                             const INPUT_ITERATOR&        end);
        template <class INPUT_ITERATOR>
        void replaceVertices(const RotationalVertexIterator& dstIndexPosition,
                             const INPUT_ITERATOR&        begin,
                             const INPUT_ITERATOR&        end);
                                   // 切面
        iterator begin();

        iterator end();

        void swap(Polygon& a, Polygon& b);[1]

        // 访问函数
        std::size_t numVertices() const;

        the::Point delta(std::size_t                   indexPosition) const;
        the::Point delta(const VertexIterator&         indexPosition) const;
        the::Point delta(const RotationalVertexIterator& indexPosition) const;

        the::Point offset(std::size_t                  indexPosition) const;
        the::Point offset(const VertexIterator&        indexPosition) const;
        the::Point offset(const RotationalVertexIterator& indexPosition) const;

        the::Point vertex(std::size_t                  indexPosition) const;
        the::Point vertex(const VertexIterator&        indexPosition) const;
        the::Point vertex(const RotationalVertexIterator& indexPosition) const;

                                   // 标准迭代器

        DeltaIterator      beginDeltas() const;

        OffsetIterator     beginOffsets() const;

        VertexIterator     beginVertices() const;

        DeltaIterator      endDeltas() const;
```

图 3-18 过度封装的 our::Polygon 的完整接口（续）

---

[1] 注意，从 C++11 开始，有了移动操作，这种方法变得更不重要。标准的交换算法（swap）是通过移动实现的，假设
类 Polygon 实现了移动语义就足够了。这样实现的通用算法为 Polygon 实例化如下所示：

```
void swap(Polygon& a, Polygon& b)
{
    Polygon c(std::move(a));
    a = std::move(b);
    b = std::move(c);
}
```

```
    OffsetIterator    endOffsets() const;

    VertexIterator    endVertices() const;
                    // 自定义的迭代器

    RotationalIterator beginRotational(const iterator& iterator) const;
    RotationalIterator beginRotational(int              index) const;

                    // 切面

    bslma::Allocator *allocator() const;

    const_iterator cbegin() const;

    const_iterator cend() const;

    std::ostream& print(std::ostream& stream,
                        int           level = 0,
                        int           spacesPerLevel = 4) const;
};
// 自由运算符
bool operator==(const Polygon& lhs, const Polygon& rhs);

bool operator!=(const Polygon& lhs, const Polygon& rhs);[①]

std::ostream& operator<<(std::ostream& stream, const Polygon& object);

// 自由函数
void swap(Polygon& a, Polygon& b);

// ============================================================================
//                             内联函数的定义
// ============================================================================

// ...

} // 结束包级命名空间

// ...
```

图 3-18　过度封装的 our::Polygon 的完整接口（续）

3.2.9　语义与语法作为模块化准则

指导原则　相比于语法，语义和物理依赖更适合作为模块化准则，特别是在包这一层级。

3.2.9.1　u 作为包名的后缀的不当使用

　　本节开始时已指出，有时开发人员会禁不住用语法属性而不是语义属性来刻画包。例如，在过去，对于实现值类型的给定组件（如 bdet_date），我们总是将其非初等功能（见卷 2 的 4.1 节）放置在基名匹配（2.4.7 节）的分离组件中，但这个组件（如 bdetu_date）放在具有 u 后缀的更高层级"实用"包中，即使该非初等功能没有其他物理依赖。不过，我们在实践中观察到，将非初等功能放到更高层级的包中会妨碍可透视的客户对它的搜寻，除非包的设计极其规整（示例见图 3-29 和图 3-37）。

---

① 注意，大多数客户端希望这些函数在正比于顶点数量的时间内（至少在典型/预期情况下）运行（见卷 2 的 4.3 节）。

3.2.9.2 `util` 作为组件名的后缀的得当使用

常用的非初等功能不会带来显著的额外依赖，如 our::Polygon 的 area，如果不是为了最小化，它会是旗舰组件接口的一部分。这些功能放在同一包中一个名称相似的分离"实用"组件中更为合适（见卷 2 的 4.2 节）。我们使用 util 后缀（如 our_polygonutil）来标记这种语义相关但非初等的功能。这种方法不仅大大方便客户的搜寻，而且旗舰组件所在的包中的其他组件现在也能够在其自身的实现中使用此非初等功能，而不违反包的层级划分规则（2.8.2 节）。

3.2.10 本节小结

总之，我们希望确保在一个组件、一个包或一个包组中放入的功能都是正确并置的。如果不能预先确认哪些功能是（或可以作为）可复用的功能，则可能（而且通常确实会）导致有价值的行为陷入应用特定的源代码中。与经典的教义相反，"实现细节"，尤其是物理依赖，会对如何组织并聚合软件所提供功能的源代码产生很大影响。

预期的客户用途也制约了我们对软件模块化的选择。特别是，当我们设想不同的客户提及的单个组件或包的相应分离的部分时，就应考虑进一步的分解。图 3-19 总结并对比了一些被认为是好的/差的模块化准则。

好的	差的
语义相关的功能	语法相关的功能
应用与库 紧密专注的功能	当前需要的功能
物理依赖 多种客户种类 初等的与非初等的	由同一个人/一组人编写

图 3-19 模块化准则摘要

设计优良的（可复用）组件是专注的、完整的、最小的和初等的。我们编写的每个组件都应有紧密专注的目的。为特定应用设计时，组件当然必须足够满足该应用的特定需求。另外，对于一个也许可复用的组件，只有在它不仅可解决其受委托的应用的问题，也可解决同一狭窄领域内的所有类似应用的问题时，它才会被视为完整的，并且因此满足开闭原则（0.5 节）。

保持组件是最小的可以使其更易被理解，也就是要去除冗余（或不相关）的功能。但是，为了确保稳定性和可扩展性，我们还希望避免将非初等功能与初等功能结合到相同的组件中，特别是那些定义值类型的组件中。非初等功能是指在定义所使用类型的组件之外（如，在可能的几个更高层级的实用组件中的一个中）可以高效实现的功能（无须访问特权）。

如果库组件中定义的类型上的新的应用级功能难以在外部高效实现（不是直接在定义类型的组件中实现），则补救措施应该是增强该组件以提供低层级的"辅助"功能（如迭代器），以便所需的新功能（以及类似功能）以后可以在外部实现。这样，在一个类上的有用的功能只有一部分需要作为实现它的组件的一部分。

特别地，vertex、delta、offset、index、VertexIterator 和 RotationalVertex Iterator 构成了一套 our::Polygon 的完整初等功能集，使开发者几乎可以实现任何应用级功能（如 perimeter、area、areRotationallySimilar、topologicalNumber），而无须访问特权或导致运行时性能的任何重大损失。仅通过一组精心选择的初等公共接口函数便可实现新的（非初等）操作的能力，既给调整底层表示带来了更大的自由度，也为该类的现有客户提供了更好的稳定性。

记住，好的模块化始终受语义而非语法的主导。仅仅因为一些相似组件的类类别相同（见卷 2 的 4.2 节）就将它们放置在一个分离的包中不是明智之举。明智的做法是要避免以语法的形式作为模块化准则，只有语法已成为语义不可分割的一部分的非常特殊的情况可以例外。

3.3 逻辑相近的事物在物理上应分组在一起

模块化的定义本身就涉及仔细的分组，以及隐藏定义明确的接口后面的低层级设计决策。这些"被封装"的细节可以是任意抽象层级的，下至操作系统相关的最低层级，上至应用相关的最高层级。重要的是，尽可能地将每个实现选择隔离于单一模块之内。[①]只要不违反其模块合约（见卷 2 的 5.2 节），重修一个模块的实现就不应当要求重修任何其他模块的实现（见卷 2 的 5.5 节）。

3.3.1 类并置的 4 个明确准则

指导原则　除非有令人信服的工程理由，否则避免在单个组件中定义多个公共类（见图 3-20）。

组件（0.7 节）是物理模块化中最基础、最根本的单位。我们想要构造出精细分级、颗粒化的软件（0.4 节）的目标鼓励我们努力将每个公共（外部可访问）类（或结构体）放在其各自分离的组件中，除非有令人信服的具体理由让我们将其并置在同一组件中。根据我们的经验，这样的理由有 4 种，如图 3-20 所示。注意，名称中带有下划线的类和/或完全位于组件的 .cpp 文件中的类（如无名命名空间中定义的类）不被视为公共类，稍后我们将讨论它们（见 3.3.3 节至 3.3.5 节）。

---

1. **私有访问**——当某个类赋予另一个类友元访问权时。
2. **循环依赖**——当把两个类放在分离的组件中会引起循环物理依赖时。（罕见）
3. **单一解决方案**——当本来物理上独立但高度协作的功能放在分离的组件中没有任何用处时（也就是对独立复用而言）。
4. **大象之上的跳蚤**——当一个极小的类或函数同时满足以下 3 个条件：
   （1）依赖一个大得多的主类（primary class）；
   （2）不添加额外的依赖；
   （3）是主类的常用用途的关键部分。

图 3-20　单个组件中放多个公共类的理由

3.3.1.1　理由之一：友元

将类并置在一个组件内的第一个理由是友元，它也是最常见、最有效的理由。正如我们已经看到的（如 3.2 节中的 our::Polygon），提供一个或多个迭代器（拥有或授予对其关联容器类的友元访问权限），使在组件之外定义的客户软件能够实现新功能，而不必接触定义该类型的组件的源代码。根据 2.6 节，这种友元不得跨越组件边界，因此，迭代器必须与其关联的容器位于同一组件中。

考虑图 3-21 的抽象工厂设计模式，这是另一个由于必要的友元而并置的示例。在这一示例中，类 Widget 代表任何抽象资源，WidgetFactory 是生产这一资源的抽象工厂。由于它们都是纯接口，所以不存在友元关系的问题，两个接口类恰当地驻留在分离的组件中。

---

① 经典 C++没有正式的模块概念，最类似的是（库）组件（0.7 节），通常呈现为满足某些基础特性的 .h/.cpp 对（1.6 节和 1.11 节）。在本书的方法论中，恰当的组件还要符合我们的企业范围内唯一命名方法（2.4 节）和基本设计规则（2.6 节）。但是，在 C++标准草案（2019 年 2 月）中采用了一个新的语言特性，即 C++ 模块（示例见 **modules18**）。初始特性集虽然在本书撰写时尚未完全完成，但几乎肯定会满足 **lakos17a** 中提出的高层级"业务"需求，以及为组件建立模型所需的技术需求（另见 **lakos18**）。

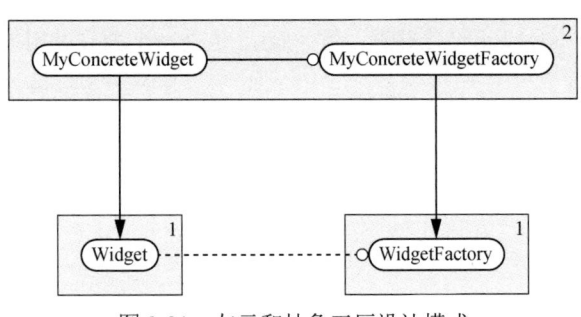

图 3-21 友元和抽象工厂设计模式

然而，当我们考虑这些抽象接口的一对实现时，我们还是必须考虑友元。根据定义，工厂负责创建（和回收）资源（见卷 2 的 4.8 节）。就像迭代器和容器一样，工厂在构造对象时所拥有的密切信息通常不是我们想要暴露的，因为它可能对被封装的（私有）实现选择非常敏感。至少，具体小部件（widget）的构造函数应声明为私有的，并且只对相应的具体工厂可用（通过友元）。因此，这两个具体的实现类会恰当地驻留在同一组件中。[①]

3.3.1.2 理由之二：循环依赖

类并置的第二个理由少见得多，如果在分离的组件中定义这些类会导致这些组件之间的循环物理依赖，而这违反了本书最重要的设计规则之一（2.6 节），则在一个组件中并置这些类。尽管众所周知，这种情况罕见，而且非常特殊（例如，涉及相互递归的模板化数据结构，如抽象语法树，其中紧密的编译时耦合迫使多个类模板的定义驻留于单个组件中），为避免循环物理依赖而"必要"的这种并置几乎总是由糟糕的逻辑设计所导致的，可能是由某种外部规定的接口强制要求的（见图 3-88）。[②] 3.5 节描述了一套已久经考验的层级划分技术，用于重构逻辑设计，以避免出现相互物理依赖或循环物理依赖。

3.3.1.3 理由之三：单一解决方案

类并置的第三个有效理由是实用性。假设我们有一组相当规整的相对较小的逻辑实体（如类、函数、宏），它们都是同级的（没有一个实体在物理上依赖另一个实体），但其中没有一个实体是独立有用的，也就是说，一个给定问题的单一完整解决方案需要所有这些实体，如图 3-22a 所示。需要这样的逻辑实体集合的典型示例是模拟可变参数宏和可变参数模板。[③] 在这种同级实体独立但高度协作的不寻常情况下，我们合理地选择将所有这样的类都放在一个组件中，以最大限度地减少不必要的物理混乱。[④]

但是，如果逻辑实体不是小且规整的，如果某些实体（物理上）依赖其他实体，或者如果单个实体本身可能是有用的，则会建议放在分离的组件中（图 3-22b）。

例如，假设我们有 5 个类：Coordinate、Point、Box、BoxCollection 和 Garage，每个类都依赖它前面的类。可能有人会认为，没有 Box，BoxCollection 是无用的，因此在定义 BoxCollection 的同一组件中定义 Box 说得通。但这不是我们所用的准则。相反，我们观察到，Box 可以独立于 BoxCollection 使用，因此我们将 BoxCollection 所依赖的 Box 放在它自己的分离组件中。同样，仅仅因为 Point 很小且被 Box 的实现所需要便将类 Point 放置在与 Box

---

① 注意，即使没有显式的"友元"，如果两个类的内部必须以某种方式保持一致且在各自公共合约中规定的范围之外必须连锁地更改（见卷 2 的 5.2 节），那么，这种隐式逻辑耦合也是并置的理由。

② 注意，如果若干个类位于单个组件中，我们仍然努力避免循环逻辑关系，因为我们认为它们是差的形式（当设计稍大一些无法放入单个组件时，循环逻辑关系就不能与之保持一致了），只要多付出一点努力，就可以避免这些问题（示例见图 2-54）。

③ 从 C++11 开始，可变参数是 C++ 语言的一部分，这大大降低了这种并置理由的适用性。

④ 这第三个并置准则也恰好适用于实现兼容 C 的过程接口的组件（示例见图 3-147）。

类相同的组件中，这并不足以正当化并置：类 Point 也是一个独立有用的概念。

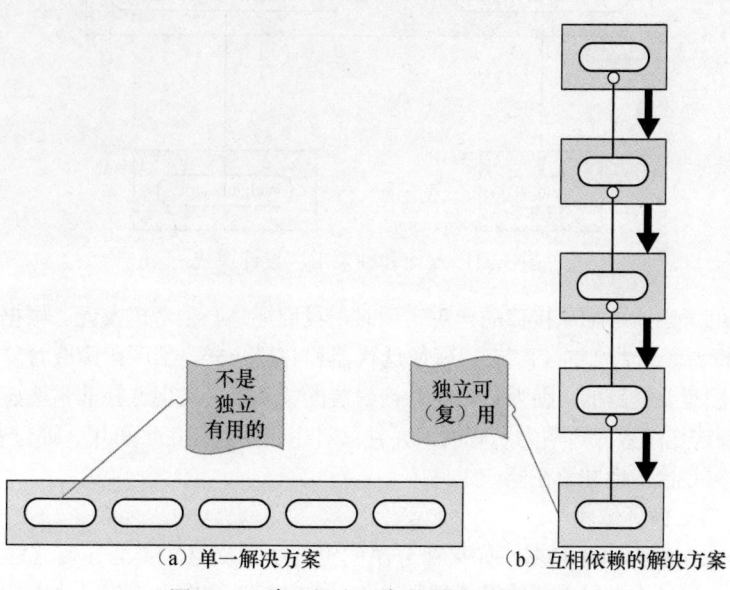

图 3-22　单一解决方案并置准则的阐释

将仅含有少量非初等函数的实用类与这些函数所操作值类型放置在同一组件中，这会挫败分离初等/非初等功能的基本目的（3.2.7 节），初等/非初等功能的分离使我们能够添加或更改非初等函数的接口，而不会强迫仅使用初等功能的客户重新编译。重复一遍，为了使多个外部可访问类的定义恰当地驻留在同一组件中，这些类必须在物理上独立、逻辑上协作，通常是小的、规整的、单独无用的，但在一起构成了一个单一、不可分割的问题的内聚解决方案。

3.3.1.4　理由之四：大象之上的跳蚤

公共类并置的第四个有效理由有一定的自由裁量的空间。假设有一个非常大的公共子系统，如一个日志器单例，它定义了两个公共方法：initSingleton 和 shutdownSingleton。进一步假设我们提供了一个作用域守卫类 LoggerScopedGuard，它在构造时调用 Logger::initSingleton，在析构时调用 Logger::shutdownSingleton，该类中的所有函数都被声明为 inline。从物理角度来看，这个纯语法、高度协作、全内联的类所增加的重量将完全不会被注意到（如图 3-23a 所示），就像"大象之上的跳蚤"一样。此外，日志器的组件级注释（见卷 2 的 6.16 节）的用法示例部分（见卷 2 的 6.15 节）将希望推广 LoggerScopedGuard 的使用。如果这种微不足道的守卫类升级到一个分离的组件，它很可能不会被注意到（并且不被使用）。[1]因此，在一个组件中并置这两个类（如图 3-23b 所示）是有实际意义的。

对于角色颠倒的情形，即"跳蚤之上的大象"，我们会果断这么做：总是在分离的组件中实现这两个类（以免不必要地将较轻量级的类与较重量级的类物理耦合），如图 3-23c 所示。注意，由于无正常理由的合理化，可能会出现滥用这条准则的趋势。跳蚤是跳蚤，大象是大象，山羊、猪、鸡等不需要应用这条准则。注意，这一准则的另一个重要示例是，非友元自由运算符（如同质的 operator==）与其操作的类型要强制并置在同一组件中（2.4.9 节）。

---

[1] 在本书的方法论中，我们要避免在组件级注释中较高层级上描述软件时出现循环（见卷 2 的 6.15 节）。此外，组件的（必备）使用示例（见卷 2 的 6.16 节）要绝对避免使用对这一组件的独立测试驱动程序（见卷 3 的 7.5 节）不可用的组件（2.14.3 节），因为这一测试驱动程序必须测试所有这样的使用示例（见卷 3 的第 10 章）。

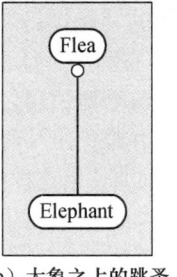

（a）大象之上的跳蚤增加的重量可以被忽视　　　　（b）大象之上的跳蚤　（c）跳蚤之上的大象

图 3-23　大象之上的跳蚤并置准则的阐释

3.3.2　组件之上的并置

指导原则　必须同时更改的软件要并置在一起。

相互协作是并置的一条重要准则。特别是，我们希望将必须自然或实际一起更改的软件并置。[①]此类相互协作（0.3 节）通常发生在应用级（0.2 节）。在本书的方法论中，此类易延展应用软件（0.5 节）被故意放在与包大小相当的单个发布单元中。为了使在应用最高层级的软件能够自由更改，我们特意禁止外部软件依赖它（2.13 节）。

3.3.3　何时让辅助类供其组件私用

理想情况下，对库软件的所有高度协作式更改将仅限于单个组件。然后便可以（2.6 节）使用像友元这样的语言特性来确保外部客户不会访问不稳定的接口。有时，特别是在泛型编程中，我们会将类的实现分解为许多附属类，这些类的接口特定于父类实现的细节，且可能会发生更改，因此不打算在实现这一主类的组件之外使用。在这种情况下，我们可能希望用额外下划线约定（2.7.3 节）来表示辅助类的使用被明确限制，只有定义它的组件内的构件能使用它。

图 3-24 说明了如何通过在同一组件中并置的多个私有实现类（本例中为结构体）来实现特化的泛型容器模板类 HashTable2。第一个非公共结构体 HashTable2_DefaultPolicies 提供了一组默认方针，客户可以自由覆盖这些方针，但对这些方针的更改是有意针对于日后的经验性优化的。第二个这样的结构体 HashTable2_ImpUtil 提供了一套静态辅助方法,这些方法故意不按主体类的类型参数化，从而减少了客户编译时间和代码膨胀。[②]第三个组件私有的结构体 HashTable2_WorkArounds 仅用于隔离当前的编译器错误，只要能够说服编译器供应商接受合适的补丁，这一结构体就会被移除。所有这些类都提供了有用的分解，但它们都不应该用于定义主体公共类的组件之外。

注意，组件私有类不能也不应该取代在架构问题上着眼于层次化复用（0.4 节）的仔细思考，然而，有些开发人员急于"推进"而常常不将完全可复用的较低层级逻辑构件做成恰当的组件，因为短期看来（也仅仅是短期看来），这样做更快或成本更低（0.1 节）。如果不能迅速补救，一旦紧迫的最后期限过去，这种权宜之计就会完全失去长期保持"长期贪婪"的意义（0.12 节）。[③]

---

① 见 **martin95**，"The Cohesion of Common Closure"，第 233、234 页。

② 减少复杂模板实例化所涉及的代码量（特别是在 .cpp 文件中实现为外绑结型时）常常可以大大减少编译所需的时间和生成的代码大小（见卷 2 的 4.5 节）。

③ David Sankel 在审阅本卷手稿时指出："通过提供自动化工具来代替手动操作，'长期贪婪'需要的直接成本（如开发人员疲劳或是令人恼火的管理干预）可以显著降低……你正确地概括了什么是'正确的事情'，但尽可能使正确的事情变得简单同样重要。"

将也许独立有用的功能包起来放到单个组件中会使测试变得非常困难。本书有一套成熟的测试方法论（见卷 3），它利用了基于主体类类别（见卷 2 的 4.2 节）的反复出现的模式。当一个组件含有多个类时，意味着测试用例的排序（见卷 3 的第 10 章）不再是规范的，而这会显著降低开发人员创建、理解并维护组件级（"单元"）测试驱动的能力。

此外，当未来外部要使用这样的内在有用的零件时，它将无法立即使用，必须从其组件中提取、作注释、重新测试等，或者更糟的是，作为私有细节复制到另一组件中，但仍需要注释和测试。组件私有类应仅限于高度协作的类、可能会更改的类以及必须与并置的其他类连锁地作更改的类。

```
// bdec_hashtable2.h

// ...

namespace MyLongCompanyName {

// ...

namespace bdec {

// ...

struct HashTable2_DefaultPolicies;

// ...

                    // ====================================
                    // 类模板HashTable2<KEY, VALUE, POLICIES>
                    // ====================================

template <typename KEY,
          typename VALUE    = bslmf::Nil,[1]
          typename POLICIES = HashTable2_DefaultPolicies>
class HashTable2 {
    // 此类使用双重哈希算法实现哈希表……

    // ...

  public:

    // ...
};

// -------------------- 以下的任何内容都是特定于实现的：请勿使用 --------------------

                    // ====================================
                    // 私有结构体HashTable2_DefaultPolicies
                    // ====================================

struct HashTable2_DefaultPolicies {
    // 此组件私有的结构体实现主体类HashTable2的默认方针

    // ...
};
```

图 3-24   使用组件私有类对实现进行分解

---

[1] bslmf 表示 bsl 包组中的"元函数"（meta function）包（见 **bde14**，子目录/groups/bsl/bslmf/）。

```
                              // ==========================
                              // 私有结构体HashTable2_ImpUtil
                              // ==========================

struct HashTable2_ImpUtil {
    // 此组件私有的结构体实现局部于此组件的非模板化辅助函数

    // ...
};

                              // ==========================
                              // 私有类HashTable2_WorkArounds
                              // ==========================

struct HashTable2_WorkArounds {
    // 此组件私有的结构体实现无额外逻辑功能；它仅仅是用来隔离编译器bug的……

    // ...
};

// ========================================================================
//                             内联函数的定义
// ========================================================================
// ...

}   // 结束包级命名空间

// ...

}   // 结束企业级命名空间

// ...
```

图 3-24 使用组件私有类对实现进行分解（续）

3.3.4 模板特化的并置

并置的另一常见理由是模板特化。假设我们正创建模板类，如元函数[①]，出于某种原因，该类需要一个或多个特化。这些特化没有一个自身是有用的，但它们与通用模板类一起协作提供一个完整且高效的解决方案。在这种情况下，我们在同一组件头文件中所有公有类之后声明特化，像内联函数一样。但是，注意，未声明 inline 的函数模板的任何显式特化都是外绑结型（1.3.4 节），因此其定义驻留在相应的 .cpp 文件中是恰当的。

3.3.5 附属组件的使用

开发者有时会发现协作式更改可以合理地超出组件边界。在这种情况下，限制对整个组件的使用通常是适当的。我们约定在组件名上使用额外下划线（2.7.3 节）允许我们明确一个组件附属于（在同一包中的）另一个组件（2.7.5 节）。回想一下，该约定的一个常见用途是允许平台特定的实现位于分离的 .h/.cpp 文件对中。但是，我们可能会遇到其他情况，在这些情况下，用于实现一个子系统的较低层级组件的接口过于协作、不稳定或"半生不熟"，以至于不能暴露供一般使用。限制这样的子组件，使其只能被一个特定组件使用（同样是在同一包中），通常是实践中的"正确"解决

---

① 模板特化主要用作（通用模板）利用特定类型的实现细节，通常出于优化目的，并且（一般而言）不应用于定制通用模板的语义，即合约（见卷 2 的 5.2 节）。

方案（至少在短期内）。

3.3.6 将紧密的相互协作并置于单个发布单元中

指导原则 将跨公共组件的紧密相互协作限制在一个发布单元内。

在库层级暴露易延展的接口（0.5 节）虽然不太理想，但可能确有需要。当几个协作组件的公共接口需要随着时间的推移而变化时，将它们在同一发布单元内并置会大大简化维护。将这些更改分散到多个并行的发布单元上通常会导致这些库需要连锁地发布。如此紧密的发布单元协作若还是跨层级就更加糟糕，可能导致总是得一次性地重新构建并发布数量无限的库！

非局部协作的问题在产品发布过程中其实不算严重，发生得相对较少，主要是在开发过程中。在开发过程中，软件会被反复编译、连接和使用。当所有一起演化的软件都留在单个发布单元内时，调头的成本是相对较低的。如果必须在分离的发布单元之间切换以进行一致的编辑，然后又必须依次重新构建、发布每个牵涉其中的库（以验证新添加的增强），就会使开发任务异常繁重：开发速度可能会受到严重影响，若是其他健全的物理设计实践也被忽视，那便会更为恐怖。

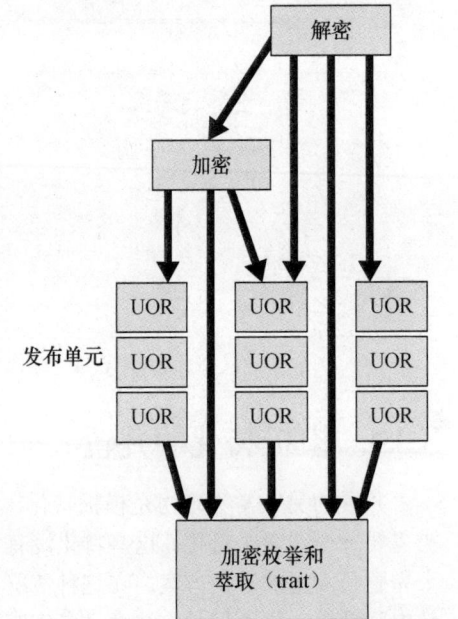

假设我们跨多个发布单元实现了加密的流化子系统，如图 3-25 所示。"加密"设施类似于编码器（2.8.3 节），位于一个发布单元中，而"解密"设施（见图 2-84c）位于另一个发布单元中，"解密"设施的发布单元仅为了测试（见图 2-84c）才依赖"加密"设施的发布单元（见图 2-82e，另见卷 3 的 8.6 节）。这两个发布单元都依赖一组不断演化的（特定于加密的）枚举和萃取，这些枚举和萃取位于物理层次底部的组件中。分布在此层次中的每个可加密类型也依赖（低层级）萃取组件，并且可能需要在每次这一组件更新时重新编译（可能还要返工）。

按照这样的设计，维护此加密子系统所需的工作量过大。每次我们一起更改这一易延展的加密子系统的协作部分时，就不得不重新构建大量的软件。如果将此子系统的实现必要的所有易延展机械分组到单个发布单元中，至少在开发和维护这一发布单元的时候，不必在每次编辑-编译-连接的循环中都重新构建代码

图 3-25 跨发布单元的紧密协作（坏主意）

库的大部分内容。一旦我们做对了，便可以将子系统作为一个整体重新发布，并允许下游模块根据需要返工其代码（按层级顺序）。

3.3.7 计算天数的示例

作为易延展库子系统并置的第二个真实示例，考虑金融服务行业（历史上）引入的债券计息日数惯例，以方便计算两个日期之间的天数。求差函数 `difference` 确定的不是从一个日期到下一个日期的实际天数，而是返回一个近似值，其精确值取决于两个日期；但注意，同时将两个参数中的日期前移一天，不一定会得到相同的结果。

例如，ISMA 30/360 计息日数惯例通过假设一个月有 30 天和一年有 360 天来近似计算：用 $Y1/M1/D1$ 表示较早的日期，而较晚的日期用 $Y2/M2/D2$ 表示。如果 $D1$ 为 31，则将其更改为 30。

如果 $D2$ 为 31，则将其更改为 30。差值由$(Y2 - Y1) \cdot 360 + (M2 - M1) \cdot 30 + D2 - D1$ 给出。[①]

这类惯例是相当任意的。PSA 30/360 是另一惯例（具有月底调整），描述如下。让较早的日期用 $Y1/M1/D1$ 表示，而较晚的日期用 $Y2/M2/D2$ 表示。如果 $D1$ 是二月的最后一天（在闰年为 29，其他为 28），则将 $D1$ 更改为 30。不是二月的话，如果 $D1$ 为 31，则将 $D1$ 更改为 30；如果此时 $D1$ 为 30，$D2$ 为 31，则将 $D2$ 更改为 30。差值是 0 和$(Y2 - Y1) \cdot 360 + (M2 - M1) \cdot 30 + D2 - D1$ 这两个值中的最大值。[②]注意，由于 $D2$ 没有对二月的调整，致使对类似(1999/02/28 - 1999/02/28)这样简单的求差得到的是−2，因此，此惯例要用到最大值函数 max。

尽管它们的计算效用早已过时，但在当今的生产使用中，有几十种细微不同的计息日数惯例，而且数量可能还会继续增长（尽管速度缓慢）。在评估一个特定的金融工具时，通常会规定一种特定的奇怪的计息日数惯例。此类功能还是有需求的，那么应置于何处？

在我们的库日期类中放置如此高度特定且繁复的功能（无论是作为实例方法还是静态方法）无疑是不明智的。（值语义）日期类（见卷 2 的 4.3 节）被广泛使用，每加入一个新惯例必然要修改实现该类的组件，这违背了我们确保稳定性的意愿（见卷 2 的 5.6 节），特别是对于低层级词汇类型（见卷 2 的 4.4 节）。此外，此类功能很可能与日期类的绝大多数用户无关，因此，会干扰一般受众的基本接口。由于直接访问底层表示通常没有真正的性能优势，因此该非初等功能（3.2.7 节）最好在日期的旗舰组件之外实现。[③]

我们再次问自己，这些奇怪的计算天数函数应该置于何处？一个可能的解决方案是将所有这些求差函数移到一个较高层级的组件（甚至可能不在同一个包中），其中实用类的每个静态方法都有两个日期参数，并以能反映特定的惯例的方式命名，如图 3-26a 中所示。在这种呈现中，每个惯例将有两个函数，一个用于计算 daysDiff，一个用于计算年数（用小数表示），总共 2N 个函数（N 为惯例的数量）。

同样，我们可以创建一个枚举和一对静态函数，这些函数根据两个日期和一个枚举符计算天数和年数（用小数表示）（图 3-26b）。这种方式中的呈现更紧凑也更灵活，但当只需要一个特定惯例（通常在编译时知道是哪一个）时，它的效率明显偏低。[④]注意，对最大运行时效率的潜在需求在一定程度上是我们最初选择一个良好的"老式"纯抽象 DayCount 基类（"协议"）以及一套具体实现（当然是在分离的组件中）的原因。[⑤]

图 3-26 中提出的两种解决方案都将此非初等功能与底层日期类解耦，但仍将所有惯例实现于单个组件中，从而导致它们在物理上相互耦合。任何只需要一个惯例的程序都被迫纳入所有惯例，并且只要加入一个惯例，对任何现有惯例有需要的所有程序都将被迫重新编译。显然，这一模块化方案还有改进的余地。

现在可以考虑创建一整个包的组件，都用于计算天数，如图 3-27a 所示。我们可能称此包为 bbldc（basic business library day count，基本业务库计算天数）。这个相对轻量级的包自然会存在于 bbl 包组中，该包组将仅依赖基本开发库（basic development library）包组 bdl 以及 bsl。[⑥]

---

① **brown90**。

② **fincad08**。

③ Actual/Actual(实际天数/实际天数)这种规范的计息日数惯例自然属于实现日期类的库组件本身(如实现为 operator- 和 operator-=)。在这种情况下，私有序列日期值的直接访问权也大大有助于这一特定的求差计算，日期对象被广泛用于接口中，这是我们对它的首选实现（见卷 2 的 4.4 节）。

④ 这种函数不是可合理内联的，并且会增加一次运行时分派，基于所给的惯例类型。

⑤ 但务必查看图 3-28 中的编译时分派替代方案。

⑥ 这些和其他层次化可复用包组可在彭博的 BDE 开源分发中找到（见 **bde14**）。

```
struct DayCountUtil {
    // 此结构体为一组纯函数提供命名空间，这些纯函数基于各种计息日数惯例计算天数

    static
    int isma30360DaysDiff(const bdlt::Date& earlier, const bdlt::Date& later);
        // 根据ISMA 30/360惯例，返回指定的日期earlier和later之间的天数，定义如下。令
        // earlier用Y1/M1/D1表示，later用Y2/M2/D2表示。如果D1为31，则将其更改为30；
        // 如果D2为31，则将其更改为30。差值由(Y2 - Y1) * 360 + (M2 - M1) * 30 + D2 - D1给出。
        // 除非earlier <= later，否则函数行为未定义。注意，该算法记录在已发表的参考
        // 文献Formulae For Yield And Other Calculations（1992）中（ISBN: 0-9515474-0-2）

    static
    double isma30360Term(const bdlt::Date& earlier, const bdlt::Date& later);
        // 根据ISMA 30/360惯例，返回指定的日期earlier和later所跨越的年数（用小数表示）。
        // 令earlier用Y1/M1/D1表示，later用Y2/M2/D2表示。如果D1为31，则将其更改为30；
        // 如果D2为31，则将其更改为30。差值由(Y2 - Y1) * 360 + (M2 - M1) * 30 + D2 - D1给出。
        // 在该惯例中，一年被定义为正好有360天，与earlier和later无关；因此，返回的值
        // 与表达式(isma30360DaysDiff(earlier, later) / 360.0)的值相同。除非
        // earlier <= later，否则函数行为未定义。注意，该算法记录在已发表的参考文献
        // Formulae For Yield And Other Calculations（1992）中（ISBN: 0-9515474-0-2）

    static
    int psa30360eomDaysDiff(const bdlt::Date& d1, const bdlt::Date& d2);
        // ...

    // ...
};
```

(a) 每个惯例有两个分离的函数

```
struct DayCountUtil {
    // 此结构体为一组枚举的计息日数惯例和一对纯函数提供命名空间，这些惯例和纯函数可用于获
    // 得任何受支持惯例的天数和年数（用小数表示）

    enum DayCount {
        // 枚举一组受支持的计息日数惯例。对于每个枚举的惯例，假设较早的日期用Y1/M1/D1
        // 表示，较晚的日期用Y2/M2/D2表示

        ISMA30360,      // 如果D1为31，则将其更改为30；如果D2为31，则将其更改为30。
                        // 差值由(Y2 - Y1) * 360 + (M2 - M1) * 30 + D2 - D1给出。
                        // 参考文献Formulae For Yield And Other Calculations
                        // （1992）（ISBN: 0-9515474-0-2）

        PSA30360EOM,    // ...

        SIA30360EOM,    // ...

        SIA30360NEOM,   // ...
    };

    static
    int daysDiff(const bdlt::Date& earlier,
                 const bdlt::Date& later,
                 DayCount          convention);
        // 根据特定的计息日数惯例，返回指定的日期earlier和later两之间的天数。除非
        // earlier <= later，否则函数行为未定义

    static
    double term(const bdlt::Date& earlier,
                const bdlt::Date& later,
                DayCount          convention);
        // 根据特定的计息日数惯例，返回指定的日期earlier和later所跨越的年数（用小数表示）。
        // 除非earlier <= later，否则函数行为未定义
};
```

(b) 两个基础函数，均由枚举参数化

图 3-26 实现各种计息日数惯例的单个组件

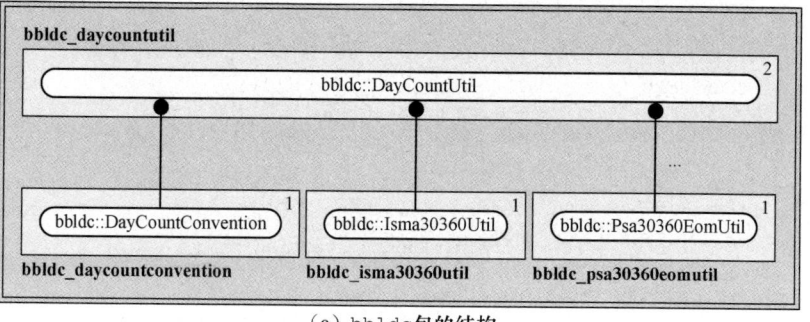

（a）bbldc包的结构

```
// bbldc_isma30360util.h                                        -*-C++-*-
// ...

struct Isma30360Util {
    // 此实用结构体为一对纯函数提供命名空间，这对纯函数分别用于根据ISMA 30/360计息日数惯
    // 例确定天数和年数（用小数表示），定义如下：
    //
    // 令较早的日期（earlier）用Y1/M1/D1表示，较晚的日期（later）用Y2/M2/D2表示。如果D1
    // 为31，则将其更改为30。如果D2为31，则将其更改为30。差值由(Y2 - Y1) * 360 + (M2 - M1) * 30
    // + D2 - D1给出。一年被定义为正好有360天，与所给的earlier和later的具体值无关
    //
    // 参考文献Formulae For Yield And Other Calculations（1992）（ISBN: 0-9515474-0-2）

    static
    int daysDiff(const bdlt::Date& earlier, const bdlt::Date& later);
        // 根据ISMA 30/360惯例（在类级注释中定义），返回指定的日期earlier和later之间的
        // 天数。除非earlier <= later，否则函数行为未定义

    static
    double term(const bdlt::Date& earlier, const bdlt::Date& later);
        // 根据ISMA 30/360惯例（在类级注释中定义），返回指定的日期earlier和later所跨越
        // 的年数（用小数表示）。除非earlier <= later，否则函数行为未定义
};

//...
```

（b）bbldc包中典型的叶端组件bbldc_isma30360util

```
// bbldc_daycountconvention.h                                   -*-C++-*-
// ...

struct DayCountConvention {
    // 此结构体提供命名空间，以枚举基本业务库计算天数（bbldc）包中支持的每个计息日数惯例

    enum Enum {
        // 枚举一组受支持的计息日数惯例

        ISMA30360,       // 见bbldc_isma3036Outil组件

        PSA30360EOM,     // 见bbldc_psa30360eomutil组件

        SIA30360EOM,     // 见bbldc_sia30360eomutil组件

        SIA30360NEOM,    // 见bbldc_sia30360neomutil组件

        // ...
    };

    // ...
};

// ...
```

（c）分离出bbldc_daycountconvention组件，让它容纳枚举

图 3-27 在bbldc包中分解计算天数

```
// bbldc_daycountutil.h                                        -*-C++-*-
// ...

struct DayCountUtil {
    // 此实用结构体为一对纯函数提供命名空间，这对纯函数分别用于计算在
    // bbldc_daycountconvention中支持的任何计息日数惯例的天数和年数（用小数表示）

    static
    int daysDiff(const bdlt::Date&          earlier,
                 const bdlt::Date&          later,
                 DayCountConvention::Enum convention);
        // 根据指定的计息日数惯例convention，返回指定的日期earlier和later之间的天数。
        // 除非earlier <= later，否则函数行为未定义

    static
    double term(const bdlt::Date&          earlier,
                const bdlt::Date&          later,
                DayCountConvention::Enum convention);
        // 根据指定的计息日数惯例convention，返回指定的日期earlier和later所跨越的年数
        // （用小数表示）除非earlier <= later，否则函数行为未定义
};

// ...
```

(d) 整合了所有受支持的计息日数惯例的最高层级包装器实用程序

图 3-27　在 bbldc 包中分解计算天数（续）

每个受支持的惯例（如 ISMA 30/360）将在一个分离的叶端组件中实现，如图 3-27b 所示。util 后缀是我们标识规范"实用"组件的约定（见图 2-23），该组件仅由单个结构体组成，此结构体只含有公共的 static 方法、typedef 和常量（少数情况下还有私有 static 数据[①]）。仅需要一部分惯例的客户无须将其余惯例纳入，也不会在添加新的计算天数组件时受到影响。由于实现任一 daysDiff 或 term 函数的代码量很小，因此，这些函数可以高效地内联。此外，每个此类组件（连同其测试驱动程序）都是下一个组件的蓝图（见卷 3 第 10 章）。

枚举本身也被放置在其自己的叶端组件中（图 3-27c），这与我们将设计完全分解成规范类别的愿望是一致的（见卷 2 的 4.2 节）。只需识别惯例而无须执行计算的客户可以仅仅依赖一个"枚举"组件，从而避免不必要地涉及其余部分。对于特别需要访问所有受支持的计息日数惯例的系统，我们提供了最高层级的包装器[②]组件 bbldc_daycountutil（图 3-27d）。

如此细粒度的灵活性需要相当多的组件，这代价似乎已经足够高。一般认为，组件越多，开发工作就越多，物理复杂性也随之增加。但事实恰恰相反。将某些构件（如枚举）分解出来并视为分离的单元处理时，成本要低得多。事实上，支持枚举所需的辅助功能机制（如转换为 ASCII、流化）及其相关注释和测试是我们称之为翻印（dupe）的半自动生成过程的主要候选项。[③]只要一个原型枚举组件（如 bdlt_dayofweek）被设计、实现、文档化并测试了（见卷 3 第 10 章）后，将它（及其组件级测试驱动程序）"翻印"成另一个组件（如 bbldc_daycount）的增量成本很低，而且比将该功能插入其他组件（如 bbldc_daycountutil）成本低得多。

同样，一旦我们实现、文档化并测试了众多计算天数的叶端组件中的一个，将它翻印成其他组件的增量成本也相对较低。这种设计的规整性使添加的组件的复杂性保持在可管理的水平。而且，由于实现计算天数的所有组件都位于同一个包中，因此我们可以通过包名 bbldc 方便地整体指代它们。正是通过主动将枚举和计算天数等常规模式分解为分离的类似组件，我们才能大幅降

---

① 例如，可能用来实现隔离表的快速查找（见卷 2 的 6.6 节）。

② 也称为门面。见 **gamma95**，第 4 章，"Facade"一节，第 185～193 页。

③ 注意，这种有意复制"样板"组件以改进生产率和一致性，同时最大限度地减少打字的做法，绝不意味着就可以准许对源代码作不太规范的复制和粘贴方式。

低复杂性和开发成本，同时实现最高效率、有效且灵活的细粒度可复用架构。

此外，所有这些"被翻印"的计算天数组件都实现了一个一致的结构协议（structural protocol），又称设想（1.7.6 节），可用于泛型。换言之，任何设计成操作于满足计算天数设想的类型的模板类，都可以使用任何符合此设想要求的计算天数实用结构体作为其编译时类型实参。此外，创建一个派生模板类（如 DayCountAdapter），由它将符合此设想的计算天数结构体转换为一个实现（唯一的）词汇（见卷 2 的 4.4 节）基类协议（如 DayCount）的派生类型，便可容易地将这种（最高效率的）编译时多态性适配成更灵活的"运行时"多态性，如图 3-28 所示。[①]

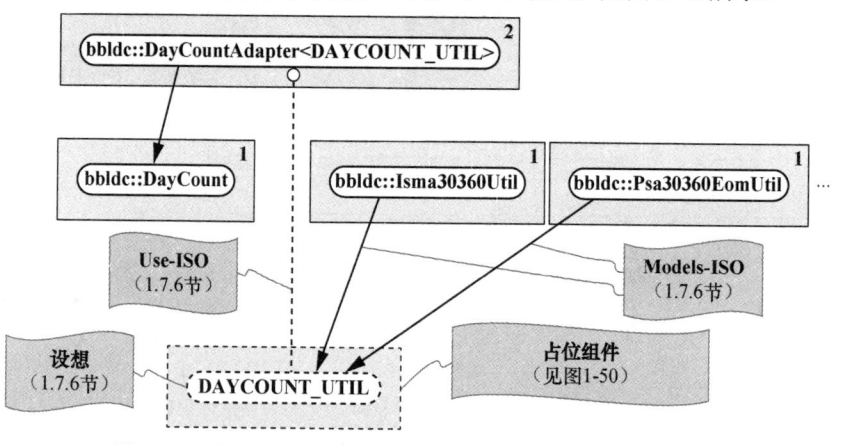

图 3-28 将计算天数实用程序适配给一个（唯一的）协议类

将要同时更改的组件并置是一项重要的设计目标。枚举组件和更高层级的包装器组件与缓慢增长的叶端计算天数组件集是紧密协作的。每次添加新的计算天数组件时，枚举组件和包装器组件都必须更新，以便向需要访问所有惯例的客户提供新惯例。通过将这些高度协作的组件放在一个包中，我们可以最大限度地减少在添加新组件和必须更改协作组件时产生的维护负担。

观察	如果组件自然地共享基本相同的物理依赖包络，那么对于按照设计必然会在语法上（及语义上）相似（例如都实现同一协议或满足同一设想）的组件，包可以起到将它们明确分组的作用。

回想一下（3.2.9 节），一般来说，应该是组件的语义和物理依赖影响它们的相对打包，而不是它们的语法特性。特别是，把非初等但关系紧密的功能（如用于值类型的那些功能）隔置在一个分离的、更高层级的包中，在此包中放相应命名的实用组件，这是一个坏主意（见卷 2 的 4.2 节）。因为它会妨碍客户搜寻那些可以有选择性地纳采的有用功能（3.2.9.1 节）。不过，在该计算天数子系统示例中，有一个明确的组件子集可以满足上述观察中所述的所有需求，这些组件可以放在一个分离的包中，此包前缀表明其中放的是一系列语法上相似的实用组件，如图 3-29 所示。

这种方法的唯一（次要）缺点是，每当在 bbldcu 包中添加新的计算天数组件时，也需要修改更高层级的 bbldc 包，从而将维护负担分布给多个包。幸运的是，修改不必连锁地进行：在 bbldcu 中添加一个新的组件便可完全测试，bbldc 中高度协作式的枚举组件可以在之后的某个时间再扩展（向后兼容）。[②]此外，两个包都将位于同一个发布单元（bbl 包组）中，因此，将特定的计算天数实用组件分组

---

① 但效率未必较低，特别是当优化器可以访问内联虚函数和模板化客户的源码时，这对 bslma::Allocator 是很常见的（见卷 2 的 4.10 节）。

② 注意，从 C++11 起，枚举的底层整型可以更改，从而可能打破 ABI。虽然现在可以局部声明枚举而不声明它们的枚举符，但正是因为整型可能会更改，所以即使是这些部分定义时也应该使用定义它的组件的头文件来包含。

（不带其他组件）到一个它们自己的分离包 bbldcu 中便成了一个非常合理的可选设计方案。

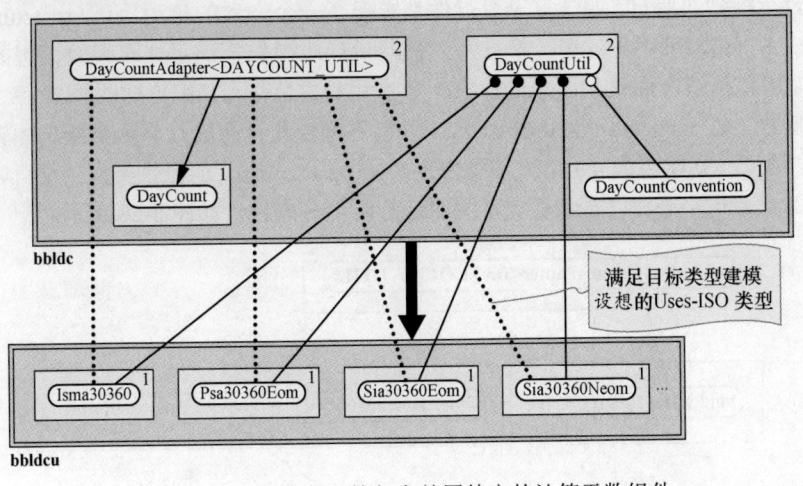

图 3-29　在组件自己的包中并置特定的计算天数组件

　　两种可选方法之间的折中是只拥有一个包 bblx，但让每个计算天数实用组件（如 bblx_dcisma30360、bblx_dcpsa30360eom 和 bblx_dcsia 30360eom）的每个基名（以及相应的结构体名称，2.4.7 节）共有一个前缀（如 dc，即 **day_count**，计算天数）。这样，所有的计算天数组件自然会在 bblx 包目录中分组到一起。此外，满足细微不同设想的计算天数组件可以相应地分组在同一包中（如 bblx_dc1isma30360、bblx_dc2isma30360 和 bblx_dc2psa30360eom）。[①]

3.3.8　最后的示例：单线程引用计数型函子

　　现在观察信封/信件模式[②]的一个经典实例，它实现了一套自定义的引用计数型函子，最初开发（约 1998 年）用于单线程事件驱动编程的应用。我们之所以选择这个例子，是因为它有许多小的可分离的逻辑部分，在多个维度上具有高度的语法/语义规整性，并富有教学价值。[③]在介绍了整体逻辑设计之后，我们将以最优的方式用组件和包呈现它。

3.3.8.1　对事件驱动编程的简要回顾

　　我们先简要地回顾了单线程事件驱动编程。典型的函数（如 sqrt）在使用可用的 CPU 周期有效地将计算状态推向完成时不会有任何问题。当一个函数由于某些所需的信息或资源尚不可用而无法继续时（如正试图读取客户的下一个请求的服务器），该函数可能会阻塞，使得其他进程（或线程）也许[④]能在操作系统分配给这个阻

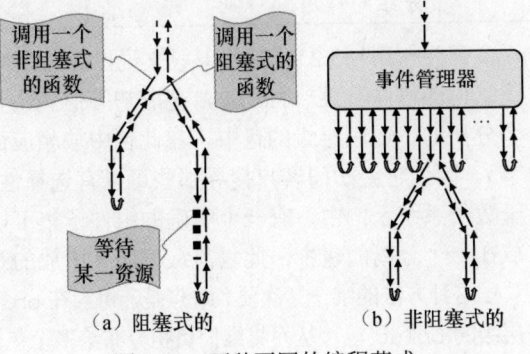

图 3-30　两种不同的编程范式

[①] 注意，这最后一种方法是我们在实践中选择的方法。

[②] **coplien92**，5.5 节，第 133～165 页。

[③] 虽然这是实际生产代码的真正"真实"示例，但是 C++11 开始支持可变参数模板、线程安全的引用计数型指针（std::shared_ptr）和编译时多态函子（std::function 和 std::bind），我们现在可以直接从 C++标准库中更灵活地（而且几乎同样高效地）实现基本相同的功能。不过这里的架构概念仍然适用。

[④] 如果一个函数会导致 CPU 闲置（如通过活跃的轮询），但这个函数在它所需资源可用之前不能将计算状态往某个点之后推进，这个函数也会被视为阻塞（尽管没有充分利用硬件资源）。

塞住的函数的时间片内利用闲置的 CPU，如图 3-30a 所示。但是，如果执行该函数的同一（单线程）进程也负责提供该信息或资源，则整个进程将挂起。

要用单个控制线程模拟出同时多个线程的效果，我们使用一种称为时间多路复用（time multiplexing）的经典编程范式。这种编程范式颇为不同，全局事件管理器（也称为事件循环）轮询（以某种轮转方式）所有可能的事件源，以搜寻发生了哪些事件（如果发生的话）。然后，事件循环会调用关联于该事件的回调"函数"，如图 3-30b 所示。不过，要运作这种方法，每次函数被阻塞时都必须显式让出（yield）它对 CPU 的使用（return），但要在此之前先向事件管理器注册一个所需信息或资源可用后会调用的新的回调。

历史上（在 C 语言中），会响应一个事件而被调用的函数将在作为回调向事件管理器注册时被传入一个由用户提供的不透明内存块的地址。如图 3-31 所示，此"用户数据"提供处理事件所需的任何上下文。注意，这种类似 C 的编程风格既不类型安全，也没有封装作用，而且不明智地将显式资源管理与邻域功能混合到了一起。

```
struct MyEvent {
    enum Enum {
        // ...
        e_BELOW_FREEZING,   // 即低于0℃
        // ...
    };

    // ...
};

class MyEventManager {
    // ...
  public:
    void registerInterest(MyEvent::Enum  type,
                          void           (*callback)(int, void *),
                          void           *userData);
        // 将指定的callback函数与指定的事件type关联。当发生关联的type事件时，调用
        // callback，将状态作为其第一个参数传递，并将指定的userData地址作为其第二个参数。
        // 行为是未定义的，除非……

    int run();
        // 启动这一事件管理器……

    // ...
};

class MyHeatController {
    // ...
  public:
    void turnUpTheHeat(double percentCapacity);
        // 将功率增加指定的percentCapacity，即最大值的百分比。行为是未定义的，除非……

    // ...
};

struct MyTurnUpTheHeatUserData {
    MyHeatController *d_controller_p;  // 热控制器地址
    double           d_amount;        // 加热器容量百分比
};

static void myTurnUpTheHeatCallback(int status, void *turnUpTheHeatUserData)
    // 如果指定的status良好，则在指定的turnUpTheHeatUserData中将d_controller_p的
    // 加热速率增加指定的d_amount。注意，通常，此回调会在与之相关联的事件发生时被调用
```

图 3-31　经典的事件驱动编程方法

```
{
    if (0 == status) {
        MyTurnUpTheHeatUserData *p =
                reinterpret_cast<TurnUpTheHeatUserData *>(turnUpTheHeatUserData);
        (*p->d_controller_p).turnUpTheHeat(p->d_amount);
    }

    // 也许会重新注册这同一个回调以便下一次触发相同事件时再次执行此回调
}

int main()
{
    MyEventManager    eventManager;

    MyHeatController heatController;
    double           percentageIncrease = 10.0;

    MyTurnUpTheHeatUserData data = { &heatController, percentageIncrease };

    eventManager.registerInterest(MyEvent::e_BELOW_FREEZING,
                                  &myTurnUpTheHeatCallback,
                                  &data);

    return eventManager.run();   // "永远" 循环下去
}
```

图 3-31　经典的事件驱动编程方法（续）

相较于将无状态的函数注册为事件管理器的回调，一种更现代、更聪明的事件驱动编程方法是注册有状态的函子（functor，函数对象），注册代理已在其中将响应事件所需的特定上下文嵌入回调对象本身。图 3-32 中提供了需要刚好 N 个参数才能被调用的原型引用计数型函子类模板的示意图。

在没有可变参数模板的情况下，[①]我们被迫创建一套分离的函子类，以适应不同数量的必需参数。[②]每个 FunctorN 充当一个映射，将提供 N 个参数的调用者（服务器）映射到期望 $N+M$ 个参数的被调用者（回调函数）。函子持有由创建函数的客户绑定的额外的 M 个参数，并在被调用时将它们（作为尾随参数）提供给其（用户提供的）回调函数。图 3-33 显示了一种类似图 3-31 所示的场景，它展示了设计恰当的引用计数型函子库的灵活性，这些函子被用于封装注册时提供的任意数量的类型安全、用户指定的额外参数（如 controller 和 amount）。

实现这些引用计数型函子的细节很多。但是，当前的主题是物理设计以及如何以效用最好的方式打包此特定函子库。图 3-34 说明了这个函子家族中每个成员的基本模式。函子本身是一种信封，它持有指向其信件的指针，在这种情况下，其信件是多态的，这取决于用户提供的额外参数的数量。

假设要创建一个组合起来支持最多 9 个（必需和用户提供）参数的库。在这种情况下，我们需要 10 个信封类来表示各种具体接口（词汇）类型（见卷 2 的 4.4 节）；10 个相应的抽象信件以实现由用户提供的信件的多态表示；$10 + 9 + \cdots + 1 = 55$ 个具体信件（每个信件都派生自必需参数数目与之相同的抽象信件），以支持最多 9 个必需参数和用户提供的参数的所有可能组合；以及 55 个工厂（实用）函数，每个函数对应一个相应的具体信件，客户通常使用这些信件填充信封。

---

① C++11 之后，可变参数模板才变成可用的。
② 注意，本章中的建议普遍适用于翻译单元分离的所有语言，而不仅仅是 C++的最新版本。

```
template <class T1, /*...*/ class TN>
class FunctorN {
    // 该类模板定义了一个函子类，需要提供刚好N个参数才能被调用

    BaseRepresentationN<T1, /*...*/ TN> *d_letter_p;

  public:
    // 创建函数
    explicit FunctorN(BaseRepresentationN<T1, /*...*/ TN> *rep);
        // 把持住所给的基表示，并给其引用计数加1

    FunctorN(const FunctorN<T1, /*...*/ TN>& other);
        // 把持住另一个函子的表示，并给其引用计数加1

    ~FunctorN();
        // 给构造时所给的基表示的引用计数减1。如果该值减为0，则析构该表示并释放其空间

    // 操纵函数
    FunctorN<T1, /*...*/ TN>& operator=(const FunctorN<T1, /*...*/ TN>& rhs);
        // 给rhs中函子表示的引用计数加1，同时给自身函子表示的引用计数减1。如果自身函子表
        // 示的计数已减为0，则析构这一函子表示并释放其空间。本函子转为把持住rhs函子的表示

    // 访问函数
    void operator()(const T1& arg1, /*...*/ const TN& argN) const;
        // 调用底层基表示的execute方法，传递指定的N个所需参数。用户提供的回调函数将用这
        // N个参数作为前导参数，后面加上执行任务所需要的额外的尾随参数进行调用。注意，底
        // 层（共享）表示是可以修改的
};

// 自由运算符
template <class T1, class T2, /*...*/ class TN>
bool operator==(const FunctorN<T1, /*...*/ TN>& lhs,
                const FunctorN<T1, /*...*/ TN>& rhs);
    // 如果指定的lhs和rhs函子的底层表示的地址相同，返回true，否则返回false

// ...
```

图 3-32　泛型的 N 个模板参数的函子（信封）接口的示意图

当还需要支持 const 和非 const 成员函数回调（以及上面考虑过的自由函数）时，具体信件类模板以及相应的模板工厂函数的数量都将增加到 165 个！如果我们将这些逻辑实体分别置于其各自分离的组件中，我们将会看到大约 350 个物理上有别的实体，这些实体足以稳健地填充整个包组（2.9节）。但直觉告诉我们，它们所提供的功能很难配得上这么多物理实体。本节开始时介绍的并置设计准则第三条"单一解决方案"所允许的适当并置将把事情大大简化。①

观察　包和组件的名称有时可以高效地表示设计的正交维度，但这仅限于极其规整的框架。

每个信封模板的定义都放在各自分离的组件中是非常有意义的，有以下几条理由。首先，每个信封组件的目的都是生成一种词汇类型，即在公共访问函数接口中广泛使用的类型（见卷 2 的4.4 节）。其次，在事件驱动库接口中定义的可调用回调的签名（和返回类型）不太可能在软件的一个版本与下一个版本之间发生更改。相比之下，参与此接口的应用客户可以完全自由地调整他们所提供的函子，包括用户提供的参数的相应数量，毕竟这些参数本质上是实现细节。让客户在更改其提供的可选参数数量时改动他们所包含的头文件既令人烦恼，也不明智。

---

① 从 C++11 开始，我们有了可变参数模板，它（至少对于 C++）可以避免在单一解决方案的框架下许多本来会并置的情况。

```
struct MyEvent { enum Enum { /* 见图3-31 */ }; /*...*/ };

class MyEventManager {
    // ...

  public:
    void registerInterest(MyEvent::Enum          type,                     见图3-34
                          const Envelope1<int>& callback);
        // 将指定的函子callback和指定的事件type关联。当发生关联type的事件时，调用
        // callback，将status作为其唯一参数传递

    int run();
        // 启动这一事件管理器……

    // ...
};

class MyHeatController { /* 见图3-31 */ };

static void myTurnUpTheHeatCallback(int               status,
                                    MyHeatController *controller,
                                    double            amount)
    // 如果指定的status良好，则对指定的controller的加热速率增加指定的amount。注意，
    // 这一回调函数通常会在关联的事件发生时被调用
{
    if (0 == status) {
        controller->turnUpTheHeat(amount);
    }

    // 也许会重新注册这同一个回调以便下一次触发相同事件时再次执行此回调
}

int main()
{                                                        会被eventManager调用
    MyEventManager      eventManager;                    的函数对象，其唯一的
                                                         未绑定参数为int型
    MyHeatController heatController;                      状态值（见图3-34）
    double           percentageIncrease = 10.0;

    Envelope1<int> functor;
    Function1plus2Util::makeF(&functor,                  makeF将这两个参数
                              myTurnUpTheHeatCallback,    绑定到functor
                              &heatController,
                              percentageIncrease);

    eventManager.registerInterest(MyEvent::e_BELOW_FREEZING, functor);

    return eventManager.run();  // “永远”循环下去
}
```

图 3-33　（某种意义上）更现代的事件驱动编程方法

　　现在考虑一下，每个具体信件（以及类似的相应工厂函数）都只是一个微小的模板，只能解决它所直接面对的问题的一部分，并且绝对不依赖同级解决方案。此外，由于具体信件和工厂函数都是模板，因此（至少在典型的生产/部署场景下）不存在由于并置而导致过度耦合的问题：每个被调用（双绑结型）的工厂函数和相应的派生具体信件类的方法将被单独生成，并独立地按需纳入（1.3.4 节）。正是在这种场景中，根据"单一解决方案"准则（见图 3-22）进行并置是最合适的。

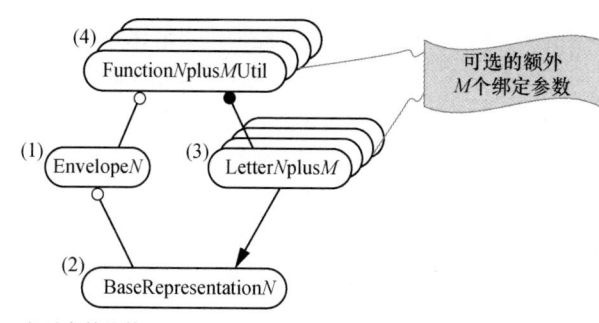

N = 必需参数的数量
M = 用户提供的额外参数的数量

（1）这一"信封"表示函子自身，N 是其特征，并且它具有指向其包含的信件的抽象基表示的指针。
（2）有 N 个必需参数的信件的抽象基表示（对应于其父信封）。
（3）N 个派生信件类，各支持不同 M 个参数的组合和不同种类的回调函数（即自由函数、const 成员函数和非 const 成员函数）
（4）一套实用"工厂"函数，它们依赖用户提供的回调函数（或方法）中的 M 个尾随参数，用合适的信件填充函子信封。

图 3-34　取 N 个必需参数的原型函子

　　那么，我们应该如何打包具体信件呢？至少有 3 种合理的策略可用于对 165 个轻量级派生的具体信件类模板进行划分。参考图 3-35，我们可以根据以下 3 点对这些具体信件进行分组：一是必需参数的数量，二是用户提供的额外参数的数量，三是必需参数和额外参数的总数（组合数）。[①]所有这 3 种建议的分组方法最初似乎都产生了同样的不平衡结果。但是，注意，第三种组合数的选择具有独特的优势，它使我们能够将参数总数扩展到 10、11、12 等，而无须动现有代码，只需添加新的组件（但参见下文有关工厂实用函数的讨论）。

（1）必需参数的数量
（2）用户提供的额外的参数的数量
（3）必需参数和额外参数的组合数量

组件	（1） 必需	（2） 额外	（3） 组合
letter0	30	30	3
letter1	27	27	6
letter2	24	24	9
letter3	21	21	12
letter4	18	18	15
letter5	15	15	18
letter6	12	12	21
letter7	9	9	24
letter8	6	6	27
letter9	3	3	30
总计	165	165	165

图 3-35　将具体信件模板类分组成组件

[①] 例如，假设我们对 3 种函数（也就是自由函数、const 成员函数、和非 const 成员函数）都要有总共 9 个（必需和用户提供）参数的表示，我们可以根据参数总数（称为深度，见卷 3 的 8.7 节）枚举组合，如下所示。将有 3 个类完全不取任何参数；将有 6 个类取一个参数，其中 3 个类取一个必需参数，其他 3 个类将取一个用户定义参数；将有 9 个类取两个参数，其中 3 个类取两个必需参数，另 3 个类取一个必需参数和一个用户定义参数，最后 3 个类取两个用户定义参数，依此类推。

现在转而考虑相应的实用函数,看看它们是否能揭示出最佳分组的线索。这里有一个强烈的偏好:我们希望围绕相应的接口类型 Functor$N$ 对工厂函数进行分组,即我们希望根据必需参数的数量对这些"填充型"函数进行分组。如果想要了解其原因,可考虑下面一点:接受注册的任何给定服务都以其接口中已定义的必需参数固定数量(和固定类型序列),调用其回调函子,而这里的固定数量(和固定类型序列)不应该会更改(0.5 节)。任何考虑使用此类服务的客户都需要填充一个必需参数数量(及其类型)刚好匹配的函子,这完全暗示了要包含哪些工厂组件或实用组件的头文件。

鉴于任何额外参数的数量都是实现细节,并且更改更容易,因此根据这一不稳定特性对实用函数分组是愚蠢的,因为更改用户提供的参数的数量会要求用户也更改#include 指令!最大限度地减少实用组件的物理依赖也使我们重新考虑以前的根据参数的组合数量对具体信件进行分组的倾向,转而根据必需参数数量对其进行分组。如果采用这种打包方式,那么每个工厂函数实用组件只需要依赖一个相应的具体信件组件。基于必需参数的分组如图 3-35 中的选项(1)所示。

3.3.8.2　将组件聚合到包中

每个信件(和工厂)组件中的类(和函数)集合都是规整的,每个类(和函数)都很小且同级,其中没有一个是独立有用的,但它们共同构成了单一问题的一个完整解决方案:它们是给信封填充必需参数数量特定的具体信件的实现和工厂。我们的并置准则提高了可用性,降低了物理复杂性,并保持了最佳的空间和运行时效率。我们还需要考虑的是,这些组件是属于单个包、多个包还是多个包组(见图 2-72),以及它们具体在企业范围的结构中的哪个位置。让我们现在就开始考虑吧。

无论这些组件的绝对位置如何,开发人员都必须扪心自问,物理依赖是否在组件和组件之间有巨大的变化。答案显然是否定的,因此我们得出结论,所有这些组件都可以恰当地位于一个包组中(2.9 节)。接下来,我们将考虑这个集合设施依赖哪些其他组件。答案是,除了低层级内存分配器协议 bslma::Allocator(见卷 2 的 4.10 节),没有别的。鉴于我们认为此子系统的使用有潜力扩展到几乎任何领域,我们可能会合理地选择将其置于我们企业范围内的物理层次中相当低的层级。

下一个任务是确定将这些组件分布在两个或多个包中是否有价值。把所有 40 个组件放在一个包中是一种不大的可能性,但如果此函子子系统被扩展了(不仅支持返回 void 的回调,还引入具有返回值的回调,或者增加必需参数的最大支持数量),一个包中的组件数量可能会变得不成比例地庞大而笨重。

可以想象的是,人们可能会选择按照函子必需参数数量每 4 个组件分组到一个包中定义。我们目前最多有 9 个参数,这样分组将产生 10 个包,每个包刚好有 4 个组件。这种模块化并非不可能,但除了这 10 个子系统是独立的,它没有捕捉到更多的信息。此外,一个包的组件永远不会超过 4 个,这种情况无法通过长期的物理扇出测试(3.1.7 节)。

从接口角度看这一划分问题,我们发现函子信封和实用程序是外部客户熟悉的实体,而基表示和具体信件本质上是实现细节。具体信件只能通过其相应的实用函数来触及。按照这些思路,我们可能会决定根据组件是否由外部客户直接使用而将这些组件分为两个包。由于函子组件依赖族中的每个必需参数切片都形成菱形的形状(见图 3-34),因此这样分组似乎相当合理。

如果确实决定函子自然跨越图 3-36a 中所示的两个包:一个是含有信封和实用程序的接口,另一个是含有基表示和具体信件的实现,那么采用什么命名法呢?我们可能会将这两个包前缀确定为 odef 和 odefi(附加的 i 表示 implementation,即实现)。那么,这之后怎么命名组件?在任何二包方法中,包名都不足以完全刻画组件所属的种类,因此需要在组件名称本身中进行刻画。例如,对于取两个必需参数并返回 void 的函子信封,我们可以将实现这种信封的组件分别描述为 odef_vfunc2 和 odef_vfunc2util。同样,我们也可以将相应的基表示和具体信件分别描述为 odefi_base2 和 odefi_letter2。这样做没有违反依赖规则,但我们如何确定此划分是最优的?

现在考虑图 3-36b 所建议的可选打包方式,这种打包着眼于可扩展性并尽量减少将来的依赖。

信封是词汇类型（见卷 2 的 4.4 节），其合约几乎肯定不会更改，它所依赖的抽象信件的合约也基本不会更改。从稳定性角度（0.5 节）来看，这些组件属于非常低的层级。而用于填充信封的具体信件和实用程序是完全可扩展的。事实上，我们不需要将它们全都使用了。

虽然这种函子设施已经相当通用，但我们可能会选择（在更高的层级）实现并行的一组明确支持其他特性的具体信件，例如，线程化应用的可扩展锁定机制。在这种情况下，就不需要图 3-36a 中的实用程序了。因此，这种可选的基于双包的划分使客户能够避免对这些多余组件的偶然依赖。

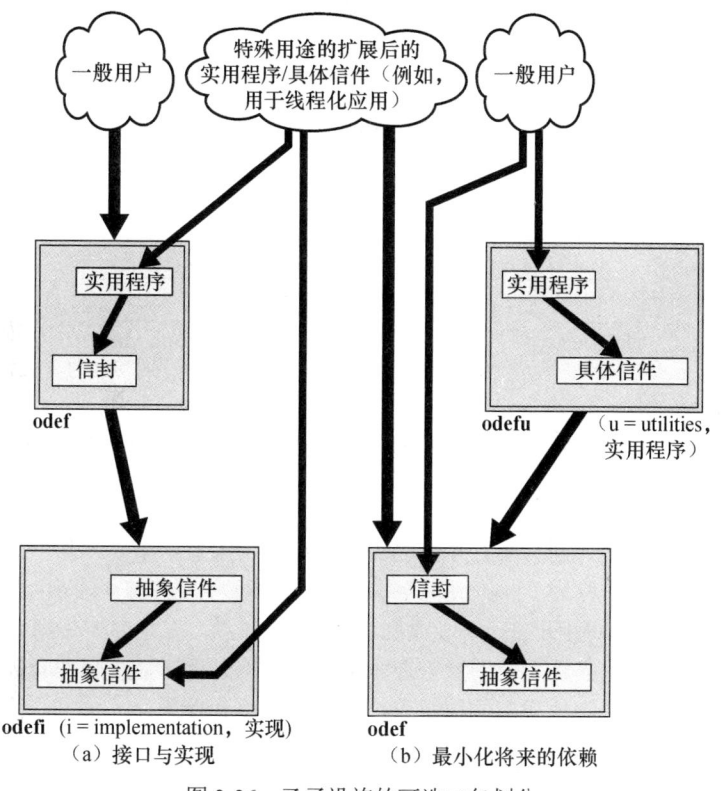

图 3-36 函子设施的可选二包划分

虽然每个包有 20 个组件很可能已接近理想状态，但我们还必须看到包内组件类型的同质性（如果适合同质的话）所带来的强大描述性价值。将这 4 种组件分布到各自不同的包中可显著提高我们的沟通能力：现在，单凭包级词汇就足以完全刻画组件的特征。此外，我们不必在图 3-36 中的两种模块化方案之间预先做出选择。[①]

3.3.8.3　最终结果

我们经过审慎的前期思考后，仅基于工程原因便顺利得出了图 3-37 所示的健全物理结构，其中 350 个可能分离的逻辑实体现在整合成仅仅 40 个组件：10 个信封（odef）、10 个抽象信件

[①] 同样，本例子也是出于教学目的，以说明各个组件和包之间逻辑内容的最佳分解。

在这种情况下，依靠协议（1.7.5 节）和虚表提供运行时互操作性（见卷 2 的 4.6 节）可能会造成高昂得不可接受的运行时成本，而使用模板（"方针"）参数（见卷 2 的 4.5 节）来实现编译时多态进而普遍启用内联，就必然会侵入（不完全抽象的）"信件"的 C++类型，而这又会向上传播到具体（词汇类型）"信封"并让其做类似的行为（见卷 2 的 4.4 节）。

在实践中，为了实现多线程使用的最佳性能，我们将在纯抽象信件基类中直接嵌入一个计数器（见卷 2 的 4.7 节），在其上使用原子增量和原子减量指令实现线程安全的引用计数，遗憾的是，在不需要这样的同步的情况下（如单线程和事件驱动的程序），这必然会对性能产生不利影响。

（odefr）、10 个具体信件（odefri）和 10 个工厂（odefu），分布在 4 个不同的包中。代码的分配远不统一。必需参数更多的函数必然需要更少的工厂方法和具体信件类。尽管如此，在面临相互竞争设计的目标时，这种分组可以说是一个正确的选择。

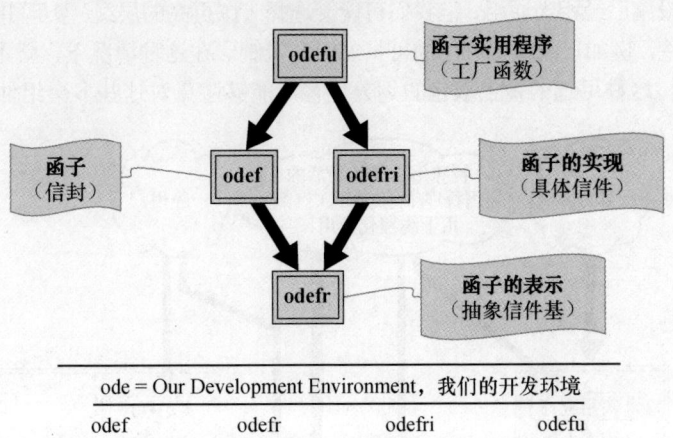

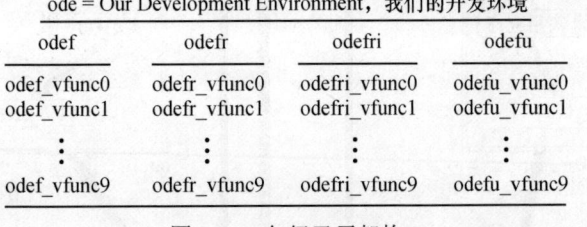

图 3-37　包级函子架构

除了对依赖的灵活控制，拥有所有 4 个包类别还有一个重要结果是，此可扩展函子设施中每个组件的基名都可以简单地称为 *vfuncN*，其中 *N* 是必需参数的数量（v 表示 void 返回类型，而如果有需要的话，*rfuncN* 可用于非 void 返回值）。还应注意，在包名中使用字符 f 的位置实现了较大包组内密切的关系包集群之间的紧密逻辑关联，而不必诉诸显式聚合的额外层级。将类和函数精心分组到组件和包中，使我们的逻辑设计更易于理解和使用。

回顾，最后一个例子是由经典事件驱动编程激发的信封信件模式的一个特定实例。我们根据逻辑内聚性和完整性将通用（可复用）的一族引用计数型函数对象（函子）的 350 个单独逻辑构件划分成仅仅 40 个组件。然后，我们将这 40 个组件分组为 4 个包，这些包强化了词汇依赖和特征依赖。这一相当长的函子示例代表了我们竭力通过细粒度的逻辑分解和逻辑内容在物理模块中的合理放置所要实现的目标。

3.3.9　本节小结

本节中我们介绍了 4 条分离的正当化单个组件内并置多个公共类的准则。

（1）**友元**：为了不让逻辑封装超出单个组件的物理边界而并置。

（2）**循环依赖**：为了不让逻辑上相互依赖的构件造成不同组件之间的循环物理依赖而并置（不过，很可能需要重新设计）。

（3）**单一解决方案**：当各逻辑构件独立且同级，但没有一个是单独有用的时，为了避免无用的物理复杂性而并置。

（4）**大象之上的跳蚤**：一个微小的逻辑构件依赖一个大得多的对象并且通常与之一起使用，为了在单个使用示例中可以对它们一起进行文档化（见卷 2 的 6.16 节）或者一起做其他一些事情而并置。

出于必要的原因（不仅仅是由于懒惰）而具有高度协作式接口的辅助类通常最好保持私有于同一组件之内，特别是当其接口可能发生变化时。使用"额外下划线"约定（2.7.3 节）可保持辅助类的私有，以确保整体组件对外部客户的稳定性。

"附属"组件相当于另一个"客户"组件的不稳定实现细节，将其与"客户"组件放在同一个包中并使用我们的额外下划线[①]命名约定（2.7.3 节）便可以确保它只能由这一个局部的"客户"组件使用（2.7.5 节），通过这种方法便可以有益地管理"附属"组件。

若是组件之间高度协作，必须可从外部访问，并且随时可能会调整，则将它们置于一个发布单元内，最好是同一个包内，将大大提高这些组件的可维护性。

与在值语义类型上提供任意非初等功能的实用程序不同（见卷 2 的 4.3 节），在语法上（及语义上）设计成以高度统一且规整的方式（如泛型）使用的组件，有时隔离在一个专为其目的而设的包中会是好事，只要任何一个组件的预期物理依赖不超过已给整个包指定的适当依赖。单个包中的组件名所共有的前缀也可用于描绘这样的语法/语义相似性。

利用不同的包前缀在一个维度中标识组件的类别，而使用在所有牵涉的包中对应的组件基名（2.4.7 节）来在另一个组件维度进行标识，这样做会很有成效。要恰当地使用这种模块化方法，这些语法方面必须是对架构的语义至关重要的（3.1.5 节），并且包和组件的框架必须极其规整。

3.4 避免循环的连接时依赖

你大概率碰到过这样的场景，你接手了一个软件系统，但上上下下找不到一段可以入手的地方，没有任何片段能够自明其义。循环依赖"设计"的症状就是系统中任一部分单拎出来，均难以被理解或使用。

考虑图 3-38 中所示的子系统。一个复杂的网络（network）可以当成子网络、设备（device）和网线（cable）的集合，因此 Network 得知道 Device 和 Cable 的定义。设备得知道它自己属于哪一网络，并且可以判断是否已连接到指定的网线，故而 Device 也得知道 Network 和 Cable 类型。网线连接设备或网络的端口，因此，要完成其工作，Cable 必须能够访问 Device 和 Network 的定义。

这些类型中的定义置于分离的组件中，显然是为了改进模块化。此外，为避免预处理器中的循环包含，其他两个类都是局部声明的，但这并不能把事情做对。尽管这些类型的实现均完全被其可编程访问的公共接口封装，但每个组件的 .cpp 文件仍被迫包含其他两个组件的头文件。这 3 个组件之间的物理依赖图是循环的，即没有其他两个组件，任何一个组件都用不了，也无法测试。出于这一原因和其他一些实际考量，本书的设计规则（2.6 节）禁止了组件之间的循环物理依赖。

C++中的对象极其容易缠绕起来；天真的设计会让它们紧密交织，使得解构变得困难至极。考虑图 3-39a 中为教学而提供的、极度简化且糟糕透顶的逻辑设计。一家公司（company）可能在不同的金融机构拥有多个账户（account）。一个（经纪）账户也可能有多个头寸（position），每个头寸都包括一个特定的金融工具［如证券（security）］和一个数量［类型可能是 double（但最好是十进制浮点类型，见 **bde14**，子目录 /groups/bdl/bdldfp/），表示该工具的单位（如份额）数量］。出于会计目的，我们可能希望包括建仓日期（date）和支付价格（price）。在我们的简化模型中，每个（股权）证券仅指向一个底层公司，从而可作出其 UML 图。

[①] 不要混淆于带有两个连续下划线的名称，这样的名称由 C++语言保留给标准实现者使用。

图 3-39b 说明了一个比较简单的到软件的转换如何轻易地产生循环物理依赖。在这一确实（有点）做作的示例中，类层级的设计表明类 my::Company 使用类型 my::Account，而后者又（通过 std::list）聚合类 my::Position 的实例。检查 #include 指令便可证实标记为 my_company 的物理组件依赖组件 my_account，而后者又依赖组件 list 和 my_position。

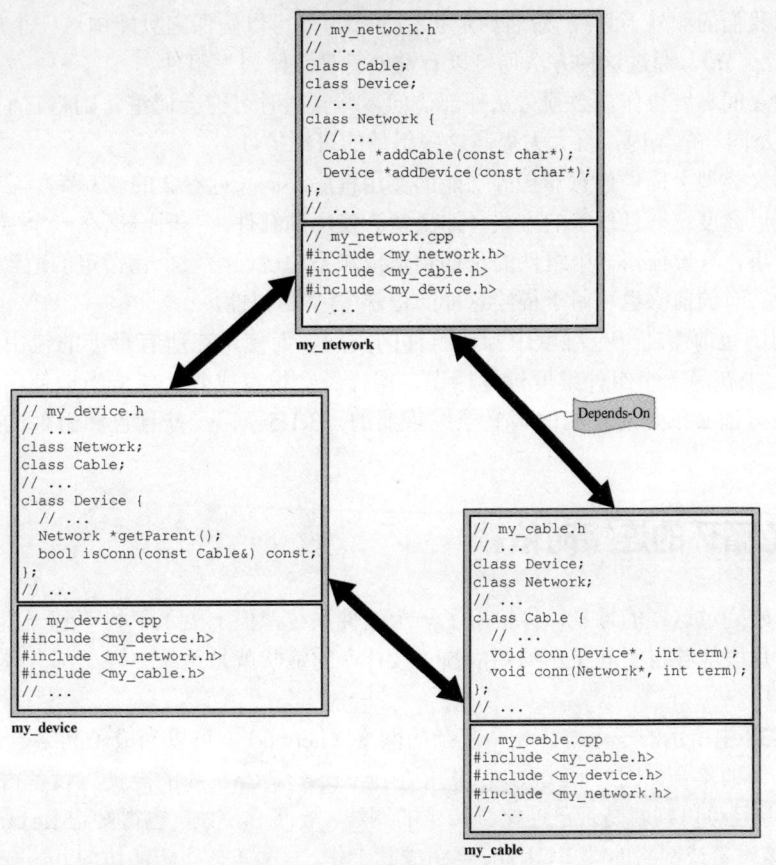

图 3-38 循环依赖着的组件

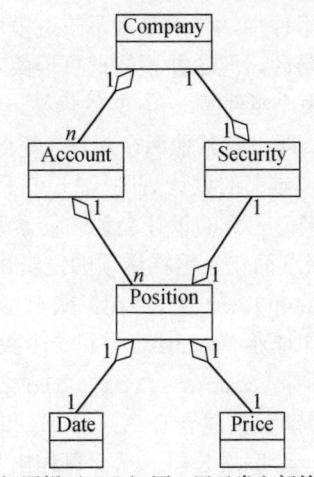

（a）逻辑（UML）图，展示类之间的关系

图 3-39 朴素的实体/关系模型的循环物理实现

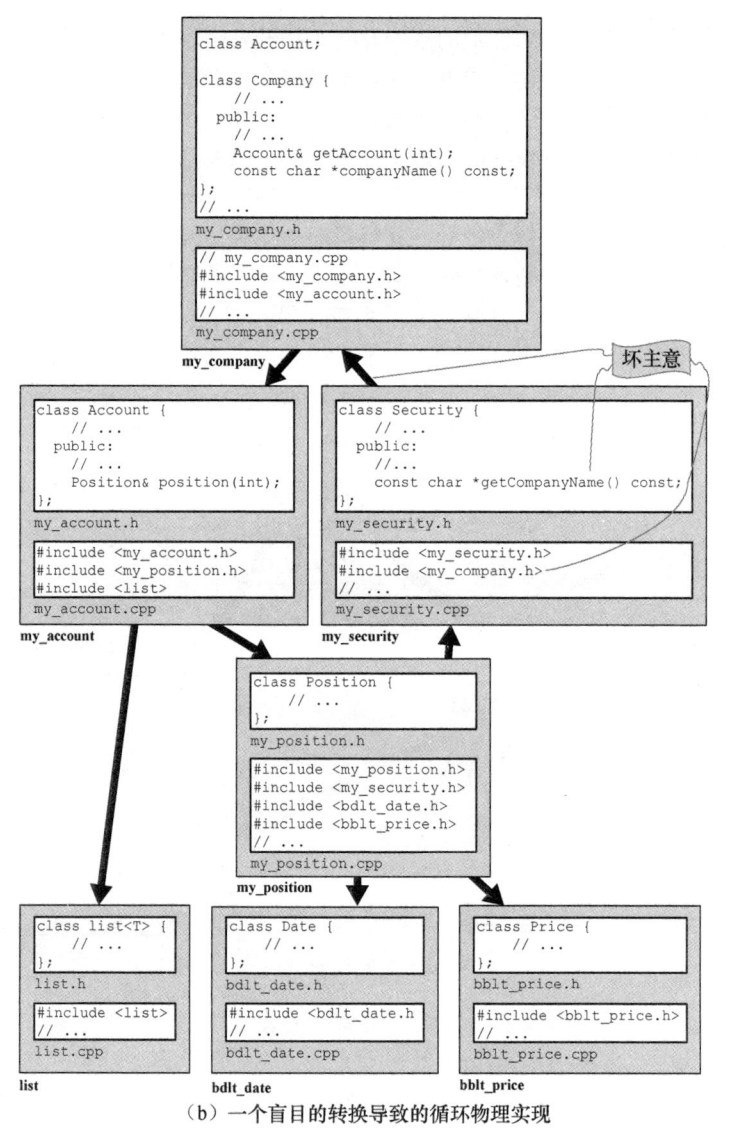

（b）一个盲目的转换导致的循环物理实现

图 3-39 朴素的实体/关系模型的循环物理实现（续）

#include 指令进一步表明，组件 my_position 不仅依赖 bdlt_date 和 bblt_price，还依赖 my_security。但是，当我们允许类 my::Security 知道类 my::Company 的定义时，就会出现关键缺陷，这可能是为了便于将访问函数 my::Security::getCompanyName 实现为对 our::Company::companyName 的转发。最终这一隐含依赖（1.9 节）会使组件 my_company、my_account、my_position 和 my_security 之间产生（物理）循环依赖！

曾经，高层级逻辑设计常常隐含着循环。在我的第一本书[①]出版后，人们越来越普遍地意识到[②]，逻辑层面上隐含的物理循环是不好的（2.6 节），现在许多软件设计人员都积极地避免循环。

---

① lakos96。

② sutter05，"Coding Style"一章，第 22 项，第 40～41 页，特别是第 40 页：

……相互依赖的模块并不能算作真正的单个模块，而是被粘连成一个更大的模块、更大的发布单元。因此，循环依赖与模块化相违背，是大型项目的祸根。唯恐避之不及。

尽管如此，随着高层级设计被愈加详细的规约充实，在开发过程中添加组织机制和胶水逻辑可能将原本完全合理的架构缝合到一起。也就是说，即使有着健全的初始设计，往往也会出现循环，如当细节增长到超出一张图可以合理涵盖的内容时；或者在实现阶段出现；又或者随着时间的推移，作为例行维护的结果出现。以（高效地）提取实际依赖的形式进行的尽职调查（1.11 节）有助于防止此类意外事故。

如今，初始设计通常会经过精心规划，并特意避免循环。经过一段时间后，意料之外的客户需求可能会引发考虑不太周全的战术增强，从而带来不需要的循环依赖。例如，有一个公司范围的基础设施，它含有 3 个分离但广泛使用的子系统［日志器（logger）、传输（transport）和邮件（mail）］，如图 3-40 所示。遗憾的是，这 3 个子系统是循环依赖的，但其实它们开始并不是这样的。更糟糕的是，如果对层级划分技术理解恰当（见 3.5 节），循环本是可以避免的。那么，让我们来看看这种无意的、并不少见的且非常令人遗憾的物理混乱是如何发生的。

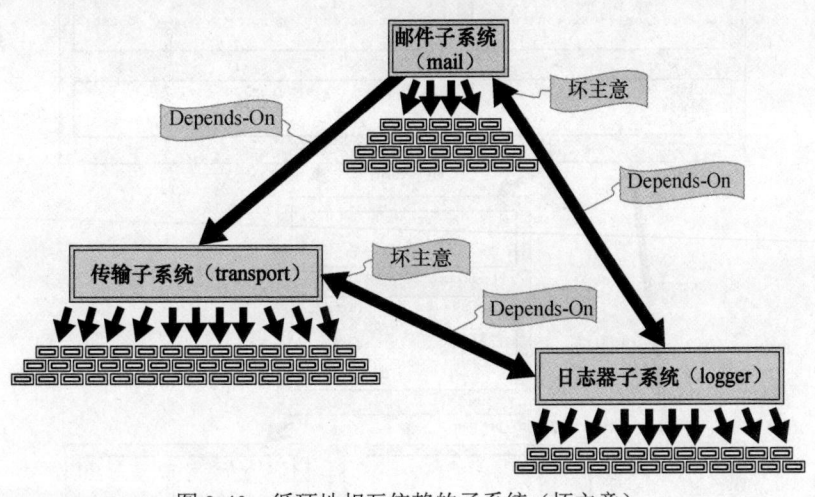

图 3-40　循环地相互依赖的子系统（坏主意）

众所周知，可靠的传输实难维持。机器会停机、连接会中断、数据包会丢失，诸如此类。当出现问题时，我们想知道问题是在什么时候、什么地方发生的，诸如此类。在我们创建自己的传输设施的第一个版本时，我们还没有日志器子系统（图 3-41a）。

当意外发生时，我们只是将错误消息打印到本地文件（由一个环境变量标识）。最终，这种原始的解决方案显然不足以满足我们日益庞大的开发组织的需求，因此一个创建公司范围的日志器设施的项目应运而生。与此同时，一个提供高效的公司范围的邮件子系统的分离的项目完成并发布了（图 3-41b）。

由于这一传输设施十分出色，大家公认这是最好的电子邮件传输方式，因此，邮件子系统被层叠（见3.7.2 节）于现有的传输子系统的顶部之上。最终，新日志器子系统的第一个版本完成并发布（图 3-41c）。

此日志器设施计划供应用和高层级库子系统用于提取和记录有关正在运行的程序运行的信息。可根据类别（或领域）而调整"调试"等级的能力使我们能够更改特定子系统生成的信息的数量和细节。我们可以使用环境变量、配置文件或命令行参数来控制这些设置，但这些方法无一不需要重新启动进程。之后我们可能会意识到，我们还需要能在给定程序运行时更改这些设置（见下文）。强大的新日志器设施完成后，[1]传输子系统为使用它而升级，发布了传输设施的第二版

---

[1] ball（BDE application library logger，BDE 应用库的日志）包的开源版可以在彭博 BDE 开源发行版 bal 包组 ball 包（见 **bde14**，子目录 /groups/bal/ball/）中找到，它有着相对慷慨的开源许可证（适用于大多数典型商业用途）。

（图 3-41d）。此后不久，邮件子系统也同样为了使用它而进行了升级（图 3-41e）。

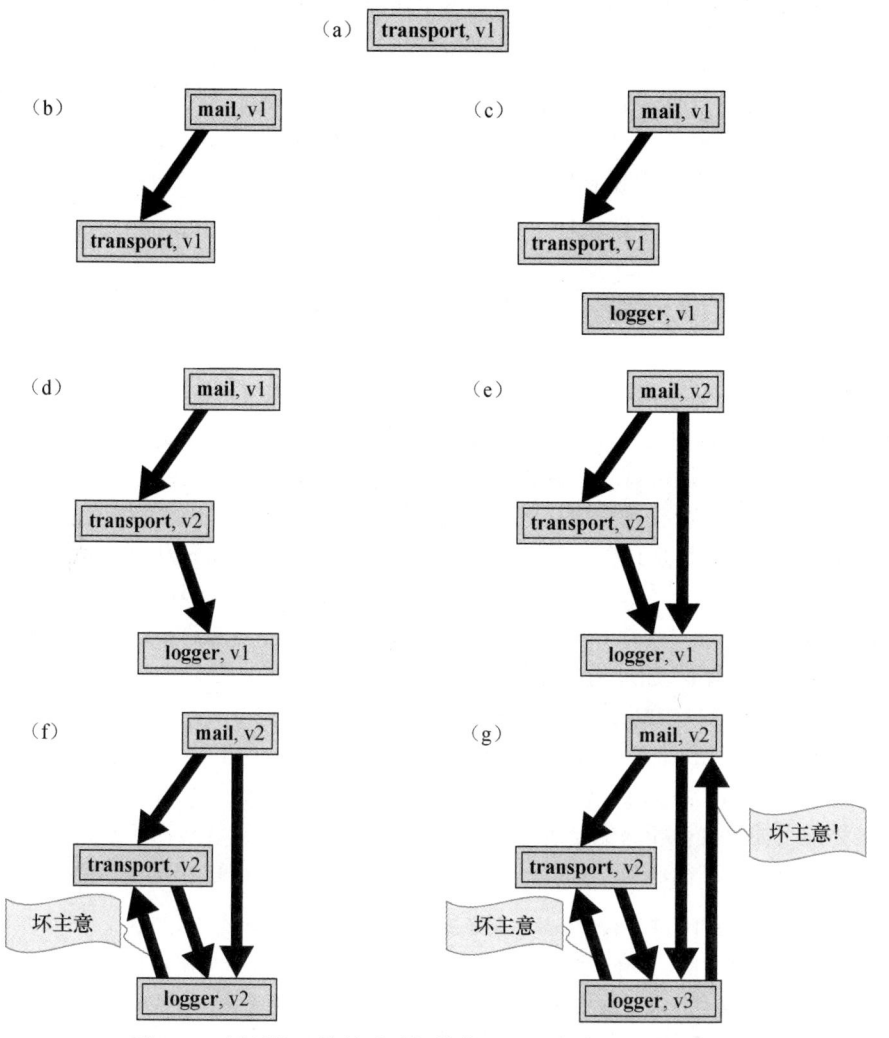

图 3-41　循环物理依赖随时间的推移而不断演化（坏主意）

日志的本性使得对底层作日志的机制的高效（内联）访问权成为一项根本需求。特别是，我们需要能够立即确定[①]某条作日志的语句是否确实需要做什么事情，如果不什么事情都需要做，就快速跳过。因此，将传输子系统和邮件子系统直接层叠到日志器设施之上是一个适当的设计选择。幸运的是，还没有循环出现。构建一个使用了邮件子系统的典型应用的连接命令非常简单：

```
$ ld main.o app.a ... mail.a tran.a log.a ...
```

我们使用后就可以明显地察觉到，更改一个运行中的程序作日志的属性必须先关闭此程序是不可接受的。为了让日志器子系统能接受 IPC 连接并解释接收到的控制消息，对其进行升级以便它能在运行中更新日志器配置状态。鉴于目前只有一个子系统能够实现所需的 IPC 功能，因此开发人员快速做出了一项决定，使用传输子系统来控制日志器子系统；但是，这些开发人员并没有注意到允许日志器子系统直接使用传输子系统的物理后果。现在，日志器设施的第二版发布了。

---

① 访问作日志的属性是在多线程应用中有效使用无锁数据结构的理想应用。例子见 **kliatchko07**。

遗憾的是，这一次在日志器子系统和传输子系统之间引入了物理循环（图 3-41f）。

因此，不再有顺序能保证传输和日志器这两个库可以顺利连接上：

```
$ ld main.o app.a ... mail.a tran.a log.a ... tran.a log.a ...
```

尽管日志器设施现在有了物理负担，但它还在被继续用着。一段时间后，一些开发经理觉得，在日志文件中搜索关键信息实在太不方便。高层管理人员遂"建议"再次升级日志器子系统，以使它能在发生严重错误时发送邮件消息。这一次，日志器子系统直接使用现有的邮件子系统，物理上的后果又被忽视了。日志器子系统第三版发布后，这 3 个子系统就形成了循环物理依赖（图 3-41g）。

现在，要连接所需的库，连接顺序可能因应用而异，甚至应用版本不同都可能造成连接顺序的差异：

```
$ ld main.o app.a ... mail.a tran.a log.a ... mail.a tran.a log.a ...
```

连接时依赖在建立软件的总体物理设计质量[1]方面起着核心作用。较传统的软件质量评估指标，如可理解性、可维护性、可测试性和可复用性，均与物理设计的质量密切相关。如果不谨慎预防，循环物理依赖会让这些系统指标退化，使其变得僵硬、难以管理。特别是，与较低层级系统关联的高度耦合不仅会增加这些子系统的成本，而且还会大大增加开发和维护较高层级客户和子系统的成本。[2]

消除图 3-40 中日志器、传输和邮件子系统之间的循环依赖的（也许）最佳方式是使用回调层级划分技术（见 3.5.7 节），通过两个抽象接口实现（见图 3-79）。这两个抽象接口，一个用于控制日志器子系统的（传输）Channel，一个用于发布日志消息的 Observer。这两个接口各有一个对应的适配器（见 3.7.5 节），适配器将通过更高层级的实体（如 main）来提供给日志器子系统。两个协议（1.7.5 节）各派生一个具体类，将相应的机制（传输子系统或邮件子系统）适配给其协议。这种使用抽象接口和适配器而产生的架构，我们称之为横展架构（见 3.7.5 节）。

关于使用回调来打破循环[3]，有这么一条注意事项（重复 **lakos96** 中的注意事项）：

> 在我自己的团队中，我们已经看到了可以简明地称为"尽管技术上不构成循环，实际却依然是循环的设计"的内容。当有人机械地使用回调来打破循环依赖，而不解决组件之间底层的缠绕的时候，就会发生这种情况。这些系统往往比它们所替换掉的带有循环的系统更难以理解！这是因为回调引入的额外间接特性让跟随代码流变得更加困难。
>
> ——David Sankel，彭博有限合伙企业（约 2018 年）

换言之，不解决底层的设计问题，而试图用回调来打破循环依赖，可能会带来严重的后果。

总而言之，即使一开始并不存在循环物理依赖，它也可能随着时间推移而浮现，并成为阻碍开发者理解和未来维护的大麻烦。在（篇幅相当长的）3.5 节，我们介绍了一套久经考验的层级划分的综合处理技术，多年来，这些技术成功地帮助作出无环的物理设计。明确避免循环依赖是构建物理健全系统的关键第一步，但单靠这一步并不足以降低与工业规模级软件开发关联的成本和风险。我们还必须谨慎主动地避免过多的（见 3.6 节）或其他不当的无环连接时依赖（见 3.8 节）。随后介绍的技术也将被证实对这些目的是有用的。

---

① **lakos96**，4.13 节，第 193～201 页。

② 对于循环所牵扯的成本，定量的示例见于 **lakos96**，5.2 节，第 225～228 页，图 5-18。

③ 来自 David Sankel 对本卷书稿的审阅。

3.5 层级划分技术

大规模软件设计要取得成功最重要的方面就在于避免在内聚的物理模块（如组件、包和包组）之间出现循环物理依赖。[①]经典的开发实践容易导致在物理上高度相互依赖的设计，当这些实践应用于面向对象的软件时尤其如此。

3.5.1 经典层级划分技术

已确定有 9 种技术[②]可用于化解物理相互依赖。图 3-42 对这些既定的**层级划分技术**进行了总结。[③]使用此类技术搭建可划分层级的设计常常能剔除掉巨大的（有时是压倒性的）逻辑设计空间，并有助于引导开发人员朝着更易于维护的架构的方向发展。事实证明，良好的逻辑设计和良好的物理设计"无意中相辅相成"。随着时间的推移和经验的积累，人们发现这两个重要的设计目标会相得益彰。

升级	将相互依赖的功能移到物理层次中更高的位置
降级	将共用的功能移到物理层次中更低的位置
不透明指针	让一个对象仅在名称上使用另一个对象
哑数据	使用数据表示对同级对象的依赖，但仅在分离的较高层级对象的上下文中使用
冗余	为避免耦合，特意重复少量代码或数据以避免复用
回调	由客户提供函数，让（一般是较低层级的）子系统能够在更全局的上下文中执行特定任务
管理器类	建立一个类，让较低层级的对象为其所有，由其协调
分解	从卷入过多物理耦合的复杂组件的实现中移出独立可测试子行为
升级封装	将向客户隐藏实现细节的点移到物理层次中更高的层级

图 3-42　标准层级划分技术摘要。（Lakos, John, *Large-Scale C++ Software Design*, ©1996。经 Pearson Education, Inc., New York, NY.许可，重新印刷并以电子方式复制）

这些层级划分技术发表后的若干年中，它们常常被用于实现健全的物理架构。令我们惊讶的是，这些年并未浮现新的层级划分技术。不过，鉴于分布式计算的成熟甚至语言本身的进步（如成员模板），其中一些技术的相对重要性（和应用场景）已经发生了变化。例如，使用（广义）回调的设计实践正变得更常见且必要得多。接下来，我们介绍当前自己对这些技术的重要方面的考虑。对于有兴趣了解更多示例的读者，更长篇幅的示例展示可见于这一主题的开山之作。

[①] 注意，这里说的是设计，而非开发。若是扩大范围纳入开发，我们还必须考虑让训练有素、目光长远的人员切实地对代码文档化和测试等。这里介绍的所有技术都是设计技术，自从我在 1996 年出版了第一本书《大规模 C++程序设计》（*Large-Scale C++ Software Design*）以来，这些技术一直在使用。当我开始写 **lakos96** 时，最初准备称之为 Large-Scale C++ Software Development。我当时解释说，虽然我自信对如何设计软件有着深刻的理解，尤其是 C++的软件设计，但我还没有准备好写一本关于开发的更一般性的书。终于在 20 多年之后，我准备好了。

[②] **lakos96**，第 5 章，第 203～325 页。

[③] 借用自 **lakos96**，5.11 节，第 524、525 页，具体见第 525 页的无编号列表。

3.5.2 升级

> 将相互依赖的功能移到物理层次中更高的位置。

在 9 种层级划分技术中，第一种便是升级（escalation），它也是最常用到的技术之一。它的基本思想是，当两个组件想要相互指向时，也许一个组件的某个方面或两个组件共同的某个方面能被移动到物理层次中更高的层级。通过将这些方面升级，我们将尴尬的相互依赖转变为受欢迎的向下依赖。

典型的需要升级的示例可见于图 3-43a 中两个分离的类 Rectangle 和 Box。这两个类都计划表示的值是相同的（见卷 2 的 4.1 节），但这两个具体类内部表示截然不同（图 3-43b），从而导致不同的性能特征。

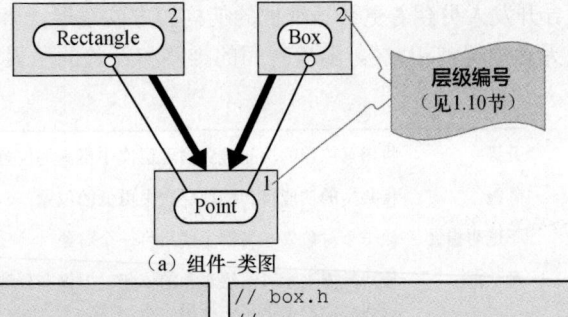

（a）组件-类图

```
// rectangle.h
// ...
#include <point.h>
// ...
class Rectangle {
    Point d_origin;
    int   d_width;
    int   d_length;
 public:
    Rectangle();
    Rectangle(const Point& origin,
              int          width,
              int          length);
    // ...
};
// ...
```

```
// box.h
// ...
#include <point.h>
// ...
class Box {
    Point d_lowerLeft;
    Point d_upperRight;
 public:
    Box();
    Box(const Point& lowerLeft,
        const Point& upperRight);
    // ...
};
// ...
```

（b）简略版的组件接口

图 3-43　表示矩形的两种不同方式

最初，这两个类可能是物理上独立的；但随着时间的推移，显然不可避免地会需要将一个类转化到另一个类（见卷 2 的 4.4 节）。引入（隐式）互构造函数（在构造函数中引用另一种类型，如图 3-44b）会立即在其各自的组件间产生循环的相互依赖（图 3-44a）。

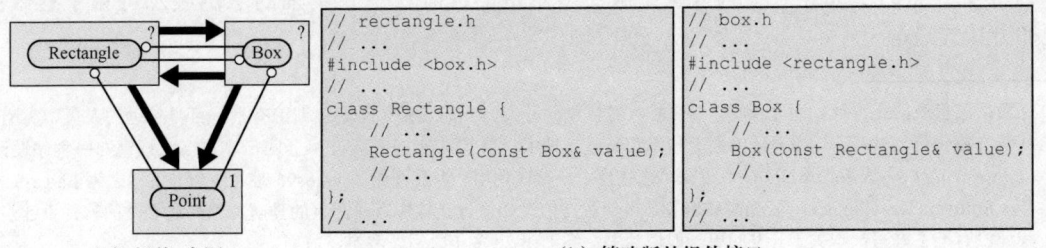

（a）组件-类图

```
// rectangle.h
// ...
#include <box.h>
// ...
class Rectangle {
    // ...
    Rectangle(const Box& value);
    // ...
};
// ...
```

```
// box.h
// ...
#include <rectangle.h>
// ...
class Box {
    // ...
    Box(const Rectangle& value);
    // ...
};
// ...
```

（b）简略版的组件接口

图 3-44　（不可接受的）循环物理依赖

循环物理依赖是不可接受的（1.8 节、1.9 节和 2.6 节）。我们可能会转而选择用一个类实现其中另一个类，从而消除所有循环依赖。例如，我们可以令 Rectangle 作这两个类中较初等的那一个，并将所有转换功能推入 Box 中，如图 3-45 所示。注意，在这种呈现中，box.h 包含 rectangle.h 以使 Rectangle 与 Box 之间可内联转换；于是，对 rectangle.h 的任何更改都会强制 Box 的所有客户重新编译。还要注意，即使 rectangle.h 也恰好包含了 point.h（目前），我们还是故意在 box.h 中直接包含 point.h 来避免传递式包含（2.6 节），以免之后实现细节的变化导致 box 组件无法编译。

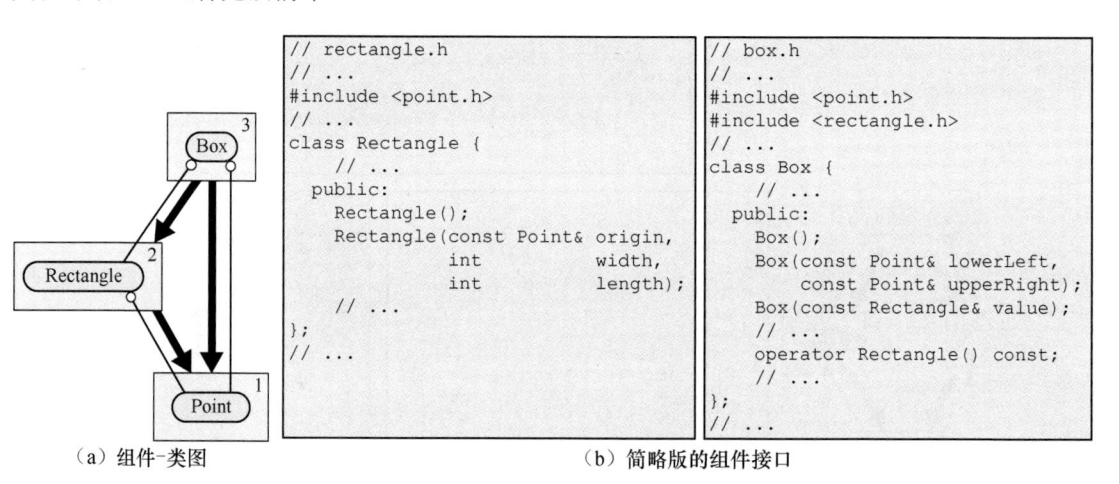

```
// rectangle.h
// ...
#include <point.h>
// ...
class Rectangle {
    // ...
  public:
    Rectangle();
    Rectangle(const Point& origin,
              int          width,
              int          length);
    // ...
};
// ...
```

```
// box.h
// ...
#include <point.h>
#include <rectangle.h>
// ...
class Box {
    // ...
  public:
    Box();
    Box(const Point& lowerLeft,
        const Point& upperRight);
    Box(const Rectangle& value);
    operator Rectangle() const;
    // ...
};
// ...
```

（a）组件-类图　　　　　　　　　　　　（b）简略版的组件接口

图 3-45　Box（及其客户）依赖 Rectangle，但反之不然

图 3-46 所展示的另一种方案是，将 Box 视为一个更基础、使用更广泛的类，顺便将 Rectangle 的客户与对 Box 的更改隔离开来（见 3.10 和 3.11 节），当然前提是他们不直接使用类 Box。换言之，对于不直接使用 box 的客户，对 box.h 的更改不会强制他们重新编译。

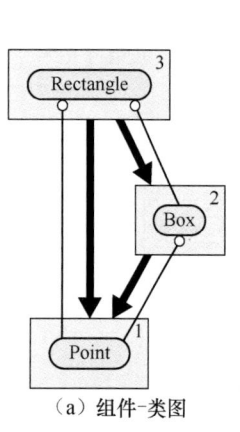
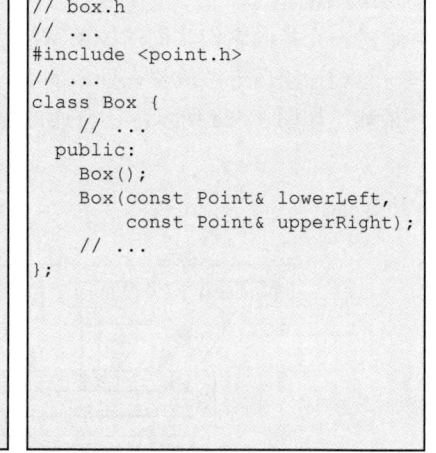

```
// rectangle.h
// ...
#include <point.h>
// ...
class Box;
// ...
class Rectangle {
    // ...
  public:
    Rectangle();
    Rectangle(const Point& origin,
              int          width,
              int          length);
    Rectangle(const Box& value);
    operator Box() const;
    // ...
};
// ...
```

```
// box.h
// ...
#include <point.h>
// ...
class Box {
    // ...
  public:
    Box();
    Box(const Point& lowerLeft,
        const Point& upperRight);
    // ...
};
```

（a）组件-类图　　　　　　　　　　　　（b）简略版的组件接口

图 3-46　Rectangle（及其客户）依赖 Box，但反之不然

尽管前面两个解决方案都可行，但通常更好、更细粒度且解耦合的解决方案是将所有相互依赖的功能升级到物理层次中更高层级的组件，例如，升级到新的 convertutil，如图 3-47。

注意，在图 3-47b 所示的呈现中，令 convertutil.h 包含（而不是局部声明）Rectangle

和 Box 两者的定义，以期将两个转换例程 boxFromRectangle 和 rectangleFromBox 作为内联函数实现。还要注意，由于类 Point 会被直接用于这些内联例程的实现（函数体）中，因此我们需要在 convertutil.h 中直接包含（定义了 Point 类的）point.h，而不是依靠 rectangle.h 或 box.h（用非法的传递式包含）来包含 Point.h。因此，无论 rectangle.h 或 box.h 是否包含 point.h，convertutil.h 都可以确保按照要求在编译（1.6.1 节）上自足（2.6 节）。

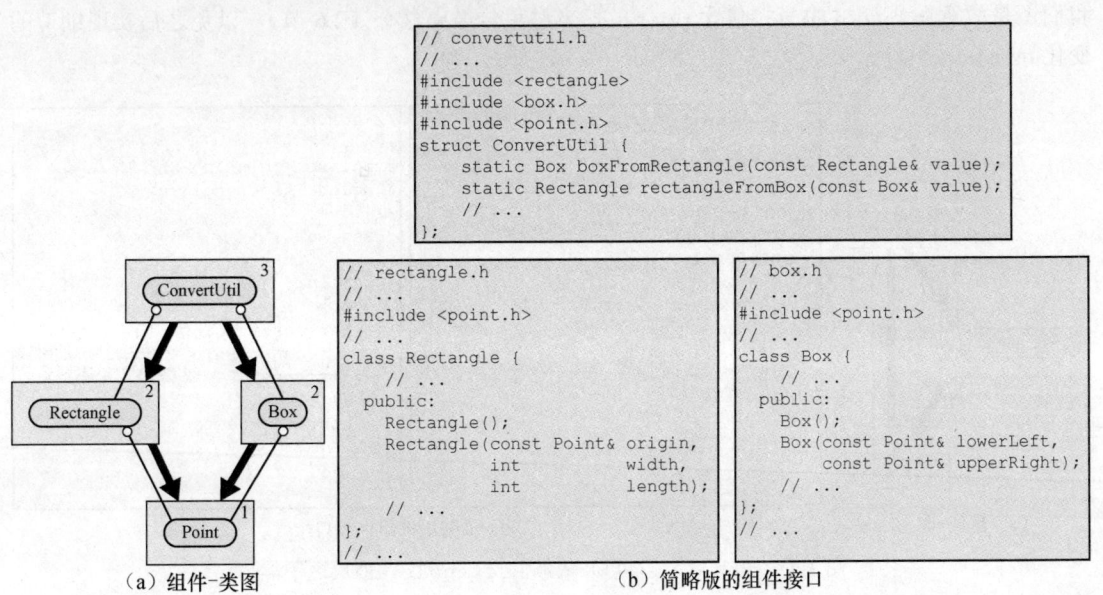

（a）组件-类图　　　　　　　　　　（b）简略版的组件接口

图 3-47　Rectangle 和 Box 是相互独立的类型

升级技术的另一种常见用途是将具体节点的创建从派生出它的抽象基类中提取出来，并将其置于更高层级的工厂组件中。考虑一个子系统，该子系统由一个抽象基类 Widget、派生类 Widget*N* 的集合以及一套 static 工厂方法组成，这些方法被用于创建和配置这些特定小部件，并通过一个指向它们共同的抽象基类型的（受管理的）指针返回这些方法所创建的小部件。将这些 static 工厂方法放置在抽象的 Widget 基类中，不仅会导致在基类和每个派生类之间产生循环依赖，如图 3-48a 所示，还会通过传递性（1.8 节）使得所有派生的小部件类之间也循环依赖！

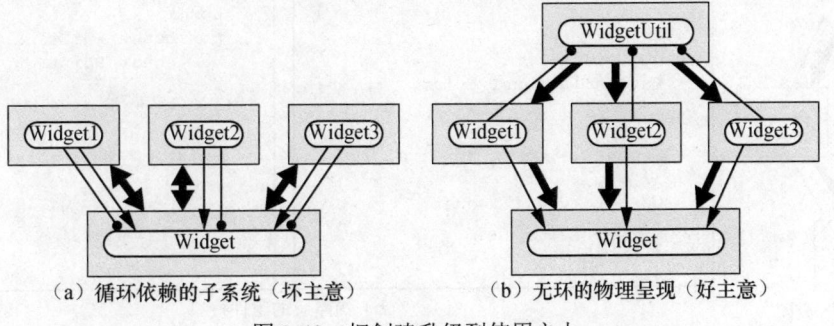

（a）循环依赖的子系统（坏主意）　　　（b）无环的物理呈现（好主意）

图 3-48　把创建升级到使用之上

面向对象的编程范式带来的一项关键好处在于，一个派生对象的客户不一定需要知道其具体类型，更不需要能够创建一个具体对象。将创建派生对象的功能并置在允许客户使用它们的同一组件内，几乎消除了纯接口继承胜于仅凭类型而切换行为的所有实践优势（见卷 2 的 4.7 节）。只需将 static 工厂方法升级到更高层级的组件（如图 3-48b 所示的 widgetutil），就消除了所有物理循环，并允许客户仅依赖其所需的组件，而且这样做还不牺牲任何逻辑功能！

而升级技术的另一个有效用途是隔离非初等（3.2.7 节）重量级依赖（1.9 节）以及其他种类的有问题的物理依赖。做一个简化的说明，假设我们有一个极其简单的类 Date，它仅仅有 year、month 和 day 这 3 个属性，这些属性代表的日期值不一定有效。对于这一不受约束的属性类（unconstrained attribute class，见卷 2 的 4.2 节），除了设置或访问其属性值、获取其内存分配器（如果有需要的话）或者比较两个 Date 类的对象是否相等（3.3.1.4 节），任何其他功能都将被视为非初等的，并且应该位于更高层级的组件中。

现在假设要为这一朴素的类 Date 实现一个判断日期值是否有效的函数 isValidYearMonthDay。类 Date 知道只有 3 个属性：year、month 和 day，它不知道这些值是按哪种历法算的（如格里历或外推格里历）。[①]将该功能放在类 Date 中会限制该类参与到其他日历上下文中的能力。此外，将这种简单、纯朴的属性类与可以在外部实现的功能掺杂在一起也没有性能优势。

若是已经确定我们的实用函数采用外推格里历，便可以将 isValidYearMonthDay 函数和所有其他仅基于日期的 3 个属性且无须额外类型即可表达的功能移入（同一包中）更高层级的组件 dateutil，如图 3-49 中（a）部分所示。同样，根据同一日历查找所提供日期的当月最后一天等功能也会放在 DateUtil 中。通过这种方式，我们可以解耦那些不需要为了性能对实现具有密切访问权的功能，不是所提供且文档化的功能中本质部分的功能也可以被解耦。

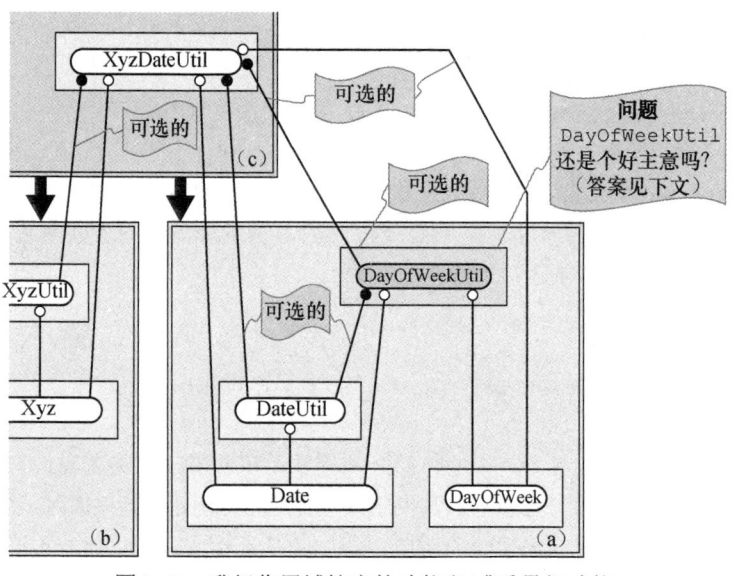

图 3-49　升级作用域较广的功能和/或重量级功能

再进一步，我们可以想象一个 DayOfWeek 枚举，用来表示给定日期对应星期几。实现 DayOfWeek 的组件（示例见图 2-40）显然与使用的 Date 和特定日历无关。如果我们要提供功能来确定指定日期是星期几，我们可以将该功能放在 DateUtil 中，但是这将引入 DateUtil 对

---

① （经典）格里历（Gregorian calendar）从 1752 年 9 月 3 日开始有 11 天缺失，而在此之前，每一个世纪年（如 1700 年）都视为闰年。而外推格里历（proleptic Gregorian calendar）则将每 400 年都视为相同的周期，能被 4 整除的年份为闰年，但能被 100 整除不能被 400 整除的年份不是闰年，能被 400 整除的年份是闰年。两种历法对现代的日期并无区别；但是，当试图计算参考日期和当前日期之间的天数时，如果参考日期早于 1752 年 9 月的那个间隔，两种历法就会显示出差异：基于格里历计算的天数比基于外推格里历计算的天数多两天（见 **iso04**，第 4.3.2.1 条）。

DayOfWeek 的逻辑依赖，因此也有物理依赖。鉴于 DateUtil 不依赖其他类型，我们可以选择将
该功能置于新的、更高层级的组件实现中，如 DayOfWeekUtil，它可以随意依赖 Date 和
DayOfWeek，甚至可以依赖 DateUtil（如果有需要的话）。其他能在 DayOfWeekUtil 中找到的
功能可能包括在给定日期 Date 所在的年份和月份中查找一周中的第 n 天。

　　是否在这一粒度层级对功能进行分割属于工程判断问题。将代码分解到这种程度，虽然在理
论上是适当的，但可能使潜在的"真实世界"客户更难知道在哪里寻找特定功能，而这反过来又
会使这种分解妥当的库代码更难使用。Jeffrey Olkin 在对本卷书稿的审阅中写道：

　　　　如果我试图找到一个函数来确定星期几并且以前曾为了其他函数使用 DateUtil，我很可能
　　会在 DateUtil 中查找这个函数。我甚至可能不知道 DayOfWeekUtil 存在，尽管我可能对
　　DateUtil 中没有这样的函数感到惊讶，但我接下来不会自动地寻找另一个相关的组件。

——Jeffrey Olkin（约 2017 年）

　　因此，功能在实践中分解的粒度可能涉及"艺术"和科学的衡量标准。[1]

　　但是，在这种特定情况下，对于在 Date 之上的实用函数，创建两个分离的实用结构体，以便仅根
据实用函数是否在其接口中使用 DayOfWeek::Enum 来分解非初等功能，不仅在实践中是不可取的
（因为 Jeffrey Olkin 在前文所描述的可发现性的原因），而且从物理角度来看也是毫无道理的！

　　首先，注意到 Date 和 DayOfWeek 之间的密切关系（还没算其在基于日期序列的实现中的潜
在性能优势），仅这一关系已经足以让类 Date 本身可以正当地将 DayOfWeek::Enum 纳入其接口
（示例见图 3-102 和图 3-152），从而近乎消解了在更高层级的实用程序中这样的后续分解的几乎所
有物理优势。

　　其次，不仅 DayOfWeek::Enum 在语义上与 Date 的关系在典型用法中要比 MonthOfYear::Enum
等构件与 Date 的关系更紧密（见图 3-164），而且 Date 对 DayofMonth::Enum 等构件的使用不是固
有初等的，而 Date 对 DayOfWeek::Enum 的使用上是固有初等的（3.2.7 节）。例如，在给定日
期序列实现（见图 3-169b）的情况下，不必执行比较复杂的算术计算便可返回正确的星期几，
其成本可能会降低到只有一次取模运算：

```
DayOfWeek::Enum dayOfWeek() const
{
    return static_cast<DayOfWeek::Enum>(d_serialDate % 7);[2]
}
```

　　这种超高运行时性能在定义 Date 的组件之外根本不可能实现。最初我们可能会想要根据是
否与旗舰值类型共享接口依赖来完全分解我们的实用结构体，但出于这些原因，终究还是应该抑制
住这种冲动，而仅使用已在 Date 接口中使用的类型（如 DayOfWeek::Enum）的常见非初等功能
应并列驻留在实用结构体 DateUtil[3]中（示例见图 3-165）。

　　到目前为止，所有功能都没有增加显著的物理依赖，但这当然有可能，而且在实践中经常发
生。回顾 2.9.3 节的图 2-74，仅仅有逻辑内聚不一定足够正当化将功能并置在单个发布单元内。

---

[1] 公平地说，David Sankel（在他对本卷书稿的审阅中）指出，"虽然 Jeffrey 说的是对的，但如果使用这种软件的用户找
　　不到他们想找的东西，那么他们应立即转到包级注释，然后转到组件注释（见卷 2 的 6.15 节）。"

[2] 这一实现能够工作的前提是我们已仔细确定 d_serialDate 为 0 时与 DayOfWeek 中的第 0 个枚举符是一致的，该
　　枚举符需要一个相当醒目的实现备注（IMPLEMENTATION NOTE），让以后维护组件的开发人员不会无意中违反此需
　　求。注意，对于非外推格里历的实现，此处的代码必然会更加复杂。

[3] 注意，在此处提供有关何时（以及何时不）根据接口依赖来分解实用结构体功能的额外指导，完全是因为我的出色的
　　结构编辑（也是亲爱的朋友）Jeffrey Olkin 对本卷的每一章节进行的全面的审阅。

假设有一个组件 xyz 具有与 date 无关的显著物理依赖。我们自然希望将此类组件置于一个分离的物理包（甚至是包组）中，如图 3-49 中（b）部分所示。但是，仅仅与 xyz 相关的非初等功能自然会与它一起驻留在同一个包中，只是放在实现 XyzUtil 的一个分离组件中。为了避免使用 xyz 或 date 两个组件之一的时候还需要两者中的另一个，我们将既依赖 xyz 也依赖 date 的（非初等）功能升级到定义有 xyzdateutil 的更高层级的包，如图 3-49 中（c）部分所示。如此这般，在编译时和连接时，我们就可以将我们真正需要的内容更精确地选择性纳入。

简而言之：升级通常是应付棘手的相互依赖的好办法，它可以将其转变为更受青睐的向下依赖。当看到两个组件之间似乎存在向上依赖时，通常可以将较低层级的组件分解，并引入层级高于这两个组件的第三个组件，使得所有的依赖都向下（并且无环）。将非初等功能升级到同一包中更高层级实用组件的行为是标准做法，而且应该是标准做法。如果我们看到一个实用程序的接口中引入了额外的类型（即使来自同一个包），我们也许会考虑将该功能升级到分离的、更高层级的实用组件（可能在同一个包中）以支持这一扩张得更大的接口。如果我们正在考虑将一项功能放在已有的实用程序中，而这会导致跨发布单元的过度耦合，那么就应该认真考虑将该重量级功能升级到更高层级发布单元的实用组件中。

3.5.3　降级

> 将共用的功能移到物理层次中更低的位置。

降级（demotion）层级划分技术是指对功能进行重构后置于物理层次中更低的层级，一般是为了使之能够被更广泛地使用（复用）。例如，图 3-50a 中的子系统 xyz 实现了一个供内部使用的低层级功能 F，但子系统 rst 也需要 F（子系统 xyz 依赖 rst）。F 的其他客户被迫依赖 xyz 的一切，也因此间接依赖 rst。如图 3-50b 所示，通过将 F 降级到更低层级的包 abc，xyz 和 rst 中的组件可以依赖 abc 中的 F 而不会形成任何包间循环。此外，F 的其他客户不再需要依赖 xyz 或 rst。

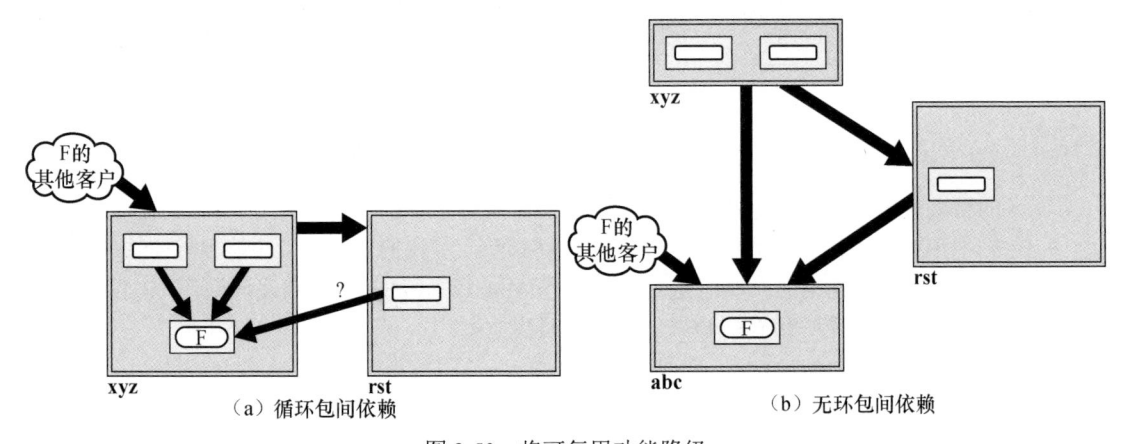

（a）循环包间依赖　　　　　　（b）无环包间依赖

图 3-50　将可复用功能降级

在对象层级也可能发生类似的循环依赖。考虑父对象 EventQueue，它管理一种 Event 类型的许多附属对象，Event 类型定义于一个分离的组件中。特定于一个事件的信息直接存储在其事件的相应对象中，而由事件队列管理的被所有事件共用的信息只存储在一处，直接存储在 EventQueue 对象中。当将事件传递给函数进行处理时，与此事件关联的所有信息（包括存储在 EventQueue 对象中的共用信息）都必须能通过 Event 的公共接口可用。

图 3-51 说明了实现这些组件的一种简单方法，这些组件满足了功能需求，但在实现 Event 和

EventQueue 的各个组件之间产生了循环物理依赖。这一问题的原因是 Event 类型持有指向管理它的整个 EventQueue 对象的指针。但是，Event 对象实际只需要持有指向 EventQueue 共用信息的那一子部分的指针。

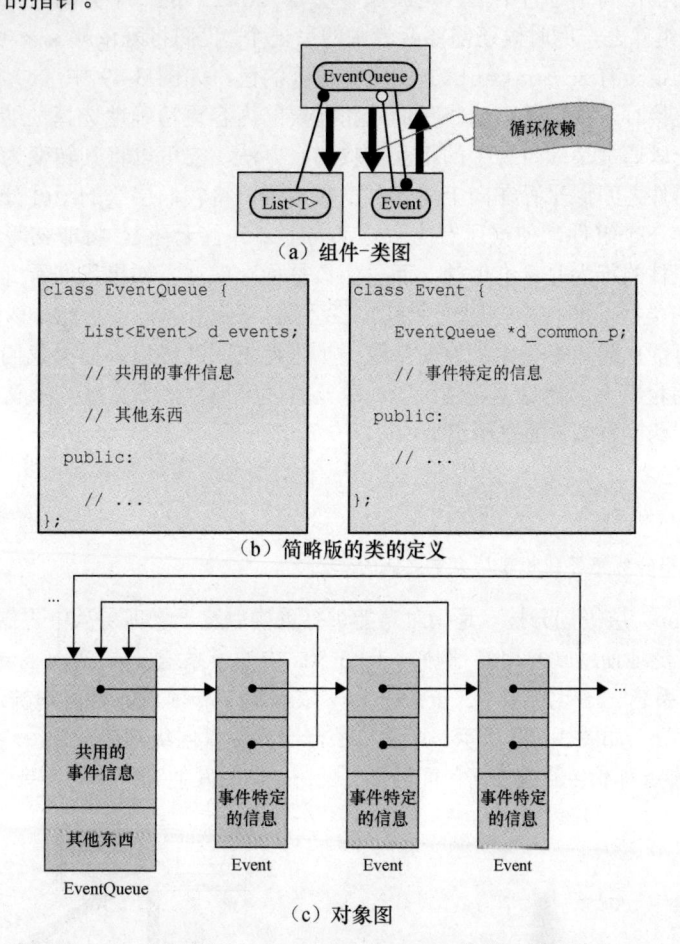

（a）组件-类图

```
class EventQueue {

    List<Event> d_events;

    // 共用的事件信息

    // 其他东西

public:

    // ...
};
```

```
class Event {

    EventQueue *d_common_p;

    // 事件特定的信息

public:

    // ...
};
```

（b）简略版的类的定义

（c）对象图

图 3-51　循环的 EventQueue/Event 实现（坏主意）

　　无环的解决方案出人意料地简单。将共用的事件信息分解进一个分离的 CommonEventInfo 类，并使之降级到一个物理上分离的组件（如图 3-52 所示），我们便实现了功能目标：允许 Event 的客户访问其所需的一切信息，同时避免 EventQueue 和 Event 之间的设计循环。3.5.4.2 节还会介绍另外一种采用不透明指针的物理上无环的解决方案。

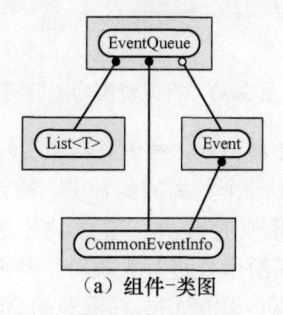

（a）组件-类图

图 3-52　已划分层级的 EventQueue 实现（好）

```
class EventQueue {

    List<Event>    d_events;

    CommonEventInfo d_info;

    // 其他东西

  public:

    // ...

};
```

```
class Event {

    CommonEventInfo *d_common_p;

    // 事件特定的信息

  public:

    // ...

};
```

```
class CommonEventInfo {

    // 共用的事件信息

  public:

    // ...

};
```

（b）简略版的类的定义

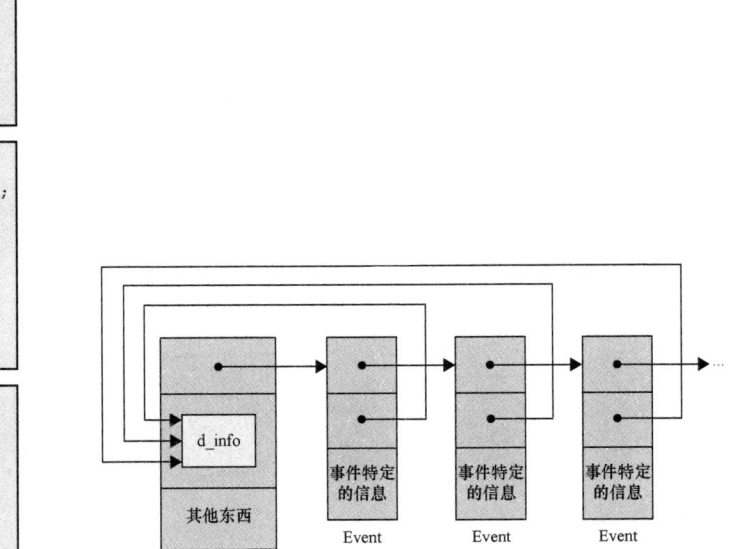

（c）对象图

图 3-52　已划分层级的 EventQueue 实现（好）（续）

3.5.4　不透明指针

> 让一个对象仅在名称上使用另一个对象。

不透明指针（opaque pointer）层级划分技术背后的思想是，我们局部声明对象的类型，但绝不依赖其定义来对组件进行编译、连接或测试（局部）。因此，这种（不透明）指针的反常用法用以下特殊符号标记：

用于描述仅在名称上（in-name-only）的接口依赖（1.7.5 节）。

3.5.4.1　经理/员工的例子

回忆 3.1.8 节的图 3-3 中所给出的示例，其中有两个循环依赖的组件，分别定义了类 Employee（员工）和 Manager（经理）。在那里我们已经解释过一遍不透明指针层级划分技术的使用，这里再重复一遍，不过评注更加简短扼要，并且从不同的、更架构化的视角进行说明。

设想一种情况，类 Manager 负责 Employee 对象的生命期。假设这两种类型放在各自的组件中。还假设有这么一项需求，外部客户要能够仅从任何一名员工处了解到他的经理管理的员工数，例如，把一个 Employee 对象作为唯一的参数传入（按指向 const 的引用，又称按"const引用"，见卷 2 的 5.8 节）一个单参数函数就要求能得到他的经理所管理的员工数。

如图 3-53b 所示，如果 Employee 有像 numStaff 这样的直接方法，那就不仅意味着每个 Employee 在构造时就必须填入其经理的地址，还意味着定义 Employee 的组件需#include 定义类 Manager 的头文件，从而在定义 Manager 和 Employee 的两组件之间引入循环物理依赖，如图 3-53a 所示。

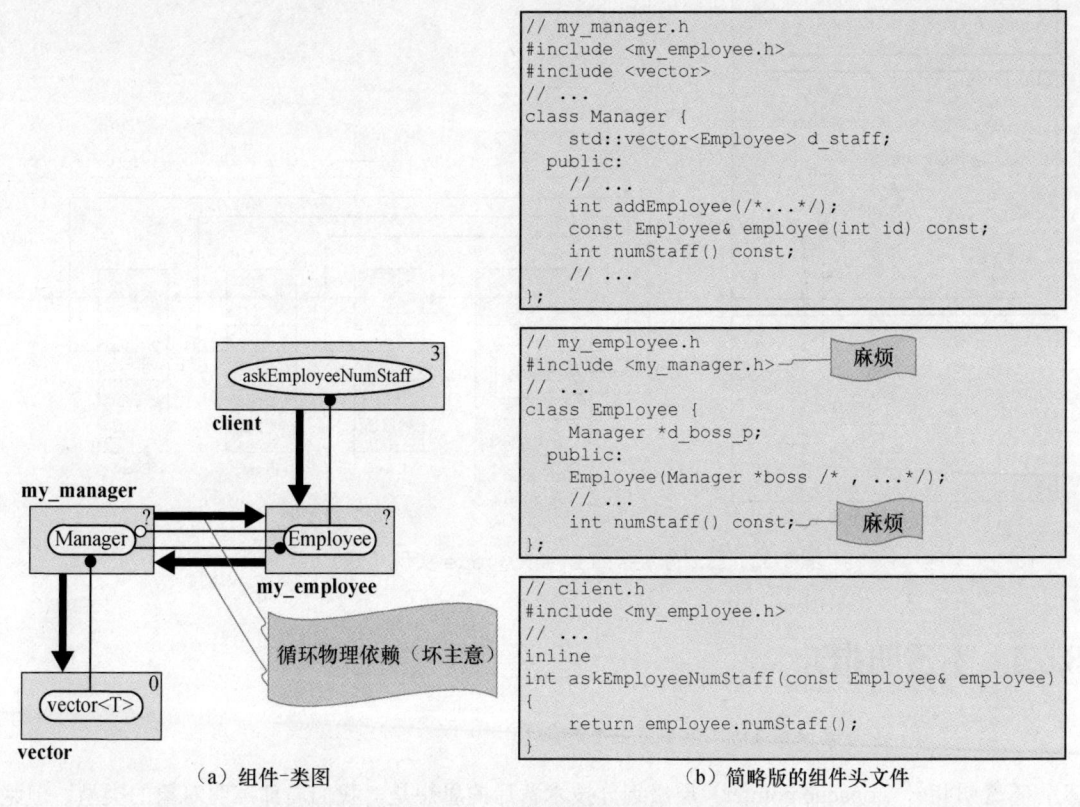

（a）组件-类图　　　　　　（b）简略版的组件头文件

图 3-53　经理/员工功能的循环呈现（坏主意）

员工作为固有层级较低的实体，他无法直接告诉较高层级的经理该怎么做，但完全可以通过不透明的地址（无须包含 my_manager.h）来识别其经理。这一新设计需要较高层级的客户函数[如 askEmployeeNumStaff（图 3-54b）]重新表述问题，首先询问 Employee 对象其 Manager 对象的地址，然后用此地址（现在处于有 Manager 类定义的上下文中）直接向该 Manager 对象询问它管理的 Employee 对象的数量。图 3-54a 中显示了这样会生成的已划分层级的组件和类的示意图。[①]

3.5.4.2　事件/事件队列的例子

作为有效地使用仅在名称上的依赖的第二个示例，考虑上述降级方案中的 Event 对象（见图 3-52），该对象需要完全的定义知识，但只需要父 EventQueue 对象的一部分定义知识就好了。而如果要求 EventQueue 中的 Event 对象提供对整个 EventQueue 对象的访问权，但其本身不需

① 与以往一样，必须小心地确保不透明指针（显然它不管理其资源）与任何其他裸指针一样，在其所指对象的生命期之外，不会被继续实质性使用（例如被任何其他人使用）。

要知道其父对象的任何定义。在这种情况下，附属 Event 对象只需持有一个指向其父对象的不透明指针，就可以为两个客户提供完全访问权，如图 3-55a 所示。

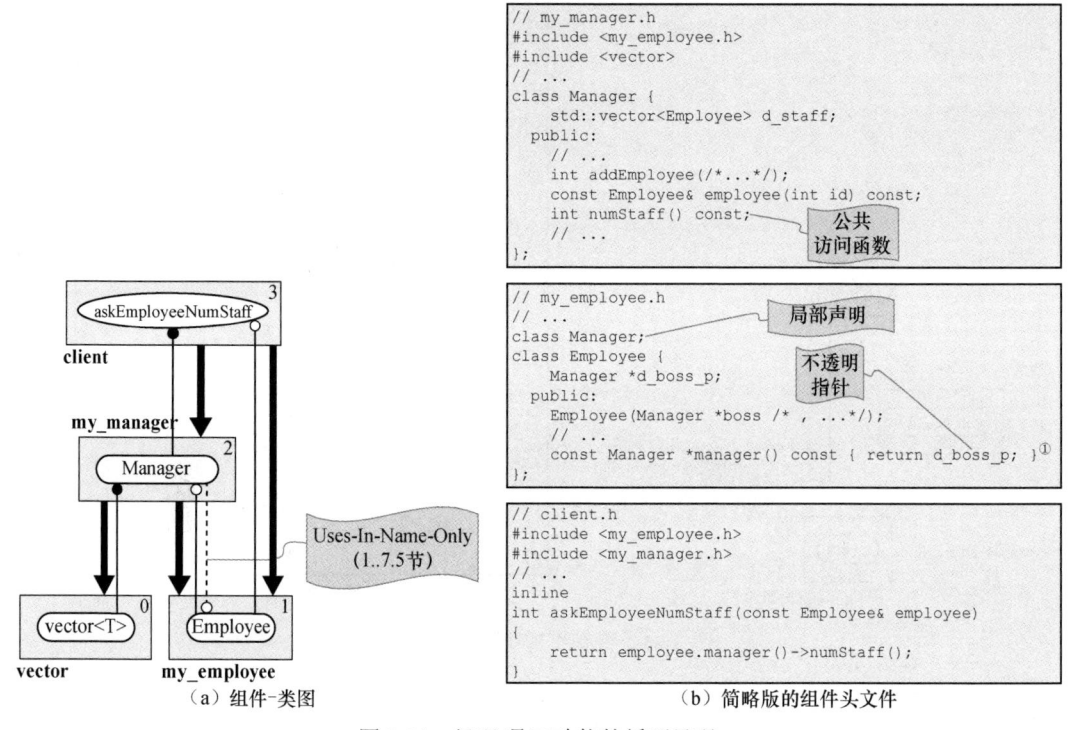

图 3-54　经理/员工功能的循环呈现

与上述类 Manager 中的 numStaff() 方法完全类似（图 3-54b）地假设 EventQueue 实现有一公共方法 int numEvents() const。由 Event 本身提供此类方法需要 Event 具有其父 EventQueue 的定义知识，从而导致定义这两种类型的组件循环依赖。但是，如果 Event 对象持有的只是其父对象的不透明地址，即在定义 Event 的组件中的任何位置都没有#include Event Queue 的定义，Event 就可以向#include 此父定义的更高层级客户提供此不透明地址，他们于是就可以使用该 EventQueue 地址直接调用 EventQueue 对象的 numEvents 方法。

3.5.4.3　图/点/边的示例

类似的方法可用于创建由协作式但物理上独立的点（node）和边（edge）组成的图（graph），如图 3-56a。例如，Node（图 3-56b）只是指示与此点邻接的边的不透明 Edge 指针的集合。Edge（图 3-56c）由"边数据"和两个不透明 Node 指针（head 和 tail）组成。我们无须看到 Edge 的定义便可实现 Node，甚至还能对 Node 进行彻底的测试，反之亦然。[2] 由更高层级的 Graph（管

---

[1] 注意，我们特意从 const（访问函数）方法返回 const Manager 指针，以保持 const 正确性（见卷 2 的 5.8 节）；我们通过在构造时要求非 const 指针（并将其存储在内部），保留了以后添加非 const（操纵函数）重载时返回非 const Manager 的余地（见卷 2 的 5.5 节）。

[2] 虽然这种特定的层级划分技术可能不是我们从头开始设计时的首选，但它是有价值的技术，尤其是在演进一个先前有循环的设计时，或者在外部规约决定了各种类型之间不幸有 Use-In-The-Interface 关系时。特别是，它保留了许多现有逻辑特性（例如，客户在仅有一个图的引用时，能够调用其中 Node 对象或 Edge 对象的 const 方法），同时还能够对每个部分进行独立、彻底的测试。注意，此设计并不试图模拟友元，因为每个子组件都是稳定的，并且合适的时候可以用于其他类似的数据结构中。简而言之，这一例子更多地说明了可以做些什么，而不是全力推荐这么做。

理器，见 3.5.8 节）对象（图 3-56d）来确保表示该 Graph 对象值的 Node 和 Edge 对象（见卷 2 的 4.1 节）保持在一致的状态。[①]

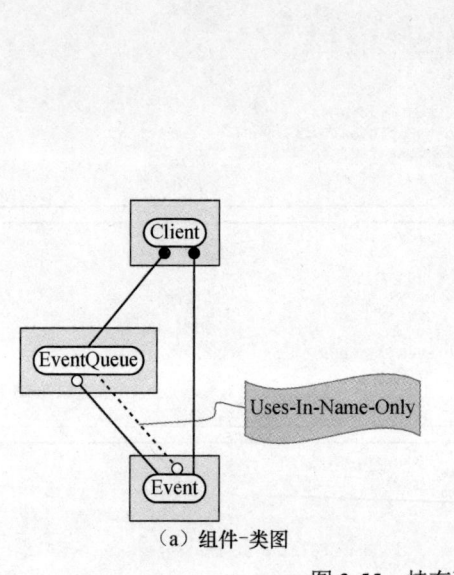

```
// ...
class EventQueue;
class Event {
    EventQueue *d_parent_p;
    // ...
  public:
    Event(EventQueue *parent /* , ...*/);[②]
    // ...
    EventQueue *parent();
    // ...
    const EventQueue *parent() const;[③]
    // ...
};
// ...
```

（a）组件-类图 　　　　　　（b）简略地定义了 Event 类的组件

图 3-55　持有不透明"背向"指针

[①] 注意，我们实现此目标是通过仅在构建时设置 Edge 的连接，并且决不在 Graph 接口中返回可修改 Node 来做到的，这样甚至能返回非 const Edge 指针（主要用于说明目的）。但这样的限制使得这种解决方案在实践中的效用有限。不过，通过在 Graph 本身中提供所有适当的非 const Node 和非 const Edge 功能并使用 const 指针作为迭代器，这种方法可以很容易地推广。有关此特定问题的另一个更一般的解决方案见图 3-94。

[②] 根据事件队列 EventQueue 对象偶然提供（或能够提供）的 Event 对象的"视图"const 与否，返回的 Event 引用可能提供也可能不提供对 EventQueue 的非 const 访问权，这一访问权使该 Event 的客户能够变动 EventQueue。考虑到 Event 对象的视图既可以是能作变动型的，也可以是不能作变动型的，在构造 Event 对象时传入的"背向"EventQueue 指针的（编译时）类型是非 const 的——这就好像如果一个私有数据成员仅仅在有些时候是可修改的，那么它在内部还是会作为非 const 维护。

[③] 注意，Event 类特意提供了两种获取父指针的并行方法，以保持称为 const 正确性的重要特性（卷 2 的 5.8 节）。具有此特性的类型为 X 的对象可确保仅取单个 X 的 const 引用作为参数的函数在没有显式强制类型转换或全局访问权的情况下不能在函数体中获取同一对象（或其部分）的非 const 引用。尽管队列本身不管 const 与否总是使用非 const 背向指针构造 Event 对象，但是仅当 Event 本身是非 const 时，它才会将 Event 作为非 const 返回，否则它还是会带 const 限定地返回相同的地址，从而确保总体的 const 正确性。注意，要是 Event 只使用一种方法来实现：

```
EventQueue *parent() const;
```

我们这时候可以轻易（甚至无意中）构建一个通过 const 引用获取 EventQueue 对象又通过非 const 引用返回（或局部地使用）同一对象的函数，称为 stripConst，且无须显式强制类型转换或全局访问权（当然，前提是，事件队列当前不为空）：

```
EventQueue& stripConst(const EventQueue& q)      （坏主意）
{
    return *q.firstEvent()->parent(); // 违反 const 正确性
}
```

对于 const 正确性原先的详细定义和阐述，见 **lakos96**，9.1.6 节，第 605～612 页。

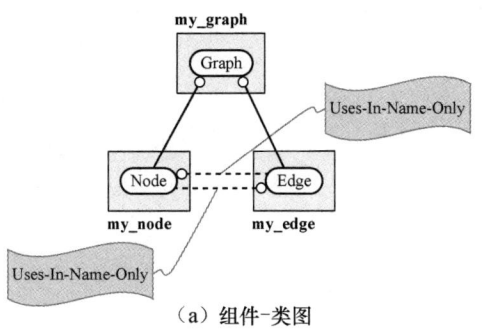

（a）组件-类图

```
// my_node.h

// ...

#include <vector>

class Edge;

class Node {
    std::vector<Edge *> d_edges;

  public:
    Node();

    // ...

    void appendEdge(Edge *edge);

    Edge *edge(int edgeIndex);

    // ...

    int numEdges() const;

    const Edge *edge(int edgeIndex) const;
};

// ...
```

> 注意，此方法不能直接应用于由Graph维护的Node，但可以通过Graph的appendEdge方法（间接）调用，见（d）。

（b）持有不透明Edge指针的Node类

```
// my_edge.h

// ...

class Node;

class Edge {
    double d_weight;  // 边数据

    Node *d_head_p;
    Node *d_tail_p;

  public:
    Edge(Node *head, Node *tail);

    // ...

    void setWeight(double);

    // ...

    double weight() const;

    const Node *head() const;
    const Node *tail() const;
};

// ...
```

> 注意，Node之间连接仅在构建Edge时建立。（本来可以通过任意方式建立连接，此约束简化了示例，但也使其不太通用。）还要注意，此构造函数不能从外部在Graph中的现有Node对象上调用（因为Graph只暴露const Node引用），但可以通过Graph的appendEdge方法在内部调用；见（d）。

（c）持有不透明Node指针的Edge类

图3-56　持有不透明"侧向"指针的点和边

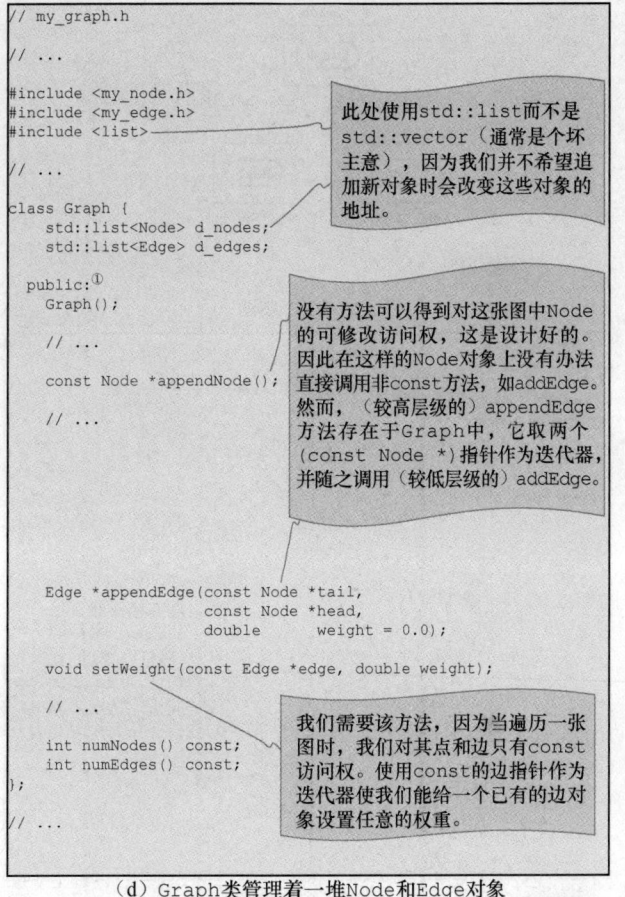

```
// my_graph.h

// ...

#include <my_node.h>
#include <my_edge.h>
#include <list>

// ...

class Graph {
    std::list<Node> d_nodes;
    std::list<Edge> d_edges;

  public:①
    Graph();

    // ...

    const Node *appendNode();

    // ...



    Edge *appendEdge(const Node *tail,
                     const Node *head,
                     double      weight = 0.0);

    void setWeight(const Edge *edge, double weight);

    // ...

    int numNodes() const;
    int numEdges() const;
};

// ...
```

此处使用std::list而不是std::vector（通常是个坏主意），因为我们并不希望追加新对象时会改变这些对象的地址。

没有方法可以得到对这张图中Node的可修改访问权，这是设计好的。因此在这样的Node对象上没有办法直接调用非const方法，如addEdge。然而，（较高层级的）appendEdge方法存在于Graph中，它取两个（const Node *）指针作为迭代器，并随之调用（较低层级的）addEdge。

我们需要该方法，因为当遍历一张图时，我们对其点和边只有const访问权。使用const的边指针作为迭代器使我们能给一个已有的边对象设置任意的权重。

（d）Graph类管理着一堆Node和Edge对象

图 3-56 持有不透明"侧向"指针的点和边（续）

　　注意，一个连贯的 Graph 对象永远不会返回空的 Node 或 Edge 对象；因此，我们可能会决定从 Graph 对象返回的所有这些对象都按引用（而不是按地址）返回，这使得孤立测试有点棘手，但并没有难到无能为力。②但是，在表示非瞬态数据时，始终使用指针而不是引用也有其他好处。例如，要是我们想表示"非原地"元素的向量，以确保在添加或删除其他元素时，它们各自的地址保持稳定：

```
std::vector<const Element *> elements;
```

　　在这种情况下，我们显然不能采用引用。由于引用所固有的限制和复杂的语义，除了充当 const 或可修改的"视图"（特别是在特定函数调用时），我们往往更青睐于用指针表示数据。

---

① 另一种设计，特别是在 C++11 或更高版本中，可能类似于 std::unique_ptr<Node> 的 std::vector。

② 只要我们对按引用返回的对象除取地址外没有做任何事情，我们就不会（至少在实践中）调用（语言）未定义行为，即使该地址［如 0x0 或 0xDeadBeef（由于对齐）］不可能是有效对象的地址。如果通过函数的接口按引用传递进去了无效地址，只要该引用除了被取其所给的地址没有被用于任何事情，我们同样也没有调用未定义行为。注意，这是 C++标准的灰色区域，但用于测试时不会出现问题。纯粹主义者的替代方案（保证是可移植的）是在另一个组件的测试驱动程序中创建一个虚拟（或"模拟"）Node（或 Edge）类，然后使用该虚类型对象的地址进行测试。

3.5.5 哑数据

> 使用数据表示对同级对象的依赖，但仅在分离的较高层级对象的上下文中使用。

哑数据（dumb data）层级划分技术是不透明指针的替代技术，虽然在类型安全上有明显的劣势，但它具有完全值语义（fully value semantic，见卷 2 的 4.1 节）的重要特性。例如，让我们再考虑如何实现图 3-56 中的 Graph 子系统，但这次将不透明指针束之高阁，让点和边表示的值都独立于当前运行进程。其思想是，像整数和字符串这样的约定值，尽管特意地对持有它们的对象是无意义的，但是客户可以在更高层级的上下文中理解这些约定值，它们指向定义不为该附属对象所知的其他类型的对象。

图 3-57a 表示基于哑数据的实现的新组件-类图。Node 类（图 3-57b）现在被表示为一列整数索引，这些整数索引对应 Edge 对象的某个（未知）序列。类似地，Edge 类（图 3-57c）现在表示为一个"权重"加上一对整数索引，这些整数索引标识（尽管在更高层级的上下文中）与该边的头尾相对应的邻接 Node 对象。如果有需要，甚至可以将负的索引值映射到未连接的 head 或 tail 上；对这些数据的解释完全由父（管理器）类 Graph 所掌握。

注意，与不透明指针技术不同，这里甚至没有对其他（Node 或 Edge）类类型的（协作式）局部声明。相反，Graph 对象（图 3-57d）持有 Node 和 Edge 对象的可索引序列，并维护它们，使其处于一致状态。当 Graph 的某一方法需要查找给定边所指向的点时，它只需从边中提取 headId，并将该整数用作父图维护的 Node 对象序列的索引。这一基本技巧同样也可用于查找给定 Node 对象的邻接边。

例如，若要编写一个函数，以获得图中一个（被连接的）点所邻接的第一条边的权重。对于不透明指针，客户函数仅仅需要位于有 Node 和 Edge 定义的上下文中，如图 3-58a。注意，使用不透明指针层级划分技术时，不需要知道父图的定义。而使用哑数据层级划分技术时，客户需要知道数据是在什么上下文中被解释的。尽管实现 Node 和 Edge 的两组件之间绝对没有任何共享的知识，但这些类型的对象可以通过它们的父 Graph 对象进行（虽然是间接的）协作来达成所需的结果。因而，Graph 对象必须作为客户函数签名的一部分，如图 3-58b 所示。

注意，在图 3-58b 中除了包含 my_graph.h，还需要直接包含 my_node.h 和 my_edge.h 以满足设计规则（2.6 节）：客户必须直接包含他们实质性使用的内容（见图 2-45）。

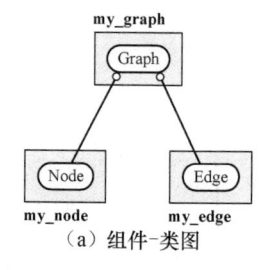

（a）组件-类图

图 3-57 持有哑数据，而不是不透明"侧向"指针

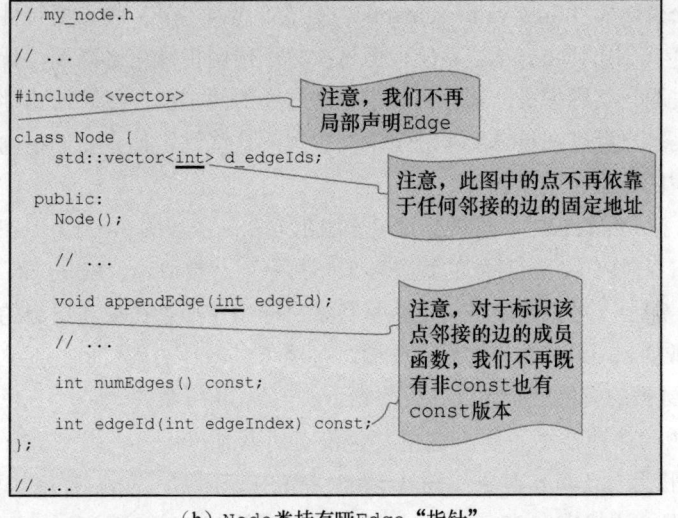

（b）Node类持有哑Edge"指针"

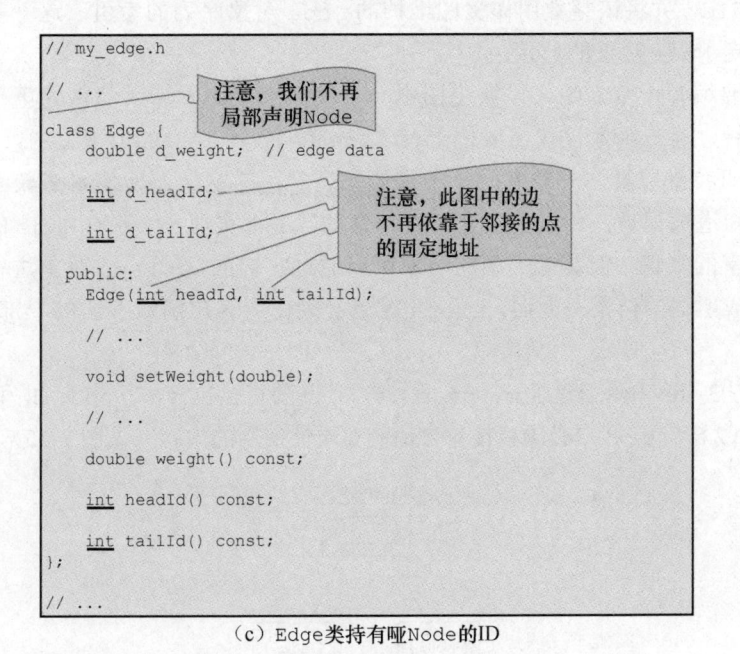

（c）Edge类持有哑Node的ID

图 3-57　持有哑数据，而不是不透明"侧向"指针（续）

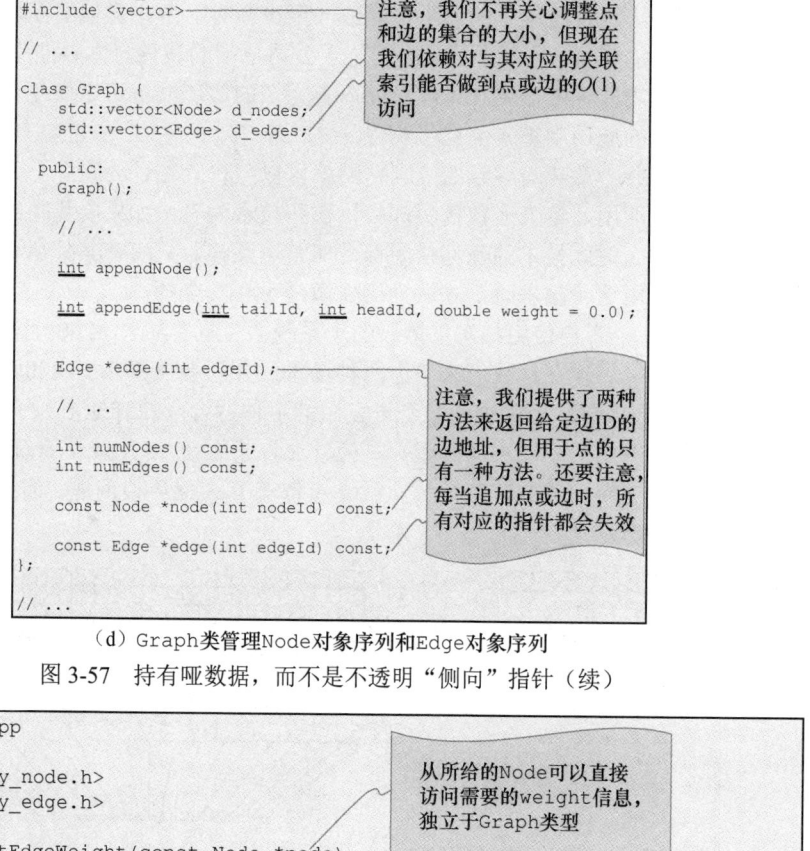

（d）Graph类管理Node对象序列和Edge对象序列

图3-57　持有哑数据，而不是不透明"侧向"指针（续）

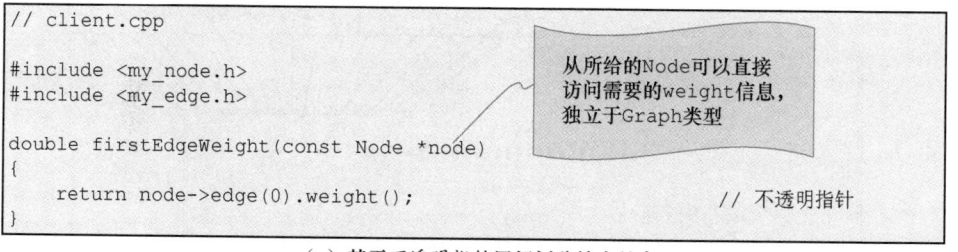

（a）基于不透明指针层级划分技术的实现

```
// client.cpp

#include <my_node.h>
#include <my_edge.h>
#include <my_graph.h>

double firstEdgeWeight(const Graph& graph, const Node *node)
{
    return graph.edge(node->edgeId(0))->weight();        // 哑数据
}
```

现在必须也包含my_graph.h；但仍然需要my_edge.h和my_node.h

父Graph对象必须和Node一起提供

（b）基于哑数据层级划分技术的实现

图3-58　客户使用不透明指针与哑数据的对比

3.5.6　冗余

为避免耦合，特意重复少量代码或数据以避免复用。

严格来说，有意的冗余（redundancy）并不真算得上是一种层级划分技术，只能算基本常识。并非所有代码都可复用，即便可复用，也可能不值得从当前位置复用。如果使用某段代码会导致过多的物理依赖（甚至可能带上循环物理依赖），那么最好将该代码降级（如有必要就复制）到物理层次较低的层级。这种持续重构通常会导致（至少暂时）两个类似的模块：一个是构思这一功能并首次将其引入的模块，另一个是恰当地位于公司范围的软件资本存储库内的模块（0.9 节）。如果能够接受相同的功能可能需要在一段时间内有冗余的实现，就可以避免更令人厌恶的方案，即以某种形式在无尽的应用中重复高层级实现。

另外，这一技术并不意味着寻常的复制粘贴就可以从权宜之计一跃登上大雅之堂。要是像降级那样的其他技术还能用，绝大多数情况都应以那些技术为先。如果要复制的功能必须与初等功能保持连锁状态，那么对此技术的任何使用都是非常可疑的。只有在其他所有途径都探索过后，并且集体决议通过应用这一技术时，才认为这样做是足够安全的。

例如，假设有 20 个客户使用相对重量级的子系统 A（图 3-59a），200 个客户使用相对轻量级的子系统 B（图 3-59b）。现在，我们来考虑两种场景，分别涉及直接复用和冗余。首先，我们假设子系统 A 正在升级，子系统 B 中的某个可复用的组件适合（原样地被）子系统 A 使用。如果出于某种原因，此可复用的功能不能降级，是应该允许子系统 A 依赖子系统 B（A→B）还是应该复制可复用代码？这个问题的答案是，子系统 A 依赖 B 大概率没问题；但是，最终的决定应考虑所有相关功能的细节。

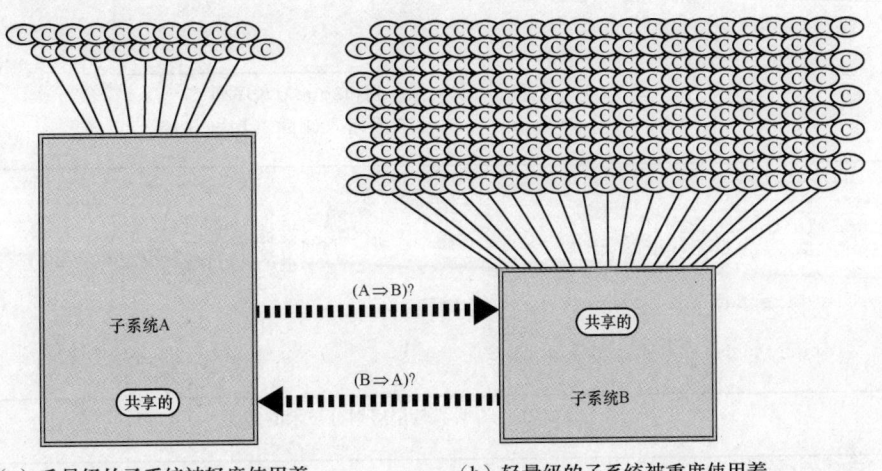

（a）重量级的子系统被轻度使用着   （b）轻量级的子系统被重度使用着

图 3-59   使用冗余以避免依赖

现在让我们反过来问，若是发现子系统 A 中的功能很有用，是应该允许子系统 B 依赖子系统 A（B→A）还是应该复制该功能？这一问题的答案很可能取决于问题中的组件是否实现了一种词汇类型，即被广泛用于函数接口的类型（见卷 2 的 4.4 节）。如果没有强有力的理由不这样做，我们对允许子系统 B 依赖子系统 A 的满意程度应该远远低于反过来的做法。也就是说，如果不能立即降级子系统 A 中的词汇类型以外的内容（移到一个相对较低层级的子系统），那么在子系统 B 中复制该功能（至少暂时）几乎肯定会更好，而不是允许子系统 B 及其众多客户继承对子系统 A 的如此重量级的依赖。重复一遍，在这两种情况下，长期的最佳解决方案都是在实际可行的时候下将共用（冗余）功能降级到物理层次中较低的层级（图 3-50），如图 3-60 所示。

图 3-61 中展示的场景是第二个例子，图中有两个分离的子系统，子系统 B 明显且自然地依赖另一个子系统 A。现假设在较高层级的子系统 B 中实现了一个微小的功能子集，尽管它在子系

统 B 中更完美、完整和自然，但后来发现该子集被固有层级较低的子系统 A 所需要，例如，为了能够自给自足从而可独立地由其他子系统复用。

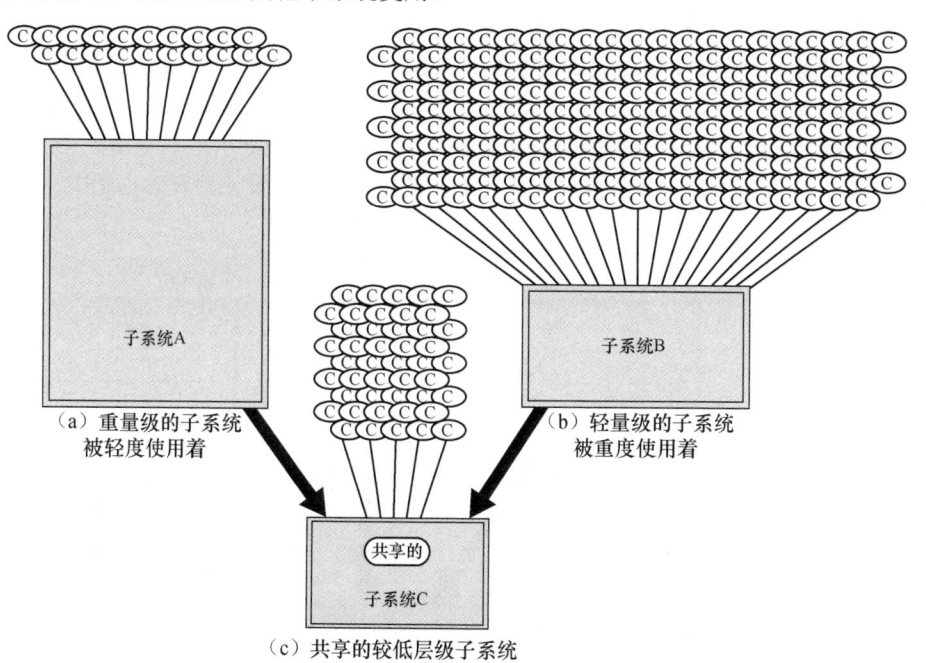

（a）重量级的子系统被轻度使用着

（b）轻量级的子系统被重度使用着

（c）共享的较低层级子系统

图 3-60　为了避免依赖，降级优先于冗余

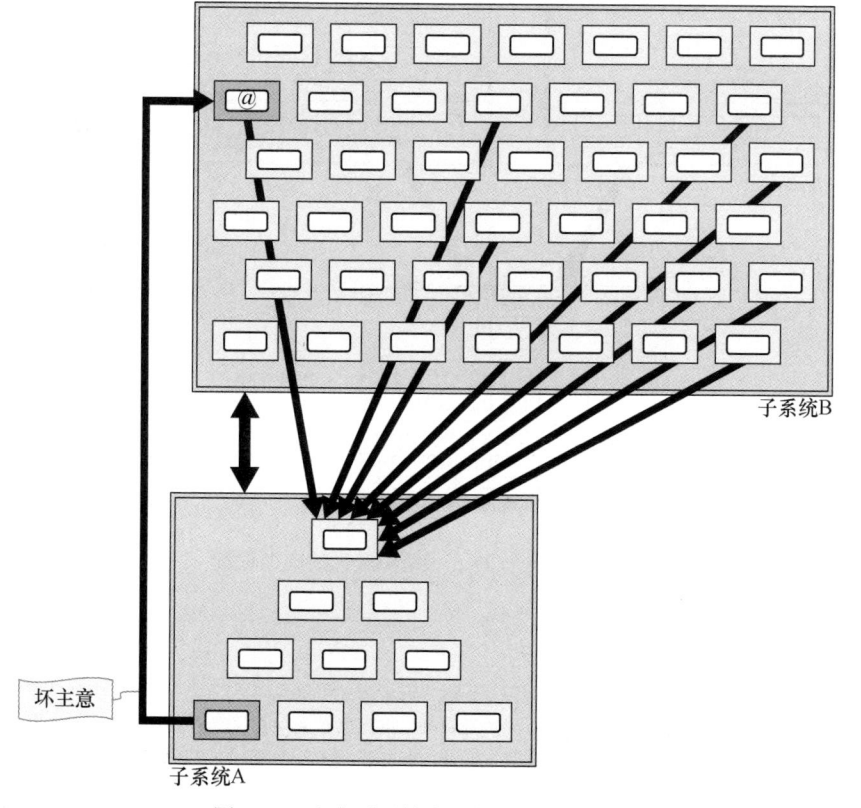

图 3-61　方向反了的盲目复用（坏主意）

与其天真地选择在短期内复用子系统 B 提供的全面功能，从而使子系统 A 的所有客户对子系统 B 产生物理依赖相比，倒不如从本质上较高层级的子系统的实现中提取较低层级的子系统所需的最少量功能，这几乎总是好得多，并且不必强求最后一定要从更高层级的子系统中复用它。通过这种方式，如图 3-62 所示，我们让较低层级子系统（子系统 A）的额外独立客户（如子系统 C），不会排除未来的客户（如子系统 D、E、F）在需要时选择更高层级子系统（子系统 B）提供的增强后的且更稳健的功能，而不是对附带危害全然不顾，疯狂且竭尽所能地复用。[①]无论你有何经验，明智地将少许冗余作为一种层级划分技术不一定就是糟糕的设计，有时也是唯一可行之举，特别是在对已有的设计进行扩充时。

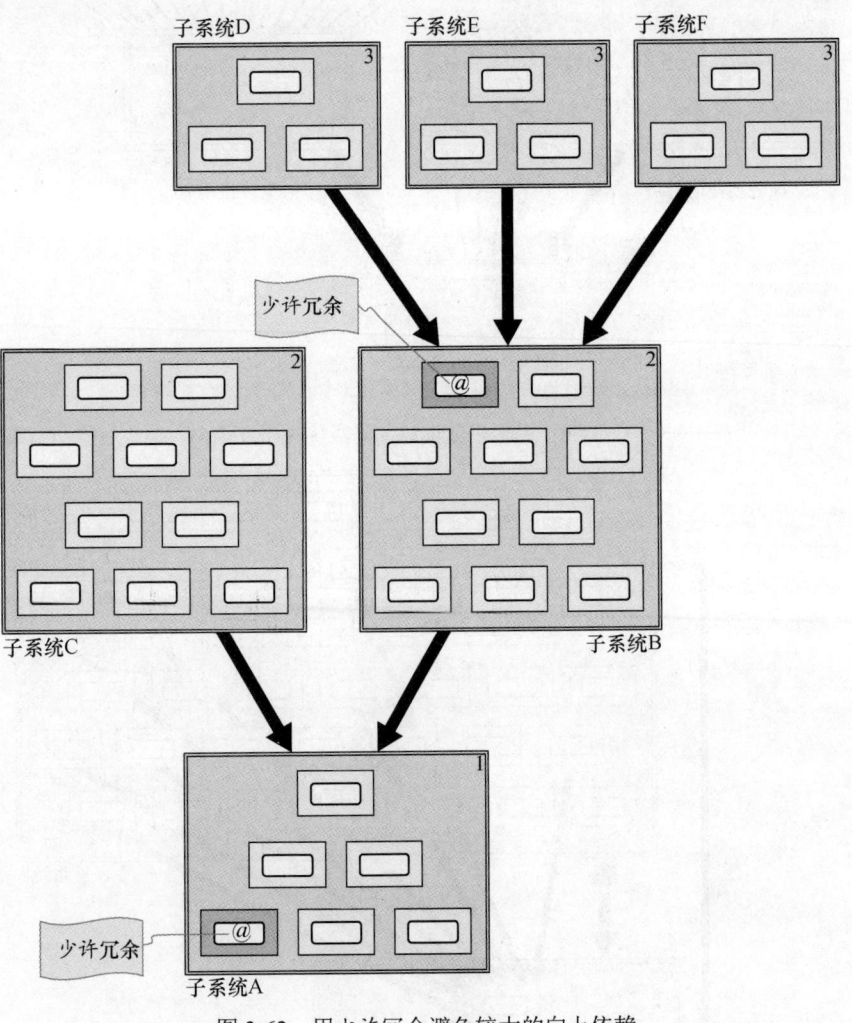

图 3-62 用少许冗余避免较大的向上依赖

---

① 有的人曾经在一个大型代码库的复用谱的两端都工作过，或者每条可信代码行的复用或多或少都是在"狂热的执着"的地方，或者代码重复是在标准程序的地方。"痴迷复用"的人总是会绝对肯定地告诉你，有时复用的缺点与"重复接受"相比太淡了，因为代码通常会分叉和发散。我们并不反对，但这里的建议比这更细微。再者，如果偶尔有一次，只有少量冗余才是避免主要设计循环的唯一方法，那么就这样做吧！但是，如果有另一种方法（如切实可行的降级），那么这几乎肯定是一个更好的选择，人们应该总是更愿意这样做，即使这需要付出更多的努力。

3.5.7 回调

> 由客户提供函数，让（一般是较低层级的）子系统能够在更全局的上下文中执行特定任务。

在我们发布这 9 种层级划分技术之后，在单线程/多线程应用中使用回调（callback）渐渐不再算黔驴技穷的最后手段，现在它已晋升为一流的设计策略。作为一种层级划分技术，回调最初的动机是让客户提供的功能能够在更高层级执行，例如在客户上下文中执行。起初，使用（滥用）回调是为了将放错位置的成员函数的依赖方向表面上扭转过来。但是，在这样的早期的做法之后，回调的作用域和效用发生了变化，现在人们普遍认为回调既包括函数，也包括函数对象[1]（函子，见 3.3.8 节）；不仅可以在运行时（如通过抽象基类）绑定，还可以在编译时（如通过方法模板）绑定。[2]接下来，我们将探讨被用于层级划分的 5 种不同风格的回调，如图 3-63 所示。

1. **数据回调**	传递可修改对象的地址	
2. **函数回调**	传递（无状态）函数的地址	
3. **函子回调**	提供（可能有状态的）可调用的（"函数"）对象	
4. **协议回调**	传递（一般是）有状态的具体对象，通过纯抽象基类的接口访问	
5. **设想回调**	提供（一般是）有状态的具体对象，它既满足结构的需求，也满足语义需求	

图 3-63　用于层级划分的不同风格的回调

3.5.7.1　数据回调

最简单的回调可能是将某个在较高层级维护的存储的地址向下传递到一个操作它的函数中。[3]如图 3-64 所示，当我们提供一个输出对象（特别是涉及内存分配的对象，见卷 2 的 4.10 节）作为函数的第一个参数（如返回状态，见卷 2 的 6.11 节和 6.12 节），以将供应方与使用方解耦时，我们就是在例行执行此类操作。

上述方法可被类似地用于解除 Manager 和 Employee 之间的循环，前文采用不透明指针解决（3.5.4.1 节），但这次不必从根本上改变客户与 Employee 对象直接交互的方式。假设在构造每个 Employee 对象时不传递整个 Manager 对象的地址（图 3-54），而是仅仅传递 Manager（私有）整数数据成员的引用，负责跟踪当前员工人数，如图 3-65 所示。[4]

---

[1] 函数对象和函数指针是 callable。所有 callable 和成员函数指针都是 invocable。

[2] C++11 引入了一种流行的新语法，称为 lambdas，用于将函子的行为简明地表达为内联代码。

[3] 我们坦然承认，将这种层级划分子方法称为"数据回调"是不标准的，也许会令人困惑，特别是考虑到数据在传统意义上不是 callable。但我们还是决定把它放在这里。正如 Bjarne Stroustrup 自己所说（示例见 **stroustrup14**，第 264 页），"你已被警告。"

[4] 注意，用于管理 Employee 对象的 std::vector 的 size 属性可能（冗余地）持有相同的信息，但我们无法在当前（标准）接口中直接传递 std::vector 的这一属性的引用。而如果返回向量在内部存储的大小的地址可能会导致这么一个陷阱：Manager 类本身的对象驻留在容器（如 std::vector）中，而这个容器调整了大小，则可能会更改向量的 size 数据成员在内存中的位置。为了确保这种方法在所有这种情况下都是安全的，至关重要的一点是"影子"size"数据成员"（由所给的背向指针所指向的 Manager 类管理）不是 Manager 对象足迹的一部分，而是动态分配的，从而使其地址在 Manager 对象本身移动时保持不变。

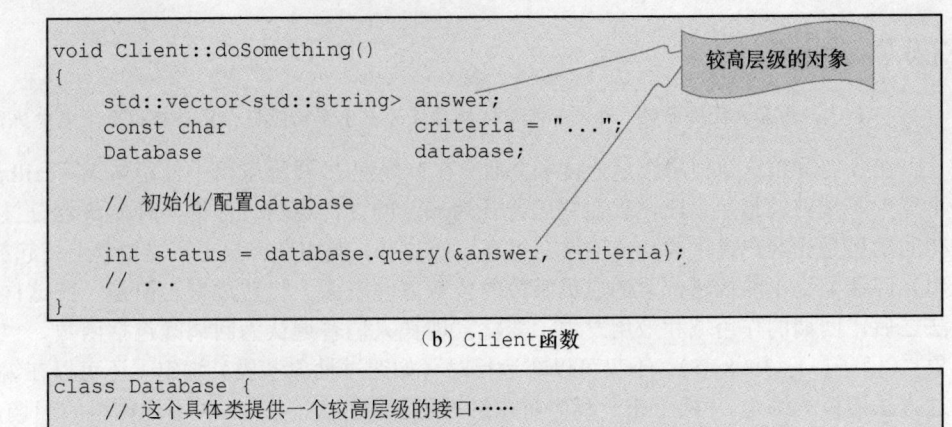

```
void Client::doSomething()
{
    std::vector<std::string> answer;
    const char               criteria = "...";
    Database                 database;

    // 初始化/配置database

    int status = database.query(&answer, criteria);
    // ...
}
```

较高层级的对象

（b）Client函数

```
class Database {
    // 这个具体类提供一个较高层级的接口……

    // ...

  public:
    // ...

    int query(std::vector<std::string> *result, const char *filter);
        // 将由……收集起来的数据加载到指定的result中
};
```

较高层级对象的地址

（a）组件-类图

Client

Database

（c）Database类

图 3-64　通过结果对象地址将供应方与使用方解耦

　　注意，在这一新设计中，my_employee 组件中没有 Manager 类的引用，甚至都没有仅在名称上使用 Manager 类！Employee 现在没有指向其父类的指针，但有指向其父类的 d_numStaff 数据成员（基本类型 int）的指针（提供不可修改的访问权）。有了这个地址，便可以完全在类 Employee 内部（如最初所希望的那样）直接实现 numStaff 的访问函数，而不会在 Employee 和 Manager 之间带来设计循环。

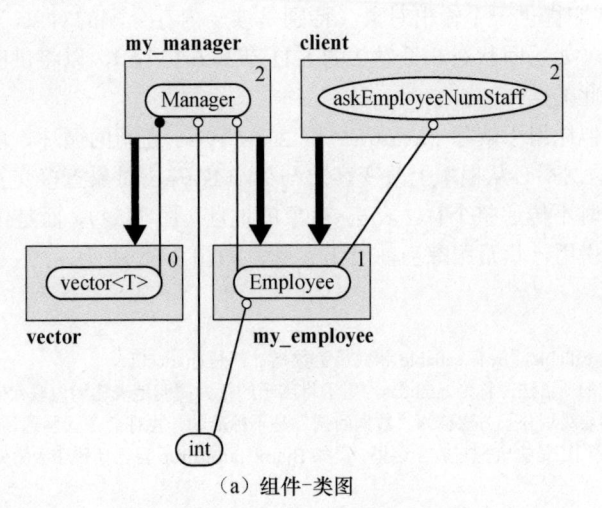

（a）组件-类图

图 3-65　经理/员工功能的循环呈现

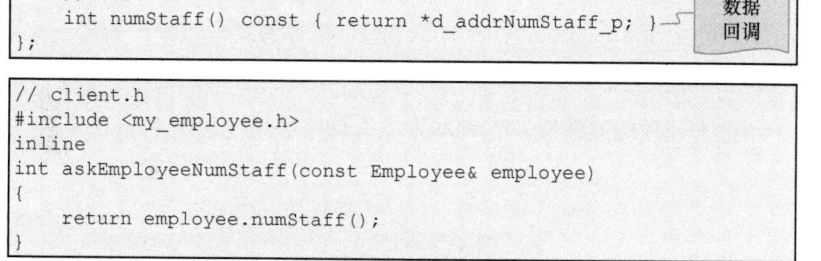

```
// my_manager.h
#include <my_employee.h>
#include <vector>
class Manager {
    std::vector<Employee> d_staff;
    int d_numStaff = 0;          新的（可能是冗余的）数据成员
  public:
    // ...
    int addEmployee(/*...*/);      必须更新d_numStaff
    const Employee& employee(int id) const;
    // ...
};
```

```
// my_employee.h
class Employee {
    const int *d_addrNumStaff_p;     在构造时初始化
  public:
    Employee(const int *addrNumStaff /* , ...*/);
    // ...                           数据
    int numStaff() const { return *d_addrNumStaff_p; }   回调
};
```

```
// client.h
#include <my_employee.h>
inline
int askEmployeeNumStaff(const Employee& employee)
{
    return employee.numStaff();
}
```

（b）简略版的组件头文件

图 3-65　经理/员工功能的循环呈现（续）

注意，如图 3-65a 所示，这种数据回调技术起到的净效果类似于降级（示例见图 3-52），因为较低层级的类型（在本例中为基础类型 int）被分离出来，并被 Manager 和 Employee 指向。还要注意，在只涉及值的变化，而不涉及行为的变化时，这种数据回调才是可能的[①]：

> 以数据成员应对值的变化；保留虚函数以应对行为的变化。
>
> ——Tom Cargill（约 1992 年）

但是，如果回调要表示行为的变化，则需要某种形式的函数式回调。

3.5.7.2 函数回调

函数回调是一种经典且强大的技术，用于将库或框架与其服务的客户解耦。例如，C 的传统库函数 qsort 要求客户（在运行时）提供用户提供的比较（回调）函数（的地址），以便确定两个"元素"（大小相同的内存区域）的相对顺序。这一回调函数是一个真正的函数，它带有与在程序栈上创建激活记录和通过任意指针调用函数相关的所有开销。

相比之下，std::sort 函数采用（invocable）实体的类型（函数指针或函数对象）作为（编译时）模板参数，用于确定两个元素（对象）的相对顺序。[②]在实例化 sort 函数时，所给的"函子"（而不是函数指针）的比较操作的源代码对客户编译器可见，这使得在几乎所有工具链上消除传统回调函数的大量调用开销成为可能。换言之，这使得客户的编译器能够将这种经常被调用的回调操作的实现内联到 sort 算法中，与传统的 C 风格函数回调相比，这

① **cargill92**，"Value versus Behavior" 一节，第 16～19 页，具体在第 17 页（另见第 83 页和第 182 页）。
② 值得一提的是，std::sort 还接受比较器参数类型的运行时对象，从而允许进行有状态回调（不推荐，见卷 2 的 4.5 节）。

一点通常会带来显著的性能提升。

但传统函数回调也有用处，特别是在设计大型系统时。首先，C 风格回调可以用来实现延迟绑定。换言之，可以在运行时再确定作为回调执行的特定函数。其次，此类回调函数可用于满足开闭原则（0.5 节）。也就是说，结构合适（签名和返回类型）的函数可以用来扩展现有库软件的功能，而无须改动一丝一毫。这些运行时回调本质上可伸缩性更好，因为它们的使用并不意味着要（重新）编译潜在大量的软件，而只需要（重新）连接即可。甚至比第一个特性更重要的是，这最后一个特性在实践中最重要的是区分函数回调与更局部化的函子回调。

1. 回调与 `main()` 共生

例如，假设我们已经有一个稳健的可复用库。之后，我们创建一个使用此库的应用。在最高层级有一个文件 main.cpp，将所有内容整合在一起。随着时间的推移，我们发现有时会出现问题：可用内存耗尽、一个函数的调用超出了合约（见卷 2 的 5.2 节、5.3 节和 6.8 节），或者（出于某种原因）软件就是无法继续运行。一个（糟糕的）决定是引入一个"向上调用"，从库调用应用（如定义了程序入口点 main() 的文件 main.cpp），这需要定义一个声明为

```
void saveAndExit();
```

的特定（具名）函数来处理此类情况。这种非常令人可惜的情况如图 3-66 所示。

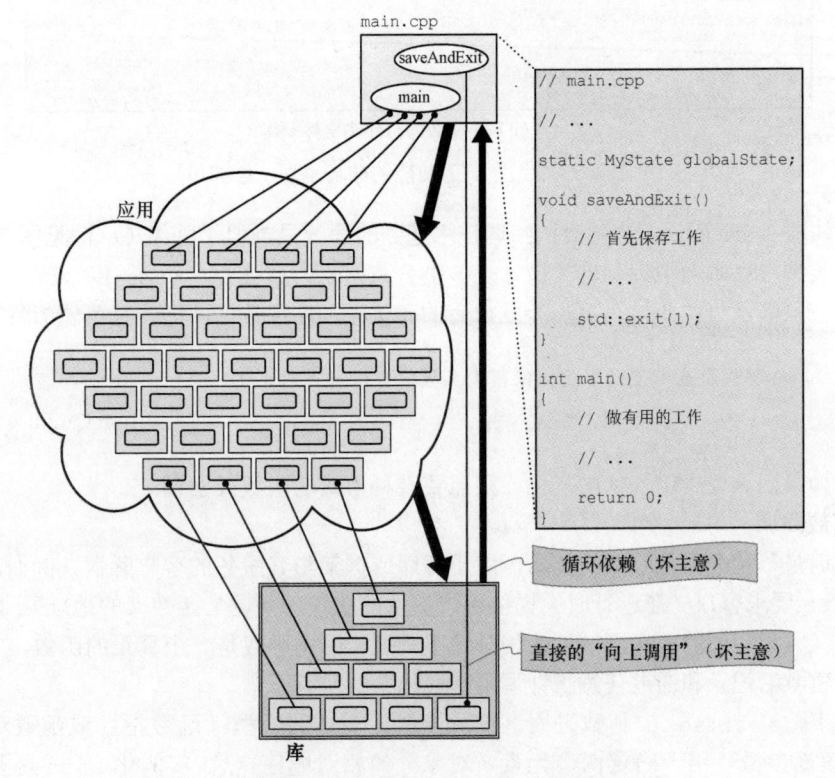

图 3-66　由直接的"向上调用"产生的循环依赖（坏主意）

从库向上调用是非常糟糕的所谓"权宜之策"，永远别这么干。而是应该增强库，使它能够接受用户指定的回调函数（如通过 set_lib_handler[①]函数），如图 3-67 所示。这一由客户指定

---

① 有人建议，应该使用一个听起来不那么无辜的名字，如 set_fatal_exit_handler，来引起人们对这种卑鄙的欺诈行为的注意。

的回调必须由 main 或至少由 main 的所有者建立，以确保处处可互操作（见 3.9 节）。此回调的名称现在变成了无意义的，只有结构仍然相关。此外，此回调不再需要是全局连结型，可以在定义 main 的文件中声明为 static。

过去，函数回调也被用于并发。正如在 3.3.8.1 节中所见，运行时函数（见图 3-31）和函子（见图 3-33）是由事件管理器（见图 3-30b）的客户提供的，以允许对可能在物理层次中任一层级的任意上下文中发生的特定事件进行处理。虽然回调的这一初始示例假定了一个在单一控制线程内的事件循环，但函数（和函子）回调（见下文）在多线程上下文中也很有用。[①]

2. Event 循环地依赖 EventMgr

图 3-68 描述了一个事件管理子系统的（稚拙）呈现，这一子系统由两个分离的类（EventMgr 和 Event）组成，两个类都在各自分离的组件中定义。在这种固有循环的设计中，一个事件对象创建后，其地址被传递给其管理器的 schedule 函数来进行调度。当管理器要调用下一个事件时，它只会将该调用转发到事件对象自己的 invoke 函数，从而导致循环物理依赖（坏主意）。

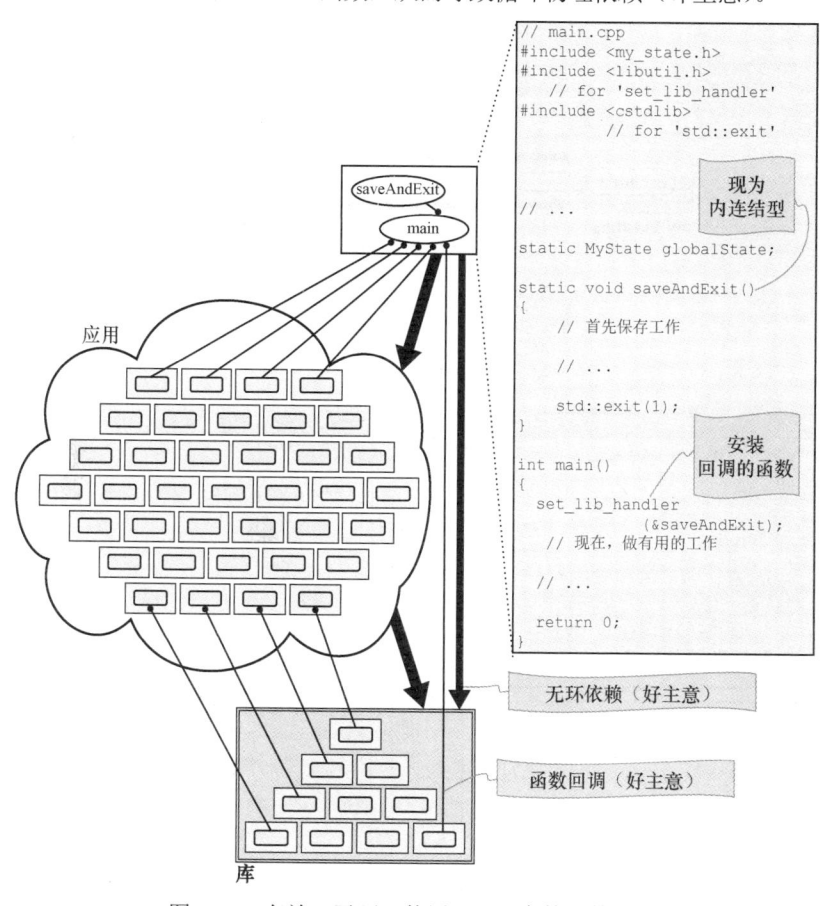

图 3-67　有效（无环）使用 main 中的函数回调

3. 用函数回调消除向上的框架依赖

函数回调已被长期用于消除框架对用户提供的要求框架进行管理的实体的任何依赖。作为示例，

---

① 与单线程（时间多路复用）示例不同，必须小心确保所有引用计数都避免了竞争条件（见卷 2 的 6.1 节）。在今天，这通常是通过原子指令递增和递减使用计数来实现的，运行时开销最小（但不是可忽略的）。

考虑图 3-69 中建议的简单事件管理器和任意客户。事件管理器类 EventMgr 位于最低层级，不知道任何潜在的客户。此组件通过公共 typedef（如 EventCb）发布一个特定的（纯）函数式接口结构。潜在的客户可以通过定义一个（通常是私有的）C 风格的函数，使其满足必要的接口结构：

```
void (*)(void *)
```

之后便可以调度任意类型的对象（如 AnyDarnThing），就像图 3-69 右上角 anydarnthing.cpp 文件中的（文件作用域的 static）invoke 函数那样。

　　在初始调度期间，此回调的地址与事件对象自身的地址一起被提供给事件管理器。遗憾的是，事件对象的类型在调度期间丢失。不过，一旦 invoke 函数被调用，它会立即恢复对象的（已知）类型（通过 static_cast），在这之后才继续执行所需的行为。此外，调度事件的客户有责任确保随函数提供的不透明数据在最终对该数据调用此函数之前保持有效。当涉及同一数据的多个事件的处理顺序事先未知时，要确保任务正确执行就变得愈发复杂且容易出错。

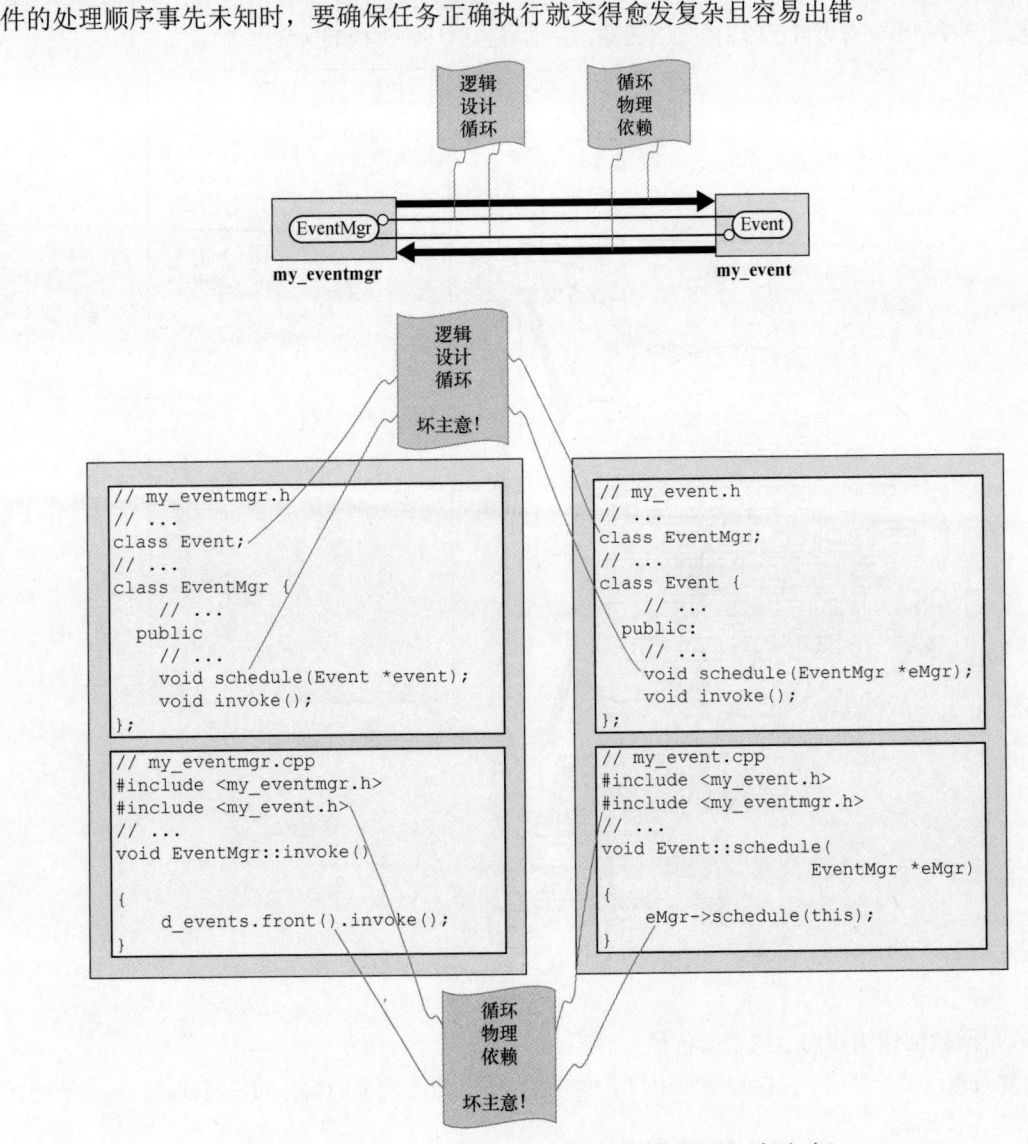

图 3-68　Event/EventMgr 子系统的循环呈现（坏主意）

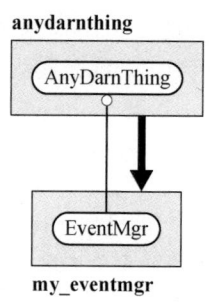

```
// anydarnthing.h
// ...
class EventMgr;
class AnyDarnThing {
    // ...
  public
    // ...
    void schedule(EventMgr *eMgr);
};
```

```
// anydarnthing.cpp
#include <anydarnthing.h>
#include <my_eventmgr.h>
// ...
static void invoke(void *a)
{
    AnyDarnThing *p =
        static_cast<AnyDarnThing *>(a);
    // 使用p来调用对象……
}
// ...
void AnyDarnThing::schedule(
                  EventMgr *eMgr)
{
    eMgr->schedule(invoke, this);
}
```

```
// my_eventmgr.h
#include <vector>
// ...
class EventMgr {
    // ...
  public:
    typedef void (*EventCb)(void *);
  private:
    std::vector<EventCb> d_events;
    std::vector<void *>  d_data;
    // ...
  public:
    // ...
    void schedule(EventCb  callback,
                  void     *data);
    void invoke();

};
```

```
// my_eventmgr.cpp
#include <my_eventmgr.h>
// ...

void EventMgr::schedule(
                  EventCb  callback,
                  void     *data)
{
    d_events.push_back(callback);
    d_data.push_back(data);
}

void EventMgr::invoke()
{
    d_events.front()(d_data.front());
    // ...
}
```

图 3-69　使用函数回调消除框架依赖

　　尽管函数回调技术已经应用了多年，但它无疑是丑陋的、表现为非模块化的，并且对 C++类型系统的处理不够慎重。此外，任何对共享数据的管理都必须完全从头开始实现。这种基本回调技术起初是以 C 风格函数实现的，现在则通常使用现代的、模块化的且类型安全的函子更有效地实现。

3.5.7.3　函子回调

　　尽管用（传统）函数进行回调通常已令人满意，但它有两个明显的本质缺点：一是函数回调本身不能封装特定于所给回调的数据；二是难以消除[①]回调的运行时开销，在许多重要情况下（如 std::sort），回调的运行时开销可能相当大。现在重新审视图 3-33 中的函数回调方案，但这次我们目光转向函子回调。

1. 什么是函子？

与传统的 C 风格函数不同，函子是一个对象，自然可以有状态。函子类型的特殊之处在于它支持 operator() 的一个或多个重载，故而可当作可调用的。通过使用函子（也就是可调用的函数对象）而不是（纯）函数（需要外部提供数据的函数），我们可以在回调自身内"包装"（封装）回调最终需要操作的用户提供的基本数据。

2. 用函子回调从 EventMgr 中解开缠绕着的事件

图 3-70 说明了一个针对图 3-68 所示的循环难题经过修正和改进的基于函子的解决方案。首先要注意的是，事件处理器接受一个以 std::function 模板实现的函数对象，该模板由一个（在本例中）该函数既不接受也不返回任何内容的成员函数参数化。在调度期间，客户创建函数对象，并将私有 invoke 方法及对象本身一起传递。[②]在启动下一个事件时，只需使用 ()（"函数调用"）语法，就可以调用最前面的回调对象及其封装的用户数据。这样，传统函数回调相关的大部分复杂性和类型安全方面的问题就可以避免。

尽管函子极大地促进了有效的实现，但它们并不能解决所有的复杂性问题。当函子的相对生命期不一定是确定性的，并且它们封装的数据包括对相同的不可复制资源的引用的时候，通常应该采用某种形式的引用计数。图 3-71 说明了如何有效地用类似于图 3-34 的引用计数型函子[③]来将封装好的工作单元排入队列，以供启用线程的对象进行处理（见卷 2 的 6.1 节）。我们不对整个函子做引用计数，而是只对被封装数据中实际共享的部分做引用计数。注意，只要被封装数据能够复制，就能完全避免与引用计数相关的耦合，这种情况下几乎总是优先复制数据。

3. 无状态函子的使用

有状态函子将客户所提供的数据封装起来，在回调被调用时使用，与之不同的是，无状态函子回调则被广泛用于定制类模板的逻辑行为。这种固有侵入式的定制技术常被称为基于方针的设计（policy-based design）。[④]标准模板容器（如 std::map）依靠这种（无状态）函子来提供模板接口方针（见卷 2 的 4.5 节），以定制容器实例中元素的顺序。不过，这样一来，该逻辑方针还会影响生成的容器类的 C++ 类型。如果模板参数会影响根本行为本身，那再让它影响类型，就不是什么大问题。控制无关乎预期逻辑行为的实现细节的模板参数（如内存分配、哈希算法、负载

---

① 在典型的商业平台上（不存在完整程序的优化），函子对象可以内联其 operator() 的实现，从而使其代码体可见，而函数指针通常不是这样。

② 在 C++03 中，我们使用 bind，如图 3-70 所示：

```
void anyDarnThing::schedule(EventMgr *eMgr)
{
    eMgr->schedule(std::bind(&AnyDarnThing::invoke, this));
}
```

在 C++11 和更高版本中，可以使用 lambda 表达式：

```
void anyDarnThing::schedule(EventMgr *eMgr)
{
    eMgr->schedule( [this] { invoke(); } );
}
```

③ 从 C++11 开始，这将自然地用 std::shared_ptr 实现 std::function。

④ **alexandrescu01**，第 1 章，第 3～21 页。

因子）则是完全不同的东西。[1][2]

　　注意，这种基于对象的回调（类似于基于函数的回调）虽然编译时耦合更紧密，但可访问更高层级的构件，而不隐含静态的循环物理依赖（见 3.5.7.6 节）。

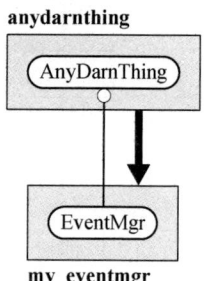

```
// anydarnthing.h
// ...
class EventMgr;
class AnyDarnThing {
    void invoke();
  public
    // ...
    void schedule(EventMgr *eMgr);
};
```

```
// anydarnthing.cpp
#include <anydarnthing.h>
#include <my_eventmgr.h>
// ...
void AnyDarnThing::invoke()
{
    // 不需要强制类型转换
    // ...
}
// ...
void AnyDarnThing::schedule(
                EventMgr *eMgr)
{
    eMgr->schedule(std::bind(
        &AnyDarnThing::invoke, this));
}
```

```
// my_eventmgr.h
// ...
#include <functional>
#include <vector>
class EventMgr {
  // ...
  public:
    typedef
      std::function<void()> EventCb;
  private:
    std::vector<EventCb> d_events;
    // ...
  public:
    // ...
    void schedule(EventCb callback);
    void invoke();
};
```

```
// my_eventmgr.cpp
#include <my_eventmgr.h>

// ...

void EventMgr::schedule(
                EventCb callback)
{
    d_events.push_back(callback);
}

void EventMgr::invoke()
{
    d_events.front()();
    // ...
}
```

图 3-70　函子回调是消除框架依赖的首选

① 关于模板实现方针对词汇类型（也就是在接口中广泛使用的词汇，见卷 2 的 4.4 节）的影响，卷 2 的 4.5 节有详细讨论。

② 注意，用无状态函子回调配置函数模板是恰当的——包括通过实现方针——因为函数是固有结构性的（完全由其签名和返回类型刻画，无关乎名称），因此不会遇到与具名类型相同的互操作性问题。

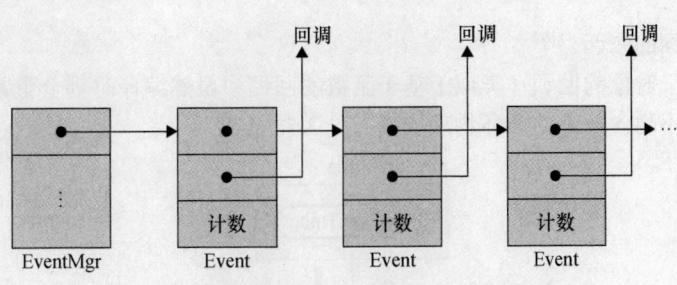

图 3-71　在多线程应用中使用引用型计数函子

3.5.7.4　协议回调

协议回调层级划分技术涉及使用抽象接口（也称协议，见 1.7.5 节）。假设这样一种情况，"客户"类型 C 依赖某种"服务器"类型 S，但 S 的实现出于某种原因需要依赖 C，如图 3-72a。通过将具体类 S 转换为抽象接口 S' 和具体派生类 S''，我们总是可以将循环的组件依赖（图 3-72a）转换为无环的，如图 3-72b。

在使用这种技术时，我们可以先孤立地创建（和测试）抽象接口 S'（见卷 3 第 10 章）。然后用 S' 的一种虚拟实现（见卷 2 的 4.9 节）来测试 C，最后用 S' 和 C 来测试 S''。这样既可避免循环物理依赖（2.6 节），又可以满足层次化可测试性需求（2.14.3 节）。

作为一个更具体的例子，让我们考虑对 21 点纸牌游戏（*BlackJack*）进行建模，如图 3-73 所示。玩家（player）在赌场内玩 21 点游戏时，需要了解一副牌。[1][2]玩家还需要学习错综复杂的规则，而且赌场和赌场之间的规则可能会有很大的差异。[3]最后一点，玩家需要能向荷官（dealer）"传话"每一个（可行）行动，如 STICK（停牌）、HIT（拿牌）、SPLIT（分牌）、DOUBLE_DOWN（双倍下注）和 INSURE（保险）[4]，这些操作也许会表示为一个 enum。

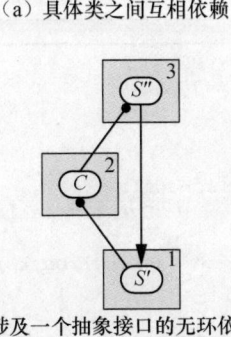

（a）具体类之间互相依赖

（b）涉及一个抽象接口的无环依赖

图 3-72　通过抽象接口来升级实现

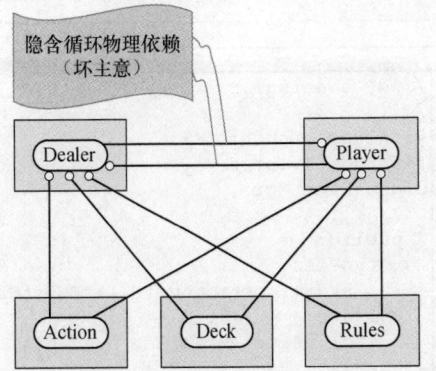

图 3-73　21 点纸牌游戏的朴素（循环）建模（坏主意）

---

① 每副牌均有 52 张不同的牌，分 4 种花色（不相关）及 13 种点数：A、2、3、4、5、6、7、8、9、10、J、Q 和 K。点数为 10、J、Q 和 K 的牌形成一个等价类，其中每个成员的点数都算作 10。A 的点数依赖具体游戏情境：1 或 11。其他的牌（2 到 9）的点数就是牌面的数字。

② 如果你不算牌（坏主意），你可以忽略玩家对牌本身的依赖，并仅依赖你自己的牌的当前值，当然还有荷官的牌的当前值。

③ 幸运的是，荷官总是会帮助玩家了解内部规则的具体情况，通常（只要玩家询问）也会向玩家给出有关最佳静态（无状态）策略的准确建议。

④ 注意，INSURE（赔率 2 : 1）和 DOUBLE_DOWN 的金额最高分别为原赌注的一半和全部。

同样，代表赌场的荷官也需要对规则谙熟于胸，操纵一副[①]牌并倾听玩家想要采取的具体行动。荷官可能还需要启动与玩家的通信。[②]注意，Dealer 和 Player 之间通信的接口中使用的值类型（见卷 2 的 4.1 节），也被称为词汇类型（见卷 2 的 4.4 节已），已被分解为分离的独立组件。遗憾的是，如图 3-74 所示，Player 和 Dealer 之间的接口仍存在直接的循环交互。

```
// my_dealer.h
class Deck;
class Rules;
class Player;
class Dealer {
    // ...
  public:
    // ...
    void addPlayer(
          const Player *p,
          int          cash);
    void dealCards();
    void shuffleCards();
    // ...
    const Deck& deck() const;
    const Rules& rules() const;
};
```

```
// my_dealer.cpp
#include <my_dealer.h>
#include <my_player.h>
// ...
```

```
// my_player.h
class Action;
class Dealer;

class Player {
    // ...
  public:
    Player(const char *name);
    // ...
    int bet(const Dealer&
                    game) const;
    Action choice(const
           Dealer& game) const;
    const char *name() const;
};
```

```
// my_player.cpp
#include <my_player.cpp>
#include <my_dealer.h>
// ...
```

图 3-74 Dealer 和 Player 的头文件循环依赖着（坏主意）

有多种途径可以解决这一问题，例如完全重构各个组件，使其中一个组件（如 my_dealer）的层级高于另一个组件，但为了演示，我们将选择提取协议并将 Player 分成两部分：抽象接口和派生实现。这一新设计如图 3-75 所示。

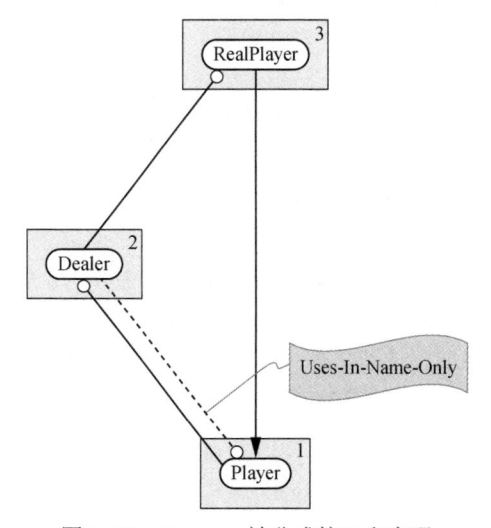

图 3-75 Player 被分成接口和实现

---

① 常常会使用多副（通常为 6 或 8 副）牌，放置在所谓的牌盒（shoe）中。
② 例如，提醒玩家该轮到他了、请玩家从桌上喝一杯，或者告诫玩家不要对他人的游戏发表评论。

在这一新设计中，my_dealer 组件基本不变，但 Player 类现在变成了纯抽象接口，如图 3-76 所示。虽然 my_dealer 组件对各种子组件的依赖没有变化，但 my_player 对各组件的依赖现只有一条（向上）的对 Dealer 的 Uses-In-Name-Only 依赖。Dealer 和实现 Player 的类（此处显示的是 RealPlayer）继续直接且实质性地使用 Action、Deck 和 Rules。这样就可以按层级化的顺序测试 Player（基类）、Dealer（框架），然后测试 RealPlayer（派生类）。

```
// my_player.h
// ...
class Action;
class Dealer;
class Player {
    // ...
  public:
    virtual ~Player();
    virtual int bet(const Dealer& game) const = 0;
    virtual Action choice(const Dealer& game) const = 0;
    virtual const char *name() const = 0;
};
// ...
```

图 3-76 Player 现在被提取成协议

这种新的设计的额外优势在于可扩展。它可以轻松适应截然不同的玩家，而无须更改 Dealer 框架。例如，我们可能会考虑派生自 Player 的类 NetworkPlayer，该类实际上是通过网络进行通信的玩家的代理。拥有这样一个面向网络的派生类尽管最开始可能很有吸引力，但在这里可能是一个很糟糕的候选项，因为网络连接可能（第一次）引入故障的可能性，这可能会显著地改变抽象接口中所需的签名，这可能是我们大概不想看到的事情（见卷 2 第 5 章）。另外，在有多个玩家的游戏中，其中一些玩家是由计算机模拟的，我们可以合理地选择使用继承来模拟截然不同的（"性格"）游戏策略，如 ConservativePlayer 与 AggressivePlayer。

如图 3-77 所示，现在创建 TestPlayer[①]也是很自然的，它可以（如在单元测试时）辅助验证 Dealer 类以及将来可能希望使用 Player 协议的任何其他类型的正确性。这一解决方案确有优势，但其缺点在于，虚函数的运行时效率通常不如非虚（特别是 inline）函数高。[②]

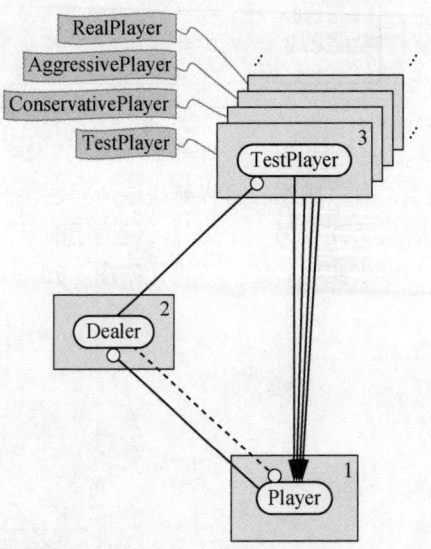

图 3-77 Player 被分成接口和多个实现

注意，通常要避免单单为了测试（如通过用自定义"测试"实现模拟较低层级组件）而引入抽象接口，以免混淆客户对预期用途的认识（见卷 2）。对于固有分层的设计（而不是自然横展的设计）（见 3.7 节），通常有更好、破坏性不那么强且总体更有效的方法来实现最佳结果，而不会"混淆"设计（见卷 3）。

---

① 对于自然横展的设计，给每个并列的协议提供经过深思熟虑的用户可配置的"测试"实现是好的实践，这便于灵活、独立地对在接口中使用其协议的客户组件进行单元测试。

② 注意，相对较新的增强功能的测量值（约 2016 年）在常用工具链（如 GCC）的优化中，表明当编译器可以看到接口客户的源代码和从该接口派生的类的函数的源代码时（这样，派生对象的运行时类型可以在编译时推断出来），虚函数调用可以被"退虚化"（并因此被内联）。

1. 在（非常）低的层级上注入（潜在大量的）功能

协议可以在不引起循环物理依赖的条件下，让低层级组件能够访问层级高（得多）的组件或库。回想 3.5.6 节中的情况，低层级组件需要的只是非常少量的在较高层级已实现的功能（见图 3-61）。现在假设所需的功能不少，反而很多，这就使得对源代码的大量重复变得不明智了。

我们可以将该组件中的具体类转换为抽象类，然后将其实现升级到比新派生的具体（实现）类所依赖的原来较高层级组件还高的层级，而不是在低层级组件中复制功能。但是，在这种修改后的设计中，必须有另一个层级更高的实体（如 main）以某种方式将派生的实现对象（通过其基类类型的地址）提供给最终使用该对象的地方。这种修订后的基于协议的设计与采用（少量）冗余的设计（图 3-62）的比较在图 3-78 中有所说明。

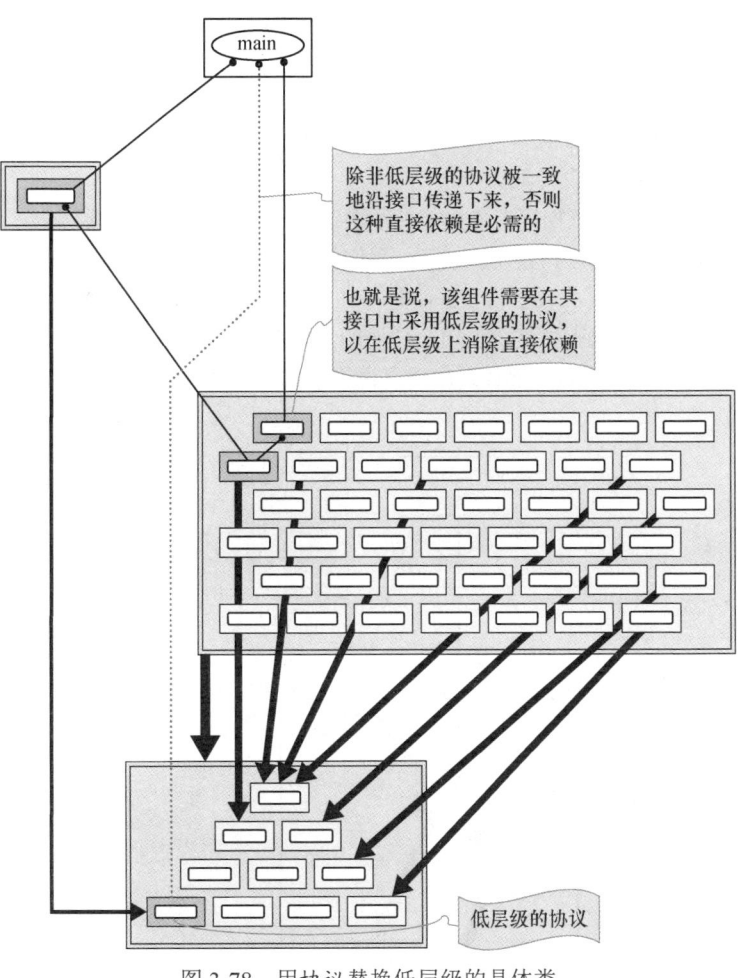

图 3-78　用协议替换低层级的具体类

采用这种基于协议的新技术会改变子系统在应用中的使用方式，这点要谨记。要么最高层级的实体（main 函数）需要将此高层级实现对象的地址（作为其基类型的地址）安装到低层级静态实用程序中（在程序执行开始时，此后，它可能永远不会改变），要么可能需要（直接或间接地）使用此较高层级实现的类型都必须在其接口中传播此低层级协议。

当此实现计划成全程序范围的且不再改变时，如合约断言处理器（见卷 2 的 6.8 节）或日志设施（3.5.7.4 节），以前的"单例"方法是有意义的。采用这第一种方法还可以最大限度地减少现有子系统所需的更改。当直接客户希望向一个给定子系统提供不同的实现时，后一种"参数"方法便是合适的选择，标准容器类型的内存分配器就是如此（见卷2的4.10节）。然而，这种替代办法的缺点是，在每个相关组件中实现并测试一个额外的抽象接口参数需要增加大量的开发工作量（见卷2的4.9节）。[①]

2. 修复日志器-传输-邮件子系统

协议回调的最后一个具体示例还围绕 3.4 节中介绍的物理上相互依赖的日志器-传输-邮件配置。记住，这两条相互的依赖（图3-40）不是事先计划的，而是随着时间的推移而演化的。最初，传输子系统无环地依赖日志器子系统。然后，由于需要在运行时控制日志器子系统，所以容许日志器子系统物理上回去依赖传输子系统以应一时之需。同样，邮件子系统最初设计中对传输子系统和日志器子系统的依赖是无环的，但由于管理方面的问题，日志器子系统被迫物理上回去依赖邮件子系统。这样的物理设计退化在实践中经常发生，但毫无可取之处，也没有必要。

我们可以定义一个相关传输都共用的抽象（协议）类（如 Channel），用实现这个抽象类的派生具体实现类（如 ControlChannel）来适配传输子系统如图 3-79 所示，而不是容许日志器子系统直接依赖传输子系统。然后，在启动时，日志器子系统被显式地（如，由 main）注入一个类型为 ControlChannel 的对象。

同样，与容许日志器子系统物理上依赖邮件子系统相比，我们可以定义抽象接口 Observer 以供所有希望收到日志事件通知的客户使用。然后，我们便可以从中派生一个具体的 MailObserver 类，让它将邮件子系统适配给 Observer 协议。主程序在启动时安装 MailObserver 类型的一个对象。每当发生日志事件时，日志器就会逐一调用已注册的 Observer 对象的虚方法 publish，从而通知已安装的 MailObserver 适配器，而该适配器又调用所需的邮件子系统功能（如图3-79所示）。

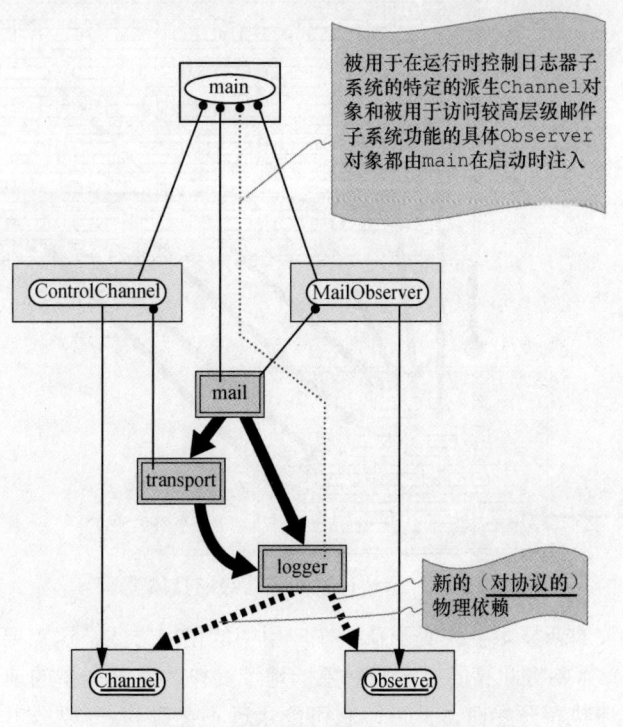

图 3-79　使用抽象接口来层次化基础设施

---

① 在本书撰写时，研究正在进行，以确定如果将局部提供的内存分配器的传播作为一种语言功能纳入 C++，将如何提供便利（并降低维护成本）。见 **meredith19**。

注意，协议回调这种层级划分技术并不总是合适，如当内联对于性能十分关键的时候（见 3.5.7.5 节）。例如，为日志设施本身创建纯抽象接口是不可行的，它是 C++预处理器的少数有效使用之一。[1] 首先，我们需要在日志语句的调用点提取行号（__LINE__）和文件名（__FILE__）。[2]其次，我们需要尽可能压低成本地确定运行时日志的级是否足以保证为每个单独日志消息调用发布机制，如负面暗示的 if，但肯定不是任何类型的（非内联）函数调用。最重要的一点，我们需要确保，对于可能会被作日志的表达式，除非最终传输这些表达式的日志语句在当前的运行时日志等级下是启用了的，否则不会对其求值。基于以上这些理由，将具体日志设施简化为至一个没有修饰的纯抽象接口是不切实际的。

3.5.7.5 设想回调

自我的上一本书[3]出版后，新出现的回调层级划分技术中最重要的也许是，使用方法模板（静态地）绑定到一个接口语法一致且（理想情况下）实现的合约合适的具体类。在这种情况下对一个类型可行使用的要求的总和被称为一个设想（1.7.6 节）。[4]

将值类型对象（如 Date、Time 或 Duration）的值序列化到字节流中可作为一个具体的例子（见卷 2 的 4.1 节）。然后，便可以通过某种通信通道（如套接字或共享内存）将其外化（传输到进程之外）到另一个进程，也可以是数据库。我们如何用一种兼顾可伸缩性和最大效用的方式来设计其架构？

1. 方案 A：在单个具体类 **ByteStream** 上标准化

首先，我们可以考虑选择在单个具体的流类 ByteStream 上标准化，如图 3-80a。ByteStream 类的对象积攒各种物理大小的基础值类型（如整数、浮点数和字符串）的值，也积攒每种这样的基础对象的数组。图 3-80b 显示了 ByteStream 接口的一个片段，该片段可用于序列化（写入）对象数据；但为了简单起见，我们完全省略了反序列化（读取）的方面。我们假设了一个（玩具级）Date 类，该类存储了 3 个核心[5]属性，即 year、month 和 day（见卷 2 的 4.1 节）。图 3-80c 中所示的实现此 Date 类的简略组件显示了如何将这 3 个日期字段中的每个字段发送到 ByteStream 对象，此 ByteStream 对象的地址作为参数提供给 Date 类的 streamOut 方法。

这种方法的根本问题在于，我们想要以何种方式流化一个对象，会取决于流化所处的上下文。例如，出于某种原因，流对象本身可能需要在流化时作某种加密。但是，更常见的是，我们希望能够（在开发时）提供一个 TestByteStream，往这个流中插入额外的哨兵和其他数据，以确保写入 ByteStream 的两个整数的数组不会（以某种方式）被再活化成两个分离的整数，更糟糕的情况是被再活化成 double！

---

[1] 在 C++03、C++11、C++14、C++17 甚 C++20 中，宏的其他有效使用包括<cassert>和我们自己的 bsls_assert 设施（见卷 2 的 6.8 节）。注意，我们有一份提案将我们的（基于库的）合约检查设施（contract-checking facility，CCF）超集作为语言特性来实现，这一提案已被正式采纳进 C++工作文件（2018 年 6 月），本有望成为 C++20 工作文件，但在一年后被撤回以作进一步考虑，（在本书撰写时）正积极针对 C++23 准备。另见彭博的 BDE 开源分发（**bde14**，子目录 /groups/bsl/bssls/）中的 bsls_assert 和 bsls_asserttest 组件。

[2] 自 C++20 起，std::source_location 为预处理器宏__FILE__和__LINE__的使用给出一种基于语言的替代方案。

[3] 另见 **lakos96**，5.7 节，第 275～288 页。

[4] C++20 引入了对设想的语言级支持。此特性（至少在初始阶段）将帮助程序员检测结构（语法）不一致，但检查不了语义不一致。注意，设想所能做到的和不能做到的类似于强制（在编译时）派生类虚函数的签名要与其基类对应函数的签名匹配，而同时依赖开发人员确保语义也要对应（见卷 2 的 4.6 节）。

[5] 值语义类型的核心属性是对对象本身的总体值有贡献的（通常可见）属性。例如，对于任何通用的日期类，年、月和日都是核心属性。对于 std::vector<int>，大小（整数元素的数量）和每个元素个体（在这个大小序列里）都将被视为核心的。非核心属性的示例是向量容量（见卷 2 的 4.1 节）和用于分配内存（见卷 2 的 4.10 节）的机制地址（见卷 2 的 4.2 节）。

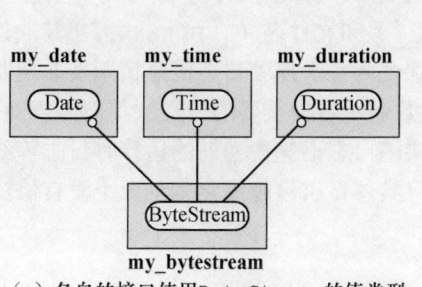

（a）各自的接口使用ByteStream的值类型

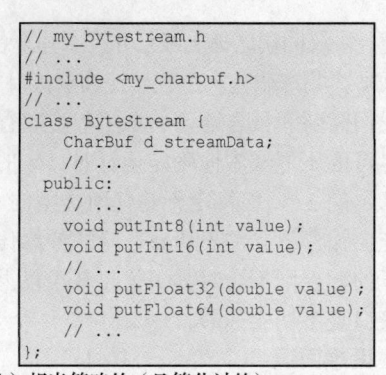

（b）相当简略的（且简化过的）ByteStream接口

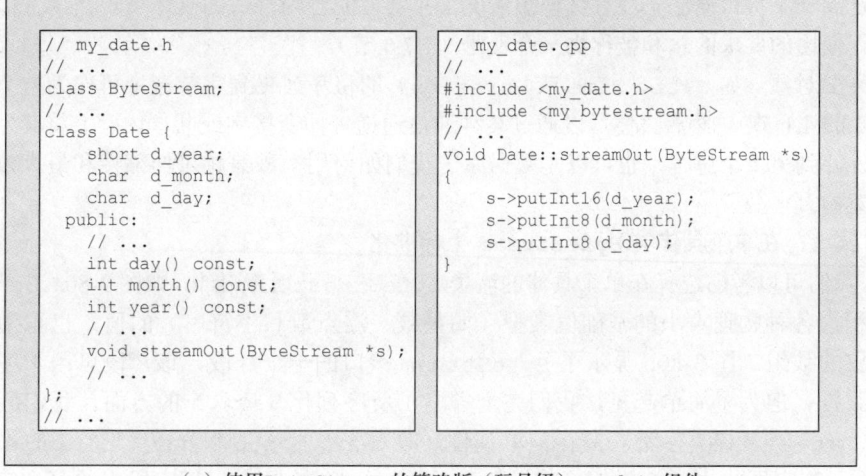

（c）使用ByteStream的简略版（玩具级）**my_date**组件

图 3-80　在单个具体类 ByteStream 上标准化（坏主意）

　　然而，还有一个更微妙的问题。ByteStream 和 CharBuf 位于不同的组件中。ByteStream 在其实现中使用 CharBuf 以存储序列化的数据（图 3-80b）。而 CharBuf 本身就是一种原生地（初等地）支持流化的值语义类型，因此，CharBuf 在其接口中使用 ByteStream（图 3-80c）。结果是，my_bytestream 和 my_charbuf 之间存在循环物理依赖，如图 3-81a 所示。

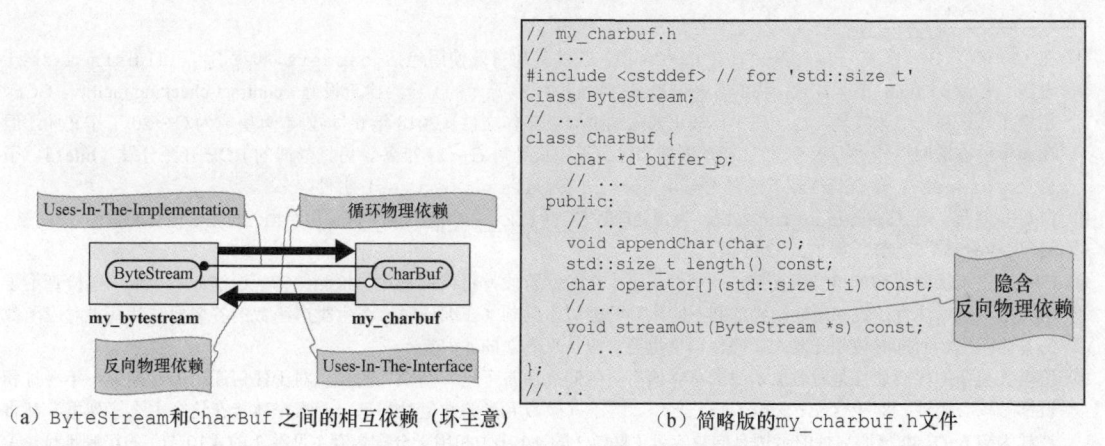

（a）ByteStream和CharBuf之间的相互依赖（坏主意）　　　　（b）简略版的my_charbuf.h文件

图 3-81　在单个具体类 ByteStream 上标准化（坏主意）

2. 方案 B：基于冗余的暴力解决方案

解决循环依赖问题的一个暴力解决方案是使用冗余技术创建一个较低层级的最小 CharBuf，供 ByteStream 内部使用，该 CharBuf 明确不支持流化。在这种情况下，定义 ByteStream 的组件将成为原先的两个组件中较低层级的那个，依赖性问题将得到解决。另一种利用（十分丑陋的）冗余形式的暴力（但不推荐）解决方案是在局部（在 CharBuf 的测试驱动程序中）创建 ByteStream 本身的一个最小被模拟版本，用于 CharBuf 的初始验证。这第二种解决方案要求构建系统排除本来是有效依赖的东西，这违背了本书方法论所倡导的构建独立性（2.15 节）和不受约束的互操作性（见 3.9 节）的精神。此外，这两种解决方案都不能灵活配置流化的行为。简而言之，方案 B 未能充分满足我们的所有需求。

3. 方案 C：在抽象接口类 ByteStream 上标准化

接下来，我们可能会考虑采用之前讨论的协议回调技术（3.5.7.4 节），将初始的具体流类分成两部分：纯抽象接口（又称协议）类 ByteStream 和（至少）一个实现类（如 ConcreteByteStream），如图 3-82 所示。从逻辑上讲，这种设计可以正常运行，但考虑到当前业界标准的编译器/工具链的状态，每次单独的流操作都调用虚函数的运行时成本可能会高得惊人。[1]

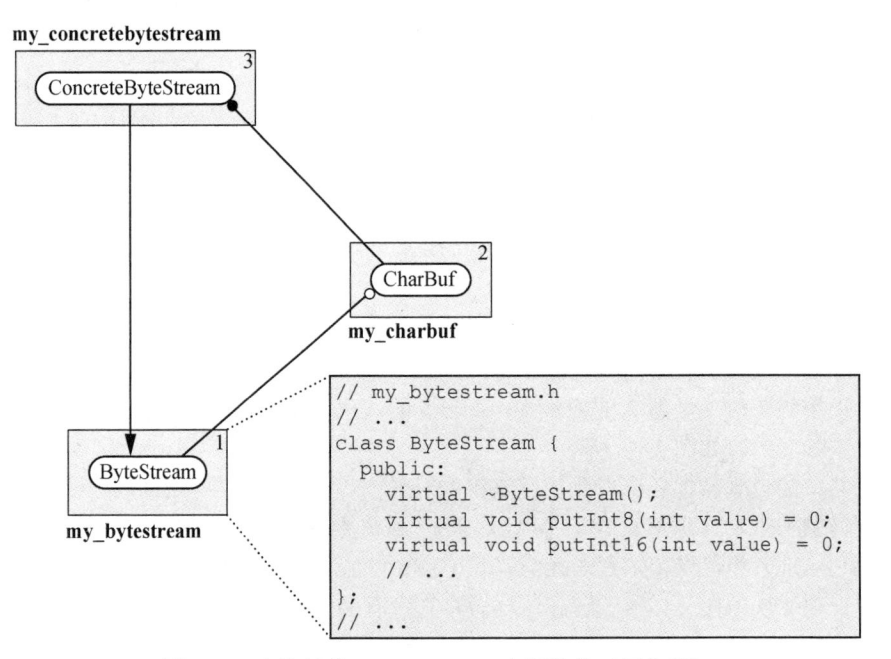

图 3-82　在协议类 ByteStream 上标准化（坏主意）

4. 方案 D：在 ByteStream 设想上标准化

然而，在这个特定实例中，我们还有第四种选择，可以说是两全其美。鉴于我们希望能够为 CharBuf 等值类型提供（编译时）可互换的字节流实现，但无法承受虚函数调用带来的隔离的潜在运行时开销（见 3.11.5.3 节），我们可以将值类型（如 CharBuf）中使用基类类型 ByteStream

---

[1] 但值得注意的是，在某些重要情况下（见卷 2 的 4.10 节），具体而言，当派生类（如 ConcreteByteClass）的实现和通过派生类的基类（如 ByteStream）使用它的类（如 CharBuf）都对客户的编译器可见时（如借助模板或内联函数），即使是传统的编译器/工具链技术（如 GCC）也能够将函数调用"退虚化"，从而实现与以前的循环依赖设计相当的性能。见 **lakos16**。

对象的每个成员函数（如 streamOut）替换成等效的方法模板（如 CharBuf）。值类型的此模板化成员可以取任何满足 ByteStream 设想的具体类作为类型参数，如图 3-83 所示。[1]这种方式实际上能达成运行时多态的所有实际逻辑优势。[2]此外，因为只有与流相关的方法是模板的一部分，而值类型本身不是模板化的，所以更改流类型不会影响使用流的对象的总体 C++ 类型，从而允许我们在非模板化上下文中将这些值类型作为函数参数传递（见卷 2 的 4.4 节）。

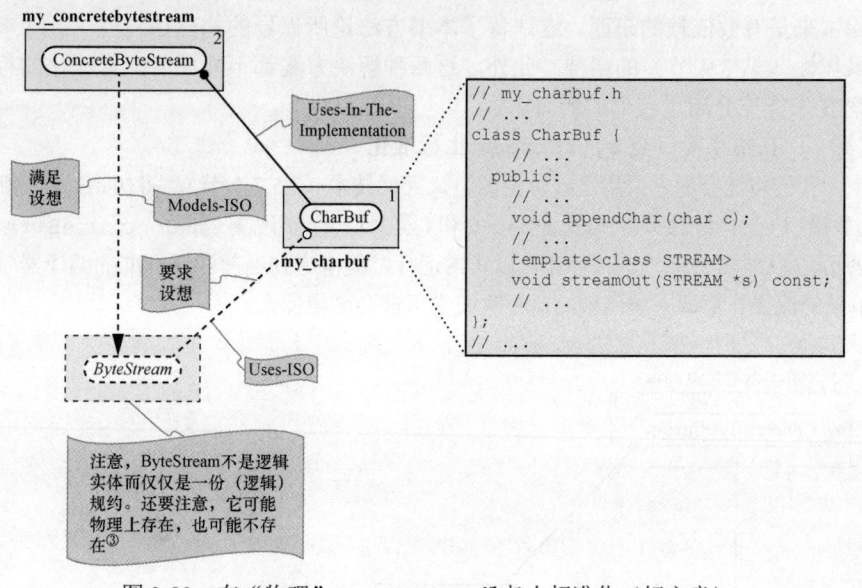

图 3-83　在"物理"ByteStream 设想上标准化（好主意）

前文所提出的这种从基类到设想的转变对软件工程，特别是对如何做出健全的物理设计，产生了深远的影响。依靠于设想而不是抽象基类便立即不再有任何物理位置可以文档化（更不用说强制执行）设想的合约（见卷 2 的 5.2 节）所必要的，也不再有任何物理位置是客户和实现者必须一起物理依赖着的，如图 3-84 所示。

就算在 C++ 的设想特性还未得到广泛支持的时候，我们也可能会考虑指定一个组件（不需要源代码）来完整地文档化该设想，而且，期望每个实现者（如 ConcreteByteStream 和 TestByteStream）和客户（如 CharBuf、Date 和 Time）都物理依赖（#include）这一组件，就好似实现一项协议一样（1.7.5 节）。这样做将大大有助于在大型代码库中理解这种固有的微妙的架构。

---

① 有关 ISO （In-Structure-Only，仅在结构中）符号的详细说明，可见图 1-50。

② 注意，除了紧密的（物理）编译时耦合外，我们还放弃了在运行时选择特定字节流实现的（逻辑）能力。但事实证明，这种运行时多态特性在实践中通常对流化没有用。

③ 如果由于任何原因该组件实际存在，则该组件本身的边界（但不代表 ByteStream 设想的胶囊）将表示为实线（而不是虚线）。此类物理表现可用于保存描述设想的注释和客户可用于实现该设想的代码。在这两种情况下，如果意图是让 ByteStream 类（ConcreteByteStream）的作者将 ByteStream（ConcreteByteStream）的（现为物理）组成部分的 #include（如明确协作的范围），则从实体胶囊（用于 ConcreteByteStream）到虚线的箭头（对于 ByteStream）也将是可靠的。同样，如果意图是让客户类的作者（CharBuf）包含 ByteStream 组件的头文件，特别是当有编译时类型谓词（实现为元函数）可供客户用于在其自身类型参数上强制 ByteStream 设想时它也会用一条实线而不是虚线来呈现。但即使组件中除注释外没有任何内容，即使只是所需接口的一个示例，将模型和客户物理绑定到这一共同合约中也是有价值的（见卷 2 的 5.2 节）。

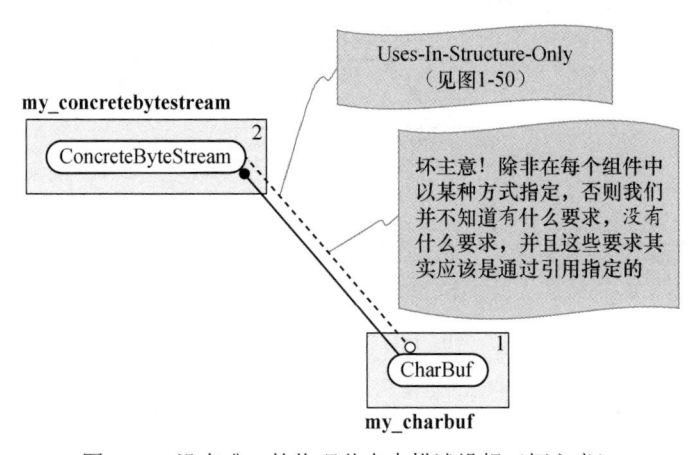

图 3-84　没有唯一的物理节点来描述设想（坏主意）

3.5.8　管理器类

> 建立一个类，让较低层级的对象为其所有，由其协调。

将较低层级附属类的实例的创建、销毁和协调交由一个较高层级的管理器类（manager class）控制，这一层级划分技术实质上只是一种实践性的设计策略，单链表就是其经典例子。如图 3-85 所示，单个 C++ 类是否足够实现链表？特别要考虑，由一个 Link 对象的析构函数销毁同一类型的另一个对象，这是否合理？我们给出的答案是，绝对"不合理!"相反，我们主张要确保层次化的所有权不仅受一个或多个给定类型的对象实例的运行时配置所统辖，还应该受类型系统统辖，这是开发者应该积极追求的一个重要设计特征。[①]

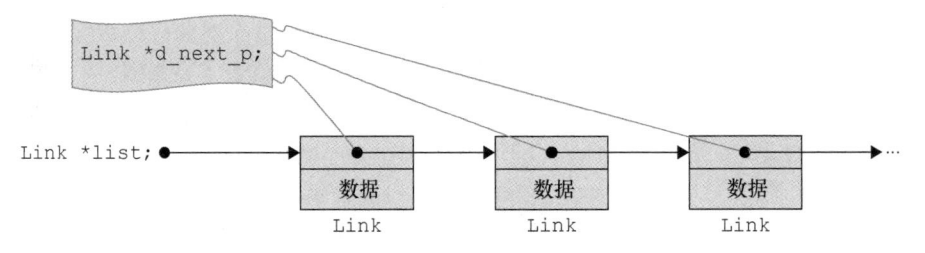

图 3-85　使用单个 C++ 类型实现链表（坏主意）

图 3-86 中含有类图（不包含组件）和由类型 T 参数化的链表抽象的一个典型实例的运行时对象布局。每个 Link<T> 可能只是含有指向下一个 Link<T> 的指针和一个类型为 T 的数据字段的结构体。Link<T> 管理它自己的 T 类型实例，但不负责 Link<T> 类型的任何其他实例的生命期。而 List<T> 管理器对象负责分配、创建、销毁和释放 Link<T> 类型的对象，它还负责确保恰当地配置每个 Link<T> 对象，即具有适当的 Link<T> 地址和 T 值。[②]

[①]　一些"聪明"的开发人员甚至选择使 Link 对象的析构函数递归地销毁下一个 Link:

　　`Link::~Link() { delete d_next_p; }`

　　这种"优雅的"技术，除了递归出奇地缓慢，还会迟早不可避免地在足够长的列表上导致程序栈溢出。

[②]　有人建议，我们可以在分离的附属组件中实现 Link<T>，但由于其体积很小，而且可以通过对主体类的直接测试相对容易地间接测试它，额外的物理"活动部件"将是多余的。

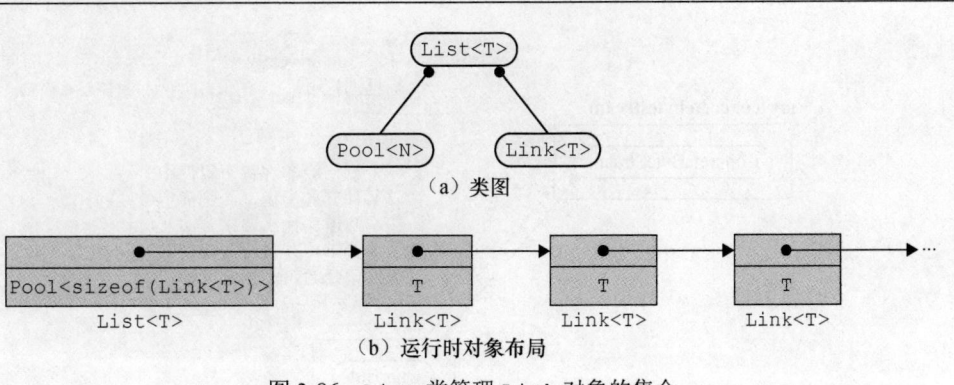

图 3-86 List 类管理 Link 对象的集合

还要注意，管理器类 List<T>有一条额外的对内存池类模板 Pool<N>的逻辑依赖，它使用该模板高效地分配各个 Link 对象（见卷 2 的 6.7 节）。这个池模板的定义几乎可以肯定位于一个分离的组件中。虽然没有物理依赖上的原因阻止我们将 Link<T>和 List<T>放在分离的组件中，但为了 List 和（平凡的）Link 实体之间的交互能保持易延展（0.5 节），而且鉴于添加的耦合几乎肯定会比任何复用的前景更为重要（见 3.5.6 节），我们可能会将 Link 类模板实现为组件私有的（2.7.1 节），如在定义了 List<T>的同一组件中实现为 List_Link<T>。

作为第二个示例，考虑创建类似于 3.5.4 节的图 3-56a 中所示的图的抽象，但仅由两种不同的C++类型构成：Node 和 Edge。这样的实现会是什么样子的？最初，我们可能会以为我们可以创建一个没有 Edge 的 Node，但反过来就不可以；因此，Node 类型的层级自然地低于 Edge 类型（图3-87a）。但是，对于要遍历图的客户，我们当然需要用（至少）不透明的 Edge 的指针实现 Node。

现在考虑在图上实现一些基础的操作。例如，添加点的函数 addNode(...)应该放在哪里？这一操作显然不会是 Node 或 Edge 的方法。如果我们要使 addNode(...)成为一个自由函数（或者按本书的方法论，成为实用结构体的一个 static 成员），那么哪个对象应该跟踪这一新点？换言之，如何迭代遍历一张图上的点？更重要的是，哪个特定对象代表了整张图？

同样，假设我们要移除一个 Node。函数 removeNode(...)应该放在哪？由于 Node 并不实质性了解 Edge，而 Edge 持有指向 Node 的指针，因此 removeNode(...)不能是 Node 的成员，否则连接的 Edge 将留下悬空的 Node 指针。我们可能会试着让 Edge 也算作一张"图"，让removeNode 作为 Edge 的成员，但这就好像让 Link<T>和 List<T>有着相同的类型一样：某一Edge 对象就会负责管理 Edge 类型的其他对象的生命期（坏主意）。

或者，让类 Node 单向依赖类 Edge，而在 Node 上留一个指回 Edge 的不透明指针（图 3-87b），也存在类似的问题。如果由 Node 负责（并承担作为"图"的"双重职责"），removeEdge 就必须是 Node 的操作，因为 Edge 并不实质性了解 Node，但却持有不透明的 Node 指针。即使 Node 和Edge 循环依赖着（图 3-87c），故而必须定义在同一组件中（2.6 和 3.3.1.2 节），也没有单一对象能作为具体的值语义类型表示"图"（见卷 2 的 4.3 节）。

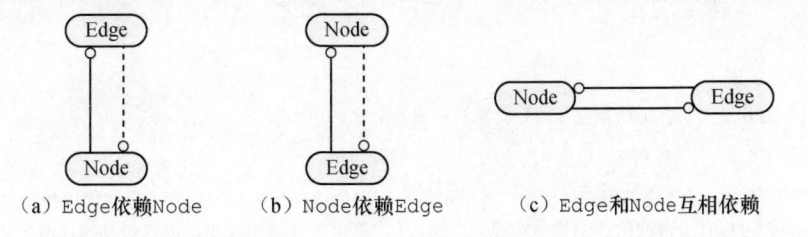

图 3-87 仅用 Node 和 Edge 来实现图（坏主意）

用 3 种不同的 C++类型（包括 Graph 管理器类，示例见图 3-56 和图 3-57）表示图的抽象，可以让这 3 个在分离组件中的类都有着连贯且划分好层级的实现，并由类型与众不同的单个对象负责管理其所有附属对象的生命期。在我们看来，这种基于类型的层次化对象管理是健全物理设计的基础。

3.5.9 分解

> 从卷入过多物理耦合的复杂组件的实现中移出独立可测试子行为。

要实现无环、细粒度且基于组件的架构，分解上要打起十二分精神：

> 分析依赖时，接口和实现的依赖必须分别考虑。在这两种情况下，系统的依赖图最好都是有向无环图，便于该系统的理解和测试。不过，相较于实现，这一点对接口而言关键得多，而且常常更容易实现。
>
> ——Bjarne Stroustrup[①]

经验表明，精心的前期设计总是可以高效地避免在跨组件边界的接口和实现中的循环。但是，分解（factoring）这一层级划分技术处理的是这样一个现实，即我们创建的软件的不一定各个方面都在我们的控制之中。虽然在标准化的（或出于其他原因由外部指定）组件的接口中的循环通常是不可变的，它们的实现也许可以分解成可分离测试的组件，甚至是可复用组件。

图 3-88a 抽象地表示 3 个逻辑实体 *A*、*B* 和 *C* 构成的一个系统，其接口或固有循环依赖着，或合约上循环依赖着，后者更为常见。再进一步假设，这 3 个类型所支持的功能如此之大，以至于并置在一个组件中，它们会难以有效地实现和测试。即使处在无法改动这些逻辑接口的境况，我们也有可能分解出足够的可独立测试的实现功能（图 3-88b），使得剩下的相互循环依赖着的类可以合理地放在单个组件中。在实现的分解上做得越好（见卷 2 的 6.4 节），软件的可测试性就越好（见卷 3），即使它不是层次化可复用的亦如此（0.4 节）。

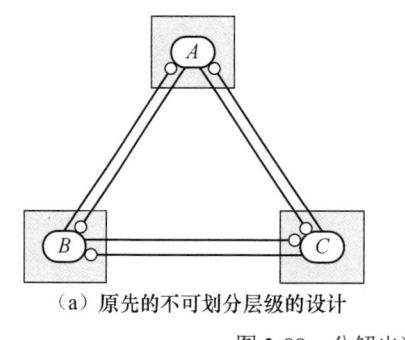
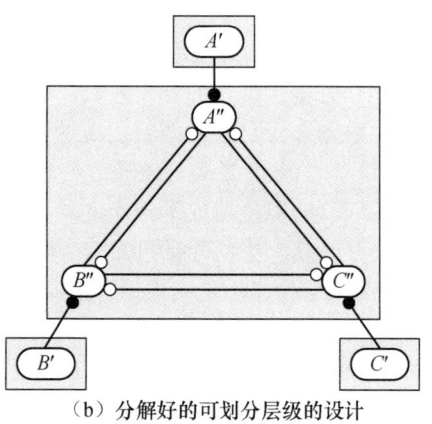

（a）原先的不可划分层级的设计　　　　（b）分解好的可划分层级的设计

图 3-88　分解出独立可测试的实现细节

特别是，假若要实现这样一个 Graph 子系统，其接口依赖被明确约束成循环状的。我们可以想象将实现中不贡献接口循环的方面分解出来，包括 Node 和 Edge 的只与值有关的那一部分（见卷 2 的 4.1 节）以及图本身的实现细节（图 3-89a）。如果不能更改逻辑关系，但有一定的自由

---

① stroustrup00，24.4.2 节，第 758～760 页，具体在第 760 页。

度来更改接口的语法，我们可能可以通过将图转换为一个由值语义 NODE 和 EDGE 类型（满足其各自设想）参数化的模板，以此来减少依赖，甚至使图更容易复用（图 3-89b）。注意，我们可以通过尽可能多地将模板化实现（如 GraphImp）的非模板化功能分解出来减少编译时间、压缩代码大小（见卷 2 的 4.5 节）。

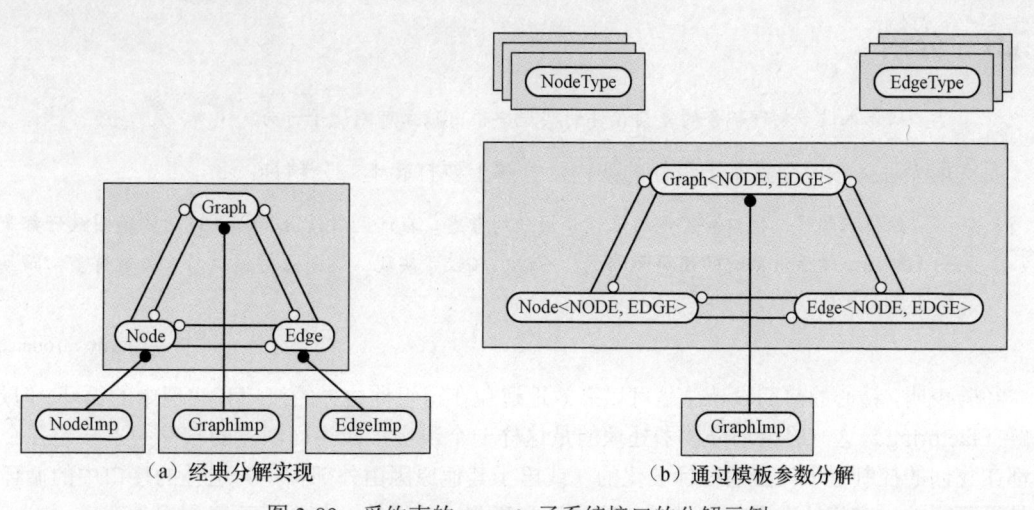

（a）经典分解实现　　　　　　　　　　　（b）通过模板参数分解

图 3-89　受约束的 Graph 子系统接口的分解示例

此升级技术可用于固定（或半固定）接口下的分解。即使接口完全在开发者的控制之下，也有机会在后台进行分解（见卷 2 的 6.4 节），以促进层次化复用（0.4 节）并提高可测试性（见卷 3），示例见 3.12.11 节。

3.5.10　升级封装

> 将向客户隐藏实现细节的点移到物理层次中更高的层级。

有时，与创建层级化的细粒度组件集合相关的问题并不在于避免循环，而是要避免长程友元（3.1.9 节）。我们作为基于组件的开发人员，已经习惯于将低层级设计抉择封装到单个组件中，因此有时可能不愿意允许一个较大型的实现的详细方面任何组件的公有接口通过"泄露"，即使从较高层级的面向客户的包装器类无法通过编程方式访问该组件中的任何内容。向公众隐藏与组件大小相当的实现细节的愿望造成了一个两难境地，要么违反组件间友元的禁令（坏主意），要么单个组件就会大得过分，甚至可能无限大（坏主意）。

什么是实现组件，什么不是实现组件取决于我们试图达到的抽象层级。在最低的抽象层级上，我们可能有非常初等的构件，如原子指令、内存池[1]以及缓存等。显然，这些抽象程度极低的实体不应暴露在诸如解析器或日志器这样的被广泛使用的高层级子系统的接口中。尽管如此，其他高层级子系统的实现仍然可以自由地依赖这些重要、深思熟虑且稳定的低层级细节，这是层次化复用的前提（0.4 节）。此外，面向客户的子系统应该要可以更改其实现，以依赖替代的低层级细节，而不会强制较高层级子系统的客户返工其代码（示例见图 3-171）。

考虑图 3-90 所示的（纵向）分层架构（见 3.7.2 节），作为纯粹的教学的第一个示例，它阐明了将使用升级到与组件大小相当的实现细节的被封装了[2]的层级的潜在好处，该架构由汽车（Car）、发动机

---

① 内存池通常是纯粹的实现细节，而内存分配器通常显示为对象接口的一部分（见卷 2 的 4.10 节）。

② 在本书的方法论中，组件不会"封装"其他组件（见 3.11.1 节），但支持附属组件的概念（2.7.5 节）。

（Engine）和火花塞（SparkPlug）组成。在这种设计中，Car 在其接口中使用 Engine。从直觉上讲，这种逻辑关系意味着 Car 类型的对象的任何客户（如汽车修理工）都可以打开发动机罩并访问 Engine。不过在软件中，Uses-In-The-Interface（1.7.3 节）意味着，Car 的方法函数至少有某种编程方法可以与 Engine 类型交互。因此，对 Engine 的使用并不是 Car 中被封装的实现细节。换言之，假使我们想重新实现 Car 以使用 MyEngine，而不是 Engine，现有的客户会被迫返工他们的源代码。

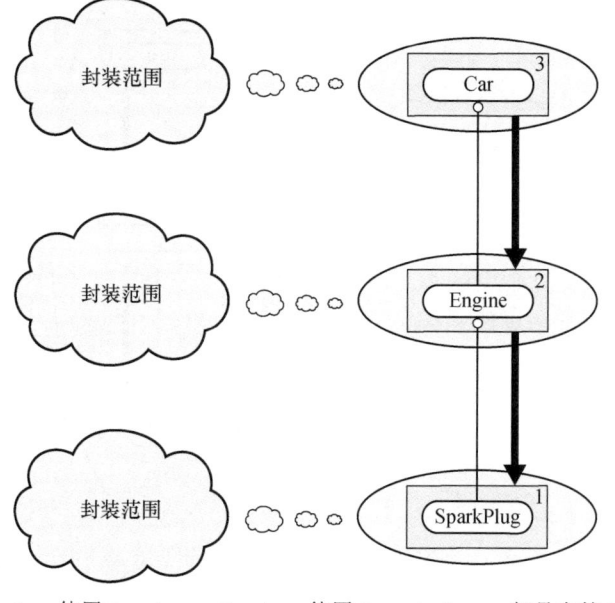

图 3-90　Car 使用 Engine，Engine 使用 SparkPlug，都是在接口中使用

　　在这种设计中（图 3-90），Engine 在其接口中使用 SparkPlug 这一类型。从直觉上讲，如果我们可以访问给定汽车的发动机，那么我们也可以访问发动机中的火花塞。但在软件中，其后果是，在不强迫使用 Car 的客户返工其源代码的情况下，我们甚至无法更改发动机中使用的火花塞类型！尽管修理工可能需要更换给定发动机的火花塞，但 Car 的所有者很可能不需要（甚至可以说不希望）直接访问 Engine。即便如此，Engine 的修理工（或组件级测试驱动）肯定希望能够在测试 Engine 时有效地利用接口中的 SparkPlug 对象。

　　在图 3-35 的设计中，封装范围（sphere of encapsulation）是基于每个组件的。即任何组件都不会充当其他组件的封装型包装器[1]。假设我们要调整 Car 的设计，使其不再在接口中暴露 Engine，但 Engine 仍在其公共接口中继续使用 SparkPlug，如图 3-91 所示。在这种新设计中，Car 类型的客户无法对实现中使用的 Engine 类型进行编程访问。该 Engine 继续在接口中使用 SparkPlug 类型，这对 Car 的客户没有任何影响，因为现在从 Car 的公共接口没有对这两种类型中的任何一个进行编程访问。[2]

　　至此，精明的读者就会知道，我们愿意出于某种实际有用的目的而扩展一个类比（示例见 0.8 节）。现在考虑修改后的教学设计，如图 3-92 所示，其中我们用燃料（Fuel）类型提供的功能取代了 SparkPlug 提供的功能。Car 的客户必然会加油，因此 Car 必须容许其接口中使用 Fuel。

---

[1] **lakos96**，5.10 节，第 312～324 页。

[2] 卷 2 的 6.4 节讨论了将单个复杂组件的实现划分（或"像望远镜一样叠套"）为两个甚至三个分离的组件 [如 Class（公共）、ClassImp（被封装的）和 ClassImpUtil（被隔离的）] 的做法。

虽然 Engine（被用于 Car 的实现中）也依赖 Fuel，但这方面与 Car 的客户无关（逻辑上）。因此，Car 客户编程上了解 Fuel，但不了解 Engine。这里的要点在于，假使我们要更换 Engine 类型，但新的 Engine 类型接口中使用的还是相同类型的 Fuel，Car 类型的任何客户都不需要返工其源代码。

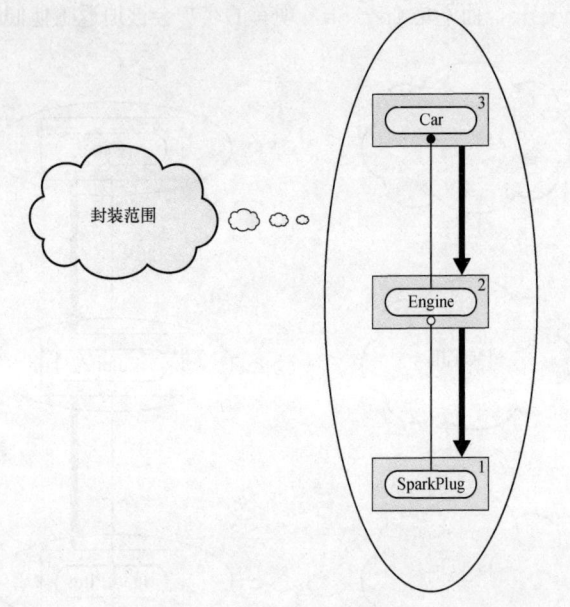

图 3-91　Car 在实现中使用 Engine（连同 SparkPlug）

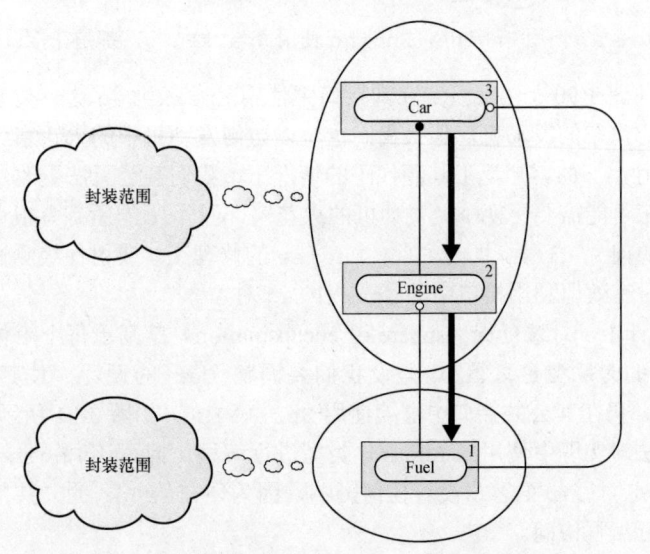

图 3-92　Car 在接口中仅使用 Fuel，而不使用 Engine

3.5.10.1　**Graph** 子系统的更通用的解决方案

　　现在重新考虑图 3-56a 简单图子系统的实现，图 3-93 中再次对其进行展示，但这次它的实现依赖 std::vector。此 Graph 类管理一批较低层级的 Node 和 Edge 对象，这 3 个类各自定义在单独的组件中。此外，Node 还维护一个序列的（不受它管理的）不透明 Edge 指针。Graph 和 Node 在各自的实现中都依赖 std::vector，而 Node、Edge 和 Graph 都各有各的封装范围。

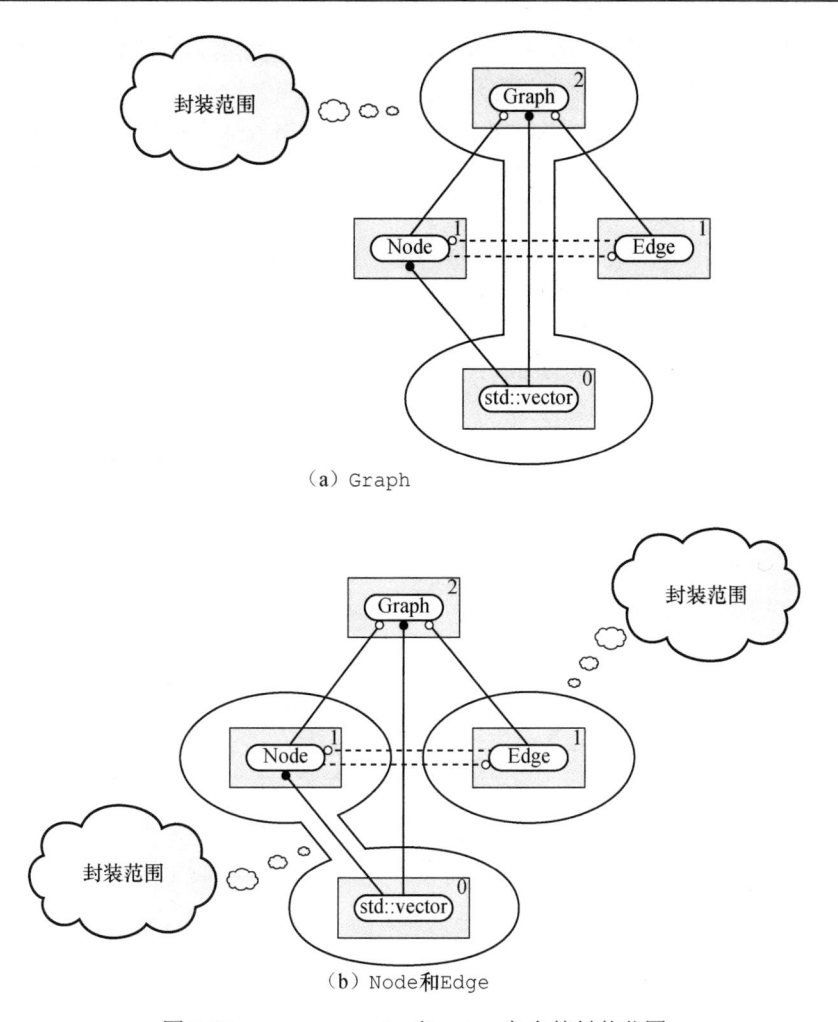

（a）Graph

（b）Node和Edge

图 3-93　Graph、Node 和 Edge 各自的封装范围

对于要在此设计中协调 Node 和 Edge 对象的 Graph 对象，任何修改点和边连接性的能力都必须是公共的。换言之，Graph 的客户享有与 Graph 一样的对 Node 和 Edge 类型的参与对象的访问权。尽管任何客户都可以用他认为合适的任何方式创建并操纵他自己的 Node 或 Edge 对象，但当这些对象参与到一个 Graph 对象中（并因此由 Graph 对象管理）时，就不一定是这样了。

要确保维持住 Graph 对象的不变量（见卷 2 的 5.2 节），例如，每个 Graph 对象所管理的所有 Node/Edge 对象的连接性由 Graph 将其维护一致，这强制我们严格限制任何客户对预先存在的 Node 或 Edge 对象所能做的事情（示例见图 3-57b 和图 3-57c），使得之前的解决方案还远远谈不上通用解决方案。

3.5.10.2　对实现组件的使用进行封装

这种更为通用的升级封装层级划分技术背后的主要思想是，具体子系统的实现本身可以是一个封装区域，允许组件之间在较低抽象层级进行开放式协作，而不必对公共审查隐藏这些组件（见 3.9.7 节），也不用以任何方式限制其独立直接中除 Graph 外的客户使用。

只要较低层级的组件不参与到面向客户的子系统的可编程访问接口中，它们就会被封装，但仍可在其他子系统中复用。重复一遍，我们通过升级封装所做的事情是隐藏对这些稳定的、较低层级的实现组件的使用，而不是对潜在的新客户隐藏它们，这些新客户可能会通过层次化复用（0.4节）而从这些实现组件中受益的潜在新客户来。

图 3-94 说明了一种可以创建更大封装范围的技术，其中只有某些类型（在本例中是值类型，即 NodeData 和 EdgeData）被容许通过包装器类（Graph）的公共接口。必须跨越组件边界暴露开（如为提高效率）的任何低层级信息都放在仅用于实现的组件（定义了 Node、Edge 和 std::vector 的组件）中。只要此实现功能稳定，就不需要将其隐藏在公共视图中之外，也不需要授予 Graph 对此功能的私有访问权。如果我们要更改 Graph 的实现，我们可能会停止使用这些实现组件中的若干个或者全都不用了，用新的或不同的组件将之替换，而该 Graph 子系统的客户无法通过编程方式知道我们所做的更改。因此，Graph 的客户无须返工其源代码。[1]

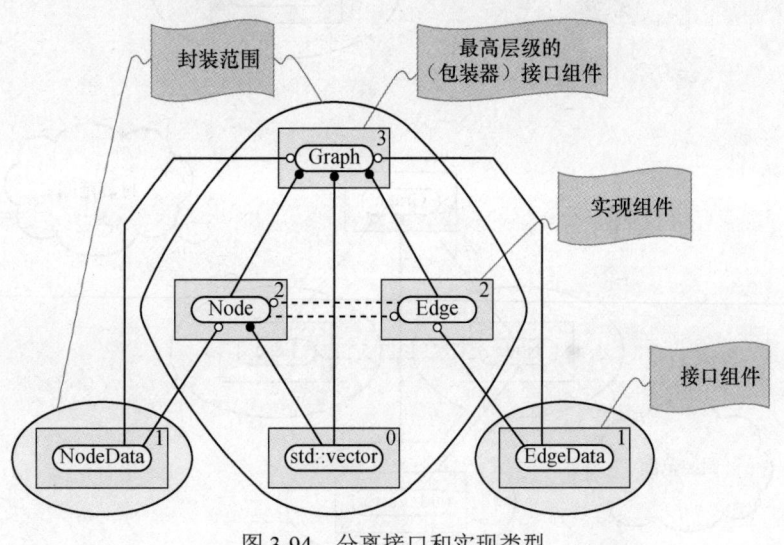

图 3-94　分离接口和实现类型

注意，在此设计中，Node 和 Edge 两者均不在 Graph 的接口中。因此，对这些类型的使用（而不是类型本身）仍然是 Graph 类的实现细节。反而只有与 Graph 的客户相关的附属 NodeData 和 EdgeData 通过 Graph 的接口（以编程方式）暴露。这样，我们隐藏了"被封装"实现，只向客户暴露所需的内容。

值得强调的是，在 Graph 的接口中暴露 Node 或 Edge 有两个问题：一是严重限制了开发人员日后变动实现的能力，例如，将不透明指针转换为哑数据（见图 3-57）；二是被迫约束了能够为 Graph 客户提供的功能。通过限制公共客户仅访问接口类型（NodeData 和 EdgeData）的对象，我们可以在实现类型（Node、Edge 和 std::vector）所能提供的功能上有更多的灵活性，在以 Graph 为首的子系统的较低层级上，这些实现类型的交互方式也变得更加灵活。

3.5.10.3　单组件包装器

有时，我们不想（或负担不起）完全返工设计。如果可能的话，我们会选择转而创建一个单组件包装器（示例见图 3-5 和图 3-6b）来封装所有子系统组件的使用，并提供对其底层功能的间接访问权。这种封装包装器（有时称为门面）[2]通过仅将底层子系统中客户真正需要使用的内容并置到一个组件中，从而使公共使用更容易、更安全。此外，对低层级功能有一个物理独立、精心策划的编程视角可

---

[1] 3.1 和 3.2 节中所建议的实现细节的恰当的离散式打包的好处的另一个具体示例可见于图 3-170 至图 3-172。

[2] **gamma95**，第 4 章，"Facade"一节，第 185～193 页。

以提供额外的稳定性，从而为对底层实现更广泛的返工和增强提供灵活性，而不会对其公共客户产生负面影响。

图 3-95 说明了单组件包装器 `xyza_pubgraph` 如何能够封装以 `Graph` 管理器类为首的子系统中所有组件的使用，该管理器本身在语法上（在编译时）做不了什么事情来确保其不变量得以维持。[①]在这种基于包装器的实现中，`Graph` 是 `PubGraph` 类的私有数据成员，但除了常见的较低层级的词汇类型（如 `std: string` 和 `bdlt::Date`，见卷 2 的 4.4 节），`Graph` 的实现没有一丝一毫被用于实现 `PubGraph` 的包装器组件的接口中。换言之，我们现在可以在不影响（较高层级）包装器组件 `xyza_pubgraph` 的接口和合约的前提下，对由 `Graph` 管理的底层子系统的结构作几乎任意更改。

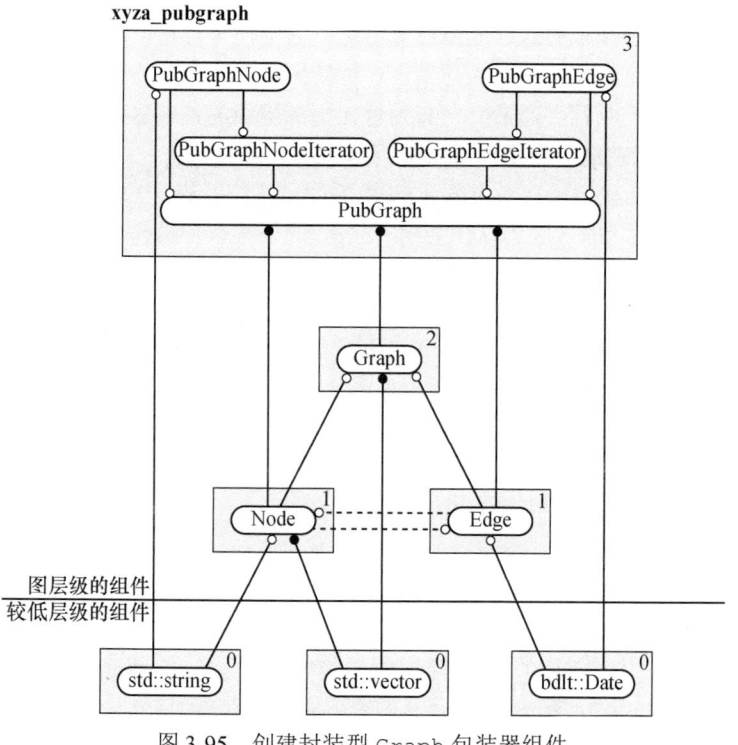

图 3-95 创建封装型 `Graph` 包装器组件

注意，上面的示例是为了解释此设计是如何诞生的，但不一定从一开始以这种方式设计时就应该如此呈现。如果有机会，可以将 `Graph` 重命名为类似于 `GraphImp` 的名称（或将其移动到较低层级的包中），然后从包装器组件及其所含的类的名称中移除 `pub` 前缀，让没有戒心的客户察觉不到我们基于包装器的底层设计。在任何给定情况下，这一重命名决定将取决于底层系统在多大程度上可以被（至少某些）公共客户安全且高效地直接使用，以及这么做带来的任何（可测量的）运行时性能改进。

3.5.10.4 包装引起的额外开销

单组件包装器的使用常常是不当的。除了不能扩展到任意的子系统大小（见图 3-6c），通过完全封装型包装器使用一个子系统（取决于实现和平台）很可能会导致比直接访问未封装系统更高的

---

① 针对客户滥用的纯语法防御的替代方案，见卷 2 的 5.2 节、5.3 节和 6.8 节。

运行时开销。[1]如果同时还打算一定程度上减轻编译时耦合（见 3.10.1 节），则产生的运行时开销可能会十分惊人，隔离型包装器组件就是一例（见 3.11.6.1 节）。[2]因而，单组件包装器（如果真用了）可能需要在物理层次中处于足够高的层级，以免造成无法接受的运行时性能退化。

3.5.10.5　实现多组件包装器

有时，对于一个（潜在巨大的）有着大量"接触点"的新兴子系统，相较于让其新客户直接访问它，我们可能更希望为新客户提供一个更稳定的接口。我们知道，单组件包装器无法扩展到任意数量的合作式包装器类，而符合基于组件的设计规则（2.6 节）的多组件包装器通常不能通过传统方法实现（3.1.10.6 至 3.1.10.9 节）。幸运的是，升级封装自推出[3]以来，有了一种重要的新变体，对于在物理层次的较低层级以不稳定、密切、微妙或容易出错的方式交互的任意组件集合，这种变体可以更广泛地应用来为选定客户创建一个适当受限的视图。

升级封装的层级划分技术的这种变体高度特化、前卫但可移植，展现出包装的许多好处，而绝不会产生常常关联于单组件包装器的开销。这种新颖的解决方案要用到影子类，每个影子类都在一分离的组件中实现，并且（通常）一起隔置在更高层级的包装器包中。[4]

3.5.10.6　将这一"旁门左道"应用到 Graph 示例中

为了保持连续性，让我们再次考虑图 3-56 中的图子系统的设计，在该设计中，我们无法任意添加 Node 或 Edge 中的功能，因为这样会向 Graph 的公共客户暴露不适当的功能。假设此刻，Graph、Node 和 Edge 是一个更大型的类集合的隐喻，这个集合中的类更复杂，每个类有数十种（甚至上百种）方法。图 3-96 为后人记录了导致这种升级封装的新变体的最初动机。

尽管存在前述的（历史）技术困难（3.1.10.6 节），但我们想做的是以某种方式创建一个多组件的门面，将各类型包装在各自分离的组件中，并且只提供其各自功能中适合向公共客户公开的子集。这一棘手问题的提议解决方案依靠于对参与合作式包装器子系统的其他组件的物理结构要有少量协作知识，但它并不会导致要授予对每个底层子系统组件的所有单独实现细节的私有访问权。

给未包装的 Graph 子系统添上多组件包装器的过程非常简单。第一步是将各自实现了一个面向客户的类型（Node、Edge 和 Graph）的 3 个组件复制（又称"翻印"）一遍，然后将原先的每个组件重命名以反映各自作为实现类型的新角色（如 NodeImp、EdgeImp 和 GraphImp），如图 3-97a 所示。接下来将这些新的面向客户的类型中的所有数据成员替换掉，只嵌入一个数据成员，类型即是相应的打包（现为实现）类型，如图 3-97b 所示。最后，我们给公共客户暴露的每个方法都需要实现成一个（一般是内联的）"魔术"转发函数，该函数可以访问在接口中使用的每个对象的底层实现类型，图 3-97c 中显示了一些选择示例。

---

① **lakos96**，6.6.4 节，第 466 页，图 6-89（系统Ⅰ和Ⅱ）。

② **lakos96**，6.6.4 节，第 466 页，图 6-89（系统Ⅲ和Ⅳ）。

③ **lakos96**，5.10 节，第 312～324 页。

④ 在本书撰写时，现代 C++中没有任何超过翻译单元的逻辑或物理架构构件可以像 Java 编程语言一样支持任何形式的包范围友元（不推荐）。自 21 世纪 00 年代中期以来，人们一直在考虑 C++的模块概念，其目标是直接以语言支持下个层级的软件架构。但是，一段时间以来，对许多人来说，它的主要动机和重点似乎转向了仅仅是改善编译时的性能。
我们在这里介绍的升级封装层级划分技术的新颖呈现似乎解决了（尽管有点笨拙）许多相关的架构问题，而且在 C++目前和可预见的局限性下是可以做到的。要知道，作者作为彭博有限合伙企业的代表，是 C++标准委员会的长期活跃的投票成员，一直在不懈地努力带来架构健全的模块特性，该特性不仅可以更好地实现组件，还可以提供简约但可互操作的子系统上的（封装型，但非隔离型）视图，就像设计优良的兼容 C 的过程接口（procedural interface, PI）（不透明）地暴露底层子系统中使用的完全相同的类型（见 3.11.7.2 节）一样。

历史花絮

　　这种升级封装的新手段是由一个用例促成的，即一个高效、任意复杂的自描述型数据结构，由几十个标量和对应的向量类型构成，再加上一个异构的列表（list）和表格（table）。List 类含有一个 Row 类型的对象，而 Row 类型又可能含有上述任一种类型构成的序列。类似地，Table 类含有 0 或多个 Row 对象。为了将一个 Table 元素追加到 List 对象中，List 显然必须知道 Table 类。类似地，将一个 Row 对象追加到以 List 作为列类型之一的 Table 中，则很可能会导致 Row 和 Table 两者都依赖 List。这一异构数据结构会被各种各样的应用复用，故而我们需要榨干每一点空间且尽可能地改善运行时性能。另外，它是一个故意封闭的系统，我们还希望避免采用组合式模式[①]的幼稚实现的传统解决方案，这（历史上）会涉及抽象接口的公共继承。

　　把这一递归数据结构的整个面向客户的接口放在单个组件中会令测试尤其艰难，更重要的是，用户对这一庞大系统的使用也会变得极其麻烦。通过分解出并降级一套低层级"描述子"，由回调调用这些描述子，我们便能够刻画每个具体元素类型的本质属性，而不用依赖类型本身的定义。尽管我们能够消除 Row、List 和 Table 的实现之间的所有循环物理依赖，以实现总体可分层级的设计，但它们现在的抽象层级太低以至于公共客户使用起来不安全。尽管如此，我们还是决心将面向客户的 Row、List 和 Table 放在无环亦不使用长程友元的各自分离的组件中。这便成了一种升级封装[②]的相对较新的手段。

图 3-96　用多组件包装器进行升级封装的起源

　　乍看起来，我们似乎没有在此做任何有用的事情，但实际上我们做了。如果我们试图在原先的组件上使用长程友元，我们就会将每个底层类型的实现公然暴露给访问它的对象——这明显违反了健全的工程实践和基于组件的设计规则（2.6 节）。另外，只要知道参与包装器子系统的每种类型都共有一个"肮脏的小秘密"（图 3-97b），就可以让该包装器子系统中的其他组件（可移植地）进入并仅获取（下文会解释）被包装参数对象的单个被包装（实现）数据成员的公共功能的访问权，绝不会访问到非公共功能！也就是说，与长程友元不同，我们仍可以独立于所有其他组件、自由地改进（当然是兼容的）底层子系统中任何组件的实现，只有在实现组件的架构和功能已确定足够稳定后，才添加合适的包装器组件和转发函数。

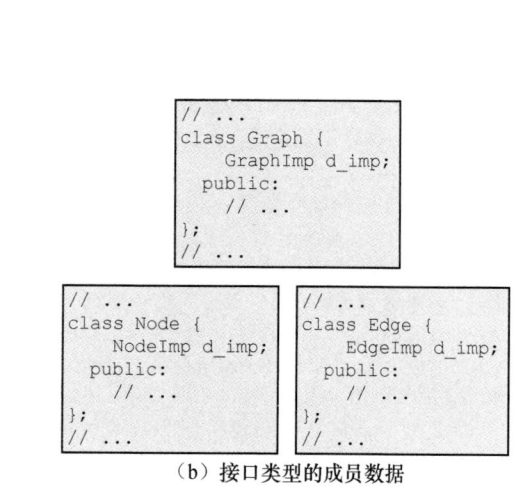

（a）组件-类图　　　　　　　　　　　　（b）接口类型的成员数据

图 3-97　协同模拟多组件包装器

---

① **gamma95**，第 4 章，"Composite"一节，第 163～173 页。

② 感谢彭博的 Pablo Halpern、Vladimir Kliatchko 和 Jeff Mendelsohn 所做的开创性工作（约 2004 年）。

```
inline int Graph::removeNode(const Node *node)
{
    const NodeImp *nodeImp = reinterpret_cast<const NodeImp*>(node);   // 魔术
    return d_imp.removeNode(nodeImp);
}

inline Node *Graph::addNode(double data)
{
    NodeImp *retImp = d_imp.addNode(data);
    return reinterpret_cast<Node *>(retImp);                           // 反魔术
}

inline Edge *Graph::addEdge(double data, const Node *head, const Node *tail)
{
    const NodeImp *headImp = reinterpret_cast<const NodeImp *>(head);  // 魔术
    const NodeImp *tailImp = reinterpret_cast<const NodeImp *>(tail);  // 魔术
    EdgeImp        *retImp = d_imp.addEdge(data, headImp, tailImp);
    return reinterpret_cast<Edge *>(retImp);                           // 反魔术
}

inline const Node *Edge::head(const Edge *edge) const
{
    const EdgeImp *edgeImp = reinterpret_cast<const EdgeImp *>(edge);  // 魔术
    const NodeImp *retImp = d_imp.head(edgeImp);
    return reinterpret_cast<const Node *>(retImp);                     // 反魔术
}
```

(c) "魔术"转发函数示例

图 3-97 协同模拟多组件包装器（续）

3.5.10.7 为什么要用"魔术"`reinterpret_cast`转换运算符

诚然，这种办法不是最简单的，但它有着重要优势（后文会讨论），与打破长程友元规则相比更凸显其优点，即使这种非法友元只限于包装器组件。对外行来说，我们在这里所提议的似乎是未定义行为（见卷 2 的 5.2 节），或者至少还未在 C++标准中完全敲定，因此不能保证可移植到所有平台上。事实证明，这种特定的实现方法不仅在现实中的所有平台上都有效，而且 C++标准本身也要求其在所有平台上有效。[1][2]

在本书提议的多组件包装设计模式中（下文将详细说明），包装类型本身不参与（至少不在语法上参与）任何继承关系，也不带有任何虚函数。由于包装类型的对象是包装器类型的唯一（因此也是第一个）数据成员，因此它们各自的大小和对齐（见卷 2 的 6.7 节）在所有平台上自然是相同的。此外，在 C 和 C++中，包装器和嵌套其中的被包装对象在内存中位于同一地址处。[3]

---

[1] 事实上，自 C++17 开始，通过 `reinterpret_cast` 在相关的指针彼此之间的强制类型转换是由 C++标准明确保证的，可以在所有符合要求的平台上按预期工作（**cpp17**，6.9.2 节，第 4 段，第 82 页；我对这一段的风格做了调整）：
称两个对象 a 和 b 的指针是可互相转换的，如果……一个是标准布局类对象，另一个是该对象的第一个非静态数据成员……如果两个对象的指针是可互相转换的，它们就有着相同的地址，并且可以从指向一个对象的指针通过 `reinterpret_cast` 获得指向另一个对象的指针……

[2] 有些人可能认为，可以通过使用私有继承更方便地达到同样的效果，甚至更可移植。我们恕不同意。我们通常不鼓励私有继承（2.4.12 节），因为它鼓励使用 `using` 声明，这会邀请公共客户审查所谓的私有实现细节；另外，即使显式提供了（内联）转发函数（及其面向公众的注释），创建私有继承所需的语法仍必须作为包装器类的"公共"定义的一部分出现，这是我们认为在一般情况下完全不可接受的，尤其是在包装器的情况下。

[3] C++17 标准将标准布局类型（standard-layout type）定义为"标量类型、标准布局类类型（第 12 条）、这些类型的数组和这些类型的 cv 限定版本统称为标准布局类型"（**cpp17**，6.9 节，第 9 段，第 78 页）。标准布局类类型（standard-layout class types）定义在一个有着 12 项的无序号列表中（**cpp17**，第 12 章，第 7 段，第 238 页）。还有布局上的保证（**cpp17**，12.2 节，第 241~251 页），特别是，"只要标准布局类对象有任何非静态数据成员，其地址就是第一个非静态数据成员的地址"（**cpp17**，12.2 节，第 24 段，第 244 页）。

在使用这一包范围的多组件包装器设计模式时，较高层级的包装器组件能够单方面访问其中所含的被包装组件的公共接口，而不必修改定义所要访问对象的类型的被包装组件，例如，不必在被包装组件中添加一条相应的友元声明，以给调用方对象类型授予长程访问权。如果在该程序中使用的任何包装器类在被包装对象之前有任何额外的数据成员，则采用这种实现方法也会意外地使程序"不符合规范"[1]，而这又会让我们强制包装器设计更为纯粹[2]。这种纯粹性有助于确保包装器的维护仍然是一个直接的机械过程，所有的"创造力"都交给底层的实现层，我们认为这正是"创造力"的归属之处。[3]将接口类型强制类型转换为相应的实现类型是如此晦涩神秘且不直观，以至于没有公共客户会想自己这样做的合理理由，更不用说，这样做依靠于未发布的实现细节。[4][5]

3.5.10.8　包装一个有包级规模的系统

现在考虑包装一整个由组件构成的包，我们将其称为 subs，它代表一个任意子系统，涉及多种组件间逻辑关系（如 Is-A、Uses-In-The-Interface 和 Uses-In-The-Implementation），1.7 节已描述过这些逻辑关系。假设 subs 包正在积极开发之中，因此，并非所有已实现的部分都已经准备好供公开使用。图 3-98 中有 subs 子包的高层级示意图，其中（按设计）嵌入了几种常见的物理设计模式，下面将利用这些模式进行教学。

正如我们对上文的 Graph 子系统（图 3-97）所做的那样，我们需要将整个 subs 包连带其所有组件"翻印"到一个新包中，我们称之为 wrap。每个留在包装器层中的类［除了那些表示抽象基类的类（见下文）］都必须只有单个数据成员，这一数据的类型是原先的包中的相应类型。这一新的、更高层级的 subs 包现在将代表公共客户对低层级 subs 包的（稳定）视角。

要剪除包装器包 wrap 中的依赖，第一步是要认识到，在较低层级子系统 subs 中的 Uses-In-The-Implementation 依赖放到 wrap 中都不再相关。特别是，在 subs 中，从类 I 到类 F、从类 J 到 F 和 G 的 Uses-In-The-Implementation 关系在 wrap 包中根本不存在。我们已经在图 3-99 中所示的 subs 和 wrap 包组合中使用标签 "(1)" 标识了这一特性，我们会尽力在接下来的几段中展开描述这张图。

下一步是考虑 subs（子系统）包中有没有哪些组件出于某些原因暂时不希望在 wrap（包装器）包中更广泛地暴露。例如，类 H（图 3-99 中的标签 "(2)"）可能是全新的，因此还没"熟"到足以在包装器层级暴露给公共客户。可以立即从包装器包删除定义此类的组件，而无须修改其余的包装器组件。

---

① 从非常技术性的角度来说，此程序不是不符合规范的，因为没有违反单一定义规则（每个包装器都与它所包装的 C++ 类型不同），对于成员数据在对齐上不兼容的包装器类型，对其作 reinterpret_cast 的结果只有在被实际尝试使用了，行为才会未定义。一个真正不符合规范的程序（根据定义）以任何方式运行都会导致未定义的行为。而这种情况并不一定如此。

② 在包装器类中绝对不能有额外的数据成员或非转发型的函数（除了与继承相关的转换）。

③ 这种纯粹同样适用于过程接口（PI）"包装器"函数（见 3.11.7.7 节）。

④ 如果你仍然认为这种方法在某种程度上等同于通过在包装器中提供如下的成员函数

　　EdgeImp& internal_details_not_for_client_use_()

　来打破封装，那就再想想。这样的函数构成了一种引诱物，使包装器的 API 混乱不堪。在这种方法中，给客户提供的是一个干净的接口，接口中仅包含有其所需的内容，一分也不多。

⑤ 理想情况下，新提议的 C++模块特性最终（在 C++20 之后）将比我们在这里使用的前现代 C++能更好地解决这个问题（见 **lakos17a**，3 节，第 I 项，第 2 页，c 和 d 段）。

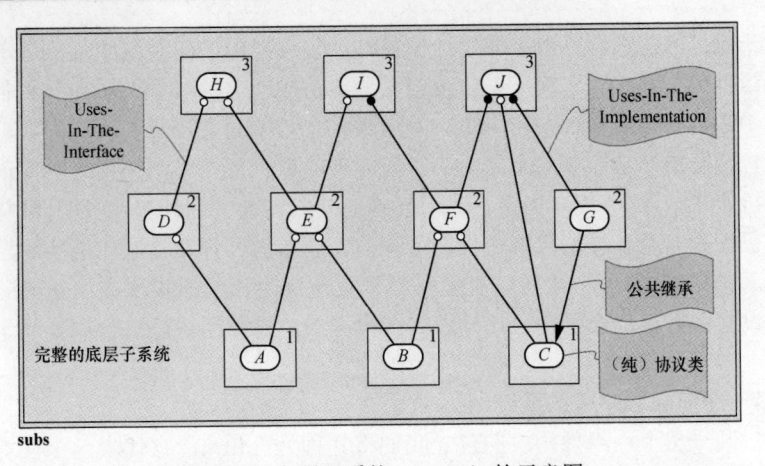

图 3-98 大型子系统（subs）的示意图

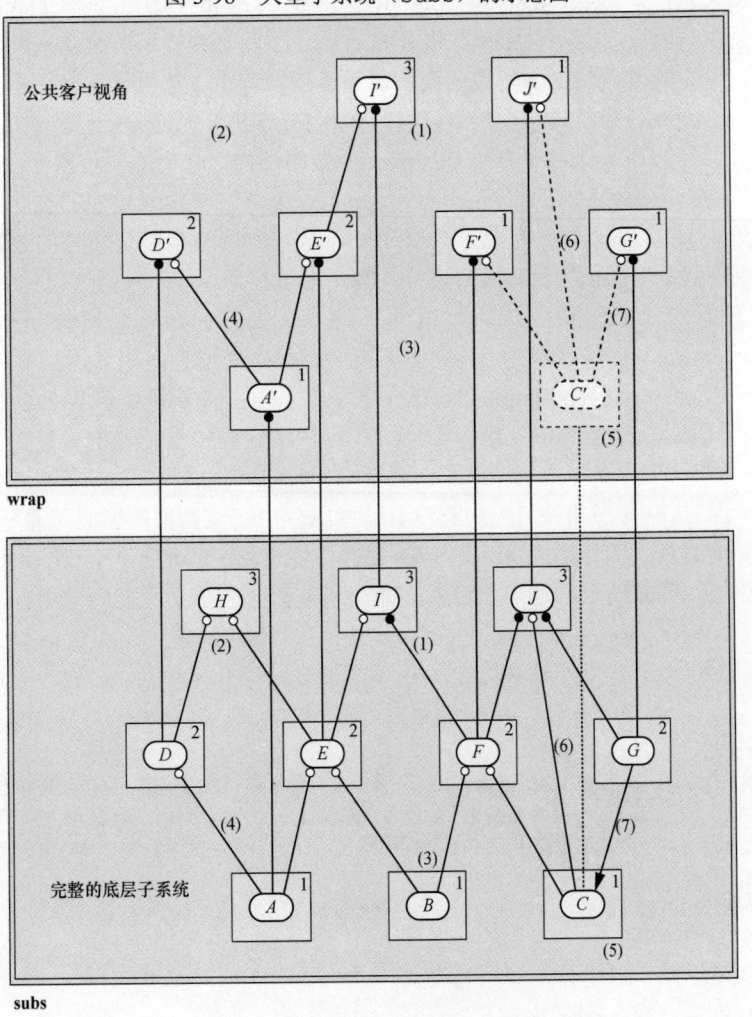

图 3-99 包装子系统的示意图

回想一下，本节中介绍的这最后一种层级划分技术所做的全都是关于升级发生封装的层级。
假设有一个类 B（图 3-99 中的标签“(3)”）被使用于另外两个类 E 和 F 的接口中，所有这些类都位于 subs 包的较低层级。有可能 *B* 促成的通信暴露了实现细节，或者让公共客户直接使用 *B* 会过于危险。如果将不在 subs 中发布类 *B* 的头文件作为防止公共客户利用 *E* 或 *F* 对 *B* 的 Uses-In-The-Interface 关系的手段，开发就会和部署缠绕起来（2.15 节），并且这会使得程序如果还纳入有 subs，就不能并排地复用 *B*（示例可见图 3-129）。不过，我们可以从 wrap 中将定义 *B* 的组件整个省略，同时移除 wrap 中定义 *E* 和 *F* 的各个组件的所有在接口中使用了 *B* 的功能。这样，我们就可以手术般精准地清除有麻烦的功能，同时保留我们真正希望公共客户使用的功能。

在 3.1.10.6 节（见图 3-6a）中，我们阐述了在使用分离的组件 my_date 和 my_timeseries 包装元素 bdlt::Date 及其容器 odet::DateSequence 时遇到的问题。现在在这里再仔细看这一具体问题：图 3-99 中的标签 "(4)"。图 3-100a 说明了在分离的组件中包装元素 subs::Date 及其容器 subs::DateSequence 的前景。由于知道 wrap 中定义的每个类都有一个 subs 中相应类型的对象(作为其唯一的数据成员)，因此 wrap::DateSequence 可以直接进入 wrap::Date 并获取对其（唯一的）数据成员 subs::Date 的访问权（作为引用[1][2]），然后将此访问权提供给 wrap::DateSequence 自身的（唯一）数据成员 subs::DateSequence，如图 3-100b。

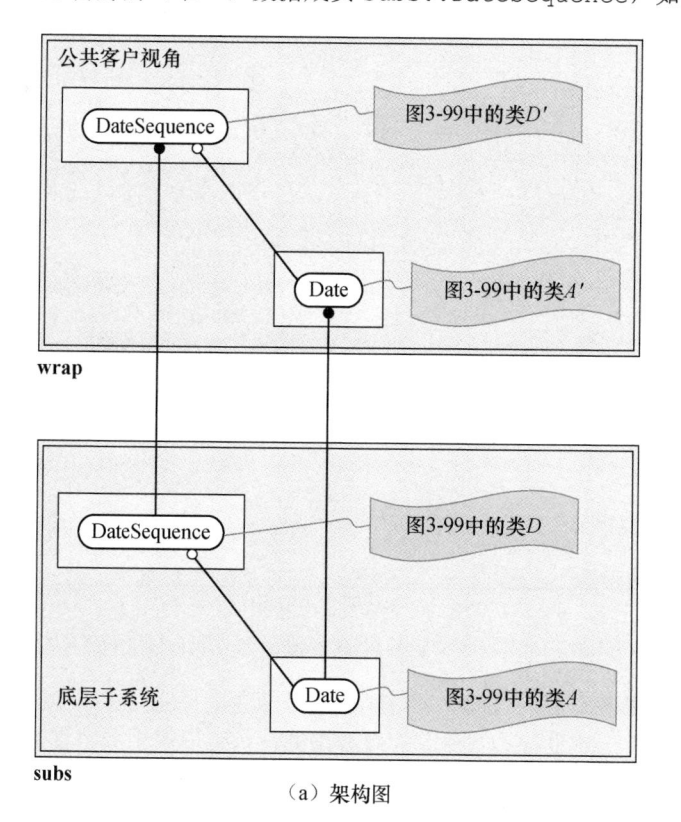

（a）架构图

图 3-100 寻址特定日期/容器的示例（取自图 3-6a）

---

① C++17 标准声明，"注：换言之，对于左值，在内置&和*运算符下引用的强制类型转换 reinterpret_cast<T&>(x) 与 *reinterpret_cast<T*>(&x) 转换具有同样的效果（对于 reinterpret_cast<T&&>(x) 也是如此）。"（见 **cpp17**，8.2.10 节，第 118 页，第 11 段）。

② 这段话尽管在 C++20 中仍然是对的，但要重写，并且要移除前一条脚注中关于 C++17 的注释（显然是多余的）。

```
// ...
#include <iosfwd>  // 为了std::ostream
// ...
namespace subs {

class Date {
    // ...
  public:
    Date(int year, int month, int day);
    std::ostream& print(std::ostream& stream) const;
};

class DateSequence {
    // ...
  public:
    DateSequence();
    void append(const Date& date);
};

}  // close package namespace

namespace wrap {

class Date {
    subs::Date d_imp;
  public:
    Date(int year, int month, int day) : d_imp(year, month, day) { }
};

class DateSequence {
    subs::DateSequence d_imp;

  public:
    DateSequence() : d_imp() { }

    void append(const Date& date)
    {
        const subs::Date& dateImp = reinterpret_cast<const subs::Date&>(date);
        d_imp.append(dateImp);
    }
};

}  // close package namespace
// ...
```

> 这里我们展示了如何将wrap实参数类型的引用提取成提供底层subs功能的类型

（b）起说明作用的源代码

图 3-100 处理这一特定的日期/容器示例（取自图 3-6a）（续）

公共继承关系的包装有着固有的麻烦，我们很可能会选择完全忽略包装器包中的逻辑继承。尽管如此，我们仍然有一定的能力（尽管有限）来处理包装器层中的语义继承关系，我们将在此介绍。虽然包装器层的客户无法通过派生来扩展接口，但这些客户可以从现有派生类中选择，以插入接受那些仅有名称的包装器"基"类的地址的类型。

参考图 3-99，在两个包中用标签"(5)"标识出来的 C 类是抽象的。在 subs 中，C 是纯抽象（协议）基类；在 wrap 中，C 是一个仅有名称的类（In-Name-Only class），哪都没有它的定义。不过，指向 wrap::C 的指针必然与指向其 subs 对应对象的指针表示的是同一地址。图 3-101 更详细地显示了 wrap 和 subs 包的各个组件之间所发生的事情。注意，通过 Client 类的 consume 方法的 std::size_t numBytes 参数传递的实参会被自然地直接转发到其所持有（但非其所有）的指针数据成员 d_mechanism_p（此数据成员类型为抽象类 Base）的 allocate 方法，而具体类 Derived 构造函数的 char dummy 参数仅仅是一个占位符。

要使这一多组件包装器技术正常运作，包装器层中不能存在语法继承。但是，我们仍然可以允许客户通过仅有名称的类（图 3-99 中的标签 "(6)"）接受各种派生实现。也就是说，要模仿继承的语法，我们需要将 subs 中恰当派生类的自动标准转换替换成 wrap 中的显式手工转换（图 3-99 中的标签 "(7)"）。尽管我们并不一定主张这种包装继承关系中的方法，但我们感到有义务展示我所知道的可能性（另见 3.11.7.15 节）。

3.5.10.9 多组件包装器技术带来的益处

使用这种可能过于巧妙的升级封装技术，现在便可以筛选出有问题的低层级功能，以形成一个新的、稳定的、面向客户的多组件包装器接口，而不影响动态变化的底层子系统的性能。包装器中的组件和方法经过了深思熟虑的删减，稳定得多，每个幸存的方法都直接转发给较低层级的嵌入的数据成员的相应方法，从而消除了通常与隔离型包装器相关的间接访问所产生的开销（见3.11.6 节）。当然，这些（仅封装型）包装器类型均需要（物理上）了解接口中使用的所有其他（较低层级）包装器类型，以及在其实现中使用的相应被包装类型。注意，与隔离型包装器不同，这些包装器组件给客户暴露的编译时耦合与他们直接包含底层组件时所面对的编译时耦合是相同的[①]。这种技术有一种变体使用足够大且对齐的不透明字节缓冲区和非内联函数来实现实质性隔离（见卷 2 的 6.6 节）。

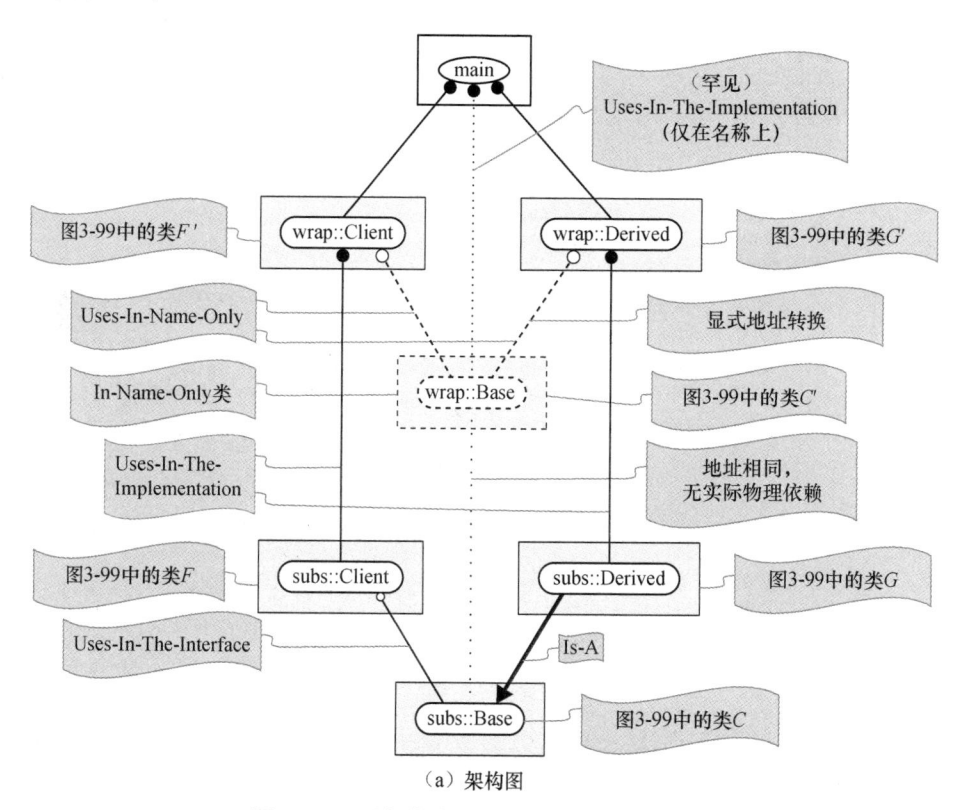

（a）架构图

图 3-101　要包装公共继承相关的类能力有限

[①] 在 C++20 中引入的模块语言特性在物理上与此处讨论的封装型包装器包（encapsulating-wrapper-package）的升级封装方法的包装器组件非常相似，以后在架构上也可能相似。特别是，C++模块提供了额外的封装手段，并且最终还可能支持低层级子系统上的可互操作视图。但是，在隔离方面（见 3.11.1 节），对于避免客户对（被封装）实现细节的编译时耦合这一目的，C++模块不会比传统头文件提供更多支持。

```cpp
#include <cstddef>  // 为了std::size_t
#include <iostream>

namespace subs {                        // 纯抽象接口（也称协议）

class Base {
  public:
    virtual ~Base() { }
    virtual void *allocate(std::size_t numBytes) = 0;
    virtual void deallocate(void *address) = 0;
};
                                        // 使用协议的具体客户
class Client {
    Base *d_mechanism_p;
  public:
    Client(Base *mechanism);
    void consume(std::size_t numBytes);
};

class Derived : public Base {  // 协议的具体派生实现
    char d_dummy;  // 占位符
  public:
    Derived(char dummy);
    void *allocate(std::size_t numBytes);
    void deallocate(void *address);
};
                                        // 仅为了说明而"内联"
                                        // 定义（见卷2的6.14节）
}  // close package namespace

namespace wrap {                        // In-Name-Only

class Base;
                                        // 使用In-Name-Only
class Client {                          // 类的具体客户
    subs::Client d_imp;
  public:
    Client(Base *mechanism)
    : d_imp(reinterpret_cast<subs::Base *>(mechanism)) { }

    void consume(std::size_t numBytes) { d_imp.consume(numBytes); }
};
                                        // 使用In-Name-Only
class Derived {                         // 类的具体客户
    subs::Derived d_imp;                                 // 显式指针转化
  public:
    static Base *toBase(Derived *p) { return reinterpret_cast<Base *>(p); }
    static const Base *toBase(const Derived *p) { return
                                reinterpret_cast<const Base *>(p); }

    Derived(char dummy) : d_imp(dummy) { }

    void *allocate(std::size_t numBytes) { return d_imp.allocate(numBytes); }

    void deallocate(void *address) { d_imp.deallocate(address); }
};

}  // 结束包级命名空间

int main()
{
    std::cout << "Using the 'subs' level directly:" << std::endl;

    subs::Derived sd('S');
    subs::Client  sc(&sd);
    sc.consume(100);

    std::cout << "Using the 'wrap' level instead:" << std::endl;

    wrap::Derived wd('W');
    wrap::Client  wc(wrap::Derived::toBase(&wd));
    wc.consume(200);

    return 0;
}
```

(b) 起说明作用的源代码

图 3-101 要包装公共继承相关的类能力有限（续）

3.5.10.10 对升级封装技术的误用

在应用此技术时，不应在任何包装器类本身中增加成员数据或其底层实现类型的功能，唯一的例外是从"派生"到（仅有名称的）基类包装器指针的显式静态转换函数（另见 3.11.7.6 节和 3.11.7.15 节）。换言之，除了知道如何从相应的接口类型访问实现类型以及如何再次转换回来（如作为返回类型），包装器类中不应定义额外的数据或功能。这样，包装器子系统仍能保持精简，仅提供一个对底层系统的恰当狭窄的视图，仅这一视图就能恰当地定义所有领域相关的功能。

3.5.10.11 一种模仿包范围友元的高度受限形式

这种升级封装技术发现的时间最晚，有许多优点。由于接口对象和实现对象在设计上必须大小相同，因此不需要额外的空间。而且，由于类型转换和内联转发是在编译时进行的，因此在现代平台上不应该有额外的运行时开销。换言之，这种相对较新的基于多组件包装器的升级封装层级划分技术可以为客户提高稳定性，为实现者带来灵活性，并且理论上没有额外的运行时或空间开销。还要注意，这种协作式知识被有意局部化到实现包装器层的子系统或包中，并且不能对继承关系的模拟不理想。因此，这种高度特化的技术并不是解决 3.1.10 节中提出的多组件包装器问题的完全通用的解决方案。

然而，这一升级封装技术的亮眼新变体仍是目前我们实现高效且通用的多组件包装器的最有效工具。这种方法着实神秘晦涩，但在为架构实体提供的语言支持抽象层级高于翻译单元之前，应该是我们能做到的最好的一种了。[①]

3.5.11 本节小结

这卷书中最宏大也最是重要的部分当属本节。我们在此节阐释明了 1996 年面世的 9 种层级划分技术（此处重复图 3-42）。

升级	将相互依赖的功能移到物理层次中更高的位置
降级	将共用的功能移到物理层次中更低的位置
不透明指针	让一个对象仅在名称上使用另一个对象
哑数据	使用数据表示对同级对象的依赖，但仅在分离的较高层级对象的上下文中使用
冗余	为避免耦合，特意重复少量代码或数据以避免复用
回调	由客户提供函数，让（一般是较低层级的）子系统能够在更全局的上下文中执行特定任务
管理器类	建立一个类，让较低层级的对象为其所有，由其协调
分解	从卷入过多物理耦合的复杂组件的实现中移出独立可测试子行为
升级封装	将向客户隐藏实现细节的点移到物理层次中更高的层级

C++语言以及分布式计算领域在过去几年中不断发展，但让物理层次保持无环的基本理念不曾变化。[②]然而，自从首次采用这些技术以来，这 9 种开创性层级划分技术中有两种已经得到了显著的扩展。扩展得最显著的是回调技术，它原先被认为是破罐子破摔的最后手段，今天已晋升

[①] 作为 C++20 的一部分引入的新语言特性模块没有提供避免这种浮夸的升级封装技术所需要的重要的（如细粒度）架构支持，见 **lakos17a**，第 3 节，第 I 项，c 段，第 2 页。

[②] 关于这 9 种基本层级划分技术的进一步讨论见 **lakos96**，第 5 章，第 203～325 页。

为一流的方法，包括以下 5 种变体。

（1）数据回调：持有较高层级数据的地址。

（2）函数回调：持有较高层级无状态函数的地址。

（3）函子回调：纳入可调用对象，在编译时绑定。

（4）协议回调：用运行时多态访问更高的层级。

（5）设想回调：用编译时多态访问更高的层级。

另外，升级封装技术也已被扩展，可容许对多组件包装器的受限使用，从而在包装器组件社区内共享的知识允许一个包装器对象将另一个包装器对象 reinterpret_cast 成其所包装的唯一数据成员。这样，一个包装器可以单方面地获得另一个包装器所包装的子对象的仅公共接口的访问权，然后便可以将该子对象（的引用）传递给其自身所包装的唯一子对象。

3.6 避免过度的连接时依赖

如果你曾经尝试复用库中的少量功能，却发现连接时间增长了许多，最后程序的规模也大涨，与带来的好处相比并不值当，那么你可能是由于糟糕的物理分解而纳入了过多的代码。

在面向对象的系统中，开发者很容易因各种需求而向对象中添加"欠缺的"功能。面向对象范式的这一特征已经诱导许多认真的开发人员把清爽的、分解妥当的软件转变为包含或依赖大量代码的"房车类"，而其中大多数代码于大多数客户无益。这种类难以浏览，而且通常不太稳定，这也是连接时依赖过多和代码膨胀的常见原因。

3.6.1 起初分解妥当的日期类会随时间退化

例如，考虑图 3-102 中所示的（意图良好）的日期类 Date，与大多数设计优良、用户定义的类型一样，这种类型完整、最小且初等（3.2.7 节）。日期，像整数或字符串一样，是许多领域，尤其是金融领域的基本词汇的一部分。与整数或字符串类似，日期的值与其表示形式无关（见卷 2 的 4.1 节）。此外，我们希望在一个系统或代码库中，只有一种类型是表达这种值（如 int、double、const char*、std::string[①]、core::Date）的首选方式，特别是在跨接口边界处，最理想的情况是，这样的类型在整个语言中只有一种。为了确保这些词汇类型（见卷 2 的 4.4 节）能够在物理层次的低层级上广泛使用（见 3.7.3 节），它们必须保持其目的轻量且专注，即稳定并高效地表示一个值，别无他物。

最初，类 core::Date 表示的是一个日期值，没什么负担。但随着时间的推移，它被加入了大量非初等功能（图 3-103a），一而再（图 3-103b），再而三（图 3-103c）！虽然图 3-103 中所示的每个函数（单独而论）可能影响相对较少，但从代码批量和接口复杂度两方面来看，总的额外开销可能会变得相当大。

图 3-104 说明了若是为满足所有客户的需求，而任由简单日期类直接提供的功能肆意增长会发生什么糟糕的事情。每次为一个客户添加新功能时，它可能会导致所有其他客户的成本增加，包括实例大小、代码规模、运行时间、物理依赖以及维护和使用的总体复杂度，更不用说稳定性降低可能危及正常运行中的客户代码。如果纳入 core::Date（及其所有的实现依赖）所需的工作量相对于典型客户获得的好处持续增加，则人们使用（复用）该类的可能性就会越来越小，这与复用的总体目标背道而驰，对词汇类型尤其如此，而 core::Date 正是要成为词汇类型。

---

① 从 C++17 起，std::string_view 提供了一种可供选择的接口类型，它可用于合并 const char*和 const std::string& 类型的参数

```cpp
// core_date.h                                                  -*-C++-*-
// ...

#include <core_dayofweek.h>
#include <iosfwd>

namespace core {

class Date {
    // 此类定义了一个值语义类型，表示一个在外推格里历[1/1/1..9999/12/31]的范围内的
    // （有效）日期值

    // ...

  public:
    // 类方法
    static bool isValidYearMonthDay(int year, int month, int day);
        // 如果指定的year、month和day表示有效的日期值，则返回true，否则返回false。如果
        // 日期值对应于外推格里历[1/1/1..9999/12/31]的范围内的一个日期，则该日期值有效

    // CREATORS
    Date();
        // 创建一个Date对象，其值对应于今天的日期

    Date(int year, int month, int day);
        // 创建一个对象，表示与指定的year、month和day对应的日期值。除非year、month和
        // day对应于[1/1/1..9999/12/31]范围内的有效日期值，否则行为为未定义。参见
        // isValidYearMonthDay函数

    Date(const Date& original);
        // 创建与指定日期original具有相同值的Date对象

    ~Date();
        // 销毁这一对象

    // 操纵函数
    Date& operator=(const Date& rhs);
        // 将指定的对象rhs的值赋值给此对象，并返回一个引用，此引用提供对此对象的可修改访问权

    Date& operator+=(int days);
        // 将比当前值晚指定天数（带符号）days的值赋值给此对象，并返回一个引用，此引用提供对
        // 此对象的可修改访问权。除非结果值在（有效）范围[1/1/1..9999/12/31]内，否则行为
        // 未定义。注意，days可能是负数

    Date& operator-=(int days);
        // 将比当前值早指定天数（带符号）days的值赋值给此对象，并返回一个引用，此引用提
        // 供对此对象的可修改访问权。除非结果值在（有效）范围[1/1/1..9999/12/31]内，
        // 否则行为未定义。注意，days可能是负数

    Date& operator++();
        // 将此对象日期值设置为比其当前值晚一天，并返回一个引用，此引用提供对此对象的可
        // 修改访问权。除非结果值在（有效）范围[1/1/1..9999/12/31]内，否则行为为未定义

    Date& operator--();
        // 将此对象日期值设置为比其当前值早一天，并返回一个引用，此引用提供对此对象的可
        // 修改访问权。除非结果值在（有效）范围[1/1/1..9999/12/31]内，否则行为为未定义

    void setYearMonthDay(int year, int month, int day);
        // 将此对象设置为与指定的year、month和day对应的日期值。除非year、month
```

> 见卷2的4.3节

> 坏主意！
> 见3.8.1节

> 见卷2的6.13节

图 3-102 起初清爽的、可复用的"词汇"类型：core::Date

```
            // 和day对应于[1/1/1..9999/12/31]范围内的有效日期值，否则行为未定义。参见
            // isValidYearMonthDay函数
```

见卷2的6.11节

见卷2的5.2节

```
    int setYearMonthDayIfValid(int year, int month, int day);
            // 将此对象设置为具有与指定的year、month和day对应的（有效）、在[1/1/1..
            // 9999/12/31]范围内的日期值。成功则返回0，否则返回非0值（无效）。参见
            // isValidYearMonthDay函数

    // 访问函数
    int year() const;
            // 返回与此日期值对应的年，取值范围为[1..9999]

    int month() const;
            // 返回与此日期值对应的月，取值范围为[1..12]

    int day() const;
            // 返回与此日期值对应的日，取值范围为[1..31]

    void getYearMonthDay(int *year, int *month, int *day) const;
            // 将与此对象的值对应的属性加载到指定的year、month和day中

    DayOfWeek::Enum dayOfWeek() const;
            // 返回与此对象的值对应的星期枚举值，取值范围为[e_SUNDAY..e_SATURDAY]
};

// 自由运算符
bool operator==(const Date& lhs, const Date& rhs);
        // 如果指定的对象lhs和rhs的值相同，则返回true，否则返回false。如果相应的year、
        // month和day属性的值分别相同，则两个Date对象的值相同

bool operator!=(const Date& lhs, const Date& rhs);
        // 如果指定的对象lhs和rhs的值不同，则返回true，否则返回false。如果相应的year、
        // month和day属性中任何一个的值不相同，则两个Date对象的值不同

bool operator>(const Date& lhs, const Date& rhs);
        // 如果指定的lhs值在时间上晚于指定的rhs值，则返回true，否则返回false

bool operator>=(const Date& lhs, const Date& rhs);
        // 如果指定的lhs值与指定的rhs值相同或在时间上晚于指定的rhs值，则返回true，否则返回
        // false

bool operator<(const Date& lhs, const Date& rhs);
        // 如果指定的lhs值在时间上早于指定的rhs值，则返回true，否则返回false

bool operator<=(const Date& lhs, const Date& rhs);
        // 如果指定的lhs值与指定的rhs值相同或在时间上早于指定的rhs值，则返回true，否则返回
        // false
```

见卷2的6.13节

```
Date operator++(Date& object, int);
        // 将指定的object的值设置为比其当前值晚一天，并按值返回一个表示原值的对象。除非object
        // 的结果值在（有效）范围[1/1/1..9999/12/31]内，否则行为未定义

Date operator--(Date& object, int);
        // 将指定的object的值设置为比其当前值早一天，并按值返回一个表示原值的对象。除非object
        // 的结果值在（有效）范围[1/1/1..9999/12/31]内，否则行为未定义

Date operator+(const Date& object, int days);
Date operator+(int days, const Date& object);
        // 按值返回一个对象，此对象表示的日期值是按时间顺序从指定的object向后数指定的天数
        // （带符号）days得到的日期值。除非结果值在（有效）范围[1/1/1..9999/12/31]内，否则行
        // 为未定义。注意，days可能是负数
```

图 3-102　起初清爽的、可复用的"词汇"类型：core::Date（续）

```
Date operator-(const Date& object, int days);
    // 按值返回一个对象，此对象表示的日期值是按时间顺序从指定的object向前数指定的天数
    // （带符号）days得到的日期值。除非结果值在（有效）范围[1/1/1..9999/12/31]内，否
    // 则行为未定义。注意，days可能是负数

int operator-(const Date& date1,  const Date& date2);
    // 返回指定的date2晚于指定的date1的天数。注意，如果date1 > date2，则返回的值为负数

std::ostream& operator<<(std::ostream& stream, const Date& object);
    // 以人能看得懂的表示将指定的object写入指定的stream，并返回指向stream的引用

}  // 结束包级命名空间
// ...
```

图 3-102　起初清爽的、可复用的"词汇"类型：`core::Date`（续）

```
// core_date.h                                             -*-C++-*-

// ...

namespace core {

class Date {

    // ...

    // 访问函数
    int daysDiffIsma30360(const Date& value) const;
        // 按ISMA 30/360计息日数惯例的定义，返回指定的value和此对象的值之间的天数。如果
        // value按时间顺序与此对象的值相当或者在其之后，则结果就是非负的。交换value和此
        // 对象会让结果取相反数。注意，把结果加回此对象不一定能得到与value相同的值

    int daysDiffPsa30360eom(Date& value) const;
        // ...

    int daysDiffSia30360eom(Date& value) const;
        // ...

    int daysDiffSia30360neom(Date& value) const;
        // ...

};

// ...

}  // 结束包级命名空间

// ...
```

（a）计息日数惯例（见图3-26）

图 3-103　庞大的非初等功能

```
// core_date.h                                                    -*-C++-*-
// ...
#include <xyza_format.h>
// ...
#include <string>
// ...
namespace core {
// ...
class Date {
    // ...
    // 操纵函数

    // ...

    int fromString(const char *dateSpec);
    int fromString(const char *dateSpec, xyza::Format::Type format);
        // 从指定的dateSpec中解析日期值，如果成功，将无歧义的值赋值给此对象。可以选择性地
        // 指定解析所用的格式format（见xyza_format.h）。如果不指定format，所有已知格式
        // 都会被考虑。成功则返回0，否则返回非0值（不作任何效果）

    // ...

    // 访问函数

    // ...

    void toString(std::string *result, xyza::Format::Type format) const;
        // 根据指定的format将此日期的值写入指定的缓冲区result。在xyza_format.h中可以
        // 找到已知format值的（不断增长的）枚举

    int toString(std::string *result, const char *format) const;
        // 将此日期的值写入指定的result缓冲区，由指定的format字符串定义，该字符串由0个
        // 或多个受支持的日期字段指定符构成
        //..                                         ┌─────────────────┐
                                                     │ 注释：行填充开关 │
                                                     └─────────────────┘
        // +======+=============================================================+
        // |指定符 |                          描述                               |
        // +------+-------------------------------------------------------------+
        // | %a   | 缩写的星期名[Sun..Sat]                                       |
        // | %A   | 完整的星期名[Sunday..Saturday]                               |
        // | %b   | 缩写的月份名[Jan..Dec]                                       |
        // | %B   | 完整的月份名[January..December]                              |
        // | %d   | 以十进制数表示一个月中的第几天[1..31]                         |
        // | %j   | 以十进制数表示一年中的第几天[1..366]                          |
        // | %m   | 以十进制数表示的月份[1..12]                                   |
        // | %w   | 以十进制数表示的星期几[0(Sunday)..6(Saturday)]               |
        // | %x   | 合适的日期表示（如12/03/1997）                               |
        // | %y   | 不带世纪的年份，以十进制数表示[0..99]                         |
        // | %Y   | 带有世纪的年份，以十进制数表示[1..9999]                       |
        // | %%   | %(即转义后的百分号)                                          |
        // +------+-------------------------------------------------------------+
        //..
        // 成功则返回0，否则返回非0值

    // ...

};
// ....
} // 结束包级命名空间
// ...
```

(b) 解析/格式化（见图3-162）

图 3-103 庞大的非初等功能（续）

```cpp
// core_date.h                                                    -*-C++-*-
// ...
#include <xyza_format.h>
// ...
#include <string>
// ...
namespace core {
// ...
class Date {
    // ...
    // 访问函数

    // ...

    int numMonthsInRange(int month, const Date& otherDate);
        // ...

    Date nextMonth() const;
        // ...

    Date ceilMonth(int month) const;
        // ...

    Date previousMonth(int month) const;
        // ...

    Date floorMonth(int month) const;
        // ...

    Date ceilOrPreviousMonthInYear(int month) const;
        // 如果在当年的指定的month月份中存在日期按时间顺序与此日期相当或晚于此日期，则
        // 返回这样的日期中最早的那个，如果不存在，则返回month月份中比此日期早的最晚日期。
        // 除非1 <= month <= 12，否则其行为未定义。注意，该函数逻辑上相当于
        //..
        //   Date d = this->ceilMonth(month);
        //   return d.year() == this->year();
        //          ? d
        //          : this->previousMonth(month);
        //..
        // 还要注意，在日历的上下文中，这种与工作日相关的就单个月份进行的双重操作在
        // 金融领域被称为修正顺延

    Date floorOrNextMonthInYear(int month) const;
        // ...

    Date adjustMonth(int month, int count) const;
        // ...

    Date ceilAdjustMonth(int month, int count) const;
        // ...

    Date ceilAdjustMonth2(int month, int count) const;
        // ...

    Date floorAdjustMonth(int month, int count) const;
        // ...

    Date floorAdjustMonth2(int month, int count) const;
        // ...

    // ...

};
// ...
} // 结束包级命名空间
// ...
```

见图3-166b

（c）日期数学（见图3-164）

图 3-103　庞大的非初等功能（续）

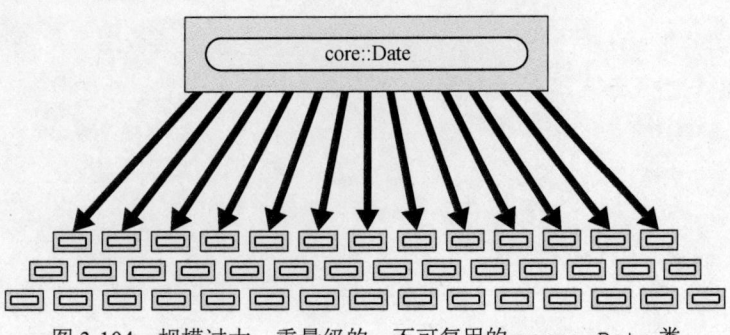

图 3-104　规模过大、重量级的、不可复用的 core::Date 类

3.6.2　将工作日功能添加到日期类中（坏主意）

看一个具体的例子。假设我们需要知道某天是否是假日，逻辑上这一问询操作对应的函数返回的是日期的一个属性，因而乍看起来让该函数作为 Date 类的一部分似乎合理。然而，细细斟酌，这一选择会被证实是严重误导的。与星期不同，特定一天是否是假日（或非工作日）是与上下文相关的。换言之，这将取决于所谈及的假日类型，是法定假日、银行假日、调休假日还是学校假日？这一属性还取决于具体地域（如伦敦、纽约、东京）。询问该问题将要求客户提供详细的参数。今后的需求也可能导致这些参数的数量和范围随着时间的推移而增加。

我们意识到不能指望将所需信息全封装在核心日期组件自身中，决定创建一个日历服务[①]，将每个已知的假日上下文关联于它自己的唯一字符串。给定一个字符串（如代表"纽约银行"的"NYB"）和一个日期（如 2021 年 1 月 1 日），此服务便可以查询该日期是否为假日。现在，我们可以使用此服务在 core::Date 类上实现所需的成员函数

```
bool isHoliday(const char *context) const; // 坏主意
```

但是，这样做会使 core::Date 依赖此日历服务，如图 3-105 所示，此日历服务除了大量代码要依赖操作系统，还需要访问数据库，而数据库必须不断更新。更好的解决方案是在更高层级上的一个结构体中创建一个实用函数

```
static bool isHoliday(const core::Date& date,
                      const char        *context);
```

该结构体依赖 core::Date 和新的 CalendarService，如图 3-106 所示。有关此特定问题的分解得更好、更完整且运行时效率远远更高的解决方案见 3.12.5 节。

core::Date 有且应当只有一个用途，那就是持有日期的值，从概念上讲，日期的值是有效的年、月、日。某些*初等*操作（如前进到下一个有效日期、返回星期几以及返回两个给定日期之间的实际天数等）会因其内部表示［如序列偏移量（从某个纪元日期开始）、年/一年中的第几天或年/月/日］变得更加方便。其他额外的非*初等*操作（那些不合法地直接依赖特定内部表示的操作）都应被升级。

在 3.2.7 节中，我们讨论了将明显非初等的功能（如上述所有功能）升级到更高层级的组件的重要性，但如果我们初步确定为初等的组件功能的某个方面必然会导致物理依赖的大幅增加，

---

① 面向服务的架构（SOA）与过程接口层的宗旨是类似的，因为它在该接口的实现和客户之间提供了一个隔离型接口（见 3.11.9 节）。

该怎么办？正是在这种情况下，物理考量因素为模块化选择提供了重要的（常常是不直观的）反馈，迫使设计的这一方面返工。

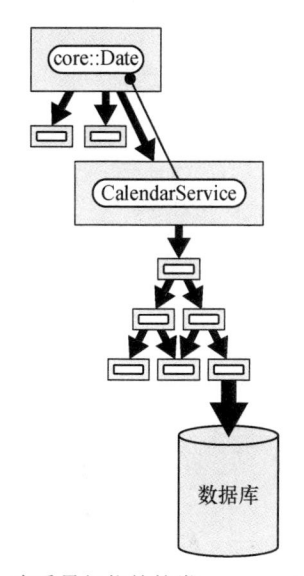

图 3-105　有重量级依赖的类 `core::Date`（坏主意）

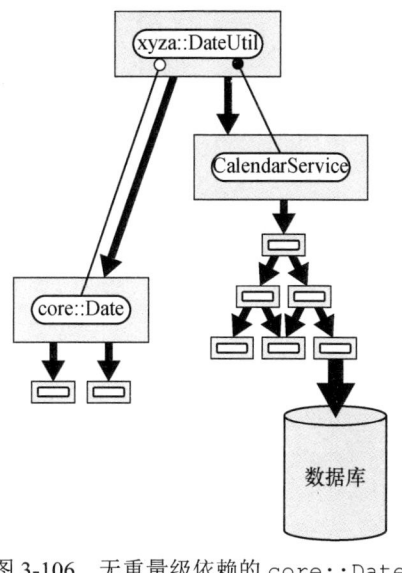

图 3-106　无重量级依赖的 `core::Date` 类

3.6.3　提供一个物理上整块式的平台适配器（坏主意）

糟糕的物理依赖会影响逻辑设计，下面给出第二个示例。假设我们被要求帮助开发一个交易系统，这一系统有许多要求，其中之一是要能够从持久存储中读取和写入个人账户的有关信息。一开始设计的账户类 `Account`（图 3-107）有一构造函数，它以逻辑的 `accountNumber`（唯一地标识了持久账户）作为其参数，并对应地填充其账户对象。析构时，这一账户对象被持久化回数据库。

我们观察到这种设计有几项根本缺陷。我们先从一些纯逻辑的设计问题着手。首先，在正常情况下，按 ID 查找账户可能会失败。试图在构造时填充账户对象将强制设计中的 `Account` 将在失败[①]时抛出（或传播）一个异常。这是我们通常不认可的一种 C++编程风格，特别是在层次化可复用软件的较低层级中，对所有故障模式的高效、细粒度控制可能是对直接客户至关重要的（见卷 2 的 5.2 节）。

其次，在析构时试图将对象持久化到数据库中可能会导致析构函数阻塞（3.3.8.1 节），或者更糟糕的是，失败也有可能。从析构函数抛出异常不仅仅是一种糟糕的做法，如果析构函数本身已作为一个异常的结果而被调用，则第二次异常会终止进程（坏主意）。光是逻辑方面的因素就需要返工该设计。

---

① 我们知道这是软件开发人员之间争论的焦点。我们并不是说异常在这个世界上无处容身，只是说，我们作为层次化可复用软件的开发人员，不会将其强加给我们的潜在客户，从而总体上扩展软件的适用性（见卷 2 的 5.7 节），也将受众面扩大到了甚至可能不启用异常的场合，如嵌入式系统领域。因此，虽然我们的代码里没有 `try`、`catch` 或 `throw`，但我们所有的库写出来都自然地带有异常安全性，这是我们编程风格的一种体现，我们称之为"对异常持中立态度的"（exception agnostic）（见卷 2 的 6.1 节）。

```
class Account {
    // ...
  public:
    Account(int accountNumber);
        // 创建一个Account对象，它含有持久存储中指定的accountNumber对应的信息……

    // ...

    ~Account();
        // 将关联于唯一账户号的此对象的值保存在持久存储中……

    // ...

    int load(int accountNumber);
        // 将与指定的acountNumber对应的持久信息加载到此对象中。成功则返回0，否则返回
        // 非0值……

    // ...

    int store();
        // 将关联于唯一账户号的此对象的值保存在持久存储中。成功则返回0，否则返回
        // 非0值……

    // ...
};

bool operator==(const Account& lhs, const Account& rhs);
    // 如果lhs和rhs对象具有相同的值，则返回true，否则返回false。两个账户对象具有相同
    // 的值，需满足下列条件……

// ...                                                          （见卷2的4.1节）
```

非常糟糕的主意

非常非常糟糕的主意

坏主意

坏主意

图 3-107　带数据库依赖的简略版的账户类 Account（坏主意）

　　假设我们放弃在构造时活化和析构时持久化账户信息的想法，但保留了显式的加载（load）和存储（store）函数。仍然还有这样一个问题：这些轻量级的值语义 Account 对象中嵌入有唯一的账户号，作为其进程内值的一部分。如果两个账户的值相同，这意味着什么？如果两个账户有相同的账户号，但其他属性不同，该怎么办？这算错误吗？如果两个账户号不同，但所有其他信息相同，该怎么办？它们的值仍然不相同吗（如按 operator== 的定义）？

　　要使 Account 成为恰当的值类型，需要从账户类中移除唯一 ID（见卷 2 的 4.1 节）。在这种情况下，我们需要一个分离的容器类型（这里未示出）来将进程内账户 ID 映射到其关联的值。现在的 Account 是一个值语义类型，还（以某种方式）提供了 load 和 store 成员函数，这两个函数都以关联的唯一账户号作为一参数，这还有点棘手。到此尚未完成。

　　在处理了许多纯逻辑设计缺陷之后，我们现在来考虑这一设计中一个特别令人遗憾的物理影响。这种值语义类型本是轻量级的，但连接到一个特别的持久存储就会构成重量级依赖。而且，任何用到 Account 的客户都会感受到同样的重量级依赖。我们需要将持久化的概念升级到轻量级的（值语义）类型之上（见卷 2 的 4.3 节），这主要是出于物理方面的原因。3.7 节会用更多笔墨讨论这一主题。

　　在更大的规模上，封装已经在不同程度上成功地用于将客户与运行其程序的平台的特定细节逻辑上解耦。[①]图 3-108 给出这样一个平台的稚拙呈现。从纯逻辑的角度来看，这种方法似乎

---

① 由 Douglas C. Schmidt 创建的 ACE 就是这样一个常用平台（见 **huston03**）。

完全行得通：在 abc_platform 之上构建的应用自动可移植到已移植了 abc_platform 的每个平台。但是，从物理的角度看，由于这种可移植框架本性是非颗粒化的（见图 0-17），采用这种可移植框架的应用可能会被迫连接上广谱的平台库；就一个特别的应用而言，可能其中许多库都是没有必要的。

小型应用会最敏锐地感受到其重量，因为整块式的 abc_platform "包装器" 模块[1]将完全主导其物理特征。对于大型应用，最初看来这种方法不会带来问题，因为在最终程序中的某一个阶段，可能会使用远远更多的平台功能，并且应用的巨大规模总是会掩盖大量未使用的代码。然而，在实践中，非常大且物理健全的程序是层次化地开发和测试的，绝大多数开发和测试都发生在物理上微小的子系统上（见卷 3 的 7.5 节）。因此，使用于适配平台的模块在物理上整块式的高昂成本就会明显显现出来。

图 3-108　物理上整块式的平台包装器模块（坏主意）

---

[1] 我们在这里使用术语模块来将其区分于我们通常认为的逻辑设计和物理设计的单个原子单元的大小和作用域，后者是我们在谈论组件（0.7 节）时通常所想的。在本书撰写时，C++模块（超出其初始在 C++20 中的能力）作为可能大于组件的逻辑和物理设计的架构单元的概念正在积极开发中，预计在 C++标准的下一个和后续版本中会以某种形式实现这一概念，见 lakos17a，第 3 节，第 2 页，第 I 项，c 段和 d 段。

```
// abc_platform.cpp
#include <abc_platform.h>

// ...

namespace abc {

int Platform::timeOfDay()
{
#if defined(SUN)
    // ...
#elif defined(HP)
    // ...
#elif defined(SGI)
    // ...
#elif defined(AIX)
    // ...
#elif defined(LINUX)
    // ...
#elif defined(WINDOWS)
    // ...
#endif
}

// ...

// ...

// ...

}   // 结束包级命名空间

// ...
```

abc_platform

硬件平台和操作系统

图 3-108　物理上整块式的平台包装器模块（坏主意）（续）

3.6.4　本节小结

总之，封装和分层在实践中可以作为有效的工具，但只有在颗粒化（0.4 节）的基础上而不是在整批的基础上使用封装和分层才奏效。通过将适配层划分为许多个精心分解的单独物理组件（0.7 节），在许多情况下可以实现逻辑优势，而无须承担相当高的物理成本。但在其他情况下，逻辑封装和物理分层是不够的，有时甚至完全不合适。3.7 节将考察封装和分层的替代方案，它被称为横展设计（lateral design）。

3.7　横展架构与分层架构

在大型系统的模块之间常常存在过度的物理依赖，有些甚至还是不当的。过度的物理依赖会扩散到大规模设计中，其部分原因在于我们自然希望在已有基础上进行构建。例如，过程式编程习惯于借助较低层级子例程和库函数,以实现较高层级的功能。在面向对象范式中,我们通常通过嵌入或以其他实质性方式使用较简单、较初等的对象来创建更复杂的对象。这种基本编程风格常常被称为组合(composition)或分层(layering)。[1]

一种受限的分层设计形式涉及将不同层级的逻辑抽象隔离到物理带或层中。一个层中的组件可能被允许[2]也可能不被允许[3]直接与下一层的组件之外的其他层中的组件交互(示例见图2-70),这取决于设计人员的意图。无论允许还是不允许,较高层级都会继承较低层级的物理(特别是连接时的)依赖。这种结构设计条条框框不少且僵硬,常称为分层架构(layered architecture)。

分层架构有两个显著问题:一是它们容易在特定的实现抉择上标准化;二是随着抽象层级越来越高,依赖变得越来越重。因此,传统的分层架构不能很好地扩展到非常大型的系统。在本节中,我们将更深入地了解分层架构,并给出能够同时解决上述两个问题的替代架构。

3.7.1 另一个与建筑业的类比

在进入本节正文之前,还请读者思考一下:为什么大城市里见到的摩天大楼一般不会超过100层?许多人可能会认为这是物理性质的原因:建造足够坚固的底层以支撑高得多的结构的重量所需的成本将是令人无法承受的(但可以做到)。这一论点从物理角度出发,虽然合理,但令人惊讶的是,这并不是主要原因。

真正限制建筑高度的原因不是物理因素,而是逻辑因素:建筑越高,每单位横展面积(如平方米)的人员就越多。每平方米的人数越多,意味着每平方米需要更多的电梯(此处假设电梯技术不会变化),以便在建筑物内以给定的平均延迟垂直移动这些人。在某种高度(今天不远高于100层),可用的横展空间与所需的电梯井空间的比例低于经济可行性。此外,回报不仅会减少,还可能是负的:由于顶层的成本是最高的,因此多盖一层楼实际上会减少整个建筑每平方米的可用空间总量!因此,大城市里有许多高楼,但高耸入云的甚少。

3.7.2 (经典的)分层架构

现在来考虑图3-109中所示的经典分层结构。在这种设计范式中,所有基本的"管道"(如实时数据馈送和数据库存储)都构成了具体的基础层。上面一层由业务("实体")对象组成,如账户(Account)和证券(Security),这些对象预计会直接依赖此(有时是整块式的)基础层(3.6.3节)。在更高层级上,我们发现 getAccountBalance 和 findSettlementDate 等业务服务直接在业务对象上操作。展示层则层级更高,在该层中我们可以找到不同的 API,如 TradingInterface 和 AccountingInterface,它们在物理上依赖前面的所有层。

在这一设计中,每个业务对象都物理上直接拴在数据库层上。我们在服务层中提供的操作于这些业务对象上的任何功能也同样(直接或间接)受到限制。如图3-110a所示,像 getAccountBalance 这样的必然依赖 Account 的服务,由于依赖的传递性(1.8节)也必须依赖数据库。结果(图3-110b)是,几乎一切都要依赖数据库!

在这种严格分层的组合式架构中,较高层级的各个子系统的叶端的独立理解、测试和复用受到了严重影响。例如,我们甚至不能将几个业务对象加载到我们的笔记本电脑上并自行试验创建新服务(业务逻辑)。任何新的开发都必须在较低层提供的具体设施的上下文中。此外,这些设

---

[1] 我们有时更倾向于使用术语层叠来捕获私有或结构继承(见卷2的4.6节)以及组合的具体 Uses 形式(见图1-49)。
[2] 例如,低层级库被广泛使用,如 bsl、bdl 等(见 **bde14**)。
[3] 例如,操作系统的各层。见 **deitel04**,1.13节,第35、36页。

施是具体的,可能其逻辑接口受到其当前实现的影响并不轻微(见卷2的5.7节),使得之后升级到其他技术既昂贵又有风险。

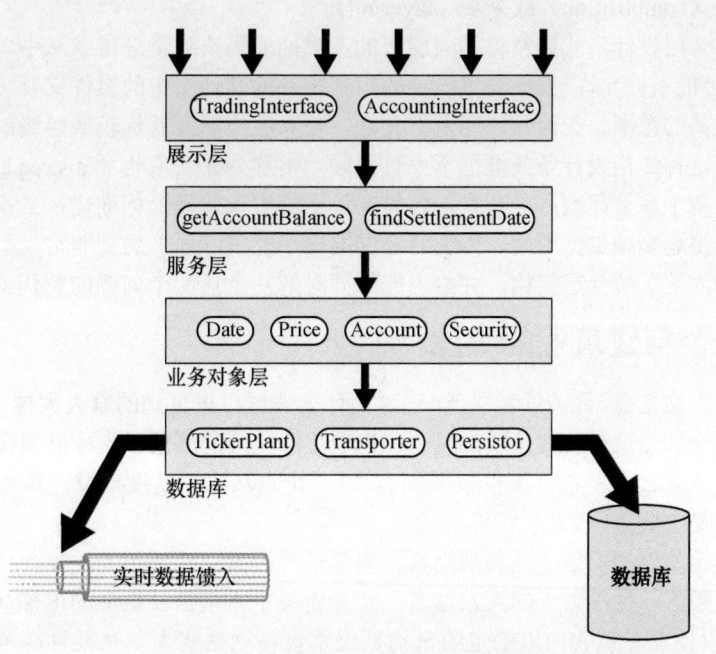

图 3-109 经典的分层架构(坏主意)

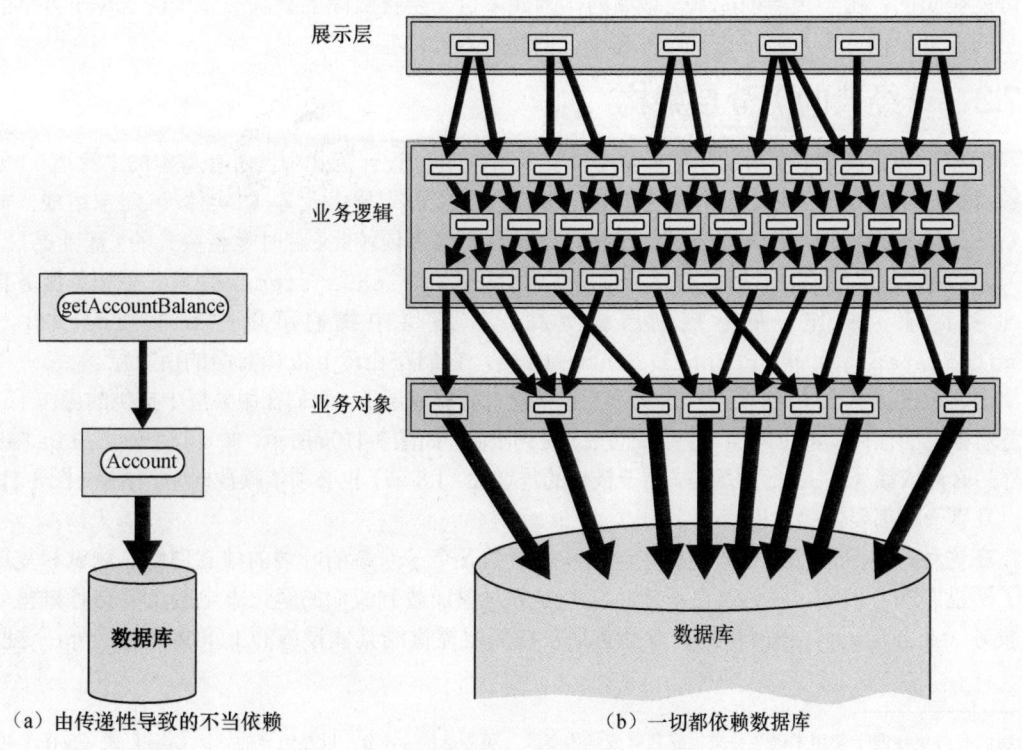

(a)由传递性导致的不当依赖　　　　　(b)一切都依赖数据库

图 3-110 纵向的组合式架构(坏主意)

3.7.3 对纯组合式设计加以改进

即使在纯组合式设计中，也有相当多的办法砍掉过度的物理依赖。例如，如果按照图 3-111 中的建议，将重量级依赖（如对数据库的依赖）从低层级业务对象中升级出来（并且更接近 main）以重构图 3-110 的经典分层设计，我们就可以随意使用（和复用）这些重要（词汇）对象（见卷 2 的 4.4 节）。由于这些较低层级"实体"已不再受到限制，在这些实体上操作的服务也不再受到必要的限制。于是，我们便不必连接到重量级的基础设施，就可以开发和部署新的业务逻辑。仅此一点就足以降低风险并提高生产率。现在还可以在新的上下文中复用此业务逻辑，且独立于较低层级"实体"对象被填充的方式。

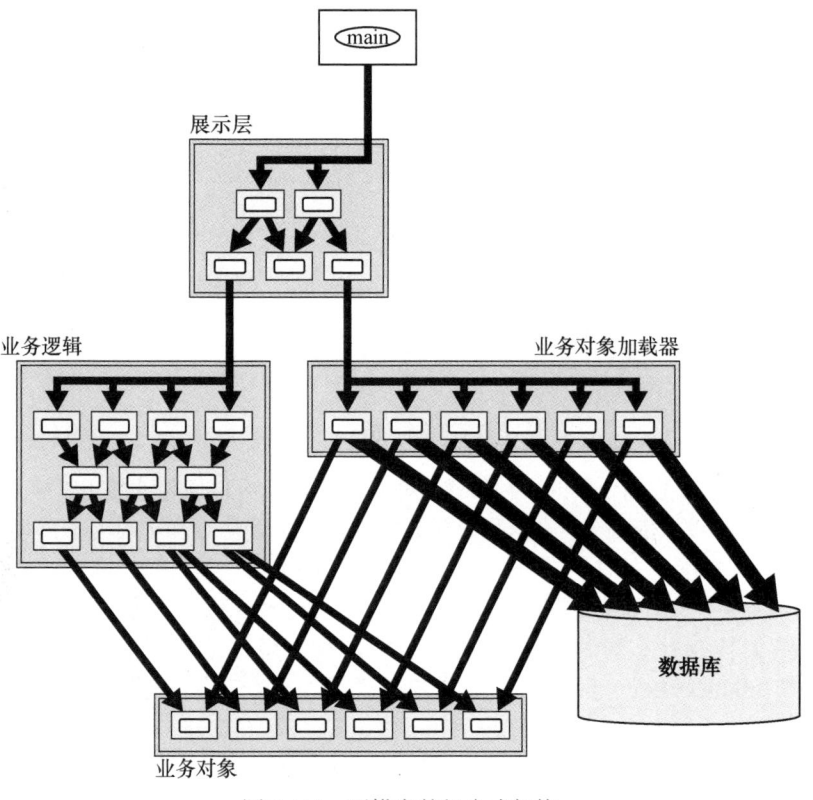

图 3-111 更横向的组合式架构

3.7.4 最小化累积组件依赖度

尽量减少组件之间的连接时依赖通常意味着避免深度分层的软件。一个子系统如何层叠于另一个子系统上的技术细节可能直接影响此深度。例如，图 3-112 宽泛地将分层描述为 3 种常见类型。在图 3-112a 中，子系统 S 依赖子系统 R，但仅在其各自最高层级组件之间。S 的其他所有组件仍然完全独立于 R。如果 S 由多个发布单元构成，则只有最高层级的发布单元在架构上依赖 R。

即使 S 被打包成单个发布单元（如包组），并且作为一个架构上内聚的整体在架构上也依赖 R（2.2.6 节），对 S 较低层级的复用可能也没对 R 的实际物理依赖（示例见图 2-89），这取决于子系统 S 的部署方式（2.15.9 节）。当 R 表示某个重量级的依赖，而 S 的其余部分都是轻量级的且独立有用时，这种轻分层形式尤其有用。

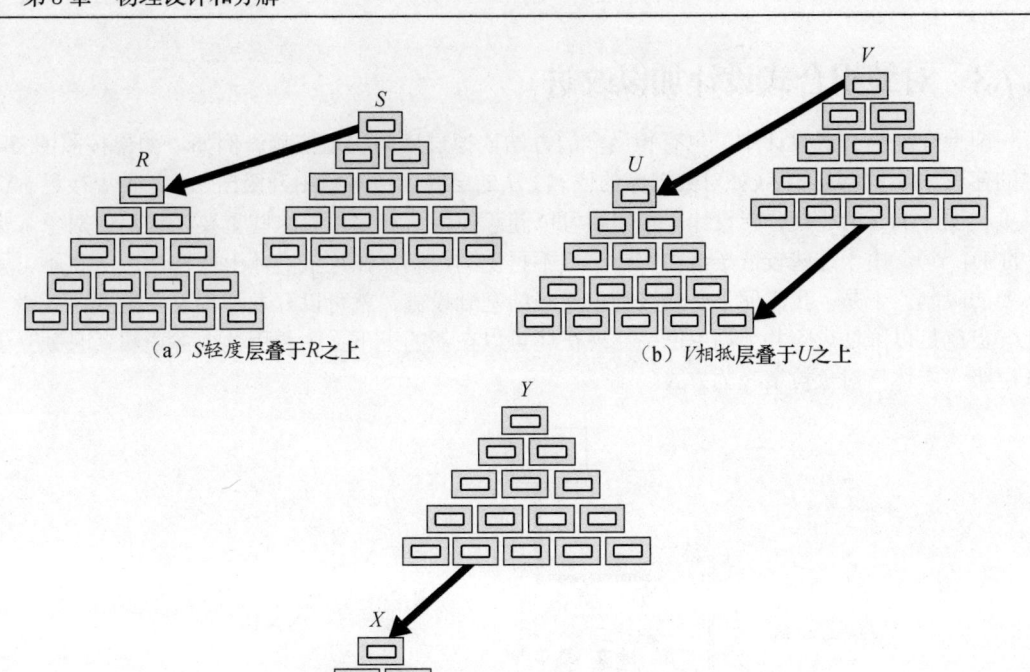

（a）S 轻度层叠于 R 之上   （b）V 相抵层叠于 U 之上

（c）Y 重度层叠于 X 之上

图 3-112   分层设计模式分类

图 3-112b 说明了子系统分层的一种形式，对子系统 U 的叶端组件的使用贯穿子系统 V，但只有 V 的最高层级（重度）依赖 U。在这种分层方案中，同样假设 U 和 V 都是分离发布的（每个都是单一发布单元），复用 V 的任一部分必然意味着对 U 的架构上的依赖。同样，复用 V 的较低层级可能会也可能不会导致对整个 U 的实际物理依赖，这取决于 U 和 V 的部署方式（示例见图 2-89）。这种相抵分层架构在什么时候可能发生？例如，我们想在给定子系统 U（假定它实现了 pg1u::EquationAnalyzer）的能力之上构建，便添加了一个新的更高层级子系统 V（如用 pg1u::EquationAnalyzer 来实现 pg2v::DualEquationAnalyzer），而对 U 的一个（低层级）接口类型（如 pg1u::Equation）的使用又贯穿于 V 的较低层级。[1]

图 3-112c 说明了子系统层叠最重的形式，其中子系统 Y 的最低层级依赖 X 的最高层级。在这种重度层叠中，无论 X 和 Y 是如何部署的，使用 Y 几乎都会导致物理上依赖 X 的一切。对于相对较小或使用范围较窄的子系统，这种重量级依赖可能是可以接受的。但是，在几乎所有其他情况下，最好都要避免这种重量级层叠。注意，对于 bsl 和 bdl[2]这样的"横向"（见 3.7.4.1 节）低层级可复用库，被处处使用是合适的。

3.7.4.1   累积组件依赖度的定义

即使只是在单个子系统或发布单元中，各个组件之间过多的连接时依赖也会直接影响到对它们的构建和测试所需的总工作量。累积组件依赖度（cumulative component dependency，CCD）是

---

① 词汇类型（见卷 2 的 4.4 节）pg1u::Equation 若是一种值类型，则参见卷 2 的 4.1 和 4.3 节；若是一种协议（1.7.5 节），则参见卷 2 的 4.7 节。

② 这些和其他层次化可复用的包组可以在彭博的 BDE 开源分发中找到（见 **bde14**）。

物理设计的一种度量,它与为子系统或包中的每个组件创建唯一独立测试驱动程序相关的总连接时成本相关联。[1]归一化累积组件依赖度(normalized CCD,NCCD)也被用作物理设计质量的客观衡量标准。[2]图 3-113a 中提供了 CCD 原先的定义供参考。[3]

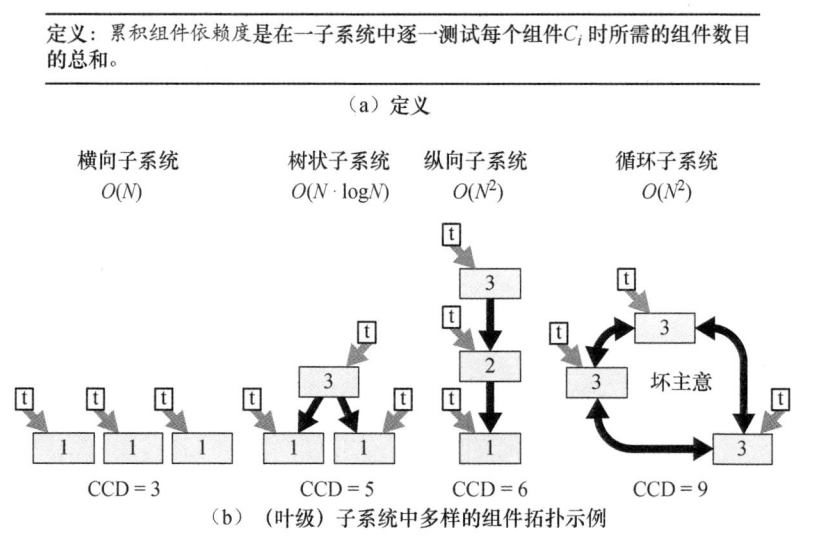

定义:累积组件依赖度是在一子系统中逐一测试每个组件 C_i 时所需的组件数目的总和。

(a)定义

横向子系统 树状子系统 纵向子系统 循环子系统
$O(N)$ $O(N \cdot \log N)$ $O(N^2)$ $O(N^2)$

CCD = 3 CCD = 5 CCD = 6 CCD = 9

(b)(叶级)子系统中多样的组件拓扑示例

图 3-113 累积组件依赖度

本书采用 CCD 以衡量连接时成本,这隐含了一个假定——将组件连接到测试驱动程序的时间与被连接的组件数量大致呈线性关系。例如,图 3-113b[4]的横向子系统中的每个组件都可以独立测试,因此,其测试驱动程序只需要连接一个组件;构建所有这 3 个独立测试驱动程序的累计连接时成本便是 $1 + 1 + 1 = 3$。在树状子系统中,两个叶端组件的测试驱动程序的构建成本同样是 1,但要测试层级 2 的组件,必须连接 3 个组件;因此,此树状系统的 CCD 为 $1 + 1 + 3 = 5$。对于纵向子系统,独立组件测试驱动程序(见卷 3 的 7.5 节)的连接成本随层级呈线性增长。该系统的 CCD 便是 $1 + 2 + 3 = 6$。当我们考虑(违反设计规则的)循环子系统(2.6 节)时,每个组件测试驱动程序都要求我们连接所有 3 个组件,这种设计不当的子系统的 CCD 便是 $3 + 3 + 3 = 9$。

3.7.4.2 累积组件依赖度的具体示例

累积组件依赖度提供了一种细粒度的、客观(可自动)的方法来量化避免深度分层组件架构的优势。现在,回顾一下图 3-112 中讨论的各种分层形式,让我们对其应用 CCD 度量。为了便于说明,假设每个系统包含 15 个组件,因此,如果一个组件依赖较低层级的子系统的一切,在为该组件构建测试驱动程序时,这一依赖就会贡献 15 个单位的重量。例如,S 子系统轻度层叠于 R 子系统上的 CCD(图 3-114a)为 85,其中子系统本身的依赖度为 70,另外的 15 依赖度是测试 S 的顶部时连接上 R 的一切所贡献的。

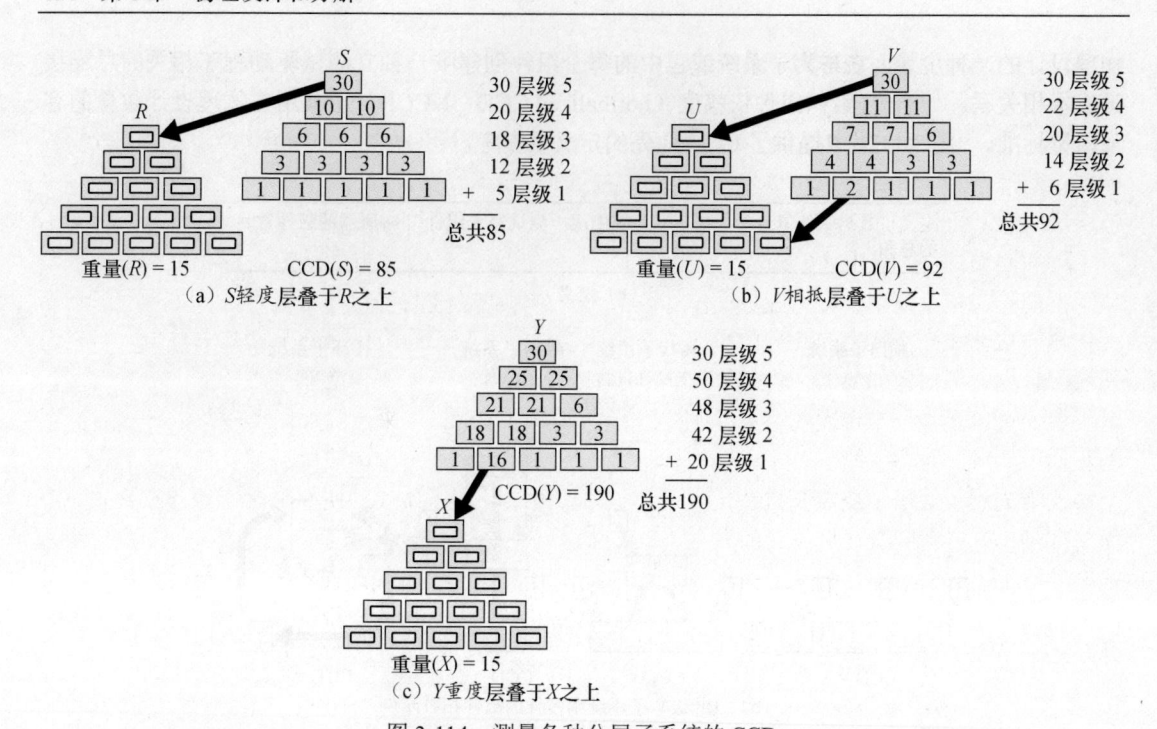

图 3-114 测量各种分层子系统的 CCD

子系统 V 对子系统 U 的相抵依赖让这些系统的逻辑耦合发生了质的增加，但 CCD 只增加了 7，升到 92（略高于 8%）。重度层叠于 Y 之上的子系统 X 让 CCD 增加了一倍以上，升到 190。即使不论灵活性和复用，创建独立的组件级测试驱动程序的连接时间成本本身也应该足以证明，与轻度层叠子系统相比，重度层叠子系统固有的成本更高、扩展性更低。就像前文中介绍的在摩天大楼中的电梯一样。逻辑和物理动机都各自得出相同的结论：分层难以任意扩展。

正如我们刚刚看到的，在纯组合式设计中减少连接时依赖的一种方法是仔细地进行分解（重构），以尽量减少有重量级依赖的分层软件的比例。因此，我们通常会将独立功能尽可能并行放置，即放在物理层次中的同一层级。最终的设计虽然仍完全基于组合，但通常比经典分层结构更浅、更宽。

3.7.5 基于继承的横展架构

并非所有设计都应该是纯组合式的。C++语言支持完全不同的机制，这些机制可以且应该用于将大型系统解耦成真正独立的并行子系统。基本思想是将子系统较低层级存在的重量级依赖替换为对纯抽象接口（协议）的依赖。这种非常一般性的物理解耦手段可以在大规模软件上实现更灵活的设计并且在最小化 CCD 方面非常有效，这已历经几十年的考验。[1]

虽然相同的逻辑效果（1.7.6 节）有时可以通过使用被设想约束的模板来实现，但这种出于物理方面动机的架构级分离总是更适合协议，特别是当目标接口的带宽不成问题时。[2]记住，横展架构的一个重要优势是允许已部署软件子系统的客户在高层级上混搭功能，而无须返工或重新编

---

[1] 见 **lakos96**，5.7 节，第 285 页，图 5-67。

[2] 另外，用于外化和再活化一个对象的值的（出于逻辑方面动机的）成员函数（见卷 2 的 4.1 节）——最初是用协议实现的（3.5.7.5 节）——很快会因为性能上的考虑而被由设想约束的成员函数模板（3.5.7.5 节）取代。理由有二，其一是导致编译时耦合的是客户代码和库软件，而不是子系统本身；其二是受影响的代码量很小。

译提供这些功能的子系统的源码。

横展架构的一个附带好处是，它们自然地提供（又称注入）[1]一种定制化的、派生自（低层级双边）协议（1.7.3 节）的"虚拟"实现以顶替生产软件常常重量级依赖的其他软件。这种非常流行的技术通常称为模拟，使组件作者能够完全控制经由协议返回给组件的所有值（包括非典型值，如错误代码）。然而，注意，模拟的能力本身几乎永远不足以成为引入协议的理由（见下文）。

再次回顾图 3-114 中（修改后的）组合式架构，它是出于物理方面动机而使用协议的一个具体示例的。在该系统中，每个业务实体对象都由一个更高层级的实用程序填充，该实用程序物理上依赖该实体和一个特定的数据库实现。从实体对象中仅升级持久化概念是正确的决定，但我们现在想解耦业务对象加载器，使之不依赖特定的数据库实现。如何为之？

我们可以定义一个合适的协议类（纯抽象接口类，1.7.5 节）来消除加载器对数据库的这种不是我们所期望的物理依赖，对于适合此特别的业务对象加载器子系统使用的任何数据库实现，这个协议类刻画了此子系统需要持久化器所具有的功能。于是，加载器便不直接依赖专有数据库，而是依赖定制的协议类（见卷 2 的 4.7 节）Persistor，如图 3-115 所示。在更高的层级上，具体适配器类 ProprietaryPersistor 采用"专有"数据库实现 Proprietary Database 实现了 Persistor 所描绘的功能。然后，确保在构造时或有需要时（如每次函数调用时）向每个业务对象加载器提供具体持久化器适配器（通过其抽象接口）就成为应用的更高层级的责任了。

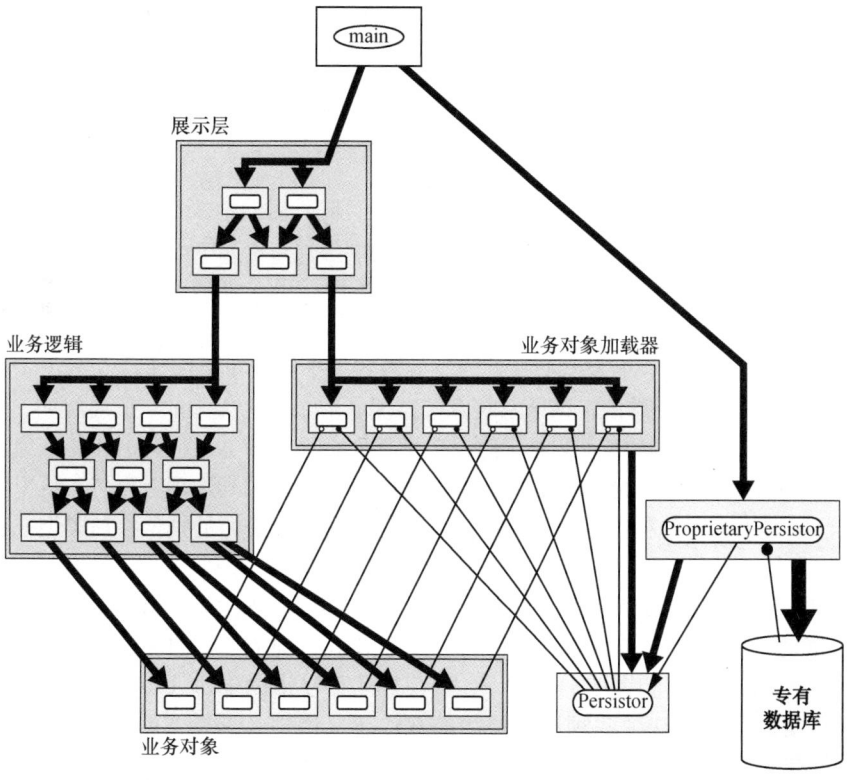

图 3-115 （协作）横展架构

我们称这种用纯抽象接口类来解耦大型系统的做法所产生的架构为横展架构。图 3-116 说明了 4 种不同的使用协议来消除物理依赖的方法。图 3-116a 显示了一个协作式子系统，该子系统专门用于

---

[1] 通过抽象接口提供替代实现的能力有时也称为依赖注入（dependency injection）。

在更高层级的子系统中实现定制协议。[①]图 3-115 中的协作式数据库子系统的详细示例中用到了这第一种方法。

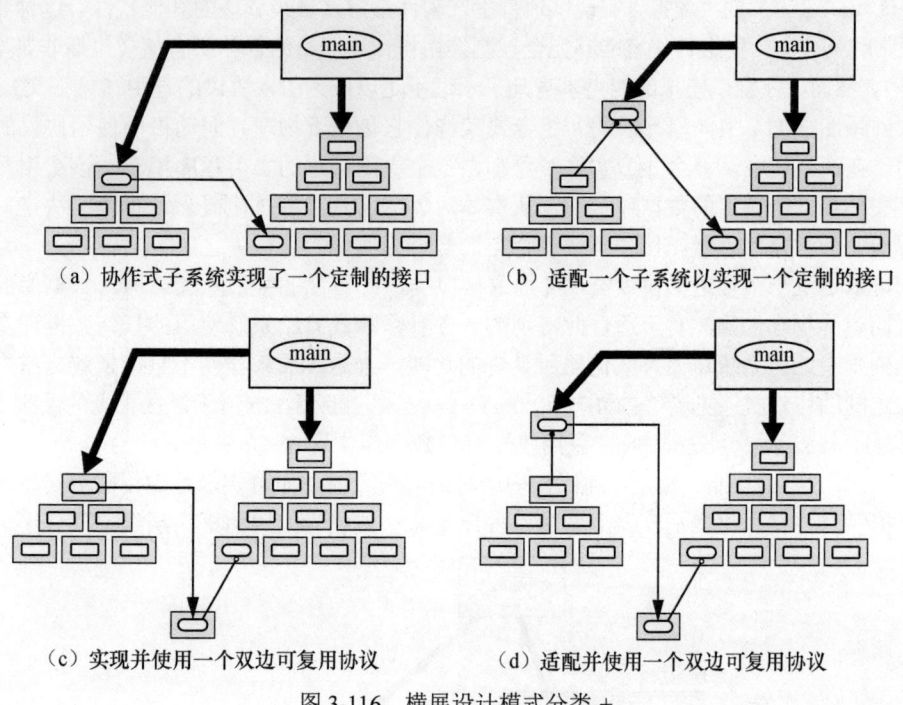

（a）协作式子系统实现了一个定制的接口　　　（b）适配一个子系统以实现一个定制的接口

（c）实现并使用一个双边可复用协议　　　（d）适配并使用一个双边可复用协议

图 3-116　横展设计模式分类-+

但是，一个更一般化的方法是适配现有子系统以实现所需的抽象功能（图 3-116b）。在这种方法中，实现定制协议的适配器类通常位于其自身的小型发布单元中，与实现、接口均分离。这种横展设计的一个示例是类似于图 3-115 的数据库应用，但在图 3-117 中经由适配器 OraclePeristor 重新匹配到 Oracle 数据库实现。注意，应用中唯一的源代码更改是 main 中的具体持久化器类型的名称，且除 main 外的其他内容均不需要重新编译。

图 3-116c 说明了一个子系统，该子系统直接实现了一个广为人知的、低层级的、可复用的协议，该协议已被整个企业公认成词汇的一部分（见卷 2 的 4.4 节）。图 3-116d 相应地显示了一种非协作式技术被适配给这一广泛使用的协议。此类标准化协议的候选项有许多，这里仅举几个例子：持久化、序列化、IPC 和内存分配。例如，管理一切内存资源的抽象接口类型在我们的代码库中已经到处都是（见卷 2 的 4.10 节）。

在图 3-115 给出的数据库示例中（另见图 3-111、图 3-105、图 3-106 和图 2-74），抽象的 Persistor 接口（1.7.5 节）被降级（3.5.3 节）并标准化（见卷 2 的 4.4 节）以供多个应用（和实现）使用，如图 3-116 c 和图 3-116d 所示。[②]我们还可以借助于协议层次（见卷 2 的 4.7 节）来扩大不同类型数据库实现中各种服务层级的双边可复用性（见卷 2 的 5.7 节）。3.8.2 节将更详细地讨论抽象接口的使用如何使我们能够"利用"（适配）一项新技术而不必"押注"（依赖）它。

----

① 如果协议是用较低层级的子系统而不是较高层级的子系统打包的，则拓扑（以及由此产生的 CCD ）就更接近于相抵分层（图 3-114b）。

② 但是，在实践中，对于种类迥异的数据库（如关系数据库和嵌入式数据库）提供的功能，我们很可能需要分离的接口，以避免创建所谓的胖接口（fat interface，见卷 2 的第 5 章）。

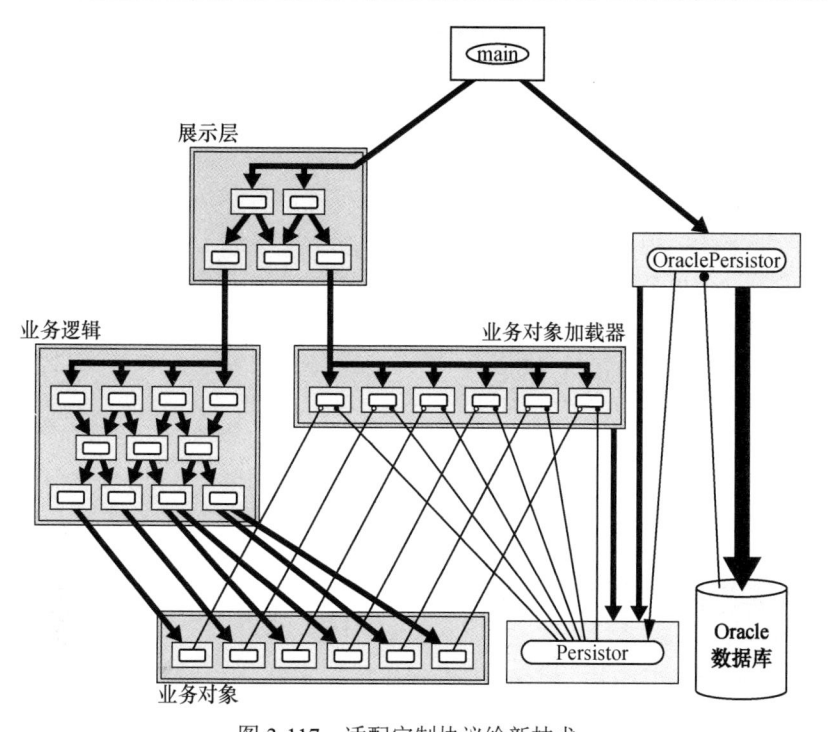

图 3-117 适配定制协议给新技术

3.7.6 横展架构与分层架构的测试

经典的测试方法默认是分层架构。一个层级一个层级往上，每个组件都通过其所依赖的其他组件（已经彻底测试过）来就地进行彻底测试（2.14 节）。横展设计允许做一种不同的测试，即创建满足侧向"连接"（继承中的协议或模板中的设想）的语法要求的测试装置，这样的测试装置目的明确，就是为了操纵客户所观察到的响应，作为测试该客户的总体计划的一部分。这种日趋流行的方法常称为模拟（mock），它可以有效地测试其他手段很难发现的故障条件，特别是当子系统设计自然地适合于横展架构时（见卷 2 的 4.7 节）。但是，在其他情况下，仅为了测试而人为或做作地使用横展架构，用 Jonathan Wakely 的话来说（约 2018 年的私人对话），"……通过让设计变得更复杂或效率更低，也可能两者兼而有之，来嘲笑你的设计！"

3.7.7 本节小结

对许多人而言，纯逻辑组合或分层是最自然的设计软件方式，是精心打磨的高性能小型子系统的"go-to"架构。但是，从规模上看，这种分层架构会产生问题，原因有二：其一是之后注入新的技术就不得不返工代码；其二是由于累积组件依赖度的增加，组件的平均开发成本增加。

对于细小而紧密交织的代码段，如果其所提供的功能基于单个算法或外部资源，分层手段就是理想的。这种纯组合式子系统易于理解，也方便内联和跨函数边界优化。但是，随着子系统的规模和范围的扩大，这种紧密的编译时耦合限制了客户在连接时"混搭"较低层级（如单一技术）资源的能力，从而让更大的总体系统变得不灵活，甚至是脆弱。

物理依赖必然会导致构建时间随着组件数量的增加而超线性增加，即使在一个子系统中也是如此。换言之，虽然较低层级子系统的构建和（单元）测试相对便宜，但组件的平均连接时成本随着离叶端距离的增加而快速增长。对采用增量测试方法（如测试驱动开发）的人员而言，这种隐性成本尤其沉重。

依赖其他重量级子系统的叶端组件尤其麻烦，因为这两个缺点它们往往兼而有之，即缺乏灵活性而增量开发成本又高。将纯组合式的纵向设计转换得更横向一些，而不牺牲性能，将有助于实现可组合性和开发人员生产率。

人们自然会质疑这样的间接性可能会带来的成本，系统的划分是好设计的一部分。假设跨子系统边界的带宽不是限制因素，我们甚至可以将重量级的低层级（如叶端）依赖替换成协议。然后，我们可以创建一个更高层级的、派生自协议的适配器类型，用重量级子系统实现之，并根据需要从物理层次的更高层级提供给原子系统。

这种系统地用协议取代各重量级叶端依赖的模式所催生的架构，我们称之为横展架构。通过引入协议，我们可以减少子系统中物理依赖的深度，并使其他实现和技术无须修改（甚至重新编译）就能够履行原责任。此外，这些协议可用于方便测试（又称模拟），从被适配的重量级模块（见卷 2 的 4.7 节）中测出其他方法很难查到的故障条件，但如果只是为了测试而引入，则可能会扭曲本来健全的分层设计。

3.8　避免不当的连接时依赖

一般认为，封装和信息隐藏足以隔离任何设计决策。这一想法略带乐观，与软件的物理现实是不一致的。设计物理上健全的软件的细节可能是微妙的，看似无害的逻辑决策可能会对物理依赖、稳定性甚至安全性产生重大影响。

3.8.1　不当的物理依赖

为了更好地理解我们所说的不当的依赖的含义，再次考虑类 core::Date（见图 3-102）的接口，该类的默认构造函数会创建一个实例，其值为今天的日期：

```
class Date {
    // ...
    // 创建函数
    Date();
        // 创建一个日期，用今天的日期做初始化（坏主意）
    // ...
};
```

这种默认行为确实有用，似乎是合理的，但在细致分析这一逻辑设计决策造成的物理影响之后，我们就知道不是如此了。让日期对象在默认情况下构建的今天会强制此轻量级的核心日期类 Date 依赖实时时钟，这一时钟大概是由基础操作系统支持的，如图 3-118a 所示。并由外部（不受信任）操作员正确维护（我们希望它得到了正确的维护）（见卷 2 第 5 章）。这种不当的重量级依赖——很可能是为了客户的"方便"而插入的——不仅使核心 Date 更不易移植、难以测试，而且还留了一个潜在的安全漏洞，只需捉弄全局系统时钟即可"调整"默认的日期值。[1]

给 Date 添加任何会增加其物理依赖的功能都是不可取的。[2]而在 Date 的这一案例中，这一额外的依赖不仅是过度的，它还让组件的物理性质发生了质的变化，因为现在组件与运行它的特

---

[1] 尽管可能出现客户分离地需要依赖某种形式的实时时钟的情况，但将对系统时钟的依赖直接构建在一种普遍的词汇类型中（见卷 2 的 4.4 节），如 Date（下文会重复），会使所有客户（包括不情愿的客户）除了依赖它别无选择。

[2] 就像轻度层叠设计一样（见图 3-112a），当库或应用中的低层级类型仅依赖平台所支持的最低层级时，耦合会减少。

定平台更紧密地耦合在一起。[1]此外，该组件被设计广泛使用于函数接口中。我们认为，接口类型（特别是那些仅仅表示一个值[2]的）应该要简单到不能再简单并且独立于任何复杂的（如网络或文件系统）平台功能，这些功能并非在需要这个类型的所有平台上都可用。

不管是否需要这种有质的不同的功能，这种无处不在的词汇类型（见卷2的4.4节）的客户仍将被迫物理上依赖它，以便交互于与这种类型的系统的其他部分保持互操作性。因此，像这样的对平台内部函数的额外物理依赖以及由此产生的逻辑功能在这里都是不当的。

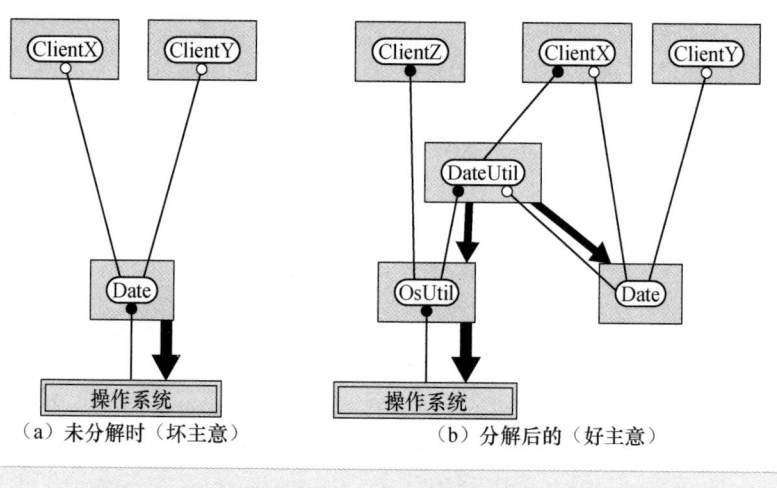

（a）未分解时（坏主意）　　　　　（b）分解后的（好主意）

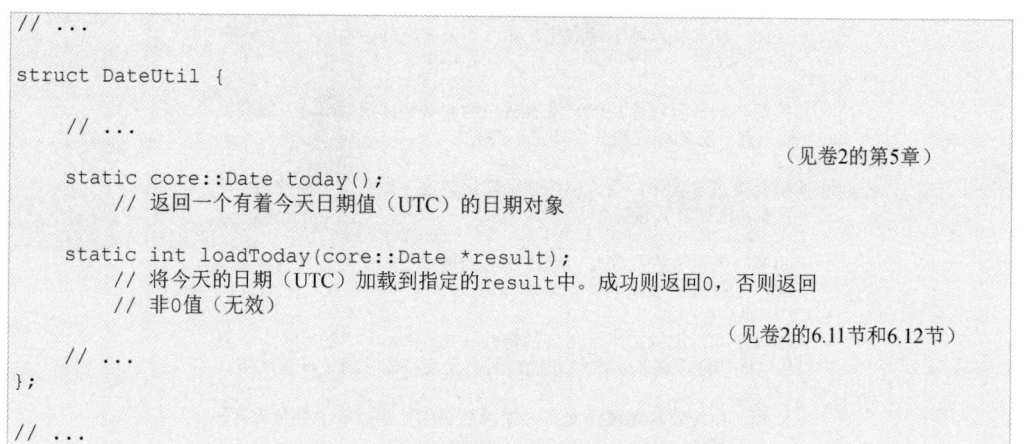

（c）升级后的功能操作于Date且使用OsUtil

图3-118　从日期组件中分解出 today()

如何获取某个日期（包括今天）的特定值显然不是（值语义）日期类型（见卷2的4.1和4.3节）的基本初等行为（3.2.7节）的一部分。当我们考虑必须选择今天的日期值是由通用时间还是本地时间来确定，并且本地时间的变化可能会影响一个又一个平台的结果时，这种默认逻辑行为显然也是一种方针形式，出于各种完全不同的原因，它应该升级（见卷2的5.9节）至物理层次中的更高位置。

取而代之的是，我们假设将默认构造函数功能分解为 3 个分离的组件，如图 3-118b 所示。一

个组件定义了类 Date，该类只持有日期的值。[①]第二个组件定义了一个低层级实用程序 OsUtil，其封装了从平台操作系统中以某种初等形式获得当前日期值所需的内容。第三个组件定义了更高层级的实用程序 DateUtil，它知道如何使用从 OsUtil[②]获得的日期值的初等表示来填充给定的 Date 对象。

旗舰日期类 Date 的用户（如 ClientX）如果也需要这一附加功能，即知道今天的日期，则可以选择通过 DateUtil 显式使用该功能。图 3-118c 说明了 DateUtil 实用结构体（见图 2-23）如何呈现这一升级后的重量级行为。但更重要的是，只需要 Date 的初等值表示功能的用户（如 ClientY）可以避免对操作系统的不当依赖，并且仍然可以与其他子系统（如 ClientX）互操作。像 ClientZ 这样不需要 Date 的用户也可以从一个包装操作系统提供的低层级功能的可移植式平台中获益。

是什么让依赖变成不当的依赖？一般而言，如果依赖会对组件、包或包组的固有物理特性造成深远（且不正当）的影响，则这种依赖是不当的。图 3-119 列举了一些可能不当的依赖，但未穷尽。例如，如果我们不能访问一个第三方软件的所有源代码，则纳入它会面临这样的风险：bug 或其他形式的不兼容性将使开发者无法在最后期限内完成任务。对于核心功能，必须格外小心。例如，给轻量级的核心日期类型 Date 添加负担是非常不当的，因为为了实现互操作，几乎所有客户都实际上被迫使用它。[③]随着新的平台、版本、补丁等层出不穷，组件的使用范围越广，就越有必要确保其可维护性、可移植性和及时部署的能力。

不当的物理依赖

- 在任一技术或产品上标准化（如用于数据库的Oracle，用于传输的MQSeries）

- 使用任意开源软件，但它没有适当的服务级协议（SLA）或者我们内部对它的源代码并不非常不熟悉

- 纳入第三方软件，而该软件强制使用其他（如开源）软件的特定版本（例如在其接口中）[④]

- 与某一第三方产品同步，而该产品的版本与一个给定平台上的编译器和/或操作系统的特定版本绑定

- 依靠于非标准的或平台特定的特性（如Windows上的MFC），且在这些特性中的基本功能无法在所有受支持的平台上高效地仿真

- 依赖一些需要特殊硬件支持（如硬性要求处理器最少数量的真并发）的软件

图 3-119　可能不当的物理依赖的示例

上述 Date 示例表明，仅仅有封装和信息隐藏还不足以保护核心基础设施免受不当物理连接时依赖的伤害。即使经过深思熟虑的重构，组合自身也无法在物理层次的较低层级无缝引入新技

---

① 由于 core:Date 对象与其他词汇类型（见卷 2 的 4.1 节）一样被应用和库开发人员广泛使用，因此我们（根据实践经验）选择让默认构造函数将 Date 对象初始化为某个精心选择。但固定的有效默认值（例如 1/1/1），值类型通常都会这么做，因为这样做能堵住潜在的安全漏洞，维持日期对象始终有效的不变量，并抑制非常有价值的分析工具（如 Purify）给出的（良性）读取未初始化内存的警告。

② 在某些高性能多处理环境（如彭博有限合伙企业）中，我们可以想象，日期和时间的值维护在一个无锁的缓存中，例如在共享内存中，以避免系统调用的开销。

③ 因为按照本书的方法论，发布单元在设计时是当作原子来处理的，所以要小心地避免发布单元中任何地方的不当依赖。但是，只要有问题的依赖在一个分离的组件中，我们在需要时，至少可以通过发布单元的部署划分来补救（2.15.10 节）。

④ 见 **sutter05**，"Namespaces and Modules"一章，第 63 项，第 116、117 页。

术。另外，仅靠封装和分层并不能提供语言级[1]的定制化点，用于在调试或测试较高层级客户的特定实例（见卷 2 的 4.9 节）时专门给它提供一个分离的、较低层级子系统的带有监控工具的"虚拟"实现。而通过使用横展架构（3.7.5 节）可以更好地实现这种灵活性。

3.8.2　在单一技术上"押注"（坏主意）

意图良好的封装和分层所具有的最常见的缺点是，它迫使人们在其他更可行的替代方案出现之后很久仍然做出（并继续忍受）某些决定。考虑图 3-120a 中简单的 TCP/IP 服务器架构。在这一分层实现中，组件 xyza_channel 封装了传输模式，并且其中含有 Channel 和 ChannelFactory，这两者因友元而并置在一起（3.3.1.1 节）。ChannelFactory 的接口提供了设置通信通道所需的功能，而 Channel 接口仅提供通信所需的基础操作（如 read 和 write）。尽管具体通道工厂几乎肯定会有特定于套接字的功能，但 Channel 接口（理想情况下）能完全隐藏因特定实现选择不同而导致的差异。

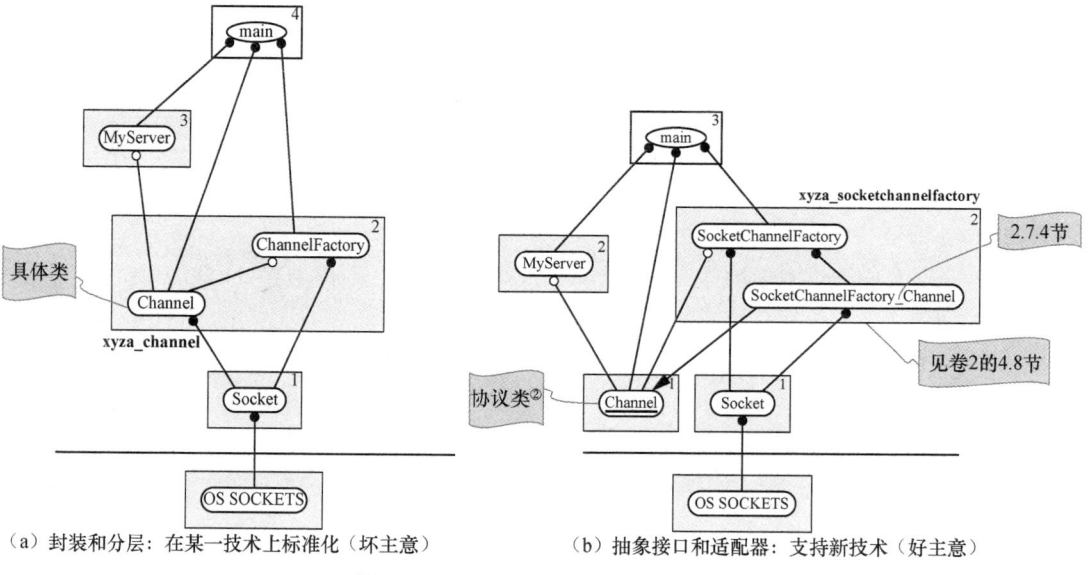

（a）封装和分层：在某一技术上标准化（坏主意）　　　（b）抽象接口和适配器：支持新技术（好主意）

图 3-120　对比分层和横展传输架构

图 3-121 显示了一个简单的请求/响应服务器类的实现。在这个简单的示例中，服务器记录了在构造它时提供的一个可修改的 xyza::Channel（图 3-121a）对象（的地址）。一旦启动，服务器（图 3-121b）将持续使用其所持有的 Channel 无限期地响应查询（或直到出现错误或中断）。在循环的每次迭代中都会调用 Channel 对象的 read 方法，该方法将阻塞控制线程，直到下一个（固定长度的）请求进入通道。然后，服务器通过 generateResponse 函数（定义未显示）处理此请求，该函数将（固定长度的）结果放入输出的缓冲区。最后，服务器会调用其所持有的通道的 write 方法将计算结果发送回客户。所有这些都逻辑上既独立于通道的具体实现，也独立于客户连接如何建立的任何细节。

从纯逻辑的可用性角度来看，这种分层的实现是有效的。图 3-122 说明了使用服务器需要做什么。[3]首先，我们创建具体 ChannelFactory 的一个实例。然后，我们配置这个工厂以生成适

---

① 通过抽象接口、回调甚至方法模板提供显式的源代码级定制点，与在二进制层级上（见 3.9.3 节）提供"stub"（存根）实现（如通过交换 .o 文件）相比，带来了卓越的灵活性和互操作性。使用模板参数定制类模板的仅实现的方面（通常称为基于方针的设计）是非常不可取的，因为它会对互操作性（见卷 2 的 4.4 节）和可测试性（见卷 3 的 7.3 节）产生不利影响。

② 我们有时在组件/类图中用下划线（如此图中所示）来表示类是抽象类。

③ 注意，本段其余部分的缩写风格令人想起我们经常用于组件级使用示例的风格（见卷 2 的 6.16 节）。

当的连接。接下来，我们将得到一个连接并检查状态。如果没有遇到错误，我们将该连接的有效地址传递给服务器的构造函数。现在，服务器启动并持续处理该通道上的请求，直至收到（来自客户）的中断或关闭请求，此时服务器将控制权返还给其调用方（main）。最后，我们没有销毁通道，而是将其恰当地释放回分配它的工厂（见卷 2 的 4.8 节），并且进程终止。

```cpp
// xyza_channel.h                                              -*-C++-*-
// ...

namespace xyza {

// ...

class Channel {
    // 私有数据
    // ...

    friend class ChannelFactory;   // 局部友元

    // 创建函数
    // ...

  public:
    // 操纵函数
    int read(char *buffer, int numBytes);
        // 从此通道中读取指定的numBytes个字节到指定的buffer中。成功则返回numBytes；如果
        // 异步中断，则返回小于numBytes（表示已读取的字节数）的非负整数；出错则返回负值。
        // 除非1 <= numBytes，否则行为未定义

    int write(const char *buffer, int numBytes);
        // 从指定的buffer向此通道写入指定的numBytes个字节。成功则返回numBytes；如果
        // 异步中断，则返回小于numBytes（表示已写入的字节数）的非负整数；出错则返回负值。
        // 除非1 <= numBytes，否则行为未定义
};

class ChannelFactory {
    //
  public:
    // CREATORS
    // ...

    // MANIPULATORS
    // ...

    Channel *allocate( /*...*/ );
        // ...

    void deallocate(Channel *channel);
        // ...

    // ...
};

}  // 结束包级命名空间

// ...
```

（a）简单的具体 Channel 和 ChannelFactory

图 3-121　简单的服务器，它在构建时取其所连接的 xyza::Channel

```
// myserver.h
// ...

#include <xyza_channel.h>

// ...

class MyServer {
    xyza::Channel *d_client_p;   // 和客户的联系
    // ...
    enum { k_INPUT_SIZE = 1024, k_OUTPUT_SIZE = 2048 };

    void generateResponse(char  input[ k_INPUT_SIZE],
                          char output[k_OUTPUT_SIZE]);

  public:
    // CREATORS
    explicit
    MyServer(xyza::Channel *client) : d_client_p(client) { /*...*/ }
    // ...
    // MANIPULATORS
    void run();
};

// MANIPULATORS

inline
void MyServer::run()
{
    // ...
    char  input[ k_INPUT_SIZE];  // 请求的缓冲区
    char output[k_OUTPUT_SIZE];  // 响应的缓冲区

    while (1) {
        int status = d_client_p->read(input, k_INPUT_SIZE);

        if (k_INPUT_SIZE != status) break;

        generateResponse(output, input);   // 将响应放到输出

        status = d_client_p->write(output, k_OUTPUT_SIZE);

        if (k_OUTPUT_SIZE != status) break;
    }

    // ...
}
// ...
```

这里仅仅是为了展示而将函数定义为内联的

（b）起说明作用的MyServer实现

图 3-121　简单的服务器，它在构建时取其所连接的 xyza::Channel（续）

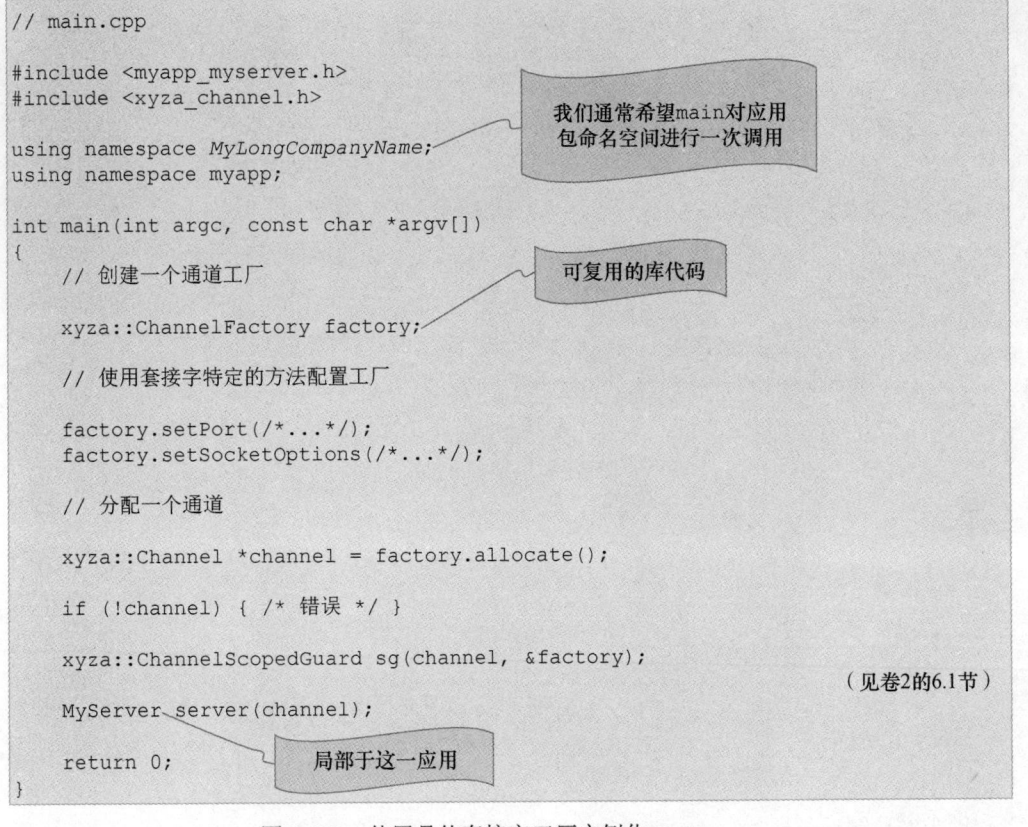

图 3-122　使用具体套接字工厂实例化 `MyServer`

　　虽然图 3-120a 的分层设计是模块化的，并完全封装了适当的实现细节，但其逻辑和物理因素仍有许多不足之处。从逻辑角度看，`MyServer` 类将一个基于套接字的具体类型 `Channel` 的对象（地址）作为其参数，因此 `MyServer` 被拴在该传输技术上。如果要更改技术（如共享内存或某个第三方产品），就需要更改库组件 `xyza_channel`（非常糟糕的想法）或 `MyServer` 应用类（也不好）。如果服务器本身是某个可复用库的一部分，就更麻烦了。从物理角度看，`MyServer` 类静态地依赖重量级的操作系统级传输技术。这样的逻辑和物理耦合是不当的，也并非必要。

　　有几种方法可以解决这一特定问题。最近泛型编程技术日趋流行，基于方针的设计尤为火热，似乎把（模板化）服务器对传输方针进行参数化是明智的做法。换言之，不把服务器连接到任何一个传输上，而是通过构造时传入的通道类型将服务器参数化。故而，服务器会（在 main 中）被配置上合适的传输技术（在编译时）。将整个具体服务器类参数化也许是一个可行之选（见卷 2 的 6.3 节和 6.4 节），这取决于服务器的复杂度、通道的 `read` 和 `write` 方法所容许的运行时开销、编译器技术的等级以及服务器本身是否被广泛用作接口类型（见卷 2 的 4.4 节）。但更有可能的是，与基于模板方针的解决方案相关的额外复杂度、增加的开发工作量、削弱的互操作性以及极为紧密的编译时耦合在这里不会得到回报（见卷 2 的 4.5 节）。而交由预处理器进行条件编译以提供替代的传输形式，则是一个更加糟糕的想法（见 3.9.2 节）。

　　一般来说，面向模板的方案在小规模时最有效。对于较大的子系统（如现实中的应用服务器），我们绝大多数时候都喜欢接口继承所提供的显式结构和较松散的（通常是连接时）耦合。图 3-120b 显示了这种更横展的替代设计，其中显式命名为 `SocketChannelFactory` 的工厂产生其自己的组件私有的（2.7.1 节）具体通道类型，该类型派生自现在是协议基类的 Channel。现在，具体通道工厂的公共接口产生并接受的实例只有此协议类型 Channel。MyServer 类现在在构造时接受一个参数，这一参数的类型派生自新的抽象协议 Channel。由于原具体通道的接口（图 3-121a）完全封装并隐藏了其实现细节，所以 xyza::Channel 的抽象版本（如图 3-123所示）的逻辑接口几乎可以不变（这正是接口的内涵）。事实上，图 3-122 的使用模型的唯一更改是，MyServer 不再使用特定于某一技术的具体 Channel 类，而是使用更通用、不依赖技术的 Channel 协议。

```
// xyza_channel.h
// ...

namespace xyza {

// ...

class Channel {

    protected:
        // 创建函数
        virtual ~Channel();
            // 只有Channel的创建函数才能销毁它

    public:
        // 操纵函数
        virtual int read(char *buffer, int numBytes) = 0;
            // ...

        virtual int write(const char *buffer, int numBytes) = 0;
            // ...
};

}    //   结束包级命名空间

// ...
```

注意，这是protected的罕见使用

在.cpp文件中定义为非内联的且为空函数体（1.7.5节）

（见卷2的4.7节）

（见卷2的4.8节）

图 3-123　与图 3-121a 等效的抽象 xyza::Channel 的接口

通过图 3-120b 的横展设计，定义 MyServer 的组件不再物理上依赖一个通信通道的实现的任何方面，而只依赖嵌入在双边可复用的抽象 xyza::Channel 协议类中的显式说明的合约（1.7.5节），另见卷 2 的 4.7 节、5.7 节和 6.17 节。

现在可以将服务器从应用包（2.13 节）降级到库包中，它在这个库包中也可被复用。图 3-124说明了同一个 Server 类如何被用于 3 个独立的应用中：第一个应用是为套接字配置的，第二个应用是为共享内存配置的，第三个应用是为使用第三方产品（如 MQSeries）而配置的，这次只需通过一个简单的应用级适配器类就能做到，该类随后可能会被做成一个可复用工厂。在时间多路复用或多线程环境中，我们可以轻松地在同一进程中让多个 Server 实例运行着不同传输技术运行（见 3.9.2 节）。

换言之，借助这种横向架构，任何应用都可以轻松利用第三方供应商提供的任何产品版本，而无须修改服务器或以其他方式影响任何其他应用。我们将在卷 2 的 4.8 节中详细阐述在抽象工厂中使用横展架构进行模块化资源管理的问题。

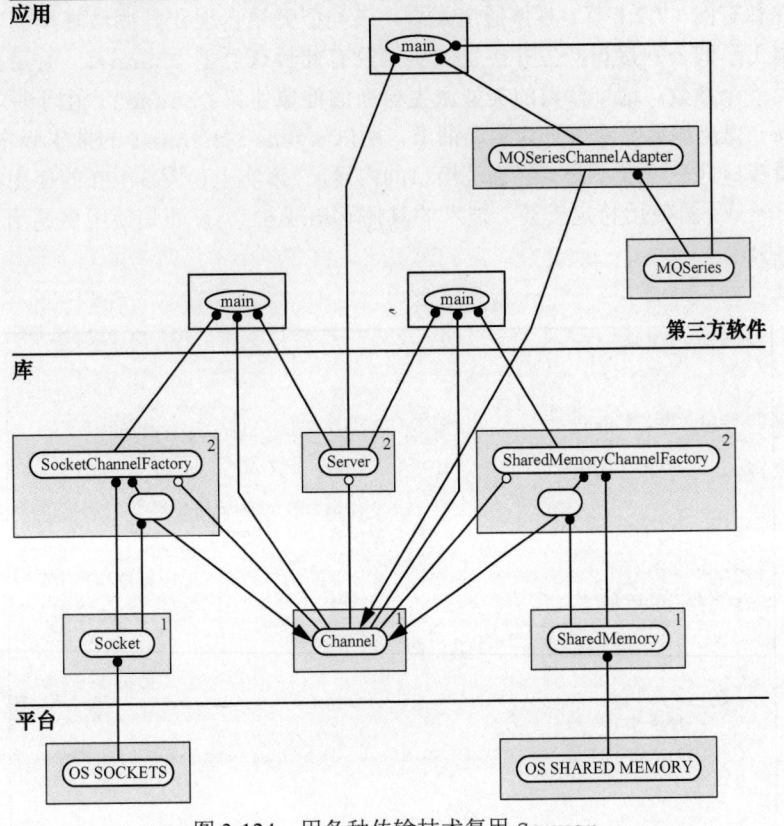

图 3-124 用各种传输技术复用 Server

3.8.3 本节小结

一般而言，将重量级的操作系统依赖硬编码进本来轻量级的类型（如值类型），在绝大多数情况下都是不当的。这就像在其他技术选项也许更可取时，却让一个大得多的分层系统押注在（静态地依赖）特定的实现选择上。尽力让库的架构更为横展，客户便可以更灵活地编写库软件，从而更易达成其设计目标。

3.9 确保物理互操作性

我们现在简要地谈谈有关开发健全物理架构的更机械式的问题。在物理实体之间避免循环依赖是十分关键的"策略"，我们将其提升为设计要务（2.6 节）。不让逻辑封装单元跨越物理边界，可以赋能组件物理可替换性（见卷 2 的 5.5 节）以及有效的层次化测试（2.14.3 节，另见卷 3），因此也将其提升到要务一级（2.6 节）。本节中我们会将目光转向其他关键策略，这些策略有助于在各个程序变得越来越大并依靠于更广泛的复用时，保持子系统之间的互操作性（和稳定性）。

3.9.1 妨碍层次化的复用是坏主意

开发软件的长期目标应该始终着眼于通过最大化每个组件功能的物理互操作性以促进有效的层次化复用。

指导原则 尽量减少在一个给定程序中使用一个组件可能会限制或排除以下两种情况:(1)其自身的复用,(2)在同一程序中对其他组件的使用。

这一指导原则的第一部分针对的是对条件编译或选择性连接的使用(滥用),这里所说的滥用指的是为特定逻辑领域或特定客户而定制化一个组件的源代码或依赖。这种滥用意味着,本可以随时使用的软件(为一种目的而配置)不一定能在同一程序中复用(为另一种目的配置)。任性地使用单例模式[1]以及全局或静态变量是另一种无意中破坏单个进程中组件复用的目的常见方式。

这一原则的第二部分是指出具有"自私"或"以自我为中心"倾向的物理模块,这种模块的使用可能与其他类似模块不兼容。改变全局属性的组件、需要隐藏头文件以实现逻辑封装的子系统以及不可移植(或依赖其他不可移植的发布单元)的发布单元都加剧了这种自私性。在接下来的内容中,我们将详细介绍这些问题,并使用附属组件(2.7.5 节)作为解决可移植性和易延展性问题的方法,而不是传统的逻辑封装和条件编译。

3.9.2 领域特定的条件编译是坏主意

指导原则 避免对组件进行领域特定的条件编译。

如果要确保独立子系统在单个进程中的互操作性,就必须避免任何基于单个客户需求的条件编译。要了解一个开发人员如何被引诱去做反面的事,考虑图 3-125 中所示的程序交易系统。该系统与世界各地的不同金融证券交易所建立了高性能连接。在此系统中,有一些相当重要但类似的子系统,称为交易所适配器(exchange adapter)。这些子系统用于将为特定交易所定义的消息协议转换为交易引擎自身能理解和使用的通用协议。

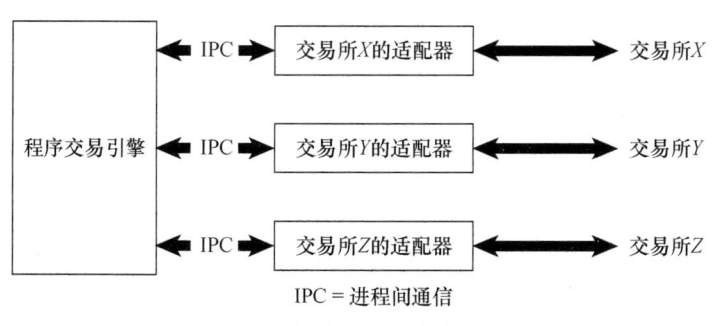

IPC = 进程间通信

图 3-125 仅多进程程序交易系统

按照最初的构想,这些交易所适配器运行在较大系统的若干个独立进程中,并通过进程间通信链路连接。在这种配置中,实现"交易所 X 的适配器"子系统的代码与实现"交易所 Y 的适配器"的代码绝不在同一可执行文件中。此外,这些系统非常相似,但在整个代码库中普遍存在许多细微的方面略有不同。在这种情况下,人们可能会被引诱去创建一段代码来定义"通用"适配器以"分解"这一问题,然后使用编译时开关(switch)来"调整"行为以符合特定的交易所的协议,如图 3-126 所示(坏主意)。

在了解这种方法的核心问题之前,注意,我们不仅让该行为已超出编程语言的领域,还将其向上推到构建脚本中。我们不再能从一个线性测试驱动程序描述我们的测试策略,而是必须与构建系统协作,以创建许多不同的、在应用和应用间有区别的版本。一致且领域无关的物理形式(0.7

---

① **gamma95**,第 3 章,"Singleton"一节,第 127~136 页。

节）所带来的大部分好处都会丧失。此外，这种使用条件编译的做法也违背了开闭原则（0.5 节），因为给此系统扩展新的交易所的唯一方法只能是修改产品源代码。[①]

但是，图 3-126 中这样的设计真正的问题源自同一进程中两个名称相同而构建方式不同的逻辑实体的固有不兼容性。例如，假设我们确定，如果重新架构系统的最高层级以使用线程而不是进程来驱动交易引擎及其附属适配器，就可以获得显著的性能提升。要完成此任务，我们需要将所有不同的适配器连接到一个进程中，当然，这一实现策略中是不可能做到这一点的。我们现在需要进入每个交易所适配器里并作"解构"（unfactor），这可能导致严重的代码重复，这是我们首先要避免的。

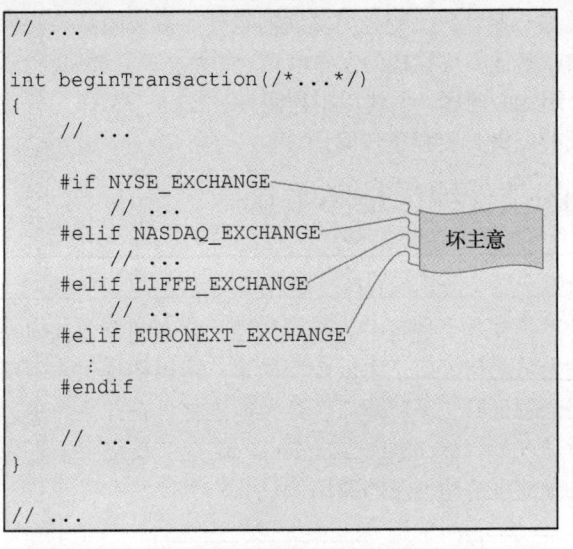

图 3-126   领域特定的条件编译使用（坏主意）

在这里使用模板化的实现方针起初似乎是一个可行的替代方案，因为现在每个适配器的名称虽然不好发音，但至少是独一无二的。然而，事实证明，所需方针的数量以及在每次新的交易所都会增加新方针的持续需要，几乎肯定会使任何天真地应用这种设计模式的做法都不可行。此外，我们实现标准容器的经验告诉我们，随着新的方针加入，此类基于方针的设计的彻底测试成本会呈组合式增长。在这里尝试任何基于模板的框架的方法都真的十分难以处理，后患无穷。

一个可靠的长期实践解决方案（图 3-127）是将"交易所适配器"的集体实现重构成细粒度的组件层次，并给每个新的交易所创建一个类型来处理它（就这一个类型，再无其他）。就像不同的具体输出设备（见图 0-29）一样，每个具体交易所适配器的实现都将派生自一个共有的接口。此外，如图 3-127 所示，每个具体适配器将始终层叠于与其他适配器适当共享的共用层次化可复用（0.4 节）子实现之上。

注意，有了这一更横展的设计（3.7.5 节）之后，添加新的交易所适配器就可以不影响现有的适配器！此外，由于交易所适配器必须与其所服务的交易所保持最新，所以这些适配器组件属于易延展软件（0.5 节）的类别。但是，通过这种设计分解，我们可以与一个交易所保持兼容，而无须触及会影响任何其他交易所的源代码。此外，易延展代码在物理层次中很高的层级，因此，这种物理上分解了的架构既更加灵活也更加稳定，使其维护更容易且风险更低。

---

① 虽然拴在特定客户上（如通过配置文件控制）的条件运行时语句不一定像特定于客户的条件编译那样排除组件在单个程序中的并排复用，但条件运行时语句确实会对稳定性产生不利影响，通常维护成本很高，因此仅在应用层级合适。

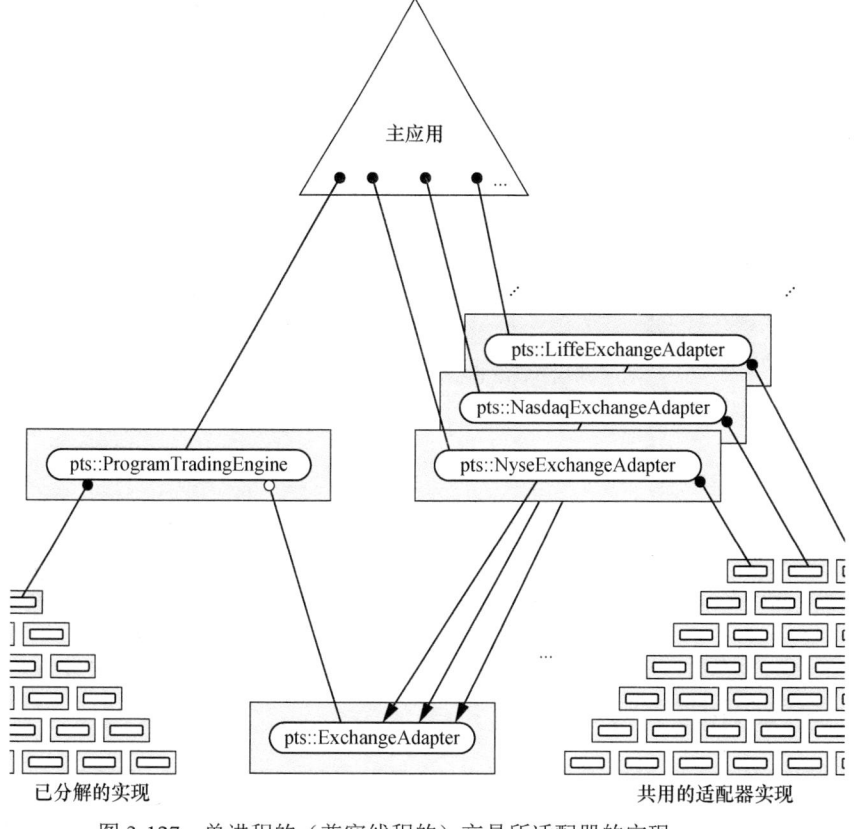

图 3-127　单进程的（兼容线程的）交易所适配器的实现

条件编译本身并不是万恶之源。当底层平台之间的差异（如 Windows 与 Unix 的套接字、线程等）大到一个平台上的语法难以放到另一平台上编译的时候，条件编译可能是我们唯一的选择。但要注意，这种条件编译的使用是基于底层编译器、操作系统或硬件所施加的"特质"，而非客户施加的"方针"。由于这些平台范围的特质必然适用于所有可能参与某一进程的实体，因此不存在不连贯的可能性。[①]

3.9.3　在库组件中的应用特定的依赖是坏主意

指导原则　避免可复用库组件中的应用特定的依赖。

本书的方法论中的发布单元（2.2.4 节）的架构依赖是绝对的。换言之，某一发布单元被容许依赖什么发布单元是它自身的属性并且独立于其客户（2.8.1 节、2.9.1 节）。但是，从组织上讲，最后在可执行文件中的实际目标代码将取决于其部署制品的颗粒度以及所涉及的特定技术（2.15节）。如果允许使用构建依赖为特定客户自定义库功能，就会再次把逻辑架构的复杂性推到并不是其归属的构建系统上。此外，这样做很容易阻碍在单一进程中复用某个组件。

例如，可以考虑一个子系统，如定价引擎，它根据嵌入模块化"盒式磁带"（如 .o 文件）中的定价模型来执行其功能。此盒带具有定义清晰的二进制接口，但盒带的实现将因特定定价模型

[①] 当然，我们更愿意在物理层次中尽可能低的层级上细粒度地（0.4 节）隔离这类平台相关的问题，如首选的套接字或线程句柄、端序或指示 64 位整数的适当类型（见图 3-108）。

而异。[1]图 3-128a 说明了一种方法，其中每个定价模块的逻辑名称相同，并且由构建系统确定哪一实现是合适的。这种方法使得在任何一个程序中，类 PricingEngine 只能使用一个 PricingModel（坏主意）。如果将 PricingModel 作为抽象接口（图 3-128b），则每个客户都可以自由地提供自己唯一命名的模型，而与其进程中的其他 PricingEngine 的客户无关。[2]

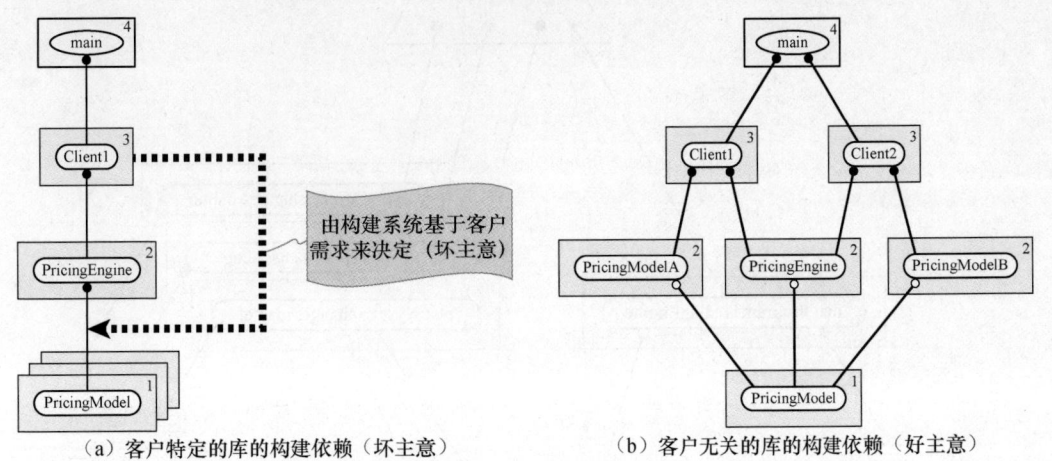

（a）客户特定的库的构建依赖（坏主意）　　　　（b）客户无关的库的构建依赖（好主意）

图 3-128　为特定客户配置库子系统

3.9.4　约束并排型复用是坏主意

指导原则　避免人为地约束复用的逻辑构件或模式。

显然，这种避免人为约束复用的模式的策略比前两种更灵活、更主观。此处的目的是避免任何不必要地限制多个客户在单个进程中的使用的设计策略。为了便于说明，考虑一个实现 IPC 注册表的组件，该注册表的目的是跟踪当前进程和其他进程之间的连通连接。最初此注册表不是设计为类的对象，而是单个实体，实现仅具有静态方法和静态数据的不可实例化（"实用"）类的。如果以后我们决定每个线程有一个注册表是一个好主意，则此组件就发挥不了用处。

当人们以为只需要某一样东西有一个时，他们往往很快就会发现，拥有两到三个这样的东西会非常有用。[3]因此，也可以将注册表本身设计为一个正常的、可实例化的类，然后在一个分离的组件中实现单例注册表模式，以提供此注册表的对象作为委派有特定任务的、进程范围的、全局可访问的资源。注册表类型本身如今在新的上下文中是完全可复用的。此外，如果我们以后决定，为满足不同的应用需求而提供多个暴露注册表对象的单例是有用的，如不同种类的进程注册表，这时现有注册表的使用和单例组件都无须修改就可以在一个进程中有多个单例。[4]

---

① 记住，定价引擎函数的一次典型调用所完成的基本工作是大量的，这首先使我们能够依靠于连接时绑定到 .o 文件。如果情况并非如此，一种可能性就是将每个模型表示为一个受 "定价模型" 设想（1.7.6 节）约束的具体类型的对象，该设想通过 PricingEngine 的方法模板提供。

② 尽管我们可以选择一种部署策略，使应用能够只加载给定调用所需的模块，但我们仍将尝试确保架构不需要构建系统特别考虑，并且确保架构不排除任何涉及的模块的并排使用。

③ 这一重要的观察提醒我们在单例模式上提前进行细粒度的实现分解（见卷 2 的 6.4 节）的好处。这一观察归功于彭博有限合伙企业的 Steve Downey，他在开发 ball 日志器的前身的初始版本（约 2007 年）时提出了这一点，ball 日志器在彭博的开源 BDE 库的 bal 包组（**bde14**，子目录 /groups/bal/ball/）中。

④ 例如，我们有两个单例内存分配器，分别用于默认对象内存分配和默认全局内存分配，两者执行的功能基本相同，但提供相同（协议）基类的（不同）对象的地址（见卷 2 的 4.10 节）。

3.9.5 防止故意的滥用不是目的

指导原则 设计软件要避免意外滥用，但不用有意地防欺诈。

"可复用"单例策略唯一的缺点是，任性的客户可能会创建虚假的注册表并滥用之，这一点并不重要：这种行为是故意的（故意的欺诈，而不是无意间的错误）。C++中良好的接口设计的目标必须是防范意外，而不是防范欺诈：追求后者会混淆设计、限制复用，且最终难以大获成功。[①]

在单一进程的信任区域范围内，不要浪费开发周期的时间来防止故意滥用的建议很重要，不应掉以轻心。同时，这一良好建议不应混淆于（可选的）在一个进程中防止受信任客户的意外滥用（见卷 2 的 6.8 节）或始终必须验证不受信任的输入，如来自进程外部的输入（见卷 2 第 5 章）。无论如何，正确地管理相互依赖的单例的生命期（不泄露资源）不是一件平凡的事情，需要进程范围的明确协调（见卷 2 的 6.2 节）。[②]

3.9.6 让组件侵占全局资源是坏主意

指导原则 避免在定义 main 的文件之外定义全局实体。

在一个程序中，任何全局构件都只能有一个定义。例如，当一个定义出现在含有 main 的文件中时，它在整个程序中必然是唯一的。因此，某些全局优化（例如重新定义全局运算符 new 和 delete，特别是在测试驱动程序中）可能是可以接受的（但在这样做之前，先看看卷 2 的 4.10 节）。如果尝试重新定义同一全局实体的两个组件被拉到同一个可执行文件中，则编译时或连接时总有一个会出现错误，或者更糟糕的情况是程序不符合规范。要求任何此类全局的重定义都只发生在定义 main 的翻译单元中，我们便可确保一个唯一的、程序范围内的仲裁点。

从库组件安装全局回调函数（如 new 句柄）意味着执行相同操作的另一个组件不能在保证没有潜在冲突的前提下可靠地用于同一程序中。同样，如果依靠于这些全局特性的组件不止一个，更改 std::cout 的默认设置也可能产生冲突的副作用。以 Date 类型为一具体例子，它重载了运算符 operator<<以打印其 3 个核心属性：年、月和日（见卷 2 的 4.1 节）。假设有一个对象想要以左对齐一列的形式将其输出，它设置一个左对齐的流标志（一种全局变量）以这样做。现在，只有第一个字段将左对齐，除非日期"智能"到先将其 3 个字段格式化到临时缓冲区中，然后再将其打印到输出流。（我们犯过这个错误，也许很多人都这么干过。）

我们通常希望避免从库组件中修改全局变量的值。遵循这一做法还有助于确保线程安全（见卷 2 的 6.1 节），因为（从 main）对全局值作的任何更改可以在启动任何额外线程之前进行。

3.9.7 隐藏头文件来实现逻辑封装是坏主意

指导原则 避免为了逻辑封装而隐藏头文件。

回顾 3.1.10.6 节，为跨多个组件的子系统创建一个可行的包装器并不容易。有时，可能会有一种诱惑，即仅仅隐藏较低层级的组件的定义，以实现比组件更宽的逻辑封装概念。例如，回想起 my::Date 和 my::TimeSeries 这对类（见图 3-6），分别包装了相互作用的较低层级的类 bdlt::Date 和 odet::DateSequence 中的一个。将两个包装器类放在同一组件中（见图 3-6b）就能让 my::Date 类

---

① 示例见 **lakos96**，3.6.2 节，第 144～146 页（特别是第 145 页末尾）。
② 关于特别精致（且好玩）的单例设计，见 **alexandrescu01**，第 6 章，第 129～156 页。

通过友元授予 my::TimeSeries 对其内部数据的直接（私有）访问权，但会打破逻辑/物理名称的衔接性（2.4 节）。

反之，若是将两个包装器类置于分离的组件中，如图 3-129a 所示，但从 my::Date 暴露底层的 bdlt::Date 数据成员，如图 3-129b 所示。然后，为了确保 my::Date 的外部客户不利用这些知识，我们故意不将较低层级的 bdlt_date.h 头文件导出给 my::TimeSeries 的外部客户。

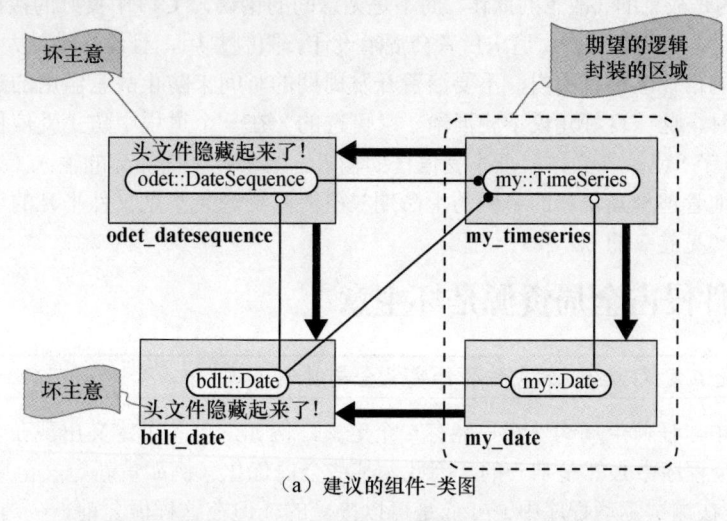

（a）建议的组件-类图

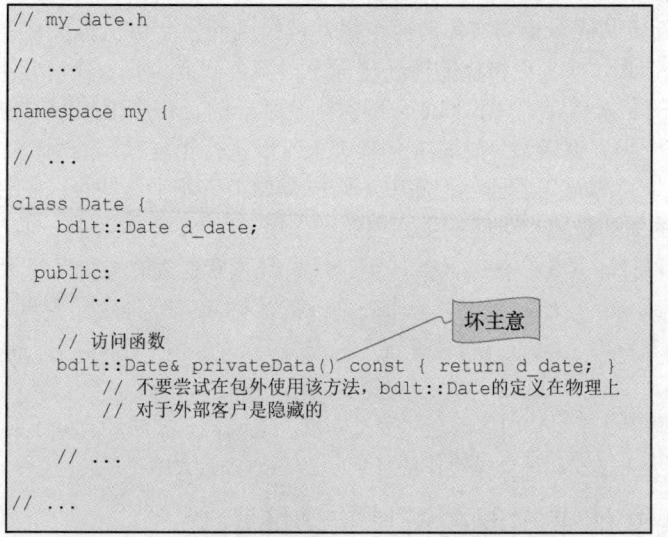

（b）类my::Date暴露私有的bdlt::Date数据成员的接口

图 3-129　隐藏头文件以实现封装（坏主意）

试图有选择地隐藏头文件，以便将逻辑封装的单元扩展到单个组件之外，可能会限制同级子系统的并排复用。[1]例如，假设其他人创建子系统 your::OtherSubsystem，该子系统是定义 my::Date 的发布单元的同级子系统。进一步假设 your::OtherSubsystem 子系统在其接口中合法使用 bdlt:Date。现在假设 my::TimeSeries 的客户 SomeClient 决定也要使用 your::OtherSubsystem，如图3-130所示。如果bdlt::Date不可用，则将阻碍my::TimeSeries

---

① 见 **lakos96**，5.10 节，第 312～324 页，特别是第 317 页，图 5-96。

的此客户使用 your::OtherSubsystem。而如果 bdlt::Date 对 SomeClient 可用，通过隐藏可复用的 bdlt::Date（考虑不周的 my::Date 接口中暴露一个此类型的数据成员）的头文件而实施的这种（不可接受的）约束性、基于部署的逻辑封装尝试就会生出一个漏洞。

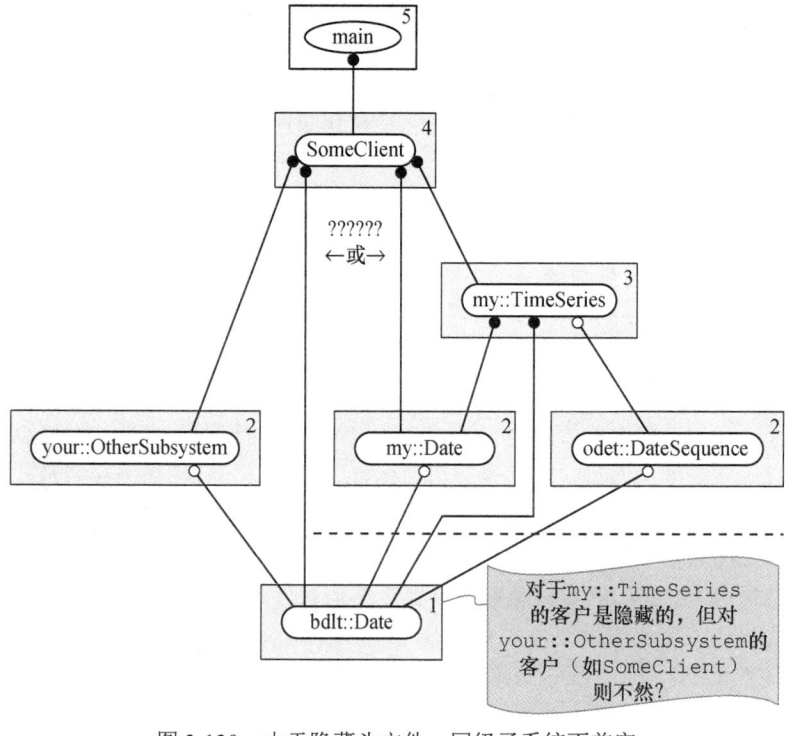

图 3-130　由于隐藏头文件，同级子系统不兼容

　　试图隐藏头文件的方法不可行还有其他原因。如果不提供被包装类型的头文件，包装器组件将无法在其自身的头文件中实质性地使用这一被包装类型（例如，作为嵌入式数据成员或在内联函数体中）。在只需要封装（3.5.10 节）时却施加实现隔离所需的严格内部约束（见 3.11.6 节）可能是完全不适当的。此外，如果无法访问所有源代码，外部客户（更不用说静态分析工具）也会发现调试工作变得更加困难。

　　另外，让部署策略与子系统的逻辑架构相杂糅会使构建过程变得不合理地复杂和受限。设计和开发要保持与部署和发布分离（并与之正交）（2.15 节）本身就是本书方法论的总体打包结构的一大优势（第 2 章）。注意，纯粹为了一个特定部署的构建优化而谨慎地选择性不导出某些头文件是允许的，只要架构中没有什么会妨碍在其他/未来的部署中同时导出它们。另见 3.5.10.11 节。

3.9.8　可复用库中存在对不可移植软件的依赖是坏主意

指导原则　最大限度地减少和隔离不可移植软件的创建和使用。

　　成功复用的核心在于最大限度地提高可移植性。那些库软件的任何发布单元都经认证可运行于其上的平台必然是其自身能力和其（直接或间接）依赖的所有软件能力的交集。例如，如果一个发布单元已经过认证可运行于所有 Sun 和 IBM 平台之上，而另一个发布单元只能在 Windows 平台上运行，那么任何试图依赖这两者的应用或库在任何平台上都不保证能运行！换言之，由于缺乏可移植性，使用一个库会妨碍对另一个库的使用。

对于任何给定的应用，可供其复用的软件取决于该应用必须能够在其上运行的平台。如果想要一个应用在所有受支持的平台上运行，则有必要只允许它依赖经认证可在所有当前受支持的平台上运行的软件，但这还不够。该应用还必须确保它所使用的软件均能轻松（及时）移植到将来可能突然需要支持的任何新平台。受支持平台的概念是我们称为能力文件（capability file）或 .cap 文件的元数据（2.16.2.2 节）的一部分。

在衡量软件质量的各种指标中，我们发觉可移植性常常未受到足够的重视。创建专有基础设施带来的重要优势之一在于能够快速响应新的编译器和硬件。除了支持可能在多个平台上运行的客户外，还有以下原因使一个组织可能希望拥有一个平台中立的（platform-neutral）基础设施，即使对于所用平台完全受我们控制的后端服务也是如此。

- 使用多个编译器以更好地确保符合语言标准。
- 避免被任何一个平台供应商劫持。
- 便于将来迁移到更好的编译器/硬件。
- 在运行时启用硬件容错储备。

即使（目前）决定只在一个平台上运行，确保代码的可移植性通常可以提高其质量[1]，同时保留选择的余地。我们一般会尽量避免只为一个特定平台优化代码，当然，在极少数场合这种特化能带来可观且确有需要的改进，这些场合可以例外。此外，当我们作平台特定的定制（示例见图 3-108）时，我们会尝试将代码隔离在一个颗粒化的、较低层级的平台兼容层中，或者至少清晰地（就地）标记出它们（0.4 节）。

在所有其他情况下，我们的目标是在整体上自然地运行得最好的实现和优化。图 3-131a 说明了如何通过不超出语言定义来绕过不可移植性[2]。如果出于某种原因，我们需要获得当前平台上 int 的最高有效字节的地址值，我们更愿意一次性地将依赖平台（编译时）的"端序"（endianness）概念分解出来，而不是在整个基础设施中的每一个相关位置都处理一遍（图 3-131b）。

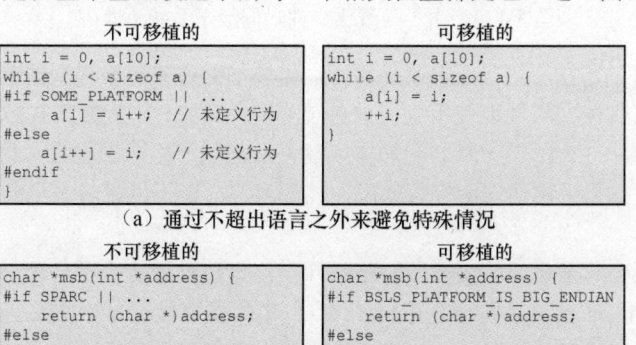

图 3-131　确保代码级的可移植性

在更高的层级上，在尽可能低的层级上提供统一的语法以整合不同平台上共有的能力的做法是极具吸引力的。例如，Unix 平台上的"可移植"线程模型这么多年来都是 pthreads（图 3-132a）。类似

---

[1] **kernighan99**，第 8 章，第 189～213 页，具体在第 189 页中。

[2] 注意，a[i] = i++;和 a[i++] = i;不仅不可移植，而且实际上有语言（或硬）未定义行为（undefined behavior，UB），这在技术上意味着任何事情都有可能发生，见卷 2 的 5.2 节。具体而言，无法保证这两条语句的效果顺序一致，甚至在给定平台上的同一程序中也是如此。

的功能在 Windows 平台上原生可用，但其语法完全不同（图 3-132b）。细心的话，可以创建轻量级包装器以提供足够多的共有能力是可能的，还拥有了一个几乎在所有平台上都能高效工作（几乎没有开销）的语法（图 3-132c）。[1][2]

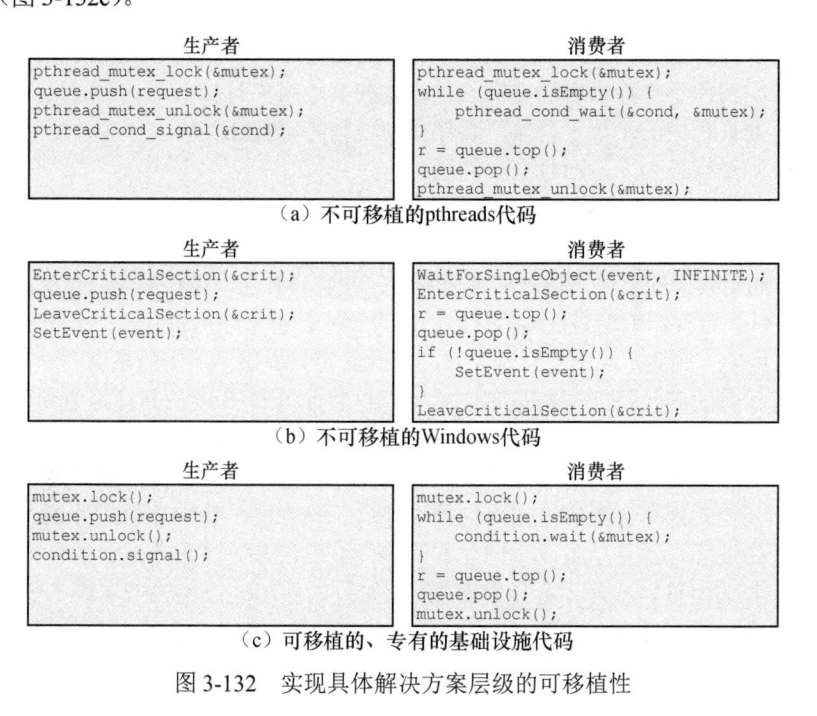

生产者
```
pthread_mutex_lock(&mutex);
queue.push(request);
pthread_mutex_unlock(&mutex);
pthread_cond_signal(&cond);
```

消费者
```
pthread_mutex_lock(&mutex);
while (queue.isEmpty()) {
    pthread_cond_wait(&cond, &mutex);
}
r = queue.top();
queue.pop();
pthread_mutex_unlock(&mutex);
```
（a）不可移植的pthreads代码

生产者
```
EnterCriticalSection(&crit);
queue.push(request);
LeaveCriticalSection(&crit);
SetEvent(event);
```

消费者
```
WaitForSingleObject(event, INFINITE);
EnterCriticalSection(&crit);
r = queue.top();
queue.pop();
if (!queue.isEmpty()) {
    SetEvent(event);
}
LeaveCriticalSection(&crit);
```
（b）不可移植的Windows代码

生产者
```
mutex.lock();
queue.push(request);
mutex.unlock();
condition.signal();
```

消费者
```
mutex.lock();
while (queue.isEmpty()) {
    condition.wait(&mutex);
}
r = queue.top();
queue.pop();
mutex.unlock();
```
（c）可移植的、专有的基础设施代码

图 3-132　实现具体解决方案层级的可移植性

一旦解决方案达到这样一种抽象层级，其接口边界的性能不再需要紧密的编译时耦合，我们就重新获得了采用更横展的架构的机会（3.7.5 节）。通过使用抽象接口，应用开发人员现在可以选择在这一高得多的逻辑抽象层级上切换一个复杂接口的若干个高度调优的、平台特定的实现，这段平台特定的代码被故意隔离于核心可复用库（见 3.11.5.3 节）。如图 3-133 所示，一个大型可复用库子系统（这里就简单表示成 TheServer）可被定制化以最佳方式在 Windows 或 Unix 平台下运行，而不用影响一行库代码。

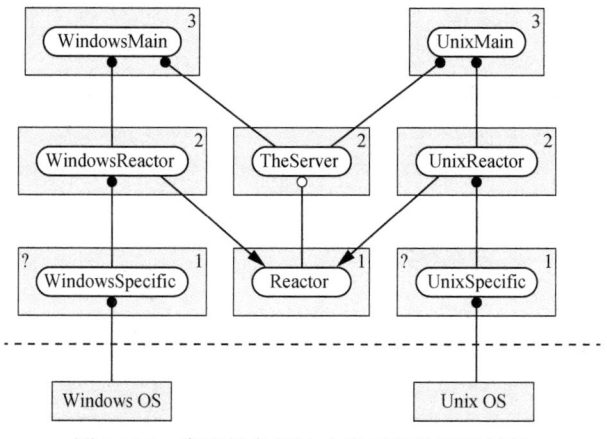

图 3-133　实现抽象解决方案层级的可移植性

---

[1] 在 21 世纪 00 年代初期，有一个开源项目为 Windows 平台创建可移植的 pthreads 实现。尽管自 C++11 以来，线程的基本支持一直是标准的一部分，但 C++标准委员会继续缓慢地为 C++内部更高级的并发构件提供统一支持。

[2] 注意，将生产者的 signal 放在 unlock 之后是有意为之，见卷 2 的 6.1 节。

3.9.9　将潜在可复用软件隐藏起来是坏主意

指导原则　最大限度地减少对包的局部（私有）组件的需求。

回忆 2.7.5 节中对组件的文件名的额外下划线约定。这一约定的目的是允许我们指出附属组件，其所含的逻辑构件不打算供声明它们的包之外的其他组件直接使用。然而，这种表示法又进一步坚持要求只允许包中的一个"公共"组件指向任何特定的此类局部于包的组件。这种看似随意的额外限制实则是有意为之，而且有好的理由。

附属组件的一个重要的主要用途是将大型类的模板特化分解进若干个分离的、平行的 .h/.cpp 对。在该使用模型中，"公共"组件只有一个，它包含通用模板，还有任意数量的子组件，它们含有特化。只有含通用模板的组件才是供直接使用的，并且只有这一组件被允许直接 #include 其他附属组件的头文件。当我们考虑模板偏特化时，容许一个局部于包的依赖树（但仍然以单个公共组件为根）会是有用的。因此，对于所有预期目的，此约定只提供了所需的东西，一点都不多余。

使组件私有于包的其他可能动机是允许其接口封装性更弱和/或使其行为更易延展。我们对表示法的这种使用不太赞同。我们的一般方法是通过恰当地分解成逻辑设计和物理设计的稳定、内聚的原子单元（与单个组件的大小相当）来促进复用。在包中经常性地隐藏非面向客户的组件意味着项目外部的任何人都不会了解这些"内部"组件。换言之，我们项目之外的人若是需要类似功能就要从头开始编写，并且总是以不同的方式编写。仅仅是为了限制意外的使用而系统地、广泛地使用局部于包的组件，实际上会限制复用。[1]如果软件基础设施较低层级中的包组件局部于包的组件成为常态，那么层次化复用（0.4 节）带来的大量生产收益就会消失。

只允许从局部访问组件会鼓励将包而不是组件作为设计和测试的单位。[2]能够隐藏组件的能力意味着设计通用组件的前期可花费更少的精力。这些组件的使用十分受限，这将减少人们对封装和记录其预期行为的需要。改变局部组件的愿望将使重新彻底测试这些组件的成本变得极高，这反过来又会影响整个包的稳定性和正确性。我们认为，组件代表了实践的层级，在这个层级上被设计、验证并以单个测试驱动程序文件进行回归测试（见卷 3 的 7.5 节）。即使是在包级的边界上，也没有把握取得类似这样的成功（见卷 3 的 7.3 节）。

我们认识到，当然会有些时候组件中定义的"公共"类与其一个或多个附属类之间的接口可能合法地需要随着时间的推移而发生变化。对类（相对于组件）名称的额外下划线约定（2.7.3 节）正是为了解决这一易延展性问题，它将带额外下划线的类的使用限制在定义该类的组件内（2.7.1 节）。即使如此，人们还是会不禁被诱惑着让本应稳定的公共类成为私有，以减少设计、文档化和测试这些类所需的工作量。除了真正的稳定问题外，让类私有于组件总是目光短浅的，千万要抑制住这样做的冲动。因此，有一种隐含的（有些人可能认为不现实）期望，即每个组件从一开始就被恰当设计好：

> 即使是在最深思熟虑且分解充分的系统中，在给定新的信息之后仍需要打散公共组件和函数。开发人员应该做好准备，以执行这些重构。
>
> ——David Sankel（约 2018）[3]

鉴于我们有时还是希望允许使用局部于包的组件，因此限制其只能被该包的单个"公共"组

---

① final（在 C++11 及更高版本中）几乎找不到合适的用武之地，也是出于同样的原因，即不加区别地限制层次化复用（0.4 节）；见 **lakos21**，第 3 章，"'Unsafe' Features"。

② 以包级"访问权"提供额外层级的逻辑封装的概念并不新鲜。例如，Java 中的默认访问权是包作用域。按照本书的方法论，Java 中的包的定义类似于 C++ 的包的概念，即作为若干个 Java 组件的单个目录，每个 Java 组件只包含一个 .java 文件和一个有意分离的关联的 _t.java 测试驱动文件。

③ 在个人电子邮件中讨论。

件使用，可以减轻已察觉的许多风险。一个组件是私有的，可能是因为它是实现细节和/或有意作易延展的。回顾 0.5 节，易延展软件是不可复用的。如果两个公共可复用的组件依赖同一个易延展软件，就意味着一个组件对其所作的更改可能会对另一个组件产生不利影响。因此，易延展代码通常也不适合共享，即使只是由同一包中的两个组件共享。

但是，至少有一个已知的用例，可以将某个包的逻辑构件的某个任意子集指定为局部于此包。考虑图 3-99 中的示例，其中显示了当前积极开发中的子系统的稳定"视图"，以供客户使用。在这种方法中，我们使用了一种极端形式的升级封装技术来模拟多组件包装器的效果（见图 3-6）。如果我们的目标是完全封装并隐藏客户的所有底层实现，这种方法就能奏效。

既然我们在积极开发一个子系统，我们就希望客户尽早开始使用其中一些部分，但我们导出的某些类型是词汇类型（见卷 2 的 4.4 节），它们不能被包装。换言之，包装器中暴露的一部分类型与底层子系统中的 C++ 类型是一样的（完全一样）。在这种情况下，如果没有一个单一的整块式包装器组件，那么提供现有系统如此细粒度视图的唯一可行方法就是使用 C 风格过程接口，由 C 风格（自由）函数集合组成，这些函数一起甚至能够使 C 程序在 C++ 子系统上运行（见 3.11.7.12 节）。使用过程接口还具有允许选择性屏蔽某一类型的单个成员的优点，从而能更细粒度地控制要暴露的内容。[①]

诚然，细粒度封装的要求是一个额外的设计约束，但它值得我们为之付出额外努力。更广泛地使用局部于包的组件所带来的短期到中期优势与我们的目标背道而驰，即长期稳定地达到最高生产率，而这一目标只能通过层次化复用实现。同时，更大型的封装单元的大部分好处可以在不损失规模经济的情况下实现，只需小心地限制包和包组（的实体）之间的依赖即可。这项高层级的方针的推行，确实需要公司范围的软件项目管理，我们认为这本身就是一个好主意。

3.9.10　本节小结

本节的主要目标是，鼓励开发人员通过确保每个组件的设计不会限制在单个程序中对其本身或任何其他组件的额外使用（或复用）来最大限度地提高物理互操作性。实现这一目标不仅仅是一个好的战略。与坚持采用小型的、细致分级的、颗粒化的物理设计原子单元（0.7 节）一样，物理互操作性对于有效层次化复用的实现（0.4 节）和我们稳定的、基于库的应用开发的总体方法（0.8 至 0.12 节）至关重要。如果物理互操作性只算一种策略，那它也是非常重要的一种了。卷 2 的 4.4 节介绍了更多从纯逻辑角度看待互操作性的信息。

3.10　避免不必要的编译时依赖

物理依赖会在编译时或连接时显现，也可能两者兼而有之。从纯逻辑角度进行设计时，很容易忽略这些问题，因为这种物理耦合发生的时间对逻辑没有影响。但是，从实践的工程角度来看，了解其中的差异非常重要：过度的编译时耦合会严重削弱软件的可维护性。

3.10.1　封装不能杜绝编译时耦合

通常，在不强制该组件的所有客户重新编译的情况下，无法修改位于组件物理接口（如 .h

---

① 在 2017 年 7 月的会议上，C++ 标准委员会投票正式认可模块为技术规范（technical specification，TS），以便最终可能纳入 C++ 语言本身。模块最初的动机是大幅改善编译时间，在我们的敦促下（**lakos17a**），现在其目标还包括大量的架构特性，例如对现有子系统的细粒度"视图"的附加（非侵入性）支持，同时既保留了底层（包括导入的）类型的同一性（目前的过程接口就是如此），又消除了由传递式包含引起的脆弱性（2.6 节）。既然模块已被采用到语言中，我们接下来关心的是健全设计中模块接口下面的部分可能会因设计不佳的（因此经常更新）抽象不需要暴露给客户而被忽视，导致与包私有组件或组件私有类可能造成的损失一样的层次化复用损失。

文件）中的不能通过编程方式访问的"被封装的"实现细节。即使对于中等规模的软件项目，不得不重新编译整个系统的成本[1]也会抑制对低层级（或出于其他原因被广泛使用的）组件物理接口的修改，从而限制我们对其实现细节进行更改，即使小改动也困难。

下面以图 3-134a 中所示的 my_dstack 组件的头文件为例。Dstack 类的逻辑接口完全封装了其实现。也就是说，Dstack 的客户无法通过编程方式访问其基于数组的实现的任何部分，因为这样做就不能将其实现替换为接口相同的基于链表的实现（图 3-134b）。[2]

```
// my_dstack.h
#ifndef INCLUDED_MY_DSTACK
#define INCLUDED_MY_DSTACK

// ...
#include <cstddef>  // 'std::size_t'

namespace my {

// ...

class Dstack {
    double      *d_stack_p;
    std::size_t  d_capacity;
    std::size_t  d_sp;  // 首个空闲处

  public:
    Dstack();
    Dstack(const Dstack &s);
    ~Dstack();
    Dstack& operator=(const Dstack &s);
    void push(double value);
    void pop();
    double top() const;
    bool isEmpty() const;
};

// ...

}  // 结束包级命名空间

#endif
```

（a）基于数组的实现

图 3-134　完全封装 Dstack 接口

---

① 这种成本历来是从真实时间上感受到的，但对于较大的系统，用功耗来表达可能更好。

② 即使有完全封装，也并非所有"符合要求的"Dstack 实现都可以完全相互替换（见卷 2 的 5.5 节）。我们至少可以通过以下几种编程方式来衡量可观测行为的潜在差异。

（1）使用 sizeof 运算符推断左侧 Dstack 实现占用的内存空间（图 3-134a）大于右侧 Dstack 实现占用的内存空间（图 3-134b）。

（2）重新定义全局运算符 new（在定义 main 的组件中，见 3.8 节），以帮助我们监视响应 Dstack 对象的特定操作的内存请求序列。（有关支持特定于对象的自定义内存分配的接口的更多信息，见卷 2 的 4.10 节。）

（3）将值推入 Dstack，直至耗尽所有可用内存（两个栈实现在任何一个特定平台上有相同的最大最终容量的可能性都很小，因为基于链表的实现通常每个元素使用两到三倍的空间）。

（4）创建性能"压力测试"，看哪一个实现执行下来（如渐近）运行时间更短。注意，在任何现代计算机平台上的几乎任何（现实）测试方案中，基于数组的实现将（显著）优于基于链表的实现（见卷 2 的 6.7 节）。

然而，在这一层级上可通过编程方式观察到的行为差异通常只能通过使用白盒的组件级测试驱动程序（见卷 3 的 8.2 节）表现出来，且这种差异不会被视为违反封装（见 3.11.1 节），除非合约（见卷 2 的 5.2 节）明确规定这种行为是至关重要的。

```
// my_dstack.h
#ifndef INCLUDED_MY_DSTACK
#define INCLUDED_MY_DSTACK

// ...

namespace my {

// ...

class Dstack_Link;

class Dstack {
    Dstack_Link *d_stack_p;

  public:
    Dstack();
    Dstack(const Dstack &s);
    ~Dstack();
    Dstack& operator=(const Dstack &s);
    void push(double value);
    void pop();
    double top() const;
    bool isEmpty() const;
};

// ...

}  // 结束包级命名空间

#endif
```

（b）基于链表的实现

图 3-134　完全封装 Dstack 接口（续）

尽管 Dstack 的接口完全封装了这两种实现，但任何资深 C++程序员只要查看这些头文件就可以清楚地看到这两个组件截然不同的实现策略。这些头文件说明了掩饰专有实现（即使有封装型接口）的固有困难。注意，模板（见卷 2 的 6.3 节）和内联函数（见卷 2 的 6.6 节）也可能会因向客户暴露算法细节而加剧这一"安全漏洞"。①

对于大型项目，保持组件实现的专有性通常不是主要问题。客户有权期望组件的逻辑接口不会发生变化，理想情况下，对组件的逻辑实现做任何更改都不会影响客户。但是，实际上，C++编译器可以依赖头文件中的所有逻辑信息，包括私有数据。如果凭借头文件中的源代码（不包括注释）就可确定组件的实现策略，那么一旦组件的实现策略发生变化，则该组件的编程客户很可能会被迫重新编译。

在所有其他条件都相同的情况下，仅实现更改（而接口或行为不变）时便强制客户重新编译不是组件的理想物理属性。组件所服务的客户越多，对具有如此紧密的编译时耦合的组件的实现进行更改就越不可取。如果不能将客户整体隔离于被广泛使用的组件的不断演变的实现，则可能会大大影响开发大型项目的成本。我们在 3.11.1 节中会重新介绍对（私有细节的）隔离的正式且彻底的处理，隔离的性质与单纯的（私有细节）封装的性质形成鲜明对比。

3.10.2　共享枚举和编译时耦合

随着时间的推移，被广泛使用的低层级枚举往往会缓慢变化，历来是令人讨厌的编译时耦合的隐匿来源。尽管并不提倡在（物理层次底部的）单个文件中枚举整个应用、系统或企业的所有

---

① 注意，C++特性集在设计时并未将"以隐匿求安全"作为设计需求，因此我们不再赘述这一点。

错误状态码，但这种行为其实并不罕见，如图 3-135 所示。在开发的早期阶段，做出这种会迫使全系统重新编译的更改可能负担还不算沉重。这就好像"温水煮青蛙"。[①]

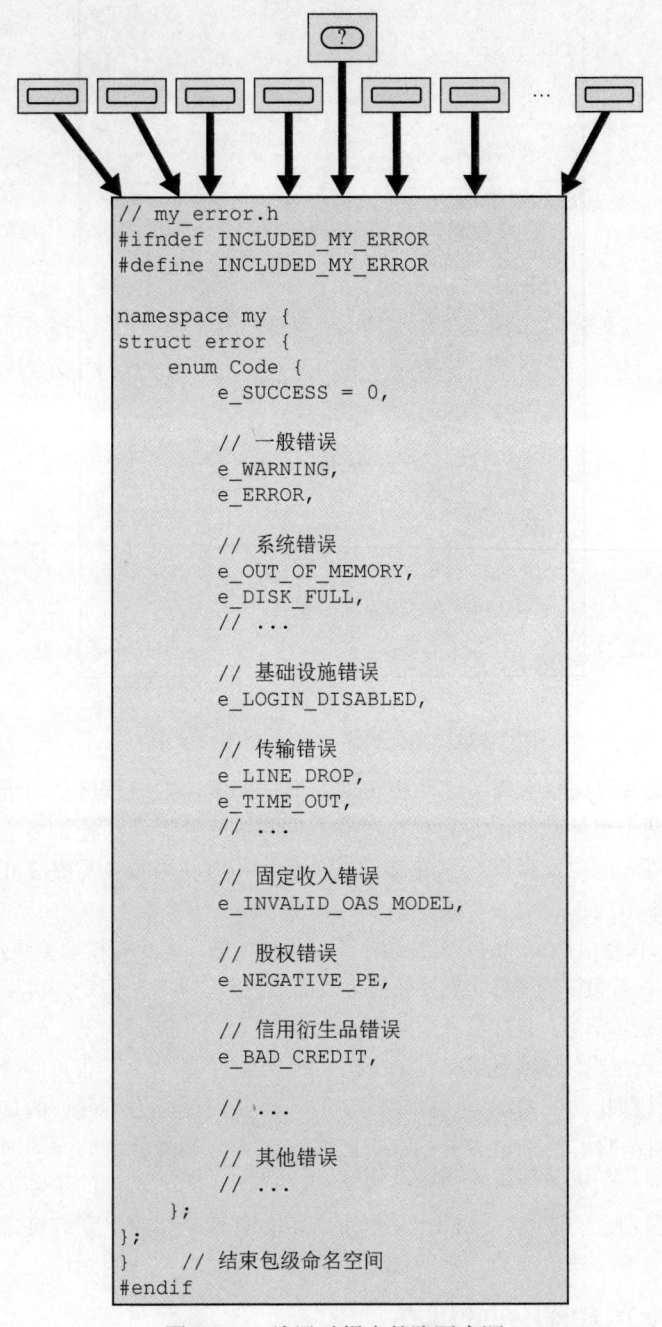

```
// my_error.h
#ifndef INCLUDED_MY_ERROR
#define INCLUDED_MY_ERROR

namespace my {
struct error {
    enum Code {
        e_SUCCESS = 0,

        // 一般错误
        e_WARNING,
        e_ERROR,

        // 系统错误
        e_OUT_OF_MEMORY,
        e_DISK_FULL,
        // ...

        // 基础设施错误
        e_LOGIN_DISABLED,

        // 传输错误
        e_LINE_DROP,
        e_TIME_OUT,
        // ...

        // 固定收入错误
        e_INVALID_OAS_MODEL,

        // 股权错误
        e_NEGATIVE_PE,

        // 信用衍生品错误
        e_BAD_CREDIT,

        // ...

        // 其他错误
        // ...
    };
};
}    // 结束包级命名空间
#endif
```

图 3-135　编译时耦合的隐匿来源

3.10.3 C++中的编译时耦合比 C 语言中更为普遍

随着系统开发渐行渐远，再想要改动低层级头文件会愈加困难。迟早，在添加新组件时，我们会被诱导"复用"现有的错误码，这些错误码的名称和记录的描述也许只是大致合适，但我们就不必支付现在重新编译整个系统的巨大成本。一旦到这一地步，该系统就已不可维护了。[①]

C++中的编译时耦合问题往往比 C 中的更棘手。C 语言中典型的头文件按比例要小得多，不会暴露 C++中常见的实现细节。C++支持的模块化设计的更精细的粒度（1.4 节）使得在 .h 和 .cpp 文件中实现的源代码分布更加平衡。C++更具实质性的头文件必然使得构建过程（2.15 节和 2.16 节）更加复杂、结构化，并且具有定义明确的发布单元（2.2.3 节）。[②]

由于这种有所扩展的编译时耦合，单个发布单元的部署不能自发或任意地进行，而是在一般情况下必须每个物理层级（从最低到最高）依次进行。这种更紧密的物理耦合和更正式的构建结构必然会减弱我们在系统较低层级的实现的未被隔离的方面（位于头文件中的那些方面）必须发生更改的时候快速响应的能力。对编译时耦合和运行时性能之间权衡的预先评估将在我们的 C++ 开发职业生涯中反复出现。

3.10.4 避免不必要的编译时耦合

假设我们确实认为，我们系统的某一部分对另一部分的依赖是适当的，那么此依赖的确切性质有时可能是成功的关键。为了说明不必要的编译时耦合为什么应该避免以及如何避免，考虑图 3-136 所示的（目前）极其简化的 my::Pool 类的 allocate 方法。在大多数情况下，此方法只是将一个已配置字节数的预分配块脱挂（detach），并以远远快于通用分配策略的速度将其返回（见卷 2 的 4.10 节）。因此，有理由将 allocate 方法声明为 inline 并定义于头文件中，以显著改善运行时性能（deallocate 也是如此，原因类似）。而其余的方法又如何呢？它们也应该被声明为 inline 吗？

当性能岌岌可危时，有些开发人员会把目力所及的一切都内联化。另一些人员的做法更为合理一些，用函数体的大小作为是否将函数声明为 inline 的唯一准则。对于小型项目，将函数声明为 inline 并在头文件中定义它们不会有问题：机器拥有足够的资源来容纳随后的"代码膨胀"，并且通常如有需要，短时间内便可以重新编译整个程序。但是，对于企业规模的软件，我们着实需考虑代码膨胀，但那些我们可能还想要调整的方法，其实现却被固化到每个使用它的客户中才是我们面临的真正问题，与代码膨胀相比还是个小问题。

首先考虑不常被调用的访问函数 size()，其定义位于图 3-136 的底部。该方法的主体只是返回一条 d_size 数据成员值的语句。显然，在这里进行函数调用的空间开销比简单的内存（或寄存器）访问要大。因此，如果将此函数声明为 inline，则最终可执行文件的大小将更小。同样明显的是，如果调用 size() 的程序不必承受创建栈帧来访问此数据的负担，它将运行得更快。还应考虑的一点是，客户编译器可以看见其实现，在调用方与头文件中定义的内联函数体之间往往可以作比 .cpp 文件中定义的传统函数更激进的优化。

[①] 另外，认为特定错误码应该以某种方式作超乎单个函数耦合的想法是非常错误的（见卷 2 的 5.2 节），更不用说整个类、组件的层次则更是不用提。

[②] 注意，现代 C++模块特性不会解决编译时耦合相关的问题，因为虽然私有实现细节不再可由客户直接使用，但客户的编译器仍然要能访问到它。因此，对以这种方式暴露的细节所作的任何更改都将迫使客户不得不重新编译。

```
// my_pool.h                                                      -*-C++-*-
#ifndef INCLUDED_MY_POOL
#define INCLUDED_MY_POOL
// ...

namespace my {
// ...

class Pool {
    std::size_t d_size;        // 每个（请求的）block的字节数
    int         d_chunkSize;   // 每个（分配的）chunk的block数                （见卷2的4.4节）
    struct Link {              此处的int是故意的
        Link *d_next_p;
    } *d_freeList_p;           // 可用内存块的链表

  private:
    void replenish();
        // 使空闲列表非空
                                                  此类具有状态，但没有值；
  private: // 不实现①                              因此，抑制了这些操作的生成
    Pool(const Pool&);
    Pool& operator=(const Pool&);                             （见卷2的4.1节和4.3节）

  public:                          此函数是否应被声明为inline?
    // 创建函数
    explicit                              缺少可选分配器参数（坏主意）
    Pool(std::size_t size);                                  （见卷2的4.10节）
        // 创建一个内存块池，每个块大小都是指定的size个字节
                              此函数是否应被声明为inline?
    ~Pool();
        // 销毁这一对象（释放所有关联的内存块）

    // 操纵函数
    void *allocate();
        // 返回一个可修改内存块的地址（并授予所有权），此内存块已按照构造时指定的块大小充分对齐

    void deallocate(void *block);
        // 将指定内存块block的所有权还给此内存块池。除非block此前是从该对象分配的，并且
        // 从那之后到调用函数时尚未释放，否则此函数行为未定义
                              此函数是否应被声明为inline?
    // 访问函数
    std::size_t size() const;②          注意，此函数不需要频繁调用
                                          （甚至可以完全省略）
        // 返回构造时指定的每个块的字节数
};
```

图 3-136　my_pool 组件的物理接口

---

① 当然，在 C++11 和以后的版本中，我们会将这些内容写为：

```
Pool(const Pool&) = delete;
Pool& operator=(const Pool&) = delete;
```

② 注意，为了进行彻底的测试，需要有某种方式来确定（如通过基本访问函数）与彻底测试相关的所有当前状态（见卷 3
的第 10 章），无论速度有多慢或多么错综复杂。

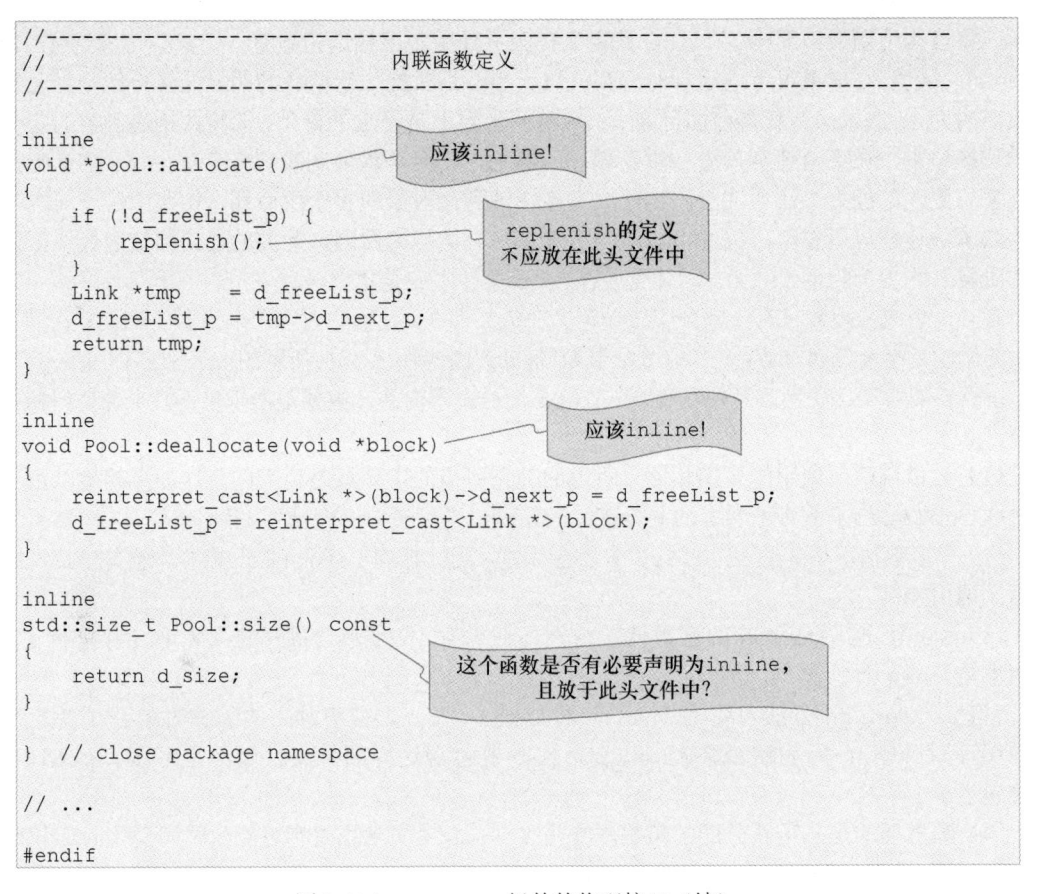

图 3-136 my_pool 组件的物理接口（续）

但是，此 Pool 类在物理层次中的层级非常低，其头文件可能在整个代码库中被广泛包含。size() 函数就算有被调用也不会是在任何性能关键的路径中，所以不必内联实现使之变"脆"（换言之，即使对它进行微小的更改也很困难）。[1]因此，即使将 size() 函数声明为 inline 会让调用它的程序更小更快，也不能打包票在这一场合内联就是个好主意，特别是当底层实现很有可能会发生更改时，例如，请求的内存块大小不再与实际的块大小相同（实际的块可能稍稍偏大）。[2]

考虑以下构造函数：

```
my::Pool::Pool(std::size_t size)
: d_size(size)
, d_chunkSize(DEFAULT_CHUNK_SIZE)
, d_freeList_p(0)
```
, d_freeList_p(0)[3]

---

[1] 事实上，要有 size() 方法的好理由仅仅只有测试！创建池对象的客户完全知道其请求的大小，因为它通常由嵌入其中的父对象（如容器）中节点的 sizeof 决定。根本不存在另一个客户（在某个遥远的作用域内）需要重新发现块大小属性的预期实际用例。

[2] 一般而言，避免编译时耦合在软件开发生命周期的早期最为重要，此时最有可能发生对实现作被封装的调整。如果出现合理的性能需求，我们总是可以选择在下一个计划发布的版本中 inline 函数。

[3] 从 C++11 开始，可以改为 d_freeList_p(nullptr)。

是否应将该构造函数声明为 inline 并定义在头文件中？该构造函数有一个参数[①]且需要作 3 次（单个词）赋值。[②]如果仅考虑运行时间和代码大小，那么优化这两者的明显选择自然是将此构造函数声明为 inline，并获得前面已在 size 访问函数上讨论过的好处。而将此构造函数的定义放在物理接口中，在不迫使客户进行重新编译的情况下，会严重限制我们自身对 Pool 的分配策略进行紧急更改的能力。还要注意，构建成本被摊销到该对象的整个生命期，实践中这一成本与析构的成本往往都可以忽略。因此，出于与上述 size 类似的原因，此类的任何构造函数（至少在初始阶段）均不应声明 inline，并且应在 .cpp 文件中完全定义。

有时一个成员函数只有一部分应该被定义在头文件中，我们称对客户编译器仅隐藏某些编译时方面的做法为部分隔离（见卷 2 的 6.6 节）。例如，考虑图 3-136 所示的 my::Pool 的公共方法 allocate 的实现。我们故意使私有方法 replenish 不内联，主要是出于以下几个分离但相关的原因。

（1）与传统函数调用的开销相比，对池的补充所需的工作量是巨大的，这一点就足以正当地不内联 replenish 了（见卷 2 的 6.7 节）。

（2）大多数情况下，d_freelist_p 不会为空，因此调用 replenish 的成本会被 allocate 的多次调用摊销。

（3）为了让 replenish 的函数体获得额外的内存，必须包含额外的头文件，例如，为了（在本例中是）new 而包含 bslma_allocator.h 或 bslma_default.h（见下文以及卷 2 的 4.10 节）。将 replenish 方法声明为 inline 将导致 my_pool 客户额外的编译时耦合（以及不必要的编译时开销），因为这会强制 my_pool.h 要包含这样的头文件而不是由 my_pool.cpp 直接包含。

（4）最重要的是，重新分配的策略本身是 allocate 方法中最有可能随时间变化的部分！

将私有方法 replenish() 声明为 inline 将迫使 my::Pool 的任何客户不仅看到了 replenish() 的声明，还看到了其定义以及编译它所需的任何额外头文件。无论 replenish() 是否声明为 inline，其逻辑行为按定义都是相同的。但是，是否内联的决策影响的是 Pool 的实现与其客户的实现之间的物理耦合的程度和性质，因此，任何使用了 Pool 程序的维护成本也会受到影响。我们能够在任何合理的时间范围内调整大型系统中的池化策略的能力［如改动默认的组块（chunk）大小或在固定大小和自适应的分配策略之间切换］将取决于此物理设计决策，即不将策略上关键的函数［如构造函数和（私有）方法 replenish()］声明为 inline。

3.10.5　避免编译时耦合的益处及真实示例

下面给出一个真实示例[③]，说明消除不必要的编译时耦合会深刻影响我们快速响应业务需求的能力，现在假设我们的部门负责低层级的基础设施，包括帮助管理内存分配等事务的若干个可复用库。如图 3-137 所示，odema::Pool（our development environment memory allocator Pool）类，以前称为 my::Pool（图 3-136），被许多其他部门的开发环境（development-environment，de）包组使用，包括股权（equities）开发环境（ede）、固定收入（fixed income）开发环境（fde）和信用衍生品（credit derivatives）开发环境（cde），该类被用于这些部门自己分离的专有集合

---

① 每个块的字节数本来可以作模板参数，但这样做会导致每个大小的池都是一个不同的 C++类型（见卷 2 的 4.4 节），从而导致代码过度膨胀（见卷 2 的 4.5 节），并使其与某些重要的用例（如多池分配器，见卷 2 的 4.10 节）不兼容。

② 下面讨论的真实的 odema::Pool 实现没被太多简化，其中有两个构造函数（分别有 2 个参数和 3 个参数），两者都作 4 次赋值，但思想仍然相同。

③ 这实际上发生在我担任纽约贝尔斯登公司的 F.A.S.T. 集团的金融基础设施库开发人员时（约 1998 年）。

包（分别为 edec、fdec 和 cdec）某些固定大小的结构的分配和释放成本。多个高层级应用依赖这些集合（collection）。事实上，其中一些应用（如 app3）甚至依赖多个部门所维护的集合；多个部门各自维护的结果是，这些集合位于分离的发布单元中。

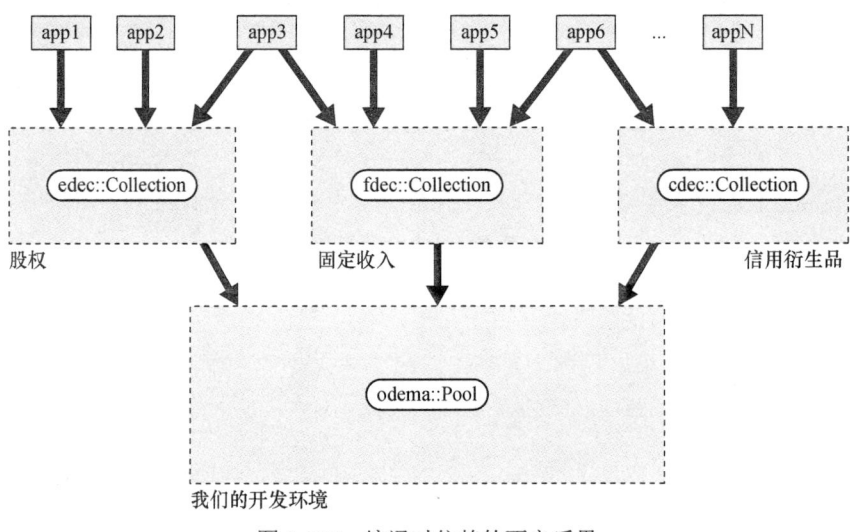

图 3-137　编译时依赖的不良后果

　　事实证明，app3 是一个非常成功的合作成果，涉及股权和固定收入两个方面。app3 的主要数据结构之一涉及创建非常大的（基于节点的）fdec::Collection 对象数组，它依靠 odema::Pool 来帮助管理其节点，但数组中的每个集合通常都非常稀疏（只有一个或两个元素）。app3 的业务体量一直在不断扩大，内存消耗开始迅速增加到平台的极限。在这个问题上投入更多的硬件是一种暴力的方法，最多只能提供一个中期的"急救式"解决方案；基本的"无效"（次优）池化策略问题仍然迫切需要解决，以避免错失商业机会（金融术语也称"把钱留在桌子上"）。我们的部门主管想知道我们当下能做些什么！

　　起初，odema::Pool 的补充策略是始终一次性分配相同固定数量的块。但是，在这个设计中又提供第二个构造函数，带有额外参数 int chunkSize，[1]使客户能够指定每个组块的固定内存块数（正数），而不必接受由实现定义的默认值。

　　如图 3-138 所示，[2][3][4]DEFAULT_CHUNK_SIZE 是每个组块的（固定）块数的默认值，一开始是 100，但后来我们能够将其减少到 32，而不会造成明显的性能损失。由于良好的编码实践促进了内部易延展性（0.5 节），因此在 .cpp 文件中可以轻易更改此默认值。但更重要的是，由于第一个构造函数未声明 inline，因此将该值从 100 改为 32 不需要客户重新编译以获取新的 DEFAULT_CHUNK_SIZE 默认值。

---

① 我们故意使用（遗憾但又必须是无符号的）std::size_t 来表示最大值直接与底层（如 32 位或 64 位）平台的可用地址空间大小绑定的值，如 blockSize。但是，在 chunkSize 方面，没有这种实际依赖；因此，我们一般倾向于使用更通用的词汇类型 int（见卷 2 的 4.4 节）。

② 这一次，在构造函数中有对可选的多态内存分配器的恰当支持（见卷 2 的 4.10 节）。

③ bslma::Allocator 和 bslma::Default 的开源实现可以在彭博 BDE 库的开源发行版的 bsl 包组的 bslma 包中找到（见 **bde14**，子目录 /groups/bsl/bslma/）。

④ 从 C++17 开始，我们可以使用标准设施 std::pmr（多态内存资源，polymorphic memory resource）来实现这些相同的目标（**cpp17**，23.12 节）；另见 **lakos17b**、**lakos17c** 和 **meredith19**。

```cpp
// odema_pool.cpp                                          -*-C++-*-
#include <odema_pool.h>
#include <bslma_allocator.h>                            （见卷2的4.10节）
#include <bslma_default.h>                              （见卷2的4.10节）
#include <cassert>                                      （见卷2的6.8节）
#include <cstddef>  // 为了std::size_t

// ...

enum { k_DEFAULT_CHUNK_SIZE = 32 };  // 一开始是100


class Link;
static const std::size_t PTR_SIZE = sizeof(Link *);  // 方便的别名
```

> 注意，在该实现中，d_size是请求的size，向上取整到这个平台上(Link *)地址大小的整数倍

```cpp
namespace odema {

Pool::Pool(std::size_t size, bslma::Allocator *basicAllocator)
: d_size((size + PTR_SIZE - 1) / PTR_SIZE * PTR_SIZE)
, d_chunkSize(k_DEFAULT_CHUNK_SIZE)
, d_freeList_p(0)
, d_allocator_p(bslma::Default::allocator(basicAllocator)) （见卷2的4.10节）
{
    assert(size > 0);  // 断言size大于0；否则d_size变为0，且replenish崩溃
}
```
（见卷2的6.8节）
```cpp
Pool::Pool(std::size_t size, int chunkSize, bslma::Allocator *basicAllocator)
: d_size((size + PTR_SIZE - 1) / PTR_SIZE * PTR_SIZE)
, d_chunkSize(chunkSize)
, d_freeList_p(0)
, d_allocator_p(bslma::Default::allocator(basicAllocator)) （见卷2的4.10节）
{
    assert(size      > 0);
    assert(chunkSize > 0);
}
```
> 再次断言 size > 0
（见卷2的6.8节）

```cpp
void Pool::replenish()
{
    d_freeList_p = reinterpret_cast<Link *>(
                           d_allocator_p->allocate(d_size * d_chunkSize));
    Link *p = d_freeList_p;
    for (int i = 1; i < d_chunkSize; ++i) {
        Link *q = reinterpret_cast<Link *>(reinterpret_cast<char *>(p) +
                                                               d_size);
        p->d_next_p = q;
        p = q;
    }
    p->d_next_p = 0;
}

}  // 结束包级命名空间
```

图3-138　（初始）固定组块大小的补充策略

　　关键是要认识到，单单是编译时耦合还不成问题。重新编译所有代码虽然（不必要得）耗时，但还是可以完成的。问题在于，为了使 app3 能利用对 odema_pool.h 有实质性修改的任何更改，所有牵涉其中的软件不仅必须重新编译，还必须重新部署（2.15 节），包括 edec 和 fdec（物理上依赖 ode 包组）。毫不夸张地说，让这两个负责任的开发组织之一在其正常发布周期之外的任何合理的时间范围内完成其所有库的重新构建并重新部署成产品都会是很困难的；让他们两个部

门都在极短的时间内完成就更难以做到了。

不过，还有一条路。DEFAULT_CHUNK_SIZE 由 odema::Pool 的第一个构造函数安装，由于修改它不需要重新编译中间的库，因此可以直接在连接命令中 fdec、edec、ode 的静态连接库前面加上新的 odema_pool.o 文件来修补 app3（见 1.2.4 节），在下一次定期发布之前解决问题。

遗憾的是，在进一步分析 app3 特有的稀疏矩阵使用模式后，很快就可以清楚地看出，固定大小的池补充策略无一可行。虽然这种固定策略扩大规模时表现很好，但缩小规模时就不行，因为将此固定的 DEFAULT_CHUNK_SIZE 值降低到 32 以下会导致其他应用的性能明显下降。[①]需要一种全新的补充策略。

将 replenish 从固定组块大小的策略更改为几何式分配的自适应策略，例如，从 1、2、4 开始，到 8、16，最后到 32 饱和，这样做能将 app3 中使用的主要数据结构的空间性能提升一个数量级，且不会显著降低其他应用性能。这种更改可以避免购买和安装更多硬件。剩下的唯一问题是，"这样的更改是否会迫使 odema:Pool 的客户重新编译？"

这一关键的物理设计问题归结为是否将 odema::Pool 的第一个构造函数[②]或私有方法 replenish 声明为 inline？如果出于某种原因，这些很少使用但极不稳定的方法当前实现在头文件中，我们就需要从 ode 包组开始重新构建、重新发布整个基础设施。完成后，我们需要让股权部门和固定收入部门快速重新构建、重新测试和重新发布他们的库。只有这样，app3 才能安全地重新构建好。

而如果私有方法 replenish 没有被声明 inline，调用这种重量级方法的摊销运行时成本就可能会大大增加，但其实现的策略细节都不会暴露给客户。只要我们所做的更改与 replenish 的合约是一致的，也就是"使空闲列表不为空"，我们就可以在 odema_pool.cpp 文件中想做什么就做什么（见卷 2 的 5.5 节），只有这一个源文件需要重新编译。[③]

不内联的构建的运行时成本也可能增加，但这种一次性成本会摊销在嵌入式池的整个生命周期上。如果所有的策略实现[④]的更改都对客户的编译器隐藏，并完全隔置在.cpp 文件中（如图 3-139），我们可以交给 app3 的开发人员一个特殊的补丁文件 odema_pool.o，直接将其放于连接命令里（静态连接的）库之前的位置。紧急事件就此解决，当天就能搞定！

---

① **lakos96**，10.4.3 节，第 702～705 页（特别是第 705 页的图 10-27）。

② 注意，要是我们将默认的组块大小作为一个类的静态数据成员在.cpp 文件中初始化后再访问，从而将它部分隔离，构造函数还是可以被声明为 inline（见卷 2 的 6.6 节）。

③ 注意，额外有一个允许客户指定正的组块大小的构造函数不是件简单的事情，这要求我们在此功能之外还要支持让客户能通过负值指定任意自适应初始值的新功能。

④ 由于 Pablo Halpern 几年后的建议，我们的自适应池目前最新的实现（总是仅采用一种自适应策略）不是先将每个新分配的组块中的链接缝合在一起，而是在大小呈几何级数增长的组块的系列里最新的那个组块中维护一对迭代器，从而消除无谓的（如 L1）缓存使用，提高性能，并且消除了任何固定的最大组块大小。见 BDE 库中 bdl 包组的 bdlma 包（**bde14**，子目录 groups/bdl/bdlma/）中的 bdlma_pool 组件，该组件由 bdlma_pool.h、bdlma_pool.cpp 和 bdlma_pool.t.cpp 文件组成。

```cpp
// odema_pool.cpp                                              -*-C++-*-
#include <odema_pool.h>
#include <bslma_allocator.h>                              （见卷2的4.10节）
#include <bslma_default.h>
#include <cassert>                                         （见卷2的6.8节）

enum { DEFAULT_CHUNK_SIZE = -1 };   // 负数表示池还在适应中
enum {     MAX_CHUNK_SIZE = 32 };   // 组块大小的饱和值

static const std::size_t PTR_SIZE = sizeof(Link *);  // convenient alias

// ...
// ...          ┌─────────────────────────────────────────────────────┐
// ...          │ 构造的函数定义相较于图3-138没有发生变化，除了在第二个    │
//              │ 构造函数的函数体中将assert(chunkSize > 0)改为          │
//              │              assert(chunkSize != 0)                  │
void Pool::replenish()
{
    int chunkSize;                          // 会持有当前的组块大小

    if (d_chunkSize < 0) {                  // 如果组块大小还在适应中
        chunkSize = -d_chunkSize;
        if (chunkSize >= MAX_CHUNK_SIZE) {  // 如果组块大小刚刚饱和
            d_chunkSize = MAX_CHUNK_SIZE;
        }
        else {                              // 使用当前的组块大小
            d_chunkSize *= 2;               // 下次组块大小会增加
        }
    }
    else {                                  // 组块大小已经饱和
        chunkSize = d_chunkSize;
    }          ┌───────────────────────────────────────────┐
               │ 与图3-138相比，这一行之后只有一处不一样：       │
               │         d_chunkSize变成了chunkSize           │
    d_freeList_p = reinterpret_cast<Link *>(
                            d_allocator_p->allocate(d_size * chunkSize) );
    Link *p = d_freeList_p;
    for (int i = 1; i < chunkSize; ++i) {
        Link *q = reinterpret_cast<Link *>(reinterpret_cast<char *>(p) +
                                                                    d_size);
        p->d_next_p = q;
        p = q;
    }
    p->d_next_p = 0;
}
```

图 3-139　（替代版）自适应组块大小的补充策略

3.10.6　本节小结

总而言之，对类中被封装的实现细节（如私有数据成员、内联函数的函数体，甚至私有或受保护方法的签名或返回类型）的更改仍会迫使开发工具重新编译它们的客户。即使对于中等规模的应用，跨发布单元的编译时依赖也是一项关键的设计考量。在 3.11 节中，我们将讨论用于将客户隔离于逻辑上被封装的实现细节更改的整体架构级方法。我们将从仅限于实现的角度重新讨论部分隔离和整体隔离的问题，见卷 2 的 6.6 节。

3.11　架构隔离技术

3.10 节介绍的编译时耦合是较大型系统的重要考虑因素，它会同时影响逻辑设计和物理设计。在本节中，我们首先将我们对（逻辑）封装的理解形式化，然后重新引入隔离一词以表示其物理模型。接下来，我们简要讨论用于将实现细节隔离于潜在客户的各种技术。最后，我们会介绍 3 种不同的整体隔离方法，它们必然会影响客户与被完全隔离的子系统交互的逻辑接口。

3.11.1　封装与隔离的形式化定义

> **定义**　如果组件的某一实现细节（类型、数据或函数）被修改、添加或移除都不会强迫客户返工（rework）他们的代码，则称该实现细节被封装（encapsulated）。

按照这里的定义，客户是不能以编程方式直接访问被封装的实现细节的。[1]正如读者在 3.10 节开头所看到的，在 C++中将不同实现所产生的可观察行为差异的各个方面都隐藏起来，在实践中并不一定总是可以实现。因此，我们的封装目标是为了允许对实现细节进行更改，以便在实践中客户不会被迫返工其代码。

> **定义**　如果组件的某一实现细节（类型、数据或函数）被修改、添加或移除都不会强迫客户重新编译（recompile），则称该实现细节被隔离（insulated）。

隔离是封装的逻辑属性的物理类比。隔离的目标是让客户不仅不需要返工代码，甚至还不需要重新编译。对被隔离的实现细节的任何更改，客户都可以在连接时获取。与封装相比，隔离更是不一定要做到隔离组件实现的每个方面，全都隔离可能使性能严重降低。因此，隔离的形式和程度是否适当将取决于两点：一是被隔离了实现的功能的目的，二是此功能在代码库物理架构中的相对位置。

3.11.2　用组件的概念阐释封装与隔离

为了更好地理解封装和隔离之间的物理差异，考虑图 3-140 中所示的详细（文件级）组件依赖图。此图由 4 个组件组成，记为 a 到 d。让我们假设 d 代表一个客户组件，而 c 代表一个（可复用）库组件。客户软件 d 直接、实质性地使用了库组件 c 提供的功能，依我们的设计规则（2.6 节），d 必须直接包含 c.h。而库组件 c 则使用两个 C++类 A 和 B，每个类分别在各自分离的组件 a 和 b 中定义。

在本例中，c（仅）在其实现中使用 A 和 B。即这两种类型都不是由 c（在 c.h 中）定义的任何可从外部编程访问的接口的一部分。A 和 B 都被 c 封装，这说起来很方便，但严格地说是不正确的。A 和 B 是非附属组件的公共可用类（2.7.5 节），c（或任何其他软件）完全可以访问 A 或 B，只需首先（直接）包含对应的头文件，然后就可以任意地创建和使用所需类型的对象。

被封装一词在这里的意思是，虽然可以制造这些类型的新对象，但在 c 的上下文中无法使用这些对象。即 c 没有暴露任何编程式接口来插入或提取这些类型的对象。为了更精确地描述我们的含义，我们可以说，c 封装了 A[2]的使用，而不是说 c 封装了 A，因为 c 显然没有封装 A。封的概念意味着我们可以用完全不同的、执行和 A 等价功能的类 E 替换 A，此时 c 的任何恰当客户都不应该需要返工其代码。[3]

---

① 虽然封装（encapsulation）这一术语最初只是意味着将一个类的成员函数所操纵的数据汇集在一起［就像放入“胶囊”（capsule）中］，但在本书中，我们通常以这一术语现在广为接受的形式使用它，即不仅意味着数据和成员函数的并置，还意味着实现（特别是数据）在逻辑上是“隐藏的”（除了并置在一起的函数，其他函数不能通过编程方式访问这些实现）。不过，结构体历来可以被视为“封装”了其公共数据，即使它没有“隐藏”公共数据。

② 我们在 3.5.10.2 节（见图 3-94）中看到了这种“封装使用”的示例，其中类 Graph 封装了类 Node 和 Edge（实现）的使用以及（可复用）类模板 std::vector 的使用。另一个物理示例展示了封装（物理上不同的）实现组件的使用的重要性，见图 3-172。

③ 注意，如果 c 的当前客户（如 d）恰好也直接使用 A，但未能直接包含 a.h，则一旦 A 换成了另一类型 E，并且 c.h 中对 a.h 的嵌套包含被移除了，这样的客户可能就会突然无法编译。对这种间接或传递式的包含的依赖是一种明显的违反设计规则的行为（2.6 节）。

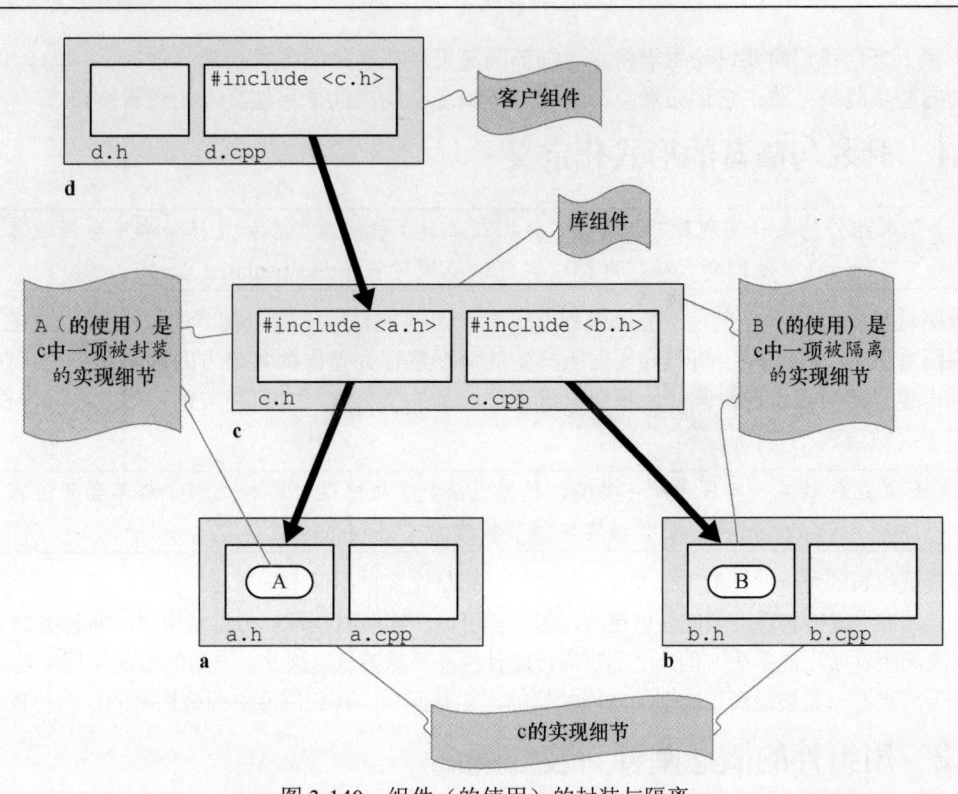

图 3-140 组件（的使用）的封装与隔离

在本例中，A 和 B（的使用）都被 c 封装。对 A 或 B 的逻辑接口进行任何实质性更改都将迫使 c 重新编译，甚至其源代码也可能被返工，但是，只要 c 的编程接口和基本行为（见卷 2 的 5.2 节）保持不变，这两种情况都不会迫使 d 的源代码更改。但是，关于 c，我们可以对 B 做出更有力的陈述。a.h 被 c.h 包含（而 c.h 又被 c.cpp 包含），b.h 则不然，c.cpp 直接包含 b.h。因此，不像 a.h，对 b.h 的更改不会通过 c 到 d 之间的物理接口自动传播，也就不需要重新编译 d！换言之，c 封装了 A 的使用，而它（也）隔离了 B 的使用。[1][2]

3.11.3 整体隔离与部分隔离

隔离可分为两种，一种是整体（total）隔离，一种是部分（partial）隔离。整体隔离意味着，被封装的实现不管任何方面发生更改都不会迫使客户重新编译。而部分隔离意味着，实现的某些（理想情况下是稳定的）方面会暴露给客户的编译器，[3]而其他策略性更强且更易延展的方面则隐藏在 .cpp 文件中。部分隔离（与无隔离相比）本身是单个组件的实现细节，卷 2 的 6.6 节从这个

---

① 注意，隔离一词在实践中总是意味着封装。我们可能会想象到有些实现细节的更改，虽然不需要客户物理上进行重新编译，但从逻辑上讲，它会迫使客户返工其代码，而这反过来又必须重新编译。

② C++模块在广泛可用后，在（物理）隔离方面能提供的支持不会比现在头文件所能做的多太多（甚至可能一分也不多），因为这样做必然意味着大量额外的运行时开销。但是，此 C++20 语言特性提供了一种新形式的物理封装：仅用于实现中的类型［如导出（公共）类型的嵌入式（私有）数据成员的类型］虽然仍可供客户编译器使用，但不会供使封装型类型的客户直接使用，从而主动地防止了不经意间依赖传递式包含的脆弱实践（以及对设计规则的违反，2.6 节）。

③ 通常是为了提高运行时性能，但也有些时候是为了能够互操作（见卷 2 的 4.4 节）。

角度进行了讨论。[①]但是，如果对子系统的整体隔离是适当的并被采用了，那么该子系统的物理架构及其逻辑接口的性质很可能受到影响。这里讨论的正是这些架构显著的（2.2.6 节）整体隔离技术。

3.11.4　架构显著的整体隔离技术

历史上，在 C++中实现子系统整体隔离的架构显著技术[②]有 3 种，见图 3-141，三者各有长短。任何一种技术是否合适将取决于当时的具体情况。例如，当无论如何都会涉及继承时，立即会想到使用协议类来实现整体隔离。在这种情况下，架构已经预料到，具体派生类型的创建函数很可能与通过抽象基类使用此派生类型的大多数客户不同。还有一个附带的好处是可以消除协议的客户对其（派生）实现的连接时依赖。

对于必须由同一客户创建和管理的子系统，采用继承并不合适，但完全隔离型具体包装器组件可能很合适。如果系统已由封装型包装器组件（如 xyza_pubgraph，见图 3-95）管理，则向完全隔离型包装器组件的过渡非常简单（见卷 2 的 6.6 节）。否则，鉴于多组件包装器通常难以实现（3.1.10.6 节），因而只有在新包装器所需的个体包装器类的数量固定（或增长缓慢）且将继续保持足够小以适合单个组件时，这一策略才可行。这是为了避免违反禁止长程友元的设计规则（2.6 节）。

I. 纯抽象接口（协议）类
从一个纯接口派生，这个纯接口类的具体实现的实例化由使用它的典型客户分离进行

II. 完全隔离型具体包装器组件
在单个组件中创建一个或多个类，每个类有且只有一个数据成员，该数据成员是一个不透明指针，指向的实例的类型是在其实现（.cpp）文件中定义的局部于组件的类，此不透明指针完全由它对应的公共"包装器"类管理

III. 过程接口
通过强类型指针提供一组自由函数来分配、操作和释放不透明对象

图 3-141　实现整体隔离的 3 种基本技术

对于先前已存在的子系统已大到使单组件包装器不可行的情况，我们可能不得不诉诸过程接口。在这种方法中，客户仅通过自由函数分配、操作和释放不透明类型的实例。这种方法的主要缺点是，在某种意义上，我们现在向客户"隐藏"了接口类型的定义，以获得隔离（这与 3.9.7 节和 3.9.10 节中描述的那种伪逻辑封装隐藏不同）；因此，过程接口通常设计为 C 语言客户也可以使用的，他们没有其他办法直接使用 C++类型。[③]下面，我们更详细地研究上述 3 种基本的架构显著的整体隔离方法。

3.11.5　纯抽象接口（协议）类

只要我们已经准备使用继承，使用协议（1.7.5 节）来整体隔离接口的公共客户，使其不受实现中"被复用"部分的任何变动的影响，几乎[④]总是正确的决定。图 3-142 中的组件集合给出了一个虽然设计不完善但简单而适于教学的具体示例，使用协议在继承层次中隔离共享实现的所有方面，这一示例说明这种方法的优势。这一小型子系统由基类 Shape、两个特定的具体类（各自从 Shape 派生接口和共用的实现）Circle 和 Rectangle 以及 3 个客户类（只使用 Shape 基类的

---

① 在头文件（如 b.h 中提供局部类声明（如 class A;），而不是包含 a.h（定义了类 A 的头文件），通常是在 b.h 为了组件特性 1（1.6.1 节）可孤立编译而需要 A 的声明而不是 A 的定义时，使 b.h 的客户免受 a.h 更改的影响。尽管我们的组件设计规则（2.6 节）允许这样的局部（内绑结型）声明（1.3.4 节），但这样的声明限制了在不必返工 b.h 源代码的前提下所能对 a.h 中面向客户的接口进行的更改。像 iosfwd（见卷 2 的 5.5 节）这样的"前置"声明组件可以用作减轻这一障碍的策略（这与第 2 章中所述的基本的设计和打包的规则和命名法是一致的）。

② **lakos96**，6.4 节和 6.5 节，第 385~445 页。

③ 例如 C 风格的回调函数 myTurnUpTheHeatCallback，调用 MyHeatController 对象的 turnUpTheHeat 方法，如图 3-31 所示。

④ 这是有意为之的。

公共接口）Client1、Client2 和 Client3 组成。

最初，Shape 的作者仅在 32 位平台上工作，他知道所有客户的坐标值的有效范围是[−1000，+1000]，因此，为了尽量减少对象大小，他在内部将坐标值表示为 short int（短整型）的数据成员，他清楚某一天这一范围可能需要扩增。用于存储坐标的私有数据成员的具体大小显然是 Shape 类的实现细节，当然前提是它们能够表示合约所示的有效值范围（见卷 2 的 5.2 节）。此后用 int 替换 short int 不会改变逻辑接口，逻辑接口将继续像往常一样接受并返回 int 类型的整数（见卷 2 的 6.12 节），尽管现在的有效范围超过了原合约中指定的范围。事实上，此实现细节完全被 Shape 的接口封装。但这里有个问题。

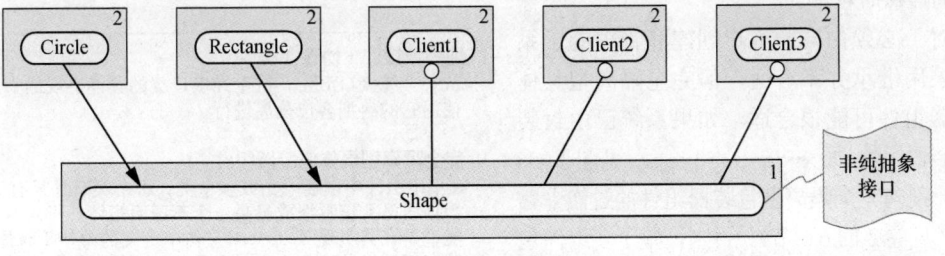

（a）组件-类图

```
// my_shape.h
// ...
class Shape {
    short int d_x;  // 可能（某一天）会不够大
    short int d_y;  // 可能（某一天）会不够大
  protected:
    Shape(int xOrigin, int yOrigin);
  public:
    virtual ~Shape();  // 在.cpp文件中定义为空函数
    // ...
    virtual double area() = 0;
    int xOrigin() const { return d_x; }
    int yOrigin() const { return d_y; }
    // ...
};
// ...
```

```
// my_circle.h
// ...
#include <my_shape.h>
// ...
class Circle : public Shape {
    short int d_radius;
  public:
    Circle(int xOrigin, int yOrigin, int radius);
    virtual ~Circle();
    virtual double area() const { return PI * d_radius * d_radius; }①
    // ...
};
// ...
```

（b）选定的组件文件中简略版的源代码

图 3-142　由于结构继承而产生的编译时耦合

---

① 从 C++11 开始，我们可以（并且大概率应该）将 area 注释为基类中声明的虚函数的 override，以帮助（如编译器）确保其签名与它实现的纯虚函数匹配：

　　virtal double area() const override; // 此处 virtual 可加可不加

```
// your_client3.cpp
// ...
#include <your_client3.h>
// ...
#include <my_shape.h>
// ...
static double totalArea(const std::vector<Shape *>& shapePointers)
{
    double sum = 0.0;

    for (int i = 0, n = shapePointers.size(); i < n; ++i) {①
        sum += shapePointers[i]->area();
    }
    return sum;
}
// ...
```

（b）选定的组件文件中简略版的源代码（续）

图 3-142 由于结构继承而产生的编译时耦合（续）

假设某一天，一些客户迫切需要比 short int 更大的坐标范围，于是我们决定要将这一私有坐标数据成员的类型从 short int 改到 int（适用于所有人）。图 3-142 中的哪些组件会被强制重新编译？很遗憾"全都要！"包括那些不需要这一增强故而不迫切需要重新编译和重新部署，却必须这么做以和其他客户保持兼容的客户。

Circle 和 Rectangle 都继承自 Shape，并直接依赖 Shape 的内部物理布局。当 Shape 的任何数据成员发生变化时，Circle 和 Rectangle 的内部布局必须相应连锁地进行更改。Shape 的客户也不会更好。除了涉及数据成员自身的不兼容性，在许多平台上，在 Shape 对象的物理布局中虚表指针的位置也会受到从 short int 到 int 的变化的影响。除非重新编译这一依赖 Shape 的代码，否则它将无法工作。

3.11.5.1 提取协议

只要实现的任一部分放在组件的头文件中，组件就无法将客户与其逻辑实现的那一部分隔离开来。如果对接口和实现继承使用相同的基类，则公共客户在共用的部分实现中的被封装细节发生更改时需要重新编译。但是，纯抽象（协议）类可以充当堪称完美的隔离器（见 3.11.5.3 节）。如果我们从基类中提取纯抽象接口，那么客户就完全不会受到实现的任一方面更改的影响。

图 3-143 展示了修改后的架构，在该架构中，原来的 Shape 类被重命名为 ShapePartialImp，而 ShapePartialImp 现在派生自新的 Shape 协议类。由于 Shape 已经是抽象类，因此提取协议是在不改变使用模式的情况下改善隔离的自然方式。② 除与原点相关的函数外，所有其他函数的运行时性能都将完全不受影响。客户将继续像以前一样使用 Shape，但不需要重新编译以响应对共享实现的更改（现在放在 ShapePartialImp 中）。还要注意，Shape 的新的具体实现（如 Box）现在能够直接从协议中派生，因此，如果有比 ShapePartialImp 更好的替代实现，便不再必须承受与之相关的空间开销。

---

① 从 C++11 开始，我们可以利用基于范围的 for 语法来更简洁地但等效地（按向前迭代顺序）访问 Shape 指针序列中的每个元素（我们有意选择多一个字母的 Shape 而不是 auto，相比于 auto 的可写性，我们更倾向于 Shape 的可读性）：

```
for (Shape *p : shapePointers) {
    sum += p->area();
}
```

有关在大规模工业环境中安全有效地使用这些以及其他现代 C++语言功能的详细信息，见 **lakos21**。

② **lakos96**，6.6.3 节，第 653、654 页。

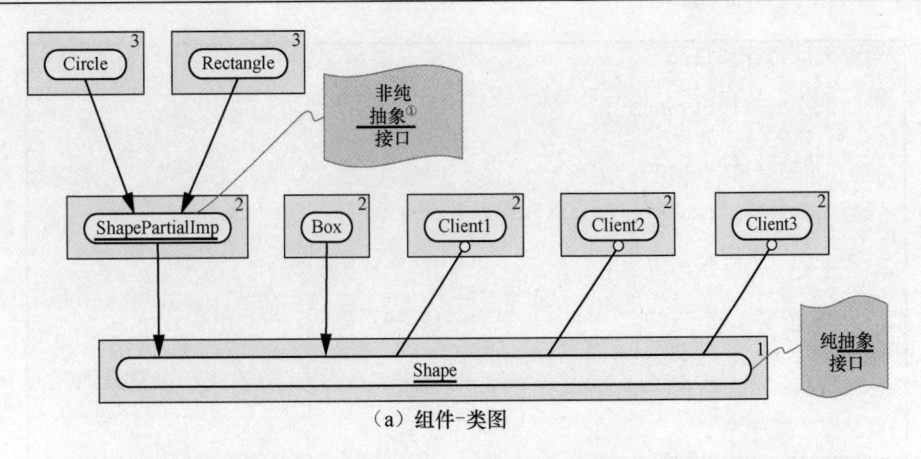

（a）组件-类图

```cpp
// my_shape.h
// ...
class Shape {
  public:
    virtual ~Shape();  // Defined empty in '.cpp' file.
    virtual double area() const = 0;
    virtual int xOrigin() const = 0;      现在是纯虚的
    virtual int yOrigin() const = 0;
    // ...
};
// ...
```

```cpp
// my_shapepartialimp.h
// ...
#include <my_shape.h>
// ...
class ShapePartialImp : public Shape {
    int d_x;          现在隔离于公共客户
    int d_y;
  protected:
    ShapePartialImp(int xOrigin, int yOrigin);
  public:                                      仍然是纯虚的
    virtual double area() const = 0;
    virtual int xOrigin() const { return d_x; };      在此实现
    virtual int yOrigin() const { return d_y; };
    // ...
};
// ...
```

```cpp
// my_circle.h                              PI的字面初始化值在
// ...                                      小数点后16位之后的
#include <my_shapepartialimp.h>            数字不会影响典型
// ...                                      （8字节）double的
class Circle : public ShapePartialImp {    内部值
    static const double PI = 3.141592653589793;
    int d_radius;
  public:
    Circle(int xOrigin, int yOrigin, int radius)
            : ShapePartialImp(xOrigin, yOrigin), d_radius(radius) { }
    virtual double area() const { return PI * d_radius * d_radius; }
    // ...
};
// ...
```

（b）选定的组件文件中简略版的源代码

图 3-143　避免通过协议类进行编译时耦合

---

① 注意，有时我们会在类名下面加下划线，以表示它是抽象接口，即使它不是纯接口。

3.11.5.2 等效的"桥接"模式

接口继承是唯一真正增加价值的继承。[①]任何对实现继承的使用都是可疑的，对库组件尤其如此（见卷 2 的 4.6 节）。即使使用了实现继承，将接口继承与实现继承分离的需要也远远高于物理隔离（见卷 2 的 4.7 节）。然而，注意，我们总是可以在不作实现继承的情况下实现完全相同的结果，代价是派生类的作者需要付出一些额外的努力。

实现继承的一种替代方法是用一个或多个分离的具体类（如 `IntPoint` 和 `ShortPoint`）替换 `ShapePartialImp`，这种做法有时称为桥接模式（bridge pattern）[②]，如图 3-144 所示。在这种设计中，每个具体节点都独立负责提供自己的（分解后的）实现以实现协议 Shape。如果新的具体派生形状（如 Box）想自己实现坐标数据成员，那就让它实现吧！注意，除非派生类的作者也是子系统的意向客户，否则我们通常认为在实践中这种库软件的架构形式对接口继承是最有效的。

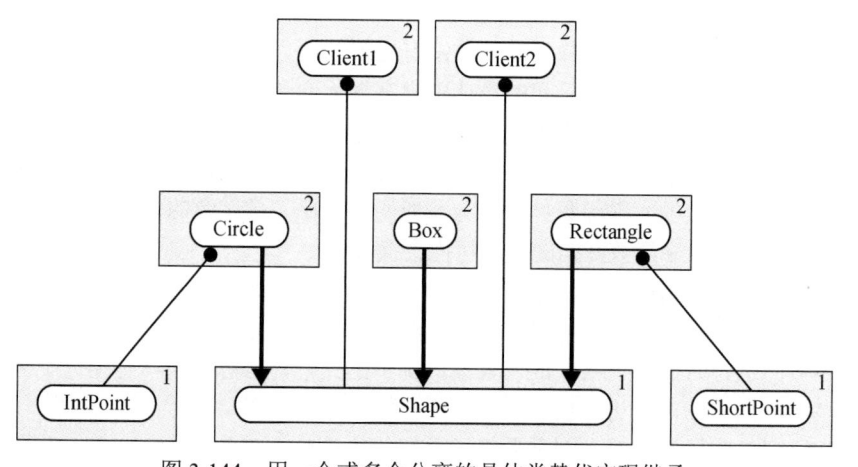

图 3-144 用一个或多个分离的具体类替代实现继承

3.11.5.3 协议充当隔离器的有效性

我们发现，一般情况下，协议是架构显著的整体隔离技术中最有效的，除非不适用。协议不会有任何与接口本身无关的东西，几乎消除了与实现相关的编译时耦合的所有方面。没有数据成员或私有成员函数暴露给纯接口的客户。此外，受保护功能（仅供派生类的作者使用）也很容易升级到明确用于派生类的部分实现中（或者被重新创建于分离的实现中，如实用组件），因为这些部分实现专用于派生类，公共客户的编译器也不需要看到这些实现。协议作为词汇类型（见卷 2 的 4.4 节）的一种非常有效的用途是注入局部内存分配器（见卷 2 的 4.10 节）。

3.11.5.4 特定于实现的接口

甚至连像构造函数这样的特殊函数的接口也无法通过抽象接口看到，这些特殊函数由分离的更高层级客户用来创建和配置协议的派生（实现）类型的对象。对于公共客户，同样被消除了的还有与特定于实现的（非虚）方法（如用于对已构造好的派生类型对象进行配置或访问其独特特性的方法）相关的任何编译时耦合。还要注意，协议的接口中使用的类型通常不是通过基类组件中的 #include 指令定义的，而是仅局部声明，从而在没有明确需要时将公共客户隔离于这些类型。将具体类的客户部分隔离于具体类的实现的个别细节（见卷 2 的 6.6 节）通常所需的计谋都被我们通过纯接口有效地绕开了。

---

① **liskov87**。

② **gamma95**，第 4 章，"Bridge"一节，第 151～161 页。

3.11.5.5 静态的连接时依赖

更值得注意的是，在本节中标出的 3 种架构显著的隔离方法中，协议是独一无二的，因为协议还消除了公共客户对特定实现的所有静态连接时依赖。由于协议不含实现，因此也不会有连接时依赖。我们通过依赖协议而不是具体类来将传统的（脆弱的）分层架构转变为（更灵活的）横展架构（3.7.5 节）。

恰当地使用接口继承（见卷 2 的 4.6 节和 4.7 节）来打破所有物理依赖，从而物理上完全解耦原本对子功能的静态依赖，这自然会导致更稳定（如平台独立的）、可测试和可扩展的子系统。当不需要为了运行时性能而内联时，系统层级的代理（如 main）常常使用协议来按需注入（高层级）平台特定功能[①]，而不是强制可移植库静态地依赖多个平台特定的库（由条件编译选通）。

3.11.5.6 整体隔离的运行时开销

与任何其他整体隔离的方法一样，在之前没有协议的地方使用协议以实现整体隔离可能会带来巨大的额外运行时开销。对于在最初的设计中没有继承的子系统，必须给新的协议适配该子系统。然后，更高层级的代理便需要负责通过子系统新的适配器[②]对象来创建和配置子系统。由其公共客户发出的每次（之前是静态绑定的，可能是内联的）访问函数调用和操纵函数调用现在都将通过（通常是动态绑定的）虚函数。尽管与普通函数相比，虚函数的相对开销通常在其两倍以内，但虚函数开销相对内联函数开销的倍数可能会高得多。[③]

对于已采用继承的子系统，使用协议的设计成本和随后的运行时开销可能要小得多。协议的提取是机械的，而且使用模式保持不变。[④]由于调用纯虚函数的运行时成本并不大于（动态绑定的）非纯虚函数的运行时成本，唯一的（典型情况下的）额外运行时成本是损失了对（非协议）基类中的共享实现细节的内联访问权。

如果创建协议是为了避免对大型重量级子系统的编译时依赖和连接时依赖，并且在该子系统中，在典型方法被调用时会执行大量工作，那么运行时间可能不会出现明显的恶化。但是，如果被隔离的组件有效地使用公共内联函数，那么总是调用虚函数的相对成本通常很高，甚至可能高得难以承受。避免由于高性能、广泛使用的、有许多微小内联函数的类型或类型模板〔如下文的

[①] 彭博的一个示例（约 2018 年）是特定于服务的 BAS（Bloomberg application services，彭博应用服务）客户的"传输"（transport）:

```
class BasTransport {
  public:
    virtual void sendMessage(RequestMessage,
                             bsl::function<void(int, ResponseMessage)>) = 0;
};

class MyService {
  public:
    MyService(std::unique_ptr<BasTransport>& transport);
    int serviceSpecificFunction();
};
```

> 也可以是
> BasHttpTransport或
> BasTestTransport等

```
int main()
{
    std::unique_ptr<BasTransport> transport (new BasTcpTransport);
    MyService                     service(transport);
    service.serviceSpecificFunction();
}
```

[②] **gamma95**，第 4 章，"Adapter" 一节，第 139~150 页。

[③] **lakos96**，6.6.1 节，第 445~448 页。

[④] **lakos96**，6.4.1 节，第 386~398 页（特别是第 392、393 页）。

bget::Point（见图 3-148）或 std::complex］的实现发生变化而处处重新编译的唯一方法是从一开始就"用正确的方法处理它们"。[①]

3.11.6 完全隔离型具体包装器组件

与协议不同，完全隔离型具体包装器组件的使用模型允许创建包装器的同一客户使用包装器所隔离的子系统。在这种整体隔离的方法中，包装器组件为具体子系统提供了完整的"门面"[②]，同时在.cpp 文件中隔离所有的私有细节，使得在物理接口中定义的每个类的实现看上去和所有其他想得到的实现单从头文件可看到的一样。如果通过单个包装器组件进行隔离是可行的，则通常最好通过以下方法实现刚刚提到的目标：先创建封装型包装器组件，如 PubGraph（见图 3-95），然后将该组件中的每个类都设置为完全隔离型具体类（见卷 2 的 6.6 节）。

使完全隔离型包装器组件成为一项架构决策的原因不是隔离本身（至少不是直接原因），而是因为子系统的创建和使用的所有方面都将通过包装器中定义的类来进行。隔离型包装器组件在接口中使用的类型一般不是包装器类型，而往往是使用范围更广泛的词汇类型（见卷 2 的 4.4 节），它们在物理层次中的层级相当低。

当传入或传出包装器接口的类型本身是包装器类型时，设计的复杂性和运行时开销通常会大大增加。例如，如果在隔离型包装器组件中定义的某个公共类 B 在其接口中使用另一个这样的类 A，然后，B 的被隔离实现可能必须直接访问 A 的私有被隔离实现，使 A 必须在包装器组件暴露的物理接口中声明 B 为友元（3.1.9 节）。

为了能对被隔离部分作任意更改，我们可以预先让被用于 B 的接口中且定义在包装器内的每种公共类型授予 B 友元（无论当前 B 的实现是否需要对它们的私有访问权）。这些基本概念应用于图 3-95 封装型包装器组件后由图 3-145 说明，该组件现实现于一个完全分离的 pub 包中。注意，我们使用的是组件私有的类型（2.7.1 节和 2.7.2 节）（由 _i 后缀表示），而不是前置声明的私有嵌套类型，从而模拟了内绑结（1.3.4 节），同时使这些类型可以从.cpp 文件中的任何位置直接访问，如文件作用域的静态方法、在无名命名空间中声明的类型或其他某个实现（ _i）类型。

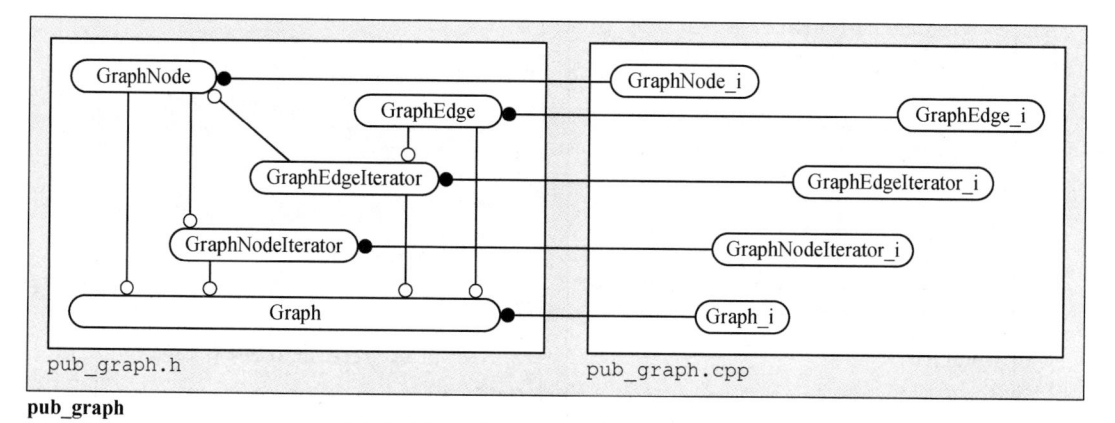

（a）完全隔离型pub_graph包装器的组件-类图

图 3-145 完全隔离型具体包装器组件（见图 3-95）

---

① **lakos96**，6.6.2 节，第 448 页。

② **gamma95**，第 4 章，"Facade"一节，第 185～193 页。

```
// pub_graph.h                          // pub_graph.cpp
#ifndef INCLUDED_PUB_GRAPH            #include <pub_graph.h>
#define INCLUDED_PUB_GRAPH           // ...
// ...
namespace MyLongCompanyName {         namespace MyLongCompanyName {
// ...                                 // ...
namespace pub {                       namespace pub {
// ...                                 // ...

class GraphNode_i;                    class GraphNode_i {
class GraphNode {                       public:
    GraphNode_i *d_this_p;                // ...
    friend class GraphNodeIterator;       // （只有创建函数和数据）
    friend class Graph;                   // ...
  public:                             };
    // ...                            // ...
    // （公共接口）                    // （GraphNode的所有实现）
    // ...                            // ...
};
                                      class GraphEdge_i {
class GraphEdge_i;                      public:
class GraphEdge {                         // ...
    GraphEdge_i *d_this_p;                // （只有创建函数和数据）
    friend class GraphEdgeIterator;       // ...
    friend class Graph;               };
  public:                             // ...
    // ...                            // （GraphEdge的所有实现）
    // （公共接口）                    // ...
    // ...
};                                    class GraphNodeIterator_i {
                                        public:
class GraphNodeIterator_i;                // ...
class GraphNodeIterator {                 // （只有创建函数和数据）
    GraphNodeIterator_i *d_this_p;        // ...
    friend class Graph;               };
  public:                             // ...
    // ...                            // （GraphNodeIterator的所有实现）
    // （公共接口）                    // ...
    // ...
};                                    class GraphEdgeIterator_i {
                                        public:
class GraphEdgeIterator_i;                // ...
class GraphEdgeIterator {                 // （只有创建函数和数据）
    GraphEdgeIterator_i *d_this_p;        // ...
    friend class Graph;               };
    friend class GraphNode;           // ...
  public:                             // （GraphEdgeIterator的所有实现）
    // ...                            // ...
    // （公共接口）
    // ...                            class Graph_i {
};                                      public:
                                          // ...
```

（b）pub_graph.h 和 pub_graph.cpp 简略版的源文件

图 3-145 完全隔离型具体包装器组件（见图 3-95）（续）

```
class Graph_i;                              //    （只有创建函数和数据）
class Graph {                               //    ...
    Graph_i *d_this_p;                   };
  public:                                   //    ...
    //    ...                               //    （Graph的所有实现）
    //    （公共接口）                         //    ...
    //    ...
};                                              }    //  结束包级命名空间

    }    //  结束包级命名空间                   //    ...
    }    //  结束企业级命名空间
#endif                                          }    //  结束企业级命名空间
```

pub_graph

（b）`pub_graph.h` 和 `pub_graph.cpp` 简略版的源文件（续）

图 3-145　完全隔离型具体包装器组件（见图 3-95）（续）

为低层级子系统（如 `Graph`）创建一个完全隔离型具体包装器组件可能会对性能产生毁灭性（数量级）的影响，特别是当组件中定义的某些完全隔离型类将其他类按值返回时。[①②]相反，如果只进行不完美的隔离，例如在包装器接口中依赖稳定但不被隔离的低层级词汇类型，或者只对包装器类的具有策略性优势的方面进行（部分）隔离（见卷 2 的 6.6 节），我们通常能以一小部分开销换得隔离的大部分实际好处。

隔离型包装器的不妥当的方式

不是所有的类型都可以或应该为实现隔离而被包装。例如，原本不分配内存的类型一般不建议为之提供隔离型包装器类，因为即使是单次动态内存分配也会带来大量开销，而它之前是没有动态内存分配的。对于可复用类型，如果是分配型的，我们还希望使其知悉分配器（allocator-aware，见卷 2 的 4.10 节），而对本来非分配型的类型进行隔离的操作本身就必须在包装器类型的每个构造函数的参数列表尾部添加一个可选的分配器指针参数。此外，知悉分配器的对象不能可靠地按值返回，[③]更不用说高效了。[④]因此，对于所有可复用[⑤]软件，我们选择不按值返回分配型对象，而

---

① lakos96，6.6.4 节，第 466 页，图 6-89。

② C++11 中移动语义出现后，可以以一种对实现中立的方式使用 PIMPL（Pointer-to-IMPLementation，指向实现的指针）的变体来安全地定义完全隔离型具体类（见卷 2 的 6.6 节）并使得按值返回的新构建的被包装对象可以避免往常不得不复制回调方的额外的分配和释放开销，前提是被包装类型本身具有语义上有意义的默认值。为了在确保移动构造始终 `noexcept`（不抛出）的同时维持类的不变量，默认构造的包装器将持有空地址值，并且每个非创建函数的包装器方法都必须首先检查对象当前是否处于"移动自"（默认构造）状态，如果是，则应特别处理此情况。注意，返回值优化（return-value optimization，RVO，自 C++03 起被允许，自 C++17 起成为要求）在调用方的上下文中构造被返回的对象，因此即使没有移动语义，复制也可能不会发生，是"以防万一"的方案。尽管如此，内部分配内存的高性能对象仍然不适合按值返回（return-by-value），即使是在后现代 C++（见卷 2 的 4.10 节）中。

③ 在 C++98 和 C++03 中，对有状态的分配器并没有硬性要求完全支持。具名返回值优化（named return value optimization，NRVO）常常（但并非总是）使得对象以及用于创建对象的分配器能够在原地构建。如果这一优化失败，就执行一次复制，并将当前安装的默认分配器注入此副本中。有了 C++11 后，就可以使用移动语义来保证行为就像被返回的对象是在原地构建的一样。从 C++17 后，对何时可以依靠 NRVO 有了若干保证。

④ 即使有了 C++11 移动语义，让函数按值返回一个对象还是需要在每次调用函数时构造它。对于被重复调用的函数（如循环中的函数），或者甚至是在从一个给定作用域连续调用返回类型相同的多个不同函数时，都必须在每次函数调用时构造并析构被返回的对象，产生不必要的运行时开销（即使仅有两次操作），无论分配类型本身是否知悉分配器。

⑤ 不是所有的潜在客户都对性能敏感，因此可能会选择完全忽略内存分配问题。对于许多客户（尽管数量少于前者），性能是一个重要因素，如果能自定义分配器，客户就会自定义。更少的客户发现，有些类型如果能够每个对象接受各自的内存分配器，就能带来不可或缺的定性和定量的优势，要是原先的类型做不到，客户就被迫自己创建一个版本。为了不妨碍任何客户充分利用我们的层次化可复用软件，我们的设计方法论的一个支柱是，只要一个类型分配了能够留存在单个方法作用域之外的动态内存，则总是使这样的类型知悉分配器（见卷 2 的 4.10 节）。

是按地址返回，这一地址作为参数列表首部的一个（输出）参数提供（见卷 2 的 6.11 节和 6.12 节）。

完全隔离型具体包装器通常也不适合凭借继承和虚函数进行扩展的系统。例如，试着包装图 3-142 中的 Shape 子系统。我们可能会尝试创建一个实现门面的隔离型包装器，如 MyShape，通过该包装器，同一客户可以创建和使用多态类型的形状，如图 3-146 所示。但是，在这个命运多舛的示例中，MyShape 的构造函数有 3 个参数，前两者是新形状原点的坐标，第三个是用以标识要构造的形状的种类的枚举类型 ShapeType，从而不能在被隔离的情况下添加新形状的隔离性。用字符串而不是枚举可使新类型的添加无须强制现有客户重新编译。但是，这种接口会鲁莽地绕过编译时类型检查，因此这不是隔离所追求的那种消除编译时耦合的恰当方法。

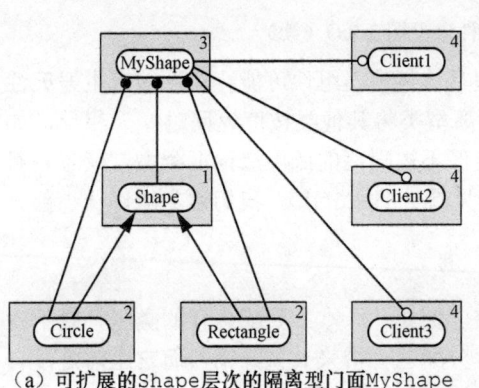

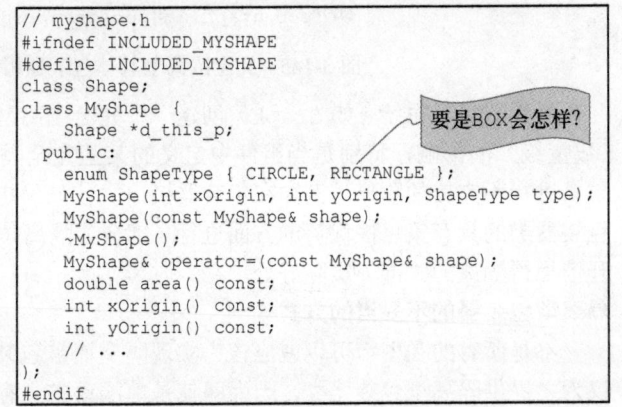

（a）可扩展的 Shape 层次的隔离型门面 MyShape

（b）类 MyShape 的定义，在扩展时必须更改

图 3-146　可扩展抽象接口的隔离型包装器（坏主意）

即使我们可以添加允许客户创建新的形状而无须重新编译的功能，使用 MyShape 的现有客户也不知道如何配置新的具体形状的实例（如 Box 的大小）。现有客户无法利用新的多态类型，这是隔离型包装器不是正确方法的症状。如果开放式可扩展性是设计目标，则最好暴露协议以允许更高层级的代理用若干个特定的具体“节点”配置其系统。如果我们必须封装这一创建方面，我们会分离地，如使用工厂设计模式，[1]在物理层次的较高层级上这么做（见卷 2 的 4.8 节）。[2]

---

[1]　**gamma95**，第 3 章，“Factory method”一节，第 107~116 页。

[2]　类型擦除（type eraser）是一个术语，通常用于描述一种包装器和协议之间的混合技术。例如，考虑 std::shared_ptr（在 C++11 中正式化），它提供对一个给定对象的共享访问权，带引用计数。构建一个 shared_ptr<T> 时，它被（可选地）传入一个删除器（deleter），用于在共享表示被遗弃时进行清理。std::shared_ptr 不像 C++98（坏主意）中的标准容器将内存分配器作为类模板参数那样处理删除器，而是使用模板化的构造函数作为工厂方法来（在构造函数数主体中）创建一个短暂可见的模板化类型的对象，以持有用户提供的删除器。

这种短暂的模板化类型通常派生自私有嵌套抽象基类，覆盖“destory”方法，但一旦共享指针对象的构造函数完成，这种模板化类型其本身就会被有效地“擦除”，从而让用户提供的删除器无法被访问。虽然这种所谓的类型擦除实现了它的主要任务，即防止删除器感染共享指针对象的 C++ 类型，但它在一般情况下是不适用的，在这种特定情况下有效是因为在构建时通过模板参数提供的删除器只有在引用计数达到 0 时才会被调用（通过指向私有基类的私有指针）。

虽然最初建议用类型擦除替代模板参数是为了内存分配器，但由于在对象的整个生命周期内都需要访问底层分配器，因此类型擦除就这一目的而言并不可行。在 C++17 中，最终采用的是更通用的多态内存资源（polymorphic memory resource，PMR）方法，即通过纯抽象（协议）基类将用户提供的具体分配器的地址传递给构造函数。注意，这种现代内存分配方法几乎完全基于我们自己原先的设计（约 1997 年），它老是老，但不一定意味着差。

3.11.7 过程接口

即使当整体隔离（甚至仅仅是封装）需要包装时，包装也并非总是能做到整体隔离（或封装）。包装器类型通常需要经友元得到对其他包装器类型（3.1 节）的私有访问权，这就意味着这样的类型都要并置在单一组件中以避免长程友元（2.6 节）。对于既有的大型系统，特别是那些有许多横向的、面向客户的组件的系统，包装就绝非可行之举。这种情况下，我们可能得求助于过程接口（procedural interface，PI）。

3.11.7.1 什么是过程接口

在这种比包装更一般化的替代方法中，子系统的一些或所有底层类型通过（非成员）函数的接口暴露，这些接口可能跨越任意数量的物理实体。在不修改子系统的源代码的情况下，创建过程接口总是可以的。然而，这种方法的一个缺点是，出于隔离目的而使用过程接口的客户必须避免将被暴露的类型的定义纳入进来，以免对这些类型作的被封装更改使得跨接口对象的布局不兼容以及在重新连接时客户程序不符合规范。

值得注意的是，这种隔离形式并不排除对底层类型的并排复用，因为这些类型明确不为了封装而隐藏（3.9.7 节和 3.9.9 节）。因此，有意将底层头文件直接纳入的客户只是自愿放弃了任何实现细节的隔离，而没有放弃封装。

3.11.7.2 何时需要过程接口

在以下 3 种重要的情况下，向给定子系统提供过程接口可能是正确的决定。

（1）遗留子系统。这种子系统涉及一个大且成熟（遗留）的代码库。此类较旧的软件可能不完全符合物理（甚至逻辑）设计的健全原则，因此，其中定义的类型无论如何可能不适合一般的复用。阻止对这些类型的直接访问可能会在某种程度上削弱总体运行时性能，但常常会为客户提升可维护性和可用性从而带来总体"净的效益"。

（2）活跃的（横向）库开发。这种子系统虽然现代，但当前也在积极开发中。如果此子系统还暴露了一个跨越多个不同（横向的）组件的宽接口，那么从单个物理组件将所有组件包装在其内可能并不实际，甚至是不可取的。在任何给定时刻，底层子系统的某些方面可能会比其他方面的变化更快。每当添加任何新功能给子系统的任何部分时，要是强迫直接使用这一子系统的每个客户都重新编译，那可就是一个糟糕的设计选择。另外，提供过程接口可以在个体成员函数层级进行颗粒化修改，而不必强迫被包装子系统的所有客户重新编译。[①]

（3）C 语言适配器。这种子系统虽然本身是用 C++编写的，但对于部分由其他语言编写的系统（如遗留系统）也很有用，通常是 C 语言。在这种使用场景中，物理接口必须能够以客户的语言进行编译，因此不能直接使用成员函数或内联函数、继承以及模板等。过程接口不会因隔离而导致复用的损失（性能损失也相对较少）。在这种情况下，过程接口既可用作隔离层，也可用作翻译层，如从 C++到 C 的连结。只要有效使用不会受到过度阻碍，为支持翻译而设计的同一过程接口也可以用于将较高层级 C++客户隔离于底层子系统的更改。[②]

[①] 当 C++模块广泛可用时，可以让其支持对现有子系统中用户定义类型的细粒度"视图"，而（丝毫）无须修改现有源代码，就像现在的过程接口一样。但是，模块的优点是，它能够将一部分恰当的（可能是模板化或内联的）功能以及类型本身暴露出来，这使得直接使用它们不会有运行时开销，并且可能显著地改进编译次数。但要注意，模块本身的使用对编译时耦合的性质和程度几乎没有影响，即模块对隔离（见 3.11.1 节）没有用处。见 **lakos17a**，第 3 节，第 I 项，c 和 d 段，第 2 页。

[②] 注意，在大多数常见平台上，对于一个编译自异构语言源代码的系统，在将定义 main 的翻译单元与系统的其余部分连接之前，必须使用 C++编译器（即使此编译单元中的 C++子集兼容 C）编译这一定义 main 的翻译单元（启动文件作用域静态变量的运行时初始化等原因）。

在过程接口适合作为架构隔离技术的各种场合中，提供一个从 C++到 C 的翻译层可以说是最常见且一般的情况，本节的其余部分会专注在它身上。[①]

3.11.7.3 过程接口的重要性质和架构

我们设想中的隔离型、翻译型过程接口必然要满足几个重要性质。使用经典分层架构（3.7.2节）来创建过程接口也将成为其总体设计的固有部分。图 3-147 说明了此类隔离型翻译层在（面向对象的）C++子系统之上的一般拓扑，它提供了对该子系统的访问权。在此示例中，包装类 ClassW 封装了实现类 ClassX、ClassY 和 ClassZ 的使用，但在其接口中暴露了词汇类型（见卷 2 的 4.4 节）ClassA 和 ClassB（示例见图 3-95 中的 PubGraph）。此子系统的 C++客户通常直接依赖定义 ClassA、ClassB 和 ClassW 的组件，因此为了让 C 语言客户能够完全访问，我们需要给这 3 个组件在隔离型翻译层中提供相应的组件。

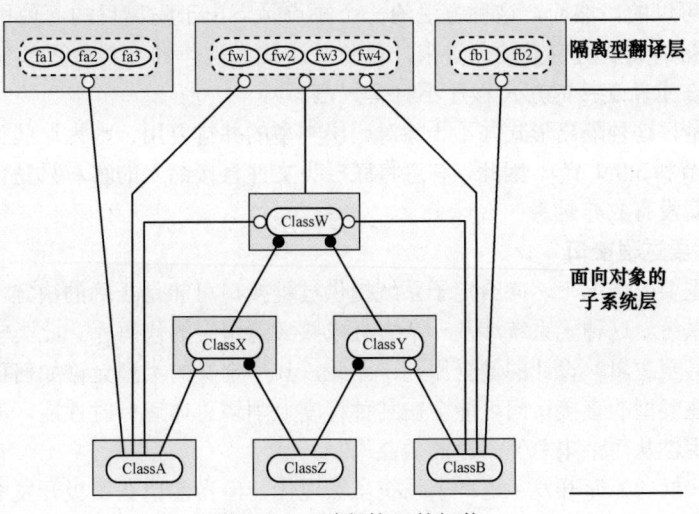

图 3-147　过程接口的拓扑

另外，ClassW 的客户不一定需要与实现类 ClassX、ClassY 和 ClassZ 直接交互。由于这里过程接口的目的在于隔离和翻译，且明确不是封装，因此对这 3 种实现类推迟在隔离型翻译层中实现相应的程序不会违反任何健全的设计实践（3.9 节）。如果这样的"实现"类型以后分离地对 C 语言客户有用了，则定义它们的组件的总是可以根据需要向 PI 层中轻松添加其对应物，而不会影响任何现有客户（见卷 2 的 5.5 节）。

3.11.7.4 PI 函数和底层的 C++组件之间的物理分离

更一般地说，所有 C 语言客户（以及那些仅通过过程接口访问底层子系统的 C++客户）与直接访问底层（面向对象）C++代码的 C++客户无交集。对底层软件的任意增强（即使是对物理接口的增强）都不会影响接口的用户，用户已被完全隔离。但是，这种增强不需要立即传播。一旦新的较低层级的功能得到验证，附加的过程接口函数和组件就可以暴露给 PI 客户，而绝不会影响仅与底层子系统交互的 C++客户。此外，不使用过程接口的客户不应被强迫了解它，更不用说依赖它了。但是，要实现这种程度的解耦，所有（翻译型）PI 函数必与它们要隔离的 C++组件保持物理分离。

3.11.7.5 PI 函数的相互独立性

我们希望能够通过 PI 层选择性暴露底层 C++子系统的功能的颗粒度在个体函数这一层级。在同一层中 PI 函数的耦合会妨碍我们独立地选取日后可能会选择暴露的一部分合适的低层级功能

---

① 关于过程接口的更多信息，包括在其他情况下过程接口的使用，见 **lakos96**，6.5 节，第 425～445 页。

的能力。为了确保在促进个体较低层级的函数方面有充分的灵活性，我们将要求给定 PI 层内的每个 PI 函数完全独立于该层中的所有其他 PI 函数。

3.11.7.6　PI 层中不存在物理依赖

任何含有 PI 函数的组件不应被允许 #include（或对其具有任何协作知识）PI 层中其他这样的组件。回忆 3.1 节中成功创建多组件包装器的固有困难。另外，PI 层的目的不是包装子系统，而是提供精心策划的子系统的访问权。让物理层次侵入 PI 层会使其目的模糊，并将其使用复杂化。因此，PI 层中的每个组件都位于同一（局部）层级，即层级 1。

3.11.7.7　PI 层中不存在额外的功能

过程接口不应提供底层（面向对象）C++子系统中存在的任何额外的实现或功能。只要过程接口只是翻译和隔离而不增加现有的领域相关功能，就可以通过几乎机械的方式创建它。由于在设计上它的使用只有隔离或翻译两种目的，所以我们避免了任何额外的物理依赖，也抑制了过程层被不当使用的诱惑（例如，它本身参与到设计循环中）。

3.11.7.8　从 PI 组件到较低层级组件的 1-1 映射（用 z_ 作前缀）

下一步是采用一种策略，系统地将 PI 层中的组件与底层（面向对象）C++子系统中物理上分离的对应组件关联起来。我们将采用可客观验证的准则（如细粒度分解和规整性，而非个人审美）来处理错误。适用一般情况的想法是为过程接口层内的包前缀创建一个截然不同的并行的"命名空间"。对于每个包［如实现（面向对象的）C++代码的 abcx］，我们将允许其在过程接口层中有一个可选的"姊妹"包 z_abcx，其唯一目的是提供过程接口函数以访问 abcx 中定义一部分合适的功能。[①]

包 z_abcx 中的每个组件将只暴露在包 abcx 的相应组件中实现的所需部分功能。例如，对于图 3-147 中分别实现 ClassA、ClassB 和 ClassW 类的组件，在 PI 层中会为它们各自创建一个分离的组件。确保过程层中的这种相互关联的、细粒度的模块化有助于保持连接时依赖与客户直接使用底层组件时的情况紧密一致。

对于包 abcx 中仅仅是实现的组件（如图 3-147 中那些实现了类 ClassX、ClassY 和 ClassZ 的组件），包 z_abcx 中将没有对应的过程接口组件。[②]最后一点，过程接口的发布单元（包或包组，分别见 2.8 节和 2.9 节）将反映底层实现的发布单元。因此，如果包组 abc 实现的功能需要过程接口，则包组 z_abc 将持有若干个包（如 z_abcx）的一部分，而这些包所持有的那一部分组件实现了要向过程层客户暴露的那一部分功能。

3.11.7.9　示例：简单的（具体）值类型

现在考虑一种简单的接口类型（见卷 2 的 4.4 节），例如可能对应于图 3-147 的抽象图中的 ClassA 的类型。作为一个具体的示例，我们将选择轻量级的 bget::Point 值类型[③]，如图 3-148 所示。

注意，此类的几乎整个实现都暴露在其头文件中（图 3-148a），唯一在 .cpp 文件中实现（图 3-148b）的是流输出运算符 operator<<。将此类的实现隔离于我们的内部 C++用户，很容易对总体性能产生毁灭性的影响。相反，我们会明智地选择提供物理分离的过程接口供外部 C 客户使用，它与 C++客户的互操作性也不成问题，以防万一真有用得到的时候（本节后面会讨论）。

---

① 选择 z_ 前缀是因为它在电气工程中通常用作复阻抗（电阻或绝缘），同时也因为我们想要至少有某种幽默感，但除此之外完全是任意的；任何其他前缀（如 c_ 表示 C 语言翻译层）也同样可行。

② 因此，从 PI 层组件到相应（面向对象的）C++组件的映射，尽管是 1-1 的，但不一定要是满射（onto）。

③ 包组名 bge 后面跟 t 构成包的名称 bget，过去这个 t 一直用于表明值类型（见卷 2 的 4.1 节）。这种做法早已被放弃，因为它让包名基于语法特性（见卷 2 的 4.2 节），而不是语义特性，这几乎总是一个坏主意（3.2.9 节）。

```
// bget_point.h                                                    -*-C++-*-
// ...                                                        （见卷2的6.15节）
```
组件级注释

```
#ifndef INCLUDED_BGET_POINT
#define INCLUDED_BGET_POINT
```
iostream的
前置头文件

```
#include <iosfwd>
// ...                                                         （见卷2的4.5节）
```
包含类型特征

```
namespace MyLongCompanyName {
namespace bget {

class Point {
    // ...                                                      （见卷2的6.17节）
```
类级注释

```
    int d_x;  // x坐标
    int d_y;  // y坐标

  public:
    // 创建函数
    Point();
       // ...                                                   （见卷2的6.17节）
    Point(int x, int y);
    Point(const Point& original);
    ~Point();
```
注意，所有函数级
注释都略去了

```
    // 操纵函数
    Point& operator=(const Point& rhs);
    void setX(int x);
    void setY(int y);

    // 访问函数
    int x() const;
    int y() const;
};

// 自由运算符
bool operator==(const Point& lhs, const Point& rhs);
bool operator!=(const Point& lhs, const Point& rhs);
std::ostream& operator<<(std::ostream& stream, const Point& point);

// ============================================================================
//                              内联函数定义
// ============================================================================

// 创建函数
inline
Point::Point()
: d_x(0), d_y(0)
{
}

inline
Point::Point(int x, int y)
: d_x(x), d_y(y)
{
}

inline
Point::Point(const Point& original)①
```

（a）头文件 bget_Point.h

图 3-148　实现轻量级的 bget::Point 类的组件

---

① 在 C++11（及更高版本）中，我们则会在接口中使用=default 语法。

```
        : d_x(original.d_x), d_y(original.d_y)
{
}

inline
Point::~Point()①
{
}

// 操纵函数
inline
Point& Point::operator=(const Point& rhs)②
{
    d_x = rhs.d_x;
    d_y = rhs.d_y;
    return *this;
}

inline
void Point::setX(int x)
{
    d_x = x;
}

inline
void Point::setY(int y)
{
    d_y = y;
}
// 访问函数
inline
int Point::x() const
{
    return d_x;
}

inline
int Point::y() const
{
    return d_y;
}

}   // 结束包级命名空间

// 自由运算符
inline
bool bget::operator==(const Point& lhs, const Point& rhs)
{
    return lhs.x() == rhs.x() && lhs.y() == rhs.y();
}

inline
bool bget::operator!=(const Point& lhs, const Point& rhs)
{
    return lhs.x() != rhs.x() || lhs.y() != rhs.y();
}
                    ┌─ 类型萃取的特化
// ...                               （见卷2的4.5节）

}   // 结束企业级命名空间
#endif
```

（a）头文件 bget_Point.h（续）

图 3-148　实现轻量级的 bget::Point 类的组件（续）

---

① 在 C++11（及更高版本）中，我们则会在接口中使用=default 语法。

② 在 C++11（及更高版本）中，我们则会在接口中使用=default 语法。

```cpp
// bget_point.cpp                                            -*-C++-*-

#include <bget_point.h>
#include <ostream>

namespace MyLongCompanyName {

namespace bget {   // 空的

}   // 结束包级命名空间

// 自由运算符
std::ostream& bget::operator<<(std::ostream& stream, const Point& point)
{
    return stream << '(' << point.x() << ','
                         << point.y() << ')' << std::flush;
}

}   // 结束企业级命名空间
```

（b）**实现文件** bget_point.cpp

图 3-148　实现轻量级的 bget::Point 类的组件（续）

3.11.7.10　PI 名称的规整性、可预测性

本小节会阐述将所需的（面向对象的）一部分 C++功能提升到 PI 层的细致任务。构成过程接口的组件和函数应具有规整的且可预测的名称，并显示出逻辑和物理名称的衔接。理想情况下，每个 PI 函数的物理位置和打包都由其底层 C++操作、方法或函数及其组件、包和包组的名称所隐含。记住，按本书的方法论，底层的逻辑类的名称使用大驼峰式（1.7.1 节），而物理实体的名称则全小写（2.10 节），如组件文件（2.6 节）、包（2.8 节）和包组（2.9 节）。图 3-149 说明了我们如何实现隔离型、翻译型 PI 组件 z_bget_point，对应于图 3-148 中的 bget_point 组件。

```cpp
// z_bget_point.h                                            -*-C++-*-

#ifndef INCLUDED_Z_BGET_POINT
#define INCLUDED_Z_BGET_POINT

#ifdef __cplusplus
extern "C" {
    namespace MyLongCompanyName {
    namespace bget {
        class Point;
    }   // 结束包级命名空间
    }   // 结束企业级命名空间
    typedef MyLongCompanyName::bget::Point z_bget_Point;
#else
    typedef struct z_bget_Point z_bget_Point;
#endif

// 创建函数
z_bget_Point *z_bget_Point_fCreate();
z_bget_Point *z_bget_Point_fCreateInit(int x, int y);
z_bget_Point *z_bget_Point_fCreateCopy(z_bget_Point *original);
void z_bget_Point_fDestroy(z_bget_Point *object);
```

（a）**头文件** z_bget_point.h

图 3-149　隔离型（翻译型）过程接口（见图 3-148）

```
// 操纵函数
void z_bget_Point_fAssign(z_bget_Point *object, z_bget_Point *other);
void z_bget_Point_fSetX(z_bget_Point *object, int x);
void z_bget_Point_fSetY(z_bget_Point *object, int y);

// 访问函数
int z_bget_Point_fX(const z_bget_Point *object);
int z_bget_Point_fY(const z_bget_Point *object);
int z_bget_Point_fAreEqual(const z_bget_Point *object,
                           const z_bget_Point *other);
int z_bget_Point_fAreNotEqual(const z_bget_Point *object,
                              const z_bget_Point *other);

#ifdef __cplusplus
}   // 结束extern "C"连结
#endif

#endif   // 内置的包含保护符
```

（a）头文件 z_bget_point.h（续）

```
// z_bget_point.cpp                                       -*-C++-*-

#include <z_bget_point.h>
#include <bget_point.h>
#include <cassert> ─────┐      防御性前提条件检查          （见卷2的6.8节）

// 创建函数
z_bget_Point *z_bget_Point_fCreate()
{
    return new z_bget_Point;
}

z_bget_Point *z_bget_Point_fCreateInit(int x, int y)
{
    return new z_bget_Point(x, y);
}

z_bget_Point *z_bget_Point_fCreateCopy(z_bget_Point *original)
{
    return new z_bget_Point(original->x(), original->y());
}

void z_bget_Point_fDestroy(z_bget_Point *object)
{
    delete object;
}

// 操纵函数
void z_bget_Point_fAssign(z_bget_Point *object, z_bget_Point *other)
{
    assert(object);─────┐                                 （见卷2的6.8节）
    assert(other); ─────┤   防御性前提条件检查
    *object = *other;
}
```

（b）实现文件 z_bget_point.cpp

图 3-149　隔离型（翻译型）过程接口（见图 3-148）（续）

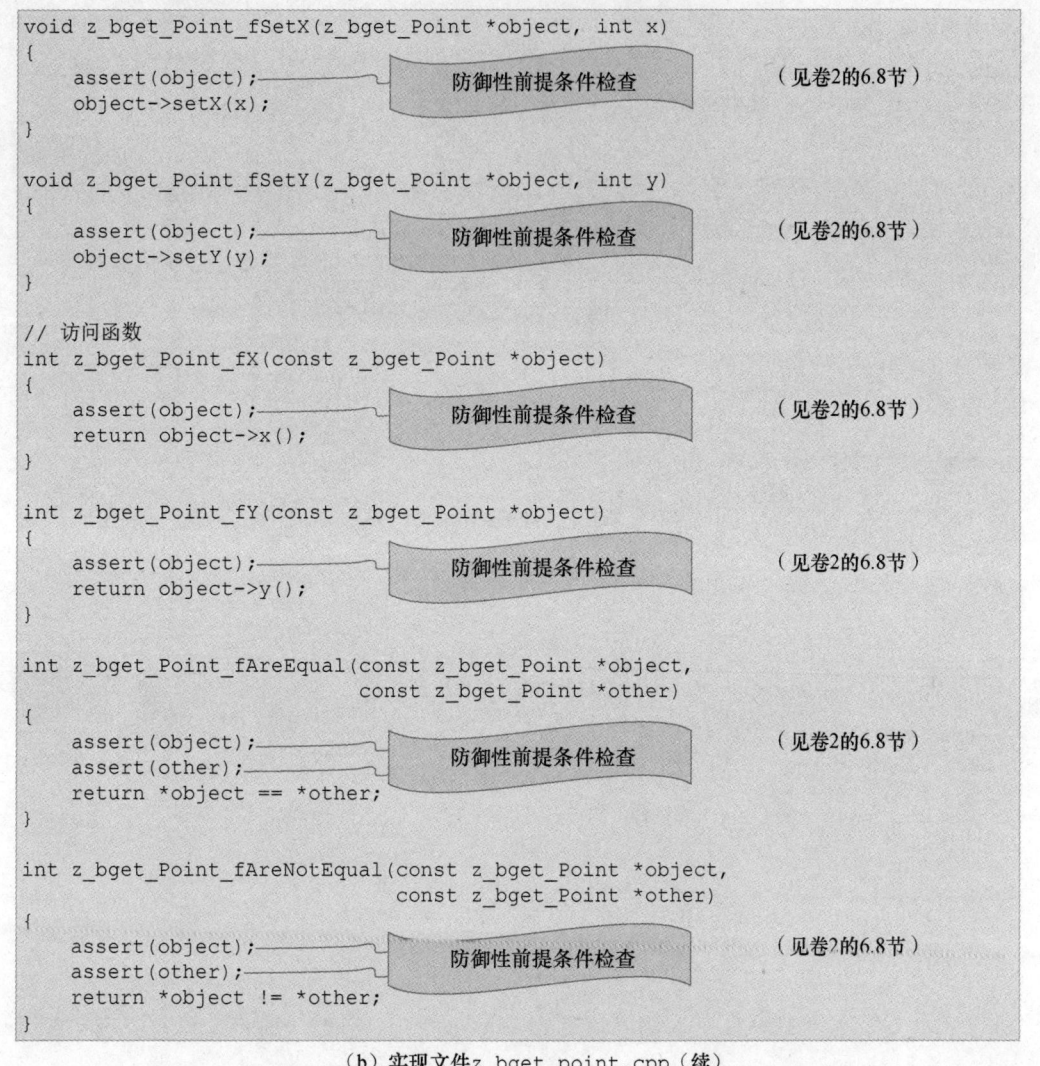

（b）实现文件 z_bget_point.cpp（续）

图 3-149　隔离型（翻译型）过程接口（见图 3-148）（续）

　　由于翻译方面的原因，PI 层的逻辑接口务必要服从 C 语言的限制。特别是，没有函数重载或运算符重载可用。为了能够处理定义了多个公共类型的组件，我们必须将类型（而不仅仅是组件）的名称编码到各个自由函数中。因此，与 bget::Point 类型关联的每个函数的名称以 z_bget_Point_ 开头，不是 z_bget_point_（1.7.1 节）；逻辑和物理名称的衔接（示例见图 2-22c）让我们能轻松地由函数名找到组件。对于在类型上重载的成员函数（如构造函数就需要在类型上重载），我们被迫合成诸如 z_bget_Point_fCreate、z_bget_Point_fCreateInit 和 z_bget_Point_fCreateCopy 等唯一的函数名。我们还希望确保这样的人为名称（至少）在全 PI 层中是一致的。[1]

　　注意，在图 3-149 中，我们并未选择将 bget::Point 格式化后给 std::ostream 的功能导出。但是，我们将来可能会选择使用此功能，这需要为 std::ostream 在（物理上）分离的发布单元中提供一个过程接口，这一发布单元对应于 C++ 标准库，至少对应关于 std::ostream 的方

---

[1] 对许多人来说，这种让名称的函数部分以小写 f 开头，后跟大驼峰描述性函数名的风格能够增强源代码的可维护性，即清晰度（如它是 PI 层的一部分）和可搜索性（如 z_*_f[A-Z]*），但除此之外就完全是任意的了。

面。还要注意，在这种呈现风格中，我们特意选择让表示 bget::Point 的不透明类型别名的符号也带有 z_ 前缀（z_bget_Point）。使函数前缀与类型名称完全匹配，这与名称衔接（2.4 节）一致，并使意图更加明确：类型名称中的 z_ 清楚地表明它是一个本身不透明的别名。[①]

3.11.7.11　PI 函数既可以被 C++调用，也可以被 C 调用

我们的 PI 设计需求隔离型 PI 层中的翻译型函数也能被 C++编译器编译的翻译单元调用。[②]为了使 C++客户能够使用我们的翻译型 PI，我们现在可以在一个子系统上做一个多组件隔离型"视图"，该子系统的体积对单个完全隔离型包装器组件（3.11.6 节）来说太大了，以至于单组件不可行。注意，我们在 z_bget_point.h 文件（图 3-149a）顶部使用了条件编译，以便 PI 头文件在 C 和 C++中都能编译。

如果客户组件用 C 语言编译，编译器不会对 __cplusplus 做任何事，它仍然是未定义的。对于 C 语言客户，我们将采用经典的 C 习惯用法：声明一个 struct，并在同一语句中将其别名为一个名称与原结构体标签拼写相同的 C 类型。从 C 客户的角度来看，返回的是一个地址，这一地址的类型是唯一的不透明指针。事实上，这一类声明并不存在与之对应的定义。

而如果客户组件是用 C++编译的，编译器会定义 __cplusplus 预处理器符号。类 Point 将在 bget 命名空间中声明，而 bget 嵌套在 *MyLongCompanyName* 命名空间里。然后，对于翻译单元的其余部分，typedef 名称 z_bget_Point 将是 *MyLongCompanyName*::bget::Point 的别名。对于 z_bget_point.h 的所有 C++客户（包括 z_bget_point.cpp），z_bget_Point 成为完全限定的 C++类型名称，可以在 C++程序中的任何位置使用，包括 *MyLongCompanyName*::bget 命名空间之内。

```
// test.cpp
#include <z_bget_point.h>
#include <bget_point.h>
namespace MyLongCompanyName {
    namespace bget {
        Point          *p1;  // 无限定的类型声明
        z_bget_Point *p2;  // 完全限定的类型声明
    }
}
```

注意，p1 和 p2（见上）的 C++类型在设计上完全相同。

3.11.7.12　不透明地给 C++客户暴露实际的底层 C++类型

如本节前面所述，通过完全隔离型具体包装器实现整体隔离可能导致无法接受的运行时间。缓解过度性能损失的一种方法是发布一部分稳定的底层低层级词汇类型（见卷 2 的 4.4 节），如 bget::Point，供 PI 层的 C++客户使用。这样，我们就能使这些客户直接访问底层 C++类型定义，进而能够使用这些特定类型原生的内联和重载的 C++函数对它们进行操作和访问。同时，不是所有低层级头文件都发布了，我们通过这种方式为底层子系统的其他不太稳定的方面［如前面提到过的包装类 ClassW（见图 3-147）］保留了隔离。

不过，对于被用于接口的仍然被隔离的部分中的底层类型（如 ClassW），为了使 PI 层的 C++客户能够成功地利用对这些底层类型的直接访问权，在 PI 组件中声明的每一接口类型都务必精确

---

① 额外的 z_ 前缀还让以前使用逻辑型包前缀的旧代码库可以有一个分离的符号来表示一个类型的不透明版本。类型别名的 z_ 前缀虽然并不是严格需要的，但其视觉提示可能非常有用。例如，将类型 z_bget_Point 替换为 bget_Point，尽管在全局命名空间中与 C 和（遗留）C++代码冲突的风险会有所增加，但也是可行的。

② 注意，使用其他语言编写的客户通常可以通过利用 C 语言 PI 层更轻松地进行调整。

指向相应 C++组件中定义的同一接口类型。过程接口的这一重要的"同一性"与 3.9 节中讨论的物理互操作性属性一致。[1]

3.11.7.13 PI 层重要性质小结

值得重申的是，实现过程接口的组件必须在物理和架构上与它所隔离的底层 C++组件分离，既不需要隔离也不需要翻译的客户不得被迫依赖含有 PI 代码的任何发布单元。PI 层内的所有组件和功能都应该相互独立，除隔离或翻译所需的功能外，不提供任何额外功能。一个给定的 PI 函数提供对一个 C++函数的访问权，我们希望能够轻松地找到定义这一 C++函数的组件，反之亦然（如果这样的 PI 函数存在的话）。我们希望 PI 层中的所有函数名称都易于记忆、一致且可预测，一则是为了提高易用性，二则是为了在日后将新函数提升到 PI 层时，避免发生冲突的可能性。

为了让所有选项保持开放，我们不希望排除 C++组件直接使用此隔离型 PI 层的可能性。为了实现最大的灵活性，我们希望 PI 的 C++客户如果还被授予了对（任何一部分）底层 C++头文件直接访问权，则对这些底层头文件的使用要能够与 PI 组件自身导出的不透明类型［这些 C 类型应该是实际的底层 C++类型的（不透明）别名］互操作。这样，如果有适当的 C++头文件，PI 层返回的地址便能够让具有本来不透明的对象指针的 C++客户可以直接与该对象交互，如通过内联函数、重载运算符、继承以及模板等。上述（隔离型且翻译型）PI 函数的重要性质再次总结在图 3-150 中，以供参考。

在一个给定PI层中的任何隔离型且翻译型PI函数将具有以下重要的物理（和逻辑）性质。
(1) 物理上分离于它所访问的C++组件。
(2) 完全独立于任何其他的PI函数。
(3) PI函数所在的组件之间没有任何物理相互依赖。
(4) 没有任何补充性领域功能。
(5) PI函数所在的组件可以1对1映射到底层组件中。
(6) 以自然、规整且可预测的方式命名。
(7) 从C和C++都可以调用。
(8)（不透明地）暴露实际的底层C++类型。

图 3-150 隔离型且翻译型过程接口的性质

3.11.7.14 过程接口和按值返回

除了对被重载的方法和运算符进行创造性但一致的命名，还有其他一些因素使过程接口的完全机械化创建变得复杂。例如，我们无法高效地按值返回任何不透明的对象。[2]在这种情况下，天真地为每个对象分配一个新实例，不仅效率极低，而且违反了重要的资源分配指导原则（见卷 2 的 4.8 节）。例如，考虑对 bget::Polygon［类似于 our::Polygon（见图 3-18），但要简单得多］按值返回第 i 个顶点的方法的包装：

```
namespace bget {
    // ...
    class Polygon {
        // ...
        // ACCESSORS
        Point operator[](int vertex) const;
```

---

[1] 注意，经由不同的库交付机制暴露（如通过 C++类直接暴露或通过翻译型 PI 层暴露）的类型的这种好特性对于不同的 C++语言交付机制（如传统的头文件与备受期待的 C++模块设施）也至关重要，其中 C++模块设施正变得更加普及；见 **lakos17a** 和 **lakos18**。

[2] 注意，如果某个场合对 C++而言适合返回引用，则在 C 中返回妥当地限定了 const 的指针是非常好的。

```
    // ...
};
// ...
}
```

我们将要求 PI 客户传入待填充的 `bget::Point` 实例（图 3-151b），而不是让过程接口函数动态地分配一个新的 `bget::Point`（图 3-151a）。这样就能最小化动态内存分配量，将对象分配和释放的过程约束在单个词法作用域内，"窥孔型"（peephole）源码分析工具可以在这个作用域内验证局部分配和释放之间的对应关系，从而大致能接近 C++ 中自动变量和析构函数所提供的安全性。

```
#include <z_bget_polygon.h>
#include <z_bget_point.h>
#include <bget_point.h>
#include <bget_polygon.h>

#include <cassert>

z_bget_Point *
z_bget_Polygon_fVertex(const z_bget_Polygon *polygon, int index)
{
    assert(polygon);
    assert(0         <= index);
    assert(index <  polygon->length());

    using namespace MyLongCompanyName;
    bget::Point *p = new bget::Point();

    *p = (*polygon)[index];
    return p;
}
```

（a）动态地分配返回的对象（坏主意）

```
void
z_bget_Polygon_fVertex(z_bget_Point          *result,
                       const z_bget_Polygon *polygon,
                       int                   index)
{
    assert(result);
    assert(polygon);
    assert(0       <= index);
    assert(index <  polygon->length());

    *result = (*polygon)[index];
}
```

（b）通过参数列表返回结果（好主意）

图 3-151　按值返回的轻量级对象的安置

3.11.7.15　过程接口和继承

要是存在继承，C++ 对象的过程接口会更加复杂。仅通过 PI 层访问（面向对象）C++ 功能的 C/C++ 客户无法访问低层级基类，因此无法派生新的具体类型。继承层次遂成为不能扩展的封闭系统。但是，通过确保不透明 C 类型与底层 C++ 类型定义的兼容性，我们只需要暴露基类头文，便可恢复 C++ 客户作派生的可能性。

在底层继承层次中指针之间的标准转换必须显式实现。我们希望为这些显式转换函数选择一致且可预测的命名法，以提高程序员的生产率。我们需要标识转换涉及的两种类型（包括它们唯一的包名），并使用一致的初始函数名称（如 fConvert）。为了确保一致的模块化打包，我们会将转换例程关联于物理上层级较高的类（从其转换的类 *FromType*）[1][2]：

```
ToType *
FromType_fConvert2ToType(FromType *from);
```

例如，从派生类型 Circle 到其基类型 Shape 的隐式标准转换可能如下所示：

```
z_abcx_Shape *
z_xyza_Circle_fConvert2abcx_shape(z_xyza_Circle *from);
```

每个转换函数还有必要提供一个显式 const 版本（见卷 2 的 5.8 节）：

```
const z_abcx_Shape *
z_xyza_Circle_fConvertConst2abcx_Shape(const z_xyza_Circle *from);
```

在深度继承或多重继承层次（不推荐）中，我们需要对每个暴露的基类型实现一对显式转换函数。注意，由于不可能有额外继承，因此遵循本书指导原则的设计不需要暴露像图 3-143 中的 ShapePartialImp 那样的部分实现。[3]

3.11.7.16 过程接口和模板

模板表示法也被兼容 C 的翻译型过程接口波及。例如，我们应该如何在过程接口中表示 C++ 类型 std::vector<int>或 xyza::HashTable<std::string, double>？理论上，只要命名约定一致且没有冲突，对这两种类型的 C 别名怎么命名都行，例子如下所示：

```
z_IntVector   z_xyza_StrDoubleHashTable  （坏主意）
```

尽管在这里谨慎使用混合大小写和缩写似乎可以提高可读性和易用性，但遗憾的是，这种方法不具有可扩展性。

注意，与模板特化（1.3.15 节）一样，一个给定底层 C++ 类模板的不同实例各自有为其实现过程接口的组件，这其中存在多个组件对一个底层 C++ 类模板的关系。用于创建这些唯一实例化的模板类型实参可能来自不同的包（如 matlab::Int、pod::string），并且有用且有区别实例化的数量可能会随着时间的推移而继续增加。我们希望能确保命名约定扩展后可预测且不会发生冲突，并且在每次需要包装新的模板实例化（如 std:vector<xyza::Int>）时，开发人员无须查询全局注册表。[4]

鉴于这种多对一的关系以及对可预测性和唯一性的明确需求，我们建议对一个模板的这些分离实例化的物理命名借鉴 C++ 组件名称（2.9.5 节）的额外下划线（2.9.3 节）的约定用法，对以 z_ 开头的有额外下划线的名称去掉在非局部访问权上的限制：

```
z_std_vector_int.h  z_xyza_hashtable_std_string_bdlt_date.h
```

注意，对于名称相似（如 int/Int、string/String、date/Date）但位于不同包（如 std、matlab、bdlt 和 odet，也可能不位于包内）中的类型，其实例化中所产生的头文件名（见下文）可以保证区别于上述组件头文件名。

---

① 注意，禁止物理循环的组件设计规则（2.6 节）确保即使在分离的组件中定义的若干类之间进行用户定义的转换，底层 C++ 转换操作的实现也将驻留在较高层级的组件中（如果一种类型依赖另一种类型）（见图 2-47）或一个分离的"实用"组件中（如果这两种类型在物理上是独立的）（见图 2-48）。

② 根据本书的 C++ 函数层级设计方法论，参数列表的顺序一致为：输出、输入、参数（见卷 2 的 6.11 节）。

③ 有关深度继承和多重继承层次的进一步讨论，见 **lakos96**，6.5.5 节，第 441～445 页。

④ 回想一下，唯一包前缀（2.4.5 节）的目的以及包内逻辑实体的衔接命名（2.4.8 节和 2.4.9 节）的部分动机是去中心化和消除发布单元之下一切事物在命名上的"竞态条件"（2.9.4 节）。

```
z_std_vector_matlab_int.h  z_xyza_hashtable_pod_string_odet_date.h
```

而且，因为只有基础类型名称（如 int、double）不是以包作前缀的，所以它们（语法上）不能代表包名称；因此，这种命名约定扩展是可预测的，并且独立于其他并行的开发工作。

3.11.7.17 降低过程接口的成本

有了这种物理命名方法后，我们可能会重新考虑逻辑名称，以便在若干个过程接口模块[①]中保持逻辑和物理名称衔接（2.4 节）：

```
z_std_Vector_int              z_xyza_HashTable_std_String_double
z_std_Vector_matlab_Int       z_xyza_HashTable_fxln_String_double
```

这种冗长的表示法的确让人看着十分痛苦，但为了让过程接口层能够长期保持一致性、可预测性和可互操作性，这是必要的。

但有时，为带有丰富或复杂接口的 C++ 子系统提供完整的过程接口可能不是明智之举，主要原因有二：一是冗长、丑陋的过程名称可能会使 C 过程接口对开发人员来说过于痛苦，二是为每次低层级 get/set 操作都调用 C 函数可能会在运行时产生不可接受的开销。我们可能会选择在 C++ 层级创建一个门面或仪表板（甚至可能为特定客户定制），但是在一个分离的（更高层级）发布单元中，门面或仪表板将所需功能翻译并整合到一个的小且窄得多的 C++ 包装器接口中。通过只为这个新的 C++ 包装器（以及任何所需接口类型的基本操作）提供隔离型 C 过程接口，我们可以最大限度地减少库和应用的开发工作，同时还可以提高运行时性能。注意，即使底层子系统的完整过程接口已经可用，我们仍可能选择在 C++ 中创建新的定制化门面，然后将其接口提升到 PI 层，哪怕只是为了减少新的 PI 客户需要编写的痛苦的 C 语言代码量。

3.11.7.18 过程接口和异常

我们讨论一下异常，它给 PI 的作者和用户带来了有趣的挑战。这么多年来，编译器采用了各种各样、大相径庭的策略来实现异常。一种方法是往程序栈中传入额外的信息。这样做会变动标准调用顺序，意味着启用异常后编译的 C++ 翻译单元和未启用异常编译的（C++ 或其他语言）翻译单元之间可能会固有不兼容。而且，这种方法通常会造成显著的额外运行时开销，即使在不使用异常的情况下也是如此。特别是在这类平台上，务必要确保异常不会从启用异常编译的组件子系统中"泄露"出来。[②]

某些编译器不是在程序栈上传递异常信息，而是维护分离的异常栈。在这种模型中，C++ 编译器通过 C++ 运行时来管理异常，该运行时还负责编排进入 main 之前的文件作用域对象或命名空间作用域对象的构造（见卷 2 的 6.2 节）。要让异常在这些平台上工作，必须使用 C++ 编译器编译 main，并由 C++ 连接器对程序进行妥善的后处理。[③] 只要同时满足这两个条件，C++ 异常就能存在于主体为 C 语言的客户中。

[①] 在此处显示的类型别名中，将 Vector 和 String 首字母大写的决定有利于 C 用户，而不是 C++ 实现者，这与鼓励库开发人员减少和隐藏复杂性而不是将复杂性传播给其应用客户的理念是一致的（0.10 节）。使词法约定与特定的底层类型名称保持独立，可实现更加一致和直观的过程接口层，特别是对于不熟悉 C++ 标准库的 C 开发人员。

[②] **sutter05**，"Namespaces and Modules"一章，第 114、115 页，第 62 项。

[③] 要使底层 C++ 代码正常工作，实现 main 的翻译单元必须使用 C++ 编译器编译，并使用 C++ 连接器进行连接。因此，通常会有一个形式如下的库组件：

```
#include <cmain.h> // extern "C" int cmain(char *, char *[]);
int main(char *argc, char *argv[])
{
    return cmain(argc, argv);
}
```

它将由连接器（1.2 节）拉入，然后调用客户的 cmain 程序，该程序使用标准 C 编译器编译（导致 extern "C"连结）。

现在的问题变成了如何防止异常跨越过程层泄露出去。解决这个问题的一种暴力方法是在每个函数的函数体周围设置一个 try/catch 块，例如：

```
z_bget_Polygon *z_bget_Polygon_fCreate()
try① {
    // ...
    // 正常的函数体
    // ...
} catch (...) {
    // ...
    // 现在要做什么？
    // ...
}
```

这里的问题在于，如果抛出了异常，除了对它作日志外，我们没有什么可以做的。如果异常的底层使用遵循我们在库接口设计方面的指导（见卷 2 第 5 章），则在任何函数层级注释（见卷 2 的 6.17 节）中都不会将这种使用作为基本行为（见卷 2 的 5.2 节）的一部分。因此，被包装的软件意外地无法满足合约条款（如由于系统的虚拟内存不足）。我们可以尝试将"违反合约"转换为失败状态（如返回 0），但除了优雅地退出，调用者也没有什么可做的。解决内存不足异常的一种更稳健且更具防御性的方法（见卷 2 第 5 章）是通过 new_handler（它本身必须被包装）。通过将内存不足的异常机制替换为回调，客户的应用可以（在最高层级）控制当真正的异常情况发生时的处理方式，而无须添加异常所想要的避免的所有繁重的状态检查。我们认为，catchall 异常的使用是为了调试目的；因此，过程接口函数中的 catch 体内的行为最恰当的可能是打印一条如下清晰的消息：

```
assert(!"An uncaught exception has been detected.")
```

并终止（见卷 2 的 6.8 节）。

3.11.8　隔离和动态加载库

整体隔离价值的终极体现是可以透明地替换动态加载库。一旦库的实现被完全隔离了，就可以毫不影响客户地进行（二进制兼容的）性能增强和 bug 修复（见卷 2 的 5.5 节）！客户无须重新编译，甚至不必重新连接，就可以使用更新后的库。只要我们能够确保客户程序各处的版本一致，他们只需要重新配置环境以指向新的动态加载库，重启程序，走起！

3.11.9　面向服务的架构

简单地提一下，面向服务的架构（sevice-oriented architecture，SOA）和过程接口在架构上是类似的，因为它位于较高的物理层级，并完全将其客户与隔离于底层实现。PI 和 SOA 的主要区别在于，在 SOA 中，子系统通常运行在一个分离于客户的进程中，常常是在远程计算机上，而消息传递替代了函数调用。由于消息传递，运行时延迟显著增加，这意味着服务所完成的工作通常必须更大量，才能抵上增加的调用开销。注意，就像 PI 函数一样，SOA 接口层位于底层 C++ 实现之上；但与 PI 不同的是，基于 SOA 的子系统的客户对该子系统的实现没有连接时依赖。细粒度的可复用组件自然构成了实现 SOA 中的服务和 SOA 框架本身的理想基础。②

---

① 注意：这不是语法错误。
② 例如，BAS（Bloomberg application services）是彭博的核心微服务架构，它可以让软件规模扩展到超出典型机器上单个可执行文件可容纳的范围。它本质上将软件复用（如此处所述）与执行这一软件的硬件的复用相结合。

3.11.10　本节小结

在本节中，我们形式化地说明了将组件实现细节的使用封装和隔离于组件的客户意味着什么。如果用等效于类 A 的类（定义于分离组件中）替换类 A 后无须返工组件 c 的任何客户的代码，则称组件 c 封装了类 A 的使用；而如果替换类 B 后不强制组件 c 的任何客户重新编译，则称组件 c 隔离了类 B 的使用。

我们介绍了 3 种不同的架构显著的整体隔离技术（见图 3-141）：一是纯抽象接口（协议）类（3.11.5 节），二是完全隔离型具体包装器组件（3.11.6 节），三是过程接口（3.11.7 节）。每种技术都有一定的优点和缺点。在 3 种情况建议用协议：第一，当设计已经是按继承层次进行规划时；第二，当接口的客户与创建派生类型具体对象的实例的客户不同时；第三，当协议不会引起任何额外的运行时开销（如可能丢失对共享数据的内联访问权）时。此外，这种形式的整体隔离的独到之处在于它还消除了公共客户对派生类实现的连接时依赖。

当创建子系统的客户与使用子系统的客户相同时，如果有区别的完全隔离型具体类的数量在可以合理地放在单个组件中的范围内，则隔离型包装器组件可以是正确的答案。如果我们已经有封装型包装器，通过将包装器内的类修改为完全隔离型（见卷 2 的 6.6 节）来实现整体隔离的过程非常简单。如果之前没有封装型包装器，就需要设计全新的包装器组件。无论之前有没有封装型包装器，这种整体隔离都会增加运行时间，有时甚至是无法接受的。对稳定的接口类型放松整体隔离是减少这种开销的一种方法。

如果前两种方法都不合适，例如大型的遗留代码库就可能如此，我们可能不得不诉诸过程接口，它完全由自由函数组成，这些自由函数用指向不透明的、用户定义的 C 风格类型的指针进行交通。此类纯过程接口必然会带来关联于非内联函数调用、指针间接和动态内存分配的运行时开销。但是，如果编写得好的话，这些接口通常也是通往完全用 C 语言编写的客户子系统的天然桥梁。

在本节中介绍的 3 种架构显著的整体隔离技术中，我们通常认为协议在可行的情况下是最有效的。然而，无论采用何种方法，如果以前没有整体隔离而现在要实现整体隔离，就必然伴随着运行时开销显著增加的代价。考虑使用部分隔离技术（见卷 2 的 6.6 节）作为一种替代方案，正如 3.10 节后半部分讨论的自适应 Pool 示例所做的那样。

3.12　用组件进行设计

本章至此已探讨了健全的物理设计和分解的几个重要方面。大多数示例都很小，重点突出，阐明了特定的思路、方法或技术。本节作为本章总结之前的最后一节新内容，我们将使用一个真实示例来演示软件基础设施（software infrastructure, SI）工程师如何在日常工作中开发层次化可复用软件（0.4 节）。我们将通过满足应用级业务客户的一个实际请求进行演示，这一增强请求过于特定、要求粗略且不完整，要将涉及日期和日历的大量新功能纳入我们还在发展初期的软件资本存储库（0.9 节）以扩展它。本节专门从头至尾介绍这一过程。

3.12.1　原先陈述的"需求"

假设我们的客户负责开发一项新的金融服务，可称之为股票工作室（*Stock Studio*）[①]，它要求根据某些特定的市场场景，在特定的时间范围对金融工具组合进行评估。为此，我们必然要确定付款能够进行的有效工作日期（称为结算日），我们需要知道日历日中哪些是工作日。另外，还

[①] *Bond Studio* 是两位软件工程师 Sumit Kumar 和 Wayne Barlow（现在是彭博的同事）在 20 世纪 90 年代末和 21 世纪初在贝尔斯登开发的一款实际产品，他们广泛使用了本书介绍的基于组件的方法论。

需要能够确定今天的日期（可以访问实时时钟），以便能够提供投资组合的当前估值。原"规约"没有一一甄别这些需求，而是（让人啼笑皆非地）混在一起作为一个请求：

> 写一个日期类，让这个类告诉我今天是不是工作日。[①]

在软件基础设施中首先要认识到的是，客户请求的主旨通常是正确的，但随请求提供的设计建议方面则往往不尽然。例如，在这里客户认为应该有一个日期类 Date 可以判断今天是不工作日！我们深知，将公司范围的日期类作为一种普遍的词汇类型（见卷 2 的 4.4 节）至关重要，且我们已经看到（3.6.2 节），构成节假日的内容是上下文敏感的，显然不是日期的内禀属性，因此，Date 对象本身不应该知道它所持有的日期是否为假日。我们还看到（3.8.1 节），创建一个可以直接获取今天日期的日期类会迫使原本轻量级的 Date 类对实时时钟具有不恰当的重量级依赖；此外，在此类型本身中支持这一获取今天日期的特性将打开与时区相关的逻辑问题的潘多拉魔盒。单凭这些警告，我们就可以得出结论，需求必须从设计建议中清理出来，而不可对整个设计建议全都信。

更一般地说，一项实质增强请求如果有理由要求增加一个组件，则常常它也会导致创建其他组件，即使它并未明确请求这些其他组件所提供的功能。经验不足的开发人员通常会尝试将完整的解决方案整合到一个组件中，以免不得不分离地开发和测试多个组件。但是，这样做犯了低级错误[②]，至少有以下两个明显而重要的原因。

（1）几个目的单一且专注的较小型组件的理解、测试和维护要容易得多（示例见卷 3 第 10 章）。

（2）我们对软件进行使用、复用以及层次化复用的能力在很大程度上取决于这种细粒度的、专注的逻辑（见卷 2 的 4.2 节）打包和物理（0.4 节和 0.7 节）打包——这种打包远远超出满足当前业务需求所需的范围。

在接下来的过程中，我们将竭尽全力防止快速实现眼前目标的热情干扰我们的长期贪婪目标，即在过程进行中恰当地捕获层次化可复用的软件资本（0.9 节），在某种程度上，反之亦然，即也要防止这一长期贪婪目标干扰我们快速地实现眼前目标。

3.12.2 实际（外延）的需求

SI 工程师的第一步是原先所述的将"工作指令"外延成一系列合理的需求。

（1）用 C++类表示日期值。根据原先的请求中所述内容，可以公平地得出这样的结论：请求者设想着将日期值作为 C++对象传递。因此，我们至少希望有一个能令人满意地执行该功能的C++类型。"令人满意"的含义（见卷 2 的 4.3 节）可能对新手来说并非显而易见的，但在设计的最高层级会需要某个适合表示日期值的类型。

（2）确定"今天"的日期值。原先的请求有一点毫无疑问，即我们提出的解决方案总之都必须能够确定当前的日期——很可能是从底层操作系统确定。虽然我们可能会考虑要求提供当前日期作为输入，但这很可能不是此增强请求的作者心中所想的；否则，他们会说，"……让这个类告诉我给定日期是不是工作日。"

（3）确定给定日期值是否为工作日。一旦有了今天的日期值，我们就想知道它是否表示一个有效的工作日，很可能是通过将该值加载到我们新的 Date 类的对象中，然后将该对象提供给某个设施，这个设施能够确定给定的 Date 对象（必须表示有效的日期值）是否还表示的是工作日。记住，是不是工作日必然对其应用上下文敏感，并且可能会不断更新。因此，任何将数据硬编码

[①] lakos12。

[②] 例如，如果一个可实例化类（与实用结构体相对）的接口中需要有多个分离的领域特定的部分［非领域特定的部分有 CREATORS、MANIPULATORS 和 ACCESSORS 等（见卷 2 的 6.14 节）］，这表明该类可能不够聚焦，并且是进一步逻辑和物理分解的候选对象。

到软件组件本身内的尝试都将是愚蠢的。[1]

（4）将解决方案呈现为层次化可复用组件。与以往一样，作为 SI 的库开发人员（而不是应用开发人员），我们不仅试图快速解决这一特定问题，而且试图彻底解决其问题的子领域，这一问题子领域是为这一特定问题而实现的分解妥当的组件集合所能自然解决的，从而使未来的项目能够更快地取得进展。此外，尽管没有明确要求，我们还希望识别出在可预见的未来可能需要的任何密切相关的功能。由 SI 开发人员决定（或预测）此类功能是否是（或应该是）初始可交付集的一部分，或者其支付是否可以推迟，还要决定的是此类功能与初始交付的组件集放在一起是否恰当，又或是放在物理层次中的较高层级中，如果放在后者中，此类功能可以（在将来的某个日期）递增地添加而不必修改已经交付的（因而希望它是稳定的）生产软件。

反复地思考和谈判后，我们最终与客户（应用业务发起人）就以下经过修改的请求达成一致。

> 为我（和其他人）创建一套分解妥当的、细致分级的、颗粒化的、稳定的（层次化可复用的）组件——恰当地分布在构成我们的软件资本基础设施的公司范围的发布单元的物理层次中，使得我们能够在我们客户应用领域的上下文中轻松高效地确定今天是否是工作日等。

当然，为了满足这些修订后的需求以及我们无疑会在途中发现的许多其他更微妙的需求，有许多独立的功能必须组装和精细化以实现稳健的、分解妥当的、层次化可复用的解决方案。但是，如果没有一个还算成熟的软件资本存储库（0.9 节）已经就位，"做对"（doing it right）的前期开发时间成本会显得过于昂贵。不过，由于我们相信，创建细粒度的、层次化可复用的库基础设施所带来的综合效益绝对且无可争议地值得长期的额外前期成本（0.8 节），所以我们将假设大部分低层级基础工作已经完成，并且我们可能添加的任何新组件都将有助于显著缩短未来项目的上市时间。

3.12.3　用 C++类型表示日期值

如果在我们的企业范围存储库中没有标准或普遍使用的 Date 类，那么很显然提供 Date 词汇类型（见卷 2 的 4.4 节）将是一个好的起点，这不需要太多的分析。[2]我们设想的日期类自然有两个目的：一是持有日期值，二是提供对该值的初等、用途广泛的操作（如 dayOfWeek 和 isLeapYear）。这些特性中的每一个都将恰当地导致一个新的组件的创建。

在第一个例子 dayOfWeek 中，用含有编译时检查、类型安全的方式返回星期几将导致 DayOfWeek 枚举的创建。正如图 2-38 所示，我们希望将每一种这样的可复用枚举定义为其自己分离的组件，从而方便其常规制造（见卷 3 第 10 章），并提高其独立复用的潜力（0.4 节）。[3]在第二个例子中，isLeapYear 和其他这样的有用函数提供了又一分解机会，但从复用的角度来看这是完全不同的情况（有着不同的客户），它并不是基于当前客户的直接需求。一旦我们为当前客户安排好了面向客户的组件的初始设计，我们将回过来从实现的角度看待分解。

由于这一 Date 类型要表示的值在当前进程之外是有意义的（见卷 2 的 4.1 节），因此可以被外化。有两种不同的方法可以将值外化：一是从上面，即通过公共 API 外化；二是从下面，即直接从实现外化。如果我们要依靠于第一种方法，那么我们现在还不需要处理值的外化，因为它是完全加性的。[4]另外，由于日期类型是一种非常稳定且低层级的词汇类型（见卷 2 的 4.4 节），通

---

[1] 另外，注意，仅仅是拥有大量的数据成员这一点就往往表明实现的分解不充分。

[2] 有关如何设计有效的标准日期类的真实讨论，见 **pacifico12**。

[3] 可能未来会考虑添加像 monthOfYear 这样的返回枚举月份的类似方法，但我们仍希望接受由分别表示年、月和日的 3 个整数组成的序列描绘的值。

[4] "加性的"是指我们可以单方面对现有的代码库作添加以扩展它，而不必修改它一丝一毫，即不必修改它的任何当前源文件。

过公共 API 进行外化带来的开销可能大到无法承受。

最初（约 1998 年），对于将值从给定进程中的对象外化和再活化回对象中的初等流化函数，我们是通过一对切面①（2.4.8 节）成员函数 streamOut 和 streamIn 提供的，分别使用协议类（1.7.5 节）bdex_OutStream 和 bdex_InStream②。但是，我们很快发现，当时的优化技术相对比较简陋，使得虚函数的使用在这种情况下过于昂贵，增加了运行时灵活性但并没有增加实际的业务价值。对于如此关键的、低层级的、性能敏感的类型，我们很快开发了企业范围的一对外化③设想（约 2003 年），我们现在将其称为 BDEX 流化。为了继续避免添加对特定流实现的依赖，我们将切面方法更改为一对模板成员函数 bdexStreamOut 和 bdexStreamIn，它们分别写入和读取模型化了设想 *BdexOutStream* 和 *BdexInStream* 的任何类。*BdexOutStream* 和 *BdexInStream*（用于测试和生产）的模型都可以在我们 BDE 开源分发的 bsl 包组的低层级包 bslx 中找到。④⑤

在本次讨论中，让我们假设 BDEX 流是库作者对该值语义（见卷 2 的 4.3 节）Date 类的子需求，并且客户要么有对 bslx 包的访问权，要么可以设法局部模型化这两个流（如果需要的话）。我们的完全值语义 Date 类本身的一个提议接口如图 3-152 所示。⑥

```
// grppk_date.h                                              -*-C++-*-
// ...                                                    （见卷2的6.5节）
namespace MyLongCompanyName {
// ...
namespace grppk {

class Date {
    // 此类实现了一个有复杂约束的值语义类型以根据Unix的cal日历函数表示日期。此类的
    // 每个对象总是表示[0001JAN01..9999DEC31]范围内的有效日期值

    // ...      （暂时省略了所有被封装的实现细节）

  public:
    // 类方法⑦
    static bool isValidYearMonthDay(int year, int month, int day);
        // 如果指定的year、month和day表示Date对象的一个有效值，则返回true，否则返回
        // false。如果year、month和day表示的Date值对应Unix（POSIX）日历定义在年份值
        // 范围[1..9999]内的一个有效日期，则Date值有效。有关的详细信息，可查阅
        // "有效日期值及其表示"相关资料
```

图 3-152　提议的值语义 Date 类的接口

---

① 切面是一个共有的交叉特征，对于每一个它所适用的类型（在每一个会出现此切面的组件中），这些切面函数在设计上便是以相同的方式命名的，并服务于相同的目的。例如，begin 和 end 是容器的切面方法，而 print（及其相应的输出运算符 operator<<）、bdexStreamIn 和 bdexStreamOut 是值语义类型的切面函数。

② 注意，这种逻辑型包前缀的旧风格使用（约 1998 年）早于 C++命名空间广泛可用/被使用时。

③ 提取对象的值并以独立于进程的方式表示该值，以便将其传输到外部的过程通常称为序列化（serialization）。

④ **bde14**，子目录/tree/master/groups/bsl/bslx/。

⑤ BDE 最初是指 "Bloomberg development environment" 或 "basic development environment"，这取决于上下文。为了保持历史的一致性，BDE 现已成为一个递归的缩写，代表 "BDE development environment"（BDE 开发环境）。

⑥ 注意，呈现在假设的组（grp）内包命名空间（*grppk*）中的这一个类设计，与图 3-102 中的 core::Date 类似，只不过它现在明智地避开了某些欠优之处，如直接依赖系统时间（如默认构造函数），增加对 BDEX 风格流化的支持，并为其函数级注释提供一些更标准、可能更好的措辞（见卷 2 的 6.17 节）。尽管基本相同的类型被冗余地呈现了两次，但我们认为，用基本相同的一般性方法论两次呈现有其肯定价值，换言之，相似之处和不同之处都具有启发性。

⑦ 在本书的方法论中，类的功能按照已确立的主要类别划分成组[如类方法（CLASS METHODS）、创建函数（CREATORS）、操纵函数（MANIPULATORS）、访问函数（ACCESSORS）]并按字母顺序呈现（见卷 2 的 6.14 节）。但是，有时将一个主要类别作任意的子类别细分是有意义的，这样的子类别也有起到按字母顺序分段的作用（见下文）。

```
                              // 切面①

    static int maxSupportedBdexVersion(int versionSelector);
        // 返回由指定的versionSelector指示的最大有效BDEX格式版本，此版本会被传递给
        // bdexStreamOut方法。注意，强烈建议将versionSelector的日期表示设置为
        // YYYYMMDD格式。还要注意，versionSelector的值应该是编译时选择的，
        // 它选择外化器和去外化器都支持的格式版本。有关值语义类型和容器的BDEX流的
        // 更多信息，参阅bslx包级注释

    // 创建函数
    Date();
        // 创建一个有受支持的最早日期值的Date对象，即日期值的年/月/日表示为0001/01/01②

    Date(int year, int month, int day);
        // 创建一个Date对象，其值由指定的year、month和day表示。除非year、month和day
        // 表示一个有效的Date值（参见isValidYearMonthDay函数），否则行为未定义

    Date(const Date& original);
        // 创建一个有指定的original日期值的Date对象

    ~Date();
        // 销毁这个对象③

    // 操纵函数
    Date& operator=(const Date& rhs);
        // 将指定的rhs日期的值分配给此对象，并返回一个引用，该引用提供对此对象的可修改访问权
```

图 3-152　提议的值语义 Date 类的接口（续）

---

① 子类别切面（aspect）恰好是特殊的，因为这里的切面（2.4.8 节）是名称和语义有意在许多不同的类之间保持共用的类实体，一般是成员函数（如 begin 或 end）。

② 还有一种我们历史上未采取的方法就是创建一个具有不确定值的有效日期对象，这样，任何访问该值的尝试都将被视为未定义的行为（见卷 2 的 5.2 节）。这样做虽然理论上可行、学术上令人满意，而且在某些情况下可能更有效，但假如有人想要检查（如打印）远程创建的可疑日期对象的值（可能是未初始化的），定义一个未初始化的日期对象的"值"并让其为人所知且显眼就会起到便利实践测试的好处。由于我们永远不会试图（甚至不可能）更改默认值，因此相对而言，不将该信息写进 Date 合约不会有什么好处。

③ 许多人认为，除非析构函数在释放进程内内存（仅仅是内存）并结束对象的逻辑生命周期之外还做了其他事情，否则不需要对析构函数的行为做注释。在本书的方法论中，我们选择对每个函数都做注释，与不注释某些函数相比，这样做要付出更多的努力（在培训和教育方面）。但这样做消除了对所需注释被推迟后就被忽略的潜在担忧。我们要求某种形式确认此处是提供了合约的，这与人们在互联网上被要求"勾选"一个方框以确认接受合约的方式大致相同。也有人建议，此处不要注释成"销毁这个对象"，而应将此文本部分留空：

```
~Date();
//
```

或表明我们有意将其留空：

```
~Date();
// 这一注释有意留白
```

或者以其他方式表明我们不需要做注释：

```
~Date();
// <SSIA>
```

此处的<SSIA>代表"签名已说明一切"（Signature Says It All）。（我们说的是"销毁这个对象"。这说得已经够多了。）

```
Date& operator+=(int numDays);
    // 将比此对象的当前值晚指定的天数（带符号）numDays的值分配给此对象，并返回一个引
    // 用，该引用提供对此对象的可修改访问权。除非结果值在此类支持的日期范围内（参见
    // isValidYearMonthDay函数），否则该行为未定义。注意，numDays可能为负数

Date& operator-=(int numDays);
    // 将比此对象的当前值早指定的天数（带符号）numDays的值分配给此对象，并返回一个引
    // 用，该引用提供对此对象的可修改访问权。除非结果值在此类支持的日期范围内（参见
    // isValidYearMonthDay函数），否则该行为未定义。注意，numDays可能为负数

Date& operator++();
    // 将此对象的值设置为比其当前值晚一天，并返回一个引用，该引用提供对此对象的可修改
    // 访问权。如果当前值的年/月/日表示是9999/12/31，则行为未定义①

Date& operator--();
    // 将此对象的值设置为比其当前值早一天，并返回一个引用，该引用提供对此对象的可修改
    // 访问权。如果当前值的年/月/日表示是0001/01/01，则行为未定义

int addDaysIfValid(int numDays);②
    // 将此对象的值设置为比当前值晚指定的天数（带符号）numDays，只要结果值在此类支持
    // 的日期范围内（参见isValidYearMonthDay函数）。成功则返回0，否则返回非0值（没
    // 有效果）。注意，numDays可能为负数

void setYearMonthDay(int year, int month, int day);
    // 将此对象的值设置为指定的year、month和day所表示的值。除非year、month和day
    // 表示一个有效的Date值（参见isValidYearMonthDay函数），否则行为未定义
```

图 3-152　提议的值语义 Date 类的接口（续）

---

① 有人建议不要在注释中直接提供常量值，而是为类实例定义最大合法值和最小的合法值，如 k_MaximumDate 和 k_MinimumDate，然后在注释中指向这些具名常量。我们不这样做的原因有以下几点。

（1）这些特定的字面值告知它们是否会对溢出施加影响（这些值通常不会施加什么影响）。

（2）这样的常量在代码中很少需要（甚至是没有需要），因为在我们的预期应用中，有效的使用范围几乎总是（大大）小于这一范围，并且很好地处在我们所支持的范围内被很好地隔离。

（3）如果以代码呈现（使用具名常量），扩大范围将不再被视为真正的向后兼容（backward-compatible）更改（见卷 2 的 5.5 节）；如果按图中所示的方式实现，则是向后兼容的。例如，有效的客户代码

```
assert(bdlt::Date::k_MaximumDate == bdlt::Date(9999, 12, 31));
```

可能会失败。

（4）客户可以自由地将这些常量局部定义（供其自己使用），这将在库的所有未来发布版本中都保证其有效（因为范围可能会增加，但永远不会缩小）。

（5）如果以代码呈现，则需要部分隔离（见卷 2 的 6.6 节），以避免如果修补程序就必须立即重新编译所有客户代码（例子可见图 3-139）。

② 老实说，这一函数的真正动机并不明显。Date 类型的一个重要不变量是它持有有效的日期值。事实上，极不可能有人会对有效范围内（0001 年 1 月 1 日至 9999 年 12 月 31 日）的某个日期增加某个合理的天数就造成其上溢（或下溢）——至少在最初设计的金融软件的上下文中不会发生这种情况。但现实是，在大型开发组织中，编写代码以从用户获取日期值的人不一定是处理此日期的人，有时获得的日期是无效的，但在创建日期对象之前，没有人费心检查它。

有人可能会认为，应该培训 UI 人员，以使其做得更好，我们不反对这点。还有人认为，我们的 Date 对象必须始终检查输入，如果输入无效，则必须"抛出某些东西"，对此我们不同意（见卷 2 第 5 章），特别是在可复用的库软件的上下文中。但是，仍然迫切需要能够提问这一"禁忌"问题："这个日期对象持有的日期是否确实有效？"我们很清楚即使确实有效，也并不一定意味着有效的日期值是正确的！

对于这种复杂的接口设计难题，一种卖弄聪明的解决方案就是提供此函数的时候，它要有合理有效的用例，更重要的是，它要有这样一种"意外"行为，对有效日期对象增加 0 天将始终可靠地返回 0（表示成功），但是，如果你碰巧有一个内部表示的值不是有效的日期对象，则它可能（并且实际上始终会）返回非 0 值（表示发生了成功之外的事情），那样的话，你就知道行为未定义（见卷 2 的 5.2 节）。换言之，此函数巧妙地启用了另一项（冗余的）检查，可用于防止客户误用，但还请仅在合适的断言级构建模式下使用（见卷 2 的 6.8 节）。

```
int setYearMonthDayIfValid(int year, int month, int day);
    // 将此对象的值设置为year、month和day所表示的值，只要指定的year、month和day构
    // 成有效的Date值（参见isValidYearMonthDay函数）。成功则返回0，否则返回非0值
    // （没有效果）①
```

                          // 切面

```
template <class STREAM>
STREAM& bdexStreamIn(STREAM& stream, int version);
    // 使用指定version版本的格式把从指定输入流stream读取的值赋值给此对象，并返回流
    // stream的引用。如果stream最初是无效的，则此操作没有效果。如果version不受支
    // 持，则此对象不受改动并且stream被无效化，但其他方面不会被修改。如果version受
    // 支持但在此操作期间stream无效了，则此对象具有未指定但有效的状态。注意，版本不是
    // 从stream中读取的。有关值语义类型和容器的BDEX流的更多信息，参阅bslx包级注释
```

```
// 访问函数
int day() const;
    // 返回此日期是当月的第几天，取值范围是[1..31]
```

```
DayOfWeek::Enum dayOfWeek() const;
    // 返回此日期是星期几，取值范围是
    // [DayOfWeek::e_SUNDAY..DayOfWeek::e_SATURDAY]
```

> 注意，这个方法现在是这个类的一个初等运算（见下文）

```
void getYearMonthDay(int *year, int *month, int *day) const;
    // 将此日期的year、month和day属性值分别加载到指定的year、month和day中
```

```
int month() const;
    // 返回该日期在一年中对应的月份，取值范围是[1..12]
```

```
int year() const;
    // 返回该日期的年份，取值范围是[1..9999]
```

                          // 切面②
```
template <class STREAM>
STREAM& bdexStreamOut(STREAM& stream, int version) const;
    // 使用指定version版本的格式将此对象的值写入指定的输出stream，并返回对stream的
    // 引用。如果stream最初是无效的，则此操作没有效果。如果version不受支持，则stream
    // 被无效化，但其他方面不会被修改。注意，version不会被写入stream。有关值语义类型
    // 和容器的BDEX流的更多信息，参阅bslx包级注释
```

图 3-152　提议的值语义 Date 类的接口（续）

---

① 注意，"操纵函数"方法 setYearMonthDayIfValid 以及 addDaysIfValid 的返回类型为 int，而（静态）"类方法" isValidYearMonthDay 的返回类型为 bool。[注意，我们以类似伪切面的方式利用常用方法前缀（如 isValid）和后缀（如 IfValid），见卷 2 的 6.11 节。] 在本书的方法论中（见卷 2 的 6.14 节），我们努力将回答问题（通常不改变状态）的函数与试图"做某事"（这必然意味着状态改变）的函数分开。答案只有"是"或"否"的问题以类似 isValid、hasProtocol 以及 areParallel 这样的形式命名，并始终返回 bool，其中，true 表示"是"，false 表示"否"。与之相对的，操纵函数方法则要么"成功"，要么"失败"。由于只有一种途径可以成功，但可能有许多途径可以失败，因此我们遵循 Unix 的传统，成功则返回 0，否则返回非 0 值（见卷 2 的 6.12 节）。

② 如前所述，我们的做法是在每个主要部分内按字母顺序排列函数。当我们认为需要其他排序时，我们的约定是插入一个居中的标题以打破这个流并重新开始按字母顺序排列。任何任意的标题都可做到这种中断。然而，巧合的是，本脚注所处的标题"切面"被普遍保留来指示这样一个接口区域。其中各个函数都在名称和语义上对我们所有的类型是统一的，而它本身竟也因此成了一个切面（2.4.8 节），另见卷 2 的 6.14 节。注意，如果我们觉得需要的话，可以在 day 之前或是在 year 之后插入一个任意的居中的标题来分离于 getYearMonthDay 方法，从而将各个字段的访问函数分组在一起。

```
      bsl::ostream& print(bsl::ostream& stream,
                          int           level = 0,
                          int           spacesPerLevel = 4) const;
```
　　　// 将此对象的值以人能看得懂的格式写入指定的输出stream，并返回stream的引用。
　　　// 首行缩进level的指定是可选的，其绝对值对嵌套对象会递归式地递增。如果指定了level，
　　　// 则spacesPerLevel的指定是可选的，其绝对值表示此对象及其所有嵌套对象的每个缩进级
　　　// 别的空格数。如果level为负，则抑制第一行的缩进。如果spacesPerLevel为负，整个输
　　　// 出被格式化为一行，并抑制除首行缩进（由level控制）外的所有缩进。如果stream在进入
　　　// 时没有效果，则此操作没有效果。注意，人能看得懂的这一格式未完全指定，可不告而变

```
};

// 自由运算符
bool operator==(const Date& lhs, const Date& rhs);
```
　　　// 如果指定的lhs和rhs对象具有相同的值，则返回true，否则返回false。如果两个Date对象的
　　　// year、month和day属性（分别）具有相同的值，则它们的值相同[1]

```
bool operator!=(const Date& lhs, const Date& rhs);
```
　　　// 如果指定的lhs和rhs对象不具有相同的值，则返回true，否则返回false。如果两个Date对象
　　　// 任一year、month和day属性（分别）不具有相同的值，则它们的值不相同

```
bsl::ostream& operator<<(bsl::ostream& stream, const Date& date);
```
　　　// 以单行格式将指定的date对象的值写入指定的输出stream，并返回对stream的引用。如果
　　　// stream在进入时无效，则此操作没有效果。注意，人能看得懂的这一格式未完全指定，可不
　　　// 告而变，并且在逻辑上等同于
　　　//..
　　　// date.print(stream, 0, -1);　　　　　　　　　标注：切换是否行填充
　　　//..

```
bool operator<(const Date& lhs, const Date& rhs);
```
　　　// 如果指定的lhs日期值早于指定的rhs日期值，则返回true，否则返回false[2]

```
bool operator<=(const Date& lhs, const Date& rhs);
```
　　　// 如果指定的lhs日期值早于或等于指定的rhs日期值，则返回true，否则返回false

```
bool operator>(const Date& lhs, const Date& rhs);
```
　　　// 如果指定的lhs日期值晚于指定的rhs日期值，则返回true，否则返回false

```
bool operator>=(const Date& lhs, const Date& rhs);
```
　　　// 如果指定的lhs日期值晚于或等于指定的rhs日期值，则返回true，否则返回false

```
Date operator++(Date& date, int);[3]
```
　　　// 将指定的date对象设置为比其当前值晚一天的值，并返回进入时的date值。如果进入时的date
　　　// 值为9999/12/31，则此行为未定义

```
Date operator--(Date& date, int);
```
　　　// 将指定的date对象设置为比其当前值早一天的值，并返回进入时的date值。如果进入时的date
　　　// 值为0001/01/01，则行为未定义

图 3-152　提议的值语义 Date 类的接口（续）

---

[1] 要了解我们所说的"值"的含义，见卷 2 的 4.1 节。要了解一个类型具有值语义意味着什么，见卷 2 的 4.3 节。

[2] 此关系运算符和后面的其他 3 个关系运算符都超出了值语义所涉及的范围，值语义的范围仅限于恰当地表示相同的值
（或不相同的值）。即并非所有值语义类型都有（或应该有）关系运算符。

[3] 与前缀自增运算符和前缀自减运算符不同，其相应的后缀运算符按值返回对象，因此实现为自由（非成员）函数是恰
当的，部分原因是为了阻止运算符修改无名临时对象（修改无名临时对象几乎肯定是一个错误），而不仅仅是因为它
可以由对应的前缀运算符高效地实现，来避免对友元访问权的需要（见卷 2 的 6.13 节）。

```
Date operator+(const Date& date,    int         numDays);
Date operator+(int         numDays, const Date& date);
    // 返回比指定的Date晚指定的天数（带符号）numDays的日期值。除非结果值在这个类支持的日期
    // 范围内（参见isValidYearMonthDay函数），否则该行为未定义。注意，numDays可能为负数

Date operator-(const Date& date, int numDays);
    // 返回比指定Date早指定的天数（带符号）numDays天的日期值。除非结果值在这个类支持的日期
    // 范围内（参见isValidYearMonthDay函数），否则该行为未定义。注意，numDays可能为负数

int operator-(const Date& lhs, const Date& rhs);
    // 返回指定日期lhs和rhs之间的（带符号）天数。注意，如果lhs < rhs，结果将为负数

// 自由函数
template <class HASHALG>
void hashAppend(HASHALG& hashAlg, const Date& object);
    // 将指定的object传递给指定的hashAlg。此函数与bslh模块化哈希系统集成，并为Date
    // 有效地提供了bsl::hash特化

}   // 结束包级命名空间
// ...
}   // 结束企业级命名空间
// ...
```

图 3-152　提议的值语义 Date 类的接口（续）

　　注意，为了更一般的使用场合，让日期类 Date 支持年/一年中的第几天（以及年/月/日）形式的日期值稍后可能会看出是值得的。还要注意，我们最初选择使用的是（非外推）格里历，这与 Unix（POSIX）标准一致，因为它在我们最初构思类 Date 时（约 1997 年）是流行的。在那之后，世界似乎将外推格里历作为标准了，这确实迫使我们做出非常艰难的改变。[①]一些物理设计的考量会促使像这样的对这一关键词汇类型（见卷 2 的 4.4 节）的根本性更改，本节稍后将讨论这些考量。

　　图 3-153 中提供了一张简图，其中列出了初始设计中 Date 类相关的部分，其中仅包括面向客户的基本组件，它们是满足 4 个综合需求中第一个需求的所有方面所需的。注意，Date 类本身及其附属枚举 DayOfWeek（两者位于各自独立的组件中）都是（完全）值语义类型（见卷 2 的 4.3 节），因此它们表示的值在当前运行的进程之外（和之内）都有意义。为了使这两种新类型都能够使用 BDEX 流化参与其值的（高效）外化，两者的方法模板都需要（隐式）依靠于相关的 BDEX 设想。

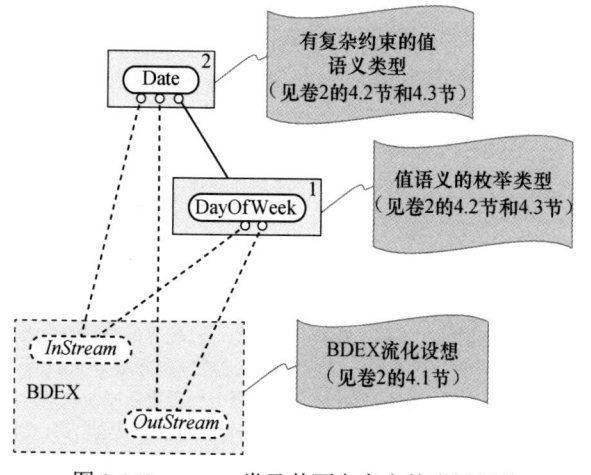

图 3-153　Date 类及其面向客户的附属组件

[①] 出于与业务风险相关的原因，我们最终选择在内部推迟采用这一改变。

注意，目前，我们忽略了组件最终所在的包的任何概念（2.4 节）。尽管绝对物理位置（3.1.4 节）最终会对成功复用起到非常关键的作用，但现在仍处于宏观设计的早期阶段。完成初始设计并且将实现组件敲定并更充分地说明后，便可以开始考虑将新组件一一分配到包含软件资本的企业范围存储库中恰当的相对位置，当然同时保留它们的相对物理依赖（示例见图 0-56）。

3.12.4 确定今天的日期值

第二个需求则是让客户可以方便地向我们的库询问当前日期的值。这项任务看似简单，但有许多复杂因素，如区分当地时间和 UTC。[①]毫无疑问，这两种时间值我们的库都要提供，因此我们想要相应的零参数函数妥当地嵌套在实用结构体中作为静态方法（见图 2-23），这样的零参数函数例子有 local() 和 utc()，它们均按值返回 Datetime 对象（见下文）。为了与我们的命名法保持一致，无论我们为这一结构体类型选择的是什么描述性名称（3.2.9.2 节），都会附加后缀 Util，其他类似的结构体类型也是如此。

这一实用程序如何命名非常重要。由于我们提出的实用结构体具有实质的对底层操作系统的物理依赖，因此我们不想简单地将其称为 DatetimeUtil。此外，我们可能希望它返回 Datetime 以外的时间相关类型的值，事实上我们确实会这么期望。因此，出于上述两个原因，我们故意不将我们所需的实用结构体命名为 DatetimeUtil。相反，我们选择了一个更具体、更具描述性的名称 CurrentTimeUtil，其详细原因很快就会清楚（就在图 3-154 之后）。同时，图 3-154 中提供了此实用组件的接口的初始简图（以及简略版的函数级注释）。[②]

注意，我们预计会有一个附加函数 now()，它返回的对象类型是之前已有的低层级 bsls::TimeInterval 类，最终解决我们的第三个隐含的整体设计需求，即确定给定的 Date 对象是否表示工作日将需要该类（见下文）。

此 CurrentTimeUtil 结构体用 Datetime 类型（而不只是 Date 类型）的对象进行交通，因为获取一天中的时间和日期是一个比单独获取日期更一般性的操作。Datetime 含有两个独立值，分别属于 Date 类型和 Time 类型；后者提供一天中的时间，最初的最高精度为毫秒。[③]

没有特定领域背景的人可能会对时间段与时间点（如 Datetime）的单位不同感到惊讶。虽然两个无单位整数的差还是一个整数，但两个时间点的差是一个时间段（如 DatetimeInterval）。此外，时间段的概念逻辑上要优先于时间点。即在时间段上的所有操作如果不涉及另一种类型，则产生的都是时间段。对时间点则不然。例如，两个时间段求和或求差，结果还是一个时间段：

```
DatetimeInterval operator+(const DatetimeInterval& lhs,
                           const DatetimeInterval& rhs);
DatetimeInterval operator-(const DatetimeInterval& lhs,
                           const DatetimeInterval& rhs);
```

---

① 注意，UTC 代表协调世界时（coordinated universal time），以前是 GMT（Greenwich mean time，格林尼治标准时）。尽管两者之间经常互换或混淆，但 GMT 是一个时区，而 UTC 是一个时间标准。

② 与以往一样，原先的这一设计将随着时间的推移不断演化和增长，以包容最初用例中未激励的其他特性。例如，其他类型（如 DatetimeTz，它带有一个时区偏移量）也应可用于通过静态方法（如 asDatetimeTz）返回当前时间。此外，在某些多进程环境中，用一个进程（另外使用一个处理器）专门重复刷新共享内存中的某个位置上放着的当前时间以供访问比通过系统调用（使用同样的处理器）访问当前时间更高效。因此，此实用结构体的更成熟的实现很可能也支持此功能（通过用户提供的回调和支持型静态方法）。我们希望确保在组件级注释（见卷 2 的 6.15 节）中恰当地描述所有成对的线程安全保证（见卷 2 的 6.1 节）。

③ 由于金融业 MiFID 的监管需求（约 2015 年），Time 类型和 Datetime 类型之后会有修改的需要以表示微秒精度，理想情况下，这不会影响现有客户（见卷 2 的 5.5 节）。

```
// grppk_currenttimeutil.h
// ...

namespace bsls { class TimeInterval; }

namespace grppk {

class Datetime;

struct CurrentTimeUtil {
    // 此结构体为检索当前时间的过程提供了命名空间……

  public:
    // 类方法
    static Datetime local();
        // 返回表示本地时区当前日期/时间的Datetime值

    static bsls::TimeInterval now();①        注意,此函数比其他函数
                                              返回更高精度的值

        // 返回在EpochUtil::epoch()和当前日期/时间之间的TimeInterval值

    static Datetime utc();
        // 返回用UTC时间表示当前日期/时间的Datetime值

    // ...
};②

// ...

} // 结束包级命名空间
// ...
```

图 3-154　结构体 CurrentTimeUtil 接口的初始简图

而两个时间点的差并不是时间点,而是时间段(而且,两个时间点相加没什么意义):

```
DatetimeInterval operator-(const Datetime& lhs,
                           const Datetime& rhs);
```

因此,相较于兼容的时间点类型,定义时间段类型的组件自然位于物理层次中的较低层级。换句话说,定义有 Datetime 类的组件中的逻辑功能可以了解(并使用)定义有 DatetimeInterval 类的组件,但反之不然。图 3-155 提供了迄今为止的完整设计以供参考,这一设计整合了我们对第一个综合需求的解决方案,即孤立地表示日期值。

正如我们之前看到的,我们选择在 CurrentTimeUtil 中加入一个方法 now(),该方法将当前日期和时间值作相对于一个与已知"epoch"(纪元)时间点的偏移量(时间段)返回。用于表示此时间段值的类型为先前已有的 TimeInterval。鉴于 TimeInterval 和 DatetimeInterval 都是时间段,我们似乎应该选择其一(见卷 2 的 4.4 节)。然而,事实上,这两个时间段具有不同的属性(如对象大小、精度),并且服务于几乎完全互不重合的客户群。

---

① 此函数返回的是时间区间而不是绝对时间,部分历史原因与 Unix 中使用基于纪元(epoch)的约定的时间函数有关。

② 如图所示,此处提供的功能是不可模拟的(unmockable),许多人会认为这是一个糟糕的设计,因为该实用程序的客户会发现很难充分地运用(和测试)他们的实现中依赖此功能的方面。但此处未显示的是,有一种方法可以安装这样一个回调,这一回调允许用户截取对操作系统的调用以进行测试,也适用于能够将当前时间保存在共享内存中并由多个进程访问(其效率远高于昂贵的系统调用的情况)。

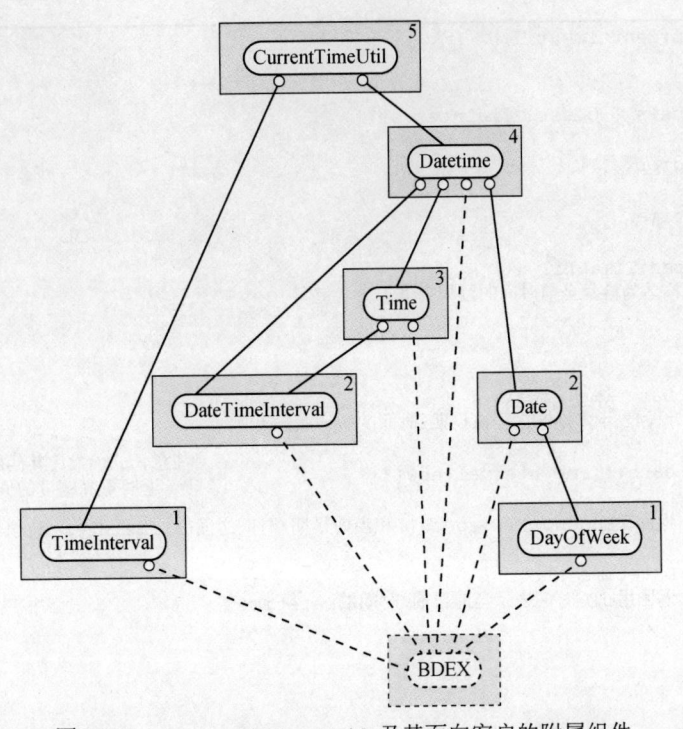

图 3-155   CurrentTimeUtil 及其面向客户的附属组件

首先，TimeInterval 计划与系统级操作（如超时）结合使用，这些系统级操作（历来）要求的精度等级（如纳秒）高于面向金融等应用领域的时间点。在金融领域，毫秒级的时间点精度（从历史上看）已经足够了，直到最近，监管需求才促使我们在 Time 和 Datetime 等方面采用了额外的精度（如微秒）。注意，即使使用微秒级精度，8 字节的对象空间也足以识别 10 000 年范围（我们的 Datetime 类型承诺支持的所有时间）内的每个时间点。

此外，高精度系统级时间偏移（时间段）所需的值范围在实践中总是比某个时间点通常需要的要小得多。由于我们通常倾向于将这样的值的表示限制在一个典型机器字之内（例如，出于性能、并发等原因），因此可以通过显著缩短此时间段类型的可表示范围来实现更高的精度并仍将其保留在 8 字节空间内。[①]还有一点，由于我们已经知道将来无论如何都需要通过该特定类型（用作超时）获取当前时间，因此我们现在就选择纳入这一极具可复用性的功能，now()。

3.12.5   确定给定日期值是否为工作日

前文解决了表示日期以及将今天的值加载到 Date 对象的综合需求之后，我们开始讨论更复杂的任务，即设计能让我们库的客户确定给定日期是否为工作日的组件。从 3.6.2 节中，我们知道诸如 isHoliday 或更切题的 isNonBusinessDay 之类的功能不可能是 Date 的方法。一种（至少是物理上健全的）设计（如图 3-106 所示）建议要有一个 CalendarService 设施，当给它提供日期对象时，它返回此日期的工作日/假日属性。虽然这种方法对某些应用有效，但对于其他应用则完全不能令人满意。正如 3.6.2 节中所承诺的那样，我们现在将用值语义类型探索一种更模块化、更灵活且运行时效率更高的解决方案（见卷 2 的 4.3 节）。

---

① 注意，在微秒精度下，8 字节的时间点能够处理大约 $2^{64}/(10^6 \cdot 60 \cdot 60 \cdot 24 \cdot 365.25)$ 或者说超过 584 542 年（这对于我们的 Datetime 类型足够了）的跨度。然而，在纳秒精度下，有效范围的最大跨度不到 585 年，但是，即使使用带符号的值，292 年对于实践中可能需要的任何实际的系统时间偏移（如超时）仍然是相当大的。

3.12.5.1 日历需求

我们将先敲定几个实际需求（包括性能需求），然后探讨它们会如何塑造设计并影响组件的实现。总的需求是我们需要高效地确定给定日期是否为工作日。然而，没有明确指出的是，对于许多重要的应用（包括手头的应用），这一特定问题可能会在一次运行中被反反复复地，甚至可能是数万次地询问和回答。

因此，在给定上下文中，判断某一日期是否为工作日的摊销成本必须非常低。任何需要在每一次这样的判断中去到进程外的解决方案都是不可行的。相反，我们需要一种预先组织信息的方法，以使得在一系列连续的日期中确定下一个日期是否为工作日的增量运行时成本低到几乎没有。

但是，除了这一极高的运行时性能需求还有其他限制。金融系统通常有几十上百个（甚至数千个）不同的上下文可能会在其中查询日期。例如，一个辖区或地区（locale）（如纽约市）的非工作日（如周末和假日）可能与另一个辖区或地区（如伦敦）的完全不同。事实上，哪些天算工作日还取决于我们正在讨论的确切内容。例如，有些日子股市可能会关闭，而银行却还营业。债券的特殊日期，即结算日，可能与金融工具的交易日不同。[①]没有任何自然定律管辖此类数据，这是可以预料的。此外，这些信息可能会在短时间内被更改，因而必须经常（迅速）从外部数据源（数据源可能是一个 C++对象）重新获取。因此，除能够访问数据以快速回答工作日信息外，我们还必须能够以紧凑的方式存储这些数据，以便跨进程边界进行高效传输。

日历在我们的词典中是一种 C++类型，其值表示某一连续日期范围内的一组工作日。这一信息是如何获得的与我们的日历类的设计没有什么关系，两者之间的关系就好像日历类的设计和 std::vector 实现的关系一样疏远。因此，必须提供一套足够（且完整[②]）的操纵函数方法来添加（单独的）假日和（重复性）"周末"日。[③]图 3-156 提供了我们建议的 Calendar 类型经深度简化后的接口，以供参考。[④]

3.12.5.2 多地区查询

金融软件常需要根据特定日期是否是多个地区的工作日来调整给定日期。例如，确定特定交易的结算日可能需要反复尝试，以确定某个给定日期是否同时是两个不同地区（如买方和卖方）的工作日。[⑤]解决此问题的一种方法是创建两个日历，分别问该日是否为工作日，而后求交集。但是，这种做法有两个缺点。

---

① 因此，在一个给定地区内，对一种金融工具（如股票）交易而言会被视为有效"工作日"的日子可能不会被视为另一种金融工具（如抵押担保证券、商业票据）的工作日。此外，也无法硬编码一个给定的星期几是否是重复性非工作日（周末）。例如，在某些地理区域，星期五和星期六通常是周末，而在其他一些区域，可能每周工作 6 天，只有一个周末日。

② **booch94**，3.6 节，第 136~143 页（特别是第 136、137 页和第 143 页的总结）。"足够"意味着足够第一次使用。"完整"意味着足够用于所有类似用途。

③ 尽管最初并未考虑过，但重复性周末日（像时区一样）有时会随着时间的推移而变化，因此最终必须有一个额外的、更复杂的接口用于指定重复性非工作日（不是给整个日历就设置一组周末日）。

④ 除了知道某一给定日期是否为工作日，有时还需要知道导致一个给定日期成为非工作日的是哪个假日。虽然不像日期那样无处不在，但 Calendar 类型也可以在公共接口中广泛使用（见卷 2 的 4.4 节）。因此，理想的情况下，我们希望在（大多数）公共接口中表示它的只有一个 C++类。另外，保持日历数据占用的内存较少也是一个重要的设计目标，因为可能有数千个地区需要导入一个进程中并一起驻留在其中。我们还必须确保不给我们的用户带来任何与在每个实例中存储详细的假日信息相关的开发开销，而且任何对假日存储库的物理依赖都是万万不能的。此外，对于不在乎为什么某一天不是工作日的用户，一定不能有速度或空间开销。考虑到这些约束，我们的解决方案是允许感兴趣的客户通过哑数据（3.5.5 节）将 Calendar 内的假日信息以小整数索引的形式关联起来，这种索引被称为假日码。然后由客户使用这些索引在一个合适且分离管理的表（如类型为 std::vector<string>的表）中查找有关特定假日的所需信息。

⑤ 复杂的"多边"交易可能涉及三四个地区，或是更多。

```
// grppk_calendar
// ...

#include <dayofweek.h>

#include <iosfwd>

namespace MyLongCompanyName {

namespace bslma { class Allocator; }

namespace grppk {

class PackedCalendar;
class Date;
class BusinessDayConstIterator;
class DayOfWeekSet;
class HolidayConstIterator;
class WeekendDaysTransitionConstIterator;

class Calendar {
    // 此类实现的是一段有效日期范围内周末和假日信息存储库, 这一存储库运行时高效且是值语义的

  public:
    // 类型

    // ...    [省略了迭代器的typedef (如工作日、假日)]

    // 类方法
                                    // 切面

    static int maxSupportedBdexVersion(int versionSelector);

    // 创建函数
    explicit Calendar(bslma::Allocator *basicAllocator = 0);
    Calendar(const Date&         firstDate,
             const Date&         lastDate,
             bslma::Allocator *basicAllocator = 0);
    explicit Calendar(const PackedCalendar&  packedCalendar,
                      bslma::Allocator        *basicAllocator = 0);
    Calendar(const Calendar& original, bslma::Allocator *basicAllocator = 0);
    ~Calendar();

    // 操纵函数
    Calendar& operator=(const Calendar& rhs);
    void addDay(const Date& date);
    void addHoliday(const Date& date);
    void addWeekendDay(DayOfWeek::Enum weekendDay);
    void addWeekendDays(const DayOfWeekSet& weekendDays);
    void intersectBusinessDays(const Calendar& other);

    void intersectNonBusinessDays(const Calendar& other);
    void removeAll();
    void removeHoliday(const Date& date);
    void setValidRange(const Date& firstDate, const Date& lastDate);

                                    // 切面
    template <class STREAM>
    STREAM& bdexStreamIn(STREAM& stream, int version);
    void swap(Calendar& other);
```

从空间效率高的日历创建速度效率高的日历 (在后面讨论)

多地区

图 3-156 类 Calendar 的接口的初始 (简略版) 简图

```
        // 访问函数
        BusinessDayConstIterator beginBusinessDays() const;
        BusinessDayConstIterator beginBusinessDays(const Date& date) const;
        HolidayConstIterator beginHolidays() const;
        HolidayConstIterator beginHolidays(const Date& date) const;
        WeekendDaysTransitionConstIterator beginWeekendDaysTransitions() const;
        BusinessDayConstIterator endBusinessDays() const;
        BusinessDayConstIterator endBusinessDays(const Date& date) const;
        HolidayConstIterator endHolidays() const;
        HolidayConstIterator endHolidays(const Date& date) const;
        const Date& firstDate() const;
        int getNextBusinessDay(Date *nextBusinessDay, const Date& date) const;
        int getNextBusinessDay(Date          *nextBusinessDay,
                               const Date&    date,
                               int            nth) const;
        Date holiday(int index) const;
        bool isBusinessDay(const Date& date) const;
        bool isHoliday(const Date& date) const;
        bool isInRange(const Date& date) const;
        bool isNonBusinessDay(const Date& date) const;
        bool isWeekendDay(const Date& date) const;
        bool isWeekendDay(DayOfWeek::Enum dayOfWeek) const;
        const Date& lastDate() const;
        int length() const;
        int numBusinessDays() const;
        int numBusinessDays(const Date& beginDate, const Date& endDate) const;
        int numHolidays() const;
        int numNonBusinessDays() const;
        int numWeekendDaysInRange() const;                    对底层空间效率高的日历
        const PackedCalendar& packedCalendar() const;          类型提供只读访问权，在
                                                               后面讨论
        // ...            （省略了各种反向迭代器的访问函数）

                                 // 切面

        bslma::Allocator *allocator() const;
        template <class STREAM>
        STREAM& bdexStreamOut(STREAM& stream, int version) const;
        std::ostream& print(std::ostream& stream,
                            int           level = 0,
                            int           spacesPerLevel = 4) const;
};

// 自由运算符
bool operator==(const Calendar& lhs, const Calendar& rhs);
bool operator!=(const Calendar& lhs, const Calendar& rhs);
std::ostream& operator<<(std::ostream& stream, const Calendar& calendar);

// 自由函数
template <class HASHALG>
void hashAppend(HASHALG& hashAlg, const Calendar& object);
void swap(Calendar& a, Calendar& b);

// ...            （省略了各种迭代器类的定义）

}  // 结束包级命名空间

// ...
```

图 3-156　类 Calendar 的接口的初始（简略版）简图（续）

　　第一个缺点是不能复用常见的只取一个日历和一个日期作为参数的算法，如修正顺延（modified following）算法（见 3.12.10 节），至少多个日历参数的函数不如只有一个日历参数的函

数那么容易被复用。第二个缺点是,这样的子例程往往会被过多次应用(如在许多投资组合、时间范围和场景的交叉乘积上)。在许多重要场合,当每次需要知道给定日期是否是多个地区的有效结算日时,执行两次或多次查找(每地区一次),然后再求其交集,这会导致效率低下得许多重要场合都无法接受。

幸运的是,由于 Calendar 可以被视为一段范围内的一组工作日,因此我们可以定义基本集合操作的语义,如 and、or、xor 和 sub。例如,两个日历的逻辑与(and)表示这两个日历的范围和工作日的交集。[①]如果有需要的话,还可以给日历定义类似 or、xor 或 sub 的操作;不过,求交集(逻辑与)是目前在日历上最有用的类似集合的操作,并且是此处唯一需要的操作。[②]通过取各自地区原日历的工作日的交集快速地预先计算出复合日历,我们可以同时在互操作性、复用和运行时性能等方面取得卓越的表现!

考虑到所有这些对日历信息的需求,以及隐含在层次化可复用软件中的细粒度的物理呈现的需求,我们将不得不创建大量复杂的、高性能的、面向客户的[③]组件,甚至要在我们开始为这一 Calendar 类型提供完整的接口之前。第一步是以高空间效率的形式在一个类中捕获裸信息,我们将称这个类为 PackedCalendar。

PackedCalendar 对象持有的值(见卷 2 的 4.1 节)与 Calendar 持有的是同一种,因而必须含有表示一个 Calendar 所需的所有信息,但它是用极高空间效率的方式含有这些信息,以至于不能做到足够高的运行时性能(见下文)。PackedCalendar 的每个实例都必须表示有一个有效日期范围、该范围内哪些天是假日以及星期几算作周末。[④]

我们可以在 PackedCalendar 类内部通过下面的方式表示工作日,嵌入开始日期、结束日期、1 字节大小[⑤]的 DayOfWeekSet 类以及一个(高空间效率的)无符号整数偏移量(见下文)数组;DayOfWeekSet 类含周末日的集合,而偏移量数组的偏移量从开始日期算起,每个偏移量表示一个假日。所有空的日历范围都是等价的,并通过分别让开始日期和结束日期持有最大值和最小值(又称"内爆范围")来规范地表示(见卷 2 的 4.4 节)。[⑥]

我们在 PackedCalendar 之前讨论过实现的类型都不需要动态分配内存。考虑到 PackedCalendar 中嵌入的数据结构(如表示假日序列的数据结构)需要可变的内存量,并且 Calendar 对象有一个 PackedCalendar 作为其数据成员之一,日历类这两种类型的对象可能需要在

---

① 例如,给定一个假日,只有在两个初始日历中都在结果的有效范围内的一个给定日期上有这一假日时,其假日码才会保留在结果的值中。另一种也许更有用的行为可能是在两个初始日期之一在结果的有效范围内的一个给定日期上有这一假日时,保留其假日码。只要完全指定了执行其操作的日历方法的精确行为(见卷 2 的 5.2 节),提供这两种行为或其一都是可以接受的(见卷 2 的 6.17 节)。

② 像 or、xor 和 sub 这样的操作的含义不那么明显,并且可能导致日历范围不连续;因此,日历中的合约(见卷 2 的 5.2 节)可能必须扩展,且附加的行为也必须仔细定义,以避免其不变量失效(见卷 2 的 5.5 节);或者,在某些业务需要出现之前,可以完全忽略这些操作(见卷 2 的 5.6 节)。

③ 我们所说的"面向客户"指的是这一子系统的客户直接使用的组件,而不是那些附加的、较低层级的"实现"组件(通过面向客户的组件是不能以编程方式访问这些组件的),这些组件仅用于实现完全分解的(见卷 2 的 6.4 节)、层次化可复用的(0.4 节)子系统。

④ 与 Calendar 一样,PackedCalendar 对象可能将每个非重复性非工作日关联于一个或多个独特的非负整数假日码。不关联假日码的 PackedCalendar 对象,就像没有虚函数的类(见卷 2 的 4.6 节)一样,为这一补充功能的保留而施加的运行时开销必须(实质上)为零(见卷 2 的 6.7 节)。

⑤ 考虑到一周 7 天中的每一天都可以用一位来表示,那么实现这 7 天的幂集的类可以容纳在 1 字节内(还多一位留作备用);因此,这里不需要动态内存分配。

⑥ 注意,如果没有任何假日的关联假日码,则表示这些码的整个数据结构绝不会被创建(类似于 std::vector 或 std::string 的典型实现)。

其生命期内分配内存。每当一个可复用类型可能将动态分配的内存纳入其对象管理的资源时，[1]我们都希望能够精确地指定内存从何而来。出于各种原因（如运行时性能、整个对象的放置以及每个对象的度量，我们将在卷 2 的 4.10 节中进一步探讨），我们希望能够逐个对象地控制动态内存来源，并且希望这样做不影响对象的 C++ 类型。我们的解决方案将是允许客户在构建时提供实现 bslma::Allocator 协议的特定具体分配器的地址；如果未提供分配器，则使用适当的默认分配器（通常为 bslma::NewDeleteAllocator，见卷 2 的 4.10 节）。图 3-157 中提供了一个为 Calendar 类提供初始接口所需的面向客户的组件的高层级图，Calendar 类已恰当地集成到之前基于组件的设计中。

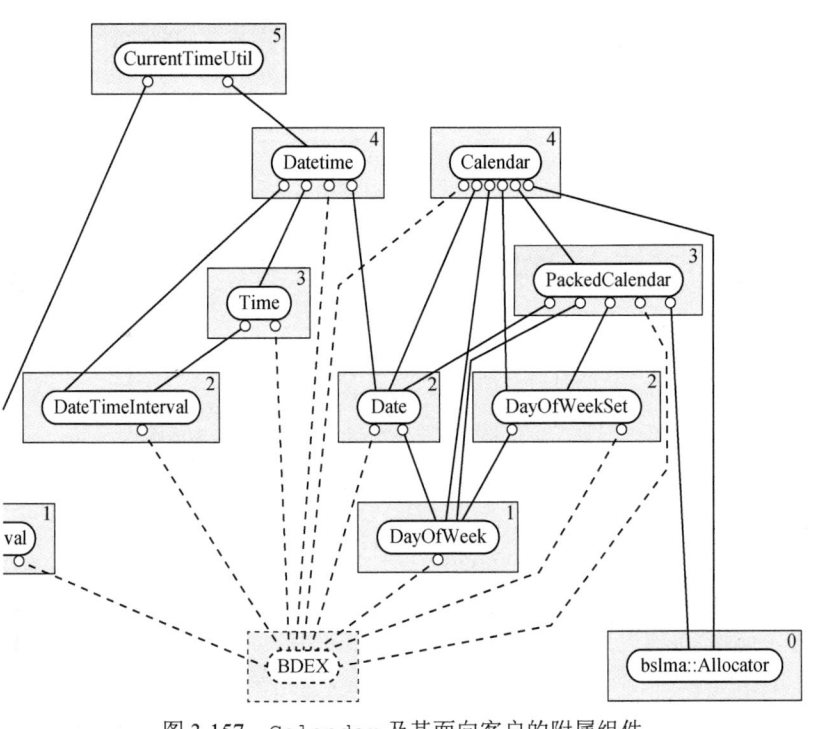

图 3-157　Calendar 及其面向客户的附属组件

3.12.5.3　日历缓存

此时，此设计中面向客户的基础设施部分似乎已完成。给定一个填充了相应工作日信息的 Calendar，便可以用它来确定给定日期是否为工作日。已经大功告成了吗？不，还没结束。为了让应用开发人员使用此基础设施，我们需要为系统提供某种通用装置，以便将特定信息输入日历，并从程序的不同部分找到该日历。也就是说，在正运行的进程中我们需要一个位置存储与某个本地唯一的（如 char 串）标识符关联的 Calendar 数据。我们将这种设施称为日历缓存（calendar cache）。

在我们的设计中，CalendarCache 类是一种能够将唯一的 char 串名称映射到日历数据的机制（见卷 2 的 4.2 节）。但它可不只是一个简单的 std::map<std::string, Calendar>。日历数据在内部可能是用 Calendar、PackedCalendar 或其他形式来表示的。此外，CalendarCache 的其他方面（如缓存未命中时该做什么以及何时将滞留数据视为过期的），对其预期用途至关重要，而裸 std::map 根本无法包含这些方面。[2]

---

[1] 换言之，动态分配/释放的序列不限于对象的单个公共成员函数的作用域（见卷 2 的 4.10 节）。

[2] 即使目前的 CalendarCache 实现只是一个字符串到日历的映射，未来的增强可能会给这种未封装的实现的稳定性维持带来麻烦（见卷 2 的 5.6 节）；因此，我们会选择将该特定实现封装到一个具名类（不是 typedef 中），就像在此所做的那样。

为了使 CalendarCache 能够足够灵活以供一般复用，我们需要提供一个可扩展的机制，让更高层级的客户（如 main）可以通过该机制对 CalendarCache 的实例进行编程，以使这一实例按需加载相关的日历数据。我们在这里采用的架构方法（图 3-158a）又是横展的（3.7.5 节）。我们将定义抽象接口类型 CalendarLoader。CalendarCache 的每个实例在构造时会被提供派生自这一 CalendarLoader 协议的适当具体类的地址（图 3-158b）。当向 CalendarCache（按名称）请求一个日历但其日历条目不存在时，CalendarCache（图 3-158c）会调用所持有的 CalendarLoader 对象的虚方法 load 来填充一个 PackedCalendar 类型的对象，这个对象是作为 load 方法的第一个参数按引用（地址）提供的。如果调用成功，则其关联的 Calendar 数据可供 CalendarCache 原先的客户使用；否则，将返回错误状态（如空指针）（图 3-158d）。[①]

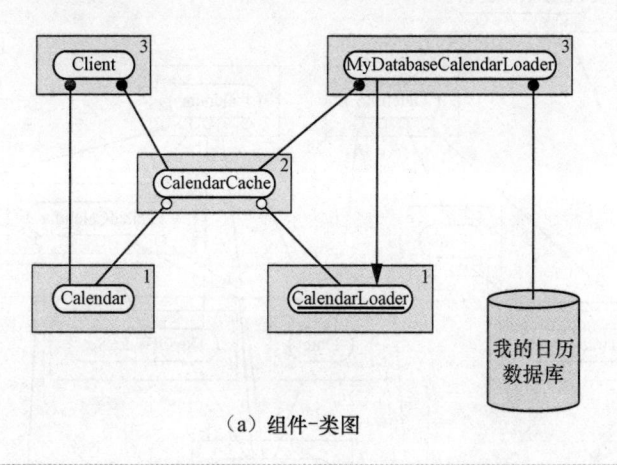

（a）组件-类图

```cpp
// grppk_calendarcache.h                                    -*-C++-*-
// ...
namespace grppk {

class CalendarCache {

    // ...

  private:
    // 不实现
    CalendarCache(const CalendarCache&);
    CalendarCache& operator=(const CalendarCache&);

  public:
    // 创建函数
    explicit
    CalendarCache(CalendarLoader   *loader,
                  bslma::Allocator *basicAllocator = 0);
        // 创建一个空的日历缓存，该缓存使用指定的加载器loader按需加载日历，并且没有超时。
        // 用于提供内存的分配器basicAllocator的指定是可选的。如果basicAllocator为0，
        // 则使用当前安装的默认分配器。加载到此缓存中的日历在被显式无效化（通过invalidate
        // 或invalidateAll方法）之前，或在销毁此对象之前，都可有效检索。除非loader
        // 在此缓存的整个生命周期内保持有效，否则该行为未定义
```

（b）CalendarCache在构造时取CalendarLoader的地址

图 3-158 CalendarCache 和 CalendarLoader 之间的交互

[①] 注意，如果按指针返回 Calendar，对给定进程的缓存作无效化就会变得困难起来；而如果日历数据发生更改，则按值返回的日历日期将不是最新的。在典型的金融应用中，如果日历数据当天需要更改，则简单地"退回"（重新启动）进程以重置缓存并非罕见。但是，还有像返回代理对象（如共享指针）这样更好、更稳健的方法可以实现此类目标。

```
    CalendarCache(CalendarLoader               *loader,
             const bsls::TimeInterval&  timeout,
             bslma::Allocator           *basicAllocator = 0);①
        // 创建一个空的日历缓存，该缓存使用指定的加载器loader按需加载日历，并具有指定的
        // 超时区间timeout，该区间指示日历在加载到此缓存后可供后续有效检索的时间长度。
        // 用于提供内存的分配器basicAllocator的指定是可选的。如果basicAllocator为0，
        // 则使用当前安装的默认分配器。除非bsls::TimeInterval() <= timeout <=
        // bsls::TimeInterval(INT_MAX, 0)且loader在此缓存的整个生命周期内保持有效，
        // 否则该行为是未定义。注意，timeout值为0表示每次（成功）调用getCalendar方法都会
        // 将日历加载到缓存中

    ~CalendarCache();
        // 销毁这个对象

    // ...
};
// ...
} // 结束包级命名空间
// ...
```

（b）CalendarCache 在构造时取 CalendarLoader 的地址（续）

```
// grppk_calendarloader.h                                              -*-C++-*-
// ...
namespace grppk {

class PackedCalendar;

class CalendarLoader {
    // 这个类定义的是一个用于从特定来源加载日历的协议。每个日历信息存储库都可以由这一协议的
    // 不同实现支持

  public:
    // 创建函数
    virtual ~CalendarLoader();
        // 销毁这个对象

    // 操纵函数
    virtual int load(PackedCalendar *result, const char *calendarName) = 0;
        // 将指定的calendarName所标识的日历加载到指定的结果result中。成功则返回0，否则
        // 返回非0值。如果找不到与calendarName对应的日历，则返回1，且不影响*result。
        // 如果返回了除1以外的非0值（指示不同的错误），则*result是有效的，但其值未定义
};

} // 结束包级命名空间
// ...
```

（c）CalendarCache在未命中时时调用CalendarLoader

图 3-158 CalendarCache 和 CalendarLoader 之间的交互（续）

---

① 有些用户认为需要某种机制来确保调用方不会太过时（如作为经常失败的数据库触发器的备份），这种特定的缓存策略，即在时间上约束而不是物理上约束，是由这些客户激励的。基于固定内存的约束（如 LRU）算法更为典型，有人认为，默认缓存算法和此处的功能的分解都不是最佳的。（不争辩。）

```
// grppk_calendarcache.h                                          -*-C++-*-
// ...
namespace grppk {

class Calendar;

class CalendarCache {

    // ...

    const Calendar *lookup(const char *locale) const;①
        // 根据指定的locale键返回加载有其对应信息的日历; 如果找不到这样的键,
        // 则返回0。返回的每个日历对象的地址将保持有效, 直到CalendarCache对象
        // 被销毁

    // ...

};
// ...
}  // 结束包级命名空间
// ...
```

（d）在CalendarCache中，客户按名称获取Calendar

图 3-158　CalendarCache 和 CalendarLoader 之间的交互（续）

此处讨论的只是高层级组件架构。类似缓存是否可以被显式无效化（刷新）这样的微妙问题，被我们留给了负责实现 CalendarCache 组件的详细接口和合约设计（见卷 2 第 5 章）的开发人员。但是，在设计的这一阶段，重要的是，在调用加载器时，要给其提供 PackedCalendar 对象的可写访问权，该 PackedCalendar 对象由调用此加载器的 CalendarCache 对象指定。因此，虽然 CalendarCache 接口本身必须足够添加新的名称/日历对，但还必须能够从加载器（在构造 CalendarCache 时提供）被调用后返回的裸数据（通过参数列表中的 PackedCalendar 对象指针）关联新的日历值或更新过的日历值。图 3-159 提供了将 CalendarCache 和 CalendarLoader 纳入图 3-157 中的组件-类图的结果，包括先前预期的（见图 3-155）被用于 CalendarCache 接口中的 TimeInterval（用于超时）。

3.12.5.4　日历库的应用级使用

回到最初的问题，我们希望提供使应用开发人员能够确定今天在他们的应用上下文中是否是工作日所需的基础设施。到此已接近大功告成了。现在，我们可能会被诱导着试图断言日历缓存是一种进程范围的资源，并将其设计成单例。但这是错的。有些客户需要有银行假日的缓存，而其他客户则需要零售商店假日的缓存，这是完全合理的。在一个进程中让这些客户相互排斥是欠佳的（3.9.4 节）。取而代之的是，我们可以为 CalendarCache 的客户侧功能创建一个抽象接口。我们可能称此接口为 CalendarFactory，并使用适配器 CacheCalendarFactory 适配CalendarCache 的合适子功能，②如图 3-160a 所示。

在《C++程序设计语言》（原书第 4 版）（*The C++ Programming Language*）的前言中，Bjarne Stroustrup 引用了 David J. Wheeler 的建议："所有计算机科学问题，都可以通过引入一个新的间接层

---

① 注意，我们还可能会按值或经参数列表返回日历对象，如上面的 load 中所做的那样。但在实践中，我们将选择通过基于共享指针的代理对象（仅提供对 Calendar 的不可修改访问权）返回日历，以便于进程内的日历数据进行线程安全的更新。例如，

　　bsl::shared_ptr<const Calendar> getCalendar(const char *calendarName);

　见 bdlt_calendarcache 组件的头文件 bdlt_calendarcache.h（**bde14**，子目录/groups/bdl/bdlt/）。
② 注意，通过在协议名称前面加上描述实现的短语来标识抽象接口的具体实现是我们的标准命名习惯之一（见卷 2 的 6.10 节）。

来解决，那些已有过多间接层的问题除外。"①我们将要观察的就是这一问题。然而，这样一个看似复杂的基础设施配置却出奇地简单明了，如图 3-160b 所示。首先，我们创建一个具体对象，如从 CalendarLoader 派生的 MyDatabaseCalendarLoader。然后，我们创建一个具体类型的实例，如从 CalendarFactory 派生的 CacheCalendarFactory，并（在构造时）将源代码中就在其上方定义的具体日历加载器的地址传递给它。现在，我们创建了一整个子系统或应用的实例，在这里用类型 jsl::Application 表示。最后，我们继续运行该应用并返回其布尔结果。

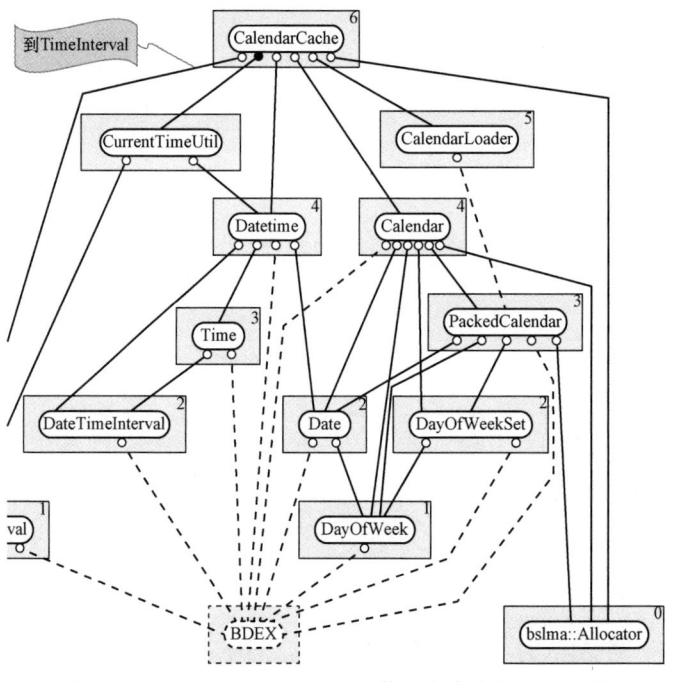

图 3-159　CalendarCache 及其面向客户的附属组件

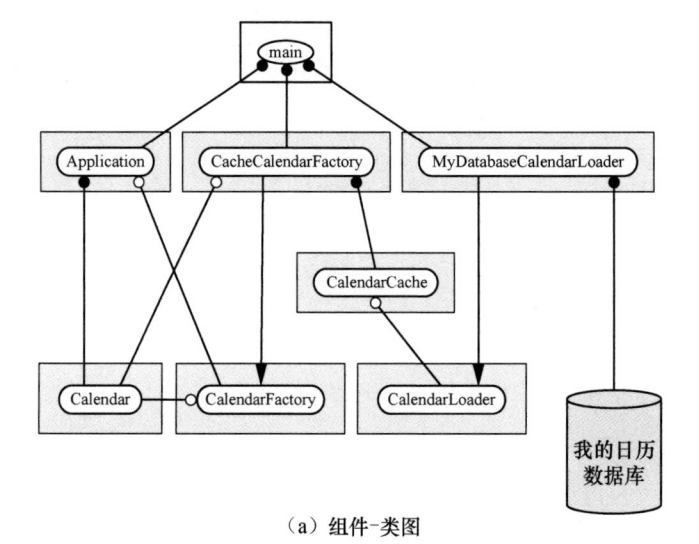

（a）组件-类图

图 3-160　日期/日历基础设施的应用级使用

---

① **stroustrup00**，"Preface"，第 v 页。

```
// main.cpp
// ...

#include <xyza_mydatabasecalendarloader.h>
#include <abcz_cachecalendarfactory.h>
#include <jsl_application.h>

int main(int argc, const char *argv[])
{
    // 创建一个合适的具体日历加载器

    xyza::MyDatabaseCalendarLoader loader("my-date-info");

    // 创建一个合适的具体日历工厂节点

    abcz::CacheCalendarFactory calendarFactory(&loader);

    // 创建一个需要使用日历的应用实例

    jsl::Application app(&calendarFactory);

    return app.run();
}
```

（b）在main中配置应用

```
// jsl_application.cpp
// ...

#include <jsl_application.h>

#include <calendar.h>
#include <calendarfactory.h>
#include <currenttimeutil.h>
#include <date.h>
#include <datetime.h>

namespace jsl {

bool Application::isTodayBusinessDay() const
{
    //  获取该区域（如纽约银行）合适的日历

    Calendar nybcal;
    int status = d_calendarFactory_p->lookup(&nybcal, "NYB");
    if (0 != status) { /* 休斯顿，我们有麻烦了！ */ }

    // 获取今天的日期

    Date today = CurrentTimeUtil::local().date();

    // 返回今天是否是纽约银行的工作日

    return nybcal.isBusinessDay(today);
}

} // 结束包级命名空间
```

（c）使用在应用中的基础设施

图 3-160　日期/日历基础设施的应用级使用（续）

从应用中使用基础设施（如图 3-160c）也很简单高效。首先，我们获取一个日历，它所对应的领域和地区都恰当（如纽约的银行营业的日子）。然后，我们获取今天的日期。接下来，我们在日历中查找该日期。最后，我们返回确定当天是否为工作日的结果。通过引入日历工厂，我们提供了一个分解妥当、物理健全、高度灵活的基础设施，应用和基础设施的客户可以使用和扩展这一基础设施。

虽然这种设计策略往往能起到些作用，但抽象的 CalendarFactory 接口所提供的任何额外灵活性，对我们出于金融（如"结算日"）目的可能需要的内容而言可能是过度的。我们创建协议通常是在预料到我们需要行为变化时，而不是需要值变化时。[①]由于我们已有一个具体类型来表示日历的值，并且有一种足够灵活的方法来配置如何获得一份我们尚未拥有的有效日历（通过 CalendarLoader 协议），因此这一额外的间接层级毫无用处。因而放弃这一多余的定制点也是合理的，可以简单地创建一个或多个可能全局可访问的（如单例）CalendarCache 类型的对象，以供整个应用使用，这是我们在实践中成功选择的操作。图 3-161 中提供了一个详细的架构图，说明了这种更为简约的方法。

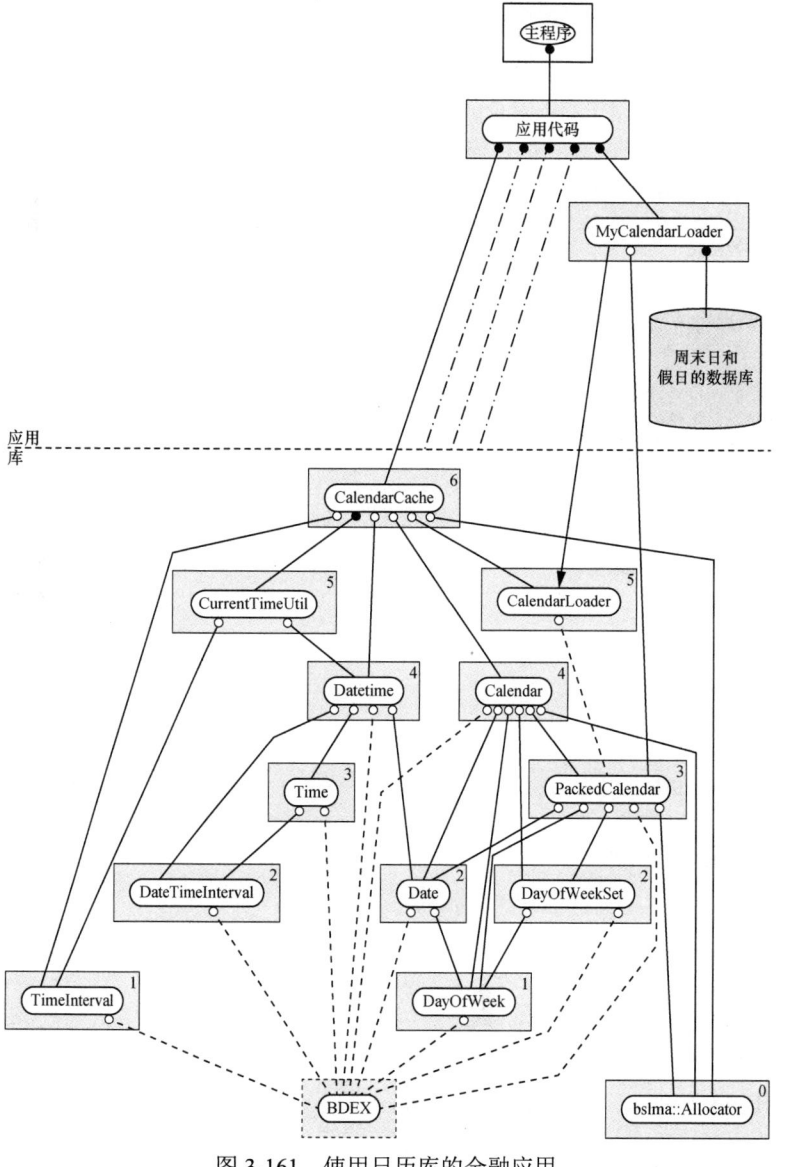

图 3-161　使用日历库的金融应用

---

① **cargill92**，"Value versus Behavior" 一节，第 16～19 页，具体在第 17 页中（另见第 83 页和第 182 页）。

3.12.6　解析和格式化功能

除了最初的客户请求所明确蕴含的基本需求外，还有大量与日期相关的通用功能待识别和生产。例如，恰当地处理可以写入 Date 值的所有格式将导致一个庞大的软件（更不用说读取），这种软件可能随着时间的推移而不断扩大和演化。出于这个原因，在定义一个值语义类型的同一组件中纳入解析或格式化（以任何领域特定的可自定义方式）这一类型的文本表示的功能通常是错误的。注意，标准库中的容器不提供任何这样的输出例程。

下面，让我们暂时考虑将 Date 的 istream（输入）运算符作为自由运算符纳入同一个组件：

```
std::istream& operator>>(std::istream& stream, Date& date);
```

图 3-162 说明了这一过程中随时间推移持续出现的许多考量因素中的一些。即使在输出流上呈现值，也会带来显著增加的复杂度、依赖和不可避免的不稳定性，这就是为什么我们放在类型所在的组件中的标准值语义运算符仅限于写入对象的值（到 std::ostream 中），并且只以一种非特定的、人能看得懂的格式（仅用于调试），[①]但任何特定的、定义明确的（甚至可解析的）格式（如适合从 std::istream 读取的格式）都不必要。

什么构成有效格式?	
yyyy/mm/dd	; 斜线分隔的4位数年份、月、日
我们接受两位数的年份吗?	
yy/mm/dd	; 两位数年份
仅提供年份的两位数意味着 **结果日期是当前年份的某个** **不甚明显（或唯一）的函数**	
41/12/07 in 1998	; 大概率是1941
41/12/07 in 2008	; 1941或2041?
41/12/07 in 2018	; 大概率是2041
是否接受其他风格（可能取决 **于所在位置）?**	
dd/mm/yyyy	; 欧洲风格
mm/dd/yyyy	; 美国风格
这两种风格会导致同一文本 **表示不同的日期**	
01/02/2003	; 1月2日还是2月1日?
中间是否允许有空格?	
yyyy / mm / dd	; 2000 / 12 / 31
是否允许有制表符、换行符 **或其他空白?**	
yyyy / mm / dd	; 2000\n/12\n/31
可以去掉前导零吗?	
yyyy/m/d	; 2001/1/1
可以使用字母月份吗?	
yyyy/mon/dd	; 2001/jan/01
月份是否区分大小写?	
yyyy/Mon/dd	; 2001/Jan/01

图 3-162　解析简单日期值过程中的复杂性和不稳定性

---

① 有种观点认为，以同样的理由让标准容器提供相似的设施是不错的想法。

是否接受月份全称?
```
yyyy/Month/dd                  ; 2001/September/30
```

是否接受其他形式的月份缩写?
```
yyyy/Mont/dd                   ; 2001/Sept/30
```

是否允许其他分隔符?
```
yyyy-mm-dd                     ; 2001-09-30
yyyy:mm:dd                     ; 2001:09:30
yyyy\mm\dd                     ; 2001\09\30
```

可以省略可打印分隔符吗?
```
yyyy mm dd                     ; 2001 09 30
```

可以完全省略分隔符吗?
```
yyyymmdd                       ; 20010930
```

如果试图解析无效日期会
怎样?
```
2001/02/29
JAN/FEB/MAR
Chocolate
```

尾随一个数字或字符是否被
视为错误?
```
2001/01/02a                    ; 2001/Jan/02或错误?
2001/01/025                    ; 2001/Jan/02或2001/Jan/25?
2001/01/125                    ; 2001/Jan/12或错误
```

图 3-162　解析简单日期值过程中的复杂性和不稳定性（续）

　　我们不强迫笨重的解析器进入高度可复用的 Date 类型（图 3-163a）的源代码，而是故意将解析（以及相应的领域特定的自定义格式）分解到一个分离的逻辑实体，如实用结构体 DateParserUtil，它定义于自己分离的组件中：

```
struct DateParserUtil {

    // ...

    static
    int parseDate(bdlt::Date *result, const char *input, ...);
    static
    int parseDate(bdlt::Date *result, std::istream& input, ...);
        // 把从指定的 input 读取的日期值加载到指定的 result 中
        // 成功则返回 0，否则返回非 0 值（不影响*result）
        // ...
};
```

　　此逻辑功能在其接口中使用日期类 Date，因此，如图 3-163b 所示，定义日期解析实用结构体的、物理上分离的组件会直接依赖定义 Date 的组件。

　　除了依赖定义 Date 的组件，DateParserUtil 本身很可能层叠在一个分离的、实质上较低层级的组件[①]（如 ParserImpUtil）中收集的更一般的解析器功能上，我们可以合理地假设该组件已经存在。通过将任何可靠格式的定义放逐到比 Date 类型更高层级的组件，新格式化器-解析器组件的添加不会影响现有组件，也不需要修改定义 Date 的底层组件。此外，由于这种日期解

---

① 也可能是多个组件。

析器组件可以分离地开发，完全位于急需的组件之上，我们可以将其创建推迟到以后的项目中，而不会给当前请求的子系统的稳定性带来风险。

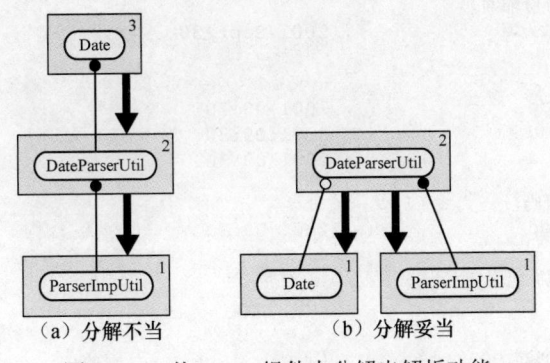

（a）分解不当　　　　　　　　（b）分解妥当

图 3-163　从 Date 组件中分解出解析功能

3.12.7　值的传输与持久化

在当今几乎所有的现实业务应用中，跨进程边界传输、保存和恢复信息的能力是至关重要的。从 3.6 节中，我们知道，将轻量级的值语义类型层叠到重量级的功能（特别是特定的持久化方案或机制）上会导致严重的物理耦合，并且几乎总是应该避免（见图 3-105 和图 3-106）。然后，在 3.7 节中，我们讨论了如何使用各种形式的横展架构来消除此类依赖（见图 3-112 和图 3-116）。由于任何传输或持久化机制层叠于轻量级的 Date 类之上（或相对于该类别侧向放置）是恰当的，并且由于当前项目不需要这两种机制，因此我们可以自由地推迟其设计和实现过程而不会带来以后必须返工现在正在开发的代码的风险。

3.12.8　债券计息日数惯例

我们在 3.3 节中首次了解到的一些金融业应用依赖烦琐的计息日数惯例（见图 3-26）。正如 3.6 节所讨论的，我们一点都不考虑在相当清爽的值语义类（见卷 2 的 4.3 节）Date 中加入这样的非初等功能（见图 3-103a）。我们不会将这种高度特化的功能局部地（在同一包中，甚至是同一包组中）放在一个分离的组件中，而是将其放逐到一个分离的包中，如 bbldc，其位于更高层级的包组 bbl 中（见图 3-27）。注意，这种功能与 Date 类接口的设计完全没有关系，和任何其他急需的面向客户的组件的设计也没有关系。尽管如此，如果这样的功能被视为首选客户的主要用例的一部分，则这种神秘晦涩的功能很可能会影响 Date 的实现。

3.12.9　日期数学

为即将广泛存在的 Date 类型提供丰富的、高度可复用的但非初等的功能（3.2.7 节）的机会有很多。功能中一个相当宽泛的类别涉及根据日历信息调整或确定日期值的操作，且该日历信息独立于任何外部的周末日或假日数据库。我们有时会将这种自包含的、可独立实现的、适合库的功能称为日期数学（date math，示例见图 3-103c）。

例如，给定两个日期，如下的实用结构体（见图 2-23）的"访问函数"

```
static int numMonthsInRange(const Date& a, const Date& b);
```

可能（会忽略日字段）返回两个所给的 Date 参数所跨越的带符号月数。例如：

```
numMonthsInRange(2020-01-31, 2020-02-01) → 2
```

类似地，（实用结构体的）"操纵函数"

```
static int advanceMonth(Date *target, int numMonths);
```

可能会将指定地址 target 所标识的 Date 对象中的月字段向前推（带符号）整数 NumMonths，适时上下调整年份，并在有需要时向下调整日字段（以确保日期值有效），成功则返回 0，否则返回非 0 值（无效果）。

辅助的日期数学类型

此类日期数学功能有时也可能受益于其他辅助类型。例如，我们最终可能想要支持涉及月份的高效操作。枚举月份有时在减少编码错误方面具有一定的优势，[①]因此我们可能决定创建一个组件，其中定义 MonthOfYear 类，由这个类持有嵌套枚举类型 Enum 以及通常随我们的枚举类之一提供的所有通常需要的辅助功能（见图 2-40）。

金融行业中，有些问题是用一个日期和一个月份一起提出的，也有的用一个日期和一组月份提出的，程序员常常可以利用这些问题的解决方案。例如，（实用结构体的）"操纵函数"，如

```
static int advanceMonth(Date *target, MonthOfYear::Enum month);
```

可能会将由指定地址 target 所标识的 Date 对象中的月字段向前推到下一个指定的参数 month 所表示的月份，适时上下调整年份，并在有需要时向下调整日字段（以确保日期值有效），成功则返回 0，否则返回非 0 值（无效果）。

MonthOfYearSet 是一种不使用动态内存分配的非模板化类型，只占用极小的（2 字节）空间（仅使用了其中的 12 位），别把它混淆于空间效率和运行时效率低得多的 std::set<MonthOfYear::Enum>。例如，如下的（实用结构体的）"操纵函数"

```
static int advanceMonth(Date *target, MonthOfYearSet months);
```

可能会将由指定地址 target 所标识的 Date 对象中的月字段向前推到下一个有效的月份（由指定的参数 months 表示），适时上下调整年份，并在需要时向下调整日字段（以确保日期值有效），成功则返回 0，否则返回非 0 值（无效果）。

这些函数有许多变体，例如带有一个额外的（带符号）整数参数来指示要跳过此月份的次数[②]：

```
static
int advanceMonth(Date              *target,
                 MonthOfYear::Enum  month,
                 int                numMonths);

static
int advanceMonth(Date                    *target,
                 const MonthOfYearSet&    months,
                 int                      numMonths);
```

当然，可以想象还有无数涉及月份（和一组月份）的有用操作：

```
static
int numMonthsInRange(const Date&    first,
                     const Date&    last,
```

---

① 对于如何防御被调用函数合约（见卷 2 的 5.2 节）的前提条件未被满足的情况，卷 2 的 6.8 节给出细致处理。

② 注意，只有当这些名称相似的静态函数放在同一（具名）实用结构体中时，它们才充当（且实际上是）重载。

```
                          MonthOfYear::Enum month);

    static
    int numMemberMonthsInRange(const Date&              first,
                               const Date&              last,
                               const MonthOfYearSet& months);


    static
    int numNonMemberMonthsInRange(const Date&              first,
                                  const Date&              last,
                                  const MonthOfYearSet& months);
    ⋮            ⋮                    ⋮                        ⋮
```

　　尽管不像解析日期值那样复杂，但呈现这种日期数学功能可能是一件艰难且耗时的事情，但常常不需要是初等的，只要已经妥当地实现了 Date 接口（正如对 Polygon 所做的那样，见图 3-18）。与其让这些与月份相关的函数作 Date 的成员（图 3-164a），我们可能会明智地选择——正如我们之前对 DayOfWeek（见图 3-49）所做的那样（尽管不太明智）——仅基于接口依赖地将这些功能分布在两个分离的实用结构体中（图 3-164b）。使用 MonthOfYearSet 的那些非初等日期数学函会被放置在 MonthOfYearSetUtil 实用结构体中，而仅与 MonthOfYear 关联的非初等日期数学运算会被放置在 MonthOfYearUtil 中，每个实用结构体都放于各自分离的组件中。注意，就像 Date 在语义上自然地依赖 DayOfWeek 一样，MonthOfYearSet 的某些方法也在接口中自然地使用 MonthOfYear::Enum。

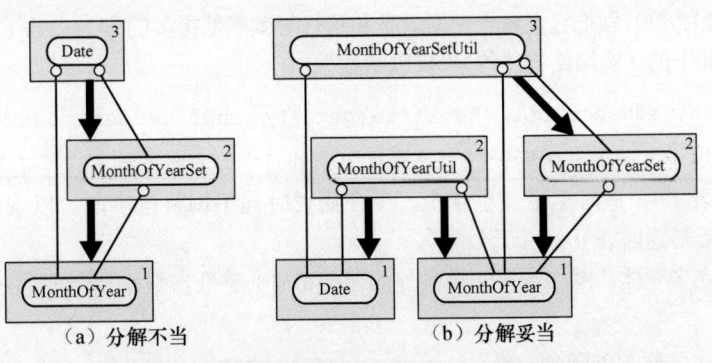

（a）分解不当　　　　　　　（b）分解妥当

图 3-164　从 Date 组件中分解出"月计算"功能

　　这种以依赖为导向的划分方法与其他更传统的"逻辑内聚"准则相比有一些明显的优势。第一个优势是客观性，显然（1.9 节），在接口中使用便意味着物理依赖。第二个优势是有用的物理模块化，对执行单个月份（而不是一组月份）的日期数学感兴趣的客户，不一定必须编译或连接 MonthOfYearSet 相关的组件。第三个优势是稳定性，对 MonthOfYearSet 或 MonthOfYearSetUtil 的更改或添加不会影响到仅使用 Date、MonthOfYear::Enum 和 MonthOfYearUtil 的客户。第四个优势是增量扩展，我们可以将 MonthOfYear 和 MonthOfYearUtil 添加到可复用组件的存储库中，而不必立即添加 MonthOfYearSet 或 MonthOfYearSetUtil。同样，我们可以将所有与月份相关的组件推迟到以后的项目中，而不会因将来的重构而产生额外的成本。

　　最后要说的是，这些对非初等功能的扩展是纯粹加性的，此外，对位于更高层级组件中的与月份相关的功能进行任何添加或修改都不会对专门使用无处不在的值语义（见卷 2 的 4.3 节）Date 词汇类型（见卷 2 的 4.4 节）的客户产生任何影响。

3.12.10 日期和日历实用件

鉴于初始请求的性质，如果作为积极的 SI 开发人员，我们未能预测新旗舰值语义类型 Date 和 Calendar 的最可能的预期用例，我们将是失职的。例如，许多非初等操作所需的内容都不超过定义 Date 的组件接口中已表示的内容。我们断言，让这些在 Date 对象上的常见非初等操作属于实用结构体 DateUtil 是恰当的，该结构体定义于分离的（更高层级）组件中，该组件直接依赖分别定义 Date 和 DayOfWeek 的两个组件，如图 3-165a 所示。图 3-165b 给出了一个典型的会合理出现在该实用结构体中的函数 nthDayOfWeekInMonth 的接口和合约示例。

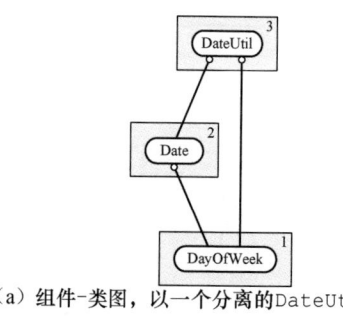

（a）组件-类图，以一个分离的 DateUtil 为特征

```cpp
// grppk_dateutil.h                                    -*-C++-*-
// ...

namespace grppk {

struct DateUtil {

    // ...

    static Date nthDayOfWeekInMonth(int             year,
                                    int             month,
                                    DayOfWeek::Enum dayOfWeek,
                                    int             n);
        // 返回指定year的指定month中对应于指定dayOfWeek第n次出现的日期。如果n < 0,
        // 则返回对应于dayOfWeek第-n次出现的日期，从month月结尾往前计数到month月开端。
        // 如果5 == n①且在month中找不到结果，则返回下个月的第一次dayOfWeek的日期。
        // 如果-5 == n且在month中找不到结果，则返回上个月的最后一次dayOfWeek日期。除非
        // 1 <= year <= 9999、1 <= month <=12、n != 0、-5 <= n <= 5，且最后得到
        // 的日期不能早于0001/01/01，亦不能晚于9999/12/31，否则该函数行为未定义
        //
        // 例如:
        //..
        //  nthDayOfWeekInMonth(2004, 11, DayOfWeek::e_THURSDAY, 4);
        //..
        // 返回2004年11月25日，即2004年的第四个星期四

    // ...
};
// ...
} // 结束包级命名空间
// ...
```

（b）典型的涉及 Date 和 DayOfWeek 的日期数学算法

图 3-165　仅涉及 Date 组件的非初等操作

---

① 注意，对于==这一特定情况，我们历来一直试图将字面（或不可修改的）值放在运算符的左侧，以防止意外输成单个 =。我们故意不对其他 5 个关系运算符（!=、<、<=、>和>=）做这样的事。

仅涉及 Date（可能还涉及 DayOfWeek）的非初等功能归于仅仅物理依赖它们的组件是恰当的，不过也有一些操作需要 Calendar 对象所自然提供的信息。这样的功能还具有更大的依赖包络（如依赖定义 Calendar 的组件），因此不能归于 DateUtil。同样，从 3.2.7 节中，我们知道这种非初等功能与 Calendar 类型放于同一组件中也不恰当。我们断言，让这些在 Date 和 Calendar 对象上的常见非初等操作属于分离的实用结构体 CalendarUtil 是恰当的，该结构体定义于其自己的（更高层级）组件[①]中，该组件直接依赖分别定义 Date 和 Calendar 的两个组件（还有其他的），如图 3-166a 所示。图 3-166b 中提供了广泛使用的金融函数 shiftModifiedFollowingIfValid 的接口和合约示例，该函数具有必要的接口依赖。

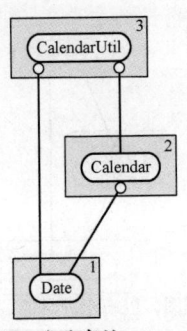

（a）组件-类图，以一个分离的CalendarUtil为特征

```cpp
// grppk_calendarutil.h                                        -*-C++-*-
// ...

namespace grppk {

class Date;
class Calendar;

struct CalendarUtil {
    // 此结构体为在所提供日历的上下文中对日期进行操作的实用函数提供了命名空间。

    // ...

    static int shiftModifiedFollowingIfValid(Date            *result,
                                             const Date&      original,
                                             const Calendar&  calendar);
        // 将指定日期original当天或之后按时间顺序最早的工作日的日期加载到指定的result
        // 中，除非在同一个月中找不到这样的日期，在找不到的这种情况下，加载original日期
        // 之前的按时间排序最晚的工作日，某天是否为工作日的依据是指定的日历calendar。成功
        // 则返回0，否则返回非0值且不修改*result。如果original日期不在calendar的有效
        // 范围内，或者根据上述算法在calendar的有效范围内找不到有效的工作日期，则不成功

    // ...
};
// ...
}   // 结束包级命名空间
// ...
```

（b）经典的"修正顺延"（金融）结算日算法

图 3-166 涉及 Date 和 Calendar 的非初等操作

将所有这些实用结构体整合并插回图 3-161 的设计中的结果如图 3-167 的组件-类图所描述，

---

① 在实践中，可能有几种不同的日历实用结构体依赖特定的领域。

显示了以分别定义 DateUtil 和 CalendarUtil 的两个组件为根的面向客户的逻辑实体之间的实际 Uses-In-The-Interface 关系。理论上,如果一个类型(如 Calendar)在接口中使用另一类型,且前者有以其命名的实用结构体(如 CalendarUtil),在此实用结构体的接口中使用。但是,实际上,PackedCalendar 中没有适合于 Calendar 对象的一般客户的有用功能,因此 Calendar 和 PackedCalendar 之间的直接 Uses-In-The-Interface 关系以浅灰色显示(如图 3-167),另见 3.12.11.3 节和 3.12.11.4 节。

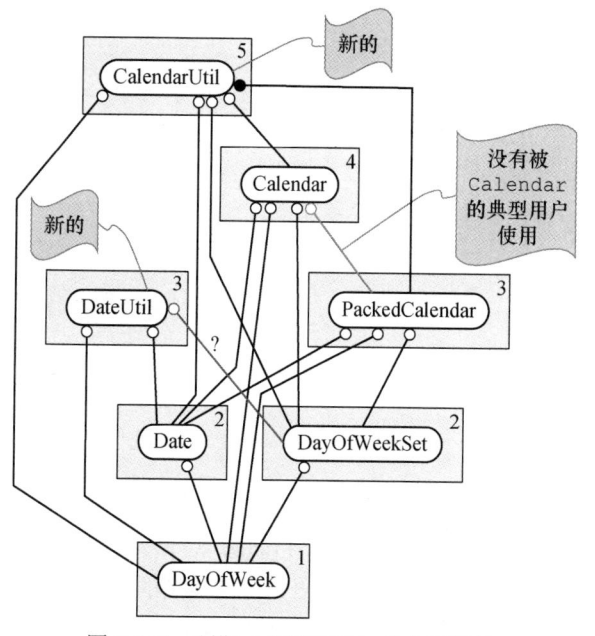

图 3-167　预期(非常有用)的实用组件

另外,DayOfWeekSet 完全独立于 Date,因此自然不会被考虑使用于 DateUtil 接口中。然而,由于其轻量级性质以及与类型 DayOfWeek::Enum 的密切语义关系,我们可能会选择容许这种依赖(在图 3-167 中用"?"标记),而不是创建一个分离的 DayOfWeekSet 的实用结构体。与以往一样,"智慧、判断力和好品位是无可替代的。"[①]在任何特定情况下,此类细粒度的、主观的、面向客户的设计决策都交由读者决定。

确保性能最优的方法是提供高效的值语义类型 Calendar 的实现,以及适合于优化性能关键操作(如日期作差,见卷 2 的 6.7 节)的协同高效的 Date 实现(如以序列日期的形成,如下所述):

```
int operator-(const Date& lhs, const Date& rhs);
```

值得重申的是,这种细粒度的分解方法让潜在有用的功能(如 CalendarUtil 中的功能)能够推迟实现且不需要在日后实现时重新审查现有组件。

3.12.11　充实分解透彻的实现

此时,我们已准备好宣布初始的面向客户的设计完成。在充分考虑了当前和未来以客户为中心的功能之后,我们现在从客户的角度出发,考虑需要哪些种类的可复用组件,以便为实现新的日期/日历库子系统建立层次化可复用的基础(见卷 2 的 6.4 节)。

---

① Bjarne Stroustrup(约 1990 年,私人谈话)。

3.12.11.1　层次化可复用的 Date 日期类的实现

回顾 3.2.5 节，当不同的客户需要不同层级的功能时，就会有一个重要的分解动机。就算没有 Date 类，对日期的某些操作对日期值也是有意义的。例如，在传统的格里历[1]中，确定某个年份是否为闰年可以实现为一个小而简单的年份的函数（适合内联），如图 3-168 所示。此函数可以被用于 Date 类的实现中，也可由仅具有年份（以整数表示）的客户分离使用。

```cpp
// grppk_primitivedateutil.h                                   -*-C++-*-
// ...

namespace grppk {
// ...

inline   //   静态的
bool PrimitiveDateUtil::isLeapYear(int year)
{
    assert(0 <= year); assert(year <= 9999);[2]        （见卷2的5.2节和6.8节）

    return 0 == year % 4
        && (    year <= 1752
            || year >  1752 && (0 != year % 100 || 0 == year % 400));[3]
}

// ...
}  // 结束包级命名空间
// ...
```

图 3-168　确定某个（整数的）年份是否为闰年

其他广泛使用的功能（如确定给定的年/月/日组合是否表示同一日历系统中的有效日期）也可以被分解、测试和直接使用，而不必引入值语义日期类型的定义和相关的依赖。也就是说，实现 Date 类的组件可以使用（1.9 节）这种较低层级的基本功能，并且因此依赖（1.8 节）它，但那些需要此低层级功能却不需要值语义 Date 类的客户不必[4]被迫依赖它。

3.12.11.2　在 Date 日期类中值的表示

Date 类如何在内部表示其值，虽然不影响语义（见卷 2 的 5.2 节），但却影响其性能的各个

---

[1] 注意，在我们最初的 Date 类的设计之后，业界已从 ANSI 标准的格里历（具有所有异常复杂的情况）转向 POSIX 标准的外推格里历，后者将所有 400 年的块与从 2000/01/01 到 2399/ 12 /31 的块视为相同的。从格里历到外推格里历的转换对现代年代的日期几乎没有影响，除了从 0001 年 1 月 1 日起的天数减少了 2 天，这可能导致显式地采用这种差异［例如，对试图表示前现代年代（1752 年 9 月 14 日之前）的值的 Date 对象使用（自由运算符）operator-］的程序中会出现不一致性。

[2] 如果指定年份是格里历中的闰年（在大多数传统 Unix 系统上由 cal 命令实现），则此函数返回 true。除非年份在[1, 9999]范围内，否则行为未定义。这些断言是为了防止客户误用（见卷 2 的 5.2 和 6.8 节）。注意，分成两个断言以构成一个范围检查是极少数我们认为两个语句放在一行上既合适又有益的情况之一，因为它们一起代表一个范围。

[3] 按照我们的习惯，我们会将上述内容改写为更优化的形式：

```cpp
return 0 == year % 4
    && (year <= 1752 || 0 != year % 100 || 0 == year % 400)
```

注意，!A || A && B 和!A || B 表示的是相同的布尔值函数。即使编译器通常能够在非优化模式下获得相同的结果，我们也倾向于采用这样的紧凑代码，部分原因在于我们是完美主义者，但也是因为我们基于组件的开发方法论中极其全面的组件级测试驱动遍及各处（见卷 3）。

[4] 一般而言，给定一个名为 Foo 的值类型，在接口中使用 Foo 的实用结构体将被命名为 FooUtil，而用于 Foo 的实现中的实用结构体将被命名为 FooImpUtil，名称 FooImp 则留给中间的可实例化实现类（见卷 2 的 6.4 节）。

方面，也影响实现它所需要的功能种类。Date 类在其接口中支持年/月/日格式，自然可以使用 3 个分离的整数字段在内部实现，如图 3-169a 所示。[1]然而，为了优化某些种类的初等操作，包括由如下成员函数执行的操作

```
Date& operator++();
DayOfWeek::Enum dayOfWeek() const;
```

和自由函数执行的操作，如

```
int operator-(const Date&, const Date&);
```

[即返回两个给定日期之间的（带符号）实际天数]，可以在内部使用序列日期表示，如图 3-169b 所示。

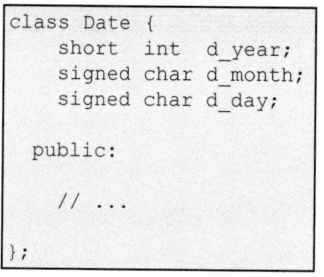
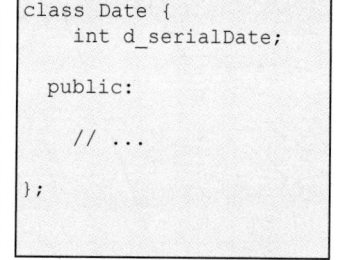

（a）分离字段方式的实现　　　　　（b）序列日期方式的实现

图 3-169　Date 类的替代实现策略

如果决定采用序列日期这一途径，我们将需要高效的例程来转换到序列表示，还要从序列表示转换回来。而如果我们选择在内部使用 3 个分离的字段来表示日期，则不需要序列转换例程；但是，还需要其他初等日期功能，例如高效地将有效的年/月/日表示调整到前一日或后一日，或者在给定分离的年、月和日整数值的情况下计算星期几。

在为特定业务需求开发完全分解的解决方案时，既有必须立即实现的基本功能，也有可以推迟到以后的项目的相关功能。推迟不必要的开发可降低创建完全分解的软件的高昂初始成本。假设我们选择了序列日期实现，我们可以推迟创建直接操作于年/月/日表示上的初等功能；然而，我们将立即需要转换例程。

与我们的总体方法论一致的是，我们希望我们公开可用的转换例程能够容许：一是层次化复用（0.4 节），二是直接的（组件级）测试（见卷 3 的 7.3 节）。公开此转换功能的一种权宜之计是作为 Date 本身的公共静态方法，但这种方式不是很好。健全的逻辑设计原则足以阻止我们走这条捷径。对初学者来说，这些序列日期转换例程的抽象层级显著低于值语义类 Date。Date 的客户很少需要这些转换，它们在该接口中会增添不必要的混乱，使 Date 更难为其目标受众所理解和使用。而将此功能放在一个分离的实用程序中（图 3-170）将会形成一个自然的中间接口——一道逻辑防火墙——在其后面，我们可以隔离和测试独立的低层级设计决策（0.7 节）。

我们对 Date 的首选（尽管不太直截了当）实现，也就是使用序列日期表示来优化关键操作的那种实现，是 DateConvertUtil 的灵感来源。DateConvertUtil 结构体提供了一套静态方法，这些方法在 3 种最常见的日期格式（序列日期、年/月/日和年/年中第几天）之间可进行转换。[2]它的功能定义明确、稳定，甚至对不需要 Date 对象的客户也通用。

---

[1] 注意，这几个数据成员的大小是可放下前述的 Date 合约的不变量（见图 3-152）所说明的年、月和日的独立的最大值的大小，即 0001/01/01 ≤ 日期 ≤ 9999/12/31。

[2] 纳入年/年中第几天的转换需要的额外工作相对较少，因为这在实现中已经是中间形式；在这种情况下，只要最终至少有一些潜在的客户可能会受益，从一开始便在完整接口的制定和实现上做些许努力就几乎永远都是最佳决定。

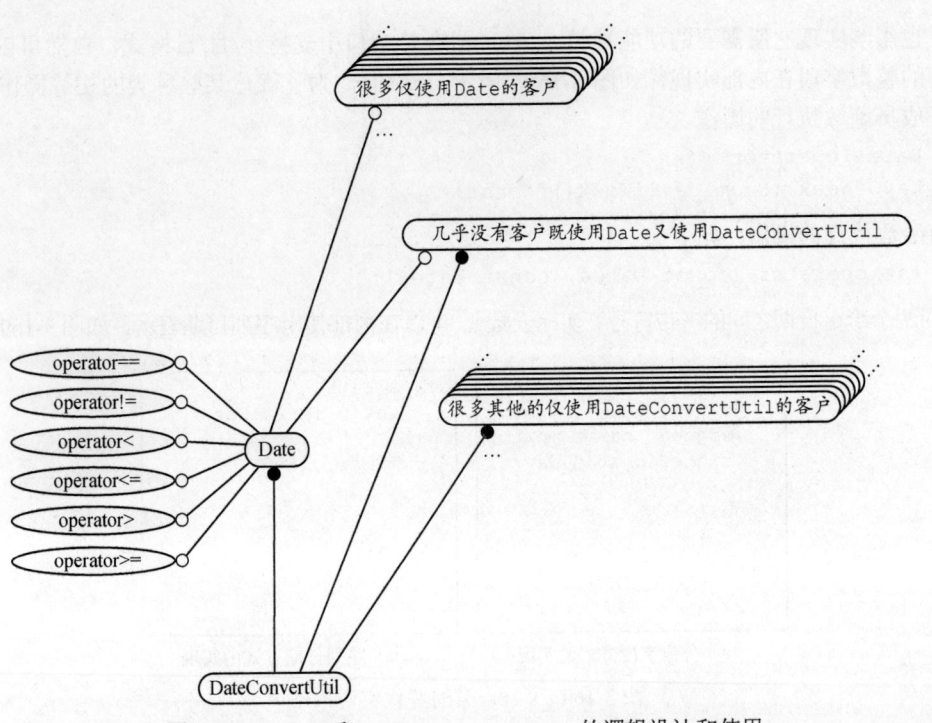

图 3-170   Date 和 DateConvertUtil 的逻辑设计和使用

鉴于一份合适的逻辑设计由两个分离的类（一个类和一个实用结构体）和作用在 Date 类上的几个自由运算符组成，现在的问题是如何将这些逻辑构件收集到各自的物理容器（组件）中是最好的。图 3-171 显示了仅有的两种合理的组件化备选方案：一是两种逻辑类型的定义都位于同一组件中，二是每一种 C++类型都定义在自己分离的组件中。

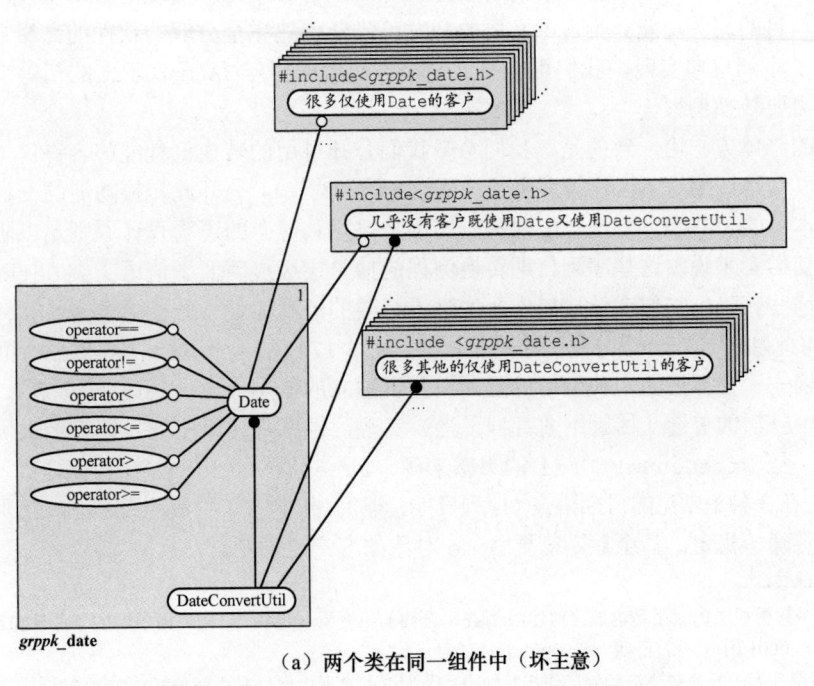

（a）两个类在同一组件中（坏主意）

图 3-171   Date 和 DateConvertUtil 的两种模块化

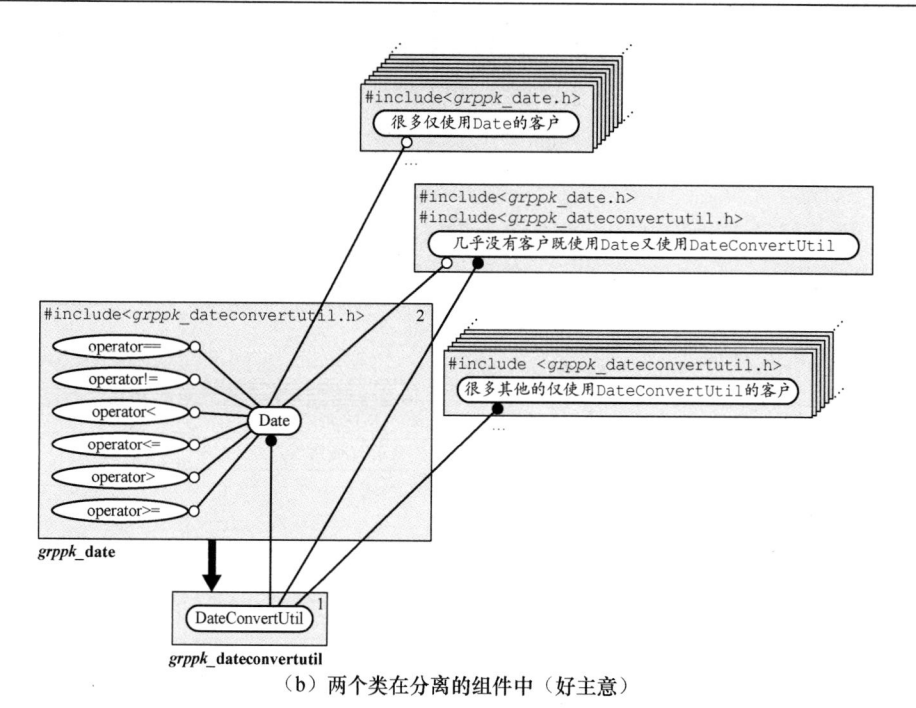

（b）两个类在分离的组件中（好主意）

图 3-171　`Date` 和 `DateConvertUtil` 的两种模块化（续）

再次回顾 3.5.6 节，在那一节中曾建议将客户和/或参与层级不同的功能分离作为模块化的有用准则。将这些类放在一个还是两个组件中并不影响其逻辑行为。这两个类中的功能数量都没多到压倒性的程度，而且鉴于所有这些功能都非常密切相关（至少从实现的角度来看），将所有功能都放在一个组件中似乎是相当合理的（图 3-171a）。但是，这样做会削弱系统的灵活性，消除未来可能有价值的设计替代方案。正如我们将要详细了解的那样，在这种情况下，由分离的组件（图 3-171b）会产生更精细的物理颗粒度，（预先）偏好这种颗粒度通常是最佳选择。

仅仅有语义内聚很少能将同一组件中的并置类所产生的物理耦合正当化（3.3.1.3 节）。但在图 3-171a 中，没有语义内聚：物理并置充其量只是实现上的权宜之计，仅此而已。如果只有一个组件，那么仅使用 `DateConvertUtil` 的客户将被迫拖入与 `Date` 相关的额外代码。但是，任何仅与组件头文件中的 `Date` 类相关的更改都将强制 `DateConvertUtil` 的客户重新编译。`Date` 或 `DateConvertUtil` 的客户还会被迫跳过大量描述他们可能不关心的功能的注释（与我们不将静态转换方法放在类 `Date` 本身中希望避免的情况大致相同）。

现在考虑系统长期的潜在稳定性。例如，假设递增日期和获得星期几不再像以前那样常见和时间敏感，而提取年月日信息是关键、高性能的赚钱工具！某一天，若是决定要将被完全封装的 `Date` 的内部表示从原来的序列日期格式改为（新的）离散年-月-日格式，这使得 `Date` 对 `DateConvertUtil` 的使用过时。[①]现在就需要实用类 `DateYmdUtil`（我们先前推迟了它）对 3 个不同整数字段所表示的日期高效地执行所需的操作。图 3-172 显示了由于欠佳的初始实现选择而产生的微小缺陷如何通过将（公共可访问的）实现结构体置于（物理上）与 `Date` 相同的组件中而变得更加复杂，从而导致糟糕的物理模块化，因为本来被封装好的、完全私有的逻辑细节现在随时间的推移而变化。

---

① 另一种实现方法（查表）可同时在这两种使用模式中都达到极高的性能（在相对较小但使用频率较高的子范围上），见卷 2 的 6.7 节。

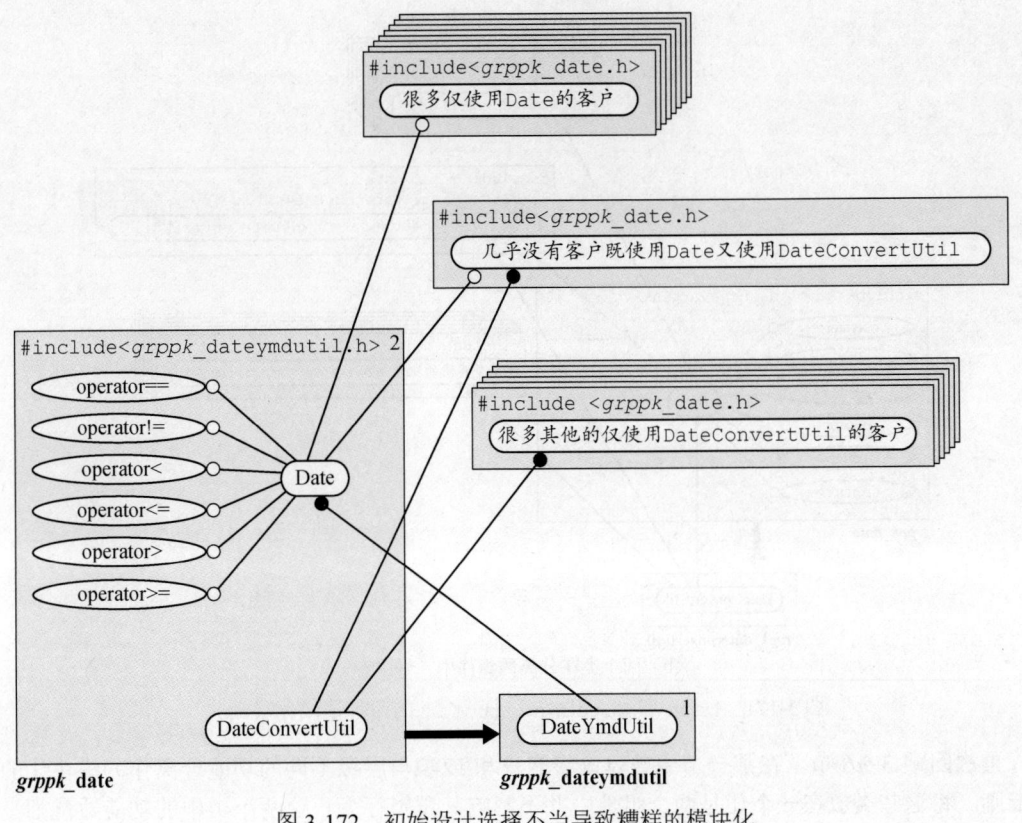

图 3-172　初始设计选择不当导致糟糕的模块化

假设两个逻辑实体并置于 *grppk*_**date** 组件中，那么就没有简单的办法可以从实现 Date 的组件中移除 DateConvertUtil 结构体，因为许多客户通过直接包含实现 Date 的组件来访问 DateConvertUtil：

```
#include <grppk_date.h>
```

Date 的客户继续为支持这两种实用结构体的实现而付出代价（如连接时间和可执行文件大小）。而 DateConvertUtil 的客户除了为 Date 付出代价，现在还得为 DateYmdUtil 买单！而如果从一开始就将 Date 和 DateConvertUtil 隔离在各自分离的组件中，就避免描述在此的所有问题。通过给 DateConvertUtil 一个分离的头文件，我们已经在效果上封装了它的使用（见图 3-140），从而将其"封装"（3.5.10 节）升级到定义 Date 的组件。还有一点，在定义 Date 的同一组件中并置在 Date 上操作的运算符，不仅符合恰当并置的第四条准则（3.3.1.4 节），而且也是我们的组件设计规则（2.6 节）的明确要求。简而言之，图 3-171b 的逻辑/物理打包即是此处恰当之选。

回顾过去，我们发现，无论值语义日期类型用何种数据成员表示，总是需要此类型的实现的某些方面（如 isLeapYear）。我们很可能会选择将这样的基本实现功能放在其自己分离的较低层级的组件（如 PrimitiveDateUtil）中。因此，我们敲定了两个（立即需要的）"实现"实用结构体（PrimitiveDateUtil 和 DateConvertUtil）、一个枚举结构体（DayOfWeek）和一个重要的词汇类（Date）。鉴于我们的 Date 类和 DayOfWeek::Enum 枚举都是值语义类型（见卷 2 的 4.3 节），将来会需要某些基本设施，例如启用流化的设施。BDEX 流化可提供所需的外化功能，我们再次假定，BDEX 流化的设想已经存在并可用（见卷 2 的 4.1 节）。图 3-173 中的组件-类图描述了迅速发展的可层次化复用的实现组件。

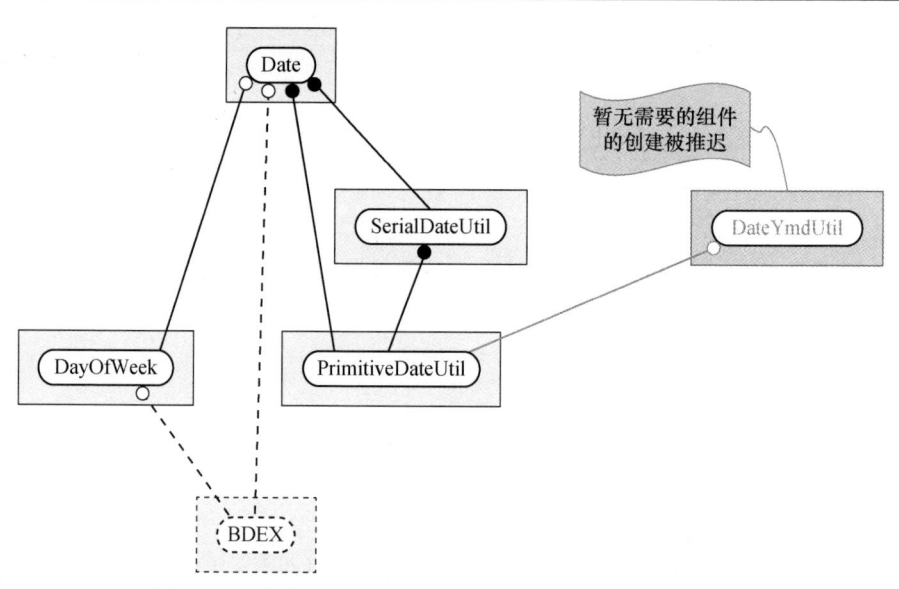

图 3-173 具有 DayOfWeek 枚举子系统的值语义 Date 类

注意，Date 的直接客户（如 DateParserUtil）为了在填充之前验证日期值会使用 Date 类的静态方法 isValidMonthDay（会被内联转发给 PrimitiveDateUtil 中的相应函数）。此验证功能与 Date 类本身的不变量密切相关，服务于所有填充者（包括 Date 的直接客户），因此，它作为 Date 类的静态方法（在定义 Date 的组件内）"重新发布"是恰当的。[①]

3.12.11.3 层次化可复用的 Calendar 日历类的实现

回想一下，我们创建 Calendar 的目标是创建通用且高效的类型。虽然 PackedCalendar 在设计上表示与 Calendar 相同的值，但[②]PackedCalendar 无法提供诸如修正顺延（见图 3-166b）此类算法涉及的大量结算日计算所需的性能。对于这些操作，我们将要求像 isBusinessDay[③]这样的函数尽可能快。经验表明，基于表的紧凑解决方案通常是最高效的（见卷 2 的 6.7 节），因此我们在这里采用了一种值语义 BitArray 形式的解决方案，它以紧凑的表格形式缓存工作日（每字节表示 8 天），适合于极高效的查找。[④⑤]在这种实现中，确定给定（序列）日期是否为工作日只涉及 3 个 inline 方法。第一个方法只是在转发给第二个方法之前将问题的逻辑含义取反：

```
inline
bool Calendar::isBusinessDay(const bdlt::Date& date) const
{
    return !isNonBusinessDay(date);
}
```

第二个方法更有可能被从紧凑的循环中调用，它确定日期相对于日历开端的偏移量，然后将

[①] 注意，std::chrono（从 C++11 开始可用）旨在解决许多与 bdlt::time 相同的问题，与 bdlt 相比，方式类似，但遵循接口设计理念不同。注意，从 C++20 开始，std::chrono 支持日期和时间，并提供时区支持。然而，在 C++20 之前，我们只有各种粒度的时间支持（和时钟）。

[②] 换言之，我们可以在两者之间转换而不丢失核心（salient）信息（见卷 2 的 4.1 节）。

[③] 事实证明，在实践中需要最多优化的运算是 isNonBusinessDay。

[④] std::vector<bool>的性能特征是由实现定义的，这立即使其不能作此处的选项。此外，关键操作（如整个数组的 "AND" 运算或 "OR" 运算）无法经其公共接口高效实现。

[⑤] std::bitset 当然也可用，但它无法提供所需的动态（运行时）大小调整。

其转发到（私有）嵌套的 BitArray 对象。

```
inline
bool Calendar::isNonBusinessDay(const bdlt::Date& date) const
{
    return d_bitArray[date - d_startDate];   // 以 "负逻辑" 的形式存储
}
```

第三个方法是 BitArray 自身的一部分，它计算并返回所给的偏移量索引处的布尔值：

```
inline
bool BitArray::operator[](std::size_t index) const
{
    const std::size_t WORD_SIZE = sizeof *d_words_p;   //constexpr
    return d_words_p[index / WORD_SIZE] & (1 << index % WORD_SIZE);
}
```

换言之，可以通过一次除法运算、一次数组解引用、一次模运算、[①]一次移位运算、一次整数按位与运算以及一次隐式的整数到布尔值的转换来确定给定日期不是工作日，或者通过大致相同数量的汇编指令来完成，在现代计算机体系结构上，由于高并行性（如，这些指令的流水线和并发执行），时钟周期大大缩短。这种提高的运行时效率以对象大小为代价：一个足以表示 30 年日历中的每一天的 BitArray 将消耗大约 $30 \times 365.25 / 8 = 1\,370$ 字节，几乎是同等情况下使用紧凑的 PackedCalendar 表示所需的量的两倍（见 3.12.11.4 节）。

实现高效通用的 BitArray 所需的工作量出人意料地超出了许多人最初的预期。为了实现高效的集合运算（如 AND、OR、XOR 和 SUB），我们希望通过明确利用底层硬件中的最大并行性来执行这些运算。也就是说，我们希望（为了数据传输）使用整数，或者是更大的用户定义数据类型（见卷 2 的 6.7 节），其大小要在底层硬件中数据路径的大小（如 256 位）之上。

当我们可能合理地希望将一个 BitArray 的子范围应用到另一个 BitArray 的任意偏移处时，根据源操作数中相应字中的若干位的物理对齐是低于、相同还是高于目的操作数中的位，这 3 种情况需要不同的算法以实现最佳性能。此外，起始位和结束位在同一个字中（对于源操作数和目的操作数两者）的情况可能需要作为通用算法的特殊情况处理，通用算法中起始位和结束位在分离的字中（被 0 个或多个整字分隔）。这里的要点是，编写高效的 BitArray（虽然非常耗时耗力）是非常重要的，这正是我们应该做且一步到位地做好的原因。

为了对 BitArray 实现高效的子集运算，还需要对单个字执行高效的掩码运算。此类功能本身具有很好的可复用性，值得用一个分离的实用程序 BitUtil 放在其自己的组件中。覆盖一个机器字中任意连续位子序列的掩码我们都可以通过使用静态表[②]来合成，方法是在被隔离的静态数组（见卷 2 的 6.6 节中作两次查找，对两次查找的结果作按位与运算）。BitUtil 还提供许多其他低层级操作，例如，计算一个字中位 "1" 的个数。通过尽可能多地分解功能（见卷 2 的 6.4 节），我们提高了测试甚至是复用的能力。在经过一定的过程之后，BitUtil 设施很可能在实现 DayOfWeekSet 功能方面也很有用（此处未展示）。

通常，只有在最初对实现的尝试已经在进行时，才会出现进一步分解的需求。中间实用结构

---

① 注意，这里（整数）除法运算和模运算的常量除数都是 2 的幂，因此它们会分别强度折减成微不足道的移位（bit-shifting）运算和掩码（masking）运算。

② 在某些计算机体系结构上，使用少量按位运算 "即时地" 生成此类掩码可能比引用或许不在缓存中的静态数组更高效；将这一逻辑隔离在 BitUtil 中便可以简单地对不同的实现策略进行微基准测试。

体 BitStringUtil 可能就是这样。BitArray 是一种值语义类型，它既表示一个值（任意长度的布尔值序列），也为该类型的对象提供了几个有用的操作。而 BitUtil 是一个非常低层级的实用结构体，执行复杂的按位操作，如 numBitsSet[1]（又称 population count，即位 1 计数），返回单个机器字中位"1"的个数。

但是，在这两个逻辑抽象层级之间的鸿沟中存在着大量复杂功能，涉及对连续二进制字串的操作，这些功能既值得直接测试，也明显可复用于其他数据结构和值语义类型中。通过进一步分解用于定义 BitArray 为零散使用提供的运算的机制，我们既提高了实现的质量，也增加了层次化复用的机会。

鉴于内存分配协议和指定的默认分配器机制的基础重要性和广泛的使用（见卷 2 的 4.10 节），我们假定它们已经存在于一个名为 bslma（BDE standard library memory allocators，BDE 标准库内存分配器）的包中。所有通常可复用的对象如果使用动态内存并且在对此对象作初等操作之间，此动态内存持久存在，则将依赖此包。注意，所有这些可复用的值类型（见卷 2 的 4.1 节）也"依赖"（至少在概念上）bslx 以进行外化。那些表示值并需要动态内存分配的类型（如 Calendar、PackedCalendar 和 BitArray）自然依赖于这两种设施[2]。图 3-174 中的组件-类图展示了 Calendar 及其接口依赖以及任何新的仅此实现所需（但不久就不需要了）的不面向客户的组件（深灰色）。

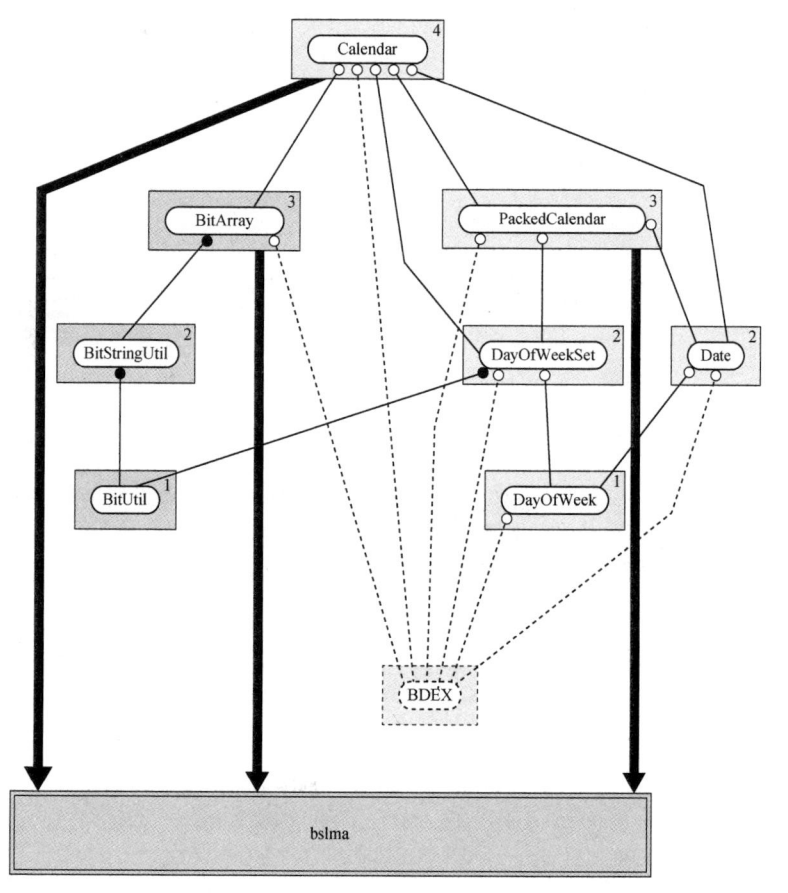

图 3-174 Calendar 组件的实现依赖

---

[1] 这种函数和其他类似函数要如何测试，卷 3 的 8.3 节和 8.4 节中有其各种实现的详细讨论。
[2] 由于 BDEX 设施基于设想的性质，故可知对它的依赖（如此处所述的这些依赖）仅仅是协作型的，而不是物理型的。

3.12.11.4　层次化可复用的 `PackedCalendar` 类的实现

图 3-175 中说明了仅仅由 `PackedCalendar` 的设计产生的子系统，包括它对仅仅是实现的组件（深灰色）的依赖。

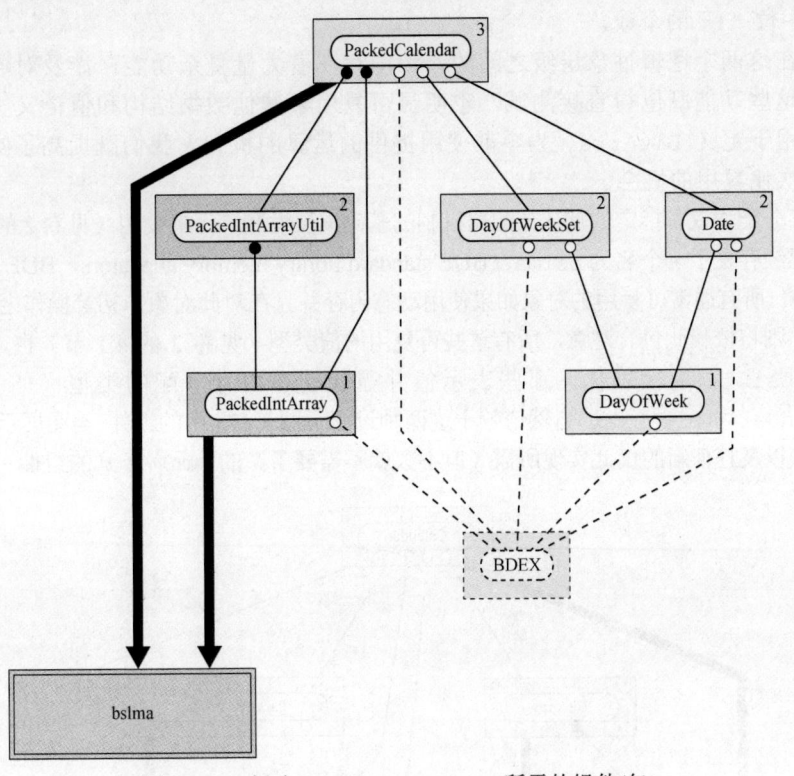

图 3-175　创建 `PackedCalendar` 所需的组件/包

`PackedCalendar` 的目的是尽可能紧凑地表示所有所需的日历数据，理想情况下，它提供的所有服务仍然与 `Calendar` 类对象相同，尽管在许多重要情况下速度要慢得多。在实践中，我们知道，典型的日历（如一个用于 30 年期债券估值的日历）所跨越的一序列连续的天数，其长度完全在两字节无符号整数所表示的范围（65 535 天，约 179.3 年）内。如果日历的天数范围可以用一个无符号 `char` 或 `short` 整数（而不是一个完全的 `int`）来索引（从开始日期算起），我们就可以在表示假日上大幅节约，因此创建一个潜在可复用的 `PackedIntArray`，让它根据其包含的最大无符号整数值的大小调整其内部元素大小是有意义的。[1]

每月约有一个假期的 30 年 `PackedCalendar`（跨度将近 11 000 天）可以用一对整数（标识时间范围）、一个（1 字节）`DayOfWeekSet` 和大约 3×12=360 个短（2 字节）整数的一个数组来表示，在大多数平台上，总计约为 750 字节。因此，我们可以预期，一个典型的 30 年（高速的）

---

[1] 就在本节正被审查以供提交时（2017 年 10 月），确定了有对另一种空间效率高的类似向量的数据结构的需要——这种结构为了表示高度重复的值的序列而优化过——对这一数据结构的需要来自新提议的“时间表”组件，该组件将 `Datetime` 值映射到“转换码”（状态转换 ID），来存储金融交易所的交易时间安排或服务于其他目的。这一新组件被建议采用的实现是享元（Flyweight）模式（见 **gamma94**，第 4 章，"Flyweight" 一节，第 195～206 页），使用两个向量：第一个向量保存一组唯一的范例值，第二个向量表示非负整数序列，这些非负整数通过无符号偏移引用第一个向量中的范例值。但是，考虑到偏移向量的性质，`PackedIntArray` 的空间效率决不会低于 `std:vector<std::size_t>`，并且在预期情况下（如示例数量不超过 2^8，甚至是 2^{16} 时）更为优越，当序列的长度在总体存储需求中占主导时尤其如此。

Calendar 对象［含 PackedCalendar（约 750 字节）和 BitArray（约 400 字节）］的存储需求大致为 2 150 字节（或者说 2 KB 出头）。注意，除非我们小心地明确限制分配内存的量，否则为 PackedCalendar 和 Calendar 分配的字节数可能是实际所需（使用）的字节数的近两倍。

正如不能提供各个元素的直接 C++ 引用的节省空间的（但在其他方面是通用的）数据类型，如 BitArray（3.12.11.3 节）一样，PackedIntArray 固有地不符合 STL 标准容器的需求，因此，不能很好地使用标准算法。经过深思熟虑后，PackedIntArray 的定制算法（最初直接嵌入 PackedCalendar 方法的实现中）被分解到分离的可复用函数中。

因此，我们决定引入一个新的实用结构体 PackedIntArrayUtil，提供通用的整数数组操作，如 isSorted、lowerBound 和 upperBound，这些操作是用（紧密关联的）PackedIntArray ConstIterator 类型（未显示）实现的。由于其固有的友元需求，此迭代器类型必须在与授予其友元的 PackedIntArray 定义在同一组件中（3.3.1.1 节）。正是这些精心制作的高性能数据类型需要本书卷 3 所提议的严格的测试数据选择方法（示例见卷 3 的第 8 章）。

3.12.11.5　跨现有聚合的分布

现在我们已经了解了构成系统的主体类，我们需要确保以合适的方式聚合组件（2.2 节、2.9 节、2.10 节和 3.1.4 节）。这里讨论的一些非常低层级的类型和设施，如 bslma::Allocator 和 BDEX 设想，被广泛使用，并假定存在于最低层级的包组 bsl 中。大多数新设计的基础设施（如 Date 和 Calendar）都是基础的、可复用的，并且可以轻松地归于较高层级的包组 bdl 中的单个包（如 bdlt），而 bdl 直接依赖 bsl。其他组件，如那些实现更多应用特定功能的组件（如 MyDatabaseCalendarLoader）显然不与更通用的组件归于同一个发布单元，实际上，这些更应用特定的组件位于一个高得多的层级是恰当的，这样更靠近使用它们的应用（或与之在一起）。图 3-176 中的汇总图强调了本节所讨论内容的所有相关方面。[①]

当显示涉及多个组件的复杂组件图时，一些实际的直接依赖移除后不会影响总体设计图的层级划分，常常会为了减少重叠的依赖箭头所导致的混乱而消除它们。这种简化通常称为传递简化（transitive reduction，见图 1-59）。例如，考虑以 Date 类为首的子系统（图 3-177a），该类在其接口中使用 DayOfWeek，在其实现中使用 DateConvertUtil 和 Assert。Assert "类"[②] 在这里显示在层级 1（1.10 节），也被 DayOfWeek 和 DateConvertUtil 直接使用，因此，两个结构体都在层级 2，而 Date 类在层级 3。虽然在 Date 和 Assert 之间恰好有 Uses-In-The-Implementation 关系（1.7.2 节），这隐含着（1.9 节）在两者的组件之间存在实际的直接物理依赖（1.8 节）。但是

和

也传递式地隐含了这种依赖。因此，通过移除由下图隐含的显式直接依赖

如图 3-177b 所示，我们减少了边的数量，但不会影响总体图中节点的层级编号。

---

① 引导出此图中所示设计的素材在 **lakos13** 中有全面的概述；关于这个具体问题的讨论从视频的 1:33:18 开始。

② 我们在此处使用 Assert "类" 来表示我们广泛使用的 bsls_assert 组件（**bde14**，子目录/groups/bdl/bdlt/），它提供了一个通用的（基于宏的）设施，用于实现编译时可配置的防御性检查（见卷 2 的 6.8 节）［正如在 *Defensive Programming for Narrow Contracts* 中所述的（见卷 2 的第 5 章）］，而这种防御性检查来在运行时确保客户提供的参数至少与启用了这样的检查的每个库函数的前提条件（见卷 2 的 5.2 节）是一致的。

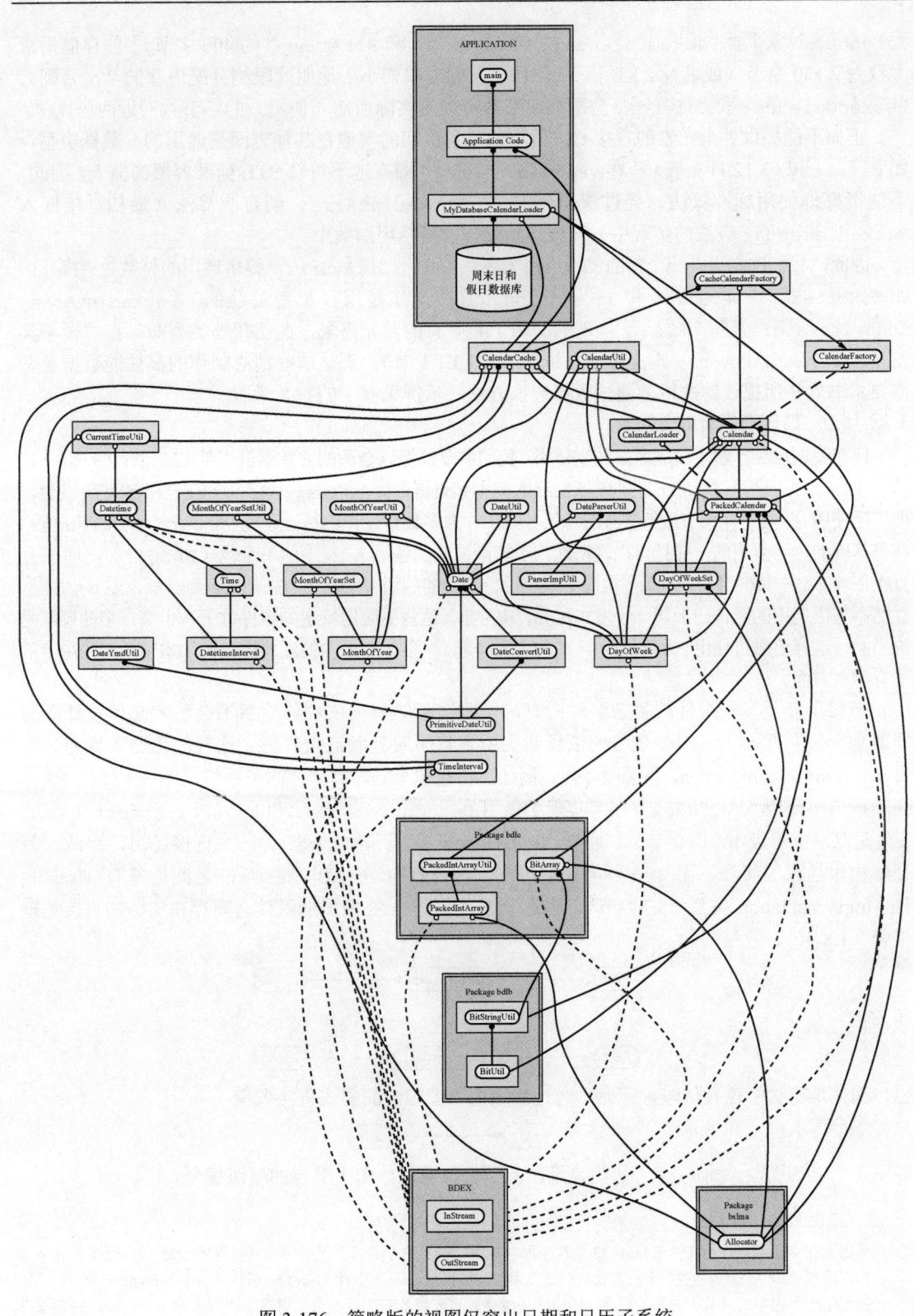

图 3-176 简略版的视图仅突出日期和日历子系统

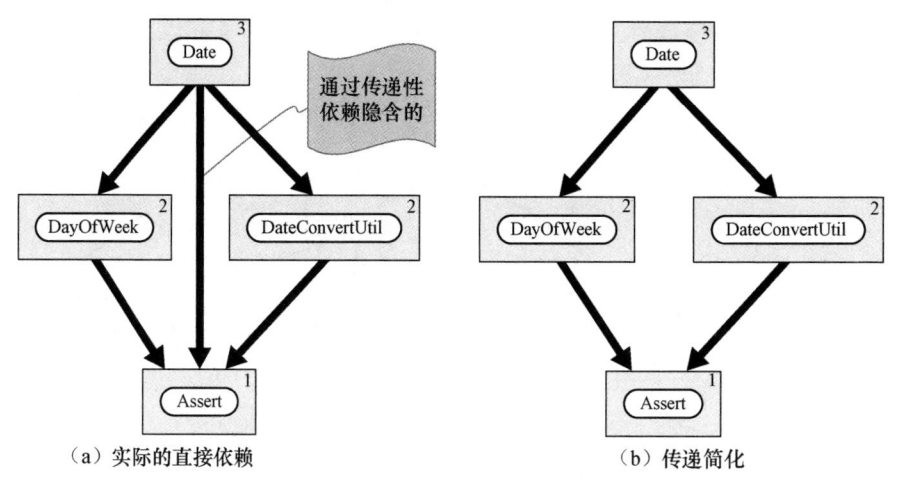

（a）实际的直接依赖　　　　　　　　　　　　　（b）传递简化

图 3-177　简化由传递性隐含的直接依赖

图 3-178 提供了用于实现 `bdlt::CalendarCache` 的完整依赖图的传递简化，这是将我们已践行的基于组件的方法论应用了许多年而产生的。[①]如果要为这个项目从零开始完成所有这些工作，那大概率是不可能的。幸运的是，我们不必这样做，而且，下次我们处理新的开发任务时，便不需要重新创建这一层次化可复用的子系统中已精心打磨的部分。通过谨慎地只聚合那些没有过度或重量级依赖的广泛可复用的组件，并在（物理上）分离的发布单元中实现更多领域特定的功能（如 `bbldc` 包），我们逐渐实现层次化可复用基础设施，即软件资本（0.9 节）。

3.12.12　本节小结

在本卷的最后一节中，我们介绍了一个真实的示例，即如何创建一个庞大的、层次化可复用的日期/日历子系统，该子系统应用广泛，在金融领域便是一例。我们最初的"规约"远称不上完整，因此我们先开始综合真正的需求，并将这些有效需求与任何可能顺带的笨手笨脚的设计建议区分开来。然后，我们绘制了一个细粒度的面向客户的组件（物理）层次（和组件间大多数逻辑关系），这些组件满足客户提出的所有（合法）需求以及我们可能合理地推断或预想到的其他紧急需求。我们还努力超越最初的项目需求，了解对哪些组件可能有合理的需要并要添加，但明智地选择不在最初的工作中追求其实现，因为仅仅给急需的内容创造恰当的实现就已经有足够多的工作要做了。

一旦我们确信所有面向客户的基本组件都已被表示，我们就会将注意力转向考虑哪种缺失的层次化可复用的实现的基础设施是有需要的，哪些已经备好了可以用，不过最重要的还是，哪些还没有！然后，我们进一步完善并扩展设计，以包括一个由分解妥当的、高性能的"仅实现"子组件构成的完整层次，在设计这些子组件时着眼于最大化其未来的复用潜力（见卷 2 的 5.7 节），但不考虑它们在我们不断增长的软件资本存储库中的绝对位置（0.9 节）。最后，对于如何将这些组件分布到构成我们不断增长的企业范围软件基础设施的包和发布单元中，我们给出建议。

[①] 这一设计是从实际的 BDE 开源库分发（**bde14**）中提取出来的，并于 2019 年 3 月由彭博有限合伙企业的 BDE 团队的 Steven Breitstein 和 Clay Wilson 呈现。

通常，我们生产的最终呈现看起来与客户一开始提议的截然不同；但相较而言，在未来的开发工作中，它会更周全、更稳健、更可测试、更有用，当然，还会更加层次化可复用。

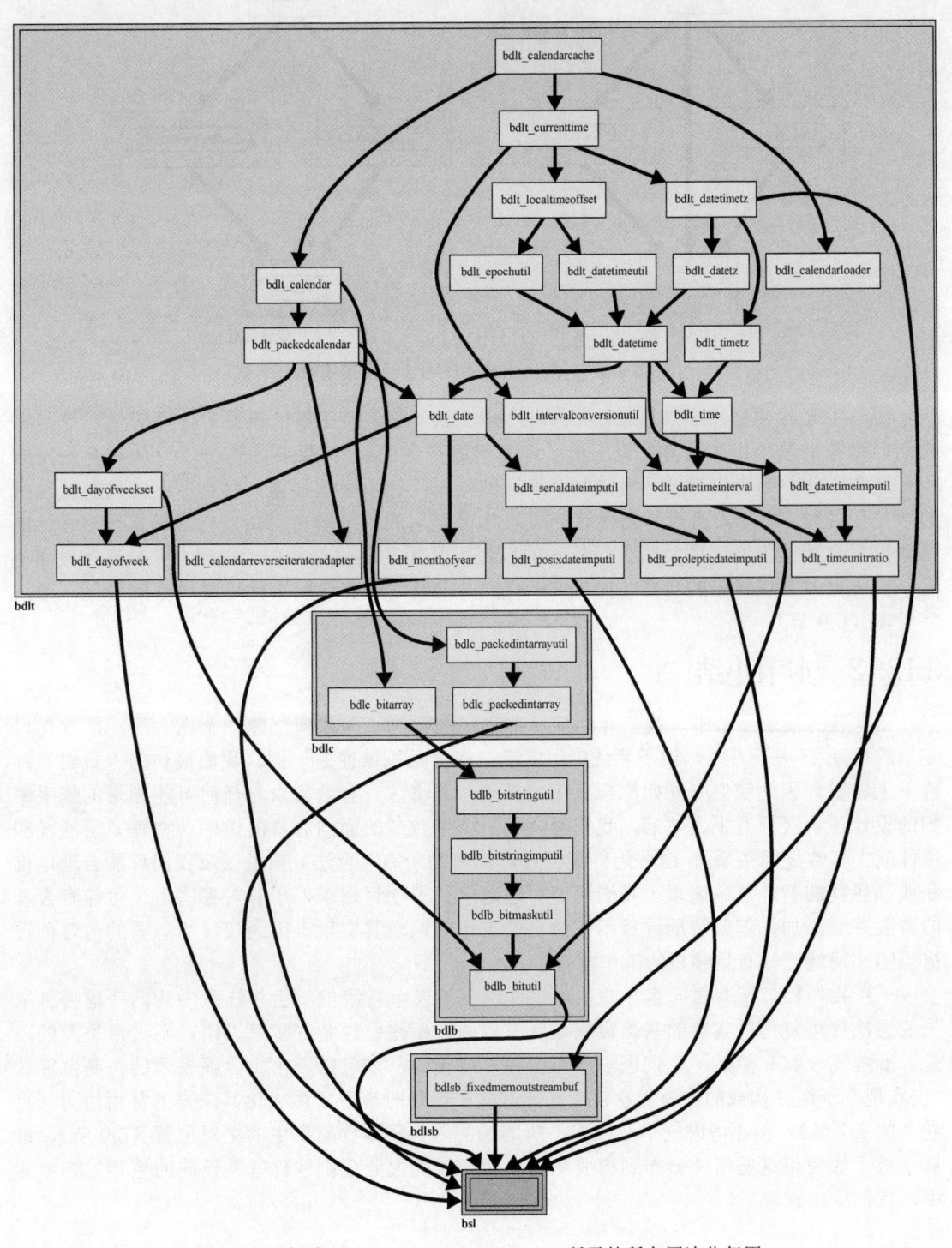

图 3-178 创建 `bdlt::CalendarCache` 所需的所有层次化复用

3.13　小结

　　大规模的软件开发需要逻辑设计和物理设计两方面的知识。然而，为了实现细粒度分解的目标，我们必须同时且协同地应用这两个设计维度的知识。本章重点介绍了物理设计策略，这些策略可以产生根本上优越的软件结构，也介绍了创建这一软件结构的特定层级划分技术和隔离技术。

　　了解了这些重要内容，对软件开发中无边无际的逻辑设计问题，我们就准备好了应对之策（见卷 2）。

3.1 节小结

　　经典的软件设计历来做的总是逻辑设计。但在本书的基于组件的方法论中，物理设计提供了结构和方向的维度（纵向和横展），从而给组件相对位置的概念赋予意义。对物理设计技术深思后的使用（如转换接口和实现的相对物理位置）可以催生更灵活、更稳定的（如横展）设计。

　　精确地确定我们所需的逻辑功能必须做什么仍然十分重要。但是，如果我们能找到要做的事，那么确定如何在我们的企业范围内的库中分布该功能也是至关重要的，更不用说最大化其效用。有效的高层级设计策略［以包和包组（第 2 章）的形式表述］有助于避免许多常常困扰持续大规模开发工作的组织性问题。

　　在确定最佳物理位置时，语义内聚和物理依赖都将发挥重要作用。只有通过精心的设计才能获得这种最优性。因此，每个库开发人员不仅要负责他所实现的令人兴奋的新功能，还要负责如何成功地将其纳入构成软件资本存储库中的各种包和包组（0.9 节）。处处以包名作前缀并使用相应（连贯的）命名空间会不断提醒你，总之，库功能的绝对位置是不能忽略的。

　　本书给出的物理设计规则（2.6 节）约束了可能的逻辑设计类型。根据这些规则，我们用以呈现软件的策略以实质性和持久的架构和语义属性为根，而不是浮于表面的语法方面的属性。最重要的规则之一是必须禁止跨物理边界的循环物理依赖。如果有循环物理依赖，必须不断返工至无环物理依赖图。若是在这方面稍有怠慢，代码很快就会陷入混乱之中。

　　需要私有访问权的逻辑内容如何聚合起来是最好的也受到了禁止长程友元设计要务的强烈影响。特别是，被封装的低层级设计决策的作用域被严格限于单个组件。由于组件的大小受限于我们测试它的能力，因此对单个组件可含有的逻辑内容量有相当硬性的限制（见卷 3 的 7.5 节）。多组件包装器通常不可行。本书的方法论不允许尝试将私有实现细节共享给无尽的类：这种设计必须返工，使其在逻辑、物理两方面更模块化。

3.2 节小结

　　俗话说，通往地狱的道路往往是由好的意图铺成的。无论出于何种原因，如果未对组件采用合适的模块化标准准则，很容易让设计欠优，不必要地难以理解、使用和维护。因此，须采用实质且有意义的模块化准则，如语义和物理依赖，而不是浮于表面的标准（如根据语言语法）。

　　例如，我们早期有时会使用 t 后缀（如 bdet）来标识完全由值语义类型构成的包，用 tu 后缀（如 bdetu）标识完全由实用组件组成的包（换言之，操作于 bdet 包的组件中定义的值类型的非初等功能被实现为结构体的静态方法，由 bdetu 包中相应命名的实用组件含有）。事实证明，这是个坏主意，因为它使有用的功能难以被客户发现，而且还阻止了 bdet 中的其他值语义类型依赖 bdetu 中的非初等功能（以免我们违反包的层级划分）。

　　考虑到 C++ 除面向对象外还支持好几种范式，因此，人为地限制可以进入特定包的组件的逻辑构件通常毫无意义。在每个包的每个组件中，我们都应该使用最合适的逻辑构件来高效地呈现连贯的语义内容，并根据其他更实质的逻辑和物理准则进行并置。

每个组件的目的都应该有一个狭小的专注点。在这一专注点，这一组件应足够满足大多数客户对其预期目的的需求。根据开闭原则（0.5 节）的规定，设计恰当、真正完整的组件将允许几乎任意的扩展（通过额外的非初等功能），且无须修改组件自身的源代码。

避免大多数客户不严格需要的过度功能也是细粒度的可复用组件的重要方面。为了确保组件易于理解，我们通常希望它们是最小化的。换言之，组件中提供的功能最好是唯一的，别提供多种等价的方法来完成同一任务。

为了确保稳定性和可扩展性，我们希望在定义可实例化类型的组件中实现的功能是初等的。"初等"是指要是没有对其操作的类型的实现（内部表示）的私有访问权，就无法高效实现的功能。可以在组件之外高效实现的功能不会被视为初等的。重构一个组件以使之仅含*初等*功能可减少混乱并增强稳定性。提供一组完整（但最小）的初等函数便可以高效地编写另外的函数，而不会干扰遵守开闭原则的组件。除了自由运算符和类似运算符的切面函数（如 swap），几乎所有非初等功能都应升级到一个分离组件中的实用结构体，有时还应升级到分离的包（或发布单元）中。因此，在编写可复用组件时，我们努力创建完整、最小且初等的接口。

模块化是好的设计的重要方面之一。糟糕的物理模块化各式各样。在架构层面上，模块化差反映了缺乏全局的、长期的战略。如果没有一个由自主核心团队精心策划和维护的中心化存储库（0.10 节），应用开发人员将难以避免地将高度可复用的功能嵌入其自身的应用代码中。这种架构模块化的缺失不可避免地导致构思不当（不稳定）的应用间依赖、严重的剪切粘贴以及反复的重新发明。

即使在单个发布单元中，也有许多形式的糟糕的物理分解。将所有枚举都放在一个包中，将所有类放在另一个包中，是糟糕物理模块化的一个极端示例。另一个几乎同样糟糕的例子是将轻量级可复用的类（如 Stapler）与更重量级的对象（如 Table）并置在同一物理模块（组件）中。因此，使用物理依赖作为逻辑分解的准则，以实现健全的物理模块化和有效的复用，是健全的模块化设计的主要内容。

当需要新的合适功能，而现有初等功能无法实现之时，别只为满足这一特定需求而编写一个新的成员函数，应该努力实现其所需的实质，以便实现新功能而不必修改底层对象的源代码，从而在将来能够据此添加新的类似功能。通过一致地设计（并精细化）足够、完整且最小的接口，并在物理层次中将非本质功能都升级到更高层级，我们将复杂性降至最低，增强稳定性，并普遍地促进了有效的复用。

3.3 节小结

默认情况下，我们对细粒度分解的渴望鼓励我们将每个可公开访问的类或结构体放在其各自分离的组件中。但有些时候，有必要在一个物理模块的顶层放入不止一个逻辑实体。有 4 种情况是建议进行并置的（见图 3-20）：（1）友元是必需的；（2）会产生循环依赖；（3）只有在一起才构成一个有用的整体的"同级"实体（每个通常都很小）；（4）一个很小的类（如 ScopedGuard）或函数（如 operator==）依赖同一组件中的重量级类（如日志器）且不添加额外依赖，并且是该组件常规使用场合的重要部分。图 3-179 详细描述了公共类并置的这 4 个准则。

在所有其他条件相同的情况下，将可能会一起更改的代码放在邻近的地方有助于软件的维护、增强和发布。这一古老的模块化基础公理从单个类及函数，到组件和包，一直延伸到包组和发布单元。在组件层级，我们有时会创建高度协作式的类，这些类不能用于单个组件之外。这种类可以完全地在 .cpp 文件中实现，成为公共类的私有嵌套成员（一般不推荐），或利用"额外下划线"约定（2.7.3 节），将编程上可见的类指定为不适于外部使用的局部于组件的类（2.7.1 节）。

而在包层级并置协作式组件也很重要。例如，对于需要模板特化的大量模板化实体，通常希望将每个特化实现在分离的一对 .h/.cpp 中。虽然这些特化可以被直接使用，但其中没有一个能构成完整的解决方案。此外，如果通用模板发生更改，则每一特化都必须连锁地进行更改。因此，将所有特化与通用模板置于同一组件（或至少在同一包类）中是合适的［并根据需要使用额外下划线约定（2.7.3 节），以明确定义这些模板和模板特化的组件之间关系的附属性质（2.7.5 节）］。

---

(1)　友元。模块化的目标必须在于将每一低层级设计抉择孤立于单个模块（即组件）内。设计规则（2.6节）禁止私有访问权跨组件边界，这有助于强化这一细粒度的模块化方法。只要我们不违反其合约，对一个组件的实现的更改就不应要求对另一组件进行相应的更改，但看看包级的"hack"，在3.5.10节的末尾有所描述，这一"hack"用在当将一整个包升级封装以模拟一个多组件包装器时。容器及其迭代器，或是（派生的）具体工厂及其小部件（widget），都是因友元而需要并置的常见例子。确保逻辑封装并不会跨越组件边界，这是目前最常见的将类并置的有效原因。

(2)　隐含的循环物理依赖。比友元少见得多的是，如果两个互有协作的类被分离打包就会强制物理依赖，这时就有并置的合法需要了。但注意，在几乎所有的情况下，循环都是没有正当理由的并且可以用周到的设计轻易消除，可能需要用到3.5节中介绍的一种或多种层级划分技术。再强调一次，并置的主要理由是避免组件之间的友元。

(3)　单一解决方案。我们偶尔会需要用一些同级的类表示一个内聚整体。（尽管将这些类放到分离的组件中不会违反任何设计规则，但会不必要地增加系统的复杂度，因而不建议这么做。）如果这些类本性上就互不依赖，而且合起来才能构成一个解决方案的完整实现，那就有充分的理由将这些内聚的部分并置在单个组件中。一个小的元函数的一组部分实现，亦或是对应于不同数量可选参数的一套多态表示（如给定必需参数数量的函子）都是并置的潜在候选。[1] 然而，对私有访问权经友元的合法需要，仍然是（目前）并置的主要有效理由。

(4)　大象之上的跳蚤。当我们有极轻量级且对典型使用至关重要的非初等功能时，我们可能允许它与其依赖的重量级类驻留在同一组件内。这不仅是为了减少不必要的物理混乱，也是为了使现实性的用例注释的编写更为简单（见卷2的6.16节）。但我们不能滥用它：非初等函数只能作为主体类"大象"之上的"跳蚤"。相对于经常出现的有效并置理由（即友元），这样的场景出现的频率更少。

图 3-179　并置公有类的理由详解

某些库软件天生是易延展的（0.5 节），例如，一个枚举着数量缓慢增长的具名实体（如债券计息日数惯例）的系统。每次创建新一个实体时，必须扩展枚举，并且知道所有这些实体的实用管理器必须连锁地更改。将枚举置于与顶层实用程序分离的发布单元中意味着每次添加新实体时，它们所在的两个发布单元必须连锁地发布，任何介入两者之间的发布单元也必须同时发布。因此，这一问题可能后患无穷。再看一个紧密的组件间协作常见示例，一个给定编码的编码器类和解码器类被分离打包。编码策略发生任何变化都会自然影响两个组件。注意，解码器仅出于（如"模糊"）测试目的而依赖编码器（见卷 3 的 8.6 节）通常是允许的。

3.4 节小结

在本书的方法论中，核心设计任务之一是避免在任何聚合层级上的物理模块之间的循环依赖。当组件依赖图中有一部分节点强连通时，称这些组件是循环依赖的。这种被禁止的依赖关系可能来自参与其中的组件的 .h 或 .cpp 文件中的 #include 指令。不管在 .h 还是 .cpp 文件中，产生的物理依赖图都是相同的。

支持循环相互依赖的大规模子系统可能是一场噩梦，有效的模块测试通常是不可能的。循环依赖会大大影响开发过程，因为越来越大的代码体必须作为单个实体进行增强、测试和部署。连

---

[1] 从 C++11 开始，我们现在有了对可变参数模板（variadic template）和可变参数宏（variadic MACRO）的支持。

接命令中的静态库重复变得烦琐，从而延长了构建周期并破坏了其稳定性。物理设计质量的客观衡量标准（如 3.7.4 节中讨论的累积组件依赖度）表明低层级循环最具破坏性。相比之下，（没有循环依赖的）层次化物理设计相对更容易增量式地理解、测试和复用。

即使是物理健全、描述清晰（如以 UML 的形式）的高层级逻辑设计也可能在实现时无意中诱发循环物理依赖。设想，Company（公司）有一个 Account（账户），而该账户持有一个类型为 Position（头寸）的对象，该对象指向 Security（证券），Security 指回底层 Company，像这样拙劣的实现可以导致循环。即使高层级的设计是无环的，随着设计的充实、实现、维护以及不断增强，循环也会浮现。因此，在检入时（最好是在整个开发过程中）检测和拒绝物理设计循环的开发系统在这方面是非常有价值的。

3.5 节小结

在 3.5 节中详细讨论的传统层级划分技术（见图 3-42）可用于打破物理设计循环，以及在其他方面减少过度的物理依赖。让人诧异的是，**lakos96** 出版后没有发现全新的层级划分技术，但一些技术的相对重要性发生了变化，主要是由于异步编程的重要性与日俱增。特别是，回调的使用不再是"黔驴技穷时的最后手段"，而且经常恰当地使用在许多不同的上下文中。但是，升级和降级仍然是我们在日常工作中最常使用的技术。哑数据在完全消除显式依赖上的不俗功效已在许多情况下被证实，比不透明指针更好用，哑数据总是使用（非负）整数索引，例如 3.12.11.3 节中讨论的 Calendar 假日索引。与不透明指针不同，使用哑数据还有助于通过（如 BDEX 风格）序列化将值外化（见图 3-153）。

冗余技术（降级的一种替代技术）在很大程度上取决于主观判断，我们发现自己较少使用这种技术，但我们仍然认为它是过度耦合的有效候选方案。通过管理器类维持编译时可观察的所有权层次仍然是我们设计策略不可分割的一部分；而将独立可测试（甚至是可复用）的子组件分解出来在下面几种情况是建议进行的：当接口是提供给我们的时候，或接口是不可变的时候，或接口中规定了 Uses-In-The-Interface（逻辑）设计循环时。升级封装（如通过包装类）是实现层次化复用的重要部分。在这种层级划分技术中，我们理解到了构成低层级实现的组件本身不必封装并保持私有——只有它们的使用才必须保持隐藏于较高层级的客户。自从这一技术最初提出以来，我们已经对它做了扩展，允许一个包装器包利用一些公认草率的技术（但合法的）强制类型转换技术来模拟一种弱形式的包级友元。[①]

3.6 节小结

尽管本书的方法论已明确禁止了循环物理依赖，但过度（但合法）的连接时依赖也会通过拖入大量不会被大多数客户使用的代码来动摇原本轻量级、高度可复用软件的有效性。例如，Date 类应能够（以某种未发布的内部格式）表示日期值，并使用常用运算（如 operator-求的是两个日期之间的实际天数）高效地操作该值。但债券计息日数惯例（是特定于金融行业的）、格式化函数（不稳定且可能会更改）和日期数学函数［如查找特定年份月份中的第 n 个星期几（尽管它们不需要访问数据库，但却远非初等）］等功能所需的其他依赖项却给原本轻量级、易于理解、易于使用的值语义词汇 Date 类型的客户带来不必要的（如在设计和/或连接时）负担。对分解糟糕的功能（如整块式包装器）的依赖也是过度连接时依赖的一个来源。

3.7 节小结

人们会自然倾向于在既有的基础上继续开发。这一心态可能会导致对组件组合（或分层）的滥用。对于需要在组件接口边界上实现的高性能的小型系统，通过显式物理依赖实现的组合是高效、易于理

---

① 理想情况下，C++模块设施有朝一日将被证明在笨拙地完成这种不优雅的语法"黑客"徒劳无功实现方面是非常出色的。

解的，而且通常是正确的方法。但是，对于规模大得多的系统，完全基于组合的架构有两个重要的缺陷：一是不灵活，以单个事实实现作为标准；二是依赖随着抽象层级增加而增加，使得开发——尤其是组件级（又称"单元"）测试——变得烦琐。由于这些原因，经典的"分层"架构难以扩展。

与深度分层架构最相近的替代是更横展的架构。实现横展设计的基本方法至少有两种。第一种方法涉及值语义类型（见卷 2 的 4.1 节至 4.3 节）的重构，以将填充这些类型的功能（如从数据库）和使用这些类型的功能（如业务逻辑）放在独立的同级模块中，让两种功能都依赖较低层级的值类型。这种更横展、但仍是组合型的设计也比经典的分层架构更稳定、更灵活、更可测试，因为开发业务逻辑的人员不会受涉及填充器的添加或修改的影响（反之亦然）。

实现横展架构的第二种方法是定义一个纯抽象接口，在接口中定义客户所期望的服务。然后，我们可以通过使用适配器（继承自抽象接口或协议且在其实现中使用具体类型的类）来创建自己的实现或利用其他实现，包括第三方或开源解决方案。此主题可能有多种变体（见图 3-116）。这些抽象接口类型的具体实现由较高层级的代理（如 main）提供给客户对象——要么在构造时提供，要么在每次调用特定方法时提供。

由于运行时性能相关的原因，我们可以选择让特定的方法［通常是取适配器基类为参数（按指针或按引用）的方法］作方法模板。尽管在某些重要情况下，这些虚函数也可以被"退虚化"（见卷 2 的 4.10 节），但在传统平台上方法模板通常比虚函数更容易，在编译时绑定。通过使用成员函数模板，我们可以实现物理上独立、灵活且运行时高效（尽管高度协作且紧密编译时耦合）的横展设计。

虽然我们通常粗略地刻画（如在元数据中）跨越包和包组的组件间依赖（2.16 节），但我们仍然建议了解单个组件的依赖，以便在实践中实现最小的物理耦合，例如，在部署后（见图 2-89）。特别是，我们可以通过轻度层叠（而非重度重叠）来降低分层系统的固有成本（见图 3-112）。这些成本可以用累积组件依赖度（CCD）作为物理设计的质量指标来量化（见图 3-114）。

横展架构和分层架构之间的权衡是大规模软件设计的一个重要方面。在中等规模上，创建一个组合式架构是经济的，组合式架构中的组件显式依赖更低层级的组件的。横展架构的成本，无论是在运行时（通过虚函数）还是在编译时（通过成员函数模板），都更普遍地用复杂度（人类认知）来衡量，也许是更恰当的衡量方式。这样，分层子系统就类似于高层摩天大楼（3.7.1 节）。但是，在某个时刻之后，与不灵活性相关的成本以及执行全面组件级测试所需的连接时成本就会变得令人望而却步。因此，大型软件就像许多大都市一样，横展扩展优于纵向扩展。

3.8 节小结

横展架构可以极其有效地避免重量级的、不可预测的或其他不期望的软件，特别是在系统的较低层级上。不过，有些依赖已经不只是过度了，在性质上就是不合适的。不当依赖的一个例子是将轻量级的值语义类型（如 Date 或 Calendar）拴在一个平台的操作系统或特定供应商的数据库上。其他例子包括：（1）在核心库中纳入开源或第三方软件，而这些软件没有足够的 SLA（服务级协议），或者要求其他不受我们控制的软件的特定版本；（2）依靠特定操作系统的非标准特性，而这些特性无法在所有受支持的平台上有效仿真；（3）依赖需要特殊硬件支持的软件。

经典的分层架构常会强制以单个实现作为标准，因而也可能不合适。限制我们自己使用特定的具体传输机制（如套接字）会妨碍我们在进程之间实现最优通信的能力。随着时间的推移，可能会出现新技术（如共享内存、openSSL、MQSeries 和 ASIO），它们也许会带来我们想要利用的巨大优势（如性能、安全性、容错性和生产率），我们甚至可能想在同一进程中与其他技术并排使用它。依靠第三方产品可能有风险，然而，可以用没有风险的方法利用它们。通过在更横展的设计中将功能适配给稳定的接口，我们便可以利用新技术，而不必对其作押注。

在典型的横展设计中，从协议派生的具体类对象由较高层级的代理（如 main）构造为自动变量，随后进行配置。然后，该对象的地址被（通过其基类）传递给第二个具体类的构造函数，第二个具体类是从另一个纯抽象基类派生的，这个纯抽象基类与第一个的基类在同一个物理层级，但其逻辑抽象层级更高。而这个（具体）对象的地址又可用于创建第三个具体类的对象，依此类推。

想要用一种低层级技术替换另一种，只需修改用于创建实例化该技术的子对象和用于配置该技术的任何后续对象（示例见图 3-122）的语句序列（例如在 main 中）。或者，客户在运行时或编译时每次调用方法时提供抽象接口、具体机制或远程服务。但是，与分层设计不同，横展设计的可扩展性没有实践上的限制。

3.9 节小结

为了实现复用的最大化，我们希望确保组件之间一些基本的物理互操作性。特别是，我们希望避免组件的使用会限制其在同一程序中的使用或复用的情况。我们还希望尽量减少一个组件的使用会限制在同一程序中其他某个组件的使用情况。我们想要避免的糟糕的物理互操作性有几种具体表现形式：领域特定的条件编译、库软件的应用特定依赖、人为约束复用的逻辑构件（如静态变量）或设计模式（如单例）、在定义 main 的文件之外定义的全局实体、为了逻辑封装而隐藏头文件，以及对不可移植软件的未隔离使用和依赖。这些方式使我们不能确保物理互操作性，将阻碍我们从现有解决方案的各个部分构成新解决方案的能力，也就是说，这将阻碍层次化复用（0.4 节）。

3.10 节小结

避免不必要的编译时依赖是良好物理设计的又一个重要方面。封装（隐含着信息隐藏）意味着在正常使用情况下，某个实现细节是无法通过编程方式访问的。即对被封装的实现细节的更改不需要产品客户返工其代码。不过，隔离的含义比封装更强。更改组件的被隔离实现细节甚至不需要客户重新编译代码。这些术语的形式定义见 3.11.1 节。

对实现细节的隔离使这些细节可以在无须客户重新编译的情况下发生更改，这反过来又可以显著减少重新构建整个系统所需的时间。此外，隔离关键的低层级实现细节使我们可以快速修补（见下文）缺陷，而不必使用传统的、缓慢且耗时的标准发布过程逐层重新构建整个系统。封装和隔离之间的这一关键差异对广泛使用的软件基础设施库的开发人员来说可能是非常重要的。

例如，在版本与版本之间重新构建整个系统以修复关键 bug 可能代价高昂，甚至因为缺乏关键人员而完全不可能。补丁是对软件以前发布的版本的局部更改。当在两个版本之间遇到严重错误时，创建补丁的成本通常比重新发布整个系统要低得多，而且破坏性也要低得多。只要组件的物理接口和合约未更改，修改后的实现通常就可以重新编译并原位替换，而不必重新编译其他组件。

组件的实现越隔离，就越有可能局部地进行修复（而不强制客户重新编译）。我们能够快速修补和重新发布一个系统的能力与此系统中实现细节隔离于客户的程度直接相关。因此，在可行的情况下，在主要接口边界上隔离实现细节通常应该是设计目标之一。

3.11 节小结

隔离技术基本分两种：整体隔离和部分隔离。整体隔离意味着实现的任何方面的更改都不会迫使客户重新编译。部分隔离意味着实现的某些方面的更改无须客户重新编译，但其他方面的更改还是需要。如果整体隔离是设计目标，那么就会产生架构影响；如果只有部分实现需要隔离，则隔离的性质和程度完全是实现细节（见卷 2 的 6.6 节）。

实现整体隔离的方法主要有 3 种：纯抽象接口、完全隔离型包装器组件和过程接口（PI）。使用纯抽象接口的客户不仅可以避免所有编译时依赖，还可以避免对任一实现的直接连接时依赖，注意，将抽象接口的派生实现实例化的代理的物理层级高于使用抽象接口的客户。注意，每当涉及继承时，提取协议类是一种通用的隔离技术，非纯抽象基类的接口和实现的分解应该使用这种技术，而不用管由此产生的隔离（被人感知到的）价值如何。

当采用完全隔离型包装器组件时，实例化给定对象的同一客户可以使用该对象，而且不会由于该组件的实现中的更改而受到影响（必须重新编译）。客户仍将继承被包装实现的依赖。但是，让包装器组件作完全隔离型会导致巨大的运行时开销。此外，通常不可能在不使用长程（组件间）友元的情况下为先前已有的系统创建多组件包装器（3.1.10.6 节）。因此，对于现有的子系统，过程接口往往是唯一可行的整体隔离选项。

过程接口总是可以实现的，但并不总是合适，或者说并非最佳选择，因为通常会产生巨大的开销和保真度损失（如，在继承和模板方面）。过程接口决不应该在可能限制并排复用的上下文中使用。然而，在两种情况下，过程接口往往是正确的决定：一是隔离那些底层类型没有被设计成可复用的遗留系统，二是提供转换层（如，从 C++到 C）。在这两种情况下，都不会因复用而产生任何成本。

有效的过程接口一般有 8 个特性（见图 3-150）。每个 PI 函数都物理上位于与其访问内容分离的组件（通常是分离的发布单元）中，并且在逻辑上独立于其他所有 PI 函数。每个实现 PI 函数的组件都独立于其他所有此类组件，除机械翻译所需的功能外，不提供任何额外的领域功能，并一一地映射到其"包装"的底层 C++组件（实现 PI 函数的组件展示的正是其视图）。每个 PI 函数都以可预测的方式命名的，可以从 C 或 C++调用，并且以实际的底层 C++类型进行交通（尽管不透明）；因此，PI 从设计上讲不是真正的包装器。

3.12 节小结

在用组件进行设计时，逻辑设计和物理设计必须同时考虑到。对一个类来说，起初似乎是初等行为的东西可能会有超越其初始需求的物理后果。为了实现模块化、可维护的设计，可能要对这一提议的类进行大量的重构，从而可能产生几个组件。只要软件整体能提供有效的解决方案，那么通过谨慎分解来实现层次化复用的众多优势就必然能抵消（通常是微不足道的）在客户使用上的调整。

在创建软件基础设施的过程中，务必考虑长期情况，但要推迟与当前业务需求无关的外围组件的实现。当然，所有必需的基础软件都必须首先实现，并且是以完全分解的形式实现。有紧迫需求的组件可以之后被用来实现其他需求没那么急迫的软件，后者应该提前考虑，但其实现必须推迟到未来有合适的项目时，否则，交付的延迟将阻碍使用这种基于组件的总体开发方法。在开发中必须抵制仅仅基于逻辑内聚就将多个类放在同一个组件中的诱惑（3.3.1 节）。那样做会动摇稳定性或排除将来重要的设计备选方案（示例见图 3-172）。

本书提出的设计方法论的深刻优势源于其能够实现的层次化复用，我们通过将设计优良的、细致分级的、颗粒化的组件（0.4 节）特意反馈回（0.1 节）企业范围的软件资本存储库（0.9 节）中来实现这种层次化复用，随着时间的推移，这一存储库将不断增长（0.10 节）。每次我们努力解决新的业务问题或在现有系统中提供新功能时，我们都需要仔细考虑该解决方案如何映射到现有的层次化可复用的基础设施上是最好的。我们需要将原先的规约原子化并精心地重新组装（0.11 节）成合理、专注、面向客户且已被充分理解的组件（见卷 2 的 4.2 节）。

一旦"接口"组件的规约基本完成，开发思维就会改变。我们不再从外部客户的角度看系统，现在必须开始考虑非面向客户组件的可复用层次，这些组件是实现面向客户的组件所需的。每个组件又变成了一个新的子系统，而开发它的过程就好像它是面向客户的最高层级组件一样，直至达到了组件可管理的大小和复杂性的上界——就像我们在量化类比中所做的那样（0.8 节）。只有达到这种异常激进的分解层级时，我们才开始深入更低层级细节的设计、实现、呈现（见卷 2）和测试（见卷 3）。

结论

本章的目标是展现物理健全、分解妥当、细粒度的软件基础设施的重要性以及实现方法。糟糕的物理设计可能带来的不良后果包括可靠性降低、维护成本增加、可执行文件增大以及运行时性能降低。在所有其他条件都相同的情况下，必须避免上述每一项。如图 3-180 所示，造成这些不良后果的 3 个主要原因分别是可测试性降低、可用性降低和可修改性降低。

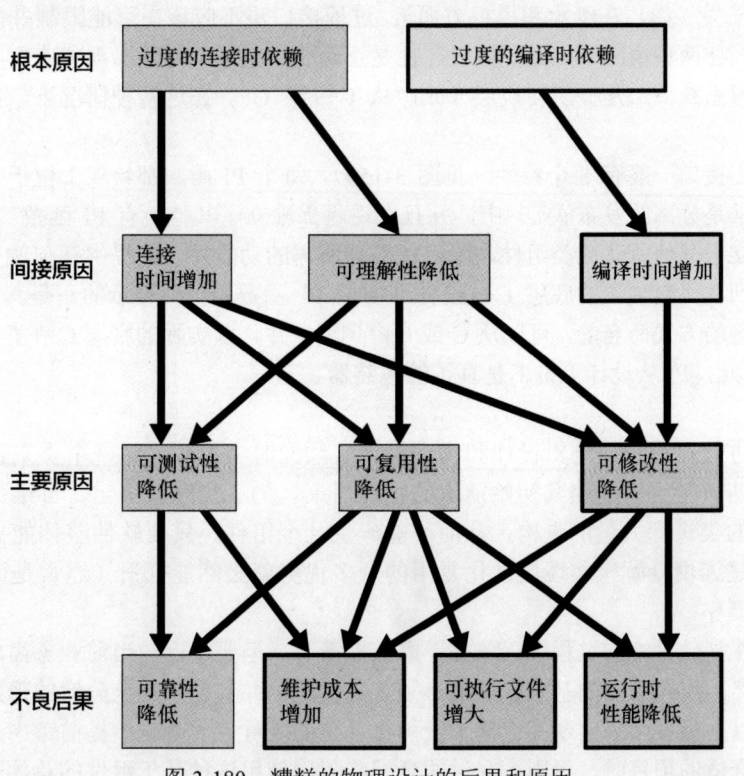

图 3-180　糟糕的物理设计的后果和原因

一个系统越难测试，它实际会被测试的次数就越少，可靠性越低，需要的维护就越多。那些应该（但没有）可复用的软件使用得较少，因而经过的验证就较少，因此通常可靠性较低。复用越少则意味着重复越多，因此需要维护更多的代码，维护成本会更高。在程序中做同一件事需要更多代码，这意味着可执行文件越大，这反过来又由于缓存因素，进而可能影响运行时性能。可修改性变差意味着更改（如为了优化可执行文件大小和运行时性能等物理参数）会更加困难。

这些不良后果的间接原因包括连接时间增加、可理解性降低和编译时间增加。将测试驱动程序连接到其主题代码的成本越高，在测试上花的经费所能做的测试就越少。类似地，如果一段代码主体的复用连接时间不成比例地增加，则这一段代码被复用的可能就越少。一旦代码被修改，就必须对其进行测试，因此，测试代码的成本越高，修改代码的成本必然会越高。出于与这完全不同的原因，可理解性降低与连接时间增加密切相关。代码越难以理解，测试也会同时越难，复用也越难，在不破坏其他东西的情况下进行修改也越难。编译时间的增加会影响系统，因为我们做出修改的能力会被削弱。与连接时间增加不同，这一问题可以逐步解决并且可视具体情况而定。

所有这些问题的根本原因常常都可以追溯到构成系统、应用或库的物理模块之间过度的连接时依赖和编译时依赖。编译时依赖和连接时依赖会增加编译和连接程序所需的时间，从而影响物理设计质量。但更重要的是，过度的连接时依赖会影响可理解性，进而影响可用性和可维护性。此外，循环的、过度的或出于其他原因不当的连接时依赖可能会破坏成功的跨越许多不相关应用的复用。要积极主动地最小化或消除物理依赖，我们的软件设计才能真正做到质量出众。

参考文献

[abrahams05] David Abrahams and Aleksey Gurtovoy, *C++ Template Metaprogramming: Concepts, Tools, and Techniques from Boost and Beyond* (Boston, MA: Addison-Wesley, 2005)

[alexandrescu01] Andrei Alexandrescu, *Modern C++ Design: Generic Programming and Design Patterns Applied* (Boston, MA: Addison-Wesley, 2001)

[alliance01] Agile Alliance, "Manifesto for Agile Software Development," 2001

[austern98] Matthew H. Austern, *Generic Programming and the STL* (Reading: MA: Addison-Wesley, 1998)

[baetjer98] Howard Baetjer Jr., *Software as Capital* (Los Alamitos, CA: IEEE Computer Society, 1998)

[bde14] 彭博的开源的存储库bde

[beck00] Kent Beck, *Extreme Programming Explained* (Reading, MA: Addison-Wesley, 2000)

[bellman54] Richard Bellman, "The Theory of Dynamic Programming," *Bulletin of the American Mathematical Society*, 60 (1954) (6):503–516

[boehm04] Barry Boehm and Richard Turner, *Balancing Agility and Discipline: A Guide to the Perplexed* (Boston, MA: Addison-Wesley, 2004)

[boehm81] Barry Boehm, *Software Engineering Economics* (Englewood Cliffs, NJ: Prentice Hall, 1981)

[booch05] Grady Booch, James Rumbaugh, Ivar Jacobson, *The Unified Modeling Language User Guide*, second ed. (Reading, MA: Addison-Wesley, 2005)

[booch94] Grady Booch, *Object-Oriented Analysis and Design with Applications,* second ed. (Reading, MA: Addison-Wesley, 1994)

[bovet13] Daniel Pierre Bovet, "Special Sections in Linux Binaries," LWN.net, 2013

[brooks75] Fred Brooks, Jr., *The Mythical Man-Month* (Reading, MA: Addison-Wesley, 1975)

[brooks87] Fredrick P. Brooks, "No Silver Bullet: Essence and Accidents of Software Engineering," IEEE Computer 20(4):10–19

[brooks95] Fred Brooks, Jr., *The Mythical Man-Month*, 2nd ed. (Reading, MA: Addison-Wesley, 1995)

[brown90] Patrick J. Brown, *Formulae for Yield and Other Calculations* (Washington, DC: Association of International Bond Dealers, 1990)

[cargill92] Tom Cargill, *C++ Programming Style* (Reading, MA: Addison-Wesley, 1992)

[cockburn02] Alistair Cockburn, *Agile Software Development* (Boston, MA: Addison-Wesley, 2002)

[coplien92] James O. Coplien, *Advanced C++ Programming Styles and Idioms* (Reading, MA: Addison-Wesley, 1992)

[cormen09] Thomas H. Cormen et al., *Introduction to Algorithms,* third ed. (Cambridge, MA: MIT Press, 2009)

[cpp11] *Information Technology—Programming Languages—C++*, INCITS/ISO/IEC 14882-2011[2012] (New York: American National Standards Institute, 2012)

[cpp17] *Programming Languages—C++*, ISO/IEC 14882:2017(E) (Geneva, Switzerland: International Organization for Standardization/International Electrotechnical Commission, 2017)

[deitel04] Harvey Deitel, Paul Deitel, and David R. Choffnes, *Operating Systems*, third ed. (Upper Saddle River, NJ: Pearson, 2004)

[deitel90] Harvey Deitel, *Operating Systems*, second ed. (Reading, MA: Addison-Wesley, 1990)

[dewhurst05] Stephen Dewhurst, *C++ Common Knowledge* (Boston, MA: Addison-Wesley, 2005)

[dijkstra59] E. W. Dijkstra, "A Note on Two Problems in Connection with Graphs," *Numerische Mathematik* 1 (1959): 269–271

[dijkstra68] Edsger W. Dijkstra, "The Structure of the 'THE'-Multiprogramming System," *Communications of the ACM* 11 (1968) (5):341–346

[driscoll] Evan Driscoll, "A Description of the C++ typename Keyword."

[ellis90] Margaret Ellis and Bjarne Stroustrup, *The Annotated C++ Reference Manual* (Reading, MA: Addison-

Wesley, 1990)

[faltstrom94] P. Faltstrom, D. Crocker, and E. Fair, RFC 1741: "MIME Content Type for BinHex Encoded Files," Internet Engineering Task Force (IETF), December 1994

[felber10] Lukas Felber, *ReDHead—Refactor Dependencies of C/C++ Header Files*, Master's Thesis, HSR Hochschule für Technik, Rapperswil, Switzerland.

[fincad08] FinancialCAD Corporation, "Day Count Conventions and Accrual Factors," 2008

[foote99] Brian Foote and Joseph Yoder, "Big Ball of Mud," *Fourth Conference on Patterns Languages of Programs,* Monticello, Illinois, June 26, 1999

[fowler04] Martin Fowler, *UML Distilled*, third ed. (Reading, MA: Addison-Wesley, 2004)

[freed96] N. Freed and N. Borenstein, RFC 2045: "Multipurpose Internet Mail Extensions (MIME) Part One: Format of Internet Message Bodies," Internet Engineering Task Force (IETF), November 1996

[gamma95] Erich Gamma, et al. *Design Patterns: Elements of Reusable Object-Oriented Software* (Reading, MA: Addison-Wesley, 1995)

[helbing02] Juergen Helbing, "yEncode - A Quick and Dirty Encoding for Binaries," Version 1.2, Feb. 28, 2002

[hirsch02] E. D. Hirsch, Joseph F. Kett, and James Trefil, *The New Dictionary of Cultural Literacy,* third ed. (Boston, MA: Houghton Mifflin Harcourt, 2002)

[hunt00] Andrew Hunt and David Thomas, *The Pragmatic Programmer: From Journeyman to Master* (Boston, MA: Addison-Wesley, 2000)

[huston03] Stephen Huston, et al., *The ACE Programmer's Guide: Practical Design Patterns for Network and Systems Programming* (Boston, MA: Addison-Wesley, 2003)

[iso04] Data Elements and Interchange Formats—Information Interchange — *Representation of Dates and Times*, ISO 8601:2004 (Geneva, Switzerland: International Organization for Standardization, 2004)

[iso11] *Information Technology—Programming Languages—C++,* ISO/IEC 14882:2011 (Geneva, Switzerland: International Organization for Standardization/International Electrotechnical Commission, 2011)

[kernighan99] Brian Kernighan and Rob Pike, *The Practice of Programming* (Reading, MA: Addison-Wesley, 1999)

[kliatchko07] Vladimir Kliatchko, "Developing a Lightweight, Statically Initializable C++ Mutex: Threadsafe Initialization of Singletons," *Dr. Dobb's Journal*, 32(6):56–62

[lakos12] John Lakos, "Date::IsBusinessDay() Considered Harmful! (90-minutes)," *Proceedings of the ACCU*, Oxford, UK, April 2012

[lakos13] John Lakos, "Applied Hierarchical Reuse: Capitalizing on Bloomberg's Foundation Libraries," C++Now, Aspen, CO, May 15, 2013

[lakos16] John Lakos, Jeffrey Mendelsohn, Alisdair Meredith, and Nathan Myers, "On Quantifying Memory-Allocation Strategies (Revision 2)," P00891R, February 12, 2016

[lakos17a] John Lakos, "Business Requirements for Modules," P0678R0, June 16, 2017

[lakos17b] John Lakos, "Local ('Arena') Memory Allocators - Part I," Meeting C++ 2017

[lakos17c] John Lakos, "Local ('Arena') Memory Allocators - Part II," Meeting C++ 2017

[lakos18] John Lakos, "C++ Modules and Large-Scale Development," *Proceedings of the ACCU,* Belfast, UK, April 20, 2018

[lakos19] John Lakos, "Value Proposition: Allocator-Aware (AA) Software," C++Now 2019

[lakos21] John Lakos and Vittorio Romeo, *Embracing Modern C++ Safely*, manuscript, 2021

[lakos96] John Lakos, *Large-Scale C++ Software Design* (Reading, MA: Addison-Wesley, 1996)

[lakos97a] John Lakos, "Technology Retargeting for IC layout," *Proceedings of the 34th Annual Design Automation Conference (DAC)*, Anaheim, CA, June 9–13, 1997, pp. 460–465

[lakos97b] John Lakos, *Dynamic Fault Modeling, Physical Software Design Concepts, and 1C Object Recognition*, Ph.D. Dissertation, Columbia University, 1997

[lindskoog99] Nils Lindskoog, *Long-Term Greedy: The Triumph of Goldman Sachs*, second ed. (McCrossen, 1999)

[lippincott16a] Lisa Lippincott, "Procedural Function Interfaces," P0465R0, October 16, 2016

[lippincott16b] Lisa Lippincott, "What Is the Basic Interface?" (part 1 of 2), *C++ Conference (CppCon)*, Bellevue, WA, 2016

[lippincott16c] Lisa Lippincott, "What Is the Basic Interface?" (part 2 of 2), *C++ Conference (CppCon)*, Bellevue,

WA, 2016

[liskov87] Barbara Liskov, "Data Abstraction and Hierarchy," *Addendum to the Proceedings on Object-Oriented Programming Systems, Languages, and Applications (OOPSLA)*, Orlando, FL, October 4–8, 1987, pp. 17–34

[martin03] Robert C. Martin, *Agile Software Development, Principles, Patterns, and Practices* (Upper Saddle River, NJ: Pearson, 2003)

[martin95] Robert C. Martin, *Designing Object-Oriented C++ Applications Using the Booch Method* (Upper Saddle River, NJ: Prentice Hall, 1995)

[mcconnell96] Steve McConnell, *Rapid Development: Taming Wild Software Schedules* (Redmond, WA: Microsoft Press, 1996)

[meredith19] Alisdair Meredith and Pablo Halpern, "Getting Allocators Out of Our Way," *C++ Conference (CppCon)*, Aurora, CO, September 18, 2019

[meyer95] Bertrand Meyer, *Object-Oriented Software Construction* (Upper Saddle River, NJ: Prentice Hall, 1995)

[meyer97] Bertrand Meyer, *Object-Oriented Software Construction*, second ed. (Upper Saddle River, NJ: Prentice Hall, 1997)

[meyers05] Scott Meyers, *Effective C++,* third ed. (Boston, MA: Addison-Wesley, 2005)

[meyers97] Scott Meyers, *Effective C++*, second ed. (Boston, MA: Addison-Wesley, 1997)

[mezrich02] Ben Mezrich, *Bringing Down the House* (New York: Free Press, 2002)

[modules18] *Programming Languages—Extensions to C++ for Modules,* ISO/IEC TS 21544:2018 (Geneva, Switzerland: International Organization for Standardization/International Electrotechnical Commission, 2018)

[myers78] Glenford J. Myers, *Composite/Structured Design* (New York: Van Nostrand Reinhold, 1978)

[pacifico12] S. Pacifico, A. Meredith, and J. Lakos, "Toward a Standard C++ Date Class," N3344=12-0034, 2012

[parnas72] D. L. Parnas, "On the Criteria to Be Used in Decomposing Systems into Modules" *Communications of the ACM* 5 (1972) (12):1053–1058

[pemberton93] Steven Pemberton, "enquire.c," version 5.1a, 1993

[pike] Colby Pike, "cxx-pflR1 The Pitchfork Layout (PFL): A Collection of Interesting Ideas," accessed September 16, 2019

[potvin16] Rachel Potvin and Josh Levenberg, "Why Google Stores Billions of Lines of Code in a Single Repository," *Communications of the ACM*, 59(7):78–87

[siek10] Jeremy Siek, "The C++ 0x Concepts Effort," *Generic and Indexed Programming*. International Spring School (SSGIP 2010), Oxford, UK, March 22–26, 2010, pp. 175–216

[stepanov09] Alexander A. Stepanov, *Elements of Programming Style* (Boston, MA: Addison-Wesley, 2009)

[stepanov15] Alexander A. Stepanov, *From Mathematics to Generic Programming* (Boston, MA: Addison-Wesley, 2015)

[stroustrup00] Bjarne Stroustrup, *The C++ Programming Language: Special Edition,* third ed. (Boston, MA: Addison-Wesley, 2000)

[stroustrup12] B. Stroustrup and A. Sutton (Editors), "A Concept Design for the STL," N3351=12-0041, 2012

[stroustrup14] Bjarne Stroustrup, *Programming: Principles and Practice Using C++*, 2nd ed. (Boston, MA: Addison-Wesley, 2014)

[stroustrup85] Bjarne Stroustrup, *The C++ Programming Language* (Reading, MA: Addison-Wesley, 1985)

[stroustrup94] Bjarne Stroustrup, *The Design and Evolution of C++* (Reading, MA: Addison-Wesley, 1994)

[subbotin15] Oleg Subbotin, https://github.com/bloomberg/bde-tools/blob/master/bin/bde_runtest.py

[sutter05] Herb Sutter and Andrei Alexandrescu, *C++ Coding Standards* (Boston, MA: Addison-Wesley, 2005)

[sutton13] Andrew Sutton, Bjarne Stroustrup, and Gabriel Dos Reis, "Concepts Lite: Constraining Templates with Predicates," N3580, 2013

[tragakes11] Ellie Tragakes, *Economics for the IB Diploma* (Cambridge, UK: Cambridge University Press, 2011)

[unisys87] "Unisys A15," *Computers* (Delran, NJ: Datapro Research Corp., 1987)

[voutilainen19] Ville Voutilainen, "Allowing Contract Predicates on Non-First Declarations," P1320R1, 2019

[winters18a] Titus Winters, "Standard Library Compatibility Promises," P0922R0, 2018

[winters18b] Titus Winters, "Standard Library Compatibility Guidelines (SD-8)," *C++ Conference (CppCon)*, Bellevue, WA, 2016

[zarras16] Dean Zarras, "Software Capital—Achievement and Leverage," *Hacker Noon,*January 9, 2016